Introducción a la estadística empresarial

AUTORES PRINCIPALES
ALEXANDER HOLMES, THE UNIVERSITY OF OKLAHOMA
BARBARA ILLOWSKY, DE ANZA COLLEGE
SUSAN DEAN, DE ANZA COLLEGE

openstax™

978-1-711494-67-8

OpenStax
Rice University
6100 Main Street MS-375
Houston, Texas 77005

Para obtener más información sobre OpenStax, visite https://openstax.org.
Pueden adquirirse copias impresas individuales y pedidos al por mayor a través de nuestro sitio web.

VERSIÓN DE TAPA BLANDA ISBN-13	**978-1-711494-67-8**
VERSIÓN DIGITAL ISBN-13	**978-1-951693-49-7**
AÑO DE PUBLICACIÓN ORIGINAL	**2022**

1 2 3 4 5 6 7 8 9 10 CJP 22

Printed by
XanEdu
17177 Laurel Park Drive, Suite 233
Livonia, MI 48152
800-562-2147
www.xanedu.com

OpenStax

OpenStax ofrece libros de texto gratuitos, revisados por expertos y con licencia abierta para cursos de introducción a la universidad y del programa Advanced Placement®, así como software didáctico personalizado de bajo costo que apoyan el aprendizaje de los estudiantes. Es una iniciativa de tecnología educativa sin fines de lucro con sede en Rice University (Universidad Rice), que se compromete a brindarle acceso a los estudiantes a las herramientas que necesitan para terminar sus cursos y alcanzar sus objetivos educativos.

Rice University

OpenStax, OpenStax CNX y OpenStax Tutor son iniciativas de Rice University. Como universidad líder en investigación con un compromiso particular con la educación de pregrado, Rice University aspira a una investigación pionera, una enseñanza insuperable y contribuciones para mejorar nuestro mundo. Su objetivo es cumplir esta misión y cultivar una comunidad diversa de aprendizaje y descubrimiento que forme líderes en todo el ámbito del esfuerzo humano.

RICE

Apoyo Filantrópico

OpenStax agradece a nuestros generosos socios filantrópicos, que apoyan nuestra visión de mejorar las oportunidades educativas para todos los estudiantes. Para ver el impacto de nuestra comunidad de colaboradores y nuestra lista más actualizada de socios, visite openstax.org/impact.

Arnold Ventures
Chan Zuckerberg Initiative
Chegg, Inc.
Arthur and Carlyse Ciocca Charitable Foundation
Digital Promise
Ann and John Doerr
Bill & Melinda Gates Foundation
Girard Foundation
Google Inc.
The William and Flora Hewlett Foundation
The Hewlett-Packard Company
Intel Inc.
Rusty and John Jaggers
The Calvin K. Kazanjian Economics Foundation
Charles Koch Foundation
Leon Lowenstein Foundation, Inc.
The Maxfield Foundation
Burt and Deedee McMurtry
Michelson 20MM Foundation
National Science Foundation
The Open Society Foundations
Jumee Yhu and David E. Park III
Brian D. Patterson USA-International Foundation
The Bill and Stephanie Sick Fund
Steven L. Smith & Diana T. Go
Stand Together
Robin and Sandy Stuart Foundation
The Stuart Family Foundation
Tammy and Guillermo Treviño
Valhalla Charitable Foundation
White Star Education Foundation
Schmidt Futures
William Marsh Rice University

Contenido

Prefacio

Bienvenido a *Introducción a la estadística empresarial*, un recurso de OpenStax. Este libro de texto se escribió para ampliar el acceso de los estudiantes a material de aprendizaje de alta calidad, a la vez que se mantienen los más altos estándares de rigor académico a bajo costo o sin costo alguno.

Acerca de OpenStax

OpenStax es una organización sin fines de lucro con sede en la Universidad de Rice. Nuestra misión es mejorar el acceso de los estudiantes a la educación. Nuestro primer libro de texto universitario con licencia abierta se publicó en 2012, y desde entonces nuestra biblioteca se ha ampliado a más de 25 libros para cursos universitarios y de Colocación Avanzada (Advanced Placement, AP®) utilizados por cientos de miles de estudiantes. OpenStax Tutor, nuestra herramienta de aprendizaje personalizado de bajo costo, se utiliza en cursos universitarios de todo el país. A través de nuestras asociaciones con fundaciones filantrópicas y nuestra alianza con otras organizaciones de recursos educativos, OpenStax rompe las barreras más comunes para el aprendizaje y capacita a los estudiantes e instructores para tener éxito.

Sobre los recursos de OpenStax

Personalización

Introducción a la estadística empresarial está autorizado conforme a la licencia Creative Commons Attribution 4.0 International (CC BY), lo que significa que puede distribuir, mezclar y construir sobre el contenido, siempre y cuando proporcione la atribución a OpenStax y sus colaboradores de contenido.

Dado que nuestros libros tienen licencia abierta, usted es libre de utilizar todo el libro o de elegir las secciones que sean más relevantes para las necesidades de su curso. Siéntase libre de remezclar el contenido asignando a sus estudiantes determinados capítulos y secciones de su programa de estudios, en el orden que usted prefiera. Incluso puede proporcionar un enlace directo en su programa de estudios a las secciones en la vista web de su libro.

Los instructores también tienen la opción de crear una versión personalizada de su libro de OpenStax. La versión personalizada puede ponerse a disposición de los estudiantes en formato impreso o digital de bajo costo a través de la librería de su campus. Visite la sección de Recursos para instructores de la página de su libro en OpenStax.org para obtener más información.

Errata

Todos los libros de texto de OpenStax se someten a un riguroso proceso de revisión. Sin embargo, como cualquier libro de texto de nivel profesional, a veces se producen errores. Dado que nuestros libros están en la web, podemos hacer actualizaciones periódicas cuando se considere pedagógicamente necesario. Si tiene una corrección que sugerir, envíela a través del enlace de la página de su libro en OpenStax.org. Los expertos en la materia revisan todas las sugerencias de erratas. OpenStax se compromete a ser transparente en todas las actualizaciones, por lo que también encontrará una lista de los cambios de erratas anteriores en la página de su libro en OpenStax.org.

Formato

Puede acceder a este libro de texto de forma gratuita en vista web o en PDF a través de OpenStax.org, y por un bajo costo en versión impresa.

Acerca de *Introducción a la estadística empresarial*

Introducción a la estadística empresarial se destina a cumplir con los requisitos de alcance y secuencia del curso de Estadística de un semestre para las carreras de negocios, economía y afines. Los conceptos y conocimientos estadísticos básicos se han ampliado con ejemplos prácticos de negocios, escenarios y ejercicios. El resultado es la comprensión significativa de la disciplina que servirá a los estudiantes en sus carreras de negocios y experiencias en el mundo real.

Cobertura y alcance

Introducción a la estadística empresarial comenzó como una versión personalizada de OpenStax *Introducción a la estadística* de Barbara Illowsky y Susan Dean. Los profesores de Estadística de la Universidad de Oklahoma han utilizado la adaptación de la Estadística Empresarial durante varios años, y la autora la ha perfeccionado continuamente a raíz del logro estudiantil y con base en los comentarios del profesorado.

El libro está estructurado de forma similar a la mayoría de los tradicionales libros de texto de estadística. Los cambios temáticos más significativos se producen en los últimos capítulos sobre el análisis de regresión. Las funciones de densidad de probabilidad discreta se han reordenado para ofrecer una progresión lógica desde las fórmulas de recuento simples hasta las distribuciones continuas más complejas. Se han añadido muchas tareas adicionales, así como nuevos ejemplos más matemáticos.

Introducción a la estadística empresarial hace hincapié en el desarrollo y la aplicación práctica de las fórmulas para que los estudiantes tengan una comprensión más profunda de su interpretación y aplicación de los datos. Para lograr este enfoque único, la autora incorporó gran cantidad de material adicional y desestimó a propósito el uso de la calculadora científica. Entre los cambios específicos al empleo de la fórmula se encuentran:

- Debates ampliados sobre las fórmulas combinatorias, los factoriales y la notación sigma.
- Ajustes en las explicaciones de la regla de aceptación o rechazo de las pruebas de hipótesis, así como un enfoque en la terminología relativa a los intervalos de confianza.
- Profunda dependencia de las tablas estadísticas para el proceso de búsqueda de probabilidades (que no sería necesario si las probabilidades se basaran en calculadoras científicas).
- Enlaces continuos y enfatizados al teorema del límite central a lo largo del libro; *Introducción a la estadística empresarial* enlaza constantemente cada estadístico de prueba con este teorema fundamental en la estadística inferencial.

Otro enfoque fundamental del libro es el vínculo entre la inferencia estadística y el método científico. Los modelos empresariales y económicos se fundamentan en supuestas relaciones de causa y efecto. Se desarrollan tanto para probar hipótesis como para predecir a partir de dichos modelos. Esto proviene de la creencia de que la estadística es el guardián que permite que algunas teorías permanezcan y que otras se desechen por una nueva perspectiva del mundo que nos rodea. Este punto de vista filosófico se presenta en detalle por todo el documento y aborda el método de presentar el modelo de regresión, en particular.

El capítulo sobre correlación y regresión abarca intervalos de confianza para las predicciones, formas matemáticas alternativas para permitir la comprobación de variables categóricas y la presentación del modelo de regresión múltiple.

Características pedagógicas

- Los **ejemplos** se ubican estratégicamente a lo largo del texto para mostrar a los estudiantes el proceso paso a paso de interpretación y resolución de problemas estadísticos. Para que el texto siga siendo relevante para los estudiantes, los ejemplos se extraen de un amplio espectro de temas prácticos; se incluyen ejemplos sobre la vida universitaria y el aprendizaje, la salud y la medicina, el comercio y los negocios, y los deportes y el entretenimiento.
- Las secciones **Práctica, Tarea para la casa y Resúmalo todo** ofrecen a los estudiantes problemas con distintos grados de dificultad, a la vez que presentan situaciones en el mundo real para atraer a los estudiantes.

Recursos adicionales

Recursos para estudiantes e instructores

Hemos recopilado recursos adicionales tanto para estudiantes como para instructores, lo que incluye guías de inicio, un manual de soluciones para el instructor y láminas de PowerPoint. Los recursos para instructores requieren una cuenta de instructor verificada, la cual puede solicitar al iniciar sesión o crear su cuenta en OpenStax.org. Aproveche estos recursos para complementar su libro de OpenStax.

Centros comunitarios

OpenStax se asocia con el Instituto para el Estudio de la Administración del Conocimiento en la Educación (Institute for the Study of Knowledge Management in Education, ISKME) para ofrecer centros comunitarios en OER Commons, una plataforma para que los instructores compartan recursos creados por la comunidad que apoyan los libros de OpenStax, de forma gratuita. A través de nuestros centros comunitarios, los instructores pueden cargar sus propios materiales o descargar recursos para utilizarlos en sus cursos, lo que incluye anexos adicionales, material didáctico, multimedia y contenido relevante del curso. Animamos a los instructores a que se unan a los centros de los temas más pertinentes para su docencia e investigación como una oportunidad, tanto para enriquecer sus cursos como para relacionarse con otros profesores.

Para comunicarse con los centros comunitarios (Community Hubs), visite www.oercommons.org/hubs/OpenStax..

Socios tecnológicos

Como aliados que hacen accesibles materiales de aprendizaje de alta calidad, nuestros socios tecnológicos ofrecen herramientas opcionales de bajo costo que se integran con los libros de OpenStax. Para acceder a las opciones tecnológicas de su texto, visite la página de su libro en OpenStax.org.

Sobre los autores

Autores principales

Alexander Holmes, The University of Oklahoma
Barbara Illowsky, DeAnza College
Susan Dean, DeAnza College

Autores colaboradores

Kevin Hadley, Analyst, Federal Reserve Bank of Kansas City

Revisores

Birgit Aquilonius, West Valley College
Charles Ashbacher, Upper Iowa University - Cedar Rapids
Abraham Biggs, Broward Community College
Daniel Birmajer, Nazareth College
Roberta Bloom, De Anza College
Bryan Blount, Kentucky Wesleyan College
Ernest Bonat, Portland Community College
Sarah Boslaugh, Kennesaw State University
David Bosworth, Hutchinson Community College
Sheri Boyd, Rollins College
George Bratton, University of Central Arkansas
Franny Chan, Mt. San Antonio College
Jing Chang, College of Saint Mary
Laurel Chiappetta, University of Pittsburgh
Lenore Desilets, De Anza College
Matthew Einsohn, Prescott College
Ann Flanigan, Kapiolani Community College
David French, Tidewater Community College
Mo Geraghty, De Anza College
Larry Green, Lake Tahoe Community College
Michael Greenwich, College of Southern Nevada
Inna Grushko, De Anza College
Valier Hauber, De Anza College
Janice Hector, De Anza College
Jim Helmreich, Marist College
Robert Henderson, Stephen F. Austin State University
Mel Jacobsen, Snow College
Mary Jo Kane, De Anza College
John Kagochi, University of Houston - Victoria
Lynette Kenyon, Collin County Community College
Charles Klein, De Anza College
Alexander Kolovos
Sheldon Lee, Viterbo University
Sara Lenhart, Christopher Newport University
Wendy Lightheart, Lane Community College
Vladimir Logvenenko, De Anza College
Jim Lucas, De Anza College
Suman Majumdar, University of Connecticut
Lisa Markus, De Anza College
Miriam Masullo, SUNY Purchase
Diane Mathios, De Anza College
Robert McDevitt, Germanna Community College
John Migliaccio, Fordham University
Mark Mills, Central College
Cindy Moss, Skyline College
Nydia Nelson, St. Petersburg College
Benjamin Ngwudike, Jackson State University
Jonathan Oaks, Macomb Community College
Carol Olmstead, De Anza College
Barbara A. Osyk, The University of Akron
Adam Pennell, Greensboro College
Kathy Plum, De Anza College
Lisa Rosenberg, Elon University
Sudipta Roy, Kankakee Community College

Javier Rueda, De Anza College
Yvonne Sandoval, Pima Community College
Rupinder Sekhon, De Anza College
Travis Short, St. Petersburg College
Frank Snow, De Anza College
Abdulhamid Sukar, Cameron University
Jeffery Taub, Maine Maritime Academy
Mary Teegarden, San Diego Mesa College
John Thomas, College of Lake County
Philip J. Verrecchia, York College of Pennsylvania
Dennis Walsh, Middle Tennessee State University
Cheryl Wartman, University of Prince Edward Island
Carol Weideman, St. Petersburg College
Kyle S. Wells, Dixie State University
Andrew Wiesner, Pennsylvania State University

1 MUESTREO Y DATOS

Figura 1.1 Nos encontramos con estadísticas en nuestra vida diaria más a menudo de lo que probablemente pensamos y de muchas fuentes diferentes, como las noticias (créditos: David Sim).

Introducción

Probablemente se esté preguntando: "¿Cuándo y dónde voy a utilizar la estadística?". Si lee cualquier periódico, ve la televisión o utiliza internet, verá información estadística. Hay estadísticas sobre delincuencia, deportes, educación, política y bienes raíces. Normalmente, cuando se lee un artículo de periódico o se ve un programa de noticias de televisión se da una información de muestra. Con esta información, puede tomar una decisión sobre la corrección de una declaración, afirmación o "hecho". Los métodos estadísticos pueden ayudarlo a hacer una "mejor estimación".

Como sin duda recibirá información estadística en algún momento de su vida, necesita conocer algunas técnicas para analizar la información de forma reflexiva. Piense en la compra de una casa o en la gestión de un presupuesto. Piense en la profesión que ha elegido. Economía, Negocios, Psicología, Educación, Biología, Derecho, Informática, Política y Desarrollo de la Primera Infancia son campos de conocimiento que requieren, al menos, un curso de Estadística.

En este capítulo se incluyen las ideas y palabras básicas de probabilidad y estadística. Pronto entenderá que la estadística y la probabilidad trabajan juntas. También aprenderá cómo se recopilan los datos y qué datos "buenos" pueden distinguirse de los "malos".

1.1 Definiciones de estadística, probabilidad y términos clave

La ciencia de la **Estadística** se ocupa de la recopilación, del análisis, de la interpretación y de la presentación de **datos**. Vemos y utilizamos datos en nuestra vida cotidiana.

En este curso aprenderá a organizar y resumir datos. La organización y el resumen de los datos se denominan **Estadística Descriptiva**. Dos formas de resumir los datos son la elaboración de gráficos y el uso de números (por ejemplo, hallar un promedio). Después de haber estudiado la probabilidad y las distribuciones de probabilidad, utilizará métodos formales para sacar conclusiones de los datos "buenos". Los métodos formales se denominan **Estadística Inferencial**. La inferencia estadística utiliza la probabilidad para determinar el grado de confianza que podemos tener en que nuestras conclusiones son correctas.

La interpretación eficaz de los datos (inferencia) se basa en buenos procedimientos de producción de datos y en examinarlos de forma reflexiva. Se encontrará con lo que le parecerá un exceso de fórmulas matemáticas para interpretar los datos. La meta de la Estadística no es realizar numerosos cálculos con las fórmulas, sino comprender los datos. Los cálculos se pueden hacer con una calculadora o una computadora. La comprensión debe venir de usted. Si puede comprender a fondo los fundamentos de la Estadística, podrá tener más confianza en las decisiones que tome en la vida.

Probabilidad

La **probabilidad** es una herramienta matemática utilizada para estudiar el azar. Se trata de la oportunidad (la posibilidad) de que se produzca un evento. Por ejemplo, si se lanza una moneda **imparcial** cuatro veces, los resultados no pueden ser dos caras y dos cruces. Sin embargo, si se lanza la misma moneda 4.000 veces, los resultados se aproximarán a mitad cara y mitad cruz. La probabilidad teórica esperada de salir cara en cualquier lanzamiento es $\frac{1}{2}$ o 0,5. Aunque los resultados de unas pocas repeticiones son inciertos, existe un patrón regular de resultados cuando hay muchas repeticiones. Tras leer sobre el estadístico inglés Karl **Pearson**, que lanzó una moneda 24.000 veces con un resultado de 12.012 caras, uno de los autores lanzó una moneda 2.000 veces. Los resultados fueron 996 caras. La fracción $\frac{996}{2000}$ es igual a 0,498, que está muy cerca de 0,5, la probabilidad esperada.

La teoría de la probabilidad comenzó con el estudio de los juegos de azar, como el póquer. Las predicciones adoptan la forma de probabilidades. Para predecir la probabilidad de que se produzca un terremoto, de que llueva o de que obtenga una A en este curso utilizamos las probabilidades. Los médicos utilizan la probabilidad para determinar la posibilidad de que una vacuna provoque la enfermedad que se supone que debe prevenir. Un agente de bolsa utiliza la probabilidad para determinar la tasa de rendimiento de las inversiones de un cliente. Puede utilizar la probabilidad para decidir si compra un billete de lotería o no. En su estudio de la Estadística, utilizará el poder de las Matemáticas a través de cálculos de probabilidad para analizar e interpretar sus datos.

Términos clave

En estadística, generalmente queremos estudiar una **población**. Se puede pensar en una población como un conjunto de personas, cosas u objetos en estudio. Para estudiar la población seleccionamos una **muestra**. La idea del **muestreo** es seleccionar una porción (o subconjunto) de la población mayor y estudiar esa porción (la muestra) para obtener información sobre la población. Los datos son el resultado de un muestreo de una población.

Como se necesita mucho tiempo y dinero para examinar toda una población, el muestreo es una técnica muy práctica. Si desea calcular el promedio general de calificaciones de su escuela, tendría sentido seleccionar una muestra de estudiantes que asisten a la escuela. Los datos recopilados de la muestra serían los promedios de las calificaciones de los estudiantes. En las elecciones presidenciales se toman muestras de sondeos de opinión de 1.000 a 2.000 personas. Se supone que el sondeo de opinión representa el punto de vista de las personas de todo el país. Los fabricantes de bebidas carbonatadas en lata toman muestras para determinar si una lata de 16 onzas contiene 16 onzas de bebida carbonatada.

A partir de los datos de la muestra podemos calcular un estadístico. Un **estadístico** es un número que representa una propiedad de la muestra. Por ejemplo, si consideramos que una clase de Matemáticas es una muestra de la población de todas las clases de Matemáticas, el número promedio de puntos obtenidos por los estudiantes de esa clase de Matemáticas al final del trimestre es un ejemplo de un estadístico. La estadística es una estimación de un parámetro poblacional, en este caso la media. Un **parámetro** es una característica numérica de toda la población que puede estimarse mediante un estadístico. Dado que consideramos que todas las clases de Matemáticas son la población, el número promedio de puntos obtenidos por estudiante en todas las clases de Matemáticas es un ejemplo de parámetro.

Una de las principales preocupaciones en el campo de la Estadística es la precisión con la que un estadístico estima un parámetro. La precisión depende realmente de lo bien que la muestra represente a la población. La muestra debe contener las características de la población para ser una **muestra representativa**. En la Estadística Inferencial nos interesa tanto el estadístico de la muestra como el parámetro de la población. En un capítulo posterior utilizaremos el estadístico de la muestra para comprobar la validez del parámetro poblacional establecido.

Una **variable**, o variable aleatoria, que normalmente se anota con letras mayúsculas como la *X* y la *Y*, es una característica o medida que puede determinarse para cada miembro de una población. Las variables pueden ser **numéricas** o **categóricas**. Las **variables numéricas** toman valores con unidades iguales, como el peso en libras y el tiempo en horas. Las **variables categóricas** sitúan a la persona o cosa en una categoría. Si suponemos que *X* equivale al número de puntos obtenidos por un estudiante de Matemáticas al final de un trimestre, entonces *X* es una variable numérica. Si suponemos que *Y* es la afiliación de una persona a un partido, entonces algunos ejemplos de *Y* incluyen republicano, demócrata e independiente. *Y* es una variable categórica. Podríamos hacer algunos cálculos con valores de *X* (calcular el promedio de puntos obtenidos, por ejemplo), pero no tiene sentido hacer cálculos con valores de *Y* (calcular un promedio de afiliación a un partido no tiene sentido).

Los **datos** son los valores reales de la variable. Pueden ser números o palabras. El **dato** es un valor único.

Dos palabras que aparecen a menudo en estadística son **media** y **proporción**. Si presenta tres exámenes de sus clases de Matemáticas y obtiene calificaciones de 86, 75 y 92, calcularía su calificación media sumando las tres calificaciones de los exámenes y dividiéndolas entre tres (su calificación media sería 84,3 con un decimal). Si en su clase de Matemáticas hay 40 estudiantes y 22 son hombres y 18 son mujeres, entonces la proporción de estudiantes hombres es $\frac{22}{40}$ y la proporción de estudiantes mujeres es $\frac{18}{40}$. La media y la proporción se tratan con más detalle en capítulos posteriores.

NOTA

Las palabras "**media**" y "**promedio**" suelen utilizarse indistintamente. La sustitución de una palabra por otra es una práctica habitual. El término técnico es "media aritmética" y "promedio" es técnicamente un lugar central. Sin embargo, en la práctica, entre los no estadísticos, se suele aceptar "promedio" por "media aritmética".

EJEMPLO 1.1

Determine a qué se refieren los términos clave en el siguiente estudio. Queremos saber la cantidad promedio (media) de dinero que gastan los estudiantes de primer año del ABC College en material escolar que no incluya libros. Encuestamos al azar a 100 estudiantes de primer año del ABC College. Tres de esos estudiantes gastaron 150, 200 y 225 dólares, respectivamente.

Solución 1

La **población** está formada por todos los estudiantes de primer año que asisten al ABC College este trimestre.

La **muestra** podría ser todos los estudiantes inscritos en una sección de un curso de Estadística para principiantes en el ABC College (aunque esta muestra podría no representar a toda la población).

El **parámetro** es la cantidad promedio (media) de dinero (sin libros) que gastan los estudiantes de primer año del ABC College este trimestre: la media de la población.

El **estadístico** es la cantidad promedio de dinero gastado (sin libros) por los estudiantes de primer año en la muestra.

La **variable** podría ser la cantidad de dinero gastado (sin libros) por un estudiante de primer año. Supongamos que X = la cantidad de dinero gastado (sin libros) por un estudiante de primer año que asiste al ABC College.

Los **datos** son los montos en dólares gastados por los estudiantes de primer año. Los datos son, por ejemplo, 150, 200 y 225 dólares.

INTÉNTELO 1.1

Determine a qué se refieren los términos clave en el siguiente estudio. Queremos saber la cantidad promedio de dinero que gastan cada año en uniformes escolares las familias con hijos en Knoll Academy. Encuestamos al azar a 100 familias con hijos en la escuela. Tres de las familias gastaron 65, 75 y 95 dólares, respectivamente.

EJEMPLO 1.2

Determine a qué se refieren los términos clave en el siguiente estudio.

Se ha realizado un estudio en un instituto universitario local para analizar el promedio de calificaciones (Grade Point Average, GPA) acumulado de los estudiantes que se graduaron el año pasado. Marque la letra de la oración que mejor describa cada uno de los elementos siguientes.

1. Población ___ 2. Estadística ___ 3. Parámetro ___ 4. Muestra ___ 5. Variable ___ 6. Datos ___

a. todos los estudiantes que cursaron educación superior el año pasado
b. el GPA acumulado de un estudiante que se graduó de la educación superior el año pasado
c. 3,65, 2,80, 1,50, 3,90
d. un grupo de estudiantes que se graduaron de la educación superior el año pasado seleccionados al azar
e. el GPA acumulado de los estudiantes que se graduaron de la educación superior el año pasado
f. todos los estudiantes que se graduaron de la educación superior el año pasado
g. el GPA acumulado de los estudiantes del estudio que se graduaron de la educación superior el año pasado

Solución 1

1. f; 2. g; 3. e; 4. d; 5. b; 6. c

EJEMPLO 1.3

Determine a qué se refieren los términos clave en el siguiente estudio.

Como parte de un estudio diseñado para probar la seguridad de los automóviles, la Junta Nacional de Seguridad del Transporte recopiló y revisó datos sobre los efectos de un choque de automóviles en maniquíes de prueba. Este es el criterio que utilizaron:

Velocidad a la que chocan los automóviles	Ubicación del "conductor" (es decir, maniquíes)
35 millas/hora	Asiento delantero

Tabla 1.1

Los automóviles con maniquíes en los asientos delanteros se estrellaron contra un muro a una velocidad de 35 millas por hora. Queremos saber la proporción de maniquíes en el asiento del conductor que habrían tenido lesiones en la cabeza, si hubieran sido conductores reales. Empezamos con una muestra aleatoria simple de 75 automóviles.

Solución 1

La **población** son todos los automóviles que contienen maniquíes en el asiento delantero.

La **muestra** son los 75 automóviles seleccionados por muestreo aleatorio simple.

El **parámetro** es la proporción de maniquíes conductores (si hubiesen sido personas reales) que habrían sufrido lesiones en la cabeza en la población.

El **estadístico** es la proporción de maniquíes conductores (si hubiesen sido personas reales) que habrían sufrido lesiones en la cabeza en la muestra.

La **variable** X = si un maniquí conductor (si hubiese sido una persona real) habría sufrido lesiones en la cabeza.

Los **datos** son: sí, tuvo una lesión en la cabeza, o no, no la tuvo.

EJEMPLO 1.4

Determine a qué se refieren los términos clave en el siguiente estudio.

Una compañía de seguros desea determinar la proporción de todos los médicos que se han visto implicados en una o más demandas por negligencia. La compañía selecciona 500 médicos al azar de un directorio profesional y determina el número de la muestra que se ha visto envuelto en una demanda por negligencia.

Solución 1

La **población** son todos los médicos que figuran en el directorio profesional.

El **parámetro** es la proporción de médicos que se han visto implicados en una o más demandas por negligencia en la población.

La **muestra** son los 500 médicos seleccionados al azar del directorio profesional.

El **estadístico** es la proporción de médicos que han estado implicados en una o más demandas por negligencia en la muestra.

La **variable** X = si un médico individual ha estado involucrado en una demanda por negligencia.

Los **datos** son: sí, estuvo involucrado en una o más demandas por negligencia, o no, no lo estuvo.

1.2 Datos, muestreo y variación de datos y muestreo

Los datos pueden proceder de una población o de una muestra. Letras minúsculas como x o y se utilizan generalmente para representar valores de datos. La mayoría de los datos se pueden clasificar en las siguientes categorías:

- Cualitativa
- Cuantitativa

Los **datos cualitativos** son el resultado de categorizar o describir los atributos de una población. Los **datos cualitativos** también suelen denominarse datos categóricos. El color del cabello, el tipo de sangre, la etnia, el automóvil que conduce una persona y la calle en la que vive son ejemplos de datos cualitativos (categóricos). Los datos cualitativos (categóricos) se describen con palabras o letras. Por ejemplo, el color del cabello puede ser negro, castaño oscuro, castaño claro, rubio, gris o rojo. El tipo de sangre puede ser AB+, O− o B+. Los investigadores prefieren los datos cuantitativos a los cualitativos (categóricos) porque se prestan más al análisis matemático. Por ejemplo, no tiene sentido hallar un color de cabello o un tipo de sangre promedio.

Los **datos cuantitativos** son siempre números. Los datos cuantitativos son el resultado de **contar** o **medir** los atributos de una población. La cantidad de dinero, la frecuencia del pulso, el peso, el número de personas que viven en su ciudad y el número de estudiantes que cursan Estadística son ejemplos de datos cuantitativos. Los datos cuantitativos pueden ser **discretos** o **continuos**.

Todos los datos que son el resultado de contar se denominan **datos discretos cuantitativos**. Estos datos solo adoptan ciertos valores numéricos. Si cuenta el número de llamadas telefónicas que recibe cada día de la semana, puede obtener valores como cero, uno, dos o tres.

Los datos que no solo se componen de números para contar, sino que pueden incluir fracciones, decimales o números irracionales, se denominan **datos cuantitativos continuos**. Los datos continuos suelen ser el resultado de mediciones como longitudes, pesos o tiempos. Una lista de la duración en minutos de todas las llamadas telefónicas que realiza en una semana, con números como 2,4; 7,5; u 11,0, sería un dato cuantitativo continuo.

EJEMPLO 1.5

Muestra de datos cuantitativos discretos
Los datos son el número de libros que los estudiantes llevan en sus mochilas. Usted toma una muestra de cinco estudiantes. Dos estudiantes llevan tres libros, un estudiante lleva cuatro, un estudiante lleva dos y un estudiante lleva uno. Los números de libros (tres, cuatro, dos y uno) son los datos cuantitativos discretos.

> **INTÉNTELO 1.5**

Los datos son el número de máquinas de un gimnasio. Usted tiene muestras de cinco gimnasios. Un gimnasio tiene 12 máquinas, otro tiene 15, otro tiene diez, otro tiene 22 y el otro tiene 20. ¿De qué tipo de datos se trata?

EJEMPLO 1.6

Muestra de datos cuantitativos continuos
Los datos son los pesos de mochilas que contienen libros. La muestra es de los mismos cinco estudiantes. Los pesos (en libras) de sus mochilas son 6,2; 7; 6,8; 9,1 y 4,3. Tome en cuenta que las mochilas que llevan tres libros pueden tener pesos diferentes. Los pesos son datos cuantitativos continuos.

> **INTÉNTELO 1.6**

Los datos son las superficies de césped en pies cuadrados. Su muestra es de cinco casas. Las superficies de los céspedes son 144, 160, 190, 180 y 210 pies cuadrados respectivamente. ¿De qué tipo de datos se trata?

EJEMPLO 1.7

Va al supermercado y compra tres latas de sopa (19 onzas de sopa de tomate, 14,1 onzas de lentejas y 19 onzas de boda italiana), dos paquetes de frutos secos (nueces y cacahuetes), cuatro tipos de vegetales diferentes (brócoli, coliflor, espinacas y zanahorias) y dos postres (16 onzas de helado de pistacho y 32 onzas de galletas de chocolate).

Nombre los conjuntos de datos que son cuantitativos discretos, cuantitativos continuos y cualitativos (categóricos).

Solución 1

Una posible solución:

- Las tres latas de sopa, los dos paquetes de frutos secos, las cuatro clases de vegetales y los dos postres son datos cuantitativos discretos porque usted los cuenta.
- Los pesos de las sopas (19 onzas, 14,1 onzas y 19 onzas) son datos cuantitativos continuos porque mide los pesos con la mayor precisión posible.
- Los tipos de sopas, frutos secos, vegetales y postres son datos cualitativos (categóricos) porque son categóricos.

Intente identificar otros conjuntos de datos en este ejemplo.

EJEMPLO 1.8

Los datos son los colores de las mochilas. Una vez más, la muestra son los mismos cinco estudiantes. Un estudiante tiene una mochila roja, las de dos estudiantes son negras, la de un estudiante es verde y la de otro es gris. Los colores rojo, negro, verde y gris son datos cualitativos (categóricos).

INTÉNTELO 1.8

Los datos son los colores de las casas. Su muestra es de cinco casas. Los colores de las casas son blanco, amarillo, blanco, rojo y blanco. ¿De qué tipo de datos se trata?

Nota

Puede recopilar los datos en forma de números y presentarlos categóricamente. Por ejemplo, las calificaciones de los exámenes de cada estudiante se registran a lo largo del trimestre. Al final del trimestre, las calificaciones de los cuestionarios se presentan como A, B, C, D o F.

EJEMPLO 1.9

Trabaje en colaboración para determinar el tipo de datos correcto (cuantitativo o cualitativo). Indique si los datos cuantitativos son continuos o discretos. Pista: Los datos que son distintos empiezan con las palabras "el número de".

a. el número de pares de zapatos que tiene
b. el tipo de automóvil que conduce
c. la distancia de su casa a la tienda de comestibles más cercana
d. el número de clases que cursa por cada año escolar
e. el tipo de calculadora que utiliza
f. pesos de luchadores de sumo
g. número de respuestas correctas en un cuestionario
h. Calificaciones de IQ (esto puede provocar alguna discusión).

Solución 1

Los ítems a, d y g son cuantitativamente discretos; los ítems c, f y h son cuantitativamente continuos; los ítems b y e son cualitativos o categóricos.

INTÉNTELO 1.9

Determine el tipo de dato correcto (cuantitativo o cualitativo) para el número de automóviles en un estacionamiento. Indique si los datos cuantitativos son continuos o discretos.

EJEMPLO 1.10

Una profesora de Estadística recopila información sobre la clasificación de sus estudiantes en primer y segundo años, júnior y sénior. Los datos que recopila se resumen en el gráfico circular Figura 1.2. ¿Qué tipo de datos muestra este gráfico?

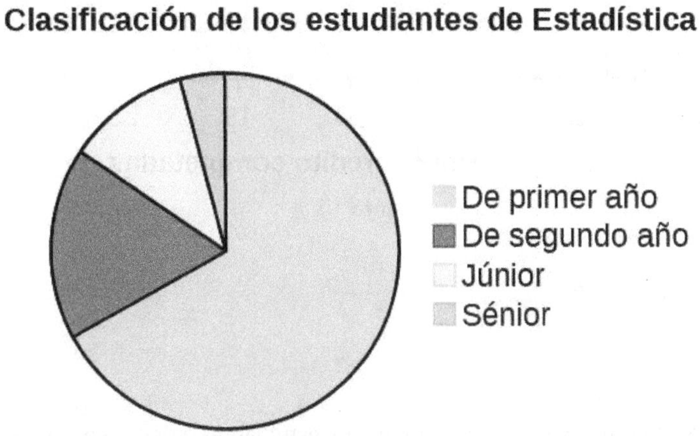

Figura 1.2

Solución 1

Este gráfico circular muestra los estudiantes de cada año, que son **datos cualitativos (o categóricos)**.

INTÉNTELO 1.10

El registrador de la universidad estatal mantiene un registro del número de horas de crédito que los estudiantes completan cada semestre. Los datos que recopila se resumen en el histograma. Los límites de las clases son de 10 a menos de 13, de 13 a menos de 16, de 16 a menos de 19, de 19 a menos de 22 y de 22 a menos de 25.

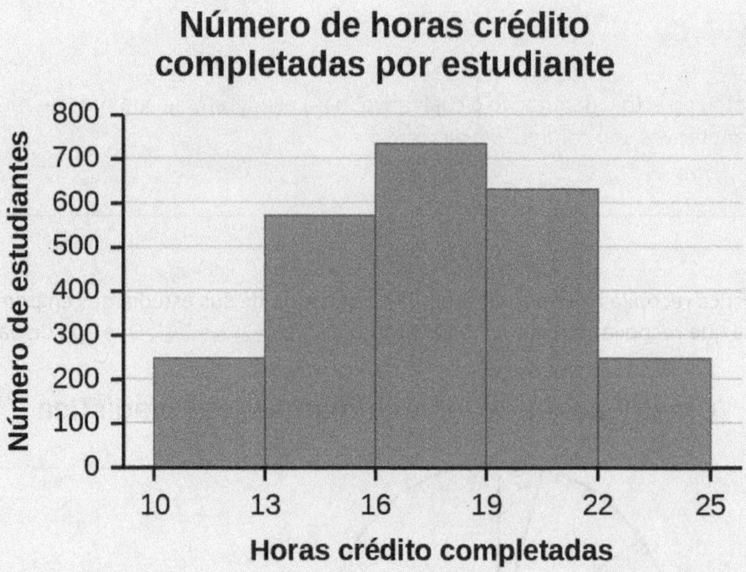

Figura 1.3

¿Qué tipo de datos muestra este gráfico?

Discusión de datos cualitativos

A continuación se muestran tablas que comparan el número de estudiantes a tiempo parcial y a tiempo completo en De Anza College y Foothill College inscritos para el trimestre de primavera de 2010. Las tablas muestran recuentos (frecuencias) y porcentajes o proporciones (frecuencias relativas). Las columnas de porcentajes facilitan la comparación de las mismas categorías en los institutos universitarios. Suele ser útil mostrar porcentajes junto con números, pero es especialmente importante cuando se comparan conjuntos de datos que no tienen los mismos totales, como las inscripciones totales de ambos institutos universitarios en este ejemplo. Observe que el porcentaje de estudiantes a tiempo parcial del Foothill College es mucho mayor que el del De Anza College.

De Anza College			Foothill College		
	Número	Porcentaje		Número	Porcentaje
Tiempo completo	9.200	40,9%	Tiempo completo	4.059	28,6%
Tiempo parcial	13.296	59,1%	Tiempo parcial	10.124	71,4%
Total	22.496	100 %	Total	14.183	100 %

Tabla 1.2 Otoño 2007 (día del censo)

Las tablas son una buena forma de organizar y mostrar datos. Pero los gráficos pueden ser aun más útiles para entender los datos. No hay reglas estrictas en cuanto a los gráficos que hay que utilizar. Dos gráficos que se utilizan para mostrar datos cualitativos (categóricos) son los gráficos circulares y los de barras.

En un **gráfico circular** las categorías de datos se representan mediante cuñas en un círculo y su tamaño es proporcional al porcentaje de personas de cada categoría.

En un **gráfico de barras** la longitud de la barra para cada categoría es proporcional al número o porcentaje de personas en cada categoría. Las barras pueden ser verticales u horizontales.

Un **diagrama de Pareto** está formado por barras que se ordenan por el tamaño de la categoría (de mayor a menor).

Observe la Figura 1.4 y la Figura 1.5 y determine qué gráfico (circular o de barras) cree que muestra mejor las comparaciones.

Es una buena idea observar una variedad de gráficos para ver cuál es el más útil para mostrar los datos. Según los datos y el contexto, podemos elegir el "mejor" gráfico. Nuestra elección también depende del uso que hagamos de los datos.

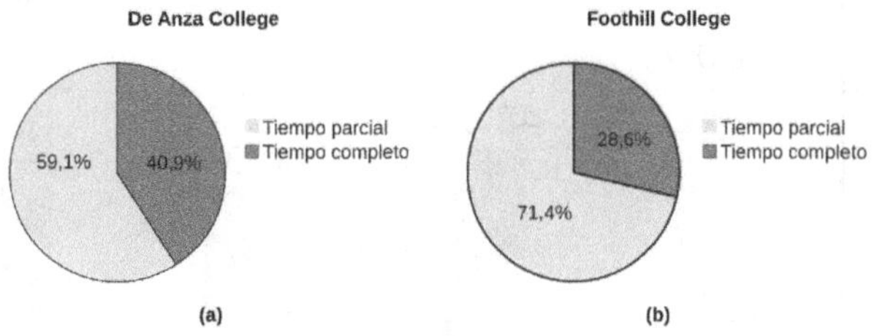

Figura 1.4

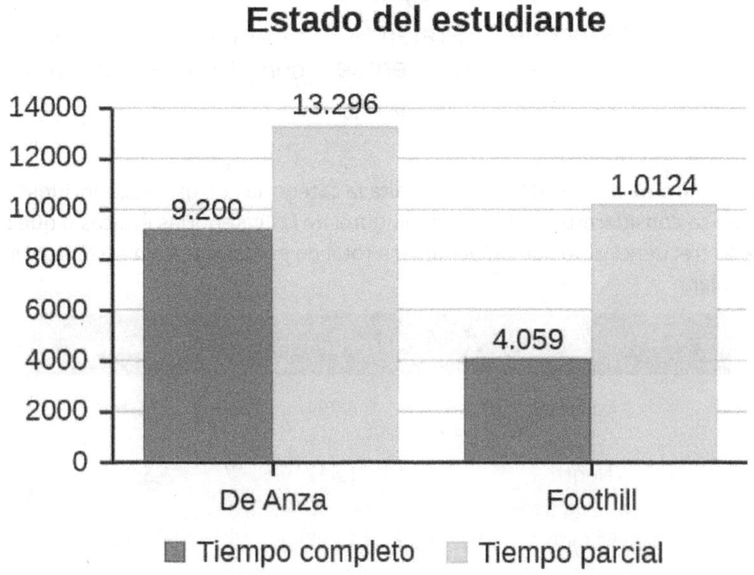

Figura 1.5

Porcentajes que suman más (o menos) que el 100 %

A veces, los porcentajes suman más del 100 % (o menos del 100 %). En el gráfico, los porcentajes suman más del 100 % porque los estudiantes pueden estar en más de una categoría. Un gráfico de barras es apropiado para comparar el tamaño relativo de las categorías. No se puede utilizar un gráfico circular. Tampoco podía utilizarse si los porcentajes sumaban menos del 100 %.

Característica/categoría	Porcentaje
Estudiantes a tiempo completo	40,9%
Estudiantes que pretenden transferirse a una institución educativa de 4 años	48,6%
Estudiantes menores de 25 años	61,0%
TOTAL	150,5%

Tabla 1.3 De Anza College, primavera de 2010

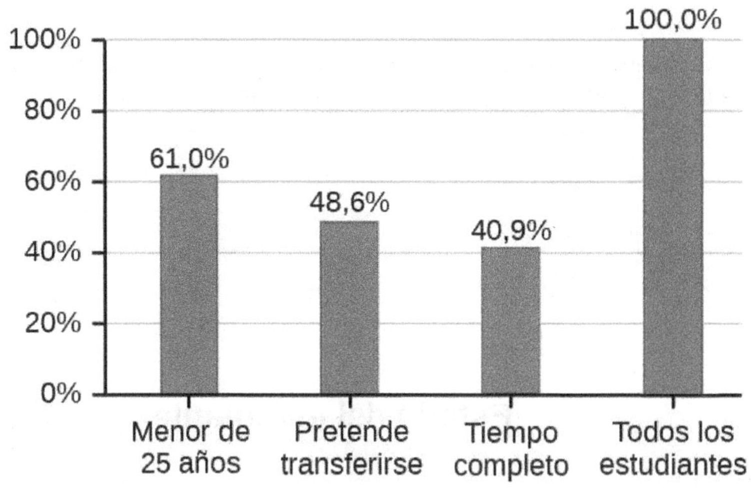

Figura 1.6

Omisión de categorías/falta de datos

La tabla muestra el origen étnico de los estudiantes pero falta la categoría "otros/desconocidos". En esta categoría se ubican las personas que no se consideraron incluidas en ninguna de las categorías étnicas o que se negaron a responder. Observe que las frecuencias no suman el número total de estudiantes. En esta situación, cree un gráfico de barras y no un gráfico circular.

	Frecuencia	Porcentaje
Asiático	8.794	36,1%
Negro	1.412	5,8%
Filipino	1.298	5,3%
Hispanos	4.180	17,1%
Nativos de Estados Unidos	146	0,6%
Isleños del Pacífico	236	1,0%
Blancos	5.978	24,5%
TOTAL	22.044 de 24.382	90.4 % del 100 %

Tabla 1.4 Origen étnico de los estudiantes del De Anza College, otoño de 2007 (día del censo)

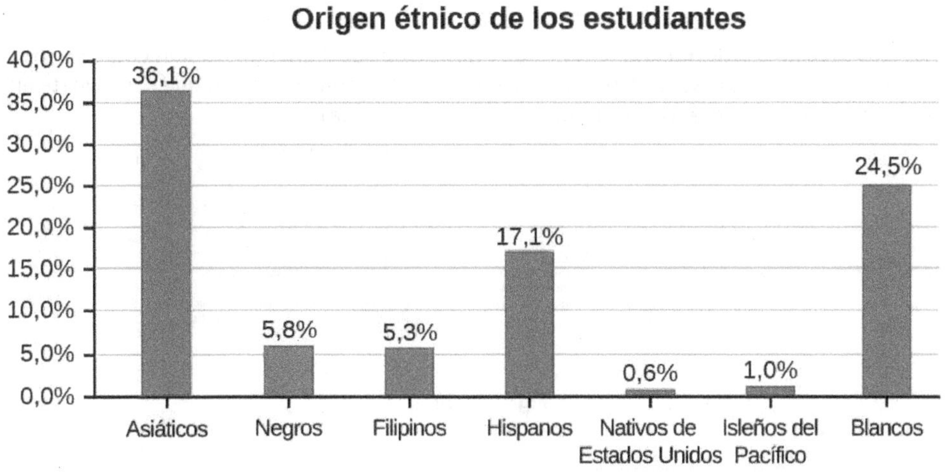

Figura 1.7

El siguiente gráfico es igual que el anterior, pero se ha incluido el porcentaje de "otros/desconocidos" (9,6 %). La categoría "otros/desconocidos" es grande en comparación con algunas de las otras categorías (nativos de Estados Unidos, 0,6 %, isleños del Pacífico, 1,0 %). Es importante saber esto cuando pensamos en lo que nos dicen los datos.

Este gráfico de barras particular en la Figura 1.8 puede ser difícil de entender visualmente. El gráfico de la Figura 1.9 es un diagrama de Pareto. El diagrama de Pareto tiene las barras ordenadas de mayor a menor y es más fácil de leer e interpretar.

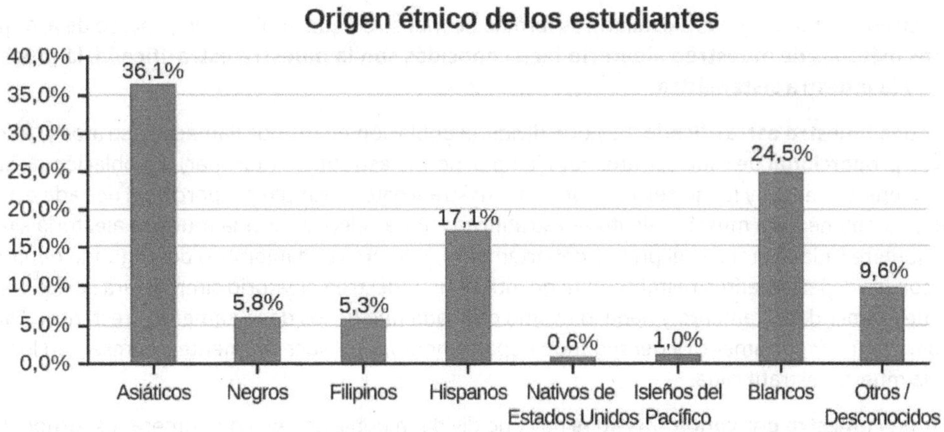

Figura 1.8 Gráfico de barras con la categoría otros/desconocidos

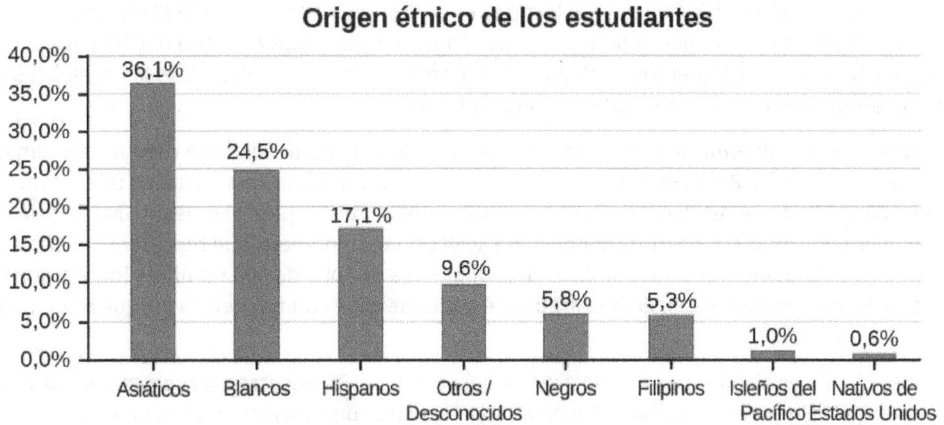

Figura 1.9 Diagrama de Pareto con barras ordenadas por tamaño

Gráficos circulares: no faltan datos

Los siguientes gráficos circulares incluyen la categoría "otros/desconocidos" (ya que los porcentajes deben sumar el 100 %). El gráfico en la Figura 1.10(b) está organizado por el tamaño de cada porción, lo que lo convierte en un gráfico visualmente más informativo que el gráfico sin clasificar en la Figura 1.10 (a).

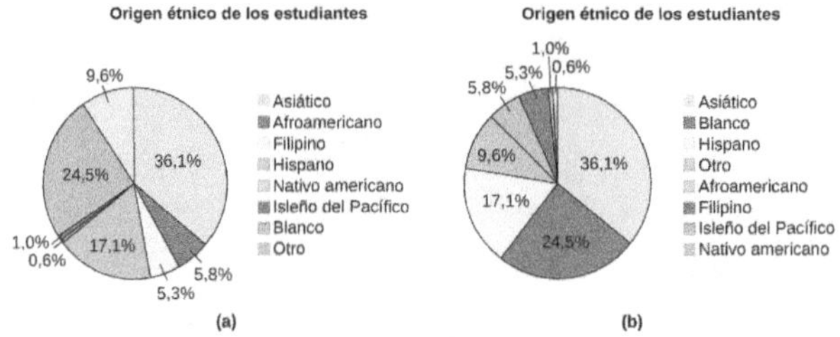

Figura 1.10

Muestreo

Recopilar información sobre toda una población suele ser demasiado costoso o prácticamente imposible. En cambio, utilizamos una muestra de la población. **Una muestra debe tener las mismas características que la población que representa.** La mayoría de los estadísticos utilizan varios métodos de muestreo aleatorio para intentar alcanzar esta meta. En esta sección se describen algunos de los métodos más comunes. Existen varios métodos de **muestreo aleatorio**. En cada forma de muestreo aleatorio, cada miembro de una población tiene inicialmente la misma probabilidad de que lo seleccionen para la muestra. Cada método tiene sus pros y sus contras. El método más fácil de describir se llama **muestra aleatoria simple**. Cualquier grupo de *n* personas tiene la misma probabilidad de que lo seleccionen que cualquier otro grupo de *n* personas si se utiliza la técnica de muestreo aleatorio simple. En otras palabras, cada muestra del mismo tamaño tiene la misma probabilidad de que la seleccionen.

Además del muestreo aleatorio simple, existen otras formas de muestreo que implican un proceso de azar para obtener la muestra. **Otros métodos de muestreo aleatorio bien conocidos son la muestra estratificada, la muestra por conglomerados y la muestra sistemática.**

Para seleccionar una **muestra estratificada**, hay que dividir la población en grupos llamados estratos y, a continuación, tomar un número **proporcional** de cada estrato. Por ejemplo, podría estratificar (agrupar) la población de su instituto universitario por departamentos y luego seleccionar una muestra aleatoria simple proporcional de cada estrato (cada departamento) para obtener una muestra aleatoria estratificada. Para seleccionar una muestra aleatoria simple de cada departamento, numere cada miembro del primer departamento, numere cada miembro del segundo departamento y haga lo mismo con los departamentos restantes. Luego, utilice un muestreo aleatorio simple para seleccionar números proporcionales del primer departamento y haga lo mismo con cada uno de los departamentos restantes. Esos números seleccionados del primer departamento y del segundo departamento, y así sucesivamente, representan los miembros que componen la muestra estratificada.

Para seleccionar una **muestra por conglomerados** hay que dividir la población en conglomerados (grupos) y luego seleccionar al azar algunos de los conglomerados. Todos los miembros de estos grupos están en la muestra por conglomerados. Por ejemplo, si toma una muestra aleatoria de cuatro departamentos de la población de su instituto universitario, los cuatro departamentos constituyen la muestra por conglomerados. Divida el profesorado de su instituto universitario por departamento. Los departamentos son los conglomerados. Numere cada departamento y, a continuación, elija cuatro números diferentes mediante un muestreo aleatorio simple. Todos los miembros de los cuatro departamentos con esos números son la muestra de conglomerado.

Para seleccionar una **muestra sistemática**, seleccione al azar un punto de partida y tome cada *n.*ª (enésima) pieza de datos de una lista de la población. Por ejemplo, supongamos que tiene que hacer una encuesta telefónica. Su directorio telefónico contiene 20.000 listas de residencias. Debe seleccionar 400 nombres para la muestra. Numere la población de 1 a 20.000 y luego utilice una muestra aleatoria simple para seleccionar un número que represente el primer nombre de la muestra. Luego, elija cada quincuagésimo nombre hasta que tenga un total de 400 nombres (puede que tenga que volver al principio de su lista de teléfonos). El muestreo sistemático se elige con frecuencia porque es un método sencillo.

Un tipo de muestreo que no es aleatorio es el muestreo de conveniencia. El **muestreo de conveniencia** implica el uso de resultados que están fácilmente disponibles. Por ejemplo, una tienda de softwares realiza un estudio de mercadeo mediante entrevistas con los clientes potenciales que se encuentran en la tienda mirando softwares disponibles. Los resultados del muestreo de conveniencia pueden ser muy buenos en algunos casos y muy sesgados (favorecer ciertos resultados) en otros.

El muestreo de datos debe hacerse con mucho cuidado. Recolectar datos sin cuidado puede causar resultados devastadores. Las encuestas enviadas por correo a los hogares y luego devueltas pueden estar muy sesgadas (pueden favorecer a un determinado grupo). Es mejor que la persona que realiza la encuesta seleccione la muestra de encuestados.

El muestreo aleatorio verdadero se realiza **con reemplazo**. Es decir, una vez que se selecciona un miembro, ese miembro vuelve a la población y, por tanto, lo pueden escoger más de una vez. Sin embargo, por razones prácticas, en la mayoría de las poblaciones el muestreo aleatorio simple se realiza **sin reemplazo**. Las encuestas suelen hacerse sin reemplazo. Es decir, un miembro de la población solo lo pueden seleccionar una vez. La mayoría de las muestras se toman de poblaciones grandes y la muestra tiende a ser pequeña en comparación con la población. En este caso, el muestreo sin reemplazo es, aproximadamente, igual al muestreo con reemplazo, ya que la probabilidad de seleccionar a la misma persona más de una vez con reemplazo es muy baja.

En una población universitaria de 10.000 personas, supongamos que se quiere seleccionar una muestra de 1.000 al azar para una encuesta. **Para cualquier muestra particular de 1.000**, si se hace un muestreo **con reemplazo**,

- la probabilidad de seleccionar la primera persona es de 1.000 entre 10.000 (0,1000);
- la probabilidad de seleccionar una segunda persona diferente para esta muestra es de 999 entre 10.000 (0,0999);
- la probabilidad de volver a seleccionar a la misma persona es de 1 entre 10.000 (muy baja).

Si se trata de un muestreo **sin reemplazo**,

- la probabilidad de seleccionar la primera persona para cualquier muestra específica es de 1.000 entre 10.000 (0,1000);
- la probabilidad de seleccionar una segunda persona diferente es de 999 entre 9.999 (0,0999);
- no se sustituye la primera persona antes de seleccionar la siguiente.

Compare las fracciones 999/10.000 y 999/9.999. Para lograr más exactitud, lleve las respuestas decimales a cuatro cifras. Con cuatro decimales, estos números son equivalentes (0,0999).

El muestreo sin reemplazo en vez del muestreo con reemplazo se convierte en una cuestión matemática solo cuando la población es pequeña. Por ejemplo, si la población es de 25 personas, la muestra es de diez y se realiza un muestreo **con reemplazo para cualquier muestra particular**, entonces la probabilidad de seleccionar la primera persona es de diez entre 25, y la probabilidad de seleccionar una segunda persona diferente es de nueve entre 25 (se reemplaza la primera persona).

Si se hace una muestra **sin reemplazo**, la probabilidad de seleccionar la primera persona es de diez entre 25, y la probabilidad de seleccionar la segunda persona (que es diferente) es de nueve entre 24 (no se reemplaza la primera persona).

Compare las fracciones 9/25 y 9/24. Con cuatro decimales, 9/25 = 0,3600 y 9/24 = 0,3750. Con cuatro decimales, estos números no son equivalentes.

Al analizar los datos, es importante tener en cuenta los **errores de muestreo** y los errores ajenos al muestreo. El propio proceso de muestreo provoca errores de muestreo. Por ejemplo, la muestra puede no ser lo suficientemente grande. Los factores no relacionados con el proceso de muestreo provocan **errores ajenos al muestreo**. Un dispositivo de recuento defectuoso puede causar un error ajeno al muestreo.

En realidad, una muestra nunca será exactamente representativa de la población, por lo que siempre habrá algún error de muestreo. Por regla general, cuanto mayor sea la muestra, menor será el error de muestreo.

En estadística, se crea **un sesgo de muestreo** cuando se recopila una muestra de una población y algunos de sus miembros no tienen la misma probabilidad de que los seleccionen que otros (recuerde que cada miembro de la población debe tener la misma probabilidad de que lo seleccionen). Cuando se produce un sesgo de muestreo, se pueden extraer conclusiones incorrectas sobre la población que se está estudiando.

Evaluación crítica

Tenemos que evaluar los estudios estadísticos que leemos de forma crítica y analizarlos antes de aceptar sus resultados. Los problemas más comunes que hay que tener en cuenta son:

- Problemas con las muestras: una muestra debe ser representativa de la población. Una muestra que no es representativa de la población está sesgada. Las muestras sesgadas que no son representativas de la población dan resultados inexactos y no válidos.
- Muestras autoseleccionadas: las respuestas de las personas que deciden responder, como las encuestas telefónicas, suelen ser poco fiables.

- Problemas de tamaño de la muestra: las muestras demasiado pequeñas pueden ser poco fiables. Si es posible, las muestras más grandes son mejores. En algunas situaciones, es inevitable contar con muestras pequeñas y, aun así, se pueden usar para sacar conclusiones. Ejemplos: pruebas de choques de automóviles o pruebas médicas para detectar condiciones poco comunes.
- Influencia indebida: recopilar datos o hacer preguntas de forma que influyan en la respuesta.
- Falta de respuesta o negativa del sujeto a participar: las respuestas recogidas pueden dejar de ser representativas de la población. A menudo, personas con fuertes opiniones positivas o negativas pueden responder las encuestas, lo que puede afectar los resultados.
- Causalidad: una relación entre dos variables no significa que una cause la otra. Pueden estar relacionadas (correlacionadas) debido a su relación a través de una variable diferente.
- Estudios autofinanciados o de interés propio: estudio realizado por una persona u organización para respaldar su afirmación. ¿El estudio es imparcial? Lea atentamente el estudio para evaluar el trabajo. No asuma automáticamente que el estudio es bueno, pero tampoco asuma automáticamente que es deficiente. Valórelo por sus méritos y el trabajo realizado.
- Uso engañoso de datos: gráficos mal presentados, datos incompletos o falta de contexto.
- Confusión: cuando los efectos de múltiples factores sobre una respuesta no se pueden separar. Los factores de confusión dificultan o impiden sacar conclusiones válidas sobre el efecto de cada uno de ellos.

EJEMPLO 1.11

Se realiza un estudio para determinar la matrícula promedio que los estudiantes de educación superior del estado de San José pagan por semestre. En las siguientes muestras se pregunta a cada estudiante cuánto pagó de matrícula en el semestre de otoño. ¿Cuál es el tipo de muestreo en cada caso?

a. Se toma una muestra de 100 estudiantes de educación superior del estado de San José y se organizan los nombres de los estudiantes por clasificación (primero y segundo años, júnior y sénior) y se seleccionan 25 estudiantes de cada uno.
b. Se utiliza un generador de números aleatorios para seleccionar un estudiante de la lista alfabética de todos los estudiantes de pregrado en el semestre de otoño. A partir de ese estudiante, se elige cada 50 estudiantes hasta incluir 75 en la muestra.
c. Se utiliza un método completamente aleatorio para seleccionar 75 estudiantes. Cada estudiante de educación superior del semestre de otoño tiene la misma probabilidad de que lo seleccionen en cualquier fase del proceso de muestreo.
d. Los de primero, segundo, júnior y sénior años están numerados como uno, dos, tres y cuatro, respectivamente. Se utiliza un generador de números aleatorios para seleccionar dos de esos años. Todos los estudiantes de esos dos años están en la muestra.
e. Se le pide a un asistente administrativo que se sitúe un miércoles frente a la biblioteca y les pregunte a los 100 primeros estudiantes de educación superior que calculen cuánto han pagado de matrícula en el semestre de otoño. Esos 100 estudiantes son la muestra.

Solución 1

a. estratificado; b. sistemático; c. aleatoria simple; d. por conglomerados; e. de conveniencia

EJEMPLO 1.12

Determine el tipo de muestreo utilizado (aleatorio simple, estratificado, sistemático, por conglomerados o de conveniencia).

a. Un entrenador de fútbol selecciona seis jugadores de un grupo de niños entre ocho y diez años, siete jugadores de un grupo de niños entre 11 y 12 años y tres jugadores de un grupo de niños entre 13 y 14 años para formar un equipo de fútbol recreativo.
b. Un encuestador entrevista a todo el personal de Recursos Humanos de cinco compañías diferentes de alta tecnología.
c. Un investigador educativo de escuela secundaria entrevista a 50 maestras y a 50 maestros de escuela secundaria.
d. Un investigador médico entrevista a uno de cada tres pacientes de cáncer de una lista de enfermos de cáncer de un hospital local.
e. El consejero de una escuela secundaria utiliza una computadora para generar 50 números al azar y luego toma a los

estudiantes cuyos nombres se corresponden con los números.

f. Un estudiante entrevista a los compañeros de su clase de Álgebra para determinar cuántos jeans posee un estudiante, en promedio.

Solución 1

a. estratificado; b. por conglomerados; c. estratificado; d. sistemático; e. aleatorio simple; f. de conveniencia

---

Si examinamos dos muestras que representen a la misma población, aunque utilicemos métodos de muestreo aleatorio para las muestras, no serán exactamente iguales. Al igual que hay variación en los datos, hay variación en las muestras. A medida que se acostumbre a la toma de muestras, la variabilidad empezará a parecer natural.

EJEMPLO 1.13

Supongamos que el ABC College tiene 10.000 estudiantes a tiempo parcial (la población). Estamos interesados en la cantidad promedio de dinero que un estudiante a tiempo parcial gasta en libros en el trimestre de otoño. Preguntarles a los 10.000 estudiantes es una tarea casi imposible.

Supongamos que tomamos dos muestras diferentes.

En primer lugar, utilizamos un muestreo de conveniencia y encuestamos a diez estudiantes de una clase de Química Orgánica del primer trimestre. Muchos de estos estudiantes están cursando el primer trimestre de Cálculo además de la clase de Química Orgánica. Gastan la siguiente cantidad de dinero en libros:

$128; $87; $173; $116; $130; $204; $147; $189; $93; $153

La segunda muestra se toma a partir de una lista de personas mayores que asisten a clases de Educación Física y se toma una de cada cinco personas mayores de la lista, lo que supone un total de diez personas mayores. Gastan:

$50; $40; $36; $15; $50; $100; $40; $53; $22; $22

Es poco probable que algún estudiante esté en ambas muestras.

a. ¿Cree que alguna de estas muestras es representativa de (o es característica de) toda la población de 10.000 estudiantes a tiempo parcial?

Solución 1

a. No. La primera muestra se compone probablemente de estudiantes orientados a la ciencia. Además del curso de Química, algunos de ellos también están cursando el primer trimestre de Cálculo. Los libros para estas clases suelen ser costosos. Es más que probable que la mayoría de estos estudiantes estén pagando más por sus libros que el promedio de los estudiantes a tiempo parcial. La segunda muestra es un grupo de personas mayores que, muy probablemente, están tomando cursos por salud e interés. La cantidad de dinero que gastan en libros es probablemente mucho menor que la del estudiante promedio a tiempo parcial. Ambas muestras están sesgadas. Además, en ambos casos, no todos los estudiantes tienen la oportunidad de estar en una u otra muestra.

b. Dado que estas muestras no son representativas de toda la población, ¿es prudente utilizar los resultados para describir a toda la población?

Solución 2

b. No. En estas muestras, cada miembro de la población no tenía la misma probabilidad de que lo seleccionaran.

Ahora, supongamos que tomamos una tercera muestra. Seleccionamos diez estudiantes diferentes a tiempo parcial de las disciplinas de Química, Matemáticas, Inglés, Psicología, Sociología, Historia, Enfermería, Educación Física, Arte y Desarrollo Infantil (suponemos que estas son las únicas disciplinas en las que están inscritos los estudiantes a tiempo parcial del ABC College y que hay un número igual de estudiantes a tiempo parcial en cada una de las disciplinas). Cada estudiante se selecciona mediante un muestreo aleatorio simple. Con una calculadora se generan números aleatorios y se selecciona un estudiante de una determinada disciplina si tiene el número correspondiente. Los estudiantes gastan las siguientes cantidades:

$180; $50; $150; $85; $260; $75; $180; $200; $200; $150

c. ¿La muestra está sesgada?

Solución 3

c. La muestra es sin sesgos, pero se recomendaría una muestra mayor para aumentar la probabilidad de que sea casi representativa de la población. Sin embargo, para una técnica de muestreo sesgada, incluso una muestra grande corre el riesgo de no ser representativa de la población.

Los estudiantes suelen preguntar si es "suficiente" tomar una muestra, en vez de encuestar a toda la población. Si la encuesta está bien hecha, la respuesta es sí.

INTÉNTELO 1.13

Una emisora de radio local tiene una base de 20.000 oyentes. La emisora quiere saber si su audiencia prefiere más música o más programas de debate. Preguntarles a los 20.000 oyentes es una tarea casi imposible.

La emisora utiliza un muestreo de conveniencia y encuesta a las primeras 200 personas que encuentra en uno de los conciertos musicales de la emisora. 24 personas dijeron que preferirían más programas de debate, y 176 personas dijeron que preferirían más música.

¿Cree que esta muestra es representativa (o característica) de toda la población de 20.000 oyentes?

Variación de los datos

La **variación** está presente en cualquier conjunto de datos. Por ejemplo, las latas de bebida de 16 onzas pueden contener más o menos de 16 onzas de líquido. En un estudio, se midieron ocho latas de 16 onzas y produjeron la siguiente cantidad (en onzas) de bebida:

15,8; 16,1; 15,2; 14,8; 15,8; 15,9; 16,0; 15,5

Las medidas de la cantidad de bebida en una lata de 16 onzas pueden variar porque diferentes personas hacen las mediciones o porque no se puso la cantidad exacta, 16 onzas de líquido, en las latas. Los fabricantes realizan regularmente pruebas para determinar si la cantidad de bebida en una lata de 16 onzas está dentro del rango deseado.

Tenga en cuenta que, al tomar los datos, estos pueden variar en cierta medida con respecto a los datos que otra persona está tomando para el mismo fin. Esto es completamente natural. Sin embargo, si dos o más de ustedes toman los mismos datos y obtienen resultados muy diferentes, es hora de que usted y los demás reevalúen sus métodos de toma de datos y su exactitud.

Variación en las muestras

Ya se ha mencionado anteriormente que dos o más **muestras** de la misma **población**, tomadas al azar y que se aproximen a las mismas características de la población serán probablemente diferentes entre sí. Supongamos que Doreen y Jung deciden estudiar la cantidad promedio de tiempo que los estudiantes de su instituto universitario duermen cada noche. Doreen y Jung toman cada uno muestras de 500 estudiantes. Doreen utiliza el muestreo sistemático y Jung el muestreo por conglomerados. La muestra de Doreen será diferente a la de Jung. Aunque Doreen y Jung utilizaran el mismo método de muestreo, con toda probabilidad sus muestras serían diferentes. Sin embargo, ninguno de los dos estaría equivocado.

Piense en lo que contribuye a que las muestras de Doreen y Jung sean diferentes.

Si Doreen y Jung tomaran muestras más grandes (es decir, el número de valores de los datos se incrementa), los resultados de su muestra (la cantidad promedio de tiempo que duerme un estudiante) podrían estar más cerca del promedio real de la población. Pero aun así, sus muestras serían, con toda probabilidad, diferentes entre sí. Nunca se insistirá lo suficiente en esta **variabilidad en las muestras**.

Tamaño de la muestra

Es importante el tamaño de la muestra (a menudo llamado número de observaciones, normalmente con el símbolo n). Los ejemplos que ha visto en este libro hasta ahora han sido pequeños. Muestras de solo unos cientos de observaciones, o incluso más pequeñas, son suficientes para muchos propósitos. En los sondeos, las muestras que van de 1.200 a 1.500 observaciones se consideran suficientemente grandes y buenas si la encuesta es aleatoria y está bien hecha. Más adelante veremos que hasta los tamaños de muestra mucho más pequeños darán muy buenos resultados. Aprenderá por qué cuando estudie intervalos de confianza.

Tenga en cuenta que muchas muestras grandes están sesgadas. Por ejemplo, las encuestas con llamadas están invariablemente sesgadas porque la gente decide responder o no.

1.3 Niveles de medición

Una vez que tenga un conjunto de datos, tendrá que organizarlos para poder analizar la frecuencia con la que aparece cada dato en el conjunto. Sin embargo, al calcular la frecuencia, es posible que tenga que redondear sus respuestas para que sean lo más precisas posible.

Niveles de medición

La forma de medir un conjunto de datos se denomina **nivel de medición**. Los procedimientos estadísticos correctos dependen de que el investigador esté familiarizado con los niveles de medición. No todas las operaciones estadísticas se pueden usar con todos los conjuntos de datos. Los datos se pueden clasificar en cuatro niveles de medición. Son (de menor a mayor nivel):

- **Nivel de escala nominal**
- **Nivel de escala ordinal**
- **Nivel de escala de intervalos**
- **Nivel de escala de cociente**

Los datos que se miden mediante una **escala nominal** son **cualitativos (categóricos)**. Categorías, colores, nombres, etiquetas y alimentos favoritos junto con las respuestas de sí o no son ejemplos de datos de nivel nominal. Los datos de escala nominal no están ordenados. Por ejemplo, intentar clasificar a las personas según su comida favorita no tiene ningún sentido. Poner la pizza en primer lugar y el sushi en segundo no tiene sentido.

Las compañías de teléfonos inteligentes son otro ejemplo de datos de escala nominal. Los datos son los nombres de las compañías que fabrican teléfonos inteligentes, pero no hay un orden consensuado de estas marcas, aunque la gente pueda tener preferencias personales. Los datos de escala nominal no se pueden usar en cálculos.

Los datos que se miden con una **escala ordinal** son similares a los datos de la escala nominal, pero hay una gran diferencia. Los datos de la escala ordinal se pueden ordenar. Un ejemplo de datos de escala ordinal es una lista de los cinco mejores parques nacionales de Estados Unidos. Los cinco principales parques nacionales de Estados Unidos se pueden clasificar del uno al cinco, pero no podemos medir las diferencias entre los datos.

Otro ejemplo de uso de la escala ordinal es una encuesta sobre un crucero en la que las respuestas son "excelente", "bueno", "satisfactorio" e "insatisfactorio". Estas respuestas están ordenadas de la respuesta más deseada a la menos deseada. Pero las diferencias entre dos datos no se pueden medir. Al igual que los datos de la escala nominal, los datos de la escala ordinal no se pueden usar en cálculos.

Los datos que se miden con la **escala de intervalos** son similares a los datos de nivel ordinal porque tienen un orden definido, pero hay una diferencia entre los datos. Las diferencias entre los datos de la escala de intervalos se pueden medir aunque los datos no tengan un punto de partida.

Las escalas de temperatura como Celsius (C) y Fahrenheit (F) se miden utilizando la escala de intervalos. En ambas medidas de temperatura, 40° es igual a 100° menos 60°. Las diferencias tienen sentido. Pero los 0 grados no porque, en ambas escalas, el 0 no es la temperatura mínima absoluta. Existen temperaturas como −10 °F y −15 °C que son más frías que el 0.

Los datos a nivel de intervalo pueden utilizarse en cálculos, pero no se puede hacer un tipo de comparación. 80 °C no es cuatro veces más caliente que 20 °C (ni 80 °F es cuatro veces más caliente que 20 °F). El cociente de 80 a 20 (o de cuatro a uno) no tiene sentido.

Los datos que se miden con la **escala de cociente** se encargan del problema de las proporciones y ofrecen más información. Los datos de la escala de cociente son como los datos de la escala de intervalos, pero tienen un punto 0 y se pueden calcular cocientes. Por ejemplo, las calificaciones de cuatro exámenes finales de Estadística de opción múltiple son 80, 68, 20 y 92 (sobre 100 puntos posibles). Los exámenes son calificados por máquina.

Los datos se pueden ordenar de menor a mayor: 20, 68, 80, 92.

Las diferencias entre los datos tienen un significado. La calificación de 92 es superior a la de 68 por 24 puntos. Se pueden calcular cocientes. La calificación más baja es 0. Así que 80 es cuatro veces 20. La calificación de 80 es cuatro veces mejor que la de 20.

Frecuencia

Se les preguntó a veinte estudiantes cuántas horas trabajaban al día. Sus respuestas, en horas, son las siguientes: 5; 6; 3; 3; 2; 4; 7; 5; 2; 3; 5; 6; 5; 4; 4; 3; 5; 2; 5; 3.

La Tabla 1.5 enumera los diferentes valores de los datos en orden ascendente y sus frecuencias.

Valor de los datos	Frecuencia
2	3
3	5
4	3
5	6
6	2
7	1

Tabla 1.5 Tabla de frecuencias de las horas de trabajo de los estudiantes

Una **frecuencia** es el número de veces que se produce un valor de los datos. Según la Tabla 1.5, hay tres estudiantes que trabajan dos horas, cinco estudiantes que trabajan tres horas y así sucesivamente. La suma de los valores de la columna de frecuencia, 20, representa el número total de estudiantes incluidos en la muestra.

Una **frecuencia relativa** es el cociente (fracción o proporción) entre el número de veces que se produce un valor de los datos en el conjunto de todos los resultados y el número total de resultados. Para hallar las frecuencias relativas, divida cada frecuencia entre el número total de estudiantes de la muestra, en este caso, 20. Las frecuencias relativas se pueden escribir como fracciones, porcentajes o decimales.

Valor de los datos	Frecuencia	Frecuencia relativa
2	3	$\frac{3}{20}$ o 0,15
3	5	$\frac{5}{20}$ o 0,25
4	3	$\frac{3}{20}$ o 0,15
5	6	$\frac{6}{20}$ o 0,30
6	2	$\frac{2}{20}$ o 0,10
7	1	$\frac{1}{20}$ o 0,05

Tabla 1.6 Tabla de frecuencias de las horas de trabajo de los estudiantes con frecuencias relativas

La suma de los valores de la columna de frecuencia relativa de la Tabla 1.6 es $\frac{20}{20}$, o 1.

La **frecuencia relativa acumulada** es la acumulación de las frecuencias relativas anteriores. Para hallar las frecuencias relativas acumuladas se suman todas las frecuencias relativas anteriores a la frecuencia relativa de la fila actual, como se muestra en la Tabla 1.7.

Valor de los datos	Frecuencia	Frecuencia relativa	Frecuencia relativa acumulada
2	3	$\frac{3}{20}$ o 0,15	0,15
3	5	$\frac{5}{20}$ o 0,25	0,15 + 0,25 = 0,40
4	3	$\frac{3}{20}$ o 0,15	0,40 + 0,15 = 0,55
5	6	$\frac{6}{20}$ o 0,30	0,55 + 0,30 = 0,85
6	2	$\frac{2}{20}$ o 0,10	0,85 + 0,10 = 0,95
7	1	$\frac{1}{20}$ o 0,05	0,95 + 0,05 = 1,00

Tabla 1.7 Tabla de frecuencias de las horas de trabajo de los estudiantes con frecuencias relativas y acumuladas

La última entrada de la columna de frecuencia relativa acumulada es uno, lo que indica que se ha acumulado el cien por ciento de los datos.

NOTA

Debido al redondeo, es posible que la columna de frecuencia relativa no sume siempre uno, y que la última entrada de la columna de frecuencia relativa acumulada no sea uno. Sin embargo, cada uno de ellos debería estar cerca de uno.

La Tabla 1.8 representa las alturas, en pulgadas, de una muestra de 100 hombres jugadores de fútbol semiprofesionales.

Estatura (en pulgadas)	Frecuencia	Frecuencia relativa	Frecuencia relativa acumulada
59,95–61,95	5	$\frac{5}{100}$ = 0,05	0,05
61.95–63.95	3	$\frac{3}{100}$ = 0,03	0,05 + 0,03 = 0,08
63.95–65.95	15	$\frac{15}{100}$ = 0,15	0,08 + 0,15 = 0,23
65.95–67.95	40	$\frac{40}{100}$ = 0,40	0,23 + 0,40 = 0,63
67.95–69.95	17	$\frac{17}{100}$ = 0,17	0,63 + 0,17 = 0,80
69.95–71.95	12	$\frac{12}{100}$ = 0,12	0,80 + 0,12 = 0,92
71.95–73.95	7	$\frac{7}{100}$ = 0,07	0,92 + 0,07 = 0,99
73.95–75.95	1	$\frac{1}{100}$ = 0,01	0,99 + 0,01 = 1,00
	Total = 100	**Total = 1,00**	

Tabla 1.8 Tabla de frecuencias de la altura de los jugadores de fútbol

Los datos de esta tabla se han **agrupado** en los siguientes intervalos:

- de 59,95 a 61,95 pulgadas
- de 61,95 a 63,95 pulgadas
- de 63,95 a 65,95 pulgadas
- de 65,95 a 67,95 pulgadas
- de 67,95 a 69,95 pulgadas
- de 69,95 a 71,95 pulgadas
- de 71,95 a 73,95 pulgadas
- de 73,95 a 75,95 pulgadas

En esta muestra hay **cinco** jugadores cuyas alturas están dentro del intervalo de 59,95 a 61,95 pulgadas, **tres** dentro del intervalo de 61,95 a 63,95 pulgadas, **15** dentro del intervalo de 63,95 a 65,95 pulgadas, **40** dentro del intervalo de 65,95 a 67,95 pulgadas, **17** dentro del intervalo de 67,95 a 69,95 pulgadas, **12** jugadores dentro del intervalo de 69,95 a 71,95, **siete** dentro del intervalo de 71,95 a 73,95 y **un** jugador cuya altura está dentro del intervalo de 73,95 a 75,95. Todas las alturas caen entre los puntos finales de un intervalo y no en los puntos finales.

EJEMPLO 1.14

A partir de la Tabla 1.8, calcule el porcentaje de alturas que son inferiores a 65,95 pulgadas.

Solución 1

Si se observan la primera, la segunda y la tercera filas, las alturas son todas inferiores a 65,95 pulgadas. Hay 5 + 3 + 15 = 23 jugadores cuya altura es inferior a 65,95 pulgadas. El porcentaje de alturas inferiores a 65,95 pulgadas es entonces $\frac{23}{100}$ o el 23 %. Este porcentaje es la entrada de frecuencia relativa acumulada en la tercera fila.

INTÉNTELO 1.14

La Tabla 1.9 muestra la cantidad, en pulgadas, de precipitaciones anuales en una muestra de ciudades.

Precipitaciones (en pulgadas)	Frecuencia	Frecuencia relativa	Frecuencia relativa acumulada
2,95-4,97	6	$\frac{6}{50}$ = 0,12	0,12
4,97-6,99	7	$\frac{7}{50}$ = 0,14	0,12 + 0,14 = 0,26
6,99-9,01	15	$\frac{15}{50}$ = 0,30	0,26 + 0,30 = 0,56
9,01-11,03	8	$\frac{8}{50}$ = 0,16	0,56 + 0,16 = 0,72
11,03-13,05	9	$\frac{9}{50}$ = 0,18	0,72 + 0,18 = 0,90
13,05-15,07	5	$\frac{5}{50}$ = 0,10	0,90 + 0,10 = 1,00
	Total = 50	Total = 1,00	

Tabla 1.9

A partir de la Tabla 1.9, calcule el porcentaje de precipitación que es inferior a 9,01 pulgadas.

EJEMPLO 1.15

A partir de la Tabla 1.8, calcule el porcentaje de alturas que se encuentran entre 61,95 y 65,95 pulgadas.

Solución 1

Sume las frecuencias relativas en la segunda y tercera filas: 0,03 + 0,15 = 0,18 o 18 %.

INTÉNTELO 1.15

A partir de la Tabla 1.9, calcule el porcentaje de precipitaciones que se encuentra entre 6,99 y 13,05 pulgadas.

EJEMPLO 1.16

Utilice las alturas de los 100 hombres jugadores de fútbol semiprofesionales en la Tabla 1.8. Rellene los espacios en blanco y compruebe sus respuestas.

a. El porcentaje de alturas que van de 67,95 a 71,95 pulgadas es: ____.
b. El porcentaje de alturas que van de 67,95 a 73,95 pulgadas es: ____.
c. El porcentaje de alturas superiores a 65,95 pulgadas es: ____.
d. El número de jugadores de la muestra que miden entre 61,95 y 71,95 pulgadas es: ____.
e. ¿Qué tipo de datos son las alturas?
f. Describa cómo podría reunir estos datos (las alturas) para que los datos sean característicos de todos los jugadores hombres de fútbol semiprofesionales.

Recuerde, usted **cuentas frecuencias**. Para hallar la frecuencia relativa, divida la frecuencia entre el número total de valores de datos. Para hallar la frecuencia relativa acumulada se suman todas las frecuencias relativas anteriores a la frecuencia relativa de la fila actual.

Solución 1

a. 29 %
b. 36 %
c. 77 %
d. 87
e. cuantitativo continuo
f. obtener las listas de cada equipo y elegir una muestra aleatoria simple de cada uno

---

EJEMPLO 1.17

Se les preguntó a diecinueve personas cuántas millas recorren cada día para ir al trabajo, con una aproximación de una milla. Los datos son los siguientes: 2; 5; 7; 3; 2; 10; 18; 15; 20; 7; 10; 18; 5; 12; 13; 12; 4; 5; 10. Se produjo la Tabla 1.10:

Datos	Frecuencia	Frecuencia relativa	Frecuencia relativa acumulada
3	3	$\frac{3}{19}$	0,1579
4	1	$\frac{1}{19}$	0,2105
5	3	$\frac{3}{19}$	0,1579
7	2	$\frac{2}{19}$	0,2632
10	3	$\frac{4}{19}$	0,4737

Tabla 1.10 Frecuencia de las distancias de desplazamiento

Datos	Frecuencia	Frecuencia relativa	Frecuencia relativa acumulada
12	2	$\frac{2}{19}$	0,7895
13	1	$\frac{1}{19}$	0,8421
15	1	$\frac{1}{19}$	0,8948
18	1	$\frac{1}{19}$	0,9474
20	1	$\frac{1}{19}$	1,0000

Tabla 1.10 Frecuencia de las distancias de desplazamiento

a. ¿La tabla es correcta? Si no es correcta, ¿qué está errado?
b. Verdadero o falso: El tres por ciento de los encuestados se desplazan tres millas. Si la afirmación es incorrecta, ¿cuál debería serlo? Si la tabla es incorrecta, haga las correcciones.
c. ¿Qué fracción de las personas encuestadas se desplaza cinco o siete millas?
d. ¿Qué fracción de las personas encuestadas se desplaza 12 millas o más? ¿Menos de 12 millas? ¿Entre cinco y 13 millas (sin incluir cinco y 13 millas)?

Solución 1

a. No. La columna de frecuencia suma 18, no 19. No todas las frecuencias relativas acumuladas son correctas.
b. Falso. La frecuencia para tres millas debería ser una; para dos millas (omitidas), dos. La columna de frecuencia relativa acumulada debe decir: 0,1052, 0,1579, 0,2105, 0,3684, 0,4737, 0,6316, 0,7368, 0,7895, 0,8421, 0,9474, 1,0000.
c. $\frac{5}{19}$
d. $\frac{7}{19}$, $\frac{12}{19}$, $\frac{7}{19}$

INTÉNTELO 1.17

La Tabla 1.9 representa la cantidad, en pulgadas, de precipitaciones anuales en una muestra de ciudades. ¿Qué fracción de las ciudades recibe entre 11,03 y 13,05 pulgadas de lluvia al año?

EJEMPLO 1.18

La Tabla 1.11 contiene el número total de muertes en todo el mundo a causa de terremotos en el periodo comprendido entre 2000 y 2012.

Año	Número total de muertes
2000	231
2001	21.357
2002	11.685
2003	33.819

Tabla 1.11

Año	Número total de muertes
2004	228.802
2005	88.003
2006	6.605
2007	712
2008	88.011
2009	1.790
2010	320.120
2011	21.953
2012	768
Total	823.856

Tabla 1.11

Responda las siguientes preguntas.

a. ¿Cuál es la frecuencia de las muertes medidas desde 2006 hasta 2009?
b. ¿Qué porcentaje de muertes se produjo después de 2009?
c. ¿Cuál es la frecuencia relativa de las muertes ocurridas en 2003 o antes?
d. ¿Cuál es el porcentaje de muertes que se produjeron en 2004?
e. ¿Qué tipo de datos son los números de las muertes?
f. La escala de Richter se utiliza para cuantificar la energía producida por un terremoto. Ejemplos de números de la escala de Richter son 2,3; 4,0; 6,1 y 7,0. ¿Qué tipo de datos son estas cifras?

Solución 1

a. 97.118 (11,8 %)
b. 41,6 %
c. 67.092/823.356 o 0,081 o 8,1 %
d. 27,8 %
e. Discreto cuantitativo
f. Cuantitativo continuo

INTÉNTELO 1.18

La Tabla 1.12 contiene el número total de accidentes mortales de tráfico de vehículos de motor en Estados Unidos para el periodo de 1994 a 2011.

Año	Número total de accidentes	Año	Número total de accidentes
1994	36.254	2004	38.444

Tabla 1.12

Año	Número total de accidentes	Año	Número total de accidentes
1995	37.241	2005	39.252
1996	37.494	2006	38.648
1997	37.324	2007	37.435
1998	37.107	2008	34.172
1999	37.140	2009	30.862
2000	37.526	2010	30.296
2001	37.862	2011	29.757
2002	38.491	Total	653.782
2003	38.477		

Tabla 1.12

Responda las siguientes preguntas.

a. ¿Cuál es la frecuencia de las muertes medidas desde 2000 hasta 2004?
b. ¿Qué porcentaje de muertes se produjo después de 2006?
c. ¿Cuál es la frecuencia relativa de las muertes ocurridas en 2000 o antes?
d. ¿Cuál es el porcentaje de muertes que se produjeron en 2011?
e. ¿Cuál es la frecuencia relativa acumulada en 2006? Explique qué le dice este número sobre los datos.

1.4 Diseño experimental y ética

¿La aspirina reduce el riesgo de infarto? ¿Una marca de abono es más eficaz para el cultivo de rosas que otra? ¿El cansancio es tan peligroso para un conductor como la influencia del alcohol? Este tipo de preguntas se responden con experimentos aleatorios. En este módulo aprenderá aspectos importantes del diseño experimental. Un diseño adecuado del estudio garantiza la obtención de datos fiables y precisos.

El propósito de un experimento es investigar la relación entre dos variables. Cuando una variable provoca un cambio en otra, llamamos a la primera variable la **variable independiente** o **explicativa**. La variable afectada se llama **variable dependiente** o **variable de respuesta**: estímulo, respuesta. En un experimento aleatorio, el investigador manipula los valores de la variable explicativa y mide los cambios resultantes en la variable de respuesta. Los diferentes valores de la variable explicativa se denominan **tratamientos**. Una **unidad experimental** es un único objeto o persona que se va a medir.

Quiere investigar la eficacia de la vitamina E en la prevención de enfermedades. Usted recluta a un grupo de sujetos y les pregunta si toman regularmente vitamina E. Observa que los sujetos que toman vitamina E, en promedio, presentan una salud mejor que quienes no la toman. ¿Esto prueba que la vitamina E es eficaz en la prevención de enfermedades? No es así. Hay muchas diferencias entre los dos grupos comparados, además del consumo de vitamina E. Las personas que toman vitamina E con regularidad suelen tomar otras medidas para mejorar su salud: ejercicio, dieta, otros suplementos vitamínicos, elección de no fumar, etc. Cualquiera de estos factores podría estar influyendo en la salud. Como se ha descrito, este estudio no demuestra que la vitamina E sea la clave para la prevención de enfermedades.

Las variables adicionales que pueden enturbiar un estudio se denominan **variables ocultas**. Para demostrar que la variable explicativa provoca un cambio en la variable de respuesta, es necesario aislar la variable explicativa. La investigadora debe diseñar su experimento de forma que solo haya una diferencia entre los grupos que se comparan: los tratamientos previstos. Esto se consigue mediante la **asignación aleatoria** de unidades experimentales a grupos de tratamiento. Cuando los sujetos se asignan a los tratamientos de forma aleatoria, todas las variables ocultas potenciales se reparten por igual entre los grupos. En este punto, la única diferencia entre los grupos es la impuesta por el investigador. Los diferentes resultados medidos en la variable de respuesta, por tanto, deben ser una consecuencia directa de los diferentes tratamientos. De este modo, un experimento puede demostrar una conexión causa-efecto entre las variables explicativas y las de respuesta.

El poder de la sugestión puede tener una importante influencia en el resultado de un experimento. Los estudios han demostrado que la expectativa del participante en el estudio puede ser tan importante como el medicamento real. En un estudio sobre fármacos que mejoran el desempeño, los investigadores señalaron:

*Los resultados mostraron que creer que se había tomado la sustancia provocaba tiempos de [*desempeño*] casi tan rápidos como los asociados al consumo del propio fármaco. Por el contrario, la toma del fármaco sin conocimiento no produjo un aumento significativo del desempeño.* [1].

Cuando la participación en un estudio provoca una respuesta física del participante, es difícil aislar los efectos de la variable explicativa. Para contrarrestar el poder de la sugestión, los investigadores reservaron un grupo de tratamiento como **grupo de control**. Este grupo recibe un tratamiento **placebo**, es decir, un tratamiento que no puede influir en la variable de respuesta. El grupo de control ayuda a los investigadores a equilibrar los efectos de estar en un experimento con los efectos de los tratamientos activos. Por supuesto, si usted participa en un estudio y sabe que está recibiendo una píldora que no contiene ningún medicamento real, entonces el poder de la sugestión ya no es un factor. Que un experimento aleatorio sea **ciego** preserva el poder de la sugestión. Cuando una persona participa en un estudio de investigación ciego, no sabe quién recibe el tratamiento activo y quién el placebo. Un **experimento doble ciego** es aquel en el que tanto los sujetos como los investigadores que participan en él no conocen la información del fármaco.

EJEMPLO 1.19

La Fundación para el Tratamiento y la Investigación del Olfato y el Gusto realizó un estudio para investigar si el olor puede afectar el aprendizaje. Los sujetos completaron laberintos varias veces con máscaras puestas. Completaron los laberintos de lápiz y papel tres veces con máscaras con aroma floral y tres veces con máscaras sin aroma. Los participantes se asignaron al azar a ponerse la máscara floral durante los tres primeros ensayos o durante los tres últimos. En cada ensayo, los investigadores registraron el tiempo que se tardaban en completar el laberinto y la impresión de los sujetos sobre el olor de la máscara: positivo, negativo o neutro.

a. Describa las variables explicativas y de respuesta de este estudio.
b. ¿Cuáles son los tratamientos?
c. Identifique cualquier variable oculta que pueda interferir en este estudio.
d. ¿Es posible que este estudio se haga ciego?

Solución 1

a. La variable explicativa es el olor y la variable de respuesta es el tiempo que se tarda en completar el laberinto.
b. Hay dos tratamientos: una máscara con aroma floral y otra sin aroma.
c. Todos los sujetos experimentaron ambos tratamientos. El orden de los tratamientos se asignó al azar, por lo que no hubo diferencias entre los grupos de tratamiento. La asignación aleatoria elimina el problema de las variables ocultas.
d. Los sujetos sabrán claramente si pueden oler las flores o no, por lo que no es un estudio ciego para los participantes. Sin embargo, para los investigadores que cronometran los laberintos sí puede ser ciego. El investigador que observa a un sujeto no sabrá qué máscara se está usando.

1 (McClung, M. Collins, D. "Because I know it will!": placebo effects of an ergogenic aid on athletic performance. Journal of Sport & Exercise Psychology. Junio de 2007. 29(3):382-94. Web. 30 de abril de 2013)

Términos Clave

Asignación aleatoria el acto de organizar las unidades experimentales en grupos de tratamiento con métodos aleatorios

Ciego no decirles a los participantes qué tratamiento está recibiendo un sujeto

Consentimiento informado todo sujeto humano que participe en un estudio de investigación debe ser consciente de los riesgos o los costos asociados al estudio. El sujeto tiene derecho a conocer la naturaleza de los tratamientos incluidos en el estudio, sus posibles riesgos y sus posibles beneficios. El consentimiento debe ser dado libremente por un participante informado y apropiado.

Datos un conjunto de observaciones (un conjunto de resultados posibles); la mayoría de los datos se pueden clasificar en dos grupos: **cualitativos** (un atributo cuyo valor se indica mediante un identificador) o **cuantitativos** (un atributo cuyo valor se indica mediante un número). Los datos cuantitativos se pueden dividir en dos subgrupos: **discretos** y **continuos**. Los datos son discretos si son el resultado de contar (como el número de estudiantes de un determinado grupo étnico en una clase o el número de libros en una estantería). Los datos son continuos si son el resultado de una medición (como la distancia recorrida o el peso del equipaje).

Datos cualitativos Consulte datos (http://openstax.org/books/introducción-estadística/pages/1-1-definiciones-de-estadistica-probabilidad-y-terminos-clave).

Datos cuantitativos Consulte datos (http://openstax.org/books/introducción-estadística/pages/1-1-definiciones-de-estadistica-probabilidad-y-terminos-clave).

Doble ciego cuando tanto los sujetos de un experimento como los investigadores que trabajan con ellos no saben cuál es el fármaco que se administra

Encuesta estudio en el que los datos se recogen tal y como los comunican los individuos.

Error ajeno al muestreo un problema que afecta la fiabilidad de los datos del muestreo, aparte de la variación natural; incluye una variedad de errores humanos, como un diseño deficiente del estudio, métodos de muestreo sesgados, información inexacta proporcionada por los participantes en el estudio, errores de introducción de datos y un análisis deficiente.

Error de muestreo la variación natural que resulta de la selección de una muestra para representar una población mayor; esta variación disminuye a medida que aumenta el tamaño de la muestra, por lo que la selección de muestras más grandes reduce el error de muestreo.

Estadístico una característica numérica de la muestra; un estadístico estima el parámetro poblacional correspondiente.

Estudio de observación estudio en el que el investigador no manipula la variable independiente.

Frecuencia el número de veces que se produce un valor de los datos

Frecuencia relativa el cociente entre el número de veces que un valor de los datos ocurre en el conjunto de todos los resultados y el número de todos los resultados con el número total de resultados

Frecuencia relativa acumulada el término se aplica a un conjunto ordenado de observaciones de menor a mayor. La frecuencia relativa acumulada es la suma de las frecuencias relativas de todos los valores que son menores o iguales al valor dado.

Grupo de control un grupo en un experimento aleatorio que recibe un tratamiento inactivo pero que se gestiona exactamente igual que los demás grupos

Junta de Revisión Institucional un comité encargado de supervisar los programas de investigación con seres humanos

Modelos estadísticos descripción de un fenómeno mediante distribuciones de probabilidad que describen el comportamiento esperado del fenómeno y la variabilidad de las observaciones esperadas.

Modelos matemáticos una descripción de un fenómeno utilizando conceptos matemáticos, como ecuaciones, desigualdades, distribuciones, etc.

Muestra un subconjunto de la población estudiada

Muestra representativa un subconjunto de la población que tiene las mismas características que la población

Muestreo aleatorio un método de selección de una muestra que da a cada miembro de la población la misma oportunidad de que lo seleccionen.

Muestreo aleatorio simple un método sencillo para seleccionar una muestra aleatoria; dar a cada miembro de la población un número. Usa un generador de números aleatorios para seleccionar un conjunto de identificadores. Estos identificadores seleccionados al azar precisan los miembros de su muestra.

Muestreo con reemplazo una vez que se selecciona un miembro de la población para incluirlo en una muestra, ese miembro se devuelve a la población para la selección de la siguiente persona.

Muestreo de conveniencia un método no aleatorio de selección de una muestra; este método selecciona personas que son fácilmente accesibles y puede generar datos sesgados.

Muestreo estratificado método de selección de una muestra aleatoria utilizado para garantizar que los subgrupos de la población estén representados adecuadamente; divide la población en grupos (estratos). Usa el muestreo aleatorio simple para identificar un número proporcional de personas de cada estrato.

Muestreo por conglomerados un método para seleccionar una muestra aleatoria y dividir la población en grupos (conglomerados); usa el muestreo aleatorio simple para seleccionar un conjunto de conglomerados. Todas las personas de los grupos elegidos se incluyen en la muestra.

Muestreo sin reemplazo a un miembro de la población lo pueden elegir para incluirlo en una muestra solo una vez. Si se elige, el miembro no se devuelve a la población antes de la siguiente selección.

Muestreo sistemático un método para seleccionar una muestra aleatoria; enumera los miembros de la población. Usa el muestreo aleatorio simple para seleccionar un punto de partida en la población. Supongamos que k = (número de personas de la población)/(número de personas necesarios en la muestra). Elija cada "k-ésima" persona de la lista empezando por la que se seleccionó al azar. Si es necesario, vuelva al principio de la lista de población para completar su muestra.

Parámetro un número que se utiliza para representar una característica de la población y que generalmente no se puede determinar fácilmente

Placebo un tratamiento inactivo que no tiene ningún efecto real sobre la variable explicativa

Población todos las personas, objetos o medidas cuyas propiedades se estudian

Probabilidad un número entre cero y uno, ambos inclusive, que da la probabilidad de que ocurra un evento específico

Promedio también llamada media o media aritmética; número que describe la tendencia central de los datos

Proporción el número de aciertos dividido entre el número total de la muestra

Sesgo de muestreo no todos los miembros de la población tienen la misma probabilidad de que los seleccionen.

Tratamientos diferentes valores o componentes de la variable explicativa aplicada en un experimento

Unidad experimental cualquier persona u objeto que se va a medir

Variable una característica de interés para cada persona u objeto de una población

Variable aleatoria continua una variable aleatoria (random variable, RV) cuyos resultados se miden; la altura de los árboles en el bosque es una RV continua.

Variable aleatoria discreta una variable aleatoria (RV) cuyos resultados se cuentan

Variable categórica variables que toman valores que son nombres o identificadores

Variable de respuesta la **variable dependiente** en un experimento; el valor que se mide para el cambio al final de un experimento

Variable explicativa la **variable independiente** en un experimento; el valor controlado por los investigadores

Variable numérica variables que toman valores indicados por números

Variable oculta una variable que tiene un efecto en un estudio, aunque no sea ni una variable explicativa ni una variable de respuesta

Repaso del capítulo

1.1 Definiciones de estadística, probabilidad y términos clave

La teoría matemática de la estadística es más fácil de aprender cuando se conoce el lenguaje. Este módulo presenta términos importantes que se utilizarán a lo largo del texto.

1.2 Datos, muestreo y variación de datos y muestreo

Los datos son elementos individuales de información que provienen de una población o muestra. Los datos se clasifican en cualitativos (categóricos), cuantitativos continuos o cuantitativos distintos.

Como no es práctico medir toda la población en un estudio, los investigadores utilizan muestras para representar a la población. Una muestra aleatoria es un grupo representativo de la población elegido mediante un método que da a cada persona de la población la misma oportunidad de que la incluyan en la muestra. Los métodos de muestreo aleatorio incluyen muestreo aleatorio simple, muestreo estratificado, muestreo por conglomerados y muestreo sistemático. El muestreo de conveniencia es un método no aleatorio de elección de una muestra que suele producir datos sesgados.

Las muestras que contienen personas diferentes generan datos diferentes. Esto es así incluso cuando las muestras están bien elegidas y son representativas de la población. Cuando se seleccionan adecuadamente, las muestras más grandes modelan la población con más precisión que las más pequeñas. Hay muchos problemas potenciales que pueden afectar la fiabilidad de una muestra. Los datos estadísticos se deben analizar críticamente, no simplemente aceptarlos.

1.3 Niveles de medición

Algunos cálculos generan números que son artificialmente precisos. No es necesario informar de un valor con ocho decimales cuando las medidas que generaron ese valor solo eran precisas hasta la décima más cercana. Redondee su respuesta final con un decimal más de los que había en los datos originales. Esto significa que si tiene datos medidos a la décima más cercana de una unidad, presente la estadística final a la centésima más cercana.

Además de redondear sus respuestas, puede medir sus datos utilizando los siguientes cuatro niveles de medición.

- **Nivel de escala nominal:** datos que no se pueden ordenar ni usar en cálculos
- **Nivel de escala ordinal:** datos que se pueden ordenar; las diferencias no se pueden medir
- **Nivel de escala de intervalos:** datos con un orden definido pero sin punto de partida; las diferencias se pueden medir, pero no como si fuera un cociente.
- **Nivel de escala de cociente:** datos con un punto de partida que se puede ordenar; las diferencias tienen significado y se pueden calcular cocientes.

Al organizar los datos, es importante saber cuántas veces aparece un valor. ¿Cuántos estudiantes de Estadística estudian cinco horas o más para un examen? ¿Qué porcentaje de familias de nuestra manzana tiene dos mascotas? La frecuencia, la frecuencia relativa y la frecuencia relativa acumulada son medidas que responden preguntas como estas.

1.4 Diseño experimental y ética

Un estudio de diseño deficiente no producirá datos fiables. Hay ciertos componentes clave que deben incluirse en cada experimento. Para eliminar las variables ocultas los sujetos deben ser asignados aleatoriamente a diferentes grupos de tratamiento. Uno de los grupos debe actuar como grupo de control, con lo que se demuestra lo que ocurre cuando no se aplica el tratamiento activo. Los participantes del grupo de control reciben un tratamiento placebo que es exactamente igual a los tratamientos activos, pero que no puede influir en la variable de respuesta. Para preservar la integridad del placebo, tanto los investigadores como los sujetos pueden estar sin conocimiento del fármaco. Cuando un estudio se diseña correctamente la única diferencia entre los grupos de tratamiento es la impuesta por el investigador. Por lo tanto, cuando los grupos responden de forma diferente a los distintos tratamientos, la diferencia debe ser por la influencia de la variable explicativa.

"Un problema de ética surge cuando se plantea una acción que le beneficia a usted o a alguna causa que apoya, perjudica o reduce los beneficios de otras personas y viola alguna norma" [2]. Las violaciones de la ética en las estadísticas no siempre son fáciles de detectar. Asociaciones profesionales y agencias federales publican directrices sobre la conducta adecuada. Es importante que aprenda los procedimientos estadísticos básicos para que pueda reconocer un análisis de datos adecuado.

Tarea para la casa

1.1 Definiciones de estadística, probabilidad y términos clave

Para cada uno de los ocho ejercicios siguientes, identifique: a. la población, b. la muestra, c. el parámetro, d. el estadístico, e. la variable y f. los datos. Dé ejemplos cuando sea necesario.

1. Un centro de acondicionamiento físico está interesado en la cantidad media de tiempo que un cliente hace ejercicio en el centro cada semana.

2. Las estaciones de esquí se interesan por la edad media a la que los niños toman sus primeras clases de esquí y snowboard. Necesitan esta información para planificar sus clases de esquí de forma óptima.

3. Una cardióloga está interesada en el periodo medio de recuperación de sus pacientes que han sufrido infartos.

4. Las compañías de seguros se interesan por los costos sanitarios medios anuales de sus clientes para poder determinar los costos del seguro de enfermedad.

5. A un político le interesa la proporción de votantes de su distrito que piensan que está haciendo un buen trabajo.

6. Una consejera matrimonial está interesada en la proporción de clientes a los que asesora que siguen casados.

---

2 (Andrew Gelman, "Open Data and Open Methods", Ethics and Statistics, http://www.stat.columbia.edu/~gelman/research/published/ChanceEthics1.pdf [consultado el 1.º de mayo de 2013])

7. Los encuestadores políticos pueden estar interesados en la proporción de personas que votarán por una causa particular.

8. Una compañía de mercadeo está interesada en la proporción de personas que comprarán un determinado producto.

Use la siguiente información para responder los tres próximos ejercicios: Una instructora del Lake Tahoe Community College está interesado en el número medio de días que los estudiantes de Matemáticas del Lake Tahoe Community College se ausentan de clase durante un trimestre.

9. ¿Cuál es la población que le interesa?
   a. todos los estudiantes del Lake Tahoe Community College
   b. todos los estudiantes de Inglés del Lake Tahoe Community College
   c. todos los estudiantes del Lake Tahoe Community College en sus clases
   d. todos los estudiantes de Matemáticas del Lake Tahoe Community College

10. Considere lo siguiente:

    X = número de días de ausencia de un estudiante de Matemáticas del Lake Tahoe Community College

    En este caso, X es un ejemplo de a:
    a. variable.
    b. población.
    c. estadístico.
    d. datos.

11. La muestra de la instructora arroja una media de días de ausencia de 3,5 días. Este valor es un ejemplo de:
    a. parámetro.
    b. datos.
    c. estadístico.
    d. variable.

1.2 Datos, muestreo y variación de datos y muestreo

En los siguientes ejercicios identifique el tipo de datos que se utilizaría para describir una respuesta (cuantitativa discreta, cuantitativa continua o cualitativa) y dé un ejemplo de los datos.

12. número de entradas vendidas para un concierto

13. porcentaje de grasa corporal

14. equipo de béisbol favorito

15. tiempo en la fila para comprar alimentos

16. número de estudiantes inscritos en el Evergreen Valley College

17. programa de televisión más visto

18. marca de pasta de dientes

19. distancia a la sala de cine más cercana

20. edad de los ejecutivos de las compañías de la lista Fortune 500

21. número de paquetes de software de hojas de cálculo de la competencia

Use la siguiente información para responder los dos próximos ejercicios: Se realizó un estudio para determinar la edad de los residentes que utilizan un parque local en San José y el número de veces por semana que van y la duración (cantidad de tiempo). Se seleccionó al azar la primera casa del vecindario que rodea el parque y luego se entrevistó a una de cada 8.ª casa del vecindario que rodea el parque.

22. "Número de veces por semana", ¿qué tipo de datos son?

a. cualitativo (categórico)
b. cuantitativo discreto
c. cuantitativo continuo

23. La "duración (cantidad de tiempo)", ¿qué tipo de dato es?

a. cualitativo (categórico)
b. cuantitativo discreto
c. cuantitativo continuo

24. Las compañías aéreas están interesadas en la coherencia del número de bebés en cada vuelo para tener un equipo de seguridad adecuado. Supongamos que una compañía aérea realiza una encuesta. Durante el fin de semana de Acción de Gracias realiza una encuesta en seis vuelos de Boston a Salt Lake City para determinar el número de bebés que hay en los vuelos. Esto determina la cantidad de equipos de seguridad necesarios según el resultado de ese estudio.

a. Use oraciones completas y enumere tres cosas que no funcionan en la forma en que se realizó la encuesta.
b. Use oraciones completas y enumere tres formas en las que mejoraría la encuesta si se repitiera.

25. Suponga que quiere determinar el número medio de estudiantes por clase de Estadística en su estado. Describa un posible método de muestreo en tres o cinco oraciones completas. Haga una descripción detallada.

26. Suponga que quiere determinar el número medio de latas de gaseosas que beben cada mes los estudiantes de veinte años de su escuela. Describa un posible método de muestreo en tres o cinco oraciones completas. Haga una descripción detallada.

27. Enumere algunas dificultades prácticas para obtener resultados precisos de una encuesta telefónica.

28. Enumere algunas dificultades prácticas para obtener resultados precisos de una encuesta por correo.

29. Con sus compañeros de clase haga una lluvia de ideas sobre cómo podría superar estos problemas si tuviera que realizar una encuesta telefónica o por correo.

30. La instructora toma su muestra recopilando datos de cinco estudiantes seleccionados al azar de cada clase de Matemáticas del colegio comunitario Lake Tahoe. El tipo de muestreo que utilizó es

a. muestreo por conglomerados
b. muestreo estratificado
c. muestreo aleatorio simple
d. muestreo de conveniencia

31. Se realizó un estudio para determinar la edad de los residentes que utilizan un parque local en San José y el número de veces por semana que van y la duración (cantidad de tiempo). Se seleccionó al azar la primera casa del vecindario que rodea el parque y luego se entrevistó a una de cada ocho casas del vecindario que rodea el parque. El método de muestreo fue:

a. simple aleatorio
b. sistemático
c. estratificado
d. conglomerado

32. Nombre el método de muestreo utilizado en cada una de las siguientes situaciones:

a. Una mujer en el aeropuerto está repartiendo cuestionarios a los viajeros pidiéndoles que evalúen el servicio del aeropuerto. No les pregunta a los viajeros que se apresuran a pasar por el aeropuerto con las manos llenas de equipaje, sino a todos los que están sentados cerca de las puertas de embarque y no toman una siesta mientras esperan.
b. Una maestra quiere saber si sus estudiantes están haciendo sus tareas para la casa, así que selecciona al azar las filas dos y cinco y luego llama a todos los estudiantes de la fila dos y a todos los de la fila cinco para que presenten a la clase las soluciones de los problemas de las tareas para la casa.
c. El gerente de mercadeo de una cadena de tiendas de electrónica quiere información sobre la edad de sus clientes. Durante las dos semanas siguientes, en cada establecimiento, se les entregan cuestionarios a 100 clientes seleccionados al azar para que los rellenen; se les pide información sobre la edad, así como sobre otras variables de interés.
d. La bibliotecaria de una biblioteca pública quiere determinar qué proporción de sus usuarios son niños. La bibliotecaria tiene una hoja de registro en la que marca si los libros se prestan a adultos o a niños. Registra estos datos para uno de cada cuatro clientes que pide libros prestados.
e. Un partido político quiere conocer la reacción de los votantes ante un debate entre los candidatos. El día después del debate, el personal de sondeos del partido llama a 1.200 números de teléfono seleccionados al azar. Si un votante registrado contesta el teléfono o está disponible para tomar la llamada, se le pregunta por quién piensa votar y si el debate ha cambiado su opinión sobre los candidatos.

33. Se realizó una "encuesta aleatoria" a 3.274 personas de la "generación del microprocesador" (personas nacidas a partir de 1971, año en que se inventó el microprocesador). Se informó que el 48 % de los encuestados declararon que, si tuvieran 2.000 dólares para gastar, los utilizarían para equipos de computación. Además, el 66 % de los encuestados se consideran usuarios relativamente expertos en usar una computadora.

a. ¿Considera que el tamaño de la muestra es suficiente para un estudio de este tipo? ¿Por qué sí o por qué no?
b. Basándose en su "intuición", ¿cree que los porcentajes reflejan con exactitud la población estadounidense de las personas que nacieron desde 1971? Si no es así, ¿cree que los porcentajes de la población son realmente mayores o menores que las estadísticas de la muestra? ¿Por qué?
Información adicional: la encuesta, realizada por Intel Corporation, la contestaron personas que visitaron el Centro de Convenciones de Los Ángeles para ver la presentación itinerante del Smithsonian Institute llamada "America's Smithsonian".
c. Con esta información adicional, ¿cree que todos los grupos demográficos y étnicos estuvieron representados por igual en el evento? ¿Por qué sí o por qué no?
d. Con la información adicional, comente con qué precisión cree que las estadísticas de la muestra reflejan los parámetros de la población.

34. El Índice de Bienestar es una encuesta que sigue periódicamente las tendencias de los residentes en EE. UU. La encuesta abarca seis áreas de salud y bienestar: evaluación de la vida, salud emocional, salud física, comportamiento saludable, ambiente laboral y acceso básico. A continuación se enumeran algunas de las preguntas utilizadas para medir el Índice.

Identifique el tipo de datos obtenidos de cada pregunta utilizada en esta encuesta: cualitativos (categóricos), cuantitativos distintos o cuantitativos continuos.

a. ¿Tiene algún problema de salud que le impida hacer alguna de las cosas que la gente de su edad puede hacer normalmente?
b. Durante los 30 días pasados, ¿cuántos días no pudo hacer sus actividades habituales debido a condiciones de salud deficientes?
c. Durante los siete días pasados, ¿cuántos días hizo ejercicio por 30 minutos o más?
d. ¿Tiene seguro médico?

35. Antes de las elecciones presidenciales de 1936, una revista titulada Literary Digest publicó los resultados de un sondeo de opinión que predecía que el candidato republicano Alf Landon ganaría por un amplio margen. La revista envió tarjetas postales a unos 10.000.000 de posibles votantes. Estos posibles votantes se seleccionaron de la lista de suscriptores de la revista y de listas de registro de automóviles, telefónicas y de socios de clubes. Aproximadamente 2.300.000 personas enviaron sus respuestas.

a. Piense en la situación de Estados Unidos en 1936. Explique por qué una muestra elegida a partir de listas de suscripción a revistas, de registro de automóviles, de directorios telefónicos y de socios de clubes no era representativa de la población de Estados Unidos en aquella época.
b. ¿Qué efecto tiene la baja tasa de respuesta en la fiabilidad de la muestra?
c. ¿Estos problemas son ejemplos de error de muestreo o de error ajeno al muestreo?
d. Ese mismo año, George Gallup realizó su propio sondeo entre 30.000 posibles votantes. Estos investigadores utilizaron un método que denominaron "muestreo por cuotas" para obtener respuestas a la encuesta de subconjuntos específicos de la población. ¿El muestreo por cuotas es ejemplo de cuál método de muestreo de los que se describen en este módulo?

36. Las estadísticas demográficas y relacionadas con la delincuencia de 47 estados de EE. UU. en 1960 se recopilaron de organismos gubernamentales, incluido el *Informe Uniforme sobre Delincuencia* del FBI. Un análisis de estos datos halló una fuerte conexión entre educación y delincuencia e indicó que los niveles más altos de educación en una comunidad se corresponden con índices de delincuencia más altos.

¿Cuál de los posibles problemas con las muestras que se comentan en la 1.2 Datos, muestreo y variación de datos y muestreo podría explicar esta conexión?

37. YouPolls es un sitio web que permite a cualquiera crear y responder a sondeos. Una pregunta publicada el 15 de abril plantea:

"¿Se siente complacido pagando sus impuestos cuando a miembros de la administración Obama se les permite ignorar sus obligaciones fiscales?" [3].

Hasta el 25 de abril, 11 personas respondieron esta pregunta. Todos los participantes respondieron: "¡NO!".

¿Cuál de los posibles problemas analizados con las muestras en este módulo podría explicar esta conexión?

3 (lastbaldeagle. 2013. On Tax Day, House to Call for Firing Federal Workers Who Owe Back Taxes. Sondeo de opinión publicada en línea en: http://www.youpolls.com/details.aspx?id=12328 (consultada el 1.° de mayo de 2013)

38. Un artículo académico sobre tasas de respuesta comienza con la siguiente cita:

"El descenso de las tasas de contacto y cooperación en las encuestas telefónicas nacionales de marcación aleatoria (Random Digit Dial, RDD) plantea serias dudas sobre la validez de las estimaciones extraídas de dichas investigaciones" [4]

El Pew Research Center for People and the Press admite:

"El porcentaje de personas que entrevistamos —de todas las que intentamos entrevistar— ha ido disminuyendo durante la década pasada o más" [5].

a. ¿Cuáles son algunos de los motivos de la disminución del índice de respuesta durante la década pasada?
b. Explique por qué los investigadores están preocupados por el efecto de la disminución del índice de respuesta en los sondeos de opinión pública.

1.3 Niveles de medición

39. Se les preguntó a cincuenta estudiantes a tiempo parcial cuántos cursos estaban tomando este trimestre. Los resultados (incompletos) se muestran a continuación:

Número de cursos	Frecuencia	Frecuencia relativa	Frecuencia relativa acumulada
1	30	0,6	
2	15		
3			

Tabla 1.13 Carga lectiva de los estudiantes a tiempo parcial

a. Llene los espacios en blanco en la Tabla 1.13.
b. ¿Qué porcentaje de estudiantes toman exactamente dos cursos?
c. ¿Qué porcentaje de estudiantes toman uno o dos cursos?

4 (Scott Keeter et al., "Gauging the Impact of Growing Nonresponse on Estimates from a National RDD Telephone Survey", Public Opinion Quarterly 70 no. 5 (2006), http://poq.oxfordjournals.org/content/70/5/759.full (http://poq.oxfordjournals.org/content/70/5/759.full) (consultado el 1 de mayo de 2013)

5 (Frequently Asked Questions, Pew Research Center for the People & the Press, http://www.people-press.org/methodology/frequently-asked-questions/#dont-you-have-trouble-getting-people-to-answer-your-polls (consultado el 1.° de mayo de 2013)

40. Antes de emitir el diagnóstico se les preguntó a sesenta adultos con enfermedades de las encías el número de veces por semana que utilizaban el hilo dental. Los resultados (incompletos) se muestran en la Tabla 1.14.

N.º de usos del hilo dental a la semana	Frecuencia	Frecuencia relativa	Frecuencia relativa acumulada
0	27	0,4500	
1	18		
3			0,9333
6	3	0,0500	
7	1	0,0167	

Tabla 1.14 Frecuencia de uso del hilo dental en adultos con enfermedades de las encías

a. Llene los espacios en blanco en la Tabla 1.14.
b. ¿Qué porcentaje de adultos utiliza el hilo dental seis veces por semana?
c. ¿Qué porcentaje utiliza el hilo dental como máximo tres veces por semana?

41. Se les preguntó a diecinueve inmigrantes en EE. UU. cuántos años, con una aproximación de un año, han vivido en EE. UU. Los datos son los siguientes: 2; 5; 7; 2; 2; 10; 20; 15; 0; 7; 0; 20; 5; 12; 15; 12; 4; 5; 10 .

Se produjo la Tabla 1.15.

Datos	Frecuencia	Frecuencia relativa	Frecuencia relativa acumulada
0	2	$\frac{2}{19}$	0,1053
2	3	$\frac{3}{19}$	0,2632
4	1	$\frac{1}{19}$	0,3158
5	3	$\frac{3}{19}$	0,4737
7	2	$\frac{2}{19}$	0,5789
10	2	$\frac{2}{19}$	0,6842
12	2	$\frac{2}{19}$	0,7895
15	1	$\frac{1}{19}$	0,8421
20	1	$\frac{1}{19}$	1,0000

Tabla 1.15 Frecuencia de las respuestas de los inmigrantes a la encuesta

a. Corrija los errores en la Tabla 1.15. Además, explique cómo alguien podría haber llegado a los números incorrectos.
b. Explique qué está errado en esta afirmación: "El 47 % de los encuestados lleva 5 años viviendo en EE. UU.".
c. Corrija el enunciado en **b** para que sea correcto.
d. ¿Qué fracción de las personas encuestadas ha vivido en EE. UU. cinco o siete años?
e. ¿Qué fracción de las personas encuestadas ha vivido como máximo 12 años en EE. UU.?
f. ¿Qué fracción de las personas encuestadas ha vivido en EE. UU. menos de 12 años?
g. ¿Qué fracción de las personas encuestadas ha vivido en EE. UU. de cinco a 20 años, ambos inclusive?

42. ¿Cuánto tiempo se tarda en ir al trabajo? La Tabla 1.16 muestra el tiempo medio de desplazamiento por estado para los trabajadores de, al menos, 16 años que no trabajan en casa. Calcule el tiempo medio de traslado, y redondee la respuesta correctamente.

24,0	24,3	25,9	18,9	27,5	17,9	21,8	20,9	16,7	27,3
18,2	24,7	20,0	22,6	23,9	18,0	31,4	22,3	24,0	25,5
24,7	24,6	28,1	24,9	22,6	23,6	23,4	25,7	24,8	25,5
21,2	25,7	23,1	23,0	23,9	26,0	16,3	23,1	21,4	21,5
27,0	27,0	18,6	31,7	23,3	30,1	22,9	23,3	21,7	18,6

Tabla 1.16

43. La revista *Forbes* publicó datos sobre las mejores pequeñas compañías en 2012. Se trata de compañías que cotizan en la bolsa desde hace al menos un año, con un precio de las acciones de al menos 5 dólares por acción y con unos ingresos anuales entre 5 millones de dólares y 1 mil millones de dólares. La Tabla 1.17 muestra la edad de los directores generales de las primeras 60 compañías clasificadas.

Edad	Frecuencia	Frecuencia relativa	Frecuencia relativa acumulada
40-44	3		
45-49	11		
50-54	13		
55-59	16		
60-64	10		
65-69	6		
70-74	1		

Tabla 1.17

a. ¿Cuál es la frecuencia para los directores generales entre 54 y 65 años?
b. ¿Qué porcentaje de directores generales tienen 65 años o más?
c. ¿Cuál es la frecuencia relativa de las edades inferiores a 50 años?
d. ¿Cuál es la frecuencia relativa acumulada de los directores generales menores de 55 años?
e. ¿Qué gráfico muestra la frecuencia relativa y cuál la frecuencia relativa acumulada?

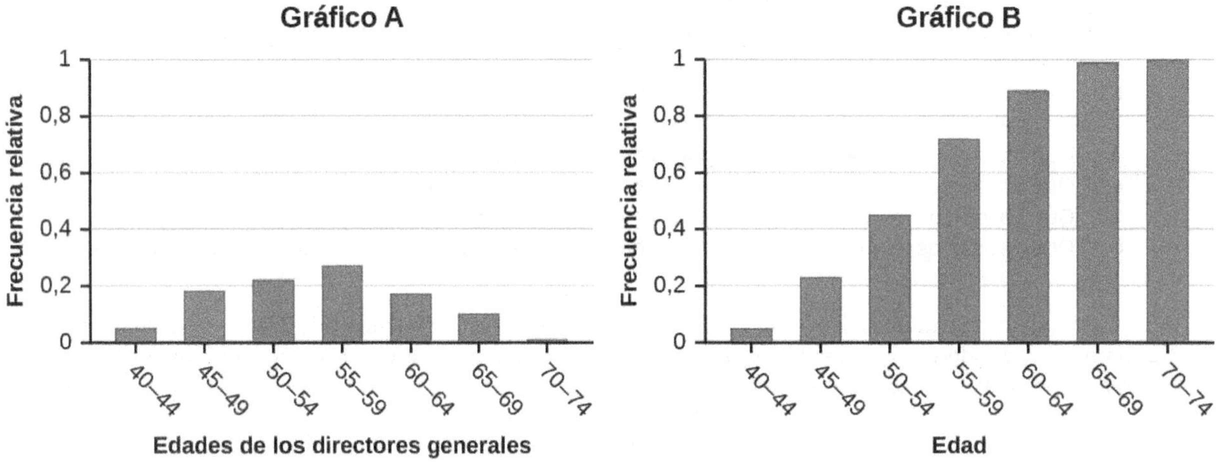

Figura 1.11

Use la siguiente información para responder los próximos dos ejercicios: la Tabla 1.18 contiene datos sobre los huracanes que han impactado directamente a EE. UU. entre 1851 y 2004. Un huracán recibe una categoría de fuerza basada en la velocidad mínima del viento generada por la tormenta.

Categoría	Número de impactos directos	Frecuencia relativa	Frecuencia acumulada
1	109	0,3993	0,3993
2	72	0,2637	0,6630

Tabla 1.18 Frecuencia de los impactos directos de los huracanes

Categoría	Número de impactos directos	Frecuencia relativa	Frecuencia acumulada
3	71	0,2601	
4	18		0,9890
5	3	0,0110	1,0000
	Total = 273		

Tabla 1.18 Frecuencia de los impactos directos de los huracanes

44. ¿Cuál es la frecuencia relativa de los impactos directos que fueron huracanes de categoría 4?

a. 0,0768
b. 0,0659
c. 0,2601
d. No hay suficiente información para calcular

45. ¿Cuál es la frecuencia relativa de los impactos directos que fueron COMO MÁXIMO una tormenta de categoría 3?

a. 0,3480
b. 0,9231
c. 0,2601
d. 0,3370

Referencias

1.1 Definiciones de estadística, probabilidad y términos clave

The Data and Story Library, http://lib.stat.cmu.edu/DASL/Stories/CrashTestDummies.html (consultado el 1.° de mayo de 2013).

1.2 Datos, muestreo y variación de datos y muestreo

Gallup-Healthways Well-Being Index. http://www.well-beingindex.com/default.asp (consultado el 1.° de mayo de 2013).

Gallup-Healthways Well-Being Index. http://www.well-beingindex.com/methodology.asp (consultado el 1.° de mayo de 2013).

Gallup-Healthways Well-Being Index. http://www.gallup.com/poll/146822/gallup-healthways-index-questions.aspx (consultado el 1.° de mayo de 2013).

Datos de http://www.bookofodds.com/Relationships-Society/Articles/A0374-How-George-Gallup-Picked-the-President

Dominic Lusinchi, "President' Landon and the 1936 *Literary Digest* Poll: Were Automobile and Telephone Owners to Blame?" Social Science History 36, n.° 1: 23-54 (2012), http://ssh.dukejournals.org/content/36/1/23.abstract (consultado el 1.° de mayo de 2013).

"The Literary Digest Poll," Virtual Laboratories in Probability and Statistics http://www.math.uah.edu/stat/data/LiteraryDigest.html (consultado el 1.° de mayo de 2013).

"Gallup Presidential Election Trial-Heat Trends, 1936-2008", Gallup Politics http://www.gallup.com/poll/110548/gallup-presidential-election-trialheat-trends-19362004.aspx#4 (consultado el 1.° de mayo de 2013).

The Data and Story Library, http://lib.stat.cmu.edu/DASL/Datafiles/USCrime.html (consultado el 1.° de mayo de 2013).

LBCC Distance Learning (DL) program data in 2010-2011, http://de.lbcc.edu/reports/2010-11/future/highlights.html#focus (consultado el 1.° de mayo de 2013).

Datos de The Mercury News de San José

1.3 Niveles de medición

"State & County QuickFacts", U.S. Census Bureau. http://quickfacts.census.gov/qfd/download_data.html (consultado el 1.° de mayo de 2013).

"State & County QuickFacts: Quick, easy access to facts about people, business, and geography", U.S. Census Bureau. http://quickfacts.census.gov/qfd/index.html (consultado el 1.° de mayo de 2013).

"Table 5: Direct hits by mainland United States Hurricanes (1851-2004)", National Hurricane Center, http://www.nhc.noaa.gov/gifs/table5.gif (consultado el 1.° de mayo de 2013).

"Levels of Measurement", http://infinity.cos.edu/faculty/woodbury/stats/tutorial/Data_Levels.htm (consultado el 1.° de mayo de 2013).

Courtney Taylor, "Levels of Measurement", about.com, http://statistics.about.com/od/HelpandTutorials/a/Levels-Of-Measurement.htm (consultado el 1.° de mayo de 2013).

David Lane. "Levels of Measurement", Connexions, http://cnx.org/content/m10809/latest/ (consultado el 1.° de mayo de 2013).

1.4 Diseño experimental y ética

"Vitamin E and Health", Nutrition Source, Harvard School of Public Health, http://www.hsph.harvard.edu/nutritionsource/vitamin-e/ (consultado el 1.° de mayo de 2013).

Stan Reents. "Don't Underestimate the Power of Suggestion," athleteinme.com, http://www.athleteinme.com/ArticleView.aspx?id=1053 (consultado el 1.° de mayo de 2013).

Ankita Mehta. "Daily Dose of Aspiring Helps Reduce Heart Attacks: Study," International Business Times, 21 de julio de 2011. También disponible en línea en http://www.ibtimes.com/daily-dose-aspirin-helps-reduce-heart-attacks-study-300443 (consultado el 1.° de mayo de 2013).

The Data and Story Library, http://lib.stat.cmu.edu/DASL/Stories/ScentsandLearning.html (consultado el 1.° de mayo de 2013).

M. L. Jacskon et al., "Cognitive Components of Simulated Driving Performance: Sleep Loss effect and Predictors", Accident Analysis and Prevention Journal, Enero n.° 50 (2013), http://www.ncbi.nlm.nih.gov/pubmed/22721550 (consultado el 1.° de mayo de 2013).

"Earthquake Information by Year", U.S. Geological Survey. http://earthquake.usgs.gov/earthquakes/eqarchives/year/ (consultado el 1.° de mayo de 2013).

"Fatality Analysis Report Systems (FARS) Encyclopedia", National Highway Traffic and Safety Administration. http://www-fars.nhtsa.dot.gov/Main/index.aspx (consultado el 1.° de mayo de 2013).

Datos de www.businessweek.com (consultado el 1.° de mayo de 2013).

Datos de www.forbes.com (consultado el 1.° de mayo de 2013).

"America's Best Small Companies", http://www.forbes.com/best-small-companies/list/ (consultado el 1.° de mayo de 2013).

U.S. Department of Health and Human Services, Code of Federal Regulations Title 45 Public Welfare Department of Health and Human Services Part 46 Protection of Human Subjects, revisado el 15 de enero de 2009. Section 46.111:Criteria for IRB Approval of Research.

"April 2013 Air Travel Consumer Report", U.S. Department of Transportation, 11 de abril (2013), http://www.dot.gov/airconsumer/april-2013-air-travel-consumer-report (consultado el 1.° de mayo de 2013).

Lori Alden, "Statistics can be Misleading", econoclass.com, http://www.econoclass.com/misleadingstats.html (consultado el 1.º de mayo de 2013).

María de los A. Medina, "Ethics in Statistics", basado en "Building an Ethics Module for Business, Science, and Engineering Students" de José A. Cruz-Cruz y William Frey, Connexions, http://cnx.org/content/m15555/latest/ (consultado el 1.º de mayo de 2013).

Soluciones

2. a. todos los niños que reciben clases de esquí o snowboard
b. un grupo de estos niños
c. la edad media de la población de los niños que toman su primera clase de snowboard
d. la edad de la media muestral de los niños que toman su primera clase de snowboard
e. X = la edad de un niño que toma su primera clase de esquí o snowboard
f. valores para X, como 3, 7, etc.

4. a. los clientes de las compañías de seguros
b. un grupo de los clientes
c. los costos de salud medios de los clientes
d. los costos de salud medios de la muestra
e. X = los costos de salud de un cliente
f. valores para X, como 34, 9, 82, etc.

6. a. todos los clientes de esta consejera
b. un grupo de clientes de esta consejera matrimonial
c. la proporción de todos sus clientes que permanecen casados
d. la proporción de la muestra de clientes de la consejera que permanecen casados
e. X = el número de parejas que siguen casadas
f. sí, no

8. a. todas las personas (tal vez en una zona geográfica determinada, como Estados Unidos)
b. un grupo de personas
c. la proporción de personas que comprarán el producto
d. la proporción de la muestra que comprará el producto
e. X = el número de personas que lo comprarán
f. comprar, no comprar

10. a

12. cuantitativa discreta, 150

14. cualitativo, Oakland A's

16. cuantitativo discreto, 11.234 estudiantes

18. cualitativo, Crest

20. cuantitativo continuo, 47,3 años

22. b

24. a. La encuesta se realizó en seis vuelos similares.
La encuesta no sería una representación real de toda la población de viajeros aéreos.
Realizar la encuesta durante un fin de semana festivo no producirá resultados representativos.
b. Realizar la encuesta en diferentes épocas del año.
Llevar a cabo la encuesta en vuelos de ida y vuelta a varios lugares.
Realizar la encuesta en diferentes días de la semana.

26. Las respuestas variarán. Ejemplo de respuesta: podría utilizar un método de muestreo sistemático. Detenga a la décima persona al salir de uno de los edificios de la escuela a las 9:50 de la mañana. Luego, detenga a la décima persona cuando salga de otro edificio de la escuela a la 1:50 de la tarde.

28. Las respuestas variarán. Ejemplo de respuesta: Muchas personas no responden a las encuestas por correo. Si lo hacen, no se puede estar seguro de quién responde. Además, las listas de correo pueden estar incompletas.

30. b

32. de conveniencia conglomerado estratificado sistemático simple aleatorio

34. a. cualitativo (categórico)
b. cuantitativo discreto
c. cuantitativo discreto
d. cualitativo (categórico)

36. Causalidad: El hecho de que dos variables estén relacionadas no garantiza que una de ellas influya en la otra. No podemos asumir que la tasa de criminalidad influye en el nivel de educación o que el nivel de educación influye en la tasa de criminalidad.

Confusión: Hay muchos factores que definen una comunidad, además del nivel educativo y el índice de criminalidad. Las comunidades con altos índices de delincuencia y altos niveles de educación pueden tener otras variables ocultas que las distinguen de las comunidades con índices de delincuencia y niveles de educación más bajos. Como no podemos aislar estas variables de interés, no podemos sacar conclusiones válidas sobre la conexión entre educación y delincuencia. Entre las posibles variables ocultas se encuentran gastos policiales, niveles de desempleo, región, edad promedio y tamaño.

38. a. Posibles motivos: aumento del uso del identificador de llamadas, disminución del uso de teléfonos fijos, aumento del uso de números privados, buzón de voz, administradores de privacidad, carácter agitado de las agendas personales, disminución de la disposición a ser entrevistado.
b. Cuando un gran número de personas se niega a participar, la muestra puede no tener las mismas características de la población. Tal vez la mayoría de las personas que están dispuestas a participar lo hacen porque se sienten muy identificadas con el tema de la encuesta.

40. a.

N.º de usos del hilo dental a la semana	Frecuencia	Frecuencia relativa	Frecuencia relativa acumulada
0	27	0,4500	0,4500
1	18	0,3000	0,7500
3	11	0,1833	0,9333

Tabla 1.19

N.º de usos del hilo dental a la semana	Frecuencia	Frecuencia relativa	Frecuencia relativa acumulada
6	3	0,0500	0,9833
7	1	0,0167	1

Tabla 1.19

b. 5,00 %
c. 93,33 %

42. La suma de los tiempos de viaje es de 1.173,1. Divida la suma entre 50 para calcular el valor medio: 23,462. Dado que el tiempo de viaje de cada estado se midió a la décima más cercana, redondee este cálculo a la centésima más cercana: 23,46.

44. b

2 ESTADÍSTICA DESCRIPTIVA

Figura 2.1 Cuando tenga grandes cantidades de datos, tendrá que organizarlos de forma que tengan sentido. Estas papeletas de una elección se enrollan junto con otras similares para mantenerlas organizadas (créditos: William Greeson).

Introducción

Una vez que haya recopilado los datos, ¿qué hará con ellos? Los datos se pueden describir y presentar en muchos formatos diferentes. Por ejemplo, supongamos que está interesado en comprar una casa en una zona determinada. Es posible que no tenga ni idea de los precios de las viviendas, por lo que puede pedirle a su agente inmobiliario que le dé un conjunto de datos de muestra de los precios. Mirar todos los precios de la muestra suele ser abrumador. Una mejor forma sería observar la mediana del precio y la variación de los precios. La mediana y la variación son solo dos formas que aprenderá para describir los datos. Su agente también puede proporcionarle un gráfico de los datos.

En este capítulo estudiará las formas numéricas y gráficas de describir y mostrar sus datos. Esta área de la estadística se llama **"Estadística Descriptiva".** Aprenderá a calcular y, lo que es más importante, a interpretar estas medidas y gráficos.

Un gráfico estadístico es una herramienta que ayuda a conocer la forma o la distribución de una muestra o de una población. Un gráfico puede ser una forma más eficaz de presentar los datos que una masa de números porque podemos ver dónde se agrupan los datos y dónde hay solo unos pocos valores de datos. Los periódicos e internet utilizan gráficos para mostrar tendencias y permitir a los lectores comparar rápidamente datos y cifras. Los estadísticos suelen hacer primero un gráfico de los datos para hacerse una idea de lo que arrojan. Luego, se pueden aplicar herramientas más formales.

Algunos de los tipos de gráficos que se utilizan para resumir y organizar los datos son el diagrama de puntos, el gráfico de barras, el histograma, el diagrama de tallo y hojas, el polígono de frecuencias (un tipo de gráfico de líneas discontinuas), el gráfico circular y el diagrama de caja. En este capítulo veremos brevemente gráficos de tallo y hoja, gráficos de líneas y gráficos de barras, así como polígonos de frecuencia y gráficos de series temporales. Haremos hincapié en los histogramas y los diagramas de caja.

2.1 Datos mostrados

Gráficos de tallo y hoja (gráfico de tallo), gráficos de líneas y gráficos de barras

Un gráfico sencillo, el **gráfico de tallo y hoja** o **gráfico de tallo**, procede del campo del análisis exploratorio de datos. Es una buena opción cuando los conjuntos de datos son pequeños. Para crear el gráfico, divida cada observación de datos en un tallo y una hoja. La hoja consta de un **último dígito significativo**. Por ejemplo, 23 tiene el tallo dos y la hoja tres. El número 432 tiene el tallo 43 y la hoja dos. Asimismo, el número 5.432 tiene el tallo 543 y la hoja dos. El decimal 9,3 tiene el tallo nueve y la hoja tres. Escriba los tallos en una línea vertical de menor a mayor. Dibuje una línea vertical a la derecha de los tallos. Luego, escriba las hojas en orden creciente junto a su correspondiente tallo.

EJEMPLO 2.1

En la clase de Precálculo de primavera de Susan Dean las calificaciones del primer examen fueron las siguientes (de menor a mayor):
33; 42; 49; 49; 53; 55; 55; 61; 63; 67; 68; 68; 69; 69; 72; 73; 74; 78; 80; 83; 88; 88; 88; 90; 92; 94; 94; 94; 94; 96; 100

Tallo	Hoja
3	3
4	2 9 9
5	3 5 5
6	1 3 7 8 8 9 9
7	2 3 4 8
8	0 3 8 8 8
9	0 2 4 4 4 4 6
10	0

Tabla 2.1 Gráfico de tallo y hoja

El gráfico de tallo muestra que la mayoría de las calificaciones fueron de 60, 70, 80 y 90. Ocho de las 31 calificaciones, es decir, aproximadamente el 26 % $\left(\frac{8}{31}\right)$ estaban en los 90 o 100, un número bastante alto de calificaciones con A.

> INTÉNTELO 2.1

Para el equipo de baloncesto de Park City los resultados de los últimos 30 partidos fueron los siguientes (de menor a mayor):
32; 32; 33; 34; 38; 40; 42; 42; 43; 44; 46; 47; 47; 48; 48; 48; 49; 50; 50; 51; 52; 52; 52; 53; 54; 56; 57; 57; 60; 61
Construya un diagrama de tallo para los datos.

El diagrama de tallo es una forma rápida de representar datos gráficamente y ofrece una imagen exacta de la información. Hay que buscar un patrón general y los valores atípicos. Un **valor atípico** es una observación de datos que no se ajusta al resto de los datos. A veces se le llama **valor extremo.** Cuando grafique un valor atípico parecerá que no se ajusta al patrón del gráfico. Algunos valores atípicos se deben a errores (por ejemplo, anotar 50 en vez de 500), mientras que otros pueden indicar que está ocurriendo algo inusual. Para explicar los valores atípicos se necesita información de fondo, por lo que los trataremos con más detalle más adelante.

EJEMPLO 2.2

Los datos son las distancias (en kilómetros) de un hogar a supermercados locales. Cree un diagrama de tallo con los datos:
1,1; 1,5; 2,3; 2,5; 2,7; 3,2; 3,3; 3,3; 3,5; 3,8; 4,0; 4,2; 4,5; 4,5; 4,7; 4,8; 5,5; 5,6; 6,5; 6,7; 12,3

¿Los datos parecen tener alguna concentración de valores?

NOTA

Las hojas están a la derecha del decimal.

Solución 1

El valor 12,3 puede ser un valor atípico. Los valores parecen concentrarse en los tres y cuatro kilómetros.

Tallo	Hoja
1	1 5
2	3 5 7
3	2 3 3 5 8
4	0 2 5 5 7 8
5	5 6
6	5 7
7	
8	
9	
10	
11	
12	3

Tabla 2.2

INTÉNTELO 2.2

Los siguientes datos muestran las distancias (en millas) desde los hogares de los estudiantes de Estadística fuera del campus hasta el instituto universitario. Cree un diagrama de tallo con los datos e identifique los valores atípicos:

0,5; 0,7; 1,1; 1,2; 1,2; 1,3; 1,3; 1,5; 1,5; 1,7; 1,7; 1,8; 1,9; 2,0; 2,2; 2,5; 2,6; 2,8; 2,8; 2,8; 3,5; 3,8; 4,4; 4,8; 4,9; 5,2; 5,5; 5,7; 5,8; 8,0

EJEMPLO 2.3

El **diagrama de tallo y hoja bilateral** permite comparar los dos conjuntos de datos en dos columnas. En el diagrama de tallo y hoja bilateral dos conjuntos de hojas comparten el mismo tallo. Las hojas están a la izquierda y a la derecha de los tallos. La Tabla 2.4 y la Tabla 2.5 muestran las edades de los presidentes en su investidura y al momento de su muerte. Construya un diagrama de tallo y hoja bilateral utilizando estos datos.

Solución 1

Edades en la investidura		Edades al momento de la muerte
9 9 8 7 7 7 6 3 2	4	6 9
8 7 7 7 7 6 6 6 5 5 5 5 4 4 4 4 4 2 2 1 1 1 1 1 0	5	3 6 6 7 7 8
9 8 5 4 4 2 1 1 1 0	6	0 0 3 3 4 4 5 6 7 7 7 8
	7	0 0 1 1 1 4 7 8 8 9
	8	0 1 3 5 8
	9	0 0 3 3

Tabla 2.3

Presidente	Edad	Presidente	Edad	Presidente	Edad
Washington	57	Lincoln	52	Hoover	54
J. Adams	61	A. Johnson	56	F. Roosevelt	51
Jefferson	57	Grant	46	Truman	60
Madison	57	Hayes	54	Eisenhower	62
Monroe	58	Garfield	49	Kennedy	43
J. Q. Adams	57	Arthur	51	L. Johnson	55
Jackson	61	Cleveland	47	Nixon	56
Van Buren	54	B. Harrison	55	Ford	61
W. H. Harrison	68	Cleveland	55	Carter	52
Tyler	51	McKinley	54	Reagan	69
Polk	49	T. Roosevelt	42	G. H. W. Bush	64
Taylor	64	Taft	51	Clinton	47
Fillmore	50	Wilson	56	G. W. Bush	54

Tabla 2.4 Edades de los presidentes en su investidura

Presidente	Edad	Presidente	Edad	Presidente	Edad
Pierce	48	Harding	55	Obama	47
Buchanan	65	Coolidge	51		

Tabla 2.4 Edades de los presidentes en su investidura

Presidente	Edad	Presidente	Edad	Presidente	Edad
Washington	67	Lincoln	56	Hoover	90
J. Adams	90	A. Johnson	66	F. Roosevelt	63
Jefferson	83	Grant	63	Truman	88
Madison	85	Hayes	70	Eisenhower	78
Monroe	73	Garfield	49	Kennedy	46
J. Q. Adams	80	Arthur	56	L. Johnson	64
Jackson	78	Cleveland	71	Nixon	81
Van Buren	79	B. Harrison	67	Ford	93
W. H. Harrison	68	Cleveland	71	Reagan	93
Tyler	71	McKinley	58		
Polk	53	T. Roosevelt	60		
Taylor	65	Taft	72		
Fillmore	74	Wilson	67		
Pierce	64	Harding	57		
Buchanan	77	Coolidge	60		

Tabla 2.5 Edad del presidente al momento de su muerte

Otro tipo de gráfico que resulta útil para valores de datos específicos es el **gráfico de líneas**. En el gráfico de líneas en particular que se muestra en el Ejemplo 2.4, el **eje *x*** (eje horizontal) está formado por los **valores de los datos** y el **eje *y*** (eje vertical) por **puntos de frecuencia**. Los puntos de frecuencia se conectan mediante segmentos de la línea.

EJEMPLO 2.4

En una encuesta, se preguntó a 40 madres cuántas veces a la semana hay que recordarle a un adolescente que haga sus tareas. Los resultados se muestran en la Tabla 2.6 y en la Figura 2.2.

Número de veces que se le recuerda al adolescente	Frecuencia
0	2
1	5
2	8
3	14
4	7
5	4

Tabla 2.6

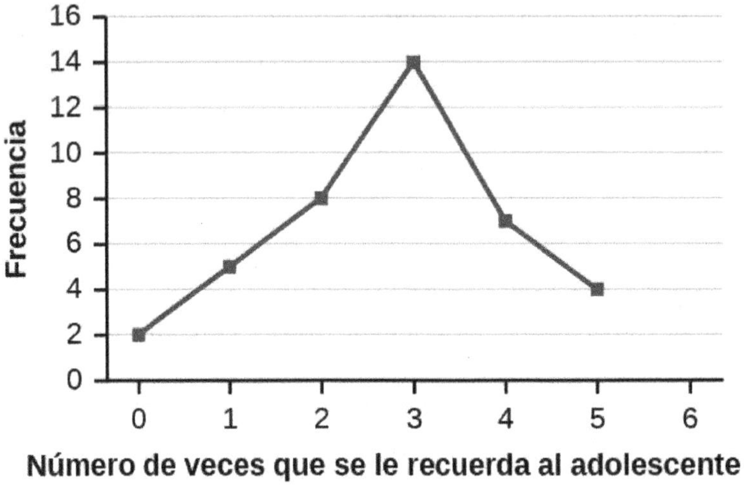

Figura 2.2

INTÉNTELO 2.4

En una encuesta, se preguntó a 40 personas cuántas veces al año llevaban su automóvil al taller para repararlo. Los resultados se muestran en la Tabla 2.7. Construya un gráfico de líneas.

Número de veces en el taller	Frecuencia
0	7
1	10
2	14
3	9

Tabla 2.7

Los **gráficos de barras** están formados por barras separadas entre sí. Las barras pueden ser rectángulos o recuadros rectangulares (usados en representaciones tridimensionales), y pueden ser verticales u horizontales. El **gráfico de barras** que se muestra en el Ejemplo 2.5 tiene los grupos de edad representados en el **eje *x*** y las proporciones en el **eje *y***.

EJEMPLO 2.5

A finales de 2011, Facebook tenía más de 146 millones de usuarios en Estados Unidos. La Tabla 2.8 muestra tres grupos de edad, el número de usuarios en cada grupo de edad y la proporción (%) de usuarios en cada grupo de edad. Construya un gráfico de barras con estos datos.

Grupos de edad	Número de usuarios de Facebook	Proporción (%) de usuarios de Facebook
13-25	65.082.280	45 %
26-44	53.300.200	36 %
45-64	27.885.100	19 %

Tabla 2.8

Solución 1

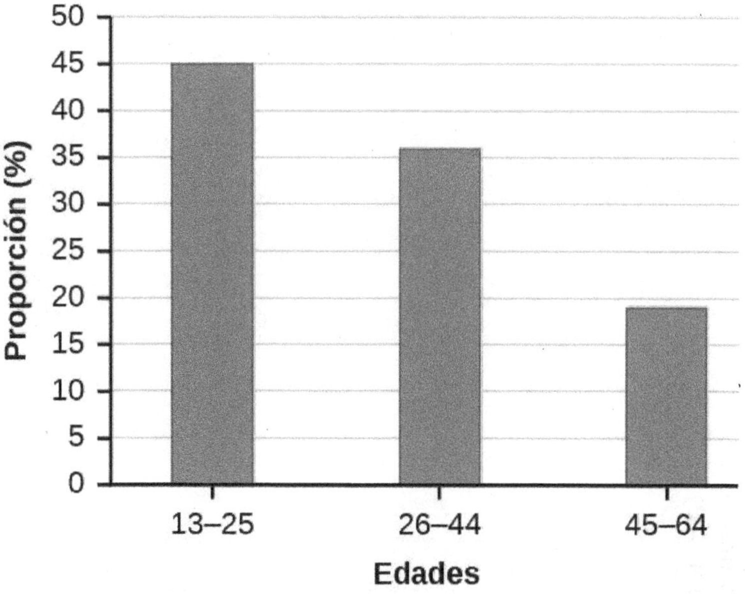

Figura 2.3

INTÉNTELO 2.5

La población de Park City se compone de niños, adultos en edad de trabajar y jubilados. La Tabla 2.9 muestra los tres grupos de edad, el número de personas de cada grupo en la ciudad y la proporción (%) de personas en cada grupo de edad. Construya un gráfico de barras que muestre las proporciones.

Grupos de edad	Número de personas	Proporción de la población
Niños	67.059	19 %

Tabla 2.9

Grupos de edad	Número de personas	Proporción de la población
Adultos en edad de trabajar	152.198	43 %
Jubilados	131.662	38 %

Tabla 2.9

EJEMPLO 2.6

Las columnas de la Tabla 2.10 contienen la raza o el origen étnico de los estudiantes de escuelas públicas de EE. UU. para la clase de 2011, los porcentajes para la población examinada de Colocación Avanzada para esa clase y los porcentajes para la población estudiantil en general. Cree un gráfico de barras con la raza o el origen étnico de los estudiantes (datos cualitativos) en el eje *x* y los porcentajes de la población de examinados de Colocación Avanzada en el eje *y*.

Raza/etnia	Población examinada de AP	Población estudiantil total
1 = asiático, asiático americano o isleño del Pacífico	10,3 %	5,7 %
2 = negro o afroamericano	9,0 %	14,7 %
3 = hispano o latino	17,0 %	17,6 %
4 = amerindio o nativo de Alaska	0,6 %	1,1 %
5 = blanco	57,1 %	59,2 %
6 = no informado/otro	6,0 %	1,7%

Tabla 2.10

Solución 1

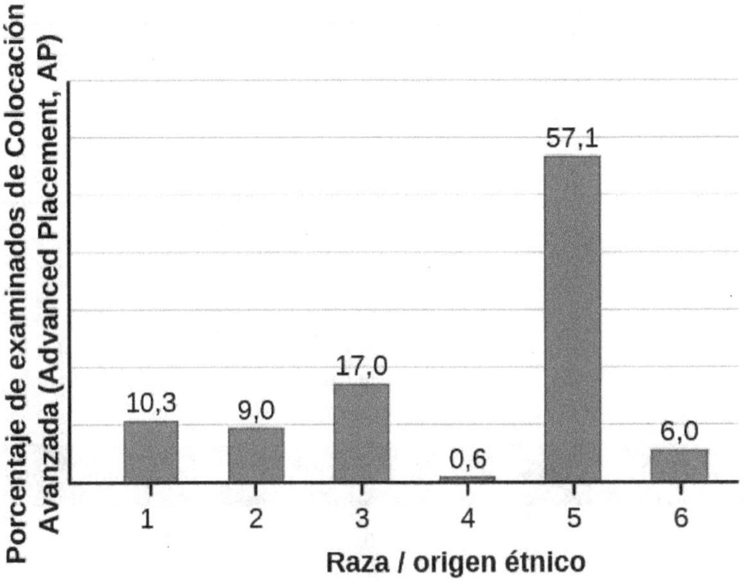

Figura 2.4

INTÉNTELO 2.6

Park City se divide en seis distritos electorales. La tabla muestra el porcentaje de la población total de votantes registrados que vive en cada distrito, así como el porcentaje total de la población entera que vive en cada distrito. Construya un gráfico de barras que muestre la población de votantes registrados por distrito.

Distrito	Población de votantes registrados	Población total de la ciudad
1	15,5 %	19,4 %
2	12,2 %	15,6 %
3	9,8 %	9,0 %
4	17,4 %	18,5 %
5	22,8 %	20,7 %
6	22,3 %	16,8 %

Tabla 2.11

EJEMPLO 2.7

A continuación, se presenta una tabla de dos vías que muestra los tipos de mascotas que poseen los hombres y las mujeres:

	Perros	Gatos	Peces	Total
Hombres	4	2	2	8
Mujeres	4	6	2	12
Total	8	8	4	20

Tabla 2.12

Dados estos datos, calcule las distribuciones condicionales para la subpoblación de hombres que poseen cada tipo de mascota.

Solución 1

Hombres que tienen perros = 4/8 = 0,5

Hombres que tienen gatos = 2/8 = 0,25

Hombres que tienen peces = 2/8 = 0,25

Nota: La suma de todas las distribuciones condicionales debe ser igual a uno. En este caso: 0,5 + 0,25 + 0,25 = 1; por lo tanto, la solución "se comprueba".

Histogramas, polígonos de frecuencia y gráficos de series temporales

Para la mayor parte del trabajo que se realiza en este libro se utilizará un histograma para mostrar los datos. Una de las ventajas de un histograma es que puede mostrar fácilmente grandes conjuntos de datos. Una regla general es utilizar un histograma cuando el conjunto de datos consta de 100 valores o más.

Un **histograma** está formado por recuadros contiguos (adyacentes). Tiene un eje horizontal y otro vertical. El eje horizontal está identificado con lo que representan los datos (por ejemplo, la distancia de su casa a la escuela). El eje vertical está identificado como **frecuencia** o **frecuencia relativa** (o porcentaje de frecuencia o probabilidad). El gráfico tendrá la misma forma con cualquiera de las dos etiquetas. El histograma (al igual que el diagrama de tallo) puede darle la forma de los datos, el centro y la dispersión de los datos.

La frecuencia relativa es igual a la frecuencia de un valor observado de los datos dividida entre el número total de valores de los datos en la muestra. (Recuerde que la frecuencia se define como el número de veces que se produce una respuesta). Si:

- f = frecuencia
- n = número total de valores de datos (o la suma de las frecuencias individuales) y
- RF = frecuencia relativa,

entonces:

$$RF = \frac{e}{n}$$

Por ejemplo, si tres estudiantes de la clase de Inglés del Sr. Ahab compuesta por 40 estudiantes obtuvieron del 90 % al 100 %, entonces, $f = 3$, $n = 40$ y $RF = \frac{e}{n} = \frac{3}{40} = 0{,}075$. El 7,5 % de los estudiantes obtuvieron del 90 % al 100 %. Del 90 % al 100 % son medidas cuantitativas.

Para construir un histograma, primero hay que decidir cuántas **barras** o **intervalos** (también llamados clases) representan los datos. Muchos histogramas constan de cinco a 15 barras o clases para mayor claridad. Hay que elegir el número de barras. Elija un punto de partida para que el primer intervalo sea menor que el valor más pequeño de los datos. Un **punto de partida conveniente** es un valor inferior llevado a un decimal más que el valor con más decimales. Por ejemplo, si el valor con más decimales es 6,1 y este es el valor más pequeño, un punto de partida conveniente es 6,05 (6,1 - 0,05 = 6,05). Decimos que 6,05 tiene más precisión. Si el valor con más decimales es 2,23 y el valor más bajo es 1,5, un punto de partida conveniente es 1,495 (1,5 - 0,005 = 1,495). Si el valor con más decimales es 3,234 y el valor más bajo es 1,0, un punto de partida conveniente es 0,9995 (1,0 - 0,0005 = 0,9995). Si todos los datos son enteros y el valor más pequeño es dos, un punto de partida conveniente es 1,5 (2 - 0,5 = 1,5). Además, cuando el punto de partida y otros límites se llevan a un decimal adicional, ningún valor de los datos caerá en un límite. Los dos siguientes ejemplos detallan cómo construir un histograma utilizando datos continuos y cómo crear un histograma utilizando datos discretos.

EJEMPLO 2.8

Los siguientes datos son las estaturas (en pulgadas con una aproximación de media pulgada) de 100 jugadores hombres de fútbol semiprofesional. Las alturas son datos **continuos**, ya que la altura se mide.
60; 60,5; 61; 61; 61,5
63,5; 63,5; 63,5
64; 64; 64; 64; 64; 64; 64; 64,5; 64,5; 64,5; 64,5; 64,5; 64,5; 64,5; 64,5
66; 66; 66; 66; 66; 66; 66; 66; 66; 66; 66,5; 66,5; 66,5; 66,5; 66,5; 66,5; 66,5; 66,5; 66,5; 66,5; 66,5; 67; 67; 67; 67; 67; 67; 67; 67; 67; 67; 67; 67; 67,5; 67,5; 67,5; 67,5; 67,5; 67,5; 67,5
68; 68; 69; 69; 69; 69; 69; 69; 69; 69; 69; 69; 69,5; 69,5; 69,5; 69,5; 69,5
70; 70; 70; 70; 70; 70; 70,5; 70,5; 70,5; 71; 71; 71
72; 72; 72; 72,5; 72,5; 73; 73,5
74

El valor de datos más pequeño es 60. Como los datos con más decimales tienen un decimal (por ejemplo, 61,5), queremos que nuestro punto de partida tenga dos decimales. Dado que los números 0,5, 0,05, 0,005, etc. son números convenientes, utilice 0,05 y réstelo a 60, el valor más pequeño, para el punto de partida conveniente.

60 - 0,05 = 59,95 que es más preciso que, por ejemplo, 61,5 por un decimal. El punto de partida es, pues, 59,95.

El valor mayor es 74, por lo que 74 + 0,05 = 74,05 es el valor final.

Luego, calcule el ancho de cada barra o intervalo de clase. Para calcular este ancho, reste el punto inicial del valor final y divídalo entre el número de barras (debe elegir el número de barras que desee). Suponga que elige ocho barras.

$$\frac{74,05 - 59,95}{8} = 1,76$$

NOTA

Redondearemos a dos y haremos que cada barra o intervalo de clase tenga dos unidades de ancho. Redondear a dos es una forma de evitar que un valor caiga en un límite. El redondeo al número siguiente es a menudo necesario, incluso si va en contra de las reglas estándar de redondeo. Para este ejemplo, utilizar 1,76 como ancho también funcionaría. Una pauta que siguen algunos para el ancho de una barra o intervalo de clase es tomar la raíz cuadrada del número de valores de los datos y luego redondear al número entero más cercano, si es necesario. Por ejemplo, si hay 150 valores de datos, tome la raíz cuadrada de 150 y redondee a 12 barras o intervalos.

Los límites son:

- 59,95
- 59,95 + 2 = 61,95
- 61,95 + 2 = 63,95
- 63,95 + 2 = 65,95
- 65,95 + 2 = 67,95
- 67,95 + 2 = 69,95
- 69,95 + 2 = 71,95
- 71,95 + 2 = 73,95
- 73,95 + 2 = 75,95

Las alturas de 60 a 61,5 pulgadas están en el intervalo de 59,95 a 61,95. Las alturas que son 63,5 están en el intervalo de 61,95 a 63,95. Las alturas que van de 64 a 64,5 están en el intervalo de 63,95 a 65,95. Las alturas de 66 a 67,5 están en el intervalo de 65,95 a 67,95. Las alturas de 68 a 69,5 están en el intervalo de 67,95 a 69,95. Las alturas de 70 a 71 están en el intervalo de 69,95 a 71,95. Las alturas de 72 a 73,5 están en el intervalo de 71,95 a 73,95. La altura 74 está en el intervalo de 73,95 a 75,95.

El siguiente histograma muestra las alturas en el eje *x* y la frecuencia relativa en el eje *y*.

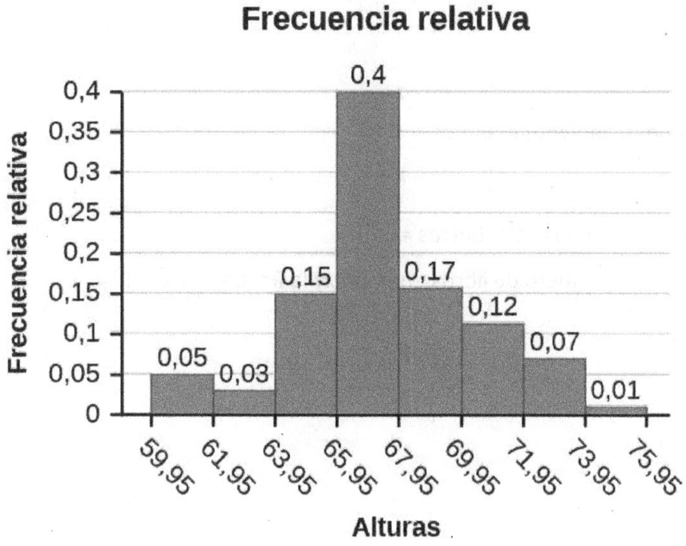

Figura 2.5

INTÉNTELO 2.8

Los siguientes datos son las tallas de los zapatos de 50 estudiantes hombres. Las tallas son datos continuos ya que se

mide la talla de zapato. Construya un histograma y calcule el ancho de cada barra o intervalo de clase. Suponga que elige seis barras.
9; 9; 9,5; 9,5; 10; 10; 10; 10; 10; 10; 10,5; 10,5; 10,5; 10,5; 10,5; 10,5; 10,5; 10,5
11; 11; 11; 11; 11; 11; 11; 11; 11; 11; 11; 11; 11; 11,5; 11,5; 11,5; 11,5; 11,5; 11,5; 11,5
12; 12; 12; 12; 12; 12; 12; 12,5; 12,5; 12,5; 12,5; 14

EJEMPLO 2.9

Cree un histograma para los siguientes datos: el número de libros comprados por 50 estudiantes universitarios a tiempo parcial en el ABC College. El número de libros es un **dato discreto**, ya que los libros se cuentan.
1; 1; 1; 1; 1; 1; 1; 1; 1; 1; 1
2; 2; 2; 2; 2; 2; 2; 2; 2; 2
3; 3; 3; 3; 3; 3; 3; 3; 3; 3; 3; 3; 3; 3; 3; 3
4; 4; 4; 4; 4; 4
5; 5; 5; 5; 5
6; 6

Once estudiantes compran un libro. Diez estudiantes compran dos libros. Dieciséis estudiantes compran tres libros. Seis estudiantes compran cuatro libros. Cinco estudiantes compran cinco libros. Dos estudiantes compran seis libros.

Como los datos son enteros, reste 0,5 a 1, el valor más pequeño de los datos, y sume 0,5 a 6, el valor más grande de los datos. Entonces el punto de partida es 0,5 y el valor final es 6,5.

Luego, calcule el ancho de cada barra o intervalo de clase. Si los datos son discretos y no hay demasiados valores diferentes, lo más conveniente es un ancho que sitúe los valores de los datos en el centro del intervalo de barras o clases. Dado que los datos consisten en los números 1, 2, 3, 4, 5, 6, y el punto de partida es 0,5, un ancho de uno sitúa el 1 en el centro del intervalo de 0,5 a 1,5, el 2 en el centro del intervalo de 1,5 a 2,5, el 3 en el centro del intervalo de 2,5 a 3,5, el 4 en el centro del intervalo de ______ a ______, el 5 en el centro del intervalo de ______ a ______ y el ______ en el centro del intervalo de ______ a ______.

Solución 1

- de 3,5 a 4,5
- de 4,5 a 5,5
- 6
- de 5,5 a 6,5

Calcule el número de barras de la siguiente manera:

$$\frac{6{,}5 - 0{,}5}{\text{número de barras}} = 1$$

donde 1 es el ancho de una barra. Por lo tanto, barras = 6.

El siguiente histograma muestra el número de libros en el eje *x*y la frecuencia en el eje *y*.

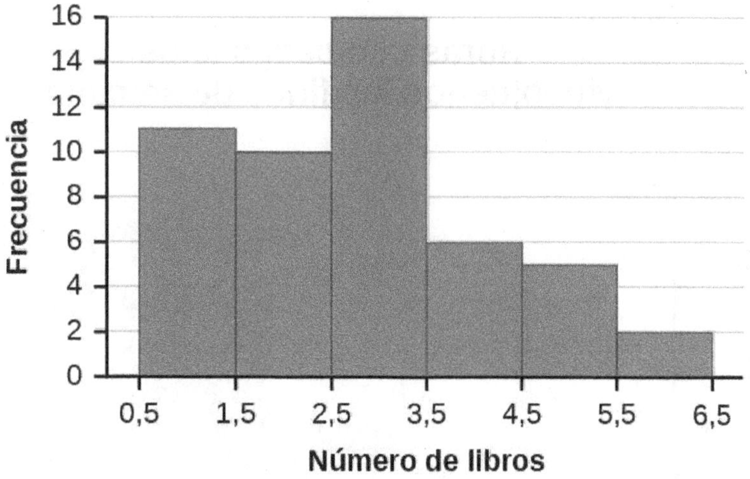

Figura 2.6

EJEMPLO 2.10

Con este conjunto de datos construya un histograma.

Número de horas que mis compañeros de clase pasan jugando videojuegos los fines de semana				
9,95	10	2,25	16,75	0
19,5	22,5	7,5	15	12,75
5,5	11	10	20,75	17,5
23	21,9	24	23,75	18
20	15	22,9	18,8	20,5

Tabla 2.13

Solución 1

Figura 2.7

Algunos valores de este conjunto de datos caen en los límites de los intervalos de clase. Un valor se cuenta en un intervalo de clase si cae en el límite izquierdo, pero no si cae en el límite derecho. Diferentes investigadores pueden establecer histogramas para los mismos datos de diferentes maneras. Hay más de una forma correcta de configurar un histograma.

Polígonos de frecuencia

Los polígonos de frecuencias son análogos a los gráficos de líneas y, al igual que los gráficos de líneas facilitan la interpretación visual de los datos continuos, también lo hacen los polígonos de frecuencias.

Para construir un polígono de frecuencias, primero hay que examinar los datos y decidir el número de intervalos, o intervalos de clase, que se van a utilizar en los ejes *x* y *y*. Después de elegir los rangos apropiados, comience a trazar los puntos de datos. Después de trazar todos los puntos, dibuje segmentos de línea para conectarlos.

EJEMPLO 2.11

Se construyó un polígono de frecuencias a partir de la tabla de frecuencias que aparece a continuación.

Distribución de frecuencias de las calificaciones del examen final de Cálculo			
Límite inferior	Límite superior	Frecuencia	Frecuencia acumulada
49,5	59,5	5	5
59,5	69,5	10	15
69,5	79,5	30	45
79,5	89,5	40	85

Tabla 2.14

Distribución de frecuencias de las calificaciones del examen final de Cálculo			
Límite inferior	Límite superior	Frecuencia	Frecuencia acumulada
89,5	99,5	15	100

Tabla 2.14

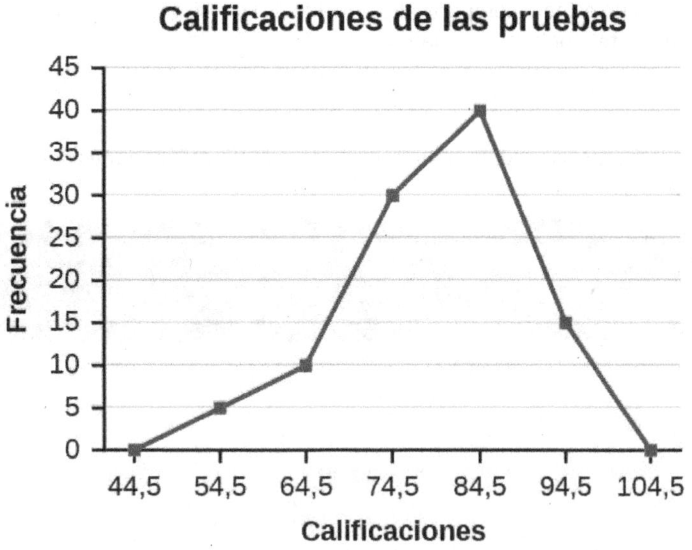

Figura 2.8

La primera etiqueta del eje *x* es 44,5. Esto representa un intervalo que va de 39,5 a 49,5. Dado que la calificación más baja de la prueba es 54,5, este intervalo se utiliza solo para permitir que el gráfico toque el eje *x*. El punto identificado como 54,5 representa el siguiente intervalo, o el primer intervalo "real" de la tabla, y contiene cinco calificaciones. Este razonamiento se sigue para cada uno de los intervalos restantes, con el punto 104,5 que representa el intervalo de 99,5 a 109,5. De nuevo, este intervalo no contiene datos y solo se utiliza para que el gráfico toque el eje *x*. Observando el gráfico, decimos que esta distribución está distorsionada porque un lado del gráfico no es un espejo del otro.

INTÉNTELO 2.11

Construya un polígono de frecuencias de las edades de los presidentes de EE. UU. en el momento de la investidura que se muestra en la Tabla 2.15.

Edad en el momento de la investidura	Frecuencia
41,5-46,5	4
46,5-51,5	11
51,5-56,5	14
56,5-61,5	9
61,5-66,5	4

Tabla 2.15

Edad en el momento de la investidura	Frecuencia
66,5-71,5	2

Tabla 2.15

Los polígonos de frecuencia son útiles para comparar distribuciones. Esto se consigue superponiendo los polígonos de frecuencia dibujados para diferentes conjuntos de datos.

EJEMPLO 2.12

Construiremos un polígono de frecuencias superpuestas comparando las calificaciones del Ejemplo 2.11 con la nota numérica final de los estudiantes.

Distribución de frecuencias de las calificaciones del examen final de Cálculo			
Límite inferior	Límite superior	Frecuencia	Frecuencia acumulada
49,5	59,5	5	5
59,5	69,5	10	15
69,5	79,5	30	45
79,5	89,5	40	85
89,5	99,5	15	100

Tabla 2.16

Distribución de frecuencias de las notas finales de Cálculo			
Límite inferior	Límite superior	Frecuencia	Frecuencia acumulada
49,5	59,5	10	10
59,5	69,5	10	20
69,5	79,5	30	50
79,5	89,5	45	95
89,5	99,5	5	100

Tabla 2.17

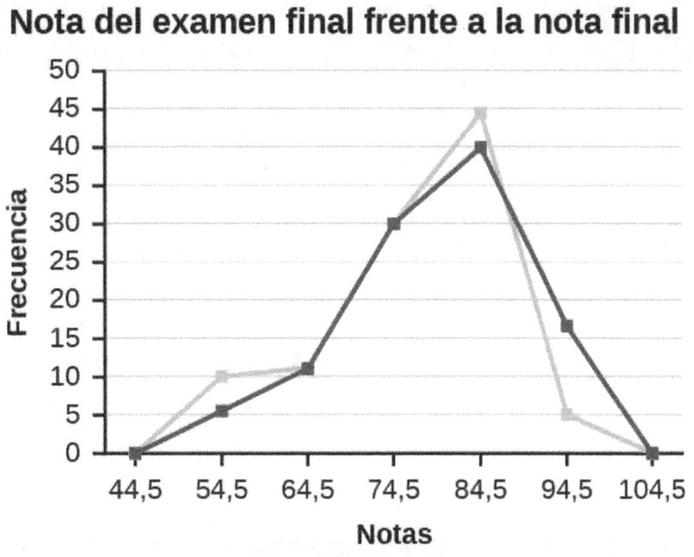

Figura 2.9

Construcción de un gráfico de series temporales

Supongamos que queremos estudiar el rango de temperaturas de una región durante todo un mes. Todos los días a mediodía anotamos la temperatura y la anotamos en un registro. Con estos datos se podrían realizar diversos estudios estadísticos. Podemos hallar la media o la mediana de la temperatura del mes. Podemos construir un histograma que muestre el número de días en que las temperaturas alcanzan un determinado rango de valores. Sin embargo, todos estos métodos ignoran una parte de los datos que hemos recopilado.

Una característica de los datos que podemos considerar es la del tiempo. Dado que cada fecha se empareja con la lectura de la temperatura del día, no tenemos que pensar que los datos son aleatorios. En cambio, podemos utilizar los tiempos indicados para imponer un orden cronológico a los datos. Un gráfico que reconoce esta ordenación y muestra la evolución de la temperatura a medida que avanza el mes se denomina gráfico de series temporales.

Para construir un gráfico de series temporales debemos observar las dos partes de nuestro **conjunto de datos emparejados**. Comenzamos con un sistema de coordenadas cartesianas estándar. El eje horizontal se utiliza para trazar la fecha o los incrementos de tiempo, y el eje vertical se utiliza para trazar los valores de la variable que estamos midiendo. De este modo, hacemos que cada punto del gráfico corresponda a una fecha y a una cantidad medida. Los puntos del gráfico suelen estar conectados por líneas rectas en el orden en que se producen.

EJEMPLO 2.13

Los siguientes datos muestran el Índice de Precios del Consumidor (IPC) Anual, cada mes, durante diez años. Construya un gráfico de series temporales solo para los datos del Índice de Precios del Consumidor Anual.

Año	Ene	Feb	Mar	Abr	May	Jun	Jul
2003	181,7	183,1	184,2	183,8	183,5	183,7	183,9
2004	185,2	186,2	187,4	188,0	189,1	189,7	189,4
2005	190,7	191,8	193,3	194,6	194,4	194,5	195,4
2006	198,3	198,7	199,8	201,5	202,5	202,9	203,5

Tabla 2.18

Año	Ene	Feb	Mar	Abr	May	Jun	Jul
2007	202,416	203,499	205,352	206,686	207,949	208,352	208,299
2008	211,080	211,693	213,528	214,823	216,632	218,815	219,964
2009	211,143	212,193	212,709	213,240	213,856	215,693	215,351
2010	216,687	216,741	217,631	218,009	218,178	217,965	218,011
2011	220,223	221,309	223,467	224,906	225,964	225,722	225,922
2012	226,665	227,663	229,392	230,085	229,815	229,478	229,104

Tabla 2.18

Año	Ago	Sep	Oct	Nov	Dic	Anual
2003	184,6	185,2	185,0	184,5	184,3	184,0
2004	189,5	189,9	190,9	191,0	190,3	188,9
2005	196,4	198,8	199,2	197,6	196,8	195,3
2006	203,9	202,9	201,8	201,5	201,8	201,6
2007	207,917	208,490	208,936	210,177	210,036	207,342
2008	219,086	218,783	216,573	212,425	210,228	215,303
2009	215,834	215,969	216,177	216,330	215,949	214,537
2010	218,312	218,439	218,711	218,803	219,179	218,056
2011	226,545	226,889	226,421	226,230	225,672	224,939
2012	230,379	231,407	231,317	230,221	229,601	229,594

Tabla 2.19

Solución 1

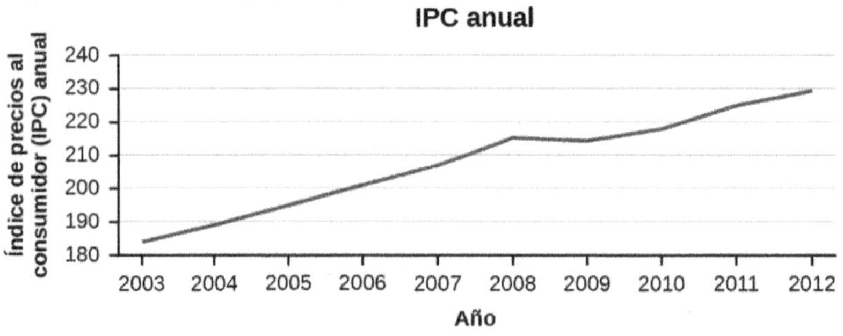

Figura 2.10

INTÉNTELO 2.13

La siguiente tabla es una parte de un conjunto de datos de www.worldbank.org. Utilice la tabla para construir un gráfico de la serie temporal de las emisiones de CO_2 de Estados Unidos.

Emisiones de CO_2			
Año	**Ucrania**	**Reino Unido**	**Estados Unidos**
2003	352.259	540.640	5.681.664
2004	343.121	540.409	5.790.761
2005	339.029	541.990	5.826.394
2006	327.797	542.045	5.737.615
2007	328.357	528.631	5.828.697
2008	323.657	522.247	5.656.839
2009	272.176	474.579	5.299.563

Tabla 2.20

Usos de un gráfico de series temporales

Los gráficos de series temporales son herramientas importantes en diversas aplicaciones de la estadística. Cuando se registran los valores de una misma variable durante un largo periodo, a veces, es difícil discernir cualquier tendencia o patrón. Sin embargo, una vez que los mismos puntos de datos se muestran gráficamente, algunas características saltan a la vista. Los gráficos de series temporales facilitan la detección de tendencias.

Cómo NO mentir con las estadísticas

Es importante recordar que la razón por la que desarrollamos una variedad de métodos para presentar los datos es para comprender el tema de lo que las observaciones representan. Queremos tener una "sensación" de los datos. ¿Las observaciones son todas muy parecidas o están repartidas en un amplio rango de valores, están agrupadas en un extremo del espectro o están distribuidas uniformemente, etc.? Intentamos obtener una representación visual de los datos numéricos. En breve desarrollaremos medidas matemáticas formales de los datos, pero nuestra presentación gráfica visual puede decir mucho. Desgraciadamente, también puede decir muchas cosas que distraen, confunden y simplemente son erróneas en cuanto a la impresión que lo visual deja. Hace muchos años, Darrell Huff escribió el libro *How to Lie with Statistics [Cómo mentir con estadísticas]*. Ha tenido más de 25 ediciones y ha vendido más de un millón y medio de ejemplares. Su perspectiva era dura y utilizaba muchos ejemplos reales destinados a engañar. Quería hacer que la gente fuera consciente de ese engaño, pero quizás lo más importante era educar para que otros no cometieran los mismos errores inadvertidamente.

De nuevo, el objetivo es ilustrar con imágenes que cuenten la historia de los datos. Los gráficos circulares tienen una serie de problemas comunes cuando se utilizan para transmitir el mensaje de los datos. Demasiados trozos del pastel abruman al lector. Más de quizás cinco o seis categorías deberían dar una idea de la importancia relativa de cada trozo. Al fin y al cabo, este es el objetivo de un gráfico circular: qué subconjunto importa más en relación con los demás. Si hay más componentes que esto, tal vez sea mejor un enfoque alternativo o tal vez algunos puedan consolidarse en una categoría "otros". Los gráficos circulares no pueden mostrar los cambios a lo largo del tiempo, aunque vemos que esto se intenta con demasiada frecuencia. En los documentos financieros federales, estatales y municipales se suelen presentar gráficos circulares para mostrar los componentes de los ingresos de los que dispone el órgano de gobierno para su consignación: impuesto sobre la renta, impuesto sobre las ventas, impuestos sobre los vehículos de motor, etc. En sí misma es una información interesante y se puede hacer muy bien con un gráfico circular. El error se produce cuando se ponen dos años uno al lado del otro. Como los ingresos totales cambian de un año a otro, pero el tamaño del pastel es fijo, no se proporciona ninguna información real y no se puede comparar de forma significativa el tamaño relativo de cada trozo del pastel.

Los histogramas pueden ser muy útiles para entender los datos. Si se presentan correctamente, pueden ser una forma visual rápida de presentar las probabilidades de las diferentes categorías mediante la simple visualización de la comparación de las áreas relativas en cada categoría. Aquí el error, intencionado o no, es variar la amplitud de las categorías. Por supuesto, esto hace imposible la comparación con las demás categorías. Adorna la importancia de la categoría con un ancho ampliado porque tiene un área mayor, de forma inapropiada, y así "dice" visualmente que esa categoría tiene una mayor probabilidad de ocurrencia.

Los gráficos de series temporales tal vez sean de los que más se abusa. Un gráfico de alguna variable a lo largo del tiempo nunca debe presentarse en ejes que cambien en parte de la página, ya sea en la dimensión vertical u horizontal. Tal vez se cambie el marco temporal de años a meses. Probablemente esto se haga para ahorrar espacio o porque los datos mensuales no estaban disponibles para los primeros años. En cualquier caso, esto confunde la presentación y destruye cualquier valor del gráfico. Si esto no se hace para confundir a propósito al lector, entonces ciertamente es un trabajo perezoso o descuidado.

Cambiar las unidades de medida del eje puede suavizar o acentuar una caída. Si quiere mostrar grandes cambios, mida la variable en unidades pequeñas, centavos en lugar de miles de dólares. Y, por supuesto, para continuar con el fraude, asegúrese de que el eje no comienza en cero, cero. Si comienza en cero, cero entonces se hace evidente que el eje ha sido manipulado.

Tal vez tenga un cliente al que le preocupa la volatilidad de la cartera que usted gestiona. Una forma fácil de presentar los datos es utilizar periodos largos en el gráfico de la serie temporal. Utilice meses o, mejor, trimestres en lugar de datos diarios o semanales. Si eso no consigue reducir la volatilidad, entonces separe el eje temporal en relación con el eje de la tasa de rendimiento o de la valoración de la cartera. Si quiere mostrar un crecimiento dramático "rápido", entonces reduzca el eje temporal. Cualquier crecimiento positivo mostrará tasas de crecimiento visualmente "altas". Tenga en cuenta que si el crecimiento es negativo, este truco mostrará que la cartera se está hundiendo a un ritmo dramático.

Una vez más, el objetivo de la Estadística Descriptiva es transmitir imágenes significativas que cuenten la historia de los datos. La manipulación intencionada es un fraude y una falta de ética en el peor de los casos, pero incluso en el mejor, cometer este tipo de errores llevará a la confusión del análisis.

2.2 Medidas de la ubicación de los datos

Las medidas habituales de localización son **cuartiles** y **percentiles**

Los cuartiles son percentiles especiales. El primer cuartil, Q_1, es igual que el percentil 25, y el tercer cuartil, Q_3, es igual que el percentil 75. La mediana, *M*, se denomina tanto el segundo cuartil como el percentil 50.

Para calcular cuartiles y percentiles, los datos se deben ordenar de menor a mayor. Los cuartiles dividen los datos ordenados en cuartos. Los percentiles dividen los datos ordenados en centésimas. Obtener una calificación en el percentil 90 de un examen no significa, necesariamente, que haya obtenido el 90 % en una prueba. Significa que el 90 % de las calificaciones de las pruebas son iguales o inferiores a su calificación y el 10 % de las calificaciones de las pruebas son iguales o superiores a su calificación.

Los percentiles son útiles para comparar valores. Por esta razón, universidades e institutos universitarios usan ampliamente los percentiles. Uno de los casos en los que institutos universitarios y universidades utilizan los percentiles es cuando los resultados del SAT se emplean para determinar una calificación mínima del examen que se utilizará como factor de aceptación. Por ejemplo, supongamos que Duke acepta calificaciones del SAT iguales o superiores al percentil 75. Eso se traduce en una calificación de, al menos, 1.220.

Los percentiles se utilizan sobre todo con poblaciones muy grandes. Por lo tanto, si se dijera que el 90 % de las calificaciones de las pruebas son menores (y no iguales o menores) que su calificación, sería aceptable porque eliminar un valor de datos particular no es significativo.

La **mediana** es un número que mide el "centro" de los datos. Se puede pensar en la mediana como el "valor medio", pero no tiene por qué ser uno de los valores observados. Es un número que separa los datos ordenados en mitades. La mitad de los valores son iguales o menores que la mediana, y la mitad de los valores son iguales o mayores. Por ejemplo, considere los siguientes datos.
1; 11,5; 6; 7,2; 4; 8; 9; 10; 6,8; 8,3; 2; 2; 10; 1
Ordenado de menor a mayor:

1; 1; 2; 2; 4; 6; 6,8; 7,2; 8; 8,3; 9; 10; 10; 11,5

Como hay 14 observaciones, la mediana está entre el séptimo valor, 6,8, y el octavo, 7,2. Para hallar la mediana, sume los dos valores y divídalos entre dos.

$$\frac{6,8+7,2}{2}=7$$

La mediana es siete. La mitad de los valores son menores que siete y la mitad de los valores son mayores que siete.

Los **cuartiles** son números que separan los datos en cuartos. Los cuartiles pueden o no formar parte de los datos. Para hallar los cuartiles, primero hay que hallar la mediana o el segundo cuartil. El primer cuartil, Q_1, es el valor central de la mitad inferior de los datos, y el tercer cuartil, Q_3, es el valor central, o la mediana, de la mitad superior de los datos. Para hacerse una idea, considere el mismo conjunto de datos:
1; 1; 2; 2; 4; 6; 6,8; 7,2; 8; 8,3; 9; 10; 10; 11,5

La mediana o **segundo cuartil** es siete. La mitad inferior de los datos son 1; 1; 2; 2; 4; 6; 6,8. El valor central de la mitad inferior es dos.
1; 1; 2; 2; 4; 6; 6,8

El número dos, que forma parte de los datos, es el **primer cuartil**. Una cuarta parte de los conjuntos de valores son iguales o inferiores a dos y tres cuartas partes de los valores son superiores a dos.

La mitad superior de los datos es 7,2; 8; 8,3; 9; 10; 10; 11,5. El valor central de la mitad superior es nueve.

El **tercer cuartil**, $Q3$, es nueve. Tres cuartas partes (75 %) del conjunto de datos ordenados son menores de nueve. Una cuarta parte (25 %) del conjunto de datos ordenados son mayores de nueve. El tercer cuartil forma parte del conjunto de datos de este ejemplo.

El **rango intercuartil** es un número que indica la dispersión de la mitad central o del 50 % central de los datos. Es la diferencia entre el tercer cuartil (Q_3) y el primer cuartil (Q_1).

$IQR = Q_3 - Q_1$

El *IQR* puede ayudar a determinar posibles **valores atípicos. Se sospecha que un valor es un posible valor atípico si está menos de (1,5)(*IQR*) por debajo del primer cuartil o más de (1,5)(*IQR*) por encima del tercer cuartil.** Los posibles valores atípicos siempre requieren una investigación más profunda.

NOTA

Un valor atípico potencial es un punto de datos que es significativamente diferente de los otros puntos de datos. Estos puntos de datos especiales pueden ser errores o algún tipo de anormalidad o pueden ser una clave para entender los datos.

EJEMPLO 2.14

Para los siguientes 13 precios de bienes raíces, calcule el *IQR* y determine si algún precio es un posible valor atípico. Los precios están en dólares.
389.950; 230.500; 158.000; 479.000; 639.000; 114.950; 5.500.000; 387.000; 659.000; 529.000; 575.000; 488.800; 1.095.000

Solución 1
Ordene los datos de menor a mayor.
114.950; 158.000; 230.500; 387.000; 389.950; 479.000; 488.800; 529.000; 575.000; 639.000; 659.000; 1.095.000; 5.500.000

$M = 488.800$

$Q_1 = \frac{230.500 + 387.000}{2} = 308.750$

$Q_3 = \frac{639.000 + 659.000}{2} = 649.000$

$IQR = 649.000 - 308.750 = 340.250$

$(1,5)(IQR) = (1,5)(340.250) = 510.375$

$Q_1 - (1,5)(IQR) = 308.750 - 510.375 = -201.625$

$Q_3 + (1,5)(IQR) = 649.000 + 510.375 = 1.159.375$

Ningún precio de la vivienda es inferior a –201.625. Sin embargo, 5.500.000 son más que 1.159.375. Por lo tanto, 5.500.000 es un posible **valor atípico**.

EJEMPLO 2.15

Para los dos conjuntos de datos del ejemplo de las calificaciones de los exámenes, halle lo siguiente:

a. El rango intercuartil. Compare los dos rangos intercuartiles.
b. Cualquier valor atípico en cualquier conjunto.

Solución 1
El resumen de cinco números para las clases diurnas y nocturnas es

	Mínimo	Q_1	Mediana	Q_3	Máximo
Día	32	56	74,5	82,5	99
Noche	25,5	78	81	89	98

Tabla 2.21

a. El IQR para el grupo de día es $Q_3 - Q_1 = 82,5 - 56 = 26,5$
El IQR para el grupo nocturno es $Q_3 - Q_1 = 89 - 78 = 11$

El rango intercuartil (la dispersión o variabilidad) para la clase diurna es mayor que el *IQR* de la clase nocturna. Esto sugiere que se hallarán más variaciones en los resultados de las pruebas de la clase diurna.

b. Los valores atípicos de la clase diurna se encuentran utilizando la regla del IQR por 1,5. Así que,
$Q_1 - IQR(1,5) = 56 - 26,5(1,5) = 16,25$
$Q_3 + IQR(1,5) = 82,5 + 26,5(1,5) = 122,25$

Dado que los valores mínimos y máximos de la clase diurna son superiores a 16,25 e inferiores a 122,25, no hay valores atípicos.

Los valores atípicos de la clase nocturna se calculan como:

$Q_1 - IQR\,(1,5) = 78 - 11(1,5) = 61,5$
$Q_3 + \text{IQR}(1,5) = 89 + 11(1,5) = 105,5$

Para esta clase, cualquier calificación de la prueba inferior a 61,5 es un valor atípico. Por lo tanto, las calificaciones de 45 y 25,5 son valores atípicos. Dado que ninguna calificación de la prueba es superior a 105,5, no hay ningún valor atípico en el extremo superior.

EJEMPLO 2.16

Se les preguntó a cincuenta estudiantes de Estadística cuánto dormían por noche de escuela (redondeado a la hora más cercana). Los resultados fueron:

Cantidad de sueño por noche escolar (horas)	Frecuencia	Frecuencia relativa	Frecuencia relativa acumulada
4	2	0,04	0,04

Tabla 2.22

Cantidad de sueño por noche escolar (horas)	Frecuencia	Frecuencia relativa	Frecuencia relativa acumulada
5	5	0,10	0,14
6	7	0,14	0,28
7	12	0,24	0,52
8	14	0,28	0,80
9	7	0,14	0,94
10	3	0,06	1,00

Tabla 2.22

Calcule el percentil 28. Fíjese en el 0,28 de la columna "frecuencia relativa acumulada". El veintiocho por ciento de 50 valores de datos son 14 valores. Hay 14 valores inferiores al percentil 28. Incluyen los dos 4, los cinco 5 y los siete 6. El percentil 28 está entre los seis últimos y los siete primeros. **El percentil 28 es 6,5.**

Calcule la mediana. Observe de nuevo la columna de "frecuencia relativa acumulada" y halle 0,52. La mediana es el percentil 50 o el segundo cuartil. El 50 % de 50 es 25. Hay 25 valores inferiores a la mediana. Incluyen los dos 4, los cinco 5, los siete 6 y once de los 7. La mediana o el percentil 50 está entre los valores 25, o siete, y 26, o siete. **La mediana es siete.**

Calcule el tercer cuartil. El tercer cuartil es lo mismo que el percentil 75. Puede dar esta respuesta "al ojo". Si observa la columna de "frecuencia relativa acumulada", verá 0,52 y 0,80. Cuando tiene todos los cuatros, cincos, seises y sietes tiene el 52 % de los datos. Cuando incluye todos los 8, tiene el 80 % de los datos. **El percentil 75, entonces, debe ser un ocho**. Otra forma de ver el problema es hallar el 75 % de 50, que es 37,5, y redondear a 38. El tercer cuartil, Q_3, es el valor 38, que es un ocho. Puede comprobar esta respuesta contando los valores (hay 37 valores por debajo del tercer cuartil y 12 valores por encima).

INTÉNTELO 2.16

Se les ha preguntado a cuarenta conductores de autobús cuántas horas dedican cada día a recorrer sus rutas (redondeadas a la hora más cercana). Calcule el percentil 65.

Cantidad de tiempo invertido en la ruta (horas)	Frecuencia	Frecuencia relativa	Frecuencia relativa acumulada
2	12	0,30	0,30
3	14	0,35	0,65
4	10	0,25	0,90
5	4	0,10	1,00

Tabla 2.23

EJEMPLO 2.17

Mediante la Tabla 2.22:

a. Calcule el percentil 80.
b. Calcule el percentil 90.
c. Calcule el primer cuartil. ¿Cuál es otro nombre para el primer cuartil?

Solución 1

Al usar los datos de la tabla de frecuencias, tenemos:

a. El percentil 80 está entre los ocho últimos y los nueve primeros de la tabla (entre los valores 40 y 41). Por lo tanto, tenemos que tomar la media de los valores 40 y 41. El percentil 80 $= \frac{8+9}{2} = 8{,}5$
b. El percentil 90 será el valor del dato 45 (la ubicación es 0,90(50) = 45) y el valor del dato 45 es nueve.
c. El Q_1 es también el percentil 25. El cálculo de la ubicación del percentil 25es: P_{25} = 0,25(50) = 12,5 ≈ 13 el valor del dato 13. Así, el percentil 25 es seis.

Una fórmula para hallar el percentil *k*

Si investiga un poco, hallará varias fórmulas para calcular el percentil *k* Aquí está una de ellas.

k = el percentil *k*. Puede o no formar parte de los datos.

i = el índice (clasificación o posición de un valor de datos)

n = el número total de puntos de datos u observaciones

- Ordene los datos de menor a mayor.
- Calcule $i = \frac{k}{100}(n + 1)$
- Si *i* es un número entero, el percentil *k* es el valor de los datos en la posición *i* en el conjunto ordenado de datos.
- Si *i* no es un entero, entonces redondee *i* hacia arriba o redondee *i* hacia abajo a los enteros más cercanos. Promedia los dos valores de los datos en estas dos posiciones en el conjunto de datos ordenados. Esto es más fácil de entender con un ejemplo.

EJEMPLO 2.18

Se enumeran 29 edades de los mejores actores ganadores del Oscar *en orden de menor a mayor.*
18; 21; 22; 25; 26; 27; 29; 30; 31; 33; 36; 37; 41; 42; 47; 52; 55; 57; 58; 62; 64; 67; 69; 71; 72; 73; 74; 76; 77

a. Calcule el percentil 70.
b. Calcule el percentil 83.

Solución 1

a. *k* = 70
i = el índice
n = 29

$i = \frac{k}{100}(n + 1) = (\frac{70}{100})(29 + 1) = 21$. Veintiuno es un número entero, y el valor de los datos en la posición 21 del conjunto de datos ordenados es 64. El percentil 70 es 64 años.

b. *k* = percentil 83
i = el índice
n = 29

$i = \frac{k}{100}(n + 1) = (\frac{83}{100})(29 + 1) = 24{,}9$, que NO es un número entero. Redondee a 24 hacia abajo y a 25 hacia arriba. La edad en el puesto 24 es de 71 años y la edad en el puesto 25 es de 72 años. Promedio 71 y 72. El percentil 83 es de 71,5 años.

INTÉNTELO 2.18

Se enumeran 29 edades de los mejores actores ganadores del Oscar *en orden de menor a mayor.*

18; 21; 22; 25; 26; 27; 29; 30; 31; 33; 36; 37; 41; 42; 47; 52; 55; 57; 58; 62; 64; 67; 69; 71; 72; 73; 74; 76; 77
Calcule el percentil 20 y el percentil 55.

Una fórmula para hallar el percentil de un valor en un conjunto de datos

- Ordene los datos de menor a mayor.
- x = el número de valores de datos contando desde la parte inferior de la lista de datos hasta, pero sin incluir, el valor de datos para el que se desea hallar el percentil.
- y = el número de valores de datos iguales al valor de los datos para los que se quiere hallar el percentil.
- n = el número total de datos.
- Calcule $\frac{x+0,5y}{n}(100)$. Luego, redondee al número entero más cercano.

EJEMPLO 2.19

Se enumeran 29 edades de los mejores actores ganadores del Oscar *en orden de menor a mayor.*
18; 21; 22; 25; 26; 27; 29; 30; 31; 33; 36; 37; 41; 42; 47; 52; 55; 57; 58; 62; 64; 67; 69; 71; 72; 73; 74; 76; 77

a. Calcule el percentil de 58.
b. Calcule el percentil de 25.

Solución 1

a. Contando desde el final de la lista hay 18 valores de datos inferiores a 58. Hay un valor de 58.
$x = 18$ y $y = 1$. $\frac{x+0,5y}{n}(100) = \frac{18+0,5(1)}{29}(100) = 63,80$. 58 es el percentil 64.

b. Contando desde el final de la lista hay tres valores de datos inferiores a 25. Hay un valor de 25.
$x = 3$ y $y = 1$. $\frac{x+0,5y}{n}(100) = \frac{3+0,5(1)}{29}(100) = 12,07$. Veinticinco es el percentil 12.

Interpretación de percentiles, cuartiles y mediana

Un percentil indica la posición relativa de un valor de datos cuando estos se ordenan numéricamente de menor a mayor. Los porcentajes de los valores de los datos son menores o iguales al percentil p. Por ejemplo, el 15 % de los valores de los datos son inferiores o iguales al percentil 15.

- Los percentiles bajos corresponden siempre a valores de datos más bajos.
- Los percentiles altos corresponden siempre a valores de datos más altos.

Un percentil puede corresponder o no a un juicio de valor sobre si es "bueno" o "deficiente". La interpretación de si un determinado percentil es "bueno" o "deficiente" depende del contexto de la situación a la que se aplican los datos. En algunas situaciones, un percentil bajo se consideraría "bueno"; en otros contextos, un percentil alto podría considerarse "bueno". En muchas situaciones no se aplica ningún juicio de valor.

Entender cómo interpretar correctamente los percentiles es importante no solo a la hora de describir los datos, sino también a la hora de calcular las probabilidades en capítulos posteriores de este texto.

NOTA

Al escribir la interpretación de un percentil en el contexto de los datos dados, la oración debe contener la siguiente información.

- información sobre el contexto de la situación considerada.
- el valor del dato (valor de la variable) que representa el percentil.
- el porcentaje de personas o elementos con valores de datos por debajo del percentil.
- el porcentaje de personas o elementos con valores de datos por encima del percentil.

EJEMPLO 2.20

En un examen de Matemáticas cronometrado, el primer cuartil del tiempo que se tardó en terminar el examen fue de 35 minutos. Interprete el primer cuartil en el contexto de esta situación.

Solución 1

- El veinticinco por ciento de los estudiantes terminó el examen en 35 minutos o menos.
- El setenta y cinco por ciento de los estudiantes terminó el examen en 35 minutos o más.
- Un percentil bajo podría considerarse bueno, ya que es deseable terminar más rápido en un examen cronometrado (si tarda demasiado, es posible que no pueda terminar).

EJEMPLO 2.21

En un examen de Matemáticas de 20 preguntas, el percentil 70 del número de respuestas correctas fue de 16. Interprete el percentil 70 en el contexto de esta situación.

Solución 1

- El setenta por ciento de los estudiantes respondió correctamente 16 o menos preguntas.
- El treinta por ciento de los estudiantes respondió correctamente 16 o más preguntas.
- Un percentil más alto podría considerarse bueno, ya que es deseable responder correctamente más preguntas.

INTÉNTELO 2.21

En una asignación escrita de 60 puntos, el percentil 80 del número de puntos obtenidos fue de 49. Interprete el percentil 80 en el contexto de esta situación.

EJEMPLO 2.22

En un colegio comunitario se comprobó que el percentil 30 de unidades de crédito en las que se inscriben los estudiantes es de siete unidades. Interprete el percentil 30 en el contexto de esta situación.

Solución 1

- El treinta por ciento de los estudiantes están inscritos en siete o menos unidades de crédito.
- El setenta por ciento de los estudiantes están inscritos en siete o más unidades de crédito.
- En este ejemplo, no hay un juicio de valor "bueno" o "malo" asociado a un percentil más alto o más bajo. Los estudiantes acuden a los colegios comunitarios por razones y necesidades diversas y su carga lectiva varía según sus necesidades.

EJEMPLO 2.23

La escuela intermedia Sharpe está solicitando una subvención que se utilizará para añadir equipos de acondicionamiento físico para el gimnasio. El director encuestó 15 estudiantes anónimos para determinar cuántos minutos al día dedican los estudiantes a hacer ejercicio. Se muestran los resultados de los 15 estudiantes anónimos.

0 minutos; 40 minutos; 60 minutos; 30 minutos; 60 minutos

10 minutos; 45 minutos; 30 minutos; 300 minutos; 90 minutos;

30 minutos; 120 minutos; 60 minutos; 0 minutos; 20 minutos

Determine los cinco valores siguientes.

Mín. = 0
Q_1 = 20

Med. = 40
Q_3 = 60
Máx. = 300

Si usted fuera el director, ¿se justificaría la compra de nuevos equipos de acondicionamiento físico? Dado que el 75 % de los estudiantes hacen ejercicio durante 60 minutos o menos al día, y que el *IQR* es de 40 minutos (60 - 20 = 40), sabemos que la mitad de los estudiantes encuestados hacen ejercicio entre 20 y 60 minutos al día. Esto parece una cantidad razonable de tiempo de ejercicio, por lo que el director estaría justificado en la compra del nuevo equipamiento.

Sin embargo, el director debe tener cuidado. El valor 300 parece ser un posible valor atípico.

$Q_3 + 1{,}5(IQR) = 60 + (1{,}5)(40) = 120$.

El valor 300 es mayor que 120, por lo que es un posible valor atípico. Si lo eliminamos y calculamos los cinco valores, obtenemos los siguientes valores:

Mín. = 0
Q_1 = 20
Q_3 = 60
Máx. = 120

Todavía tenemos un 75 % de los estudiantes que hacen ejercicio durante 60 minutos o menos al día y la mitad de los estudiantes que hacen ejercicio entre 20 y 60 minutos al día. Sin embargo, 15 estudiantes es una muestra pequeña y el director debería encuestar más estudiantes para estar seguro de los resultados de su encuesta.

2.3 Medidas del centro de los datos

El "centro" de un conjunto de datos también es una forma de describir la ubicación. Las dos medidas más utilizadas del "centro" de los datos son la **media** (promedio) y la **mediana**. Para calcular el **peso medio** de 50 personas, sume los 50 pesos y los divide entre 50. Técnicamente es la media aritmética. Más adelante hablaremos de la media geométrica. Para hallar la **mediana del peso** de las 50 personas, ordene los datos y halle el número que divide los datos en dos partes iguales, lo que significa un número igual de observaciones en cada lado. El peso de 25 personas está por debajo de ese peso y 25 personas están por encima de ese peso. La mediana suele ser una mejor medida del centro cuando hay valores extremos o atípicos porque no se ve afectada por los valores numéricos precisos de los atípicos. La media es la medida más común del centro.

NOTA

Las palabras "media" y "promedio" se suelen usar indistintamente. La sustitución de una palabra por otra es una práctica habitual. El término técnico es "media aritmética" y "promedio" es técnicamente un lugar central. Formalmente, los matemáticos llaman a la media aritmética el primer momento de la distribución. Sin embargo, en la práctica, entre los no estadísticos, se suele aceptar "promedio" por "media aritmética".

Cuando cada valor del conjunto de datos no es único, la media se puede calcular multiplicando cada valor distinto por su frecuencia y dividiendo después la suma por el número total de valores de los datos. La letra utilizada para representar la **media muestral** es una *x* con una barra encima (se pronuncia "barra de *x*"): $\bar{x}$.

La letra griega μ (se pronuncia "mu") representa la **media de la población**. Uno de los requisitos para que la **media muestral** sea una buena estimación de la **media de la población** es que la muestra tomada sea realmente aleatoria.

Para ver que ambas formas de calcular la media son iguales, considere la muestra:
1; 1; 1; 2; 2; 3; 4; 4; 4; 4; 4

$$\bar{x} = \frac{1+1+1+2+2+3+4+4+4+4+4}{11} = 2{,}7$$

$$\bar{x} = \frac{3(1)+2(2)+1(3)+5(4)}{11} = 2{,}7$$

En el segundo cálculo, las frecuencias son 3, 2, 1 y 5.

Puede hallar rápidamente la ubicación de la mediana utilizando la expresión $\frac{n+1}{2}$.

La letra n es el número total de valores de datos en la muestra. Si n es un número impar, la mediana es el valor del centro de los datos ordenados (ordenados de menor a mayor). Si n es un número par, la mediana es igual a los dos valores del centro sumados y divididos entre dos después de ordenar los datos. Por ejemplo, si el número total de valores de datos es de 97, entonces $\frac{n+1}{2} = \frac{97+1}{2} = 49$. La mediana es el 49.° valor de los datos ordenados. Si el número total de valores de datos es 100, entonces $\frac{n+1}{2} = \frac{100+1}{2} = 50{,}5$. La mediana está a medio camino entre los valores 50.° y 51.°. La ubicación de la mediana y el valor de la mediana **no** son lo mismo. La letra M mayúscula se utiliza a menudo para representar la mediana. El siguiente ejemplo ilustra la ubicación de la mediana y su valor.

EJEMPLO 2.24

Los datos sobre el sida que indican el número de meses que vive un paciente con sida después de tomar un nuevo medicamento con anticuerpos son los siguientes (de menor a mayor):

3; 4; 8; 8; 10; 11; 12; 13; 14; 15; 15; 16; 16; 17; 17; 18; 21; 22; 22; 24; 24; 25; 26; 26; 27; 27; 29; 29; 31; 32; 33; 33; 34; 34; 35; 37; 40; 44; 44; 47;

Calcule la media y la mediana.

Solución 1

El cálculo de la media es:

$$\bar{x} = \frac{[3+4+(8)(2)+10+11+12+13+14+(15)(2)+(16)(2)+...+35+37+40+(44)(2)+47]}{40} = 23{,}6$$

Para hallar la mediana, M, primero hay que utilizar la fórmula de la ubicación. La ubicación es:

$$\frac{n+1}{2} = \frac{40+1}{2} = 20{,}5$$

A partir del valor más pequeño, la mediana se sitúa entre los valores 20.° y 21.° (los dos 24):

3; 4; 8; 8; 10; 11; 12; 13; 14; 15; 15; 16; 16; 17; 17; 18; 21; 22; 22; 24; 24; 25; 26; 26; 27; 27; 29; 29; 31; 32; 33; 33; 34; 34; 35; 37; 40; 44; 44; 47;

$$M = \frac{24+24}{2} = 24$$

EJEMPLO 2.25

Supongamos que en una pequeña ciudad de 50 personas una de ellas gana 5.000.000 de dólares al año y las otras 49 ganan 30.000 dólares cada una. ¿Cuál es la mejor medida del "centro": la media o la mediana?

Solución 1

$$\bar{x} = \frac{5{,}000{,}000+49(30{,}000)}{50} = 129.400$$

$M = 30.000$

(Hay 49 personas que ganan 30.000 dólares y una persona que gana 5.000.000 de dólares).

La mediana es una mejor medida del "centro" que la media porque 49 de los valores son 30.000 y uno es 5.000.000. El 5.000.000 es un valor atípico. Los 30.000 nos dan una mejor idea del centro de los datos.

Otra medida del centro es la moda. La **moda** es el valor más frecuente. Puede haber más de una moda en un conjunto de datos siempre que esos valores tengan la misma frecuencia y esta sea la más alta. Un conjunto de datos con dos modas se denomina bimodal.

EJEMPLO 2.26

Las calificaciones de los exámenes de Estadística de 20 estudiantes son las siguientes:

50; 53; 59; 59; 63; 63; 72; 72; 72; 72; 72; 76; 78; 81; 83; 84; 84; 84; 90; 93

Calcule la moda.

Solución 1

La calificación más frecuente es 72, que aparece cinco veces. Moda = 72.

EJEMPLO 2.27

Las cinco calificaciones del examen sobre bienes raíces son 430, 430, 480, 480, 495. El conjunto de datos es bimodal porque las calificaciones 430 y 480 aparecen dos veces cada una.

¿Cuándo la moda es la mejor medida del "centro"? Piense en un programa de adelgazamiento que anuncia una pérdida media de peso de seis libras la primera semana del programa. La moda podría indicar que la mayoría de las personas pierden dos libras la primera semana, lo que hace que el programa sea menos atractivo.

NOTA

La moda puede calcularse tanto para datos cualitativos como para cuantitativos. Por ejemplo, si el conjunto de datos es: rojo, rojo, rojo, verde, verde, amarillo, púrpura, negro, azul, la moda es rojo.

Cálculo de la media aritmética de tablas de frecuencias agrupadas

Cuando solo se dispone de datos agrupados no se conocen los valores individuales de los datos (solo conocemos los intervalos y las frecuencias de los intervalos); por lo tanto, no se puede calcular una media exacta para el conjunto de datos. Lo que debemos hacer es estimar la media real calculando la media de una tabla de frecuencias. Una tabla de frecuencias es una representación de datos en la que se muestran datos agrupados junto con las frecuencias correspondientes. Para calcular la media de una tabla de frecuencias agrupadas podemos aplicar la definición básica de media: *media* = $\frac{\text{suma de los datos}}{number\ of\ data\ values}$ Simplemente tenemos que modificar la definición para que se ajuste a las restricciones de una tabla de frecuencias.

Como no conocemos los valores individuales de los datos podemos hallar el punto medio de cada intervalo. El punto medio es $\frac{\text{límite inferior} + \text{límite superior}}{2}$. Ahora podemos modificar la definición de la media para que sea

$Tabla\ de\ media\ de\ la\ frecuencia = \frac{\sum fm}{\sum f}$ donde f = la frecuencia del intervalo y m = el punto medio del intervalo.

EJEMPLO 2.28

Se presenta una tabla de frecuencias que muestra la prueba estadística anterior del profesor Blount. Calcule la mejor estimación de la media de la clase.

Intervalo de grado	Número de estudiantes
50–56,5	1
56,5–62,5	0
62,5–68,5	4
68,5–74,5	4
74,5–80,5	2
80,5–86,5	3
86,5–92,5	4
92,5–98,5	1

Tabla 2.24

Solución 1

- Calcule los puntos medios de todos los intervalos

Intervalo de grado	Punto medio
50–56,5	53,25
56,5–62,5	59,5
62,5–68,5	65,5
68,5–74,5	71,5
74,5–80,5	77,5
80,5–86,5	83,5
86,5–92,5	89,5
92,5–98,5	95,5

Tabla 2.25

- Calcule la suma del producto de la frecuencia de cada intervalo y el punto medio. $\sum fm$

$$53{,}25(1) + 59{,}5(0) + 65{,}5(4) + 71{,}5(4) + 77{,}5(2) + 83{,}5(3) + 89{,}5(4) + 95{,}5(1) = 1460{,}25$$

- $\mu = \frac{\sum fm}{\sum f} = \frac{1460{,}25}{19} = 76{,}86$

INTÉNTELO 2.28

Maris realizó un estudio sobre el efecto que tiene jugar videojuegos en el recuerdo. Como parte de su estudio recopiló los siguientes datos:

Horas que los adolescentes dedican a los videojuegos	Número de adolescentes
0–3,5	3
3,5–7,5	7
7,5–11,5	12
11,5–15,5	7
15,5–19,5	9

Tabla 2.26

¿Cuál es la mejor estimación del número medio de horas dedicadas a los videojuegos?

2.4 Notación sigma y cálculo de la media aritmética

Fórmula de la media de la población

$$\mu = \frac{1}{N}\sum_{i=1}^{N} x_i$$

Fórmula de la media muestral

$$\bar{x} = \frac{1}{n}\sum_{i=1}^{n} x_i$$

Esta unidad está aquí para recordarle el material que una vez estudió y en su momento dijo: "¡Estoy seguro de que nunca necesitaré esto!".

Estas son las fórmulas de la media poblacional y de la media muestral. La letra griega μ es el símbolo de la media poblacional y $\bar{x}$ es el símbolo de la media muestral. Ambas fórmulas tienen un símbolo matemático que nos indica cómo hacer los cálculos. Se llama notación Sigma porque el símbolo es la letra griega mayúscula sigma: Σ. Como todos los símbolos matemáticos nos dice lo que hay que hacer: igual que el signo más nos dice que hay que sumar y la x nos dice que hay que multiplicar. Se denominan operadores matemáticos. El símbolo Σ nos dice que hay que añadir una lista específica de números.

Supongamos que tenemos una muestra de animales del refugio de animales local y nos interesa su edad promedio. Si enumeramos cada valor, u observación, en una columna, se puede dar a cada uno un número de índice. El primer número será el número 1 y el segundo el número 2 y así sucesivamente.

Animal	Edad
1	9
2	1
3	8,5
4	10,5
5	10
6	8,5
7	12
8	8
9	1
10	9,5

Tabla 2.27

Cada observación representa un animal concreto de la muestra. Purr es el animal número uno y es un gato de 9 años, Toto es el animal número 2 y es un cachorro de 1 año y así sucesivamente.

Para calcular la media, la fórmula nos dice que debemos sumar todos estos números, las edades en este caso, y luego dividir la suma entre 10, el número total de animales de la muestra.

El animal número uno, el gato Purr, se designa como X_1, el animal número 2, Toto, se designa como X_2 y así sucesivamente hasta Dundee que es el animal número 10 y se designa como X_{10}.

La i de la fórmula nos indica cuál de las observaciones hay que sumar. En este caso es de X_1 a X_{10} que son todos.

Sabemos cuáles hay que añadir por la notación de indexación, la i = 1 y la n o N mayúscula de la población. Para este ejemplo la notación de indexación sería i = 1 y por tratarse de una muestra utilizamos una n pequeña en la parte superior del Σ que sería 10.

La desviación típica requiere el mismo operador matemático, por lo que sería útil recordar este conocimiento de su pasado.

La suma de las edades es de 78 y, dividiendo entre 10, la edad media de la muestra es de 7,8 años.

2.5 Media geométrica

La media (aritmética), la mediana y la moda son medidas del "centro" de los datos, la "media". Todos intentan, a su manera, medir el punto "común" dentro de los datos, el que es "normal". En el caso de la media aritmética esto se resuelve encontrando el valor del que todos los puntos están a igual distancia lineal. Podemos imaginar que todos los valores de los datos se combinan mediante la adición y luego se distribuyen a cada punto de datos en cantidades iguales. La suma de todos los valores es lo que se redistribuye en cantidades iguales de manera que la suma total sigue siendo la misma.

La media geométrica no redistribuye la suma de los valores, sino el producto de multiplicar todos los valores individuales y luego redistribuirlos en porciones iguales de manera que el producto total siga siendo el mismo. Esto se desprende de la fórmula de la media geométrica, $\tilde{x}$: *(Se dice "x tilde")*

$$\tilde{x} = \left(\prod_{i=1}^{n} x_i\right)^{\frac{1}{n}} = \sqrt[n]{x_1 \cdot x_2 \cdots x_n} = (x_1 \cdot x_2 \cdots x_n)^{\frac{1}{n}}$$

donde π es otro operador matemático, que nos dice que hay que multiplicar todos los números x_i de la misma manera que la sigma griega mayúscula nos dice que sumemos todos los números x_i. Recuerde que un exponente fraccionario pide la raíz enésima del número por lo que un exponente de 1/3 es la raíz cúbica del número.

La media geométrica responde a la pregunta "si todas las cantidades tuvieran el mismo valor, ¿cuál tendría que ser ese valor para conseguir el mismo producto?". La media geométrica recibe su nombre del hecho de que cuando se redistribuye de esta manera los lados forman una forma geométrica en la que todos tienen la misma longitud. Para verlo, tomemos el ejemplo de los números 10, 51,2 y 8. La media geométrica es el producto de multiplicar estos tres números entre sí (4.096) y sacar la raíz cúbica porque son tres los números entre los que hay que repartir este producto. Por tanto, la media geométrica de estos tres números es 16. Esto describe un cubo de 16x16x16 y tiene un volumen de 4.096 unidades.

La media geométrica es relevante en Economía y Finanzas para tratar el crecimiento: el crecimiento de los mercados, de la inversión, de la población y de otras variables cuyo crecimiento interesa. Imagine que nuestra caja de 4096 unidades (quizás dólares) es el valor de una inversión al cabo de tres años y que los rendimientos de la inversión en porcentajes fueron los tres números de nuestro ejemplo. La media geométrica nos proporcionará la respuesta a la pregunta de cuál es la tasa promedio de rendimiento: 16 por ciento. La media aritmética de estas tres cifras es del 23,6 %. La razón de esta diferencia, 16 frente a 23,6, es que la media aritmética es aditiva y, por lo tanto, no tiene en cuenta el interés sobre el interés, el interés compuesto, implícito en el proceso de crecimiento de la inversión. La misma situación se plantea cuando se pregunta por la tasa promedio de crecimiento de una población o de las ventas o de la penetración en el mercado, etc., conociendo las tasas anuales de crecimiento. La fórmula de la tasa de rendimiento media geométrica, o de cualquier otra tasa de crecimiento, es:

$$r_s = (x_1 \cdot x_2 \cdots x_n)^{\frac{1}{n}} - 1$$

Al manipular la fórmula de la media geométrica también se puede calcular la tasa promedio de crecimiento entre dos periodos conociendo solo el valor inicial a_0 y el valor final a_n y el número de periodos, n. La siguiente fórmula proporciona esta información:

$$\left(\frac{a_n}{a_0}\right)^{\frac{1}{n}} = \tilde{x}$$

Por último, observamos que la fórmula de la media geométrica requiere que todos los números sean positivos, mayores que cero. La razón, por supuesto, es que la raíz de un número negativo no está definida para su uso fuera de la teoría matemática. Sin embargo, hay formas de evitar este problema. En el caso de las tasas de rendimiento y otros problemas de crecimiento simples, podemos convertir los valores negativos en valores equivalentes positivos significativos. Imagine que los rendimientos anuales de los últimos tres años son del +12 %, –8 % y +2 %. El uso de los multiplicadores decimales equivalentes a 1,12, 0,92 y 1,02 nos permite calcular una media geométrica de 1,0167. Al restar 1 a este valor se obtiene la media geométrica de +1,67 % como tasa neta de crecimiento de la población (o rendimiento financiero). De este ejemplo se desprende que la media geométrica nos proporciona esta fórmula para calcular la tasa de rendimiento geométrica (media) de una serie de tasas de rendimiento anuales:

$$r_s = \tilde{x} - 1$$

donde r_s es la tasa promedio de rendimiento y $\tilde{x}$ es la media geométrica de los rendimientos durante un cierto número de periodos. Tenga en cuenta que la duración de cada periodo debe ser la misma.

Como regla general, hay que convertir los valores porcentuales en su equivalente decimal multiplicador. Es importante reconocer que cuando se trata de porcentajes, la media geométrica de los valores porcentuales no es igual a la media geométrica de los equivalentes del multiplicador decimal y es la media geométrica del multiplicador decimal la que es relevante.

2.6 Distorsión y media, mediana y moda

Considere el siguiente conjunto de datos.
4; 5; 6; 6; 6; 7; 7; 7; 7; 7; 7; 8; 8; 8; 9; 10

Este conjunto de datos se puede representar mediante el siguiente histograma. Cada intervalo tiene un ancho de uno y cada valor se sitúa en el centro de un intervalo.

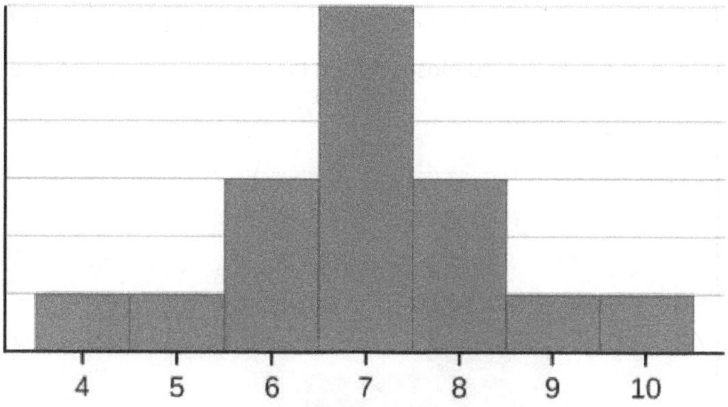

Figura 2.11

El histograma muestra una distribución **simétrica** de los datos. Una distribución es simétrica si se puede trazar una línea vertical en algún punto del histograma de manera que la forma a la izquierda y a la derecha de la línea vertical sean imágenes una espejo de la otra. La media, la mediana y la moda son siete para estos datos. **En una distribución perfectamente simétrica, la media y la mediana son iguales.** Este ejemplo tiene una moda (unimodal), y la moda es la misma que la media y la mediana. En una distribución simétrica que tiene dos modas (bimodal), las dos modas serían diferentes de la media y la mediana.

El histograma de los datos: 4; 5; 6; 6; 6; 7; 7; 7; 7; 8 que se muestra en la Figura 2.11 no es simétrico. El lado derecho parece "cortado" en comparación con el lado izquierdo. Una distribución de este tipo se denomina **distorsionada a la izquierda** porque se desplaza hacia la izquierda. Podemos medir formalmente la distorsión de una distribución del mismo modo que podemos medir matemáticamente el peso del centro de los datos o su "velocidad" general. La fórmula matemática de la distorsión es $a_3 = \sum \frac{(x_i - \bar{x})^3}{ns^3}$. Cuanto mayor sea la desviación con respecto a cero, mayor será el grado de distorsión. Si la distorsión es negativa, la distribución está distorsionada a la izquierda, como en la Figura 2.12. Una medida positiva de la distorsión indica distorsionada a la derecha, como en la Figura 2.13.

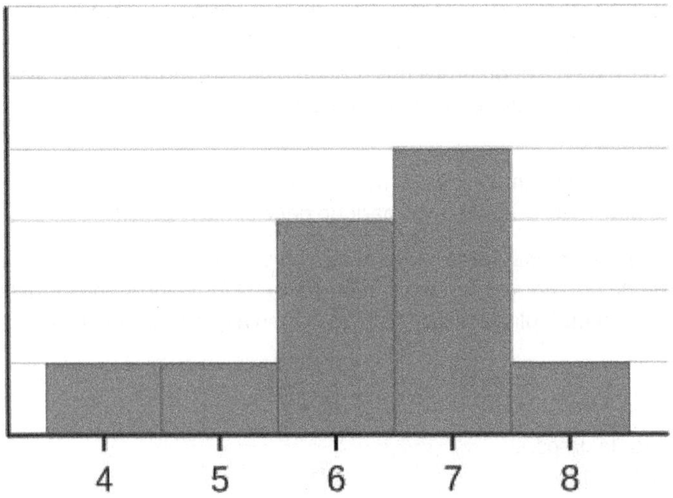

Figura 2.12

La media es 6,3, la mediana es 6,5 y la moda es siete. **Observe que la media es menor que la mediana y ambas son menores que la moda.** Tanto la media como la mediana reflejan la distorsión, pero la media lo refleja más.

El histograma de los datos: 6; 7; 7; 7; 7; 8; 8; 8; 9; 10 mostrados en la Figura 2.12, tampoco es simétrico. Es con **distorsión a la derecha**.

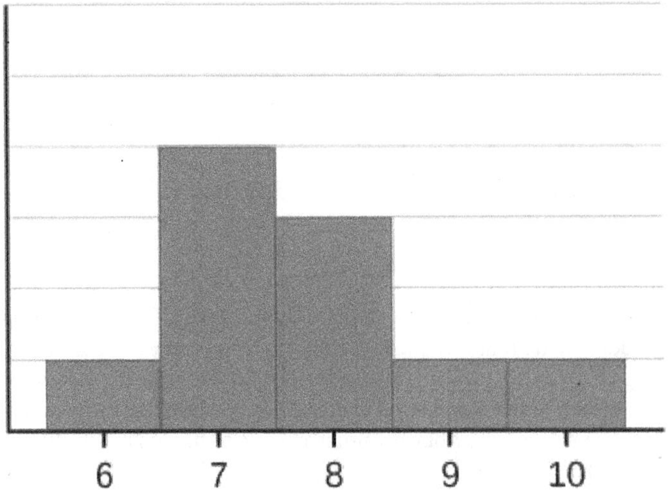

Figura 2.13

La media es 7,7, la mediana es 7,5 y la moda es siete. De las tres estadísticas, **la media es la mayor, mientras que la moda es la menor**. De nuevo, la media es la que más refleja la distorsión.

Para resumir, generalmente si la distribución de los datos está distorsionada a la izquierda, la media es menor que la mediana, que suele ser menor que la moda. Si la distribución de los datos está distorsionada a la derecha, la moda suele ser menor que la mediana, que es menor que la media.

Al igual que con la media, la mediana y la moda, y como veremos en breve, la varianza, existen fórmulas matemáticas que nos dan medidas precisas de estas características de la distribución de los datos. Volviendo a mirar la fórmula de la distorsión, vemos que se trata de una relación entre la media de los datos y las observaciones individuales al cubo.

$$a_3 = \sum \frac{(x_i - \overline{x})^3}{ns^3}$$

donde s es la desviación típica muestral de los datos, X_i, y $\overline{x}$ es la media aritmética y n es el tamaño de la muestra.

Formalmente, la media aritmética se conoce como el primer momento de la distribución. El segundo momento que veremos es la varianza, y la distorsión es el tercer momento. La varianza mide las diferencias al cuadrado de los datos respecto a la media y la distorsión mide las diferencias al cubo de los datos respecto a la media. Mientras que una varianza nunca puede ser un número negativo, la medida de distorsión sí puede y así es como determinamos si los datos están distorsionados la derecha o a la izquierda. La distorsión de una distribución normal es cero, y cualquier dato simétrico debería tener una distorsión cercana a cero. Los valores negativos de la distorsión indican que los datos están sesgados hacia la izquierda y los valores positivos de la distorsión indican que los datos están sesgados hacia la derecha. Por izquierda distorsionada, queremos decir que la cola izquierda es larga en relación con la cola derecha. Del mismo modo, la derecha distorsionada significa que la cola derecha es larga en relación con la cola izquierda. La distorsión caracteriza el grado de asimetría de una distribución en torno a su media. Mientras que la media y la desviación típica son magnitudes *dimensionales* (por eso tomaremos la raíz cuadrada de la varianza) es decir, tienen las mismas unidades que las magnitudes medidas X_i, la distorsión se define convencionalmente de forma que sea *adimensional.* Es un número puro que caracteriza únicamente la forma de la distribución. Un valor positivo de distorsión significa una distribución con una cola asimétrica que se extiende hacia un X más positiva y un valor negativo significa una distribución cuya cola se extiende hacia X más negativa. Una medida cero de distorsión indicará una distribución simétrica.

La distorsión y la simetría son importantes cuando hablemos de distribuciones de probabilidad en capítulos posteriores.

2.7 Medidas de la dispersión de los datos

Una característica importante de cualquier conjunto de datos es su variación. En algunos conjuntos de datos, los valores de los datos se concentran muy cerca de la media; en otros, están más dispersos de la media. La medida más común de variación, o dispersión, es la desviación típica. La **desviación típica** es un número que mide la distancia entre los valores de los datos y su media.

La desviación típica

- proporciona una medida numérica de la cantidad global de variación en un conjunto de datos y
- se puede usar para determinar si un valor de datos determinado está cerca o lejos de la media.

La desviación típica proporciona una medida de la variación global de un conjunto de datos

La desviación típica es siempre positiva o cero. La desviación típica es pequeña cuando todos los datos se concentran cerca de la media y muestran poca variación o dispersión. La desviación típica es mayor cuando los valores de los datos están más alejados de la media y muestran más variación.

Supongamos que estamos estudiando el tiempo que los clientes esperan en la fila de la caja del supermercado *A* y del supermercado *B*. El tiempo promedio de espera en ambos supermercados es de cinco minutos. En el supermercado *A*, la desviación típica del tiempo de espera es de dos minutos; en el supermercado *B*, la desviación típica del tiempo de espera es de cuatro minutos.

Como el supermercado *B* tiene una desviación típica más alta, sabemos que hay más variación en los tiempos de espera en el supermercado *B*. En general, los tiempos de espera en el supermercado *B* están más dispersos del promedio; los tiempos de espera en el supermercado *A* están más concentrados cerca del promedio.

Cálculo de la desviación típica

Si *x* es un número, la diferencia "*x* menos la media" se denomina su **deviación**. En un conjunto de datos hay tantas desviaciones como elementos en el conjunto de datos. Las desviaciones se utilizan para calcular la desviación típica. Si los números pertenecen a una población, en símbolos una desviación es $x - \mu$. Para los datos de la muestra, en símbolos una desviación es $x - \bar{x}$.

El procedimiento para calcular la desviación típica depende de si los números son toda la población o son datos de una muestra. Los cálculos son similares, pero no idénticos. Por tanto, el símbolo utilizado para representar la desviación típica depende de si se calcula a partir de una población o de una muestra. La letra minúscula s representa la desviación típica de la muestra y la letra griega σ (sigma, minúscula) representa la desviación típica de la población. Si la muestra tiene las mismas características que la población, entonces s debería ser una buena estimación de σ.

Para calcular la desviación típica, tenemos que calcular primero la varianza. La **varianza** es el **promedio de los cuadrados de las desviaciones** (la $x - \bar{x}$ para una muestra, o los valores $x - \mu$ para una población). El símbolo σ^2 representa la varianza de la población; la desviación típica de la población σ es la raíz cuadrada de la varianza de la población. El símbolo s^2 representa la varianza de la muestra; la desviación típica de la muestra *s* es la raíz cuadrada de la varianza de la muestra. Puede pensar en la desviación típica como un promedio especial de las desviaciones. Formalmente, la varianza es el segundo momento de la distribución o el primer momento alrededor de la media. Recuerde que la media es el primer momento de la distribución.

Si las cifras proceden de un censo de toda la **población** y no de una muestra, cuando calculamos el promedio de las desviaciones al cuadrado para hallar la varianza, dividimos entre *N*, el número de elementos de la población. Si los datos proceden de una **muestra** y no de una población, al calcular el promedio de las desviaciones al cuadrado, dividimos entre ***n* - 1**, uno menos que el número de elementos de la muestra.

Fórmulas para la desviación típica de la muestra

- $s = \sqrt{\frac{\Sigma(x-\bar{x})^2}{n-1}}$ o $s = \sqrt{\frac{\Sigma f(x-\bar{x})^2}{n-1}}$ o $s = \sqrt{\frac{\left(\sum_{i=1}^{n} x^2\right)-n\bar{x}^2}{n-1}}$
- Para la desviación típica de la muestra, el denominador es ***n* - 1**, es decir, el tamaño de la muestra menos 1.

Fórmulas para la desviación típica de la población

- $\sigma = \sqrt{\frac{\Sigma(x-\mu)^2}{N}}$ o $\sigma = \sqrt{\frac{\Sigma f(x-\mu)^2}{N}}$ o $\sigma = \sqrt{\frac{\sum_{i=1}^{N} x_i^2}{N} - \mu^2}$
- Para la desviación típica de la población el denominador es *N*, el número de elementos de la población.

En estas fórmulas, *f* representa la frecuencia con la que aparece un valor. Por ejemplo, si un valor aparece una vez, *f* es uno. Si un valor aparece tres veces en el conjunto de datos o población, *f* es tres. Dos observaciones importantes sobre la varianza y la desviación típica: las desviaciones se miden a partir de la media y las desviaciones se elevan al cuadrado. En principio, las desviaciones podrían medirse desde cualquier punto, sin embargo, nuestro interés es la medición desde el peso central de los datos, lo que es el valor "normal" o más habitual de la observación. Más adelante trataremos de medir lo "inusual" de una observación o de una media muestral y, por tanto, necesitamos una medida a partir de la media. La segunda observación es que las desviaciones son al cuadrado. Esto tiene dos efectos: primero, hace que las desviaciones sean todas positivas y segundo, cambia las unidades de medida de la media y de las observaciones originales. Si los datos son pesos, la media se mide en libras, pero la varianza se mide en libras al cuadrado. Una de las razones para utilizar la desviación típica es volver a las unidades de medida originales tomando la raíz cuadrada de la varianza. Además, cuando las desviaciones se elevan al cuadrado su valor aumenta en gran medida. Por ejemplo, una desviación de 10 de la media al cuadrado es 100, pero una desviación de 100 de la media es 10.000. Lo que hace esto es dar un gran peso a los valores atípicos al calcular la varianza.

Tipos de variabilidad en las muestras

Cuando se trata de estudiar una población, a menudo se utiliza una muestra, ya sea por conveniencia o porque no es posible acceder a toda la población. La variabilidad es el término utilizado para describir las diferencias que pueden darse en estos resultados. Los tipos de variabilidad más comunes son los siguientes:

- Variabilidad de observación o de medición
- Variabilidad natural
- Variabilidad inducida
- Variabilidad de la muestra

He aquí algunos ejemplos para describir cada tipo de variabilidad.

Ejemplo 1: Variabilidad de la medición
La variabilidad de la medición se produce cuando hay diferencias en los instrumentos utilizados para medir o en las personas que utilizan esos instrumentos. Si recopilamos datos sobre el tiempo que tarda una pelota en caer desde una altura haciendo que los estudiantes midan el tiempo de la caída con un cronómetro, podemos experimentar una variabilidad en la medición si los dos cronómetros utilizados son de diferentes fabricantes: Por ejemplo, un cronómetro mide al segundo más cercano, mientras que el otro mide a la décima de segundo más cercana. También podemos experimentar la variabilidad de las mediciones porque dos personas diferentes recopilan los datos. Sus tiempos de reacción al pulsar el botón del cronómetro pueden ser diferentes, por lo que los resultados variarán en consecuencia. Las diferencias en los resultados pueden verse afectadas por la variabilidad de las mediciones.

Ejemplo 2: Variabilidad natural
La variabilidad natural surge de las diferencias que se producen de forma natural porque los miembros de una población difieren entre sí. Por ejemplo, si tenemos dos plantas de maíz idénticas y las exponemos a la misma cantidad de agua y luz solar, pueden crecer a ritmos diferentes simplemente porque son dos plantas de maíz diferentes. La diferencia de resultados puede explicarse por la variabilidad natural.

Ejemplo 3: Variabilidad inducida
La variabilidad inducida es la contrapartida de la variabilidad natural; se produce porque hemos inducido artificialmente un elemento de variación (que, por definición, no estaba presente de forma natural): Por ejemplo, asignamos personas a dos grupos diferentes para estudiar la memoria, e inducimos una variable en un grupo limitando la cantidad de sueño que tienen. La diferencia de resultados puede verse afectada por la variabilidad inducida.

Ejemplo 4: Variabilidad de la muestra
La variabilidad de la muestra se produce cuando se toman varias muestras aleatorias de la misma población. Por ejemplo, si se realizan cuatro encuestas a 50 personas seleccionadas al azar de una población determinada, las diferencias en los resultados pueden verse afectadas por la variabilidad de la muestra.

EJEMPLO 2.29

En una clase de quinto grado la maestra estaba interesada en la edad promedio y la desviación típica de la muestra de las edades de sus estudiantes. Los siguientes datos son las edades de una MUESTRA de $n = 20$ estudiantes de quinto grado. Las edades están redondeadas al medio año más cercano:

9; 9,5; 9,5; 10; 10; 10; 10; 10,5; 10,5; 10,5; 10,5; 11; 11; 11; 11; 11; 11; 11,5; 11,5; 11,5;

$$\bar{x} = \frac{9 + 9{,}5(2) + 10(4) + 10{,}5(4) + 11(6) + 11{,}5(3)}{20} = 10{,}525$$

La edad promedio es de 10,53 años, redondeada a dos cifras.

La varianza se puede calcular mediante una tabla. A continuación se calcula la desviación típica tomando la raíz cuadrada de la varianza. Explicaremos las partes de la tabla después de calcular *s*.

Datos	Frec.	Desviaciones	Desviaciones^2	(Frec.)(Desviaciones^2)
x	f	$(x - \bar{x})$	$(x - \bar{x})^2$	$(f)(x - \bar{x})^2$
9	1	9 - 10,525 = -1,525	$(-1{,}525)^2 = 2{,}325625$	1 × 2,325625 = 2,325625
9,5	2	9,5 - 10,525 = -1,025	$(-1{,}025)^2 = 1{,}050625$	2 × 1,050625 = 2,101250
10	4	10 - 10,525 = -0,525	$(-0{,}525)^2 = 0{,}275625$	4 × 0,275625 = 1,1025
10,5	4	10,5 - 10,525 = -0,025	$(-0{,}025)^2 = 0{,}000625$	4 × 0,000625 = 0,0025
11	6	11 - 10,525 = 0,475	$(0{,}475)^2 = 0{,}225625$	6 × 0,225625 = 1,35375
11,5	3	11,5 - 10,525 = 0,975	$(0{,}975)^2 = 0{,}950625$	3 × 0,950625 = 2,851875
				El total es 9,7375

Tabla 2.28

La varianza de la muestra, s^2, es igual a la suma de la última columna (9,7375) dividida entre el número total de valores de datos menos uno (20 - 1):

$$s^2 = \frac{9{,}7375}{20-1} = 0{,}5125$$

La **desviación típica de la muestra** *s* es igual a la raíz cuadrada de la varianza de la muestra:

$s = \sqrt{0{,}5125} = 0{,}715891$, que se redondea a dos decimales, $s = 0{,}72$.

Explicación del cálculo de la desviación típica que aparece en la tabla

Las desviaciones muestran la dispersión de los datos respecto a la media. El valor de los datos 11,5 está más alejado de la media que el valor de los datos 11, lo que se indica con las desviaciones 0,97 y 0,47. Una desviación positiva se produce cuando el valor de los datos es mayor que la media, mientras que una desviación negativa se produce cuando el valor de los datos es menor que la media. La desviación es de –1,525 para el noveno valor de los datos. **Si se suman las desviaciones, la suma es siempre cero** (según el Ejemplo 2.29, hay $n = 20$ desviaciones). Por lo tanto, no se puede simplemente sumar las desviaciones para obtener la dispersión de los datos. Al elevar al cuadrado las desviaciones se convierten en números positivos, y la suma también será positiva. La varianza, por tanto, es la desviación promedio al cuadrado. Al elevar al cuadrado las desviaciones, estamos penalizando en extremo las observaciones que se alejan de la media; estas observaciones tienen mayor peso en los cálculos de la varianza. Más adelante veremos que la varianza (desviación típica) desempeña un papel fundamental para determinar nuestras conclusiones en la estadística inferencial. Podemos empezar ahora utilizando la desviación típica como medida de lo "inusual": "¿Cómo te fue en el examen?" "¡Fantástico! Dos desviaciones típicas por encima de la media". Esto, como veremos, es una nota de examen excepcionalmente buena.

La varianza es una medida al cuadrado y no tiene las mismas unidades que los datos. Calcular la raíz cuadrada resuelve el problema. La desviación típica mide la dispersión en las mismas unidades que los datos.

Observe que en vez de dividir entre $n = 20$, el cálculo divide entre $n - 1 = 20 - 1 = 19$ porque los datos son una muestra. Para la varianza de la **muestra**, se divide entre el tamaño de la muestra menos uno ($n - 1$). ¿Por qué no dividir entre n? La respuesta tiene que ver con la varianza de la población. **La varianza de la muestra es una estimación de la varianza de la población.** Esta estimación nos obliga a utilizar una cifra estimada de la media de la población en lugar de la media real de la población. Basándose en la matemática teórica que hay detrás de estos cálculos, al dividir entre ($n - 1$) da una mejor estimación de la varianza de la población.

La desviación típica, s o σ, es cero o mayor que cero. La descripción de los datos con referencia a la dispersión se denomina “variabilidad”. La variabilidad de los datos depende del método con el que se obtienen los resultados; por ejemplo, por medición o por muestreo aleatorio. Cuando la desviación típica es cero, no hay dispersión; es decir, todos los valores de los datos son iguales entre sí. La desviación típica es pequeña cuando todos los datos se concentran cerca de la media, y es mayor cuando los valores de los datos muestran más variación con respecto a la media. Cuando la desviación típica es mucho mayor que cero, los valores de los datos están muy dispersos alrededor de la media; los valores atípicos pueden hacer que s o σ sean muy grandes.

EJEMPLO 2.30

Utilice los siguientes datos (calificaciones del primer examen) de la clase de Precálculo de primavera de Susan Dean:

33; 42; 49; 49; 53; 55; 55; 61; 63; 67; 68; 68; 69; 69; 72; 73; 74; 78; 80; 83; 88; 88; 88; 90; 92; 94; 94; 94; 94; 96; 100

a. Cree un gráfico que contenga los datos, las frecuencias, las frecuencias relativas y las frecuencias relativas acumuladas con tres decimales.
b. Calcule lo siguiente con un decimal:
   i. La media muestral
   ii. La desviación típica de la muestra
   iii. La mediana
   iv. El primer cuartil
   v. El tercer cuartil
   vi. *IQR*

Solución 1

a. Vea la Tabla 2.29
b. i. La media muestral = 73,5
   ii. La desviación típica de la muestra = 17,9
   iii. La mediana = 73
   iv. El primer cuartil = 61
   v. El tercer cuartil = 90
   vi. *IQR* = 90 - 61 = 29

Datos	Frecuencia	Frecuencia relativa	Frecuencia relativa acumulada
33	1	0,032	0,032
42	1	0,032	0,064
49	2	0,065	0,129

Tabla 2.29

Datos	Frecuencia	Frecuencia relativa	Frecuencia relativa acumulada
53	1	0,032	0,161
55	2	0,065	0,226
61	1	0,032	0,258
63	1	0,032	0,29
67	1	0,032	0,322
68	2	0,065	0,387
69	2	0,065	0,452
72	1	0,032	0,484
73	1	0,032	0,516
74	1	0,032	0,548
78	1	0,032	0,580
80	1	0,032	0,612
83	1	0,032	0,644
88	3	0,097	0,741
90	1	0,032	0,773
92	1	0,032	0,805
94	4	0,129	0,934
96	1	0,032	0,966
100	1	0,032	0,998 (¿Por qué este valor no es 1? RESPUESTA: Redondeo)

Tabla 2.29

Desviación típica de las tablas de frecuencia agrupadas

Recordemos que para los datos agrupados no conocemos los valores individuales de los datos, por lo que no podemos describir el valor típico de los datos con precisión. En otras palabras, no podemos hallar la media, la mediana ni la moda exactas. Sin embargo, podemos determinar la mejor estimación de las medidas de centro al hallar la media de los datos agrupados con la fórmula $\mathit{Tabla\ de\ media\ de\ la\ frecuencia} = \frac{\sum fm}{\sum f}$

donde f = frecuencias de intervalo y m = puntos medios del intervalo.

Al igual que no podemos hallar la media exacta, tampoco podemos hallar la desviación típica exacta. Recuerde que la desviación típica describe numéricamente la desviación esperada que tiene un valor de datos con respecto a la media. En términos sencillos, la desviación típica nos permite comparar lo "inusual" que son los datos individuales en comparación con la media.

EJEMPLO 2.31

Calcule la desviación típica de los datos en la Tabla 2.30.

Clase	Frecuencia, *f*	Punto medio, *m*	$f \cdot m$	$f(m-\bar{x})^2$
0–2	1	1	$1 \cdot 1 = 1$	$1(1-6{,}88)^2 = 34{,}57$
3–5	6	4	$6 \cdot 4 = 24$	$6(4-6{,}88)^2 = 49{,}77$
6-8	10	7	$10 \cdot 7 = 70$	$10(7-6{,}88)^2 = 0{,}14$
9-11	7	10	$7 \cdot 10 = 70$	$7(10-6{,}88)^2 = 68{,}14$
12-14	0	13	$0 \cdot 13 = 0$	$0(13-6{,}88)^2 = 0$
	n = 24		$\bar{x} = \frac{165}{24} = 6{,}88$	$s^2 = \frac{152{,}62}{24-1} = 6{,}64$

Tabla 2.30

Para este conjunto de datos, tenemos la media, $\bar{x}$ = 6,88 y la desviación típica, s_x = 2,58. Esto significa que se espera que un valor de datos seleccionado al azar se aleje 2,58 unidades de la media. Si observamos la primera clase, vemos que el punto medio de la clase es igual a uno. Esto supone casi tres desviaciones típicas de la media. La fórmula para calcular la desviación típica no es complicada, $s_x = \sqrt{\frac{\Sigma(m-\bar{x})^2 f}{n-1}}$ donde

s_x = desviación típica de la muestra, $\bar{x}$ = media muestral, los cálculos son tediosos. Por lo general, lo mejor es utilizar la tecnología para realizar los cálculos.

Comparación de valores de diferentes conjuntos de datos

La desviación típica es útil cuando se comparan valores de datos que provienen de diferentes conjuntos de datos. Si los conjuntos de datos tienen medias y desviaciones típicas diferentes, la comparación directa de los valores de los datos puede ser engañosa.

- Para cada valor de los datos x, calcule a cuántas desviaciones típicas de su media se encuentra el valor.
- Utilice la fórmula: x = media + (n.° de STDEV)(de STandard DEViation o desviación típica); resuelva para n.° de STDEV.
- n.° $deSTDEV = \frac{\text{x − media}}{\text{desviación típica}}$
- Compare los resultados de este cálculo.

N.° de STDEV suele llamarse "puntuación *z*"; podemos utilizar el símbolo *z*. En símbolos, las fórmulas se convierten en:

Muestra	$x = \bar{x} + zs$	$z = \frac{x-\bar{x}}{s}$
Población	$x = \mu + z\sigma$	$z = \frac{x-\mu}{\sigma}$

Tabla 2.31

EJEMPLO 2.32

Dos estudiantes, John y Ali, de diferentes escuelas secundarias, querían averiguar quién tenía el mejor GPA en comparación con su escuela. ¿Cuál estudiante tiene el mejor GPA en comparación con su escuela?

Estudiante	GPA	GPA media escolar	Desviación típica escolar
John	2,85	3,0	0,7
Ali	77	80	10

Tabla 2.32

Solución 1

Para cada estudiante, determine cuántas desviaciones típicas (n.º de STDEV) se aleja su GPA del promedio, para su escuela. Preste mucha atención a los signos al comparar e interpretar la respuesta.

$z = \text{N.º de STDEV} = \frac{\text{valor} - \text{media}}{\text{desviación típica}} = \frac{x - \mu}{\sigma}$

Para John, $z = \text{n.º } deSTDEV = \frac{2{,}85 - 3{,}0}{0{,}7} = -0{,}21$

Para Ali, $z = \text{n.º } deSTDEV = \frac{77 - 80}{10} = -0{,}3$

John tiene el mejor GPA en comparación con su escuela porque su GPA está 0,21 desviaciones típicas **por debajo** de la media de su escuela mientras que el GPA de Ali está 0,3 desviaciones típicas **por debajo** de la media de su escuela.

La puntuación *z* de John, de –0,21, es mayor que la puntuación *z* de Ali, de –0,3. Para el GPA, los valores más altos son mejores, por lo que concluimos que John tiene el mejor GPA en comparación con su escuela.

INTÉNTELO 2.32

Dos nadadoras, Angie y Beth, de equipos diferentes, querían averiguar quién tenía el tiempo más rápido en los 50 metros libres en comparación con su equipo. ¿Qué nadadora tuvo el mejor tiempo en comparación con su equipo?

Nadadora	Tiempo (segundos)	Tiempo medio del equipo	Desviación típica del equipo
Angie	26,2	27,2	0,8
Beth	27,3	30,1	1,4

Tabla 2.33

Las siguientes listas ofrecen algunos hechos que proporcionan un poco más de información sobre lo que la desviación típica nos dice sobre la distribución de los datos.

Para CUALQUIER conjunto de datos, no importa cuál sea la distribución de los datos:

- Al menos el 75 % de los datos están dentro de las dos desviaciones típicas de la media.
- Al menos el 89 % de los datos están dentro de las tres desviaciones típicas de la media.
- Al menos el 95 % de los datos están dentro de 4,5 desviaciones típicas de la media.
- Esto se conoce como la regla de Chebyshev.

Para los datos que tienen una distribución normal, que examinaremos en detalle más adelante:

- Aproximadamente el 68 % de los datos están dentro de una desviación típica de la media.
- Aproximadamente el 95 % de los datos están dentro de las dos desviaciones típicas de la media.
- Más del 99 % de los datos están dentro de las tres desviaciones típicas de la media.
- Esto se conoce como la regla empírica.
- Es importante señalar que esta regla solo se aplica cuando la forma de la distribución de los datos tiene forma de campana y es simétrica. Aprenderemos más sobre esto cuando estudiemos la distribución de probabilidad "normal" o "gaussiana" en capítulos posteriores.

Coeficiente de variación

Otra forma útil de comparar distribuciones, además de las simples comparaciones de medias o desviaciones típicas, es ajustar las diferencias en la escala de los datos que se miden. Sencillamente, una gran variación en los datos con una media grande es diferente a la misma variación en los datos con una media pequeña. Para ajustar la escala de los datos subyacentes se ha desarrollado el coeficiente de variación (CV). Matemáticamente, el:

$$CV = \frac{s}{\overline{x}} * 100 \text{ condicionado a } \overline{x} \neq 0, \text{ donde } s \text{ es la desviación típica de los datos y } \overline{x} \text{ es la media.}$$

Podemos ver que esto mide la variabilidad de los datos subyacentes como un porcentaje del valor medio; el peso central del conjunto de datos. Esta medida es útil para comparar el riesgo cuando se justifica un ajuste debido a las diferencias de escala de dos conjuntos de datos. En efecto, la escala se cambia a escala común, diferencias porcentuales, y permite la comparación directa de las dos o más magnitudes de variación de diferentes conjuntos de datos.

Términos Clave

Atípico una observación que no se ajusta al resto de los datos

Cuartiles los números que separan los datos en cuartos; los cuartiles pueden o no formar parte de los datos. El segundo cuartil es la mediana de los datos.

Desviación típica número igual a la raíz cuadrada de la varianza y que mide lo lejos que están los valores de los datos de su media; notación: *s* para la desviación típica de la muestra y σ para la desviación típica de la población.

Frecuencia el número de veces que se produce un valor de los datos

Frecuencia relativa el cociente entre el número de veces que un valor de los datos ocurre en el conjunto de todos los resultados y el número de todos los resultados

Histograma una representación gráfica en forma de *x*-*y* de la distribución de los datos en un conjunto de datos; *x* representa los datos y *y* representa la frecuencia o la frecuencia relativa. El gráfico está formado por rectángulos contiguos.

Media (aritmética) un número que mide la tendencia central de los datos; un nombre común para la media es 'promedio'. El término "media" es una forma abreviada de "media aritmética". Por definición, la media de una muestra (denotada por $\overline{x}$) es $\overline{x} = \frac{\text{Suma de todos los valores de la muestra}}{\text{Número de valores de la muestra}}$, y la media de una población (denotada por μ) es $\mu = \frac{\text{Suma de todos los valores de la población}}{\text{Número de valores en la población}}$.

Media (geométrica) medida de tendencia central que proporciona una medida de crecimiento geométrico promedio a lo largo de múltiples periodos.

Mediana número que separa los datos ordenados en mitades; la mitad de los valores son del mismo número o menores que la mediana y la mitad de los valores son del mismo número o mayores que la mediana. La mediana puede o no formar parte de los datos.

Moda el valor que aparece con mayor frecuencia en un conjunto de datos

Percentil un número que divide los datos ordenados en centésimas; los percentiles pueden o no formar parte de los datos. La mediana de los datos es el segundo cuartil y el percentil 50. El primer y tercer cuartil son el percentil 25 y el percentil 75, respectivamente.

Punto medio la media de un intervalo en una tabla de frecuencia

Rango intercuartil o *IQR*, es el rango del 50 % del centro de los valores de los datos; el *IQR* se encuentra al restar el primer cuartil del tercer cuartil.

Tabla de frecuencias una representación de datos en la que se muestran los datos agrupados junto con las frecuencias correspondientes

Varianza media de las desviaciones al cuadrado de la media, o el cuadrado de la desviación típica; para un conjunto de datos, una desviación puede representarse como $x - \overline{x}$ donde *x* es un valor de los datos y $\overline{x}$ es la media muestral. La varianza de la muestra es igual a la suma de los cuadrados de las desviaciones dividida entre la diferencia del tamaño de la muestra y uno.

Repaso del capítulo

2.1 Datos mostrados

Un **gráfico de tallo y hoja** es una forma de representar los datos y observar la distribución. En un gráfico de tallo y hoja todos los valores de los datos de una clase son visibles. La ventaja de un gráfico de tallo y hoja es que se enumeran todos los valores, a diferencia de un histograma, que da clases de valores de datos. Un **gráfico de líneas** se suele usar para representar un conjunto de valores de datos en los que una cantidad varía con el tiempo. Estos gráficos son útiles para hallar tendencias. Es decir, hallar un patrón general en conjuntos de datos que incluyan temperatura, ventas, empleo, ganancias o costos de la compañía durante un periodo. Un **gráfico de barras** es un gráfico que utiliza barras horizontales o verticales para mostrar comparaciones entre categorías. Un eje del gráfico muestra las categorías específicas que se comparan, y el otro eje representa un valor discreto. Algunos gráficos de barras presentan las barras agrupadas en grupos de más de uno (gráficos de barras agrupados), y otros muestran las barras divididas en subpartes para mostrar el efecto acumulativo (gráficos de barras apilados). Los gráficos de barras son especialmente útiles cuando se utilizan datos categóricos.

Un **histograma** es una versión gráfica de una distribución de frecuencias. El gráfico consiste en barras de igual ancho dibujadas de forma adyacente. La escala horizontal representa clases de valores de datos cuantitativos y la escala vertical representa frecuencias. Las alturas de las barras corresponden a valores de frecuencia. Los histogramas se suelen utilizar para conjuntos de datos cuantitativos, continuos y de gran tamaño. Un polígono de frecuencias también se puede usar cuando se grafican grandes conjuntos de datos con puntos de datos que se repiten. Los datos suelen ir en el eje *y*, y la frecuencia se representa en el eje *x*. Los gráficos de series temporales pueden ser útiles cuando se observan grandes cantidades de datos de una variable durante un periodo.

2.2 Medidas de la ubicación de los datos

Los valores que dividen un conjunto de datos ordenados en 100 partes iguales se llaman percentiles. Los percentiles se utilizan para comparar e interpretar datos. Por ejemplo, una observación en el percentil 50 sería mayor que el 50 % de las demás observaciones del conjunto. Los cuartiles dividen los datos en cuartos. El primer cuartil (Q_1) es el percentil 25, el segundo cuartil (Q_2 o mediana) es el percentil 50 y el tercer cuartil (Q_3) es el percentil 75. El rango intercuartil, o *IQR*, es el rango del 50 % del centro de los valores de los datos. El *IQR* se encuentra restando Q_1 de Q_3, y puede ayudar a determinar los valores atípicos utilizando las dos expresiones siguientes.

- $Q_3 + IQR(1{,}5)$
- $Q_1 - IQR(1{,}5)$

2.3 Medidas del centro de los datos

La media y la mediana se pueden calcular para ayudar a hallar el "centro" de un conjunto de datos. La media es la mejor estimación para el conjunto de datos reales, pero la mediana es la mejor medida cuando un conjunto de datos contiene varios valores atípicos o extremos. La moda le indicará el dato (o los datos) que aparecen con más frecuencia en su conjunto de datos. La media, la mediana y la moda son extremadamente útiles cuando se necesita analizar datos, pero si el conjunto de datos está formado por rangos que carecen de valores específicos, la media puede parecer imposible de calcular. Sin embargo, la media se puede aproximar si se suma el límite inferior con el superior y se divide entre dos para hallar el punto medio de cada intervalo. Multiplique cada punto medio por el número de valores hallados en el rango correspondiente. Divida la suma de estos valores entre el número total de valores de datos del conjunto.

2.6 Distorsión y media, mediana y moda

Observar la distribución de los datos puede revelar mucho sobre la relación entre la media, la mediana y la moda. Hay tres tipos de distribuciones. Una distribución **distorsionada a la izquierda (o negativa)** tiene una forma como la Figura 2.12. Una distribución **distorsionada a la derecha (o positiva)** tiene una forma como la Figura 2.13. Una distribución **simétrica** se parece a la Figura 2.11.

2.7 Medidas de la dispersión de los datos

La desviación típica puede ayudarlo a calcular la dispersión de los datos. Existen diferentes ecuaciones para calcular la desviación típica de una muestra o de una población.

- La desviación típica nos permite comparar numéricamente datos individuales o clases con la media del conjunto de datos.
- $s = \sqrt{\frac{\sum (x-\overline{x})^2}{n-1}}$ o $s = \sqrt{\frac{\sum e(x-\overline{x})^2}{n-1}}$ es la fórmula para calcular la desviación típica de una muestra. Para calcular la desviación típica de una población usaríamos la media de la población, μ, y la fórmula $\sigma = \sqrt{\frac{\sum (x-\mu)^2}{N}}$ o $\sigma = \sqrt{\frac{\sum e(x-\mu)^2}{N}}$.

Repaso de fórmulas

2.2 Medidas de la ubicación de los datos

$i = \left(\frac{k}{100}\right)(n+1)$

donde i = la clasificación o posición de un valor de datos,

k = el percentil k,

n = número total de datos.

Expresión para hallar el percentil de un valor de datos: $\left(\frac{x + 0{,}5y}{n}\right)(100)$

donde x = el número de valores contando desde el final de la lista de datos hasta el valor de los datos para el que se quiere hallar el percentil, pero sin incluirlo,

y = el número de valores de datos iguales al valor de los datos para los que se quiere hallar el percentil,

n = número total de datos

2.3 Medidas del centro de los datos

$\mu = \frac{\sum fm}{\sum f}$ Donde f = frecuencias de intervalo y m = puntos medios de intervalo.

La media aritmética de una muestra (denominada $\overline{x}$) es $\overline{x} = \frac{\text{Suma de todos los valores de la muestra}}{\text{Número de valores de la muestra}}$

La media aritmética de una población (denominada μ) es $\mu = \frac{\text{Suma de todos los valores de la población}}{\text{Número de valores en la población}}$

2.5 Media geométrica

La media geométrica

$$\tilde{x} = \left(\prod_{i=1}^{n} x_i\right)^{\frac{1}{n}} = \sqrt[n]{x_1 \cdot x_2 \cdots x_n} = (x_1 \cdot x_2 \cdots x_n)^{\frac{1}{n}}$$

2.6 Distorsión y media, mediana y moda

Fórmula para la distorsión: $a_3 = \sum \frac{(x_i - \overline{x})^3}{ns^3}$

Fórmula del coeficiente de variación$CV = \frac{s}{\overline{x}} \cdot 100$ condicionado a $\overline{x} \neq 0$

2.7 Medidas de la dispersión de los datos

$s_x = \sqrt{\frac{\sum em^2}{n} - \overline{x}^2}$ donde

$s_x =$ desviación típica de la muestra

$\overline{x} =$ media muestral

Fórmulas para la desviación típica de la muestra

$$s = \sqrt{\frac{\Sigma(x-\overline{x})^2}{n-1}} \text{ o } s = \sqrt{\frac{\Sigma e(x-\overline{x})^2}{n-1}} \text{ o } s = \sqrt{\frac{\left(\sum_{i=1}^{n} x^2\right) - n\overline{x}^2}{n-1}}$$

Para la desviación típica de la muestra, el denominador es ***n* - 1**, es decir, el tamaño de la muestra - 1.

Fórmulas para la desviación típica de la población

$$\sigma = \sqrt{\frac{\Sigma(x-\mu)^2}{N}} \text{ o } \sigma = \sqrt{\frac{\Sigma e(x-\mu)^2}{N}} \text{ o } \sigma = \sqrt{\frac{\sum_{i=1}^{N} x_i^2}{N} - \mu^2}$$

Para la desviación típica de la población, el denominador es *N*, el número de elementos de la población.

Práctica

2.1 Datos mostrados

Para los tres ejercicios siguientes utilice los datos para construir un gráfico de líneas.

1. En una encuesta se preguntó a 40 personas cuántas veces habían visitado una tienda antes de hacer una compra importante. Los resultados se muestran en la Tabla 2.34.

Número de veces en la tienda	Frecuencia
1	4
2	10
3	16
4	6
5	4

Tabla 2.34

2. En una encuesta se preguntó a varias personas cuántos años hacía que no compraban un colchón. Los resultados se muestran en la Tabla 2.35.

Años desde la última compra	Frecuencia
0	2
1	8
2	13
3	22
4	16
5	9

Tabla 2.35

3. Se preguntó a varios niños cuántos programas de televisión ven al día. Los resultados de la encuesta se muestran en la Tabla 2.36.

Número de programas de televisión	Frecuencia
0	12
1	18
2	36
3	7
4	2

Tabla 2.36

4. Los estudiantes de la clase de Matemáticas de la Sra. Ramírez cumplen años en cada una de las cuatro estaciones. La Tabla 2.37 muestra las cuatro estaciones, el número de estudiantes que cumplen años en cada estación y el porcentaje (%) de estudiantes en cada grupo. Construya un gráfico de barras que muestre el número de estudiantes.

Estaciones	Número de estudiantes	Proporción de la población
Primavera	8	24 %
Verano	9	26 %
Otoño	11	32 %
Invierno	6	18 %

Tabla 2.37

Ejercicio 2.4

5. El condado de David tiene seis escuelas secundarias. Cada escuela envió a sus estudiantes a participar en un concurso de Ciencias de todo el condado. La Tabla 2.38 muestra el desglose porcentual de los competidores de cada escuela y el porcentaje de toda la población estudiantil del condado que va a cada escuela. Construya un gráfico de barras que muestre el porcentaje de población de los competidores de cada escuela.

Escuela secundaria	Población de la competición científica	Población estudiantil total
Alabaster	28,9 %	8,6 %
Concordia	7,6 %	23,2 %
Genoa	12,1 %	15,0 %
Mocksville	18,5 %	14,3 %
Tynneson	24,2 %	10,1 %
West End	8,7 %	28,8 %

Tabla 2.38

Ejercicio 2.5

6. se preguntó a sesenta y cinco vendedores de automóviles seleccionados al azar el número de automóviles que suelen vender en una semana. Catorce personas respondieron que generalmente venden tres, diecinueve que venden cuatro, doce que venden cinco, nueve que venden seis y once que venden siete. Rellene la tabla.

Valor de los datos (n.° de vehículos)	Frecuencia	Frecuencia relativa	Frecuencia relativa acumulada

Tabla 2.39

7. ¿A cuánto asciende la columna de frecuencia en la Tabla 2.39? ¿Por qué?

8. ¿A cuánto asciende la columna de frecuencia relativa en la Tabla 2.39? ¿Por qué?

9. ¿Cuál es la diferencia entre la frecuencia relativa y la frecuencia de cada valor de los datos en la Tabla 2.39?

10. ¿Cuál es la diferencia entre la frecuencia relativa acumulada y la frecuencia relativa de cada valor de los datos?

11. Para construir el histograma de los datos en la Tabla 2.39, determine los valores mínimos y máximos de *x* y *y* y la escala. Dibuje el histograma. Identifique los ejes horizontal y vertical con palabras. Incluya la escala numérica.

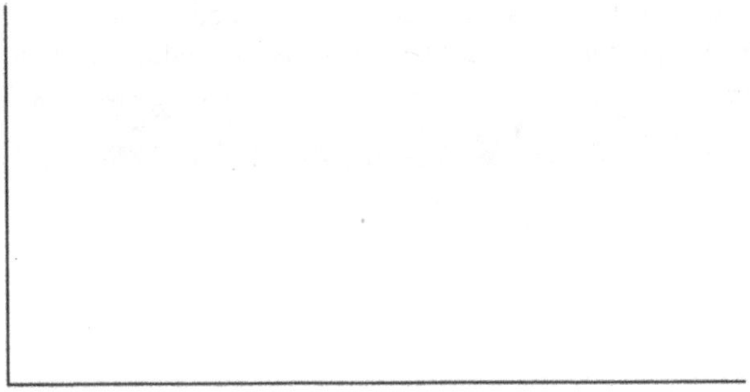

Figura 2.14

12. Construya un polígono de frecuencias para lo siguiente:

a.

Pulsaciones de las mujeres	Frecuencia
60-69	12
70-79	14
80-89	11
90-99	1
100-109	1
110-119	0
120-129	1

Tabla 2.40

b.

Velocidad real en una zona de 30 millas por hora (mph)	Frecuencia
42-45	25
46-49	14
50-53	7
54-57	3
58-61	1

Tabla 2.41

c.

Alquitrán (mg) en cigarrillos sin filtro	Frecuencia
10-13	1
14-17	0
18-21	15
22-25	7
26-29	2

Tabla 2.42

13. Construya un polígono de frecuencias a partir de la distribución de frecuencias para los 50 países con más puntos en cuanto a la magnitud del hambre.

Magnitud del hambre	Frecuencia
230-259	21
260-289	13
290-319	5
320-349	7
350-379	1
380-409	1
410-439	1

Tabla 2.43

14. Utilice las dos tablas de frecuencia para comparar la esperanza de vida de hombres y mujeres de 20 países seleccionados al azar. Incluya un polígono de frecuencias superpuesto y analice las formas de las distribuciones, el centro, la dispersión y cualquier valor atípico. ¿Qué podemos concluir sobre la esperanza de vida de las mujeres en comparación con la de los hombres?

Esperanza de vida al nacer: mujeres	Frecuencia
49-55	3
56-62	3
63-69	1
70-76	3
77-83	8
84-90	2

Tabla 2.44

Esperanza de vida al nacer: hombres	Frecuencia
49-55	3
56-62	3
63-69	1
70-76	1
77-83	7
84-90	5

Tabla 2.45

15. Construya un gráfico de series temporales para (a) el número de nacimientos de hombres; (b) el número de nacimientos de mujeres; y (c) el número total de nacimientos.

Sexo/Año	**1855**	**1856**	**1857**	**1858**	**1859**	**1860**	**1861**
Mujeres	45.545	49.582	50.257	50.324	51.915	51.220	52.403
Hombres	47.804	52.239	53.158	53.694	54.628	54.409	54.606
Total	93.349	101.821	103.415	104.018	106.543	105.629	107.009

Tabla 2.46

Sexo/Año	**1862**	**1863**	**1864**	**1865**	**1866**	**1867**	**1868**	**1869**
Mujeres	51.812	53.115	54.959	54.850	55.307	55.527	56.292	55.033
Hombres	55.257	56.226	57.374	58.220	58.360	58.517	59.222	58.321
Total	107.069	109.341	112.333	113.070	113.667	114.044	115.514	113.354

Tabla 2.47

Sexo/Año	**1870**	**1871**	**1872**	**1873**	**1874**	**1875**
Mujeres	56.431	56.099	57.472	58.233	60.109	60.146
Hombres	58.959	60.029	61.293	61.467	63.602	63.432
Total	115.390	116.128	118.765	119.700	123.711	123.578

Tabla 2.48

16. Los siguientes conjuntos de datos enumeran los policías a tiempo completo por cada 100.000 ciudadanos junto con los homicidios por cada 100.000 ciudadanos para la ciudad de Detroit, Michigan, durante el periodo de 1961 a 1973.

Año	**1961**	**1962**	**1963**	**1964**	**1965**	**1966**	**1967**
Policía	260,35	269,8	272,04	272,96	272,51	261,34	268,89
Homicidios	8,6	8,9	8,52	8,89	13,07	14,57	21,36

Tabla 2.49

Año	**1968**	**1969**	**1970**	**1971**	**1972**	**1973**
Policía	295,99	319,87	341,43	356,59	376,69	390,19
Homicidios	28,03	31,49	37,39	46,26	47,24	52,33

Tabla 2.50

a. Construya un gráfico de serie temporal doble utilizando un eje *x* común para ambos conjuntos de datos.
b. ¿Qué variable aumentó más rápido? Explique.
c. ¿El aumento de policías en Detroit tuvo un efecto en la tasa de homicidios? Explique.

2.2 Medidas de la ubicación de los datos

17. Se enumeran 29 edades de los mejores actores ganadores del Oscar *en orden de menor a mayor.*

18; 21; 22; 25; 26; 27; 29; 30; 31; 33; 36; 37; 41; 42; 47; 52; 55; 57; 58; 62; 64; 67; 69; 71; 72; 73; 74; 76; 77

a. Calcule el percentil 40.
b. Calcule el percentil 78.

18. Se enumeran las 32 edades de los mejores actores ganadores de los Premios de la Academia (Oscar) *en orden de menor a mayor.*

18; 18; 21; 22; 25; 26; 27; 29; 30; 31; 31; 33; 36; 37; 37; 41; 42; 47; 52; 55; 57; 58; 62; 64; 67; 69; 71; 72; 73; 74; 76; 77

a. Calcule el percentil de 37.
b. Calcule el percentil de 72.

19. Jesse ocupó el puesto 37 de su promoción de 180 estudiantes. ¿En qué percentil se encuentra Jesse?

20. a. Para los corredores en una carrera un tiempo bajo significa una carrera más rápida. Los ganadores de una carrera tienen los tiempos de carrera más cortos. ¿Es más deseable tener un tiempo de llegada con un percentil alto o bajo cuando se corre una carrera?
b. El percentil 20 de los tiempos de carrera en una determinada carrera es de 5,2 minutos. Escriba una oración con la interpretación del percentil 20 en el contexto de la situación.
c. Un ciclista en el percentil 90 de una carrera la terminó en 1 hora y 12 minutos. ¿Está entre los ciclistas más rápidos o más lentos de la carrera? Escriba una oración con la interpretación del percentil 90 en el contexto de la situación.

21. a. Para los corredores en una carrera una mayor velocidad significa una carrera más rápida. ¿Es más deseable tener una velocidad con un percentil alto o bajo cuando se corre una carrera?
b. El percentil 40 de las velocidades en una carrera particular es de 7,5 millas por hora. Escriba una oración con la interpretación del percentil 40 en el contexto de la situación.

22. En un examen, ¿sería más deseable obtener una calificación con un percentil alto o bajo? Explique.

23. Mina está esperando en la fila del Departamento de Vehículos Motorizados (Department of Motor Vehicles, DMV). Su tiempo de espera de 32 minutos está en el percentil 85 de los tiempos de espera. ¿Es eso bueno o malo? Escriba una oración con la interpretación del percentil 85 en el contexto de esta situación.

24. En una encuesta en la que se recopilan datos sobre los salarios que ganan los recién graduados universitarios, Li descubrió que su sueldo estaba en el percentil 78. ¿Li debe alegrarse o molestarse por este resultado? Explique.

25. En un estudio en el que se recopilan datos sobre costos de reparación por daños sufridos por automóviles en un determinado tipo de pruebas de choque, un determinado modelo de automóvil sufrió daños por valor de 1.700 dólares y se situó en el percentil 90. ¿El fabricante y el consumidor deben estar satisfechos o molestos por este resultado? Explique y escriba una oración con la interpretación del percentil 90 en el contexto de este problema.

26. La Universidad de California (UC) tiene dos criterios que se utilizan para establecer las normas de admisión de los estudiantes de primer año de educación superior en el sistema UC:

a. Los GPA de los estudiantes y las calificaciones de los exámenes estandarizados (SAT y ACT) se introducen en una fórmula que calcula una calificación de "índice de admisión". La calificación del índice de admisión se utiliza para establecer normas de elegibilidad destinadas a cumplir la meta de admitir el 12 % de los mejores estudiantes de escuela secundaria del estado. En este contexto, ¿qué percentil representa el 12 % superior?
b. Los estudiantes cuyos GPA se sitúan en o sobre el percentil 96 de todos los estudiantes de su escuela secundaria son elegibles (denominados elegibles en el contexto local), aunque no se encuentren en el 12 % superior de todos los estudiantes del estado. ¿Qué porcentaje de estudiantes de cada escuela secundaria son "elegibles en el contexto local"?

27. Supongamos que va a comprar una casa. Usted y su agente inmobiliario han determinado que la casa más costosa que puede permitirse es la del percentil 34. El percentil 34 de los precios de la vivienda es de 240.000 dólares en la ciudad a la que quiere mudarse. En esta ciudad, ¿puede permitirse el 34 % de las casas o el 66 % de las casas?

Use la siguiente información para responder los próximos seis ejercicios. se preguntó a sesenta y cinco vendedores de automóviles seleccionados al azar el número de automóviles que suelen vender en una semana. Catorce personas respondieron que generalmente venden tres, diecinueve que venden cuatro, doce que venden cinco, nueve que venden seis y once que venden siete.

28. Primer cuartil = ______

29. Segundo cuartil = mediana = percentil 50 = ______

30. Tercer cuartil = ______

31. Rango intercuartil (*IQR*) = ____ – ____ = ____

32. percentil 10 = ______

33. percentil 70 = ______

2.3 Medidas del centro de los datos

34. Calcule la media de las siguientes tablas de frecuencia.

a.

Grado	Frecuencia
49,5-59,5	2
59,5-69,5	3
69,5-79,5	8
79,5-89,5	12
89,5-99,5	5

Tabla 2.51

b.

Temperatura mínima diaria	Frecuencia
49,5-59,5	53
59,5-69,5	32
69,5-79,5	15
79,5-89,5	1
89,5-99,5	0

Tabla 2.52

c.

Puntos por partido	Frecuencia
49,5-59,5	14
59,5-69,5	32
69,5-79,5	15
79,5-89,5	23
89,5-99,5	2

Tabla 2.53

Use la siguiente información para responder los próximos tres ejercicios: los siguientes datos muestran las esloras de barcos atracados en un puerto. Los datos están ordenados de menor a mayor: 16; 17; 19; 20; 20; 21; 23; 24; 25; 25; 25; 26; 26; 27; 27; 27; 28; 29; 30; 32; 33; 33; 34; 35; 37; 39; 40

35. Calcule la media.

36. Identifique la mediana.

37. Identifique la moda.

Use la siguiente información para responder los próximos tres ejercicios: se preguntó a sesenta y cinco vendedores de automóviles seleccionados al azar el número de automóviles que suelen vender en una semana. Catorce personas respondieron que generalmente venden tres, diecinueve que venden cuatro, doce que venden cinco, nueve que venden seis y once que venden siete. Calcule lo siguiente:

38. media muestral = $\overline{x}$ = ______

39. mediana = ______

40. moda = ______

2.4 Notación sigma y cálculo de la media aritmética

41. Un grupo de 10 niños están en una búsqueda del tesoro para encontrar rocas de diferentes colores. Los resultados se muestran en la Tabla 2.54. La columna de la derecha muestra el número de colores de las piedras que tiene cada niño. ¿Cuál es el número medio de piedras?

Niño	Colores de las piedras
1	5
2	5
3	6
4	2
5	4
6	3
7	7
8	2
9	1
10	10

Tabla 2.54

42. Se mide a un grupo de niños para determinar la estatura promedio del grupo. Los resultados se encuentran en la Tabla 2.55. ¿Cuál es la estatura media del grupo con una precisión de una centésima de pulgada?

Niño	Estatura en pulgadas
Adam	45,21
Betty	39,45
Charlie	43,78
Donna	48,76
Earl	37,39
Fran	39,90
George	45,56
Heather	46,24

Tabla 2.55

43. Una persona compara los precios de cinco automóviles. Los resultados están en la Tabla 2.56. ¿Cuál es el precio medio de los automóviles que la persona ha considerado?

Precio
$20.987
$22.008
$19.998
$23.433
$21.444

Tabla 2.56

44. Un servicio de protección al cliente ha obtenido 8 bolsas de caramelos que supuestamente contienen 16 onzas de caramelos cada una. Los caramelos se pesan para determinar si el peso promedio es al menos las 16 onzas declaradas. Los resultados figuran en la Tabla 2.57. ¿Cuál es el peso medio de una bolsa de caramelos en la muestra?

Peso en onzas
15,65
16,09
16,01
15,99
16,02
16,00
15,98
16,08

Tabla 2.57

45. Un maestro registra las notas de una clase de 70, 72, 79, 81, 82, 82, 83, 90 y 95. ¿Cuál es la media de estas notas?

46. Se hace una encuesta a una familia para ver la media del número de horas al día que el televisor está encendido. Los resultados, empezando por el domingo, son 6, 3, 2, 3, 1, 3 y 7 horas. ¿Cuál es el número promedio de horas que la familia ha tenido la televisión encendida, redondeando al número entero más cercano?

47. Una ciudad recibió las siguientes precipitaciones en un año reciente. ¿Cuál es el número medio de pulgadas de lluvia que recibe la ciudad mensualmente, con una precisión de una centésima de pulgada? Utilice Tabla 2.58.

Mes	Precipitaciones en pulgadas
Enero	2,21
Febrero	3,12
Marzo	4,11
Abril	2,09
May	0,99
Junio	1,08
Julio	2,99
Agosto	0,08
Septiembre	0,52
Octubre	1,89
Noviembre	2,00
Diciembre	3,06

Tabla 2.58

48. Un equipo de fútbol anotó los siguientes puntos en sus primeros 8 partidos de la nueva temporada. Empezando por el juego 1 y en orden los resultados son 14, 14, 24, 21, 7, 0, 38 y 28. ¿Cuál es el número medio de puntos que el equipo anotó en estos ocho partidos?

2.5 Media geométrica

49. ¿Cuál es la media geométrica del conjunto de datos dado? 5, 10, 20

50. ¿Cuál es la media geométrica del conjunto de datos dado? 9,000, 15,00, 21,00

51. ¿Cuál es la media geométrica del conjunto de datos dado? 7,0, 10,0, 39,2

52. ¿Cuál es la media geométrica del conjunto de datos dado? 17,00, 10,00, 19,00

53. ¿Cuál es la tasa promedio de rendimiento de los valores que siguen? 1,0, 2,0, 1,5

54. ¿Cuál es la tasa promedio de rendimiento de los valores que siguen? 0,80, 2,0, 5,0

55. ¿Cuál es la tasa promedio de rendimiento de los valores que siguen? 0,90, 1,1, 1,2

56. ¿Cuál es la tasa promedio de rendimiento de los valores que siguen? 4,2, 4,3, 4,5

2.6 Distorsión y media, mediana y moda

Use la siguiente información para responder los próximos tres ejercicios: Indique si los datos son simétricos, distorsionados a la izquierda o distorsionados a la derecha.

57. 1; 1; 1; 2; 2; 2; 2; 3; 3; 3; 3; 3; 3; 3; 3; 4; 4; 4; 5; 5

58. 16; 17; 19; 22; 22; 22; 22; 22; 23

59. 87; 87; 87; 87; 87; 88; 89; 89; 90; 91

60. Cuando los datos están distorsionados a la izquierda, ¿cuál es la relación típica entre la media y la mediana?

61. Cuando los datos son simétricos, ¿cuál es la relación típica entre la media y la mediana?

62. ¿Qué palabra describe una distribución que tiene dos modas?

63. Describa la forma de esta distribución.

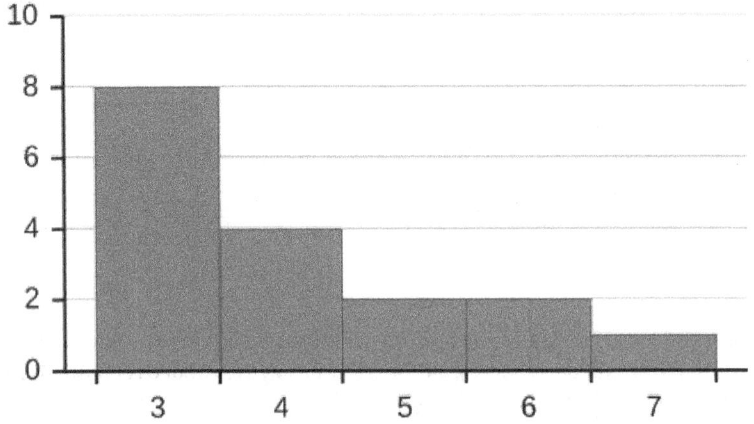

Figura 2.15

64. Describa la relación entre la moda y la mediana de esta distribución.

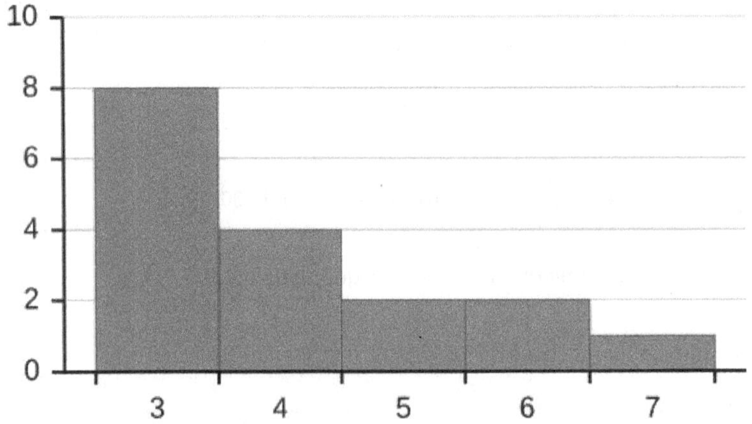

Figura 2.16

65. Describa la relación entre la media y la mediana de esta distribución.

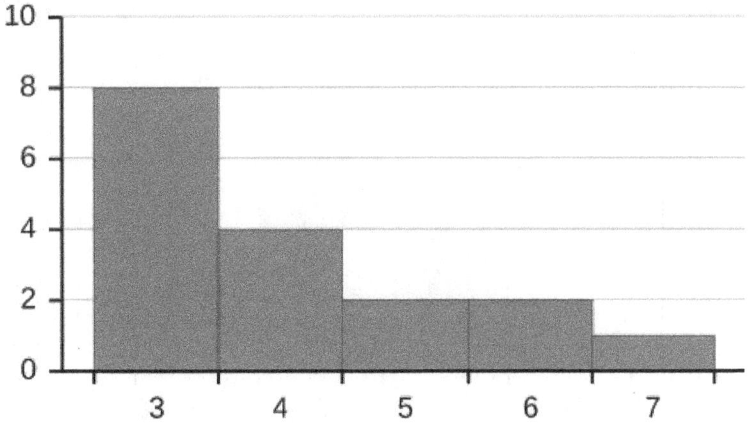

Figura 2.17

66. Describa la forma de esta distribución.

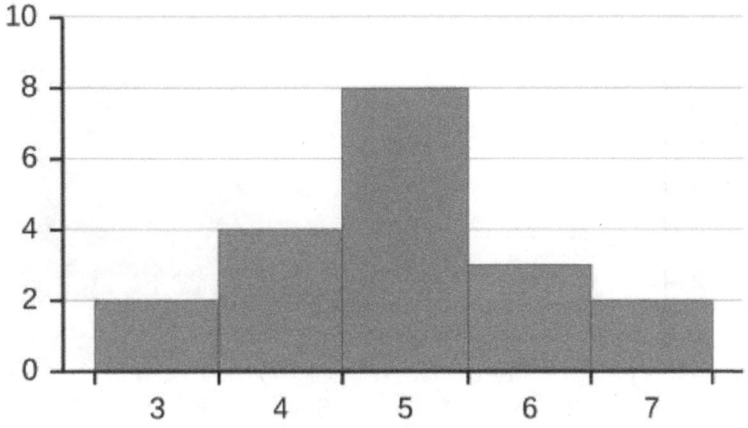

Figura 2.18

67. Describa la relación entre la moda y la mediana de esta distribución.

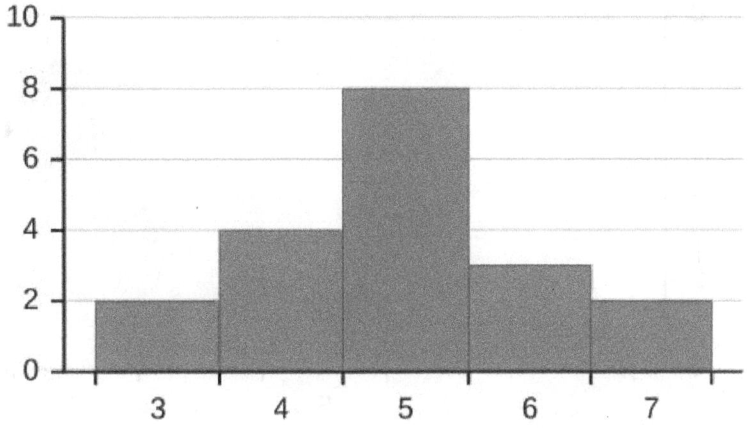

Figura 2.19

68. ¿La media y la mediana son exactamente iguales en esta distribución? ¿Por qué sí o por qué no?

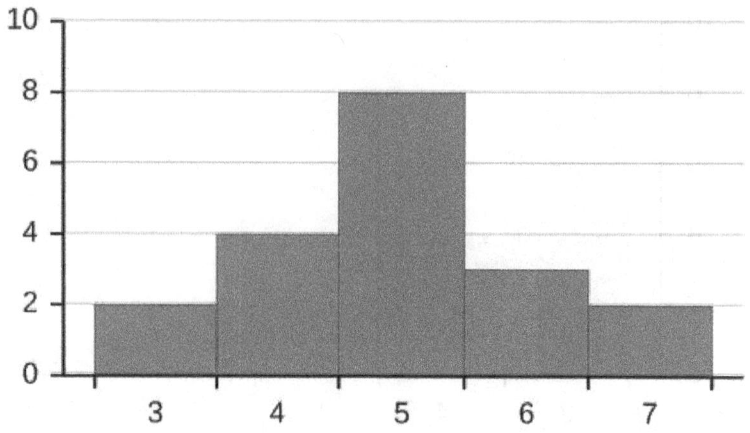

Figura 2.20

69. Describa la forma de esta distribución.

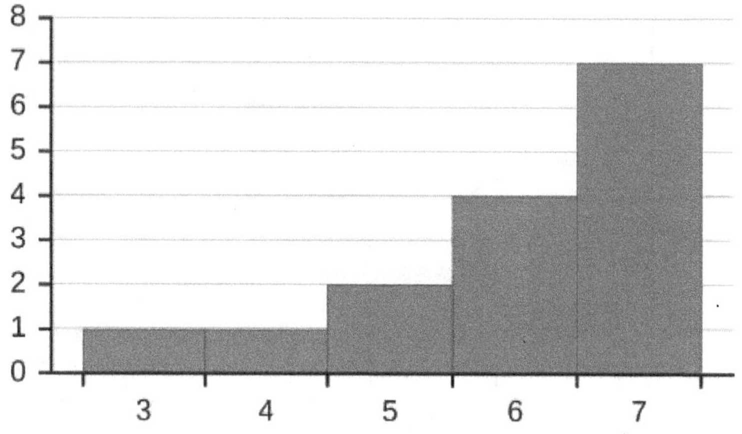

Figura 2.21

70. Describa la relación entre la moda y la mediana de esta distribución.

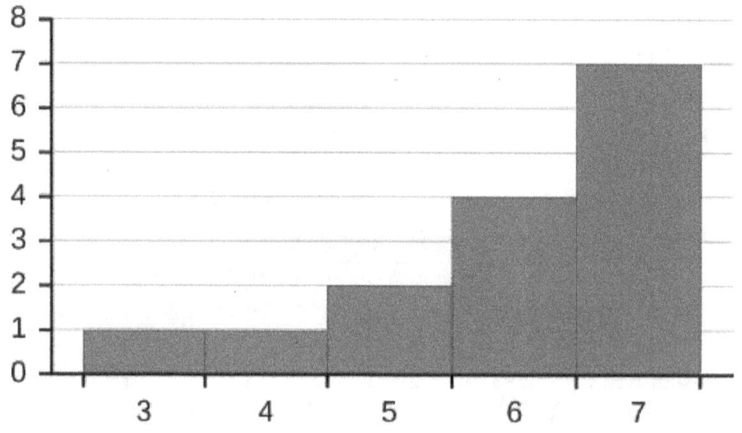

Figura 2.22

71. Describa la relación entre la media y la mediana de esta distribución.

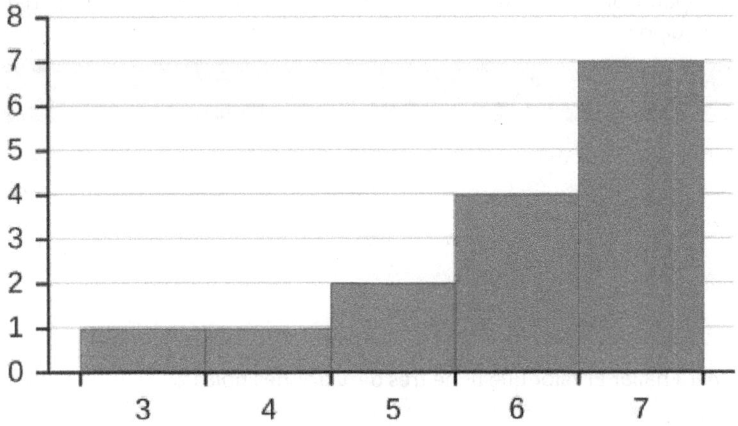

Figura 2.23

72. La media y la mediana de los datos son iguales.

3; 4; 5; 5; 6; 6; 6; 6; 7; 7; 7; 7; 7; 7; 7

¿Los datos son perfectamente simétricos? ¿Por qué sí o por qué no?

73. ¿Cuál es la mayor, la media, la moda o la mediana del conjunto de datos?

11; 11; 12; 12; 12; 12; 13; 15; 17; 22; 22; 22

74. ¿Cuál es menor, la media, la moda y la mediana del conjunto de datos?

56; 56; 56; 58; 59; 60; 62; 64; 64; 65; 67

75. De las tres medidas, ¿cuál tiende a reflejar más la distorsión: la media, la moda o la mediana? ¿Por qué?

76. En una distribución perfectamente simétrica, ¿cuándo la moda sería diferente de la media y la mediana?

2.7 Medidas de la dispersión de los datos

Use la siguiente información para responder los próximos dos ejercicios: Los siguientes datos son las distancias entre 20 tiendas minoristas y un gran centro de distribución. Las distancias están en millas.
29; 37; 38; 40; 58; 67; 68; 69; 76; 86; 87; 95; 96; 96; 99; 106; 112; 127; 145; 150

77. Utilice una calculadora gráfica o una computadora para hallar la desviación típica y redondee a la décima más cercana.

78. Calcule el valor que está una desviación típica por debajo de la media.

79. Dos jugadores de béisbol, Fredo y Karl, de equipos diferentes, querían averiguar quién tenía el promedio de bateo más alto en comparación con su equipo. ¿Cuál jugador de béisbol tenía el promedio de bateo más alto en comparación con su equipo?

Jugador de béisbol	Promedio de bateo	Promedio de bateo del equipo	Desviación típica del equipo
Fredo	0,158	0,166	0,012
Karl	0,177	0,189	0,015

Tabla 2.59

80. Utilice la Tabla 2.59 para hallar el valor que tiene tres desviaciones típicas:

por encima de la media
por debajo de la media

Calcule la desviación típica de las siguientes tablas de frecuencias utilizando la fórmula. Compruebe los cálculos con la TI 83/84.

81. Calcule la desviación típica de las siguientes tablas de frecuencias utilizando la fórmula. Compruebe los cálculos con la TI 83/84

a.

Grado	Frecuencia
49,5-59,5	2
59,5-69,5	3
69,5-79,5	8
79,5-89,5	12
89,5-99,5	5

Tabla 2.60

b.

Temperatura mínima diaria	Frecuencia
49,5-59,5	53
59,5-69,5	32
69,5-79,5	15
79,5-89,5	1
89,5-99,5	0

Tabla 2.61

c.

Puntos por partido	Frecuencia
49,5-59,5	14
59,5-69,5	32
69,5-79,5	15
79,5-89,5	23
89,5-99,5	2

Tabla 2.62

Tarea para la casa

2.1 Datos mostrados

82. La Tabla 2.63 contiene las tasas de obesidad de 2010 en estados de EE. UU. y en Washington, DC.

Estado	Porcentaje (%)	Estado	Porcentaje (%)	Estado	Porcentaje (%)
Alabama	32,2	Kentucky	31,3	Dakota del Norte	27,2
Alaska	24,5	Luisiana	31,0	Ohio	29,2
Arizona	24,3	Maine	26,8	Oklahoma	30,4
Arkansas	30,1	Maryland	27,1	Oregón	26,8
California	24,0	Massachusetts	23,0	Pensilvania	28,6
Colorado	21,0	Michigan	30,9	Rhode Island	25,5
Connecticut	22,5	Minnesota	24,8	Carolina del Sur	31,5
Delaware	28,0	Misisipi	34,0	Dakota del Sur	27,3
Washington, DC	22,2	Misuri	30,5	Tennessee	30,8
Florida	26,6	Montana	23,0	Texas	31,0
Georgia	29,6	Nebraska	26,9	Utah	22,5
Hawái	22,7	Nevada	22,4	Vermont	23,2
Idaho	26,5	Nuevo Hampshire	25,0	Virginia	26,0
Illinois	28,2	Nueva Jersey	23,8	Washington	25,5
Indiana	29,6	Nuevo México	25,1	Virginia Occidental	32,5
Iowa	28,4	Nueva York	23,9	Wisconsin	26,3
Kansas	29,4	Carolina del Norte	27,8	Wyoming	25,1

Tabla 2.63

a. Utilice un generador de números aleatorios para elegir al azar ocho estados. Construya un gráfico de barras con las tasas de obesidad de esos ocho estados.
b. Construya un gráfico de barras para todos los estados que comienzan con la letra “A”.
c. Construya un gráfico de barras para todos los estados que comienzan con la letra “M”.

83. Supongamos que tres editoriales se interesan por el número de libros de ficción de tapa blanda que compran los consumidores adultos al mes. Cada editorial realizó una encuesta. En la encuesta se les preguntó a los consumidores adultos el número de libros de ficción de tapa blanda que compraron el mes anterior. Los resultados son los siguientes:

N.° de libros	Frec.	Frec. rel.
0	10	
1	12	
2	16	
3	12	
4	8	
5	6	
6	2	
8	2	

Tabla 2.64 Editorial A

N.° de libros	Frec.	Frec. rel.
0	18	
1	24	
2	24	
3	22	
4	15	
5	10	
7	5	
9	1	

Tabla 2.65 Editorial B

N.° de libros	Frec.	Frec. rel.
0–1	20	
2–3	35	
4–5	12	

Tabla 2.66 Editorial C

N.º de libros	Frec.	Frec. rel.
6–7	2	
8–9	1	

Tabla 2.66 Editorial C

a. Calcule las frecuencias relativas de cada encuesta. Escríbalas en las tablas.
b. Utilice la columna de frecuencias para construir un histograma de la encuesta de cada editor. Para las editoriales A y B, haga el ancho de las barras de uno. Para la editorial C, haga las barras con un ancho de dos.
c. En oraciones completas, indique dos razones por las que los gráficos de las editoriales A y B no son idénticos.
d. ¿Habría esperado que el gráfico de la editorial C se pareciera a los otros dos gráficos? ¿Por qué sí o por qué no?
e. Haga nuevos histogramas para la editorial A y la editorial B. Esta vez, haga barras con un ancho de dos.
f. Ahora, compare el gráfico de la editorial C con los nuevos gráficos de las editoriales A y B. ¿los gráficos son más parecidos o más distintos? Explique su respuesta.

84. A menudo, los cruceros realizan todas las transacciones a bordo sin dinero en efectivo, a excepción de los juegos de azar. Al final del crucero, los huéspedes pagan una sola factura que cubre todas las transacciones a bordo. Supongamos que se encuestaron 60 viajeros solteros y 70 parejas sobre sus facturas a bordo para un crucero de siete días desde Los Ángeles a la riviera mexicana. A continuación, un resumen de las facturas de cada grupo.

Monto (en dólares)	Frecuencia	Frecuencia relativa
51-100	5	
101-150	10	
151-200	15	
201-250	15	
251-300	10	
301-350	5	

Tabla 2.67 Solteros

Monto (en dólares)	Frecuencia	Frecuencia relativa
100-150	5	
201-250	5	
251-300	5	
301-350	5	
351-400	10	
401-450	10	
451-500	10	
501-550	10	
551-600	5	
601-650	5	

Tabla 2.68 Parejas

a. Rellene la frecuencia relativa de cada grupo.
b. Construya un histograma para el grupo de solteros. Escale el eje *x* a 50 dólares de ancho. Utilice la frecuencia relativa en el eje *y*.
c. Construya un histograma para el grupo de parejas. Escale el eje *x* a 50 dólares de ancho. Utilice la frecuencia relativa en el eje *y*.
d. Compare los dos gráficos:
   i. Enumere dos similitudes entre los gráficos.
   ii. Enumere dos diferencias entre los gráficos.
   iii. En general, ¿los gráficos son más parecidos o más diferentes?
e. Construya un nuevo gráfico a mano para las parejas. Dado que cada pareja paga por dos personas, en vez de

escalar el eje x a 50 dólares, escálelo a 100 dólares. Utilice la frecuencia relativa en el eje y.

f. Compare el gráfico de los solteros con el nuevo gráfico de las parejas:
   i. Enumere dos similitudes entre los gráficos.
   ii. En general, ¿los gráficos son más parecidos o más diferentes?

g. ¿Cómo ha cambiado la escala del gráfico de parejas en comparación con el gráfico de solteros?
h. Basándose en los gráficos, ¿cree que las personas gastan la misma cantidad, más o menos como solteros que como pareja? Explique por qué en una o dos oraciones completas.

85. Se les preguntó a veinticinco estudiantes seleccionados al azar el número de películas que habían visto la semana anterior. Los resultados son los siguientes.

N.º de películas	Frecuencia	Frecuencia relativa	Frecuencia relativa acumulada
0	5		
1	9		
2	6		
3	4		
4	1		

Tabla 2.69

a. Construya un histograma de los datos.
b. Rellene las columnas del cuadro.

Use la siguiente información para responder los dos próximos ejercicios: supongamos que se les pregunta a ciento once personas que compran en una tienda especial de camisetas el número de camisetas que tienen y que cuestan más de 19 dólares cada una.

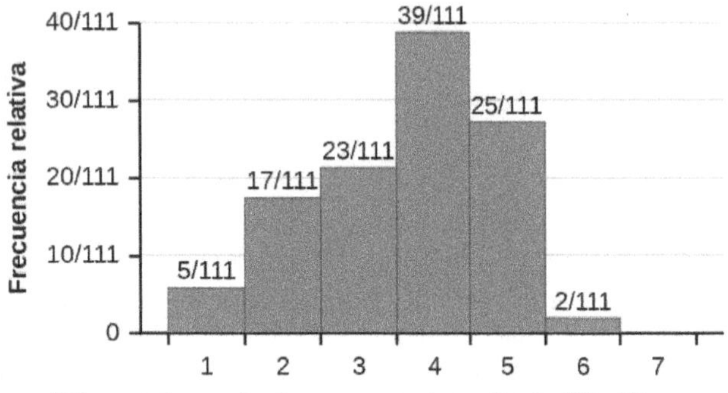

86. El porcentaje de personas que tienen como máximo tres camisetas que cuestan más de 19 dólares cada una es aproximadamente:

a. 21
b. 59
c. 41
d. No se puede determinar

87. Si los datos se recopilaron al preguntarles a las primeras 111 personas que entraron en la tienda, entonces el tipo de muestreo es:

a. conglomerado
b. simple aleatorio
c. estratificado
d. de conveniencia

88. A continuación se muestran las tasas de obesidad de 2010 por estados de EE. UU. y Washington, DC.

Estado	Porcentaje (%)	Estado	Porcentaje (%)	Estado	Porcentaje (%)
Alabama	32,2	Kentucky	31,3	Dakota del Norte	27,2
Alaska	24,5	Luisiana	31,0	Ohio	29,2
Arizona	24,3	Maine	26,8	Oklahoma	30,4
Arkansas	30,1	Maryland	27,1	Oregón	26,8
California	24,0	Massachusetts	23,0	Pensilvania	28,6
Colorado	21,0	Michigan	30,9	Rhode Island	25,5
Connecticut	22,5	Minnesota	24,8	Carolina del Sur	31,5
Delaware	28,0	Misisipi	34,0	Dakota del Sur	27,3
Washington, DC	22,2	Misuri	30,5	Tennessee	30,8
Florida	26,6	Montana	23,0	Texas	31,0
Georgia	29,6	Nebraska	26,9	Utah	22,5
Hawái	22,7	Nevada	22,4	Vermont	23,2
Idaho	26,5	Nuevo Hampshire	25,0	Virginia	26,0
Illinois	28,2	Nueva Jersey	23,8	Washington	25,5
Indiana	29,6	Nuevo México	25,1	Virginia Occidental	32,5
Iowa	28,4	Nueva York	23,9	Wisconsin	26,3
Kansas	29,4	Carolina del Norte	27,8	Wyoming	25,1

Tabla 2.70

Construya un gráfico de barras de las tasas de obesidad de su estado y de los cuatro estados más cercanos al suyo. Pista: Identifique el eje *x* con los estados.

2.2 Medidas de la ubicación de los datos

89. La edad media de las personas negras en Estados Unidos es actualmente de 30,9 años; la de las personas blancas es de 42,3 años.

a. Basándose en esta información, indique dos razones por las que la edad media de las personas negras podría ser inferior a la de las personas blancas.
b. ¿La menor edad media de las personas negras significa necesariamente que estas mueren más jóvenes que las personas blancas? ¿Por qué sí o por qué no?
c. ¿Cómo es posible que las personas negras y las blancas mueran aproximadamente a la misma edad, pero que la edad media de las personas blancas sea mayor?

90. A seiscientos estadounidenses adultos se les preguntó mediante un sondeo telefónico: "¿Qué cree usted que constituye un ingreso de clase media?". Los resultados están en la Tabla 2.71. Además, se incluye el extremo izquierdo, pero no el derecho.

Salario (dólares)	Frecuencia relativa
< 20.000	0,02
20.000-25.000	0,09
25.000-30.000	0,19
30.000-40.000	0,26
40.000-50.000	0,18
50.000-75.000	0,17
75.000-99.999	0,02
100.000 o más	0,01

Tabla 2.71

a. ¿Qué porcentaje de la encuesta respondió "no estoy seguro"?
b. ¿Qué porcentaje cree que la clase media es de 25.000 a 50.000 dólares?
c. Construya un histograma de los datos.
   i. ¿Según los datos, todas las barras deben tener el mismo ancho? ¿Por qué sí o por qué no?
   ii. ¿Cómo se deben tratar los intervalos <20.000 y más de 100.000? ¿Por qué?
d. Calcule el percentil 40 y el percentil 80
e. Construya un gráfico de barras de los datos

2.3 Medidas del centro de los datos

91. Los países más obesos del mundo tienen tasas de obesidad que van del 11,4 % al 74,6 %. Estos datos se resumen en el siguiente cuadro.

Porcentaje de población obesa	Número de países
11,4-20,45	29
20,45-29,45	13
29,45-38,45	4
38,45-47,45	0
47,45-56,45	2
56,45-65,45	1
65,45-74,45	0
74,45-83,45	1

Tabla 2.72

a. ¿Cuál es la mejor estimación del porcentaje promedio de obesidad en estos países?
b. Estados Unidos tiene una tasa promedio de obesidad del 33,9 %. ¿Esta tasa está por encima o por debajo del promedio?
c. ¿Cómo se compara Estados Unidos con otros países?

92. La Tabla 2.73 da el porcentaje de niños menores de cinco años considerados con bajo peso. ¿Cuál es la mejor estimación del porcentaje medio de niños con bajo peso?

Porcentaje de niños con bajo peso	Número de países
16-21,45	23
21,45-26,9	4
26,9-32,35	9
32,35-37,8	7
37,8-43,25	6
43,25-48,7	1

Tabla 2.73

2.4 Notación sigma y cálculo de la media aritmética

93. Se elige una muestra de 10 precios de una población de 100 artículos similares. Los valores obtenidos de la muestra, y los valores para la población, figuran en la Tabla 2.74 y en la Tabla 2.75 respectivamente.

a. ¿La media de la muestra está a menos de 1 dólar de la media de la población?
b. ¿Cuál es la diferencia entre las medias de la muestra y de la población?

Precios de la muestra
$21
$23
$21
$24
$22
$22
$25
$21
$20
$24

Tabla 2.74

Precios de la población	Frecuencia
$20	20
$21	35
$22	15
$23	10
$24	18
$25	2

Tabla 2.75

94. Al principio del curso escolar se realiza una prueba estandarizada a diez personas, cuyos resultados se recogen en la Tabla 2.76. Al final del año se volvió a examinar a las mismas personas.

a. ¿Cuál es la mejora promedio?
b. ¿Importa si se restan las medias o si se restan los valores individuales?

Estudiante	Puntuación inicial	Puntuación final
1	1.100	1.120
2	980	1.030
3	1.200	1.208
4	998	1.000
5	893	948
6	1.015	1.030
7	1.217	1.224
8	1.232	1.245
9	967	988
10	988	997

Tabla 2.76

95. Una clase pequeña de 7 estudiantes tiene una nota media de 82 en un examen. Si seis de las notas son 80, 82,86, 90, 90 y 95, ¿cuál es la otra nota?

96. Una clase de 20 estudiantes tiene una nota media de 80 en un examen. Diecinueve de los estudiantes tienen una nota media entre 79 y 82, ambas inclusive.

a. ¿Cuál es la nota más baja posible de otro estudiante?
b. ¿Cuál es la nota más alta posible de otro estudiante?

97. Si la media de 20 precios es de 10,39 dólares, y se muestrean 5 de los artículos con una media de 10,99 dólares, ¿cuál es la media de los otros 15 precios?

2.5 Media geométrica

98. Una inversión pasa de 10.000 a 22.000 dólares en cinco años. ¿Cuál es la tasa promedio de rendimiento?

99. Una inversión inicial de 20.000 dólares crece a un ritmo del 9 % durante cinco años. ¿Cuál es su valor final?

100. Un cultivo contiene 1300 bacterias. Las bacterias crecen hasta 2.000 en 10 horas. ¿Cuál es la tasa de crecimiento de las bacterias por hora, con una precisión de una décima de porcentaje?

101. Una inversión de 3.000 dólares crece a un ritmo del 5 % durante un año, y luego a un ritmo del 8 % durante tres años. ¿Cuál es la tasa promedio de rendimiento con una precisión de una centésima?

102. Una inversión de 10.000 dólares se reduce a 9.500 dólares en cuatro años. ¿Cuál es la rentabilidad promedio anual, con una precisión de una centésima?

2.6 Distorsión y media, mediana y moda

103. La edad media de la población de EE. UU. en 1980 era de 30,0 años. En 1991, la edad media era de 33,1 años.

a. ¿Qué significa que la edad media aumente?
b. Dé dos razones por las que la edad media podría aumentar.
c. Para que la edad media aumente, ¿el número real de niños es menor en 1991 que en 1980? ¿Por qué sí o por qué no?

2.7 Medidas de la dispersión de los datos

Utilice la siguiente información para responder a los siguientes nueve ejercicios: Los parámetros de población que aparecen a continuación describen el número de estudiantes equivalentes a tiempo completo (full-time equivalent number of students, FTES) cada año en el Lake Tahoe Community College desde 1976-1977 hasta 2004-2005.

- μ = 1.000 FTES
- mediana = 1.014 FTES
- σ = 474 FTES
- primer cuartil = 528,5 FTES
- tercer cuartil = 1.447,5 FTES
- n = 29 años

104. Se toma una muestra de 11 años. ¿Cuántos se espera que tengan un FTES de 1.014 o más? Explique cómo ha determinado su respuesta.

105. El 75 % de todos los años tiene un FTES:

a. en o por debajo de: ____
b. en o por encima de: ____

106. La desviación típica de la población = ____

107. ¿Qué porcentaje de FTES fue de 528,5 a 1.447,5? ¿Cómo lo sabe?

108. ¿Cuál es el *rango intercuartil (InterQuartile Range, IQR)*? ¿Qué representa el *IQR*?

109. ¿A cuántas desviaciones típicas de la media está la mediana?

Información adicional: La población FTES para 2005-2006 hasta 2010-2011 se dio en un informe actualizado. Los datos se presentan aquí.

Año	2005-2006	2006-2007	2007-2008	2008-2009	2009-2010	2010-2011
Total de FTES	1.585	1.690	1.735	1.935	2.021	1.890

Tabla 2.77

110. Calcule la media, la mediana, la desviación típica, el primer cuartil, el tercer cuartil y el *IQR*. Redondee a un decimal.

111. Compare el *IQR* de los FTES de 1976-1977 a 2004-2005 con el *IQR* de los FTES de 2005-2006 a 2010-2011. ¿Por qué cree que los *IQR* son tan diferentes?

112. Tres estudiantes solicitaban el ingreso en la misma escuela de posgrado. Venían de escuelas con sistemas de calificación diferentes. ¿Cuál estudiante tiene el mejor GPA en comparación con otros estudiantes de su escuela? Explique cómo ha determinado su respuesta.

Estudiante	GPA	GPA de la escuela	Desviación típica de la escuela
Thuy	2,7	3,2	0,8
Vichet	87	75	20
Kamala	8,6	8	0,4

Tabla 2.78

113. Una escuela de música presupuestó la compra de tres instrumentos musicales. Planean comprar un piano que cuesta 3.000 dólares, una guitarra que cuesta 550 dólares y una batería que cuesta 600 dólares. El costo medio de un piano es de 4.000 dólares, con una desviación típica de 2.500 dólares. El costo medio de una guitarra es de 500 dólares, con una desviación típica de 200 dólares. El costo medio de la batería es de 700 dólares, con una desviación típica de 100 dólares. ¿Cuál es el costo más bajo en comparación con otros instrumentos del mismo tipo? ¿Qué costo es el más elevado en comparación con otros instrumentos del mismo tipo? Justifique su respuesta.

114. Una clase de escuela primaria corrió una milla con una media de 11 minutos y una desviación típica de tres minutos. Rachel, una estudiante de la clase, corrió una milla en ocho minutos. Una clase de escuela secundaria júnior corrió una milla con una media de nueve minutos y una desviación típica de dos minutos. Kenji, un estudiante de la clase, corrió 1 milla en 8,5 minutos. Una clase de escuela secundaria corrió una milla con una media de siete minutos y una desviación típica de cuatro minutos. Nedda, una estudiante de la clase, corrió una milla en ocho minutos.

a. ¿Por qué se considera a Kenji mejor corredor que Nedda, a pesar de que esta corría más rápido que él?
b. ¿Quién es el corredor más rápido con respecto a su clase? Explique por qué.

115. Los países más obesos del mundo tienen tasas de obesidad que van del 11,4 % al 74,6 %. Estos datos se resumen en la tabla 14.

Porcentaje de población obesa	Número de países
11,4-20,45	29
20,45-29,45	13
29,45-38,45	4
38,45-47,45	0
47,45-56,45	2
56,45-65,45	1
65,45-74,45	0
74,45-83,45	1

Tabla 2.79

¿Cuál es la mejor estimación del porcentaje promedio de obesidad en estos países? ¿Cuál es la desviación típica de las tasas de obesidad indicadas? Estados Unidos tiene una tasa promedio de obesidad del 33,9 %. ¿Esta tasa está por encima o por debajo del promedio? ¿Cuán "inusual" es la tasa de obesidad de Estados Unidos en comparación con la tasa promedio? Explique.

116. La Tabla 2.80 da el porcentaje de niños menores de cinco años considerados con bajo peso.

Porcentaje de niños con bajo peso	Número de países
16-21,45	23
21,45-26,9	4
26,9-32,35	9
32,35-37,8	7
37,8-43,25	6
43,25-48,7	1

Tabla 2.80

¿Cuál es la mejor estimación del porcentaje medio de niños con bajo peso? ¿Cuál es la desviación típica? ¿Cuáles intervalos podrían considerarse inusuales? Explique.

Resúmalo todo: tarea para la casa

117. Javier y Ercilia son supervisores en un centro comercial. A cada uno se le encomendó la tarea de estimar la distancia media a la que viven los compradores del centro comercial. Cada uno de ellos encuestó al azar a 100 compradores. Las muestras arrojaron la siguiente información.

	Javier	Ercilia
$\overline{x}$	6,0 millas	6,0 millas
s	4,0 millas	7,0 millas

Tabla 2.81

a. ¿Cómo se puede determinar cuál es la encuesta correcta?
b. Explique qué implica la diferencia de los resultados de las encuestas sobre los datos.
c. Si los dos histogramas representan la distribución de valores de cada supervisor, ¿cuál representa la muestra de Ercilia? ¿Cómo lo sabe?

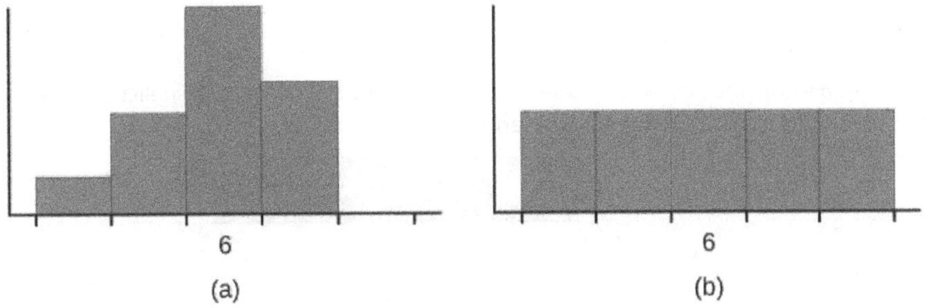

Figura 2.24

Use la siguiente información para responder los próximos tres ejercicios: estamos interesados en el número de años que han vivido en California los estudiantes de una determinada clase de Estadística Elemental. La información de la siguiente tabla es de toda la sección.

Número de años	Frecuencia	Número de años	Frecuencia
7	1	22	1
14	3	23	1
15	1	26	1
18	1	40	2
19	4	42	2
20	3		
			Total = 20

Tabla 2.82

118. ¿Cuál es el *rango intercuartil (InterQuartile Range, IQR)*?

a. 8
b. 11
c. 15
d. 35

119. ¿Cuál es la moda?

a. 19
b. 19,5
c. 14 y 20
d. 22,65

120. ¿Se trata de una muestra o de toda la población?

a. muestra
b. toda la población
c. ninguna

121. Se les preguntó a veinticinco estudiantes seleccionados al azar el número de películas que habían visto la semana anterior. Los resultados son los siguientes:

N.º de películas	Frecuencia
0	5
1	9
2	6
3	4
4	1

Tabla 2.83

a. Calcule la media muestral $\overline{x}$.
b. Calcule la desviación típica aproximada de la muestra, *s*.

122. Se preguntó a cuarenta estudiantes seleccionados al azar el número de pares de zapatillas que tenían. Supongamos que X = el número de pares de zapatillas que tienen. Los resultados son los siguientes:

X	Frecuencia
1	2
2	5
3	8
4	12
5	12
6	0
7	1

Tabla 2.84

a. Calcule la media muestral $\overline{x}$
b. Calcule la desviación típica de la muestra, s
c. Construya un histograma de los datos.
d. Rellene las columnas del cuadro.
e. Calcule el primer cuartil.
f. Calcule la mediana.
g. Calcule el tercer cuartil.
h. ¿Qué porcentaje de estudiantes tenía al menos cinco pares?
i. Calcule el percentil 40.
j. Calcule el percentil 90.
k. Construya un gráfico de líneas de los datos
l. Construya un diagrama de tallo de los datos

123. A continuación se muestran los pesos publicados (en libras) de todos los miembros del equipo de los San Francisco 49ers de un año anterior.

177; 205; 210; 210; 232; 205; 185; 185; 178; 210; 206; 212; 184; 174; 185; 242; 188; 212; 215; 247; 241; 223; 220; 260; 245; 259; 278; 270; 280; 295; 275; 285; 290; 272; 273; 280; 285; 286; 200; 215; 185; 230; 250; 241; 190; 260; 250; 302; 265; 290; 276; 228; 265

a. Organice los datos de menor a mayor valor.
b. Calcule la mediana.
c. Calcule el primer cuartil.
d. Calcule el tercer cuartil.
e. El 50 % de los pesos son de ______ a ______.
f. Si nuestra población fueran todos los jugadores de fútbol americano profesionales, ¿los datos anteriores serían una muestra de pesos o la población de pesos? ¿Por qué?
g. Si nuestra población incluyera a todos los miembros del equipo que alguna vez jugaron con los San Francisco 49ers, ¿los datos anteriores serían una muestra de pesos o la población de pesos? ¿Por qué?
h. Supongamos que la población fuera los 49ers de San Francisco. Calcule:
   i. la media de la población, μ.
   ii. la desviación típica de la población, σ.
   iii. el peso que está dos desviaciones típicas por debajo de la media.
   iv. Cuando Steve Young, mariscal de campo, jugaba fútbol americano pesaba 205 libras. ¿Cuántas desviaciones típicas por encima o por debajo de la media estaba?
i. Ese mismo año, el peso medio de los Dallas Cowboys era de 240,08 libras con una desviación típica de 44,38 libras. Emmit Smith pesó 209 libras. Con respecto a su equipo, ¿quién era más liviano, Smith o Young? ¿Cómo determinó su respuesta?

124. Cien maestros asistieron a un seminario sobre resolución de problemas matemáticos. Se midieron las actitudes de una muestra representativa de 12 de los maestros antes y después del seminario. Un número positivo para el cambio de actitud indica que la actitud del maestro hacia las Matemáticas se volvió más positiva. Las 12 calificaciones de los cambios son las siguientes:

3; 8; -1; 2; 0; 5; -3; 1; -1; 6; 5; -2

a. ¿Cuál es la puntuación media del cambio?
b. ¿Cuál es la desviación típica de esta población?
c. ¿Cuál es la calificación media de los cambios?
d. Calcule la calificación de cambio que está 2,2 desviaciones típicas por debajo de la media.

125. Consulte la Figura 2.25 y determine cuáles de las siguientes afirmaciones son verdaderas y cuáles son falsas. Explique su solución a cada parte con oraciones completas.

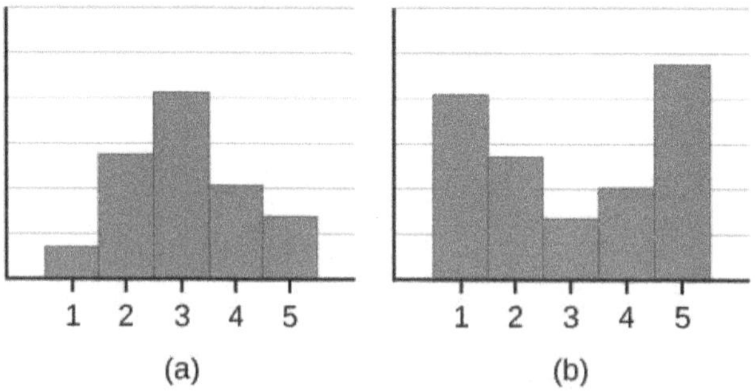

Figura 2.25

a. Las medianas de ambos gráficos son iguales.
b. No podemos determinar si alguna de las medias de ambos gráficos es diferente.
c. La desviación típica del gráfico b es mayor que la desviación típica del gráfico a.
d. No podemos determinar si alguno de los terceros cuartiles de ambos gráficos es diferente.

126. En un número reciente de la revista *IEEE Spectrum*, se anunciaron 84 conferencias de ingeniería. Cuatro conferencias duraron dos días. Treinta y seis duraron tres días. Dieciocho dudaron cuatro días. Diecinueve dudaron cinco días. Cuatro duraron seis días. Una duró siete días. Una duró ocho días. Una duró nueve días. Supongamos que X = la duración (en días) de una conferencia de ingeniería.

a. Organice los datos en un gráfico.
b. Calcule la mediana, el primer cuartil y el tercer cuartil.
c. Calcule el percentil 65.
d. Calcule el percentil 10.
e. El 50 % del centro de las conferencias duran entre ______ y ______.
f. Calcule la media muestral de los días de conferencias de ingeniería.
g. Calcule la desviación típica de la muestra de los días de conferencias de ingeniería.
h. Calcule la moda.
i. Si estuviera planificando una conferencia de ingeniería, ¿qué elegiría como su duración: la media, la mediana o la moda? Explique por qué tomó esa decisión.
j. Dé dos razones por las que piense que la duración de las conferencias de ingeniería parece ser de tres a cinco días.

127. Una encuesta sobre las inscripciones en 35 colegios comunitarios de Estados Unidos arrojó las siguientes cifras:

6414; 1550; 2109; 9350; 21828; 4300; 5944; 5722; 2825; 2044; 5481; 5200; 5853; 2750; 10012; 6357; 27000; 9414; 7681; 3200; 17500; 9200; 7380; 18314; 6557; 13713; 17768; 7493; 2771; 2861; 1263; 7285; 28165; 5080; 11622

a. Organice los datos en un gráfico con cinco intervalos de igual ancho. Identifique las dos columnas "inscripción" y "frecuencia".
b. Construya un histograma de los datos.
c. Si tuviera que construir un nuevo colegio comunitario, ¿qué información sería más valiosa: la moda o la media?
d. Calcule la media muestral.
e. Calcule la desviación típica de la muestra.
f. Una escuela con una matrícula de 8.000 estudiantes, ¿a cuántas desviaciones típicas de la media se refiere?

Use la siguiente información para responder los próximos dos ejercicios. X = el número de días a la semana que 100 clientes utilizan un determinado centro de ejercicio.

x	Frecuencia
0	3
1	12
2	33
3	28
4	11
5	9
6	4

Tabla 2.85

128. El percentil 80 es ____

a. 5
b. 80
c. 3
d. 4

129. El número que está 1,5 desviaciones típicas POR DEBAJO de la media es aproximadamente ____

a. 0,7
b. 4,8
c. -2,8
d. No se puede determinar

130. Supongamos que una editorial realiza una encuesta en la que pregunta a consumidores adultos el número de libros de ficción de tapa blanda que compraron el mes anterior. Los resultados se resumen en la Tabla 2.86.

N.º de libros	Frec.	Rel. Frec.
0	18	
1	24	
2	24	
3	22	
4	15	
5	10	
7	5	
9	1	

Tabla 2.86

a. ¿Existen valores atípicos en los datos? Utilice una prueba numérica adecuada que incluya el *IQR* para identificar valores atípicos, si los hay, y exponga claramente su conclusión.
b. Si un valor de los datos se identifica como un valor atípico, ¿qué hay que hacer con él?
c. ¿Hay algún valor de los datos que se aleje más de dos desviaciones típicas de la media? En algunas situaciones, los estadísticos pueden utilizar este criterio para identificar valores de datos que son inusuales, en comparación con los demás valores de datos (observe que este criterio es más apropiado para utilizarlo con datos en forma de montículo y simétricos, que con datos distorsionados).
d. ¿Las partes a y c de este problema dan la misma respuesta?
e. Examine la forma de los datos. ¿Qué parte, a o c, de esta pregunta da un resultado más apropiado para estos datos?
f. Según la forma de los datos, ¿cuál es la medida de centro más adecuada para estos datos: media, mediana o moda?

Referencias

2.1 Datos mostrados

Burbary, Ken. *Facebook Demographics Revisited–2001 Statistics,* 2011. Disponible en línea en http://www.kenburbary.com/2011/03/facebook-demographics-revisited-2011-statistics-2/ (consultado el 21 de agosto de 2013).

"9th Annual AP Report to the Nation". CollegeBoard, 2013. Disponible en línea en http://apreport.collegeboard.org/goals-and-findings/promoting-equity (consultado el 13 de septiembre de 2013).

"Overweight and Obesity: Adult Obesity Facts". Centers for Disease Control and Prevention. Disponible en línea en http://www.cdc.gov/obesity/data/adult.html (consultado el 13 de septiembre de 2013).

Datos sobre los homicidios anuales en Detroit, 1961-1973, extraídos del libro de Gunst & Mason: "Regression Analysis and its Application", Marcel Dekker

"Timeline: Guide to the U.S. Presidents: Information on every president's birthplace, political party, term of office, and more". Scholastic, 2013. Disponible en línea en http://www.scholastic.com/teachers/article/timeline-guide-us-presidents (consultado el 3 de abril de 2013).

"Presidents". Fact Monster. Pearson Education, 2007. Disponible en línea en http://www.factmonster.com/ipka/A0194030.html (consultado el 3 de abril de 2013).

"Food Security Statistics". Food and Agriculture Organization of the United Nations. Disponible en línea en http://www.fao.org/economic/ess/ess-fs/en/ (consultado el 3 de abril de 2013).

"Consumer Price Index". United States Department of Labor: Bureau of Labor Statistics. Disponible en línea en http://data.bls.gov/pdq/SurveyOutputServlet (consultado el 3 de abril de 2013).

"CO2 emissions (kt)". The World Bank, 2013. Disponible en línea en http://databank.worldbank.org/data/home.aspx (consultado el 3 de abril de 2013).

"Births Time Series Data". General Register Office For Scotland, 2013. Disponible en línea en http://www.gro-scotland.gov.uk/statistics/theme/vital-events/births/time-series.html (consultado el 3 de abril de 2013).

"Demographics: Children under the age of 5 years underweight". Indexmundi. Disponible en línea en http://www.indexmundi.com/g/r.aspx?t=50&v=2224&aml=en (consultado el 3 de abril de 2013).

Gunst, Richard, Robert Mason. *Regression Analysis and Its Application: A Data-Oriented Approach.* CRC Press: 1980.

"Overweight and Obesity: Adult Obesity Facts". Centers for Disease Control and Prevention. Disponible en línea en http://www.cdc.gov/obesity/data/adult.html (consultado el 13 de septiembre de 2013).

2.2 Medidas de la ubicación de los datos

Cauchon, Dennis, Paul Overberg. "Census data shows minorities now a majority of U.S. births". USA Today, 2012. Disponible en línea en http://usatoday30.usatoday.com/news/nation/story/2012-05-17/minority-birthscensus/55029100/1 (consultado el 3 de abril de 2013).

Datos del Departamento de Comercio de Estados Unidos: Oficina del Censo de Estados Unidos. Disponible en línea en http://www.census.gov/ (consultado el 3 de abril de 2013).

"1990 Census". United States Department of Commerce: Oficina del Censo de Estados Unidos. Disponible en línea en http://www.census.gov/main/www/cen1990.html (consultado el 3 de abril de 2013).

Datos de *The Mercury News* de San José.

Datos de la *Revista Time*; encuesta de Yankelovich Partners, Inc.

2.3 Medidas del centro de los datos

Datos del Banco Mundial, disponibles en línea en http://www.worldbank.org (consultado el 3 de abril de 2013).

"Demographics: Obesity – adult prevalence rate". Indexmundi. Disponible en línea en http://www.indexmundi.com/g/r.aspx?t=50&v=2228&l=en (consultado el 3 de abril de 2013).

2.7 Medidas de la dispersión de los datos

Datos de Microsoft Bookshelf.

King, Bill."Graphically Speaking". Institutional Research, Lake Tahoe Community College. Disponible en línea en http://www.ltcc.edu/web/about/institutional-research (consultado el 3 de abril de 2013).

Soluciones

1.

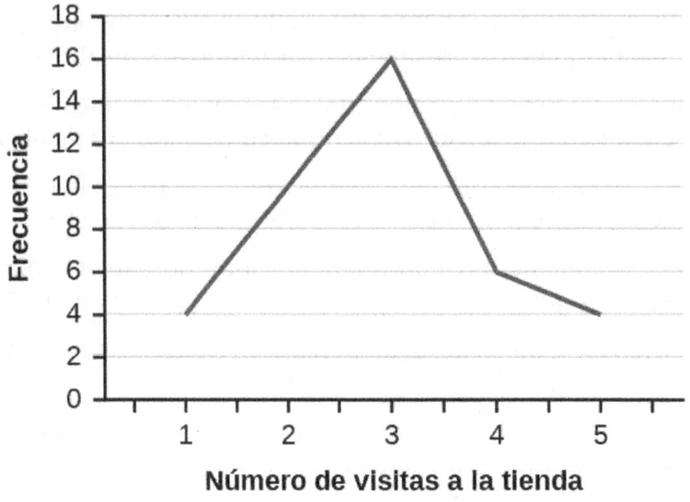

Figura 2.26

3.

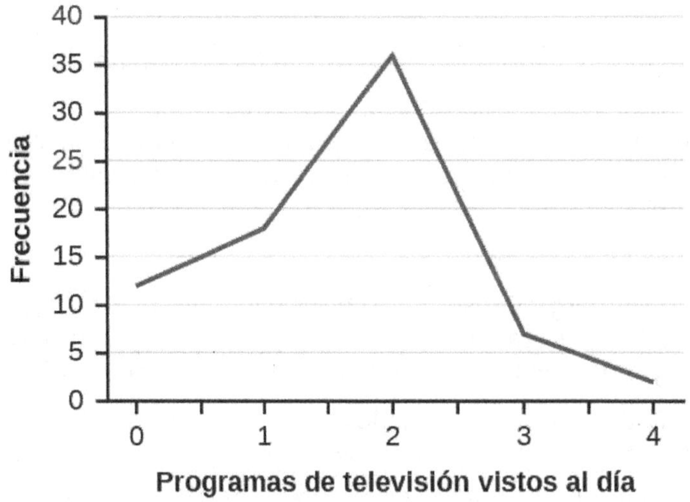

Figura 2.27

7. 65

9. La frecuencia relativa muestra la *proporción* de puntos de datos que tiene cada valor. La frecuencia indica el *número* de puntos de datos que tiene cada valor.

11. Las respuestas variarán. Se muestra un posible histograma:

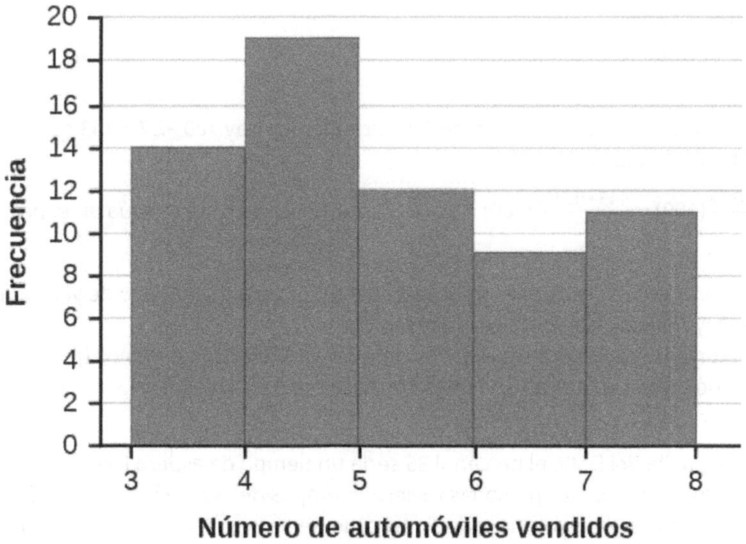

Figura 2.28

13. Calcule el punto medio de cada clase. Estos se graficarán en el eje *x*. Los valores de la frecuencia se graficarán en los valores del eje *y*.

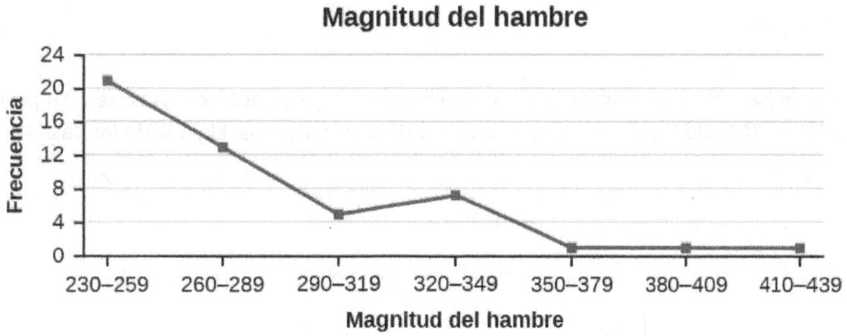

Figura 2.29

15.

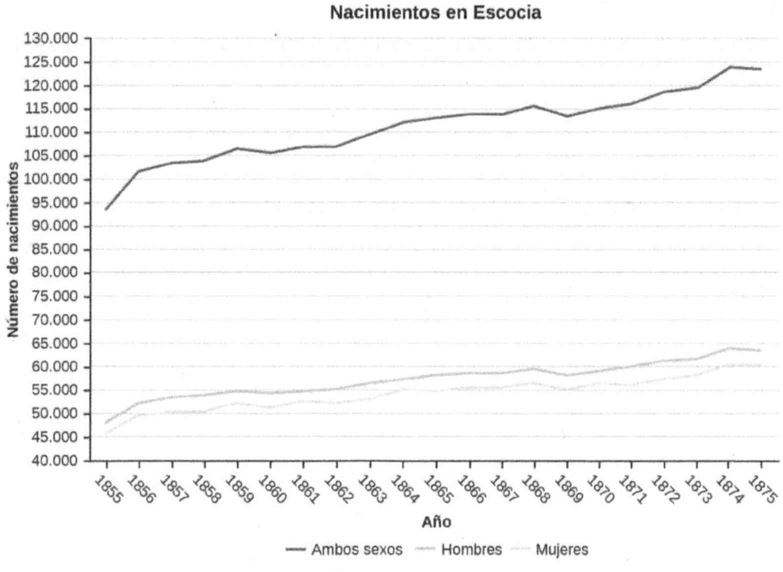

Figura 2.30

17. a. El percentil 40 es 37 años.
b. El percentil 78 es 70 años.

19. Jesse se graduó en el puesto 37 de una clase de 180 estudiantes. Hay 180 – 37 = 143 estudiantes clasificados por debajo de Jesse. Hay un rango de 37.

$x = 143$ y $y = 1$ $\frac{x+0,5y}{n}(100) = \frac{143+0,5(1)}{180}(100) = 79,72$. El puesto 37 de Jesse le sitúa en el percentil 80.

21. a. Para los corredores en una carrera es más deseable tener un percentil alto de velocidad. Un percentil alto significa una mayor velocidad, lo cual es más rápida.
b. El 40 % de los corredores corrió a velocidades de 7,5 millas por hora o menos (más lento). El 60 % de los corredores corrió a velocidades de 7,5 millas por hora o más (más rápido).

23. Cuando se espera en la fila del DMV, el percentil 85 sería un tiempo de espera largo en comparación con las demás personas que esperan. El 85 % de las personas tuvieron tiempos de espera más cortos que Mina. En este contexto, Mina preferiría un tiempo de espera correspondiente a un percentil inferior. El 85 % de las personas en el DMV esperaron 32 minutos o menos. El 15 % de las personas en el DMV esperaron 32 minutos o más.

25. El fabricante y el consumidor estarían molestos. Este es un gran costo de reparación de daños en comparación con los otros automóviles de la muestra. INTERPRETACIÓN: El 90 % de los automóviles sometidos a pruebas de choque tuvieron costos de reparación de daños de 1.700 dólares o menos; solo el 10 % tuvo costos de reparación de daños de 1.700 dólares o más.

27. Puede permitirse el 34 % de las casas. El 66 % de las casas son demasiado costosas para su presupuesto. INTERPRETACIÓN: El 34 % de las casas cuestan 240.000 dólares o menos. El 66 % de las casas cuestan 240.000 dólares o más.

29. 4

31. 6 – 4 = 2

33. 6

35. Media: 16 + 17 + 19 + 20 + 20 + 21 + 23 + 24 + 25 + 25 + 25 + 26 + 26 + 27 + 27 + 27 + 28 + 29 + 30 + 32 + 33 + 33 + 34 + 35 + 37 + 39 + 40 = 738;

$\frac{738}{27} = 27,33$

37. Las esloras más frecuentes son 25 y 27, que aparecen tres veces. Moda = 25, 27

39. 4

42. 39,48 in.

43. $21.574

44. 15,98 onzas

45. 81,56

46. 4 horas

47. 2,01 pulgadas

48. 18,25

49. 10

50. 14,15

51. 14

52. 14,78

53. 44 %

54. 100 %

55. 6 %

56. 33 %

57. Los datos son simétricos. La mediana es 3 y la media es 2,85. Están cerca, y la moda se encuentra cerca del centro de los datos, por lo que los datos son simétricos.

59. Los datos están distorsionados a la derecha. La mediana es de 87,5 y la media de 88,2. Aunque están cerca, la moda se encuentra a la izquierda del centro de los datos, y hay muchos más casos de 87 que de cualquier otro número, por lo que los datos están distorsionados a la derecha.

61. Cuando los datos son simétricos, la media y la mediana están cerca o son iguales.

63. La distribución está distorsionada a la derecha porque luce desplazada hacia la derecha.

65. La media es de 4,1 y es ligeramente superior a la mediana, que es de cuatro.

67. La moda y la mediana son iguales. En este caso, las dos son cinco.

69. La distribución está distorsionada a la izquierda porque luce desplazada hacia la izquierda.

71. La media y la mediana son seis.

73. La moda es 12, la mediana es 12,5 y la media es 15,1. La media es la mayor.

75. La media tiende a reflejar más la distorsión porque es la más afectada por los valores atípicos.

77. $s = 34,5$

79. Para Fredo: $z = \frac{0{,}158 - 0{,}166}{0{,}012} = -0{,}67$

Para Karl: $z = \frac{0{,}177 - 0{,}189}{0{,}015} = -0{,}8$

La puntuación *z* de Fredo, de –0,67, es mayor que la puntuación *z* de Karl, de –0,8. Para el promedio de bateo, los valores más altos son mejores, por lo que Fredo tiene un mejor promedio de bateo en comparación con su equipo.

81. a. $s_x = \sqrt{\frac{\sum em^2}{n} - \bar{x}^2} = \sqrt{\frac{193157{,}45}{30} - 79{,}5^2} = 10{,}88$

b. $s_x = \sqrt{\frac{\sum em^2}{n} - \bar{x}^2} = \sqrt{\frac{380945{,}3}{101} - 60{,}94^2} = 7{,}62$

c. $s_x = \sqrt{\frac{\sum em^2}{n} - \bar{x}^2} = \sqrt{\frac{440051{,}5}{86} - 70{,}66^2} = 11{,}14$

82. a. Solución de ejemplo para utilizar el generador de números aleatorios de la calculadora TI-84+ para generar una muestra aleatoria simple de 8 estados. Las instrucciones son las siguientes.

Numere las entradas de la tabla 1-51 (incluye Washington, DC; numeradas verticalmente)
Pulse MATH
Flecha hacia PRB
Pulse 5:randInt(
Introduzca 51,1,8)

Se generan ocho números (utilice la tecla de flecha derecha para desplazarse por los números). Los números corresponden a los estados numerados (para este ejemplo: {47 21 9 23 51 13 25 4}. Si algún número se repite, genere un número diferente utilizando 5:randInt(51,1)). Aquí, los estados (y Washington, DC) son {Arkansas, Washington DC, Idaho, Maryland, Michigan, Misisipi, Virginia, Wyoming}.

Los porcentajes correspondientes son {30,1; 22,2; 26,5; 27,1; 30,9; 34,0; 26,0; 25,1}.

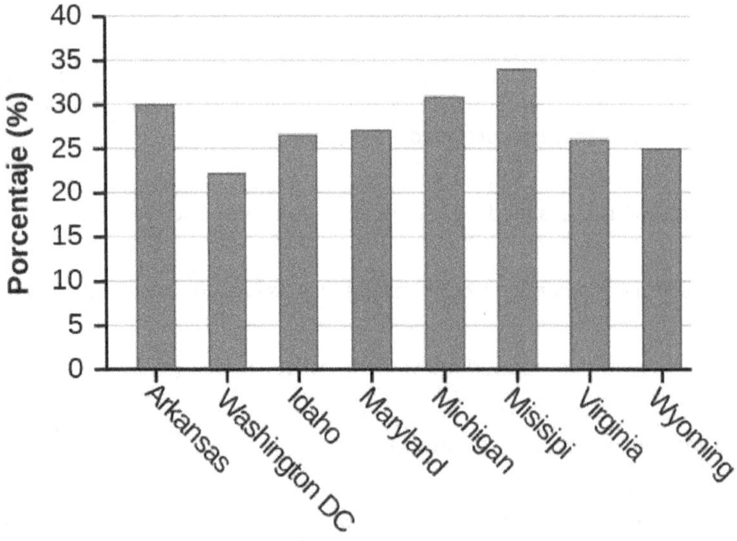

Figura 2.31

b.

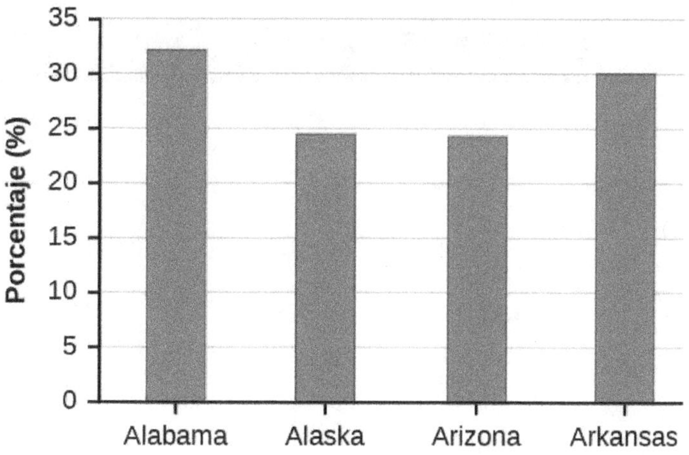

Figura 2.32

c.

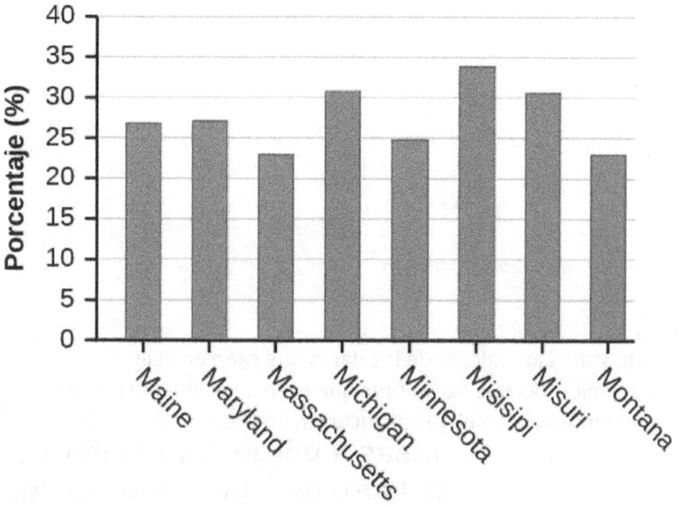

Figura 2.33

84.

Monto (en dólares)	Frecuencia	Frecuencia relativa
51-100	5	0,08
101-150	10	0,17
151-200	15	0,25
201-250	15	0,25
251-300	10	0,17
301-350	5	0,08

Tabla 2.87 Solteros

Monto (en dólares)	Frecuencia	Frecuencia relativa
100-150	5	0,07
201-250	5	0,07
251-300	5	0,07
301-350	5	0,07
351-400	10	0,14
401-450	10	0,14
451-500	10	0,14
501-550	10	0,14
551-600	5	0,07
601-650	5	0,07

Tabla 2.88 Parejas

a. Vea la Tabla 2.87 y la Tabla 2.88.
b. En el siguiente histograma los valores de los datos que caen en el límite de la derecha se cuentan en el intervalo de la clase, mientras que los valores que caen en el límite de la izquierda no se cuentan (con la excepción del primer intervalo en el que se incluyen ambos valores del límite).

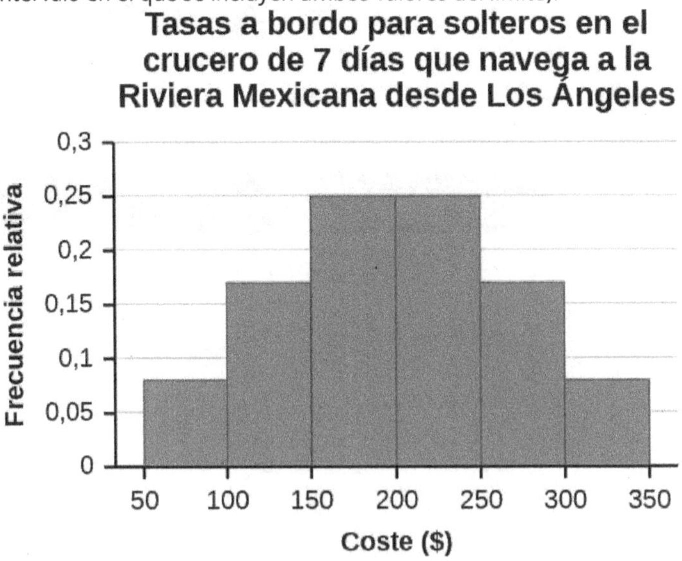

Figura 2.34

c. En el siguiente histograma los valores de los datos que caen en el límite de la derecha se cuentan en el intervalo de la clase, mientras que los valores que caen en el límite de la izquierda no se cuentan (con la excepción del primer intervalo en el que se incluyen los valores de ambos límites).

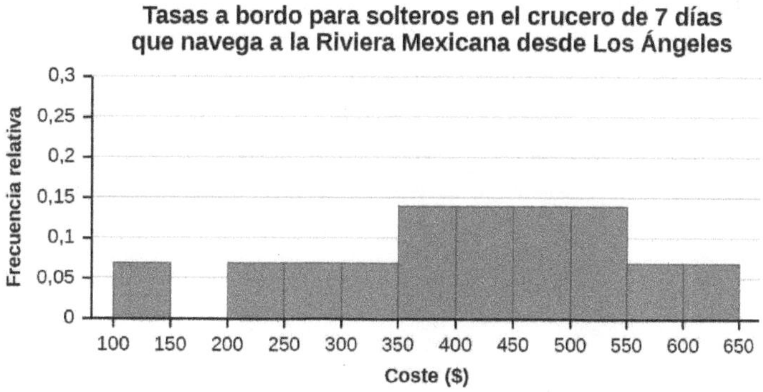

Figura 2.35

d. Compare los dos gráficos:
   i. Las respuestas pueden variar. Las posibles respuestas son:
   - Ambos gráficos tienen un solo pico.
   - Ambos gráficos utilizan intervalos de clase con un ancho igual a 50 dólares.

   ii. Las respuestas pueden variar. Las posibles respuestas son:
   - El gráfico de parejas tiene un intervalo de clase sin valores.
   - Se necesita casi el doble de intervalos de clase para mostrar los datos de las parejas.

   iii. Las respuestas pueden variar. Las posibles respuestas son: Los gráficos son más similares que diferentes porque los patrones generales de los gráficos son iguales.

e. Compruebe la solución del estudiante.
f. Compare el gráfico de los solteros con el nuevo gráfico de las parejas:
   i. Ambos gráficos tienen un solo pico.
   - Ambos gráficos muestran intervalos de 6 clases.
   - Ambos gráficos muestran el mismo patrón general.

   ii. Las respuestas pueden variar. Las posibles respuestas son: Aunque el ancho de los intervalos de clase de las parejas es el doble que la de los intervalos de clase de los solteros, los gráficos son más similares que diferentes.

g. Las respuestas pueden variar. Las posibles respuestas son: Puede comparar los gráficos intervalo por intervalo. Es más fácil comparar los patrones generales con la nueva escala del gráfico de las parejas. Como una pareja representa a dos personas, la nueva escala permite una comparación más precisa.
h. Las respuestas pueden variar. Las posibles respuestas son: Según los histogramas, parece que el gasto no varía mucho entre los solteros y las personas que forman parte de una pareja. Los patrones generales son iguales. El rango de gasto de las parejas es aproximadamente el doble que el de personas individuales.

86. c

88. Las respuestas variarán.

90. a. 1 – (0,02 + 0,09 + 0,19 + 0,26 + 0,18 + 0,17 + 0,02 + 0,01) = 0,06
b. 0,19 + 0, 26 + 0,18 = 0,63
c. Compruebe la solución del estudiante.
d. El percentil 40 se situará entre 30.000 y 40.000

   El percentil 80 estará entre 50.000 y 75.000

e. Compruebe la solución del estudiante.

92. El porcentaje de la media, $\overline{x} = \frac{1.328,65}{50} = 26,75$

93. a. Sí

b. La muestra es 0,5 más alta.

94. a. 20
b. No

95. 51

96. a. 42
b. 99

97. $10,19

98. 17 %

99. $30.772,48

100. 4,4 %

101. 7,24 %

102. −1,27 %

104. El valor de la mediana es el valor medio en la lista ordenada de valores de datos. El valor mediano de un conjunto de 11 será el 6.° número en orden. Seis años tendrán totales iguales o inferiores a la mediana.

106. 474 FTES

108. 919

110.
- media = 1.809,3
- mediana = 1.812,5
- desviación típica = 151,2
- primer cuartil = 1.690
- tercer cuartil = 1.935
- *IQR* = 245

111. Pista: Piense en el número de años que abarca cada periodo y en lo que ocurrió con la educación superior durante esos periodos.

113. En el caso de los pianos, el costo está 0,4 desviaciones típicas POR DEBAJO de la media. En el caso de las guitarras, el costo está 0,25 desviaciones típicas POR ENCIMA de la media. En el caso de la batería, el costo está 1,0 desviaciones típicas POR DEBAJO de la media. De los tres, la batería es el instrumento que menos cuesta en comparación con el costo de otros instrumentos del mismo tipo. La guitarra es la que más cuesta en comparación con el costo de otros instrumentos del mismo tipo.

115.
- $\bar{x} = 23{,}32$
- Utilizando la TI 83/84, obtenemos una desviación típica de: $s_x = 12{,}95$.
- La tasa de obesidad de Estados Unidos es un 10,58 % superior a la tasa promedio de obesidad.
- Dado que la desviación típica es 12,95, vemos que 23,32 + 12,95 = 36,27 es el porcentaje de obesidad que está a una desviación típica de la media. La tasa de obesidad de Estados Unidos es ligeramente inferior a una

desviación típica de la media. Por lo tanto, podemos suponer que Estados Unidos, aunque tenga un 34 % de obesos, no tiene un porcentaje inusualmente alto de personas obesas.

118. a

120. b

121.
a. 1,48
b. 1,12

123.
a. 174; 177; 178; 184; 185; 185; 185; 185; 188; 190; 200; 205; 205; 206; 210; 210; 210; 212; 212; 215; 215; 220; 223; 228; 230; 232; 241; 241; 242; 245; 247; 250; 250; 259; 260; 260; 265; 265; 270; 272; 273; 275; 276; 278; 280; 280; 285; 285; 286; 290; 290; 295; 302
b. 241
c. 205,5
d. 272,5
e. 205,5, 272,5
f. muestra
g. población
h.
   i. 236,34
   ii. 37,50
   iii. 161,34
   iv. 0,84 de desviación típica por debajo de la media
i. Young

125.
a. Verdadero
b. Verdadero
c. Verdadero
d. Falso

127.
a.

Inscripción	Frecuencia
1.000-5.000	10
5.000-10.000	16
10.000-15.000	3
150.00-20.000	3
20.000-25.000	1
25.000-30.000	2

Tabla 2.89

b. Compruebe la solución del estudiante.
c. moda
d. 8628,74
e. 6943,88
f. -0,09

129. a

3 TEMAS DE PROBABILIDAD

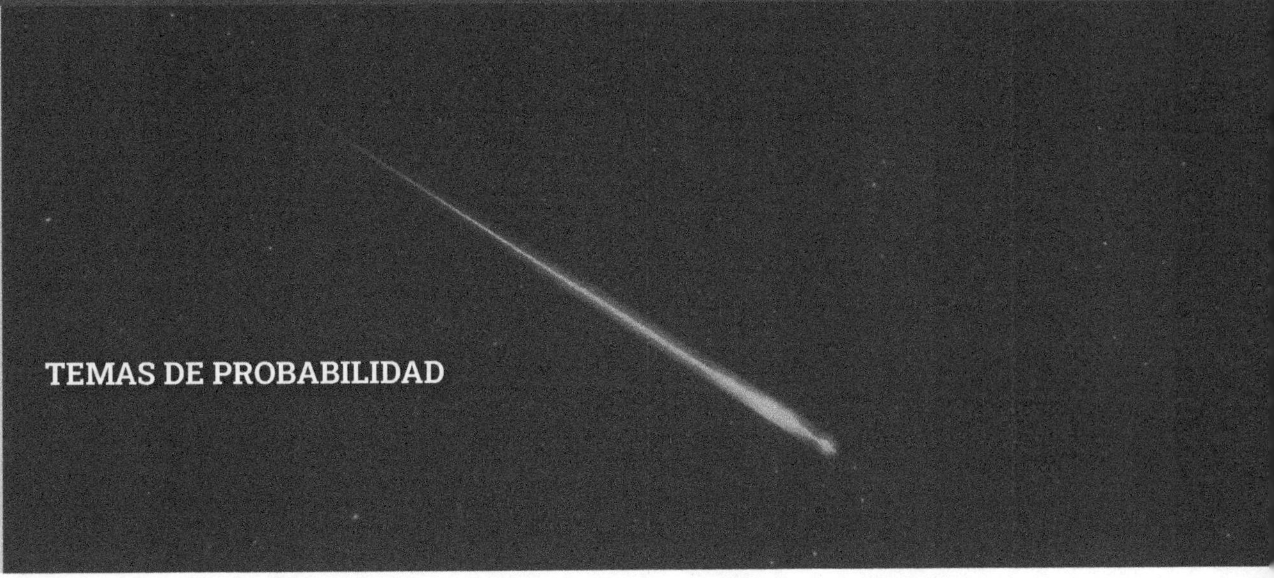

Figura 3.1 Las lluvias de meteoros son poco comunes, pero se puede calcular la probabilidad de que se produzcan (créditos: Navicore/flickr).

Introducción

A menudo es necesario "estimar" el resultado de un evento para tomar una decisión. Los políticos estudian los sondeos para estimar sus posibilidades de ganar unas elecciones. Los maestros eligen un curso de estudio particular con base en lo que creen que los estudiantes pueden comprender. Los médicos eligen los tratamientos necesarios para las distintas enfermedades con base en su evaluación de los resultados probables. Es posible que haya visitado un casino en el que las personas participan en juegos elegidos por la creencia de que la probabilidad de ganar es buena. Es posible que haya elegido sus estudios según la probable disponibilidad de trabajo.

Es más que posible que haya utilizado la probabilidad. De hecho, posiblemente tenga un sentido intuitivo de la probabilidad. La probabilidad se refiere a la posibilidad de que se produzca un evento. Cada vez que sopesa las probabilidades de hacer o no la tarea para la casa o de estudiar para un examen está utilizando la probabilidad. En este capítulo aprenderá a resolver problemas de probabilidad mediante un enfoque sistemático.

3.1 Terminología

La probabilidad es una medida asociada a la certeza de los resultados de un determinado experimento o actividad. Un **experimento** es una operación planificada que se realiza en condiciones controladas. Si el resultado no está predeterminado, se dice que el experimento es **fortuito**. Lanzar una moneda imparcial dos veces es un ejemplo de experimento.

El producto de un experimento se llama **resultado**. El **espacio muestral** de un experimento es el conjunto de todos los resultados posibles. Tres formas de representar un espacio muestral son: hacer una lista de los posibles resultados, crear un diagrama de árbol o crear un diagrama de Venn. La letra S mayúscula se utiliza para denotar el espacio muestral. Por ejemplo, si se lanza una moneda imparcial, $S = \{H, T\}$ donde H = cara y T = cruz son los resultados.

Un **evento** es cualquier combinación de resultados. Las letras mayúsculas como A y B representan eventos. Por ejemplo, si el experimento consiste en lanzar una moneda imparcial, el evento A podría obtener como máximo una cara. La probabilidad de un evento A se escribe $P(A)$.

La **probabilidad** de cualquier resultado es la **frecuencia relativa a largo plazo** de ese resultado. Las **probabilidades están comprendidas entre el cero y el uno, ambos inclusive** (es decir, el cero y el uno y todos los números entre estos valores). $P(A) = 0$ significa que el evento A no puede ocurrir nunca. $P(A) = 1$ significa que el evento A siempre ocurre. $P(A) = 0{,}5$ significa que el evento A tiene la misma probabilidad de ocurrir que de no ocurrir. Por ejemplo, si se lanza una moneda imparcial repetidamente (de 20 a 2.000 a 20.000 veces) la frecuencia relativa de caras se acerca a 0,5 (la probabilidad de cara).

Igual de probable significa que cada resultado de un experimento ocurre con igual probabilidad. Por ejemplo, si se lanza un dado **imparcial** de seis lados, cada lado (1, 2, 3, 4, 5 o 6) tiene la misma probabilidad de caer que cualquier otro. Si se lanza una moneda imparcial, hay la misma probabilidad de que salga cara (*H*) que de que salga cruz (*T*). Si estima al azar la respuesta a una pregunta de verdadero-falso en un examen, tiene la misma probabilidad de seleccionar una respuesta correcta o una incorrecta.

Para calcular la probabilidad de un evento *A* cuando todos los resultados del espacio muestral son igualmente probables, cuente el número de resultados del evento *A* y divídalo entre el número total de resultados del espacio muestral. Por ejemplo, si se lanza una moneda imparcial de diez centavos y una moneda justa de cinco centavos, el espacio muestral es {*HH*, *TH*, *HT*, *TT*} donde *T* = cruz y *H* = cara. El espacio muestral tiene cuatro resultados. *A* = obtener una cara. Hay dos resultados que cumplen esta condición {*HT*, *TH*}, por lo que $P(A) = \frac{2}{4} = 0{,}5$.

Supongamos que lanza un dado imparcial de seis lados, con los números {1, 2, 3, 4, 5, 6} en sus lados. Supongamos que el evento *E* = lanzar un número que sea al menos cinco. Hay dos resultados {5, 6}. $P(E) = \frac{2}{6}$. Si lanzara el dado solo unas pocas veces, no se sorprendería si los resultados observados no coinciden con la probabilidad. Si se lanzara el dado un gran número de veces, se esperaría eso, en general, $\frac{2}{6}$ de las lanzadas daría un resultado de "al menos cinco". No se puede esperar exactamente $\frac{2}{6}$. La frecuencia relativa a largo plazo de obtener este resultado se acerca a la probabilidad teórica de $\frac{2}{6}$ a medida que el número de repeticiones aumenta.

Esta importante característica de los experimentos probabilísticos se conoce como la **ley de los grandes números**, que establece que, a medida que aumenta el número de repeticiones de un experimento, la frecuencia relativa obtenida tiende a acercarse cada vez más a la probabilidad teórica. Aunque los resultados no se produzcan según un patrón u orden determinado, en general, la frecuencia relativa observada a largo plazo se acerca a la probabilidad teórica (a menudo se utiliza la palabra **empírica** en vez de la palabra observado).

Es importante darse cuenta de que, en muchas situaciones, los resultados no son igualmente probables. Una moneda o un dado pueden ser **desiguales** o **sesgados**. Dos profesores de Matemáticas de Europa hicieron que sus estudiantes de Estadística probaran la moneda belga de un euro y descubrieron que, en 250 ensayos, se obtenía una cara el 56 % de las veces y una cruz el 44 %. Los datos parecen mostrar que la moneda no es imparcial; más repeticiones serían útiles para obtener una conclusión más precisa sobre dicho sesgo. Algunos dados pueden estar sesgados. Observe los dados de un juego que tenga en casa; los puntos de cada lado suelen ser pequeños agujeros tallados y luego pintados para que sean visibles. Sus dados pueden o no estar sesgados; es posible que los resultados se vean afectados por las ligeras diferencias de peso debido al diferente número de agujeros en las caras. Los casinos ganan mucho dinero dependiendo de los resultados de los dados, por lo que los dados de los casinos se fabrican de forma diferente para eliminar el sesgo. Los dados de casino tienen lados planos; los agujeros se rellenan completamente con pintura de la misma densidad que el material del que están hechos los dados, de modo que cada cara tiene la misma probabilidad de ocurrir. Más adelante aprenderemos técnicas para trabajar con probabilidades para eventos que no son igualmente probables.

"∪" Evento: La Unión

Un resultado es en el caso $A \cup B$ si el resultado está en *A* o está en *B* o está tanto en *A* como en *B*. Por ejemplo, supongamos que *A* = {1, 2, 3, 4, 5} y *B* = {4, 5, 6, 7, 8}. $A \cup B$ = {1, 2, 3, 4, 5, 6, 7, 8}. Observe que el 4 y el 5 NO aparecen dos veces en la lista.

"∩" Evento: La intersección

Un resultado es en el caso $A \cap B$ si el resultado está en *A* y *B* al mismo tiempo. Por ejemplo, que *A* y *B* sean {1, 2, 3, 4, 5} y {4, 5, 6, 7, 8}, respectivamente. Entonces $A \cap B$ = {4, 5}.

El **complemento** del evento *A* se denomina *A'* (léase "*A* prima"). *A'* consiste en todos los resultados que **NO** están en *A*. Observe que $P(A) + P(A') = 1$. Por ejemplo, supongamos que *S* = {1, 2, 3, 4, 5, 6} y que *A* = {1, 2, 3, 4}. Entonces, *A'* = {5, 6}. $P(A) = \frac{4}{6}$, $P(A') = \frac{2}{6}$ y $P(A) + P(A') = \frac{4}{6} + \frac{2}{6} = 1$

La **probabilidad condicional** de *A* dada *B* se escribe $P(A|B)$. $P(A|B)$ es la probabilidad de que ocurra el evento *A* dado que el evento *B* ya ha ocurrido. **Un condicional reduce el espacio muestral**. Calculamos la probabilidad de *A* a partir del espacio muestral reducido *B*. La fórmula para calcular $P(A|B)$ es $P(A|B) = \frac{P(A \cap B)}{P(B)}$ donde $P(B)$ es mayor que cero.

Por ejemplo, supongamos que lanzamos un dado imparcial de seis lados. El espacio muestral *S* = {1, 2, 3, 4, 5, 6}. Supongamos que *A* = el lado es 2 o 3 y *B* = el lado es par (2, 4, 6). Para calcular $P(A|B)$, contamos el número de resultados 2 o 3 en el espacio muestral *B* = {2, 4, 6}. Luego lo dividimos entre el número de resultados *B* (en vez de *S*).

Obtenemos el mismo resultado utilizando la fórmula. Recuerde que S tiene seis resultados.

$$P(A|B) = \frac{P(A \cap B)}{P(B)} = \frac{\frac{\text{(el número de resultados que son 2 o 3 o par en } S)}{6}}{\frac{\text{(el número de resultados que son pares en } S)}{6}} = \frac{\frac{1}{6}}{\frac{3}{6}} = \frac{1}{3}$$

Posibilidad

Las probabilidades de un evento presentan la probabilidad como un cociente entre el éxito y el fracaso. Esto es común en varios formatos de juego. Matemáticamente, la posibilidad de un evento se define como:

$$\frac{P(A)}{1-P(A)}$$

donde $P(A)$ es la probabilidad de éxito y, por supuesto, $1 - P(A)$ es la probabilidad de fracaso. La posibilidad se expresa siempre como "numerador a denominador", por ejemplo: 2 a 1. En este caso, la probabilidad de ganar es el doble de la de perder; por ende, la probabilidad de ganar es de 0,66. Un 0,60 en la probabilidad de ganar generaría la posibilidad a favor de ganar de 3 a 2. Aunque el cálculo de la posibilidad pudiera servir en los locales de juegos de azar para determinar el monto del pago, es inútil para entender ni la probabilidad ni la teoría estadística.

Entender la terminología y los símbolos

Es importante leer detenidamente cada problema para reflexionar y comprender los eventos. Entender el enunciado es el primer paso muy importante para resolver problemas de probabilidad. Vuelva a leer el problema varias veces si es necesario. Identifique claramente el evento de interés. Determine si hay una condición establecida en el enunciado que indique que la probabilidad es condicional; identifique cuidadosamente la condición, si la hay.

EJEMPLO 3.1

El espacio muestral S son los números enteros a partir de uno y menores de 20.

a. S = ____________
Supongamos que el evento A = los números pares y el evento B = los números mayores de 13.

b. A = ____________, B = ____________
c. $P(A)$ = ________, $P(B)$ = ________
d. $A \cap B$ = ____________, A O B = ____________
e. $P(A \cap B)$ = ________, $P(A \cup B)$ = ________
f. A' = ________, $P(A')$ = ________
g. $P(A) + P(A')$ = ________
h. $P(A|B)$ = ________, $P(B|A)$ = ________; ¿las probabilidades son iguales?

Solución 1

a. $S = \{1, 2, 3, 4, 5, 6, 7, 8, 9, 10, 11, 12, 13, 14, 15, 16, 17, 18, 19\}$
b. $A = \{2, 4, 6, 8, 10, 12, 14, 16, 18\}$, $B = \{14, 15, 16, 17, 18, 19\}$
c. $P(A) = \frac{9}{19}$, $P(B) = \frac{6}{19}$
d. $A \cap B = \{14,16,18\}$, A O $B = \{2, 4, 6, 8, 10, 12, 14, 15, 16, 17, 18, 19\}$
e. $P(A \cap B) = \frac{3}{19}$, $P(A \cup B) = \frac{12}{19}$
f. $A' = 1, 3, 5, 7, 9, 11, 13, 15, 17, 19$; $P(A') = \frac{10}{19}$
g. $P(A) + P(A') = 1$ $\left(\frac{9}{19} + \frac{10}{19} = 1\right)$
h. $P(A|B) = \frac{P(A \cap B)}{P(B)} = \frac{3}{6}$, $P(B|A) = \frac{P(A \cap B)}{P(A)} = \frac{3}{9}$, No

INTÉNTELO 3.1

El espacio muestral S son todos los pares ordenados de dos números enteros, el primero de uno a tres y el segundo de uno a cuatro (ejemplo: (1, 4)).

a. S = ____________

Supongamos que el evento A = la suma es par y el evento B = el primer número es primo.

b. A = _______________, B = _______________
c. $P(A)$ = _________, $P(B)$ = ___________
d. $A \cap B$ = _______________, $A \cup B$ = ___________
e. $P(A \cap B)$ = ______, $P(A \cup B)$ = _________
f. B' = _________, $P(B')$ = _________
g. $P(A) + P(A')$ = _________
h. $P(A|B)$ = _______, $P(B|A)$ = ________; ¿las probabilidades son iguales?

EJEMPLO 3.2

Se lanza un dado imparcial de seis lados. Describa el espacio muestral S, identifique cada uno de los siguientes eventos con un subconjunto de S y calcule su probabilidad (un resultado es el número de puntos que aparecen).

a. Evento T = el resultado es dos.
b. Evento A = el resultado es un número par.
c. Evento B = el resultado es inferior a cuatro.
d. El complemento de A.
e. $A \mid B$
f. $B \mid A$
g. $A \cap B$
h. $A \cup B$
i. $A \cup B'$
j. Evento N = el resultado es un número primo.
k. Evento I = el resultado es siete.

Solución 1

a. $T = \{2\}$, $P(T) = \frac{1}{6}$
b. $A = \{2, 4, 6\}$, $P(A) = \frac{1}{2}$
c. $B = \{1, 2, 3\}$, $P(B) = \frac{1}{2}$
d. $A' = \{1, 3, 5\}$, $P(A') = \frac{1}{2}$
e. $A|B = \{2\}$, $P(A|B) = \frac{1}{3}$
f. $B|A = \{2\}$, $P(B|A) = \frac{1}{3}$
g. $A \cap B = \{2\}$, $P(A \cap B) = \frac{1}{6}$
h. $A \cup B = \{1, 2, 3, 4, 6\}$, $P(A \cup B) = \frac{5}{6}$
i. $A \cup B' = \{2, 4, 5, 6\}$, $P(A \cup B') = \frac{2}{3}$
j. $N = \{2, 3, 5\}$, $P(N) = \frac{1}{2}$
k. Un dado de seis lados no tiene siete puntos. $P(7) = 0$.

EJEMPLO 3.3

La Tabla 3.1 describe la distribución de una muestra aleatoria S de 100 personas, organizada por sexo y por si son diestras o zurdas.

	Diestro	Zurdo
Hombres	43	9
Mujeres	44	4

Tabla 3.1

Denotamos los eventos M = el sujeto es hombre, F = el sujeto es mujer, R = el sujeto es diestro, L = el sujeto es zurdo. Calcule las siguientes probabilidades:

a. $P(M)$
b. $P(F)$
c. $P(R)$
d. $P(L)$
e. $P(M \cap R)$
f. $P(F \cap L)$
g. $P(M \cup F)$
h. $P(M \cup R)$
i. $P(F \cup L)$
j. $P(M')$
k. $P(R|M)$
l. $P(F|L)$
m. $P(L|F)$

Solución 1

a. $P(M) = 0{,}52$
b. $P(F) = 0{,}48$
c. $P(R) = 0{,}87$
d. $P(L) = 0{,}13$
e. $P(M \cap R) = 0{,}43$
f. $P(F \cap L) = 0{,}04$
g. $P(M \cup F) = 1$
h. $P(M \cup R) = 0{,}96$
i. $P(F \cup L) = 0{,}57$
j. $P(M') = 0{,}48$
k. $P(R|M) = 0{,}8269$ (redondeado a cuatro decimales)
l. $P(F|L) = 0{,}3077$ (redondeado a cuatro decimales)
m. $P(L|F) = 0{,}0833$

3.2 Eventos mutuamente excluyentes e independientes

Independiente y mutuamente excluyente **no** significan lo mismo.

Eventos independientes

Dos eventos son independientes si uno de los siguientes es cierto:

- $P(A|B) = P(A)$
- $P(B|A) = P(B)$
- $P(A \cap B) = P(A)P(B)$

Dos eventos A y B son **independientes** si el conocimiento de que uno ha ocurrido no afecta la posibilidad de que ocurra el otro. Por ejemplo, los resultados de lanzar dos veces un dado imparcial son eventos independientes. El resultado de la primera lanzada no cambia la probabilidad del resultado de la segunda. Para demostrar que dos eventos son independientes, debe mostrar **solo una** de las condiciones anteriores. Si dos eventos NO son independientes, decimos que son **dependientes**.

El muestreo se puede hacer **con reemplazo** o **sin reemplazo**.

- **Con reemplazo**: si cada miembro de una población es reemplazado después de ser elegido, entonces ese miembro tiene la posibilidad de ser elegido más de una vez. Cuando el muestreo se hace con reemplazo, los eventos se consideran independientes, lo que significa que el resultado de la primera elección no cambiará las probabilidades de la segunda.
- **Sin reemplazo**: cuando el muestreo se hace sin reemplazo, cada miembro de una población solo lo pueden seleccionar una vez. En este caso, las probabilidades de la segunda elección se ven afectadas por el resultado de la primera. Los eventos se consideran dependientes o no independientes.

Si no se sabe si A y B son independientes o dependientes, **suponga que son dependientes hasta que pueda**

demostrar lo contrario.

EJEMPLO 3.4

Tiene un mazo de cartas imparcial y bien mezclado de 52 cartas. Consta de cuatro palos. Los palos son tréboles, diamantes, corazones y picas. Hay 13 cartas en cada palo que consisten en 1, 2, 3, 4, 5, 6, 7, 8, 9, 10, *J* (sota), *Q* (reina), *K* (rey) de ese palo.

a. Muestreo con reemplazo:
Supongamos que elige tres cartas con reemplazo. La primera carta que elige de las 52 cartas es la *Q* de picas. Vuelve a poner esta carta, baraja las cartas y saca una segunda carta del mazo de 52. Es el diez de tréboles. Vuelve a poner esta carta, baraja las cartas y saca una tercera carta del mazo de 52. Esta vez, la carta es la *Q* de picas de nuevo. Sus elecciones son {*Q* de picas, diez de tréboles, *Q* de picas}. Ha sacado la *Q* de picas dos veces. Saca cada carta del mazo de 52 cartas.

b. Muestreo sin reemplazo:
Supongamos que elige tres cartas sin reemplazo. La primera carta que saca de las 52 cartas es la *K* de corazones. Pone esta carta a un lado y saca la segunda carta de las 51 que quedan en el mazo. Es el tres de diamantes. Pone esta carta a un lado y saca la tercera carta de las 50 restantes del mazo. La tercera carta es la *J* de picas. Sus elecciones son {*K* de corazones, tres de diamantes, *J* de picas}. Como ha escogido las cartas sin reemplazo, no puede escoger la misma carta dos veces. La probabilidad de elegir el tres de diamantes se llama probabilidad condicional porque está condicionada a lo que se haya elegido primero. Esto es cierto también para la probabilidad de elegir la J de picas. La probabilidad de elegir la J de picas está realmente condicionada a las *dos* elecciones anteriores.

INTÉNTELO 3.4

Tiene un mazo de cartas imparcial y bien mezclado de 52 cartas. Consta de cuatro palos. Los palos son tréboles, diamantes, corazones y picas. Hay 13 cartas en cada palo que consisten en 1, 2, 3, 4, 5, 6, 7, 8, 9, 10, *J* (sota), *Q* (reina), *K* (rey) de ese palo. Se sacan tres cartas al azar.

a. Suponga que sabe que las cartas elegidas son *Q* de picas, *K* de corazones y *Q* de picas. ¿Puede decidir si el muestreo fue con o sin reemplazo?
b. Suponga que sabe que las cartas elegidas son *Q* de picas, *K* de corazones y *J* de picas. ¿Puede decidir si el muestreo fue con o sin reemplazo?

EJEMPLO 3.5

Tiene un mazo de cartas imparcial y bien mezclado de 52 cartas. Consta de cuatro palos. Los palos son tréboles, diamantes, corazones y picas. Hay 13 cartas en cada palo que consisten en 1, 2, 3, 4, 5, 6, 7, 8, 9, 10, *J* (sota), *Q* (reina) y *K* (rey) de ese palo. *P* = picas, *C* = corazones, *D* = diamantes *T* = tréboles.

a. Supongamos que saca cuatro cartas, pero no vuelve a poner ninguna en el mazo. Sus cartas son *QP*, 1*D*, 1*T*, *QD*.
b. Supongamos que toma cuatro cartas y devuelve cada una de ellas antes de tomar la siguiente. Sus cartas son *KC*, 7*D*, 6*D*, *KC*.

¿Cuál de a. o b. se muestreó con reemplazo y cuál se muestreó sin reemplazo?

Solución 1

a. Sin reemplazo; b. Con reemplazo

INTÉNTELO 3.5

Tiene un mazo de cartas imparcial y bien mezclado de 52 cartas. Consta de cuatro palos. Los palos son tréboles, diamantes, corazones y picas. Hay 13 cartas en cada palo que consisten en 1, 2, 3, 4, 5, 6, 7, 8, 9, 10, *J* (sota), *Q* (reina) y

K (rey) de ese palo. *P* = picas, *C* = corazones, *D* = diamantes *T* = tréboles. Supongamos que se muestrean cuatro cartas sin reemplazo. ¿Cuál de los siguientes resultados es posible? Responda la misma pregunta para el muestreo con reemplazo.

a. *QP*, 1*D*, 1*T*, *QD*
b. *KC*, 7*D*, 6*D*, *KC*
c. *QP*, 7*D*, 6*D*, *KP*

Eventos mutuamente excluyentes

A y *B* son eventos **mutuamente excluyentes** si no pueden ocurrir al mismo tiempo. Dicho de otra manera, si *A* ocurrió entonces *B* no puede ocurrir y viceversa. Esto significa que *A* y *B* no comparten ningún resultado y $P(A \cap B) = 0$.

Por ejemplo, supongamos que el espacio muestral *S* = {1, 2, 3, 4, 5, 6, 7, 8, 9, 10}. Supongamos que *A* = {1, 2, 3, 4, 5}, *B* = {4, 5, 6, 7, 8}, y *C* = {7, 9}. A ∩ B = {4, 5}. $P(A \cap B) = \frac{2}{10}$ y no es igual a cero. Por lo tanto, *A* y *B* no son mutuamente excluyentes. *A* y *C* no tienen ningún número en común por lo que $P(A \cap C) = 0$. Por lo tanto, *A* y *C* son mutuamente excluyentes.

Si no se sabe si *A* y *B* son mutuamente excluyentes, **suponga que no lo son hasta que pueda demostrar lo contrario**. Los siguientes ejemplos ilustran estas definiciones y términos.

EJEMPLO 3.6

Lance dos monedas imparciales (esto es un experimento).

El espacio muestral es {*HH*, *HT*, *TH*, *TT*} donde *T* = cruces (tails) y *H* = caras (heads). Los resultados son *HH*, *HT*, *TH* y *TT*. Los resultados HT y TH son diferentes. La *HT* significa que la primera moneda salió cara y la segunda salió cruz. La *TH* significa que la primera moneda salió cruz y la segunda salió cara.

- Supongamos que *A* = el evento de obtener **como máximo una cruz** (como máximo una cruz significa cero o una cruz). Entonces *A* se puede escribir como {*HH*, *HT*, *TH*}. El resultado *HH* muestra cero cruces. *HT* y *TH* muestran una cruz cada uno.
- Supongamos que *B* = el evento de obtener siempre cruces. *B* se puede escribir como {*TT*}. *B* es el **complemento** de *A*, por lo que *B* = *A'*. Además, *P*(*A*) + *P*(*B*) = *P*(*A*) + *P*(*A'*) = 1.
- Las probabilidades para *A* y para *B* son $P(A) = \frac{3}{4}$ y $P(B) = \frac{1}{4}$.
- Supongamos que *C* = el evento de obtener siempre caras. *C* = {*HH*}. Dado que *B* = {*TT*}, $P(B \cap C) = 0$. *B* y *C* son mutuamente excluyentes. (*B* y *C* no tienen miembros en común porque no se pueden tener siempre cruces y siempre caras al mismo tiempo).
- Supongamos que *D* = evento de obtener **más de una** cruz. *D* = {*TT*}. $P(D) = \frac{1}{4}$
- Supongamos que *E* = evento de obtener una cara en la primera lanzada (esto implica que puede obtener una cara o una cruz en la segunda lanzada). *E* = {*HT*, *HH*}. $P(E) = \frac{2}{4}$
- Calcule la probabilidad de obtener **al menos una** (una o dos) cruces en dos lanzadas. Supongamos que *F* = evento de obtener al menos una cruz en dos lanzadas. *F* = {*HT*, *TH*, *TT*}. $P(F) = \frac{3}{4}$

INTÉNTELO 3.6

Saque dos cartas de un mazo estándar de 52 cartas con reemplazo. Calcule la probabilidad de obtener una carta negra como mínimo.

EJEMPLO 3.7

Lance dos monedas imparciales Calcule las probabilidades de los eventos.

a. Supongamos que *F* = el evento de obtener como máximo una cruz (cero o una cruz).

b. Supongamos que G = el evento de obtener dos caras iguales.
c. Supongamos que H = el evento de obtener una cara en el primer lanzamiento seguido de una cara o una cruz en el segundo lanzamiento.
d. ¿F y G son mutuamente excluyentes?
e. Supongamos que J = el evento de obtener siempre cruces. ¿J y H son mutuamente excluyentes?

Solución 1

Observe el espacio muestral en el Ejemplo 3.6.

a. Cero (0) o una (1) cruz se producen cuando aparecen los resultados *HH*, *TH*, *HT*. $P(F) = \frac{3}{4}$
b. Dos lados son iguales si aparece *HH* o *TT*. $P(G) = \frac{2}{4}$
c. Una cara en la primera lanzada seguida de una cara o cruz en la segunda lanzada ocurre cuando aparece *HH* o *HT*. $P(H) = \frac{2}{4}$
d. F y G comparten *HH* así que $P(F \cap G)$ no es igual a cero (0). F y G no son mutuamente excluyentes.
e. Obtener siempre cruces se produce cuando aparecen cruces en ambas monedas (*TT*). Los resultados de H son *HH* y *HT*.

J y H no tienen nada en común así que $P(J \cap H) = 0$. J y H son mutuamente excluyentes.

INTÉNTELO 3.7

Una caja tiene dos pelotas, una blanca y otra roja. Seleccionamos una pelota, la devolvemos a la caja y seleccionamos una segunda pelota (muestreo con reemplazo). Calcule la probabilidad de los siguientes eventos:

a. Supongamos que F = el evento de obtener la pelota blanca dos veces.
b. Supongamos que G = el evento de obtener dos pelotas de colores diferentes.
c. Supongamos que H = el evento de obtener blanco en la primera elección.
d. ¿F y G son mutuamente excluyentes?
e. ¿G y H son mutuamente excluyentes?

EJEMPLO 3.8

Lance un dado imparcial de seis caras. El espacio muestral es {1, 2, 3, 4, 5, 6}. Supongamos que el evento A = una cara es impar. Entonces A = {1, 3, 5}. Supongamos que el evento B = una cara es par. Entonces B = {2, 4, 6}.

- Calcule el complemento de A, A'. El complemento de A, A', es B porque A y B juntos constituyen el espacio muestral. $P(A) + P(B) = P(A) + P(A') = 1$. Además, $P(A) = \frac{3}{6}$ y $P(B) = \frac{3}{6}$.
- Supongamos que el evento C = caras impares mayores que dos. Entonces C = {3, 5}. Supongamos que el evento D = todas las caras pares menores que cinco. Entonces D = {2, 4} $P(C \cap D) = 0$ porque no se puede tener una cara par y otra impar al mismo tiempo. Por lo tanto, C y D son eventos mutuamente excluyentes.
- Supongamos que el evento E = todas las caras menores de cinco. E = {1, 2, 3, 4}.

¿C y E son eventos mutuamente excluyentes? (Responda sí o no). ¿Por qué sí o por qué no?

Solución 1

No. C = {3, 5} y E = {1, 2, 3, 4}. $P(C \cap E) = \frac{1}{6}$. Para poder ser mutuamente excluyentes, $P(C \cap E)$ debe ser cero.

- Halle $P(C|A)$. Se trata de una probabilidad condicional. Recordemos que el evento C es {3, 5} y el evento A es {1, 3, 5}. Para hallar $P(C|A)$, calcule la probabilidad de C utilizando el espacio muestral A. Ha reducido el espacio muestral del original espacio muestral {1, 2, 3, 4, 5, 6} a {1, 3, 5}. Así que, $P(C|A) = \frac{2}{3}$.

INTÉNTELO 3.8

Supongamos que el evento *A* = aprender español. Supongamos que el evento *B* = aprender alemán. Entonces $A \cap B$ = aprender español y alemán. Supongamos que $P(A) = 0{,}4$ y $P(B) = 0{,}2$. $P(A \cap B) = 0{,}08$. ¿Los eventos *A* y *B* son independientes? Pista: Debe demostrar UNO de los siguientes aspectos:

- $P(A|B) = P(A)$
- $P(B|A) = P(B)$
- $P(A \cap B) = P(A)P(B)$

EJEMPLO 3.9

Supongamos que el evento *G* = tomar una clase de Matemáticas. Supongamos que el evento *H* = tomar una clase de Ciencias. Entonces, G ∩ H = tomar una clase de Matemáticas y otra de Ciencias. Supongamos que $P(G) = 0{,}6$, $P(H) = 0{,}5$ y $P(G \cap H) = 0{,}3$. ¿*G* y *H* son independientes?

Si *G* y *H* son independientes, entonces debe demostrar **UNA** de las siguientes cosas:

- $P(G|H) = P(G)$
- $P(H|G) = P(H)$
- $P(G \cap H) = P(G)P(H)$

NOTA

La elección que haga depende de la información que tenga. Puede elegir cualquiera de los métodos aquí porque tiene la información necesaria.

a. Demuestre que $P(G|H) = P(G)$.

Solución 1

$$P\left(G\middle|H\right) = \frac{P(G \cap H)}{P(H)} = \frac{00{,}3}{00{,}5} = 0{,}6 = P\left(G\right)$$

b. Demuestre que $P(G \cap H) = P(G)P(H)$.

Solución 2

$$P(G)P(H) = (0{,}6)(0{,}5) = 0{,}3 = P(G \cap H)$$

Dado que *G* y *H* son independientes, saber que una persona está tomando una clase de Ciencias no cambia la posibilidad de que esté tomando una clase de Matemáticas. Si los dos eventos no fueran independientes (es decir, son dependientes), entonces saber que una persona está tomando una clase de Ciencias cambiaría la probabilidad de que esté tomando la clase de Matemáticas. Para la práctica, demuestre que $P(H|G) = P(H)$ para demostrar que *G* y *H* son eventos independientes.

INTÉNTELO 3.9

En una bolsa hay seis canicas rojas y cuatro verdes. Las canicas rojas están marcadas con los números 1, 2, 3, 4, 5 y 6. Las canicas verdes están marcadas con los números 1, 2, 3 y 4.

- *R* = una canica roja (red)
- *G* = una canica verde (green)
- *O* = una canica impar (odd)
- El espacio muestral es *S* = {*R*1, *R*2, *R*3, *R*4, *R*5, *R*6, *G*1, *G*2, *G*3, *G*4}.

S tiene diez resultados. ¿Cuál es el $P(G \cap O)$?

EJEMPLO 3.10

Supongamos que el evento C = tomar una clase de Inglés. Supongamos que el evento D = tomar una clase de oratoria.

Supongamos que $P(C) = 0{,}75$, $P(D) = 0{,}3$, $P(C|D) = 0{,}75$ y $P(C \cap D) = 0{,}225$.

Justifique numéricamente sus respuestas a las siguientes preguntas.

a. ¿C y D son independientes?
b. ¿C y D son mutuamente excluyentes?
c. ¿Cuál es el $P(D|C)$?

Solución 1

a. Sí, porque $P(C|D) = P(C)$.
b. No, porque $P(C \cap D)$ no sea igual a cero.
c. $P\left(D\middle|C\right) = \frac{P(C \cap D)}{P(C)} = \frac{00{,}225}{0{,}75} = 0{,}3$

INTÉNTELO 3.10

Un estudiante va a la biblioteca. Supongamos que los eventos B = el estudiante pide prestado un libro y D = el estudiante pide prestado un DVD. Supongamos que $P(B) = 0{,}40$, $P(D) = 0{,}30$ y $P(B \cap D) = 0{,}20$.

a. Halle $P(B|D)$.
b. Calcule $P(D|B)$.
c. ¿B y D son independientes?
d. ¿B y D son mutuamente excluyentes?

EJEMPLO 3.11

En una caja hay tres tarjetas rojas y cinco azules. Las cartas rojas están marcadas con los números 1, 2 y 3, y las azules con los números 1, 2, 3, 4 y 5. Las cartas están bien barajadas. Usted mete la mano en la caja (no puede ver dentro de ella) y saca una carta.

Supongamos que R = se saca la tarjeta roja (red), B = se saca la tarjeta azul (blue), E = se saca la tarjeta par (even).

El espacio muestral S = $R1$, $R2$, $R3$, $B1$, $B2$, $B3$, $B4$, $B5$. S tiene ocho resultados.

- $P(R) = \frac{3}{8}$. $P(B) = \frac{5}{8}$. $P(R \cap B) = 0$. (No puede sacar una tarjeta que sea roja y azul a la vez).
- $P(E) = \frac{3}{8}$. (Hay tres cartas con números pares, $R2$, $B2$ y $B4$).
- $P(E|B) = \frac{2}{5}$. (Hay cinco tarjetas azules: $B1$, $B2$, $B3$, $B4$ y $B5$. De las tarjetas azules, hay dos tarjetas pares; $B2$ y $B4$).
- $P(B|E) = \frac{2}{3}$. (Hay tres tarjetas con números pares: $R2$, $B2$ y $B4$. De las tarjetas pares, dos son azules; $B2$ y $B4$).
- Los eventos R y B son mutuamente excluyentes porque $P(R \cap B) = 0$.
- Supongamos que G = tarjeta con un número mayor que 3. $G = \{B4, B5\}$. $P(G) = \frac{2}{8}$. Supongamos que H = tarjeta azul numerada entre el uno y el cuatro, ambos inclusive. $H = \{B1, B2, B3, B4\}$. $P(G|H) = \frac{1}{4}$. (La única carta de H que tiene un número mayor que tres es $B4$). Dado que $\frac{2}{8} = \frac{1}{4}$, $P(G) = P(G|H)$, lo que significa que G y H son independientes.

INTÉNTELO 3.11

En un estadio de baloncesto,

- El 70 % de los aficionados apoyan al equipo local.
- El 25 % de los aficionados están vestidos de color azul.

- El 20 % de los aficionados están vestidos de color azul y animan al equipo visitante.
- El 67 % de los aficionados que apoyan al equipo visitante están vestidos de color azul.

Supongamos que *A* es el evento en el que un aficionado apoya al equipo visitante.
Supongamos que *B* es el evento en el que un aficionado esté vestido de color azul.
¿Los eventos de animar al equipo visitante y vestir de color azul son eventos independientes? ¿Son mutuamente excluyentes?

EJEMPLO 3.12

En una clase en el instituto universitario, el 60 % de los estudiantes son mujeres. El cincuenta por ciento de los estudiantes de la clase tienen el cabello largo. El cuarenta y cinco por ciento de los estudiantes son mujeres y tienen el cabello largo. De las estudiantes, el 75 % tiene el cabello largo. Supongamos que *F* es el evento en el que un estudiante es mujer. Supongamos que *L* es el evento en el que un estudiante tiene el cabello largo. Se elige un estudiante al azar. ¿Los hechos de ser mujer y tener el cabello largo son independientes?

- En este ejemplo se dan las siguientes probabilidades:
- $P(F)$=0,60; $P(L)$=0,50
- $P(F \cap L) = 0{,}45$
- $P(L|F) = 0{,}75$

NOTA

La elección que haga depende de la información que tenga. Para este ejemplo puede utilizar la primera o la última condición de la lista. Todavía no conoce $P(F|L)$, por lo que no puede utilizar la segunda condición.

Compruebe si $P(F \cap L) = P(F)P(L)$. Dado que $P(F \cap L) = 0{,}45$, pero $P(F)P(L) = (0{,}60)(0{,}50) = 0{,}30$. El hecho de ser mujer y tener el pelo largo no son independientes porque $P(F \cap L)$ no es igual a $P(F)P(L)$.

Compruebe si $P(L|F)$ es igual a $P(L)$. Dado que $P(L|F) = 0{,}75$, pero $P(L) = 0{,}50$; no son iguales. Los eventos de ser mujer y tener el cabello largo no son independientes.

Interpretación de los resultados

Los eventos de ser mujer y tener el cabello largo no son independientes; saber que un estudiante es mujer cambia la probabilidad de que un estudiante tenga el cabello largo.

INTÉNTELO 3.12

Mark está decidiendo qué ruta tomar para ir al trabajo. Sus opciones son la I = Interestatal y la F = Fifth Street

- $P(I) = 0{,}44$ y $P(F) = 0{,}56$
- $P(I \cap F) = 0$ porque Mark solo tomará una ruta para ir al trabajo.

¿Cuál es la probabilidad de $P(I \cup F)$?

EJEMPLO 3.13

a. Lanza una moneda imparcial (la moneda tiene dos caras, *H* y *T*). Los resultados son ______. Cuente los resultados. Hay ___ resultados.
b. Lanza un dado imparcial de seis caras (el dado tiene 1, 2, 3, 4, 5 o 6 puntos en una cara). Los resultados son ____________. Cuente los resultados. Hay ___ resultados.
c. Multiplique los dos números de los resultados. La respuesta es ______.
d. Si se lanza una moneda justa y se sigue con el lanzamiento de un dado justo de seis caras, la respuesta a c es el

número de resultados (tamaño del espacio muestral). ¿Cuáles son los resultados? (Pista: dos de los resultados son *H*1 y *T*6).

e. Evento *A* = cara (*H*) en la moneda seguida de un número par (2, 4, 6) en el dado. *A* = {______________}. Calcule *P*(*A*).
f. Evento *B* = cara en la moneda seguida de un tres en el dado. *B* = {______}. Calcule *P*(*B*).
g. ¿*A* y *B* son mutuamente excluyentes? (Pista: ¿Cuál es el $P(A \cap B)$? Si $P(A \cap B) = 0$, entonces *A* y *B* son mutuamente excluyentes).
h. ¿*A* y *B* son independientes? (Pista: ¿Es $P(A \cap B) = P(A)P(B)$? Si $P(A \cap B) = P(A)P(B)$, entonces *A* y *B* son independientes. Si no es así, entonces son dependientes).

Solución 1

a. *H* y *T*; 2
b. 1, 2, 3, 4, 5, 6; 6
c. 2(6) = 12
d. *T*1, *T*2, *T*3, *T*4, *T*5, *T*6, *H*1, *H*2, *H*3, *H*4, *H*5, *H*6
e. *A* = {*H*2, *H*4, *H*6}; $P(A) = \frac{3}{12}$
f. *B* = {*H*3}; $P(B) = \frac{1}{12}$
g. Sí, porque $P(A \cap B) = 0$
h. $P(A \cap B) = 0$. $P(A)P(B) = (\frac{3}{12})$. $P(A \cap B)$ no es igual a $P(A)P(B)$, así que *A* y *B* son dependientes.

INTÉNTELO 3.13

Una caja tiene dos pelotas, una blanca y otra roja. Seleccionamos una pelota, la devolvemos a la caja y seleccionamos una segunda pelota (muestreo con reemplazo). Supongamos que *T* es el evento de obtener la pelota blanca dos veces, *F* el evento de sacar la pelota blanca primero y *S* el evento de sacar la pelota blanca en la segunda extracción.

a. Calcule $P(T)$.
b. Calcule $P(T|F)$.
c. ¿*T* y *F* son independientes?.
d. ¿*F* y *S* son mutuamente excluyentes?
e. ¿*F* y *S* son independientes?

3.3 Dos reglas básicas de la probabilidad

Al calcular la probabilidad, hay que tener en cuenta dos reglas para determinar si dos eventos son independientes o dependientes y si son mutuamente excluyentes o no.

La regla de multiplicación

Si *A* y *B* son dos eventos definidos en un **espacio muestral**, entonces $P(A \cap B) = P(B)P(A|B)$. Podemos pensar que el símbolo de intersección sustituye a la palabra "y".

Esta regla también puede escribirse como: $P\left(A\middle|B\right) = \frac{P(A \cap B)}{P(B)}$

Esta ecuación se lee como la probabilidad de *A* dado que *B* es igual a la probabilidad de *A* y *B* dividido entre la probabilidad de *B*.

Si *A* y *B* son **independientes**, entonces $P(A|B) = P(A)$. Entonces $P(A \cap B) = P(A|B)P(B)$ se convierte en $P(A \cap B) = P(A)(B)$ porque el $P(A|B) = P(A)$ si *A* y *B* son independientes.

Una forma fácil de recordar la regla de la multiplicación es que la palabra "y" significa que el evento tiene que satisfacer dos condiciones. Por ejemplo, el nombre extraído de la lista de la clase debe ser tanto una mujer como un estudiante de segundo año. Es más difícil satisfacer dos condiciones que una sola y, por supuesto, cuando multiplicamos fracciones el resultado es siempre menor. Esto refleja la creciente dificultad de satisfacer dos condiciones.

La regla de adición

Si *A* y *B* están definidos en un espacio muestral, entonces $P(A \cup B) = P(A) + P(B) - P(A \cap B)$. Podemos pensar que el símbolo de la unión sustituye a la palabra "o". La razón por la que restamos la intersección de *A* y *B* es para no contar dos veces los elementos que están en *A* y *B*.

Si *A* y *B* **se excluyen mutuamente**, entonces $P(A \cap B) = 0$. Entonces $P(A \cup B) = P(A) + P(B) - P(A \cap B)$ se convierte en $P(A \cup B) = P(A) + P(B)$.

EJEMPLO 3.14

Klaus está tratando de elegir dónde ir de vacaciones. Sus dos opciones son: *A* = Nueva Zelanda y *B* = Alaska

- Klaus solo puede permitirse unas vacaciones. La probabilidad de que elija *A* es *P*(*A*) = 0,6 y la probabilidad de que elija *B* es *P*(*B*) = 0,35.
- $P(A \cap B) = 0$ porque Klaus solo puede permitirse unas vacaciones.
- Por lo tanto, la probabilidad de que elija Nueva Zelanda o Alaska es $P(A \cup B) = P(A) + P(B) = 0{,}6 + 0{,}35 = 0{,}95$. Tenga en cuenta que la probabilidad de que no elija ir a ningún sitio de vacaciones debe ser de 0,05.

EJEMPLO 3.15

Carlos juega fútbol universitario. Hace un gol el 65 % de las veces que chuta. Carlos va a intentar marcar dos goles seguidos en el próximo partido. *A* = el evento en el que Carlos acierta en su primer intento. *P*(*A*) = 0,65. *B* = el evento en el que Carlos acierta en su segundo intento. *P*(*B*) = 0,65. Carlos tiende a chutar en líneas. La probabilidad de que haga el segundo gol | que haga el primer gol es 0,90.

a. ¿Cuál es la probabilidad de que anote ambos goles?
b. ¿Cuál es la probabilidad de que Carlos anote el primer gol o el segundo?
c. ¿*A* y *B* son independientes?
d. ¿*A* y *B* son mutuamente excluyentes?

Solución 1

a. El problema le pide que halle $P(A \cap B) = P(B \cap A)$. Dado que $P(B|A) = 0{,}90$: $P(B \cap A) = P(B|A)\ P(A) = (0{,}90)(0{,}65) = 0{,}585$

Carlos anota el primero y el segundo goles con una probabilidad de 0,585.

b. El problema le pide que halle $P(A \cup B)$.

$P(A \cup B) = P(A) + P(B) - P(A \cap B) = 0{,}65 + 0{,}65 - 0{,}585 = 0{,}715$

Carlos anota el primer gol o el segundo con una probabilidad de 0,715.

c. No, no lo son, porque $P(B \cap A) = 0{,}585$.

$P(B)P(A) = (0{,}65)(0{,}65) = 0{,}423$

$0{,}423 \neq 0{,}585 = P(B \cap A)$

Por lo tanto, $P(B \cap A)$ **no** es igual a $P(B)P(A)$.

d. No, no lo son porque $P(A \cap B) = 0{,}585$.

Para que sean mutuamente excluyentes, $P(A \cap B)$ debe ser igual a cero.

INTÉNTELO 3.15

Helen juega baloncesto. En cuanto a los tiros libres, acierta el tiro el 75 % de las veces. Helen debe intentar ahora dos tiros libres. *C* = el evento en el que Helen anota el primer tiro. *P*(*C*) = 0,75. *D* = el evento en el que Helen anota el segundo tiro. *P*(*D*) = 0,75. La probabilidad de que Helen anote el segundo tiro libre dado que anotó el primero es de

0,85. ¿Cuál es la probabilidad de que Helen anote ambos tiros libres?

EJEMPLO 3.16

Un equipo de natación comunitario tiene **150** miembros. **Setenta y cinco** de los miembros son nadadores avanzados. **Cuarenta y siete** son nadadores intermedios. El resto son nadadores principiantes. **Cuarenta** de los nadadores avanzados practican cuatro veces por semana. **Treinta** de los nadadores de nivel intermedio practican cuatro veces por semana. **Diez** de los nadadores principiantes practican cuatro veces por semana. Supongamos que un miembro del equipo de natación es elegido al azar.

a. ¿Cuál es la probabilidad de que el miembro sea un nadador principiante?
b. ¿Cuál es la probabilidad de que el miembro practique cuatro veces por semana?
c. ¿Cuál es la probabilidad de que el miembro sea un nadador avanzado y practique cuatro veces por semana?
d. ¿Cuál es la probabilidad de que un miembro sea un nadador avanzado y un nadador intermedio? ¿Ser un nadador avanzado y un nadador intermedio son mutuamente excluyentes? ¿Por qué sí o por qué no?
e. ¿Ser un nadador principiante y practicar cuatro veces a la semana son eventos independientes? ¿Por qué sí o por qué no?

Solución 1

a. $\frac{28}{150}$
b. $\frac{80}{150}$
c. $\frac{40}{150}$
d. P(avanzado ∩ intermedio) = 0, por lo que son eventos mutuamente excluyentes. Un nadador no puede ser un nadador avanzado y un nadador intermedio al mismo tiempo.
e. No, no son eventos independientes.
P(novato ∩ practica cuatro veces por semana) = 0,0667
P(novato)P(practica cuatro veces por semana) = 0,0996
0,0667 ≠ 0,0996

INTÉNTELO 3.16

Una escuela tiene 200 estudiantes de último año, de los cuales 140 irán al instituto universitario el año siguiente. Cuarenta irán directamente a trabajar. El resto se está tomando un año sabático. Cincuenta de los estudiantes de último año que van al instituto universitario practican deportes. Treinta de los estudiantes de último año que van directamente a trabajar practican deportes. Cinco de los estudiantes de último año que se toman un año sabático practican deportes. ¿Cuál es la probabilidad de que un estudiante de último año se tome un año sabático?

EJEMPLO 3.17

Felicity asiste a Modesto JC en Modesto, CA. La probabilidad de que Felicity se inscriba en una clase de Matemáticas es de 0,2 y la probabilidad de que lo haga en una clase de Oratoria es de 0,65. La probabilidad de que se inscriba en una clase de Matemáticas | que se inscriba en la clase de Oratoria es de 0,25.

Supongamos que: M = clase de Matemáticas, S = clase de Oratoria, $M|S$ = discurso matemático dado

a. ¿Cuál es la probabilidad de que Felicity se inscriba en Matemáticas y Oratoria?
Calcule $P(M \cap S) = P(M|S)P(S)$.
b. ¿Cuál es la probabilidad de que Felicity se inscriba en clases de Matemáticas o de Oratoria?
Calcule $P(M \cup S) = P(M) + P(S) - P(M \cap S)$.
c. ¿M y S son independientes? ¿Es $P(M|S) = P(M)$?
d. ¿M y S son mutuamente excluyentes? ¿Es $P(M \cap S) = 0$?

Solución 1

a. 0,1625, b. 0,6875, c. No, d. No

INTÉNTELO 3.17

Un estudiante va a la biblioteca. Supongamos los eventos B = el estudiante pide un libro prestado y D = el estudiante pide un DVD prestado. Supongamos que $P(B) = 0{,}40$, $P(D) = 0{,}30$ y $P(D|B) = 0{,}5$.

a. Calcule $P(B \cap D)$.
b. Calcule $P(B \cup D)$.

EJEMPLO 3.18

Los estudios demuestran que una de cada siete mujeres (aproximadamente el 14,3 %) que viven hasta los 90 años desarrollará cáncer de mama. Supongamos que de las mujeres que desarrollan cáncer de mama el resultado de la prueba es negativo en el 2 % de las ocasiones. Supongamos también que en la población general de mujeres, el resultado de la prueba de cáncer de mama es negativo en el 85 % de las ocasiones. Supongamos que B = la mujer desarrolla cáncer de mama y supongamos que N = el resultado de la prueba es negativo. Supongamos que se selecciona una mujer al azar.

a. ¿Cuál es la probabilidad de que la mujer desarrolle cáncer de mama? ¿Cuál es la probabilidad de que la mujer obtenga un resultado negativo?
b. Dado que la mujer tiene cáncer de mama, ¿cuál es la probabilidad de que el resultado de la prueba sea negativo?
c. ¿Cuál es la probabilidad de que la mujer tenga cáncer de mama Y el resultado de la prueba sea negativo?
d. ¿Cuál es la probabilidad de que la mujer tenga cáncer de mama o de que el resultado de la prueba sea negativo?
e. ¿Tener cáncer de mama y tener un resultado negativo en la prueba son eventos independientes?
f. ¿Tener cáncer de mama y tener un resultado negativo en la prueba son mutuamente excluyentes?

Solución 1

a. $P(B) = 0{,}143$; $P(N) = 0{,}85$
b. $P(N|B) = 0{,}02$
c. $P(B \cap N) = P(B)P(N|B) = (0{,}143)(0{,}02) = 0{,}0029$
d. $P(B \cup N) = P(B) + P(N) - P(B \cap N) = 0{,}143 + 0{,}85 - 0{,}0029 = 0{,}9901$
e. No. $P(N) = 0{,}85$; $P(N|B) = 0{,}02$. Por lo tanto, $P(N|B)$ no es igual a $P(N)$.
f. No. $P(B \cap N) = 0{,}0029$. Para que B y N sean mutuamente excluyentes, $P(B \cap N)$ debe ser cero.

INTÉNTELO 3.18

Una escuela tiene 200 estudiantes de último año, de los cuales 140 irán al instituto universitario el año siguiente. Cuarenta irán directamente a trabajar. El resto se está tomando un año sabático. Cincuenta de los estudiantes de último año que van al instituto universitario practican deportes. Treinta de los estudiantes de último año que van directamente a trabajar practican deportes. Cinco de los estudiantes de último año que se toman un año sabático practican deportes. ¿Cuál es la probabilidad de que un estudiante de último año vaya al instituto universitario y practique deportes?

EJEMPLO 3.19

Consulte la información en el Ejemplo 3.18. P = pruebas con resultado positivo.

a. Dado que una mujer desarrolla cáncer de mama, ¿cuál es la probabilidad de que el resultado de la prueba sea positivo? Calcule $P(P|B) = 1 - P(N|B)$.

b. ¿Cuál es la probabilidad de que una mujer desarrolle cáncer de mama y el resultado de la prueba sea positivo? Calcule $P(B \cap P) = P(P|B)P(B)$.
c. ¿Cuál es la probabilidad de que una mujer no desarrolle cáncer de mama? Calcule $P(B') = 1 - P(B)$.
d. ¿Cuál es la probabilidad de que una mujer tenga un resultado positivo en la prueba de cáncer de mama? Calcule $P(P) = 1 - P(N)$.

Solución 1

a. 0,98; b. 0,1401; c. 0,857; d. 0,15

INTÉNTELO 3.19

Un estudiante va a la biblioteca. Supongamos que los eventos B = el estudiante pide prestado un libro y D = el estudiante pide prestado un DVD. Supongamos que $P(B) = 0{,}40$, $P(D) = 0{,}30$ y $P(D|B) = 0{,}5$.

a. Calcule $P(B')$.
b. Calcule $P(D \cap B)$.
c. Calcule $P(B|D)$.
d. Calcule $P(D \cap B')$.
e. Calcule $P(D|B')$.

3.4 Tablas de contingencia y árboles de probabilidad

Tablas de contingencia

Una **tabla de contingencia** proporciona una forma de representar los datos que puede facilitar el cálculo de probabilidades. La tabla ayuda a determinar las probabilidades condicionales con bastante facilidad. La tabla muestra los valores de la muestra en relación con dos variables diferentes que pueden ser dependientes o contingentes entre sí. Más adelante volveremos a utilizar las tablas de contingencia, pero de otra manera.

EJEMPLO 3.20

Supongamos que un estudio sobre infracciones de velocidad y conductores que utilizan teléfonos móviles arroja los siguientes datos ficticios:

	Infracción por exceso de velocidad durante el año anterior	Ninguna infracción por exceso de velocidad durante el año anterior	Total
Utiliza el teléfono móvil mientras conduce	25	280	305
No utiliza el teléfono móvil mientras conduce	45	405	450
Total	70	685	755

Tabla 3.2

El número total de personas de la muestra es de 755. Los totales de las filas son 305 y 450. Los totales de las columnas son 70 y 685. Tome en cuenta que 305 + 450 = 755 y 70 + 685 = 755.

Use la tabla para calcular las siguientes probabilidades.

a. Calcule P(el conductor es un usuario de teléfono móvil).
b. Calcule P(el conductor no tuvo ninguna infracción durante el año pasado).

c. Calcule *P*(el conductor no tuvo ninguna infracción durante el año pasado ∩ era usuario de teléfonos móviles).
d. Calcule *P*(el conductor es un usuario de teléfono móvil ∪ el conductor no tuvo ninguna infracción durante el año pasado).
e. Calcule *P*(el conductor es un usuario de teléfono móvil | el conductor tuvo una infracción durante el año pasado).
f. Calcule *P*(el conductor no tuvo ninguna infracción el año pasado | el conductor no era usuario de teléfono móvil)

Solución 1

a. $\frac{\text{número de usuarios de teléfonos móviles}}{\text{número total en el estudio}} = \frac{305}{755}$
b. $\frac{\text{número que no tenía ninguna infracción}}{\text{número total en el estudio}} = \frac{685}{755}$
c. $\frac{280}{755}$
d. $\left(\frac{305}{755} + \frac{685}{755}\right) - \frac{280}{755} = \frac{710}{755}$
e. $\frac{25}{70}$ (El espacio de la muestra se reduce al número de conductores que tuvieron una infracción).
f. $\frac{405}{450}$ (El espacio muestral se reduce al número de conductores que no eran usuarios de teléfonos móviles).

INTÉNTELO 3.20

La Tabla 3.3 muestra el número de atletas que hacen estiramientos antes del ejercicio y cuántos tuvieron lesiones durante el año pasado.

	Lesión durante el año pasado	Ninguna lesión durante el año pasado	Total
Hace estiramientos	55	295	350
No hace estiramientos	231	219	450
Total	286	514	800

Tabla 3.3

a. ¿Qué es *P*(el atleta se estira antes de hacer ejercicio)?
b. ¿Qué es *P*(el atleta se estira antes de hacer ejercicio|ninguna lesión durante el año pasado)?

EJEMPLO 3.21

La Tabla 3.4 presenta una muestra aleatoria de 100 excursionistas y las zonas de excursión que prefieren.

Sexo	La costa	Cerca de lagos y arroyos	En los picos de las montañas	Total
Mujeres	18	16	___	45
Hombres	___	___	14	55
Total	___	41	___	___

Tabla 3.4 Preferencia de zona de excursión

a. Rellene la tabla.

Solución 1

a.

Sexo	La costa	Cerca de lagos y arroyos	En los picos de las montañas	Total
Mujeres	18	16	**11**	45
Hombres	**16**	**25**	14	55
Total	**34**	41	**25**	**100**

Tabla 3.5 Preferencia de zona de excursión

b. ¿Los eventos "ser mujer" y "preferir la costa" son eventos independientes?

Supongamos que F = ser mujer y supongamos que C = preferir la costa.

1. Calcule $P(F \cap C)$.
2. Calcule $P(F)P(C)$

¿Estos dos números son iguales? Si lo son, entonces F y C son independientes. Si no lo son, entonces F y C no son independientes.

Solución 2

b.

1. $P\left(F \cap C\right) = \frac{18}{100} = 0{,}18$
2. $P(F)P(C) = \left(\frac{45}{100}\right)\left(\frac{34}{100}\right) = (0{,}45)(0{,}34) = 0{,}153$

$P(F \cap C) \neq P(F)P(C)$, por lo que los eventos F y C no son independientes.

c. Calcule la probabilidad de que una persona sea hombre dado que prefiere ir de excursión cerca de lagos y arroyos. Supongamos que M = ser hombre, y supongamos que L = prefiere ir de excursión cerca de lagos y arroyos.

1. ¿Qué palabra le dice que es un condicional?
2. Rellene los espacios en blanco y calcule la probabilidad: P(___|___) = ___.
3. ¿El espacio muestral para este problema son los 100 excursionistas? Si no es así, ¿qué es?

Solución 3

c.

1. La expresión "dado que" indica que se trata de una condición.
2. $P(M|L) = \frac{25}{41}$
3. No, el espacio muestral para este problema son los 41 excursionistas que prefieren lagos y arroyos.

d. Calcule la probabilidad de que una persona sea mujer o prefiera ir de excursión en los picos de las montañas. Supongamos que F = ser mujer, y supongamos que P = prefiere los picos de las montañas.

1. Calcule $P(F)$.
2. Calcule $P(P)$.
3. Calcule $P(F \cap P)$.
4. Calcule $P(F \cup P)$.

Solución 4

d.

1. $P(F) = \frac{45}{100}$
2. $P(P) = \frac{25}{100}$
3. $P(F \cap P) = \frac{11}{100}$
4. $P(F \cup P) = \frac{45}{100} + \frac{25}{100} - \frac{11}{100} = \frac{59}{100}$

INTÉNTELO 3.21

La Tabla 3.6 presenta una muestra aleatoria de 200 ciclistas y las rutas que prefieren. Supongamos que M = hombres y H = camino de colinas.

Sexo	Camino del lago	Sendero montañoso	Camino arbolado	Total
Mujeres	45	38	27	110
Hombres	26	52	12	90
Total	71	90	39	200

Tabla 3.6

a. Entre los hombres, ¿cuál es la probabilidad de que el ciclista prefiera un camino de colinas?
b. ¿Los eventos "ser hombre" y "preferir el camino de colinas" son eventos independientes?

EJEMPLO 3.22

El ratón Muddy vive en una jaula con tres puertas. Si Muddy sale por la primera puerta, la probabilidad de que sea atrapado por la gata Alissa es $\frac{1}{5}$ y la probabilidad de que no sea atrapado es $\frac{4}{5}$. Si sale por la segunda puerta, la probabilidad de que sea atrapado por Alissa es $\frac{1}{4}$ y la probabilidad de que no sea atrapado es $\frac{3}{4}$. La probabilidad de que Alissa atrape a Muddy saliendo por la tercera puerta es $\frac{1}{2}$ y la probabilidad de que no atrape a Muddy es $\frac{1}{2}$. Es igualmente probable que Muddy elija cualquiera de las tres puertas por lo que la probabilidad de elegir cada puerta es $\frac{1}{3}$.

Atrapado o no	Puerta uno	Puerta dos	Puerta tres	Total
Atrapado	$\frac{1}{15}$	$\frac{1}{12}$	$\frac{1}{6}$	___
No atrapado	$\frac{4}{15}$	$\frac{3}{12}$	$\frac{1}{6}$	___
Total	___	___	___	1

Tabla 3.7 Elección de la puerta

- La primera entrada $\frac{1}{15} = \left(\frac{1}{5}\right)\left(\frac{1}{3}\right)$ es $P(\text{Puerta uno} \cap \text{Atrapado})$
- La entrada $\frac{4}{15} = \left(\frac{4}{5}\right)\left(\frac{1}{3}\right)$ es $P(\text{Puerta uno} \cap \text{No atrapado})$

Verifique las entradas restantes.

a. Rellene la tabla de contingencia de probabilidades. Calcule las entradas para los totales. Compruebe que la entrada de la esquina inferior derecha es 1.

Solución 1

a.

Atrapado o no	Puerta uno	Puerta dos	Puerta tres	Total
Atrapado	$\frac{1}{15}$	$\frac{1}{12}$	$\frac{1}{6}$	$\frac{19}{60}$
No atrapado	$\frac{4}{15}$	$\frac{3}{12}$	$\frac{1}{6}$	$\frac{41}{60}$
Total	$\frac{5}{15}$	$\frac{4}{12}$	$\frac{2}{6}$	1

Tabla 3.8 Elección de la puerta

b. ¿Cuál es la probabilidad de que Alissa no atrape a Muddy?

Solución 2

b. $\frac{41}{60}$

c. ¿Cuál es la probabilidad de que Muddy elija la puerta uno ∪ Puerta Dos dado que Muddy es atrapado por Alissa?

Solución 3

c. $\frac{9}{19}$

EJEMPLO 3.23

La Tabla 3.9 contiene el número de delitos por cada 100.000 habitantes de 2008 a 2011 en EE. UU.

Año	Robo con violencia	Robo	Violación	Vehículo	Total
2008	145,7	732,1	29,7	314,7	
2009	133,1	717,7	29,1	259,2	
2010	119,3	701	27,7	239,1	
2011	113,7	702,2	26,8	229,6	
Total					

Tabla 3.9 Índices de criminalidad en Estados Unidos por cada 100.000 habitantes de 2008 a 2011

TOTAL de cada columna y cada fila. Datos totales = 4.520,7

a. Calcule $P(2009 \cap \text{Robo con violencia})$.
b. Calcule $P(2010 \cap \text{Robo})$.
c. Calcule $P(2010 \cup \text{Robo})$.
d. Calcule $P(2011|\text{Violación})$.
e. Calcule $P(\text{Vehículo}|2008)$.

Solución 1

a. 0,0294, b. 0,1551, c. 0,7165, d. 0,2365, e. 0,2575

INTÉNTELO 3.23

La Tabla 3.10 relaciona los pesos y las alturas de un grupo de personas que participan en un estudio de observación.

Peso/altura	Alto	Medio	Bajo	Totales
Obeso	18	28	14	
Normal	20	51	28	
Bajo peso	12	25	9	
Totales				

Tabla 3.10

a. Calcule el total de cada fila y columna
b. Calcule la probabilidad de que una persona elegida al azar de este grupo sea alta.
c. Calcule la probabilidad de que una persona elegida al azar de este grupo sea obesa y alta.
d. Calcule la probabilidad de que una persona elegida al azar de este grupo sea alta dado que es obesa.
e. Calcule la probabilidad de que una persona elegida al azar de este grupo sea obesa, dado que es alta.
f. Calcule la probabilidad de que una persona elegida al azar de este grupo sea alta y de bajo peso.
g. ¿Los eventos obeso y alto son independientes?

Diagramas de árbol

A veces, cuando los problemas de probabilidad son complejos, puede ser útil hacer un gráfico de la situación. Los diagramas de árbol pueden utilizarse para visualizar y resolver las probabilidades condicionales.

Diagramas de árbol

Un **diagrama de árbol** es un tipo especial de gráfico utilizado para determinar los resultados de un experimento. Consta de “ramas” que se identifican con frecuencias o probabilidades. Los diagramas de árbol pueden hacer que algunos problemas de probabilidad sean más fáciles de visualizar y resolver. El siguiente ejemplo ilustra cómo utilizar un diagrama de árbol.

EJEMPLO 3.24

En una urna hay 11 pelotas. Tres pelotas son rojas (R) y ocho azules(B). Saque dos pelotas, una a la vez, **con reemplazo**. “Con reemplazo” significa que se devuelve la primera pelota a la urna antes de seleccionar la segunda. Luego, el diagrama de árbol con frecuencias que muestra todos los resultados posibles.

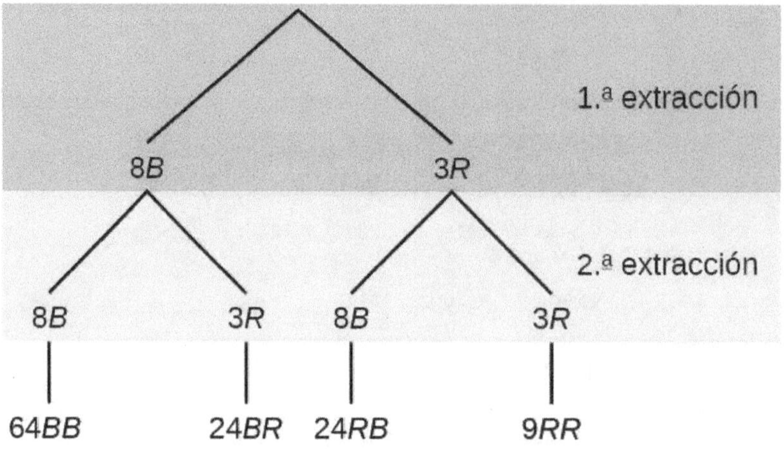

Figura 3.2 Total = 64 + 24 + 24 + 9 = 121

El primer conjunto de ramas representa la primera pelota que sacó. El segundo conjunto de ramas representa la segunda. Cada uno de los resultados es distinto. De hecho, podemos enumerar cada pelota roja como *R*1, *R*2 y *R*3 y cada pelota azul como *B*1, *B*2, *B*3, *B*4, *B*5, *B*6, *B*7 y *B*8. Entonces, los nueve resultados de *RR* se pueden escribir como:

*R*1*R*1; *R*1*R*2; *R*1*R*3; *R*2*R*1; *R*2*R*2; *R*2*R*3; *R*3*R*1; *R*3*R*2; *R*3*R*3

Los demás resultados son similares.

Hay un total de 11 pelotas en la urna. Saque dos pelotas, una a la vez, con reemplazo. Hay 11(11) = 121 resultados, el tamaño del **espacio muestral**.

a. Enumere los 24 resultados de *RB*: *B*1*R*1, *B*1*R*2, *B*1*R*3, ...

Solución 1

a. *B*1*R*1; *B*1*R*2; *B*1*R*3; *B*2*R*1; *B*2*R*2; *B*2*R*3; *B*3*R*1; *B*3*R*2; *B*3*R*3; *B*4*R*1; *B*4*R*2; *B*4*R*3; *B*5*R*1; *B*5*R*2; *B*5*R*3; *B*6*R*1; *B*6*R*2; *B*6*R*3; *B*7*R*1; *B*7*R*2; *B*7*R*3; *B*8*R*1; *B*8*R*2; *B*8*R*3

b. Use el diagrama de árbol y calcule *P*(*RR*).

Solución 2

b. $P(RR) = \left(\frac{3}{11}\right)\left(\frac{3}{11}\right) = \frac{9}{121}$

c. Use el diagrama de árbol y calcule $P(RB \cup BR)$.

Solución 3

c. $P(RB \cup BR) = \left(\frac{3}{11}\right)\left(\frac{8}{11}\right) + \left(\frac{8}{11}\right)\left(\frac{3}{11}\right) = \frac{48}{121}$

d. Use el diagrama de árbol y calcule $P(R \text{ en la 1.ª extracción} \cap B \text{ en la 2.ª extracción})$.

Solución 4

d. $P(R \text{ en la 1.ª extracción} \cap B \text{ en la 2.ª extracción}) = \left(\frac{3}{11}\right)\left(\frac{8}{11}\right) = \frac{24}{121}$

e. Al utilizar el diagrama de árbol, calcule *P*(*R* en la 2.ª extracción|*B* en la 1.ª extracción).

Solución 5

e. *P*(*R* en la 2.ª extracción|*B* en la 1.ª extracción) = *P*(*R* en la 2.ª extracción|*B* en la 1.ª) = $\frac{24}{88} = \frac{3}{11}$

Este problema es condicional. El espacio muestral se ha reducido a los resultados que ya tienen azul en la primera extracción. Hay 24 + 64 = 88 resultados posibles (24 *BR* y 64 *BB*). Veinticuatro de los 88 resultados posibles son *BR*. $\frac{24}{88} = \frac{3}{11}$.

f. Use el diagrama de árbol y calcule $P(BB)$.

Solución 6

f. $P(BB) = \frac{64}{121}$

g. Al utilizar el diagrama de árbol, calcule $P(B$ en la 2.ª extracción$|R$ en la primera extracción).

Solución 7

g. $P(B$ en la segunda extracción$|R$ en la 1.ª extracción$) = \frac{8}{11}$

Hay 9 + 24 resultados que tienen R en la primera extracción (9 RR y 24 RB). El espacio muestral es entonces 9 + 24 = 33. 24 de los 33 resultados tienen B en la segunda extracción. La probabilidad es entonces $\frac{24}{33}$.

INTÉNTELO 3.24

En un mazo estándar hay 52 cartas. 12 cartas son de figura (evento F) y 40 cartas no lo son (evento N). Saque dos cartas, una a la vez, con reemplazo. Todos los resultados posibles se muestran en el diagrama de árbol como frecuencias. Use el diagrama de árbol y calcule $P(FF)$.

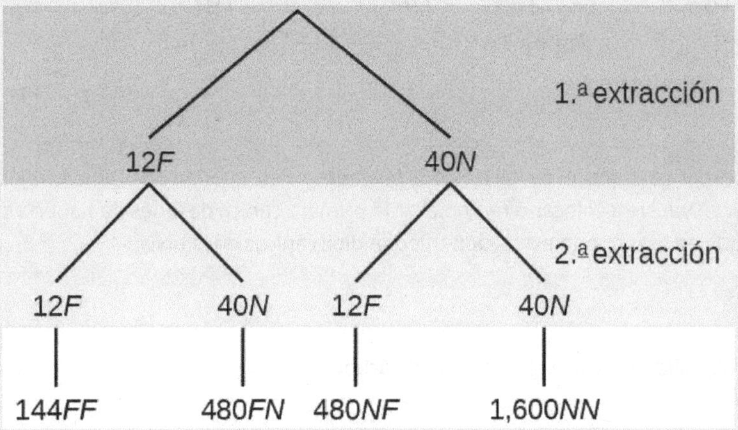

Figura 3.3

EJEMPLO 3.25

En una urna hay tres canicas rojas y ocho azules. Saque dos canicas, una a la vez de la urna, esta vez sin reemplazo. **"Sin reemplazo" significa** que no se devuelve la primera canica antes de seleccionar la segunda. A continuación se muestra un diagrama de árbol para esta situación. Las ramas se identifican con probabilidades en vez de con frecuencias. Los números de los extremos de las ramas se calculan al multiplicar los números de las dos ramas correspondientes, por ejemplo, $\left(\frac{3}{11}\right)\left(\frac{2}{10}\right) = \frac{6}{110}$.

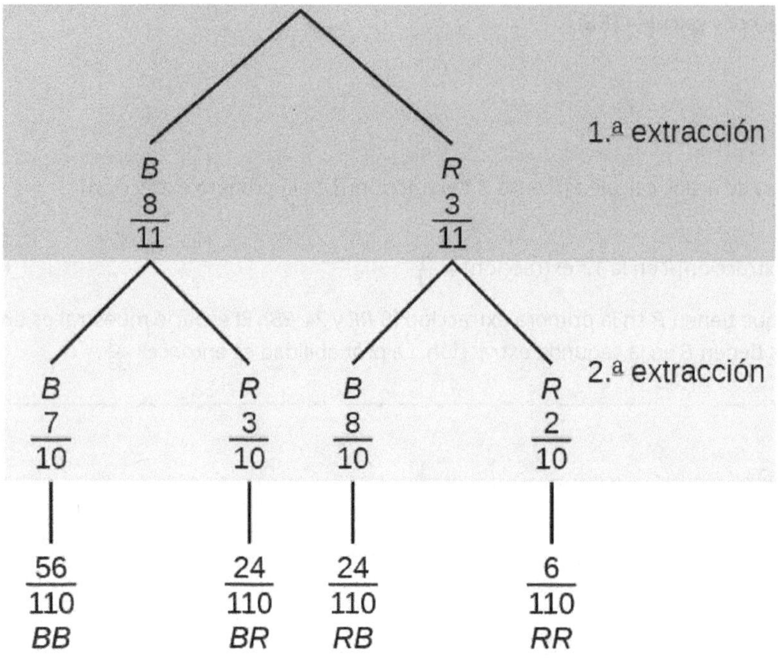

Figura 3.4 Total = $\frac{56+24+24+6}{110} = \frac{110}{110} = 1$

NOTA

Si saca una roja en la primera extracción de las tres posibilidades rojas, quedan dos canicas rojas para sacar en la segunda extracción. No se vuelve a colocar o reemplazar la primera canica después de haberla sacado. Extraiga **sin reemplazo**, de modo que en la segunda extracción quedan diez canicas en la urna.

Calcule las siguientes probabilidades y use el diagrama de árbol.

a. $P(RR)$ = _______

Solución 1

a. $P(RR) = \left(\frac{3}{11}\right)\left(\frac{2}{10}\right) = \frac{6}{110}$

b. Rellene los espacios en blanco:

$P(RB \cup BR) = \left(\frac{3}{11}\right)\left(\frac{8}{10}\right) + (\_\_)(\_\_) = \frac{48}{110}$

Solución 2

b. $P(RB \cup BR) = \left(\frac{3}{11}\right)\left(\frac{8}{10}\right) + \left(\frac{8}{11}\right)\left(\frac{3}{10}\right) = \frac{48}{110}$

c. $P(R \text{ en la } 2.^{\text{a}} | B \text{ en la } 1.^{\text{a}})$ =

Solución 3

c. $P(R \text{ en la } 2.^{\text{a}} | B \text{ en la } 1.^{\text{a}}) = \frac{3}{10}$

d. Complete los espacios en blanco.

$P(R \text{ en la } 1.^{\text{a}} \cap B \text{ en la } 2.^{\text{a}}) = (\_\_)(\_\_) = \frac{24}{110}$

Solución 4

d. $P(R \text{ en la } 1.^{a} \cap B \text{ en la } 2.^{a}) = \left(\frac{3}{11}\right)\left(\frac{8}{10}\right) = \frac{24}{110}$

e. Calcule $P(BB)$.

Solución 5

e. $P(BB) = \left(\frac{8}{11}\right)\left(\frac{7}{10}\right)$

f. Halle $P(B$ en la 2.ª extracción$|R$ en la 1.ª$)$.

Solución 6

f. Utilizando el diagrama de árbol, $P(B$ en la 2.ª$|R$ en la 1.ª$) = P(R|B) = \frac{8}{10}$.

Si utilizamos probabilidades, podemos identificar el árbol de la siguiente manera general.

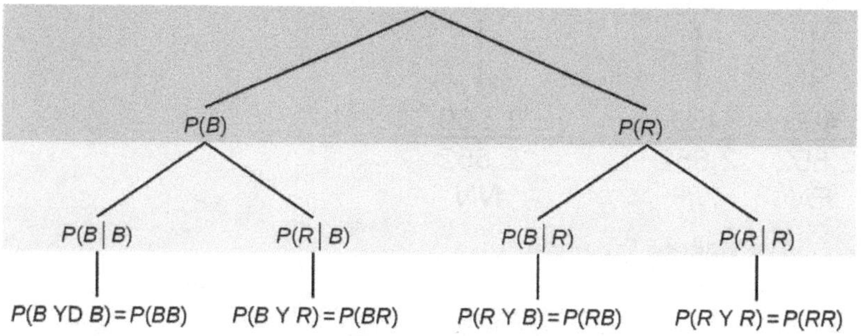

- $P(R|R)$ significa aquí $P(R$ en la 2.ª$|R$ en la 1.ª$)$
- $P(B|R)$ significa aquí $P(B$ en la 2.ª$|R$ en la 1.ª$)$
- $P(R|B)$ significa aquí $P(R$ en la 2.ª$|B$ en la 1.ª$)$
- $P(B|B)$ significa aquí $P(B$ en la 2.ª$|B$ en la 1.ª$)$

INTÉNTELO 3.25

En un mazo estándar hay 52 cartas. Doce cartas son de figura (F) y 40 cartas no lo son (N). Saque dos cartas, una a la vez, sin reemplazo. El diagrama de árbol está identificado con todas las probabilidades posibles.

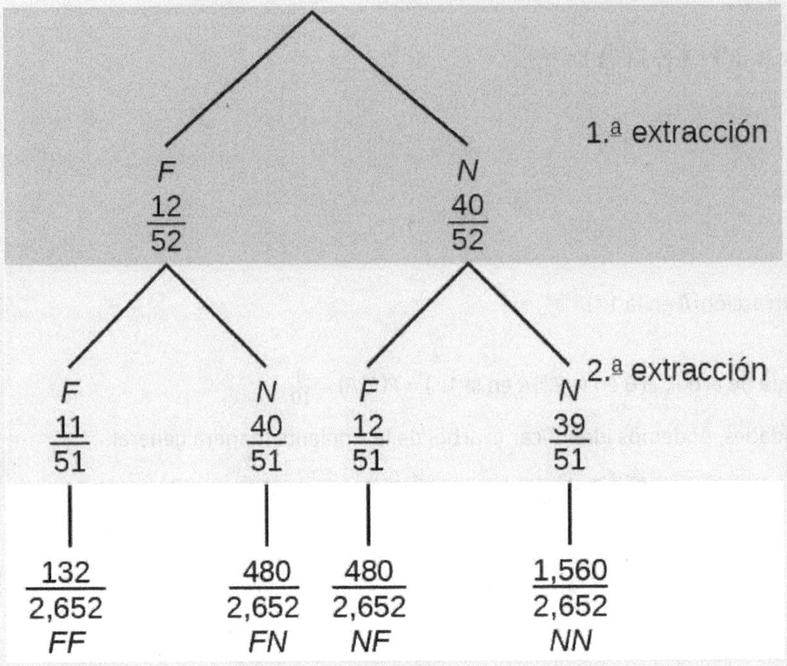

Figura 3.5

a. Calcule $P(FN \cup NF)$.
b. Calcule $P(N|F)$.
c. Calcule P(como máximo una carta de figura).
Pista: "Como máximo una carta de figura" significa cero o una carta de figura.
d. Calcule P(al menos una carta de figura).
Pista: "Al menos una carta de figura" significa una o dos cartas de figura.

EJEMPLO 3.26

Una camada de gatitos disponibles para su adopción en la Humane Society tiene cuatro gatitos atigrados y cinco negros. Una familia viene y selecciona al azar dos gatitos (sin reemplazo) para su adopción.

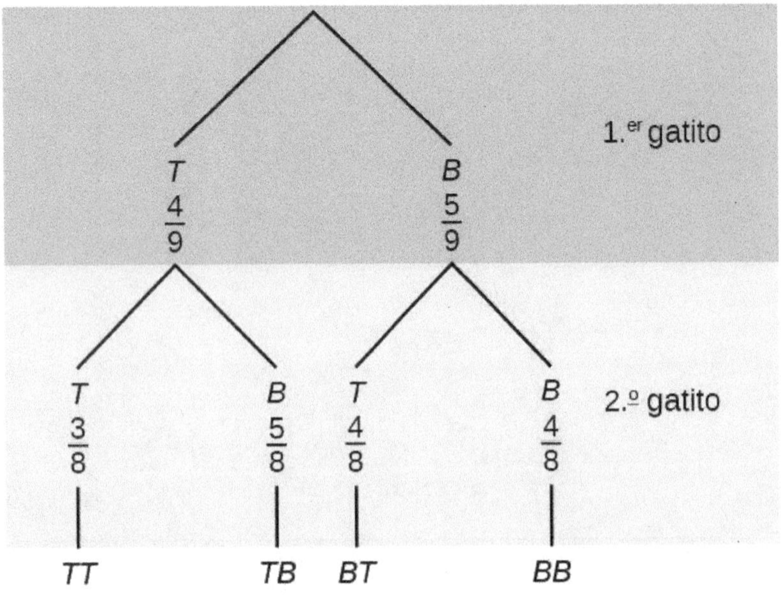

a. ¿Cuál es la probabilidad de que ambos gatitos sean atigrados?

a. $\left(\frac{1}{2}\right)\left(\frac{1}{2}\right)$ b. $\left(\frac{4}{9}\right)\left(\frac{4}{9}\right)$ c. $\left(\frac{4}{9}\right)\left(\frac{3}{8}\right)$ d. $\left(\frac{4}{9}\right)\left(\frac{5}{9}\right)$

b. ¿Cuál es la probabilidad de que se seleccione un gatito de cada color?

a. $\left(\frac{4}{9}\right)\left(\frac{5}{9}\right)$ b. $\left(\frac{4}{9}\right)\left(\frac{5}{8}\right)$ c. $\left(\frac{4}{9}\right)\left(\frac{5}{9}\right)+\left(\frac{5}{9}\right)\left(\frac{4}{9}\right)$ d. $\left(\frac{4}{9}\right)\left(\frac{5}{8}\right)+\left(\frac{5}{9}\right)\left(\frac{4}{8}\right)$

c. ¿Cuál es la probabilidad de que se elija un gatito atigrado como segundo gatito cuando se ha elegido un gatito negro como primero?

d. ¿Cuál es la probabilidad de elegir dos gatitos del mismo color?

Solución 1

a. c, b. d, c. $\frac{4}{8}$, d. $\frac{32}{72}$

INTÉNTELO 3.26

Supongamos que en una caja hay cuatro pelotas rojas y tres amarillas. Se extraen dos pelotas de la caja sin reemplazarlas. ¿Cuál es la probabilidad de que se seleccione una pelota de cada color?

3.5 Diagramas de Venn

Diagramas de Venn

Un **diagrama de Venn** es una imagen que representa los resultados de un experimento. Generalmente consiste en un recuadro que representa el espacio muestral S junto con círculos u óvalos. Los círculos u óvalos representan eventos. Los diagramas de Venn también nos ayudan a convertir palabras comunes del idioma en términos matemáticos que ayudan a agregar precisión.

Los diagramas de Venn deben su nombre a su inventor, John Venn, profesor de matemáticas en Cambridge y ministro anglicano. Su trabajo principal se llevó a cabo a finales de la década de 1870 y dio lugar a toda una rama de las matemáticas y a una nueva forma de abordar los problemas de lógica. Desarrollaremos las reglas de probabilidad que acabamos de abarcar utilizando esta poderosa forma de demostrar los postulados de la probabilidad, que incluye la regla de la adición, la regla de la multiplicación, la regla del complemento, la independencia y la probabilidad condicional.

EJEMPLO 3.27

Supongamos que un experimento tiene los resultados 1, 2, 3, ..., 12 donde cada resultado tiene la misma probabilidad de ocurrir. Supongamos que el evento A = {1, 2, 3, 4, 5, 6} y el evento B = {6, 7, 8, 9}. Entonces A interseca a B = $\boldsymbol{A} \cap \boldsymbol{B} = \{6\}$ y A unión B = $\boldsymbol{A} \cup \boldsymbol{B} = \{1, 2, 3, 4, 5, 6, 7, 8, 9\}$.. El diagrama de Venn es el siguiente:

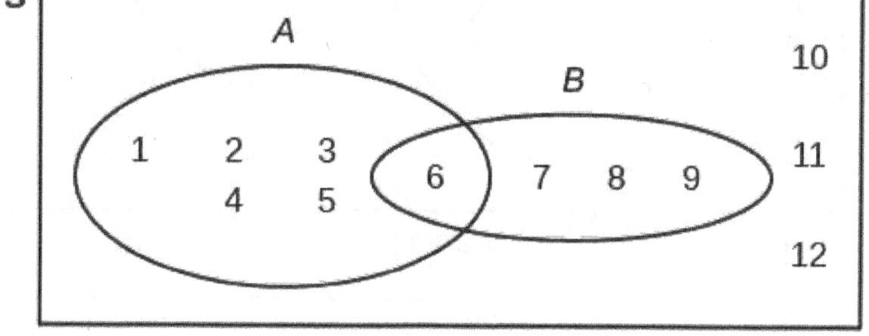

Figura 3.6

La Figura 3.6 muestra la relación más básica entre estos números. En primer lugar, los números están en grupos llamados conjuntos; conjunto A y conjunto B. Algunos números están en ambos conjuntos; decimos que en el conjunto A ∩ en el conjunto B. La palabra "y" significa inclusivo, es decir, que tiene las características tanto de A como de B, o en este caso, que forma parte tanto de A como de B. Esta condición se llama INTERSECCIÓN de los dos conjuntos. Todos los miembros que forman parte de ambos conjuntos constituyen la intersección de los dos conjuntos. La intersección se escribe como $A \cap B$ donde ∩ es el símbolo matemático de la intersección. La afirmación $A \cap B$ se lee como "A interseca B". Puede recordarlo pensando en la intersección de dos calles.

También están los números que forman un grupo que, para ser miembro, el número debe estar en uno u otro grupo. El número no tiene que estar en AMBOS grupos, sino solamente en uno de los dos. Estos números se llaman la UNIÓN de los dos conjuntos y en este caso son los números 1-5 (de A exclusivamente), 7-9 (del conjunto B exclusivamente) y también el 6, que está en ambos conjuntos A y B. El símbolo de la UNIÓN es ∪, por lo tanto $A \cup B =$ los números 1-9, pero excluye los números 10, 11 y 12. Los valores 10, 11 y 12 forman parte del universo, pero no están en ninguno de los dos conjuntos.

Traducir la palabra "Y" al símbolo lógico matemático ∩, intersección, y la palabra "O" al símbolo matemático ∪, la unión, proporciona una forma muy precisa de discutir los temas de la probabilidad y la lógica. La terminología general de las tres áreas del diagrama de Venn en la Figura 3.6 se muestra en la Figura 3.7.

INTÉNTELO 3.27

Supongamos que un experimento tiene los resultados negro, blanco, rojo, anaranjado, amarillo, verde, azul y morado, donde cada resultado tiene la misma probabilidad de ocurrir. Supongamos que el evento *C* = {verde, azul, morado} y el evento *P* = {rojo, amarillo, azul}. Entonces $C \cap P = \{\text{azul}\}$ y $C \cup P = \{\text{verde, azul, morado, rojo, amarillo}\}$. Dibuje un diagrama de Venn que represente esta situación.

EJEMPLO 3.28

Lance dos monedas imparciales Supongamos que *A* = cruz en la primera moneda. Supongamos que *B* = cruz en la segunda moneda. Entonces *A* = {*TT, TH*} y *B* = {*TT, HT*}. Por lo tanto, $A \cap B = \{\text{TT}\}$. $A \cup B = \{\text{TH, TT, HT}\}$.

El espacio muestral al lanzar dos monedas imparciales es *X* = {*HH, HT, TH, TT*}. El resultado *HH* no es NI *A* NI *B*. El diagrama de Venn es el siguiente:

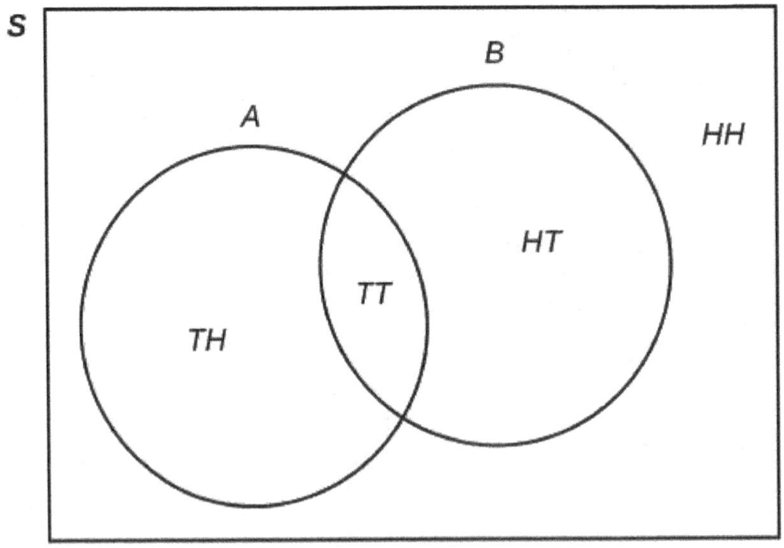

Figura 3.7

INTÉNTELO 3.28

Usted lanza un dado imparcial de seis lados. Supongamos que *A* = se obtiene un número primo de puntos. Supongamos que *B* = se obtiene un número impar de puntos. Entonces *A* = {2, 3, 5} y *B* = {1, 3, 5}. Por lo tanto, $A \cap B = \{3, 5\}$. $A \cup B = \{1, 2, 3, 5\}$. El espacio muestral para lanzar un dado imparcial es *S* = {1, 2, 3, 4, 5, 6}. Dibuje un diagrama de Venn que represente esta situación.

EJEMPLO 3.29

Una persona con sangre del tipo O y factor Rh negativo (Rh−) puede donar sangre a cualquier persona con cualquier tipo de sangre. El cuatro por ciento de los afroamericanos tiene sangre del tipo O y un factor RH negativo, entre el 5 y el 10 % de los afroamericanos tiene el factor Rh− y el 51 % tiene sangre del tipo O.

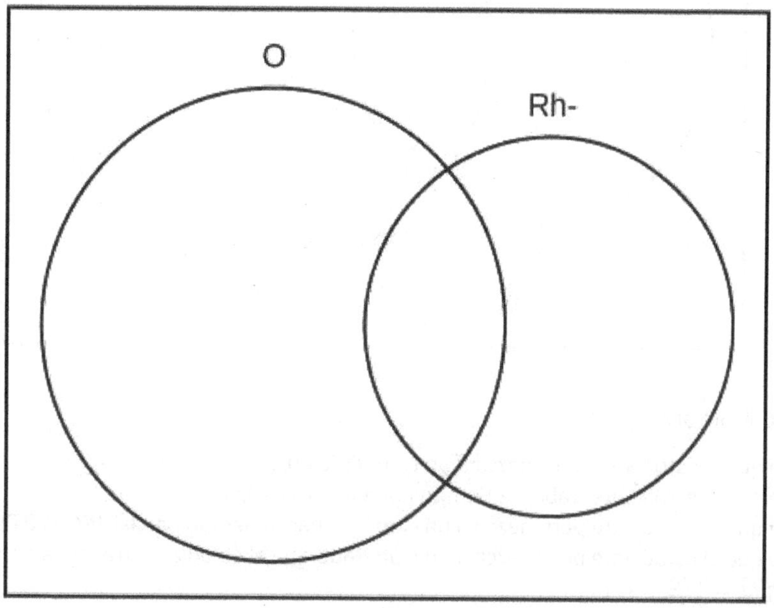

Figura 3.8

El círculo "O" representa a los afroamericanos con sangre del tipo O. El óvalo "Rh−" representa a los afroamericanos con el factor Rh−.

Tomaremos el promedio del 5 % y del 10 % y utilizaremos el 7,5 % como el porcentaje de afroamericanos que tienen el factor Rh−. Supongamos que *O* = afroamericano con sangre tipo O y *R* = afroamericano con factor Rh−.

a. $P(O)$ = ________
b. $P(R)$ = ________
c. $P(O \cap R)$ = ________
d. $P(O \cup R)$ = ________
e. En el diagrama de Venn, describa con una oración completa la zona de solapamiento.
f. En el diagrama de Venn, describa con una oración completa el área que se encuentra en el rectángulo pero fuera del círculo y del óvalo.

Solución 1

a. 0,51; b. 0,075; c. 0,04; d. 0,545; e. El área representa a los afroamericanos que tienen sangre del tipo O y el factor Rh−. f. La zona representa a los afroamericanos que no tienen sangre del tipo O ni el factor Rh−.

EJEMPLO 3.30

El **cuarenta por ciento** de los estudiantes de un instituto universitario local pertenece a un club y el **50 %** trabaja a tiempo parcial. El **cinco por ciento** de los estudiantes trabaja a tiempo parcial y pertenece a un club. Dibuje un diagrama de Venn que muestre las relaciones. Supongamos que *C* = el estudiante pertenece a un club y *PT* = el estudiante trabaja a tiempo parcial.

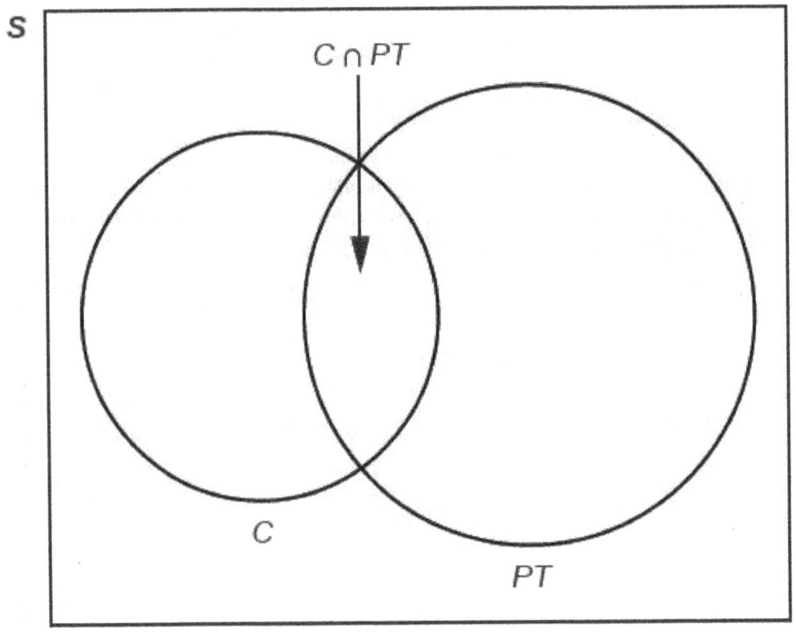

Figura 3.9

Si se selecciona un estudiante al azar, calcule

- la probabilidad de que el estudiante pertenezca a un club. $P(C) = 0{,}40$
- la probabilidad de que el estudiante trabaje a tiempo parcial. $P(PT) = 0{,}50$
- la probabilidad de que el estudiante pertenezca a un club Y trabaje a tiempo parcial $P(C \cap \mathrm{PT}) = 0{,}05$
- la probabilidad de que el estudiante pertenezca a un club **dado** que el estudiante trabaja a tiempo parcial. $P(C|PT) = \frac{P(C \cap PT)}{P(PT)} = \frac{0{,}05}{0{,}50} = 0{,}1$
- la probabilidad de que el estudiante pertenezca a un club **o** trabaje a tiempo parcial $P(C \cup \mathrm{PT}) = P(C) + P(\mathrm{PT}) - P(C \cap \mathrm{PT}) = 0{,}40 + 0{,}50 - 0{,}05 = 0{,}85$

Para resolver el Ejemplo 3.30 tuvimos que recurrir al concepto de probabilidad condicional de la sección anterior. Allí utilizamos diagramas de árbol para seguir los cambios en las probabilidades, porque el espacio muestral cambiaba a medida que dibujábamos sin reemplazo. En resumen, la probabilidad condicional es la posibilidad de que algo ocurra dado que algún otro evento ya ha ocurrido. Dicho de otro modo, la probabilidad de que algo ocurra condicionada a la situación de que otra cosa también sea cierta. En el Ejemplo 3.30 la probabilidad $P(C|PT)$ es la probabilidad condicional de que el estudiante extraído al azar sea socio del club, condicionada al hecho de que el estudiante también trabaje a tiempo parcial. Esto nos permite ver la relación entre los diagramas de Venn y los postulados de probabilidad.

INTÉNTELO 3.30

El cincuenta por ciento de los trabajadores de una fábrica tiene un segundo empleo, el 25 % tiene un cónyuge que también trabaja, el 5 % tiene un segundo empleo y un cónyuge que también trabaja. Dibuje un diagrama de Venn que muestre las relaciones. Supongamos que W = trabaja en un segundo empleo y S = el cónyuge también trabaja.

INTÉNTELO 3.30

En una librería, la probabilidad de que el cliente compre una novela es de 0,6, y la de que compre un libro que no es de ficción es de 0,4. Supongamos que la probabilidad de que el cliente compre ambos es de 0,2.

a. Dibuje un diagrama de Venn que represente la situación.
b. Halle la probabilidad de que el cliente compre una novela o un libro que no sea de ficción.

c. En el diagrama de Venn describa con una oración completa la zona de solapamiento.
d. Supongamos que algunos clientes solo compran discos compactos. Dibuje un óvalo en su diagrama de Venn que represente este evento.

EJEMPLO 3.31

Se observa un conjunto de 20 perros pastores alemanes. 12 son machos, 8 son hembras, 10 tienen alguna coloración marrón y 5 tienen algunas secciones blancas de pelaje. Responda lo siguiente utilizando los diagramas de Venn.

Dibuje un diagrama de Venn que muestre simplemente los conjuntos de perros machos y hembras.

Solución 1

El siguiente diagrama de Venn demuestra la situación de eventos mutuamente excluyentes en la que los resultados son eventos independientes. Si un perro no puede ser a la vez macho y hembra, entonces no hay intersección. Ser macho excluye ser hembra y ser hembra excluye ser macho: en este caso, el sexo característico es, por tanto, mutuamente excluyente. Un diagrama de Venn muestra esto como dos conjuntos sin intersección. Se dice que la intersección es el conjunto nulo utilizando el símbolo matemático $\varnothing$.

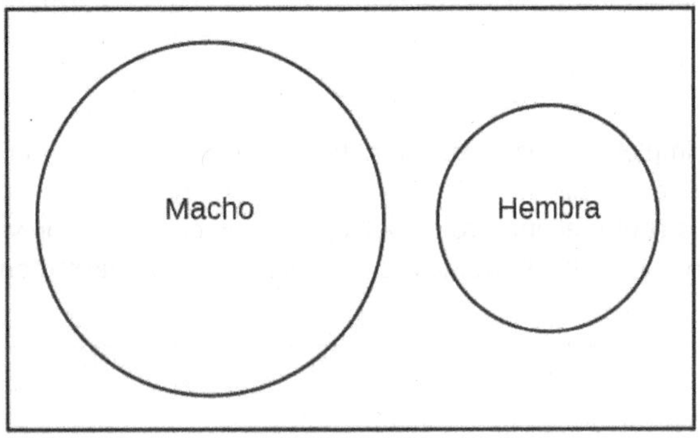

Figura 3.10

Dibuje un segundo diagrama de Venn que ilustre que 10 de los perros machos tienen coloración marrón.

Solución 2

El siguiente diagrama de Venn muestra la superposición entre macho y marrón en el que se coloca el número 10. Esto representa $\text{Macho} \cap \text{Marrón}$: macho y marrón. Es la intersección de estas dos características. La unión de macho y marrón, entonces es simplemente las dos áreas circuladas menos la superposición. En términos adecuados, $\text{Macho} \cup \text{Marrón} = \text{Macho} + \text{Marrón} - \text{Macho} \cap \text{Marrón}$ nos dará el número de perros en la unión de estos dos conjuntos. Si no restáramos la intersección, habríamos contado dos veces algunos de los perros.

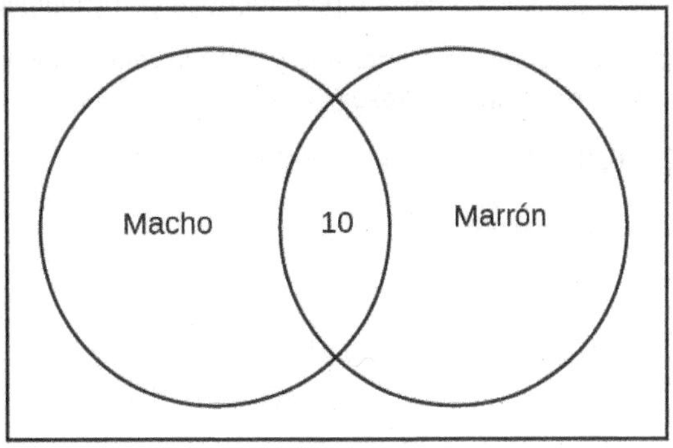

Figura 3.11

Ahora dibuje una situación que represente un escenario en el que la región no sombreada represente "Sin pelaje blanco y hembra", o *pelaje blanco'*$\cap$ *Hembra.* El primo arriba de "pelaje" indica "sin pelaje blanco". El primo por encima de un conjunto significa que no está en ese conjunto, por ejemplo A' significa que no A. A veces, la notación utilizada es una línea por encima de la letra. Por ejemplo, $\overline{A} = A'$.

Solución 3

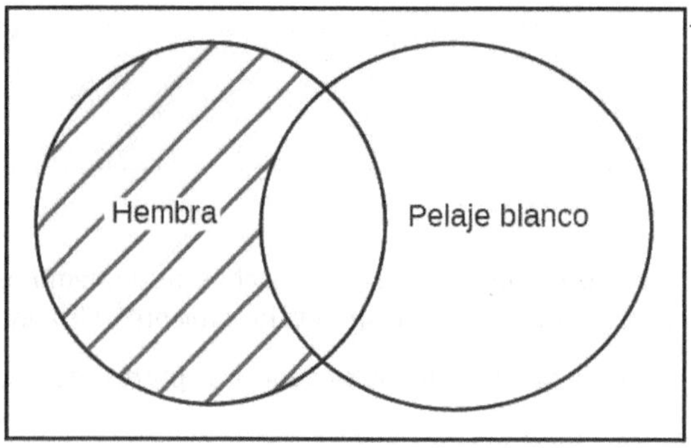

Figura 3.12

La regla de la suma de probabilidades

Antes conocimos la regla de la adición, pero sin la ayuda de los diagramas de Venn. Los diagramas de Venn ayudan a visualizar el proceso de recuento inherente al cálculo de la probabilidad. Para reafirmar la regla de la suma de probabilidades:

$$P(A \cup B) = P(\text{A}) + P(B) - P(A \cap B)$$

Recuerde que la probabilidad es simplemente la proporción de los objetos que nos interesan en relación con el número total de objetos. Por eso podemos ver la utilidad de los diagramas de Venn. El Ejemplo 3.31 muestra cómo podemos utilizar los diagramas de Venn para contar el número de perros en la unión de marrón y macho recordándonos que hay que restar la intersección de marrón y macho. Podemos ver el efecto de esto directamente en las probabilidades en la regla de adición.

EJEMPLO 3.32

Tomemos una muestra de 50 estudiantes que están en una clase de estadística. 20 son de primer año y 30 de segundo. 15 estudiantes obtienen una "B" en el curso, y 5 estudiantes obtienen una "B" y son de primer año.

Halle la probabilidad de seleccionar un estudiante que obtenga una "B" o que sea de primer año. Estamos traduciendo la palabra O el símbolo matemático de la regla de adición, que es la unión de los dos conjuntos.

Solución 1

Sabemos que hay 50 estudiantes en nuestra muestra, por lo que conocemos el denominador de nuestra fracción para darnos la probabilidad. Solo tenemos que hallar el número de estudiantes que cumplen las características que nos interesan, es decir, cualquier estudiante de primer año y cualquier estudiante que haya obtenido una calificación de "B". Con la regla de adición de la probabilidad, podemos pasar directamente a las probabilidades.

Supongamos que "A" = el número de estudiantes de primer año y "B" = la calificación de "B". A continuación, podemos ver el proceso para utilizar los diagramas de Venn para resolver esto.

La $P(A) = \frac{20}{50} = 0{,}40$, $P(B) = \frac{15}{50} = 0{,}30$ y $P(A \cap B) = \frac{5}{50} = 0{,}10$.

Por lo tanto, $P(A \cap B) = 0{,}40 + 0{,}30 - 0{,}10 = 0{,}60$.

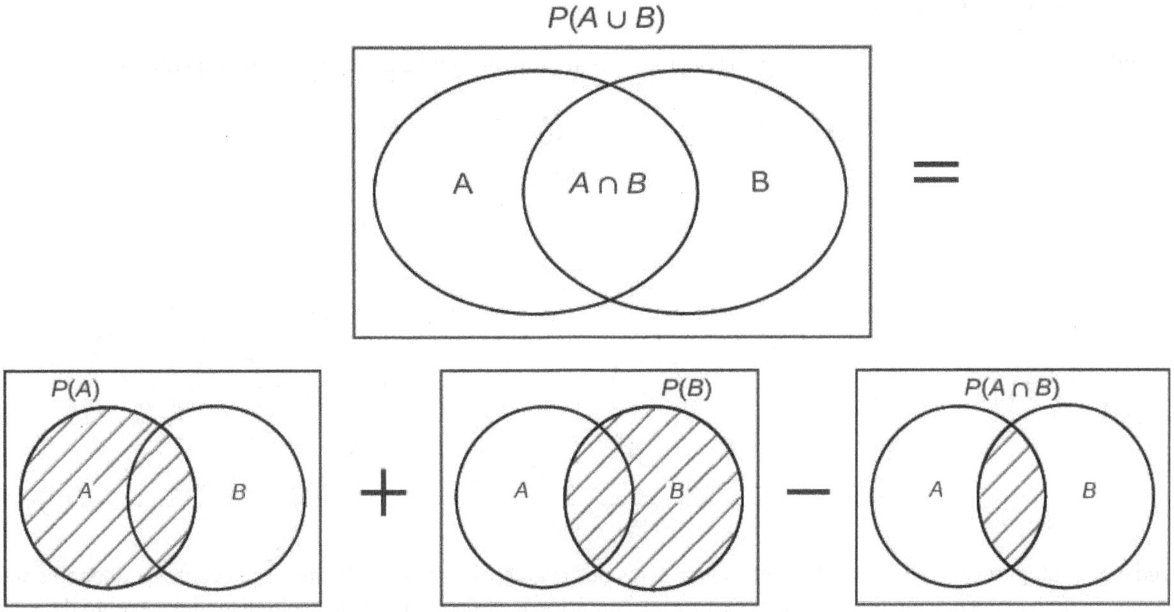

Figura 3.13

Si dos eventos son mutuamente excluyentes, entonces, como en el ejemplo en el que diagramamos los perros macho y hembra, la regla de adición se simplifica a solo $P(A \cup B) = P(\mathrm{A}) + P(B) - 0$. Esto es cierto porque, como vimos antes, la unión de eventos mutuamente excluyentes es el conjunto nulo, ∅. Los siguientes diagramas lo demuestran.

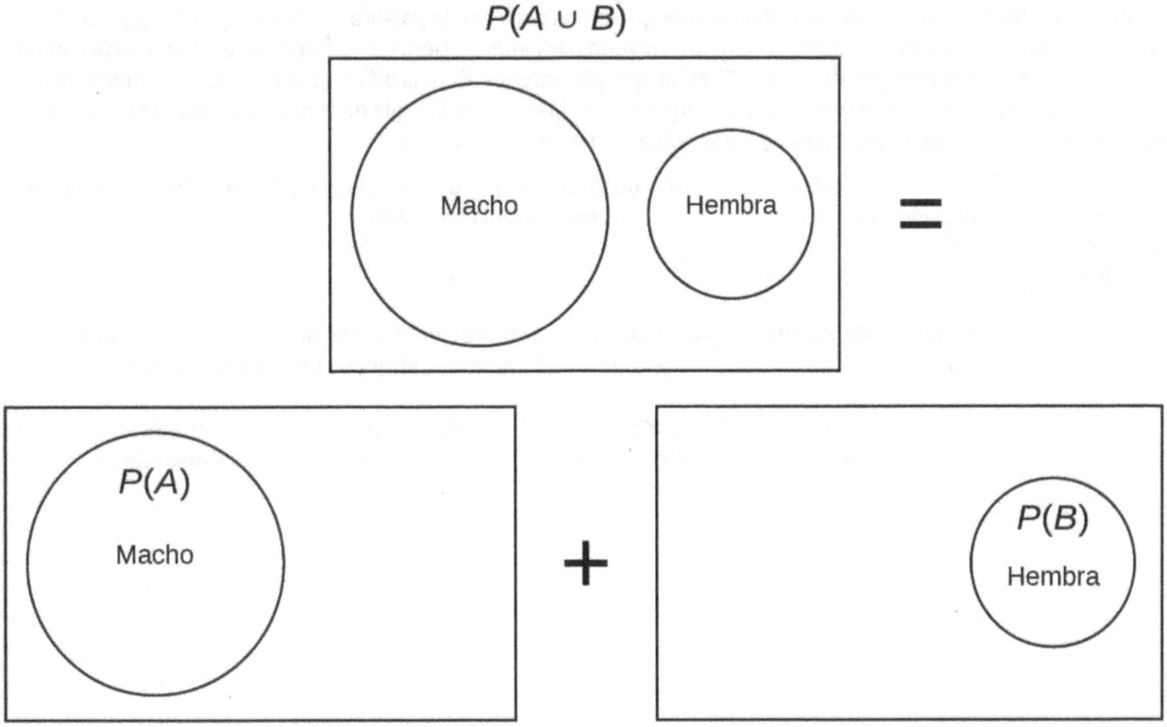

Figura 3.14

La regla de la multiplicación de la probabilidad

Reformulando la regla de multiplicación de la probabilidad utilizando la notación de los diagramas de Venn, tenemos:

$$P(A \cap B) = P(A|B) \cdot P(B)$$

La regla de la multiplicación puede modificarse con un poco de álgebra en la siguiente regla condicional. A continuación, se pueden utilizar diagramas de Venn para demostrar el proceso.

La regla condicional: $P(A|B) = \frac{P(A \cap B)}{P(B)}$

Utilizando los mismos datos del Ejemplo 3.32 de arriba, halle la probabilidad de que alguien obtenga una "B" si es un "novato".

$$P(A|B) = \frac{0{,}10}{0{,}30} = \frac{1}{3}$$

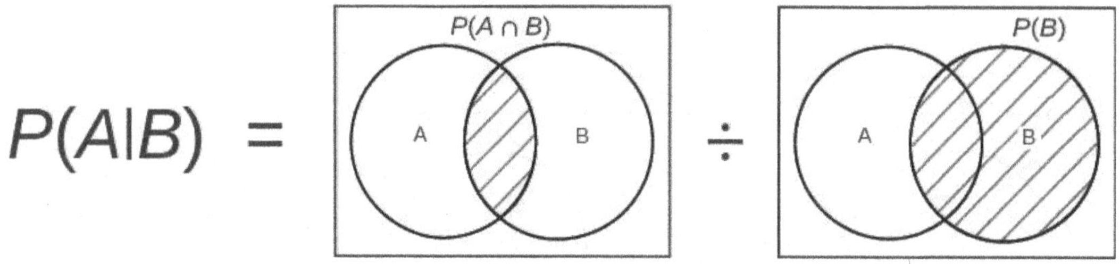

Figura 3.15

La regla de multiplicación también debe modificarse si los dos eventos son independientes. Los eventos independientes se definen como una situación en la que la probabilidad condicional es simplemente la probabilidad del evento de interés. Formalmente, la independencia de los eventos se define como $P(A|B) = P(A)$ o $P(B|A) = P(B)$. Al lanzar monedas, el resultado de la segunda tirada es independiente del resultado de la primera; las monedas no tienen memoria. La regla de multiplicación de la probabilidad para eventos independientes pasa a ser:

$$P(A \cap B) = P(A) \cdot P(B)$$

Una forma fácil de recordar esto es considerar lo que queremos decir con la palabra "y". Vemos que la regla de multiplicación ha traducido la palabra "y" a la notación Venn para intersección. Por lo tanto, el resultado debe cumplir las dos condiciones de primer año y nota de "B" en el ejemplo anterior. Es más difícil, menos probable, cumplir dos condiciones que una sola o alguna otra. Podemos intentar ver la lógica de la regla de la multiplicación de la probabilidad debido a que las fracciones multiplicadas entre sí se hacen más pequeñas.

El desarrollo de las reglas de la probabilidad con el uso de los diagramas de Venn puede mostrarse como una ayuda al querer calcular probabilidades a partir de datos dispuestos en una tabla de contingencia.

EJEMPLO 3.33

La Tabla 3.11 es de una muestra de 200 personas a las que se les preguntó por su nivel de estudios. Las columnas representan la educación más alta que completaron y las filas separan a los individuos por hombres y mujeres.

	Menos de un grado de escuela secundaria	**Graduado de la escuela secundaria**	**Algunos años de educación universitaria**	**Graduado universitario**	**Total**
Hombres	5	15	40	60	120
Mujeres	8	12	30	30	80
Total	13	27	70	90	200

Tabla 3.11

Ahora, podemos utilizar esta tabla para responder a preguntas de probabilidad. Los siguientes ejemplos están diseñados para ayudar a entender el formato anterior, al tiempo que conectan los conocimientos con los diagramas de Venn y las reglas de probabilidad.

¿Cuál es la probabilidad de que una persona seleccionada haya terminado la universidad y sea mujer?

Solución 1

Se trata de una tarea sencilla que consiste en hallar el valor en el que se cruzan las dos características en la tabla y, a continuación, aplicar el postulado de la probabilidad, que establece que la probabilidad de un evento es la proporción de resultados que coinciden con el evento en el que estamos interesados como proporción de todos los resultados posibles totales.

$P(\textit{graduado universitario} \cap \textit{mujer}) = \frac{30}{200} = 0{,}15$

¿Cuál es la probabilidad de seleccionar a una mujer o a alguien que haya terminado la universidad?

Solución 2

Esta tarea implica el uso de la regla de la suma para resolver esta probabilidad.

$P(\textit{graduado universitario} \cup \textit{Mujer}) = P(F) + P(CG) - P(F \cap CG)$

$P(\textit{graduado universitario} \cup \textit{mujer}) = \frac{80}{200} + \frac{90}{200} - \frac{30}{200} = \frac{140}{200} = 0{,}70$

¿Cuál es la probabilidad de seleccionar un graduado de secundaria si solo seleccionamos del grupo de hombres?

Solución 3

Aquí debemos utilizar la regla de la probabilidad condicional (la regla de la multiplicación modificada) para resolver esta probabilidad.

$$P(\textit{Graduación escuela secundaria} \mid \textit{Hombre} = \frac{\text{P(Graduado de escuela secundaria} \cap \text{Hombres)}}{\text{P(Hombres)}} = \frac{\left(\frac{15}{200}\right)}{\left(\frac{120}{200}\right)} = \frac{15}{120} = 0{,}125$$

¿Podemos concluir que el nivel de educación alcanzado por estas 200 personas es independiente del sexo de la persona?

Solución 4

Hay dos maneras de abordar esta prueba. El primer método trata de comprobar si la intersección de dos eventos es igual al producto de los eventos por separado recordando que si dos eventos son independientes entonces $P(A) * P(B) = P(A \cap B)$. Para simplificar, podemos utilizar los valores calculados anteriormente.

¿P(Graduado universitario) ∩ Mujer) = P(Graduado universitario) · P(M)?

$\frac{30}{200} \neq \frac{90}{200} \cdot \frac{80}{200}$ *porque* 0,15 ≠ 0,18.

Por lo tanto, aquí el sexo y la educación **no** son independientes.

El segundo método consiste en comprobar si la probabilidad condicional de *A dado B* es igual a la probabilidad de *A*. De nuevo, para simplificar, podemos utilizar un valor ya calculado anteriormente.

¿P(Graduado de escuela secundaria | Hombre) = P(Graduado de escuela secundaria)?

$\frac{15}{120} \neq \frac{27}{200}$ *porque* 0,125 ≠ 0,135.

Por lo tanto, de nuevo el sexo y la educación **no** son independientes.

Términos Clave

Complemento del evento el complemento del evento *A* consiste en todos los resultados que NO están en *A*.

Diagrama de árbol la útil representación visual de un espacio muestral y de eventos en forma de "árbol" con ramas marcadas por los posibles resultados junto con las probabilidades asociadas (frecuencias, frecuencias relativas, etc.)

Diagrama de Venn la representación visual de un espacio muestral y de eventos en forma de círculos u óvalos que muestran sus intersecciones

Espacio muestral el conjunto de todos los resultados posibles de un experimento

Evento un subconjunto del conjunto de todos los resultados de un experimento; el conjunto de todos los resultados de un experimento se denomina **espacio muestral** y se suele denotar por una *S*. Un evento es un subconjunto arbitrario en *S*. Puede contener un resultado, dos resultados, ningún resultado (subconjunto vacío), todo el espacio muestral y similares. Las anotaciones estándar para los eventos son letras mayúsculas como *A*, *B*, *C*, etc.

Eventos dependientes si dos eventos NO son independientes, decimos que son dependientes

Eventos independientes la ocurrencia de un evento no tiene efecto sobre la probabilidad de que ocurra otro evento. Los eventos *A* y *B* son independientes si una de las siguientes afirmaciones es cierta:

1. $P(A|B) = P(A)$
2. $P(B|A) = P(B)$
3. $P(A \cap B) = P(A)P(B)$

Experimento una actividad planificada y realizada en condiciones controladas

Igual de probable cada resultado de un experimento tiene la misma probabilidad

La intersección: el evento ∩ un resultado es en el caso $A \cap B$ si el resultado está en ambos $A \cap B$ al mismo tiempo.

La probabilidad condicional de que *A* | *B* $P(A|B)$ es la probabilidad de que ocurra el evento *A* dado que el evento *B* ya ha ocurrido.

La Unión: el evento ∪ un resultado es en el caso $A \cup B$ si el resultado está en *A* o está en *B* o está tanto en *A* como en *B*.

Muestreo con reemplazo si cada miembro de una población es reemplazado después de ser elegido, entonces ese miembro tiene la posibilidad de ser elegido más de una vez.

Muestreo sin reemplazo cuando el muestreo se hace sin reemplazo, cada miembro de una población solo lo pueden seleccionar una vez.

Mutuamente excluyente dos eventos son mutuamente excluyentes si la probabilidad de que ambos ocurran al mismo tiempo es cero Si los eventos *A* y *B* son mutuamente excluyentes, entonces $P(A \cap B) = 0$.

Probabilidad un número entre cero y uno, inclusive, que da la probabilidad de que ocurra un evento específico; el fundamento de la estadística viene dado por los siguientes 3 axiomas (por A. N. Kolmogorov, década de los años 30 del siglo XX): Supongamos que *S* es el espacio muestral y *A* y *B* son dos eventos en *S*. Entonces

- $0 \le P(A) \le 1$
- Si *A* y *B* son dos eventos mutuamente excluyentes, entonces $P(A \cup B) = P(A) + P(B)$.
- $P(S) = 1$

Probabilidad condicional la probabilidad de que un evento ocurra dado que otro evento ya ha ocurrido

Resultado un producto particular de un experimento

Tabla de contingencia el método de mostrar una distribución de frecuencias como una tabla con filas y columnas para mostrar cómo dos variables pueden ser dependientes (contingentes) entre sí; la tabla proporciona una manera fácil de calcular probabilidades condicionales.

Repaso del capítulo

3.1 Terminología

En este módulo hemos aprendido la terminología básica de la probabilidad. El conjunto de todos los resultados posibles de un experimento se denomina espacio muestral. Los eventos son subconjuntos del espacio muestral y se les asigna una probabilidad que es un número entre cero y uno, ambos inclusive.

3.2 Eventos mutuamente excluyentes e independientes

Dos eventos *A* y *B* son independientes si el conocimiento de que uno ha ocurrido no afecta a la posibilidad de que ocurra el otro. Si dos eventos no son independientes, decimos que son dependientes.

En el muestreo con reemplazo, cada miembro de una población se sustituye después de que lo seleccionen, por lo que ese miembro tiene la posibilidad de que lo seleccionen más de una vez, y los eventos se consideran independientes. En el muestreo sin reemplazo, cada miembro de una población solo lo pueden seleccionar una vez, y se considera que los eventos no son independientes. Cuando los eventos no comparten resultados, son mutuamente excluyentes.

3.3 Dos reglas básicas de la probabilidad

Las reglas de multiplicación y de adición se utilizan para calcular la probabilidad de *A* y *B*, así como la probabilidad de *A* o *B* para dos eventos dados *A*, *B* definidos en el espacio muestral. En el muestreo con reemplazo, cada miembro de una población se sustituye después de ser elegido, por lo que ese miembro tiene la posibilidad de ser elegido más de una vez, y los eventos se consideran independientes. En el muestreo sin reemplazo, cada miembro de una población solo lo pueden seleccionar una vez, y se considera que los eventos no son independientes. *A* y *B* son eventos mutuamente excluyentes cuando no tienen ningún resultado en común.

3.4 Tablas de contingencia y árboles de probabilidad

Hay varias herramientas que pueden ayudar a organizar y clasificar datos cuando se calculan probabilidades. Las tablas de contingencia ayudan a visualizar los datos y son especialmente útiles cuando se calculan probabilidades que tienen múltiples variables dependientes.

Un diagrama de árbol utiliza ramas para mostrar los diferentes resultados de los experimentos y facilita la visualización de preguntas de probabilidad complejas.

3.5 Diagramas de Venn

Un diagrama de Venn es una imagen que representa los resultados de un experimento. Generalmente consiste en una caja que representa el espacio muestral S o universo de los objetos de interés junto con círculos u óvalos. Los círculos u óvalos representan grupos de eventos llamados conjuntos. Un diagrama de Venn es especialmente útil para visualizar la ∪ de eventos, la ∩ de eventos, y el complemento de un evento y para entender las probabilidades condicionales. Un diagrama de Venn es especialmente útil para visualizar una Intersección de dos eventos, una Unión de dos eventos o un Complemento de un evento. Un sistema de diagramas de Venn también puede ayudar a entender las probabilidades condicionales. Los diagramas de Venn conectan el cerebro y los ojos haciendo coincidir la aritmética literal con una imagen. Es importante señalar que se necesita más de un diagrama de Venn para resolver las fórmulas de reglas de probabilidad introducidas en la Sección 3.3.

Repaso de fórmulas

3.1 Terminología

A y *B* son eventos

$P(S) = 1$ donde *S* es el espacio muestral

$0 \leq P(A) \leq 1$

$P(A|B) = \frac{P(A \cap B)}{P(B)}$

3.2 Eventos mutuamente excluyentes e independientes

Si A y B son independientes, $P(A \cap B) = P(A)P(B)$, $P(A|B) = P(A)$ y $P(B|A) = P(B)$.

Si A y B son mutuamente excluyentes, $P(A \cup B) = P(A) + P(B)$ y $P(A \cap B) = 0$.

3.3 Dos reglas básicas de la probabilidad

La regla de multiplicación: $P(A \cap B) = P(A|B)P(B)$

La regla de adición: $P(A \cup B) = P(A) + P(B) - P(A \cap B)$

Práctica

3.1 Terminología

1. En una determinada clase de un instituto universitario hay estudiantes hombres y mujeres. Algunos estudiantes tienen el cabello largo y otros tienen el cabello corto. Escriba los **símbolos** de las probabilidades de los eventos de las partes de la a a la j (tenga en cuenta que aquí no puede hallar respuestas numéricas. Todavía no se le ha dado suficiente información para hallar ningún valor de probabilidad; concéntrese en entender los símbolos).

   - Supongamos que *F* es el evento en el que un estudiante es mujer.
   - Supongamos que *M* es el evento en el que un estudiante es hombre.
   - Supongamos que *S* es el evento en el que un estudiante tiene el cabello corto.
   - Supongamos que *L* es el evento en el que un estudiante tiene el cabello largo.

   a. La probabilidad de que un estudiante no tenga el cabello largo.
   b. La probabilidad de que un estudiante sea hombre o tenga el cabello corto.
   c. La probabilidad de que un estudiante sea una mujer y tenga el cabello largo.
   d. La probabilidad de que un estudiante sea hombre, dado que el estudiante tiene el cabello largo.
   e. La probabilidad de que un estudiante tenga el cabello largo, dado que el estudiante es hombre.
   f. De todas las estudiantes mujeres, la probabilidad de que una estudiante tenga el cabello corto.
   g. De todos los estudiantes con cabello largo, la probabilidad de que un estudiante sea mujer.
   h. La probabilidad de que un estudiante sea mujer o tenga el cabello largo.
   i. La probabilidad de que un estudiante seleccionado al azar sea un hombre con el cabello corto.
   j. La probabilidad de que un estudiante sea mujer.

Use la siguiente información para responder los próximos cuatro ejercicios. Una caja está llena de varios regalos de fiesta. Contiene 12 sombreros, 15 pitos, diez trampas para dedos y cinco bolsas de confeti. Se elegirá al azar un regalo de fiesta de la caja.
Supongamos que H = el evento de sacar un sombrero.
Supongamos que N = el evento de sacar un pito.
Supongamos que F = el evento de sacar una trampa para dedos.
Supongamos que C = el evento de sacar una bolsa de confeti.

2. Calcule $P(H)$.

3. Calcule $P(N)$.

4. Calcule $P(F)$.

5. Calcule $P(C)$.

Use la siguiente información para responder los próximos seis ejercicios. Una jarra de 150 gominolas contiene 22 rojas, 38 amarillas, 20 verdes, 28 moradas, 26 azules y el resto son anaranjadas. Se saca de la caja una gominola al azar.
Supongamos que B = el evento de sacar una gominola azul.
Supongamos que G = el evento de sacar una gominola verde.
Supongamos que O = el evento de sacar una gominola anaranjada.
Supongamos que P = el evento de sacar una gominola morada.
Supongamos que R = el evento de sacar una gominola roja.
Supongamos que Y = el evento de sacar una gominola amarilla.

6. Calcule $P(B)$.

7. Calcule $P(G)$.

8. Calcule $P(P)$.

9. Calcule $P(R)$.

10. Calcule $P(Y)$.

11. Calcule $P(O)$.

Use la siguiente información para responder los próximos seis ejercicios. Hay 23 países en América del Norte, 12 en América del Sur, 47 en Europa, 44 en Asia, 54 en África y 14 en Oceanía (región del Océano Pacífico).
Supongamos que A = el evento en el que un país esté en Asia.
Supongamos que E = el evento en el que un país esté en Europa.
Supongamos que F = el evento en el que un país esté en África.
Supongamos que N = el evento en el que un país esté en América del Norte.
Supongamos que O = el evento en el que un país esté en Oceanía.
Supongamos que S = el evento en el que un país esté en América del Sur.

12. Calcule $P(A)$.

13. Calcule $P(E)$.

14. Calcule $P(F)$.

15. Calcule $P(N)$.

16. Calcule $P(O)$.

17. Calcule $P(S)$.

18. ¿Cuál es la probabilidad de sacar una carta roja en un mazo estándar de 52 cartas?

19. ¿Cuál es la probabilidad de sacar un trébol en un mazo estándar de 52 cartas?

20. ¿Cuál es la probabilidad de sacar un número par de puntos con un dado imparcial de seis lados numerados del uno al seis?

21. ¿Cuál es la probabilidad de sacar un número primo de puntos con un dado imparcial de seis lados numerados del uno al seis?

Use la siguiente información para responder los próximos dos ejercicios. Usted ve un juego en una feria local. Tiene que lanzar un dardo a una rueda de colores. Cada sección de la rueda de color es de igual área.

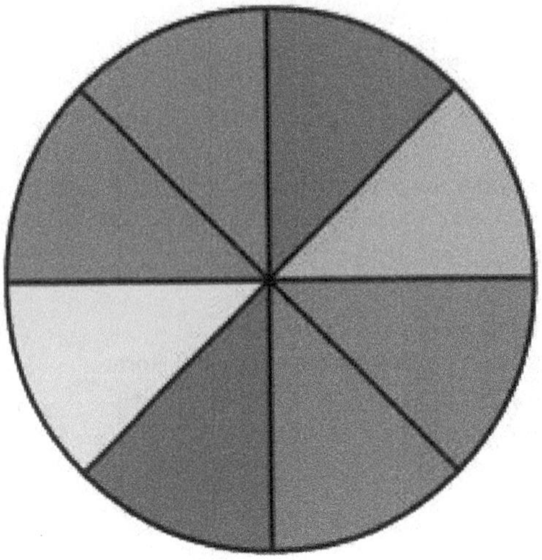

Figura 3.16

Supongamos que B = el evento de acertar al azul.
Supongamos que R = el evento de acertar al rojo.
Supongamos que G = el evento de acertar al verde.
Supongamos que Y = el evento de acertar al amarillo.

22. Si cae en Y, se lleva el premio mayor. Calcule $P(Y)$.

23. Si cae en rojo, no recibe premio. ¿Qué es $P(R)$?

Use la siguiente información para responder los próximos diez ejercicios. En un equipo de béisbol, hay jugadores de campo y jardineros. Algunos jugadores son grandes bateadores y otros no.
Supongamos que I = el evento en el que un jugador es un jugador de campo.
Supongamos que O = el evento en el que un jugador sea jardinero.
Supongamos que H = el evento en el que un jugador sea un gran bateador.
Supongamos que N = el evento en el que un jugador no sea un gran bateador.

24. Escriba los símbolos de la probabilidad de que un jugador no sea jardinero.

25. Escriba los símbolos de la probabilidad de que un jugador sea un jardinero o un gran bateador.

26. Escriba los símbolos de la probabilidad de que un jugador sea jugador de campo y no sea un gran bateador.

27. Escriba los símbolos de la probabilidad de que un jugador sea un gran bateador, dado que el jugador es un jugador de campo.

28. Escriba los símbolos para la probabilidad de que un jugador sea un jugador de campo, dado que el jugador es un gran bateador.

29. Escriba los símbolos para la probabilidad de que, de todos los jardineros, un jugador no sea un gran bateador.

30. Escriba los símbolos de la probabilidad de que, de todos los grandes bateadores, un jugador sea jardinero.

31. Escriba los símbolos de la probabilidad de que un jugador sea jugador de campo o no sea un gran bateador.

32. Escriba los símbolos de la probabilidad de que un jugador sea jardinero y sea un gran bateador.

33. Escriba los símbolos de la probabilidad de que un jugador sea jugador de campo.

34. ¿Cómo se denomina el conjunto de todos los resultados posibles?

35. ¿Qué es la probabilidad condicional?

36. En una estantería caben 12 libros. Ocho son de ficción y el resto no lo son. Cada uno es un libro diferente con un título único. Los libros de ficción están numerados del uno al ocho. Los libros que no son de ficción están numerados del uno al cuatro. Seleccione al azar un libro.
Supongamos que F = evento en el que el libro es de ficción
Supongamos que N = evento en el que el libro no es de ficción
¿Cuál es el espacio muestral?

37. ¿Cuál es la suma de las probabilidades de un evento y su complemento?

Use la siguiente información para responder los próximos dos ejercicios. Usted está lanzando un cubo numérico imparcial de seis lados. Supongamos que E = el evento en el que caiga en un número par. Supongamos que M = el evento en el que caiga en un múltiplo de tres.

38. ¿Qué significa $P(E|M)$ en palabras?

39. ¿Qué significa $P(E \cup M)$ en palabras?

3.2 Eventos mutuamente excluyentes e independientes

40. E y F son eventos mutuamente excluyentes. $P(E) = 0{,}4$; $P(F) = 0{,}5$. Calcule $P(E \mid F)$.

41. J y K son eventos independientes. $P(J|K) = 0{,}3$. Calcule $P(J)$.

42. U y V son eventos mutuamente excluyentes. $P(U) = 0{,}26$; $P(V) = 0{,}37$. Calcule:

a. $P(U \cap V) =$
b. $P(U|V) =$
c. $P(U \cup V) =$

43. Q y R son eventos independientes. $P(Q) = 0{,}4$ y $P(Q \cap R) = 0{,}1$. Calcule $P(R)$.

3.3 Dos reglas básicas de la probabilidad

Use la siguiente información para responder los próximos diez ejercicios. El cuarenta y ocho por ciento de todos los californianos votantes registrados prefieren la cadena perpetua sin libertad condicional a la pena de muerte para una persona condenada por asesinato en primer grado. Entre los votantes latinos registrados en California, el 55 % prefiere la cadena perpetua sin libertad condicional a la pena de muerte para una persona condenada por asesinato en primer grado. El 37,6 % de los californianos son latinos.

En este problema supongamos que:

- C = californianos (votantes registrados) que prefieren la cadena perpetua sin libertad condicional a la pena de muerte para una persona condenada por asesinato en primer grado.

- L = californianos latinos

Supongamos que se selecciona al azar un californiano.

44. Calcule $P(C)$.

45. Calcule $P(L)$.

46. Calcule $P(C|L)$.

47. En palabras, ¿qué es $C?|L$?

48. Calcule $P(L \cap C)$.

49. En palabras, ¿qué es $L \cap C$?

50. ¿L y C son eventos independientes? Demuestre por qué sí o por qué no.

51. Calcule $P(L \cup C)$.

52. En palabras, ¿qué es $L \cup C$?

53. ¿L y C son eventos mutuamente excluyentes? Demuestre por qué sí o por qué no.

3.5 Diagramas de Venn

Use la siguiente información para responder los próximos cuatro ejercicios. La Tabla 3.12 muestra una muestra aleatoria de músicos y cómo aprendieron a tocar sus instrumentos.

Sexo	Autodidacta	Estudió en la escuela	Instrucción privada	Total
Mujeres	12	38	22	72
Hombres	19	24	15	58
Total	31	62	37	130

Tabla 3.12

54. Calcule P(el músico es una mujer).

55. Halle P(el músico es un hombre ∩ tuvo instrucción privada).

56. Halle P(el músico es una mujer ∪ es autodidacta).

57. ¿Los eventos “ser una mujer música” y “aprender música en la escuela” son eventos mutuamente excluyentes?

58. La probabilidad de que un hombre desarrolle algún tipo de cáncer a lo largo de su vida es de 0,4567. La probabilidad de que un hombre tenga, al menos, un resultado falso positivo (es decir, que la prueba dé un resultado de cáncer cuando el hombre no lo tiene) es de 0,51. Supongamos que: C = un hombre desarrolla un cáncer en su vida; P = el hombre tiene, al menos, un falso positivo. Construya un diagrama de árbol de la situación.

Uniéndolo todo: Práctica

Use la siguiente información para responder los próximos siete ejercicios. Un artículo en la *New England Journal of Medicine*, informó sobre un estudio de fumadores en California y Hawái. En una parte del informe se indicaba el origen étnico autodeclarado y la cantidad de cigarrillos por día. De las personas que fumaban como máximo diez cigarrillos al día, había 9.886 afroamericanos, 2.745 nativos de Hawái, 12.831 latinos, 8.378 japoneses americanos y 7.650 blancos. De las personas que fumaban como máximo diez cigarrillos al día, había 6.514 afroamericanos, 3.062 nativos de Hawái, 4.932 latinos, 10.680 japoneses americanos y 9.877 blancos. De las personas que fumaban como máximo diez cigarrillos al día, había 1.671 afroamericanos, 1.419 nativos de Hawái, 1.406 latinos, 4.715 japoneses americanos y 6.062 blancos. De las personas que fumaban al menos 31 cigarrillos al día, había 759 afroamericanos, 788 nativos de Hawái, 800 latinos, 2.305 japoneses americanos y 3.970 blancos.

59. Rellene la tabla con los datos proporcionados.

Nivel de hábito de fumar	Afroamericanos	Nativos de Hawái	Latinos	Japoneses americanos	Blancos	TOTALES
1-10						
11-20						
21-30						
31 o más						
TOTALES						

Tabla 3.13 Hábito de fumar por grupo étnico

60. Supongamos que se selecciona al azar una persona del estudio. Calcule la probabilidad de que la persona haya fumado de 11 a 20 cigarrillos al día.

61. Calcule la probabilidad de que la persona sea latina.

62. En palabras, explique qué significa elegir una persona del estudio que sea "japonés americano **Y** que fume de 21 a 30 cigarrillos al día". Además, encuentra la probabilidad.

63. En palabras, explique qué significa elegir una persona del estudio que sea "japonés americano ∪ fuma de 21 a 30 cigarrillos al día" Además, encuentra la probabilidad.

64. En palabras, explique qué significa elegir una persona del estudio que sea "japonés americano | esa persona fuma de 21 a 30 cigarrillos al día" Además, encuentra la probabilidad.

65. Demostrar que el hábito de fumar/día y la etnia son eventos dependientes.

Use la siguiente información para responder los próximos dos ejercicios. Suponga que tiene ocho cartas. Cinco son verdes y tres amarillas. Las cartas están bien barajadas.

66. Supongamos que toma al azar dos cartas, una a la vez, **con reemplazo**.
Supongamos que G_1 = la primera carta es verde
Supongamos que G_2 = la segunda carta es verde

a. Dibuje un diagrama de árbol de la situación.
b. Halle $P(G_1 \cap G_2)$.
c. Calcule *P*(al menos una verde).
d. Halle $P(G_2|G_1)$.
e. ¿G_2 y G_1 son eventos independientes? Explique por qué sí o por qué no.

67. Supongamos que saca al azar dos cartas, una a la vez, **sin reemplazo**.
G_1 = la primera carta es verde
G_2 = la segunda carta es verde

a. Dibuje un diagrama de árbol de la situación.
b. Halle $P(G_1 \cap G_2)$.
c. Calcule *P*(al menos una verde).
d. Halle $P(G_2 | G_1)$.
e. ¿G_2 y G_1 son eventos independientes? Explique por qué sí o por qué no.

Use la siguiente información para responder los próximos dos ejercicios. El porcentaje de conductores de EE. UU. con licencia (de un año reciente) que son mujeres es del 48,60. De las mujeres, el 5,03 % tienen 19 años o menos; el 81,36 % tienen entre 20 y 64 años; el 13,61 % tienen 65 años o más. De los conductores hombres con licencia en EE. UU., el 5,04 % tiene 19 años o menos; el 81,43 % tiene entre 20 y 64 años; el 13,53 % tiene 65 años o más.

68. Complete lo siguiente.

a. Construya una tabla o un diagrama de árbol de la situación.
b. Calcule *P*(el conductor es una mujer).
c. Calcule *P*(conductor de 65 años o más | la conductora es mujer).
d. Calcule *P*(conductor de 65 años o más ∩ mujer).
e. En palabras, explique la diferencia entre las probabilidades de la parte c y la parte d.
f. Calcule *P*(el conductor tiene 65 años o más).
g. ¿Ser mayor de 65 años y ser mujer son eventos mutuamente excluyentes? ¿Cómo lo sabe?

69. Supongamos que se seleccionan aleatoriamente 10.000 conductores con licencia en EE. UU.

a. ¿Cuántos espera que sean hombres?
b. Utilizando la tabla o el diagrama de árbol, construya una tabla de contingencia de sexo versus grupo de edad.
c. Utilizando la tabla de contingencia, calcule la probabilidad de que, del grupo de 20 a 64 años, un conductor seleccionado al azar sea mujer.

70. Aproximadamente el 86,5 % de los estadounidenses se desplazan al trabajo en automóvil, camioneta o van. De ese grupo, el 84,6 % conduce solo y el 15,4 % lo hace en automóvil compartido. Aproximadamente el 3,9 % va a pie al trabajo y el 5,3 % utiliza el transporte público.

a. Construya una tabla o un diagrama de árbol de la situación. Incluya una rama para todos los demás modos de transporte al trabajo.
b. Suponiendo que los que caminan van solos, ¿qué porcentaje de todos los que van al trabajo los hacen solos?
c. Supongamos que se seleccionan aleatoriamente 1.000 trabajadores. ¿Cuántas personas se desplazan solas al trabajo?
d. Supongamos que se seleccionan aleatoriamente 1.000 trabajadores. ¿Cuántos espera que conduzcan un automóvil compartido?

71. Cuando se introdujo la moneda de euro en 2002, dos profesores de Matemáticas hicieron que sus estudiantes de Estadística comprobaran si la moneda belga de un euro era una moneda imparcial. Hicieron girar la moneda en vez de lanzarla y descubrieron que de 250 giros, 140 mostraron una cara (evento *H*) mientras que 110 mostraron una cruz (evento *T*). Sobre esta base, afirmaron que no es una moneda imparcial.

a. A partir de los datos dados, halle $P(H)$ y $P(T)$.
b. Utilice un árbol para hallar las probabilidades de cada resultado posible para el experimento de lanzar la moneda dos veces.
c. Utilice el árbol para hallar la probabilidad de obtener exactamente una cara en dos lanzamientos de la moneda.
d. Utilice el árbol para hallar la probabilidad de obtener, al menos, una cara.

Tarea para la casa

3.1 Terminología

72.

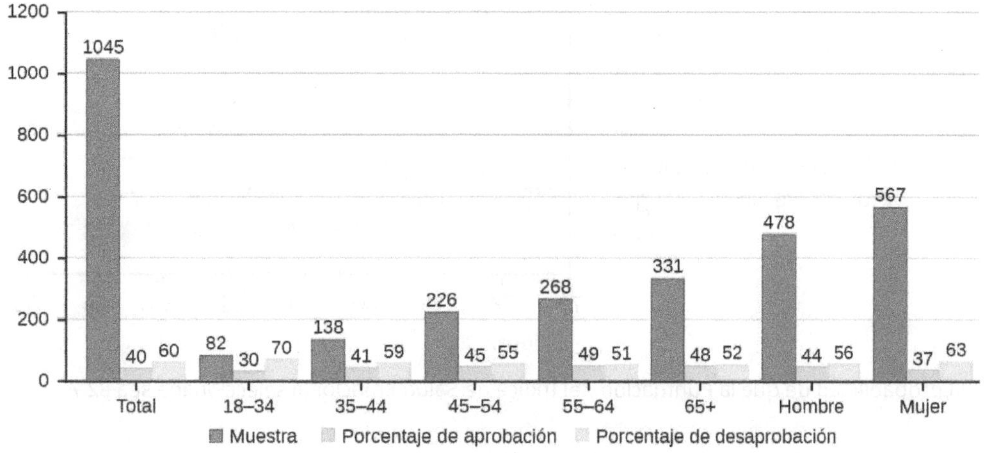

Figura 3.17

El gráfico de la Figura 3.17 muestra el tamaño de la muestra y los porcentajes de personas de diferentes grupos de edad y sexo que fueron consultadas sobre su aprobación de las acciones del alcalde Ford en el cargo. El número total de la muestra de todos los grupos de edad es de 1.045.

a. Defina tres eventos en el gráfico.
b. Describa con palabras lo que significa la entrada 40.
c. Describa con palabras el complemento de la entrada de la pregunta 2.
d. Describa con palabras lo que significa la entrada 30.
e. De los hombres y las mujeres, ¿qué porcentaje son hombres?
f. De las mujeres, ¿qué porcentaje desaprueba al alcalde Ford?
g. De todos los grupos de edad, ¿qué porcentaje aprueba al alcalde Ford?
h. Calcule $P(\text{Aprueba}|\text{Hombre})$.
i. De los grupos de edad, ¿qué porcentaje tiene más de 44 años?
j. Calcule $P(\text{Aprueba}|\text{Edad} < 35)$.

73. Explique qué es incorrecto en las siguientes afirmaciones. Utilice oraciones completas.

a. Si hay un 60 % de probabilidad de lluvia el sábado y un 70 % de probabilidad de lluvia el domingo, entonces hay un 130 % de probabilidad de lluvia durante el fin de semana.
b. La probabilidad de que un jugador de béisbol batee un jonrón es mayor que la probabilidad de que haga un batazo imparable.

3.2 Eventos mutuamente excluyentes e independientes

Use la siguiente información para responder los próximos 12 ejercicios. Entre enero y diciembre de 2012, Gallup entrevistó a más de 170.000 estadounidenses de 18 años o más con empleo. El gráfico que se muestra está elaborado a partir de datos recogidos por Gallup. Las calificaciones del Índice de Salud Emocional son el espacio muestral. Tomamos una muestra aleatoria de la calificación del Índice de Salud Emocional.

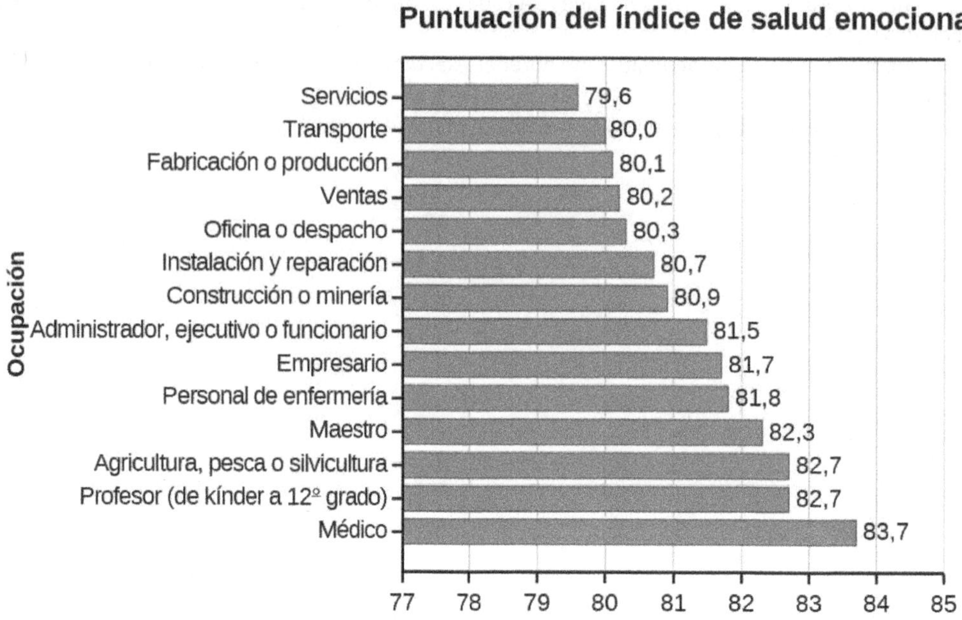

Figura 3.18

74. Calcule la probabilidad de que la Puntuación del Índice de Salud Emocional seleccionada sea 82,7.

75. Calcule la probabilidad de que la Puntuación del Índice de Salud Emocional seleccionada sea 81,0.

76. Halle la probabilidad de que la puntuación del Índice de Salud Emocional seleccionada sea superior a 81

77. Calcule la probabilidad de que la puntuación del Índice de Salud Emocional seleccionada esté entre 80,5 y 82

78. Si sabemos que la puntuación del Índice de Salud Emocional seleccionada es de 81,5 o más, ¿cuál es la probabilidad de que sea de 82,7?

79. ¿Cuál es la probabilidad de que la puntuación del Índice de Salud Emocional seleccionada sea 80,7 u 82,7?

80. ¿Cuál es la probabilidad de que la Puntuación del Índice de Salud Emocional seleccionada sea inferior a 80,2 dado que ya es inferior a 81?

81. ¿Qué ocupación tiene la calificación más alta del índice emocional?

82. ¿Qué ocupación tiene la calificación más baja del índice emocional?

83. ¿Cuál es el rango de los datos?

84. Calcule el promedio de la Calificación del Índice de Salud Emocional (Emotional Health Index Score, EHIS).

85. Si todas las ocupaciones son igualmente probables para una determinada persona, ¿cuál es la probabilidad de que tenga una ocupación con un EHIS inferior al promedio?

3.3 Dos reglas básicas de la probabilidad

86. El 28 de febrero de 2013, una encuesta de Field Poll informó que el 61 % de los votantes registrados en California aprobaba que se les permitiera a dos personas del mismo sexo casarse y que rigieran las leyes regulares de matrimonio para ellos. Entre los jóvenes de 18 a 39 años (votantes registrados en California), el índice de aprobación fue del 78 %. Seis de cada diez votantes registrados en California dijeron que el próximo fallo del Tribunal Supremo sobre la constitucionalidad de la Proposición 8 de California era "muy importante" o "algo importante" para ellos. De los votantes registrados en California que apoyan el matrimonio entre personas del mismo sexo, el 75 % dijeron que la sentencia es "importante" para ellos.

En este problema, supongamos que:

- C = votantes registrados en California que apoyan el matrimonio entre personas del mismo sexo.
- B = votantes registrados en California que dicen que el fallo del Tribunal Supremo sobre la constitucionalidad de la Proposición 8 de California es "muy importante" o "algo importante" para ellos.
- A = Votantes registrados en California que tienen entre 18 y 39 años

a. Calcule $P(C)$.
b. Calcule $P(B)$.
c. Calcule $P(C|A)$.
d. Calcule $P(B|C)$.
e. En palabras, ¿qué es C?|¿A?
f. En palabras, ¿qué es $B|C$?
g. Calcule $P(C \cap B)$.
h. En palabras, ¿qué es $C \cap B$?
i. Calcule $P(C \cup B)$.
j. ¿C y B son eventos mutuamente excluyentes? Demuestre por qué sí o por qué no.

87. Después de que Rob Ford, el alcalde de Toronto, anunciara sus planes de recortar los gastos presupuestarios a finales de 2011, el Forum Research hizo un sondeo entre 1.046 personas para medir su popularidad. Todos los consultados expresaron su aprobación o desaprobación. Estos son los resultados de su sondeo:

- A principios de 2011, el 60 % de la población aprobaba la actuación del alcalde Ford en el cargo.
- A mediados de 2011, el 57 % de la población aprobaba sus acciones.
- A finales de 2011, el porcentaje de aprobación popular se medía en un 42 por ciento.

a. ¿Cuál es el tamaño de la muestra de este estudio?
b. ¿Qué proporción del sondeo desaprueba al alcalde Ford, según los resultados de finales de 2011?
c. ¿Cuántas personas consultadas respondieron que aprobaban al alcalde Ford a finales de 2011?
d. ¿Cuál es la probabilidad de que una persona apoye al alcalde Ford, según los datos recopilados a mediados de 2011?
e. ¿Cuál es la probabilidad de que una persona apoye al alcalde Ford, según los datos recopilados a principios de 2011?

Use la siguiente información para responder los próximos tres ejercicios. El juego de casino, la ruleta, le permite al jugador apostar sobre la probabilidad de que una bola que gira en la rueda de la ruleta caiga en un color, número o rango de números particulares. La tabla utilizada para realizar las apuestas contiene 38 números, y cada número se asigna a un color y a un rango.

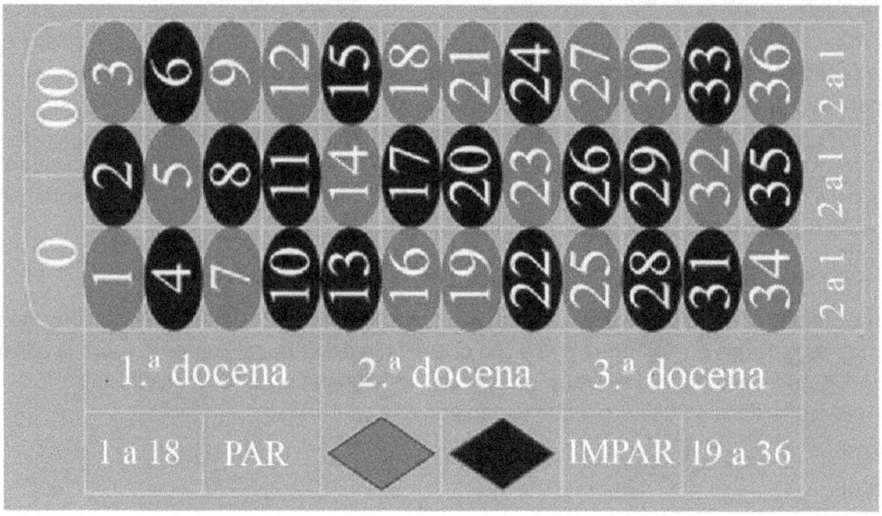

Figura 3.19 (créditos: film8ker/wikibooks).

88. a. Enumere el espacio muestral de los 38 resultados posibles en la ruleta.
b. Usted apuesta por el rojo. Calcule *P*(rojo).
c. Apuesta por -1.º 12- (1.ª docena). Calcule *P*(-1.º 12-).
d. Apuesta por un número par. Calcule *P*(número par).
e. ¿Obtener un número impar es el complemento de obtener un número par? ¿Por qué?
f. Halle dos eventos mutuamente excluyentes.
g. ¿Los eventos par y 1.ª docena son independientes?

89. Calcule la probabilidad de ganar los siguientes tipos de apuestas:

a. Apostar a dos líneas que se tocan en la mesa como en 1-2-3-4-5-6
b. Apostar a tres números en una línea, como en 1-2-3
c. Apostar a un número
d. Apostar a cuatro números que se tocan para formar un cuadrado, como en 10-11-13-14
e. Apostar a dos números que se tocan en la mesa, como 10-11 o 10-13
f. Apostar a 0-00-1-2-3
g. Apostar a 0-1-2; o 0-00-2; o 00-2-3

90. Calcule la probabilidad de ganar los siguientes tipos de apuestas:

a. Apostar a un color
b. Apostar a uno de los doce grupos
c. Apostar al rango de números del 1 al 18
d. Apostar al rango de números del 19 al 36
e. Apostar a una de las columnas
f. Apostar a un número par o impar (excluye el cero)

91. Suponga que tiene ocho cartas. Cinco son verdes y tres amarillas. Las cinco cartas verdes están numeradas como 1, 2, 3, 4 y 5. Las tres cartas amarillas están numeradas como 1, 2 y 3. Las cartas están bien barajadas. Saca una carta al azar.

- G = la carta que sacó es verde
- E = la carta extraída es par

a. Enumere el espacio muestral.
b. $P(G)$ = ____
c. $P(G|E)$ = ____
d. $P(G \cap E)$ = ____
e. $P(G \cup E)$ = ____
f. ¿G y E son mutuamente excluyentes? Justifique su respuesta numéricamente.

92. Lanza dos dados imparciales por separado. Cada dado tiene seis caras.

a. Enumere el espacio muestral.
b. Supongamos que A es el evento para que salga primero un tres o un cuatro seguido de un número par. Calcule $P(A)$.
c. Supongamos que B es el evento para que la suma de las dos lanzadas sea como máximo siete. Calcule $P(B)$.
d. En palabras, explique qué representa "$P(A|B)$". Calcule $P(A|B)$.
e. ¿A y B son eventos mutuamente excluyentes? Explique su respuesta en una o tres oraciones completas incluida la justificación numérica.
f. ¿A y B son eventos independientes? Explique su respuesta en una o tres oraciones completas incluida la justificación numérica.

93. Un mazo especial tiene diez cartas. Cuatro son verdes, tres azules y tres rojas. Cuando se elige una carta se registra su color. El experimento consiste en elegir primero una carta y luego lanzar una moneda.

a. Enumere el espacio muestral.
b. Supongamos que A es el evento para que se elija primero una carta azul seguido de que salga cara en el lanzamiento de la moneda. Calcule $P(A)$.
c. Supongamos que B es el evento para que se elija una roja o una verde seguido de que salga cara en el lanzamiento de la moneda. ¿Los eventos A y B son mutuamente excluyentes? Explique su respuesta en una o tres oraciones completas incluida la justificación numérica.
d. Supongamos que C es el evento para que se elija una roja o una azul seguido de que salga cara en el lanzamiento de la moneda. ¿Los eventos A y C son mutuamente excluyentes? Explique su respuesta en una o tres oraciones completas incluida la justificación numérica.

94. El experimento consiste en lanzar primero un dado y luego una moneda.

a. Enumere el espacio muestral.
b. Supongamos que A es el evento para que salga primero un tres o un cuatro seguido de que salga una cara en el lanzamiento de la moneda. Calcule $P(A)$.
c. Supongamos que B es el evento para que en la primera y la segunda lanzada salgan caras. ¿Los eventos A y B son mutuamente excluyentes? Explique su respuesta en una o tres oraciones completas incluida la justificación numérica.

95. El experimento consiste en lanzar una moneda de cinco centavos, una de diez y una de veinticinco. Nos interesa el lado en el que cae la moneda.

a. Enumere el espacio muestral.
b. Supongamos que A es el evento para que haya dos cruces como mínimo. Calcule $P(A)$.
c. Supongamos que B es el evento para que en la primera y la segunda lanzada salgan caras. ¿Los eventos A y B son mutuamente excluyentes? Explique su respuesta con una o tres oraciones completas incluida la justificación.

96. Considere el siguiente escenario:
Supongamos que $P(C) = 0{,}4$.
Supongamos que $P(D) = 0{,}5$.
Supongamos que $P(C|D) = 0{,}6$

a. Calcule $P(C \cap D)$.
b. ¿C y D son mutuamente excluyentes? ¿Por qué sí o por qué no?
c. ¿C y D son eventos independientes? ¿Por qué sí o por qué no?
d. Calcule $P(C \cup D)$.
e. Calcule $P(D|C)$.

97. Y y Z son eventos independientes.

a. Reescriba la regla básica de adición $P(Y \cup Z) = P(Y) + P(Z) - P(Y \cap Z)$ utilizando la información de que Y y Z son eventos independientes.
b. Utilice la regla reescrita para calcular $P(Z)$ si $P(Y \cup Z) = 0{,}71$ y $P(Y) = 0{,}42$.

98. G y H son eventos mutuamente excluyentes. $P(G) = 0{,}5$ $P(H) = 0{,}3$

a. Explique por qué la siguiente afirmación DEBE ser falsa: $P(H|G) = 0{,}4$.
b. Halle $P(H \cup G)$.
c. ¿G y H son eventos independientes o dependientes? Explique en una oración completa.

99. En Estados Unidos viven 281.000.000 de personas mayores de cinco años aproximadamente. De estas personas, 55.000.000 hablan una lengua distinta del inglés en casa. De los que hablan otro idioma en casa, el 62,3 % habla español.

Supongamos que: E = habla inglés en casa; E' = habla otro idioma en casa; S = habla español;

Termine cada enunciado de probabilidad y haga coincidir la respuesta correcta.

Declaraciones de probabilidad	Respuestas
a. $P(E') =$	i. 0,8043
b. $P(E) =$	ii. 0,623
c. $P(S \cap E') =$	iii. 0,1957
d. $P(S|E') =$	iv. 0,1219

Tabla 3.14

100. En 1994, el gobierno de EE. UU. convocó un sorteo para expedir 55.000 tarjetas verdes (permisos para que los que no son ciudadanos puedan trabajar legalmente en EE. UU.). Renate Deutsch, de Alemania, fue una de las aproximadamente 6,5 millones de personas que participaron en este sorteo. Supongamos que G = obtener la tarjeta verde.

a. ¿Qué posibilidades tenía Renate de obtener la tarjeta verde? Escriba su respuesta en forma de declaración de probabilidad.
b. En el verano de 1994, Renate recibió una carta en la que se le comunicaba que era una de las 110.000 finalistas elegidas. Una vez elegidos los finalistas, suponiendo que cada uno de ellos tuviera las mismas posibilidades de obtenerla, ¿cuál era la probabilidad de Renate de obtener una tarjeta verde? Escriba su respuesta como una declaración de probabilidad condicional. Supongamos que F = ser finalista.
c. ¿G y F son eventos independientes o dependientes? Justifique su respuesta numéricamente y explique también por qué.
d. ¿G y F son eventos mutuamente excluyentes? Justifique su respuesta numéricamente y explique por qué.

101. Tres profesores de la Universidad George Washington hicieron un experimento para determinar si los economistas son más interesados que otras personas. Dejaron caer 64 sobres con sello y dirección con 10 dólares en efectivo en diferentes aulas del campus de George Washington. Se devolvió el 44 % en total. De las clases de Economía se devolvió el 56 % de los sobres. De las clases de Negocios, Psicología e Historia se devolvió el 31 %.

Supongamos que: *R* = dinero devuelto; *E* = clases de Economía; *O* = otras clases

a. Escriba una declaración de probabilidad para el porcentaje global de dinero devuelto.
b. Escriba un enunciado de probabilidad para el porcentaje de dinero devuelto de las clases de Economía.
c. Escriba una declaración de probabilidad para el porcentaje de dinero devuelto de las otras clases.
d. ¿La devolución del dinero es independientemente de la clase? Justifique su respuesta numéricamente y explíquela.
e. Basándose en este estudio, ¿cree que los economistas son más interesados que otras personas? Explique por qué sí o por qué no. Incluya números para justificar su respuesta.

102. La siguiente tabla de datos obtenida de www.baseball-almanac.com muestra la información de los batazos imparables de cuatro jugadores. Supongamos que se selecciona al azar un resultado de la tabla.

Nombre	Sencillo	Doble	Triple	Jonrón	Total de batazos imparables
Babe Ruth	1.517	506	136	714	2.873
Jackie Robinson	1.054	273	54	137	1.518
Ty Cobb	3.603	174	295	114	4.189
Hank Aaron	2.294	624	98	755	3.771
Total	8.471	1.577	583	1.720	12.351

Tabla 3.15

¿Son eventos independientes "el batazo imparable ejecutado por Hank Aaron" y "el batazo imparable que es un doble"?

a. Sí, porque *P*(batazo imparable ejecutado por Hank Aaron|batazo imparable es un doble) = *P*(batazo imparable ejecutado por Hank Aaron).
b. No, porque *P*(el batazo imparable ejecutado por Hank Aaron|batazo imparable es un doble) ≠ *P*(el batazo imparable es un doble)
c. No, porque *P*(el batazo imparable es ejecutado por Hank Aaron|batazo imparable es un doble) ≠ *P*(el batazo imparable ejecutado por Hank Aaron).
d. Sí, porque *P*(el batazo imparable es ejecutado por Hank Aaron|batazo imparable es un doble) = *P*(batazo imparable es un doble).

103. United Blood Services es un banco de sangre que presta servicio a más de 500 hospitales en 18 estados. Según su sitio web, una persona con sangre del tipo O y factor Rh negativo (Rh–) puede donar sangre a cualquier persona con cualquier tipo de sangre. Sus datos muestran que el 43 % de las personas tienen sangre del tipo O y el 15 % del factor Rh–; el 52 % de las personas tienen el tipo O o el factor Rh–.

a. Calcule la probabilidad de que una persona tenga tanto sangre del tipo O como el factor Rh–.
b. Calcule la probabilidad de que una persona NO tenga ni sangre del tipo O ni el factor Rh–.

104. En un instituto universitario, el 72 % de los cursos tienen exámenes finales y el 46 % requieren trabajos de investigación. Supongamos que el 32 % de los cursos tienen un trabajo de investigación y un examen final. Supongamos que *F* es el evento en el que un curso tiene un examen final. Supongamos que *R* es el evento en el que un curso requiere un trabajo de investigación.

a. Calcule la probabilidad de que un curso tenga un examen final o un trabajo de investigación.
b. Calcule la probabilidad de que un curso no tenga NINGUNO de estos dos requisitos.

105. En una caja de galletas variadas, el 36 % tiene chocolate y el 12 % tiene frutos secos. En la caja, el 8 % contiene tanto chocolate como frutos secos. Sean es alérgico al chocolate y a los frutos secos.

a. Calcule la probabilidad de que una galleta contenga chocolate o frutos secos (no puede comerla).
b. Calcule la probabilidad de que una galleta no contenga ni chocolate ni frutos secos (puede comerla).

106. Un instituto universitario descubre que el 10 % de los estudiantes ha tomado una clase a distancia y que el 40 % de los estudiantes es a tiempo parcial. De los estudiantes a tiempo parcial, el 20 % ha tomado una clase a distancia. Supongamos que D = el evento en el que un estudiante tomó una clase a distancia y E = el evento en el que un estudiante es un estudiante a tiempo parcial

a. Calcule $P(D \cap E)$.
b. Calcule $P(E|D)$.
c. Calcule $P(D \cup E)$.
d. Mediante una prueba apropiada demuestre si D y E son independientes.
e. Mediante una prueba apropiada demuestre si D y E son mutuamente excluyentes.

3.5 Diagramas de Venn

Utilice la información de la Tabla 3.16 para responder los próximos ocho ejercicios. La tabla muestra la afiliación a un partido político de cada uno de los 67 miembros del Senado de EE. UU. en junio de 2012, y cuándo se presentan a la reelección.

Se presenta a la reelección:	Partido Demócrata	Partido Republicano	Otros	Total
Noviembre de 2014	20	13	0	
Noviembre de 2016	10	24	0	
Total				

Tabla 3.16

107. ¿Cuál es la probabilidad de que un senador seleccionado al azar tenga una afiliación de “otro”?

108. ¿Cuál es la probabilidad de que un senador elegido al azar se presente a la reelección en noviembre de 2016?

109. ¿Cuál es la probabilidad de que un senador seleccionado al azar sea demócrata y se presente a la reelección en noviembre de 2016?

110. ¿Cuál es la probabilidad de que un senador seleccionado al azar sea republicano o se presente a la reelección en noviembre de 2014?

111. Supongamos que se selecciona al azar un miembro del Senado de Estados Unidos. Dado que el senador seleccionado al azar se presenta a la reelección en noviembre de 2016, ¿cuál es la probabilidad de que este senador sea demócrata?

112. Supongamos que se selecciona al azar un miembro del Senado de Estados Unidos. ¿Cuál es la probabilidad de que el senador se presente a la reelección en noviembre de 2014, sabiendo que este senador es republicano?

113. Los eventos "republicano" y "se presenta a la reelección en 2016" son ______

a. mutuamente excluyentes.
b. independiente.
c. ambos se excluyen mutuamente y son independientes.
d. no son mutuamente excluyentes ni independientes.

114. Los eventos "otro" y "se presenta a la reelección en noviembre de 2016" son ______

a. mutuamente excluyentes.
b. independiente.
c. ambos se excluyen mutuamente y son independientes.
d. no son mutuamente excluyentes ni independientes.

115. La Tabla 3.17 da el número de participantes en la reciente Encuesta Nacional de Salud que habían sido tratados por cáncer en los 12 meses anteriores. Los resultados se clasifican por edad, raza (blanca o negra) y sexo. Nos interesan las posibles relaciones entre la edad, la raza y el sexo. Supongamos que los suicidas son nuestra población.

Raza y sexo	15-24	25-40	41-65	Más de 65 años	TOTALES
Blanco, hombre	1.165	2.036	3.703		8.395
Blanco, mujer	1.076	2.242	4.060		9.129
Negro, hombre	142	194	384		824
Negro, mujer	131	290	486		1.061
Todos los demás					
TOTALES	2.792	5.279	9.354		21.081

Tabla 3.17

No incluya "todos los demás" para las partes f y g.

a. Rellene la columna correspondiente al tratamiento del cáncer para personas mayores de 65 años.
b. Rellene la fila de todas las demás razas.
c. Calcule la probabilidad de que una persona seleccionada al azar sea un hombre blanco.
d. Calcule la probabilidad de que una persona seleccionada al azar sea una mujer negra.
e. Calcule la probabilidad de que una persona seleccionada al azar sea negra.
f. Halle la probabilidad de que un individuo seleccionado al azar sea hombre.
g. De las personas mayores de 65 años, calcule la probabilidad de que una persona seleccionada al azar sea un hombre blanco o negro.

Use la siguiente información para responder los próximos dos ejercicios. La tabla de datos obtenida de *www.baseball-almanac.com* muestra la información de bateo de cuatro conocidos jugadores de béisbol. Supongamos que se selecciona al azar un resultado de la tabla.

Nombre	Sencillo	Doble	Triple	Jonrón	TOTAL DE BATAZOS IMPARABLES
Babe Ruth	1.517	506	136	714	2.873
Jackie Robinson	1.054	273	54	137	1.518
Ty Cobb	3.603	174	295	114	4.189
Hank Aaron	2.294	624	98	755	3.771
TOTAL	8.471	1.577	583	1.720	12.351

Tabla 3.18

116. Calcule *P*(Babe Ruth hizo el batazo imparable).

a. $\frac{1518}{2873}$
b. $\frac{2873}{12351}$
c. $\frac{583}{12351}$
d. $\frac{4189}{12351}$

117. Calcule *P*(Ty Cobb hizo el batazo imparable|el batazo imparable fue un jonrón).

a. $\frac{4189}{12351}$
b. $\frac{114}{1720}$
c. $\frac{1720}{4189}$
d. $\frac{114}{12351}$

118. La Tabla 3.19 identifica un grupo de niños por uno de los cuatro colores de cabello, y por el tipo de cabello.

Tipo de cabello	Marrón	Rubio	Negro	Rojo	Totales
Ondulado	20		15	3	43
Liso	80	15		12	
Totales		20			215

Tabla 3.19

a. Rellene la tabla.
b. ¿Cuál es la probabilidad de que un niño seleccionado al azar tenga el cabello ondulado?
c. ¿Cuál es la probabilidad de que un niño seleccionado al azar tenga el cabello castaño o rubio?
d. ¿Cuál es la probabilidad de que un niño seleccionado al azar tenga el cabello castaño ondulado?
e. ¿Cuál es la probabilidad de que un niño seleccionado al azar tenga el cabello rojo, dado que tiene el cabello liso?
f. Si *B* es el evento en el que un niño tenga el cabello castaño, calcule la probabilidad del complemento de *B*.
g. En palabras, ¿qué representa el complemento de *B*?

119. En un año anterior, los pesos de los miembros de los **San Francisco 49ers** y los **Dallas Cowboys** se publicaron en el *The Mercury News de San José.* Los datos fácticos se recopilaron en la siguiente tabla.

N.º de camisa	≤ 210	211–250	251–290	> 290
1–33	21	5	0	0
34–66	6	18	7	4
66–99	6	12	22	5

Tabla 3.20

Para lo siguiente, suponga que selecciona al azar un jugador de los 49ers o de los Cowboys.

a. Calcule la probabilidad de que el número de su camiseta sea del 1 al 33.
b. Calcule la probabilidad de que pese como máximo 210 libras.
c. Calcule la probabilidad de que el número de su camisa esté entre el 1 y el 33 Y que pese como máximo 210 libras.
d. Calcule la probabilidad de que el número de su camisa sea del 1 al 33 O que pese como máximo 210 libras.
e. Calcule la probabilidad de que el número de su camisa sea del 1 al 33, DADO que pesa como máximo 210 libras.

Use la siguiente información para responder los próximos dos ejercicios. Este diagrama de árbol muestra el lanzamiento de una moneda desigual seguido de la extracción de una cuenta de un vaso que contiene tres cuentas rojas (R), cuatro amarillas (Y) y cinco azules (B). Para la moneda, $P(H) = \frac{2}{3}$ y $P(T) = \frac{1}{3}$ donde H es cara y T es cruz.

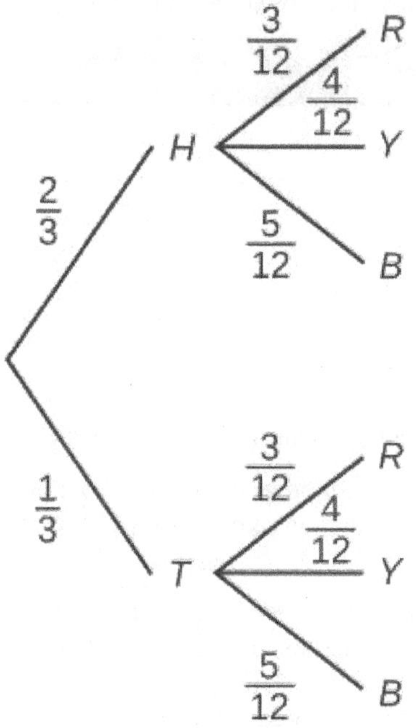

Figura 3.20

120. Calcule P(lanzando una cara en la moneda Y una cuenta roja)

a. $\frac{2}{3}$
b. $\frac{5}{15}$
c. $\frac{6}{36}$
d. $\frac{5}{36}$

121. Calcule *P*(cuenta azul).

a. $\frac{15}{36}$
b. $\frac{10}{36}$
c. $\frac{10}{12}$
d. $\frac{6}{36}$

122. Una caja de galletas contiene tres de chocolate y siete de mantequilla. Miguel elige al azar una galleta y se la come. Luego selecciona al azar otra galleta y se la come (¿cuántas galletas ha tomado?).

a. Dibuje el árbol que representa las posibilidades de las selecciones de galletas. Escriba las probabilidades a lo largo de cada rama del árbol.
b. ¿Las probabilidades del sabor de la SEGUNDA galleta que elige Miguel es independientes de su primera selección? Explique.
c. Para cada trayectoria completa a través del árbol, escriba el evento que representa y calcule las probabilidades.
d. Supongamos que S es el evento en el que las dos galletas seleccionadas sean del mismo sabor. Calcule *P*(*S*).
e. Supongamos que *T* es el evento en el que las galletas seleccionadas sean de distinto sabor. Calcule *P*(*T*) por dos métodos diferentes: utilizando la regla del complemento y utilizando las ramas del árbol. Sus respuestas deberían ser las mismas con ambos métodos.
f. Supongamos que *U* es el evento en el que la segunda galleta seleccionada sea una galleta de mantequilla. Calcule *P*(*U*).

Resúmalo todo: tarea para la casa

123. Un año antes, los pesos de los miembros de los **San Francisco 49ers** y los **Dallas Cowboys** se publicaron en el *The Mercury News de San José*. Los datos fácticos se recopilan en la Tabla 3.21.

N.° de camisa	≤ 210	211–250	251–290	290≤
1–33	21	5	0	0
34–66	6	18	7	4
66–99	6	12	22	5

Tabla 3.21

Para lo siguiente, suponga que selecciona al azar un jugador de los 49ers o de los Cowboys.

Si tener un número de camisa del uno al 33 y pesar como máximo 210 libras fueran eventos independientes, entonces, ¿qué debería ser cierto sobre *P*(N.° de camisa 1–33 | ≤ 210 libras)?

124. La probabilidad de que un hombre desarrolle algún tipo de cáncer a lo largo de su vida es de 0,4567. La probabilidad de que un hombre tenga, al menos, un resultado falso positivo (es decir, que la prueba arroje un resultado de cáncer cuando no lo tiene) es de 0,51. Algunas de las siguientes preguntas no tienen suficiente información para responderlas. Escriba "no hay suficiente información" en esas respuestas. Supongamos que *C* = un hombre desarrolla cáncer en su vida y *P* = el hombre tiene al menos un falso positivo.

a. $P(C) =$ _____
b. $P(P|C) =$ _____
c. $P(P|C') =$ _____
d. Si una prueba da positivo, con base en los valores numéricos, ¿se puede asumir que ese hombre tiene cáncer? Justifique numéricamente y explique por qué sí o por qué no.

125. Dados los eventos G y H: $P(G) = 0{,}43$; $P(H) = 0{,}26$ $P(H \cap G) = 0{,}14$

a. Halle $P(H \cup G)$.
b. Calcule la probabilidad del complemento del evento $(H \cap G)$.
c. Calcule la probabilidad del complemento del evento $(H \cup G)$.

126. Dados los eventos J y K : $P(J) = 0{,}18$; $P(K) = 0{,}37$; $P(J \cup K) = 0{,}45$

a. Halle $P(J \cap K)$.
b. Calcule la probabilidad del complemento del evento $(J \cap K)$.
c. Calcule la probabilidad del complemento del evento $(J \cap K)$.

Referencias

3.1 Terminología

"Lista de países por continente". Worldatlas, 2013. Disponible en línea en http://www.worldatlas.com/cntycont.htm (consultado el 2 de mayo de 2013).

3.2 Eventos mutuamente excluyentes e independientes

Lopez, Shane, Preety Sidhu. "U.S. Teachers Love Their Lives, but Struggle in the Workplace". Gallup Wellbeing, 2013. http://www.gallup.com/poll/161516/teachers-love-lives-struggle-workplace.aspx (consultado el 2 de mayo de 2013).

Datos de Gallup. Disponible en línea en www.gallup.com/ (consultado el 2 de mayo de 2013).

3.3 Dos reglas básicas de la probabilidad

DiCamillo, Mark, Mervin Field. "The File Poll". Field Research Corporation. Disponible en línea en http://www.field.com/fieldpollonline/subscribers/Rls2443.pdf (consultado el 2 de mayo de 2013).

Rider, David, "Ford support plumming, poll suggests", The Star, 14 de septiembre de 2011. Disponible en línea en http://www.thestar.com/news/gta/2011/09/14/ford_support_plummeting_poll_suggests.html (consultado el 2 de mayo de 2013).

"Mayor's Approval Down". News Release by Forum Research Inc. Disponible en línea en http://www.forumresearch.com/forms/News Archives/News Releases/74209_TO_Issues_-_Mayoral_Approval_%28Forum_Research%29 %2820130320 %29.pdf (consultado el 2 de mayo de 2013).

"Roulette". Wikipedia. Disponible en línea en http://en.wikipedia.org/wiki/Roulette (consultado el 2 de mayo de 2013).

Shin, Hyon B., Robert A. Kominski. "Language Use in the United States: 2007." Oficina del Censo de Estados Unidos. Disponible en línea en http://www.census.gov/hhes/socdemo/language/data/acs/ACS-12.pdf (consultado el 2 de mayo de 2013).

Datos del Baseball-Almanac, 2013. Disponible en línea en www.baseball-almanac.com (consultado el 2 de mayo de 2013).

Datos de la Oficina del Censo de EE. UU.

Datos del Wall Street Journal.

Datos The Roper Center: Public Opinion Archives at the University of Connecticut. Disponible en línea en http://www.ropercenter.uconn.edu/ (consultado el 2 de mayo de 2013).

Datos de Field Research Corporation. Disponible en línea en www.field.com/fieldpollonline (consultado el 2 de mayo de 2013).

3.4 Tablas de contingencia y árboles de probabilidad

"Blood Types". American Red Cross, 2013. Disponible en línea en http://www.redcrossblood.org/learn-about-blood/blood-types (consultado el 3 de mayo de 2013).

Datos del Centro Nacional de Estadísticas de Salud, que forma parte del Departamento de Salud y Servicios Humanos de Estados Unidos.

Datos del Senado de Estados Unidos. Disponible en línea en www.senate.gov (consultado el 2 de mayo de 2013).

"Human Blood Types". Unite Blood Services, 2011. Disponible en línea en http://www.unitedbloodservices.org/learnMore.aspx (consultado el 2 de mayo de 2013).

Haiman, Christopher A., Daniel O. Stram, Lynn R. Wilkens, Malcom C. Pike, Laurence N. Kolonel, Brien E. Henderson y Loīc Le Marchand. "Ethnic and Racial Differences in the Smoking-Related Risk of Lung Cancer". The New England Journal of Medicine, 2013. Disponible en línea en http://www.nejm.org/doi/full/10.1056/NEJMoa033250 (consultado el 2 de mayo de 2013).

Samuel, T. M. "Strange Facts about RH Negative Blood". eHow Health, 2013. Disponible en línea en http://www.ehow.com/facts_5552003_strange-rh-negative-blood.html (consultado el 2 de mayo de 2013).

"United States: Uniform Crime Report – State Statistics from 1960-2011". The Disaster Center. Disponible en línea en http://www.disastercenter.com/crime/ (consultado el 2 de mayo de 2013).

Datos del Departamento de Salud Pública del condado de Santa Clara.

Datos de la Sociedad Americana del Cáncer.

Datos de The Data and Story Library, 1996. Disponible en línea en http://lib.stat.cmu.edu/DASL/ (consultado el 2 de mayo de 2013).

Datos de la Administración Federal de Carreteras, que forma parte del Departamento de Transporte de Estados Unidos.

Datos de la Oficina del Censo de Estados Unidos, que forma parte del Departamento de Comercio de Estados Unidos.

Datos de USA Today.

"Environment". The World Bank, 2013. Disponible en línea en http://data.worldbank.org/topic/environment (consultado el 2 de mayo de 2013).

"Search for Datasets". Roper Center: Public Opinion Archives, University of Connecticut, 2013. Disponible en línea en https://ropercenter.cornell.edu/?s=Search+for+Datasets (consultado el 6 de febrero de 2019).

Soluciones

1.
a. $P(L') = P(S)$
b. $P(M \cup S)$
c. $P(F \cap L)$
d. $P(M|L)$
e. $P(L|M)$
f. $P(S|F)$
g. $P(F|L)$
h. $P(F \cup L)$
i. $P(M \cap S)$
j. $P(F)$

3. $P(N) = \frac{15}{42} = \frac{5}{14} = 0{,}36$

5. $P(C) = \frac{5}{42} = 0{,}12$

7. $P(G) = \frac{20}{150} = \frac{2}{15} = 0{,}13$

9. $P(R) = \frac{22}{150} = \frac{11}{75} = 0{,}15$

11. $P(O) = \frac{150-22-38-20-28-26}{150} = \frac{16}{150} = \frac{8}{75} = 0{,}11$

13. $P(E) = \frac{47}{194} = 0{,}24$

15. $P(N) = \frac{23}{194} = 0{,}12$

17. $P(S) = \frac{12}{194} = \frac{6}{97} = 0{,}06$

19. $\frac{13}{52} = \frac{1}{4} = 0{,}25$

21. $\frac{3}{6} = \frac{1}{2} = 0{,}5$

23. $P(R) = \frac{4}{8} = 0{,}5$

25. $P(O \cup H)$

27. $P(H|I)$

29. $P(N|O)$

31. $P(I \cup N)$

33. $P(I)$

35. La probabilidad de que se produzca un evento, dado que ya se ha producido otro.

37. 1

39. la probabilidad de caer en un número par o en un múltiplo de tres

41. $P(J) = 0{,}3$

43. $P(Q \cap R) = P(Q)P(R)$

$0{,}1 = (0{,}4)P(R)$

$P(R) = 0{,}25$

45. 0,376

47. $C|L$ significa que, dado que la persona elegida es un californiano latino, entonces es un votante registrado que prefiere la cadena perpetua sin libertad condicional para una persona condenada por asesinato en primer grado.

49. $L \cap C$ es el caso de que la persona elegida sea un votante latino registrado en California que prefiera la cadena perpetua sin libertad condicional a la pena de muerte para una persona condenada por asesinato en primer grado.

51. 0,6492

53. No, porque $P(L \cap C)$ no es igual a 0.

55. $P(\text{el músico es un hombre} \cap \text{tuvo instrucción privada}) = \frac{15}{130} = \frac{3}{26} = 0{,}12$

57. Los eventos no son mutuamente excluyentes. Es posible ser una mujer música que aprendió música en la escuela.

58.

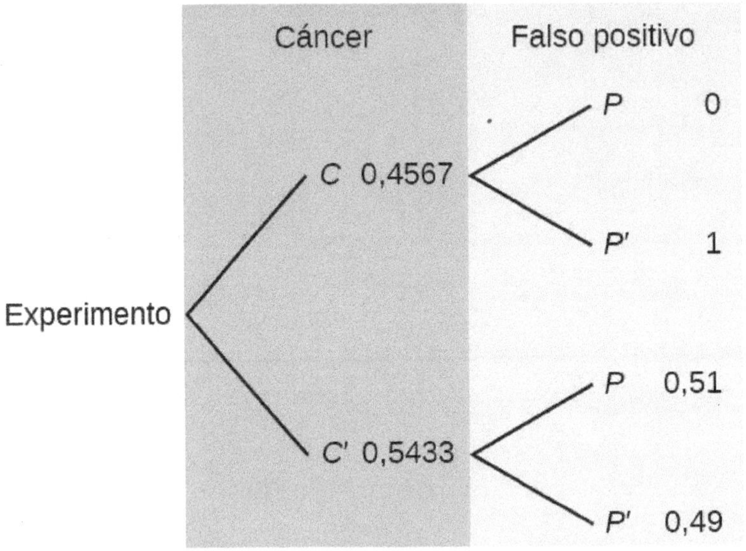

Figura 3.21

60. $\frac{35.065}{100.450}$

62. Elegir a una persona del estudio que sea japonés americano Y que fume entre 21 y 30 cigarrillos al día significa que la persona tiene que cumplir ambos criterios: ser japonés americano y fumar entre 21 y 30 cigarrillos. El espacio muestral debe incluir a todas las personas del estudio. La probabilidad es $\frac{4.715}{100.450}$.

64. Elegir una persona del estudio que sea japonés americano dado que fuma entre 21 y 30 cigarrillos al día, significa que la persona debe cumplir ambos criterios y el espacio muestral se reduce a los que fuman entre 21 y 30 cigarrillos al día. La probabilidad es $\frac{4715}{15.273}$.

66. a.

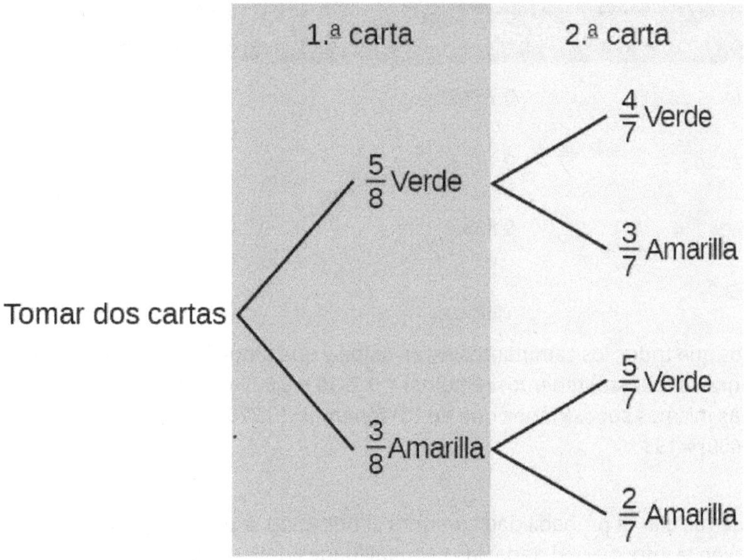

Figura 3.22

b. $P(GG) = \left(\frac{5}{8}\right)\left(\frac{5}{8}\right) = \frac{25}{64}$
c. P(al menos una verde) = $P(GG) + P(GY) + P(YG) = \frac{25}{64} + \frac{15}{64} + \frac{15}{64} = \frac{55}{64}$
d. $P(G|G) = \frac{5}{8}$
e. Sí, son independientes porque la primera carta se vuelve a colocar en la bolsa antes de que se extraiga la segunda; la composición de las cartas en la bolsa sigue siendo la misma desde la primera hasta la segunda extracción.

68. a.

	<20	20–64	>64	Totales
Mujer	0,0244	0,3954	0,0661	0,486
Hombres	0,0259	0,4186	0,0695	0,514
Totales	0,0503	0,8140	0,1356	1

Tabla 3.22

b. $P(F) = 0{,}486$
c. $P(>64 \mid F) = 0{,}1361$
d. $P(>64$ y $F) = P(F)\, P(>64 \mid F) = (0{,}486)(0{,}1361) = 0{,}0661$
e. $P(>64 \mid F)$ es el porcentaje de conductoras de 65 años o más y $P(>64 \cap F)$ es el porcentaje de conductores que son mujeres y tienen 65 años o más.
f. $P(>64) = P(>64 \cap F) + P(>64 \cap M) = 0{,}1356$
g. No, ser mujer y tener 65 años o más no son mutuamente excluyentes porque pueden ocurrir al mismo tiempo $P(>64 \cap F) = 0{,}0661$.

70. a.

	Automóvil, camión o furgoneta	Caminar	Transporte público	Otros	Totales
Solo	0,7318				
Acompañado	0,1332				
Totales	0,8650	0,0390	0,0530	0,0430	1

Tabla 3.23

b. Si asumimos que todos los caminantes están solos y que ninguno de los otros dos grupos se traslada solo (lo cual es un gran supuesto) tenemos: *P*(solos) = 0,7318 + 0,0390 = 0,7708.
c. Haciendo las mismas suposiciones que en (b) tenemos: (0,7708)(1.000) = 771
d. (0,1332)(1.000) = 133

73. a. No se puede calcular la probabilidad conjunta conociendo la probabilidad de que se produzcan ambos eventos, que no está en la información dada; las probabilidades deben multiplicarse, no sumarse; y la probabilidad nunca es superior al 100 %
b. Un jonrón, por definición, es un batazo imparable exitoso, así que debe tener, al menos, tantos batazos imparables exitosos como jonrones.

75. 0

77. 0,3571

79. 0,2142

81. Médico (83,7)

83. 83,7 − 79,6 = 4,1

85. *P*(ocupación < 81,3) = 0,5

87. a. Forum Research encuestó a 1.046 toronteses.
b. 58%
c. 42 % de 1.046 = 439 (redondeando al número entero más cercano)
d. 0,57
e. 0,60.

89. a. *P*(apostar a dos líneas que se tocan en la mesa) = $\frac{6}{38}$
b. *P*(apostar a tres números en una línea) = $\frac{3}{38}$
c. *P*(apostar a un número) = $\frac{1}{38}$
d. *P*(apostar a cuatro números que se tocan para formar un cuadrado) = $\frac{4}{38}$
e. *P*(apostar a dos números que se tocan en la mesa) = $\frac{2}{38}$
f. *P*(apostar a 0-00-1-2-3) = $\frac{5}{38}$
g. *P*(apostar a 0-1-2; o 0-00-2; o 00-2-3) = $\frac{3}{38}$

91. a. {*G*1, *G*2, *G*3, *G*4, *G*5, *Y*1, *Y*2, *Y*3}
b. $\frac{5}{8}$

c. $\frac{2}{3}$
d. $\frac{2}{8}$
e. $\frac{6}{8}$
f. No, porque $P(G \cap E)$ no es igual a 0.

93. NOTA

El lanzamiento de la moneda es independiente de la carta que se sacó primero.

a. $\{(G,H)\ (G,T)\ (B,H)\ (B,T)\ (R,H)\ (R,T)\}$
b. $P(A) = P(\text{azul})P(\text{cara}) = \left(\frac{3}{10}\right)\left(\frac{1}{2}\right) = \frac{3}{20}$
c. Sí, *A* y *B* son mutuamente excluyentes porque no pueden ocurrir al mismo tiempo; no puede elegir una carta que sea azul y también (roja o verde). $P(A \cap B) = 0$
d. No, *A* y *C* no son mutuamente excluyentes porque pueden ocurrir al mismo tiempo. De hecho, *C* incluye todos los resultados de *A*; si la carta que se sacó es azul, también lo es (roja o azul). $P(A \cap C) = P(A) = \frac{3}{20}$

95. a. $S = \{(HHH), (HHT), (HTH), (HTT), (THH), (THT), (TTH), (TTT)\}$
b. $\frac{4}{8}$
c. Sí, porque si se ha producido *A*, es imposible obtener dos cruces. En otras palabras, $P(A \cap B) = 0$.

97. a. Si *Y* y *Z* son independientes, entonces $P(Y \cap Z) = P(Y)P(Z)$, por lo que $P(Y \cup Z) = P(Y) + P(Z) - P(Y)P(Z)$.
b. 0,5

99. iii i iv ii

101. a. $P(R) = 0{,}44$
b. $P(R|E) = 0{,}56$
c. $P(R|O) = 0{,}31$
d. No, el hecho de que se devuelva el dinero no es independiente de la clase en la que se haya colocado el dinero. Hay varias formas de justificar esto matemáticamente; una de ellas es que el dinero colocado en las clases de economía no se devuelve a la misma tasa global; $P(R|E) \neq P(R)$.
e. No, este estudio definitivamente no apoya esa noción *de hecho* sino que sugiere lo contrario. El dinero colocado en las aulas de Economía se devolvió en una proporción mayor que el dinero colocado en todas las clases colectivamente; $P(R|E) > P(R)$.

103. a. $P(\text{tipo O} \cup \text{Rh-}) = P(\text{tipo O}) + P(\text{Rh-}) - P(\text{tipo O} \cap \text{Rh-})$

$0{,}52 = 0{,}43 + 0{,}15 - P(\text{tipo O} \cap \text{Rh-})$;resuelva para hallar $P(\text{tipo O} \cap \text{Rh-}) = 0{,}06$

El 6 % de las personas tienen sangre del tipo O, Rh–

b. $P(\text{NO (tipo O} \cap \text{Rh-})) = 1 - P(\text{tipo O} \cap \text{Rh-}) = 1 - 0{,}06 = 0{,}94$

El 94 % de las personas no tienen sangre del tipo O, Rh–

105. a. Supongamos que *C* = el evento en el que la galleta contiene chocolate. Supongamos que *N* = el evento en el que la galleta contiene frutos secos.
b. $P(C \cup N) = P(C) + P(N) - P(C \cap N) = 0{,}36 + 0{,}12 - 0{,}08 = 0{,}40$
c. $P(\text{NI chocolate NI nueces}) = 1 - P(C \cup N) = 1 - 0{,}40 = 0{,}60$

107. 0

109. $\frac{10}{67}$

111. $\frac{10}{34}$

113. d

115. a.

Raza y sexo	1-14	15-24	25-64	Más de 64	TOTALES
Blanco, hombre	1.165	2.036	3.703	1.491	8.395
Blanco, mujer	1.076	2.242	4.060	1.751	9.129
Negro, hombre	142	194	384	104	824
Negro, mujer	131	290	486	154	1.061
Todos los demás				156	
TOTALES	2.792	5.279	9.354	3.656	21.081

Tabla 3.24

b.

Raza y sexo	1-14	15-24	25-64	Más de 64	TOTALES
Blanco, hombre	1.165	2.036	3.703	1.491	8.395
Blanco, mujer	1.076	2.242	4.060	1.751	9.129
Negro, hombre	142	194	384	104	824
Negro, mujer	131	290	486	154	1.061
Todos los demás	278	517	721	156	1.672
TOTALES	2.792	5.279	9.354	3.656	21.081

Tabla 3.25

c. $\frac{8.395}{21.081} \approx 0{,}3982$
d. $\frac{1.061}{21.081} \approx 0{,}0503$
e. $\frac{1.885}{21.081} \approx 0{,}0894$
f. $\frac{9.219}{21.081} \approx 0{,}4373$
g. $\frac{1.595}{3.656} \approx 0{,}4363$

117. b

119. a. $\frac{26}{106}$
b. $\frac{33}{106}$
c. $\frac{21}{106}$
d. $\left(\frac{26}{106}\right) + \left(\frac{33}{106}\right) - \left(\frac{21}{106}\right) = \left(\frac{38}{106}\right)$

e. $\frac{21}{33}$

121. a

124. a. $P(C) = 0,4567$
b. no hay suficiente información
c. no hay suficiente información
d. No, porque más de la mitad (0,51) de los hombres tienen, al menos, una prueba con resultado falso positivo.

126. a. $(J \cup K) = P(\text{J}) + P(K) - P(J \cap K)$; $0,45 = 0,18 + 0,37 - P(J \cap K)$; resuelva para hallar $P(J \cap K) = 0,10$
b. $P(\text{NO}(J \cap K)) = 1 - P(J \cap K) = 1 - 0,10 = 0,90$
c. $P(\text{NO}(J \cup K)) = 1 - P(J \cup K) = 1 - 0,45 = 0,55$

4 VARIABLES ALEATORIAS DISCRETAS

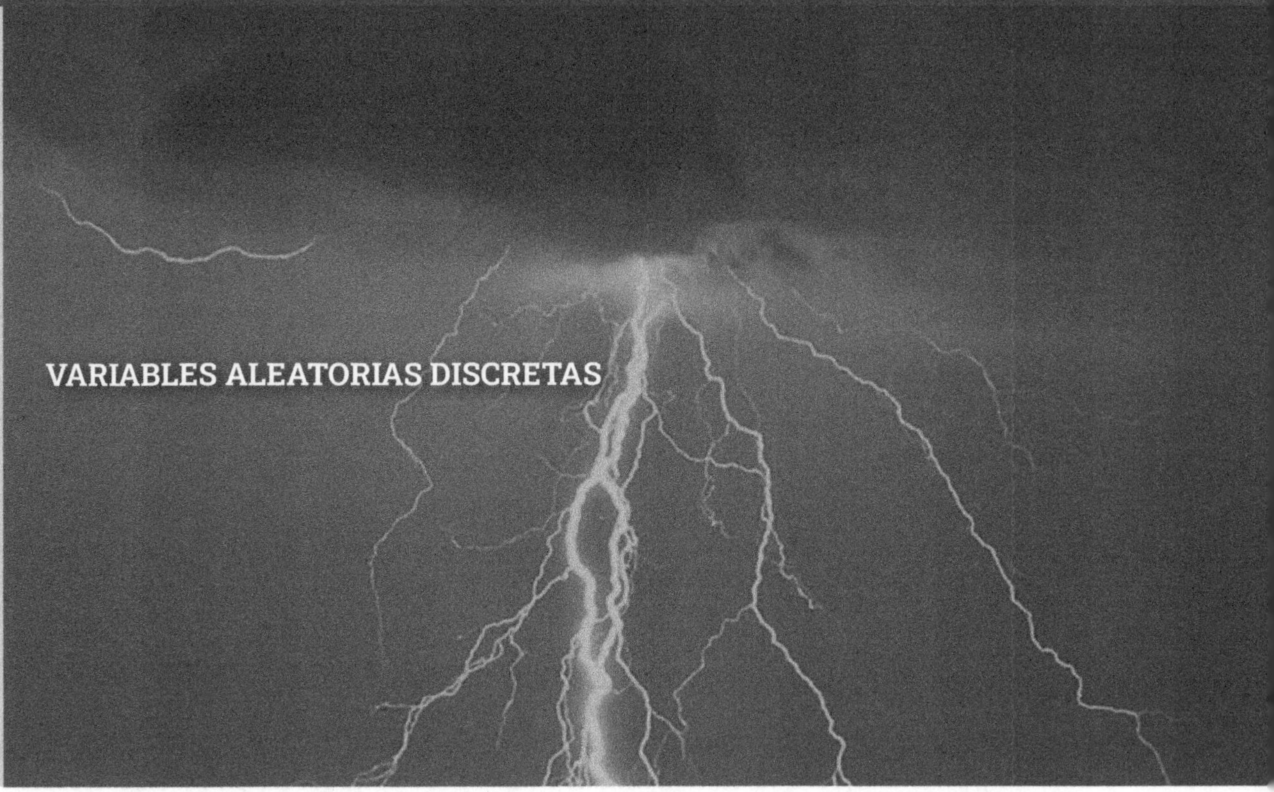

Figura 4.1 Puede utilizar probabilidad y variables aleatorias discretas para calcular la probabilidad de que un rayo llegue al suelo cinco veces durante una tormenta de media hora (créditos: Leszek Leszczynski).

Introducción

Un estudiante responde un cuestionario de diez preguntas de verdadero-falso. Como el estudiante tenía una agenda tan apretada, no podía estudiar y estimaba al azar cada respuesta. ¿Cuál es la probabilidad de que el estudiante apruebe el examen con, al menos, el 70 %?

Hay pequeñas compañías que pueden estar interesadas en el número de llamadas telefónicas de larga distancia que hacen sus empleados en las horas pico del día. Supongamos que el promedio histórico es de 20 llamadas. ¿Cuál es la probabilidad de que los empleados hagan más de 20 llamadas de larga distancia durante las horas pico?

Estos dos ejemplos ilustran dos tipos diferentes de problemas de probabilidad que implican variables aleatorias discretas. Recordemos que los datos discretos son datos que se pueden contar, es decir, la variable aleatoria solo puede tomar valores de números enteros. Una **variable aleatoria** describe con palabras los resultados de un experimento estadístico. Los valores de una variable aleatoria pueden variar con cada repetición de un experimento, a menudo llamado ensayo.

Notación de la variable aleatoria

La letra mayúscula X denota una variable aleatoria. Las letras minúsculas como x o y denotan el valor de una variable aleatoria. Si **X es una variable aleatoria, entonces X se escribe con palabras y x se da como un número.**

Por ejemplo, supongamos que X = el número de caras que se obtiene al lanzar tres monedas imparciales. El espacio muestral para el lanzamiento de tres monedas imparciales es *TTT*; *THH*; *HTH*; *HHT*; *HTT*; *THT*; *TTH*; *HHH*. Entonces, x = 0, 1, 2, 3. X está en palabras y x es un número. Observe que para este ejemplo los valores de x son resultados contables. Como se pueden contar los posibles valores como números enteros que puede tomar X y los resultados son aleatorios (los valores de x 0, 1, 2, 3), X es una variable aleatoria discreta.

Funciones de densidad de probabilidad (pdf) para una variable aleatoria

Una función de **densidad de probabilidad** o **función de distribución de probabilidad** tiene dos características:

1. Cada probabilidad está entre cero y uno, ambos inclusive.
2. La suma de las probabilidades es uno.

Una función de densidad de probabilidad es una fórmula matemática que calcula las probabilidades de determinados tipos de eventos, lo que hemos llamado experimentos. La función de densidad de probabilidad (probability density function, pdf) es como una receta mágica, en parte porque la misma fórmula suele describir tipos de eventos muy diferentes. Por ejemplo, la pdf binomial calculará las probabilidades de lanzar monedas, de las preguntas de respuesta afirmativa o negativa en un examen, de las opiniones de los votantes en una encuesta de opinión a favor o en contra, en definitiva, de cualquier evento binario. Otras funciones de densidad de probabilidad proporcionarán probabilidades para el tiempo que falta para que una pieza falle, cuándo llegará un cliente a la cabina de peaje de la autopista, el número de llamadas que llegan a una central telefónica, la tasa de crecimiento de una bacteria, etc. Existen familias enteras de funciones de densidad de probabilidad que se utilizan en una gran variedad de aplicaciones, como la medicina, los negocios y las finanzas, la física y la ingeniería, entre otras.

Para nuestro propósito aquí nos concentraremos en solo algunas funciones de densidad de probabilidad mientras desarrollamos las herramientas de la estadística inferencial.

Fórmulas de recuento y fórmula combinatoria

Recordemos que la probabilidad del evento A, P(A), es simplemente el número de formas en que el experimento dará como resultado A, en relación con el número total de resultados posibles del experimento.

Como ecuación esto es:

$$P(A) = \frac{\text{número de formas de obtener A}}{\text{Número total de resultados posibles}}$$

Cuando observamos el espacio muestral para lanzar 3 monedas, podemos escribir fácilmente el espacio muestral completo y, por lo tanto, podemos contar fácilmente el número de eventos que cumplen nuestro resultado deseado, por ejemplo, $x = 1$, donde X es la variable aleatoria definida como el número de caras.

A medida que tenemos un mayor número de elementos en el espacio muestral, como una baraja completa de 52 cartas, la posibilidad de escribir el espacio muestral se vuelve imposible.

Vemos que las probabilidades no son más que contar los eventos de cada grupo que nos interesa y dividirlos por el número de elementos del universo, o espacio muestral. Esto es bastante fácil si contamos los estudiantes de segundo año de una clase de Estadística, pero en casos más complicados enumerar todos los posibles resultados puede llevarnos toda la vida. Hay, por ejemplo, 36 resultados posibles al lanzar solo dos dados de seis caras en los que la variable aleatoria es la suma del número de puntos de las caras que miran hacia arriba. Si hubiera cuatro dados, el número total de resultados posibles sería de 1.296. Hay más de 2,5 MILLONES de posibles manos de póker de 5 cartas en una baraja estándar de 52 cartas. Evidentemente, llevar la cuenta de todas estas posibilidades y contarlas para llegar a una única probabilidad sería, en el mejor de los casos, tedioso.

Una alternativa a la enumeración del espacio muestral completo y al recuento del número de elementos que nos interesan, es saltarse el paso de enumerar el espacio muestral, y simplemente calcular el número de elementos que contiene y hacer la división correspondiente. Si buscamos una probabilidad, realmente no necesitamos ver todos y cada uno de los elementos del espacio muestral, solo necesitamos saber cuántos elementos hay. Las fórmulas de recuento se inventaron precisamente para eso. Nos indican el número de subconjuntos desordenados de un determinado tamaño que se pueden crear a partir de un conjunto de elementos únicos. Por desordenado se entiende que, por ejemplo, al repartir las cartas, no importa si tienes {as, as, as, as, rey} o {rey, as, as, as, as} o {as, rey, as, as, as} y así sucesivamente. Cada uno de estos subconjuntos es el mismo porque cada uno tiene 4 ases y un rey.

Fórmula combinatoria

$$\binom{n}{x} = {}_nC_x = \frac{n!}{x!(n-x)!}$$

Es la fórmula que indica el número de subconjuntos desordenados únicos de tamaño x que se pueden crear a partir de n elementos únicos. La fórmula se lee "n combinatoria x". A veces se lee como "n elegir x". El signo de exclamación "!" se llama factorial y nos dice que hay que tomar todos los números desde el 1 hasta el número que precede al ! y multiplicarlos juntos, por lo que 4! es 1-2-3-4=24. Por definición 0! = 1. La fórmula se denomina fórmula combinatoria. También se llama coeficiente binomial, por razones que se aclararán en breve. Aunque este concepto matemático se comprendió mucho antes de 1653, se atribuye a Blaise Pascal el mayor mérito por la demostración que publicó en ese año. Además, desarrolló un método generalizado de cálculo de los valores de las combinatorias que conocemos como el Triángulo de Pascal. Pascal fue uno de los genios de una época de extraordinarios avances intelectuales que incluyó la obra de Galileo, René Descartes, Isaac Newton, William Shakespeare y el perfeccionamiento del método científico, la propia razón de ser del tema de este texto.

Vamos a encontrar por las malas el número total de combinaciones de los cuatro ases de una baraja de cartas si las tomamos de dos en dos. El espacio muestral sería:

S={Picas, Corazón),(Picas, Diamante),(Picas, Tréboles), (Diamante, Tréboles),(Corazón, Diamante),(Corazón, Tréboles)}

Hay 6 combinaciones; formalmente, seis subconjuntos desordenados únicos de tamaño 2 que se pueden crear a partir de 4 elementos únicos. Para utilizar la fórmula combinatoria resolveríamos la fórmula de la siguiente manera:

$$\binom{4}{2} = \frac{4!}{(4-2)!2!} = \frac{4 \cdot 3 \cdot 2 \cdot 1}{2 \cdot 1 \cdot 2 \cdot 1} = 6$$

Si quisiéramos saber el número de manos únicas de póquer de 5 cartas que se pueden crear a partir de un mazo de 52 cartas, simplemente calcularíamos:

$$\binom{52}{5}$$

donde 52 es el número total de elementos únicos de los que estamos sacando y 5 es el grupo de tamaño en el que los estamos poniendo.

Con la fórmula combinatoria podemos contar el número de elementos de un espacio muestral sin tener que escribir cada uno de ellos, lo que realmente es el trabajo de toda una vida para solo el número de 5 manos de cartas de una baraja de 52. Ahora podemos aplicar esta herramienta a una función de densidad de probabilidad muy importante, la distribución hipergeométrica.

Recuerde que una función de densidad de probabilidad calcula las probabilidades por nosotros. Simplemente ponemos los números adecuados en la fórmula y obtenemos la probabilidad de eventos específicos. Sin embargo, para que estas fórmulas funcionen deben aplicarse solo a los casos para los que fueron diseñadas.

4.1 Distribución hipergeométrica

La función de densidad de probabilidad más sencilla es la hipergeométrica. Es la más básica porque se crea combinando nuestro conocimiento de las probabilidades a partir de los diagramas de Venn, las reglas de adición y multiplicación y la fórmula de recuento combinatorio.

Para hallar el número de formas de obtener 2 ases de los cuatro que hay en la baraja, calculamos:

$$\binom{4}{2} = \frac{4!}{2!(4-2)!} = 6$$

Y si no nos importara qué más tenemos en la mano para las otras tres cartas calcularíamos:

$$\binom{48}{3} = \frac{48!}{3!45!} = 17.296$$

Uniendo todo esto, podemos calcular la probabilidad de obtener exactamente dos ases en una mano de póquer de 5 cartas como:

$$\frac{\binom{4}{2}\binom{48}{3}}{\binom{52}{5}} = 0{,}0399$$

Esta solución es en realidad la distribución de probabilidad conocida como hipergeométrica. La fórmula generalizada es:

$$h(x) = \frac{\binom{A}{x}\binom{N-A}{n-x}}{\binom{N}{n}}$$

donde x = el número que nos interesa procedente del grupo con A objetos.

h(x) es la probabilidad de x aciertos, en n intentos, cuando los aciertos A (ases en este caso) están en una población que contiene N elementos. La distribución hipergeométrica es un ejemplo de distribución de probabilidad discreta porque no hay posibilidad de éxito parcial, es decir, no puede haber manos de póquer con 2 1/2 ases. Dicho de otro modo, una variable aleatoria discreta tiene que ser un número entero, o que se pueda contar, solamente. Esta distribución de probabilidad funciona en los casos en que la probabilidad de éxito cambia con cada extracción de cartas. Otra forma de decir esto es que los eventos NO son independientes. Al utilizar una baraja de cartas, estamos haciendo un muestreo SIN reemplazo. Si volvemos a poner cada carta después de haberla sacado, la distribución hipergeométrica sería una pdf inadecuada.

Para que el hipergeométrico funcione,

1. la población debe ser divisible en dos y solo dos subconjuntos independientes (ases y no ases en nuestro ejemplo). La variable aleatoria X = el número de elementos del grupo de interés.
2. el experimento debe tener probabilidades cambiantes de éxito con cada experimento (el hecho de que las cartas no sean reemplazadas después de la extracción en nuestro ejemplo hace que esto sea cierto en este caso). Otra forma de decir esto es que se muestrea sin reemplazo y, por lo tanto, cada selección no es independiente.
3. la variable aleatoria debe ser discreta, en lugar de continua.

EJEMPLO 4.1

Un plato de caramelos contiene 30 gominolas y 20 pastillas de goma. Se eligen diez caramelos al azar. ¿Cuál es la probabilidad de que 5 de los 10 sean pastillas de goma? Los dos grupos son gominolas y pastillas de goma. Dado que la pregunta de probabilidad pide la probabilidad de elegir gominolas, el grupo de interés (primer grupo A en la fórmula) son las gominolas. El tamaño del grupo de interés (primer grupo) es de 30. El tamaño del segundo grupo es de 20. El tamaño de la muestra es de 10 (gominolas o pastillas de goma). Supongamos que *X* = el número de pastillas de goma en la muestra de 10. *X* toma los valores *x* = 0, 1, 2, ..., 10. a. ¿Cuál es el enunciado de la probabilidad escrito matemáticamente? b. ¿Cuál es la función de densidad de probabilidad hipergeométrica escrita para resolver este problema? c. ¿Cuál es la respuesta a la pregunta "¿Cuál es la probabilidad de extraer del plato 5 pastillas de goma en 10 intentos?"

Solución 1

a. $P(x = 5)$

b. $P(x = 5) = \frac{\binom{30}{5}\binom{20}{5}}{\binom{50}{10}}$

c. $P(x = 5) = 0{,}215$

INTÉNTELO 4.1

Una bolsa contiene fichas de letras. Cuarenta y cuatro de las fichas son vocales y 56 son consonantes. Se eligen siete fichas al azar. Quiere saber la probabilidad de que cuatro de las siete fichas sean vocales. ¿Cuál es el grupo de interés, el tamaño del grupo de interés y el tamaño de la muestra?

4.2 Distribución binomial

Una función de densidad de probabilidad más valiosa con muchas aplicaciones es la distribución binomial. Esta distribución calculará las probabilidades de cualquier proceso binomial. Un proceso binomial, a menudo llamado proceso de Bernoulli en honor a la primera persona que desarrolló plenamente sus propiedades, es cualquier caso en el que solo hay dos resultados posibles en cualquier ensayo, llamados éxitos y fracasos. Recibe su nombre del sistema numérico binario, en el que todos los números se reducen a 1 o 0, que es la base de la tecnología informática y de las grabaciones musicales en CD.

Fórmula binomial

$$b(x) = \binom{n}{x} p^x q^{n-x}$$

donde b(x) es la probabilidad de X aciertos en n ensayos cuando la probabilidad de un éxito en CUALQUIER ENSAYO es p. Y, por supuesto, q=(1-p) y es la probabilidad de un fracaso en cualquier ensayo.

Ahora podemos ver por qué la fórmula combinatoria se llama también coeficiente binomial, ya que vuelve a aparecer aquí en la función de probabilidad binomial. Para que la fórmula binomial funcione, la probabilidad de éxito en cualquier ensayo debe ser la misma de un ensayo a otro, o en otras palabras, los resultados de cada ensayo deben ser independientes. Lanzar una moneda es un proceso binomial porque la probabilidad de obtener una cara en un lanzamiento no depende de lo que haya ocurrido en los lanzamientos anteriores. (En este momento hay que señalar que utilizar p para el parámetro de la distribución binomial es una violación de la regla de que los parámetros de la población se designan con letras griegas. En muchos libros de texto se utiliza θ (pronunciado theta) en lugar de p y así es como debe ser.

Al igual que un conjunto de datos, una función de densidad de probabilidad tiene una media y una desviación típica que describe el conjunto de datos. Para la distribución binomial vienen dadas por las fórmulas:

$$\mu = np$$

$$\sigma = \sqrt{npq}$$

Observe que p es el único parámetro en estas ecuaciones. La distribución binomial se considera, pues, de la familia de las distribuciones de probabilidad de un parámetro. En resumen, sabemos todo lo que hay que saber sobre la binomial una vez que conocemos p, la probabilidad de éxito en cualquier ensayo.

En la teoría de la probabilidad, en determinadas circunstancias, una distribución de probabilidad puede utilizarse para aproximar otra. Decimos que una es la distribución límite de la otra. Si hay que extraer un número pequeño de una población grande, aunque no haya reemplazo, podemos utilizar la binomial, aunque no sea un proceso binomial. Si no hay reemplazo se viola la regla de independencia del binomio. Sin embargo, podemos utilizar la binomial para aproximar una probabilidad que es realmente una distribución hipergeométrica si extraemos menos del 10 por ciento de la población, es decir, n es menos del 10 por ciento de N en la fórmula de la función hipergeométrica. El fundamento de este argumento es que al extraer un pequeño porcentaje de la población no alteramos la probabilidad de éxito de un sorteo a otro de forma significativa. Imagine que saca una carta no de una baraja de 52 cartas, sino de 6 barajas de cartas. La probabilidad de sacar un as, por ejemplo, no cambia la probabilidad condicional de lo que ocurre en una segunda extracción de la misma manera que lo haría si solo hubiera 4 ases en lugar de los 24 que hay ahora para sacar. Esta capacidad de utilizar una distribución de probabilidad para estimar otras será muy valiosa para nosotros más adelante.

Hay tres características de un experimento binomial

1. Hay un número fijo de ensayos. Piense en los ensayos como repeticiones de un experimento. La letra n indica el número de ensayos.
2. La variable aleatoria, x, número de aciertos, es discreta.
3. Solo hay dos resultados posibles, llamados "acierto" y "fallo" para cada ensayo. La letra p indica la probabilidad de éxito en un ensayo cualquiera, y q la probabilidad de fracaso en un ensayo cualquiera. $p + q = 1$.
4. Los n ensayos son independientes y se repiten utilizando condiciones idénticas. Piense en esto como una extracción CON reemplazo. Como los n ensayos son independientes, el resultado de un ensayo no ayuda a predecir el resultado de otro. Otra forma de decir esto es que para cada ensayo individual la probabilidad, p, de un acierto y la probabilidad, q, de un fallo siguen siendo las mismas. Por ejemplo, estimar al azar una pregunta de estadística de verdadero-falso solo tiene dos resultados. Si un acierto es estimar correctamente, un fallo es estimar incorrectamente. Supongamos que Joe siempre acierta en cualquier pregunta de estadística de verdadero-falso con una probabilidad $p = 0{,}6$. Entonces, $q = 0{,}4$. Esto significa que para cada pregunta de estadística de verdadero-falso que responda Joe su probabilidad de acierto ($p = 0{,}6$) y su probabilidad de fallo ($q = 0{,}4$) siguen siendo las mismas.

Los resultados de un experimento binomial se ajustan a una **distribución de probabilidad binomial**. La variable aleatoria $X =$ el número de aciertos obtenidos en los n ensayos independientes.

La media, μ, y la varianza, σ^2, de la distribución de probabilidad binomial son $\mu = np$ y $\sigma^2 = npq$. La desviación típica, σ, es entonces $\sigma = \sqrt{npq}$.

Cualquier experimento que tenga las características tres y cuatro y en el que $n = 1$ se llama **Ensayo de Bernoulli** (llamado así por Jacob Bernoulli que los estudió ampliamente a finales de 1600.). Un experimento binomial se produce cuando se cuenta el número de aciertos en uno o más ensayos de Bernoulli.

EJEMPLO 4.2

Supongamos que está en un juego en el que solo puede ganar o perder. La probabilidad de que gane cualquier partido es del 55 %, y la de que pierda es del 45 %. Cada partido que se juega es independiente. Si juega el juego 20 veces, escriba la función que describa la probabilidad de que gane 15 de las 20 veces. Aquí, si se define X como el número de victorias, entonces X toma los valores 0, 1, 2, 3, ..., 20. La probabilidad de acierto es $p = 0{,}55$. La probabilidad de fallo es $q = 0{,}45$. El número de ensayos es $n = 20$. La pregunta de la probabilidad se puede enunciar matemáticamente como $P(x = 15)$.

INTÉNTELO 4.2

Un entrenador está enseñando a un delfín a hacer trucos. La probabilidad de que el delfín acierte al desempeñar el truco es del 35 %, y la probabilidad de que el delfín no acierte al desempeñar el truco es del 65 %. De 20 intentos, se quiere hallar la probabilidad de que el delfín acierte 12 veces. Calcule la P(X=12) utilizando la pdf binomial.

EJEMPLO 4.3

Una moneda imparcial se lanza 15 veces. Cada lanzada es independiente. ¿Cuál es la probabilidad de obtener más de diez caras? Supongamos que X = el número de caras en 15 lanzamientos de la moneda imparcial. X toma los valores 0, 1, 2, 3, ..., 15. Como la moneda es imparcial, $p = 0{,}5$ y $q = 0{,}5$. El número de ensayos es $n = 15$. Plantee la pregunta de la probabilidad de forma matemática.

Solución 1

$P(x > 10)$

EJEMPLO 4.4

Aproximadamente el 70 % de los estudiantes de Estadística hacen sus tareas para la casa a tiempo para que sean recopiladas y calificadas. Cada estudiante lo hace de forma independiente. En una clase de Estadística de 50 estudiantes, ¿cuál es la probabilidad de que, al menos, 40 hagan la tarea para la casa a tiempo? Los estudiantes son seleccionados al azar.

a. Se trata de un problema binomial porque solo hay un acierto o un ________, hay un número fijo de ensayos y la probabilidad de acierto es de 0,70 para cada ensayo.

Solución 1

a. fracaso

b. Si nos interesa el número de estudiantes que hacen la tarea para la casa a tiempo, ¿cómo definimos X?

Solución 2

b. X = número de estudiantes de Estadística que hacen la tarea para la casa a tiempo

c. ¿Qué valores toma x?

Solución 3

c. 0, 1, 2, ..., 50

d. ¿Qué es un "fallo" en palabras?

Solución 4

d. Fallo se define como un estudiante que no termina sus tareas para la casa a tiempo.

La probabilidad de acierto es $p = 0{,}70$. El número de ensayos es $n = 50$

e. Si $p + q = 1$, ¿qué es q?

Solución 5

e. $q = 0{,}30$

f. ¿Como qué tipo de inecuación se traducen las palabras "al menos" para la pregunta de probabilidad $P(x$ ___ $40)$?

Solución 6

f. mayor o igual que (≥)

La pregunta de probabilidad es $P(x \geq 40)$.

INTÉNTELO 4.4

El sesenta y cinco por ciento de las personas aprueba el examen estatal de conducir en el primer intento. Se selecciona al azar un grupo de 50 personas que han tomado el examen de conducir. Dé dos justificaciones por las que este es un problema binomial.

INTÉNTELO 4.4

Durante la temporada regular de la NBA de 2013, DeAndre Jordan, de Los Ángeles Clippers, tuvo el mayor índice de finalización de tiros de campo de la liga. DeAndre anotó con el 61,3 % de sus tiros. Supongamos que se elige una muestra aleatoria de 80 tiros realizados por DeAndre durante la temporada 2013. Supongamos que X = el número de tiros que anotaron puntos.

a. ¿Cuál es la distribución de probabilidad de X?
b. Use las fórmulas y calcule (i) la media y (ii) la desviación típica de X.
c. Calcule la probabilidad de que DeAndre anote con 60 de estos tiros.
d. Calcule la probabilidad de que DeAndre acierte más de 50 de estos tiros.

4.3 Distribución geométrica

La función de densidad de probabilidad geométrica se basa en lo que hemos aprendido de la distribución binomial. En este caso, el experimento continúa hasta que se produce un éxito o un fracaso, en lugar de un número determinado de ensayos. Hay tres características principales de un experimento geométrico.

1. Hay uno o más ensayos de Bernoulli con todos los fallos excepto el último, que es un acierto. En otras palabras, sigue repitiendo lo que está haciendo hasta el primer acierto. Entonces se detiene. Por ejemplo, se lanza un dardo a una diana hasta dar en ella. La primera vez que logra dar en la diana es un "acierto", así que deja de lanzar el dardo. Puede que le lleve seis intentos hasta que acierte en la diana. Puede pensar en las pruebas como fallo, fallo, fallo, fallo, acierto, PARAR.
2. En teoría, el número de pruebas podría ser eterno.
3. La probabilidad, p, de un acierto y la probabilidad, q, de un fallo es igual para cada ensayo. $p + q = 1$ y $q = 1 - p$. Por ejemplo, la probabilidad de sacar un tres al lanzar un dado imparcial es $\frac{1}{6}$. Esto es cierto sin importar cuántas veces se lance el dado. Supongamos que quiere saber la probabilidad de obtener el primer tres en la quinta lanzada. En las lanzadas del uno al cuatro, no se obtiene un lado con un tres. La probabilidad de cada una de las lanzadas es $q = \frac{5}{6}$, la probabilidad de un fallo. La probabilidad de obtener un tres en la quinta lanzada es $\left(\frac{5}{6}\right)\left(\frac{5}{6}\right)\left(\frac{5}{6}\right)\left(\frac{5}{6}\right)\left(\frac{1}{6}\right) = 0{,}0804$
4. X = el número de ensayos independientes hasta el primer acierto.

EJEMPLO 4.5

Participa en un juego de azar que puede ganar o perder (no hay otras posibilidades) **hasta** que pierde. Su probabilidad de perder es $p = 0{,}57$. ¿Cuál es la probabilidad de que se necesiten cinco jugadas para perder? Supongamos que X = el número de partidas que juega hasta que pierde (incluye la partida perdida). Entonces X toma los valores 1, 2, 3, ... (podría seguir indefinidamente). La pregunta de probabilidad es $P(x = 5)$.

INTÉNTELO 4.5

Se lanzan dardos a un tablero hasta dar con la zona central. Su probabilidad de acertar el área central es $p = 0{,}17$. Quiere hallar la probabilidad de que se necesiten ocho lanzamientos hasta que acierte al centro. ¿Qué valores toma X?

EJEMPLO 4.6

Una ingeniera de seguridad considera que el 35 % de los accidentes laborales en su planta se deben a que los empleados no siguen las instrucciones. Decide mirar los informes de accidentes (seleccionados al azar y sustituidos en la pila después de la lectura) **hasta que** encuentra uno que muestra un accidente causado por el incumplimiento de las instrucciones por parte de los empleados. En promedio, ¿cuántos informes **tendría** que mirar la ingeniera de seguridad hasta hallar un informe que muestre un accidente causado por el incumplimiento de las instrucciones por parte de los empleados? ¿Cuál es la probabilidad de que la ingeniera de seguridad tenga que examinar al menos tres informes hasta hallar un informe que muestre un accidente causado por el incumplimiento de las instrucciones por parte de los empleados?

Supongamos que X = el número de accidentes que la ingeniera de seguridad debe examinar **hasta** hallar un informe que muestre un accidente causado por el incumplimiento de las instrucciones por parte de los empleados. X toma los valores 1, 2, 3, ... La primera pregunta le pide que calcule el **valor esperado** o la media. La segunda pregunta le pide que calcule $P(x \geq 3)$. ("Al menos" se traduce en un símbolo "mayor o igual que").

INTÉNTELO 4.6

Una instructora considera que el 15 % de los estudiantes obtienen menos de una C en su examen final. Decide revisar los exámenes finales (seleccionados al azar y sustituidos en el montón después de la lectura) hasta que halle uno que muestre una calificación inferior a C. Queremos saber la probabilidad de que la instructora tenga que examinar, al menos, diez exámenes hasta que halle uno con una calificación inferior a C. ¿Cuál es la pregunta de probabilidad enunciada matemáticamente?

EJEMPLO 4.7

Supongamos que busca a un estudiante de su instituto universitario que vive a menos de ocho millas de usted. Sabe que el 55 % de los 25.000 estudiantes viven a menos de ocho millas de usted. Contacta al azar con estudiantes del instituto universitario **hasta que** uno diga que vive a menos de ocho millas de usted. ¿Cuál es la probabilidad de que tenga que contactar cuatro personas?

Este es un problema geométrico porque puede tener varios fallos antes de tener el único acierto que desea. Además, la probabilidad de éxito es aproximadamente la misma cada vez que pregunta a un estudiante si vive a menos de cinco millas de usted. No hay un número definido de ensayos (número de veces que le pregunta a un estudiante).

a. Supongamos que X = el número de _________ a los que debe preguntar _________ uno dice que sí.

Solución 1

a. Supongamos que X = el número de **estudiantes** a los que debe preguntar **hasta que** uno diga que sí

b. ¿Qué valores toma X?

Solución 2

b. 1, 2, 3, ..., (número total de estudiantes)

c. ¿Qué son p y q?

Solución 3

c. p = 0,55; q = 0,45

d. La pregunta de probabilidad es P(______).

Solución 4

d. $P(x = 4)$

Notación para la Geometría: G = Función de distribución de probabilidad geométrica

$X \sim G(p)$

Lea como "X es *una* variable aleatoria con una **distribución geométrica**". El parámetro es p; p = la probabilidad de acierto de cada ensayo.

La pdf geométrica nos dice la probabilidad de que la primera ocurrencia de acierto requiera x número de ensayos independientes, cada uno con probabilidad de acierto p. Si la probabilidad de éxito en cada ensayo es p, entonces la probabilidad de que el ensayo $x$ésimo (de x ensayos) sea el primer acierto es:

$$P(X = x) = (1-p)^{x-1} p$$

para x = 1, 2, 3, ...
El valor esperado de X, la media de esta distribución, es 1/p. Esto nos dice cuántos ensayos tenemos que esperar hasta obtener el primer acierto incluido en el recuento el ensayo que resulta en acierto. La forma anterior de la distribución geométrica se utiliza para modelar el número de ensayos hasta el primer acierto. El número de ensayos incluye el que es un acierto: x = todos los ensayos, incluido el que es un acierto. Esto se puede ver en la composición de la fórmula. Si X = número de ensayos incluido el acierto, entonces debemos multiplicar la probabilidad de fracaso, (1-p), por el número de fracasos, es decir, X-1.

Por el contrario, la siguiente forma de la distribución geométrica se utiliza para modelar el número de fallos hasta el primer éxito:

$$P(X = x) = (1-p)^{x} p$$

para x = 0, 1, 2, 3, ...
En este caso el ensayo que es un éxito no se cuenta como un ensayo en la fórmula: x = número de fracasos. El valor esperado, la media, de esta distribución es $\mu = \frac{(1-p)}{p}$. Esto nos indica cuántos fracasos debemos esperar antes de tener un acierto. En cualquier caso, la secuencia de probabilidades es una secuencia geométrica.

EJEMPLO 4.8

Supongamos que la probabilidad de un componente informático defectuoso es de 0,02. Los componentes se seleccionan al azar. Calcule la probabilidad de que el primer defecto sea causado por el séptimo componente probado. ¿Cuántos componentes espera probar hasta que se halle uno defectuoso?

Supongamos que X = el número de componentes informáticos probados hasta que se encuentra el primer defecto.

X toma los valores 1, 2, 3, ... donde p = 0,02. $X \sim G(0,02)$

Calcule $P(x = 7)$. Respuesta: $P(x = 7) = (1 - 0,02)^{7-1} \times 0,02 = 0,0177$.

La probabilidad de que el séptimo componente sea el primer defecto es de 0,0177.

El gráfico de $X \sim G(0{,}02)$ es:

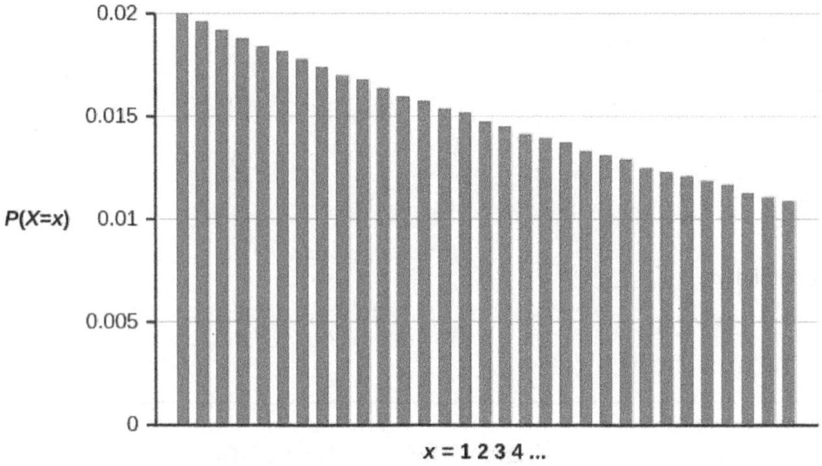

Figura 4.2

El eje *y* contiene la probabilidad de *x*, donde *X* = el número de componentes informáticos probados. Observe que las probabilidades disminuyen en un incremento común. Este incremento es la misma proporción entre cada número y se llama progresión geométrica y de ahí el nombre de esta función de densidad de probabilidad.

El número de componentes que se espera probar hasta encontrar el primer componente defectuoso es la media, $\mu = 50$.

La fórmula de la media de la variable aleatoria definida como el número de fallos hasta el primer acierto es $\mu = \frac{1}{p} = \frac{1}{0{,}02} = 50$

Vea el Ejemplo 4.9 para un ejemplo en el que la variable aleatoria geométrica se define como el número de ensayos hasta el primer acierto. El valor esperado de esta fórmula para la geométrica será diferente de esta versión de la distribución.

La fórmula de la varianza es $\sigma^2 = \left(\frac{1}{p}\right)\left(\frac{1}{p} - 1\right) = \left(\frac{1}{0{,}02}\right)\left(\frac{1}{0{,}02} - 1\right) = 2.450$

La desviación típica es $\sigma = \sqrt{\left(\frac{1}{p}\right)\left(\frac{1}{p} - 1\right)} = \sqrt{\left(\frac{1}{0{,}02}\right)\left(\frac{1}{0{,}02} - 1\right)} = 49{,}5$

EJEMPLO 4.9

El riesgo de desarrollar cáncer de páncreas a lo largo de la vida es de alrededor de uno de cada 78 (1,28 %). Supongamos que *X* = el número de personas a las que se pregunta antes de que una diga que tiene cáncer de páncreas. La variable aleatoria *X*, en este caso, incluye solo el número de ensayos que fueron un fracaso y no cuenta el ensayo que fue un acierto para hallar una persona que tuviera la enfermedad. La fórmula adecuada para esta variable aleatoria es la segunda presentada anteriormente. Entonces *X* es una variable aleatoria discreta con una distribución geométrica: $X \sim G\left(\frac{1}{78}\right)$ o $X \sim G(0{,}0128)$.

a. ¿Cuál es la probabilidad de que se pregunte a 9 personas antes de que una diga que tiene cáncer de páncreas? Esto es preguntar: ¿cuál es la probabilidad de que pregunte a 9 personas sin acierto y la décima persona sea un acierto?
b. ¿Cuál es la probabilidad de que tenga que preguntar a 20 personas?
c. Calcule (i) la media y (ii) la desviación típica de *X*.

Solución 1

a. $P(x = 9) = (1 - 0{,}0128)^9 \cdot 0{,}0128 = 0{,}0114$
b. $P(x = 20) = (1 - 0{,}0128)^{19} \cdot 0{,}0128 = 0{,}01$
c. i. Media = $\mu = \frac{(1-p)}{p} = \frac{(1-0{,}0128)}{0{,}0128} = 77{,}12$

ii. Desviación típica = $\sigma = \sqrt{\frac{1-p}{p^2}} = \sqrt{\frac{1-0{,}0128}{0{,}0128^2}} \approx 77{,}62$

INTÉNTELO 4.9

La tasa de alfabetización de un país mide la proporción de personas mayores de 15 años que saben leer y escribir. La tasa de alfabetización de las mujeres en las Colonias Unidas de la Independencia era del 12 %. Supongamos que X = el número de mujeres a las que se pregunta hasta que una dice que sabe leer y escribir.

a. ¿Cuál es la distribución de probabilidad de X?
b. ¿Cuál es la probabilidad de que les pregunte a cinco mujeres antes de que una diga que sabe leer y escribir?
c. ¿Cuál es la probabilidad de que tenga que preguntarles a diez mujeres?

EJEMPLO 4.10

Un jugador de béisbol tiene un promedio de bateo de 0,320. Esta es la probabilidad general de que consiga un batazo imparable cada vez que esté al bate.

¿Cuál es la probabilidad de que consiga su primer batazo imparable en el tercer chance al bate?

Solución 1

$P(x{=}3) = (1-0{,}32)^{3-1} \times 0{,}32 = 0{,}1480$

En este caso, la secuencia es de fracaso, acierto, fracaso.

¿Cuántos turnos de bateo espera que necesite el bateador antes de conseguir un batazo imparable?

Solución 2

$\mu = \frac{1}{p} = \frac{1}{0{,}320} = 3{,}125 \approx 3$

Es simplemente el valor esperado de los aciertos y, por tanto, la media de la distribución.

EJEMPLO 4.11

Hay un 80 % de posibilidades de que un perro dálmata tenga 13 manchas negras. Vas a una exposición canina y cuentas las manchas de los dálmatas. ¿Cuál es la probabilidad de que revise las manchas de 3 perros antes de encontrar uno que tenga 13 manchas negras?

Solución 1

$P(x{=}3) = (1 - 0{,}80)^3 \times 0{,}80 = 0{,}0064$

4.4 Distribución de Poisson

Otra distribución de probabilidad útil es la distribución de Poisson o distribución del tiempo de espera. Esta distribución se utiliza para determinar cuántos empleados de caja son necesarios para mantener el tiempo de espera en la fila a niveles especificados, cuántas líneas telefónicas son necesarias para evitar que el sistema se sobrecargue, y muchas otras aplicaciones prácticas. Una modificación de la distribución de Poisson, la Pascal, inventada hace casi cuatro siglos, es utilizada hoy en día por las compañías de telecomunicaciones de todo el mundo para los factores de carga, los niveles de conexión de los satélites y los problemas de capacidad de internet. La distribución recibe su nombre de Simeón Poisson, que la presentó en 1837 como una extensión de la distribución binomial, que veremos que se puede estimar con la Poisson.

Hay dos características principales de un experimento de Poisson.

1. La **distribución de probabilidad de Poisson** da la probabilidad de que se produzca un número de eventos en un **intervalo fijo** de tiempo o espacio si estos eventos se producen con una tasa promedio conocida.

2. Los eventos son independientes del tiempo transcurrido desde el último evento. Por ejemplo, un editor de libros podría estar interesado en el número de palabras escritas incorrectamente en un libro en particular. Puede ser que, en promedio, haya cinco palabras mal escritas en 100 páginas. El intervalo son las 100 páginas y se supone que no hay relación entre el momento en que se producen los errores ortográficos.
3. La variable aleatoria X = el número de ocurrencias en el intervalo de interés.

EJEMPLO 4.12

Un banco espera recibir seis cheques sin fondos al día, en promedio. ¿Cuál es la probabilidad de que el banco reciba menos de cinco cheques sin fondos en un día determinado? El interés es el número de cheques que el banco recibe en un día, por lo que el intervalo de tiempo del interés es un día. Supongamos que X = el número de cheques sin fondos que recibe el banco en un día. Si el banco espera recibir seis cheques sin fondos al día, el promedio es de seis cheques al día. Escriba un enunciado matemático para la pregunta de probabilidad.

Solución 1

$P(x < 5)$

EJEMPLO 4.13

Se da cuenta de que un reportero de noticias dice "uh", en promedio, dos veces por emisión. ¿Cuál es la probabilidad de que el periodista diga "uh" más de dos veces por emisión?

Se trata de un problema de Poisson porque le interesa saber el número de veces que el reportero de las noticias dice "uh" durante una emisión.

a. ¿Cuál es el intervalo de interés?

Solución 1

a. una emisión medida en minutos

b. ¿Cuál es el número promedio de veces que el reportero de noticias dice "uh" durante una emisión?

Solución 2

b. 2

c. Supongamos que X = _________. ¿Qué valores toma X?

Solución 3

c. Sea X = el número de veces que el reportero de noticias dice "ah" durante una emisión.
$x = 0, 1, 2, 3, \ldots$

d. La pregunta de probabilidad es P(_____).

Solución 4

d. $P(x > 2)$

Notación para el Poisson: P = Función de distribución de probabilidad de Poisson

$X \sim P(\mu)$

Se lee como "X es una variable aleatoria con una distribución de Poisson". El parámetro es μ (o λ); μ (o λ) = la media del intervalo de interés. La media es el número de ocurrencias que se producen por término promedio durante el periodo del intervalo.

La fórmula para calcular las probabilidades que provienen de un proceso de Poisson es:

$$P(x) = \frac{\mu^x e^{-\mu}}{x!}$$

donde $P(X)$ es la probabilidad de X aciertos, μ es el número esperado de aciertos basado en datos históricos, e es el logaritmo natural aproximadamente igual a 2,718, y X es el número de aciertos por unidad, normalmente por unidad de tiempo.

Para utilizar la distribución de Poisson, deben cumplirse ciertos supuestos. Estos son: la probabilidad de un éxito, μ, no cambia dentro del intervalo, no puede haber éxitos simultáneos dentro del intervalo y, por último, que la probabilidad de un éxito entre intervalos es independiente, el mismo supuesto de la distribución binomial.

En cierto modo, la distribución de Poisson puede considerarse una forma inteligente de convertir una variable aleatoria continua, normalmente el tiempo, en una variable aleatoria discreta al dividir el tiempo en intervalos independientes discretos. Esta forma de pensar en la Poisson nos ayuda a entender por qué se puede utilizar para estimar la probabilidad de la variable aleatoria discreta de la distribución binomial. La Poisson pide la probabilidad de un número de aciertos durante un periodo mientras que la binomial pide la probabilidad de un número determinado de aciertos para un número dado de ensayos.

EJEMPLO 4.14

El contestador automático de Leah recibe unas seis llamadas telefónicas entre las 8 y las 10 a. m. ¿Cuál es la probabilidad de que Leah reciba más de una llamada durante **los próximos 15 minutos?**

Supongamos que X = el número de llamadas que recibe Leah durante 15 minutos (el **intervalo de interés** es de 15 minutos o $\frac{1}{4}$ hora)

$x = 0, 1, 2, 3, \ldots$

Si Leah recibe, en promedio, seis llamadas telefónicas en dos horas, y hay ocho intervalos de 15 minutos en dos horas, entonces Leah recibe

$\left(\frac{1}{8}\right)(6) = 0{,}75$ llamadas durante 15 minutos, en promedio. Por tanto, $\mu = 0{,}75$ para este problema.

$X \sim P(0{,}75)$

Calcule $P(x > 1)$. $P(x > 1) = 0{,}1734$

La probabilidad de que Leah reciba más de una llamada telefónica en los próximos 15 minutos es de 0,1734.

El gráfico de $X \sim P(0{,}75)$ es:

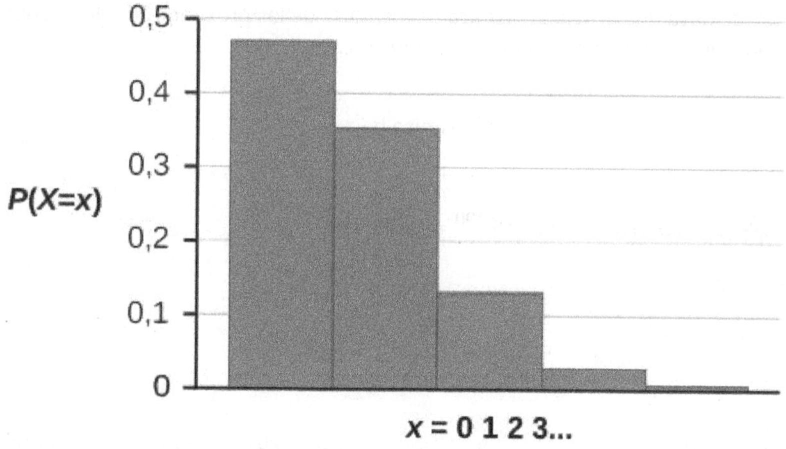

Figura 4.3

El eje y contiene la probabilidad de x, donde X = el número de llamadas durante 15 minutos.

EJEMPLO 4.15

Según una encuesta, un profesor universitario recibe, en promedio, 7 correos electrónicos al día. Sea X = el número de correos electrónicos que recibe un profesor al día. La variable aleatoria discreta X toma los valores $x = 0, 1, 2 \ldots$ La variable aleatoria X tiene una distribución de Poisson: $X \sim P(7)$. La media es de 7 correos electrónicos.

a. ¿Cuál es la probabilidad de que un usuario de correo electrónico reciba exactamente 2 correos electrónicos al día?
b. ¿Cuál es la probabilidad de que un usuario de correo electrónico reciba como máximo 2 correos electrónicos al día?
c. ¿Cuál es la desviación típica?

Solución 1

a. $P\left(x=2\right)=\frac{\mu^{x}e^{-\mu}}{x!}=\frac{7^{2}e^{-7}}{2!}=0{,}022$

b. $P\left(x\leq 2\right)=\frac{7^{0}e^{-7}}{0!}+\frac{7^{1}e^{-7}}{1!}+\frac{7^{2}e^{-7}}{2!}=0{,}029$

c. Desviación típica = $\sigma=\sqrt{\mu}=\sqrt{7}\approx 2{,}65$

EJEMPLO 4.16

Los usuarios de mensajes de texto reciben o envían un promedio de 41,5 mensajes de texto al día.

a. ¿Cuántos mensajes de texto recibe o envía un usuario por hora?
b. ¿Cuál es la probabilidad de que un usuario de mensajes de texto reciba o envíe dos mensajes por hora?
c. ¿Cuál es la probabilidad de que un usuario de mensajes de texto reciba o envíe más de dos mensajes por hora?

Solución 1

a. Supongamos que X = el número de mensajes de texto que un usuario envía o recibe en una hora. El número promedio de mensajes de texto recibidos por hora es $\frac{41{,}5}{24}\approx 1{,}7292$.

b. $P\left(x=2\right)=\frac{\mu^{x}e^{-\mu}}{x!}=\frac{1{,}729^{2}e^{-1{,}729}}{2!}=0{,}265$

c. $P\left(x>2\right)=1-P\left(x\leq 2\right)=1-\left[\frac{7^{0}e^{-7}}{0!}+\frac{7^{1}e^{-7}}{1!}+\frac{7^{2}e^{-7}}{2!}\right]=0{,}250$

EJEMPLO 4.17

El 13 de mayo de 2013, a partir de las 4:30 p. m., se informó que la probabilidad de actividad sísmica baja para las próximas 48 horas en Alaska era de 1,02 % aproximadamente. Utilice esta información para los próximos 200 días para hallar la probabilidad de que haya una actividad sísmica baja en diez de los próximos 200 días. Utilice las distribuciones binomial y de Poisson para calcular las probabilidades. ¿Están cerca?

Solución 1

Supongamos que X = el número de días con actividad sísmica baja.

Mediante la distribución binomial:

- $P\left(x=10\right)=\frac{200!}{10!(200-10)!}\times 0{,}0102^{10}\times 0{,}9898^{190}=0{,}000039$

Mediante la distribución de Poisson:

- Calcule $\mu=np=200(0{,}0102)\approx 2{,}04$
- $P\left(x=10\right)=\frac{\mu^{x}e^{-\mu}}{x!}=\frac{2{,}04^{10}e^{-2{,}04}}{10!}=0{,}000045$

Esperamos que la aproximación sea buena porque n es grande (más de 20) y p es pequeño (menos de 0,05). Los resultados son muy parecidos: ambas probabilidades son casi 0.

Estimación de la distribución binomial con la distribución de Poisson

Anteriormente comprobamos que la distribución binomial proporcionaba una aproximación a la distribución hipergeométrica. Ahora hallamos que la distribución de Poisson puede proporcionar una aproximación para la binomial. Decimos que la distribución binomial se acerca a la Poisson. La distribución binomial se aproxima a la distribución de Poisson es a medida que n se hace más grande y p es pequeño, de manera que np se convierte en un valor constante. Hay varias reglas generales sobre cuándo se puede decir que se va a utilizar una Poisson para estimar una binomial. Una de ellas sugiere que np, la media de la binomial, debe ser inferior a 25. Otro autor sugiere que debería ser inferior a 7. Y otro, observando que la media y la varianza de la Poisson son ambas iguales, sugiere que *np* y *npq*, la media y la varianza de la binomial, deben ser mayores que 5. No existe una regla general aceptada sobre cuándo se puede utilizar la Poisson para estimar la binomial.

A medida que avanzamos por estas distribuciones de probabilidad, llegamos a distribuciones más sofisticadas que, en cierto sentido, contienen las distribuciones menos sofisticadas dentro de ellas. Esta proposición ha sido demostrada por los matemáticos. Esto nos lleva al nivel más alto de sofisticación en la siguiente distribución de probabilidad que puede ser usada como una aproximación a todas las que hemos discutido hasta ahora. Esta es la distribución normal.

EJEMPLO 4.18

Una encuesta realizada a 500 estudiantes de último curso de la Price Business School arroja los siguientes datos. El 75 % empieza a trabajar directamente después de graduarse. El 15 % continúa para hacer su Maestría en Administración de Empresas (Master of Business Administration, MBA). El 9 % se queda para obtener un título en una asignatura secundaria en otro programa. El 1 % continúa en una Maestría en Finanzas.

¿Cuál es la probabilidad de que más de 2 estudiantes de último año vayan a la escuela de posgrado para hacer una Maestría en Finanzas?

Solución 1

Esto es claramente un problema de distribución de probabilidad binomial. Las opciones son binarias cuando definimos los resultados como "Escuela de Postgrado en Finanzas" frente a "todas las demás opciones". La variable aleatoria es discreta y los eventos son, podríamos suponer, independientes. Resolviendo como un problema binomial, tenemos:

Solución binomial

$$n \cdot p = 500 \cdot 0{,}01 = 5 = \mu$$

$$P(0) = \frac{500!}{0!(500-0)!} 0{,}01^0 (1-0{,}01)^{500-0} = 0{,}00657$$

$$P(1) = \frac{500!}{1!(500-1)!} 0{,}01^1 (1-0{,}01)^{500-1} = 0{,}03318$$

$$P(2) = \frac{500!}{2!(500-2)!} 0{,}01^2 (1-0{,}01)^{500-2} = 0{,}08363$$

Sumando los 3 = 0,12339

$$1-0{,}12339 = 0{,}87661$$

Aproximación de Poisson

$$n \cdot p = 500 \cdot 0{,}01 = 5 = \mu$$

$$n \cdot p \cdot (1-p) = 500 \cdot 0{,}01 \cdot (0{,}99) \approx 5 = \sigma^2 = \mu$$

$$P(X) = \frac{e^{-np}(np)^x}{x!} = \left\{P(0) = \frac{e^{-5} \cdot 5^0}{0!}\right\} + \left\{P(1) = \frac{e^{-5} \cdot 5^1}{1!}\right\} + \left\{P(2) = \frac{e^{-5} \cdot 5^2}{2!}\right\}$$

$$0{,}0067 + 0{,}0337 + 0{,}0842 = 0{,}1247$$

$$1-0{,}1247 = 0{,}8753$$

Una aproximación de 1 milésima es sin duda una aproximación aceptable.

Términos Clave

Distribución de probabilidad binomial una variable aleatoria discreta (RV) que surge de ensayos de Bernoulli; hay un número fijo, *n*, de ensayos independientes. "Independiente" significa que el resultado de cualquier ensayo (por ejemplo, el ensayo uno) no afecta los resultados de los ensayos siguientes, y que todos los ensayos se llevan a cabo en las mismas condiciones. En estas circunstancias, la RV binomial *X* se define como el número de aciertos en *n* ensayos. La media es $\mu = np$ y la desviación típica es $\sigma = \sqrt{npq}$. La probabilidad de tener exactamente *x* aciertos en *n* ensayos es

$$P(X = x) = \binom{n}{x} p^x q^{n-x}.$$

Distribución de probabilidad de Poisson una variable aleatoria (RV) discreta que cuenta el número de veces que se producirá un determinado evento en un intervalo específico; características de la variable

- La probabilidad de que el evento ocurra en un intervalo determinado es la misma para todos los intervalos.
- Los eventos ocurren con una media conocida e independientemente del tiempo transcurrido desde el último evento.

La distribución está definida por la media μ del evento en el intervalo. La media es $\mu = np$. La desviación típica es $\sigma = \sqrt{\mu}$. La probabilidad de tener exactamente *x* aciertos en *r* ensayos es $P(x) = \frac{\mu^x e^{-\mu}}{x!}$. La distribución de Poisson se utiliza a menudo para aproximar la distribución binomial, cuando *n* es "grande" y *p* es "pequeño" (una regla general es que *np* debe ser mayor o igual a 25 y *p* debe ser menor o igual a 0,01).

Distribución geométrica una variable aleatoria (RV) discreta que surge de los ensayos de Bernoulli; los ensayos se repiten hasta el primer acierto. La variable geométrica *X* se define como el número de ensayos hasta el primer acierto. La media es $\mu = \frac{1}{p}$ y la desviación típica es $\sigma = \sqrt{\frac{1}{p}\left(\frac{1}{p} - 1\right)}$. La probabilidad de que se produzcan exactamente *x* fallos antes del primer acierto viene dada por la fórmula $P(X = x) = p(1 - p)^{x-1}$ donde se quiere conocer la probabilidad para el número de ensayos hasta el primer acierto: el x-ésimo ensayo es el primer acierto

Una formulación alternativa de la distribución geométrica plantea la siguiente pregunta: ¿cuál es la probabilidad de *x* fracasos hasta el primer acierto? En esta formulación no se cuenta el ensayo que generó el primer acierto. La fórmula para esta presentación de la geométrica es $P(X = x) = p(1-p)^x$

El valor esperado en esta forma de la distribución geométrica es $\mu = \frac{1-p}{p}$

La manera más fácil de mantener estas dos formas de la distribución geométrica es recordar que *p* es la probabilidad de acierto y (1-p) es la probabilidad de fracaso. En la fórmula los exponentes simplemente cuentan el número de aciertos y el número de fallos del resultado deseado del experimento. Por supuesto, la suma de estos dos números debe dar el número de ensayos del experimento.

Ensayos de Bernoulli un experimento con las siguientes características:

1. Solo hay dos resultados posibles, denominados "acierto" y "fallo" para cada ensayo.
2. La probabilidad *p* de un acierto es igual para cualquier ensayo (por lo que la probabilidad $q = 1 - p$ de un fallo es la misma para cualquier ensayo).

Experimento binomial un experimento estadístico que satisfaga las tres condiciones siguientes:

1. Hay un número fijo de ensayos, *n*.
2. Solo hay dos resultados posibles, llamados "acierto" y "fallo" para cada ensayo. La letra *p* indica la probabilidad de acierto en un ensayo, y la *q* la probabilidad de fallo en un ensayo.
3. Los *n* ensayos son independientes y se repiten utilizando condiciones idénticas.

Experimento geométrico un experimento estadístico con las siguientes propiedades:

1. Hay uno o más ensayos de Bernoulli con todos los fallos excepto el último, que es un acierto.
2. En teoría, el número de pruebas podría ser eterno. Debe haber, al menos, un ensayo.
3. La probabilidad, *p*, de un acierto y la probabilidad, *q*, de un fallo no cambian de un ensayo a otro.

Experimento hipergeométrico un experimento estadístico con las siguientes propiedades:

1. Toma muestras de dos grupos.
2. Le interesa un grupo de interés, llamado primer grupo.
3. Toma una muestra sin reemplazo de los grupos combinados.
4. Cada selección no es independiente, ya que el muestreo es sin reemplazo.

Función de distribución de probabilidad (PDF) una descripción matemática de una variable aleatoria (*RV*) discreta, dada en forma de ecuación (fórmula) o en forma de tabla que enumera todos los resultados posibles de un experimento y la probabilidad asociada a cada resultado.

Probabilidad hipergeométrica una variable aleatoria (RV) discreta que se caracteriza por:

1. Un número fijo de ensayos.
2. La probabilidad de acierto no es la misma de un ensayo a otro.

Tomamos muestras de dos grupos de elementos cuando solo nos interesa un grupo. *X* se define como el número de aciertos sobre el total de elementos elegidos.

Variable aleatoria (RV) una característica de interés en una población que se estudia; la notación común para las variables son las letras latinas mayúsculas *X, Y, Z*,...; la notación común para un valor específico del dominio (conjunto de todos los valores posibles de una variable) son las letras latinas minúsculas *x, y, z*. Por ejemplo, si *X* es el número de hijos de una familia, entonces *x* representa un número entero específico 0, 1, 2, 3,.... Las variables en estadística se diferencian de las variables en álgebra intermedia en los dos aspectos siguientes.

- El dominio de la variable aleatoria (RV) no es necesariamente un conjunto numérico; el dominio puede expresarse en palabras; por ejemplo, si *X* = color de cabello entonces el dominio es {negro, rubio, gris, verde, naranja}.
- Podemos saber qué valor específico *x* toma la variable aleatoria *X* solo después de realizar el experimento.

Repaso del capítulo

Introducción

Las características de una distribución de probabilidad o función de densidad (PDF) son las siguientes:

1. Cada probabilidad está entre cero y uno, ambos inclusive (*inclusive* significa incluir el cero y el uno).
2. La suma de las probabilidades es uno.

4.1 Distribución hipergeométrica

La fórmula combinatoria puede proporcionar el número de subconjuntos únicos de tamaño x que se pueden crear a partir de n objetos únicos para ayudarnos a calcular las probabilidades. La fórmula combinatoria es

$$\binom{n}{x} = {}_nC_x = \frac{n!}{x!(n-x)!}$$

Un experimento **hipergeométrico** es un experimento estadístico con las siguientes propiedades:

1. Toma muestras de dos grupos.
2. Le interesa un grupo de interés, llamado primer grupo.
3. Toma una muestra sin reemplazo de los grupos combinados.
4. Cada selección no es independiente, ya que el muestreo es sin reemplazo.

Los resultados de un experimento hipergeométrico se ajustan a una distribución de probabilidad hipergeométrica. La variable aleatoria *X* = el número de elementos del grupo de interés. $h(x) = \dfrac{\binom{A}{x}\binom{N-A}{n-x}}{\binom{N}{n}}$.

4.2 Distribución binomial

Un experimento estadístico se puede clasificar como experimento binomial si se cumplen las siguientes condiciones:

1. Hay un número fijo de ensayos, *n*.
2. Solo hay dos resultados posibles, denominados "acierto " y "fallo" para cada ensayo. La letra *p* indica la probabilidad de acierto en un ensayo y la *q* la probabilidad de fallo en un ensayo.
3. Los *n* ensayos son independientes y se repiten utilizando condiciones idénticas.

Los resultados de un experimento binomial se ajustan a una distribución de probabilidad binomial. La variable aleatoria *X* = el número de aciertos obtenidos en los *n* ensayos independientes. La media de *X* se puede calcular mediante la fórmula $\mu = np$, y la desviación típica viene dada por la fórmula $\sigma = \sqrt{npq}$.

La fórmula de la función de densidad de probabilidad binomial es

$$P(x) = \frac{n!}{x!(n-x)!} \cdot p^x q^{(n-x)}$$

4.3 Distribución geométrica

Hay tres características de un experimento geométrico:

1. Hay uno o más ensayos de Bernoulli con todos los fallos excepto el último, que es un acierto.
2. En teoría, el número de pruebas podría ser eterno. Debe haber, al menos, un ensayo.

3. La probabilidad, p, de un acierto y la probabilidad, q, de un fallo son iguales para cada ensayo.

En un experimento geométrico defina la variable aleatoria discreta X como el número de ensayos independientes hasta el primer acierto. Decimos que X tiene una distribución geométrica y escribimos $X \sim G(p)$ donde p es la probabilidad de acierto en un solo ensayo.

La media de la distribución geométrica $X \sim G(p)$ es $\mu = 1/p$ donde x = número de ensayos hasta el primer acierto de la fórmula $P(X = x) = (1-p)^{x-1}\, p$ donde el número de pruebas es hasta el primer acierto incluido.

Una formulación alternativa de la distribución geométrica plantea la siguiente pregunta: ¿cuál es la probabilidad de x fracasos hasta el primer acierto? En esta formulación no se cuenta el ensayo que generó el primer acierto. La fórmula para esta presentación de la geométrica es:

$$P(X = x) = p(1-p)^x$$

El valor esperado en esta forma de la distribución geométrica es

$$\mu = \frac{1-p}{p}$$

La forma más fácil de mantener estas dos formas de la distribución geométrica es recordar que p es la probabilidad de acierto y (1-p) es la probabilidad de fracaso. En la fórmula los exponentes simplemente cuentan el número de aciertos y el número de fallos del resultado deseado del experimento. Por supuesto, la suma de estos dos números debe dar el número de ensayos del experimento.

4.4 Distribución de Poisson

Una **distribución de probabilidad de Poisson** de una variable aleatoria discreta da la probabilidad de que se produzca un número de eventos en un intervalo fijo de tiempo o espacio, si estos eventos se producen a una tasa promedio conocida y con independencia del tiempo transcurrido desde el último evento. La distribución de Poisson puede utilizarse para aproximarse a la binomial, si la probabilidad de éxito es "pequeña" (menor o igual a 0,01) y el número de ensayos es "grande" (mayor o igual a 25). También se sugieren otras reglas generales por parte de diferentes autores, pero todos reconocen que la distribución de Poisson es la distribución límite de la binomial a medida que n aumenta y p se acerca a cero.

La fórmula para calcular las probabilidades que provienen de un proceso de Poisson es:

$$P(x) = \frac{\mu^x e^{-\mu}}{x!}$$

donde P(X) es la probabilidad de éxitos, μ (pronunciado mi) es el número esperado de éxitos, e es el logaritmo natural aproximadamente igual a 2,718, y X es el número de éxitos por unidad, normalmente por unidad de tiempo.

Repaso de fórmulas

4.1 Distribución hipergeométrica

$$h(x) = \frac{\binom{A}{x}\binom{N-A}{n-x}}{\binom{N}{n}}$$

4.2 Distribución binomial

$X \sim B(n, p)$ significa que la variable aleatoria discreta X tiene una distribución de probabilidad binomial con n ensayos y probabilidad de acierto p.

X = el número de aciertos en n ensayos independientes

n = el número de ensayos independientes

X toma los valores $x = 0, 1, 2, 3, ..., n$

p = la probabilidad de acierto de cualquier ensayo

q = la probabilidad de fallo de cualquier ensayo

$p + q = 1$

$q = 1 - p$

La media de X es $\mu = np$. La desviación típica de X es $\sigma = \sqrt{npq}$.

$$P(x) = \frac{n!}{x!(n-x)!} \cdot p^x q^{(n-x)}$$

donde P(X) es la probabilidad de X éxitos en n ensayos cuando la probabilidad de un éxito en CUALQUIER OTRO ENSAYO es p.

4.3 Distribución geométrica

$$P(X = x) = p(1-p)^{x-1}$$

$X \sim G(p)$ significa que la variable aleatoria discreta X tiene una distribución de probabilidad geométrica con probabilidad de acierto en un único ensayo p.

X = el número de ensayos independientes hasta el primer acierto

X toma los valores $x = 1, 2, 3, \ldots$

p = la probabilidad de acierto de cualquier ensayo

q = la probabilidad de fallo para cualquier ensayo $p + q = 1$

$q = 1 - p$

La media es $\mu = \frac{1}{p}$.

La desviación típica es $\sigma = \sqrt{\frac{1-p}{p^2}} = \sqrt{\frac{1}{p}\left(\frac{1}{p} - 1\right)}$.

4.4 Distribución de Poisson

$X \sim P(\mu)$ significa que X tiene una distribución de probabilidad de Poisson donde X = el número de ocurrencias en el intervalo de interés.

X toma los valores $x = 0, 1, 2, 3, \ldots$

Se suele dar la media μ o λ.

La varianza es $\sigma^2 = \mu$, y la desviación típica es $\sigma = \sqrt{\mu}$.

Cuando se utiliza $P(\mu)$ para aproximar una distribución binomial, $\mu = np$ donde n representa el número de ensayos independientes y p representa la probabilidad de aciertos en un solo ensayo.

$$P(x) = \frac{\mu^x e^{-\mu}}{x!}$$

Práctica

Introducción

Use la siguiente información para responder los próximos cinco ejercicios: Una compañía quiere evaluar su tasa de deserción, es decir, el tiempo que los nuevos empleados permanecen en la compañía. A lo largo de los años han establecido la siguiente distribución de probabilidad.

Supongamos que X = el número de años que un nuevo empleado permanecerá en la compañía.

Supongamos que $P(x)$ = la probabilidad de que un nuevo empleado permanezca en la compañía x años.

1. Complete la Tabla 4.1 con los datos proporcionados.

x	$P(x)$
0	0,12
1	0,18
2	0,30
3	0,15
4	
5	0,10
6	0,05

Tabla 4.1

2. $P(x = 4)$ = ______

3. $P(x \geq 5)$ = ______

4. ¿Cuánto tiempo en promedio espera que un nuevo empleado permanezca en la compañía?

5. ¿A cuánto asciende la columna "$P(x)$"?

Use la siguiente información para responder los próximos seis ejercicios: Un panadero está decidiendo cuántos lotes de muffins va a hacer para vender en su panadería. Quiere hacer lo suficiente para venderlos todos y no menos. Mediante la observación, el panadero ha establecido una distribución de probabilidad.

x	$P(x)$
1	0,15
2	0,35
3	0,40
4	0,10

Tabla 4.2

6. Defina la variable aleatoria X.

7. ¿Cuál es la probabilidad de que el panadero venda más de un lote? $P(x > 1)$ = ______

8. ¿Cuál es la probabilidad de que el panadero venda exactamente un lote? $P(x = 1)$ = ______

9. En promedio, ¿cuántos lotes debe hacer el panadero?

Use la siguiente información para responder los próximos cuatro ejercicios: Ellen tiene práctica de música tres días a la semana. Practica los tres días el 85 % del tiempo, dos días el 8 % del tiempo, un día el 4 % del tiempo y ningún día el 3 % del tiempo. Se selecciona una semana al azar.

10. Defina la variable aleatoria X.

11. Construya una tabla de distribución de probabilidades para los datos.

12. Sabemos que para que una función de distribución de probabilidad sea discreta, debe tener dos características. Una es que la suma de las probabilidades es uno. ¿Cuál es la otra característica?

Use la siguiente información para responder los próximos cinco ejercicios: Javier es voluntario en eventos comunitarios cada mes. No realiza más de cinco eventos en un mes. Asiste exactamente a cinco eventos el 35 % del tiempo, a cuatro el 25 % del tiempo, a tres el 20 % del tiempo, a dos el 10 % del tiempo, a uno el 5 % del tiempo y a ninguno el 5 % del tiempo.

13. Defina la variable aleatoria X.

14. ¿Qué valores toma x?

15. Construir una tabla de PDF.

16. Calcule la probabilidad de que Javier sea voluntario en menos de tres eventos al mes. $P(x < 3)$ = ______

17. Calcule la probabilidad de que Javier sea voluntario en, al menos, un evento cada mes. $P(x > 0)$ = ______

4.1 Distribución hipergeométrica

Use la siguiente información para responder los próximos cinco ejercicios: Supongamos que un grupo de estudiantes de Estadística se divide en dos grupos: estudiantes de especialidad en Negocios y estudiantes de especialidad que no son en Negocios. En el grupo hay 16 especialidades en Negocios y siete que no son en Negocios. Se toma una muestra aleatoria de nueve estudiantes. Nos interesa el número de especialidades en Negocios en la muestra.

18. Defina la variable aleatoria X en palabras.

19. ¿Qué valores toma X?

4.2 Distribución binomial

Use la siguiente información para responder los próximos ocho ejercicios: El Instituto de Investigación de la Educación Superior de la Universidad de California en Los Ángeles (University of California, Los Angeles, UCLA) recopiló datos de 203.967 estudiantes de primer año a tiempo completo de 270 institutos universitarios de cuatro años en EE. UU. El 71,3 % de esos estudiantes respondieron que sí, que creen que las parejas del mismo sexo deberían tener derecho a un estado civil legal. Supongamos que elige al azar a ocho estudiantes de primer año a tiempo completo de la encuesta. Le interesa saber el número de personas que creen que las parejas del mismo sexo deberían tener derecho a un estado civil legal.

20. Defina la variable aleatoria X en palabras.

21. $X \sim$ ____(____,____)

22. ¿Qué valores toma la variable aleatoria X?

23. Construya la Función de Distribución de Probabilidad (PDF).

x	$P(x)$

Tabla 4.3

24. En promedio (μ), ¿cuántos esperaría que respondieran afirmativamente?

25. ¿Cuál es la desviación típica (σ)?

26. ¿Cuál es la probabilidad de que, como máximo, cinco de los estudiantes de primer año respondan que "sí"?

27. ¿Cuál es la probabilidad de que, al menos, dos de los estudiantes de primer año respondan que "sí"?

4.3 Distribución geométrica

Use la siguiente información para responder los próximos seis ejercicios: El Instituto de Investigación de la Educación Superior de la Universidad de California en Los Ángeles (University of California, Los Angeles, UCLA) recopiló datos de 203.967 estudiantes de primer año a tiempo completo de 270 institutos universitarios de cuatro años en EE. UU. El 71,3 % de esos estudiantes respondieron que sí, que creen que las parejas del mismo sexo deberían tener derecho a un estado civil legal. Supongamos que selecciona al azar a un estudiante de primer año del estudio hasta que halle uno que responda “sí”. Le interesa el número de estudiantes de primer año a los que debe preguntar.

28. Defina la variable aleatoria *X* en palabras.

29. *X* ~ ____(____,____)

30. ¿Qué valores toma la variable aleatoria *X*?

31. Construya la Función de Distribución de Probabilidad (PDF). Deténgase en $x = 6$.

x	*P*(*x*)
1	
2	
3	
4	
5	
6	

Tabla 4.4

32. En promedio (μ), ¿a cuántos estudiantes de primer año tendría que preguntarles hasta hallar uno que responda “sí”?

33. ¿Cuál es la probabilidad de que tenga que preguntarles a menos de tres estudiantes de primer año?

4.4 Distribución de Poisson

Use la siguiente información para responder los próximos seis ejercicios: en promedio, una tienda de ropa recibe 120 clientes al día.

34. Supongamos que el evento se produce de forma independiente en un día determinado. Defina la variable aleatoria *X*.

35. ¿Qué valores toma *X*?

36. ¿Cuál es la probabilidad de recibir 150 clientes en un día?

37. ¿Cuál es la probabilidad de recibir 35 clientes en las primeras cuatro horas? Supongamos que la tienda está abierta 12 horas al día.

38. ¿Cuál es la probabilidad de que la tienda reciba más de 12 clientes en la primera hora?

39. ¿Cuál es la probabilidad de que la tienda reciba menos de 12 clientes en las dos primeras horas?

40. ¿Qué tipo de distribución se puede utilizar para aproximar el modelo de Poisson? ¿Cuándo lo haría?

Use la siguiente información para responder los próximos seis ejercicios: en EE. UU. mueren un promedio de ocho adolescentes al día por accidentes de tráfico. Como consecuencia, los estados de todo el país están debatiendo el aumento de la edad para conducir.

41. Supongamos que el evento se produce de forma independiente en un día determinado. Defina la variable aleatoria *X* en palabras.

42. *X* ~ ____(____,____)

43. ¿Qué valores toma *X*?

44. Para los valores dados de la variable aleatoria *X*, rellene las probabilidades correspondientes.

45. ¿Es probable que no haya ningún adolescente muerto por accidente de tráfico en un día determinado en EE. UU.? Justifique su respuesta numéricamente.

46. ¿Es probable que haya más de 20 adolescentes muertos por accidentes de tráfico en un día determinado en EE. UU.? Justifique su respuesta numéricamente.

Tarea para la casa

4.1 Distribución hipergeométrica

47. Un grupo de estudiantes de artes marciales tiene previsto participar en una demostración en los próximos días. Seis son estudiantes de taekwondo; siete son estudiantes de karate Shotokan. Supongamos que se eligen al azar ocho estudiantes para participar en la primera demostración. Nos interesa el número de estudiantes de karate Shotokan en esa primera demostración.

a. Defina la variable aleatoria *X* en palabras.
b. Enumere los valores que puede tomar *X*.
c. ¿Cuántos estudiantes de karate Shotokan esperamos que haya en esa primera demostración?

48. En uno de sus catálogos de primavera, L. L. Bean® anunciaba calzado en 29 de las 192 páginas de su catálogo. Supongamos que tomamos al azar 20 páginas. Nos interesa el número de páginas que anuncian calzado. Cada página puede ser elegida como máximo una vez.

a. Defina la variable aleatoria *X* en palabras.
b. Enumere los valores que puede tomar *X*.
c. ¿Cuántas páginas espera que anuncien calzado?
d. Calcule la desviación típica.

49. Supongamos que se está formando un grupo de trabajo sobre tecnología para estudiar el conocimiento de la tecnología entre instructores. Supongamos que diez personas serán elegidas al azar para formar parte del comité de un grupo de 28 voluntarios, 20 de los cuales tienen conocimientos técnicos y ocho no. Nos interesa el número de miembros del comité que **no** tienen conocimientos técnicos.

a. Defina la variable aleatoria *X* en palabras.
b. Enumere los valores que puede tomar *X*.
c. ¿Cuántos instructores espera que haya en el comité que **no** sean técnicamente competentes?
d. Calcule la probabilidad de que, al menos, cinco miembros del comité no sean técnicamente competentes.
e. Calcule la probabilidad de que como máximo tres miembros del comité no sean técnicamente competentes.

50. Supongamos que nueve atletas de Massachusetts tienen previsto aparecer en un acto benéfico. Los nueve son elegidos al azar entre ocho voluntarios de los Boston Celtics y cuatro de los New England Patriots. Nos interesa el número de Patriots elegidos.

a. Defina la variable aleatoria *X* en palabras.
b. Enumere los valores que puede tomar *X*.
c. ¿Elige a los nueve atletas con o sin reemplazo?

51. Una mano de bridge se define como 13 cartas sacadas al azar y sin reemplazo de un mazo de 52 cartas. En un mazo estándar hay 13 cartas de cada palo: corazones, picas, tréboles y diamantes. ¿Cuál es la probabilidad de que se reparta una mano que no contenga un corazón?

a. ¿Cuál es el grupo de interés?
b. ¿Cuántos hay en el grupo de interés?
c. ¿Cuántos hay en el otro grupo?
d. Supongamos que *X* = _______. ¿Qué valores toma *X*?
e. La pregunta de probabilidad es *P*(______).
f. Calcule la probabilidad en cuestión.
g. Calcule (i) la media y (ii) la desviación típica de *X*.

4.2 Distribución binomial

52. Según un artículo reciente, el número promedio de bebés que nacen con una pérdida de audición significativa (sordera) es de aproximadamente dos por cada 1.000 bebés en una sala de cuidados sana. El número asciende a un promedio de 30 por cada 1.000 bebés en una sala de cuidados intensivos.

Supongamos que se estudian al azar 1.000 bebés de salas de cuidados sanas. Calcule la probabilidad de que exactamente dos bebés hayan nacido sordos.

Use la siguiente información para responder los próximos cuatro ejercicios. Recientemente, un enfermero comentó que cuando un paciente llama a la línea de asesoramiento médico para decir que tiene gripe, la probabilidad de que realmente la tenga (y no solo un desagradable resfriado) es solo del 4 %. De los siguientes 25 pacientes que llaman para decir que tienen gripe, nos interesa saber cuántos realmente la tienen.

53. Defina la variable aleatoria y enumere sus posibles valores.

54. Indique la distribución de *X*.

55. Calcule la probabilidad de que, al menos, cuatro de los 25 pacientes tengan realmente gripe.

56. En promedio, por cada 25 pacientes que llaman, ¿cuántos espera que tengan gripe?

57. Las personas que acuden a los videoclubs suelen alquilar más de un DVD a la vez. La distribución de probabilidad de los alquileres de DVD por cliente en Video To Go es Tabla 4.5. En esta tienda hay un límite de cinco videos por cliente, por lo que nadie alquila nunca más de cinco DVD.

x	*P*(*x*)
0	0,03
1	0,50
2	0,24
3	
4	0,07
5	0,04

Tabla 4.5

a. Describa la variable aleatoria *X* con palabras.
b. Calcule la probabilidad de que un cliente alquile tres DVD.
c. Calcule la probabilidad de que un cliente alquile al menos cuatro DVD.
d. Calcule la probabilidad de que un cliente alquile como máximo dos DVD.

58. Un reportero del periódico escolar decide hacer una encuesta al azar a 12 estudiantes para ver si asistirán a las festividades del Tet (Año Nuevo vietnamita) este año. Basándose en años anteriores, sabe que el 18 % de los estudiantes asisten a las festividades del Tet. Estamos interesados en el número de estudiantes que asistirán a las festividades.

a. Defina la variable aleatoria *X* en palabras.
b. Enumere los valores que puede tomar *X*.
c. Describa la distribución de *X*. *X* ~ ____(____,____)
d. ¿Cuántos de los 12 estudiantes esperamos que asistan a las festividades?
e. Calcule la probabilidad de que asistan como máximo cuatro estudiantes.
f. Calcule la probabilidad de que asistan más de dos estudiantes.

Use la siguiente información para responder los dos próximos ejercicios: La probabilidad de que los San José Sharks ganen un partido cualquiera es de 0,3694, basándose en un historial de 13 años de 382 victorias de 1.034 partidos jugados (a partir de una fecha determinada). El próximo calendario mensual contiene 12 partidos.

59. El número esperado de victorias para ese mes es:

a. 1,67
b. 12
c. $\frac{382}{1043}$
d. 4,43

Supongamos que *X* = el número de partidos ganados en ese mes.

60. ¿Cuál es la probabilidad de que los San José Sharks ganen seis partidos en ese mes?

a. 0,1476
b. 0,2336
c. 0,7664
d. 0,8903

61. ¿Cuál es la probabilidad de que los San José Sharks ganen al menos cinco partidos en ese mes?

a. 0,3694
b. 0,5266
c. 0,4734
d. 0,2305

62. Un estudiante toma una prueba de diez preguntas de verdadero-falso, pero no ha estudiado y estima al azar cada respuesta. Calcule la probabilidad de que el estudiante apruebe el examen con una calificación de, al menos, el 70 % de las preguntas correctas.

63. Un estudiante toma un examen de 32 preguntas de opción múltiple, pero no ha estudiado y estima al azar cada respuesta. Cada pregunta tiene tres posibles opciones de respuesta. Calcule la probabilidad de que el estudiante estime correctamente **más** del 75 % de las preguntas.

64. Se lanzan seis dados de diferentes colores. Nos interesa el número de dados que muestran un uno.

a. Defina la variable aleatoria *X* en palabras.
b. Enumere los valores que puede tomar *X*.
c. En promedio, ¿cuántos dados se espera que muestren un uno?
d. Calcule la probabilidad de que los seis dados muestren un uno.
e. ¿Es más probable que tres o que cuatro dados muestren un uno? Utilice números para justificar su respuesta numéricamente.

65. Más del 96 % de los institutos universitarios y universidades más grandes (más de 15.000 inscritos en total) tienen alguna oferta en línea. Supongamos que se eligen al azar 13 de estas instituciones. Nos interesa el número de los que ofrecen cursos a distancia.

a. Defina la variable aleatoria *X* en palabras.
b. Enumere los valores que puede tomar *X*.
c. Describa la distribución de *X*. *X* ~ _____(_____,_____)
d. En promedio, ¿cuántas escuelas espera que ofrezcan este tipo de cursos?
e. Calcule la probabilidad de que como máximo diez ofrezcan esos cursos.
f. ¿Es más probable que 12 o 13 ofrezcan estos cursos? Utilice los números para justificar su respuesta numéricamente y responda con una oración completa.

66. Supongamos que alrededor del 85 % de los estudiantes que se gradúan asisten a su graduación. Se elige al azar un grupo de 22 estudiantes que se gradúan.

a. Defina la variable aleatoria *X* en palabras.
b. Enumere los valores que puede tomar *X*.
c. Describa la distribución de *X*. *X* ~ _____(_____,_____)
d. ¿Cuántos se espera que asistan a su graduación?
e. Calcule la probabilidad de que asistan 17 o 18.
f. Basándose en los valores numéricos, ¿le sorprendería que los 22 asistieran a la graduación? Justifique su respuesta numéricamente.

67. En The Fencing Center el 60 % de los esgrimistas utilizan el florete como arma principal. Encuestamos al azar a 25 esgrimistas de The Fencing Center. Nos interesa el número de esgrimistas que **no** utilizan el florete como arma principal.

a. Defina la variable aleatoria *X* en palabras.
b. Enumere los valores que puede tomar *X*.
c. Describa la distribución de *X*. *X* ~ ____(____,____)
d. ¿Cuántos se espera que **no** utilicen el florete como arma principal?
e. Calcule la probabilidad de que seis **no** utilicen el florete como arma principal.
f. Basándose en los valores numéricos, ¿le sorprendería que los 25 **no** utilizaran el florete como arma principal? Justifique su respuesta numéricamente.

68. Aproximadamente el 8 % de los estudiantes de una escuela secundaria local participan en deportes extraescolares durante los cuatro años de escuela secundaria. Se elige al azar un grupo de 60 estudiantes de último año. Nos interesa el número que han participado en deportes extraescolares durante los cuatro años de escuela secundaria.

a. Defina la variable aleatoria *X* en palabras.
b. Enumere los valores que puede tomar *X*.
c. Describa la distribución de *X*. *X* ~ ____(____,____)
d. ¿Cuántos estudiantes de último año se espera que hayan participado en deportes extraescolares durante los cuatro años de escuela secundaria?
e. Basándose en los valores numéricos, ¿le sorprendería que ninguno de los estudiantes del último año participara en deportes extraescolares durante los cuatro años de escuela secundaria? Justifique su respuesta numéricamente.
f. Basándose en los valores numéricos, ¿es más probable que cuatro o que cinco de los estudiantes del último año hayan participado en deportes extraescolares durante los cuatro años de escuela secundaria? Justifique su respuesta numéricamente.

69. La posibilidad de una auditoría del Servicio de Impuestos Internos (Internal Revenue Service, IRS) para una declaración de impuestos con más de 25.000 dólares de ingresos es de alrededor del 2 % al año. Nos interesa el número esperado de auditorías que tiene una persona con esos ingresos en un periodo de 20 años. Supongamos que cada año es independiente.

a. Defina la variable aleatoria *X* en palabras.
b. Enumere los valores que puede tomar *X*.
c. Describa la distribución de *X*. *X* ~ ____(____,____)
d. ¿Cuántas auditorías se esperan en un periodo de 20 años?
e. Calcule la probabilidad de que una persona no sea auditada en absoluto.
f. Calcule la probabilidad de que una persona sea auditada más de dos veces.

70. Se ha calculado que solo un 30 % de los residentes de California tienen suministros adecuados para terremotos. Supongamos que se encuesta al azar a 11 residentes de California. Nos interesa saber el número de personas que disponen de suministros adecuados para terremotos.

a. Defina la variable aleatoria *X* en palabras.
b. Enumere los valores que puede tomar *X*.
c. Describa la distribución de *X*. *X* ~ ____(____,____)
d. ¿Cuál es la probabilidad de que, al menos, ocho tengan suministros adecuados para terremotos?
e. ¿Es más probable que ninguno o que todos los residentes encuestados dispongan de suministros adecuados para terremotos? ¿Por qué?
f. ¿Cuántos residentes espera que tengan suministros adecuados para terremotos?

71. Hay dos juegos similares para el Año Nuevo chino y el Año Nuevo vietnamita. En la versión china, se utilizan dados imparciales con los números 1, 2, 3, 4, 5 y 6 junto con un tablero con esos números. En la versión vietnamita, se utilizan dados de feria con dibujos de calabaza, pez, gallo, cangrejo, cangrejo de río y ciervo. El tablero también tiene esos seis objetos. Jugaremos con apuestas de 1 dólar. El jugador apuesta por un número u un objeto. La "casa" tira tres dados. Si ninguno de los dados muestra el número u objeto al que se apostó, la casa se queda con el 1 dólar apostado. Si uno de los dados muestra el número u objeto al que se apostó (y los otros dos no lo muestran), el jugador recupera su apuesta de 1 dólar, más 1 dólar de ganancia. Si dos de los dados muestran el número u objeto al que se apostó (y el tercer dado no lo muestra), el jugador recupera su apuesta de 1 dólar, más 2 dólares de ganancia. Si los tres dados muestran el número u objeto al que se apostó, el jugador recupera su apuesta de 1 dólar, más 3 dólares de ganancia. Supongamos que X = número de coincidencias y Y = ganancia por juego.

a. Defina la variable aleatoria X en palabras.
b. Enumere los valores que puede tomar X.
c. Enumere los valores que puede adoptar Y. Luego, construya una tabla de PDF que incluya tanto X como Y y sus probabilidades.
d. Calcule el promedio de coincidencias esperadas a largo plazo de jugar este juego para el jugador.
e. Calcule las ganancias promedio esperadas a largo plazo de este juego para el jugador.
f. Determine quién tiene la ventaja, el jugador o la casa.

72. Según el Banco Mundial, solo el 9 % de la población de Uganda tenía acceso a la electricidad en 2009. Supongamos que tomamos una muestra aleatoria de 150 personas en Uganda. Supongamos que X = el número de personas que tienen acceso a la electricidad.

a. ¿Cuál es la distribución de probabilidad de X?
b. Use las fórmulas y calcule la media y la desviación típica de X.
c. Calcule la probabilidad de que 15 personas de la muestra tengan acceso a la electricidad.
d. Calcule la probabilidad de que como máximo diez personas de la muestra tengan acceso a la electricidad.
e. Calcule la probabilidad de que más de 25 personas de la muestra tengan acceso a la electricidad.

73. La tasa de alfabetización de un país mide la proporción de personas de 15 años en adelante que saben leer y escribir. La tasa de alfabetización en Afganistán es del 28,1 %. Supongamos que elige al azar a 15 personas en Afganistán. Supongamos que X = el número de personas alfabetizadas.

a. Dibuje un gráfico de la distribución de probabilidad de X.
b. Use las fórmulas y calcule (i) la media y (ii) la desviación típica de X.
c. Calcule la probabilidad de que más de cinco personas de la muestra sepan leer y escribir. ¿Es más probable que tres o cuatro personas sepan leer y escribir?

4.3 Distribución geométrica

74. Una consumidora que quiera comprar un Miata rojo de segunda mano llamará a los concesionarios hasta que halle uno que tenga ese automóvil. Calcula que la probabilidad de que cualquier concesionario independiente tenga el automóvil será del 28 %. Nos interesa el número de concesionarios a los que debe llamar.

a. Defina la variable aleatoria X en palabras.
b. Enumere los valores que puede tomar X.
c. Describa la distribución de X. $X \sim$ ____(____,____)
d. En promedio, ¿a cuántos concesionarios tendríamos que llamar hasta hallar uno que tenga el automóvil?
e. Calcule la probabilidad de que tenga que llamar como máximo a cuatro concesionarios.
f. Calcule la probabilidad de que deba llamar a tres o cuatro concesionarios.

75. Supongamos que la probabilidad de que un adulto en Estados Unidos vea el supertazón es del 40 %. Cada persona se considera independiente. Nos interesa saber el número de adultos en Estados Unidos que debemos encuestar hasta hallar uno que vea el supertazón.

a. Defina la variable aleatoria *X* en palabras.
b. Enumere los valores que puede tomar *X*.
c. Describa la distribución de *X*. *X* ~ _____(_____,_____)
d. ¿A cuántos adultos en Estados Unidos espera encuestar hasta hallar uno que vea el supertazón?
e. Calcule la probabilidad de que deba preguntar a siete personas.
f. Calcule la probabilidad de que deba preguntar a tres o cuatro personas.

76. Se ha calculado que solo un 30 % de los residentes de California tienen suministros adecuados para terremotos. Supongamos que nos interesa saber el número de residentes de California que debemos encuestar hasta que hallemos uno que **no** tenga los suministros adecuados para un terremoto.

a. Defina la variable aleatoria *X* en palabras.
b. Enumere los valores que puede tomar *X*.
c. Describa la distribución de *X*. *X* ~ _____(_____,_____)
d. ¿Cuál es la probabilidad de que tengamos que encuestar a uno o a dos residentes hasta que hallemos uno que no tenga los suministros adecuados para un terremoto?
e. ¿Cuál es la probabilidad de que debamos encuestar, al menos, tres residentes de California hasta que hallemos uno que no tenga suministros adecuados para un terremoto?
f. ¿A cuántos residentes de California hay que encuestar hasta que se halle uno que **no** tenga los suministros adecuados para un terremoto?
g. ¿A cuántos residentes de California hay que encuestar hasta que se halle uno que **sí** tenga los suministros adecuados para un terremoto?

77. En uno de sus catálogos de primavera, L. L. Bean® anunciaba calzado en 29 de las 192 páginas de su catálogo. Supongamos que tomamos al azar 20 páginas. Nos interesa el número de páginas que anuncian calzado. Cada página puede ser elegida más de una vez.

a. Defina la variable aleatoria *X* en palabras.
b. Enumere los valores que puede tomar *X*.
c. Describa la distribución de *X*. *X* ~ _____(_____,_____)
d. ¿Cuántas páginas espera que anuncien calzado?
e. ¿Es probable que las veinte anuncien calzado en ellas? ¿Por qué sí o por qué no?
f. ¿Cuál es la probabilidad de que menos de diez anuncien calzado en ellas?
g. Recordatorio: Una página puede ser elegida más de una vez. Nos interesa saber el número de páginas que debemos inspeccionar aleatoriamente hasta hallar una que tenga calzado anunciado. Defina la variable aleatoria *X* y dé su distribución.
h. ¿Cuál es la probabilidad de que solo tenga que inspeccionar como máximo tres páginas para hallar una que anuncie calzado en ella?
i. ¿Cuántas páginas espera tener que inspeccionar para hallar una que anuncie calzado?

78. Suponga que está haciendo el experimento de probabilidad de lanzar un dado imparcial de seis lados. Supongamos que *F* es el evento de sacar un cuatro o un cinco. Le interesa saber cuántas veces tiene que lanzar el dado para obtener el primer cuatro o cinco como resultado.

- p = probabilidad de acierto (se produce el evento *F*)
- q = probabilidad de fallo (el evento *F* no se produce)

a. Escriba la descripción de la variable aleatoria *X*.
b. ¿Cuáles son los valores que puede asumir *X*?
c. Calcule los valores de p y q.
d. Calcule la probabilidad de que la primera ocurrencia del evento *F* (sacar un cuatro o un cinco) sea en el segundo ensayo.

79. Ellen tiene práctica de música tres días a la semana. Practica los tres días el 85 % del tiempo, dos días el 8 % del tiempo, un día el 4 % del tiempo y ningún día el 3 % del tiempo. Se selecciona una semana al azar. ¿Qué valores toma *X*?

80. El Banco Mundial registra la prevalencia del VIH en países de todo el mundo. Según sus datos, "la prevalencia del VIH se refiere al porcentaje de personas de 15 a 49 años que están infectadas por el VIH".[1] En Sudáfrica, la prevalencia del VIH es del 17,3 %. Supongamos que *X* = el número de personas a quienes se les hace la prueba hasta hallar una persona infectada por el VIH.

a. Dibuje un gráfico de la distribución de la variable aleatoria discreta *X*.
b. ¿Cuál es la probabilidad de que haya que hacer la prueba a 30 personas para hallar una con el VIH?
c. ¿Cuál es la probabilidad de que tenga que preguntar a diez personas?
d. Calcule la (i) media y (ii) desviación típica de la distribución de *X*.

81. Según una reciente encuesta de Pew Research, el 75 % de los millenials (personas nacidas entre 1981 y 1995) tienen un perfil en una red social. Supongamos que *X* = el número de mileniales a quienes pregunta hasta hallar una persona sin perfil en una red social.

a. Describa la distribución de *X*.
b. Calcule (i) la media y (ii) la desviación típica de *X*.
c. ¿Cuál es la probabilidad de que haya que preguntar a diez personas para hallar a una persona sin red social?
d. ¿Cuál es la probabilidad de que haya que preguntar a 20 personas para hallar a una persona sin red social?
e. ¿Cuál es la probabilidad de que tenga que preguntar a *un máximo de* cinco personas?

4.4 Distribución de Poisson

82. La central de llamadas de un despacho de abogados de Minneapolis recibe un promedio de 5,5 llamadas telefónicas durante el mediodía de los lunes. La experiencia demuestra que el personal actual puede atender hasta seis llamadas en una hora. Supongamos que *X* = el número de llamadas recibidas a mediodía.

a. Calcule la media y la desviación típica de *X*.
b. ¿Cuál es la probabilidad de que el despacho reciba como máximo seis llamadas el lunes a mediodía?
c. Calcule la probabilidad de que el despacho de abogados reciba seis llamadas a mediodía. ¿Qué significa esto para el personal del despacho de abogados que recibe, en promedio, 5,5 llamadas telefónicas al mediodía?
d. ¿Cuál es la probabilidad de que el despacho reciba más de ocho llamadas al mediodía?

83. La maternidad del Dr. José Fabella Memorial Hospital de Manila, Filipinas es una de las más concurridas del mundo, con un promedio de 60 nacimientos diarios. Supongamos que *X* = el número de nacimientos en una hora.

a. Calcule la media y la desviación típica de *X*.
b. Dibuje un gráfico de la distribución de probabilidad de *X*.
c. ¿Cuál es la probabilidad de que en la maternidad nazcan tres bebés durante una hora?
d. ¿Cuál es la probabilidad de que en la maternidad nazcan como máximo tres bebés durante una hora?
e. ¿Cuál es la probabilidad de que en la maternidad nazcan más de cinco bebés durante una hora?

84. Un fabricante de bombillas para árboles de navidad sabe que el 3 % de sus bombillas son defectuosas. Calcule la probabilidad de que una cadena de 100 luces contenga como máximo cuatro bombillas defectuosas mediante las distribuciones binomial y de Poisson.

1 "Prevalence of HIV, total (% of populations ages 15-49)," The World Bank, 2013. Disponible en línea en http://data.worldbank.org/indicator/SH.DYN.AIDS.ZS?order=wbapi_data_value_2011+wbapi_data_value+wbapi_data_value-last&sort=desc (consultado el 15 de mayo de 2013).

85. El número promedio de hijos que tiene una japonesa a lo largo de su vida es de 1,37. Supongamos que se elige una japonesa al azar.

a. Defina la variable aleatoria *X* en palabras.
b. Enumere los valores que puede tomar *X*.
c. Calcule la probabilidad de que no tenga hijos.
d. Calcule la probabilidad de que tenga menos hijos que el promedio de japonesas.
e. Calcule la probabilidad de que tenga más hijos que el promedio de japonesas.

86. El promedio de hijos que tiene una española a lo largo de su vida es de 1,47. Supongamos que se elige al azar una española.

a. Defina la variable aleatoria *X* en palabras.
b. Enumere los valores que puede tomar *X*.
c. Calcule la probabilidad de que no tenga hijos.
d. Calcule la probabilidad de que tenga menos hijos que el promedio de españolas.
e. Calcule la probabilidad de que tenga más hijos que el promedio de españolas.

87. Las gatas fértiles producen un promedio de tres camadas al año. Supongamos que se elige al azar una gata fértil. En un año, halla la probabilidad de que produzca:

a. Defina la variable aleatoria *X* en palabras.
b. Enumere los valores que puede tomar *X*.
c. Demuestre la distribución de *X*. $X \sim$ ______
d. Calcule la probabilidad de que no tenga camadas en un año.
e. Calcule la probabilidad de que tenga, al menos, dos camadas en un año.
f. Calcule la probabilidad de que tenga exactamente tres camadas en un año.

88. La probabilidad de tener suerte adicional debido a una galleta de la fortuna es de un 3 % aproximadamente. Dada una bolsa de 144 galletas de la fortuna, nos interesa saber el número de galletas con suerte adicional. Se pueden utilizar dos distribuciones para resolver este problema, pero solo use una.

a. Defina la variable aleatoria *X* en palabras.
b. Enumere los valores que puede tomar *X*.
c. ¿Cuántas galletas esperamos que tengan suerte adicional?
d. Calcule la probabilidad de que ninguna de las galletas tenga suerte adicional.
e. Calcule la probabilidad de que más de tres tengan suerte adicional.
f. A medida que aumenta *n*, ¿qué ocurre con las probabilidades si usa las dos distribuciones? Explique con oraciones completas.

89. Según el sitio web del Departamento de Salud Mental de Carolina del Sur, por cada 200 mujeres de EE. UU., en promedio, una padece anorexia. De un grupo de 600 mujeres de EE. UU. elegidas al azar, determine lo siguiente.

a. Defina la variable aleatoria *X* en palabras.
b. Enumere los valores que puede tomar *X*.
c. Dada la distribución de *X*. $X \sim$ ____(____,____)
d. ¿Cuántas se espera que sufran anorexia?
e. Calcule la probabilidad de que ninguna sufra anorexia.
f. Calcule la probabilidad de que más de cuatro sufran anorexia.

90. La posibilidad de una auditoría del Servicio de Impuestos Internos (Internal Revenue Service, IRS) para una declaración de impuestos con más de 25.000 dólares de ingresos es de alrededor del 2 % al año. Supongamos que se eligen al azar 100 personas con declaraciones de impuestos superiores a 25.000 dólares. Nos interesa el número de personas auditadas en un año. Utilice una distribución de Poisson para responder a las siguientes preguntas.

a. Defina la variable aleatoria *X* en palabras.
b. Enumere los valores que puede tomar *X*.
c. ¿Cuántos se espera que se hayan auditado?
d. Calcule la probabilidad de que nadie haya sido auditado.
e. Calcule la probabilidad de que, al menos, tres hayan sido auditados.

91. Aproximadamente el 8 % de los estudiantes de una escuela secundaria local participan en deportes extraescolares durante los cuatro años de escuela secundaria. Se elige al azar un grupo de 60 estudiantes de último año. Nos interesa el número de los que participaron en deportes extraescolares durante los cuatro años de escuela secundaria.

a. Defina la variable aleatoria *X* en palabras.
b. Enumere los valores que puede tomar *X*.
c. ¿Cuántos estudiantes de último año se espera que hayan participado en deportes extraescolares durante los cuatro años de escuela secundaria?
d. Basándose en los valores numéricos, ¿le sorprendería que ninguno de los estudiantes del último año participara en deportes extraescolares durante los cuatro años de escuela secundaria? Justifique su respuesta numéricamente.
e. Basándose en los valores numéricos, ¿es más probable que cuatro o que cinco de los estudiantes del último año hayan participado en deportes extraescolares durante los cuatro años de escuela secundaria? Justifique su respuesta numéricamente.

92. En promedio, Pierre, cocinero aficionado, deja caer tres trozos de cáscara de huevo en cada dos mezclas de pastel que hace. Supongamos que usted compra uno de sus pasteles.

a. Defina la variable aleatoria *X* en palabras.
b. Enumere los valores que puede tomar *X*.
c. En promedio, ¿cuántos trozos de cáscara de huevo espera que haya en el pastel?
d. ¿Cuál es la probabilidad de que no haya ningún trozo de cáscara de huevo en el pastel?
e. Supongamos que compra uno de los pasteles de Pierre cada semana durante seis semanas. ¿Cuál es la probabilidad de que no haya ninguna cáscara de huevo en ninguno de los pasteles?
f. Basándose en el promedio dado por Pierre, ¿es posible que haya siete trozos de cáscara en el pastel? ¿Por qué?

Use la siguiente información para responder los dos próximos ejercicios: los gatos de la señora Plum la despiertan por la noche porque quieren jugar un promedio de diez veces a la semana. Nos interesa saber el número de veces que sus gatos la despiertan cada semana.

93. En palabras, la variable aleatoria *X* = ______________

a. el número de veces que los gatos de la Sra. Plum la despiertan cada semana.
b. el número de veces que los gatos de la Sra. Plum la despiertan cada hora.
c. el número de veces que los gatos de la Sra. Plum la despiertan cada noche.
d. el número de veces que los gatos de la Sra. Plum la despiertan.

94. Calcule la probabilidad de que sus gatos la despierten no más de cinco veces la próxima semana.

a. 0,5000
b. 0,9329
c. 0,0378
d. 0,0671

Referencias

4.2 Distribución binomial

"Access to electricity (% of population)". The World Bank, 2013. Disponible en línea en http://data.worldbank.org/indicator/EG.ELC.ACCS.ZS?order=wbapi_data_value_2009 %20wbapi_data_value%20wbapi_data_value-first&sort=asc (consultado el 15 de mayo de 2015).

"Distance Education". Wikipedia. Disponible en línea en http://en.wikipedia.org/wiki/Distance_education (consultado el 15 de mayo de 2013).

"NBA Statistics-2013", ESPN NBA, 2013. Disponible en línea en http://espn.go.com/nba/statistics/_/seasontype/2 (consultado el 15 de mayo de 2013).

Newport, Frank. "Americans Still Enjoy Saving Rather than Spending: Few demographic differences seen in these views other than by income", GALLUP® Economy, 2013. Disponible en línea en http://www.gallup.com/poll/162368/americans-enjoy-saving-rather-spending.aspx (consultado el 15 de mayo de 2013).

Pryor, John H., Linda DeAngelo, Laura Palucki Blake, Sylvia Hurtado, Serge Tran. *The American Freshman: National Norms Fall 2011.* Los Ángeles: Cooperative Institutional Research Program at the Higher Education Research Institute at UCLA, 2011. También disponible en línea en http://heri.ucla.edu/PDFs/pubs/TFS/Norms/Monographs/TheAmericanFreshman2011.pdf (consultado el 15 de mayo de 2013).

"The World FactBook", Central Intelligence Agency. Disponible en línea en https://www.cia.gov/library/publications/the-world-factbook/geos/af.html (consultado el 15 de mayo de 2013).

"What are the key statistics about pancreatic cancer?" American Cancer Society, 2013. Disponible en línea en http://www.cancer.org/cancer/pancreaticcancer/detailedguide/pancreatic-cancer-key-statistics (consultado el 15 de mayo de 2013).

4.3 Distribución geométrica

"Millennials: A Portrait of Generation Next", PewResearchCenter. Disponible en línea en http://www.pewsocialtrends.org/files/2010/10/millennials-confident-connected-open-to-change.pdf (consultado el 15 de mayo de 2013).

"Millennials: Confident. Connected. Open to Change". Executive Summary by PewResearch Social & Demographic Trends, 2013. Disponible en línea en http://www.pewsocialtrends.org/2010/02/24/millennials-confident-connected-open-to-change/ (consultado el 15 de mayo de 2013).

"Prevalence of HIV, total (% of populations ages 15-49)," The World Bank, 2013. Disponible en línea en http://data.worldbank.org/indicator/SH.DYN.AIDS.ZS?order=wbapi_data_value_2011+wbapi_data_value+wbapi_data_value-last&sort=desc (consultado el 15 de mayo de 2013).

Pryor, John H., Linda DeAngelo, Laura Palucki Blake, Sylvia Hurtado, Serge Tran. *The American Freshman: National Norms Fall 2011.* Los Ángeles: Cooperative Institutional Research Program at the Higher Education Research Institute at UCLA, 2011. También disponible en línea en http://heri.ucla.edu/PDFs/pubs/TFS/Norms/Monographs/TheAmericanFreshman2011.pdf (consultado el 15 de mayo de 2013).

"Summary of the National Risk and Vulnerability Assessment 2007/8: A profile of Afghanistan," The European Union and ICON-Institute. Disponible en línea en http://ec.europa.eu/europeaid/where/asia/documents/afgh_brochure_summary_en.pdf (consultado el 15 de mayo de 2013).

"The World FactBook", Central Intelligence Agency. Disponible en línea en https://www.cia.gov/library/publications/the-world-factbook/geos/af.html (consultado el 15 de mayo de 2013).

"UNICEF reports on Female Literacy Centers in Afghanistan established to teach women and girls basic resading [sic] and writing skills," UNICEF Television. Video disponible en línea en http://www.unicefusa.org/assets/video/afghan-female-literacy-centers.html (consultado el 15 de mayo de 2013).

4.4 Distribución de Poisson

"ATL Fact Sheet," Department of Aviation at the Hartsfield-Jackson Atlanta International Airport, 2013. Disponible en línea en http://www.atl.com/about-atl/atl-factsheet/ (consultado el 6 de febrero de 2019).

Center for Disease Control and Prevention. "Teen Drivers: Fact Sheet," Injury Prevention & Control: Motor Vehicle Safety, 2 de octubre de 2012. Disponible en línea en http://www.cdc.gov/Motorvehiclesafety/Teen_Drivers/teendrivers_factsheet.html (consultado el 15 de mayo de 2013).

"Children and Childrearing," Ministry of Health, Labour, and Welfare. Disponible en línea en http://www.mhlw.go.jp/english/policy/children/children-childrearing/index.html (consultado el 15 de mayo de 2013).

"Eating Disorder Statistics," South Carolina Department of Mental Health, 2006. Disponible en línea en http://www.state.sc.us/dmh/anorexia/statistics.htm (consultado el 15 de mayo de 2013).

"Giving Birth in Manila: The maternity ward at the Dr Jose Fabella Memorial Hospital in Manila, the busiest in the Philippines, where there is an average of 60 births a day", theguardian, 2013. Disponible en línea en http://www.theguardian.com/world/gallery/2011/jun/08/philippines-health#/?picture=375471900&index=2 (consultado el 15 de mayo de 2013).

"How Americans Use Text Messaging," Pew Internet, 2013. Disponible en línea en http://pewinternet.org/Reports/2011/Cell-Phone-Texting-2011/Main-Report.aspx (consultado el 15 de mayo de 2013).

Lenhart, Amanda. "Teens, Smartphones & Testing: Texting volume is up while the frequency of voice calling is down. About one in four teens say they own smartphones," Pew Internet, 2012. Disponible en línea en http://www.pewinternet.org/~/media/Files/Reports/2012/PIP_Teens_Smartphones_and_Texting.pdf (consultado el 15 de mayo de 2013).

"One born every minute: the maternity unit where mothers are THREE to a bed", MailOnline. Disponible en línea en http://www.dailymail.co.uk/news/article-2001422/Busiest-maternity-ward-planet-averages-60-babies-day-mothers-bed.html (consultado el 15 de mayo de 2013).

Vanderkam, Laura. "Stop Checking Your Email, Now". CNNMoney, 2013. Disponible en línea en http://management.fortune.cnn.com/2012/10/08/stop-checking-your-email-now/ (consultado el 15 de mayo de 2013).

"World Earthquakes: Live Earthquake News and Highlights", World Earthquakes, 2012. http://www.world-earthquakes.com/index.php?option=ethq_prediction (consultado el 15 de mayo de 2013).

Soluciones

1.

x	$P(x)$
0	0,12
1	0,18
2	0,30

Tabla 4.6

x	$P(x)$
3	0,15
4	0,10
5	0,10
6	0,05

Tabla 4.6

3. 0,10 + 0,05 = 0,15

5. 1

7. 0,35 + 0,40 + 0,10 = 0,85

9. 1(0,15) + 2(0,35) + 3(0,40) + 4(0,10) = 0,15 + 0,70 + 1,20 + 0,40 = 2,45

11.

x	$P(x)$
0	0,03
1	0,04
2	0,08
3	0,85

Tabla 4.7

13. Supongamos que X = el número de eventos en los que Javier es voluntario cada mes.

15.

x	$P(x)$
0	0,05
1	0,05
2	0,10
3	0,20
4	0,25

Tabla 4.8

x	$P(x)$
5	0,35

Tabla 4.8

17. 1 - 0,05 = 0,95

18. X = el número de especialidades en Negocios en la muestra.

19. 2, 3, 4, 5, 6, 7, 8, 9

20. X = número de respuestas afirmativas

22. 0, 1, 2, 3, 4, 5, 6, 7, 8

24. 5,7

26. 0,4151

28. X = el número de estudiantes de primer año seleccionados del estudio hasta que uno respondió “sí” a que las parejas del mismo sexo deberían tener derecho a un estado civil legal.

30. 1,2,...

32. 1,4

35. 0, 1, 2, 3, 4, ...

37. 0,0485

39. 0,0214

41. X = el número de adolescentes estadounidenses que mueren por lesiones en vehículos de motor al día.

43. 0, 1, 2, 3, 4, ...

45. No

48. a. X = el número de páginas que anuncian calzado
    b. 0, 1, 2, 3, ..., 20
    c. 3,03
    d. 1,5197

50. a. X = el número de Patriots elegidos
    b. 0, 1, 2, 3, 4
    c. Sin reemplazo

53. X = el número de pacientes que llaman para decir que tienen gripe y que realmente la tienen.

$X = 0, 1, 2, \ldots 25$

55. 0,0165

57.
a. X = el número de DVD que alquila un cliente de Video to Go
b. 0,12
c. 0,11
d. 0,77

59. d. 4,43

61. c

63.
- X = número de preguntas contestadas correctamente
- $X \sim B\left(32, \frac{1}{3}\right)$
- Nos interesa que MÁS DEL 75 % de las 32 preguntas sean correctas. El 75 % de 32 es 24. Queremos hallar $P(x > 24)$. El evento "más de 24" es el complemento de "menos de o igual a 24".
- $P(x > 24) = 0$
- La probabilidad de acertar más del 75 % de las 32 preguntas cuando se estima al azar es muy pequeña y prácticamente cero.

65.
a. X = el número de institutos universitarios y universidades que ofrecen cursos en línea.
b. 0, 1, 2, ..., 13
c. $X \sim B(13, 0{,}96)$
d. 12,48
e. 0,0135
f. $P(x = 12) = 0{,}3186$ $P(x = 13) = 0{,}5882$. Más probabilidades de obtener 13.

67.
a. X = el número de esgrimistas que **no** utilizan el florete como arma principal
b. 0, 1, 2, 3,... 25
c. $X \sim B(25, 0{,}40)$
d. 10
e. 0,0442
f. La probabilidad de que los 25 no utilicen el florete es casi cero. Por lo tanto, sería muy sorprendente.

69.
a. X = el número de auditorías en un periodo de 20 años
b. 0, 1, 2, ..., 20
c. $X \sim B(20, 0{,}02)$
d. 0,4
e. 0,6676
f. 0,0071

71.
1. X = el número de coincidencias
2. 0, 1, 2, 3
3. En dólares: −1, 1, 2, 3
4. $\frac{1}{2}$
5. La respuesta es −0,0787. Usted pierde unos ocho céntimos, en promedio, por juego.
6. La casa tiene la ventaja.

73.
a. $X \sim B(15, 0{,}281)$

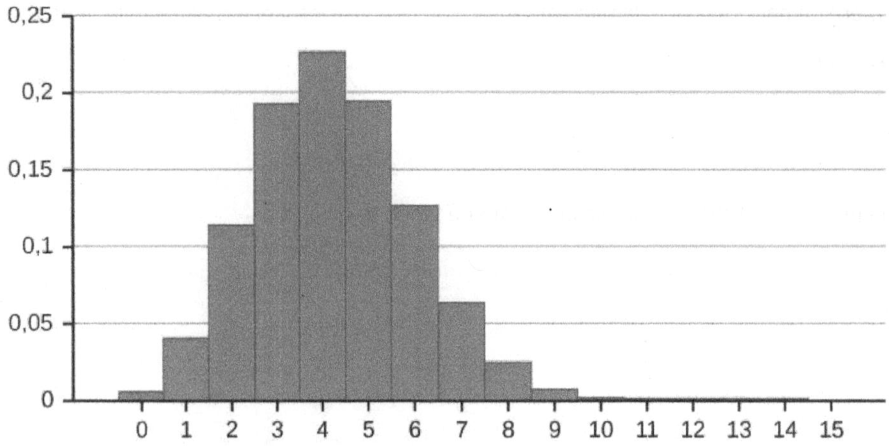

Figura 4.4

b. i. Media = $\mu = np = 15(0{,}281) = 4{,}215$
   ii. Desviación típica = $\sigma = \sqrt{npq} = \sqrt{15(0{,}281)(0{,}719)} = 1{,}7409$

c. $P(x > 5)=1 - 0{,}7754 = 0{,}2246$
   $P(x = 3) = 0{,}1927$
   $P(x = 4) = 0{,}2259$
   Es más probable que cuatro personas sepan leer y escribir que tres.

75. a. X = el número de adultos en Estados Unidos encuestados hasta que uno dice que verá el supertazón.
b. $X \sim G(0{,}40)$
c. 2,5
d. 0,0187
e. 0,2304

77.

a. X = el número de páginas que anuncian calzado
b. X toma los valores 0, 1, 2, ..., 20
c. $X \sim B(20, \frac{29}{192})$
d. 3,02
e. No
f. 0,9997
g. X = el número de páginas que debemos inspeccionar hasta hallar una que anuncie calzado. $X \sim G(\frac{29}{192})$
h. 0,3881
i. 6,6207 páginas

79. 0, 1, 2 y 3

81. a. $X \sim G(0{,}25)$
b. i. Media = $\mu = \frac{1}{p} = \frac{1}{0{,}25} = 4$
   ii. Desviación típica = $\sigma = \sqrt{\frac{1-p}{p^2}} = \sqrt{\frac{1-00{,}25}{0{,}25^2}} \approx 3{,}4641$

c. $P(x = 10) = 0{,}0188$
d. $P(x = 20) = 0{,}0011$
e. $P(x \leq 5) = 0{,}7627$

82. a. $X \sim P(5{,}5)$; $\mu = 5{,}5$; $\sigma = \sqrt{5{,}5} \approx 2{,}3452$
b. $P(x \leq 6) \approx 0{,}6860$

c. Hay un 15,7 % de probabilidad de que el personal jurídico reciba más llamadas de las que puede atender.
d. $P(x > 8) = 1 - P(x \leq 8) \approx 1 - 0{,}8944 = 0{,}1056$

84. Supongamos que X = el número de bombillas defectuosas en una cadena.

Mediante la distribución de Poisson:

- $\mu = np = 100(0{,}03) = 3$
- $X \sim P(3)$
- $P(x \leq 4) \approx 0{,}8153$

Mediante la distribución binomial:

- $X \sim B(100, 0{,}03)$
- $P(x \leq 4) = 0{,}8179$

La aproximación de Poisson es muy buena: la diferencia entre las probabilidades es de solo 0,0026.

86. a. X = el número de hijos de una española
b. 0, 1, 2, 3,...
c. 0,2299
d. 0,5679
e. 0,4321

88. a. X = el número de galletas de la fortuna que tienen suerte adicional
b. 0, 1, 2, 3,... 144
c. 4,32
d. 0,0124 o 0,0133
e. 0,6300 o 0,6264
f. A medida que n aumenta, las probabilidades se acercan.

90. a. X = número de personas auditadas en un año
b. 0, 1, 2, ..., 100
c. 2
d. 0,1353
e. 0,3233

92. a. X = el número de trozos de cáscara en un pastel
b. 0, 1, 2, 3,...
c. 1,5
d. 0,2231
e. 0,0001
f. Sí

94. d

Figura 5.1 Las alturas de estas plantas de rábano son variables aleatorias continuas. (créditos: Rev Stan).

Introducción

Las variables aleatorias continuas tienen muchas aplicaciones. Los promedios de bateo en béisbol, las puntuaciones de CI, la duración de una llamada telefónica de larga distancia, la cantidad de dinero que lleva una persona, la duración de un chip de computadora, las tasas de rendimiento de una inversión y las puntuaciones de la selectividad son solo algunos ejemplos. El campo de la fiabilidad depende de una variedad de variables aleatorias continuas, al igual que todos los ámbitos del análisis de riesgos.

Nota

Los valores de las variables aleatorias discretas y continuas pueden ser ambiguos. Por ejemplo, si *X* es igual al número de millas (a la milla más cercana) que conduce al trabajo, entonces *X* es una variable aleatoria discreta. Puede contar las millas. Si *X* es la distancia que se recorre en automóvil hasta el trabajo, entonces se miden valores de *X* y *X* es una variable aleatoria continua. Para un segundo ejemplo, si *X* es igual al número de libros que hay en una mochila, entonces *X* es una variable aleatoria discreta. Si *X* es el peso de un libro, entonces *X* es una variable aleatoria continua porque el peso se mide. La forma de definir la variable aleatoria es muy importante.

5.1 Propiedades de las funciones de densidad de probabilidad continuas

El gráfico de una distribución de probabilidad continua es una curva. La probabilidad se representa mediante el área que está debajo de la curva. Ya conocimos este concepto cuando desarrollamos las frecuencias relativas con histogramas en el Capítulo 2. El área relativa para un rango de valores era la probabilidad de extraer al azar una observación en ese grupo. De nuevo con la distribución de Poisson del Capítulo 4, el gráfico del Ejemplo 4.14 utilizó cajas para representar la probabilidad de valores específicos de la variable aleatoria. En este caso, estábamos siendo poco estrictos porque las variables aleatorias de una distribución de Poisson son discretas, números enteros, y una caja tiene anchura. Observe que el eje horizontal, la variable aleatoria x, deliberadamente no marcó los puntos a lo largo del eje. La probabilidad de un valor específico de una variable aleatoria continua será cero porque el área bajo un punto es cero. La probabilidad es el área.

La curva se denomina **función de densidad de probabilidad** (abreviada como **pdf**). Utilizamos el símbolo $f(x)$ para representar la curva. $f(x)$ es la función que corresponde al gráfico; utilizamos la función de densidad $f(x)$ para dibujar el gráfico de la distribución de probabilidad.

El **área debajo de la curva** viene dada por una función diferente llamada **función de distribución acumulativa** (**cdf**). La función de distribución acumulativa se utiliza para evaluar la probabilidad como área. Matemáticamente, la función de densidad de probabilidad acumulada es la integral de la pdf, y la probabilidad entre dos valores de una variable aleatoria continua será la integral de la pdf entre estos dos valores: el área bajo la curva entre estos valores. Recuerde que el área bajo la pdf para todos los valores posibles de la variable aleatoria es uno, la certeza. Por tanto, la probabilidad puede verse como el porcentaje relativo de certeza entre los dos valores de interés.

- Los resultados se miden, no se cuentan.
- Toda el área debajo de la curva y sobre el eje x es igual a uno.
- La probabilidad se calcula para intervalos de valores de x en vez de para valores individuales de x.
- $P(c < x < d)$ es la probabilidad de que la variable aleatoria X se calcule en el intervalo entre los valores c y d. $P(c < x < d)$ es el área debajo de la curva, por encima del *eje* x, a la derecha de c y a la izquierda de d.
- $P(x = c) = 0$ significa que es la probabilidad de que x tome cualquier valor individual es cero. El área por debajo de la curva, por encima del eje x y entre $x = c$ y $x = c$ no tiene ancho, y por tanto no tiene área (área = 0). Como la probabilidad es igual al área, la probabilidad también es cero.
- $P(c < x < d)$ es lo mismo que $P(c \le x \le d)$ porque la probabilidad es igual al área.

Hallaremos el área que representa la probabilidad mediante geometría, fórmulas, tecnología o tablas de probabilidad. En general, el cálculo integral es necesario para hallar el área bajo la curva de muchas funciones de densidad de probabilidad. Cuando usamos fórmulas para hallar el área en este libro de texto, las fórmulas fueron halladas mediante técnicas del cálculo integral.

Hay muchas distribuciones de probabilidad continuas. Cuando se utiliza una distribución de probabilidad continua para modelar la probabilidad, la distribución utilizada se selecciona para modelar y ajustarse a la situación particular de la mejor manera.

En este capítulo y en el siguiente estudiaremos la distribución uniforme, la exponencial y la normal. Los siguientes gráficos ilustran estas distribuciones.

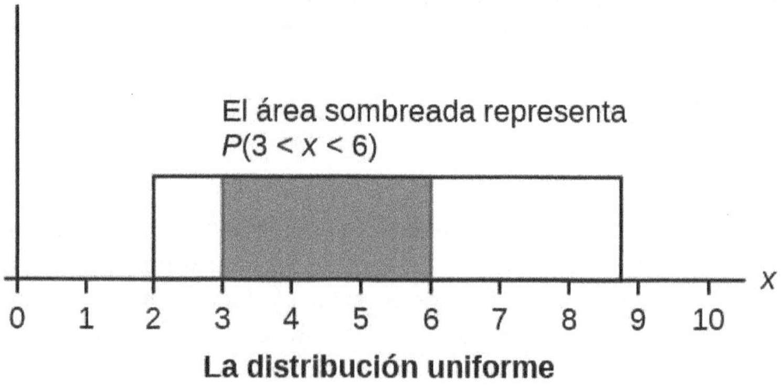

Figura 5.2 El gráfico muestra una distribución uniforme con el área entre $x = 3$ y $x = 6$ sombreada para representar la probabilidad de que el valor de la variable aleatoria X esté en el intervalo entre tres y seis.

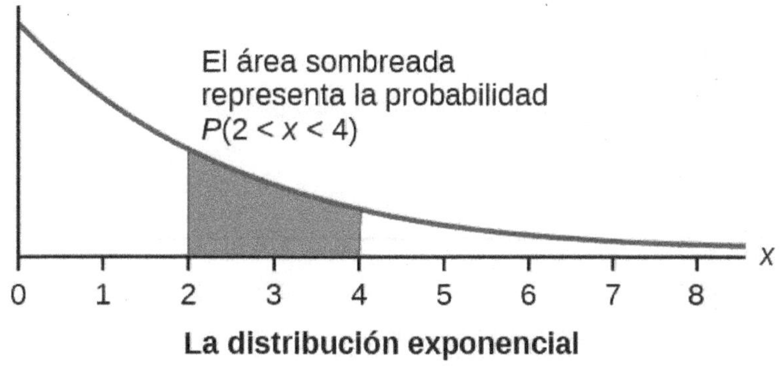

Figura 5.3 El gráfico muestra una Distribución Exponencial con el área entre $x = 2$ y $x = 4$ sombreada para representar la probabilidad de que el valor de la variable aleatoria X esté en el intervalo entre dos y cuatro.

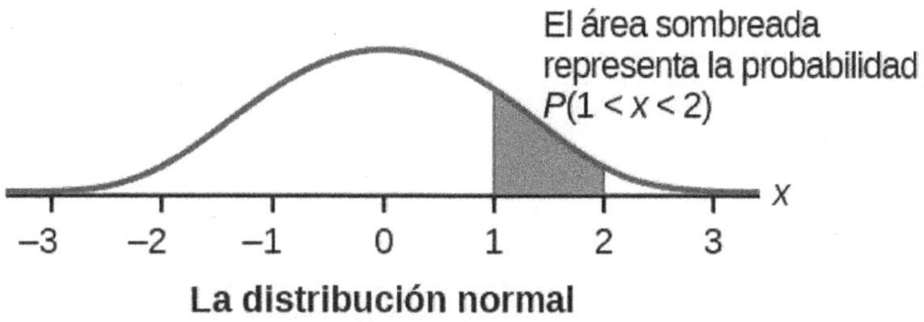

Figura 5.4 El gráfico muestra la distribución normal estándar con el área entre $x = 1$ y $x = 2$ sombreada para representar la probabilidad de que el valor de la variable aleatoria X esté en el intervalo entre uno y dos.

Para distribuciones de probabilidad continuas, PROBABILIDAD = ÁREA.

EJEMPLO 5.1

Consideremos la función $f(x) = \frac{1}{20}$ para $0 \le x \le 20$. x = un número real. El gráfico de $f(x) = \frac{1}{20}$ es una línea horizontal. Sin embargo, como $0 \le x \le 20$, $f(x)$ se restringe a la porción entre $x = 0$ y $x = 20$, inclusive.

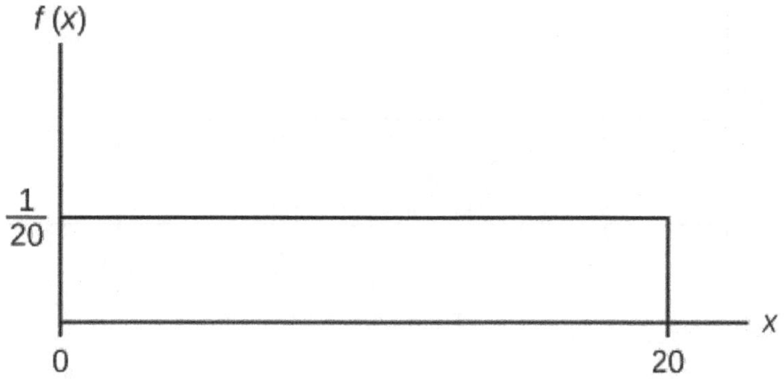

Figura 5.5

$f(x) = \frac{1}{20}$ **para** $0 \le x \le 20$.

El gráfico de $f(x) = \frac{1}{20}$ es un segmento de línea horizontal cuando $0 \le x \le 20$.

El área entre $f(x) = \frac{1}{20}$ donde $0 \le x \le 20$ y el eje x es el área de un rectángulo con base = 20 y altura = $\frac{1}{20}$.

$$\text{ÁREA} = 20\left(\frac{1}{20}\right) = 1$$

Supongamos que queremos hallar el área entre $f(x) = \frac{1}{20}$ y el eje $x$donde $0 < x < 2$.

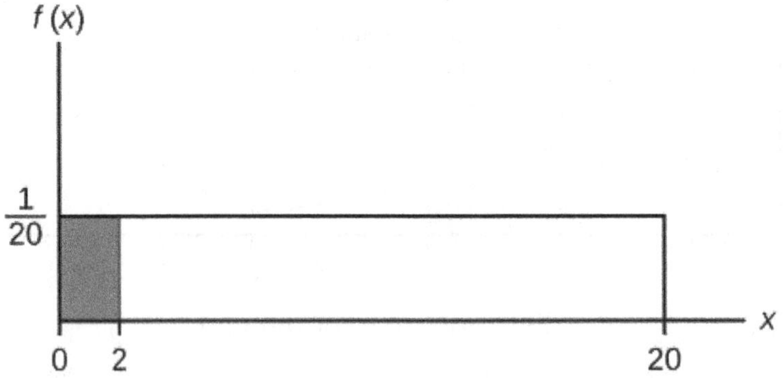

Figura 5.6

$$\text{ÁREA} = (2-0)\left(\frac{1}{20}\right) = 0{,}1$$

$(2-0) = 2 =$ base de un rectángulo

Recordatorio

área de un rectángulo = (base)(altura).

El área corresponde a una probabilidad. La probabilidad de que *x* esté entre cero y dos es 0,1, lo que se puede escribir matemáticamente como $P(0 < x < 2) = P(x < 2) = 0{,}1$.

Supongamos que queremos hallar el área entre $f(x) = \frac{1}{20}$ y el eje *x* donde $4 < x < 15$.

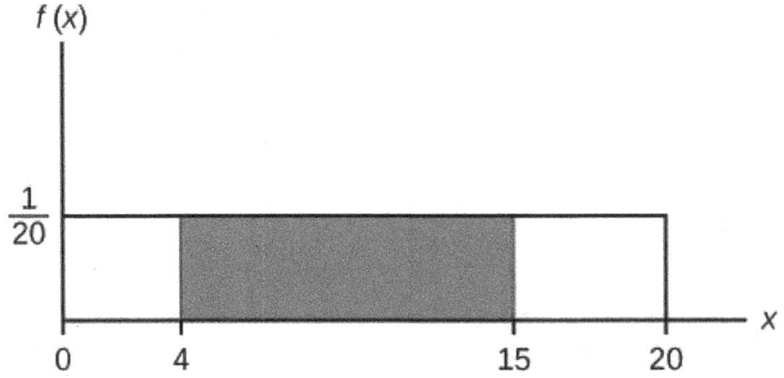

Figura 5.7

$$\text{ÁREA} = (15-4)\left(\tfrac{1}{20}\right) = 0{,}55$$

$(15-4) = 11 =$ la base de un rectángulo

El área corresponde a la probabilidad $P(4 < x < 15) = 0{,}55$.

Supongamos que queremos hallar $P(x = 15)$. En un gráfico x-y, $x = 15$ es una línea vertical. Una línea vertical no tiene ancho (o tiene ancho cero). Por lo tanto, $P(x = 15) = \text{(base)(altura)} = (0)\left(\frac{1}{20}\right) = 0$

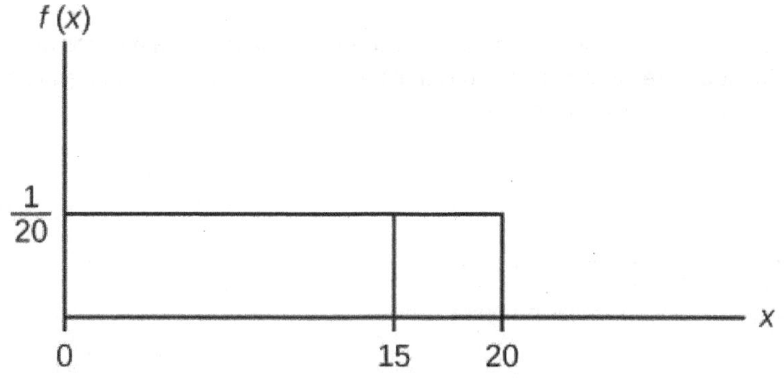

Figura 5.8

$P(X \leq x)$, que también se puede escribir como $P(X < x)$ para distribuciones continuas, se denomina función de distribución acumulativa o cdf. Fíjese en el símbolo "menor que o igual a". También podemos utilizar la cdf para calcular $P(X > x)$. La cdf da el "área a la izquierda" y $P(X > x)$ da el "área a la derecha". Calculamos $P(X > x)$ para distribuciones continuas de la siguiente manera: $P(X > x) = 1 - P(X < x)$.

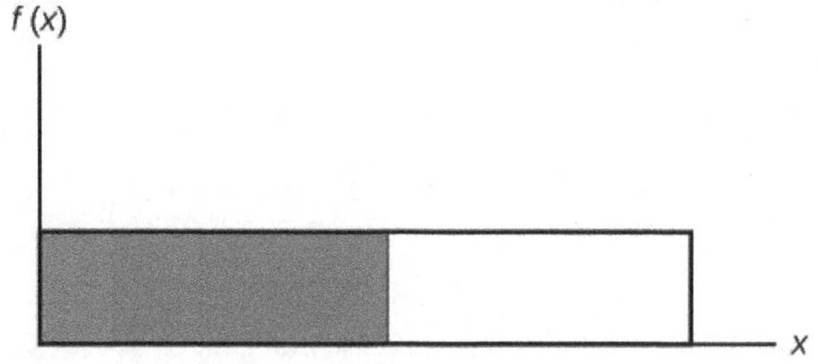

Figura 5.9

Identifique el gráfico con $f(x)$ y x. Escale los ejes x y y con los valores máximos de x y y. $f(x) = \frac{1}{20}$, $0 \leq x \leq 20$.

Para calcular la probabilidad de que x esté entre dos valores, observe el siguiente gráfico. Sombree la región entre x = 2,3 y x = 12,7. Luego, calcule el área sombreada de un rectángulo.

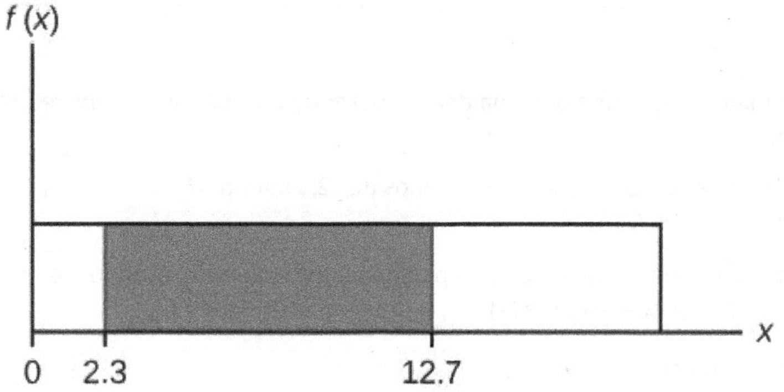

Figura 5.10

$P(2{,}3 < x < 12{,}7) = (\text{base})(\text{altura}) = (12{,}7-2{,}3)\left(\frac{1}{20}\right) = 0{,}52$

INTÉNTELO 5.1

Consideremos la función $f(x) = \frac{1}{8}$ para $0 \leq x \leq 8$. Dibuje el gráfico de $f(x)$ y calcule $P(2{,}5 < x < 7{,}5)$.

5.2 La distribución uniforme

La distribución uniforme es una distribución de probabilidad continua y se refiere a eventos que tienen la misma probabilidad de ocurrir. Cuando se resuelven problemas que tienen una distribución uniforme, hay que tener en cuenta si los datos son inclusivos o excluyentes de los extremos.

El enunciado matemático de la distribución uniforme es

$f(x) = \frac{1}{b-a}$ para $a \le x \le b$

donde a = el menor valor de x y b = el mayor valor de x.

Las fórmulas para la media teórica y la desviación típica son

$\mu = \frac{a+b}{2}$ y $\sigma = \sqrt{\frac{(b-a)^2}{12}}$

INTÉNTELO

Los datos que siguen son el número de pasajeros de 35 barcos de pesca contratados. La media muestral = 7,9 y la desviación típica de la muestra = 4,33. Los datos siguen una distribución uniforme en la que todos los valores entre el cero y el 14, ambos incluidos, son igualmente probables. Indique los valores de a y b. Escriba la distribución en la notación adecuada y calcule la media teórica y la desviación típica.

1	12	4	10	4	14	11
7	11	4	13	2	4	6
3	10	0	12	6	9	10
5	13	4	10	14	12	11
6	10	11	0	11	13	2

Tabla 5.1

EJEMPLO 5.2

La cantidad de tiempo, en minutos, que una persona debe esperar un autobús se distribuye uniformemente entre cero y 15 minutos, ambos inclusive.

a. ¿Cuál es la probabilidad de que una persona espere menos de 12,5 minutos?

Solución 1

a. Supongamos que X = el número de minutos que una persona debe esperar el autobús. $a = 0$ y $b = 15$. $X \sim U(0, 15)$. Escriba la función de densidad de probabilidad. $f(x) = \frac{1}{15-0} = \frac{1}{15}$ para $0 \le x \le 15$.

Calcule $P(x < 12{,}5)$. Dibuje un gráfico.

$$P(x < k) = (\text{base})(\text{altura}) = (12{,}5-0)\left(\frac{1}{15}\right) = 0{,}8333$$

La probabilidad de que una persona espere menos de 12,5 minutos es de 0,8333.

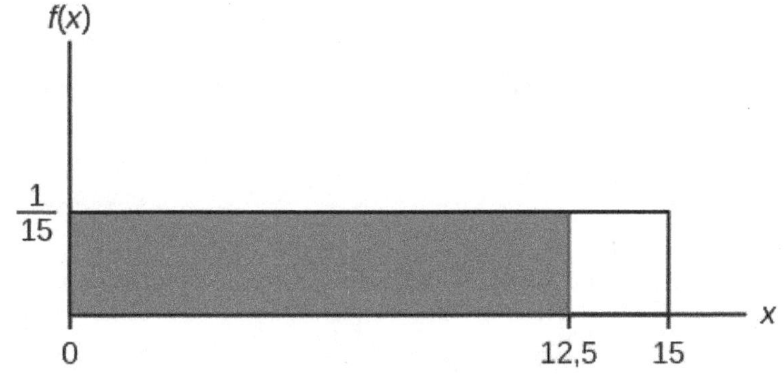

Figura 5.11

b. En promedio, ¿cuánto tiempo debe esperar una persona? Calcule la media, μ, y la desviación típica, σ.

Solución 2

b. $\mu = \frac{a+b}{2} = \frac{15+0}{2} = 7{,}5$. En promedio, una persona debe esperar 7,5 minutos.

$\sigma = \sqrt{\frac{(b-a)^2}{12}} = \sqrt{\frac{(15-0)^2}{12}} = 4{,}3$. La desviación típica es de 4,3 minutos.

c. ¿A qué valor es inferior el tiempo que debe esperar una persona el noventa por ciento de las veces?

NOTA

Esto pide calcular el percentil 90.

Solución 3

c. Calcule el percentil 90. Dibuje un gráfico. Supongamos que k = el percentil 90.

$$P(x < k) = \text{(base)(altura)} = (k-0)(\tfrac{1}{15})$$

$$0{,}90 = (k)\left(\tfrac{1}{15}\right)$$

$$k = (0{,}90)(15) = 13{,}5$$

El percentil 90 es de 13,5 minutos. El noventa por ciento de las veces una persona debe esperar como máximo 13,5 minutos.

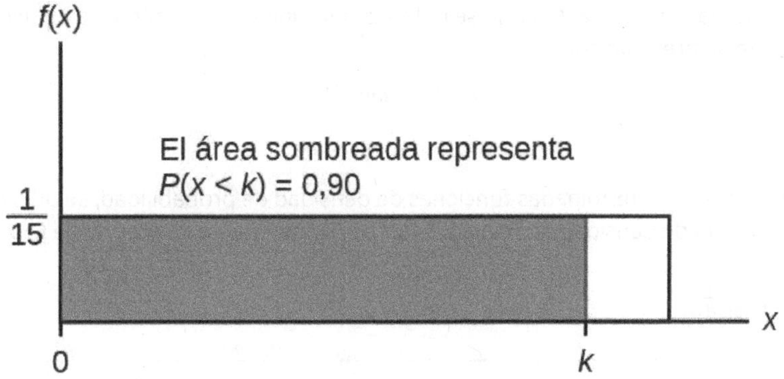

Figura 5.12

> INTÉNTELO 5.2

La duración total de los partidos de béisbol en las grandes ligas en la temporada 2011 se distribuye uniformemente entre 447 horas y 521 horas, ambas inclusive.

a. Calcule *a* y *b* y describa lo que representan.
b. Escriba la distribución.
c. Calcule la media y la desviación típica.
d. ¿Cuál es la probabilidad de que la duración de los partidos de un equipo en la temporada 2011 esté entre 480 y 500 horas?

5.3 La distribución exponencial

La **distribución exponencial** suele referirse a la cantidad de tiempo que transcurre hasta que se produce algún evento específico. Por ejemplo, la cantidad de tiempo (que comienza ahora) hasta que se produzca un terremoto tiene una distribución exponencial. Otros ejemplos son la duración, en minutos, de las llamadas telefónicas de larga distancia comerciales y la cantidad de tiempo, en meses, que dura la batería de un automóvil. También se puede demostrar que el valor del cambio que se tiene en el bolsillo o en el monedero sigue una distribución exponencial aproximadamente.

Los valores de una variable aleatoria exponencial se producen de la siguiente manera. Hay menos valores grandes y más valores pequeños. Por ejemplo, los estudios de marketing han demostrado que la cantidad de dinero que los clientes gastan en una visita al supermercado sigue una distribución exponencial. Hay más gente que gasta pequeñas cantidades de dinero y menos gente que gasta grandes cantidades de dinero.

Las distribuciones exponenciales se utilizan habitualmente en cálculos de fiabilidad de productos, es decir, el tiempo que dura un producto.

La variable aleatoria de la distribución exponencial es continua y suele medir el paso del tiempo, aunque puede utilizarse en otras aplicaciones. Las preguntas típicas pueden ser: "¿cuál es la probabilidad de que algún evento ocurra en los próximos x horas o días, o cuál es la probabilidad de que algún evento ocurra entre x_1 horas y x_2 horas, o cuál es la probabilidad de que el evento dure más de x_1 horas para llevarse a cabo" En resumen, la variable aleatoria *X* es iguala (*a*) el tiempo entre eventos o(*b*) el paso del tiempo para completar una acción, por ejemplo, esperar a un cliente. La función de densidad de probabilidad viene dada por:

$$e(x) = \frac{1}{\mu}e^{-\frac{1}{\mu}x}$$

donde μ es el tiempo promedio de espera histórico.

y tiene una media y una desviación típica de 1/μ.

Una forma alternativa de la fórmula de la distribución exponencial reconoce lo que suele llamarse el factor de decaimiento. El factor de decaimiento simplemente mide la rapidez con la que la probabilidad de un evento disminuye a medida que la variable aleatoria *X* aumenta. Cuando se utiliza la notación con el parámetro de decaimiento *m*, la función de densidad de probabilidad se presenta como

$$e(x) = me^{-mx}$$

donde $m = \frac{1}{\mu}$

Para calcular las probabilidades de determinadas funciones de densidad de probabilidad, se utiliza la función de densidad acumulada. La función de densidad acumulativa (cdf) es simplemente la integral de la pdf y es:

$$F(x) = \int_0^{\infty}\left[\frac{1}{\mu}e^{-\frac{x}{\mu}}\right] = 1-e^{-\frac{x}{\mu}}$$

EJEMPLO 5.3

Supongamos que *X* = la cantidad de tiempo (en minutos) que un empleado de correos pasa con un cliente. A partir de los datos históricos, se sabe que el tiempo promedio es de cuatro minutos.

Dado que $\mu = 4$ minutos, es decir, el tiempo promedio que el dependiente pasa con un cliente es de 4 minutos. Recuerde que seguimos calculando probabilidad y por tanto nos tienen que decir los parámetros poblacionales como la media. Para hacer cualquier cálculo, necesitamos conocer la media de la distribución: el tiempo histórico de prestación de un servicio, por ejemplo. Conocer la media histórica permite calcular el parámetro de decaimiento, *m*.

$m = \frac{1}{\mu}$. Por lo tanto, $m = \frac{1}{4} = 0{,}25$.

Cuando la notación utiliza el parámetro de decaimiento, *m*, la función de densidad de probabilidad se presenta como $e(x) = me^{-mx}$, que es simplemente la fórmula original con *m* sustituido por $\frac{1}{\mu}$, o $e(x) = \frac{1}{\mu}e^{-\frac{1}{\mu}x}$.

Para calcular las probabilidades de una función de densidad de probabilidad exponencial, tenemos que utilizar la función de densidad acumulada. Como se muestra a continuación, la curva de la función de densidad acumulada es:

$f(x) = 0{,}25e^{-0{,}25x}$ donde x es al menos cero y $m = 0{,}25$.

Por ejemplo, $f(5) = 0{,}25e^{(-0{,}25)(5)} = 0{,}072$. Es decir, la función tiene un valor de 0,072 cuando $x = 5$.

El gráfico es el siguiente:

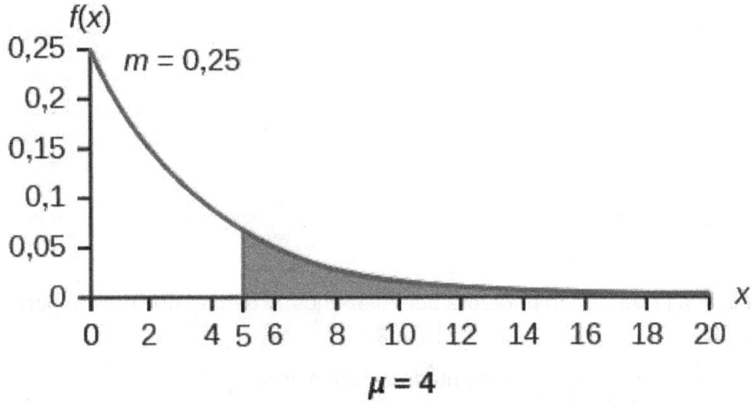

Figura 5.13

Observe que el gráfico es una curva descendente. Cuando $x = 0$,

$f(x) = 0{,}25e^{(-0{,}25)(0)} = (0{,}25)(1) = 0{,}25 = m$. El valor máximo en el eje *y* es siempre *m*, uno dividido entre la media.

INTÉNTELO 5.3

El tiempo que los cónyuges dedican a la compra de tarjetas de aniversario se puede modelar mediante una distribución exponencial con un promedio de tiempo igual a ocho minutos. Escriba la distribución, indique la función de densidad de probabilidad y haga un gráfico de la distribución.

EJEMPLO 5.4

a. Utilizando la información del Ejemplo 5.3, halle la probabilidad de que un empleado pase de cuatro a cinco minutos con un cliente seleccionado al azar.

Solución 1

a. Calcule $P(4 < x < 5)$.
La **función de distribución acumulativa (cumulative distribution function, cdf)** da el área a la izquierda.
$P(x < x) = 1 - e^{-mx}$
$P(x < 5) = 1 - e^{(-0{,}25)(5)} = 0{,}7135$ and $P(x < 4) = 1 - e^{(-0{,}25)(4)} = 0{,}6321$
$P(4 < x < 5) = 0{,}7135 - 0{,}6321 = 0{,}0814$

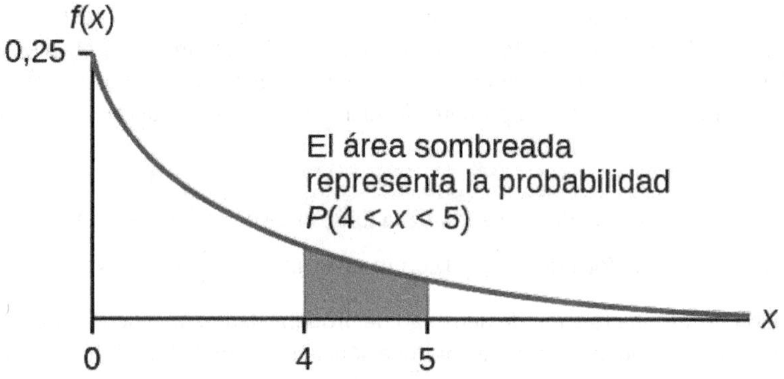

Figura 5.14

INTÉNTELO 5.4

El número de días de antelación con el que los viajeros compran sus billetes de avión se puede modelar mediante una distribución exponencial con un tiempo promedio igual a 15 días. Calcule la probabilidad de que un viajero compre un billete con menos de diez días de antelación. ¿Cuántos días esperan la mitad de los viajeros?

EJEMPLO 5.5

En promedio, una determinada pieza de computadora dura diez años. El tiempo que dura la parte de la computadora se distribuye exponencialmente.

a. ¿Cuál es la probabilidad de que una pieza de computadora dure más de 7 años?

Solución 1

a. Supongamos que x = la cantidad de tiempo (en años) que dura una pieza de computadora.
$\mu = 10$ por lo que $m = \frac{1}{\mu} = \frac{1}{10} = 0{,}1$
Calcule $P(x > 7)$. Dibuje el gráfico.
$P(x > 7) = 1 - P(x < 7)$.
Como $P(X < x) = 1 - e^{-mx}$ entonces $P(X > x) = 1 - (1 - e^{-mx}) = e^{-mx}$
$P(x > 7) = e^{(-0{,}1)(7)} = 0{,}4966$. La probabilidad de que una pieza de computadora dure más de siete años es de 0,4966.

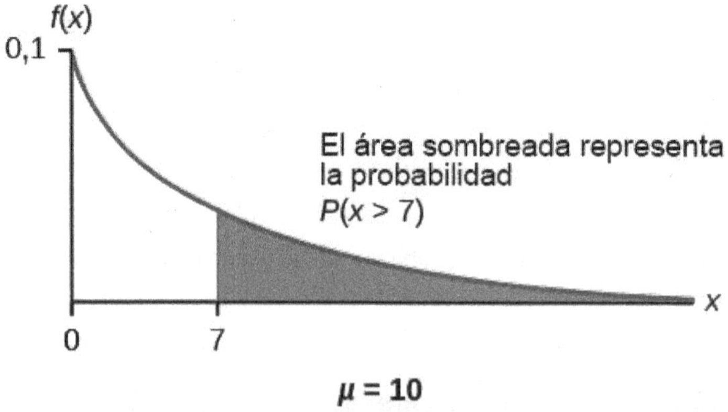

Figura 5.15

b. En promedio, ¿cuánto tiempo durarían cinco piezas de computadora si se utilizan una tras otra?

Solución 2

b. En promedio, una pieza de computadora dura diez años. Por lo tanto, cinco piezas de computadora, si se utilizan una tras otra, durarían, en promedio, (5)(10) = 50 años.

d. ¿Cuál es la probabilidad de que una pieza de computadora dure entre nueve y 11 años?

Solución 3

d. Calcule $P(9 < x < 11)$. Dibuje el gráfico.

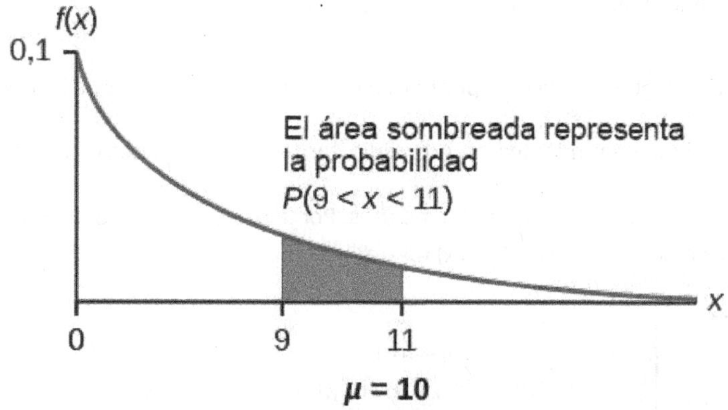

Figura 5.16

$P(9 < x < 11) = P(x < 11) - P(x < 9) = (1 - e^{(-0,1)(11)}) - (1 - e^{(-0,1)(9)}) = 0{,}6671 - 0{,}5934 = 0{,}0737$. La probabilidad de que una pieza de computadora dure entre nueve y 11 años es de 0,0737.

INTÉNTELO 5.5

En promedio, un par de zapatillas para correr puede durar 18 meses si se usan a diario. La duración de las zapatillas de correr se distribuye exponencialmente. ¿Cuál es la probabilidad de que un par de zapatillas para correr dure más de 15 meses? En promedio, ¿cuánto durarían seis pares de zapatillas para correr si se usan una tras otra? ¿Cuánto tiempo duran como máximo el ochenta por ciento de las zapatillas de correr si se usan todos los días?

EJEMPLO 5.6

Supongamos que la duración de una llamada telefónica, en minutos, es una variable aleatoria exponencial con parámetro de decaimiento $\frac{1}{12}$. El decaimiento p[parámetro] es otra forma de ver 1/λ. Si otra persona llega a un teléfono público justo antes que usted, calcule la probabilidad de que tenga que esperar más de cinco minutos. Supongamos que X = la duración de una llamada telefónica en minutos.

¿Qué son m, μ y σ? La probabilidad de que deba esperar más de cinco minutos es ______.

Solución 1

- $m = \frac{1}{12}$
- $\mu = 12$
- $\sigma = 12$

$P(x > 5) = 0{,}6592$

EJEMPLO 5.7

El tiempo de espera entre eventos se suele modelar mediante la distribución exponencial. Por ejemplo, supongamos que a una tienda llegan un promedio de 30 clientes por hora y que el tiempo entre las llegadas se distribuye exponencialmente.

a. ¿Cuántos minutos transcurren en promedio entre dos llegadas sucesivas?
b. Cuando la tienda abre por primera vez, ¿cuánto tiempo en promedio tardan en llegar tres clientes?
c. Después de la llegada de un cliente, calcule la probabilidad de que el siguiente cliente tarde menos de un minuto en llegar.
d. Después de la llegada de un cliente, calcule la probabilidad de que el siguiente cliente tarde más de cinco minutos en llegar.
e. ¿Es razonable una distribución exponencial para esta situación?

Solución 1

a. Dado que esperamos que lleguen 30 clientes por hora (60 minutos), esperamos que llegue un cliente cada dos minutos en promedio.
b. Dado que un cliente llega cada dos minutos, en promedio, tardarán seis minutos en promedio en llegar tres clientes.
c. Supongamos que X = el tiempo entre llegadas en minutos. Por la parte a, $\mu = 2$, por lo que $m = \frac{1}{2} = 0{,}5$.
La función de distribución acumulativa es $P(X < x) = 1 - e^{(-0,5)(x)}$
Por tanto, $P(X < 1) = 1 - e^{(-0,5)(1)} = 0{,}3935$.

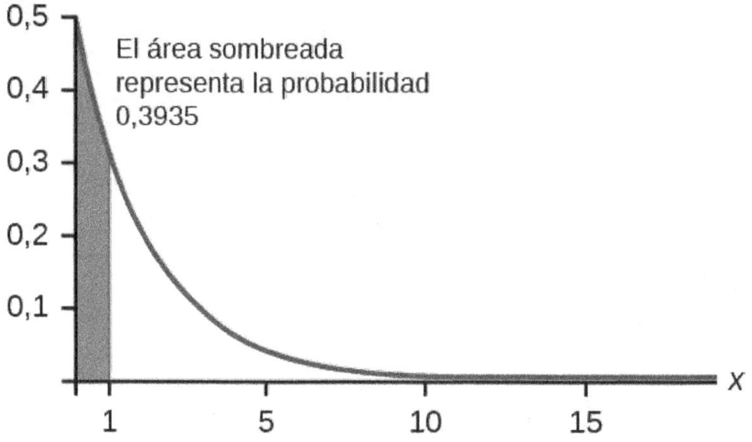

Figura 5.17

d. $P(X > 5) = 1 - P(X < 5) = 1 - (1 - e^{(-0,5)(5)}) = e^{-2,5} \approx 0{,}0821$.

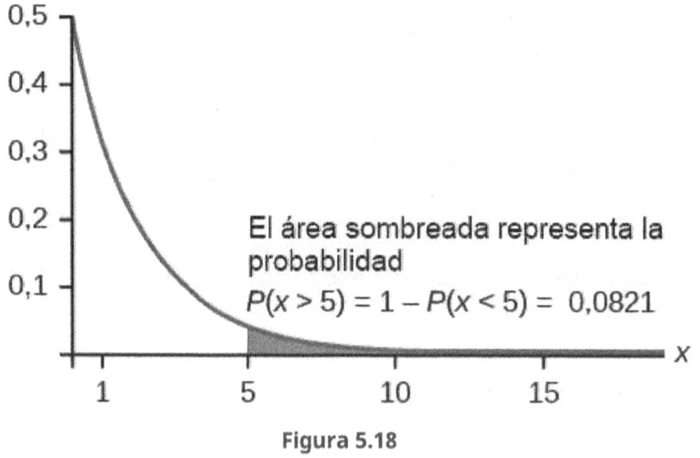

Figura 5.18

e. Este modelo asume que un solo cliente llega a la vez, lo que puede ser irrazonable, ya que la gente puede comprar en grupos, lo que hace que varios clientes lleguen al mismo tiempo. También supone que el flujo de clientes no cambia a lo largo del día, lo que no es válido si algunas horas del día están más ocupadas que otras.

La falta de memoria de la distribución exponencial

Recordemos que la cantidad de tiempo entre clientes para el empleado de correos comentado anteriormente se distribuye exponencialmente con una media de dos minutos. Supongamos que han pasado cinco minutos desde que llegó el último cliente. Dado que ha transcurrido un tiempo inusualmente largo, parece más probable que un cliente llegue durante el próximo minuto. Con la distribución exponencial, esto no es así: el tiempo adicional de espera del siguiente cliente no depende del tiempo que haya transcurrido desde el último cliente. Esto se conoce como la **propiedad de falta de memoria**. Las funciones de densidad de probabilidad exponencial y geométrica son las únicas funciones de probabilidad que tienen la propiedad de falta de memoria. Específicamente, la **propiedad de falta de memoria** dice que

$P(X > r + t \mid X > r) = P(X > t)$ para todo $r \geq 0$ y $t \geq 0$

Por ejemplo, si han transcurrido cinco minutos desde la llegada del último cliente, la probabilidad de que transcurra más de un minuto antes de que llegue el siguiente cliente se calcula utilizando $r = 5$ y $t = 1$ en la ecuación anterior.

$P(X > 5 + 1 \mid X > 5) = P(X > 1) = e^{(-0{,}5)(1)} = 0{,}6065$.

Es la misma probabilidad que la de esperar más de un minuto a que llegue un cliente después de la llegada anterior.

La distribución exponencial se utiliza a menudo para modelar la longevidad de un dispositivo eléctrico o mecánico. En el Ejemplo 5.5, la vida útil de una determinada pieza de computadora tiene la distribución exponencial con una media de diez años. La **propiedad de falta de memoria** dice que el conocimiento de lo que ha ocurrido en el pasado no tiene ningún efecto sobre probabilidades futuras. En este caso, significa que una pieza usada no tiene más probabilidades de estropearse en un momento determinado que una pieza nueva. En otras palabras, la pieza se mantiene como nueva hasta que se rompe de repente. Por ejemplo, si la pieza ya ha durado diez años, la probabilidad de que dure otros siete es $P(X > 17 \mid X > 10) = P(X > 7) = 0{,}4966$, donde la línea vertical se lee como "dada".

EJEMPLO 5.8

Volvamos al caso del empleado de correos, en el que el tiempo que un empleado de correos pasa con su cliente tiene una distribución exponencial con una media de cuatro minutos. Supongamos que un cliente ha pasado cuatro minutos con un empleado de la oficina postal. ¿Cuál es la probabilidad de que pase, al menos, tres minutos más con el empleado de la oficina postal?

El parámetro de decaimiento de X es $m = \frac{1}{4} = 0{,}25$, por lo que $X \sim Exp(0{,}25)$.

La función de distribución acumulativa es $P(X < x) = 1 - e^{-0{,}25x}$.

Queremos despejar $P(X > 7 \mid X > 4)$. La **propiedad de falta de memoria** dice que $P(X > 7 \mid X > 4) = P(X > 3)$, así que solo tenemos que hallar la probabilidad de que un cliente pase más de tres minutos con un empleado de la oficina postal.

Esto es $P(X > 3) = 1 - P(X < 3) = 1 - (1 - e^{-0{,}25 \cdot 3}) = e^{-0{,}75} \approx 0{,}4724$.

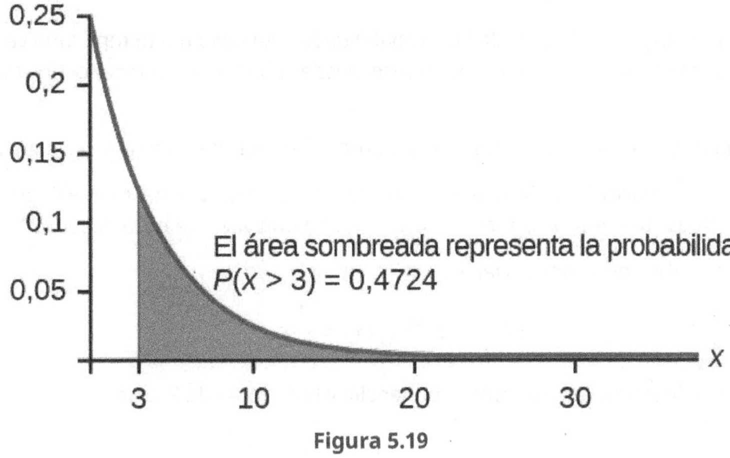

Figura 5.19

Relación entre la distribución de Poisson y la distribución exponencial

Existe una relación interesante entre la distribución exponencial y la distribución de Poisson. Supongamos que el tiempo que transcurre entre dos eventos sucesivos sigue la distribución exponencial con una media de μ unidades de tiempo. También se supone que estos tiempos son independientes, lo que significa que el tiempo entre eventos no se ve afectado por los tiempos entre eventos anteriores. Si se cumplen estos supuestos, el número de eventos por unidad de tiempo sigue una distribución de Poisson con una media μ. Recordemos que si X tiene la distribución de Poisson con una media μ, entonces $P(X = x) = \frac{\mu^x e^{-\mu}}{x!}$.

La fórmula de la distribución exponencial $P(X = x) = me^{-mx} = \frac{1}{\mu}e^{-\frac{1}{\mu}x}$ Donde m = el parámetro de la tasa, o μ = tiempo promedio entre ocurrencias.

Vemos que la exponencial es la pariente de la distribución de Poisson y se relacionan a través de esta fórmula. Existen importantes diferencias que hacen que cada distribución sea relevante para diferentes tipos de problemas de probabilidad.

En primer lugar, la Poisson tiene una variable aleatoria discreta, x, en la que el tiempo; una variable continua se divide artificialmente en trozos discretos. Vimos que el número de ocurrencias de un evento en un intervalo de tiempo dado, x, sigue la distribución de Poisson.

Por ejemplo, el **número** de veces que suena el teléfono por hora. En cambio, el tiempo **entre** ocurrencias sigue la distribución exponencial. Por ejemplo. El teléfono acaba de sonar, ¿cuánto tiempo pasará hasta que vuelva a sonar? Estamos midiendo la duración del intervalo, una variable aleatoria continua, exponencial, no los eventos durante un intervalo, Poisson.

La distribución exponencial frente a la distribución de Poisson

Una forma visual de mostrar tanto las similitudes como las diferencias entre estas dos distribuciones es con una línea del tiempo.

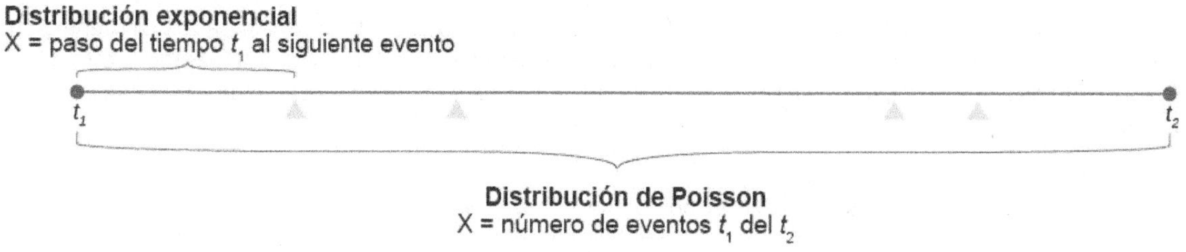

Figura 5.20

La variable aleatoria de la distribución de Poisson es discreta y, por tanto, cuenta los eventos durante un periodo determinado, de t_1 a t_2 en la Figura 5.20, y calcula la probabilidad de que se produzca ese número. El número de eventos, cuatro en el gráfico, se mide en números que se pueden contar; por lo tanto, la variable aleatoria de Poisson es una variable aleatoria discreta.

La distribución de probabilidad exponencial calcula las probabilidades del paso del tiempo, una variable aleatoria continua. En la Figura 5.20 esto se muestra como el paréntesis desde t_1 hasta la siguiente ocurrencia del evento marcada con un triángulo.

Las preguntas clásicas de la distribución de Poisson son "¿cuántas personas llegarán a mi caja en la próxima hora?".

Las preguntas clásicas de la distribución exponencial son "¿cuánto tiempo pasará hasta que llegue la siguiente persona?", o una variante, "¿cuánto tiempo permanecerá la persona una vez que haya llegado?".

De nuevo, la fórmula de la distribución exponencial es:

$$e(x) = me^{-mx} \text{o} e(x) = \frac{1}{\mu}e^{-\frac{1}{\mu}x}$$

Vemos inmediatamente la similitud entre la fórmula exponencial y la fórmula de Poisson.

$$P(x) = \frac{\mu^x e^{-\mu}}{x!}$$

Ambas funciones de densidad de probabilidad se basan en la relación entre el tiempo y el crecimiento o decaimiento exponencial. La "e" de la fórmula es una constante con el valor aproximado de 2,71828 y es la base de la fórmula del crecimiento exponencial logarítmica natural. Cuando la gente dice que algo ha crecido exponencialmente, se refiere a esto.

Un ejemplo de la exponencial y la Poisson dejará claras las diferencias entre ambas. También mostrará las interesantes aplicaciones que tienen.

Distribución de Poisson

Supongamos que históricamente llegan 10 clientes a las filas de espera en las cajas registradoras cada hora. Recuerde que esto es todavía una probabilidad, por lo que nos tienen que decir estos valores históricos. Vemos que se trata de un problema de probabilidad de Poisson.

Podemos introducir esta información en la función de densidad de probabilidad de Poisson y obtener una fórmula general que calculará la probabilidad de que llegue **algún** número determinado de clientes en la próxima hora.

La fórmula es para cualquier valor de la variable aleatoria que hayamos elegido y, por tanto, la x se pone en la fórmula. Esta es la fórmula:

$$e(x) = \frac{10^x e^{-10}}{x!}$$

Como ejemplo, la probabilidad de que lleguen 15 personas a la caja registradora en la próxima hora sería

$$P(x = 15) = \frac{10^{15} e^{-10}}{15!} = 0{,}0611$$

Aquí insertamos x = 15 y calculamos que la probabilidad de que en la próxima hora lleguen 15 personas es de 0,061.

Distribución exponencial

Si mantenemos los mismos hechos históricos de que llegan 10 clientes cada hora, pero ahora nos interesa el tiempo de servicio que pasa una persona en el mostrador, entonces utilizaríamos la distribución exponencial. La función de probabilidad exponencial para cualquier valor de x, la variable aleatoria, para estos datos históricos de la caja registradora es:

$$e(x) = \frac{1}{0{,}1} e^{-x/0{,}1} = 10e^{-10x}$$

Para calcular μ, el tiempo promedio de servicio histórico, simplemente dividimos el número de personas que llegan por hora, 10, entre el periodo, una hora, y tenemos $\mu = 0{,}1$. Históricamente, la gente pasa el 0,1 de una hora en la caja registradora, es decir, 6 minutos. Esto explica el 0,1 de la fórmula.

Existe una confusión natural con μ tanto en las fórmulas de Poisson como en las exponenciales. Tienen significados diferentes, aunque tengan el mismo símbolo. La media de la exponencial es uno dividido entre la media de Poisson. Si se da el número histórico de llegadas se tiene la media de Poisson. Si se da una duración histórica entre eventos, se tiene la media de una exponencial.

Siguiendo con nuestro ejemplo de la caja, si quisiéramos saber la probabilidad de que una persona tarde 9 minutos o menos en pasar por caja registradora, utilizaríamos esta fórmula. En primer lugar, convertimos a las mismas unidades de tiempo que son partes de una hora. Nueve minutos son 0,15 de una hora. A continuación, observamos que estamos pidiendo un rango de valores. Este es siempre el caso de una variable aleatoria continua. Escribimos la pregunta de probabilidad como

$$p\left(x \leq 9\right) = 1 - 10e^{-10x}$$

Ahora podemos poner los números en la fórmula y obtenemos nuestro resultado.

$$p(x = 0{,}15) = 1 - 10e^{-10(0{,}15)} = 0{,}7769$$

La probabilidad de que un cliente emplee 9 minutos o menos en pasar por caja es de 0,7769.

Vemos que tenemos una alta probabilidad de salir en menos de nueve minutos y una mínima probabilidad de que lleguen 15 clientes en la próxima hora.

Términos Clave

Distribución de Poisson si se conoce un promedio de eventos μ que ocurren por unidad de tiempo, y estos eventos son independientes entre sí, entonces el número de eventos X que ocurren en una unidad del tiempo tiene la distribución de Poisson. La probabilidad de que ocurran eventos x en una unidad del tiempo es igual a $P(X = x) = \frac{\mu^x e^{-\mu}}{x!}$.

Distribución exponencial variable aleatoria continua (RV) que aparece cuando nos interesamos por los intervalos de tiempo entre algunos eventos aleatorios, por ejemplo, el tiempo entre las llegadas de emergencia a un hospital. La media es $\mu = \frac{1}{m}$ y la desviación típica es $\sigma = \frac{1}{m}$. La función de densidad de probabilidad es $e(x) = me^{-mx}$ o $e(x) = \frac{1}{\mu}e^{-\frac{1}{\mu}x}$, $x \geq 0$ y la función de distribución acumulativa es $P(X \leq x) = 1 - e^{-mx}$ o $P(X \leq x) = 1 - e^{-\frac{1}{\mu}x}$.

Distribución uniforme variable aleatoria (RV) continua que tiene resultados igualmente probables sobre el dominio, $a < x < b$; a menudo se denomina **distribución rectangular** porque el gráfico de la pdf tiene la forma de un rectángulo. La media es $\mu = \frac{a+b}{2}$ y la desviación típica es $\sigma = \sqrt{\frac{(b-a)^2}{12}}$. La función de densidad de probabilidad es $f(x) = \frac{1}{b-a}$ para $a < x < b$ o $a \leq x \leq b$. La distribución acumulativa es $P(X \leq x) = \frac{x-a}{b-a}$.

parámetro de decaimiento el parámetro de decaimiento describe la velocidad a la que las probabilidades decaen a cero para valores crecientes de x. Es el valor m en la función de densidad de probabilidad $f(x) = me^{(-mx)}$ de una variable aleatoria exponencial. También es igual a $m = \frac{1}{\mu}$, donde μ es la media de la variable aleatoria.

Probabilidad condicional la probabilidad de que se produzca un evento, dado que ya se ha producido otro.

propiedad de falta de memoria para una variable aleatoria exponencial X, la propiedad de falta de memoria es la afirmación de que el conocimiento de lo que ha ocurrido en el pasado no tiene ningún efecto sobre las probabilidades futuras. Esto significa que la probabilidad de que X supere a $x + t$, dado que ha superado a x, es la misma que la probabilidad de que X supere a t si no tuviéramos conocimiento de ello. En símbolos decimos que $P(X > x + t | X > x) = P(X > t)$.

Repaso del capítulo

5.1 Propiedades de las funciones de densidad de probabilidad continuas

La función de densidad de probabilidad (pdf) se utiliza para describir probabilidades de variables aleatorias continuas. El área debajo de la curva de densidad entre dos puntos corresponde a la probabilidad de que la variable se sitúe entre esos dos valores. En otras palabras, el área debajo de la curva de densidad entre los puntos a y b es igual a $P(a < x < b)$. La función de distribución acumulativa (cdf) da la probabilidad como un área. Si X es una variable aleatoria continua, la función de densidad de probabilidad (pdf), $f(x)$ se utiliza para dibujar el gráfico de la distribución de probabilidad. El área total debajo del gráfico de $f(x)$ es uno. El área debajo del gráfico de $f(x)$ y entre los valores a y b da la probabilidad $P(a < x < b)$.

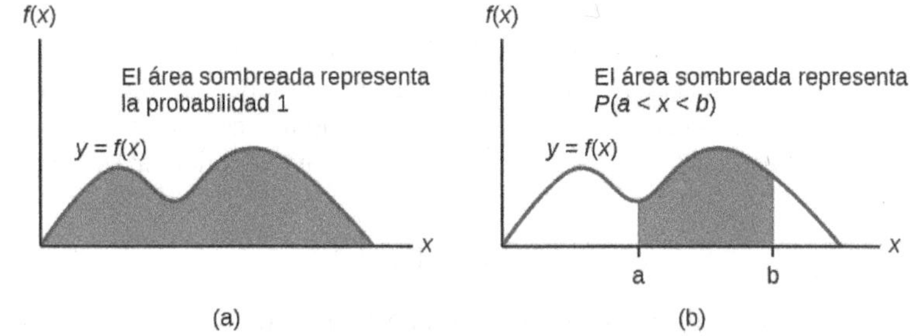

Figura 5.21

La función de distribución acumulativa (cdf) de X se define por $P(X \leq x)$. Es una función de x que da la probabilidad de que la variable aleatoria sea menor o igual que x.

5.2 La distribución uniforme

Si X tiene una distribución uniforme donde $a < x < b$ o $a \leq x \leq b$, entonces X toma valores entre a y b (puede incluir a y b). Todos los valores x son igualmente probables. Escribimos $X \sim U(a, b)$. La media de X es $\mu = \frac{a+b}{2}$. La desviación típica de X es $\sigma = \sqrt{\frac{(b-a)^2}{12}}$. La función de densidad de probabilidad de X es $e(x) = \frac{1}{b-a}$ para $a \leq x \leq b$. La función de distribución acumulativa de X es $P(X \leq x) = \frac{x-a}{b-a}$. X es continua.

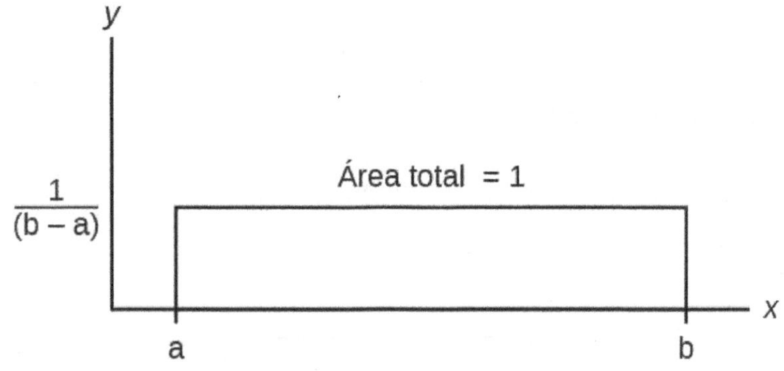

Figura 5.22

La probabilidad de $P(c < X < d)$ se puede hallar calculando el área bajo $f(x)$, entre c y d. Dado que el área correspondiente es un rectángulo, el área se puede hallar simplemente multiplicando el ancho y la altura.

5.3 La distribución exponencial

Si X tiene una **distribución exponencial** con media μ, entonces el **parámetro de decaimiento** es $m = \frac{1}{\mu}$. La función de densidad de probabilidad de X es $f(x) = me^{-mx}$ (o equivalentemente $e(x) = \frac{1}{\mu}e^{-x/\mu}$. La función de distribución acumulativa de X es $P(X \leq x) = 1 - e^{-mx}$.

Repaso de fórmulas

5.1 Propiedades de las funciones de densidad de probabilidad continuas

Función de densidad de probabilidad (pdf) $f(x)$:

- $f(x) \geq 0$
- El área total debajo de la curva $f(x)$ es uno.

Función de distribución acumulativa (cdf): $P(X \leq x)$

5.2 La distribución uniforme

X = un número real entre a y b (en algunos casos, X puede tomar los valores a y b). a = X más pequeño; b = X más grande

$X \sim U(a, b)$

La media es $\mu = \frac{a+b}{2}$

La desviación típica es $\sigma = \sqrt{\frac{(b-a)^2}{12}}$

Función de densidad de probabilidad: $e(x) = \frac{1}{b-a}$ para $a \leq X \leq b$

Área a la izquierda de *x*: $P(X < x) = (x - a)\left(\frac{1}{b-a}\right)$

Área a la derecha de *x*: $P(X > x) = (b - x)\left(\frac{1}{b-a}\right)$

Área entre *c* y *d*: $P(c < x < d)$ = (base)(altura) = $(d - c)\left(\frac{1}{b-a}\right)$

- pdf: $e(x) = \frac{1}{b-a}$ para $a \leq x \leq b$
- cdf: $P(X \leq x) = \frac{x-a}{b-a}$
- media $\mu = \frac{a+b}{2}$
- desviación típica $\sigma = \sqrt{\frac{(b-a)^2}{12}}$
- $P(c < X < d) = (d - c)\left(\frac{1}{b-a}\right)$

5.3 La distribución exponencial

- pdf: $f(x) = me^{(-mx)}$ donde $x \geq 0$ y $m > 0$
- cdf: $P(X \leq x) = 1 - e^{(-mx)}$
- media $\mu = \frac{1}{m}$
- desviación típica $\sigma = \mu$
- Además
  - $P(X > x) = e^{(-mx)}$
  - $P(a < X < b) = e^{(-ma)} - e^{(-mb)}$
- Probabilidad de Poisson: $P(X = x) = \frac{\mu^x e^{-\mu}}{x!}$ con una media y una varianza de μ

Práctica

5.1 Propiedades de las funciones de densidad de probabilidad continuas

1. ¿Qué tipo de distribución ilustra el gráfico?

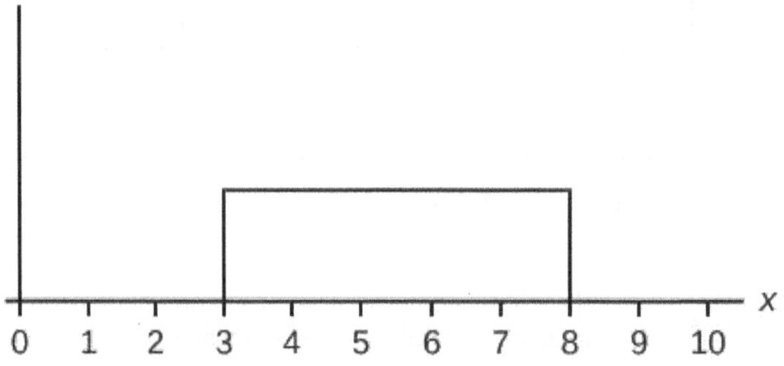

Figura 5.23

2. ¿Qué tipo de distribución ilustra el gráfico?

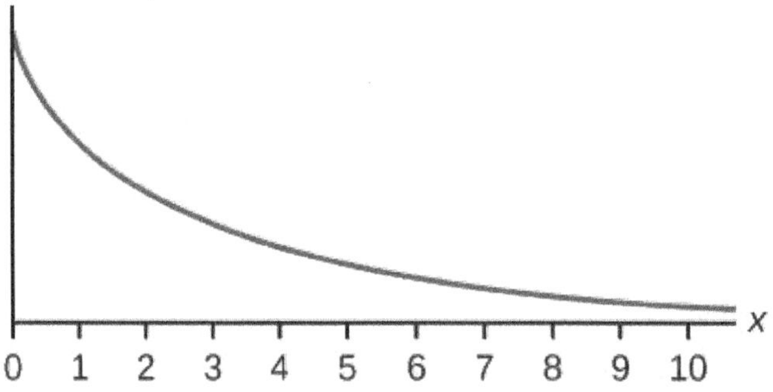

Figura 5.24

3. ¿Qué tipo de distribución ilustra el gráfico?

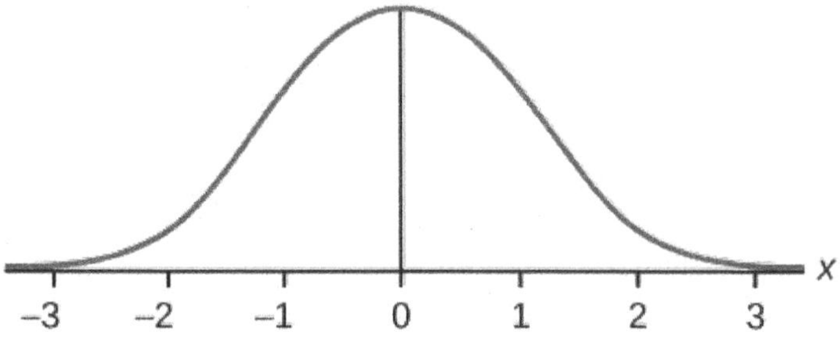

Figura 5.25

4. ¿Qué representa el área sombreada? $P(\_\_ < x < \_\_)$

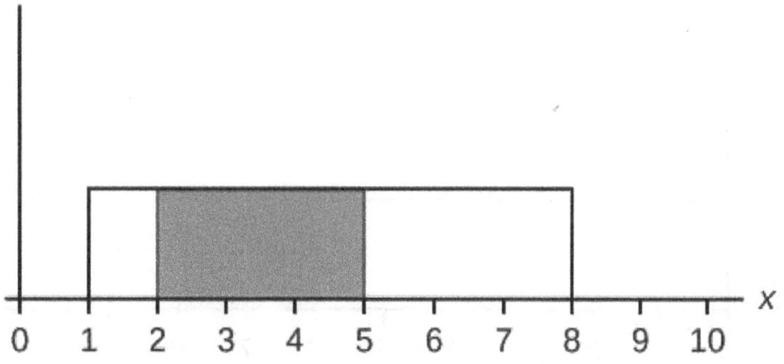

Figura 5.26

5. ¿Qué representa el área sombreada? $P(\_\_ < x < \_\_)$

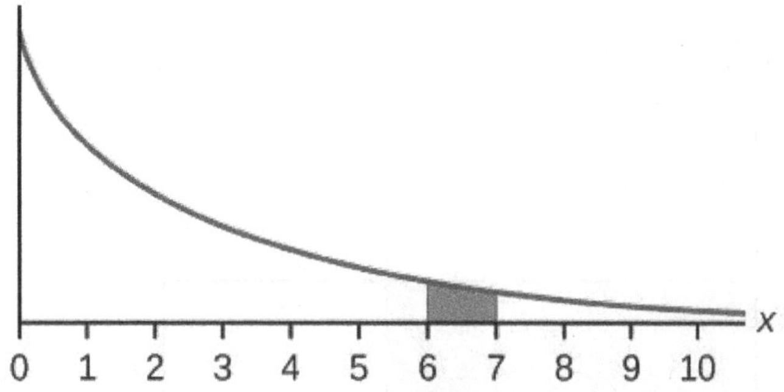

Figura 5.27

6. Para una distribución de probabilidad continua, $0 \leq x \leq 15$. ¿Qué es $P(x > 15)$?

7. ¿Cuál es el área debajo de $f(x)$ si la función es una función de densidad de probabilidad continua?

8. Para una distribución de probabilidad continua, $0 \leq x \leq 10$. ¿Qué es $P(x = 7)$?

9. Una función de probabilidad **continua** se restringe a la parte comprendida entre $x = 0$ y 7. ¿Qué es $P(x = 10)$?

10. $f(x)$ para una función de probabilidad continua es $\frac{1}{5}$, y la función se restringe a $0 \leq x \leq 5$. ¿Qué es $P(x < 0)$?

11. $f(x)$, una función de probabilidad continua, es igual a $\frac{1}{12}$, y la función se restringe a $0 \leq x \leq 12$. ¿Qué es $P(0 < x < 12)$?

12. Calcule la probabilidad de que *x* caiga en la zona sombreada.

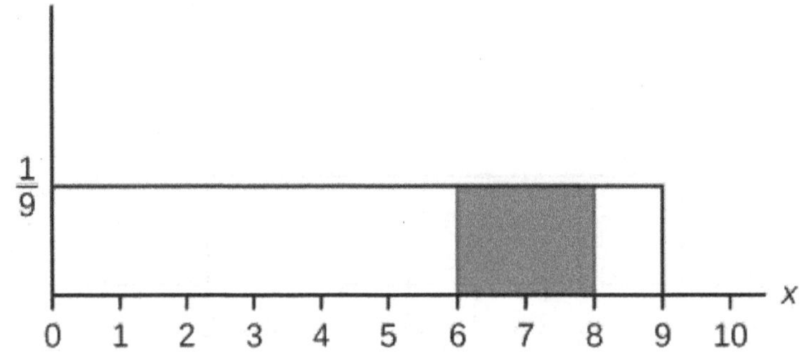

Figura 5.28

13. Calcule la probabilidad de que *x* caiga en la zona sombreada.

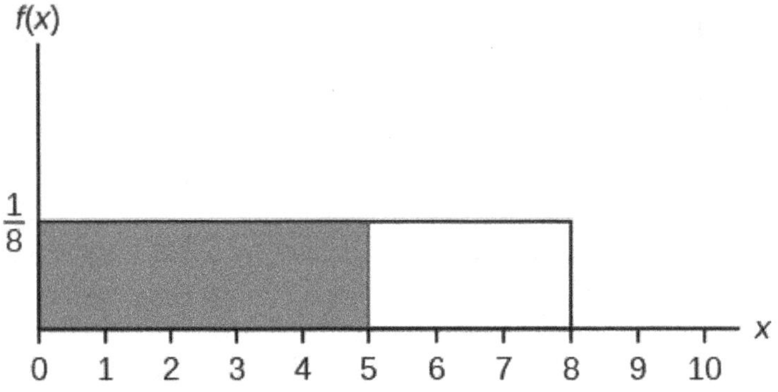

Figura 5.29

14. Calcule la probabilidad de que *x* caiga en la zona sombreada.

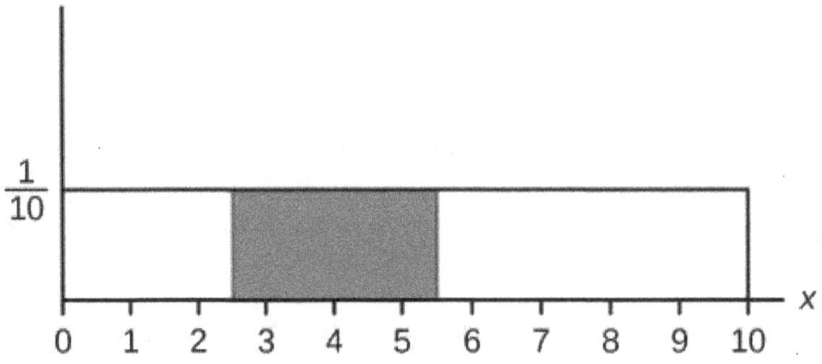

Figura 5.30

15. $f(x)$, una función de probabilidad continua, es igual a $\frac{1}{3}$ y la función se restringe a $1 \leq x \leq 4$. Describa $P\left(x > \frac{3}{2}\right)$.

5.2 La distribución uniforme

Use la siguiente información para responder las próximas diez preguntas. Los datos que siguen son los pies cuadrados (en 1.000 pies cuadrados) de 28 viviendas.

1,5	2,4	3,6	2,6	1,6	2,4	2,0

Tabla 5.2

3,5	2,5	1,8	2,4	2,5	3,5	4,0
2,6	1,6	2,2	1,8	3,8	2,5	1,5
2,8	1,8	4,5	1,9	1,9	3,1	1,6

Tabla 5.2

La media muestral = 2,50 y la desviación típica de la muestra = 0,8302.

La distribución se puede escribir como $X \sim U(1{,}5,\ 4{,}5)$.

16. ¿Qué tipo de distribución es esta?

17. En esta distribución, los resultados son igualmente probables. ¿Qué significa esto?

18. ¿Cuál es la altura de $f(x)$ para la distribución de probabilidad continua?

19. ¿Cuáles son las limitaciones para los valores de *x*?

20. Gráfico de $P(2 < x < 3)$.

21. ¿Qué es $P(2 < x < 3)$?

22. ¿Qué es $P(x < 3{,}5 \mid x < 4)$?

23. ¿Qué es $P(x = 1{,}5)$?

24. Calcule la probabilidad de que una casa seleccionada al azar tenga más de 3.000 pies cuadrados dado que ya se sabe que la casa tiene más de 2.000 pies cuadrados.

Use la siguiente información para responder los próximos ocho ejercicios. Una distribución está dada como $X \sim U(0, 12)$.

25. ¿Qué es *a*? ¿Qué representa?

26. ¿Qué es *b*? ¿Qué representa?

27. ¿Qué es la función de densidad de probabilidad?

28. ¿Cuál es la media teórica?

29. ¿Cuál es la desviación típica teórica?

30. Dibuje el gráfico de la distribución para $P(x > 9)$.

31. Calcule $P(x > 9)$.

Use la siguiente información para responder los próximos once ejercicios. La edad de los automóviles en el estacionamiento del personal de un instituto universitario suburbano se distribuye uniformemente desde los seis meses (0,5 años) hasta los 9,5 años.

32. ¿Qué se mide aquí?

33. Defina la variable aleatoria X en palabras.

34. ¿Los datos son discretos o continuos?

35. El intervalo de valores de x es _____.

36. La distribución de X es _____.

37. Escriba la función de densidad de probabilidad.

38. Grafique la distribución de probabilidad.

a. Dibuje el gráfico de la distribución de probabilidad.

Figura 5.31

b. Identifique los siguientes valores:
   i. El valor más bajo para $\overline{x}$: _____
   ii. El valor más alto para $\overline{x}$: _____
   iii. Altura del rectángulo: _____
   iv. Identifique para el eje x (en palabras): _____
   v. Identifique para el eje y (en palabras): _____

39. Calcule la edad promedio de los automóviles en el estacionamiento.

40. Calcule la probabilidad de que un automóvil elegido al azar en el estacionamiento tenga menos de cuatro años.

a. Dibuje el gráfico y sombree el área de interés.

Figura 5.32

b. Calcule la probabilidad. $P(x < 4) =$ ______

41. Considerando solo los automóviles de menos de 7,5 años, calcule la probabilidad de que un automóvil elegido al azar en el estacionamiento tenga menos de cuatro años.

a. Dibuje el gráfico, sombree el área de interés.

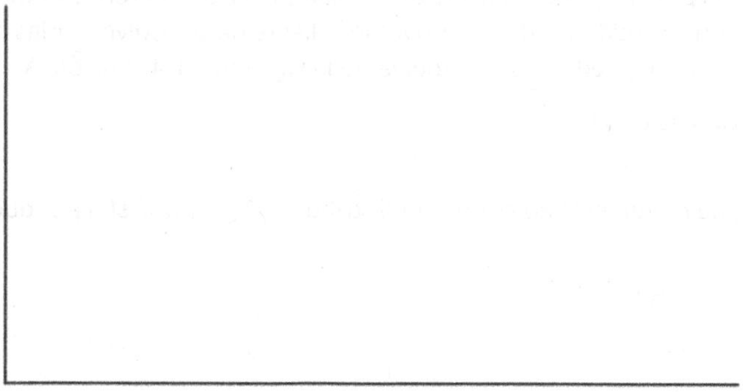

Figura 5.33

b. Calcule la probabilidad. $P(x < 4 \mid x < 7{,}5) =$ ______

42. ¿Qué ha cambiado en los dos problemas anteriores para que las soluciones sean diferentes?

43. Calcule el tercer cuartil de edades de los automóviles en el estacionamiento. Esto significa que tendrá que hallar el valor tal que $\frac{3}{4}$, o el 75 %, de los automóviles tienen como máximo (menos o igual) esa edad.

a. Dibuje el gráfico y sombree el área de interés.

Figura 5.34

b. Calcule el valor *k* tal que $P(x < k) = 0{,}75$.

c. El tercer cuartil es ______

5.3 La distribución exponencial

Use la siguiente información para responder los próximos diez ejercicios. Un representante del servicio de atención al cliente debe dedicar diferentes cantidades de tiempo a cada cliente para resolver varias preocupaciones. La cantidad de tiempo dedicado a cada cliente se puede modelar mediante la siguiente distribución: $X \sim Exp(0{,}2)$

44. ¿Qué tipo de distribución es esta?

45. ¿Los resultados son igualmente probables en esta distribución? ¿Por qué sí o por qué no?

46. ¿Qué es *m*? ¿Qué representa?

47. ¿Cuál es la media?

48. ¿Cuál es la desviación típica?

49. Indique la función de densidad de probabilidad.

50. Grafique la distribución.

51. Calcule $P(2 < x < 10)$.

52. Calcule $P(x > 6)$.

53. Calcule el percentil 70.

Use la siguiente información para responder los próximos siete ejercicios. Una distribución está dada como $X \sim Exp(0{,}75)$.

54. ¿Qué es *m*?

55. ¿Qué es la función de densidad de probabilidad?

56. ¿Qué es la función de distribución acumulativa?

57. Dibuje la distribución.

58. Calcule $P(x < 4)$.

59. Calcule el percentil 30.

60. Calcule la mediana.

61. ¿Qué es más grande, la media o la mediana?

Use la siguiente información para responder los próximos 16 ejercicios. El carbono-14 es un elemento radiactivo con una semivida de unos 5.730 años. Se dice que el carbono-14 se descompone exponencialmente. La tasa de descomposición es de 0,000121. Empezamos con un gramo de carbono-14. Nos interesa el tiempo (años) que tarda en descomponerse el carbono-14.

62. ¿Qué se mide aquí?

63. ¿Los datos son discretos o continuos?

64. Defina la variable aleatoria X en palabras.

65. ¿Cuál es la tasa de descomposición (m)?

66. La distribución de X es _____.

67. Calcule la cantidad (porcentaje de un gramo) de carbono-14 que dura menos de 5.730 años. Es decir, calcule $P(x < 5.730)$.

a. Dibuje el gráfico y sombree el área de interés.

Figura 5.35

b. Calcule la probabilidad. $P(x < 5.730) =$ ________

68. Calcule el porcentaje de carbono-14 que dura más de 10.000 años.

a. Dibuje el gráfico y sombree el área de interés.

Figura 5.36

b. Calcule la probabilidad. $P(x > 10.000)$ = ______

69. ¿En cuántos años se descompone el treinta por ciento (30 %) del carbono-14?

a. Dibuje el gráfico y sombree el área de interés.

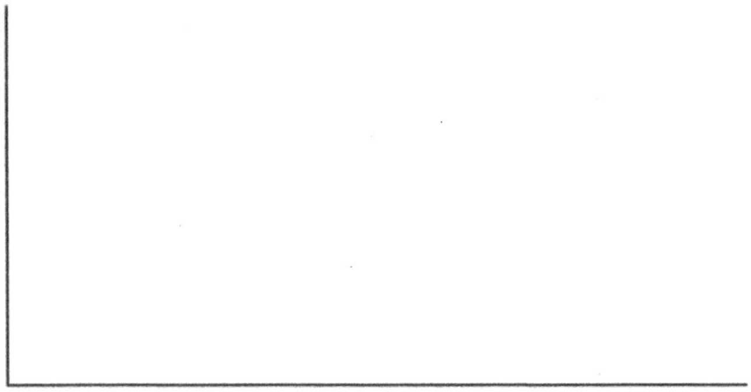

Figura 5.37

b. Calcule el valor k tal que $P(x < k) = 0{,}30$.

Tarea para la casa

5.1 Propiedades de las funciones de densidad de probabilidad continuas

Para cada problema de probabilidad y percentil, haga el dibujo.

70. Considere el siguiente experimento. Usted es una de las 100 personas reclutadas para participar en un estudio para determinar el porcentaje de enfermeros en Estados Unidos con un título de enfermero registrado (registered nurse, RN). Les pregunta a los enfermeros si tienen un título de RN. Los enfermeros responden "sí" o "no". Luego, calcula el porcentaje de enfermeros con un título de RN. Le da ese porcentaje a su supervisor.

a. ¿Qué parte del experimento producirá datos discretos?
b. ¿Qué parte del experimento producirá datos continuos?

71. Cuando se redondea la edad al año más cercano, ¿los datos siguen siendo continuos o se convierten en discretos? ¿Por qué?

5.2 La distribución uniforme

Para cada problema de probabilidad y percentil, haga el dibujo.

72. Los nacimientos se distribuyen de manera aproximadamente uniforme entre las 52 semanas del año. Se puede decir que siguen una distribución uniforme de uno a 53 (repartición de 52 semanas).

a. Grafique la distribución de probabilidad.
b. $f(x)$ = _______
c. μ = _______
d. σ = _______
e. Calcule la probabilidad de que una persona nazca en el momento exacto en que comienza la semana 19. Es decir, calcule $P(x = 19)$ = _______
f. $P(2 < x < 31)$ = _______
g. Calcule la probabilidad de que una persona nazca después de la semana 40.
h. $P(12 < x \mid x < 28)$ = _______

73. Un generador de números aleatorios elige un número del uno al nueve de manera uniforme.

a. Grafique la distribución de probabilidad.
b. $f(x)$ = _______
c. μ = _______
d. σ = _______
e. $P(3{,}5 < x < 7{,}25)$ = _______
f. $P(x > 5{,}67)$
g. $P(x > 5 \mid x > 3)$ = _______

74. Según un estudio realizado por el Dr. John McDougall sobre su programa de pérdida de peso en vivo en el Hospital de Santa Elena, las personas que siguen su programa pierden entre 6 y 15 libras al mes hasta acercarse a su peso corporal ideal. Supongamos que la pérdida de peso se distribuye uniformemente. Nos interesa la pérdida de peso de una persona seleccionada al azar que sigue el programa durante un mes.

a. Defina la variable aleatoria. X = _______
b. Grafique la distribución de probabilidad.
c. $f(x)$ = _______
d. μ = _______
e. σ = _______
f. Calcule la probabilidad de que la persona haya perdido más de diez libras en un mes.
g. Supongamos que se sabe que la persona ha perdido más de diez libras en un mes. Calcule la probabilidad de que haya perdido menos de 12 libras en el mes.
h. $P(7 < x < 13 \mid x > 9)$ = ________. Plantee esto en una pregunta de probabilidad, de forma similar a las partes g y h, haga el dibujo y calcule la probabilidad.

75. Un vagón de metro de la Red Line llega cada ocho minutos en la hora pico. Nos interesa el tiempo que debe esperar un viajero para que llegue el tren. El tiempo sigue una distribución uniforme.

a. Defina la variable aleatoria. X = ______
b. Grafique la distribución de probabilidad.
c. $f(x)$ = ______
d. μ = ______
e. σ = ______
f. Calcule la probabilidad de que el viajero espere menos de un minuto.
g. Calcule la probabilidad de que el viajero espere entre tres y cuatro minutos.

76. La edad de los estudiantes de primer grado el 1.º de septiembre en la escuela primaria Garden se distribuye uniformemente de 5,8 a 6,8 años. Seleccionamos al azar un estudiante de primer grado de la clase.

a. Defina la variable aleatoria. X = ________
b. Grafique la distribución de probabilidad.
c. $f(x)$ = ________
d. μ = ________
e. σ = ________
f. Calcule la probabilidad de que tenga más de 6,5 años.
g. Calcule la probabilidad de que tenga entre cuatro y seis años.

Use la siguiente información para responder los próximos tres ejercicios. Se supone que el Sky Train llega cada ocho minutos desde la terminal hasta el centro de alquiler de automóviles y el estacionamiento de larga duración. Se sabe que los tiempos de espera del tren siguen una distribución uniforme.

77. ¿Cuál es el tiempo promedio de espera (en minutos)?

a. cero
b. dos
c. tres
d. cuatro

78. ¿Cuál es la probabilidad de esperar más de siete minutos dado que una persona ha esperado más de cuatro minutos?

a. 0,125
b. 0,25
c. 0,5
d. 0,75

79. El tiempo (en minutos) que transcurre hasta que el siguiente autobús sale de una estación de autobuses importante sigue una distribución con $f(x) = \frac{1}{20}$ donde x va de 25 a 45 minutos.

a. Defina la variable aleatoria. X = _______
b. Grafique la distribución de probabilidad.
c. La distribución es ___________ (nombre de la distribución). Es ___________ (discreta o continua).
d. μ = _______
e. σ = _______
f. Calcule la probabilidad de que el tiempo sea como máximo de 30 minutos. Dibuje e identifique un gráfico de la distribución. Sombree la zona de interés. Escriba la respuesta en un enunciado de probabilidad.
g. Calcule la probabilidad de que el tiempo esté entre 30 y 40 minutos. Dibuje e identifique un gráfico de la distribución. Sombree la zona de interés. Escriba la respuesta en un enunciado de probabilidad.
h. $P(25 < x < 55)$ = _______. Exponga esto en un enunciado de probabilidad, de forma similar a las partes g y h, haga el dibujo y calcule la probabilidad.

80. Suponga que el valor de una acción varía cada día de 16 a 25 dólares con una distribución uniforme.

a. Calcule la probabilidad de que el valor de la acción sea superior a 19 dólares.
b. Calcule la probabilidad de que el valor de la acción esté entre 19 y 22 dólares.
c. Dado que el valor de la acción es mayor de 18 dólares, calcule la probabilidad de que el valor de la acción sea mayor de 21 dólares.

81. Un espectáculo de fuegos artificiales está diseñado para que el tiempo entre los fuegos artificiales esté entre uno y cinco segundos, y sigue una distribución uniforme.

a. Calcule el tiempo promedio entre los fuegos artificiales.
b. Calcule la probabilidad de que el tiempo entre los fuegos artificiales sea mayor de cuatro segundos.

82. El número de millas recorridas por un camionero oscila entre 300 y 700, y sigue una distribución uniforme.

a. Calcule la probabilidad de que el camionero recorra más de 650 millas en un día.
b. Calcule la probabilidad de que los camioneros recorran entre 400 y 650 millas en un día.

5.3 La distribución exponencial

83. Supongamos que se sabe que la duración de las llamadas telefónicas de larga distancia, medida en minutos, tienen una distribución exponencial con la duración promedio de una llamada igual a ocho minutos.

a. Defina la variable aleatoria. X = _______________.
b. ¿X es continuo o discreto?
c. μ = ________
d. σ = ________
e. Dibuje un gráfico de la distribución de probabilidad. Identifique los ejes.
f. Calcule la probabilidad de que una llamada telefónica dure menos de nueve minutos.
g. Calcule la probabilidad de que una llamada telefónica dure más de nueve minutos.
h. Calcule la probabilidad de que una llamada telefónica dure entre siete y nueve minutos.
i. Si se hacen 25 llamadas telefónicas una tras otra, en promedio, ¿cuál sería el total esperado? ¿Por qué?

84. Supongamos que la vida útil de una determinada batería de automóvil, medida en meses, decae con el parámetro 0,025. Nos interesa la duración de la batería.

a. Defina la variable aleatoria. X = ________________________________.
b. ¿X es continuo o discreto?
c. En promedio, ¿cuánto tiempo espera que dure la batería de un automóvil?
d. ¿Cuánto tiempo en promedio se puede esperar que duren nueve baterías de automóvil si se usan una tras otra?
e. Calcule la probabilidad de que la batería de un automóvil dure más de 36 meses.
f. ¿Cuánto tiempo duran, al menos, el setenta por ciento de las baterías?

85. El porcentaje de personas (de cinco años en adelante) en cada estado que hablan un idioma en casa distinto del inglés se distribuye de forma aproximadamente exponencial con una media de 9,848. Supongamos que elegimos un estado al azar.

a. Defina la variable aleatoria. X = ________________________________.
b. ¿X es continuo o discreto?
c. μ = ________
d. σ = ________
e. Dibuje un gráfico de la distribución de probabilidad. Identifique los ejes.
f. Calcule la probabilidad de que el porcentaje sea menor que 12.
g. Calcule la probabilidad de que el porcentaje esté entre ocho y 14.
h. El porcentaje de todas las personas que viven en Estados Unidos que hablan un idioma distinto del inglés en casa es del 13,8.
    i. ¿Por qué este número es diferente del 9,848 %?
    ii. ¿Qué haría que este número fuera superior al 9,848 %?

86. El tiempo (en años) que tarda una persona en jubilarse **después** de cumplir los 60 años se distribuye aproximadamente de forma exponencial con una media de unos cinco años. Supongamos que elegimos al azar una persona jubilada. Nos interesa el tiempo que transcurre desde los 60 años hasta la jubilación.

a. Defina la variable aleatoria. X = ________________________________.
b. ¿X es continuo o discreto?
c. μ = ________
d. σ = ________
e. Dibuje un gráfico de la distribución de probabilidad. Identifique los ejes.
f. Calcule la probabilidad de que la persona se jubile después de los 70 años.
g. ¿Se jubilan más personas antes de los 65 años o después de los 65?
h. En una sala con 1.000 personas mayores de 80 años, ¿cuántas cree que NO se habrán jubilado aún?

87. El costo de todo el mantenimiento de un automóvil durante su primer año se distribuye aproximadamente de forma exponencial con una media de 150 dólares.

a. Defina la variable aleatoria. X = _______________.
b. μ = _______
c. σ = _______
d. Dibuje un gráfico de la distribución de probabilidad. Identifique los ejes.
e. Calcule la probabilidad de que un automóvil requiera más de 300 dólares para su mantenimiento durante su primer año.

Use la siguiente información para responder los próximos tres ejercicios. La vida promedio de un determinado teléfono móvil nuevo es de tres años. El fabricante sustituirá cualquier teléfono móvil que falle durante los dos años siguientes a la fecha de compra. Se sabe que la vida útil de estos teléfonos móviles sigue una distribución exponencial.

88. La tasa de decaimiento es:

a. 0,3333
b. 0,5000
c. 2
d. 3

89. ¿Cuál es la probabilidad de que un teléfono falle durante los dos años siguientes a la fecha de compra?

a. 0,8647
b. 0,4866
c. 0,2212
d. 0,9997

90. ¿Cuál es la mediana de la vida de estos teléfonos (en años)?

a. 0,1941
b. 1,3863
c. 2,0794
d. 5,5452

91. Las llamadas al 911 entran a una tasa promedio de una llamada cada dos minutos. Supongamos que el tiempo que transcurre entre una llamada y la siguiente tiene la distribución exponencial.

a. En promedio, ¿cuánto tiempo pasa entre cinco llamadas consecutivas?
b. Calcule la probabilidad de que, tras recibir una llamada, la siguiente tarde más de tres minutos en producirse.
c. ¿El noventa por ciento de las llamadas se producen en los minutos siguientes a la llamada anterior?
d. Supongamos que han transcurrido dos minutos desde la última llamada. Calcule la probabilidad de que la siguiente llamada se produzca en el próximo minuto.
e. Calcule la probabilidad de que se produzcan menos de 20 llamadas en una hora.

92. En el béisbol de las grandes ligas, un partido sin batazos imparables es aquel en el que un lanzador, o varios lanzadores, no reciben ningún batazo imparable en todo el partido. Los "sin batazos imparables" se producen a un ritmo de unos tres por temporada. Supongamos que la duración del tiempo entre los sin batazos imparables es exponencial.

a. ¿Cuál es la probabilidad de que toda una temporada transcurra con un solo sin batazos imparables?
b. Si transcurre una temporada entera sin batazos imparables, ¿cuál es la probabilidad de que no haya ningún sin batazos imparables en la temporada siguiente?
c. ¿Cuál es la probabilidad de que haya más de 3 sin batazos imparables en una misma temporada?

93. Entre 1998 y 2012 se han producido un total de 29 terremotos de magnitud superior a 6,5 en Papúa Nueva Guinea. Supongamos que el tiempo que transcurre entre terremotos es exponencial.

a. ¿Cuál es la probabilidad de que el próximo terremoto se produzca en los tres meses siguientes?
b. Dado que han pasado seis meses sin que se produzca un terremoto en Papúa Nueva Guinea, ¿cuál es la probabilidad de que durante los próximos tres meses no se produzcan terremotos?
c. ¿Cuál es la probabilidad de que se produzcan cero terremotos en 2014?
d. ¿Cuál es la probabilidad de que se produzcan, al menos, dos terremotos en 2014?

94. Según la Cruz Roja Americana, una de cada nueve personas en EE. UU., aproximadamente, tiene sangre de tipo B. Supongamos que los tipos de sangre de las personas que llegan a una campaña de donación son independientes. En este caso, el número de tipos de sangre de tipo B que llegan sigue más o menos la distribución de Poisson.

a. Si llegan 100 personas, ¿cuántas en promedio se espera que tengan sangre de tipo B?
b. ¿Cuál es la probabilidad de que más de 10 personas de estas 100 tengan sangre de tipo B?
c. ¿Cuál es la probabilidad de que lleguen más de 20 personas antes de encontrar una persona con sangre de tipo B?

95. Un sitio web experimenta un tráfico durante las horas normales de trabajo a un ritmo de 12 visitas por hora. Supongamos que la duración entre visitas tiene la distribución exponencial.

a. Calcule la probabilidad de que la duración entre dos visitas sucesivas al sitio web sea superior a diez minutos.
b. ¿De cuánto tiempo como mínimo son el 25 % de las duraciones más altas entre visitas?
c. Supongamos que han pasado 20 minutos desde la última visita al sitio web. ¿Cuál es la probabilidad de que la próxima visita se produzca durante los 5 minutos siguientes?
d. Calcule la probabilidad de que se produzcan menos de 7 visitas en un periodo de una hora.

96. En un centro de atención de urgencias los pacientes llegan a una tasa promedio de un paciente cada siete minutos. Supongamos que la duración entre llegadas se distribuye exponencialmente.

a. Calcule la probabilidad de que el tiempo entre dos visitas sucesivas al centro de atención de urgencias sea inferior a 2 minutos.
b. Calcule la probabilidad de que el tiempo entre dos visitas sucesivas al centro de atención de urgencias sea superior a 15 minutos.
c. Si han pasado 10 minutos desde la última llegada, ¿cuál es la probabilidad de que la siguiente persona llegue durante los próximos cinco minutos?
d. Calcule la probabilidad de que lleguen más de ocho pacientes durante un periodo de media hora.

Referencias

5.2 La distribución uniforme

McDougall, John A. The McDougall Program for Maximum Weight Loss. Plume, 1995.

5.3 La distribución exponencial

Datos de la Oficina del Censo de Estados Unidos.

Datos de World Earthquakes, 2013. Disponible en línea en http://www.world-earthquakes.com/ (consultado el 11 de junio de 2013).

"No-hitter". Baseball-Reference.com, 2013. Disponible en línea en http://www.baseball-reference.com/bullpen/No-hitter (consultado el 11 de junio de 2013).

Zhou, Rick. "Exponential Distribution lecture slides". Disponible en línea en www.public.iastate.edu/~riczw/stat330s11/lecture/lec13.pdf (consultado el 11 de junio de 2013).

Soluciones

1. Distribución uniforme

3. Distribución normal

5. $P(6 < x < 7)$

7. uno

9. cero

11. uno

13. 0,625

15. La probabilidad es igual al área desde $x = \frac{3}{2}$ hasta $x = 4$ por encima del eje x y hasta $f(x) = \frac{1}{3}$.

17. Significa que el valor de x tiene la misma probabilidad de ser cualquier número entre 1,5 y 4,5.

19. $1,5 \leq x \leq 4,5$

21. 0,3333

23. cero

24. 0,6

26. b es 12, y representa el valor más alto de x.

28. seis

30.

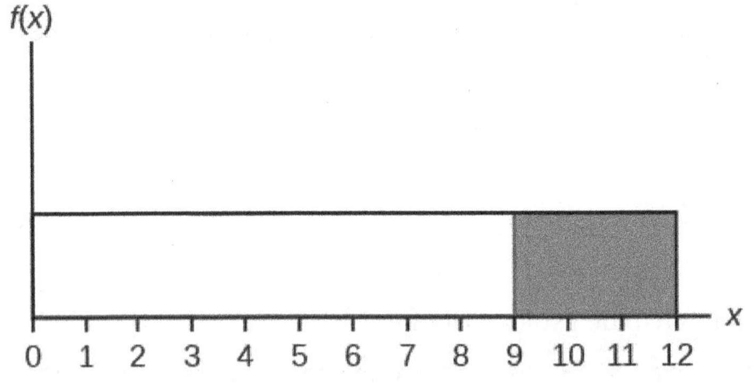

Figura 5.38

33. X = La edad (en años) de los automóviles en el estacionamiento del personal

35. de 0,5 a 9,5

37. $f(x) = \frac{1}{9}$ donde x está entre 0,5 y 9,5, ambos inclusive.

39. $\mu = 5$

41. a. Compruebe la solución del estudiante.
b. $\frac{3,5}{7}$

43. a. Compruebe la solución del estudiante.
b. $k = 7,25$
c. 7,25

45. No, los resultados no son igualmente probables. En esta distribución más personas requieren poco tiempo y menos personas requieren mucho tiempo, por lo que es más probable que alguien requiera menos tiempo.

47. cinco

49. $f(x) = 0,2e^{-0,2x}$

51. 0,5350

53. 6,02

55. $f(x) = 0,75e^{-0,75x}$

57.

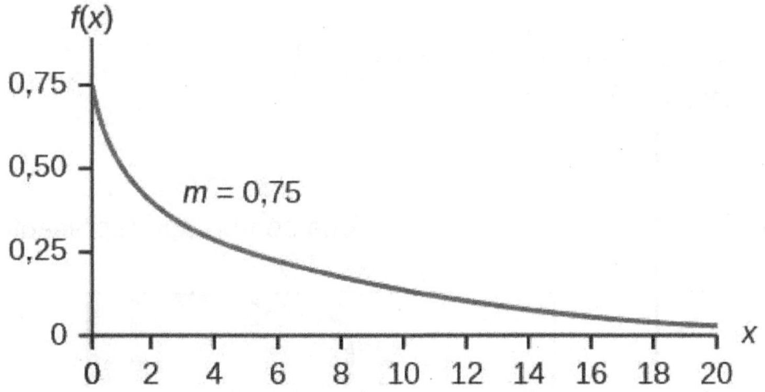

Figura 5.39

59. 0,4756

61. La media es mayor. La media es $\frac{1}{m} = \frac{1}{0,75} \approx 1,33$, que es superior a 0,9242.

63. continuos

65. $m = 0,000121$

67. a. Compruebe la solución del estudiante.
b. $P(x < 5.730) = 0,5001$

69. a. Compruebe la solución del estudiante.

b. k = 2.947,73

71. La edad es una medida, independientemente de la exactitud utilizada.

73. a. Compruebe la solución del estudiante.

b. $e(x) = \frac{1}{8}$ donde $1 \leq x \leq 9$

c. cinco

d. 2,3

e. $\frac{15}{32}$

f. $\frac{333}{800}$

g. $\frac{2}{3}$

75. a. La X representa el tiempo que un viajero debe esperar a que llegue un tren en la línea roja.

b. Grafique la distribución de probabilidad.

c. $e(x) = \frac{1}{8}$ donde $0 \leq x \leq 8$

d. cuatro

e. 2,31

f. $\frac{1}{8}$

g. $\frac{1}{8}$

77. d

78. b

80. a. La función de densidad de probabilidad de X es $\frac{1}{25-16} = \frac{1}{9}$.

$P(X > 19) = (25 - 19)\left(\frac{1}{9}\right) = \frac{6}{9} = \frac{2}{3}$.

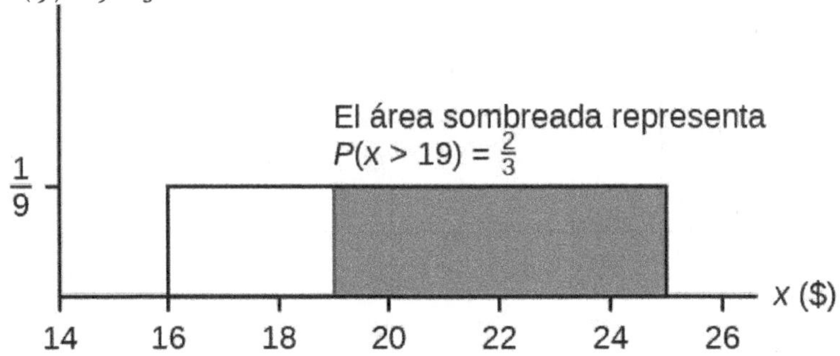

Figura 5.40

b. $P(19 < X < 22) = (22 - 19)\left(\frac{1}{9}\right) = \frac{3}{9} = \frac{1}{3}$.

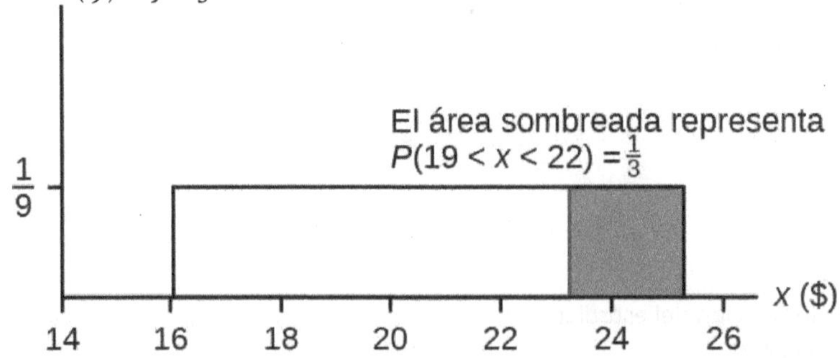

Figura 5.41

c. Esta es una pregunta de probabilidad condicional. $P(x > 21 \mid x > 18)$. Puede responderla de dos maneras:

- Dibuje el gráfico donde a es ahora 18 y b sigue siendo 25. La altura es $\frac{1}{(25-18)} = \frac{1}{7}$
  Entonces, $P(x > 21 \mid x > 18) = (25 - 21)\left(\frac{1}{7}\right) = 4/7$.
- Utilice la fórmula: $P(x > 21 \mid x > 18) = \frac{P(x>21 \cap x>18)}{P(x>18)}$
  $= \frac{P(x>21)}{P(x>18)} = \frac{(25-21)}{(25-18)} = \frac{4}{7}$.

82. a. $P(X > 650) = \frac{700-650}{700-300} = \frac{50}{400} = \frac{1}{8} = 0{,}125$.
b. $P(400 < X < 650) = \frac{650-400}{700-300} = \frac{250}{400} = 0{,}625$

84. a. X = la vida útil de una determinada batería de automóvil medida en meses.
b. X es continua.
c. 40 meses
d. 360 meses
e. 0,4066
f. 14,27

86. a. X = el tiempo (en años) que tarda una persona en jubilarse después de cumplir 60 años
b. X es continua.
c. cinco
d. cinco
e. Compruebe la solución del estudiante.
f. 0,1353
g. antes
h. 18,3

88. a

90. c

92. Supongamos que X = el número de sin batazos imparables a lo largo de una temporada. Como la duración del tiempo entre los sin batazos imparables es exponencial, el <u>número</u> de sin batazos imparables <u>por temporada</u> es Poisson con media de $\lambda = 3$.
Por lo tanto, $(X = 0) = \frac{3^0 e^{-3}}{0!} = e^{-3} \approx 0{,}0498$

NOTA

Podría dejar que T = duración del tiempo entre los sin batazos imparables. Como el tiempo es exponencial y hay 3 sin batazos imparables por temporada, entonces el tiempo entre sin batazos imparables es $\frac{1}{3}$ por temporada.
Para la exponencial, $\mu = \frac{1}{3}$.
Por lo tanto, $m = \frac{1}{\mu} = 3$ y $T \sim Exp(3)$.

a. La probabilidad deseada es $P(T > 1) = 1 - P(T < 1) = 1 - (1 - e^{-3}) = e^{-3} \approx 0{,}0498$.
b. Supongamos que T = duración del tiempo entre los sin batazos imparables. Hallamos $P(T > 2 \mid T > 1)$, y por la **propiedad de falta de memoria** esto es simplemente $P(T > 1)$, que hallamos que es 0,0498 en la parte a.
c. Supongamos que X = el <u>número</u> de sin batazos imparables es una temporada. Supongamos que X es Poisson con media de $\lambda = 3$. Entonces $P(X > 3) = 1 - P(X \le 3) = 0{,}3528$.

94. a. $\frac{100}{9} = 11{,}11$
b. $P(X > 10) = 1 - P(X \le 10) = 1$ – Poissoncdf(11,11; 10) $\approx 0{,}5532$.
c. El número de personas con sangre de tipo B encontradas sigue más o menos la distribución de Poisson, por lo

que el número de personas X que llegan entre las sucesivas llegadas de tipo B es aproximadamente exponencial con media $\mu = 9$ y $m = \frac{1}{9}$. La función de distribución acumulativa de X es $P(X < x) = 1-e^{-\frac{x}{9}}$. Así que, $P(X > 20) = 1 - P(X \leq 20) = 1-\left(1-e^{-\frac{20}{9}}\right) \approx 0{,}1084$.

Nota

También podríamos deducir que cada persona que llega tiene una probabilidad de 8/9 de no tener sangre de tipo B. Así que la probabilidad de que ninguna de las primeras 20 personas que lleguen tenga sangre tipo B es $\left(\frac{8}{9}\right)^{20} \approx 0{,}0948$. (la distribución geométrica es más apropiada que la exponencial porque el número de personas entre el tipo B es discreto en vez de continuo).

96. Supongamos que T = la duración (en minutos) entre visitas sucesivas. Dado que los pacientes llegan a un ritmo de un paciente cada siete minutos, $\mu = 7$ y la constante de decaimiento es $m = \frac{1}{7}$. La cdf es $P(T < t) = 1-e^{\frac{t}{7}}$

a. $P(T < 2) = 1 - 1-e^{-\frac{2}{7}} \approx 0{,}2485$.
b. $P(T > 15) = 1- P(T < 15) = 1-\left(1-e^{-\frac{15}{7}}\right) \approx e^{-\frac{15}{7}} \approx 0{,}1173$.
c. $P(T > 15 | T > 10) = P(T > 5) = 1-\left(1-e^{-\frac{5}{7}}\right) = e^{-\frac{5}{7}} \approx 0{,}4895$.
d. Supongamos que X = número de pacientes que llegan durante un periodo de media hora. Entonces X tiene la distribución de Poisson con una media de $\frac{30}{7}$, $X \sim \text{Poisson}\left(\frac{30}{7}\right)$. Calcule $P(X > 8) = 1 - P(X \leq 8) \approx 0{,}0311$.

6 LA DISTRIBUCIÓN NORMAL

Figura 6.1 Si le pregunta a un número suficiente de personas por su talla de calzado, comprobará que los datos representados en el gráfico tienen la forma de una curva de campana y se pueden describir como normalmente distribuidos (créditos: Ömer Ünlü).

Introducción

La función de densidad de probabilidad normal, una distribución continua, es la más importante de todas las distribuciones. Su uso está muy extendido y su abuso aun más. Su gráfico tiene forma de campana. La curva de campana se ve en casi todas las disciplinas. Algunas de ellas son Psicología, Negocios, Economía, Ciencias, Enfermería y, por supuesto, Matemáticas. Algunos de sus instructores pueden utilizar la distribución normal para ayudar a determinar su calificación. La mayoría de las calificaciones de coeficiente intelectual (Intelligence Quotient, IQ) se distribuyen normalmente. A menudo, los precios de los inmuebles se ajustan a una distribución normal.

La distribución normal es muy importante, pero no se puede aplicar a todo en el mundo real. Recuerde que todavía estamos hablando de la distribución de los datos de la población. Se trata de una discusión sobre la probabilidad y, por tanto, son los datos de la población los que pueden estar distribuidos normalmente, y si lo están, entonces es así como podemos calcular las probabilidades de eventos específicos al igual que hicimos con los datos de la población que pueden tener una distribución binomial o de Poisson. Esta precaución se debe a que en el próximo capítulo veremos que la distribución normal describe algo muy diferente de los datos brutos y constituye la base de la estadística inferencial.

La distribución normal tiene dos parámetros (dos medidas numéricas descriptivas): la media (μ) y la desviación típica (σ). Si X es una cantidad que se va a medir que tiene una distribución normal con media(μ) y desviación típica(σ), la designamos escribiendo la siguiente fórmula de la función de densidad de probabilidad normal:

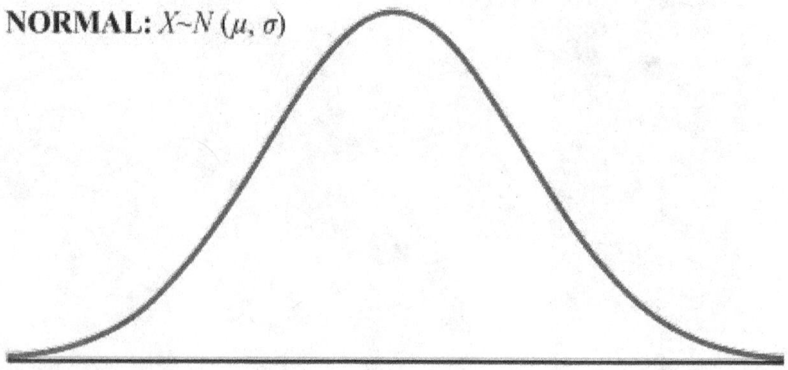

Figura 6.2

La función de densidad de probabilidad es una función bastante complicada. **No la memorice**. No es necesario.

$$f(x) = \frac{1}{\sigma \cdot \sqrt{2 \cdot \pi}} \cdot e^{-\frac{1}{2} \cdot \left(\frac{x-\mu}{\sigma}\right)^2}$$

La curva es simétrica respecto a una línea vertical que pasa por la media, μ. La media es la misma que la mediana, que es la misma que la moda, porque el gráfico es simétrico respecto a μ. Como indica la notación, la distribución normal solo depende de la media y de la desviación típica. Observe que esto es diferente a varias funciones de densidad de probabilidad que ya hemos estudiado, como la de Poisson, donde la media es igual a μ y la desviación típica simplemente la raíz cuadrada de la media, o la binomial, donde p se utiliza para determinar tanto la media como la desviación típica. Dado que el área bajo la curva debe ser igual a uno, un cambio en la desviación típica, σ, provoca un cambio en la forma de la curva normal; la curva se vuelve más abultada y ancha o más delgada y alta dependiendo de σ. Un cambio en μ hace que el gráfico se desplace a la izquierda o a la derecha. Esto significa que hay un número infinito de distribuciones de probabilidad normales. Una de las más interesantes es la llamada **distribución normal estándar**.

6.1 La distribución normal estándar

La **distribución normal estándar** es una distribución normal de **valores estandarizados** llamados **puntuaciones *z*. Una puntuación *z* se mide en unidades de la desviación típica.**

La media de la distribución normal estándar es cero y la desviación típica es uno. Lo que hace esto es simplificar drásticamente el cálculo matemático de las probabilidades. Tómese un momento y sustituya el cero y el uno en los lugares apropiados de la fórmula anterior y podrá ver que la ecuación se reduce a una que puede resolverse mucho más fácilmente utilizando el cálculo integral. La transformación $z = \frac{x-\mu}{\sigma}$ produce la distribución $Z \sim N(0, 1)$. El valor x en la ecuación dada proviene de una distribución normal conocida con media conocida μ y desviación típica conocida σ. La puntuación z indica cuántas desviaciones típicas se aleja una determinada x de la media.

Puntuaciones *z*

Si X es una variable aleatoria normalmente distribuida y $X \sim N(\mu, \sigma)$, entonces la puntuación z para una determinada x es:

$$z = \frac{x - \mu}{\sigma}$$

La puntuación *z* indica cuántas desviaciones típicas tiene el valor *x* por encima (a la derecha) o por debajo (a la izquierda) de la media, μ. Los valores de x que son mayores que la media tienen puntuaciones z positivas, y los valores de x que son menores que la media tienen puntuaciones z negativas. Si x es igual a la media, entonces x tiene una puntuación z de cero.

EJEMPLO 6.1

Supongamos que $X \sim N(5, 6)$. Esto dice que X es una variable aleatoria normalmente distribuida, con media $\mu = 5$ y desviación típica $\sigma = 6$. Supongamos que $x = 17$. Entonces:

$$z = \frac{x-\mu}{\sigma} = \frac{17-5}{6} = 2$$

Esto significa que $x = 17$ está **dos desviaciones típicas** (2σ) por encima o a la derecha de la media $\mu = 5$.

Supongamos ahora que $x = 1$. Entonces: $z = \frac{x-\mu}{\sigma} = \frac{1-5}{6} = -0{,}67$ (redondeado a dos decimales)

Esto significa que $x = 1$ está 0,67 desviaciones típicas ($-0{,}67\sigma$) por debajo o a la izquierda de la media $\mu = 5$

La regla empírica
Si X es una variable aleatoria y tiene una distribución normal con media μ y desviación típica σ, la **regla empírica** dice lo siguiente:

- Aproximadamente el 68 % de los valores de x se sitúan entre -1σ y $+1\sigma$ de la media μ (dentro de una desviación típica de la media).
- Aproximadamente el 95 % de los valores de x se sitúan entre -2σ y $+2\sigma$ de la media μ (dentro de dos desviaciones típicas de la media).
- Aproximadamente el 99,7 % de los valores de x se sitúan entre -3σ y $+3\sigma$ de la media μ (dentro de las tres desviaciones típicas de la media). Observe que casi todos los valores de x están dentro de las tres desviaciones típicas de la media.
- Las puntuaciones z para $+1\sigma$ y -1σ son +1 y −1, respectivamente.
- Las puntuaciones z para $+2\sigma$ y -2σ son +2 y −2, respectivamente.
- Las puntuaciones z para $+3\sigma$ y -3σ son +3 y −3, respectivamente.

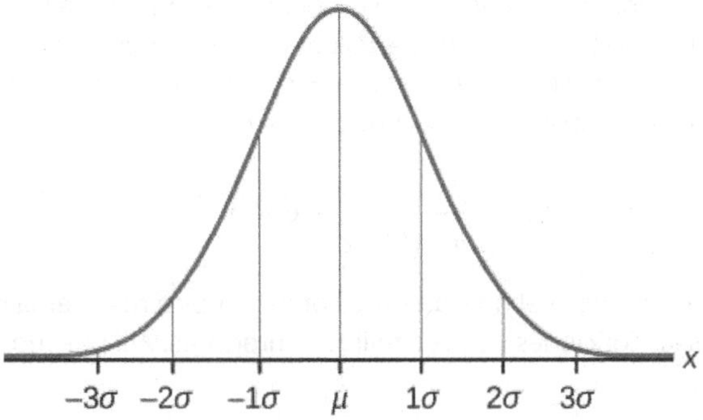

Figura 6.3

EJEMPLO 6.2

Supongamos que x tiene una distribución normal con media 50 y desviación típica 6.

- Aproximadamente el 68 % de los valores de x están dentro de una desviación típica de la media. Por lo tanto, aproximadamente el 68 % de los valores de x se encuentran entre $-1\sigma = (-1)(6) = -6$ y $1\sigma = (1)(6) = 6$ de la media de 50. Los valores $50 - 6 = 44$ y $50 + 6 = 56$ están dentro de una desviación típica de la media 50. Las puntuaciones z son −1 y +1 para 44 y 56, respectivamente.
- Aproximadamente el 95 % de los valores de x están dentro de las dos desviaciones típicas de la media. Por lo tanto, aproximadamente el 95 % de los valores de x se encuentran entre $-2\sigma = (-2)(6) = -12$ y $2\sigma = (2)(6) = 12$. Los valores $50 - 12 = 38$ y $50 + 12 = 62$ están dentro de dos desviaciones típicas de la media 50. Las puntuaciones z son −2 y +2 para 38 y 62, respectivamente.
- Aproximadamente el 99,7 % de los valores de x están dentro de las tres desviaciones típicas de la media. Por lo tanto, aproximadamente el 99,7 % de los valores de x se encuentran entre $-3\sigma = (-3)(6) = -18$ y $3\sigma = (3)(6) = 18$ de la media 50. Los valores $50 - 18 = 32$ y $50 + 18 = 68$ están dentro de las tres desviaciones típica de la media 50. Las puntuaciones z son −3 y +3 para 32 y 68, respectivamente.

6.2 Uso de la distribución normal

El área sombreada en el siguiente gráfico indica el área a la derecha de x. Esta zona está representada por la probabilidad $P(X > x)$. Las tablas normales proporcionan la probabilidad entre la media, cero para la distribución normal estándar y un valor específico como x_1. Esta es la parte no sombreada del gráfico desde la media hasta x_1.

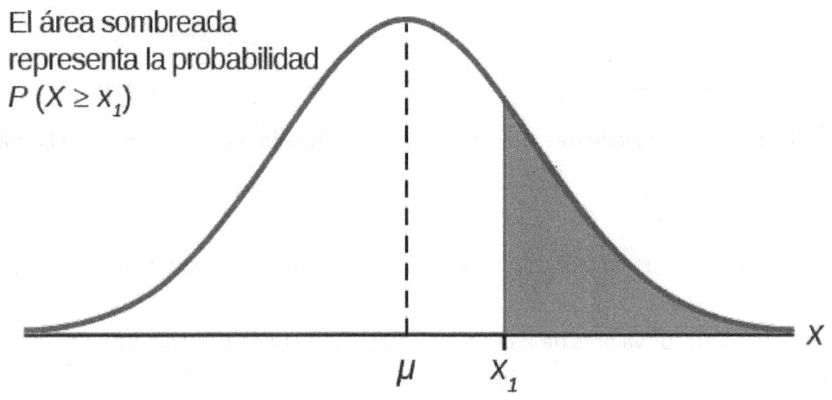

Figura 6.4

Como la distribución normal es simétrica, si x_1 estuviera a la misma distancia a la izquierda de la media, el área (la probabilidad) en la cola izquierda, sería la misma que el área sombreada en la cola derecha. Además, hay que tener en cuenta que, debido a la simetría de esta distribución, la mitad de la probabilidad está a la derecha de la media y la otra mitad a la izquierda.

Cálculo de probabilidades

Para hallar la probabilidad de las funciones de densidad de probabilidad con una variable aleatoria continua necesitamos calcular el área bajo la función a través de los valores de X que nos interesan. Para la distribución normal esto parece una tarea difícil dada la complejidad de la fórmula. Sin embargo, hay una forma sencilla de conseguir lo que queremos. Aquí tenemos de nuevo la fórmula de la distribución normal:

$$f(x) = \frac{1}{\sigma \cdot \sqrt{2 \cdot \pi}} \cdot e^{-\frac{1}{2} \cdot \left(\frac{x-\mu}{\sigma}\right)^2}$$

Al observar la fórmula de la distribución normal no está claro cómo vamos a resolver la probabilidad haciéndolo de la misma manera que lo hicimos con las funciones de probabilidad anteriores. Allí pusimos los datos en la fórmula e hicimos las cuentas.

Para resolver este rompecabezas, desde el principio sabemos que el área bajo una función de densidad de probabilidad es la probabilidad.

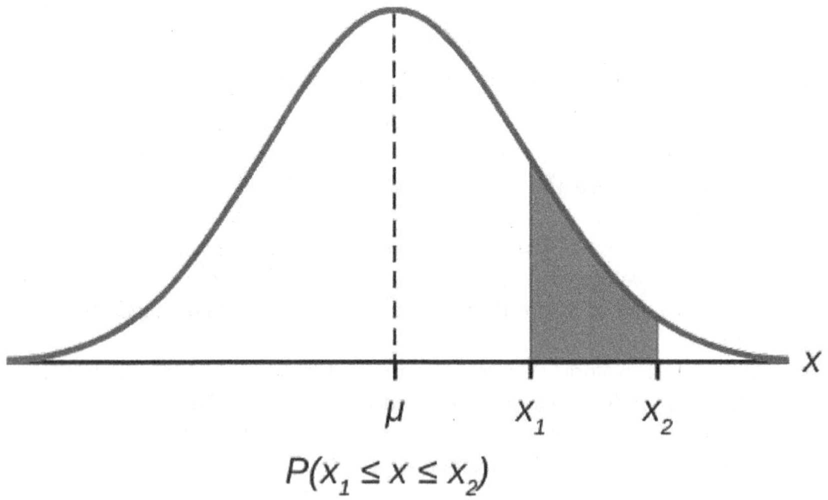

Figura 6.5

Esto demuestra que el área entre X_1 y X_2 es la probabilidad que se indica en la fórmula: P ($X_1 \leq x \leq X_2$)

La herramienta matemática necesaria para calcular el área bajo una curva es el cálculo integral. La integral de la función de densidad de probabilidad normal entre los dos puntos x_1 y x_2 es el área bajo la curva entre estos dos puntos y es la probabilidad entre estos dos puntos.

Hacer estas integrales no es divertido y puede llevar mucho tiempo. Pero ahora, recordando que hay un número infinito de distribuciones normales, podemos considerar la que tiene una media de cero y una desviación típica de 1. Esta particular distribución normal recibe el nombre de distribución normal estándar. Al poner estos valores en la fórmula se reduce a una ecuación muy sencilla. Ahora podemos calcular fácilmente todas las probabilidades para cualquier valor de x en esta distribución normal particular, que tiene una media de cero y una desviación típica de 1. Se han elaborado y están disponibles aquí en el apéndice del texto o en cualquier lugar de la web. Se presentan de varias maneras. La tabla de este texto es la presentación más habitual y se establece con las probabilidades de la mitad de la distribución, que comienza por el cero, la media, y moviéndose hacia fuera. El área sombreada en el gráfico de la parte superior de la tabla en Tablas estadísticas representa la probabilidad desde cero hasta el valor Z específico anotado en el eje horizontal, Z.

El único problema es que, incluso con esta tabla, sería una ridícula coincidencia que nuestros datos tuvieran una media de cero y una desviación típica de uno. La solución es convertir la distribución que tenemos con su media y desviación típica a esta nueva distribución normal estándar. La normal estándar tiene una variable aleatoria llamada Z.

Al usar la tabla normal estándar, que por lo general se llama tabla normal, para hallar la probabilidad de una desviación típica, vaya a la columna Z, lea hasta 1,0 y luego lea en la columna 0. Ese número, 0,3413 es la probabilidad de cero a 1 desviación típica. En la parte superior de la tabla se encuentra la zona sombreada de la distribución que es la probabilidad para una desviación típica. La tabla ha resuelto nuestro problema de cálculo integral, pero solo si nuestros datos tienen una media de cero y una desviación típica de 1.

Sin embargo, el punto esencial aquí es que la probabilidad de una desviación típica en una distribución normal es la misma en todas las distribuciones normales. Si el conjunto de datos de la población tiene una media de 10 y una desviación típica de 5, entonces la probabilidad de 10 a 15, una desviación típica, es la misma que de cero a 1, una desviación típica en la distribución normal estándar. Para calcular las probabilidades, las áreas, para cualquier distribución normal, solo tenemos que convertir la distribución normal particular a la distribución normal estándar y buscar la respuesta en las tablas. Como revisión, aquí está de nuevo la **fórmula de normalización**:

$$Z = \frac{x - \mu}{\sigma}$$

donde Z es el valor de la distribución normal estándar, X es el valor de una distribución normal que se desea convertir a la normal estándar, μ y σ son, respectivamente, la media y la desviación típica de esa población. Tenga en cuenta que la ecuación utiliza μ y σ lo que denota parámetros poblacionales. Esto sigue tratando con la probabilidad, por lo que siempre estamos tratando con la población, con valores de parámetros **conocidos** y una distribución **conocida**. También es importante tener en cuenta que, como la distribución normal es simétrica, no importa si la puntuación z es positiva o negativa a la hora de calcular una probabilidad. Una desviación típica a la izquierda (puntuación Z negativa) cubre la misma área que una desviación típica a la derecha (puntuación Z positiva). Este hecho es la razón por la que las tablas de la normal estándar no proporcionan áreas para el lado izquierdo de la distribución. Debido a esta simetría, la fórmula de la puntuación Z se escribe a veces como

$$Z = \frac{|x - \mu|}{\sigma}$$

Las líneas verticales de la ecuación significan el valor absoluto del número.

Lo que realmente hace la fórmula de estandarización es calcular el número de desviaciones típicas que tiene X respecto a la media de su propia distribución. La fórmula de estandarización y el concepto de contar desviaciones típicas de la media es el secreto de todo lo que haremos en esta clase de Estadística. La razón de esto es que **toda** la estadística se reduce a la variación, y el recuento de las desviaciones típicas es una medida de variación.

Esta fórmula, con muchas apariencias, reaparecerá una y otra vez a lo largo de este curso.

EJEMPLO 6.3

Las calificaciones del examen final de una clase de Estadística se distribuyeron normalmente, con una media de 63 y una desviación típica de cinco.

a. Halle la probabilidad de que un estudiante seleccionado al azar obtenga más de 65 puntos en el examen.
b. Calcule la probabilidad de que un estudiante seleccionado al azar obtenga una calificación inferior a 85.

Solución 1

a. Supongamos que X = una calificación en el examen final. $X \sim N(63, 5)$, donde $\mu = 63$ y $\sigma = 5$.

Dibuje un gráfico.

Entonces, calcule $P(x > 65)$.

$P(x > 65) = 0,3446$

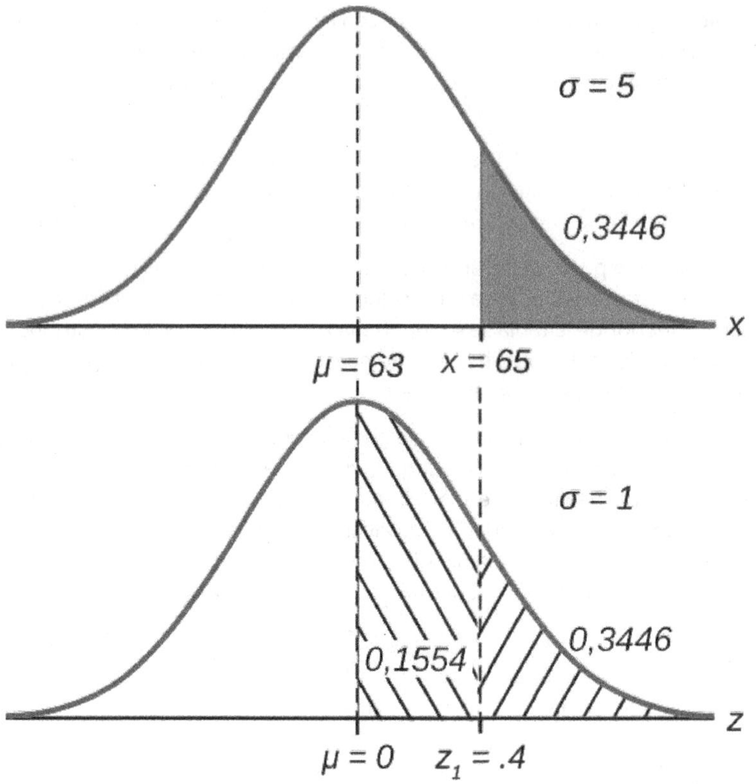

Figura 6.6

$$Z_1 = \frac{x_1 - \mu}{\sigma} = \frac{65-63}{5} = 0{,}4$$

$P(x \geq x_1) = P(Z \geq Z_1) = 0,3446$

La probabilidad de que cualquier estudiante seleccionado al azar obtenga una calificación superior a 65 es de 0,3446. Así es como hemos hallado esta respuesta.

La tabla normal proporciona probabilidades desde cero hasta el valor Z_1. Para este problema la pregunta se puede escribir como $P(X \geq 65) = P(Z \geq Z_1)$, que es el área de la cola. Para calcular esta área la fórmula sería $0,5 - P(X \leq 65)$. La mitad de la probabilidad está por encima del valor medio porque se trata de una distribución simétrica. El gráfico muestra cómo hallar el área en la cola restando esa porción de la media, cero, al valor Z_1. La respuesta final es: $P(X \geq 63) = P(Z \geq 0,4) = 0,3446$

$z = \frac{65-63}{5} = 0,4$

El área a la izquierda de Z_1 a la media de cero es 0,1554

$P(x > 65) = P(z > 0,4) = 0,5 - 0,1554 = 0,3446$

Solución 2

b.

$Z = \frac{x-\mu}{\sigma} = \frac{85-63}{5} = 4,4$ que es mayor que el valor máximo de la tabla normalizada. Por lo tanto, la probabilidad de que un estudiante obtenga una calificación inferior a 85 es aproximadamente de uno o del 100 %.

Una calificación de 85 está a 4,4 desviaciones típicas de la media de 63, lo que está fuera del rango de la tabla normal estándar. Por lo tanto, la probabilidad de que un estudiante obtenga una calificación inferior a 85 es aproximadamente uno (o el 100 %).

INTÉNTELO 6.3

Las puntuaciones de golf de un equipo escolar se distribuyen normalmente, con una media de 68 y una desviación típica de tres.

Calcule la probabilidad de que un golfista seleccionado al azar obtenga una puntuación inferior a 65.

EJEMPLO 6.4

Una computadora personal se utiliza para trabajo de oficina en casa, investigación, comunicación, finanzas personales, educación, entretenimiento, redes sociales y un sinfín de cosas más. Supongamos que el número promedio de horas que se utiliza una computadora personal en un hogar para el entretenimiento es de dos horas al día. Supongamos que los tiempos de entretenimiento se distribuyen normalmente y la desviación típica de los tiempos es de media hora.

a. Calcule la probabilidad de que una computadora personal en un hogar se utilice para el entretenimiento entre 1,8 y 2,75 horas al día.

Solución 1

a. Supongamos que X = la cantidad de tiempo (en horas) que se utiliza una computadora personal en un hogar para el entretenimiento. $X \sim N(2, 0{,}5)$ donde $\mu = 2$ y $\sigma = 0{,}5$.

Calcule $P(1{,}8 < x < 2{,}75)$.

La probabilidad que se busca es el área **entre** $x = 1{,}8$ y $x = 2{,}75$. $P(1{,}8 < x < 2{,}75) = 0{,}5886$

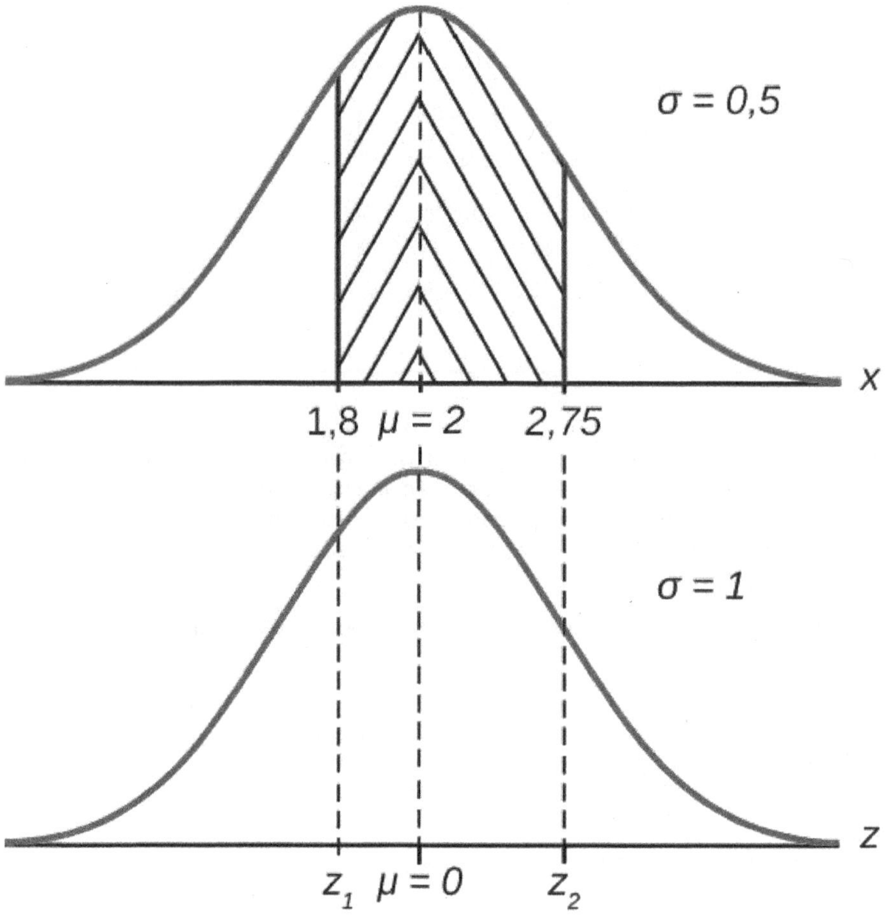

Figura 6.7

$P(1,8 \leq x \leq 2,75) = P(Z_i \leq Z \leq Z_2)$

La probabilidad de que una computadora personal en un hogar se utilice entre 1,8 y 2,75 horas al día para el entretenimiento es de 0,5886

b. Calcule el número máximo de horas al día que el cuartil inferior de los hogares utiliza una computadora personal para entretenerse.

Solución 2

b. Para hallar el número máximo de horas al día que el cuartil inferior de los hogares utiliza una computadora personal para entretenerse, **calcule el percentil 25,** *k*, donde $P(x < k) = 0,25$.

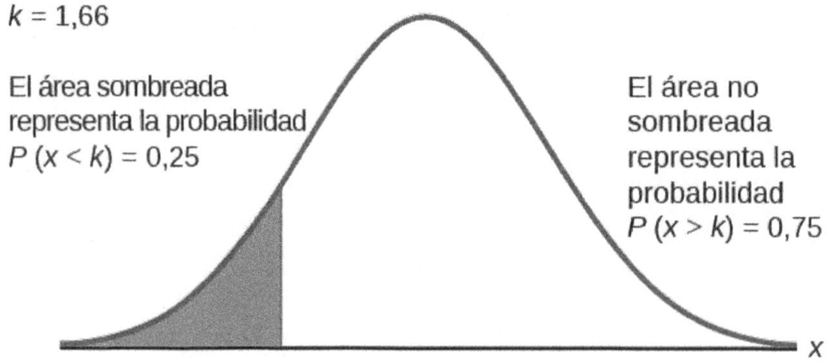

Figura 6.8

$f(Z) = 0{,}5 - 0{,}25 = 0{,}25$, *por lo que* $Z \approx -0{,}675$(*o simplemente 0,67 utilizando la tabla*) $Z = \frac{x-\mu}{\sigma} = \frac{x-2}{0{,}5} = -0{,}675$, *por lo tanto* $x = -0{,}675 * 0{,}5 + 2 = 1{,}66$ *horas.*

El número máximo de horas al día que el cuartil inferior de los hogares utiliza una computadora personal para entretenerse es de 1,66 horas.

INTÉNTELO 6.4

Las puntuaciones de golf de un equipo escolar se distribuyen normalmente, con una media de 68 y una desviación típica de tres. Calcule la probabilidad de que un golfista obtenga una puntuación entre 66 y 70.

EJEMPLO 6.5

En Estados Unidos los usuarios de teléfonos inteligentes con edades comprendidas entre los 13 y los 55 años siguen aproximadamente una distribución normal con una media y una desviación típica aproximadas de 36,9 años y 13,9 años, respectivamente.

a. Determine la probabilidad de que un usuario aleatorio de teléfono inteligente en el rango de edad de 13 a 55 o más tenga entre 23 y 64,7 años.

Solución 1

a. 0,8186

b. Determine la probabilidad de que un usuario de teléfono inteligente seleccionado al azar en el rango de edad de 13 a 55 o más tenga como máximo 50,8 años.

Solución 2

b. 0,8413

EJEMPLO 6.6

Un agricultor de cítricos que cultiva mandarinas comprueba que los diámetros de las mandarinas cosechadas en su finca siguen una distribución normal con un diámetro medio de 5,85 cm y una desviación típica de 0,24 cm.

a. Calcule la probabilidad de que una mandarina seleccionada al azar de esta finca tenga un diámetro superior a 6,0 cm. Dibuje el gráfico.

Solución 1

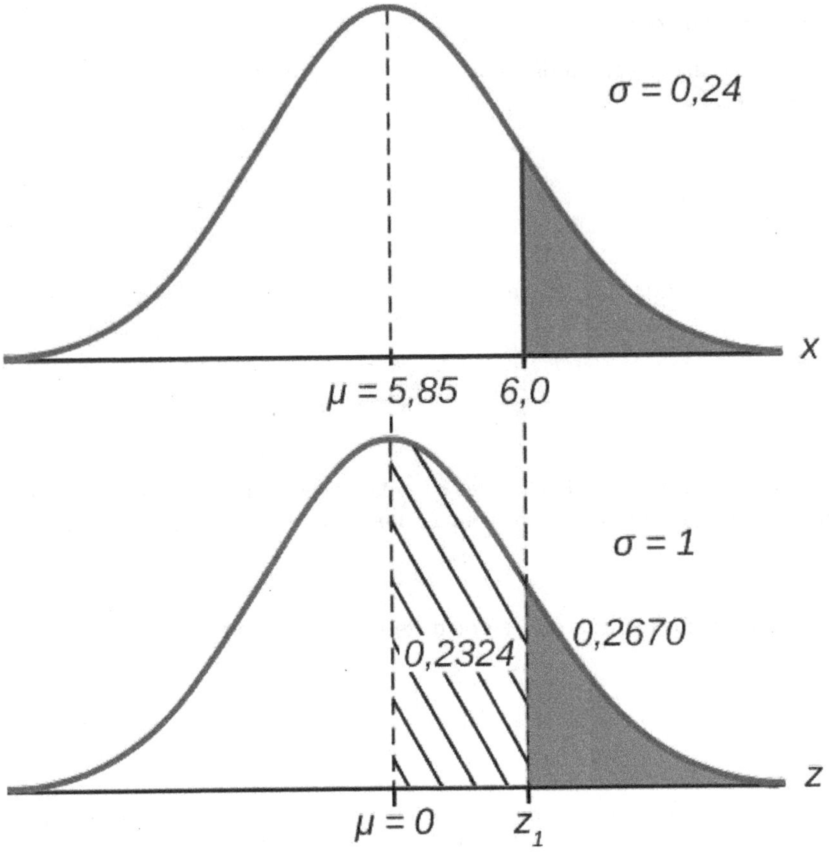

Figura 6.9

$$Z_1 = \frac{6-5,85}{0,24} = 0,625$$

$P(x \geq 6) = P(z \geq 0,625) = 0,2670$

b. El 20 % de las mandarinas de esta finca tienen diámetros entre _____ y _____.

$f\left(Z\right) = \frac{0,20}{2} = 0,10$ *Por lo tanto,* $Z \approx \pm 0,25$

$Z = \frac{x-\mu}{\sigma} = \frac{x-5,85}{0,24} = \pm 0,25 \to \pm 0,25 \cdot 0,24 + 5,85 = \left(5,79, 5,91\right)$

6.3 Estimación de la binomial con la distribución normal

Ya hemos visto que varias funciones de densidad de probabilidad son las distribuciones límite de otras; por tanto, podemos estimar una con otra en determinadas circunstancias. Aquí veremos que la distribución normal puede utilizarse para estimar un proceso binomial. La Poisson se utilizó para estimar la binomial previamente, y la binomial se utilizó para estimar la distribución hipergeométrica.

En el caso de la relación entre la distribución hipergeométrica y la binomial, tuvimos que reconocer que un proceso binomial asume que la probabilidad de un éxito permanece constante de un ensayo a otro: una cara en el último lanzamiento no puede tener un efecto en la probabilidad de una cara en el siguiente lanzamiento. En la distribución hipergeométrica esta es la esencia de la cuestión porque el experimento asume que cualquier "extracción" es sin reemplazo. Si se extrae sin reemplazo, todos las "extracciones" posteriores son probabilidades condicionales. Descubrimos que si el experimento hipergeométrico saca extrae un pequeño porcentaje del total de objetos, entonces podemos ignorar el impacto en la probabilidad de una extracción a otra.

Imagine que hay 312 cartas en una baraja compuesta por 6 mazos normales. Si el experimento exigía extraer solo 10 cartas, menos del 5% del total, entonces aceptaremos la estimación binomial de la probabilidad, aunque en realidad se trata de una distribución hipergeométrica porque las cartas se extraen presumiblemente sin reemplazo.

La Poisson también se consideró una estimación adecuada de la binomial en determinadas circunstancias. En el capítulo 4 encontramos que si el número de ensayos de interés es grande y la probabilidad de éxito es pequeña, tal que $\mu = np < 7$, la Poisson puede utilizarse para estimar la binomial con buenos resultados. Una vez más, estas reglas empíricas no pretenden en modo alguno que la probabilidad real sea la que determina la estimación, sino que la diferencia está en el tercer o cuarto decimal y, por tanto, es *de minimus*.

Aquí, de nuevo, encontramos que la distribución normal hace estimaciones particularmente precisas de un proceso binomial bajo ciertas circunstancias. La Figura 6.10 es una distribución de frecuencia de un proceso binomial para el experimento de lanzar tres monedas donde la variable aleatoria es el número de caras. El espacio muestral se encuentra debajo de la distribución. En el experimento se ha asumido que la probabilidad de éxito es de 0,5; por tanto, la probabilidad de fracaso, de cola, es también de 0,5. Al observar la Figura 6.10 nos llama la atención que la distribución sea simétrica. La raíz de este resultado es que las probabilidades de éxito y de fracaso son las mismas, 0,5. Si la probabilidad de éxito fuera inferior a 0,5, la distribución se vuelve sesgada hacia la derecha. De hecho, a medida que la probabilidad de éxito disminuye, el grado de asimetría aumenta. Si la probabilidad de éxito aumenta a partir de 0,5, la asimetría aumenta en la cola inferior, lo que da lugar a una distribución sesgada a la izquierda.

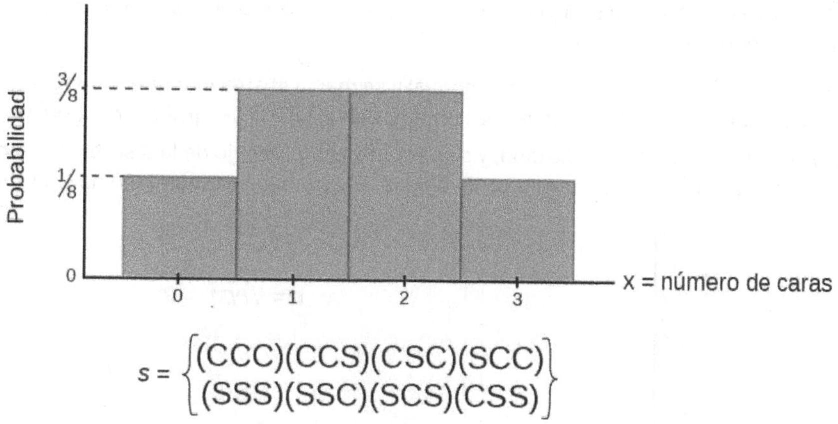

Figura 6.10

La razón por la que la asimetría de la distribución binomial es importante es porque si se va a estimar con una distribución normal, entonces tenemos que reconocer que la distribución normal es simétrica. Cuanto más se acerque la distribución binomial subyacente a ser simétrica, mejor será la estimación producida por la distribución normal. La Figura 6.11 muestra una distribución normal simétrica transpuesta en un gráfico de una distribución binomial donde $p = 0{,}2$ y $n = 5$. La discrepancia entre la probabilidad estimada utilizando una distribución normal y la probabilidad de la distribución binomial original es evidente. El criterio para utilizar una distribución normal para estimar una binomial aborda, pues, este problema al exigir que TANTO np COMO $n(1 - p)$ sean mayores que cinco. De nuevo, se trata de una regla general, pero es eficaz y da lugar a estimaciones aceptables de la probabilidad binomial.

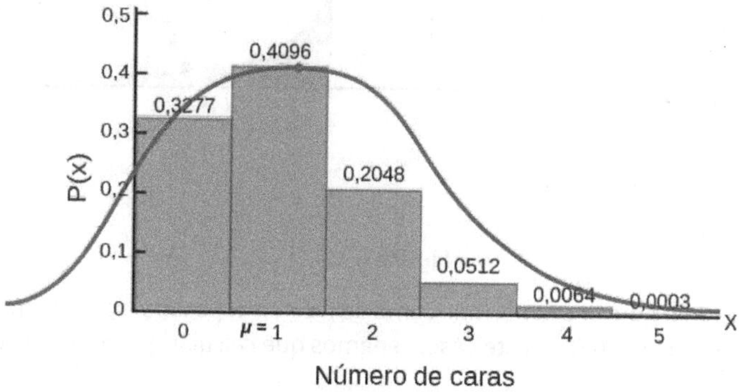

Figura 6.11

EJEMPLO 6.7

Imagínese que se sabe que solo el 10 % de los cachorros de pastor australiano nacen con lo que se llama "simetría perfecta" en sus tres colores, negro, blanco y cobre. La simetría perfecta se define como una cobertura igual en todas las partes del perro cuando se mira en la cara y se mide a la izquierda y a la derecha por la línea central. Un criadero tendría una buena reputación en la cría de pastores australianos si tuviera un alto porcentaje de perros que cumplieran este criterio. Durante los últimos 5 años y de los 100 perros nacidos en Dundee Kennels, 16 han nacido con esta característica de coloración.

¿Cuál es la probabilidad de que, en 100 nacimientos, más de 16 tengan esta característica?

Solución 1

Si suponemos que la coloración de un perro es independiente de la de los demás, una suposición un poco valiente, esto se convierte en un problema clásico de probabilidad binomial.

El enunciado de la probabilidad solicitada es 1 - [$p(X = 0) + p(X = 1) + p(X = 2) + ... + p(X = 16)$]. Para ello debemos calcular 17 fórmulas binomiales y sumarlas y luego restar a una para obtener la parte derecha de la distribución. Como alternativa, podemos utilizar la distribución normal para obtener una respuesta aceptable y en mucho menos tiempo.

En primer lugar, tenemos que comprobar si la distribución binomial es lo suficientemente simétrica como para utilizar la distribución normal. Sabemos que la binomial de este problema está sesgada porque la probabilidad de éxito, 0,1, no es la misma que la probabilidad de fracaso, 0,9. Sin embargo, tanto $\mathrm{np} = 10$ como $n(1-p) = 90$ son mayores que 5, el límite para utilizar la distribución normal para estimar la binomial.

La Figura 6.12 a continuación muestra la distribución binomial y se marca el área que queremos conocer. También se marca la media de la binomial, 10, y se escribe la desviación típica en el lateral del gráfico: $\sigma = \sqrt{npq} = 3$. El área bajo la distribución de cero a 16 es la probabilidad solicitada, y se ha sombreado. Debajo de la distribución binomial hay una distribución normal que se utiliza para estimar esta probabilidad. Esa probabilidad también ha sido sombreada.

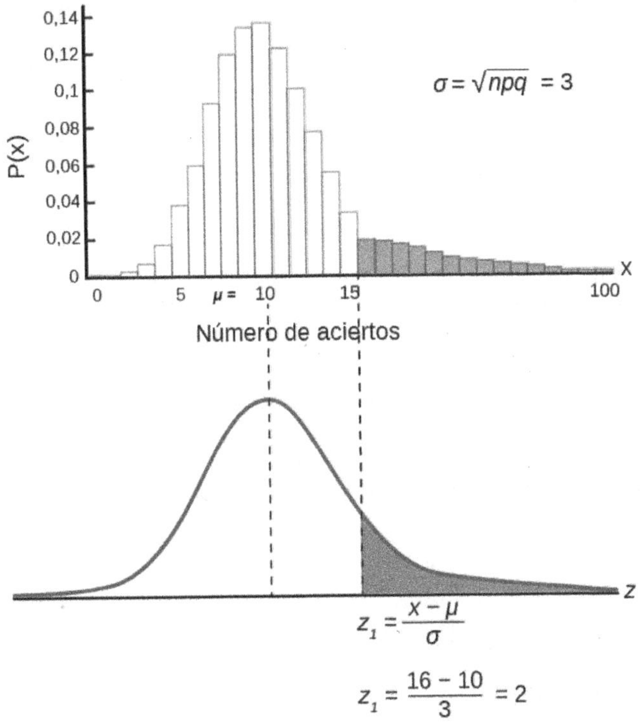

Figura 6.12

Al estandarizar de la distribución binomial a la normal, como se hizo en el pasado, se muestra que estamos pidiendo la probabilidad de 16 a infinito positivo, o 100 en este caso. Tenemos que calcular el número de desviaciones típicas que 16 se aleja de la media: 10.

$$Z = \frac{x-\mu}{\sigma} = \frac{16-10}{3} = 2$$

Estamos preguntando por la probabilidad más allá de dos desviaciones típicas, un evento muy improbable. Buscamos dos desviaciones típicas en la tabla normal estándar y encontramos que el área de cero a dos desviaciones típicas es 0,4772. Sin embargo, nos interesa la cola, así que restamos 0,4772 de 0,5 y así encontramos el área de la cola. Nuestra conclusión es que la probabilidad de que un criadero tenga 16 perros con "simetría perfecta" es de 0,0228. Dundee

Kennels tiene un historial extraordinario en este sentido.

Matemáticamente, lo escribimos como:

$$1-[p(X=0)+p(X=1)+p(X=2)+\ldots+p(X=16)]=p(X>16)=p(Z>2)=0{,}0228$$

Términos Clave

Distribución normal una variable aleatoria continua (RV) con pdf $f(x) = \frac{1}{\sigma\sqrt{2\pi}} e^{\frac{-(x-\mu)^2}{2\sigma^2}}$, donde μ es la media de la distribución y σ es la desviación típica; notación: $X \sim N(\mu, \sigma)$. Si $\mu = 0$ y $\sigma = 1$, la RV, Z, se llama **distribución normal estándar**.

Distribución normal estándar una variable aleatoria continua (RV) $X \sim N(0, 1)$; cuando X sigue la distribución normal estándar, suele anotarse como $Z \sim N(0, 1)$.

puntuación z la transformación lineal de la forma $z = \frac{x-\mu}{\sigma}$ o escrito como $z = \frac{|x-\mu|}{\sigma}$; si esta transformación se aplica a cualquier distribución normal $X \sim N(\mu, \sigma)$ el resultado es la distribución normal estándar $Z \sim N(0,1)$. Si esta transformación se aplica a cualquier valor específico x de la RV con media μ y desviación típica σ, el resultado se denomina puntuación $z$de x. La puntuación z nos permite comparar datos que se distribuyen normalmente, pero que se escalan de forma diferente. Una puntuación $z$es el número de desviaciones típicas que una determinada x se aleja de su valor medio.

Repaso del capítulo

6.1 La distribución normal estándar

Una puntuación z es un valor estandarizado. Su distribución es la normal estándar, $Z \sim N(0, 1)$. La media de las puntuaciones z es cero y la desviación típica es uno. Si z es la puntuación z para un valor x de la distribución normal $N(\mu, \sigma)$, entonces z indica cuántas desviaciones típicas está x por encima (mayor que) o por debajo (menor que) de μ.

6.3 Estimación de la binomial con la distribución normal

La distribución normal, que es continua, es la más importante de todas las distribuciones de probabilidad. Su gráfico tiene forma de campana. Esta curva en forma de campana se utiliza en casi todas las disciplinas. Al tratarse de una distribución continua, el área total debajo de la curva es uno. Los parámetros de la normal son la media μ y la desviación típica σ. Una distribución normal especial, llamada distribución normal estándar, es la distribución de las puntuaciones z. Su media es cero y su desviación típica es uno.

Repaso de fórmulas

Introducción

$X \sim N(\mu, \sigma)$

μ = la media; σ = la desviación típica

6.1 La distribución normal estándar

$Z \sim N(0, 1)$

z = un valor estandarizado (puntuación z)

media = 0; desviación típica = 1

Para hallar el percentil K de X , x, cuando se conocen las puntuaciones z:

$x = \mu + (z)\sigma$

puntuación z: $k = \frac{x-\mu}{\sigma}$ o $z = \frac{|x-\mu|}{\sigma}$

Z = la variable aleatoria de las puntuaciones z

$Z \sim N(0, 1)$

6.3 Estimación de la binomial con la distribución normal

Distribución normal: $X \sim N(\mu, \sigma)$ donde μ es la media y σ es la desviación típica.

Distribución normal estándar: $Z \sim N(0, 1)$.

Práctica

6.1 La distribución normal estándar

1. Una botella de agua contiene 12,05 onzas líquidas con una desviación típica de 0,01 onzas. Defina la variable aleatoria X con palabras. X = _________.

2. Una distribución normal tiene una media de 61 y una desviación típica de 15. ¿Cuál es la mediana?

3. $X \sim N(1, 2)$

   σ = ______

4. Una compañía fabrica pelotas de goma. El diámetro medio de una pelota es de 12 cm con una desviación típica de 0,2 cm. Defina la variable aleatoria X con palabras. X = ____________.

5. $X \sim N(-4, 1)$

   ¿Cuál es la mediana?

6. $X \sim N(3, 5)$

   σ = ______

7. $X \sim N(-2, 1)$

   μ = ______

8. ¿Qué mide una puntuación z?

9. ¿Qué hace la estandarización de una distribución normal con la media?

10. ¿$X \sim N(0, 1)$ es una distribución normal estandarizada? ¿Por qué sí o por qué no?

11. ¿Cuál es la puntuación z de $x = 12$, si está dos desviaciones típicas a la derecha de la media?

12. ¿Cuál es la puntuación z de $x = 9$, si está 1,5 desviaciones típicas a la izquierda de la media?

13. ¿Cuál es la puntuación z de $x = -2$, si está a 2,78 desviaciones típicas a la derecha de la media?

14. ¿Cuál es la puntuación z de $x = 7$, si está a 0,133 desviaciones típicas a la izquierda de la media?

15. Supongamos que $X \sim N(2, 6)$. ¿Qué valor de x tiene una puntuación z de tres?

16. Supongamos que $X \sim N(8, 1)$. ¿Qué valor de x tiene una puntuación z de –2,25?

17. Supongamos que $X \sim N(9, 5)$. ¿Qué valor de x tiene una puntuación z de –0,5?

18. Supongamos que $X \sim N(2, 3)$. ¿Qué valor de x tiene una puntuación $z$de –0,67?

19. Supongamos que $X \sim N(4, 2)$. ¿Qué valor de x está a 1,5 desviaciones típicas a la izquierda de la media?

20. Supongamos que $X \sim N(4, 2)$. ¿Qué valor de x está a dos desviaciones típicas a la derecha de la media?

21. Supongamos que $X \sim N(8, 9)$. ¿Qué valor de x está a 0,67 desviaciones típicas a la izquierda de la media?

22. Supongamos que $X \sim N(-1, 2)$. ¿Cuál es la puntuación z de $x = 2$?

23. Supongamos que $X \sim N(12, 6)$. ¿Cuál es la puntuación z de $x = 2$?

24. Supongamos que $X \sim N(9, 3)$. ¿Cuál es la puntuación z de $x = 9$?

25. Supongamos que una distribución normal tiene una media de seis y una desviación típica de 1,5. ¿Cuál es la puntuación z de $x = 5{,}5$?

26. En una distribución normal, $x = 5$ y $z = -1{,}25$. Esto le dice que $x = 5$ está a ____ desviaciones típicas a la ____ (derecha o izquierda) de la media.

27. En una distribución normal, $x = 3$ y $z = 0{,}67$. Esto le dice que $x = 3$ está a ____ desviaciones típicas a la ____ (derecha o izquierda) de la media.

28. En una distribución normal, $x = -2$ y $z = 6$. Esto le dice que $x = -2$ está a ____ desviaciones típicas a la ____ (derecha o izquierda) de la media.

29. En una distribución normal, $x = -5$ y $z = -3{,}14$. Esto le dice que $x = -5$ está a ____ desviaciones típicas a la ____ (derecha o izquierda) de la media.

30. En una distribución normal, $x = 6$ y $z = -1{,}7$. Esto le dice que $x = 6$ está a ____ desviaciones típicas a la ____ (derecha o izquierda) de la media.

31. Aproximadamente, ¿qué porcentaje de los valores de x de una distribución normal están dentro de una desviación típica (a la izquierda y a la derecha) de la media de dicha distribución?

32. Aproximadamente, ¿qué porcentaje de los valores de x de una distribución normal están dentro de dos desviaciones típicas (a la izquierda y a la derecha) de la media de dicha distribución?

33. ¿Qué porcentaje de los valores de x están entre la segunda y la tercera desviación típica (en ambos lados)?

34. Supongamos que $X \sim N(15, 3)$. ¿Entre qué valores de x está el 68,27 % de los datos? El rango de valores de x está centrado en la media de la distribución (es decir, 15).

35. Supongamos que $X \sim N(-3, 1)$. ¿Entre qué valores de x está el 95,45 % de los datos? El rango de valores de x está centrado en la media de la distribución (es decir, –3).

36. Supongamos que $X \sim N(-3, 1)$. ¿Entre qué valores de x está el 34,14 % de los datos?

37. ¿Aproximadamente qué porcentaje de los valores de x están entre la media y tres desviaciones típicas?

38. ¿Qué porcentaje de los valores de x están entre la media y una desviación típica?

39. Aproximadamente, ¿qué porcentaje de los valores de x están entre la primera y la segunda desviación típica de la media (en ambos lados)?

40. ¿Qué porcentaje de los valores de x están entre la primera y la tercera desviación típica (en ambos lados)?

Use la siguiente información para responder los dos próximos ejercicios: la vida de los reproductores de CD de Sunshine se distribuye normalmente, con una media de 4,1 años y una desviación típica de 1,3 años. El reproductor de CD tiene una garantía de tres años. Nos interesa la duración de un reproductor de CD.

41. Defina la variable aleatoria X con palabras. X = ____________.

42. $X \sim$ ____(____,____)

6.3 Estimación de la binomial con la distribución normal

43. ¿Cómo representaría el área a la izquierda de uno en un enunciado de probabilidad?

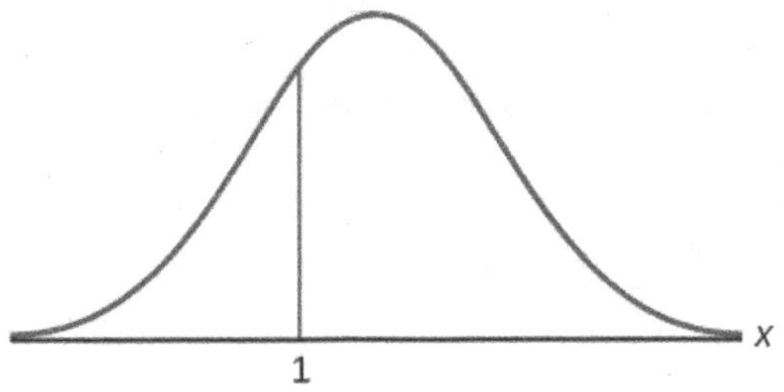

Figura 6.13

44. ¿Cuál es el área a la derecha de uno?

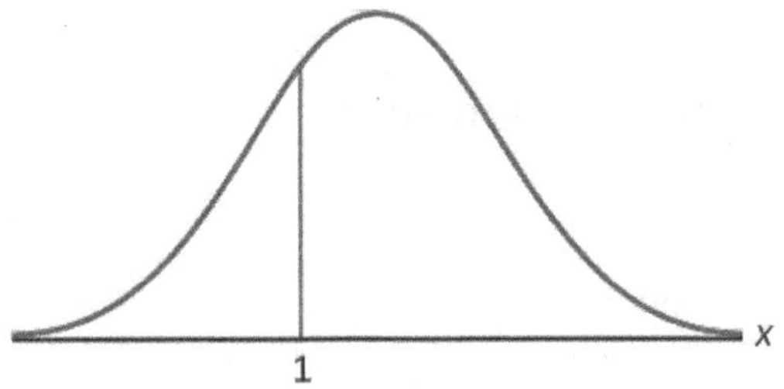

Figura 6.14

45. ¿$P(x < 1)$ es igual a $P(x \leq 1)$? ¿Por qué?

46. ¿Cómo representaría el área a la izquierda de tres en un enunciado de probabilidad?

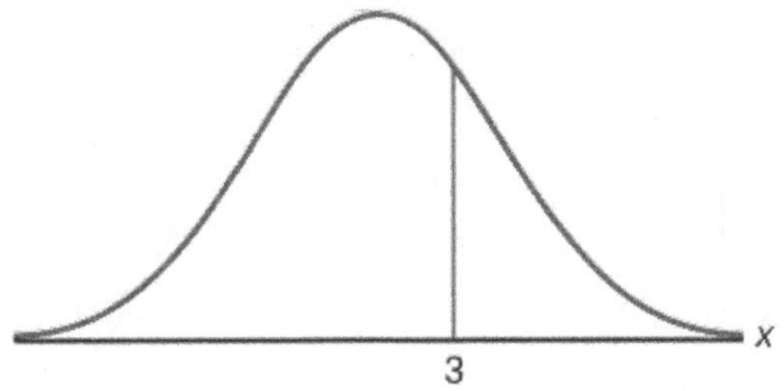

Figura 6.15

47. ¿Cuál es el área a la derecha de tres?

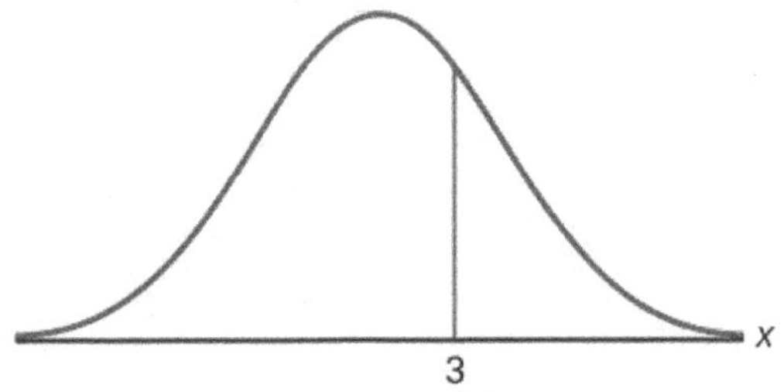

Figura 6.16

48. Si el área a la izquierda de x en una distribución normal es 0,123, ¿cuál es el área a la derecha de x?

49. Si el área a la derecha de x en una distribución normal es 0,543, ¿cuál es el área a la izquierda de x?

Use la siguiente información para responder los próximos cuatro ejercicios:

$X \sim N(54, 8)$

50. Calcule la probabilidad de que $x > 56$.

51. Calcule la probabilidad de que $x < 30$.

52. $X \sim N(6, 2)$

Calcule la probabilidad de que x esté entre tres y nueve.

53. $X \sim N(-3, 4)$

Calcule la probabilidad de que x esté entre uno y cuatro.

54. $X \sim N(4, 5)$

Calcule el máximo de x en el cuartil inferior.

55. *Use la siguiente información para responder el próximo ejercicio:* La vida de los reproductores de CD de Sunshine se distribuye normalmente, con una media de 4,1 años y una desviación típica de 1,3 años. El reproductor de CD tiene una garantía de tres años. Nos interesa la duración de un reproductor de CD. Calcule la probabilidad de que un reproductor de CD se averíe durante el periodo de garantía.

a. Haga un esquema de la situación. Identifique y escale los ejes. Sombree la región correspondiente a la probabilidad.

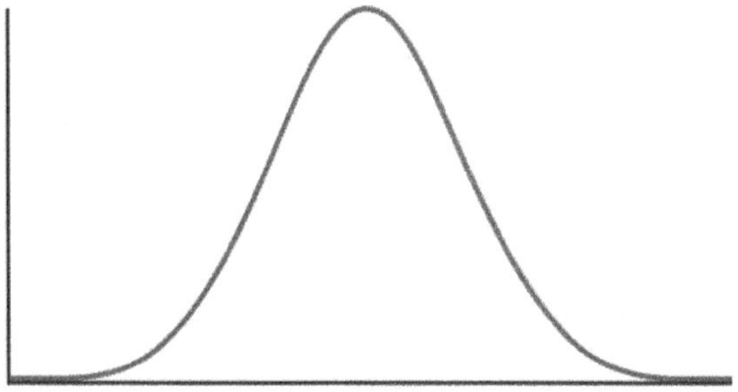

Figura 6.17

b. $P(0 < x <$ __________$) =$ _________ (use el cero para el valor mínimo de x.)

56. Calcule la probabilidad de que un reproductor de CD dure entre 2,8 y seis años.

a. Haga un esquema de la situación. Identifique y escale los ejes. Sombree la región correspondiente a la probabilidad.

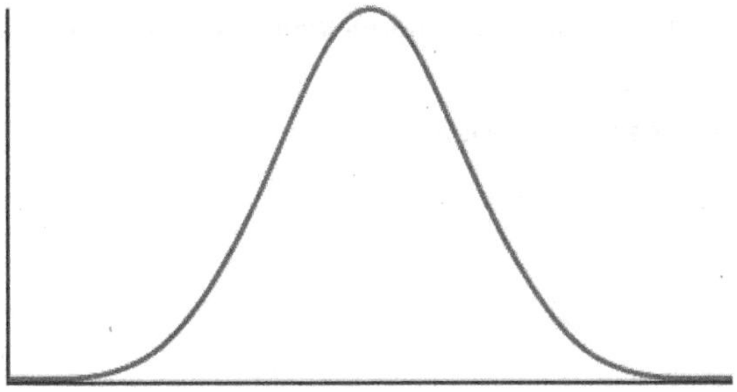

Figura 6.18

b. $P($________ $< x <$ ________$) =$ ________

57. Un experimento con una probabilidad de acierto dada como 0,40 se repite 100 veces. Utilice la distribución normal para aproximar la distribución binomial y calcule la probabilidad de que el experimento tenga al menos 45 aciertos.

58. Un experimento con una probabilidad de acierto dada como 0,30 se repite 90 veces. Utilice la distribución normal para aproximar la distribución binomial y calcule la probabilidad de que el experimento tenga al menos 22 aciertos.

59. Un experimento con una probabilidad de acierto dada como 0,40 se repite 100 veces. Utilice la distribución normal para aproximar la distribución binomial, y calcule la probabilidad de que el experimento tenga de 35 a 45 aciertos.

60. Un experimento con una probabilidad de acierto dada como 0,30 se repite 90 veces. Utilice la distribución normal para aproximar la distribución binomial, y calcule la probabilidad de que el experimento tenga de 26 a 30 aciertos.

61. Un experimento con una probabilidad de acierto dada como 0,40 se repite 100 veces. Utilice la distribución normal para aproximar la distribución binomial, y calcule la probabilidad de que el experimento tenga como máximo 34 aciertos.

62. Un experimento con una probabilidad de acierto dada como 0,30 se repite 90 veces. Utilice la distribución normal para aproximar la distribución binomial, y calcule la probabilidad de que el experimento tenga como máximo 34 aciertos.

63. Una prueba de opción múltiple tiene una probabilidad de que cualquier pregunta se estime correctamente de 0,25. Hay 100 preguntas, y un estudiante las acierta todas. Utilice la distribución normal para aproximar la distribución binomial y determine la probabilidad de que se adivinen correctamente al menos 30 preguntas, pero no más de 32.

64. Una prueba de opción múltiple tiene una probabilidad de que cualquier pregunta se estime correctamente de 0,25. Hay 100 preguntas, y un estudiante las acierta todas. Utilice la distribución normal para aproximarse a la distribución binomial y determine la probabilidad de que se adivinen correctamente al menos 24 preguntas, pero no más de 28.

Tarea para la casa

6.1 La distribución normal estándar

Use la siguiente información para responder los dos próximos ejercicios: el tiempo de recuperación del paciente de un procedimiento quirúrgico en particular se distribuye normalmente, con una media de 5,3 días y una desviación típica de 2,1 días.

65. ¿Cuál es la mediana del tiempo de recuperación?

a. 2,7
b. 5,3
c. 7,4
d. 2,1

66. ¿Cuál es la puntuación *z* de un paciente que tarda diez días en recuperarse?

a. 1,5
b. 0,2
c. 2,2
d. 7,3

67. El tiempo que se tarda en hallar un puesto para estacionar a las 9 a. m. sigue una distribución normal con una media de cinco minutos y una desviación típica de dos minutos. Si la media es significativamente mayor que la desviación típica, ¿cuál de las siguientes afirmaciones es cierta?

I. Los datos no pueden seguir la distribución uniforme.
II. Los datos no pueden seguir la distribución exponencial.
III. Los datos no pueden seguir la distribución normal.

a. I solo
b. II solo
c. III solo
d. I, II y III

68. Las alturas de los 430 jugadores de la Asociación Nacional de Baloncesto (National Basketball Association, NBA) figuraban en las listas de los equipos al comienzo de la temporada 2005-2006. Las alturas de los jugadores de baloncesto tienen una distribución normal aproximada con una media, $\mu = 79$ pulgadas y una desviación típica, $\sigma = 3{,}89$ pulgadas. Para cada una de las siguientes alturas, calcule la puntuación *z* e interprétala utilizando oraciones completas.

a. 77 pulgadas
b. 85 pulgadas
c. Si un jugador de la NBA informara que su altura tiene una puntuación *z* de 3,5, ¿le creería? Explique su respuesta.

69. La presión arterial sistólica (dada en milímetros) de los hombres tiene una distribución aproximadamente normal con media $\mu = 125$ y desviación típica $\sigma = 14$. La presión arterial sistólica de los hombres sigue una distribución normal.

a. Calcule las puntuaciones *z* para las presiones sistólicas de 100 y 150 milímetros en hombres.
b. Si un amigo le dijera que cree que su presión arterial sistólica está 2,5 desviaciones típicas por debajo de la media, pero que cree que su presión arterial está entre 100 y 150 milímetros, ¿qué le diría?

70. El médico de Kyle le dijo que la puntuación z de su presión arterial sistólica es de 1,75. ¿Cuál de las siguientes es la mejor interpretación de esta calificación estandarizada? La presión arterial sistólica (dada en milímetros) de los hombres tiene una distribución aproximadamente normal con media $\mu = 125$ y desviación típica $\sigma = 14$. Si X = una calificación de presión arterial sistólica, entonces $X \sim N(125, 14)$.

a. ¿Qué respuesta(s) **es(son)** correcta(s)?
   i. La presión arterial sistólica de Kyle es de 175.
   ii. La presión arterial sistólica de Kyle es 1,75 veces la presión arterial promedio de los hombres de su edad.
   iii. La presión arterial sistólica de Kyle es 1,75 por encima de la presión arterial sistólica promedio de los hombres de su edad.
   iv. La presión arterial sistólica de Kyles está 1,75 desviaciones típicas por encima de la presión arterial sistólica promedio de los hombres.

b. Calcule la presión arterial de Kyle.

71. La altura y el peso son dos medidas que se utilizan para seguir el desarrollo del niño. La Organización Mundial de la Salud mide el desarrollo infantil comparando el peso de niños de la misma altura y del mismo sexo. En 2009, los pesos de todas las niñas de 80 cm de la población de referencia tenían una media $\mu = 10{,}2$ kg y una desviación típica $\sigma = 0{,}8$ kg. Los pesos se distribuyen normalmente. $X \sim N(10{,}2,\ 0{,}8)$. Calcule las puntuaciones z que corresponden a las siguientes ponderaciones e interprételas.

a. 11 kg
b. 7,9 kg
c. 12,2 kg

72. En 2005, 1.475.623 estudiantes que iban a continuar estudios superiores tomaron la SAT. La distribución de las calificaciones en la sección de Matemáticas de la SAT sigue una distribución normal con media $\mu = 520$ y desviación típica $\sigma = 115$.

a. Calcule la puntuación z para una calificación de la SAT de 720. Interprételo con una oración completa.
b. ¿Qué calificación de la SAT de Matemáticas está 1,5 desviaciones típicas por encima de la media? ¿Qué puede decir de esta calificación en la SAT?
c. En 2012, la prueba de Matemáticas de la SAT tuvo una media de 514 y una desviación típica de 117. El examen de Matemáticas de la Prueba de Admisión en la Educación Superior de Estados Unidos (American College Testing, ACT) es una alternativa a la SAT y se distribuye aproximadamente normal, con una media de 21 y una desviación típica de 5,3. Si una persona toma el examen de Matemáticas de la SAT y obtiene 700 puntos y una segunda persona toma el examen de Matemáticas de la ACT y obtiene 30 puntos, ¿quién lo hizo mejor con respecto al examen que tomó?

6.3 Estimación de la binomial con la distribución normal

Use la siguiente información para responder los dos próximos ejercicios: el tiempo de recuperación del paciente de un procedimiento quirúrgico en particular se distribuye normalmente, con una media de 5,3 días y una desviación típica de 2,1 días.

73. ¿Cuál es la probabilidad de pasar más de dos días en recuperación?

a. 0,0580
b. 0,8447
c. 0,0553
d. 0,9420

Use la siguiente información para responder los próximos tres ejercicios: El tiempo que se tarda en encontrar un puesto de estacionamiento a las 9 a. m. sigue una distribución normal con una media de cinco minutos y una desviación típica de dos minutos.

74. Con base en la información dada y justificada numéricamente, ¿le sorprendería que tardara menos de un minuto en encontrar un puesto de estacionamiento?

a. Sí
b. No
c. No se puede determinar

75. Calcule la probabilidad de que se tarde al menos ocho minutos en encontrar un puesto de estacionamiento.

a. 0,0001
b. 0,9270
c. 0,1862
d. 0,0668

76. El setenta por ciento de las veces, ¿cuántos minutos se tarda en encontrar un puesto de estacionamiento?

a. 1,24
b. 2,41
c. 3,95
d. 6,05

77. Según un estudio realizado por estudiantes de De Anza, la altura de los hombres adultos asiáticos se distribuye normalmente, con un promedio de 66 pulgadas y una desviación típica de 2,5 pulgadas. Supongamos que se elige al azar un hombre adulto asiático. Supongamos que X = la altura de la persona.

a. X ~ ____(____,____)
b. Calcule la probabilidad de que la persona tenga entre 65 y 69 pulgadas de alto. Incluya un esquema del gráfico y escriba una declaración de probabilidad.
c. ¿Espera hallar muchos hombres adultos asiáticos de más de 72 pulgadas de alto? Explique por qué sí o por qué no, y justifique su respuesta numéricamente.
d. ¿El 40% de las alturas se encuentra entre cuáles dos valores? Dibuje el gráfico y escriba el enunciado de la probabilidad.

78. El IQ se distribuye normalmente, con una media de 100 y una desviación típica de 15. Supongamos que se elige una persona al azar. Supongamos que X = IQ de una persona.

a. X ~ ____(____,____)
b. Calcule la probabilidad de que la persona tenga un IQ superior a 120. Incluya un esquema del gráfico y escriba una declaración de probabilidad.
c. MENSA es una organización cuyos miembros tienen el 2 % más alto de todos los IQ. Calcule el IQ mínimo necesario para poder acceder a la organización MENSA. Dibuje el gráfico y escriba el enunciado de la probabilidad.

79. El porcentaje de calorías de grasa que consume una persona en Estados Unidos cada día se distribuye normalmente, con una media de 36 aproximadamente y una desviación típica de 10. Supongamos que se elige una persona al azar. Supongamos que X = porcentaje de calorías de grasa.

a. X ~ ____(____,____)
b. Calcule la probabilidad de que el porcentaje de calorías de grasa que consume una persona sea superior a 40. Grafique la situación. Sombree en la zona por determinar.
c. Calcule el número máximo para el cuarto inferior del porcentaje de calorías de grasa. Dibuje el gráfico y escriba el enunciado de la probabilidad.

80. Supongamos que la distancia de los batazos de aire lanzados al campo (en béisbol) se distribuye normalmente, con una media de 250 pies y una desviación típica de 50 pies.

a. Si X = distancia en pies para un batazo de aire, entonces X ~ ____(____,____)
b. Si se elige al azar un batazo de aire de esta distribución, ¿cuál es la probabilidad de que la pelota haya volado menos de 220 pies? Dibuje el gráfico. Escale el eje horizontal X. Sombree la región correspondiente a la probabilidad. Calcule la probabilidad.

81. En China, los niños de cuatro años pasan un promedio de tres horas al día sin supervisión. La mayoría de los niños sin supervisión viven en zonas rurales, consideradas seguras. Supongamos que la desviación típica es de 1,5 horas y que la cantidad de tiempo que se pasa solo se distribuye normalmente. Seleccionamos al azar un niño chino de cuatro años que vive en una zona rural. Nos interesa la cantidad de tiempo que el niño pasa solo al día.

a. Defina la variable aleatoria X en palabras.
b. X ~ ____(____,____)
c. Calcule la probabilidad de que el niño pase menos de una hora al día sin supervisión. Dibuje el gráfico y escriba el enunciado de la probabilidad.
d. ¿Qué porcentaje de niños pasa más de diez horas al día sin supervisión?
e. ¿Cuánto tiempo como mínimo pasan al día sin supervisión el setenta por ciento de los niños?

82. En las elecciones presidenciales de 1992, los 40 distritos electorales de Alaska obtuvieron un promedio de 1.956,8 votos por distrito para el presidente Clinton. La desviación típica fue de 572,3 (solo hay 40 distritos electorales en Alaska). La distribución de los votos por distrito para el presidente Clinton tuvo forma de campana. Supongamos que X = número de votos para el presidente Clinton para un distrito electoral.

a. Indique la distribución aproximada de X.
b. ¿1.956,8 es una media poblacional o una media muestral? ¿Cómo lo sabe?
c. Calcule la probabilidad de que un distrito seleccionado al azar tenga menos de 1.600 votos para el presidente Clinton. Dibuje el gráfico y escriba el enunciado de la probabilidad.
d. Calcule la probabilidad de que un distrito seleccionado al azar tenga entre 1.800 y 2.000 votos para el presidente Clinton.
e. Calcule el tercer cuartil de votos para el presidente Clinton.

83. Supongamos que se sabe que la duración de un determinado tipo de juicio penal se distribuye normalmente, con una media de 21 días y una desviación típica de siete días.

a. Defina la variable aleatoria X en palabras.
b. X ~ ____(____,____)
c. Si uno de los juicios se elige al azar, calcule la probabilidad de que haya durado, al menos, 24 días. Dibuje el gráfico y escriba el enunciado de la probabilidad.
d. ¿En cuántos días se completan el sesenta por ciento de los juicios de este tipo?

84. Terri Vogel, una corredora de motos aficionada, tiene un promedio de 129,71 segundos por vuelta de 2,5 millas (en una carrera de siete vueltas) con una desviación típica de 2,28 segundos. La distribución de sus tiempos de carrera se distribuye normalmente. Estamos interesados en una de sus vueltas seleccionadas al azar.

a. Defina la variable aleatoria X en palabras.
b. X ~ ____(____,____)
c. Calcule el porcentaje de sus vueltas que se completan en menos de 130 segundos.
d. El 3 % de sus vueltas más rápidas están por debajo de ____.
e. El 80 % de sus vueltas son de _____ segundos a _____ segundos.

85. Thuy Dau, Ngoc Bui, Sam Su y Lan Voung realizaron una encuesta sobre el tiempo que los clientes de Lucky afirmaron que esperaban en la fila de la caja hasta que les llegaba su turno. Supongamos que X = tiempo en fila. La Tabla 6.1 muestra los datos reales ordenados (en minutos):

0,50	4,25	5	6	7,25
1,75	4,25	5,25	6	7,25
2	4,25	5,25	6,25	7,25
2,25	4,25	5,5	6,25	7,75
2,25	4,5	5,5	6,5	8
2,5	4,75	5,5	6,5	8,25
2,75	4,75	5,75	6,5	9,5
3,25	4,75	5,75	6,75	9,5
3,75	5	6	6,75	9,75
3,75	5	6	6,75	10,75

Tabla 6.1

a. Calcule la media y la desviación típica de la muestra.
b. Construya un histograma.
c. Dibuje una curva suave a través de los puntos medios de la parte superior de las barras.
d. Describa la forma de su histograma y la curva suave en palabras.
e. Supongamos que la media muestral se aproxime a μ y la desviación típica de la muestra se aproxime a σ. La distribución de X puede entonces ser aproximada por $X \sim$ ____(____,____)
f. Utilice la distribución de la parte e para calcular la probabilidad de que una persona espere menos de 6,1 minutos.
g. Determine la frecuencia relativa acumulada para esperar menos de 6,1 minutos.
h. ¿Por qué las respuestas de las partes f y g no son exactamente iguales?
i. ¿Por qué las respuestas de las partes f y g son tan cercanas?
j. Si solo se hubiera encuestado a diez clientes en vez de 50, ¿cree que las respuestas de las partes f y g habrían estado más cerca o más lejos? Explique su conclusión.

86. Supongamos que Ricardo y Anita asisten a institutos universitarios diferentes. El GPA de Ricardo es igual al GPA de su escuela. El GPA de Anita está 0,70 desviaciones típicas por encima del GPA de su escuela. En oraciones completas, explique por qué cada una de las siguientes afirmaciones puede ser falsa.

a. El GPA real de Ricardo es menor que el de Anita.
b. Ricardo no aprueba porque su puntuación z es cero.
c. Anita está en el percentil 70 de los estudiantes de su instituto universitario.

87. Un perito de una demanda de paternidad declara que la duración de un embarazo se distribuye normalmente, con una media de 280 días y una desviación típica de 13 días. El presunto padre estuvo fuera del país entre 240 y 306 días antes del nacimiento del niño, por lo que el embarazo habría durado menos de 240 días o más de 306 días si era el padre. El parto no tuvo complicaciones y el niño no necesitó ninguna intervención médica. ¿Cuál es la probabilidad de que NO sea el padre? ¿Cuál es la probabilidad de que pueda ser el padre? Calcule primero las puntuaciones z y luego utilícelas para calcular la probabilidad.

88. La línea de montaje de NUMMI, que lleva funcionando desde 1984, ha construido un promedio de 6.000 automóviles y camiones a la semana. Por lo general, el 10 % de los automóviles salían defectuosos de la cadena de montaje. Supongamos que tomamos una muestra aleatoria de $n = 100$ automóviles. Supongamos que X el número de automóviles defectuosos de la muestra. ¿Qué podemos decir de X con respecto a la regla empírica 68-95-99,7 (se habla de una desviación típica, dos desviaciones típicas y tres desviaciones típicas de la media)? Supongamos una distribución normal para los automóviles defectuosos de la muestra.

89. Lanzamos una moneda 100 veces ($n = 100$) y observamos que solo sale cara el 20 % ($p = 0{,}20$) de las veces. La media y la desviación típica del número de veces que la moneda cae cara es $\mu = 20$ y $\sigma = 4$ (verifica la media y la desviación típica). Resuelva lo siguiente:

a. Hay un 68 % de posibilidades de que el número de caras esté entre ___ y ___.
b. Hay una probabilidad de ___ de que el número de caras esté entre 12 y 28.
c. Hay una probabilidad de ___ de que el número de caras esté entre ocho y 32.

90. Un billete de lotería de 1 dólar resultará ganador una de cada cinco veces. De un cargamento de $n = 190$ billetes de lotería, calcule la probabilidad de que haya

a. entre 34 y 54 premios.
b. entre 54 y 64 premios.
c. más de 64 premios.

91. Facebook ofrece una serie de estadísticas en su sitio web que detallan el crecimiento y la popularidad del sitio.

En promedio, el 28 % de los jóvenes de 18 a 34 años consultan sus perfiles de Facebook antes de levantarse de la cama por la mañana. Supongamos que este porcentaje sigue una distribución normal con una desviación típica del cinco por ciento.

92. Un hospital tiene 49 nacimientos en un año. Se considera igual de probable que un nacimiento sea un niño que una niña.

a. ¿Cuál es la media?
b. ¿Cuál es la desviación típica?
c. ¿Se puede aproximar esta distribución binomial con una distribución normal?
d. Si es así, utilice la distribución normal para calcular la probabilidad de que al menos 23 de los 49 nacimientos sean niños.

93. Históricamente, el examen final de un curso se aprueba con una probabilidad de 0,9. El examen se realiza a un grupo de 70 estudiantes.

a. ¿Cuál es la media de la distribución binomial?
b. ¿Cuál es la desviación típica?
c. ¿Se puede aproximar esta distribución binomial con una distribución normal?
d. Si es así, utilice la distribución normal para calcular la probabilidad de que al menos 60 de los estudiantes aprueben el examen

94. Un árbol de un huerto tiene 200 naranjas. De las naranjas, 40 no están maduras. Utilice la distribución normal para aproximar la distribución binomial, y determina la probabilidad de que una caja que contiene 35 naranjas tenga como máximo dos naranjas que no estén maduras.

95. En una gran ciudad, uno de cada diez hidrantes necesita ser reparado. Si una cuadrilla examina 100 hidrantes en una semana, ¿cuál es la probabilidad de que encuentre menos de nueve hidrantes que necesiten reparación? Utilice la distribución normal para aproximar la distribución binomial.

96. En una línea de montaje se determina que el 85% de los productos ensamblados no tienen defectos. Si un día se ensamblan 50 artículos, ¿cuál es la probabilidad de que al menos 4 y no más de 8 estés defectuosos? Utilice la distribución normal para aproximar la distribución binomial.

Referencias

6.1 La distribución normal estándar

"Blood Pressure of Males and Females". StatCruch, 2013. Disponible en línea en http://www.statcrunch.com/5.0/viewreport.php?reportid=11960 (consultado el 14 de mayo de 2013).

"The Use of Epidemiological Tools in Conflict-affected populations: Open-access educational resources for policy-makers: Calculation of z-scores". London School of Hygiene and Tropical Medicine, 2009. Disponible en línea en http://conflict.lshtm.ac.uk/page_125.htm (consultado el 14 de mayo de 2013).

"2012 College-Bound Seniors Total Group Profile Report". CollegeBoard, 2012. Disponible en línea en http://media.collegeboard.com/digitalServices/pdf/research/TotalGroup-2012.pdf (consultado el 14 de mayo de 2013).

"Digest of Education Statistics: ACT score average and standard deviations by sex and race/ethnicity and percentage of ACT test takers, by selected composite score ranges and planned fields of study: Selected years, 1995 through 2009". National Center for Education Statistics. Disponible en línea en http://nces.ed.gov/programs/digest/d09/tables/dt09_147.asp (consultado el 14 de mayo de 2013).

Datos de *The Mercury News* de San José.

Datos de *The World Almanac and Book of Facts.*

"List of stadiums by capacity". Wikipedia. Disponible en línea en https://en.wikipedia.org/wiki/List_of_stadiums_by_capacity (consultado el 14 de mayo de 2013).

Datos de la Asociación Nacional de Baloncesto. Disponible en línea en www.nba.com (consultado el 14 de mayo de 2013).

6.2 Uso de la distribución normal

"Naegele's rule". Wikipedia. Disponible en línea en http://en.wikipedia.org/wiki/Naegele's_rule (consultado el 14 de mayo de 2013).

"403: NUMMI". Chicago Public Media & Ira Glass, 2013. Disponible en línea en http://www.thisamericanlife.org/radio-archives/episode/403/nummi (consultado el 14 de mayo de 2013).

"Scratch-Off Lottery Ticket Playing Tips". WinAtTheLottery.com, 2013. Disponible en línea en http://www.winatthelottery.com/public/department40.cfm (consultado el 14 de mayo de 2013).

"Smart Phone Users, By The Numbers". Visual.ly, 2013. Disponible en línea en http://visual.ly/smart-phone-users-numbers (consultado el 14 de mayo de 2013).

"Facebook Statistics". Statistics Brain. Disponible en línea en http://www.statisticbrain.com/facebook-statistics/ (consultado el 14 de mayo de 2013).

Soluciones

1. onzas de agua en una botella

3. 2

5. -4

7. -2

9. La media se convierte en cero.

11. $z = 2$

13. $z = 2{,}78$

15. $x = 20$

17. $x = 6{,}5$

19. $x = 1$

21. $x = 1{,}97$

23. $z = -1.67$

25. $z \approx -0{,}33$

27. 0,67, derecha

29. 3,14, izquierda

31. alrededor del 68 %

33. alrededor del 4 %

35. entre –5 y –1

37. alrededor del 50 %

39. alrededor del 27 %

41. La vida útil de un reproductor de CD de Sunshine se mide en años.

43. $P(x < 1)$

45. Sí, porque son iguales en una distribución continua: $P(x = 1) = 0$

47. $1 - P(x < 3)$ o $P(x > 3)$

49. $1 - 0{,}543 = 0{,}457$

51. 0,0013

53. 0,1186

55. a. Compruebe la solución del estudiante.
b. 3; 0,1979

57. 0,154

58. 0,874

59. 0,693

60. 0,346

61. 0,110

62. 0,946

63. 0,071

64. 0,347

66. c

68. a. Utilice la fórmula de la puntuación *z*. $z = -0{,}5141$. La altura de 77 pulgadas es 0,5141 desviaciones típicas por debajo de la media. Un jugador de la NBA cuya altura es de 77 pulgadas es más bajo que el promedio.
b. Utilice la fórmula de la puntuación *z*. $z = 1{,}5424$. La altura 85 pulgadas es 1,5424 desviaciones típicas por encima de la media. Un jugador de la NBA cuya altura es de 85 pulgadas es más alto que el promedio.
c. Altura = 79 + 3,5(3,89) = 92,615 pulgadas, los cual es más alto que 7 pies y 8 pulgadas. Hay muy pocos jugadores de la NBA tan altos, así que la respuesta es no, no es probable.

70. a. iv
b. La presión arterial de Kyle es igual a 125 + (1,75)(14) = 149,5.

72. Supongamos que *X* = una calificación de Matemáticas de la SAT y *Y* = una calificación de Matemáticas del ACT.

a. $X = 720 \ \frac{720 - 520}{15} = 1{,}74$. La calificación del examen de 720 está 1,74 desviaciones típicas por encima de la media de 520.
b. $z = 1{,}5$.
La calificación de la SAT de Matemáticas es 520 + 1,5(115) ≈ 692,5. La calificación del examen de 692,5 está 1,5 desviaciones típicas por encima de la media de 520.
c. $\frac{X - \mu}{\sigma} = \frac{700 - 514}{117} \approx 1{,}59$, la puntuación *z* de la SAT. $\frac{Y - \mu}{\sigma} = \frac{30 - 21}{5{,}3} \approx 1{,}70$, las puntuaciones *z* del ACT. Con respecto a la prueba que tomaron, la persona que presentó el ACT obtuvo mejores resultados (tiene la puntuación *z* más alta).

75. d

77. a. $X \sim N(66; 2{,}5)$
b. 0,5404
c. No, la probabilidad de que un hombre asiático mida más de 72 pulgadas es de 0,0082

79. a. $X \sim N(36, 10)$
b. La probabilidad de que una persona consuma más del 40 % de sus calorías en forma de grasa es de 0,3446.
c. Aproximadamente el 25 % de las personas consumen menos del 29,26 % de sus calorías en forma de grasa.

81. a. X = número de horas que un niño chino de cuatro años en una zona rural está sin supervisión durante el día.
b. $X \sim N(3, 1{,}5)$
c. La probabilidad de que el niño pase menos de una hora al día sin supervisión es de 0,0918.
d. La probabilidad de que un niño pase más de diez horas al día sin supervisión es inferior a 0,0001.
e. 2,21 horas

83. a. X = la distribución del número de días que durará un determinado tipo de juicio penal
b. $X \sim N(21, 7)$
c. La probabilidad de que un juicio seleccionado al azar dure más de 24 días es de 0,3336.
d. 22,77

85. a. media = 5,51, s = 2,15
b. Compruebe la solución del estudiante.
c. Compruebe la solución del estudiante.
d. Compruebe la solución del estudiante.
e. $X \sim N(5{,}51; 2{,}15)$
f. 0,6029
g. La frecuencia acumulada para menos de 6,1 minutos es de 0,64.
h. Las respuestas de las partes f y g no son exactamente iguales, ya que la distribución normal es solo una aproximación a la real.
i. Las respuestas de las partes f y g son cercanas, ya que una distribución normal es una excelente aproximación cuando el tamaño de la muestra es superior a 30.
j. La aproximación habría sido menos precisa porque el menor tamaño de la muestra hace que los datos no se ajusten tan bien a la curva normal.

88. $n = 100$; $p = 0{,}1$; $q = 0{,}9$
$\mu = np = (100)(0{,}10) = 10$
$\sigma = \sqrt{npq} = \sqrt{(100)(00{,}1)(00{,}9)} = 3$

i. $z = \pm 1 : x_1 = \mu + z\sigma = 10 + 1(3) = 13$ y $x2 = \mu - z\sigma = 10 - 1(3) = 7{,}68\%$ de los automóviles defectuosos estará entre el siete y el 13.
ii. $z = \pm 2 : x_1 = \mu + z\sigma = 10 + 2(3) = 16$ como $x2 = \mu - z\sigma = 10 - 2(3) = 4.\ 95\%$ de los automóviles defectuosos caerán entre cuatro y 16
iii. $z = \pm 3 : x_1 = \mu + z\sigma = 10 + 3(3) = 19$ como $x2 = \mu - z\sigma = 10 - 3(3) = 1.\ 99{,}7\%$ de los automóviles defectuosos estará entre uno y 19.

90. $n = 190$; $p = \frac{1}{5} = 0{,}2$; $q = 0{,}8$
$\mu = np = (190)(0{,}2) = 38$
$\sigma = \sqrt{npq} = \sqrt{(190)(00{,}2)(00{,}8)} = 5{,}5136$

a. Para este problema: $P(34 < x < 54) = 0{,}7641$
b. Para este problema: $P(54 < x < 64) = 0{,}0018$
c. Para este problema: $P(x > 64) = 0{,}0000012$ (aproximadamente 0)

92. a. 24,5
b. 3,5
c. Sí
d. 0,67

93. a. 63

b. 2,5
c. Sí
d. 0,88

94. 0,02

95. 0,37

96. 0,50

7 EL TEOREMA DEL LÍMITE CENTRAL

Figura 7.1 Si quiere averiguar la distribución del cambio que la gente lleva en sus bolsillos, utilizando el teorema del límite central y suponiendo que su muestra es lo suficientemente grande, encontrará que la distribución es la función de densidad de probabilidad normal (créditos: John Lodder)

Introducción

¿Por qué nos preocupan tanto las medias? Hay dos razones: nos dan un punto medio de comparación y son fáciles de calcular. En este capítulo, estudiará las medias y el **teorema del límite central**.

El **teorema del límite central** es una de las ideas más poderosas y útiles de toda la estadística. El teorema central del límite es un teorema, lo que significa que NO es una teoría o simplemente la idea de alguien sobre cómo funcionan las cosas. Como teorema, está a la altura del teorema de Pitágoras, o el teorema que nos dice que la suma de los ángulos de un triángulo debe sumar 180. Son hechos de las formas del mundo rigurosamente demostrados con precisión matemática y lógica. Como veremos, este poderoso teorema determinará lo que podemos y no podemos decir en la estadística inferencial. El teorema del límite central se ocupa de extraer muestras finitas de tamaño n de una población con una media conocida, μ, y una desviación típica conocida, σ. La conclusión es que si recogemos muestras de tamaño n con un "n suficientemente grande", calculamos la media de cada muestra y creamos un histograma (distribución) de esas medias, la distribución resultante tenderá a tener una distribución normal aproximada.

El resultado asombroso es que no importa cuál es la distribución de la población original, ni siquiera es necesario conocerla. El hecho importante es que la distribución de las medias muestrales tiende a seguir la distribución normal.

El tamaño de la muestra, n, que se requiere para ser "suficientemente grande" depende de la población original de la que se extraen las muestras (el tamaño de la muestra debe ser, al menos, 30 o los datos deben proceder de una distribución normal). Si la población original está lejos de la normal, se necesitan más observaciones para las medias de la muestra. **El muestreo se realiza de forma aleatoria y con reemplazo en el modelo teórico.**

7.1 Teorema del límite central de las medias muestrales

La distribución muestral es una distribución teórica. Se crea tomando muchas muestras de tamaño n de una población. Cada media muestral se trata entonces como una única observación de esta nueva distribución, la distribución muestral. La genialidad de pensar de esta manera es que reconoce que cuando tomamos una muestra estamos creando una observación y esa observación debe provenir de alguna distribución particular. El teorema del límite central responde a la pregunta: ¿de qué distribución procede la media de una muestra? Si se descubre esto, entonces podemos tratar una media muestral como cualquier otra observación y calcular probabilidades sobre los valores que puede tomar. En efecto, hemos pasado del mundo de la estadística, en el que solo conocemos lo que tenemos de la muestra, al mundo de la probabilidad, en el que conocemos la distribución de la que procede la media muestral y los parámetros de esa distribución.

Las razones por las que se toma una muestra de una población son obvias. El tiempo y el gasto de comprobar cada factura para determinar su validez o cada envío para ver si contiene todos los artículos puede superar con creces el coste de los errores de facturación o envío. En el caso de algunos productos, el muestreo requeriría su destrucción, lo que se denomina muestreo destructivo. Un ejemplo de ello es la medición de la capacidad de un metal para resistir la corrosión del agua salada en las piezas de los buques oceánicos.

El muestreo plantea, pues, una cuestión importante: qué muestra se ha extraído. Incluso si la muestra se extrajera al azar, en teoría hay un número casi infinito de muestras. Con solo 100 artículos, se pueden extraer más de 75 millones de muestras únicas de tamaño cinco. Si hay seis en la muestra, el número de muestras posibles aumenta a algo más de mil millones. Entonces, de los 75 millones de muestras posibles, ¿cuál obtuvo? Si hay variación en los artículos que se van a muestrear, habrá variación en las muestras. Se podría extraer una muestra "desafortunada" y sacar conclusiones muy erróneas sobre la población. Este reconocimiento de que cualquier muestra que extraigamos es en realidad solo una de una distribución de muestras nos proporciona el que probablemente sea el teorema más importante de la estadística: **el teorema del límite central**. Sin el teorema del límite central sería imposible pasar a la estadística inferencial a partir de la teoría de la probabilidad simple. En su forma más básica, el teorema del límite central establece que, **independientemente** de la función de densidad de probabilidad subyacente de los datos de la población, la distribución teórica de las medias de las muestras de la población se distribuirá normalmente. En esencia, esto dice que la media de una muestra debe tratarse como una observación extraída de una distribución normal. El Teorema del Límite Central solo se cumple si el tamaño de la muestra es "suficientemente grande", lo que se ha demostrado que es de solo 30 observaciones o más.

La Figura 7.2 muestra gráficamente esta importante propuesta.

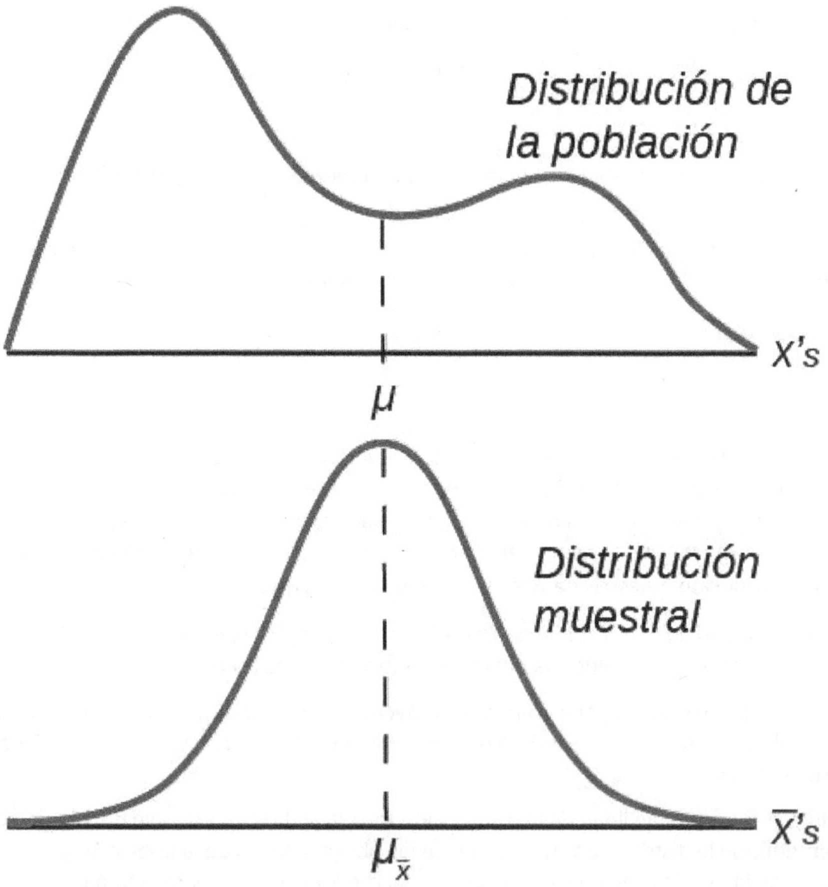

Figura 7.2

Observe que el eje horizontal del panel superior está etiquetado como X. Se trata de las observaciones individuales de la población. Esta es la distribución **desconocida** de los valores de la población. El gráfico está dibujado a propósito de forma cuadriculada para mostrar que no importa lo extraña que sea en realidad. Recuerde que nunca sabremos cómo es esta distribución, ni su media ni su desviación típica.

El eje horizontal del panel inferior está etiquetado como $\bar{X}$'s. Se trata de la distribución teórica denominada distribución muestral de las medias. Cada observación de esta distribución es una media muestral. Todas estas medias muestrales se calcularon a partir de muestras individuales con el mismo tamaño de muestra. La distribución muestral teórica contiene todos los valores medios muestrales de todas las muestras posibles que podrían haberse tomado de la población. Por supuesto, nadie tomaría realmente todas estas muestras, pero si lo hicieran, este es el aspecto que tendrían. Y el teorema del límite central dice que se distribuirán normalmente.

El teorema del límite central va más allá y nos indica la media y la desviación típica de esta distribución teórica.

Parámetro	Distribución de la población	Muestra	Distribución muestral de $\bar{X}$'s
Media	μ	$\bar{X}$	$\mu_{\bar{x}}$ y $\mathrm{E}(\mu_{\bar{x}}) = \mu$
Desviación típica	σ	s	$\sigma_{\bar{x}} = \frac{\sigma}{\sqrt{n}}$

Tabla 7.1

La importancia práctica del teorema del límite central es que ahora podemos calcular las probabilidades de obtener una media muestral, $\bar{X}$, de la misma manera que lo hicimos para extraer observaciones específicas, X's, cuando conocíamos la media y la desviación típica de la población y que los datos de la población estaban distribuidos normalmente. La fórmula de estandarización tiene que modificarse para reconocer que la media y la desviación típica de la distribución muestral, a veces llamada error estándar de la media, son diferentes de las de la distribución de la población, pero por lo demás no ha cambiado nada. La nueva fórmula de estandarización es

$$Z = \frac{\bar{X} - \mu_{\bar{X}}}{\sigma_{\bar{X}}} = \frac{\bar{X} - \mu}{\frac{\sigma}{\sqrt{n}}}$$

Observe que $\mu_{\bar{X}}$ en la primera fórmula se ha cambiado por simplemente μ en la segunda versión. La razón es que matemáticamente se puede demostrar que el valor esperado de $\mu_{\bar{X}}$ es igual a μ. Esto se ha indicado en la Tabla 7.1 anteriormente. Matemáticamente, el símbolo E(x) indica el "valor esperado de x". Esta fórmula se utilizará en la siguiente unidad para proporcionar estimaciones del parámetro poblacional **desconocido** μ.

7.2 Uso del teorema del límite central

Ejemplos del teorema del límite central

Ley de los grandes números

La **ley de los grandes números** dice que si se toman muestras cada vez más grandes de cualquier población, entonces la media de la distribución muestral, $\mu_{\bar{x}}$ tiende a acercarse cada vez más a la verdadera media de la población, μ. A partir del teorema del límite central, sabemos que a medida que *n* se hace más grande, las medias muestrales siguen una distribución normal. Cuanto mayor sea *n*, menor será la desviación típica de la distribución muestral. (Recuerde que la desviación típica de la distribución muestral de $\bar{X}$ es $\frac{\sigma}{\sqrt{n}}$). Esto significa que la media muestral $\bar{x}$ debe estar más cerca de la media poblacional μ a medida que *n* aumenta. Podemos decir que μ es el valor al que se acercan las medias muestrales a medida que *n* es mayor. El teorema del límite central ilustra la ley de los grandes números.

Este concepto es tan importante y desempeña un papel tan decisivo en lo que sigue que merece un mayor desarrollo. De hecho, hay dos cuestiones críticas que se derivan del teorema del límite central y de la aplicación de la ley de los grandes números a este. Estos son

1. La función de densidad de probabilidad de la distribución muestral de las medias se distribuye normalmente **independientemente** de la distribución subyacente de las observaciones de la población y
2. la desviación típica de la distribución muestral disminuye a medida que aumenta el tamaño de las muestras que se utilizaron para calcular las medias de la distribución muestral.

Tomando estos en orden. Parece contradictorio que la población pueda tener **cualquier** distribución y que la distribución de las medias procedentes de ella se distribuya normalmente. Con el uso de computadoras, se pueden simular experimentos que muestren el proceso por el cual la distribución de muestreo cambia a medida que aumenta el tamaño de la muestra. Estas simulaciones muestran visualmente los resultados de la demostración matemática del teorema del límite central.

He aquí tres ejemplos de distribuciones poblacionales muy diferentes y la evolución de la distribución muestral hacia una distribución normal a medida que aumenta el tamaño de la muestra. El panel superior en estos casos representa el histograma de los datos originales. Los tres paneles muestran los histogramas de 1000 muestras extraídas al azar para diferentes tamaños de muestra: n=10, n= 25 y n=50. A medida que aumenta el tamaño de la muestra, y el número de muestras tomadas se mantiene constante, la distribución de las medias de 1000 muestras se acerca más a la línea suave que representa la distribución normal.

La Figura 7.3 es para una distribución normal de las observaciones individuales y esperaríamos que la distribución de muestreo convergiera en la normal rápidamente. Los resultados lo demuestran y muestran que, incluso con un tamaño de muestra muy pequeño, la distribución se aproxima a la distribución normal.

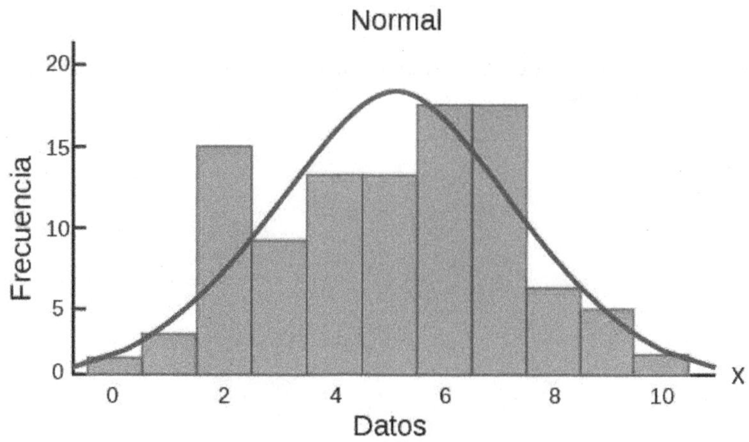

Tamaño de la muestra $n = 10$

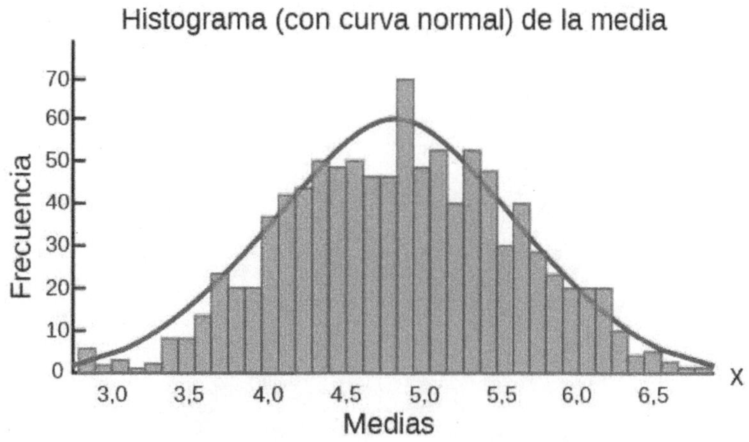

Tamaño de la muestra $n = 25$

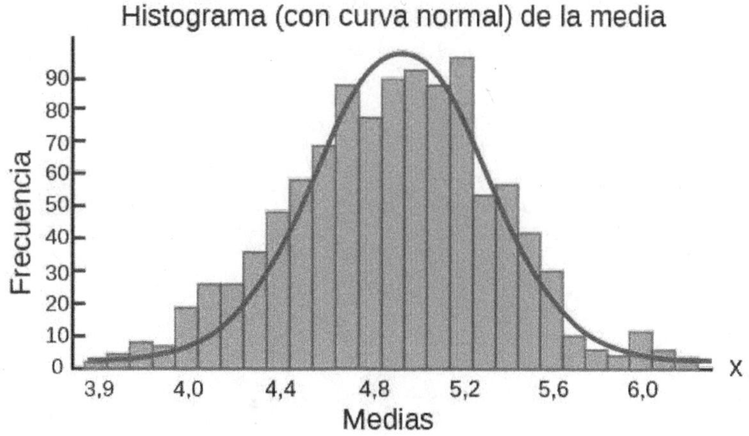

Tamaño de la muestra $n = 50$

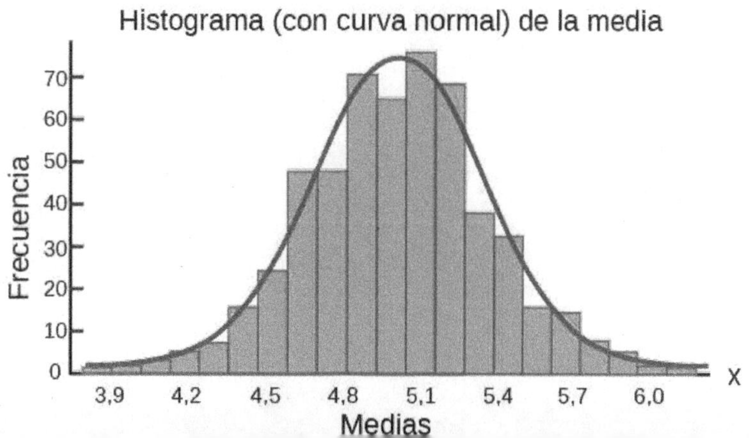

Figura 7.3

La Figura 7.4 es una distribución uniforme que, de forma un poco sorprendente, se acerca rápidamente a la distribución normal incluso con solo una muestra de 10.

Distribución de la variable aleatoria

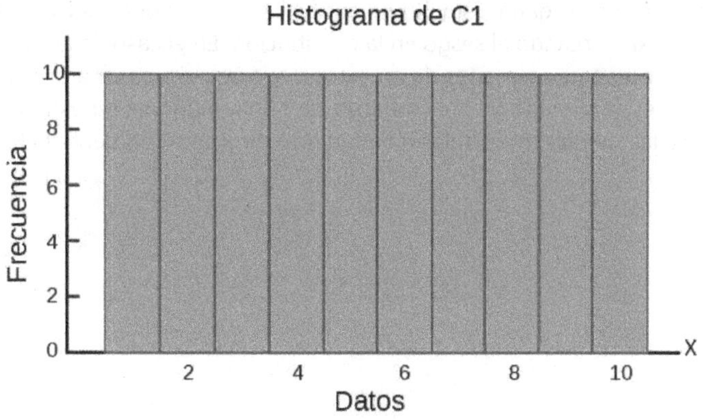

Tamaño de la muestra $n = 10$

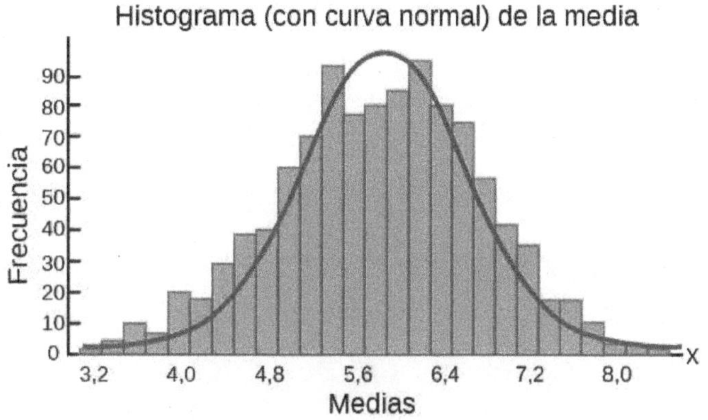

Tamaño de la muestra $n = 25$

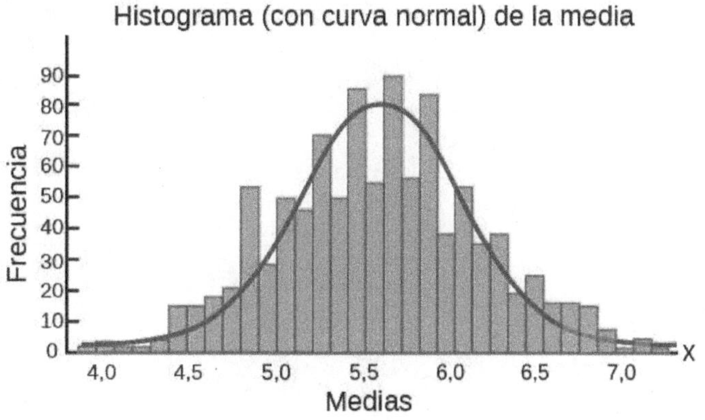

Tamaño de la muestra $n = 50$

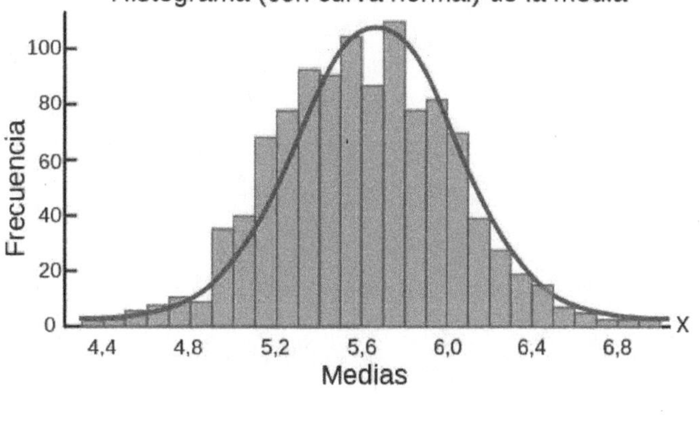

Figura 7.4

La Figura 7.5 es una distribución sesgada. Esta última podría ser una exponencial, geométrica o binomial con una pequeña probabilidad de éxito creando el sesgo en la distribución. En el caso de las distribuciones asimétricas, nuestra intuición nos dice que se necesitarán tamaños de muestra mayores para pasar a una distribución normal y de hecho, eso es lo que observamos en la simulación. Sin embargo, con un tamaño de muestra de 50, que no se considera muy grande, la distribución de las medias muestrales ha adquirido muy decididamente la forma de la distribución normal.

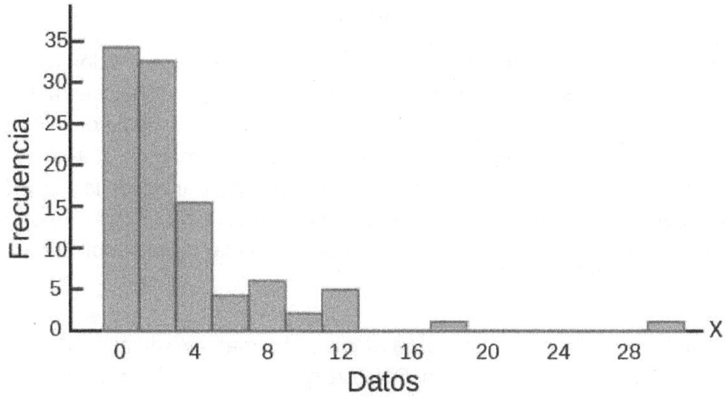

Distribución de las medias muestrales con n = 10

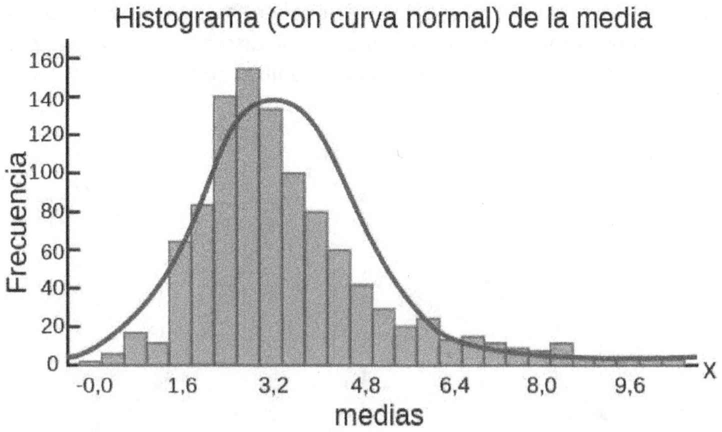

Distribución de las medias muestrales con n = 25

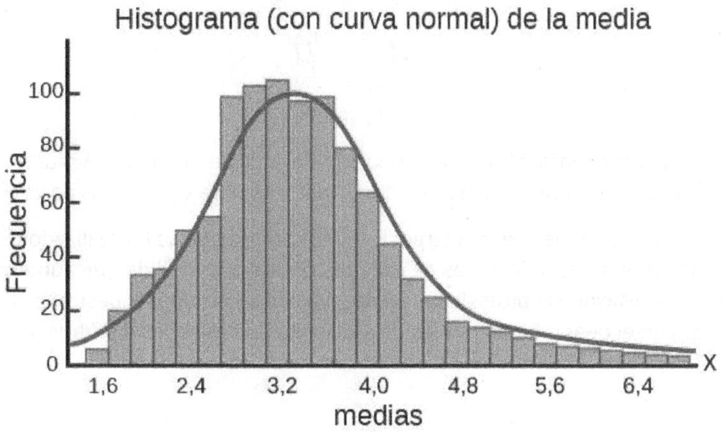

Distribución de las medias muestrales con n = 50

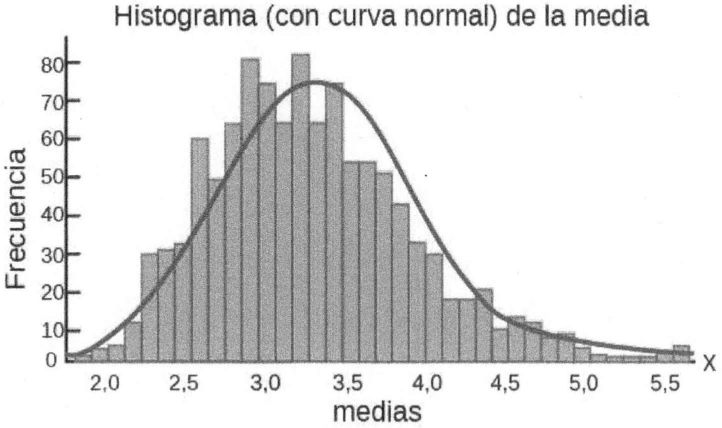

Figura 7.5

El teorema del límite central proporciona algo más que la prueba de que la distribución muestral de las medias se distribuye normalmente. También nos proporciona la media y la desviación típica de esta distribución. Además, como se ha comentado anteriormente, el valor esperado de la media, $\mu_{\bar{x}}$, es igual a la media de la población de los datos originales que es lo que nos interesa estimar a partir de la muestra que tomamos. Ya hemos insertado esta conclusión del teorema del límite central en la fórmula que utilizamos para estandarizar desde la distribución muestral a la distribución normal estándar. Y, por último, el teorema del límite central también ha proporcionado la desviación típica de la distribución muestral, $\sigma_{\bar{x}} = \frac{\sigma}{\sqrt{n}}$, y esto es crítico para poder calcular las probabilidades de los valores de la nueva variable aleatoria, $\bar{x}$.

La Figura 7.6 muestra una distribución de muestreo. La media se ha marcado en el eje horizontal de las $\bar{x}$ y la desviación típica se ha escrito a la derecha sobre la distribución. Observe que la desviación típica de la distribución muestral es la desviación típica original de la población, dividida entre el tamaño de la muestra. Ya hemos visto que, a medida que aumenta el tamaño de la muestra, la distribución muestral se acerca cada vez más a la distribución normal. Como esto ocurre, la desviación típica de la distribución muestral cambia de otra manera; la desviación típica disminuye a medida que n aumenta. Cuando n es muy grande, la desviación típica de la distribución muestral se hace muy pequeña y en el infinito colapsa sobre la media de la población. Esto es lo que significa que el valor esperado de $\mu_{\bar{x}}$ es la media de la población, μ.

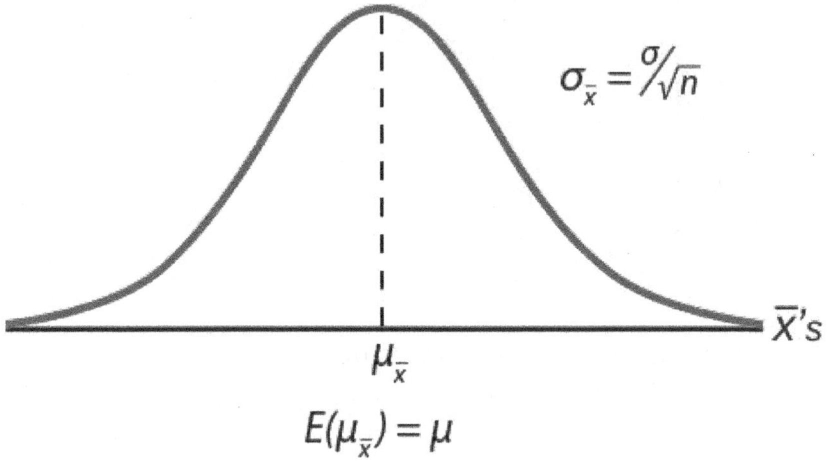

Figura 7.6

En valores no extremos de n, esta relación entre la desviación típica de la distribución muestral y el tamaño de la muestra desempeña un papel muy importante en nuestra capacidad para estimar los parámetros que nos interesan.

La Figura 7.7 muestra tres distribuciones de muestreo. El único cambio que se ha realizado es el tamaño de la muestra que se utilizó para obtener las medias muestrales de cada distribución. A medida que aumenta el tamaño de la muestra, n pasa de 10 a 30 a 50, las desviaciones típicas de las respectivas distribuciones muestrales disminuyen porque el tamaño de la muestra está en el denominador de las desviaciones típicas de las distribuciones muestrales.

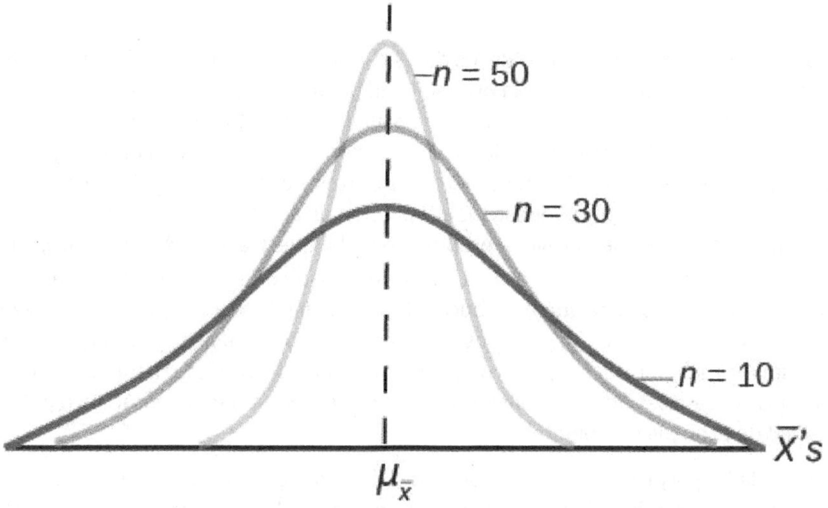

Figura 7.7

Las implicaciones de esto son muy importantes. La Figura 7.8 muestra el efecto del tamaño de la muestra en la confianza que tendremos en nuestras estimaciones. Se trata de dos distribuciones muestrales de la misma población. Una distribución de muestreo se creó con muestras de tamaño 10 y la otra con muestras de tamaño 50. Si todo lo demás es constante, la distribución de muestreo con un tamaño de muestra de 50 tiene una desviación típica menor que hace que el gráfico sea más alto y estrecho. El efecto importante de esto es que para la misma probabilidad de una desviación típica de la media, esta distribución cubre mucho menos rango de valores posibles que la otra distribución. Una desviación típica está marcada en el eje $\bar{X}$ para cada distribución. Esto se muestra con las dos flechas que son más o menos una desviación típica para cada distribución. Si la probabilidad de que la verdadera media esté a una desviación típica de la media, entonces para la distribución de muestreo con el tamaño de muestra más pequeño, el rango posible de valores es mucho mayor. Una pregunta sencilla es: ¿preferiría tener una media muestral de la distribución estrecha y ajustada o de la distribución plana y amplia como estimación de la media de la población? Su respuesta nos dice por qué la gente intuitivamente siempre elegirá datos de una muestra grande en lugar de una muestra pequeña. La media muestral que obtienen procede de una distribución más compacta. Este concepto será la base de lo que se llamará nivel de confianza en la siguiente unidad.

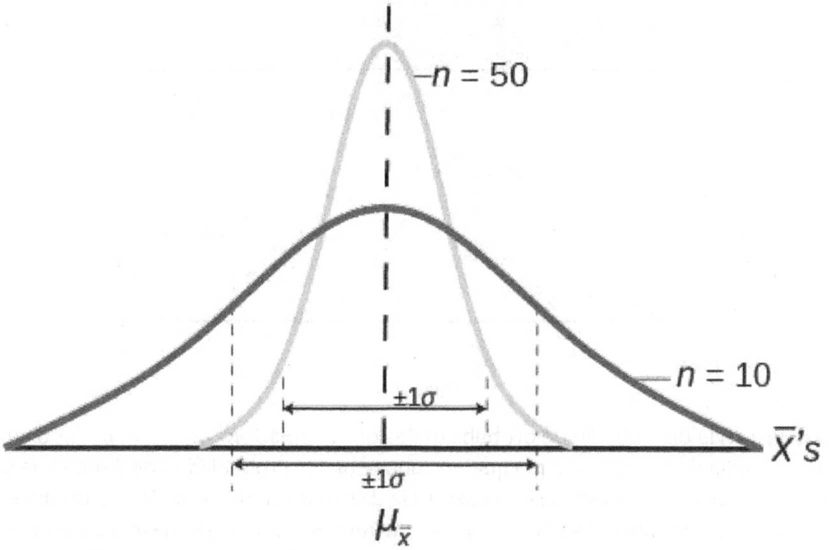

Figura 7.8

7.3 Teorema del límite central de las proporciones

El teorema del límite central nos dice que la estimación puntual de la media muestral, $\bar{x}$, proviene de una distribución normal de $\bar{x}$'s. Esta distribución teórica se denomina distribución muestral de $\bar{x}$'s. Ahora investigamos la distribución de muestreo para otro parámetro importante que deseamos estimar; p de la función de densidad de probabilidad binomial.

Si la variable aleatoria es discreta, como en el caso de los datos categóricos, el parámetro que deseamos estimar es la proporción de la población. Esta es, por supuesto, la probabilidad de obtener un éxito en cualquier sorteo aleatorio. A diferencia del caso que acabamos de discutir para una variable aleatoria continua en la que no conocíamos la distribución poblacional de las X, aquí sí conocemos la función de densidad de probabilidad subyacente para estos datos; es la binomial. La variable aleatoria es X = el número de aciertos y el parámetro que deseamos conocer es p, la probabilidad de sacar un acierto que es, por supuesto, la proporción de aciertos en la población. La pregunta que se plantea es: ¿a partir de qué distribución se obtuvo la proporción de la muestra, $p' = \frac{x}{n}$ extraída? El tamaño de la muestra es n y X es el número de aciertos encontrados en esa muestra. Se trata de una pregunta paralela a la que acaba de responder el teorema del límite central: ¿de qué distribución era la media de la muestra, $\overline{x}$, extraída? Vimos que una vez que supimos que la distribución era la normal, pudimos crear intervalos de confianza para el parámetro poblacional: μ. También utilizaremos esta misma información para comprobar las hipótesis sobre la media de la población más adelante. Ahora queremos ser capaces de desarrollar intervalos de confianza para el parámetro poblacional "p" a partir de la función de densidad de probabilidad binomial.

Para hallar la distribución de la que proceden las proporciones muestrales, necesitamos desarrollar la distribución muestral de las proporciones muestrales, al igual que hicimos con las medias muestrales. Imaginemos de nuevo que tomamos una muestra aleatoria de, por ejemplo, 50 personas y les preguntamos si apoyan la nueva emisión de bonos escolares. A partir de esto encontramos una proporción muestral, p', y la graficamos en el eje de las p'. Hacemos esto una y otra vez, etc., hasta que tengamos la distribución teórica de las p'. Algunas proporciones de la muestra presentarán una alta favorabilidad hacia la emisión de bonos y otras presentarán una baja favorabilidad porque el muestreo aleatorio reflejará la variación de opiniones dentro de la población. Lo que hemos hecho puede verse en la Figura 7.9. El panel superior es la distribución poblacional de probabilidades para cada valor posible de la variable aleatoria X. Aunque no sabemos cómo es la distribución específica porque no conocemos p, el parámetro poblacional, sí sabemos que debe ser algo así. En realidad, no conocemos ni la media ni la desviación típica de esta distribución de la población, la misma dificultad a la que nos enfrentamos al analizar las X anteriormente.

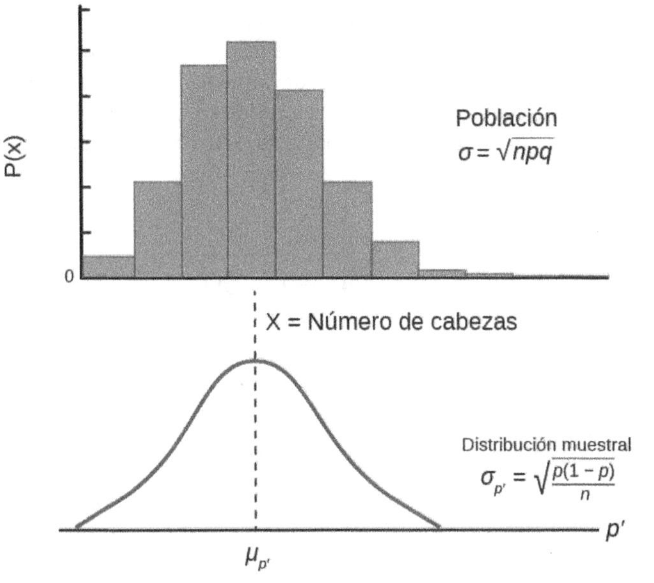

Figura 7.9

La Figura 7.9 sitúa la media en la distribución de probabilidades de la población como $\mu = np$ pero, por supuesto, no conocemos realmente la media de la población porque no conocemos la probabilidad de éxito de la población, p. Debajo de la distribución de los valores de la población se encuentra la distribución muestral de p's. De nuevo, el teorema del límite central nos dice que esta distribución se distribuye normalmente al igual que el caso de la distribución muestral para $\overline{x}$'s. Esta distribución muestral también tiene una media, la media de p', y una desviación típica, $\sigma_{p'}$.

Es importante destacar que, en el caso del análisis de la distribución de las medias muestrales, el teorema del límite central nos indicó el valor esperado de la media de las medias muestrales en la distribución muestral, y la desviación típica de la distribución muestral. De nuevo, el teorema del límite central proporciona esta información para la distribución de muestreo de las proporciones. Las respuestas son

1. El valor esperado de la media de la distribución muestral de las proporciones de la muestra, $\mu_{p'}$, es la proporción de

población, p.

2. La desviación típica de la distribución muestral de las proporciones de la muestra, $\sigma_{\mathrm{p}'}$, es la desviación típica de la población dividida entre la raíz cuadrada del tamaño de la muestra, n.

Estas dos conclusiones son las mismas que hemos encontrado para la distribución de muestreo de las medias de las muestras. Sin embargo, en este caso, como la media y la desviación típica de la distribución binomial dependen de ***p***, la fórmula de la desviación típica de la distribución muestral requiere una manipulación algebraica para ser útil. Lo abordaremos en el próximo capítulo. A continuación, se ofrece la demostración de estas importantes conclusiones del teorema del límite central.

$$E(p') = E\left(\frac{x}{n}\right) = \left(\frac{1}{n}\right)E(x) = \left(\frac{1}{n}\right)np = p$$

(El valor esperado de X, E(x), es simplemente la media de la distribución binomial que sabemos que es np).

$${\sigma_{\mathrm{p}'}}^2 = \mathrm{Var}(p') = \mathrm{Var}\left(\frac{x}{n}\right) = \frac{1}{n^2}(\mathrm{Var}(x)) = \frac{1}{n^2}(np(1-p)) = \frac{p(1-p)}{n}$$

La desviación típica de la distribución muestral de las proporciones es, por tanto, la siguiente

$$\sigma_{\mathrm{p}'} = \sqrt{\frac{p(1-P)}{n}}$$

Parámetro	Distribución de la población	Muestra	Distribución muestral de las p
Media	$\mu = np$	$p' = \frac{x}{n}$	p' y $E(p') = p$
Desviación típica	$\sigma = \sqrt{npq}$		$\sigma_{\mathrm{p}'} = \sqrt{\frac{p(1-p)}{n}}$

Tabla 7.2

La Tabla 7.2 resume estos resultados y muestra la relación entre la población, la muestra y la distribución muestral. Nótese el paralelismo entre esta Tabla y la Tabla 7.1 para el caso en que la variable aleatoria es continua y estábamos desarrollando la distribución muestral para las medias.

Repasando la fórmula de la desviación típica de la distribución muestral para las proporciones vemos que a medida que n aumenta la desviación típica disminuye. Esta es la misma observación que hicimos para la desviación típica de la distribución de muestreo para las medias. De nuevo, a medida que aumenta el tamaño de la muestra, se observa que la estimación puntual de μ o p procede de una distribución cada vez más estrecha. Llegamos a la conclusión de que, con un nivel de probabilidad determinado, el rango del que procede la estimación puntual es menor a medida que aumenta el tamaño de la muestra, n. La figura 7.8 muestra este resultado para el caso de las medias muestrales. Simplemente sustituya p' por $\overline{x}$ y podemos ver el impacto del tamaño de la muestra en la estimación de la proporción de la muestra.

7.4 Factor de corrección de población finita

Hemos visto que el tamaño de la muestra tiene un efecto importante en la varianza y, por tanto, en la desviación típica de la distribución muestral. También es interesante la proporción de la población total que ha sido muestreada. Hemos asumido que la población es extremadamente grande y que hemos muestreado una pequeña parte de ella. A medida que la población se hace más pequeña y muestreamos un mayor número de observaciones, las observaciones de la muestra no son independientes entre sí. Para corregir el impacto de esto, se puede utilizar el factor de corrección finito para ajustar la varianza de la distribución de muestreo. Es apropiado cuando se muestrea más del 5 % de la población y esta tiene un tamaño poblacional conocido. Hay casos en los que se conoce la población, por lo que hay que aplicar el factor de corrección. El problema se plantea tanto para la distribución muestral de las medias como para la distribución muestral de las proporciones. El factor de corrección de la población finita para la varianza de las medias que aparece en la fórmula de normalización es:

$$Z = \frac{\overline{x}-\mu}{\frac{\sigma}{\sqrt{n}} \cdot \sqrt{\frac{N-n}{N-1}}}$$

y para la varianza de las proporciones es:

$$\sigma_{p'} = \sqrt{\frac{p(1-p)}{n}} \times \sqrt{\frac{N-n}{N-1}}$$

Los siguientes ejemplos muestran cómo aplicar el factor. Las varianzas muestrales se ajustan mediante la fórmula anterior.

EJEMPLO 7.1

Se sabe que la población de pastores alemanes blancos en EE. UU. es de 4.000 perros y el peso medio de los pastores alemanes es de 75,45 libras. También se sabe que la desviación típica de la población es de 10,37 libras.

Si el tamaño de la muestra es de 100 perros, halle la probabilidad de que una muestra tenga una media que difiera de la verdadera media probabilística en menos de 2 libras.

Solución 1

$N = 4.000, \quad n = 100, \quad \sigma = 10{,}37, \quad \mu = 75{,}45, \quad (\overline{x}-\mu) = \pm 2$

$$Z = \frac{\overline{x}-\mu}{\frac{\sigma}{\sqrt{n}} \cdot \sqrt{\frac{N-n}{N-1}}} = \frac{\pm 2}{\frac{10{,}37}{\sqrt{100}} \cdot \sqrt{\frac{4.000-100}{4.000-1}}} = \pm 1{,}95$$

$$f(Z) = 0{,}4744 \cdot 2 = 0{,}9488$$

Tenga en cuenta que "difiere en menos" hace referencia al área a ambos lados de la media dentro de 2 libras a la derecha o a la izquierda.

EJEMPLO 7.2

Cuando un cliente hace un pedido a Rudy's On-Line Office Supplies, un sistema informático de información contable (accounting information system, AIS) comprueba automáticamente si el cliente ha superado su límite de crédito. Los registros anteriores indican que la probabilidad de que los clientes superen su límite de crédito es de 0,06.

Supongamos que en un día determinado se realizan 3.000 pedidos en total. Si seleccionamos al azar 360 pedidos, ¿cuál es la probabilidad de que entre 10 y 20 clientes superen su límite de crédito?

Solución 1

$N = 3.000, \quad n = 360, \quad p = 0{,}06$

$$\sigma_{p'} = \sqrt{\frac{p(1-p)}{n}} \times \sqrt{\frac{N-n}{N-1}} = \sqrt{\frac{0{,}06(1-0{,}06)}{360}} \times \sqrt{\frac{3.000-360}{3.000-1}} = 0{,}0117$$

$$p_1 = \frac{10}{360} = 0{,}0278, \quad p_2 = \frac{20}{360} = 0{,}0556$$

$$Z = \frac{p'-p}{\sqrt{\frac{p(1-p)}{n}} \cdot \sqrt{\frac{N-n}{N-1}}} = \frac{0{,}0278-0{,}06}{0{,}011744} = -2{,}74$$

$$Z = \frac{p'-p}{\sqrt{\frac{p(1-p)}{n}} \cdot \sqrt{\frac{N-n}{N-1}}} = \frac{0{,}0556-0{,}06}{0{,}011744} = -0{,}38$$

$$p\left(\frac{0{,}0278-0{,}06}{0{,}011744} < z < \frac{0{,}0556-0{,}06}{0{,}011744}\right) = p\left(-2{,}74 < z < -0{,}38\right) = 0{,}4969-0{,}1480 = 0{,}3489$$

Términos Clave

Distribución de muestreo dadas muestras aleatorias simples de tamaño *n* de una población determinada con una característica medida como la media, la proporción o la desviación típica para cada muestra, la distribución de probabilidad de todas las características medidas se llama distribución de muestreo.

Distribución normal variable aleatoria continua con pdf $e(x) = \frac{1}{\sigma\sqrt{2\pi}} e^{\frac{-(x-\mu)^2}{2\sigma^2}}$, donde μ es la media de la distribución y σ es la desviación típica; notación: $X \sim N(\mu, \sigma)$. Si $\mu = 0$ y $\sigma = 1$, la variable aleatoria, Z, se llama **distribución normal estándar**.

Error estándar de la media la desviación típica de la distribución de las medias muestrales, o $\frac{\sigma}{\sqrt{n}}$.

Error estándar de la proporción desviación típica de la distribución muestral de las proporciones

Factor de corrección de la población finita ajusta la varianza de la distribución del muestreo si la población es conocida y se está realizando muestras más del 5 % de la población.

Media un número que mide la tendencia central; un nombre común para la media es "promedio". El término "media" es una forma abreviada de "media aritmética". Por definición, la media de una muestra (denotada por $\overline{x}$) es $\overline{x} = \frac{\text{Suma de todos los valores de la muestra}}{\text{Número de valores de la muestra}}$, y la media de una población (denotada por μ) es $\mu = \frac{\text{Suma de todos los valores de la población}}{\text{Número de valores en la población}}$.

Promedio un número que describe la tendencia central de los datos; existen varios promedios especializados, como la media aritmética, la media ponderada, la mediana, la moda y la media geométrica.

Teorema del límite central dada una variable aleatoria con media conocida μ y desviación típica conocida, σ, estamos muestreando con tamaño *n*, y nos interesan dos nuevas VR: la media muestral, $\overline{X}$. Si el tamaño (*n*) de la muestra es suficientemente grande, entonces $\overline{X} \sim N(\mu, \frac{\sigma}{\sqrt{n}})$. Si el tamaño (*n*) de la muestra es suficientemente grande, la distribución de las medias muestrales se aproximará a una distribución normal, independientemente de la forma de la población. La media de las medias muestrales será igual a la media poblacional. La desviación típica de la distribución de las medias muestrales, $\frac{\sigma}{\sqrt{n}}$, se denomina error estándar de la media.

Repaso del capítulo

7.1 Teorema del límite central de las medias muestrales

En una población cuya distribución puede ser conocida o desconocida, si el tamaño (*n*) de las muestras es suficientemente grande, la distribución de las medias muestrales será aproximadamente normal. La media de las medias muestrales será igual a la media poblacional. La desviación típica de la distribución de las medias muestrales, denominada error estándar de la media, es igual a la desviación típica de la población dividida entre la raíz cuadrada del tamaño de la muestra (*n*).

7.2 Uso del teorema del límite central

El teorema del límite central puede utilizarse para ilustrar la ley de los grandes números. La ley de los grandes números establece que cuanto mayor sea el tamaño de la muestra que se tome de una población, más se acercará la media muestral $\overline{x}$ llega a μ.

7.3 Teorema del límite central de las proporciones

El teorema del límite central también puede utilizarse para ilustrar que la distribución muestral de las proporciones de la muestra se distribuye normalmente con el valor esperado de p y una desviación típica de $\sigma_{p'} = \sqrt{\frac{p(1-p)}{n}}$

Repaso de fórmulas

7.1 Teorema del límite central de las medias muestrales

El teorema del límite central para las medias muestrales:

$$\overline{X} \sim N\left(\mu_{\overline{x}}, \frac{\sigma}{\sqrt{n}}\right)$$

$$Z = \frac{\overline{X}-\mu_{\overline{X}}}{\sigma_{\overline{X}}} = \frac{\overline{X}-\mu}{\sigma/\sqrt{n}}$$

La media $\overline{X}$: $\mu_{\overline{x}}$

Teorema del límite central de las medias muestrales de puntuación z $z = \frac{\overline{x}-\mu_{\overline{x}}}{\left(\frac{\sigma}{\sqrt{n}}\right)}$

Error estándar de la media (desviación típica ($\overline{X}$)): $\frac{\sigma}{\sqrt{n}}$

Factor de corrección de la población finita para la

distribución muestral de las medias: $Z = \frac{\overline{x}-\mu}{\frac{\sigma}{\sqrt{n}} \cdot \sqrt{\frac{N-n}{N-1}}}$

Factor de corrección de la población finita para la distribución muestral de las proporciones:

$\sigma_{p'} = \sqrt{\frac{p(1-p)}{n}} \times \sqrt{\frac{N-n}{N-1}}$

Práctica

7.2 Uso del teorema del límite central

Use la siguiente información para responder los próximos diez ejercicios: un fabricante produce pesas de 25 libras. El peso real más bajo es de 24 libras, y el más alto de 26 libras. Cada pesa tiene la misma probabilidad, por lo que la distribución de los pesos es uniforme. Se toma una muestra de 100 pesas.

1. a. ¿Cuál es la distribución de los pesos de una pesa de 25 libras? ¿Cuál es la media y la desviación típica?
   b. ¿Cuál es la distribución del peso medio de 100 pesas de 25 libras?
   c. Calcule la probabilidad de que la media del peso real de las 100 pesas sea inferior a 24,9.

Ejercicio 7.1

2. Calcule la probabilidad de que la media del peso real de las 100 pesas sea mayor que 25,2.

Ejercicio 7.2

3. Calcule el percentil 90 para el peso medio de las 100 pesas.

Ejercicio 7.3

4. a. ¿Cuál es la distribución de la suma de los pesos de 100 pesas de 25 libras?
   b. Calcule $P(\Sigma x < 2.450)$.

Ejercicio 7.4

5. Calcule el percentil 90 para el peso total de las 100 pesas.

Ejercicio 7.5

Use la siguiente información para responder los próximos cinco ejercicios: La duración de la batería de un determinado teléfono inteligente sigue una distribución exponencial con una media de diez meses. Se toma una muestra de 64 de estos teléfonos inteligentes.

6. a. ¿Cuál es la desviación típica?
   b. ¿Cuál es el parámetro *m*?

7. ¿Cuál es la distribución de la duración de una batería?

8. ¿Cuál es la distribución de la duración media de 64 baterías?

9. ¿Cuál es la distribución de la duración total de 64 baterías?

10. Calcule la probabilidad de que la media muestral esté entre siete y 11.

11. Calcule el percentil 80 para la duración total de 64 baterías.

12. Calcule el *IQR* para la media de tiempo que duran 64 baterías.

13. Calcule el 80 % del centro para el tiempo total de duración de 64 baterías.

Use la siguiente información para responder los próximos ocho ejercicios: una distribución uniforme tiene un mínimo de seis y un máximo de diez. Se toma una muestra de 50 personas.

14. Calcule $P(\Sigma x > 420)$.

15. Calcule el percentil 90 de las sumas.

16. Calcule el percentil 15 de las sumas.

17. Calcule el primer cuartil de las sumas.

18. Calcule el tercer cuartil para las sumas.

19. Calcule el percentil 80 de las sumas.

20. Una población tiene una media de 25 y una desviación típica de 2. Si se muestrea repetidamente con muestras de tamaño 49, ¿cuál es la media y la desviación típica de las medias muestrales?

21. Una población tiene una media de 48 y una desviación típica de 5. Si se muestrea repetidamente con muestras de tamaño 36, ¿cuál es la media y la desviación típica de las medias muestrales?

22. Una población tiene una media de 90 y una desviación típica de 6. Si se muestrea repetidamente con muestras de tamaño 64, ¿cuál es la media y la desviación típica de las medias muestrales?

23. Una población tiene una media de 120 y una desviación típica de 2,4. Si se muestrea repetidamente con muestras de tamaño 40, ¿cuál es la media y la desviación típica de las medias muestrales?

24. Una población tiene una media de 17 y una desviación típica de 1,2. Si se muestrea repetidamente con muestras de tamaño 50, ¿cuál es la media y la desviación típica de las medias muestrales?

25. Una población tiene una media de 17 y una desviación típica de 0,2. Si se muestrea repetidamente con muestras de tamaño 16, ¿cuál es el valor esperado y la desviación típica de las medias muestrales?

26. Una población tiene una media de 38 y una desviación típica de 3. Si se muestrea repetidamente con muestras de tamaño 48, ¿cuál es el valor esperado y la desviación típica de las medias muestrales?

27. Una población tiene una media de 14 y una desviación típica de 5. Si se muestrea repetidamente con muestras de tamaño 60, ¿cuál es el valor esperado y la desviación típica de las medias muestrales?

7.3 Teorema del límite central de las proporciones

28. Se hace una pregunta a una clase de 200 estudiantes de primer año y el 23 % de los estudiantes sabe la respuesta correcta. Si se toma repetidamente una muestra de 50 estudiantes, ¿cuál es el valor esperado de la media de la distribución muestral de las proporciones de la muestra?

29. Se hace una pregunta a una clase de 200 estudiantes de primer año y el 23 % de los estudiantes sabe la respuesta correcta. Si se toma repetidamente una muestra de 50 estudiantes, ¿cuál es la desviación típica de la media de la distribución muestral de las proporciones de la muestra?

30. Un juego se juega repetidamente. Un jugador gana una quinta parte de las veces. Si se toman repetidamente 40 muestras por cada juego, ¿cuál es el valor esperado de la media de la distribución muestral de las proporciones de la muestra?

31. Un juego se juega repetidamente. Un jugador gana una quinta parte de las veces. Si se toman repetidamente 40 muestras por cada juego, ¿cuál es la desviación típica de la media de la distribución muestral de las proporciones de la muestra?

32. Un virus ataca a una de cada tres personas expuestas a él. Toda una gran ciudad está expuesta. Si se toman muestras de 70 personas, ¿cuál es el valor esperado de la media de la distribución muestral de las proporciones de la muestra?

33. Un virus ataca a una de cada tres personas expuestas a él. Toda una gran ciudad está expuesta. Si se toman muestras de 70 personas, ¿cuál es la desviación típica de la media de la distribución muestral de las proporciones de la muestra?

34. Una compañía inspecciona productos que pasan por su proceso de producción y rechaza los productos detectados. Una décima parte de los artículos son rechazados. Si se toman muestras de 50 elementos, ¿cuál es el valor esperado de la media de la distribución muestral de las proporciones de la muestra?

35. Una compañía inspecciona productos que pasan por su proceso de producción y rechaza los productos detectados. Una décima parte de los artículos son rechazados. Si se toman muestras de 50 elementos, ¿cuál es la desviación típica de la media de la distribución muestral de las proporciones de la muestra?

7.4 Factor de corrección de población finita

36. Un barco pesquero lleva 1.000 peces a bordo, con un peso promedio de 120 libras y una desviación típica de 6,0 libras. Si se revisan tamaños de muestra de 50 peces, ¿cuál es la probabilidad de que los peces de una muestra tengan un peso medio dentro de 2,8 libras de la media real de la población?

37. Un jardín experimental cuenta con 500 plantas de girasol. Las plantas están siendo tratadas para que crezcan a alturas inusuales. La altura promedio es de 9,3 pies con una desviación típica de 0,5 pies. Si se toman muestras de 60 plantas, ¿cuál es la probabilidad de que las plantas de una muestra determinada tengan una altura promedio dentro de 0,1 pies de la media real de la población?

38. Una compañía tiene 800 empleados. El número promedio de días de trabajo entre ausencias por enfermedad es de 123, con una desviación típica de 14 días. Se examinan muestras de 50 empleados. ¿Cuál es la probabilidad de que una muestra tenga una media de días de trabajo sin ausencia por enfermedad de al menos 124 días?

39. Unos automóviles pasan por un dispositivo automático de control de velocidad que monitorea 2.000 automóviles en un día determinado. Esta población de automóviles tiene una velocidad media de 67 millas por hora con una desviación típica de 2 millas por hora. Si se toman muestras de 30 automóviles, ¿cuál es la probabilidad de que una muestra dada tenga una velocidad promedio dentro de 0,50 millas por hora de la media de la población?

40. Un pueblo lleva un registro meteorológico. A partir de estos registros se ha determinado que llueve un promedio del 37 % de los días al año. Si se seleccionan 30 días al azar de un año, ¿cuál es la probabilidad de que hayan llovido al menos 5 y como máximo 11 días?

41. Un fabricante de varas de medir tiene un problema de tinta que hace que las marcas se corran en el 4 % de las varas. La producción diaria es de 2.000 varas de medir. ¿Cuál es la probabilidad de que si se comprueba una muestra de 100 varas de medir, haya tinta corrida como máximo en 4 varas de medir?

42. Una escuela tiene 300 estudiantes. Normalmente, hay un promedio de 21 estudiantes que se ausentan. Si se toma una muestra de 30 estudiantes en un día determinado, ¿cuál es la probabilidad de que como máximo 2 estudiantes de la muestra estén ausentes?

43. Una universidad hace una prueba de nivelación a 5.000 estudiantes de nuevo ingreso cada año. En promedio, 1.213 quedan en uno o más cursos de desarrollo. Si se toma una muestra de 50 de los 5.000, ¿cuál es la probabilidad de que como máximo 12 de los incluidos en la muestra tengan que hacer al menos un curso de desarrollo?

Tarea para la casa

7.1 Teorema del límite central de las medias muestrales

44. Anteriormente, los estudiantes de Estadística de De Anza estimaron que la cantidad de cambio que llevan los estudiantes de Estadística durante el día se distribuye exponencialmente con una media de 0,88 dólares. Supongamos que elegimos al azar a 25 estudiantes diurnos de Estadística.

a. En palabras, X = __________
b. $X \sim$ ____(____,____)
c. En palabras, $\bar{X}$ = __________
d. $\bar{X} \sim$ ____ (____, ____)
e. Calcule la probabilidad de que una persona tenga entre 0,80 y 1,00 dólares. Grafique la situación, y sombree en la zona que se determine.
f. Calcule la probabilidad de que el promedio de los 25 estudiantes esté entre 0,80 y 1,00 dólares. Grafique la situación, y sombree en la zona que se determine.
g. Explique por qué hay una diferencia en la parte e y en la parte f.

45. Supongamos que la distancia de los batazos de aire lanzados al campo (en béisbol) se distribuye normalmente, con una media de 250 pies y una desviación típica de 50 pies. Tomamos una muestra aleatoria de 49 batazos de aire.

a. Si $\bar{X}$ = distancia promedio en pies para 49 batazos de aire, entonces $\bar{X} \sim$ ______(______,______)
b. ¿Cuál es la probabilidad de que las 49 pelotas hayan volado un promedio de menos de 240 pies? Dibuje el gráfico. Escala el eje horizontal para $\bar{X}$. Sombree la región correspondiente a la probabilidad. Calcule la probabilidad.
c. Calcule el percentil 80 de la distribución del promedio de 49 batazos de aire.

46. Según el Servicio de Impuestos Internos, el tiempo promedio que tarda una persona en terminar (llevar un registro, aprender, preparar, copiar, recopilar y enviar) el formulario 1040 del IRS es de 10,53 horas (sin los anexos). La distribución es desconocida. Supongamos que la desviación típica es de dos horas. Supongamos que tomamos una muestra aleatoria de 36 contribuyentes.

a. En palabras, X = __________
b. En palabras, $\bar{X}$ = __________
c. $\bar{X} \sim$ ____(____,____)
d. ¿Le sorprendería que los 36 contribuyentes terminaran su formulario 1040 en un promedio de más de 12 horas? Explique por qué sí o por qué no en oraciones completas.
e. ¿Le sorprendería que un contribuyente terminara su formulario 1040 en más de 12 horas? Explique por qué en una oración completa.

47. Supongamos que se sabe que una categoría de corredores de clase mundial corre un maratón (26 millas) en un promedio de 145 minutos con una desviación típica de 14 minutos. Considere 49 de las carreras. Supongamos que $\bar{X}$ el promedio de las 49 carreras.

a. $\bar{X} \sim$ ____(____,____)
b. Calcule la probabilidad de que el corredor tenga un promedio entre 142 y 146 minutos en estos 49 maratones.
c. Calcule el percentil 80 del promedio de estos 49 maratones.
d. Calcule la mediana de los tiempos promedio de ejecución.

48. La duración de las canciones en la colección de álbumes de iTunes de un coleccionista se distribuye uniformemente de dos a 3,5 minutos. Supongamos que elegimos al azar cinco álbumes de la colección. Hay un total de 43 canciones en los cinco álbumes.

a. En palabras, X = _______
b. $X \sim$ _________
c. En palabras, $\bar{X}$ = _________
d. $\bar{X} \sim$ ____(____,____)
e. Calcule el primer cuartil para la duración promedio de la canción.
f. El IQR (rango intercuartil) para la longitud promedio de la canción es de ______-______.

49. En 1940, el tamaño promedio de una granja en EE. UU. era de 174 acres. Digamos que la desviación típica era de 55 acres. Supongamos que encuestamos al azar a 38 agricultores de 1940.

a. En palabras, X = _________
b. En palabras, $\bar{X}$ = _________
c. $\bar{X} \sim$ ____(____,____)
d. El IQR para $\bar{X}$ es de _____ acres a _____ acres.

50. Determine cuáles de las siguientes afirmaciones son verdaderas y cuáles son falsas. Luego, justifique sus respuestas con oraciones completas.

a. Cuando el tamaño de la muestra es grande, la media de $\bar{X}$ es aproximadamente igual a la media de X.
b. Cuando el tamaño de la muestra es grande, $\bar{X}$ se distribuye aproximadamente normal.
c. Cuando el tamaño de la muestra es grande, la desviación típica de $\bar{X}$ es aproximadamente igual a la desviación típica de X.

51. El porcentaje de calorías de grasa que una persona en Estados Unidos consume cada día se distribuye normalmente, con una media de 36 aproximadamente y una desviación típica de diez aproximadamente. Supongamos que se eligen 16 personas al azar. Supongamos que $\bar{X}$ = porcentaje promedio de calorías de grasa.

a. $\bar{X} \sim$ _____(_____, _____)
b. Para el grupo de 16, calcule la probabilidad de que el porcentaje promedio de calorías de grasa consumidas sea superior a cinco. Grafique la situación y sombree la zona a determinar.
c. Calcule el primer cuartil para el porcentaje promedio de calorías de grasa.

52. La distribución de los ingresos en algunos países del tercer mundo se considera en forma de cuña (mucha gente muy pobre, muy poca gente con ingresos medios y aún menos gente rica). Supongamos que elegimos un país con una distribución en forma de cuña. Supongamos que el salario promedio es de 2.000 dólares al año con una desviación típica de 8.000 dólares. Encuestamos al azar a 1.000 residentes de ese país.

a. En palabras, X = _________
b. En palabras, $\bar{X}$ = _________
c. $\bar{X} \sim$ ____(____,____)
d. ¿Cómo es posible que la desviación típica sea mayor que el promedio?
e. ¿Por qué es más probable que el promedio de los 1.000 residentes sea de 2.000 a 2.100 dólares que de 2.100 a 2.200 dólares?

53. ¿Cuál de las siguientes opciones NO ES CIERTA sobre la distribución de los promedios?

a. La media, la mediana y la moda son iguales.
b. El área debajo de la curva es uno.
c. La curva nunca toca el eje x.
d. La curva está distorsionada hacia la derecha.

54. El costo de la gasolina sin plomo en el Área de la Bahía seguía antes una distribución desconocida con una media de 4,59 dólares y una desviación típica de 0,10 dólares. Se eligen al azar dieciséis gasolineras del Área de la Bahía. Nos interesa el costo promedio de la gasolina en las 16 gasolineras. La distribución que se va a usar para el costo promedio de la gasolina para las 16 gasolineras es

a. $\bar{X} \sim N(4{,}59;\, 0{,}10)$
b. $\bar{X} \sim N\left(40{,}59,\ \frac{0{,}10}{\sqrt{16}}\right)$
c. $\bar{X} \sim N\left(40{,}59,\ \frac{16}{0{,}10}\right)$
d. $\bar{X} \sim N\left(40{,}59,\ \frac{\sqrt{16}}{0{,}10}\right)$

7.2 Uso del teorema del límite central

55. Una gran población de 5000 estudiantes realiza un examen de práctica para preparar una prueba estandarizada. La media de la población es de 140 preguntas correctas y la desviación típica es de 80. ¿Qué tamaño de muestras debe tomar un investigador para obtener una distribución de medias de las muestras con una desviación típica de 10?

56. Una población grande tiene datos sesgados con una media de 70 y una desviación típica de 6. Se toman 100 muestras y se analiza la distribución de las medias de estas muestras.

a. ¿La distribución de las medias se acercará más a una distribución normal que la distribución de la población?
b. ¿Se mantendrá la media de las medias de las muestras cerca de 70?
c. ¿La distribución de las medias tendrá una desviación típica menor?
d. ¿Cuál es esa desviación típica?

57. Un investigador observa los datos de una gran población con una desviación típica demasiado grande. Para concentrar la información, el investigador decide muestrear repetidamente los datos y utilizar la distribución de las medias de las muestras. En el primer esfuerzo se utilizó una muestra de un tamaño de 100. Pero la desviación típica era aproximadamente el doble del valor que quería el investigador. ¿Cuál es el tamaño más pequeño de las muestras que el investigador puede utilizar para solucionar el problema?

58. Un investigador observa un gran conjunto de datos y concluye que la población tiene una desviación típica de 40. Si se utilizan tamaños de muestra de 64, el investigador es capaz de centrar la media de las medias de la muestra en una distribución más estrecha en la que la desviación típica es de 5. Entonces, el investigador se da cuenta de que hubo un error en los cálculos originales, y la desviación típica inicial es realmente 20. Dado que la desviación típica de las medias de las muestras se obtuvo utilizando la desviación típica original, este valor también se ve afectado por el descubrimiento del error. ¿Cuál es el valor correcto de la desviación típica de las medias de las muestras?

59. Una población tiene una desviación típica de 50. Se muestrea con muestras de tamaño 100. ¿Cuál es la varianza de las medias de las muestras?

7.3 Teorema del límite central de las proporciones

60. Un agricultor recoge calabazas en un campo extenso. El agricultor toma muestras de 260 calabazas y las inspecciona. Si una de cada cincuenta calabazas no es apta para el mercado y se guarda para semillas, ¿cuál es la desviación típica de la media de la distribución muestral de las proporciones de la muestra?

61. Una tienda encuesta a los clientes para ver si están satisfechos con el servicio que recibieron. Se toman muestras de 25 encuestas. Una de cada cinco personas está insatisfecha. ¿Cuál es la varianza de la media de la distribución muestral de las proporciones de la muestra para el número de clientes insatisfechos? ¿Cuál es la diferencia entre los clientes satisfechos?

62. Una compañía hace una encuesta anónima a sus empleados para ver qué porcentaje de ellos está contento. La compañía es demasiado grande para comprobar cada respuesta, así que se toman muestras de 50, y la tendencia es que tres cuartas partes de los empleados están contentos. Para la media de la distribución muestral de las proporciones de la muestra, responda a las siguientes preguntas, si el tamaño de la muestra se duplica.

   a. ¿Cómo afecta esto a la media?
   b. ¿Cómo afecta esto a la desviación típica?
   c. ¿Cómo afecta esto a la varianza?

63. Un encuestador hace una sola pregunta con solo un sí y un no como posibilidades de respuesta. La encuesta se realiza a nivel nacional, por lo que se toman muestras de 100 respuestas. Hay cuatro respuestas afirmativas para cada respuesta negativa en general. Para la media de la distribución muestral de las proporciones de la muestra, halle lo siguiente para las respuestas afirmativas.

   a. El valor esperado.
   b. La desviación típica.
   c. La varianza.

64. La media de la distribución muestral de las proporciones de la muestra tiene un valor de p de 0,3 y un tamaño de muestra de 40.

   a. ¿Hay alguna diferencia en el valor esperado si p y q invierten los roles?
   b. ¿Hay alguna diferencia en el cálculo de la desviación típica con la misma inversión?

7.4 Factor de corrección de población finita

65. Una compañía tiene 1.000 empleados. El número promedio de días de trabajo entre ausencias por enfermedad es de 80, con una desviación típica de 11 días. Se examinan muestras de 80 empleados. ¿Cuál es la probabilidad de que una muestra tenga una media de días de trabajo sin ausencia por enfermedad de al menos 78 días y como máximo 84 días?

66. Unos camiones pasan por una báscula automática que controla 2.000 camiones. Esta población de camiones tiene un peso promedio de 20 toneladas con una desviación típica de 2 toneladas. Si se toma una muestra de 50 camiones, ¿cuál es la probabilidad de que la muestra tenga un peso promedio dentro de la media de la población?

67. Un pueblo lleva un registro meteorológico. A partir de estos registros se ha determinado que llueve un promedio del 12 % de los días al año. Si se seleccionan 30 días al azar de un año, ¿cuál es la probabilidad de que como máximo 3 días hayan llovido?

68. Un fabricante de tarjetas de felicitación tiene un problema de tinta que hace que esta se corra en el 7 % de las tarjetas. La producción diaria es de 500 tarjetas. ¿Cuál es la probabilidad de que, si se revisa una muestra de 35 tarjetas, haya tinta manchada como máximo en 5 tarjetas?

69. Una escuela tiene 500 estudiantes. Por lo general, hay un promedio de 20 estudiantes que se ausentan. Si se toma una muestra de 30 estudiantes en un día determinado, ¿cuál es la probabilidad de que al menos 2 estudiantes de la muestra estén ausentes?

Referencias

7.1 Teorema del límite central de las medias muestrales

Baran, Daya. "20 Percent of Americans Have Never Used Email."WebGuild, 2010. Disponible en línea en http://www.webguild.org/20080519/20-percent-of-americans-have-never-used-email (consultado el 17 de mayo de 2013).

Datos de The Flurry Blog, 2013. Disponible en línea en http://blog.flurry.com (consultado el 17 de mayo de 2013).

Datos del Departamento de Agricultura de Estados Unidos.

Soluciones

1. a. $U(24, 26)$, 25, 0,5774
b. $N(25, 0{,}0577)$
c. 0,0416

2. 0,0003

3. 25,07

4. a. $N(2.500; 5{,}7735)$
b. 0

5. 2.507,40

6. a. 10
b. $\frac{1}{10}$

8. $N\left(10, \frac{10}{8}\right)$

10. 0,7799

12. 1,69

14. 0,0072

16. 391,54

18. 405,51

20. Media = 25, desviación típica = 2/7

21. Media = 48, desviación típica = 5/6

22. Media = 90, desviación típica = 3/4

23. Media = 120, desviación típica = 0,38

24. Media = 17, desviación típica = 0,17

25. Valor esperado = 17, desviación típica = 0,05

26. Valor esperado = 38, desviación típica = 0,43

27. Valor esperado = 14, desviación típica = 0,65

28. 0,23

29. 0,060

30. 1/5

31. 0,063

32. 1/3

33. 0,056

34. 1/10

35. 0,042

36. 0,999

37. 0,901

38. 0,301

39. 0,832

40. 0,483

41. 0,500

42. 0,502

43. 0,519

44. a. X = cantidad de cambio que llevan los estudiantes
b. $X \sim E(0{,}88; 0{,}88)$
c. $\bar{X}$ = cantidad de cambio promedio llevada por una muestra de 25 estudiantes.
d. $\bar{X} \sim N(0{,}88; 0{,}176)$
e. 0,0819
f. 0,1882
g. Las distribuciones son diferentes. La parte a es exponencial y la parte b es normal.

46. a. tiempo que tarda una persona en terminar el formulario 1040 del IRS, en horas.
b. duración media de una muestra de 36 contribuyentes en terminar el formulario 1040 del IRS, en horas.
c. $N\left(100{,}53,\ \frac{1}{3}\right)$
d. Sí. Me sorprendería, porque la probabilidad es casi 0.
e. No. No me sorprendería del todo porque la probabilidad es de 0,2312

48. a. la duración de una canción, en minutos, en la colección
b. $U(2, 3{,}5)$
c. la duración promedio, en minutos, de las canciones de una muestra de cinco álbumes de la colección
d. $N(2{,}75, 0{,}066)$
e. 2,74 minutos
f. 0,03 minutos

50. a. Verdadero. La media de una distribución del muestreo de las medias es aproximadamente la media de la distribución de los datos.
b. Verdadero. Según el teorema del límite central, cuanto mayor sea la muestra, más se aproxima a la normalidad la distribución del muestreo de las medias.
c. La desviación típica de la distribución del muestreo de las medias disminuirá haciéndola aproximadamente igual a la desviación típica de X a medida que aumenta el tamaño de la muestra.

52. a. X = los ingresos anuales de alguien en un país del tercer mundo
b. el salario promedio de las muestras de 1.000 residentes de un país del tercer mundo
c. $\bar{X} \sim N\left(2000, \frac{8000}{\sqrt{1.000}}\right)$
d. Las diferencias muy amplias en los valores de los datos pueden tener promedios más pequeños que las desviaciones típicas.
e. La distribución de la media muestral tendrá mayores probabilidades de acercarse a la media de la población.
$P(2.000 < \bar{X} < 2.100) = 0{,}1537$
$P(2.100 < \bar{X} < 2200) = 0{,}1317$

54. b

55. 64

56. a. Sí
b. Sí
c. Sí
d. 0,6

57. 400

58. 2,5

59. 25

60. 0,0087

61. 0,0064, 0,0064

62. a. No tiene ningún efecto.
b. Se divide entre $\sqrt{2}$.
c. Se divide entre 2.

63. a. 4/5
b. 0,04
c. 0,0016

64. a. Sí
b. No

65. 0,955

66. 0,927

67. 0,648

68. 0,101

69. 0,273

8 INTERVALOS DE CONFIANZA

Figura 8.1 ¿Se ha preguntado alguna vez cuál es el promedio de M&M que hay en una bolsa en el supermercado? Puede usar los intervalos de confianza para responder esta pregunta (créditos: comedy_nose/flickr).

Introducción

Supongamos que intenta determinar el alquiler medio de un apartamento de dos habitaciones en su ciudad. Puede buscar en la sección de anuncios del periódico, anotar varios alquileres que aparezcan y hacer un promedio entre ellos. Habría obtenido una estimación puntual de la media real. Si intenta determinar el porcentaje de veces que encesta cuando lanza una pelota de baloncesto, puede contar el número de tiros que lo logra y dividirlo entre el número de tiros que intenta. En este caso, se habría obtenido una estimación puntual de la proporción verdadera del parámetro p en la función de densidad de probabilidad binomial.

Utilizamos los datos de la muestra para hacer generalizaciones sobre una población desconocida. Esta parte de la Estadística se llama **Estadística Inferencial. Los datos de la muestra nos ayudan a hacer una estimación de un parámetro** de la población. Nos damos cuenta de que lo más probable es que la estimación puntual no sea el valor exacto del parámetro poblacional, sino que se acerque a él. Después de calcular las estimaciones puntuales, construimos las estimaciones de intervalo, llamadas intervalos de confianza. Lo que la estadística nos proporciona, más allá de un simple promedio o estimación puntual, es una estimación a la que podemos atribuir una probabilidad de exactitud, lo que llamaremos un nivel de confianza. Hacemos inferencias con un nivel de probabilidad conocido.

En este capítulo aprenderá a construir e interpretar intervalos de confianza. También aprenderá una nueva distribución, la t de Student, y cómo se utiliza con estos intervalos. A lo largo del capítulo es importante tener en cuenta que el intervalo de confianza es una variable aleatoria. Es el parámetro poblacional que se fija.

Si usted trabajara en el departamento de mercadeo de una compañía de entretenimiento, podría interesarse por el número medio de canciones que un consumidor descarga al mes de iTunes. Si es así, puede hacer una encuesta y calcular la media muestral, $\overline{x}$, y la desviación típica de la muestra, *s*. Usaría $\overline{x}$ para estimar la media de la población y *s* para estimar la desviación típica de la población. La media muestral, $\overline{x}$, es la **estimación** puntual de la media de la población, μ. La desviación típica de la muestra, s, es la estimación puntual de la desviación típica de la población, σ.

$\bar{x}$ y s se denominan cada uno una estadística.

Un **intervalo de confianza** es otro tipo de estimación pero, en vez de ser un solo número, es un intervalo de números. El intervalo de números es un rango de valores calculado a partir de un conjunto determinado de datos de muestra. Es probable que el intervalo de confianza incluya el parámetro poblacional desconocido.

Supongamos, para el ejemplo de iTunes, que no conocemos la media poblacional μ, pero sí sabemos que la desviación típica de la población es $\sigma = 1$ y que nuestro tamaño de muestra es 100. Entonces, por el teorema del límite central, la desviación típica de la distribución muestral de las medias de la muestra es

$$\frac{\sigma}{\sqrt{n}} = \frac{1}{\sqrt{100}} = 0{,}1.$$

La **regla empírica**, que se aplica a la distribución normal, dice que en aproximadamente el 95 % de las muestras, la media muestral, $\bar{x}$, estará dentro de las dos desviaciones típicas de la media poblacional μ. Para nuestro ejemplo de iTunes, dos desviaciones típicas son (2)(0,1) = 0,2. La media muestral $\bar{x}$ es probable que esté dentro de 0,2 unidades de μ.

Dado que $\bar{x}$ está dentro de 0,2 unidades de μ, que es desconocido, entonces es probable que μ esté dentro de 0,2 unidades de $\bar{x}$ con un 95 % de probabilidad. La media poblacional μ está contenida en un intervalo cuyo número inferior se calcula tomando la media muestral y restando dos desviaciones típicas (2)(0,1) y cuyo número superior se calcula tomando la media muestral y sumando dos desviaciones típicas. En otras palabras, μ está entre $\bar{x} - 00{,}2$ y $\bar{x} + 00{,}2$ en el 95 % de las muestras.

Para el ejemplo de iTunes, supongamos que una muestra produce una media muestral $\bar{x} = 2$. Entonces con un 95 % de probabilidad la media poblacional desconocida μ está entre

$$\bar{x} - 0{,}2 = 2 - 0{,}2 = 1{,}8 \text{ y } \bar{x} + 0{,}2 = 2 + 0{,}2 = 2{,}2$$

Decimos que tenemos **un 95 % de confianza** en que la media de la población desconocida de canciones descargadas de iTunes al mes está entre 1,8 y 2,2. **El intervalo de confianza del 95 % es (1,8; 2,2).** Tenga en cuenta que hablamos en términos de confianza del 95 % utilizando la regla empírica. La regla empírica para dos desviaciones típicas es solo aproximadamente el 95 % de la probabilidad bajo la distribución normal. Para ser precisos, dos desviaciones típicas en una distribución normal son en realidad el 95,44 % de la probabilidad. Para calcular el nivel de confianza exacto del 95 % utilizaríamos 1,96 desviaciones típicas.

El intervalo de confianza del 95 % implica dos posibilidades. O bien el intervalo (1,8, 2,2) contiene la verdadera media μ, o bien nuestra muestra produjo un $\bar{x}$ que no esté a menos de 0,2 unidades de la media verdadera μ. La segunda posibilidad solo se da en el 5 % de todas las muestras (95 % menos 100 % = 5 %).

Recuerde que un intervalo de confianza se crea para un parámetro poblacional desconocido como la media poblacional, μ.

Para el intervalo de confianza de una media la fórmula sería

$$\mu = \bar{X} \pm Z_{\alpha} \sigma / \sqrt{n}$$

O escrito de otra manera como:

$$\bar{X} - Z_{\alpha} \sigma / \sqrt{n} \leq \mu \leq \bar{X} + Z_{\alpha} \sigma / \sqrt{n}$$

Donde $\bar{X}$ es la media de la muestra. Z_{α} se determina por el nivel de confianza deseado por el analista, y $\sigma / \sqrt{n}$ es la desviación típica de la distribución muestral para las medias que nos da el teorema del límite central.

8.1 Un intervalo de confianza para una desviación típica de la población, con un tamaño de muestra conocido o grande

Un intervalo de confianza para una media poblacional con una desviación típica poblacional conocida se basa en la conclusión del teorema del límite central de que la distribución muestral de las medias muestrales sigue una distribución aproximadamente normal.

Cálculo del intervalo de confianza

Considere la fórmula de estandarización para la distribución de muestreo desarrollada en la discusión del Teorema del Límite Central:

$$Z_1 = \frac{\bar{X} - \mu_{\bar{X}}}{\sigma_{\bar{X}}} = \frac{\bar{X} - \mu}{\sigma / \sqrt{n}}$$

Observe que μ se sustituye por $\mu_{\bar{x}}$ porque sabemos que el valor esperado de $\mu_{\bar{x}}$ es μ del teorema del límite central y $\sigma_{\bar{x}}$ se sustituye por $\sigma/\sqrt{n}$, también del teorema del límite central.

En esta fórmula sabemos $\bar{X}$, $\sigma_{\bar{x}}$ y n, el tamaño de la muestra. (En realidad, no conocemos la desviación típica de la población, pero tenemos una estimación puntual de la misma, s, a partir de la muestra que hemos tomado. Más adelante se hablará de esto). Lo que no sabemos es μ o Z_1. Podemos resolver cualquiera de ellas en términos de la otra. Resolviendo para μ en términos de Z_1 se obtiene:

$$\mu = \bar{X} \pm Z_1 \sigma / \sqrt{n}$$

Recordando que el teorema del límite central nos dice que la distribución de $\bar{X}$'s, la distribución muestral para las medias, es normal, y que la distribución normal es simétrica, podemos reordenar los términos así:

$$\bar{X} - Z_\alpha \left(\sigma / \sqrt{n} \right) \leq \mu \leq \bar{X} + Z_\alpha \left(\sigma / \sqrt{n} \right)$$

Esta es la fórmula de un intervalo de confianza para la media de una población.

Observe que Z_α ha sido sustituido por Z_1 en esta ecuación. Aquí es donde el estadístico debe hacer una elección. El analista debe decidir el nivel de confianza que desea imponer al intervalo de confianza. α es la probabilidad de que el intervalo no contenga la verdadera media de la población. El nivel de confianza se define como (1-α). Z_α es el número de desviaciones típicas $\bar{X}$ que se aleja de la media con una cierta probabilidad. Si elegimos Z_α = 1,96, estamos pidiendo el intervalo de confianza del 95 % porque estamos fijando en 0,95 la probabilidad de que la verdadera media se encuentre dentro del rango. Si fijamos Z_α en 1,64, estamos pidiendo el intervalo de confianza del 90% porque hemos fijado la probabilidad en 0,90. Estos números pueden verificarse consultando la tabla estandarizada. Divida 0,95 o 0,90 por la mitad y encuentra esa probabilidad dentro del cuerpo de la tabla. A continuación, lea en los márgenes superior e izquierdo el número de desviaciones típicas que se necesitan para obtener este nivel de probabilidad.

En realidad, podemos establecer cualquier nivel de confianza que deseemos simplemente cambiando el valor Z_α en la fórmula. Es la elección del analista. La convención común en economía y en la mayoría de las ciencias sociales establece los intervalos de confianza en niveles del 90, 95 o 99 por ciento. Los niveles inferiores al 90% se consideran de poco valor. El nivel de confianza de una determinada estimación de intervalo se denomina (1-α).

Una buena forma de ver el desarrollo de un intervalo de confianza es representar gráficamente la solución de un problema solicitando un intervalo de confianza. Esto se presenta en la Figura 8.2 para el ejemplo de la introducción relativo al número de descargas de iTunes. Ese caso era para un intervalo de confianza del 95%, pero se podrían haber elegido otros niveles de confianza con la misma facilidad, según la necesidad del analista. Sin embargo, el nivel de confianza DEBE estar preestablecido y no estar sujeto a revisión como resultado de los cálculos.

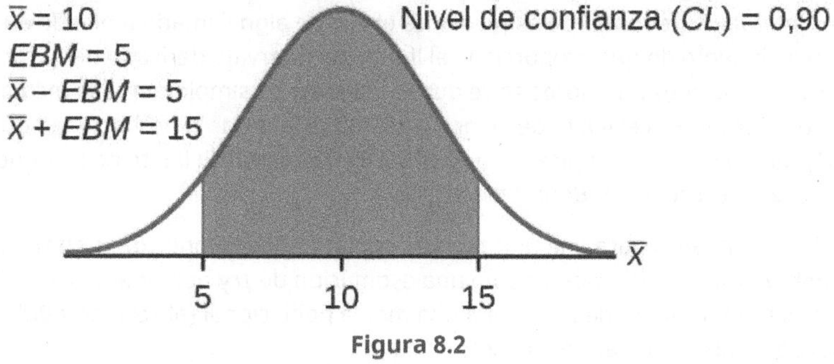

Figura 8.2

Para este ejemplo, digamos que sabemos que el número de la media poblacional real de descargas de iTunes es de 2,1. La verdadera media de la población se encuentra dentro del rango del intervalo de confianza del 95%. No hay absolutamente nada que garantice que esto ocurra. **Además, si la verdadera media queda fuera del intervalo, nunca la conoceremos. Debemos recordar siempre que nunca conoceremos la verdadera media.** La estadística simplemente nos permite, con un determinado nivel de probabilidad (confianza), decir que la verdadera media está dentro del rango calculado. Esto es lo que se llamó en la introducción, el "nivel de ignorancia admitido".

Modificación del nivel de confianza o del tamaño de la muestra

Aquí está de nuevo la fórmula para un intervalo de confianza para una media poblacional desconocida asumiendo que conocemos la desviación típica de la población:

$$\bar{X}-Z_\alpha\left(\sigma/\sqrt{n}\right)\leq\mu\leq\bar{X}+Z_\alpha\left(\sigma/\sqrt{n}\right)$$

Está claro que el intervalo de confianza se rige por dos cosas, el nivel de confianza elegido, Z_α, y la desviación típica de la distribución muestral. La desviación típica de la distribución muestral se ve afectada además por dos cosas, la desviación típica de la población y el tamaño de la muestra que hemos elegido para nuestros datos. Aquí queremos examinar los efectos de cada una de las elecciones que hemos hecho sobre el intervalo de confianza calculado, el nivel de confianza y el tamaño de la muestra.

Por un momento debemos preguntarnos qué deseamos en un intervalo de confianza. Nuestro objetivo era estimar la media de la población a partir de una muestra. Hemos abandonado la esperanza de encontrar alguna vez la verdadera media de la población, y la desviación típica de la población, para cualquier caso, excepto cuando tenemos una población extremadamente pequeña y el coste de recopilar los datos de interés es muy pequeño. En todos los demás casos, debemos recurrir a las muestras. Con el teorema del límite central tenemos las herramientas para proporcionar un intervalo de confianza significativo con un nivel de confianza determinado, lo que significa una probabilidad conocida de estar equivocado. Por intervalo de confianza significativo entendemos uno que sea útil. Imagine que le piden un intervalo de confianza para las edades de sus compañeros. Ha tomado una muestra y encuentra una media de 19,8 años. Desea estar muy seguro, por lo que informa de un intervalo entre 9,8 años y 29,8 años. Este intervalo contendría sin duda la verdadera media de la población y tendría un nivel de confianza muy alto. Sin embargo, difícilmente puede calificarse de significativo. El mejor intervalo de confianza es el que es estrecho y a la vez de alta confianza. Existe una tensión natural entre estos dos objetivos. Cuanto más alto sea el nivel de confianza, más amplio será el intervalo de confianza, como en el caso de las edades de los estudiantes. Podemos ver esta tensión en la ecuación del intervalo de confianza.

$$\mu=\overline{x}\pm Z_\alpha\left(\frac{\sigma}{\sqrt{n}}\right)$$

El intervalo de confianza aumentará el ancho a medida que $Z\alpha$ aumenta, $Z\alpha$ aumenta a medida que aumenta el nivel de confianza. Existe un compromiso entre el nivel de confianza y el ancho del intervalo. Ahora volvamos a ver la fórmula y veremos que el tamaño de la muestra también juega un papel importante en el ancho del intervalo de confianza. El tamaño de la muestra, n, aparece en el denominador de la desviación típica de la distribución muestral. A medida que aumenta el tamaño de la muestra, disminuye la desviación típica de la distribución muestral y, por tanto, el ancho del intervalo de confianza, manteniendo constante el nivel de confianza. Esta relación se demostró en la Figura 7.8. Una vez más, vemos la importancia de contar con muestras grandes para nuestro análisis, aunque entonces nos enfrentamos a una segunda limitación, el coste de la recopilación de datos.

Cálculo del intervalo de confianza: un enfoque alternativo

Otra forma de enfocar los intervalos de confianza es mediante el uso de algo llamado límite de error. El límite de error recibe su nombre del reconocimiento de que proporciona el límite del intervalo derivado del error estándar de la distribución muestral. En las ecuaciones anteriores se ve que el intervalo es simplemente la media estimada, la media muestral, más o menos algo. Ese algo es el límite de error y está impulsado por la probabilidad que deseamos mantener en nuestra estimación, Z_α, por la desviación típica de la distribución muestral. El límite de error de una media recibe el nombre de **media con límite de error** *(Error Bound Mean, EBM).*

Para construir un intervalo de confianza para una única media poblacional desconocida μ, **cuando se conoce la desviación típica de la población**, necesitamos $\overline{x}$ como una estimación de μ y necesitamos el margen de error. Aquí, el margen de error (*EBM*) se denomina límite de error para una media poblacional (abreviado ***EBM***). La media muestral $\overline{x}$ es la **estimación puntual** de la media poblacional desconocida μ.

La estimación del intervalo de confianza tendrá la forma:

(estimación puntual - límite de error, estimación puntual + límite de error) o, en símbolos, $(\overline{x}-EBM,\overline{x}+EBM)$

La fórmula matemática de este intervalo de confianza es:

$$\bar{X}-Z_\alpha\left(\sigma/\sqrt{n}\right)\leq\mu\leq\bar{X}+Z_\alpha\left(\sigma/\sqrt{n}\right)$$

El margen de error (*EBM*) depende del **nivel de confianza** (***Confidence Level, CL***). El nivel de confianza suele considerarse la probabilidad de que la estimación del intervalo de confianza calculado contenga el verdadero parámetro poblacional. Sin embargo, es más preciso afirmar que el nivel de confianza es el porcentaje de intervalos de confianza que contienen el verdadero parámetro de la población cuando se toman muestras repetidas. La mayoría de las veces, la persona que construye el intervalo de confianza elige un nivel de confianza del 90 % o superior porque quiere estar razonablemente segura de sus conclusiones.

Existe otra probabilidad llamada alfa (α). α está relacionada con el nivel de confianza, *CL*. α es la probabilidad de que el intervalo no contenga el parámetro poblacional desconocido.
Matemáticamente, $1 - \alpha = CL$.

Un intervalo de confianza para una media poblacional con una desviación típica **conocida** se basa en que la distribución muestral de las medias de la muestra sigue una distribución aproximadamente normal. Supongamos que nuestra muestra tiene una media de $\bar{x} = 10$, y hemos construido el intervalo de confianza del 90 % (5, 15) donde $EBM = 5$.

Para obtener un intervalo de confianza del 90 %, debemos incluir el 90 % central de la probabilidad de la distribución normal. Si incluimos el 90 % central, dejamos fuera un total de $\alpha = 10$ % en ambas colas, o 5 % en cada cola, de la distribución normal.

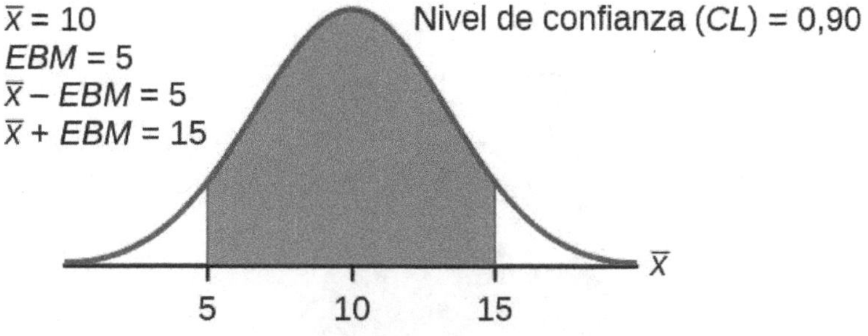

Figura 8.3

Para captar el 90% central, debemos movernos 1,645 desviaciones típicas a cada lado de la media muestral calculada. El valor 1,645 es la puntuación *z* de una distribución de probabilidad normal estándar que sitúa un área de 0,90 en el centro, un área de 0,05 en la cola extrema izquierda y un área de 0,05 en la cola extrema derecha.

Es importante que la desviación típica utilizada debe ser la adecuada para el parámetro que estamos estimando, por lo que en este apartado debemos utilizar la desviación típica que se aplica a la distribución muestral para medias que estudiamos con el teorema del límite central y es, $\frac{\sigma}{\sqrt{n}}$.

Cálculo del intervalo de confianza con el EMB

Para construir una estimación de intervalo de confianza para una media poblacional desconocida necesitamos datos de una muestra aleatoria. Los pasos para construir e interpretar el intervalo de confianza son:

- Calcular la media muestral $\bar{x}$ de los datos de la muestra. Recuerde que en esta sección conocemos la desviación típica de la población σ.
- Calcule la puntuación *z* de la tabla estandarizada que corresponde al nivel de confianza deseado.
- Calcular el límite de error *EBM*.
- Construir el intervalo de confianza.
- Escriba una oración que interprete la estimación en el contexto de la situación del problema.

Primero examinaremos cada paso con más detalle y luego ilustraremos el proceso con algunos ejemplos.

Calcular la puntuación *z* para el nivel de confianza declarado

Cuando conocemos la desviación típica de la población σ, utilizamos una distribución normal estándar para calcular el EBM y construir el intervalo de confianza. Necesitamos hallar el valor de *z* que pone un área igual al nivel de confianza (en forma decimal) en el centro de la distribución normal estándar $Z \sim N(0, 1)$.

El nivel de confianza, *CL*, es el área en el medio de la distribución normal estándar. $CL = 1 - \alpha$, por lo que α es el área que se divide por igual entre las dos colas. Cada una de las colas contiene un área igual a $\frac{\alpha}{2}$.

La puntuación z que tiene un área a la derecha de $\frac{\alpha}{2}$ se denota por $Z_{\frac{\alpha}{2}}$.

Por ejemplo, cuando $CL = 0{,}95$, $\alpha = 0{,}05$ y $\frac{\alpha}{2} = 0{,}025$; escribimos $Z_{\frac{\alpha}{2}} = Z_{0{,}025}$.

La zona a la derecha de $Z_{0,025}$ es 0,025 y el área a la izquierda de $Z_{0,025}$ es 1 - 0,025 = 0,975.

$Z_{\frac{\alpha}{2}} = Z_{0,025} = 10{,}96$, utilizando una tabla de probabilidad normal. Más adelante veremos que podemos utilizar una tabla de probabilidad diferente, la distribución t de Student, para encontrar el número de desviaciones típicas de los niveles de confianza más utilizados.

Cálculo del límite de error (*EBM*)

La fórmula del límite de error para una media poblacional desconocida μ cuando se conoce la desviación típica poblacional σ es

- $EBM = \left(Z_{\frac{\alpha}{2}}\right)\left(\frac{\sigma}{\sqrt{n}}\right)$

Construcción del intervalo de confianza

- La estimación del intervalo de confianza tiene el formato $(\bar{x} - EBM, \bar{x} + EBM)$ o la fórmula:
  $\bar{X} - Z_{\alpha}\left(\sigma/\sqrt{n}\right) \leq \mu \leq \bar{X} + Z_{\alpha}\left(\sigma/\sqrt{n}\right)$

El gráfico da una idea de toda la situación.

$CL + \frac{\alpha}{2} + \frac{\alpha}{2} = CL + \alpha = 1.$

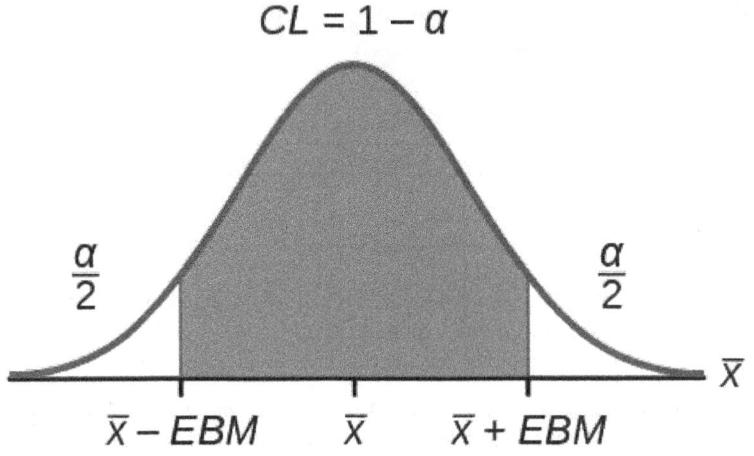

Figura 8.4

EJEMPLO 8.1

Supongamos que estamos interesados en las puntuaciones medias de un examen. Se toma una muestra aleatoria de 36 puntuaciones y se obtiene una media muestral (puntuación media muestral) de 68 ($\bar{X}$ = 68). En este ejemplo tenemos el conocimiento inusual de que la desviación típica de la población es de 3 puntos. No cuente con conocer los parámetros de la población fuera de los ejemplos de los libros de texto. Calcule una estimación del intervalo de confianza para la calificación media del examen de la población (la calificación media de todos los exámenes).

Calcule un intervalo de confianza del 90 % para la media real (poblacional) de las calificaciones de los exámenes de Estadística.

Solución 1

- La solución se muestra paso a paso.

Para hallar el intervalo de confianza se necesita la media muestral, $\bar{x}$, y el *EBM*.

$\bar{x} = 68$

$EBM = \left(Z_{\frac{\alpha}{2}}\right)\left(\frac{\sigma}{\sqrt{n}}\right)$

$\sigma = 3$; $n = 36$; el nivel de confianza es del 90 % ($CL = 0{,}90$)

$CL = 0{,}90$ por lo que $\alpha = 1 - CL = 1 - 0{,}90 = 0{,}10$

$\frac{\alpha}{2} = 0{,}05 \; Z_{\frac{\alpha}{2}} = z_{0{,}05}$

El área a la derecha de $Z_{0{,}05}$ es 0,05 y el área a la izquierda de $Z_{0{,}05}$ es 1 - 0,05 = 0,95.

$$Z_{\frac{\alpha}{2}} = Z_{0{,}05} = 10{,}645$$

Esto se puede calcular utilizando una computadora o una tabla de probabilidad para la distribución normal estándar. Como los niveles de confianza habituales en las ciencias sociales son el 90 %, el 95 % y el 99 %, no tardará en familiarizarse con los números 1,645, 1,96 y 2,56

$$EBM = (1{,}645)\left(\frac{3}{\sqrt{36}}\right) = 0{,}8225$$

$\bar{x} - EBM = 68 - 0{,}8225 = 67{,}1775$

$\bar{x} + EBM = 68 + 0{,}8225 = 68{,}8225$

El intervalo de confianza del 90 % es **(67,1775; 68,8225)**

Interpretación

Estimamos con un 90 % de confianza que la verdadera calificación media del examen de la población para todos los estudiantes de Estadística está entre 67,18 y 68,82.

EJEMPLO 8.2

Supongamos que cambiamos el problema original en el Ejemplo 8.1 utilizando un nivel de confianza del 95 %. Calcule un intervalo de confianza del 95 % para la calificación media real (poblacional) del examen estadístico.

Solución 1

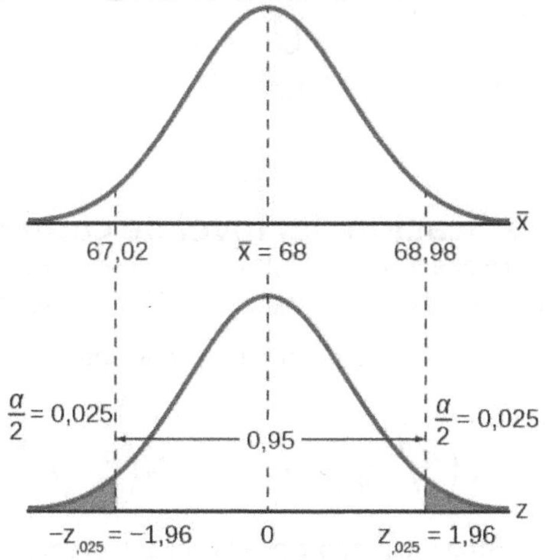

Figura 8.5

$$\mu = \bar{x} \pm Z_{\alpha}\left(\frac{\sigma}{\sqrt{n}}\right)$$

$$\mu = 68 \pm 1{,}96\left(\frac{3}{\sqrt{36}}\right)$$

$67{,}02 \leq \mu \leq 68{,}98$

$\sigma = 3$; $n = 36$; el nivel de confianza es del 95 % ($CL = 0{,}95$).

$CL = 0{,}95$ por lo que $\alpha = 1 - CL = 1 - 0{,}95 = 0{,}05$

$$Z_{\frac{\alpha}{2}} = Z_{0{,}025} = 1{,}96$$

Observe que el *EBM* es mayor para un nivel de confianza del 95 % en el problema original.

Comparación de los resultados

El intervalo de confianza del 90 % es (67,18; 68,82). El intervalo de confianza del 95 % es (67,02; 68,98). El intervalo de confianza del 95 % es más amplio. Si observa los gráficos, como el área 0,95 es mayor que el área 0,90, tiene sentido que el intervalo de confianza del 95 % sea más amplio. Para estar más seguro de que el intervalo de confianza contiene realmente el verdadero valor de la media de la población para todas las calificaciones de los exámenes de estadística, el intervalo de confianza tiene que ser necesariamente más amplio. Esto demuestra un principio muy importante de los intervalos de confianza. Existe un equilibrio entre el nivel de confianza y la amplitud del intervalo. Nuestro deseo es tener un intervalo de confianza estrecho, los intervalos amplios proporcionan poca información que sea útil. Pero también nos gustaría tener un alto nivel de confianza en nuestro intervalo. Esto demuestra que no podemos tener ambas cosas.

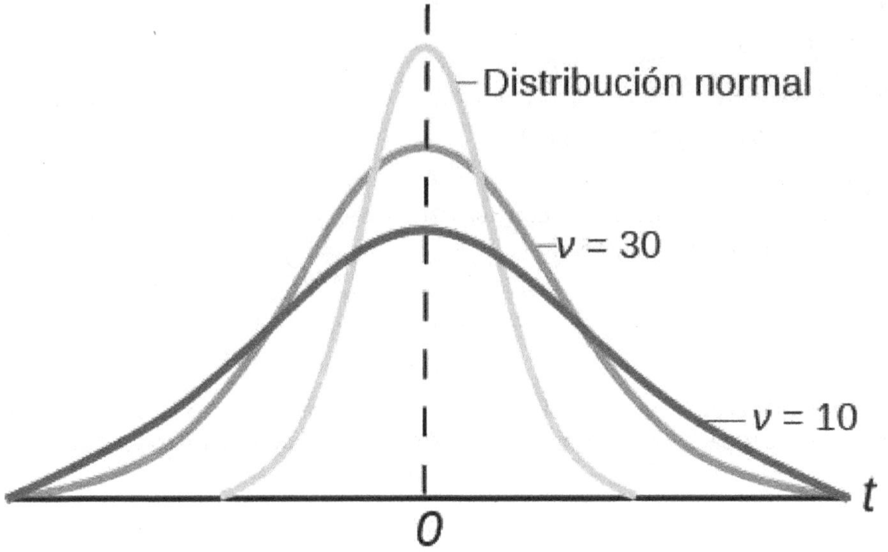

Figura 8.6

Resumen: efecto de la modificación del nivel de confianza

- El aumento del nivel de confianza hace que el intervalo de confianza sea más ancho.
- La disminución del nivel de confianza hace que el intervalo de confianza sea más estrecho.

Y de nuevo aquí está la fórmula para un intervalo de confianza para una media desconocida asumiendo que tenemos la desviación típica de la población:

$$\bar{X} - Z_\alpha\left(\sigma / \sqrt{n}\right) \leq \mu \leq \bar{X} + Z_\alpha\left(\sigma / \sqrt{n}\right)$$

La desviación típica de la distribución muestral fue proporcionada por el teorema del límite central como $\sigma / \sqrt{n}$. Aunque rara vez podemos elegir el tamaño de la muestra, este desempeña un papel importante en el intervalo de confianza. Dado que el tamaño de la muestra está en el denominador de la ecuación, a medida que n aumenta hace que la desviación típica de la distribución muestral disminuya y, por tanto, el ancho del intervalo de confianza. Ya nos hemos encontrado con esto al revisar los efectos del tamaño de la muestra en el Teorema del Límite Central. Allí vimos que como a medida que n aumenta, la distribución de muestreo se estrecha hasta que en el límite colapsa sobre la verdadera media de la población.

EJEMPLO 8.3

Supongamos que cambiamos el problema original en el Ejemplo 8.1 para ver qué ocurre con el intervalo de confianza si se cambia el tamaño de la muestra.

Deje todo igual excepto el tamaño de la muestra. Utilice el nivel de confianza original del 90 %. ¿Qué ocurre con el intervalo de confianza si aumentamos el tamaño de la muestra y utilizamos $n = 100$ en lugar de $n = 36$? ¿Qué ocurre si disminuimos el tamaño de la muestra a $n = 25$ en vez de $n = 36$?

Solución 1

$$\mu = \overline{x} \pm Z_\alpha \left(\frac{\sigma}{\sqrt{n}} \right)$$

$$\mu = 68 \pm 1{,}645 \left(\frac{3}{\sqrt{100}} \right)$$

$$67{,}5065 \leq \mu \leq 68{,}4935$$

Si **aumentamos** el tamaño de la muestra n a 100, **disminuimos** el ancho del intervalo de confianza en relación con el tamaño original de la muestra de 36 observaciones.

Solución 2

$$\mu = \overline{x} \pm Z_\alpha \left(\frac{\sigma}{\sqrt{n}} \right)$$

$$\mu = 68 \pm 1{,}645 \left(\frac{3}{\sqrt{25}} \right)$$

$$67{,}013 \leq \mu \leq 68{,}987$$

Si **disminuimos** el tamaño de la muestra n a 25, **aumentamos** el ancho del intervalo de confianza en comparación con el tamaño original de la muestra de 36 observaciones.

Resumen: efecto de la modificación del tamaño de la muestra

- El aumento del tamaño de la muestra hace que el intervalo de confianza sea más estrecho.
- La disminución del tamaño de la muestra hace que el intervalo de confianza sea más ancho.

Ya hemos visto este efecto cuando revisamos los efectos de cambiar el tamaño de la muestra, n, en el teorema del límite central. Consulte la Figura 7.7 para ver este efecto. Antes vimos que a medida que aumenta el tamaño de la muestra disminuye la desviación típica de la distribución muestral. Por eso elegimos una media muestral grande en comparación con la de una muestra pequeña, manteniendo el resto constante.

Hasta ahora hemos asumido que conocíamos la desviación típica de la población. Esto prácticamente nunca será así. Sin embargo, tendremos la desviación típica de la muestra, s. Se trata de una estimación puntual de la desviación típica de la población y puede sustituirse en la fórmula de los intervalos de confianza para una media en determinadas circunstancias. Acabamos de ver el efecto que tiene el tamaño de la muestra en el ancho del intervalo de confianza y el impacto en la distribución muestral para nuestra discusión del teorema del límite central. Podemos invocar esto para sustituir la estimación puntual por la desviación típica si el tamaño de la muestra es lo suficientemente grande. Los estudios de simulación indican que 30 observaciones o más serán suficientes para eliminar cualquier sesgo significativo en el intervalo de confianza estimado.

EJEMPLO 8.4

Las vacaciones de primavera pueden ser muy caras. Se ha encuestado a una muestra de 80 estudiantes y el monto promedio gastado por los estudiantes en viajes y bebidas es de 593,84 dólares. La desviación típica de la muestra es de aproximadamente 369,34 dólares.

Construya un intervalo de confianza del 92% para la media poblacional de la cantidad de dinero gastada por los asistentes a las vacaciones de primavera.

Solución 1

Comenzamos con el intervalo de confianza para una media. Utilizamos la fórmula de la media porque la variable aleatoria son los dólares gastados y esta es una variable aleatoria continua. La estimación puntual de la desviación típica de la población, s, se ha sustituido por la verdadera desviación típica de la población porque con 80 observaciones no hay preocupación por el sesgo en la estimación del intervalo de confianza.

$$\mu = \overline{x} \pm \left[Z_{(a/2)} \frac{s}{\sqrt{n}} \right]$$

Sustituyendo los valores en la fórmula, tenemos:

$$\mu = 593{,}84 \pm \left[1{,}75 \frac{369{,}34}{\sqrt{80}}\right]$$

$Z_{(a/2)}$ se encuentra en la tabla normal estándar buscando 0,46 en el cuerpo de la tabla y encontrando el número de desviaciones típicas en el lado y la parte superior de la tabla; 1,75. La solución para el intervalo es así:

$$\mu = 593{,}84 \pm 72{,}2636 = (521{,}57, 666{,}10)$$

$$\$521{,}58 \leq \mu \leq \$666{,}10$$

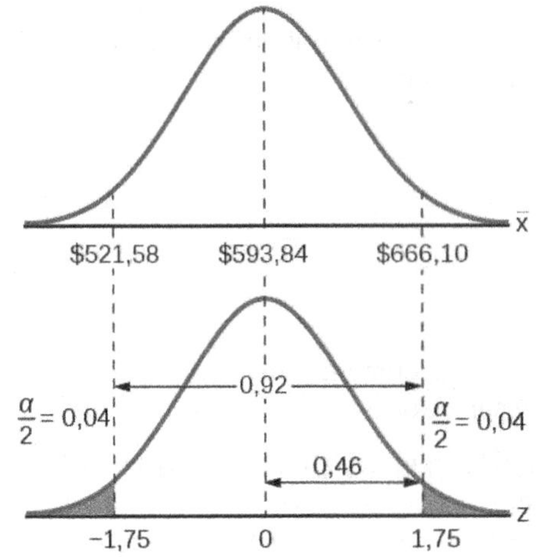

Figura 8.7

Revisión de la fórmula

La forma general de un intervalo de confianza para una media poblacional única, desviación típica conocida, distribución normal, viene dada por $\bar{X} - Z_\alpha\left(\sigma/\sqrt{n}\right) \leq \mu \leq \bar{X} + Z_\alpha\left(\sigma/\sqrt{n}\right)$ Esta fórmula se utiliza cuando se conoce la desviación típica de la población.

CL = nivel de confianza, o la proporción de intervalos de confianza creados que se espera que contengan el verdadero parámetro poblacional

α = 1 - *CL* = la proporción de intervalos de confianza que no contendrán el parámetro poblacional

$z_{\frac{\alpha}{2}}$ = la puntuación *z* con la propiedad de que el área a la derecha de la puntuación z es $\frac{\alpha}{2}$ esta puntuación *z* utilizada en el cálculo de *"EBM* donde α = 1 - *CL*.

8.2 Un intervalo de confianza para una desviación típica de población desconocida, caso de una muestra pequeña

En la práctica, pocas veces conocemos la **desviación típica** de la población. En el pasado, cuando el tamaño de la muestra era grande, esto no suponía un problema para los estadísticos. Utilizaron la desviación típica de la muestra *s* como una estimación de σ y procedieron como antes para calcular un **intervalo de confianza** con resultados suficientemente cercanos. Esto es lo que hicimos en el Ejemplo 8.4 arriba. La estimación puntual de la desviación típica, s, se sustituyó en la fórmula del intervalo de confianza para la desviación típica de la población. En este caso hay 80 observaciones muy por encima de las 30 sugeridas para eliminar cualquier sesgo de una muestra pequeña. Sin embargo, los estadísticos se encontraron con problemas cuando el tamaño de la muestra era pequeño. El pequeño tamaño de la muestra provocó imprecisiones en el intervalo de confianza.

William S. Goset (1876-1937), de la fábrica de cerveza Guinness de Dublín (Irlanda), se encontró con este problema. Sus experimentos con lúpulo y cebada produjeron muy pocas muestras. La simple sustitución de σ por *s* no produjo resultados precisos cuando intentó calcular un intervalo de confianza. Se dio cuenta de que no podía utilizar una distribución normal para el cálculo; descubrió que la distribución real depende del tamaño de la muestra. Este problema lo llevó a "descubrir" lo que se llama la **distribución t de Student**. El nombre proviene del hecho de que Gosset escribió bajo el seudónimo de "Un estudiante".

Hasta mediados de los años 70, algunos estadísticos utilizaban la aproximación de la **distribución normal** para tamaños de muestra grandes y utilizaban la distribución t de Student solo para tamaños de muestra de un máximo de 30 observaciones.

Si se extrae una muestra aleatoria simple de tamaño *n* de una población con media μ y desviación típica poblacional desconocida σ y se calcula la puntuación *t* $t = \frac{\bar{x}-\mu}{\left(\frac{s}{\sqrt{n}}\right)}$, entonces las puntuaciones *t* siguen una **distribución t de Student con *n* - 1 grados de libertad**. La puntuación *t* tiene la misma interpretación que la puntuación ***z***. Mide la distancia en unidades de desviación típica $\bar{x}$ es de su media μ. Para cada tamaño de muestra *n* existe una distribución t de Student diferente.

Los **grados de libertad**, ***n*** **- 1**, proceden del cálculo de la desviación típica de la muestra ***s***. Recuerde que cuando calculamos por primera vez una desviación típica de la muestra, dividimos la suma de las desviaciones al cuadrado por *n* - 1, pero utilizamos *n* desviaciones ($x-\bar{x}$valores) para calcular ***s***. Como la suma de las desviaciones es cero, podemos hallar la última desviación una vez que conocemos las otras ***n*** **- 1** desviaciones. Las otras ***n*** **- 1** desviaciones pueden cambiar o variar libremente. **Llamamos al número *n* - 1 los grados de libertad (degrees of freedom, df)** en reconocimiento de que uno se pierde en los cálculos. El efecto de la pérdida de un grado de libertad es que el valor t aumenta y el intervalo de confianza aumenta su anchura.

Propiedades de la distribución t de Student

- La gráfica de la distribución t de Student es similar a la curva normal estándar y a infinitos grados de libertad es la distribución normal. Puede confirmarlo leyendo la línea inferior a infinitos grados de libertad para un nivel de confianza conocido, por ejemplo, en la columna 0,05, nivel de confianza del 95 %, encontramos el valor t de 1,96 a infinitos grados de libertad.
- La media de la distribución t de Student es cero y la distribución es simétrica respecto a cero, de nuevo como la distribución normal estándar.
- La distribución t de Student tiene más probabilidad en sus colas que la distribución normal estándar porque la dispersión de la distribución t es mayor que la dispersión de la normal estándar. Así, el gráfico de la distribución t de Student será más gruesa en las colas y más corta en el centro que el gráfico de la distribución normal estándar.
- La forma exacta de la distribución t de Student depende de los grados de libertad. A medida que aumentan los grados de libertad, el gráfico de la distribución t de Student se parece más al gráfico de la distribución normal estándar.
- Se supone que la población subyacente de observaciones individuales se distribuye normalmente, con una media poblacional desconocida μ y una desviación típica poblacional desconocida σ. Esta suposición proviene del teorema del límite central porque las observaciones individuales en este caso son las $\bar{x}$ de la distribución muestral. El tamaño de la población subyacente no suele ser relevante, a menos que sea muy pequeña. Si es normal, se cumple el supuesto y no es necesario discutirlo.

Se utiliza una tabla de probabilidad para la distribución t de Student para calcular los valores t en varios niveles de confianza comúnmente utilizados. La tabla muestra las puntuaciones t que corresponden al nivel de confianza (columna) y los grados de libertad (fila). Al utilizar una tabla *t*, tenga en cuenta que algunas tablas están formateadas para mostrar el nivel de confianza en los títulos de las columnas, mientras que los títulos de las columnas de algunas tablas pueden mostrar solo el área correspondiente en una o ambas colas. Observe que en la parte inferior de la tabla aparecerá el valor t para infinitos grados de libertad. Matemáticamente, a medida que aumentan los grados de libertad, la distribución *t*se aproxima a la distribución normal estándar. Puede encontrar los valores Z conocidos buscando en la columna alfa correspondiente y leyendo el valor en la última fila.

Una tabla t de Student (vea el A - CUADROS ESTADÍSTICOS) da las puntuaciones *t* dados los grados de libertad y la probabilidad de cola derecha.

La distribución *t* de Student tiene una de las propiedades más deseables de la normal: es simétrica. Lo que hace la distribución *t* de Student es extender el eje horizontal, de modo que se necesita un mayor número de desviaciones típicas para capturar la misma cantidad de probabilidad. En realidad, hay un número infinito de distribuciones *t* de Student, una para cada ajuste del tamaño de la muestra. A medida que aumenta el tamaño de la muestra, la distribución *t* de Student se parece cada vez más a la distribución normal. Cuando el tamaño de la muestra llega a 30, la distribución normal suele sustituirse por la t de Student porque son muy parecidas. Esta relación entre la distribución *t* de Student y la distribución normal se muestra en la Figura 8.8.

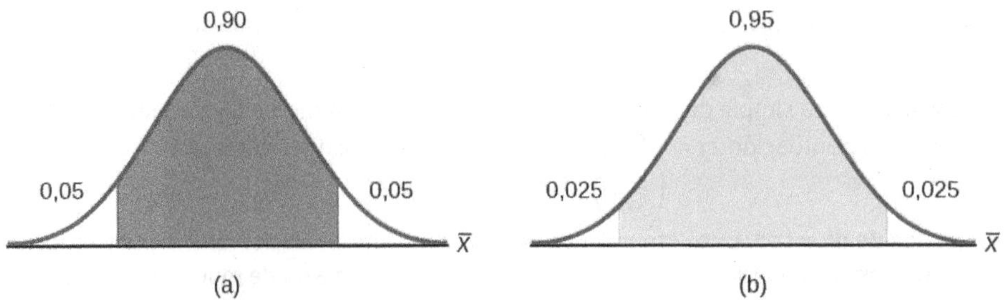

Figura 8.8

Este es otro ejemplo de una distribución que limita a otra, en este caso la distribución normal es la distribución que limita a la t de Student cuando los grados de libertad en la t de Student se acercan a infinito. Esta conclusión proviene directamente de la derivación de la distribución *t* de Student realizada por el Sr. Gosset. Reconoció que el problema consistía en tener pocas observaciones y no estimar la desviación típica de la población. Sustituía la desviación típica de la muestra y obtenía resultados volátiles. Por lo tanto, creó la distribución *t* de Student como una relación entre la distribución normal y la distribución chi-cuadrado. La distribución chi-cuadrado es a su vez un cociente de dos varianzas, en este caso la varianza de la muestra y la varianza de la población desconocida. La distribución *t* de Student, por tanto, está ligada a la distribución normal, pero tiene grados de libertad que provienen de los de la distribución chi-cuadrado. La solución algebraica demuestra este resultado.

Desarrollo de la distribución t de Student:

1. $t = \frac{z}{\sqrt{\frac{\chi^2}{v}}}$

   donde z es la variable normal estándar y χ^2 es la distribución chi-cuadrado con v grados de libertad.
   Sustituya los valores y simplifique:

2. $t = \frac{\frac{(\overline{x}-\mu)}{\sigma}}{\sqrt{\frac{\frac{s^2}{(n-1)}}{\frac{\sigma^2}{(n-1)}}}} = \frac{\frac{(\overline{x}-\mu)}{\sigma}}{\sqrt{\frac{s^2}{\sigma^2}}} = \frac{\frac{(\overline{x}-\mu)}{\sigma}}{\frac{s}{\sigma}} = \frac{\overline{x}-\mu}{\frac{s}{\sqrt{n}}}$

3. $t = \frac{s}{\sqrt{n}}$

Hay que replantear la fórmula de un intervalo de confianza para la media para los casos en que el tamaño de la muestra es inferior a 30 y no conocemos la desviación típica de la población, σ:

$$\overline{x} - t_{\nu,\alpha}\left(\frac{s}{\sqrt{n}}\right) \leq \mu \leq \overline{x} + t_{\nu,\alpha}\left(\frac{s}{\sqrt{n}}\right)$$

Aquí la estimación puntual de la desviación típica de la población, s ha sido sustituida por la desviación típica de la población, σ, y $t_{\nu,\alpha}$ ha sido sustituida por Z_α. La letra griega ν (pronunciada niu) se coloca en la fórmula general en reconocimiento de que hay muchas distribuciones de Student t_ν, una para cada tamaño de muestra. ν es el símbolo de los grados de libertad de la distribución y depende del tamaño de la muestra. A menudo se utiliza "df" para abreviar los grados de libertad. **Para este tipo de problema,** los grados de libertad son ν = n-1, donde n es el tamaño de la muestra. Para buscar una probabilidad en la tabla t de Student tenemos que conocer los grados de libertad del problema.

EJEMPLO 8.5

El beneficio por acción (earnings per share, EPS) promedio de 10 acciones industriales seleccionadas al azar entre las que se cotizan en el Dow-Jones Industrial Average (DJIA) resultó ser $\overline{X}$ = 1,85 con una desviación típica de s=0,395. Calcule un intervalo de confianza del 99 % para el EPS promedio de todas las empresas industriales que cotizan en el DJIA.

$$\overline{x} - t_{\nu,\alpha}\left(\frac{s}{\sqrt{n}}\right) \leq \mu \leq \overline{x} + t_{\nu,\alpha}\left(\frac{s}{\sqrt{n}}\right)$$

Solución 1

Para ayudar a visualizar el proceso de cálculo de un intervalo de confianza, dibujamos la distribución apropiada para el problema. En este caso es la t de Student porque no conocemos la desviación típica de la población y la muestra es pequeña, menos de 30.

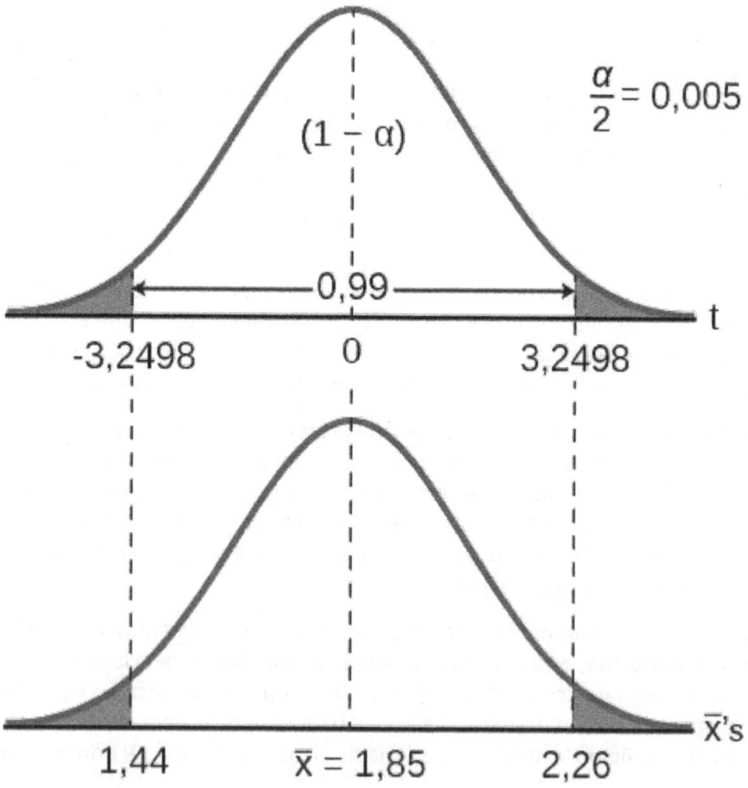

Figura 8.9

Para hallar el valor t adecuado se necesitan dos datos, el nivel de confianza deseado y los grados de libertad. La pregunta pedía un nivel de confianza del 99 %. En el gráfico esto se muestra donde (1-α), el nivel de confianza, está en el área no sombreada. Las colas, por tanto, tienen 0,005 de probabilidad cada una, α/2. Los grados de libertad para este tipo de problema son n-1= 9. En la tabla t de Student, en la fila marcada como 9 y en la columna marcada como 0,005, se halla el número de desviaciones típicas para capturar el 99 % de la probabilidad, 3,2498. A continuación, se colocan en el gráfico recordando que la t de Student es simétrica y que, por lo tanto, el valor t está tanto del lado más como del lado menos de la media.

Al insertar estos valores en la fórmula se obtiene el resultado. Estos valores pueden colocarse en el gráfico para ver la relación entre la distribución de las medias muestrales, $\bar{X}$ y la distribución *t* de Student.

$$\mu = \bar{X} \pm t_{\alpha/2,\text{df=n-1}} \frac{s}{\sqrt{n}} = 1{,}851 \pm 3{,}2498 \frac{0{,}395}{\sqrt{10}} = 1{,}8551 \pm 0{,}406$$

$$1{,}445 \leq \mu \leq 2{,}257$$

La conclusión formal es la siguiente:

Con un nivel de confianza del 99 %, el EPS promedio de todas las industrias que figuran en el DJIA es de 1,44 dólares a 2,26 dólares.

INTÉNTELO 8.5

Usted hace un estudio sobre la hipnoterapia para determinar su eficacia a la hora de aumentar el número de horas de sueño de los sujetos cada noche. Se miden las horas de sueño de 12 sujetos con los siguientes resultados. Construya un intervalo de confianza del 95 % para la media de horas dormidas para la población (que se supone normal) de la que ha tomado los datos.

8,2; 9,1; 7,7; 8,6; 6,9; 11,2; 10,1; 9,9; 8,9; 9,2; 7,5; 10,5

8.3 Un intervalo de confianza para una proporción de población

Durante un año electoral vemos artículos en el periódico que indican **intervalos de confianza** en términos de proporciones o porcentajes. Por ejemplo, un sondeo para un candidato determinado que se presenta a las elecciones presidenciales puede mostrar que el candidato tiene el 40 % de los votos con una diferencia de tres puntos porcentuales (si la muestra es lo suficientemente grande). A menudo, las encuestas electorales se calculan con un 95 % de confianza, por lo que los encuestadores tendrían un 95 % de confianza en que la verdadera proporción de votantes que favorecen al candidato estaría entre el 0,37 y el 0,43.

Los inversores en bolsa se interesan por la proporción real de acciones que suben y bajan cada semana. Las compañías que venden computadoras personales están interesadas en la proporción de hogares de Estados Unidos que tienen computadoras personales. Se pueden calcular intervalos de confianza para la proporción real de acciones que suben o bajan cada semana y para la proporción real de hogares en Estados Unidos que poseen computadoras personales.

El procedimiento para calcular el intervalo de confianza de una proporción poblacional es similar al de la media poblacional, pero las fórmulas son un poco diferentes, aunque conceptualmente idénticas. Aunque las fórmulas son diferentes, se basan en el mismo fundamento matemático que nos proporciona el teorema central del límite. Por ello, veremos el mismo formato básico utilizando los mismos tres datos: el valor muestral del parámetro en cuestión, la desviación típica de la distribución muestral correspondiente y el número de desviaciones típicas que necesitamos para tener la confianza en nuestra estimación que deseamos.

¿Cómo sabe que está ante un problema de proporción? En primer lugar, la **distribución subyacente tiene una variable aleatoria binaria y, por tanto, es una distribución binomial**. (No se menciona la media o el promedio). Si X es una variable aleatoria binomial, entonces $X \sim B(n, p)$ donde n es el número de ensayos y p es la probabilidad de acierto Para formar una proporción de la muestra, tome X, la variable aleatoria para el número de aciertos y divídala por n, el número de ensayos (o el tamaño de la muestra). La variable aleatoria P' (léase "P prima") es la proporción de la muestra,

$$P' = \frac{X}{n}$$

(a veces, la variable aleatoria se denota como $\widehat{P}$, que se lee “estimador de P”).

p' = la **proporción estimada** de éxitos o la proporción muestral de éxitos(p' es una **estimación puntual** de p, la verdadera proporción poblacional, y, por tanto, q es la probabilidad de un fracaso en cualquier ensayo).

x = **número** de aciertos en la muestra

n = el tamaño de la muestra

La fórmula del intervalo de confianza para una proporción de la población sigue el mismo formato que el de la estimación de una media de la población. Recordando la distribución de muestreo para la proporción del Capítulo 7, se encontró que la desviación típica es:

$$\sigma_{\mathrm{p'}} = \sqrt{\frac{p(1-p)}{n}}$$

Por lo tanto, el intervalo de confianza para una proporción poblacional se convierte en

$$p = p' \pm \left[Z_{\left(\frac{a}{2}\right)} \sqrt{\frac{p'(1-p')}{n}} \right]$$

$Z_{\left(\frac{a}{2}\right)}$ se fija en función del grado de confianza que deseemos y $\sqrt{\frac{p'(1-p')}{n}}$ es la desviación típica de la distribución muestral.

Las **proporciones muestrales p' y q' son estimaciones de las proporciones poblacionales desconocidas p y q**. Se utilizan las proporciones estimadas p' y q' porque p y q no se conocen.

Recuerde que a medida que p se aleja de 0,5 la distribución binomial se vuelve menos simétrica. Como estamos estimando la binomial con la distribución normal simétrica, cuanto más se aleje de la simetría la binomial, menos confianza tendremos en la estimación.

Esta conclusión puede demostrarse mediante el siguiente análisis. Las proporciones se basan en la distribución de probabilidad binomial. Los posibles resultados son binarios, "éxito" o "fracaso". Esto da lugar a una proporción, es decir, el porcentaje de los resultados que son "éxitos". Se demostró que la distribución binomial podía entenderse completamente si solo conocíamos la probabilidad de éxito en un ensayo cualquiera, llamada p. Se encontró que la media y la desviación típica de la binomial eran:

$\mu = \text{np}$

$$\sigma = \sqrt{\text{np}\,q}$$

También se demostró que la binomial podía ser estimada por la distribución normal si TANTO np COMO nq eran mayores que 5. A partir de la discusión anterior, se encontró que la fórmula de estandarización para la distribución binomial es:

$$Z = \frac{\text{p}' - p}{\sqrt{\left(\frac{pq}{n}\right)}}$$

que no es más que un replanteamiento de la fórmula general de normalización con las sustituciones adecuadas para μ y σ del binomio. Podemos utilizar la distribución normal estándar, la razón por la que Z está en la ecuación, porque la distribución normal es la distribución limitante de la binomial. Este es otro ejemplo del teorema del límite central. Ya hemos visto que la distribución muestral de las medias se distribuye normalmente. Recordemos la extensa discusión del Capítulo 7 sobre la distribución muestral de las proporciones y las conclusiones del teorema del límite central.

Ahora podemos manipular esta fórmula de la misma manera que hicimos para calcular los intervalos de confianza para una media, pero para calcular el intervalo de confianza para el parámetro poblacional binomial, p.

$$\text{p}' - Z_\alpha\sqrt{\frac{\text{p}'\text{q}'}{n}} \leq p \leq \text{p}' + Z_\alpha\sqrt{\frac{\text{p}'\text{q}'}{n}}$$

Donde p' = x/n, la estimación puntual de p tomada de la muestra. Observe que p' sustituyó a p en la fórmula. Esto se debe a que no conocemos p, de hecho, esto es justo lo que estamos tratando de estimar.

Lamentablemente, no existe un factor de corrección para los casos en los que el tamaño de la muestra es pequeño, por lo que np' y nq' deben ser siempre superiores a 5 para desarrollar una estimación de intervalo para p.

EJEMPLO 8.6

Supongamos que se contrata a una compañía de estudios de mercado para que estime el porcentaje de adultos que viven en una gran ciudad y que tienen teléfonos móviles. Se encuestan quinientos residentes adultos seleccionados al azar en esta ciudad para determinar si tienen teléfonos móviles. De las 500 personas incluidas en la muestra, 421 respondieron que sí: tienen teléfonos móviles. Utilizando un nivel de confianza del 95 %, calcule una estimación del intervalo de confianza para la verdadera proporción de residentes adultos de esta ciudad que tienen teléfonos móviles.

Solución 1

- La solución paso a paso.

Supongamos que *X* = el número de personas de la muestra que tienen teléfonos móviles. *X* es binomial: la variable aleatoria es binaria, la gente o tiene un teléfono móvil o no lo tiene.

Para calcular el intervalo de confianza, debemos hallar *p'*, *q'*.

$n = 500$

x = número de aciertos en la muestra = 421

$p' = \frac{x}{n} = \frac{421}{500} = 0{,}842$

p' = 0,842 es la proporción de la muestra; es la estimación puntual de la proporción de la población.

$q' = 1 - p' = 1 - 0{,}842 = 0{,}158$

Como el nivel de confianza solicitado es CL = 0,95, entonces $\alpha = 1 - CL = 1 - 0{,}95 = 0{,}05$ $\left(\frac{\alpha}{2}\right) = 0{,}025$.

Entonces $z_{\frac{\alpha}{2}} = z_{0{,}025} = 1{,}96$

Esto se puede calcular utilizando la tabla de probabilidad normal estándar del A - CUADROS ESTADÍSTICOS. Esto también se puede encontrar en la tabla t de los estudiantes en la columna de 0,025 y en infinitos grados de libertad porque en infinitos grados de libertad la distribución *t*de los estudiantes se convierte en la distribución normal estándar, Z.

El intervalo de confianza para la proporción poblacional binomial verdadera es

$$\text{p'} - Z_{\alpha}\sqrt{\frac{\text{p'q'}}{n}} \leq p \leq \text{p'} + Z_{\alpha}\sqrt{\frac{\text{p'q'}}{n}}$$

Sustituyendo los valores anteriores encontramos que el intervalo de confianza es:$0{,}810 \leq p \leq 0{,}874$

Interpretación

Estimamos con el 95 % de confianza que entre el 81 % y el 87,4 % de todos los residentes adultos de esta ciudad tienen teléfonos móviles.

Explicación del nivel de confianza del 95 %

El noventa y cinco por ciento de los intervalos de confianza construidos de este modo contendrían el valor real de la proporción de población de todos los residentes adultos de esta ciudad que tienen teléfonos móviles.

INTÉNTELO 8.6

Supongamos que se encuestan 250 personas seleccionadas al azar para determinar si tienen una tableta. De los 250 encuestados, 98 declararon que tienen una tableta. Utilizando un nivel de confianza del 95 %, calcule una estimación del intervalo de confianza para la verdadera proporción de personas que tienen tabletas.

EJEMPLO 8.7

La Escuela de Adiestramiento Canino de Dundee tiene una proporción mayor que el promedio de clientes que compiten en eventos profesionales. Se construye un intervalo de confianza para la proporción poblacional de perros que compiten en eventos profesionales de 150 escuelas de adiestramiento diferentes. El límite inferior se determina en 0,08 y el superior en 0,16. Determine el nivel de confianza utilizado para construir el intervalo de la proporción poblacional de perros que compiten en eventos profesionales.

Solución 1

Comenzamos con la fórmula de un intervalo de confianza para una proporción porque la variable aleatoria es binaria; el cliente compite en eventos caninos profesionales o no lo hace.

$$p = p' \pm \left[Z_{\left(\frac{a}{2}\right)}\sqrt{\frac{p'(1-p')}{n}}\right]$$

A continuación, calculamos la proporción de la muestra:

$$p' = \frac{0{,}08 + 0{,}16}{2} = 0{,}12$$

El ± que compone el intervalo de confianza es, pues, 0,04; 0,12 + 0,04 = 0,16 y 0,12 - 0,04 = 0,08, los límites del intervalo de confianza. Por último, resolvemos para *Z*.

$$\left[Z \cdot \sqrt{\frac{0{,}12(1-0{,}12)}{150}}\right] = 0{,}04, \textbf{\textit{ por lo que Z}} \mathbf{= 1{,}51}$$

Y luego buscamos la probabilidad para 1,51 desviaciones típicas en la tabla normal estándar.

$$p(Z = 1{,}51) = 0{,}4345, p(Z) \cdot 2 = 0{,}8690 \textbf{\textit{ o }} 86{,}90\%.$$

EJEMPLO 8.8

Un responsable financiero de una compañía quiere estimar el porcentaje de cuentas por cobrar que llevan más de 30 días de retraso. Analiza 500 cuentas y descubre que 300 tienen más de 30 días de retraso. Calcule un intervalo de confianza del 90 % para el verdadero porcentaje de cuentas por cobrar con más de 30 días de retraso, e interprete el intervalo de confianza.

Solución 1

- La solución paso a paso:

$x = 300$ y $n = 500$

$p' = \frac{x}{n} = \frac{300}{500} = 0{,}600$

$q' = 1 - p' = 1 - 0{,}600 = 0{,}400$

Dado que el nivel de confianza = 0,90, entonces $\alpha = 1$ - nivel de confianza = (1 - 0,90) = 0,10$\left(\frac{\alpha}{2}\right)$ = 0,05

$Z_{\frac{\alpha}{2}} = Z_{0,05} = 1{,}645$

Este valor Z se puede hallar utilizando una tabla de probabilidad normal. También se puede utilizar la tabla t de Student entrando en la tabla en la columna de 0,05 y leyendo en la línea de infinitos grados de libertad. La distribución t es la distribución normal con infinitos grados de libertad. Se trata de un truco práctico que hay que recordar para calcular los valores Z de los niveles de confianza más utilizados. Utilizamos esta fórmula para un intervalo de confianza para una proporción:

$$\text{p}' - Z_\alpha \sqrt{\frac{\text{p}'\text{q}'}{n}} \leq p \leq \text{p}' + Z_\alpha \sqrt{\frac{\text{p}'\text{q}'}{n}}$$

Sustituyendo los valores de arriba encontramos que el intervalo de confianza para la verdadera proporción poblacional binomial es $0{,}564 \leq p \leq 0{,}636$

Interpretación

- Estimamos con un 90 % de confianza que el porcentaje real de todas las cuentas por cobrar con 30 días de retraso está entre el 56,4 % y el 63,6 %.
- Redacción alternativa: Estimamos, con un 90 % de confianza, que entre el 56,4 % y el 63,6 % de TODAS las cuentas tienen un retraso de 30 días.

Explicación del nivel de confianza del 90 %

El noventa por ciento de los intervalos de confianza construidos de esta manera contienen el valor real del porcentaje de la población de cuentas por cobrar que tienen un retraso de 30 días.

INTÉNTELO 8.8

Un estudiante hace un sondeo en su escuela para ver si los estudiantes del distrito escolar están a favor o en contra de la nueva legislación relativa a los uniformes escolares. Hace una encuesta entre 600 estudiantes y halla que 480 están en contra de la nueva legislación.

a. Calcule un intervalo de confianza del 90 % para el verdadero porcentaje de estudiantes que están en contra de la nueva legislación e interprete el intervalo de confianza.

b. En una muestra de 300 estudiantes, el 68 % dijo que tenían un iPod y un teléfono inteligente. Calcule un intervalo de confianza del 97 % para el verdadero porcentaje de estudiantes que tienen un iPod y un teléfono inteligente.

8.4 Cálculo del tamaño de la muestra n: variables aleatorias continuas y binarias

Variables aleatorias continuas

Normalmente no tenemos control sobre el tamaño de la muestra de un conjunto de datos. Sin embargo, si podemos fijar el tamaño de la muestra, como en los casos en los que realizamos una encuesta, es muy útil saber cuál debe ser su tamaño para proporcionar la máxima información. El muestreo puede ser muy costoso, tanto en tiempo como en producto. Las simples encuestas telefónicas cuestan aproximadamente 30 dólares cada una, por ejemplo, y algunos muestreos requieren la destrucción del producto.

Si volvemos a nuestra fórmula de normalización de la distribución muestral para las medias, podemos ver que es posible resolverla para n. Si hacemos esto tenemos $\left(\bar{X}-\mu\right)$ en el denominador.

$$n=\frac{Z_{\alpha}^{2}\sigma^{2}}{\left(\bar{X}-\mu\right)^{2}}=\frac{Z_{\alpha}^{2}\sigma^{2}}{e^{2}}$$

Como aún no hemos tomado una muestra, no conocemos ninguna de las variables de la fórmula, excepto que podemos establecer Z_{α} al nivel de confianza que deseamos, tal como hicimos al determinar los intervalos de confianza. Si establecemos un error aceptable predeterminado, o tolerancia, para la diferencia entre $\bar{X}$ y μ, denominado e en la fórmula, estamos mucho más lejos en la resolución del tamaño de la muestra n. Todavía no conocemos la desviación típica de la población, σ. En la práctica, se suele hacer una encuesta previa que permite afinar el cuestionario y que da una desviación típica de la muestra que se puede utilizar. En otros casos, se puede utilizar la información previa de otras encuestas para σ en la fórmula. Aunque es rudimentario, este método para determinar el tamaño de la muestra puede ayudar a reducir los costos de forma significativa. Serán los datos reales recogidos los que determinen las inferencias sobre la población, por lo que conviene ser cauteloso con el tamaño de la muestra exigiendo altos niveles de confianza y pequeños errores de muestreo.

Variables aleatorias binarias

Lo que se hizo en los casos en los que se buscaba la media de una distribución también se puede hacer cuando se hace un muestreo para determinar el parámetro poblacional p de las proporciones. La manipulación de la fórmula de normalización de las proporciones da como resultado:

$$n=\frac{Z_{\alpha}^{2}\,\mathrm{pq}}{e^{2}}$$

donde e = (p'-p), y es el error de muestreo aceptable, o tolerancia, para esta aplicación. Esto se medirá en puntos porcentuales.

En este caso el propio objeto de nuestra búsqueda está en la fórmula, p, y por supuesto q porque q =1-p. Este resultado se produce porque la distribución binomial es una distribución de un parámetro. Si conocemos p entonces conocemos la media y la desviación típica. Por lo tanto, p aparece en la desviación típica de la distribución muestral que es de donde sacamos esta fórmula. Si en un exceso de precaución sustituimos p por 0,5, extraeremos el mayor tamaño de muestra necesario que proporcione el nivel de confianza especificado por Zα y la tolerancia que hemos seleccionado. Esto es cierto porque de todas las combinaciones de dos fracciones que suman uno, el mayor múltiplo es cuando cada una es 0,5. Sin ninguna otra información sobre el parámetro poblacional p, esta es la práctica habitual. Esto puede dar lugar a un sobremuestreo, pero ciertamente no a un submuestreo, por lo que se trata de un enfoque prudente.

Existe un interesante equilibrio entre el nivel de confianza y el tamaño de la muestra que aparece aquí cuando se considera el costo del muestreo. La Tabla 8.1 muestra el tamaño de la muestra apropiado para diferentes niveles de confianza y diferentes niveles de error aceptable, o tolerancia.

Tamaño de la muestra requerido (90 %)	Tamaño de la muestra requerido (95 %)	Nivel de tolerancia
1691	2401	2%
752	1067	3%
271	384	5%
68	96	10%

Tabla 8.1

Esta tabla está diseñada para mostrar el tamaño máximo de la muestra requerido en diferentes niveles de confianza dado un supuesto p= 0,5 y q=0,5 como se comentó anteriormente.

El error aceptable, denominado tolerancia en la tabla, se mide en valores más o menos de la proporción real. Por ejemplo, un error aceptable del 5 % significa que, si la proporción de la muestra es del 26 %, la conclusión sería que la proporción real de la población está entre el 21 % y el 31 % con un nivel de confianza del 90 % si se hubiera tomado una muestra de 271 personas. Asimismo, si el error aceptable se fijara en el 2 %, la proporción de la población se situaría entre el 24 % y el 28 % con un nivel de confianza del 90 %, pero exigiría aumentar el tamaño de la muestra de 271 a 1691. Si quisiéramos un mayor nivel de confianza, necesitaríamos una muestra de mayor tamaño. Pasar de un nivel de confianza del 90 % a un nivel del 95 % con una tolerancia de más o menos el 5 % requiere cambiar el tamaño de la muestra de 271 a 384. Un tamaño de muestra muy común que suele aparecer en las encuestas políticas es de 384. Con los resultados de las encuestas se suele decir que los resultados son buenos con un nivel de "exactitud" de más o menos el 5 %.

EJEMPLO 8.9

Supongamos que una compañía de telefonía móvil quiere determinar el porcentaje actual de clientes de más de 50 años que utilizan mensajería de texto en sus teléfonos móviles. ¿Cuántos clientes de más de 50 años debería encuestar la compañía para tener el 90 % de confianza en que la proporción estimada (de la muestra) se encuentra dentro de los tres puntos porcentuales de la verdadera proporción de la población de clientes de más de 50 años que utilizan la mensajería de texto en sus teléfonos móviles?

Solución 1

A partir del problema, sabemos que el error aceptable, *e*, es de **0,03** (3 %=0,03) y $z_{\frac{\alpha}{2}}$ $z_{0,05}$ = 1.645 porque el nivel de confianza es del 90 %. El error aceptable, *e*, es la diferencia entre la proporción poblacional real *p*, y la proporción muestral que esperamos obtener de la muestra.

Sin embargo, para hallar *n*, necesitamos conocer la proporción (muestra) estimada *p*'. Recuerde que *q*' = 1 – *p*'. Pero, aun no conocemos *p*'. Como multiplicamos *p*' y *q*' juntos, hacemos que ambos sean iguales a 0,5 porque *p*'*q*' = (0,5)(0,5) = 0,25 da como resultado el mayor producto posible. (Pruebe otros productos: (0,6)(0,4) = 0,24; (0,3)(0,7) = 0,21; (0,2)(0,8) = 0,16 y así sucesivamente). El mayor producto posible nos da el mayor *n*. Esto nos da una muestra lo suficientemente grande como para que podamos tener el 90 % de confianza de que estamos dentro de los tres puntos porcentuales de la verdadera proporción de la población. Para calcular el tamaño de la muestra *n*, utilice la fórmula y haga las sustituciones.

$n = \frac{z^2 p' q'}{e^2}$ da como resultado $n = \frac{1{,}645^2 (0{,}5)(0{,}5)}{0{,}03^2} = 751{,}7$

Redondee la respuesta al valor inmediatamente superior. El tamaño de la muestra debe ser de 752 clientes de teléfonos móviles de más de 50 años para tener el 90 % de confianza en que la proporción estimada (de la muestra) se encuentra dentro de los tres puntos porcentuales de la verdadera proporción de la población de todos los clientes de más de 50 años que utilizan mensajes de texto en sus teléfonos móviles.

INTÉNTELO 8.9

Supongamos que una compañía de mercadeo en internet quiere determinar el porcentaje actual de clientes que hacen clic en los anuncios de sus teléfonos inteligentes. ¿A cuántos clientes debería encuestar la compañía para tener el 90 % de confianza en que la proporción estimada está dentro de los cinco puntos porcentuales de la verdadera proporción de clientes que hacen clic en los anuncios de sus teléfonos inteligentes?

Términos Clave

Desviación típica un número que es igual a la raíz cuadrada de la varianza y que mide lo lejos que están los valores de los datos de su media; notación: *s* para la desviación típica de la muestra y σ para la desviación típica de la población

Distribución binomial una variable aleatoria (RV) discreta que surge de ensayos de Bernoulli; hay un número fijo, *n*, de ensayos independientes. "Independiente" significa que el resultado de cualquier ensayo (por ejemplo, el ensayo 1) no afecta los resultados de los ensayos siguientes, y que todos los ensayos se llevan a cabo en las mismas condiciones. En estas circunstancias, la RV binomial *X* se define como el número de aciertos en *n* ensayos. La notación es: $X \sim B(\mathbf{n},\mathbf{p})$. La media es $\mu = np$ y la desviación típica es $\sigma = \sqrt{npq}$. La probabilidad de obtener exactamente *x* aciertos en *n* ensayos es $P\left(X = x\right) = \binom{n}{x} p^x q^{n-x}$.

Distribución normal una variable aleatoria (RV) continua con pdf $e(x) = \frac{1}{\sigma\sqrt{2\pi}} e^{-(x-\mu)^2/2\sigma^2}$, donde μ es la media de la distribución y σ es la desviación típica, notación: $X \sim N(\mu,\sigma)$. Si $\mu = 0$ y $\sigma = 1$, la RV se denomina **distribución normal estándar**.

Distribución t de Student investigada y reportada por William S. Gossett en 1908 y publicada bajo el seudónimo de Student; las principales características de esta variable aleatoria (RV) son:

- Es continuo y asume cualquier valor real.
- La pdf es simétrica respecto a su media de cero.
- Se acerca a la distribución normal estándar a medida que *n* es mayor.
- Existe una "familia" de distribuciones t: cada representante de la familia está completamente definido por el número de grados de libertad, que depende de la aplicación para la que se utiliza la distribución t.

Estadística Inferencial también llamada inferencia estadística o estadística inductiva; esta faceta de la estadística se ocupa de estimar un parámetro poblacional a partir de un estadístico muestral. Por ejemplo, si cuatro de las 100 calculadoras muestreadas son defectuosas, podríamos deducir que el cuatro por ciento de la producción es defectuosa.

Estimación puntual un número único calculado a partir de una muestra y utilizado para estimar un parámetro de la población

Grados de libertad (*df*) el número de objetos de una muestra que pueden variar libremente

Intervalo de confianza (IC) una estimación de intervalo para un parámetro poblacional desconocido. Esto depende de

- el nivel de confianza deseado,
- información que se conoce sobre la distribución (por ejemplo, la desviación típica conocida),
- la muestra y su tamaño.

Límite de error para una media poblacional (*EBM*) el margen de error; depende del nivel de confianza, del tamaño de la muestra y de la desviación típica de la población conocida o estimada.

Nivel de confianza (CL) la expresión porcentual de la probabilidad de que el intervalo de confianza contenga el verdadero parámetro poblacional; por ejemplo, si el CL = 90 %, entonces en 90 de cada 100 muestras la estimación del intervalo encerrará el verdadero parámetro poblacional.

Parámetro una característica numérica de una población

Proporción del límite de error de la población (EBP) el margen de error; depende del nivel de confianza, del tamaño de la muestra y de la proporción estimada (a partir de la muestra) de aciertos.

Repaso del capítulo

8.2 Un intervalo de confianza para una desviación típica de población desconocida, caso de una muestra pequeña

En muchos casos, el investigador no conoce la desviación típica de la población, σ, de la medida estudiada. En estos casos, es habitual utilizar la desviación típica de la muestra, *s*, como estimación de σ. La distribución normal crea intervalos de confianza precisos cuando se conoce σ, pero no es tan precisa cuando se utiliza *s* como estimación. En este caso, la distribución t de Student es mucho mejor. Defina una puntuación t mediante la siguiente fórmula:

$$t = \frac{\bar{x}-\mu}{s/\sqrt{n}}$$

La puntuación *t* sigue la distribución t de Student con $n - 1$ grados de libertad. El intervalo de confianza bajo esta distribución se calcula con $\bar{x} \pm \left(t_{\frac{\alpha}{2}}\right)\frac{s}{\sqrt{n}}$ donde $t_{\frac{\alpha}{2}}$ es la puntuación *t* con un área a la derecha igual a $\frac{\alpha}{2}$, *s* es la desviación típica de la muestra y *n* es el tamaño de la muestra. Utilice una tabla, una calculadora o una computadora para hallar $t_{\frac{\alpha}{2}}$ para una α determinada.

8.3 Un intervalo de confianza para una proporción de población

Algunas medidas estadísticas, como muchas preguntas de las encuestas, miden datos cualitativos en vez de cuantitativos. En este caso, el parámetro poblacional que se estima es una proporción. Es posible crear un intervalo de confianza para la verdadera proporción de la población siguiendo procedimientos similares a los utilizados para crear intervalos de confianza para las medias de la población. Las fórmulas son ligeramente diferentes, pero siguen el mismo razonamiento.

Supongamos que *p'* representa la proporción de la muestra, *x/n*, donde *x* representa el número de aciertos y *n* el tamaño de la muestra. Supongamos que *q'* = 1 – *p'*. Entonces el intervalo de confianza para una proporción poblacional viene dado por la siguiente fórmula:

$$\text{p'} - Z_\alpha\sqrt{\frac{\text{p'q'}}{n}} \leq p \leq \text{p'} + Z_\alpha\sqrt{\frac{\text{p'q'}}{n}}$$

8.4 Cálculo del tamaño de la muestra n: variables aleatorias continuas y binarias

A veces, los investigadores saben de antemano que quieren estimar una media poblacional dentro de un margen de error específico para un nivel de confianza dado. En ese caso, resuelva la fórmula del intervalo de confianza correspondiente para *n* a fin de descubrir el tamaño de la muestra que se necesita para lograr este objetivo:

$$n = \frac{Z_{\alpha}^2\sigma^2}{\left(\bar{x}-\mu\right)^2}$$

Si la variable aleatoria es binaria, la fórmula para el tamaño de muestra adecuado a fin de que se mantenga un nivel de confianza determinado con un nivel de tolerancia específico viene dada por

$$n = \frac{Z_{\alpha}^2\,\text{pq}}{e^2}$$

Repaso de fórmulas

8.2 Un intervalo de confianza para una desviación típica de población desconocida, caso de una muestra pequeña

s = la desviación típica de los valores de la muestra.

$t = \frac{\bar{x}-\mu}{\frac{s}{\sqrt{n}}}$ es la fórmula de la puntuación *t* que mide la distancia de una medida con respecto a la media de la población en la distribución t de Student

df = *n* - 1; los grados de libertad para una distribución t de Student donde *n* representa el tamaño de la muestra

$T \sim t_{df}$ es la variable aleatoria, *T*, tiene una distribución t de Student con *df* grados de libertad

La forma general de un intervalo de confianza para una media única, una desviación típica de la población desconocida y un tamaño de muestra inferior a 30 t de Student viene dada por

$$\bar{x} - t_{\text{v},\alpha}\left(\frac{s}{\sqrt{n}}\right) \leq \mu \leq \bar{x} + t_{\text{v},\alpha}\left(\frac{s}{\sqrt{n}}\right)$$

8.3 Un intervalo de confianza para una proporción de población

$p' = \frac{x}{n}$ donde *x* representa el número de aciertos en una muestra y *n* representa el tamaño de la muestra. La variable *p'* es la proporción de la muestra y sirve como estimación puntual de la verdadera proporción de la población.

q' = 1 – *p'*

La variable *p'* tiene una distribución binomial que se puede aproximar con la distribución normal que se muestra aquí. El intervalo de confianza para la verdadera proporción de la población que viene dado por la fórmula:

$$\text{p'} - Z_\alpha\sqrt{\frac{\text{p'q'}}{n}} \leq p \leq \text{p'} + Z_\alpha\sqrt{\frac{\text{p'q'}}{n}}$$

$n = \frac{Z_{\frac{\alpha}{2}}{}^2 p' q'}{e^2}$ proporciona el número de observaciones necesarias en la muestra para estimar la proporción poblacional, *p*, con confianza 1 - *α* y margen de error *e*. Donde *e* = la diferencia aceptable entre la proporción real de la población y la proporción de la muestra.

8.4 Cálculo del tamaño de la muestra n: variables aleatorias continuas y binarias

$n = \frac{Z^2\sigma^2}{\left(\bar{x}-\mu\right)^2}$ = fórmula utilizada para determinar el tamaño de la muestra(*n*) necesario para alcanzar un margen de error deseado con un nivel de confianza determinado para una variable aleatoria continua

$n = \frac{Z_{\alpha}^2\,\text{pq}}{e^2}$ = la fórmula utilizada para determinar el tamaño de la muestra si la variable aleatoria es binaria

Práctica

8.2 Un intervalo de confianza para una desviación típica de población desconocida, caso de una muestra pequeña

Use la siguiente información para responder los próximos cinco ejercicios. Un hospital intenta reducir los tiempos de espera en la sala de emergencias. Se interesa por el tiempo que los pacientes deben esperar antes de que los llamen para examinarlos. Un comité de investigación encuestó al azar a 70 pacientes. La media muestral fue de 1,5 horas con una desviación típica de la muestra de 0,5 horas.

1. Identifique lo siguiente:

a. $\overline{x}$ =_____
b. s_x =_____
c. n =_____
d. $n - 1$ =_____

2. Defina las variables aleatorias X y $\overline{X}$ en palabras.

3. ¿Qué distribución debería utilizar para este problema?

4. Construya un intervalo de confianza del 95 % para el tiempo medio de espera de la población. Indique el intervalo de confianza, dibuje el gráfico y calcule el límite de error.

5. Explique con oraciones completas qué significa el intervalo de confianza (confidence interval, CI).

Use la siguiente información para responder los próximos seis ejercicios: se encuestaron ciento ocho estadounidenses para determinar el número de horas que pasan viendo televisión cada mes. Se reveló que veían un promedio de 151 horas al mes con una desviación típica de 32 horas. Supongamos que la distribución de la población subyacente es normal.

6. Identifique lo siguiente:

a. $\overline{x}$ =_____
b. s_x =_____
c. n =_____
d. $n - 1$ =_____

7. Defina la variable aleatoria X con palabras.

8. Defina la variable aleatoria $\overline{X}$ en palabras.

9. ¿Qué distribución debería utilizar para este problema?

10. Construya un intervalo de confianza del 99 % para la media poblacional de horas dedicadas a ver televisión al mes. (a) Indique el intervalo de confianza, (b) dibuje el gráfico y (c) calcule el límite de error.

11. ¿Por qué cambiaría el límite de error si el nivel de confianza se redujera al 95 %?

Use la siguiente información para responder los próximos 13 ejercicios: los datos que figuran en la Tabla 8.2 son el resultado de una encuesta aleatoria de 39 banderas nacionales (con reemplazo entre selecciones) de varios países. Estamos interesados en hallar un intervalo de confianza para el verdadero número medio de colores en una bandera nacional. Supongamos que X = el número de colores de una bandera nacional.

X	Frec.
1	1
2	7
3	18
4	7
5	6

Tabla 8.2

12. Calcule lo siguiente:

a. $\overline{x}$ =_____
b. s_x =_____
c. n =_____

13. Defina la variable aleatoria $\overline{X}$ en palabras.

14. ¿Cuál es el $\overline{x}$ estimado?

15. ¿Es σ_x conocido?

16. Como resultado de su respuesta en el Ejercicio 8.15, indique la distribución exacta que se debe usar para calcular el intervalo de confianza.

Construya un intervalo de confianza del 95 % para el número medio real de colores en las banderas nacionales.

17. ¿Cuánta superficie hay en ambas colas (combinadas)?

18. ¿Cuánta superficie hay en cada cola?

19. Calcule lo siguiente:

a. límite inferior
b. límite superior
c. límite de error

20. El intervalo de confianza del 95 % es ____.

21. Rellene los espacios en blanco del gráfico con las áreas, los límites superior e inferior del intervalo de confianza y la media muestral.

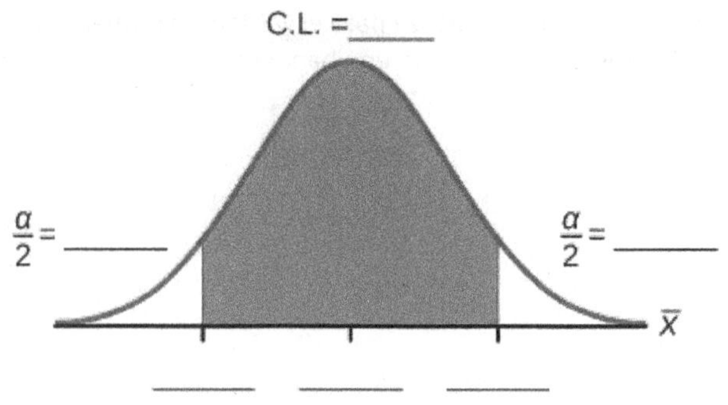

Figura 8.10

22. Explique el significado del intervalo en una oración completa.

23. Utilizando el mismo $\overline{x}$, s_x, y el nivel de confianza, supongamos que *n* fuera 69 en vez de 39. ¿El límite de error sería mayor o menor? ¿Cómo lo sabe?

24. Utilizando el mismo $\overline{x}$, s_x, y *n* = 39, ¿cómo cambiaría el límite de error si el nivel de confianza se redujera al 90 %? ¿Por qué?

8.3 Un intervalo de confianza para una proporción de población

Use la siguiente información para responder los dos próximos ejercicios: Compañías de mercadeo están interesadas en conocer el porcentaje de población femenina que toma la mayoría de las decisiones de compra en el hogar.

25. Al diseñar un estudio para determinar esta proporción de población, ¿cuál es el número mínimo que necesitaría encuestar para tener el 90 % de confianza en que la proporción de población se estima con un margen del 0,05?

26. Si más adelante se determinara que es importante tener más de un 90 % de confianza y se encargara una nueva encuesta, ¿cómo afectaría al número mínimo que hay que encuestar? ¿Por qué?

Use la siguiente información para responder los próximos cinco ejercicios: Supongamos que la compañía de mercadeo hace una encuesta. Encuestaron al azar 200 hogares y hallaron que en 120 de ellos la mujer tomaba la mayoría de las decisiones de compra. Nos interesa la proporción de hogares en los que las mujeres toman la mayoría de las decisiones de compra.

27. Identifique lo siguiente:
    a. *x* = _____
    b. *n* = _____
    c. *p′* = _____

28. Defina las variables aleatorias *X* y *P′* con palabras.

29. ¿Qué distribución debería utilizar para este problema?

30. Construya un intervalo de confianza del 95 % para la proporción de hogares en los que las mujeres toman la mayoría de las decisiones de compra. Indique el intervalo de confianza, dibuje el gráfico y calcule el límite de error.

31. Enumere dos dificultades que podría tener la compañía para obtener resultados aleatorios, si esta encuesta se realizara por correo electrónico.

Use la siguiente información para responder los próximos cinco ejercicios: de 1.050 adultos seleccionados al azar, 360 se identificaron como trabajadores manuales, 280 se identificaron como asalariados no manuales, 250 se identificaron como gerentes de nivel medio y 160 se identificaron como ejecutivos. En la encuesta, el 82 % de los trabajadores manuales prefieren camiones, así como el 62 % de los asalariados no manuales, el 54 % de los gerentes de nivel medio y el 26 % de los ejecutivos.

32. Nos interesa hallar el intervalo de confianza del 95 % para el porcentaje de ejecutivos que prefieren camiones. Defina las variables aleatorias X y P' en palabras.

33. ¿Qué distribución debería utilizar para este problema?

34. Construya un intervalo de confianza del 95 %. Indique el intervalo de confianza, dibuje el gráfico y calcule el límite de error.

35. Supongamos que queremos reducir el error de muestreo. ¿Cuál es una forma de lograrlo?

36. El error de muestreo indicado en la encuesta es de ±2 %. Explique qué significa el ±2 %.

Use la siguiente información para responder los próximos cinco ejercicios: un sondeo realizado a 1.200 votantes preguntaba cuál era el asunto más importante en las próximas elecciones. El sesenta y cinco por ciento respondió que la economía. Nos interesa la proporción de población de los votantes que consideran que la economía es lo más importante.

37. Defina la variable aleatoria X con palabras.

38. Defina la variable aleatoria P' en palabras.

39. ¿Qué distribución debería utilizar para este problema?

40. Construya un intervalo de confianza del 90 %, e indique el intervalo de confianza y el límite de error.

41. ¿Qué ocurriría con el intervalo de confianza si el nivel de confianza fuera del 95 %?

Use la siguiente información para responder los próximos 16 ejercicios: el Ice Chalet ofrece docenas de clases de patinaje sobre hielo para principiantes. Todos los nombres de las clases se ponen en una cubeta. Se eligió la clase de patinaje sobre hielo para principiantes de 8 a 12 años a las 5 p. m. del lunes. En esa clase había 64 niñas y 16 niños. Supongamos que estamos interesados en la proporción real de niñas, de 8 a 12 años, en todas las clases de patinaje sobre hielo para principiantes en el Ice Chalet. Supongamos que los niños de la clase seleccionada son una muestra aleatoria de la población.

42. ¿Qué se cuenta?

43. Defina la variable aleatoria X en palabras.

44. Calcule lo siguiente:

a. x = ______
b. n = ______
c. p' = ______

45. Indique la distribución estimada de X. X~_______

46. Defina una nueva variable aleatoria P'. ¿Qué estima p'?

47. Defina la variable aleatoria P' en palabras.

48. Indique la distribución estimada de P'. Construya un intervalo de confianza del 92 % para la verdadera proporción de niñas de 8 a 12 años que comienzan las clases de patinaje sobre hielo en el Ice Chalet.

49. ¿Cuánta superficie hay en ambas colas (combinadas)?

50. ¿Cuánta superficie hay en cada cola?

51. Calcule lo siguiente:

a. límite inferior
b. límite superior
c. límite de error

52. El intervalo de confianza del 92 % es ______.

53. Rellene los espacios en blanco del gráfico con las áreas, los límites superior e inferior del intervalo de confianza y la proporción de la muestra.

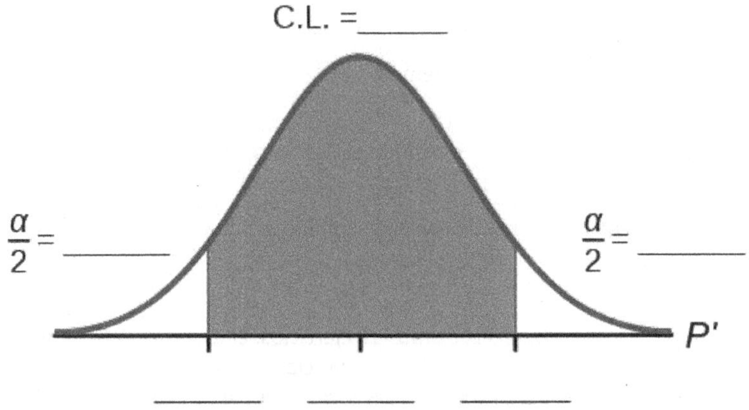

Figura 8.11

54. Explique el significado del intervalo en una oración completa.

55. Utilizando la misma p' y el mismo nivel de confianza, supongamos que n se aumenta a 100. ¿El límite de error sería mayor o menor? ¿Cómo lo sabe?

56. Utilizando la misma p' y n = 80, ¿cómo cambiaría el límite de error si el nivel de confianza se incrementara al 98 %? ¿Por qué?

57. Si se disminuye el límite de error permitido, ¿por qué aumentaría el tamaño mínimo de la muestra (manteniendo el mismo nivel de confianza)?

8.4 Cálculo del tamaño de la muestra n: variables aleatorias continuas y binarias

Use la siguiente información para responder los próximos cinco ejercicios: se sabe que la desviación típica del peso de los elefantes es de 15 libras aproximadamente. Queremos construir un intervalo de confianza del 95 % para el peso medio de las crías de elefante recién nacidas. Se pesan cincuenta elefantes recién nacidos. La media muestral es de 244 libras. La desviación típica de la muestra es de 11 libras.

58. Identifique lo siguiente:

a. $\bar{x}$ = ____
b. σ = ____
c. n = ____

59. En palabras, defina las variables aleatorias X y $\bar{X}$.

60. ¿Qué distribución debería utilizar para este problema?

61. Construya un intervalo de confianza del 95 % para el peso medio de la población de elefantes recién nacidos. Indique el intervalo de confianza, dibuje el gráfico y calcule el límite de error.

62. ¿Qué ocurrirá con el intervalo de confianza obtenido si se pesan 500 elefantes recién nacidos en vez de 50? ¿Por qué?

Use la siguiente información para responder los próximos siete ejercicios: la Oficina del Censo de EE. UU. realiza un estudio para determinar el tiempo necesario para rellenar el formulario corto. La oficina encuesta a 200 personas. La media muestral es de 8,2 minutos. Se conoce una desviación típica de 2,2 minutos. Se supone que la distribución de la población es normal.

63. Identifique lo siguiente:

a. $\bar{x}$ = ____
b. σ = ____
c. n = ____

64. En palabras, defina las variables aleatorias X y $\bar{X}$.

65. ¿Qué distribución debería utilizar para este problema?

66. Construya un intervalo de confianza del 90 % para el tiempo medio de la población para rellenar los formularios. Indique el intervalo de confianza, dibuje el gráfico y calcule el límite de error.

67. Si el censo quiere aumentar su nivel de confianza y mantener el límite de error igual realizando otra encuesta, ¿qué cambios debería hacer?

68. Si el censo realizara otra encuesta, mantuviera el límite de error igual y encuestara solo a 50 personas en vez de 200, ¿qué pasaría con el nivel de confianza? ¿Por qué?

69. Supongamos que el censo necesita tener un 98 % de confianza en la duración media de la población. ¿El censo tendría que encuestar a más personas? ¿Por qué sí o por qué no?

Use la siguiente información para responder los próximos diez ejercicios: se seleccionó una muestra de 20 cabezas de lechuga. Supongamos que la distribución poblacional del peso de la cabeza es normal. Luego se registró el peso de cada cabeza de lechuga. El peso medio era de 2,2 libras con una desviación típica de 0,1 libras. Se sabe que la desviación típica de la población es de 0,2 libras.

70. Identifique lo siguiente:

a. $\overline{x}$ = _____
b. σ = _____
c. n = _____

71. Defina la variable aleatoria X en palabras.

72. En palabras, defina la variable aleatoria $\overline{X}$.

73. ¿Qué distribución debería utilizar para este problema?

74. Construya un intervalo de confianza del 90 % para el peso medio poblacional de las cabezas de lechuga. Indique el intervalo de confianza, dibuje el gráfico y calcule el límite de error.

75. Construya un intervalo de confianza del 95 % para el peso medio poblacional de las cabezas de lechuga. Indique el intervalo de confianza, dibuje el gráfico y calcule el límite de error.

76. Explique en oraciones completas por qué el intervalo de confianza en el Ejercicio 8.74 es mayor que en el Ejercicio 8.75.

77. Interprete en oraciones completas lo que significa el intervalo en el Ejercicio 8.75.

78. ¿Qué pasaría si se tomaran muestras de 40 cabezas de lechuga en vez de 20, y el límite de error siguiera siendo el mismo?

79. ¿Qué pasaría si se tomaran muestras de 40 cabezas de lechuga en vez de 20, y el nivel de confianza siguiera siendo el mismo?

Utilice la siguiente información para responder a los siguientes 14 ejercicios: la edad media de todos los estudiantes del Foothill College en el trimestre de otoño pasado fue de 33,2 años. La desviación típica de la población ha sido bastante constante en 15. Supongamos que se seleccionan al azar veinticinco estudiantes del semestre de invierno. La edad media de la muestra era de 30,4 años. Estamos interesados en la verdadera edad media de los estudiantes del semestre de invierno del Foothill College. Supongamos que X = la edad de un estudiante del semestre de invierno del Foothill College.

80. $\overline{x}$ = ____

81. n = ____

82. _______ = 15

83. En palabras, defina la variable aleatoria $\overline{X}$.

84. ¿Cuál es el $\overline{x}$ estimado?

85. ¿Es σ_x conocido?

86. Como resultado de su respuesta en el Ejercicio 8.83, indique la distribución exacta que se debe usar para calcular el intervalo de confianza.

Construya un Intervalo de Confianza del 95 % para la edad media real de los estudiantes del semestre de invierno del Foothill College, elabore y responda los siguientes siete ejercicios.

87. ¿Cuánta superficie hay en ambas cruces (combinadas)? α =______

88. ¿Cuánta superficie hay en cada cola? $\frac{\alpha}{2}$ =______

89. Identifique las siguientes especificaciones

a. límite inferior
b. límite superior
c. límite de error

90. El intervalo de confianza del 95 % es: ______________.

91. Rellene los espacios en blanco del gráfico con las áreas, los límites superior e inferior del intervalo de confianza y la media muestral.

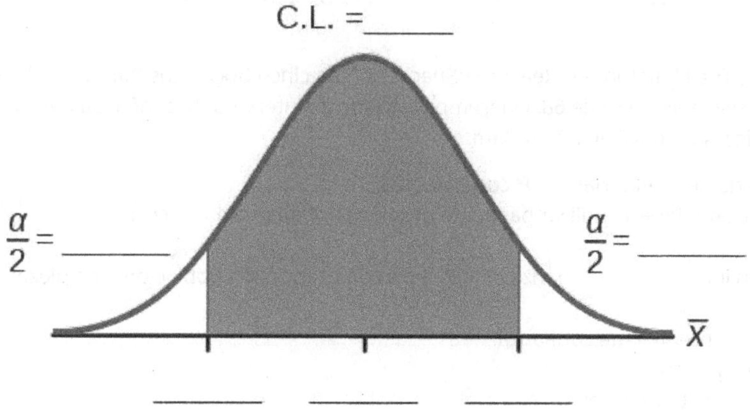

Figura 8.12

92. Explique el significado del intervalo en una oración completa.

93. Utilizando las mismas media, desviación típica y nivel de confianza, supongamos que *n* fuera 69 en vez de 25. ¿El límite de error sería mayor o menor? ¿Cómo lo sabe?

94. Utilizando las mismas media, desviación típica y tamaño de la muestra, ¿cómo cambiaría el límite de error si el nivel de confianza se redujera al 90 %? ¿Por qué?

95. Calcule el valor del tamaño de la muestra necesario para que, si el intervalo de confianza es del 90 %, la proporción de la muestra y la proporción de la población se encuentren dentro del 4 % de cada una. La proporción de la muestra es de 0,60. Nota: Redondee todas las fracciones para *n*.

96. Calcule el valor del tamaño de la muestra necesario para que, si el intervalo de confianza es del 95 %, la proporción de la muestra y la proporción de la población se encuentren dentro del 2 % de cada una. La proporción de la muestra es de 0,650. Nota: Redondee todas las fracciones para *n*.

97. Calcule el valor del tamaño de la muestra necesario para que, si el intervalo de confianza es del 96 %, la proporción de la muestra y la proporción de la población se encuentren dentro del 5 % de cada una. La proporción de la muestra es de 0,70. Nota: Redondee todas las fracciones para *n*.

98. Calcule el valor del tamaño de la muestra necesario para que, si el intervalo de confianza es del 90 %, la proporción de la muestra y la proporción de la población se encuentren dentro del 1 % de cada una. La proporción de la muestra es de 0,50. Nota: Redondee todas las fracciones para *n*.

99. Calcule el valor del tamaño de la muestra necesario para que, si el intervalo de confianza es del 94 %, la proporción de la muestra y la proporción de la población se encuentren dentro del 2 % de cada una. La proporción de la muestra es de 0,65. Nota: Redondee todas las fracciones para *n*.

100. Calcule el valor del tamaño de la muestra necesario para que, si el intervalo de confianza es del 95 %, la proporción de la muestra y la proporción de la población se encuentren dentro del 4 % de cada una. La proporción de la muestra es de 0,45. Nota: Redondee todas las fracciones para *n*.

101. Calcule el valor del tamaño de la muestra necesario para que, si el intervalo de confianza es del 90 %, la proporción de la muestra y la proporción de la población se encuentren dentro del 2 % de cada una. La proporción de la muestra es de 0,3. Nota: Redondee todas las fracciones para *n*.

Tarea para la casa

8.2 Un intervalo de confianza para una desviación típica de población desconocida, caso de una muestra pequeña

102. En seis bolsas de "The Flintstones® Real Fruit Snacks" había cinco bocadillos Bam-Bam. El número total de bocadillos en las seis bolsas era de 68. Queremos calcular un intervalo de confianza del 96 % para la proporción poblacional de piezas de bocadillo Bam-Bam.

   a. Defina las variables aleatorias X y P' con palabras.
   b. ¿Qué distribución debería utilizar para este problema? Explique su elección
   c. Calcule p'.
   d. Construya un intervalo de confianza del 96 % para la proporción poblacional de piezas de bocadillo Bam-Bam por bolsa.
      i. Indique el intervalo de confianza.
      ii. Dibuje el gráfico.
      iii. Calcule el límite de error.
   e. ¿Cree que seis paquetes de bocadillos de fruta aportan suficientes datos para obtener resultados precisos? ¿Por qué sí o por qué no?

103. Una encuesta aleatoria sobre las inscripciones en 35 colegios comunitarios de Estados Unidos arrojó las siguientes cifras: 6.414; 1.550; 2.109; 9.350; 21.828; 4.300; 5.944; 5.722; 2.825; 2.044; 5.481; 5.200; 5.853; 2.750; 10.012; 6.357; 27.000; 9.414; 7.681; 3.200; 17.500; 9.200; 7.380; 18.314; 6.557; 13.713; 17.768; 7.493; 2.771; 2.861; 1.263; 7.285; 28.165; 5.080; 11.622. Supongamos que la población subyacente es normal.

a. i. $\overline{x}$ = ________
   ii. s_x = ________
   iii. n = ________
   iv. $n - 1$ = ________

b. Defina las variables aleatorias X y $\overline{X}$ en palabras.
c. ¿Qué distribución debería utilizar para este problema? Explique su elección.
d. Construya un intervalo de confianza del 95 % para la media poblacional de inscripción en los colegios comunitarios de Estados Unidos
   i. Indique el intervalo de confianza.
   ii. Dibuje el gráfico.

e. ¿Qué ocurriría con el límite de error y el intervalo de confianza si se encuestaran 500 colegios comunitarios? ¿Por qué?

104. Supongamos que una comisión estudia si hay o no pérdida de tiempo en nuestro sistema judicial. Se interesa por la cantidad media de tiempo que las personas pierden en el juzgado a la espera de que los llamen para ser jurado. El comité encuestó de forma aleatoria a 81 personas que habían prestado servicio como jurado recientemente. El tiempo de espera de las medias muestrales fue de ocho horas, con una desviación típica de la muestra de cuatro horas.

a. i. $\overline{x}$ = ________
   ii. s_x = ________
   iii. n = ________
   iv. $n - 1$ = ________

b. Defina las variables aleatorias X y $\overline{X}$ en palabras.
c. ¿Qué distribución debería utilizar para este problema? Explique su elección.
d. Construya un intervalo de confianza del 95 % para la media poblacional de tiempo perdido.
   i. Indique el intervalo de confianza.
   ii. Dibuje el gráfico.

e. Explique en una oración completa qué significa el intervalo de confianza.

105. Una compañía farmacéutica fabrica tranquilizantes. Se supone que la distribución del tiempo que duran es aproximadamente normal. Los investigadores de un hospital utilizaron el fármaco en una muestra aleatoria de nueve pacientes. El periodo efectivo del tranquilizante para cada paciente (en horas) fue el siguiente: 2,7; 2,8; 3,0; 2,3; 2,3; 2,2; 2,8; 2,1; y 2,4.

a. i. $\overline{x}$ = ________
   ii. s_x = ________
   iii. n = ________
   iv. $n - 1$ = ________

b. Defina la variable aleatoria X en palabras.
c. Defina la variable aleatoria $\overline{X}$ en palabras.
d. ¿Qué distribución debería utilizar para este problema? Explique su elección.
e. Construya un intervalo de confianza del 95 % para la media poblacional de la duración de tiempo.
   i. Indique el intervalo de confianza.
   ii. Dibuje el gráfico.

f. ¿Qué significa tener el "95 % de confianza" en este problema?

106. Supongamos que se hace una encuesta a 14 niños que están aprendiendo a montar en bicicleta para determinar cuánto tiempo han tenido que utilizar las ruedas de entrenamiento. Se reveló que las utilizaron un promedio de seis meses con una desviación típica de la muestra de tres meses. Supongamos que la distribución de la población subyacente es normal.

a. i. $\overline{x}$ = ________
   ii. s_x = ________
   iii. n = ________
   iv. $n - 1$ = ________

b. Defina la variable aleatoria X en palabras.
c. Defina la variable aleatoria$\overline{X}$ en palabras.
d. ¿Qué distribución debería utilizar para este problema? Explique su elección.
e. Construya un intervalo de confianza del 99 % para la media poblacional de la duración del tiempo de uso de las ruedas de entrenamiento.
   i. Indique el intervalo de confianza.
   ii. Dibuje el gráfico.

f. ¿Por qué cambiaría el límite de error si el nivel de confianza se redujera al 90 %?

107. La Comisión Federal de Elecciones (Federal Election Commission, FEC) recopila información sobre los aportes y los desembolsos de los candidatos y los comités políticos en cada ciclo electoral. Un Comité de Acción Política (Political Action Committee, PAC) es un comité formado para recaudar dinero para candidatos y campañas. Un PAC de Liderazgo es un PAC formado por un político federal (senador o representante) para recaudar dinero para ayudar a las campañas de otros candidatos.

La FEC presentó información financiera de 556 PAC de Liderazgo que operaron durante el ciclo electoral 2011-2012. La siguiente tabla muestra los ingresos totales durante este ciclo para una selección aleatoria de 30 PAC de Liderazgo.

$46.500,00	$0	$40.966,50	$105.887,20	$5.175,00
$29.050,00	$19.500,00	$181.557,20	$31.500,00	$149.970,80
$2.555.363,20	$12.025,00	$409.000,00	$60.521,70	$18.000,00
$61.810,20	$76.530,80	$119.459,20	$0	$63.520,00
$6.500,00	$502.578,00	$705.061,10	$708.258,90	$135.810,00
$2.000,00	$2.000,00	$0	$1.287.933,80	$219.148,30

Tabla 8.3

$\overline{x} = \$251,854{,}23$

$s = \$521,130{,}41$

Utilice estos datos de la muestra para construir un intervalo de confianza del 95 % para la cantidad media de dinero recaudado por todos los PAC de liderazgo durante el ciclo electoral 2011-2012. Use la distribución t de Student.

108. La revista *Forbes* publicó datos sobre las mejores pequeñas compañías en 2012. Se trata de compañías que cotizan en la bolsa desde hace al menos un año, con un precio de las acciones de, al menos, 5 dólares por acción y con unos ingresos anuales entre 5 millones de dólares y 1 mil millones de dólares. En la Tabla 8.4 se muestran las edades de directores generales corporativos de una muestra aleatoria de estas compañías.

48	58	51	61	56
59	74	63	53	50
59	60	60	57	46
55	63	57	47	55
57	43	61	62	49
67	67	55	55	49

Tabla 8.4

Utilice estos datos de la muestra para construir un intervalo de confianza del 90 % para la edad media de los directores generales de estas pequeñas compañías principales. Use la distribución t de Student.

109. Los asientos desocupados en los vuelos hacen que las aerolíneas pierdan ingresos. Supongamos que una gran compañía aérea quiere estimar su número medio de asientos desocupados por vuelo durante el año pasado. Para ello, se seleccionan al azar los registros de 225 vuelos y se anota el número de asientos no ocupados de cada uno de los vuelos de la muestra. La media muestral es de 11,6 asientos y la desviación típica de la muestra es de 4,1 asientos.

a. i. $\overline{x}$ = ________
   ii. s_x = ________
   iii. n = ________
   iv. n– 1 = ________
b. Defina las variables aleatorias X y $\overline{X}$ en palabras.
c. ¿Qué distribución debería utilizar para este problema? Explique su elección.
d. Construya un intervalo de confianza del 92 % para la media poblacional del número de asientos desocupados por vuelo.
   i. Indique el intervalo de confianza.
   ii. Dibuje el gráfico.

110. En una muestra reciente de 84 costos de venta de automóviles usados, la media muestral fue de 6.425 dólares con una desviación típica de 3.156 dólares. Supongamos que la distribución subyacente es aproximadamente normal.

a. ¿Qué distribución debería utilizar para este problema? Explique su elección.
b. Defina la variable aleatoria $\overline{X}$ en palabras.
c. Construya un intervalo de confianza del 95 % para el costo de la media poblacional de un auto usado.
   i. Indique el intervalo de confianza.
   ii. Dibuje el gráfico.
d. Explique qué significa un "intervalo de confianza del 95 %" para este estudio.

111. Se seleccionaron al azar seis marcas nacionales diferentes de galletas de chocolate en el supermercado. Los gramos de grasa por porción son los siguientes: 8; 8; 10; 7; 9; 9. Supongamos que la distribución subyacente es aproximadamente normal.

a. Construya un intervalo de confianza del 90 % para la media de la población de gramos de grasa por porción de galletas de chocolate que se venden en los supermercados.
   i. Indique el intervalo de confianza.
   ii. Dibuje el gráfico.

b. Si se quería un límite de error menor manteniendo el mismo nivel de confianza, ¿qué se debería haber cambiado en el estudio antes de realizarlo?
c. Va a la tienda y registra los gramos de grasa por porción de seis marcas de galletas de chocolate.
d. Calcule la media.
e. ¿La media está dentro del intervalo que ha calculado en la parte a? ¿Esperaba que estuviese? ¿Por qué sí o por qué no?

112. Se realizó un estudio sobre el número medio de céntimos de descuento que ofrecen los cupones, se revisó al azar un cupón por página de las secciones de cupones del número más reciente de The Mercury News de San José. Se recopilaron los siguientes datos: 20¢; 75¢; 50¢; 65¢; 30¢; 55¢; 40¢; 40¢; 30¢; 55¢; $1,50; 40¢; 65¢; 40¢. Supongamos que la distribución subyacente es aproximadamente normal.

a. i. $\bar{x}$ = ________
   ii. s_x = ________
   iii. n = ________
   iv. $n-1$ = ________

b. Defina las variables aleatorias X y $\bar{X}$ en palabras.
c. ¿Qué distribución debería utilizar para este problema? Explique su elección.
d. Construya un intervalo de confianza del 95 % para la media poblacional del valor de los cupones.
   i. Indique el intervalo de confianza.
   ii. Dibuje el gráfico.

e. Si se toman muchas muestras aleatorias con un tamaño de 14, ¿qué porcentaje de los intervalos de confianza construidos debe contener la media poblacional de los cupones? Explique por qué.

Use la siguiente información para responder los próximos dos ejercicios: un especialista en control de calidad de una cadena de restaurantes toma una muestra aleatoria de tamaño de 12 para comprobar la cantidad de gaseosa que se sirve en la porción de 16 oz. La media muestral es de 13,30 con una desviación típica de la muestra de 1,55. Supongamos que la población subyacente se distribuye normalmente.

113. Calcule el intervalo de confianza del 95 % para la verdadera media poblacional de la cantidad de gaseosa servida.

a. (12,42, 14,18)
b. (12,32, 14,29)
c. (12,50, 14,10)
d. Imposible de determinar

8.3 Un intervalo de confianza para una proporción de población

114. Las compañías de seguros están interesadas en conocer el porcentaje de conductores que siempre se abrochan el cinturón antes de manejar.

a. Al diseñar un estudio para determinar esta proporción de la población, ¿cuál es el número mínimo que necesitaría encuestar para tener el 95 % de confianza en que la proporción de la población se estima con un margen del 0,03?
b. Si más adelante se determinara que es importante tener más del 95 % de confianza y se encargara una nueva encuesta, ¿cómo afectaría eso el número mínimo que habría que encuestar? ¿Por qué?

115. Supongamos que las compañías de seguros hicieran una encuesta. Encuestaron al azar 400 conductores y descubrieron que 320 afirmaban que siempre se abrochaban el cinturón. Nos interesa la proporción de conductores que afirman abrocharse siempre el cinturón.

a. i. x = ________
   ii. n = ________
   iii. p' = ________

b. Defina las variables aleatorias X y P' en palabras.
c. ¿Qué distribución debería utilizar para este problema? Explique su elección.
d. Construya un intervalo de confianza del 95 % para la proporción de población que afirma que siempre se abrocha el cinturón
   i. Indique el intervalo de confianza.
   ii. Dibuje el gráfico.

e. Si esta encuesta se realizara por teléfono, enumere tres dificultades que podrían tener las compañías para obtener resultados aleatorios.

116. Según una reciente encuesta realizada a 1.200 personas, el 61 % consideran que el presidente está haciendo un trabajo aceptable. Nos interesa la proporción de población que considera que el presidente está haciendo un trabajo aceptable.

a. Defina las variables aleatorias X y P' con palabras.
b. ¿Qué distribución debería utilizar para este problema? Explique su elección.
c. Construya un intervalo de confianza del 90 % para la proporción de la población que considera que el presidente está haciendo un trabajo aceptable.
   i. Indique el intervalo de confianza.
   ii. Dibuje el gráfico.

117. Recientemente apareció un artículo sobre citas y matrimonios interraciales en el Washington Post.. De los 1.709 adultos seleccionados al azar, 315 se identificaron como latinos, 323 como negros, 254 como asiáticos y 779 como blancos. En esta encuesta, el 86 % de los negros afirmaron que acogerían a una persona blanca en su familia. Entre los asiáticos, el 77 % acogería a una persona blanca en su familia, el 71 % a un latino y el 66 % a una persona negra.

a. Nos interesa hallar el intervalo de confianza del 95 % para el porcentaje de adultos negros que acogerían a una persona blanca en su familia. Defina las variables aleatorias X y P' en palabras.
b. ¿Qué distribución debería utilizar para este problema? Explique su elección.
c. Construya un intervalo de confianza del 95 %
   i. Indique el intervalo de confianza.
   ii. Dibuje el gráfico.

118. Consulte la información en el Ejercicio 8.117.

a. Construya tres intervalos de confianza del 95 %.
   i. porcentaje de todos los asiáticos que acogerían a una persona blanca en su familia.
   ii. porcentaje de los asiáticos que acogerían a un latino en su familia.
   iii. porcentaje de los asiáticos que acogerían a una persona negra en su familia.

b. Aunque las tres estimaciones puntuales son diferentes, ¿hay superposición en alguno de los intervalos de confianza? ¿Cuál?
c. Para los intervalos donde hay superposición, en palabras, ¿qué implica esto sobre la importancia de las diferencias en las proporciones reales?
d. Para los intervalos donde no hay superposición, en palabras, ¿qué implica esto sobre la importancia de las diferencias en las proporciones reales?

119. La Universidad de Stanford realizó un estudio sobre si correr es saludable para hombres y mujeres mayores de 50 años. Durante los primeros ocho años del estudio, el 1,5 % de los 451 miembros de la 50-Plus Fitness Association murieron. Nos interesa la proporción de personas mayores de 50 años que corrieron y murieron en el mismo periodo de ocho años.

a. Defina las variables aleatorias *X* y *P'* con palabras.
b. ¿Qué distribución debería utilizar para este problema? Explique su elección.
c. Construya un intervalo de confianza del 97 % para la proporción poblacional de personas mayores de 50 años que corrieron y murieron en el mismo periodo de ocho años.
   i. Indique el intervalo de confianza.
   ii. Dibuje el gráfico.
d. Explique qué significa un "intervalo de confianza del 97 %" para este estudio.

120. Un sondeo telefónico realizado a 1.000 estadounidenses adultos se publicó en un número de la Revista Time.. Una de las preguntas que se hicieron fue: "¿Cuál es el principal problema del país?". El veinte por ciento respondió que era la "delincuencia". Nos interesa la proporción de población de los estadounidenses adultos que consideran que la delincuencia es el principal problema.

a. Defina las variables aleatorias *X* y *P'* con palabras.
b. ¿Qué distribución debería utilizar para este problema? Explique su elección.
c. Construya un intervalo de confianza del 95 % para la proporción poblacional de estadounidenses adultos que consideran que la delincuencia es el principal problema.
   i. Indique el intervalo de confianza.
   ii. Dibuje el gráfico.
d. Supongamos que queremos reducir el error de muestreo. ¿Cuál es una forma de lograrlo?
e. El error de muestreo dado por Yankelovich Partners, Inc. (que realizó el sondeo) es de ±3 %. Explique lo que representa el ±3 % en una, dos o tres oraciones completas.

Ejercicio 8.120

Use la siguiente información para responder los próximos tres ejercicios: según Field Poll, el 79 % de los adultos de California (los resultados reales son 400 de 506 encuestados) consideran que "la educación y nuestras escuelas" es uno de los principales problemas a los que se enfrenta California. Queremos construir un intervalo de confianza del 90 % para la verdadera proporción de adultos de California que piensan que la educación y las escuelas son uno de los principales problemas a los que se enfrenta el estado.

121. Una estimación puntual de la verdadera proporción de la población es:

a. 0,90
b. 1,27
c. 0,79
d. 400

122. Un intervalo de confianza del 90 % para la proporción de la población es ______.

a. (0,761, 0,820)
b. (0,125, 0,188)
c. (0,755, 0,826)
d. (0,130, 0,183)

Use la siguiente información para responder los próximos dos ejercicios: se encuestaron aleatoriamente quinientos once (511) hogares de una determinada comunidad del sur de California para averiguar si cumplen las recomendaciones mínimas de preparación ante un terremoto. Ciento setenta y tres (173) de las viviendas encuestadas cumplían las recomendaciones mínimas de preparación para terremotos y 338 no.

123. Calcule el intervalo de confianza con un nivel de confianza del 90 % para la verdadera proporción de población de los hogares de la comunidad del sur de California que cumplen, al menos, las recomendaciones mínimas de preparación para terremotos.

a. (0,2975, 0,3796)
b. (0,6270, 0,6959)
c. (0,3041, 0,3730)
d. (0,6204, 0,7025)

124. La estimación puntual de la proporción de viviendas que no cumplen las recomendaciones mínimas de preparación para terremotos es _____.

a. 0,6614
b. 0,3386
c. 173
d. 338

125. El 23 de mayo de 2013, Gallup informó de que, de las 1.005 personas encuestadas, el 76 % de los trabajadores estadounidenses cree que seguirá trabajando más allá de la edad de jubilación. El nivel de confianza de este estudio fue del 95 % con un margen de error del ±3 %.

a. Determine la proporción estimada de la muestra.
b. Determine el tamaño de la muestra.
c. Identifique *CL* y *α*.
d. Calcule el límite de error basándose en la información proporcionada.
e. Compare el límite de error de la parte d con el margen de error informado por Gallup. Explique las diferencias entre los valores.
f. Cree un intervalo de confianza para los resultados de este estudio.
g. Un periodista está cubriendo la publicación de este estudio para una emisora de noticias local. ¿Cómo debe explicar el intervalo de confianza a su público?

126. El 13 de mayo de 2013, Rasmussen Reports realizó una encuesta nacional a 1.000 adultos. Concluyó con el 95 % de confianza que entre el 49 % y el 55 % de los estadounidenses creen que los programas deportivos de los grandes institutos universitarios corrompen el proceso de la educación superior.

a. Calcule la estimación puntual y el límite de error para este intervalo de confianza.
b. ¿Podemos concluir (con el 95 % de confianza) que más de la mitad de los adultos estadounidenses lo creen?
c. Utilice la estimación puntual de la parte a y $n = 1.000$ para calcular un intervalo de confianza del 75 % para la proporción de adultos estadounidenses que creen que los programas deportivos de los grandes institutos universitarios corrompen la educación superior.
d. ¿Podemos concluir (con el 75 % de confianza) que, al menos, la mitad de los adultos estadounidenses lo creen?

127. Public Policy Polling realizó recientemente una encuesta en la que se le preguntó a adultos de EE. UU. sobre sus preferencias musicales. Cuando se les preguntó, 80 de los 571 participantes admitieron que habían descargado música ilegalmente.

a. Cree un intervalo de confianza del 99 % para la verdadera proporción de adultos estadounidenses que han descargado música ilegalmente.
b. Esta encuesta se realizó mediante entrevistas telefónicas automatizadas los días 6 y 7 de mayo de 2013. El límite de error de la encuesta compensa el error de muestreo, o la variabilidad natural entre muestras. Enumere algunos factores que podrían afectar al resultado de la encuesta y que no están cubiertos por el margen de error.
c. Sin realizar ningún cálculo, describa cómo cambiaría el intervalo de confianza si el nivel de confianza cambiara del 99 % al 90 %.

128. Tiene previsto realizar una encuesta en el campus de su instituto universitario para conocer la conciencia política de los estudiantes. Quiere estimar la verdadera proporción de estudiantes de su campus que votaron en las elecciones presidenciales de 2012, con el 95 % de confianza y un margen de error no superior al cinco por ciento. ¿A cuántos estudiantes debe entrevistar?

8.4 Cálculo del tamaño de la muestra n: variables aleatorias continuas y binarias

129. Se sabe que la desviación típica de las alturas entre los distintos grupos étnicos es de tres pulgadas aproximadamente. Queremos construir un intervalo de confianza del 95 % para la altura media de los hombres suecos. Se encuestaron cuarenta y ocho hombres suecos. La media muestral es de 71 pulgadas. La desviación típica de la muestra es de 2,8 pulgadas.

a. i. $\overline{x}$ =______
   ii. σ =______
   iii. n =______
b. En palabras, defina las variables aleatorias X y $\overline{X}$.
c. ¿Qué distribución debería utilizar para este problema? Explique su elección.
d. Construya un intervalo de confianza del 95 % para la altura media de la población de hombres suecos
   i. Indique el intervalo de confianza.
   ii. Dibuje el gráfico.
e. ¿Qué pasará con el nivel de confianza obtenido si se encuestan 1.000 hombres suecos en vez de 48? ¿Por qué?

130. Los anuncios de las 84 próximas conferencias de ingeniería se eligieron al azar de una pila de revistas IEEE Spectrum. La duración media de las conferencias fue de 3,94 días, con una desviación típica de 1,28 días. Supongamos que la población subyacente es normal.

a. En palabras, defina las variables aleatorias X y $\overline{X}$.
b. ¿Qué distribución debería utilizar para este problema? Explique su elección.
c. Construya un intervalo de confianza del 95 % para la media poblacional de la duración de las conferencias de ingeniería
   i. Indique el intervalo de confianza.
   ii. Dibuje el gráfico.

131. Supongamos que una compañía de contabilidad hace un estudio para determinar el tiempo necesario para rellenar los formularios de impuestos de una persona. Encuesta al azar a 100 personas. La media muestral es de 23,6 horas. Existe una desviación típica conocida de 7,0 horas. Se supone que la distribución de la población es normal.

a. i. $\bar{x}$ =______
   ii. σ =______
   iii. n =______

b. En palabras, defina las variables aleatorias X y $\bar{X}$.
c. ¿Qué distribución debería utilizar para este problema? Explique su elección.
d. Construya un intervalo de confianza del 90 % para el tiempo medio de la población para completar los formularios de impuestos.
   i. Indique el intervalo de confianza.
   ii. Dibuje el gráfico.

e. Si la compañía quisiera aumentar su nivel de confianza y mantener el límite de error igual realizando otra encuesta, ¿qué cambios debería hacer?
f. Si la compañía realizara otra encuesta, mantuviera el límite de error igual y encuestara 49 personas solamente, ¿qué pasaría con el nivel de confianza? ¿Por qué?
g. Supongamos que la compañía decide que necesita tener, al menos, el 96 % de confianza de la media de la población que se tarda una hora. ¿Cómo cambiaría el número de personas que la compañía encuesta? ¿Por qué?

132. Se seleccionó una muestra de 16 bolsas pequeñas de caramelos de la misma marca. Supongamos que la distribución poblacional de los pesos de las bolsas es normal. Luego se registró el peso de cada bolsa. El peso medio fue de dos onzas, con una desviación típica de 0,12 onzas. Se sabe que la desviación típica de la población es de 0,1 onzas.

a. i. $\bar{x}$ =______
   ii. σ =______
   iii. s_x =______

b. Defina la variable aleatoria X en palabras.
c. En palabras, defina la variable aleatoria $\bar{X}$.
d. ¿Qué distribución debería utilizar para este problema? Explique su elección.
e. Construya un intervalo de confianza del 90 % para el peso medio poblacional de los caramelos
   i. Indique el intervalo de confianza.
   ii. Dibuje el gráfico.

f. Construya un intervalo de confianza del 98 % para el peso medio poblacional de los caramelos.
   i. Indique el intervalo de confianza.
   ii. Dibuje el gráfico.
   iii. Calcule el límite de error.

g. Explique en oraciones completas por qué el intervalo de confianza de la parte f es mayor que el de la parte e.
h. Interprete en oraciones completas lo que significa el intervalo de la parte f.

133. El director de un campamento está interesado en el número medio de cartas que envía cada niño durante su sesión de campamento. Se conoce que la desviación típica de la población es de 2,5. Se realiza una encuesta entre 20 campistas. La media muestral es de 7,9, con una desviación típica de la muestra de 2,8.

a. i. $\overline{x}$ =______
 ii. σ =______
 iii. n =______

b. Defina las variables aleatorias X y $\overline{X}$ en palabras.

c. ¿Qué distribución debería utilizar para este problema? Explique su elección.

d. Construya un intervalo de confianza del 90 % para la media poblacional del número de cartas que los campistas envían a casa
 i. Indique el intervalo de confianza.
 ii. Dibuje el gráfico.

e. ¿Qué ocurrirá con el límite de error y el intervalo de confianza si se encuestan 500 campistas? ¿Por qué?

134. ¿Qué significa el término "90 % de confianza" cuando se construye un intervalo de confianza para una media?

a. Si tomáramos muestras repetidas, aproximadamente el 90 % de las muestras producirían el mismo intervalo de confianza.
b. Si tomáramos muestras repetidas, aproximadamente el 90 % de los intervalos de confianza calculados a partir de esas muestras contendrían la media muestral.
c. Si tomáramos muestras repetidas, aproximadamente el 90 % de los intervalos de confianza calculados a partir de esas muestras contendrían el verdadero valor de la media poblacional.
d. Si tomáramos muestras repetidas, la media muestral sería igual a la media de la población en el 90 % de las muestras aproximadamente.

135. La Comisión Federal de Elecciones recopila información sobre los aportes y los desembolsos para la campaña de los candidatos y los comités políticos en cada ciclo electoral. Durante la temporada de campaña de 2012, hubo 1.619 candidatos a la Cámara de Representantes en Estados Unidos que recibieron aportes de particulares. La Tabla 8.5 muestra el total de ingresos procedentes de particulares para una selección aleatoria de 40 candidatos a la Cámara de Representantes, redondeado a los 100 dólares más cercanos. La desviación típica de estos datos a la centena más cercana es σ = 909.200 dólares.

\$3.600	\$1.243.900	\$10.900	\$385.200	\$581.500
\$7.400	\$2.900	\$400	\$3.714.500	\$632.500
\$391.000	\$467.400	\$56.800	\$5.800	\$405.200
\$733.200	\$8.000	\$468.700	\$75.200	\$41.000
\$13.300	\$9.500	\$953.800	\$1.113.500	\$1.109.300
\$353.900	\$986.100	\$88.600	\$378.200	\$13.200
\$3.800	\$745.100	\$5.800	\$3.072.100	\$1.626.700
\$512.900	\$2.309.200	\$6.600	\$202.400	\$15.800

Tabla 8.5

a. Calcule la estimación puntual de la media de la población.
b. Use el 95 % de confianza y calcule el límite de error.
c. Cree un intervalo de confianza del 95 % para la media de los aportes individuales totales.
d. Interprete el intervalo de confianza en el contexto del problema.

136. La Encuesta sobre la Comunidad Estadounidense (American Community Survey, ACS), que forma parte de la Oficina del Censo de Estados Unidos, realiza un censo anual similar al que se hace cada diez años, pero con un porcentaje de participantes menor. La encuesta más reciente estima, con el 90 % de confianza, que los ingresos medios de los hogares en EE. UU. se sitúa entre 69.720 y 69.922 dólares. Calcule la estimación puntual de los ingresos medios de los hogares de EE. UU. y su límite de error.

137. La estatura promedio de los hombres adultos jóvenes tiene una distribución normal, con una desviación típica de 2,5 pulgadas. Quiere estimar la altura media de los estudiantes de su instituto universitario o universidad con un margen de una pulgada, con el 93 % de confianza. ¿Cuántos estudiantes hombres hay que medir?

138. Si se cambia el intervalo de confianza a una probabilidad más alta, ¿se produciría un tamaño mínimo de la muestra más bajo o más alto?

139. Si la tolerancia se reduce a la mitad, ¿cómo afectaría esto al tamaño mínimo de la muestra?

140. Si se reduce el valor de *p*, ¿se reduciría necesariamente el tamaño de la muestra necesaria?

141. ¿Es aceptable utilizar un tamaño de muestra mayor que el calculado por $\frac{z^2 pq}{e^2}$?

142. Una compañía tiene una cadena de montaje en la que el 97,42 % de los productos fabricados son aceptables. Entonces, una pieza crítica se rompió. Después de las reparaciones se decidió ver si el número de productos defectuosos fabricados seguía siendo lo suficientemente cercano a la calidad de producción de siempre. Se seleccionaron muestras de 500 piezas al azar, y se comprobó que la tasa de defectos era del 0,025 %

a. ¿Es este tamaño de muestra adecuado para afirmar que la compañía está comprobando dentro del intervalo de confianza del 90 %?

b. ¿Y dentro del intervalo de confianza del 95 %?

Referencias

8.1 Un intervalo de confianza para una desviación típica de la población, con un tamaño de muestra conocido o grande

"American Fact Finder". U.S. Census Bureau. Disponible en línea en http://factfinder2.census.gov/faces/nav/jsf/pages/searchresults.xhtml?refresh=t (consultado el 2 de julio de 2013).

"Disclosure Data Catalog: Candidate Summary Report 2012". U.S. Federal Election Commission. Disponible en línea en http://www.fec.gov/data/index.jsp (consultado el 2 de julio de 2013).

"Headcount Enrollment Trends by Student Demographics Ten-Year Fall Trends to Most Recently Completed Fall". Foothill De Anza Community College District. Disponible en línea en http://research.fhda.edu/factbook/FH_Demo_Trends/FoothillDemographicTrends.htm (consultado el 30 de septiembre de 2013).

Kuczmarski, Robert J., Cynthia L. Ogden, Shumei S. Guo, Laurence M. Grummer-Strawn, Katherine M. Flegal, Zuguo Mei, Rong Wei, Lester R. Curtin, Alex F. Roche, Clifford L. Johnson. "2000 CDC Growth Charts for the United States: Methods and Development". Centers for Disease Control and Prevention. Disponible en línea en http://www.cdc.gov/growthcharts/2000growthchart-us.pdf (consultado el 2 de julio de 2013).

La, Lynn, Kent German. "Cell Phone Radiation Levels". c|net parte de CBX Interactive Inc. Disponible en línea en http://reviews.cnet.com/cell-phone-radiation-levels/ (consultado el 2 de julio de 2013).

"Mean Income in the Past 12 Months (in 2011 Inflaction-Adjusted Dollars): 2011 American Community Survey 1-Year Estimates". American Fact Finder, U.S. Census Bureau. Disponible en línea en http://factfinder2.census.gov/faces/tableservices/jsf/pages/productview.xhtml?pid=ACS_11_1YR_S1902&prodType=table (consultado el 2 de julio de 2013).

"Metadata Description of Candidate Summary File". U.S. Federal Election Commission. Disponible en línea en http://www.fec.gov/finance/disclosure/metadata/metadataforcandidatesummary.shtml (consultado el 2 de julio de 2013).

"National Health and Nutrition Examination Survey". Centers for Disease Control and Prevention. Disponible en línea en http://www.cdc.gov/nchs/nhanes.htm (consultado el 2 de julio de 2013).

8.2 Un intervalo de confianza para una desviación típica de población desconocida, caso de una muestra pequeña

"America's Best Small Companies". Forbes, 2013. Disponible en línea en http://www.forbes.com/best-small-companies/list/ (consultado el 2 de julio de 2013).

Datos de *Microsoft Bookshelf.*

Datos de http://www.businessweek.com/.

Datos de http://www.forbes.com/.

"Disclosure Data Catalog: Leadership PAC and Sponsors Report, 2012". Federal Election Commission. Disponible en línea en http://www.fec.gov/data/index.jsp (consultado el 2 de julio de 2013).

"Human Toxome Project: Mapping the Pollution in People". Environmental Working Group. Disponible en línea en http://www.ewg.org/sites/humantoxome/participants/participant-group.php?group=in+utero%2Fnewborn (consultado el 2 de julio de 2013).

"Metadata Description of Leadership PAC List". Federal Election Commission. Disponible en línea en http://www.fec.gov/finance/disclosure/metadata/metadataLeadershipPacList.shtml (consultado el 2 de julio de 2013).

8.3 Un intervalo de confianza para una proporción de población

Jensen, Tom. "Democrats, Republicans Divided on Opinion of Music Icons". Public Policy Polling. Disponible en línea en http://www.publicpolicypolling.com/Day2MusicPoll.pdf (consultado el 2 de julio de 2013).

Madden, Mary, Amanda Lenhart, Sandra Coresi, Urs Gasser, Maeve Duggan, Aaron Smith y Meredith Beaton. "Teens, Social Media, and Privacy". PewInternet, 2013. Disponible en línea en http://www.pewinternet.org/Reports/2013/Teens-Social-Media-And-Privacy.aspx (consultado el 2 de julio de 2013).

Prince Survey Research Associates International. "2013 Teen and Privacy Management Survey". Pew Research Center: Internet and American Life Project. Disponible en línea en http://www.pewinternet.org/~/media//Files/Questionnaire/2013/Methods%20and%20Questions_Teens%20and%20Social%20Media.pdf (consultado el 2 de julio de 2013).

Saad, Lydia. "Three in Four U.S. Workers Plan to Work Pas Retirement Age: Slightly more say they will do this by choice rather than necessity". Gallup® Economy, 2013. Disponible en línea en http://www.gallup.com/poll/162758/three-four-workers-plan-work-past-retirement-age.aspx (consultado el 2 de julio de 2013).

The Field Poll. Disponible en línea en http://field.com/fieldpollonline/subscribers/ (consultado el 2 de julio de 2013).

Zogby. "New SUNYIT/Zogby Analytics Poll: Few Americans Worry about Emergency Situations Occurring in Their Community; Only one in three have an Emergency Plan; 70% Support Infrastructure 'Investment' for National Security". Zogby Analytics, 2013. Disponible en línea en http://www.zogbyanalytics.com/news/299-americans-neither-worried-nor-prepared-in-case-of-a-disaster-sunyit-zogby-analytics-poll (consultado el 2 de julio de 2013).

"52% Say Big-Time College Athletics Corrupt Education Process". Rasmussen Reports, 2013. Disponible en línea en http://www.rasmussenreports.com/public_content/lifestyle/sports/may_2013/52_say_big_time_college_athletics_corrupt_education_process (consultado el 2 de julio de 2013).

Soluciones

2. *X* es el número de horas que un paciente espera en la sala de emergencias antes de que lo llamen para examinarlo. $\bar{X}$ es el tiempo medio de espera de 70 pacientes en la sala de emergencias.

4. CI: (1,3808, 1,6192)

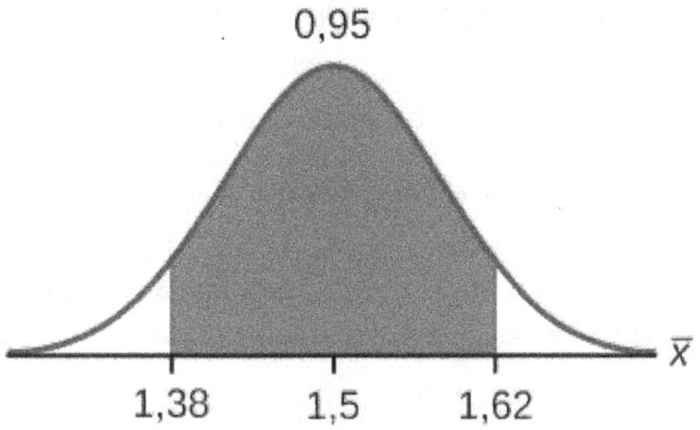

Figura 8.13

EBM = 0,12

6. a. $\bar{x} = 151$
b. $s_x = 32$
c. $n = 108$
d. $n - 1 = 107$

8. $\bar{X}$ es el número medio de horas que se dedican a ver la televisión al mes en una muestra de 108 estadounidenses.

10. CI: (142,92, 159,08)

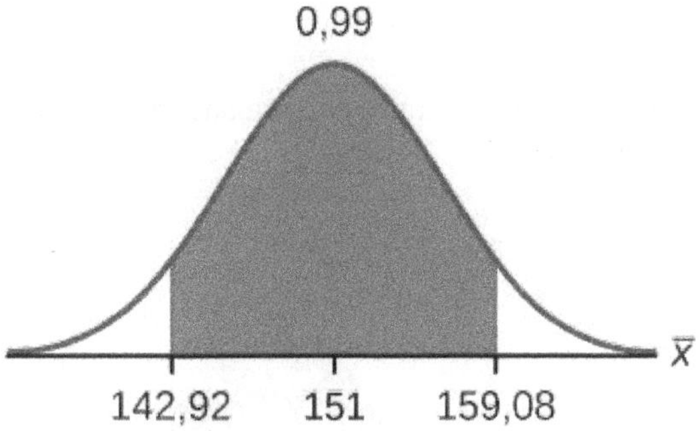

Figura 8.14

EBM = 8,08

12. a. 3,26
b. 1,02
c. 39

14. μ

16. t_{38}

18. 0,025

20. (2,93, 3,59)

22. Tenemos el 95 % de confianza en que el número medio real de colores de las banderas nacionales está entre 2,93 y 3,59 colores.

23. El límite de error sería EBM = 0,245. Este límite de error disminuye porque a medida que aumenta el tamaño de las muestras, la variabilidad disminuye y necesitamos menos longitud de intervalo para capturar la media real.

26. El tamaño de la muestra necesaria aumentaría. A medida que aumenta el nivel de confianza,α disminuye y $z_{\left(\frac{a}{2}\right)}$ aumenta. Para mantener el mismo límite de error, es necesario aumentar el tamaño de la muestra.

28. *X* es el número de "aciertos" en los que la mujer toma la mayoría de las decisiones de compra del hogar. *P'* es el porcentaje de hogares de la muestra en los que la mujer toma la mayoría de las decisiones de compra del hogar.

30. CI: (0,5321, 0,6679)

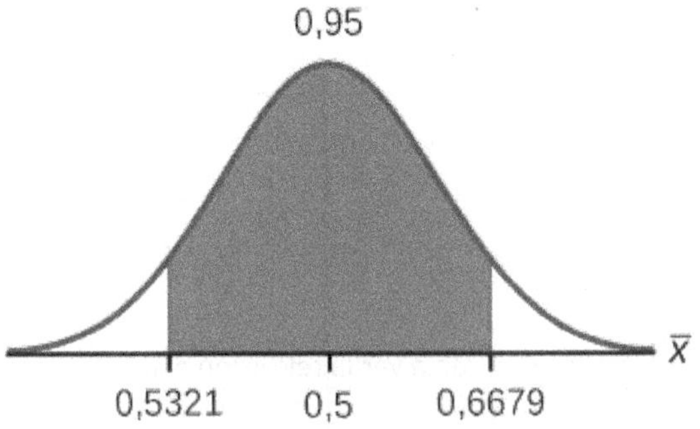

Figura 8.15

EBM: 0,0679

32. *X* es el número de "aciertos" en los que un ejecutivo prefiere una camioneta. *P'* es el porcentaje de ejecutivos de la muestra que prefieren una camioneta.

34. CI: (0,19432, 0,33068)

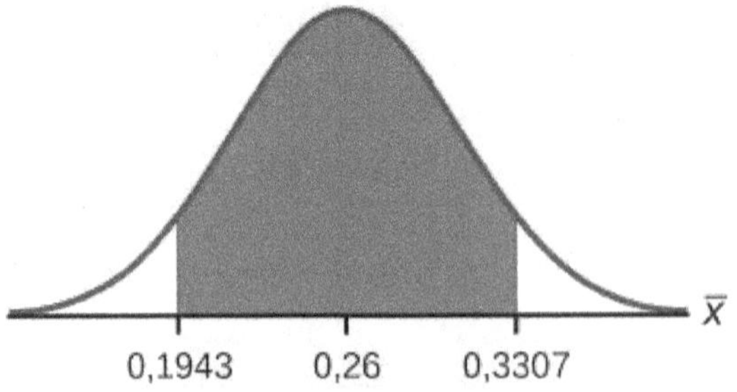

Figura 8.16

36. El error de muestreo significa que la media real puede estar un 2 % por encima o por debajo de la media muestral.

38. *P'* es la proporción de votantes de la muestra que dijeron que la economía es el asunto más importante en las próximas elecciones.

40. CI: (0,62735, 0,67265)

EBM: 0,02265

42. El número de niñas entre 8 y 12 años en la clase de iniciación al patinaje sobre hielo de los lunes a las 5 p. m.

44. a. $x = 64$
b. $n = 80$
c. $p' = 0{,}8$

46. p

48. $P' \sim N\left(0{,}8, \sqrt{\frac{(0{,}8)(0{,}2)}{80}}\right)$. (0,72171, 0,87829).

50. 0,04

52. (0,72; 0,88)

54. Con el 92 % de confianza estimamos que la proporción de niñas de 8 a 12 años que asisten a una clase de patinaje sobre hielo para principiantes en el Ice Chalet se sitúa entre el 72 % y el 88 %.

56. El límite de error aumentaría. Suponiendo que todas las demás variables se mantienen constantes, a medida que el nivel de confianza aumenta, el área debajo de la curva correspondiente al nivel de confianza se hace más grande, lo que crea un intervalo más amplio y, por tanto, un error mayor.

58. a. 244
b. 15
c. 50

60. $N\left(244, \frac{15}{\sqrt{50}}\right)$

62. A medida que aumenta el tamaño de la muestra, habrá menos variabilidad en la media, por lo que el tamaño del intervalo disminuye.

64. X es el tiempo en minutos que se tarda en rellenar el formulario corto del Censo de EE. UU. $\bar{X}$ es el tiempo medio que tardó una muestra de 200 personas en rellenar el formulario corto del Censo de EE. UU.

66. CI: (7,9441; 8,4559)

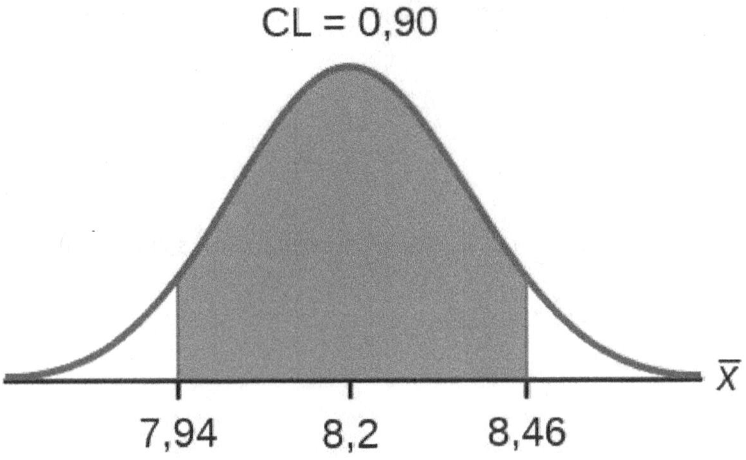

Figura 8.17

68. El nivel de confianza disminuiría porque la disminución de *n* hace que el intervalo de confianza sea más amplio, por lo que a igual límite de error, el nivel de confianza disminuye.

70. a. $\overline{x} = 2,2$
b. $\sigma = 0,2$
c. $n = 20$

72. $\overline{X}$ es el peso medio de una muestra de 20 cabezas de lechuga.

74. $EBM = 0,07$
CI: (2,1264; 2,2736)

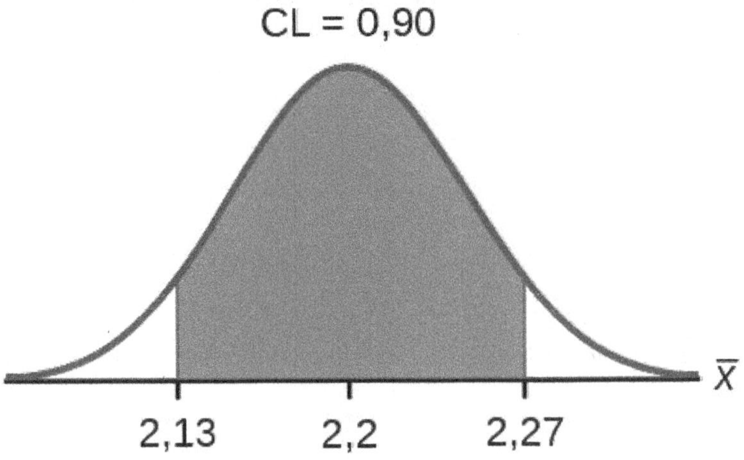

Figura 8.18

76. El intervalo es mayor porque el nivel de confianza aumentó. Si el único cambio realizado en el análisis es un cambio en el nivel de confianza, entonces todo lo que estamos haciendo es cambiar la cantidad de área que se calcula para la distribución normal. Por lo tanto, un nivel de confianza mayor genera áreas e intervalos más amplios.

78. El nivel de confianza aumentaría.

80. 30,4

82. σ

84. μ

86. normal

88. 0,025

90. (24,52;36,28)

92. Tenemos el 95 % de confianza en que la verdadera edad media de los estudiantes del semestre de invierno del Foothill College está entre 24,52 y 36,28.

94. El límite de error para la media disminuiría porque a medida que el nivel de confianza (Confidence Level, CL) disminuye, se necesita menos área debajo de la curva normal (lo que se traduce en un intervalo más pequeño) para capturar la verdadera media de la población.

96. 2.185

98. 6.765

100. 595

103. a. i. 8629
ii. 6944
iii. 35
iv. 34

b. t_{34}

c. i. CI: (6244, 11.014)

ii. 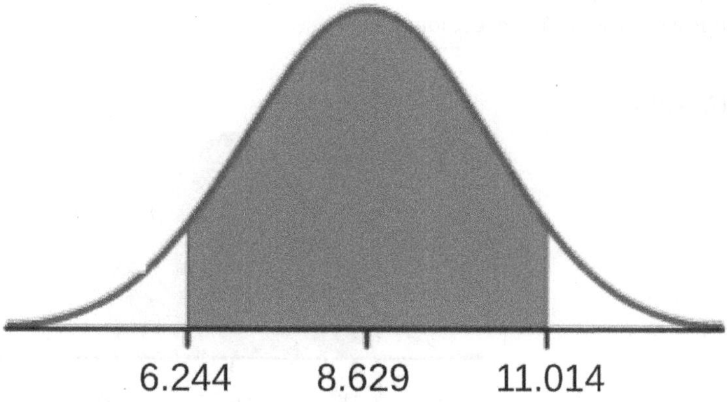

Figura 8.19

d. Se hará más pequeño

105. a. i. $\overline{x} = 2{,}51$
ii. $s_x = 0{,}318$
iii. $n = 9$
iv. $n - 1 = 8$

b. la duración efectiva de un tranquilizante

c. la duración media efectiva de los tranquilizantes de una muestra de nueve pacientes
d. Tenemos que utilizar una distribución t de Student, porque no conocemos la desviación típica de la población.
e. i. CI: (2,27, 2,76)
   ii. Compruebe la solución del estudiante.
f. Si tomáramos una muestra de muchos grupos de nueve pacientes, el 95 % de las muestras contendrían la verdadera duración media de la población.

107. $\overline{x} = \$251,854{,}23$

$s = \$521,130{,}41$

Observe que no se nos da la desviación típica de la población, solo la desviación típica de la muestra.

Hay 30 medidas en la muestra, por lo que $n = 30$, y $df = 30 - 1 = 29$

$CL = 0{,}96$, por lo que $\alpha = 1 - CL = 1 - 0{,}96 = 0{,}04$

$\frac{\alpha}{2} = 0{,}02 t_{\frac{\alpha}{2}} = t_{0{,}02} = 2{,}150$

$$EBM = t_{\frac{\alpha}{2}}\left(\frac{s}{\sqrt{n}}\right) = 2{,}150\left(\frac{521{,}130{,}41}{\sqrt{30}}\right) \sim \$204,561{,}66$$

$\overline{x} - EBM = \$251.854{,}23 - \$204.561{,}66 = \$47.292{,}57$

$\overline{x} + EBM = \$251.854{,}23 + \$204.561{,}66 = \$456.415{,}89$

Estimamos con un 96 % de confianza que la cantidad media de dinero recaudada por todos los PAC de Liderazgo durante el ciclo electoral 2011-2012 está entre 47.292,57 y 456.415,89 dólares.

109. a. i. $\overline{x} = 11{,}6$
   ii. $s_x = 4{,}1$
   iii. $n = 225$
   iv. $n - 1 = 224$
b. X es el número de asientos no ocupados en un solo vuelo. $\overline{X}$ es el número medio de asientos no ocupados de una muestra de 225 vuelos.
c. Usaremos una distribución t de Student porque no conocemos la desviación típica de la población.
d. i. CI: (11,12 , 12,08)
   ii. Compruebe la solución del estudiante.

111. a. i. CI: (7,64 , 9,36)

ii.

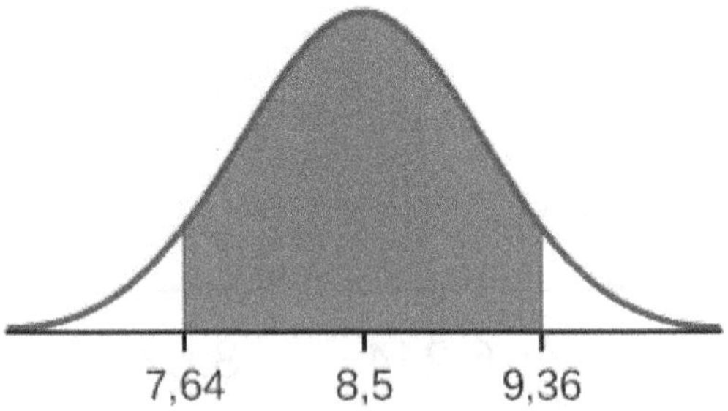

Figura 8.20

b. La muestra debería haber aumentado.
c. Las respuestas variarán.
d. Las respuestas variarán.
e. Las respuestas variarán.

113. b

114. a. 1.068

b. Sería necesario aumentar el tamaño de la muestra, ya que el valor crítico aumenta a medida que lo hace el nivel de confianza.

116. a. *X* = el número de personas que consideran que el presidente está haciendo un trabajo aceptable;

P' = la proporción de personas de una muestra que consideran que el presidente está haciendo un trabajo aceptable.

b. $N\left(0{,}61, \sqrt{\frac{(0{,}61)(0{,}39)}{1.200}}\right)$

c. i. CI: (0,59, 0,63)

ii. Compruebe la solución del estudiante

118. a. i. (0,72, 0,82)

ii. (0,65, 0,76)

iii. (0,60, 0,72)

b. Sí, en los intervalos (0,72, 0,82) y (0,65, 0,76) hay superposición, y en los intervalos (0,65, 0,76) y (0,60, 0,72) hay superposición.

c. Podemos decir que no parece haber una diferencia significativa entre la proporción de adultos asiáticos que dicen que sus familias acogerían a una persona blanca en sus familias y la proporción de adultos asiáticos que dicen que sus familias acogerían a una persona latina en sus familias.

d. Podemos decir que hay una diferencia significativa entre la proporción de adultos asiáticos que dicen que sus familias acogerían a una persona blanca y la proporción de adultos asiáticos que dicen que sus familias acogerían a una persona negra.

120. a. *X* = el número de estadounidenses adultos que consideran que la delincuencia es el principal problema; *P'* = la proporción de estadounidenses adultos que consideran que la delincuencia es el principal problema.

b. Como estamos estimando una proporción, dado que *P'* = 0,2 y *n* = 1.000, la distribución que debemos utilizar es $N\left(0{,}2, \sqrt{\frac{(0{,}2)(0{,}8)}{1.000}}\right)$.

c. i. CI: (0,18, 0,22)

ii. Compruebe la solución del estudiante.

d. Una forma de reducir el error de muestreo es aumentar el tamaño de la muestra.

e. El "± 3 %" indicado representa el límite máximo de error. Esto significa que los que hacen el estudio informan de un error máximo del 3 %. Así, estiman que el porcentaje de estadounidenses adultos que consideran que la delincuencia es el principal problema se sitúa entre el 18 % y el 22 %.

121. c

124. a

126. a. $p' = \frac{(00{,}55 + 00{,}49)}{2}$ = 0,52; *EBP* = 0,55 – 0,52 = 0,03

b. No, el intervalo de confianza incluye valores menores de 0,50 o iguales. Es posible que menos de la mitad de la población lo crea.

c. *CL* = 0,75, por lo que α = 1 – 0,75 = 0,25 y $\frac{\alpha}{2} = 0{,}125$ $z_{\frac{\alpha}{2}} = 1{,}150$. (el área a la derecha de esta *z* es 0,125, por lo que el área a la izquierda es 1 – 0,125 = 0,875)

$$EBP = (1{,}150)\sqrt{\frac{0{,}52(0{,}48)}{1{,}000}} \approx 0{,}018$$

(*p'* – *EBP*, *p'* + *EBP*) = (0,52 – 0,018, 0,52 + 0,018) = (0,502, 0,538)

d. Sí; este intervalo no cae por debajo de 0,50, por lo que podemos concluir que, al menos, la mitad de los adultos estadounidenses creen que los programas deportivos de los grandes colegios universitarios corrompen la educación, pero lo hacemos con el 75 % de confianza solamente.

129. a. i. 71
ii. 2,8
iii. 48

b. X es la altura de un hombre sueco y $\overline{x}$ es la altura media de una muestra de 48 hombres suecos.
c. Normal. Conocemos la desviación típica de la población y el tamaño de la muestra es superior a 30.
d. i. CI: (70,151, 71,85)
ii.

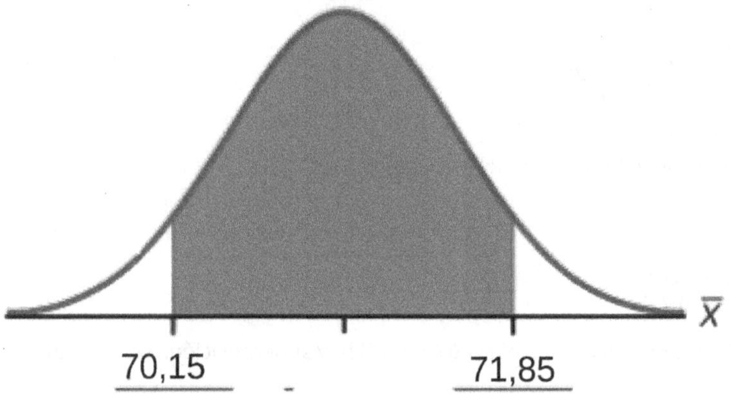

Figura 8.21

e. El intervalo de confianza disminuirá en tamaño porque el tamaño de la muestra aumentó. Recordemos que cuando todos los factores permanecen inalterados, un aumento del tamaño de la muestra disminuye la variabilidad. Por lo tanto, no necesitamos un intervalo tan grande para capturar la verdadera media de la población.

131. a. i. $\overline{x} = 23{,}6$
ii. $\sigma = 7$
iii. n = 100

b. *X* es el tiempo necesario para rellenar un formulario de impuestos individual. $\overline{X}$ es el tiempo medio para rellenar los formularios de impuestos de una muestra de 100 clientes.
c. $N\left(23{,}6, \frac{7}{\sqrt{100}}\right)$ porque conocemos sigma.
d. i. (22,228; 24,972)
ii.

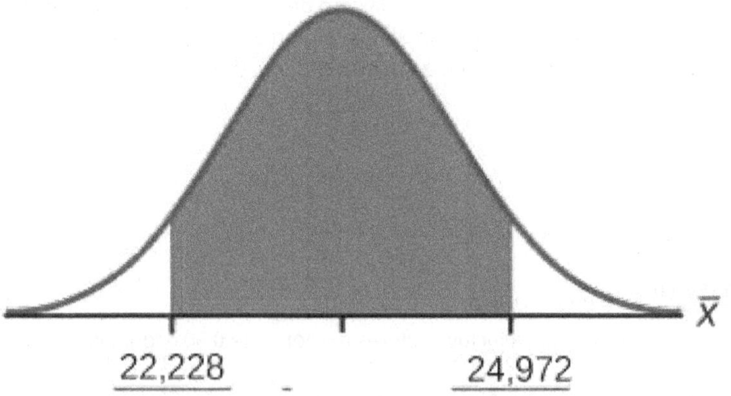

Figura 8.22

e. Tendrá que cambiar el tamaño de la muestra. La compañía debe determinar cuál debe ser el nivel de confianza y, a continuación, aplicar la fórmula del límite de error para determinar el tamaño de la muestra necesario.
f. El nivel de confianza aumentaría como consecuencia de un intervalo mayor. Muestras de menor tamaño generan mayor variabilidad. Para capturar la verdadera media de la población necesitamos un intervalo mayor.

g. Según la fórmula del límite de error, la compañía necesita encuestar 206 personas. Dado que aumentamos el nivel de confianza, tenemos que aumentar nuestro límite de error o el tamaño de la muestra.

133. a. i. 7,9
ii. 2,5
iii. 20

b. X es el número de cartas que un solo campista enviará a casa. $\bar{X}$ es el número medio de cartas enviadas a casa de una muestra de 20 campistas.

c. $N\,7{,}9\left(\frac{2{,}5}{\sqrt{20}}\right)$

d. i. CI: (6,98; 8,82)

ii.

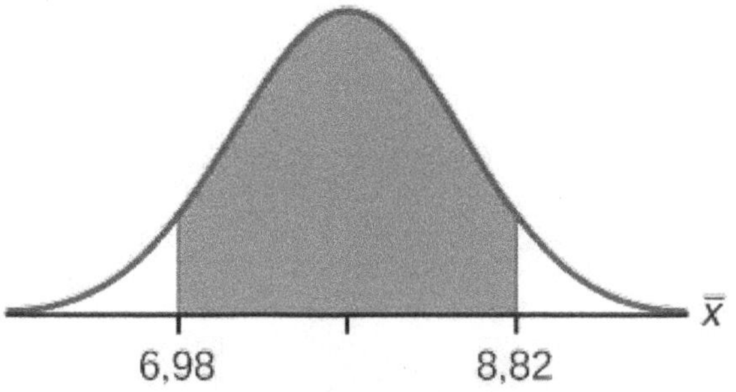

Figura 8.23

e. El límite de error y el intervalo de confianza disminuirán.

135. a. $\bar{x}$ = \$568.873
b. $CL = 0{,}95$ $\alpha = 1 - 0{,}95 = 0{,}05$ $z_{\frac{\alpha}{2}} = 1{,}96$
$EBM = z_{0{,}025}\frac{\sigma}{\sqrt{n}} = 1{,}96\,\frac{909200}{\sqrt{40}}$ = \$281.764
c. $\bar{x} - EBM$ = 568.873 − 281.764 = 287.109
$\bar{x} + EBM$ = 568.873 + 281.764 = 850.637
d. Estimamos con el 95 % de confianza que la media de los aportes que recibieron los candidatos a la Cámara de Representantes de parte de todas las personas está entre 287.109 dólares y 850.637 dólares.

138. Más alto

139. Aumentaría hasta cuatro veces el valor anterior.

140. No, no podría afectar si cambiara a 1 - *p*, por ejemplo. Si se acerca a 0,5, el tamaño mínimo de la muestra aumentaría.

141. Sí

142. a. No
b. No

9 PRUEBAS DE HIPÓTESIS CON UNA MUESTRA

Figura 9.1 Puede utilizar una prueba de hipótesis para decidir si la afirmación de un criador de perros de que todos los dálmatas tienen 35 manchas es estadísticamente correcta. (créditos: Robert Neff)

Introducción

Ahora nos encontramos con el trabajo principal del estadístico: desarrollar y probar hipótesis. Es importante situar este material en un contexto más amplio para que se entienda completamente el método por el que se forma una hipótesis. El uso de ejemplos de libros de texto a menudo nubla el verdadero origen de las hipótesis estadísticas.

Las pruebas estadísticas forman parte de un proceso mucho más amplio conocido como método científico. Este método se desarrolló hace más de dos siglos como la forma aceptada de crear nuevos conocimientos. Hasta entonces, y desgraciadamente aún hoy, entre algunos, el "conocimiento" podía crearse simplemente porque alguna autoridad dijera que algo era así, *ipso dicta*. La superstición y las teorías de la conspiración eran (¿son?) aceptadas sin crítica.

El método científico, brevemente, establece que solo siguiendo un proceso cuidadoso y específico se puede incluir alguna afirmación en el cuerpo de conocimientos aceptado. Este proceso comienza con un conjunto de supuestos sobre los que se construye una teoría, a veces llamada modelo. Esta teoría, si tiene alguna validez, dará lugar a predicciones; lo que llamamos hipótesis.

Por ejemplo, en Microeconomía la teoría de la elección del consumidor parte de ciertos supuestos relativos al comportamiento humano. A partir de estos supuestos se elabora una teoría de cómo los consumidores toman decisiones utilizando las curvas de indiferencia y la línea presupuestaria. Esta teoría dio lugar a una predicción muy importante, a saber, que existía una relación inversa entre el precio y la cantidad demandada. Esta relación se conoce como curva de demanda. La pendiente negativa de la curva de demanda es en realidad una predicción, o una hipótesis, que puede comprobarse con herramientas estadísticas.

A menos que cientos y cientos de pruebas estadísticas de esta hipótesis no hubieran confirmado esta relación, la llamada ley de la demanda habría sido descartada hace años. Este es el papel de la estadística, poner a prueba las hipótesis de diversas teorías para determinar si deben ser admitidas en el cuerpo de conocimientos aceptado; cómo entendemos nuestro mundo. Sin embargo, una vez admitidas, pueden ser descartadas posteriormente si aparecen nuevas teorías que hagan mejores predicciones.

No hace mucho, dos científicos afirmaron que podían obtener más energía de un proceso que la que se introducía en este. Esto causó un tremendo revuelo por razones obvias. Aparecieron en la portada de *Time* y se les ofrecieron sumas extravagantes para que llevaran sus trabajos de investigación a la industria privada y a cualquier universidad. No pasó mucho tiempo hasta que su trabajo fue sometido a las rigurosas pruebas del método científico y se descubrió que era un fracaso. Ningún otro laboratorio pudo replicar sus hallazgos. En consecuencia, se han hundido en la oscuridad y su teoría fue descartada. Es posible que vuelva a salir a la luz cuando alguien pueda superar las pruebas de las hipótesis exigidas por el método científico, pero hasta entonces es solo una curiosidad. A lo largo del tiempo se han intentado muchos fraudes auténticos, pero la mayoría se han descubierto aplicando el proceso del método científico.

Este debate pretende mostrar en qué punto de este proceso se encuentra la estadística. La estadística y los estadísticos no se dedican necesariamente a desarrollar teorías, sino a probar las teorías de otros. Las hipótesis proceden de estas teorías basadas en un conjunto explícito de supuestos y una lógica sólida. La hipótesis es lo primero, antes de recopilar los datos. Los datos no crean hipótesis, sino que se utilizan para probarlas. Si tenemos esto en cuenta al estudiar esta sección, el proceso de formación y comprobación de hipótesis tendrá más sentido.

Uno de los trabajos de un estadístico es hacer inferencias estadísticas sobre las poblaciones a partir de muestras tomadas de la población. **Los intervalos de confianza** son una forma de estimar un parámetro poblacional. Otra forma de hacer una inferencia estadística es tomar una decisión sobre el valor de un parámetro específico. Por ejemplo, un concesionario de automóviles anuncia que su nueva camioneta pequeña recorre un promedio de 35 millas por galón. Un servicio de tutoría afirma que su método de enseñanza ayuda al 90 % de sus estudiantes a obtener una calificación A o B. Una compañía dice que las mujeres administradoras de su compañía ganan un promedio de 60.000 dólares al año.

Un estadístico tomará una decisión sobre estas declaraciones. Este proceso se llama **"prueba de hipótesis"**. Una prueba de hipótesis consiste en recopilar datos de una muestra y evaluarlos. Luego, el estadístico decide si existen o no pruebas suficientes basándose en el análisis de los datos para rechazar la hipótesis nula.

En este capítulo hará pruebas de hipótesis sobre medias simples y proporciones simples. También conocerá los errores asociados a estas pruebas.

9.1 Hipótesis nula y alternativa

La prueba real comienza considerando dos **hipótesis**. Se denominan **hipótesis nula** e **hipótesis alternativa**. Estas hipótesis contienen puntos de vista opuestos.

H_0: **La hipótesis nula:** Es una afirmación de que no hay diferencia entre las variables: no están relacionadas. A menudo, esto puede considerarse el *statu quo* y, como resultado, si no se puede aceptar lo nulo, se requiere alguna acción.

H_a: **La hipótesis alternativa:** Es una afirmación sobre la población que es contradictoria con H_0 y lo que concluimos cuando no podemos aceptar H_0. Esto es normalmente lo que el investigador está tratando de probar. La hipótesis alternativa es la contendiente y debe ganar con pruebas significativas para derrocar el *statu quo*. Este concepto se conoce a veces como la tiranía del *statu quo* porque, como veremos más adelante, para derribar la hipótesis nula se necesita normalmente un 90 % o más de confianza en que esta es la decisión correcta.

Dado que las hipótesis nula y alternativa son contradictorias, debe examinar las pruebas para decidir si tiene suficiente evidencia para rechazar la hipótesis nula o no. Las pruebas se presentan en forma de datos de muestra.

Una vez que haya determinado qué hipótesis apoya la muestra, tome una **decisión.** Hay dos opciones para tomar una decisión. Son "no puede aceptar H_0" si la información de la muestra favorece la hipótesis alternativa o "no se rechaza H_0" o "se declina rechazar H_0" si la información de la muestra es insuficiente para rechazar la hipótesis nula. Todas estas conclusiones se basan en un nivel de probabilidad, un nivel de significación, que establece el analista.

La tabla 9.1 presenta las distintas hipótesis en los pares correspondientes. Por ejemplo, si la hipótesis nula es igual a algún valor, la alternativa no puede ser igual a ese valor.

H_0	H_a
igual (=)	no es igual (≠)
mayor o igual que (≥)	menor que (<)
menor o igual que (≤)	mayor que (>)

Tabla 9.1

Nota

Como convención matemática, H_0 siempre tiene un símbolo con un igual. H_a nunca tiene un símbolo con un igual en él. La elección del símbolo depende del enunciado de la prueba de hipótesis.

EJEMPLO 9.1

H_0: No más del 30 % de los votantes registrados en el condado de Santa Clara votaron en las elecciones primarias. $p \leq 30$
H_a: Más del 30 % de los votantes registrados en el condado de Santa Clara votaron en las elecciones primarias. $p > 30$

EJEMPLO 9.2

Queremos comprobar si la media del GPA de los estudiantes de los institutos universitarios estadounidenses es diferente de 2,0 (sobre 4,0). Las hipótesis nula y alternativa son:
H_0: $\mu = 2{,}0$
H_a: $\mu \neq 2{,}0$

EJEMPLO 9.3

Queremos comprobar si los estudiantes de institutos universitarios tardan menos de cinco años en graduarse, en promedio. Las hipótesis nula y alternativa son:
H_0: $\mu \geq 5$
H_a: $\mu < 5$

9.2 Resultados y errores de tipo I y II

Cuando se realiza una prueba de hipótesis hay cuatro resultados posibles en según la verdad (o falsedad) de la hipótesis nula H_0 y de la decisión de rechazarla o no. Los resultados se resumen en el siguiente cuadro:

Decisión estadística	H_0 es en realidad...	
	Verdadero	Falso
No se puede rechazar H_0	Resultado correcto	Error tipo II
No se puede aceptar H_0	Error de tipo I	Resultado correcto

Tabla 9.2

Los cuatro resultados posibles en la tabla son:

1. La decisión es que **no rechaza H_0** cuando **H_0 es verdadera (decisión correcta).**

2. La decisión es **no aceptar H_0** cuando **H_0 es verdadera** (decisión incorrecta, conocida como **error de tipo I**). Este caso se describe como "rechazar un buen nulo". Como veremos más adelante, es este tipo de error el que evitaremos al fijar la probabilidad de cometerlo. El objetivo es NO realizar ninguna acción que sea un error.
3. La decisión es **no rechazar H_0** cuando, de hecho, **H_0 es falsa** (decisión incorrecta, conocida como **error de tipo II**). Esto se llama "aceptar un falso nulo". En esta situación ha permitido que el *statu quo* siga en vigor cuando debió anularse. Como veremos, la hipótesis nula tiene ventaja en la competencia con la alternativa.
4. La decisión es **no aceptar H_0** cuando **H_0 es falsa** (**decisión correcta**).

Cada uno de los errores se produce con una probabilidad determinada. Las letras griegas α y β representan las probabilidades.

α = probabilidad de un error de tipo I = ***P* (error de tipo I)** = probabilidad de rechazar la hipótesis nula cuando la hipótesis nula es verdadera: rechazar un buen nulo.

β = probabilidad de un error tipo II = ***P*(error tipo II)** = probabilidad de no rechazar la hipótesis nula cuando la hipótesis nula es falsa. (1 - β) se denomina **la potencia de la prueba**.

α y β deben ser lo más pequeños posible porque son probabilidades de error.

La estadística nos permite establecer la probabilidad de que cometamos un error de tipo I. La probabilidad de cometer un error de tipo I es α. Recordemos que los intervalos de confianza en la última unidad se establecían al elegir un valor llamado Z_α (o t_α) y el valor alfa determinaba el nivel de confianza de la estimación porque era la probabilidad de que el intervalo no captara la verdadera media (o parámetro de proporción p). Esta y aquella alfa son iguales.

La forma más fácil de ver la relación entre el error alfa y el nivel de confianza es con la siguiente figura.

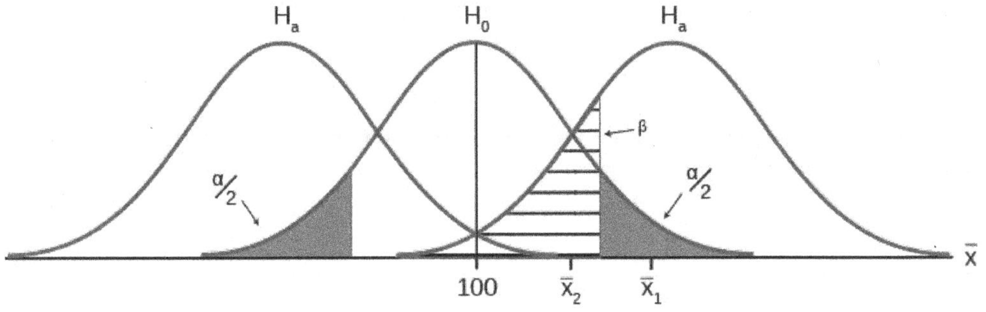

H_0: μ = 100
H_a: μ ≠ 100

Figura 9.2

En el centro de la Figura 9.2 hay una distribución normal de muestreo, marcada H_0. Se trata de una distribución de muestreo de $\bar{X}$ y por el teorema del límite central se distribuye normalmente. La distribución del centro se marca H_0 y representa la distribución para la hipótesis nula H_0: μ = 100. Este es el valor que se está probando. Los enunciados formales de las hipótesis nula y alternativa se enumeran debajo de la figura.

Las distribuciones a ambos lados de la distribución H_0 representan las que serían verdaderas si H_0 es falsa, bajo la hipótesis alternativa, indicada como H_a. No sabemos cuál es la verdad, y nunca lo sabremos. De hecho, hay un número infinito de distribuciones de las que se podrían haber extraído los datos si H_a es verdadera, pero solo dos de ellas están en la Figura 9.2 representando a todas las demás.

Para comprobar una hipótesis, tomamos una muestra de la población y determinamos si proviene de la distribución hipotética con un nivel de significación aceptable. Este nivel de significación es el error alfa y está marcado en la Figura 9.2 como las áreas sombreadas en cada cola de la distribución H_0. (Cada área es en realidad α/2 porque la distribución es simétrica y la hipótesis alternativa posibilita que el valor sea mayor o menor que el valor hipotético, la llamada prueba de dos colas).

Si la media muestral está marcada como $\bar{X}_1$ está en la cola de la distribución de H_0, entonces concluimos que la probabilidad de que provenga de la distribución H_0 es menor que alfa. En consecuencia, afirmamos que "la hipótesis nula no puede aceptarse con un nivel de significación (α)". La verdad **puede ser** que este $\bar{X}_1$ sí provenía de la distribución H_0, pero del extremo de la cola. Si es así, hemos rechazado falsamente una hipótesis nula verdadera y hemos cometido un error de tipo I. Lo que la estadística ha hecho es proporcionar una estimación sobre lo que sabemos y lo que controlamos, y esa es la probabilidad de que nos equivoquemos, α.

También observamos en la Figura 9.2 que la media muestral sería realmente de una distribución H_a, pero dentro del límite establecido por el nivel alfa. Este caso está marcado como $\bar{X}_2$. Existe la probabilidad de que $\bar{X}_2$ en realidad provenga de H_a pero aparece en el rango de H_0 entre las dos colas. Esta probabilidad es el error beta, la probabilidad de aceptar un falso nulo.

Nuestro problema es que solo podemos fijar el error alfa porque hay un número infinito de distribuciones alternativas de las que podría haber salido la media que no son iguales a H_0. En consecuencia, el estadístico recae la carga de la prueba en la hipótesis alternativa. Es decir, no rechazaremos una hipótesis nula, a no ser que haya una probabilidad superior al 90 % o al 95 %, e incluso al 99 %, de que la nula sea falsa: la carga de la prueba recae en la hipótesis alternativa. Por eso lo designamos anteriormente como la tiranía del *statu quo*.

A modo de ejemplo, el sistema judicial estadounidense parte del supuesto de la "presunción de inocencia" del acusado. Este es el *statu quo* y es la hipótesis nula. El juez dirá al jurado que no puede declarar al acusado culpable, a no ser que las pruebas indiquen la culpabilidad más allá de una "duda razonable", que se define en los casos penales como un 95 % de certeza de culpabilidad. Si el jurado no puede aceptar la nulidad, la inocencia, entonces se tomarán medidas, tiempo de cárcel. La carga de la prueba siempre recae en la hipótesis alternativa (en los casos civiles, el jurado solo necesita tener más del 50 % de certeza de que se ha cometido un delito para declarar la culpabilidad, lo que se denomina "preponderancia de las pruebas").

El ejemplo anterior era para una prueba de una media, pero la misma lógica se aplica a las pruebas de hipótesis para todos los parámetros estadísticos que uno quiera probar.

Los siguientes son ejemplos de errores tipo I y tipo II.

EJEMPLO 9.4

Supongamos que la hipótesis nula, H_0, es: El equipo de escalada de Frank es seguro.

Error tipo I: Frank piensa que su equipo de escalada puede no ser seguro cuando, en realidad, sí lo es.

Error tipo II: Frank cree que su equipo de escalada puede ser seguro cuando, en realidad, no lo es.

***α* = probabilidad** de que Frank piense que su equipo de escalada puede no ser seguro cuando, en realidad, sí lo es. ***β* = probabilidad** de que Frank piense que su equipo de escalada puede ser seguro cuando, en realidad, no lo es.

Observe que, en este caso, el error con mayores consecuencias es el tipo II (si Frank cree que su equipo de escalada es seguro, lo utilizará).

Esta es una situación que se describe como "aceptar un falso nulo".

EJEMPLO 9.5

Supongamos que la hipótesis nula, H_0, es: La víctima de un accidente de tráfico está viva cuando llega a la sala de urgencias de un hospital. Esto es el *statu quo* y no requiere ninguna acción si es verdadero. Si no se puede aceptar la hipótesis nula, es necesario actuar y el hospital iniciará los procedimientos adecuados.

Error tipo I: El equipo de emergencia cree que la víctima está muerta cuando, en realidad, está viva. **Error tipo II**: El equipo de emergencia no sabe si la víctima está viva cuando, en realidad, está muerta.

***α* = probabilidad** de que el equipo de emergencias piense que la víctima está muerta cuando, en realidad, está viva = *P*(error tipo I). ***β* = probabilidad** de que el equipo de emergencias no sepa si la víctima está viva cuando, en realidad, está muerta = *P*(error tipo II).

El error con mayores consecuencias es el error tipo I (si el equipo de emergencia cree que la víctima está muerta, no la atenderán).

INTÉNTELO 9.5

Supongamos que la hipótesis nula, H_0, es un paciente no está enfermo. ¿Qué tipo de error tiene mayores consecuencias, el tipo I o el tipo II?

EJEMPLO 9.6

Los laboratorios genéticos It's a Boy afirman poder aumentar la probabilidad de elegir el sexo del bebé, en ese caso, masculino. Los estadísticos quieren poner a prueba esta afirmación. Supongamos que la hipótesis nula, H_0, es: Los laboratorios genéticos It's a Boy no tienen efecto en el resultado del sexo. El *statu quo* es que la afirmación es falsa. La carga de la prueba recae siempre en la persona que hace el reclamo, en este caso el laboratorio genético.

Error tipo I: Esto resulta cuando se rechaza una hipótesis nula verdadera. En el contexto de este escenario, afirmaríamos que creemos que los laboratorios genéticos It's a Boy influyen en el resultado del sexo, cuando en realidad no tienen ningún efecto. La probabilidad de que se produzca este error se denota con la letra griega alfa, α.

Error tipo II: Esto se produce cuando no se rechaza una hipótesis nula falsa. En el contexto, afirmaríamos que los laboratorios genéticos It's a Boy no influyen en el resultado del sexo de un bebé cuando, de hecho, sí lo hacen. La probabilidad de que se produzca este error se denota con la letra griega beta, β.

El error de mayor consecuencia sería el tipo I, ya que las parejas utilizarían el producto de los laboratorios genéticos It's a Boy con la esperanza de aumentar las posibilidades de concebir un bebé de sexo masculino.

INTÉNTELO 9.6

La "marea roja" es una floración de algas productoras de veneno, algunas especies diferentes de un tipo de plancton llamado dinoflagelado. Cuando las condiciones meteorológicas y del agua provocan estas floraciones, los mariscos, como las almejas que viven en la zona, desarrollan niveles peligrosos de una toxina que induce parálisis. En Massachusetts, la División de Pesquerías Marinas (Division of Marine Fisheries, DMF) controla los niveles de la toxina en los mariscos mediante muestreos regulares de mariscos a lo largo de la costa. Si el nivel medio de toxina en las almejas supera los 800 μg (microgramos) de toxina por kg de carne de almeja en cualquier zona, se prohíbe la recolección de almejas de allí hasta que la floración haya terminado y los niveles de toxina en las almejas disminuyan. Describa un error tipo I y uno tipo II en este contexto e indique qué error tiene mayores consecuencias.

EJEMPLO 9.7

Un determinado fármaco experimental afirma tener una tasa de curación de, al menos, el 75 % para los hombres con cáncer de próstata. Describa los errores tipo I y tipo II en su contexto. ¿Cuál error es más grave?

Tipo I: Un paciente con cáncer cree que la tasa de curación del fármaco es inferior al 75 %, cuando en realidad es de, al menos, el 75 %.

Tipo II: Un paciente con cáncer cree que el fármaco experimental tiene un índice de curación de, al menos, el 75 % cuando su índice de curación es inferior al 75 %.

En este escenario, el error tipo II contiene la consecuencia más grave. Si un paciente cree que el fármaco funciona, al menos, el 75 % de las veces, lo más probable es que esto influya en la elección del paciente (y del médico) sobre la conveniencia de utilizar el fármaco como opción de tratamiento.

9.3 Distribución necesaria para la comprobación de la hipótesis

Anteriormente, hemos hablado de las distribuciones muestrales. Las distribuciones particulares se asocian a la comprobación de la hipótesis. Realizaremos comprobaciones de hipótesis de una media poblacional con una distribución normal o una distribución *t* de Student (recuerde, utilice una distribución *t* de Student cuando la desviación típica de la población se desconozca y el tamaño de la muestra sea pequeño, donde se considera pequeño a menos de 30 observaciones). Realizamos pruebas de una proporción poblacional mediante una distribución normal cuando podemos suponer que lo sea. Consideramos que esto es cierto si la proporción de la muestra, p', por el tamaño de la muestra es superior a 5 y $1\text{-}p'$ por el tamaño de la muestra también es mayor que 5. Se trata de la misma regla empírica que utilizamos al desarrollar la fórmula del intervalo de confianza para una proporción poblacional.

Comprobación de la hipótesis para la media

Volviendo a la fórmula de estandarización, podemos derivar el **estadístico de prueba** para comprobar las hipótesis relativas a las medias.

$$Z_c = \frac{\bar{x} - \mu_0}{\sigma / \sqrt{n}}$$

La fórmula de estandarización no se puede resolver tal cual porque no tenemos μ, la media poblacional. Sin embargo, si sustituimos el valor hipotético de la media, μ_0 en la fórmula anterior, podemos calcular un valor Z. Este es el estadístico de prueba con respecto a la comprobación de la hipótesis para una media y se presenta en la Figura 9.3. Interpretamos este valor Z como la probabilidad asociada de que una muestra con una media muestral de $\bar{X}$ provendría de una distribución con una media poblacional de H_0 y a este valor Z lo llamamos Z_c por "calculado". Figura 9.3 y Figura 9.4 muestran este proceso.

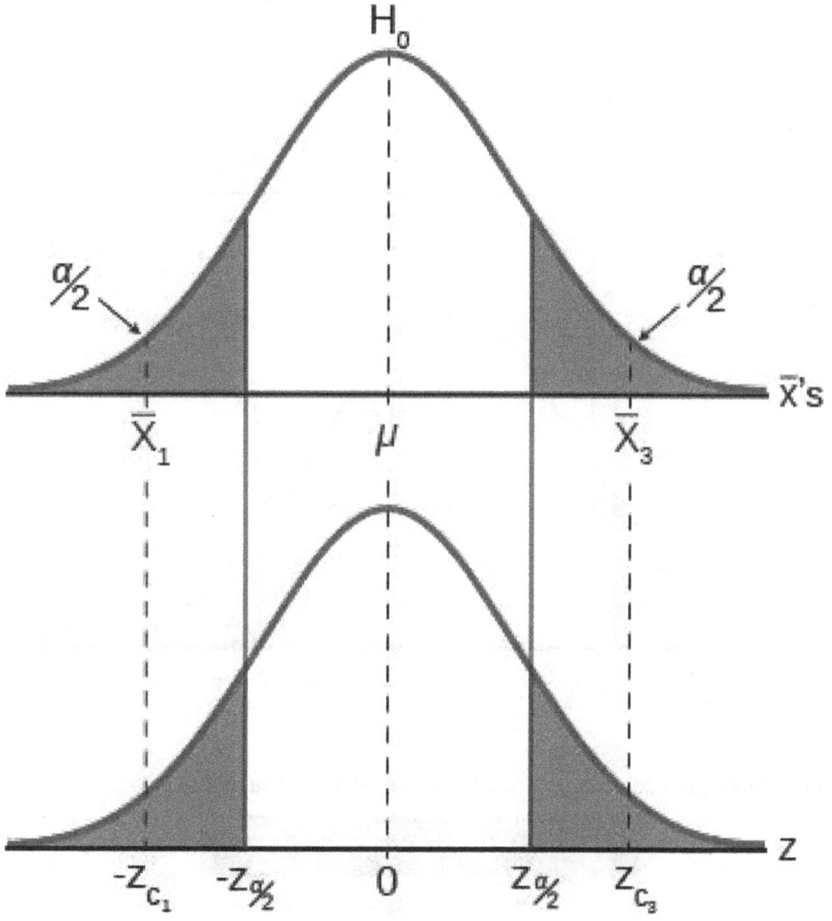

Figura 9.3

En la Figura 9.3 se presentan dos de los tres resultados posibles. $\bar{X}_1$ y $\bar{X}_3$ están en las colas de la distribución hipotética de H_0. Observe que el eje horizontal del panel superior está etiquetado como $\bar{X}$'s. Esta es la misma distribución teórica de $\bar{X}$'s, la distribución muestral, que el teorema del límite central nos indica que se distribuye normalmente. Por eso podemos dibujarlo con esta forma. El eje horizontal del panel inferior está etiquetado como Z y es la distribución normal estándar. $Z_{\frac{\alpha}{2}}$ y -$Z_{\frac{\alpha}{2}}$, denominados **valores críticos**, están marcados en el panel inferior como los valores Z asociados a la probabilidad que el analista haya establecido como nivel de significación en la prueba, (α). Las probabilidades en las colas de ambos paneles son, por tanto, las mismas.

Observe que para cada $\bar{X}$ hay una Z_c asociada, llamada Z calculada, que es el resultado de resolver la ecuación anterior. Esta Z calculada no es más que el número de desviaciones típicas que la media **hipotética** tiene con respecto a la media muestral. Si la media muestral está a "demasiadas" desviaciones típicas de la media hipotética, concluimos que la media **muestral** no proviene de la distribución con la media hipotética, dado el nivel de significación requerido. Esto **podría** venir de H_0, pero se considera demasiado improbable. En la Figura 9.3 tanto $\bar{X}_1$ y $\bar{X}_3$ están en las colas de la distribución. Se considera que están "demasiado lejos" del valor hipotético de la media, dado el nivel de alfa elegido. Si en realidad esta media muestral provenía de H_0, pero de la cola, hemos cometido un error de tipo I: hemos rechazado un buen nulo. Nuestro único consuelo real es que conocemos la probabilidad de cometer ese error, α, y podemos controlar el tamaño de α.

La Figura 9.4 muestra la tercera posibilidad para la ubicación de la media muestral, $\overline{x}$. Aquí la media muestral está dentro de los dos valores críticos. Es decir, dentro de la probabilidad de (1-α) y no podemos rechazar la hipótesis nula.

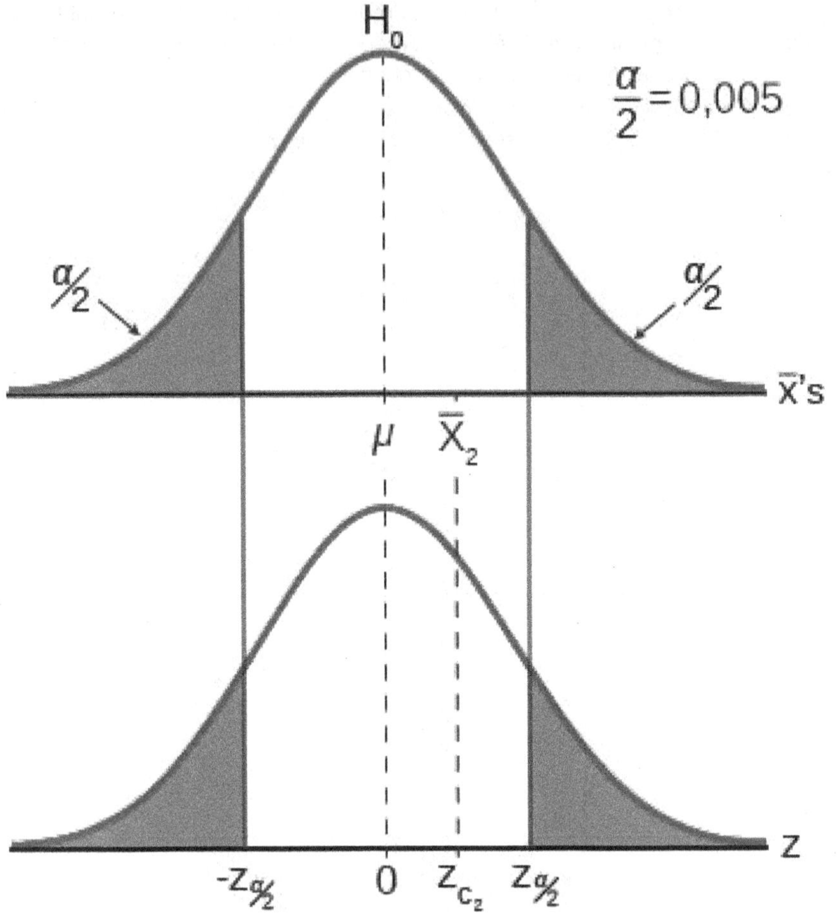

Figura 9.4

Esto nos da la regla de decisión para comprobar una hipótesis en una prueba de dos colas:

Regla de decisión: prueba de dos colas
Si $\lvert Z_c \rvert < Z_{\frac{\alpha}{2}}$: entonces no RECHAZA H_0
Si $\lvert Z_c \rvert > Z_{\frac{\alpha}{2}}$: entonces RECHAZA H_0

Tabla 9.3

Esta regla será siempre la misma, sin importar la hipótesis que estemos comprobando o las fórmulas que utilicemos para hacer la prueba. Lo único será cambiar el Z_c por el símbolo apropiado para el estadístico de prueba con respecto al parámetro que se está probando. Expresando la regla de decisión de otra manera: si es improbable que la media muestral provenga de la distribución con la media hipotética, no podemos aceptar la hipótesis nula. Aquí definimos "improbable" como una probabilidad de ocurrir menor que alfa.

Enfoque del valor P

Se puede desarrollar una regla de decisión alternativa al calcular la probabilidad de que se encuentre una media muestral que resulte en un estadístico de prueba mayor que el hallado a partir de los datos de la muestra actual, suponiendo que la hipótesis nula sea verdadera. Aquí, la noción de "probable" e "improbable" se define por la probabilidad de extraer de una población una muestra con una media que hipotéticamente sea mayor o menor que la calculada en los datos de la muestra. En pocas palabras, el enfoque del valor p compara el nivel de significación deseado, α, con el valor p, que es la probabilidad de obtener una media muestral más alejada del valor hipotético que la media muestral real. Un valor *p* grande calculado a partir de los datos indica que no debemos rechazar la **hipótesis nula**. Cuanto más pequeño sea el valor *p*, más improbable es el resultado y más fuerte es la evidencia contra la hipótesis nula. Rechazaremos la hipótesis nula si las pruebas son contundentes en su contra. La relación entre la regla de decisión de comparar los valores calculados del estadístico de prueba, Z_c, y el valor crítico, Z_α, y utilizar el valor *p* se aprecia en la Figura 9.5.

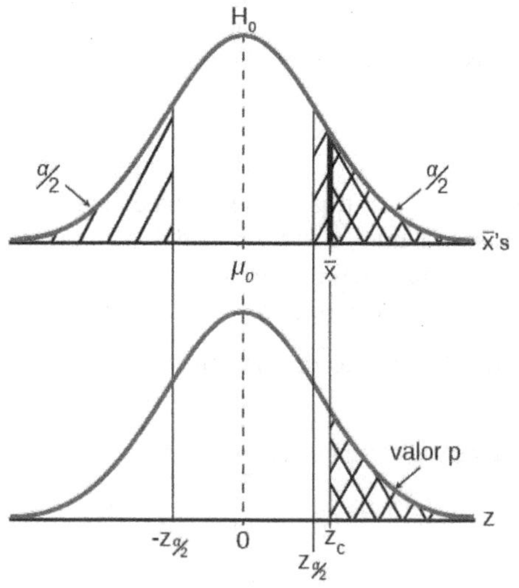

Figura 9.5

El valor calculado del estadístico de prueba es Z_c en este ejemplo y está marcado en el gráfico inferior de la distribución normal estándar porque es un valor Z. En este caso el valor calculado está en la cola y, por tanto, no podemos aceptar la hipótesis nula, la asociada $\bar{X}$ es demasiado grande para creer que provenga de la distribución con una media de μ_0 y un nivel de significación de α.

Si utilizamos la regla de decisión del valor *p*, necesitamos un paso más. Tenemos que encontrar en la tabla normalizada la probabilidad asociada al valor calculado del estadístico de prueba, Z_c. A continuación, lo comparamos con el α asociado a nuestro nivel de confianza seleccionado. En la Figura 9.5 vemos que el valor *p* es menor que α, por lo que no podemos aceptar la nulidad. Sabemos que el valor *p* es menor que α porque el área bajo el valor p es menor que α/2. Cabe destacar que dos investigadores que extraigan al azar de la misma población pueden calcular dos valores P diferentes en sus muestras. Esto ocurre porque el valor P se calcula como la probabilidad en la cola más allá de la media muestral, asumiendo que la hipótesis nula sea correcta. Dado que las medias muestrales serán con toda probabilidad diferentes, esto creará dos valores P distintos. Sin embargo, las conclusiones en cuanto a la hipótesis nula deberían variar únicamente con el nivel de probabilidad de α.

Esta es una forma sistemática de tomar una decisión sobre si se puede aceptar o rechazar una **hipótesis** nula si se utiliza el **valor *p*** y un **α preestablecido o preconcebido** (el "**nivel de significación**"). Un *α* preestablecido es la probabilidad de un error de **tipo I** (rechazar la hipótesis nula cuando la hipótesis nula es verdadera). Puede que se le entregue o no al principio del problema. En cualquier caso, el valor de α es decisión del analista. Cuando tome la decisión de rechazar o no rechazar H_0, haga lo siguiente:

- Si α > valor *p*, no se puede aceptar H_0. Los resultados de los datos de la muestra son significativos. Hay pruebas suficientes para concluir que H_0 es una creencia incorrecta y que la **hipótesis alternativa**, H_a, puede ser correcta.
- Si α ≤ valor *p*, no se puede rechazar H_0. Los resultados de los datos de la muestra son despreciables. No hay pruebas suficientes para concluir que la hipótesis alternativa, H_a, sea correcta. En este caso se mantiene el *statu quo*.
- Cuando "no puede rechazar H_0", no significa que deba creer que H_0 es verdadera. Significa simplemente que los datos de la muestra **no** han aportado pruebas suficientes para poner en duda la veracidad de H_0. Recuerde que el nulo es el *statu quo* y se necesita una alta probabilidad para derrocarlo. Este sesgo a favor de la hipótesis nula es lo que da lugar a la afirmación "tiranía del *statu quo*" cuando se habla de la comprobación de hipótesis y del método científico.

Ambas reglas de decisión darán lugar a la misma decisión y es cuestión de preferencia cuál se utiliza.

Pruebas de una y dos colas

El estudio de la Figura 9.3 a la Figura 9.5 se basó en las hipótesis nula y alternativa, presentadas en la Figura 9.3. Se denominó prueba de dos colas porque la hipótesis alternativa permitía que la media proviniera de una población mayor o menor que la media hipotética en la hipótesis nula. Esto podría verse mediante el enunciado de la hipótesis alternativa como $\mu \neq 100$, en este ejemplo.

Puede ser que al analista no le preocupe que el valor sea "demasiado" alto o "demasiado" bajo con respecto al valor hipotético. Si este es el caso, se convierte en una prueba de una cola y toda la probabilidad alfa se coloca en una sola cola y no se divide entre $\alpha/2$, como en el caso anterior de una prueba de dos colas. Cualquier prueba de un reclamo será una prueba de una cola. Por ejemplo, un fabricante de automóviles afirma que su modelo 17B ofrece un consumo de gasolina superior a 25 millas por galón. Las hipótesis nula y alternativa serían:

H_0: $\mu \leq 25$
H_a: $\mu > 25$

La afirmación estaría en la hipótesis alternativa. La carga de la prueba en la comprobación de hipótesis recae en la alternativa. Esto se debe a que el no rechazar el nulo, el *statu quo*, deberá lograrse con un 90 % o 95 % de confianza en que no se pueda mantener. Dicho de otro modo, queremos tener solo un 5 % o 10 % de probabilidad de cometer un error de tipo I, rechazar un buen nulo y derrocar el *statu quo*.

Esta es una prueba de una cola, donde toda la probabilidad alfa se coloca en una sola cola y no se divide entre $\alpha/2$, como en el caso anterior de la prueba de dos colas.

La Figura 9.6 muestra los dos casos posibles y la forma de las hipótesis nula y alternativa que los origina.

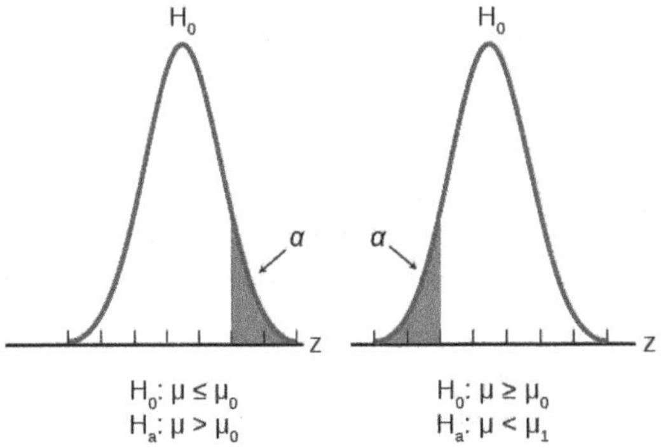

Figura 9.6

donde μ_0 es el valor hipotético de la media poblacional.

Tamaño de la muestra	Estadístico de prueba
< 30 (σ desconocido)	$t_c = \frac{\bar{X}-\mu_0}{s/\sqrt{n}}$
< 30 (σ conocido)	$Z_c = \frac{\bar{X}-\mu_0}{\sigma/\sqrt{n}}$
> 30 (σ desconocido)	$Z_c = \frac{\bar{X}-\mu_0}{s/\sqrt{n}}$
> 30 (σ conocido)	$Z_c = \frac{\bar{X}-\mu_0}{\sigma/\sqrt{n}}$

Tabla 9.4 Estadísticas para la prueba de medias, tamaño de muestra variable, desviación típica de la población conocida o desconocida

Efectos del tamaño de la muestra en el estadístico de prueba

Al desarrollar los intervalos de confianza para la media de una muestra, encontramos que la mayoría de las veces no tenemos la desviación típica de la población, σ. Si el tamaño de la muestra fuera inferior a 30, podríamos sustituir simplemente la estimación puntual de σ, la desviación típica de la muestra, s, y utilizar la distribución *t* de Student para corregir esta falta de información.

A la hora de comprobar las hipótesis nos topamos con este mismo problema y la solución es exactamente igual. A saber: Si se desconoce la desviación típica de la población y el tamaño de la muestra es inferior a 30, sustituya s, la estimación puntual de la desviación típica de la población, σ, en la fórmula del estadístico de prueba y utilice la distribución *t* de Student. Todas las fórmulas y figuras anteriores no cambian, excepto esta sustitución y el cambio de la distribución Z por la distribución *t* de Student en el gráfico. Recuerde que la distribución *t* de Student solo puede calcularse si se conocen los grados de libertad adecuados para el problema. En este caso, los grados de libertad se calculan como antes con intervalos de confianza: df = (n-1). El valor t calculado se compara con el valor t asociado al nivel de confianza preestablecido y que se requiere en la prueba, $t_{\alpha,\ df}$, que se encuentra en las tablas t de Student. Si no conocemos σ, pero el tamaño de la muestra es de 30 o más, simplemente sustituimos s por σ y utilizamos la distribución normal.

La Tabla 9.4 resume estas normas.

Un enfoque sistemático para comprobar una hipótesis

Un enfoque sistemático de las pruebas de hipótesis sigue los siguientes pasos y en este orden. Esta plantilla servirá para todas las hipótesis que se pongan a prueba.

- Establezca las hipótesis nula y alternativa. Esta suele ser la parte más difícil del proceso. Aquí se revisa la cuestión planteada. Qué parámetro se está probando, una media, una proporción, diferencias de medias, etc. ¿Es una prueba de una cola o de dos colas?
- Decida el nivel de significación requerido para este caso particular y determine el valor crítico. Estos se pueden encontrar en la tabla estadística correspondiente. Los niveles de confianza típicos de las empresas son 80 %, 90 %, 95 %, 98 % y 99 %. Sin embargo, el nivel de significación es una decisión política y debería basarse en el riesgo de cometer un error de tipo I y rechazar un buen nulo. Considere las consecuencias de cometer un error de tipo I.

  A continuación, sobre la base de las hipótesis y el tamaño de la muestra, seleccione la estadística adecuada de la prueba y calcule el valor crítico pertinente: Z_α, t_α, etc. Dibujar la distribución de probabilidad correspondiente y marcar el valor crítico es siempre de gran ayuda. Haga coincidir el gráfico con la hipótesis, especialmente si se trata de una prueba de una cola.

- Tome una o varias muestras y calcule los parámetros pertinentes: media muestral, desviación típica o proporción. Con base en la fórmula del paso 2, calcule ahora el estadístico de prueba para este caso en particular; utilice los parámetros que acaba de calcular.
- Compare el valor calculado del estadístico de prueba y el valor crítico. Si se marcan en el gráfico, se obtendrá una buena imagen visual de la situación. Ahora solo hay dos situaciones:

a. El estadístico de prueba está en la cola: no se puede aceptar el nulo, la probabilidad de que esta media muestral (proporción) provenga de la distribución hipotética es demasiado pequeña para creer que sea el verdadero origen de estos datos muestrales.

b. El estadístico de prueba no está en la cola: no se puede rechazar el nulo. los datos de la muestra son compatibles con el parámetro poblacional hipotético.

- Llegue a una conclusión. Es mejor articular la conclusión de dos maneras diferentes. En primer lugar, una conclusión estadística formal como: "Con un nivel de significación del 5 %, no podemos aceptar las hipótesis nulas de que la media de la población es igual a XX (unidades de medida)". El segundo enunciado de la conclusión es menos formal y enuncia la acción, o la falta de acción, requerida. Si la conclusión formal era la anterior, la informal podría ser: "La máquina está estropeada y hay que apagarla y mandarla a reparar".

Todas las hipótesis probadas pasarán por este mismo proceso. Los únicos cambios son las fórmulas pertinentes y estas están determinadas por la hipótesis necesaria para responder la pregunta original.

9.4 Ejemplos de pruebas de hipótesis completas

Pruebas sobre las medias

EJEMPLO 9.8

Cuando Jeffrey tenía ocho años **estableció un tiempo medio de 16,43 segundos** al nadar las 25 yardas en estilo libre, con una **desviación típica de 0,8 segundos**. Su padre, Frank, pensó que Jeffrey podría nadar más rápido las 25 yardas en estilo libre si utilizaba gafas para nadar. Frank le compró a Jeffrey un nuevo par de gafas para nadar costosas y cronometró **15 veces que nadó las 25 yardas en estilo libre**. En las 15 veces, el **tiempo medio de Jeffrey fue de 16 segundos. Frank pensó que las gafas para nadar ayudaron a Jeffrey a nadar más rápido que los 16,43 segundos.** Realice una prueba de hipótesis con un α preestablecido = 0,05.

Solución 1

Establezca la prueba de la hipótesis:

Dado que el problema se refiere a una media, se trata de una **prueba de una única media poblacional**.

Establezca las hipótesis nula y alternativa:

En este caso hay una impugnación o reclamo implícitos. Esto es que las gafas reducirán el tiempo de natación. El efecto es formular la hipótesis como una prueba de una cola. El planteamiento siempre estará en la hipótesis alternativa porque la carga de la prueba siempre recae en la alternativa. Recuerde que el *statu quo* deberá derrotarse con un alto grado de confianza, en este caso del 95 %. Las hipótesis nula y alternativa son las siguientes:

H_0: $\mu \geq 16{,}43$ H_a: $\mu < 16{,}43$

Para que Jeffrey nade más rápido, su tiempo debiera ser inferior a 16,43 segundos. El "<" indica que es de cola izquierda.

Determine la distribución necesaria:

Variable aleatoria: $\overline{X}$ = el tiempo medio para nadar las 25 yardas de estilo libre.

Distribución para el estadístico de prueba:

El tamaño de la muestra es inferior a 30 y no conocemos la desviación típica de la población, por lo que se trata de una prueba t y la fórmula adecuada es: $t_c = \frac{\overline{X}-\mu_0}{\sigma/\sqrt{n}}$

μ_0 = 16,43 proviene de H_0 y no de los datos. $\overline{X}$ = 16. s = 0,8; y n = 15.

Nuestro paso 2, establecer el nivel de significación, ya se ha determinado en el problema, 0,05 para un nivel de significación del 95 %. Merece la pena reflexionar sobre el significado de esta elección. El error tipo I consiste en concluir que Jeffrey nada las 25 yardas en estilo libre, en promedio, en menos de 16,43 segundos cuando, en realidad, nada las 25 yardas en estilo libre, en promedio, en 16,43 segundos (rechaza la hipótesis nula cuando la hipótesis nula es verdadera). Para este caso, la única preocupación de un error de tipo I parece ser que el padre de Jeffery puede no apostar por la victoria de su hijo porque no le convence el efecto de las gafas.

Para calcular el valor crítico tenemos que seleccionar la estadística apropiada de la prueba. Hemos llegado a la conclusión de que se trata de una prueba t en función del tamaño de la muestra y de que nos interesa una media poblacional. Ahora podemos dibujar el gráfico de la distribución t y marcar el valor crítico. Para este problema los grados de libertad son n-1, es decir, 14. Al buscar 14 grados de libertad en la columna 0,05 de la tabla t, hallamos 1,761. Este es el valor crítico y podemos ponerlo en nuestro gráfico.

El paso 3 es el cálculo de la estadístico de la prueba con la fórmula seleccionada. Hallamos que el estadístico de prueba es 2,08, lo que significa que la media muestral está a 2,08 desviaciones típicas de la media hipotética de 16,43.

$$t_c = \frac{\overline{x}-\mu_0}{s/\sqrt{n}} = \frac{16-16{,}43}{0{,}8/\sqrt{15}} = -2{,}08$$

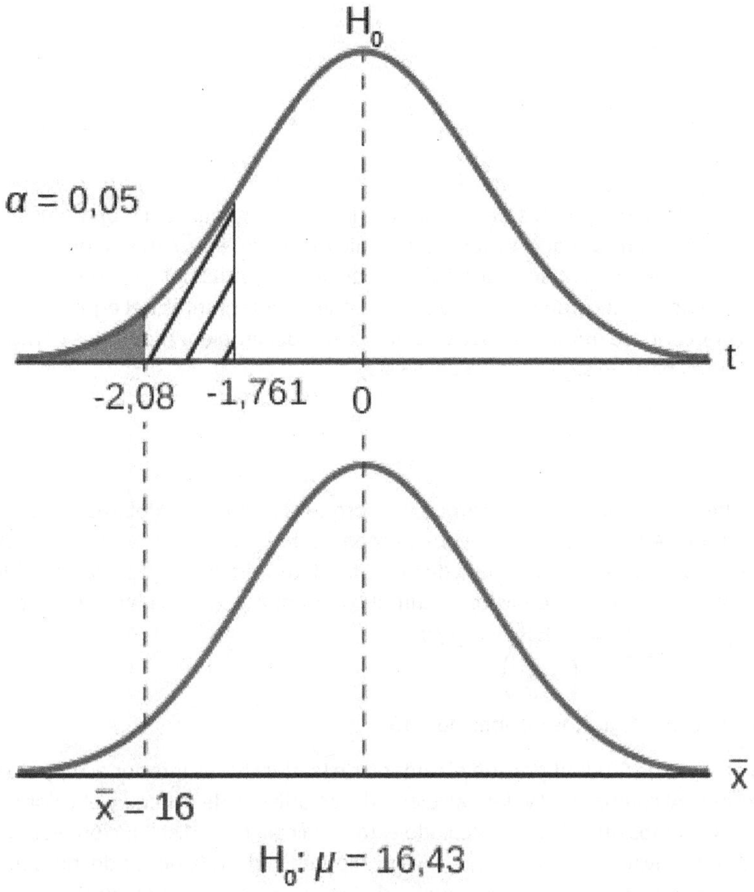

Figura 9.7

En el paso 4 tenemos que comparar el estadístico de prueba y el valor crítico y marcarlos en el gráfico. Vemos que el estadístico de prueba está en la cola; por ende, pasamos al paso 4 y llegamos a una conclusión. La probabilidad de que el tiempo promedio de 16 minutos proceda de una distribución con una media poblacional de 16,43 minutos es demasiado improbable para que aceptemos la hipótesis nula. No podemos aceptar la hipótesis nula.

El paso 5 nos hace exponer nuestras conclusiones primero de manera formal y luego de manera menos formal. La conclusión formal sería la siguiente: "Con un nivel de significación del 95 %, no podemos aceptar la hipótesis nula de que el tiempo de natación con gafas procede de una distribución con una media poblacional de 16,43 minutos". De manera menos formal: "Con un 95 % de significación, creemos que las gafas mejoran la velocidad de nado".

Si quisiéramos utilizar el sistema de valores p para llegar a una conclusión, calcularíamos la estadística y daríamos el paso adicional de la probabilidad de estar a 2,08 desviaciones típicas de la media en una distribución t. Este valor es de 0,0187. Al compararlo con el nivel α de 0,05, nos damos cuenta de que no podemos aceptar la hipótesis nula. El valor p se ha puesto en el gráfico como el área sombreada más allá de –2,08 y muestra que es menor que el área sombreada, que es el nivel alfa de 0,05. Con ambos métodos se llega a la misma conclusión de que no podemos aceptar la hipótesis nula.

INTÉNTELO 9.8

La distancia media de lanzamiento de un balón de fútbol para Marco, un mariscal de campo de primer año de escuela secundaria, es de 40 yardas, con una desviación típica de dos yardas. El entrenador del equipo le dice a Marco que ajuste su agarre para conseguir más distancia. El entrenador registra las distancias de 20 lanzamientos. En los 20 lanzamientos, la distancia media de Marco fue de 45 yardas. El entrenador pensó que el agarre diferente ayudó a Marco a lanzar más allá de las 40 yardas. Realice una prueba de hipótesis con un α preestablecido = 0,05. Supongamos que las distancias de lanzamiento de los balones son normales.

En primer lugar, determine de qué tipo de prueba se trata, establezca la prueba de hipótesis, calcule el valor *p*, dibuje el gráfico y plantee su conclusión.

EJEMPLO 9.9

Jane acaba de incorporarse al equipo de ventas de una compañía muy competitiva. En una muestra de 16 llamadas de ventas se comprobó que cerró el contrato por un valor promedio de 108 dólares con una desviación típica de 12 dólares. Pruebe al 5 % de significación que la media de la población es de al menos 100 dólares contra la alternativa de que es menor de 100 dólares. La política de la compañía exige que los nuevos integrantes del equipo de ventas superen un promedio de 100 dólares por contrato durante el periodo de prueba del empleo. ¿Podemos concluir que Jane ha cumplido este requisito con un nivel de significación del 95 %?

Solución 1

1. H_0: $\mu \leq 100$
   H_a: $\mu > 100$
   Las hipótesis nula y alternativa son para el parámetro μ porque el número de dólares de los contratos es una variable aleatoria continua. Además, se trata de una prueba de una cola porque a la compañía solo le interesa si el número de dólares por contacto está por debajo de una cifra determinada, no de una cifra "demasiado alta". Esto se considera una afirmación de que el requisito se cumple; por ende, está en la hipótesis alternativa.
2. Estadístico de prueba: $t_c = \frac{\bar{x}-\mu_0}{\frac{s}{\sqrt{n}}} = \frac{108-100}{\left(\frac{12}{\sqrt{16}}\right)} = 2{,}67$
3. Valor crítico: $t_a = 1{,}753$ con n-1 grados de libertad = 15

El estadístico de prueba es una t de Student porque el tamaño de la muestra es inferior a 30; por ende, no podemos utilizar la distribución normal. Al comparar el valor calculado del estadístico de prueba y el valor crítico de t (t_a) a un nivel de significación del 5 %, vemos que el valor calculado está en la cola de la distribución. Así, concluimos que 108 dólares por contrato es significativamente mayor que el valor hipotético de 100; por ende, no podemos aceptar la hipótesis nula. Hay pruebas que apoyan que el desempeño de Jane cumple con los estándares de la compañía.

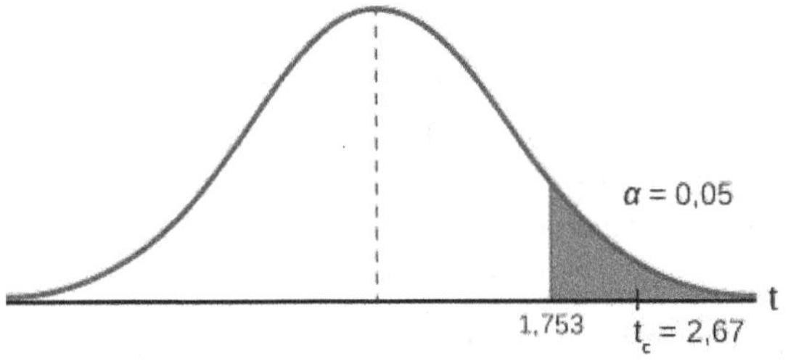

Figura 9.8

INTÉNTELO 9.9

Se cree que el precio de las acciones de una determinada compañía crecerá a un ritmo de 5 dólares por semana con una desviación típica de 1 dólar. Un inversor cree que las acciones no crecerán tan rápido. Las variaciones en el precio de las acciones se registran durante diez semanas y son las siguientes: 4, 3, 2, 3, 1, 7, 2, 1, 1 y 2 dólares. Realice una prueba de hipótesis con un nivel de significación del 5 %. Plantee las hipótesis nula y alternativa, exponga su conclusión e identifique los errores de tipo I.

EJEMPLO 9.10

Un fabricante de aderezos para ensaladas utiliza máquinas para dispensar ingredientes líquidos en frascos que se mueven a lo largo de una línea de llenado. La máquina que dispensa aderezos para ensaladas funciona correctamente cuando se dispensan 8 onzas. Supongamos que la cantidad promedio dispensada en una muestra concreta de 35 frascos es de 7,91 onzas con una varianza de 0,03 onzas al cuadrado, s^2. ¿Hay pruebas de que la máquina debería detenerse y la producción debería esperar a que se repare? La pérdida de producción por una parada es potencialmente tan grande que la dirección considera que el nivel de significación en el análisis debería ser del 99 %.

De nuevo, seguiremos los pasos de nuestro análisis de este problema.

Solución 1

PASO 1: Formule las hipótesis nula y alternativa. La variable aleatoria es la cantidad de líquido que se coloca en los frascos. Se trata de una variable aleatoria continua y el parámetro que nos interesa es la media. Por lo tanto, nuestra hipótesis se refiere a la media. En este caso, nos preocupa que la máquina no esté haciendo el llenado correctamente. Por lo que nos dicen, no importa si la máquina está llenando de más o de menos, ambos parecen ser un error igual de malo. Esto nos indica que se trata de una prueba de dos colas: si la máquina funciona mal, se apagará, sea por exceso o insuficiencia de llenado. Las hipótesis nula y alternativa son las siguientes:

$$H_0 : \mu = 8$$

$$H_a : \mu \neq 8$$

PASO 2: Decida el nivel de significación y dibuje el gráfico que muestra el valor crítico.

Este problema ya ha fijado el nivel de significación en el 99 %. La decisión luce apropiada y muestra el proceso de reflexión al establecer el nivel de significación. La dirección quiere estar muy segura, tan segura como la probabilidad le permita, de que no esté cerrando una máquina que no necesita reparación. Para dibujar la distribución y el valor crítico, necesitamos saber qué distribución utilizar. Dado que se trata de una variable aleatoria continua y que nos interesa la media, y que el tamaño de la muestra es superior a 30, la distribución adecuada es la normal y el valor crítico pertinente es 2,575 de la tabla normal o la tabla t con una columna de 0,005 e infinitos grados de libertad. Dibujamos el gráfico y marcamos estos puntos.

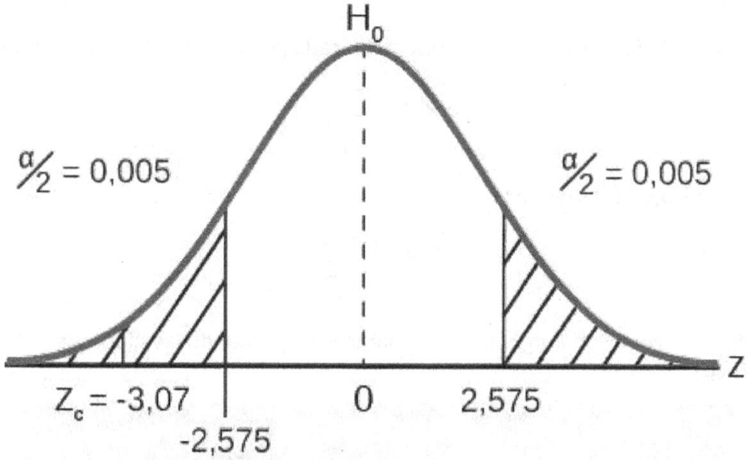

Figura 9.9

PASO 3: Calcule los parámetros de la muestra y el estadístico de prueba. Los parámetros de la muestra se proporcionan, la media muestral es 7,91 y la varianza de la muestra es 0,03 y el tamaño de la muestra es 35. Hay que tener en cuenta que se proporcionó la varianza de la muestra y no la desviación típica de la muestra, que es lo que necesitamos para la fórmula. Al recordar que la desviación típica es simplemente la raíz cuadrada de la varianza, sabemos, por ende, que la desviación típica de la muestra, s, es 0,173. Con esta información calculamos el estadístico de prueba como -3,07, y la marcamos en el gráfico.

$$Z_c = \frac{\bar{x} - \mu_0}{{}^{s}/_{\sqrt{n}}} = \frac{7{,}91 - 8}{{}^{0{,}173}/_{\sqrt{35}}} = -3{,}07$$

PASO 4: Compare el estadístico de prueba y los valores críticos. Ahora comparamos el estadístico de prueba y el valor crítico al colocar el estadístico de prueba en el gráfico. Vemos que el estadístico de prueba está en la cola, decididamente mayor que el valor crítico de 2,575. Observamos que incluso la pequeña diferencia entre el valor hipotético y el valor de la muestra sigue siendo un gran número de desviaciones típicas. La media muestral solo difiere en 0,08 onzas del nivel requerido de 8 onzas, pero está a 3 desviaciones típicas más; en consecuencia, no podemos aceptar la hipótesis nula.

PASO 5: Llegue a una conclusión

Tres desviaciones típicas del estadístico de prueba harán que la prueba falle. La probabilidad de que algo esté dentro de tres desviaciones típicas es casi cero. En realidad, es 0,0026 en la distribución normal, lo que ciertamente es casi cero en un sentido práctico. Nuestra conclusión formal sería: "A un nivel de significación del 99 %, no podemos aceptar la hipótesis de que la media muestral procede de una distribución con una media de 8 onzas". De manera menos formal, y yendo al grano: "A un nivel de significación del 99 %, llegamos a la conclusión de que la máquina no llena bien las botellas y necesita reparación".

Prueba de hipótesis para las proporciones

Al igual que existían intervalos de confianza para las proporciones, o más formalmente, el parámetro poblacional *p* de la distribución binomial, existe la posibilidad de contrastar hipótesis relativas a *p*.

El parámetro poblacional para la binomial es *p*. El valor estimado (estimación puntual) para *p* es *p'* donde *p'* = *x*/*n*, *x* es el número de aciertos en la muestra y *n* es el tamaño de la muestra.

Cuando se realiza una prueba de hipótesis de una proporción poblacional *p*, se toma una muestra aleatoria simple de la población. Deberán cumplirse las condiciones de la **distribución binomial**, a saber: que haya un cierto número *n* de ensayos independientes, lo que significa un muestreo aleatorio; que los resultados de cualquier ensayo sean binarios, éxito o fracaso, y que cada ensayo tenga la misma probabilidad de éxito *p*. La forma de la distribución binomial debe ser similar a la forma de la distribución normal. Para ello, las cantidades *np'* y *nq'* deben ser ambas mayores que cinco (*np'* > 5 y *nq'* > 5). En este caso, la distribución binomial de una proporción muestral (estimada) se calcula aproximadamente por la distribución normal con $\mu = \mathrm{np}$ y $\sigma = \sqrt{\mathrm{npq}}$. Recuerde que $q = 1 - p$. No hay ninguna distribución que corrija este pequeño sesgo de la muestra; por ende, si no se cumplen estas condiciones, simplemente no podemos probar la hipótesis con los datos disponibles en ese momento. Cumplimos esta condición cuando estimamos por primera vez los intervalos de confianza para *p*.

Nuevamente, comenzamos con la fórmula normalizadora modificada porque se trata de la distribución de una binomial.

$$Z = \frac{\mathrm{p'} - p}{\sqrt{\frac{\mathrm{pq}}{n}}}$$

Al sustituir p_0, el valor hipotético de *p*, tenemos:

$$Z_c = \frac{\mathrm{p'} - p_0}{\sqrt{\frac{p_0 q_0}{n}}}$$

Es el estadístico de prueba para comprobar los valores hipotéticos de *p*, cuando las hipótesis nula y alternativa adoptan una de las siguientes formas:

Prueba de dos colas	Prueba de una cola	Prueba de una cola
H_0: $p = p_0$	H_0: $p \leq p_0$	H_0: $p \geq p_0$
H_a: $p \neq p_0$	H_a: $p > p_0$	H_a: $p < p_0$

Tabla 9.5

La regla de decisión indicada anteriormente se aplica también en este caso: si el valor calculado de Z_c muestra que la proporción de la muestra está a "demasiadas" desviaciones típicas de la proporción hipotética, no se puede aceptar la hipótesis nula. La decisión sobre lo que es "demasiado" está predeterminada por el analista en función del nivel de significación requerido en la prueba.

EJEMPLO 9.11

El departamento de hipotecas de un gran banco se interesa por la naturaleza de los préstamos de prestatarios primerizos. Esta información se utilizará para adaptar su estrategia de mercadeo. Creen que el 50 % de los prestatarios primerizos piden préstamos más pequeños que los demás. Realizan una prueba de hipótesis para determinar si el porcentaje es **igual o diferente del 50 %**. Toman una muestra de **100 prestatarios primerizos** y concluyen que **53** de estos préstamos son menores que los demás. Para la prueba de la hipótesis, eligen un nivel de significación del 5 %.

Solución 1

PASO 1: Formule las hipótesis nula y alternativa.

H_0: $p = 0,50$ H_a: $p \neq 0,50$

Las palabras **"es igual o diferente de"** indican que se trata de una prueba de dos colas. Los errores tipo I y II son los siguientes: El error de tipo I consiste en concluir que la proporción de prestatarios es diferente del 50 % cuando, en realidad, la proporción es del 50 %. (Rechaza la hipótesis nula cuando la hipótesis nula es verdadera). El error de tipo II consiste en que no hay pruebas suficientes para concluir que la proporción de prestatarios primerizos difiere del 50 % cuando, de hecho, sí difiere del 50 %. (No se rechaza la hipótesis nula cuando esta es falsa).

PASO 2: Decida el nivel de significación y dibuje el gráfico que muestre el valor crítico.

El nivel de significación se ha fijado por el problema en el 95 %. Por tratarse de una prueba de dos colas, la mitad del valor alfa estará en la cola superior y la otra mitad en la cola inferior, como se muestra en el gráfico. El valor crítico de la distribución normal con un nivel de confianza del 95 % es de 1,96. Esto se halla fácilmente en la tabla t de Student en la parte inferior a infinitos grados de libertad, recordando que en el infinito la distribución t es la distribución normal. Por supuesto, el valor también se halla en la tabla normal, pero hay que buscar la mitad de 95 (0,475) dentro de la tabla y luego leer hacia los lados y la parte superior el número de desviaciones típicas.

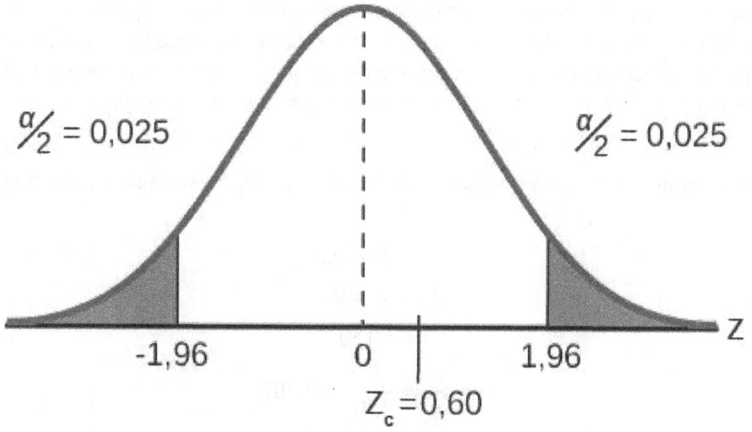

Figura 9.10

PASO 3: Calcule los parámetros de la muestra y el valor crítico del estadístico de prueba.

El estadístico de prueba es una distribución normal, Z, para probar proporciones y es:

$$Z = \frac{p' - p_0}{\sqrt{\frac{p_0 q_0}{n}}} = \frac{.53 - 0,50}{\sqrt{\frac{0,5(0,5)}{100}}} = 0,60$$

En este caso, en la muestra de 100 se determinó que 53 prestatarios primerizos eran diferentes de los demás. La proporción muestral, p' = 53/100 = 0,53. En consecuencia, la pregunta de la prueba es: "¿Es 0,53 significativamente diferente de 0,50?" Si introducimos estos valores en la fórmula del estadístico de prueba, hallamos que 0,53 está a solo 0,60 desviaciones típicas de 0,50. Esto apenas se aleja de la media de la distribución estándar normal de cero. No hay prácticamente ninguna diferencia entre la proporción de la muestra y la proporción hipotética en términos de desviaciones típicas.

PASO 4: Compare el estadístico de prueba y el valor crítico.

El valor calculado se encuentra dentro de los valores críticos de ± 1,96 desviaciones típicas, por lo que no podemos rechazar la hipótesis nula. Para rechazar la hipótesis nula, la diferencia significativa entre el valor hipotético y el valor de la muestra tiene que ser evidente. En este caso, el valor de la muestra es muy parecido al valor hipotético medido en términos de desviaciones típicas.

PASO 5: Llegue a una conclusión

La conclusión formal sería: "A un nivel de significación del 95 %, no podemos rechazar la hipótesis nula de que el 50 % de los prestatarios primerizos tienen préstamos del mismo tamaño que los demás". De manera menos formal, diríamos que: "No hay pruebas de que la mitad de los prestatarios primerizos sean significativamente diferentes en cuanto al tamaño del préstamo de los demás". Fíjese en lo lejos que llega la conclusión para incluir todas las condiciones correspondientes. Los estadísticos, a pesar de todas las críticas que reciben, se preocupan por ser muy específicos, incluso cuando esto parece trivial. Los estadísticos no pueden decir más de lo que saben y los datos obligan a que la conclusión esté dentro de los límites de los datos.

INTÉNTELO 9.11

Un maestro cree que el 85 % de los estudiantes de la clase querrán ir de excursión al zoológico local. Realiza una prueba de hipótesis para determinar si el porcentaje es igual o diferente del 85 %. El maestro hace un muestreo de 50 estudiantes y 39 responden que querrían ir al zoológico. Para la prueba de hipótesis utilice un nivel de significación del 1 %.

EJEMPLO 9.12

Supongamos que un grupo de consumidores estima que la proporción de hogares que tienen tres o más teléfonos móviles es del 30 %. Una compañía de telefonía móvil tiene razones para creer que la proporción no es del 30 %. Antes de iniciar una gran campaña publicitaria realizan una prueba de hipótesis. Su personal de mercadeo realiza una encuesta en 150 hogares, con el resultado de que 43 tienen tres o más teléfonos móviles.

Solución 1

He aquí una versión abreviada del sistema de resolución de pruebas de hipótesis, aplicado a una prueba de proporciones.

$$H_0 : p = 0{,}3$$

$$H_a : p \neq 0{,}3$$

$$n = 150$$

$$\text{p}' = \frac{x}{n} = \frac{43}{150} = 0{,}287$$

$$Z_c = \frac{\text{p}' - p_0}{\sqrt{\frac{p_0 q_0}{n}}} = \frac{0{,}287 - 0{,}3}{\sqrt{\frac{0{,}3(0{,}7)}{150}}} = 0{,}347$$

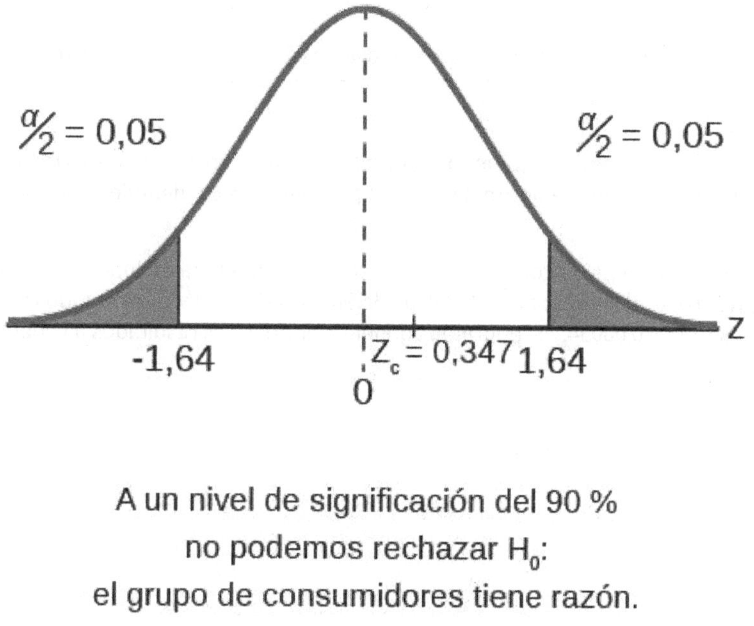

Figura 9.11

EJEMPLO 9.13

El Instituto Nacional de Normas y Tecnología proporciona datos exactos sobre las propiedades de conductividad de los materiales. A continuación se muestran las mediciones de conductividad de 11 piezas seleccionadas al azar de un tipo de vidrio en particular.

1,11; 1,07; 1,11; 1,07; 1,12; 1,08; 0,98; 0,98; 1,02; 0,95; 0,95.
¿Hay pruebas convincentes de que la conductividad promedio de este tipo de vidrio sea superior a uno? Utilice un nivel de significación de 0,05.

Solución 1
Sigamos un proceso de cuatro pasos para responder esta pregunta estadística.

1. **Plantee la pregunta**: Tenemos que determinar si, a un nivel de significación de 0,05, la conductividad promedio del vidrio seleccionado es mayor que uno. Nuestras hipótesis serán
   a. H_0: $\mu \leq 1$
   b. H_a: $\mu > 1$
2. **Plan**: Estamos probando una media muestral sin una desviación típica poblacional conocida con menos de 30 observaciones. Por consiguiente, tenemos que utilizar una distribución de la t de Student. Supongamos que la población subyacente es normal.
3. **Haga los cálculos y dibuje el gráfico**.
4. **Plantee las conclusiones**: No podemos aceptar la hipótesis nula. Es razonable afirmar que los datos apoyan la afirmación de que el nivel promedio de conductividad es superior a uno.

EJEMPLO 9.14

En un estudio de 420.019 usuarios de teléfonos móviles, 172 de los sujetos desarrollaron cáncer cerebral. Pruebe la afirmación de que los usuarios de teléfonos móviles desarrollaron cáncer cerebral a una tasa mayor que la de los no usuarios de teléfonos móviles (la tasa de cáncer cerebral para los no usuarios de teléfonos móviles es del 0,0340 %). Dado que se trata de un asunto crítico utilice un nivel de significación de 0,005. Explique por qué el nivel de significación debe ser tan bajo en términos de un error tipo I.

Solución 1

1. Tenemos que realizar una prueba de hipótesis sobre la tasa de cáncer declarada. Nuestras hipótesis serán
   a. H_0: $p \leq 0{,}00034$
   b. H_a: $p > 0{,}00034$

   Si cometemos un error tipo I, estamos aceptando esencialmente una afirmación falsa. Dado que la afirmación describe entornos cancerígenos, queremos minimizar las posibilidades de identificar incorrectamente las causas del cáncer.

2. Probemos una proporción de muestra con $x = 172$ y $n = 420.019$. La muestra es suficientemente grande porque tenemos. $np' = 420.019(0{,}00034) = 142{,}8$; $nq' = 420.019(0{,}99966) = 419.876{,}2$, dos resultados independientes y una probabilidad fija de éxito $p' = 0{,}00034$. Así podremos generalizar nuestros resultados a la población.

Términos Clave

Desviación típica un número que es igual a la raíz cuadrada de la varianza y que mide lo lejos que están los valores de los datos de su media; notación: *s* para la desviación típica de la muestra y σ para la desviación típica de la población.

Distribución binomial una variable aleatoria (RV) discreta que surge de ensayos de Bernoulli. Hay un número fijo, *n*, de ensayos independientes. "Independiente" significa que el resultado de cualquier ensayo (por ejemplo, el ensayo 1) no afecta los resultados de los ensayos siguientes, y que todos los ensayos se llevan a cabo en las mismas condiciones. En estas circunstancias, la RV binomial X se define como el número de aciertos en *n* ensayos. La notación es: $X \sim B(n, p)$ $\mu = np$ y la desviación típica es $\sigma = \sqrt{npq}$. La probabilidad de obtener exactamente *x* aciertos en *n* ensayos es $P(X = x) = \binom{n}{x} p^x q^{n-x}$.

Distribución normal una variable aleatoria (RV) continua con pdf $f(x) = \frac{1}{\sigma\sqrt{2\pi}} e^{\frac{-(x-\mu)^2}{2\sigma^2}}$, donde μ es la media de la distribución y σ es la desviación típica, notación: $X \sim N(\mu, \sigma)$. Si $\mu = 0$ y $\sigma = 1$, la RV se denomina **distribución normal estándar**.

Distribución *t* de Student investigado y presentado por William S. Gossett en 1908 y publicado bajo el seudónimo de Student. Las principales características de la variable aleatoria (RV) son

- Es continuo y asume cualquier valor real.
- La pdf es simétrica respecto a su media de cero. Sin embargo, tiene más dispersión y es más plana en el vértice que la distribución normal.
- Se aproxima a la distribución normal estándar a medida que *n* es mayor.
- Existe una "familia" de distribuciones *t*: cada representante de la familia está completamente definido por el número de grados de libertad, que es uno menos que el número de datos.

Error de tipo I la decisión es rechazar la hipótesis nula cuando, de hecho, es verdadera.

Error de tipo II la decisión es no rechazar la hipótesis nula cuando, de hecho, es falsa.

Estadístico de prueba la fórmula que cuenta el número de desviaciones típicas en la distribución relevante en que el parámetro estimado se aleja del valor hipotético.

Hipótesis una afirmación sobre el valor de un parámetro de la población, en caso de dos hipótesis, la afirmación que se supone verdadera se llama hipótesis nula (notación H_0) y la afirmación contradictoria se llama hipótesis alternativa (notación H_a).

Intervalo de confianza (IC) una estimación de intervalo para un parámetro poblacional desconocido. Esto depende de

- El nivel de confianza deseado.
- Información que se conoce sobre la distribución (por ejemplo, desviación típica conocida).
- La muestra y su tamaño.

Prueba de hipótesis a partir de las pruebas de la muestra, un procedimiento para determinar si la hipótesis planteada es una afirmación razonable y no se debe rechazar, o es irrazonable y se debe rechazar.

Teorema del límite central Dada una variable aleatoria (RV) con media conocida μ y la desviación típica conocida σ. Estamos muestreando con un tamaño *n* y nos interesan dos nuevas RV: la media muestral, $\overline{X}$. Si el tamaño *n* de la muestra es suficientemente grande, entonces $\overline{X} \sim N\left(\mu, \frac{\sigma}{\sqrt{n}}\right)$. Si el tamaño *n* de la muestra es suficientemente grande, la distribución de las medias muestrales se aproximará a una distribución normal, independientemente de la forma de la población. El valor esperado de la media de las medias muestrales será igual a la media poblacional. La desviación típica de la distribución de las medias muestrales, $\frac{\sigma}{\sqrt{n}}$, se denomina error estándar de la media.

Valor crítico el valor *t* o *Z* fijado por el investigador que mide la probabilidad de un error de tipo I, α.

Repaso del capítulo

9.1 Hipótesis nula y alternativa

En una **prueba de hipótesis** se evalúan los datos de la muestra para llegar a una decisión sobre algún tipo de afirmación. Si se cumplen determinadas condiciones sobre la muestra, la afirmación se puede evaluar para una población. En una prueba de hipótesis, nosotros:

1. Evalúe la **hipótesis nula**, normalmente denotada con H_0. La nulidad no se rechaza, a menos que la prueba de hipótesis demuestre lo contrario. La declaración nula debe contener siempre alguna forma de igualdad (=, ≤ o ≥)
2. Escriba siempre la **hipótesis alternativa**, normalmente denotada con H_a o H_1, utilizando los símbolos de no es igual, menor que o mayor que, es decir, (≠, <, o >).

3. Si rechazamos la hipótesis nula, podemos suponer que hay suficientes pruebas para apoyar la hipótesis alternativa.
4. No diga nunca que una afirmación está probada como verdadera o falsa. Tenga en cuenta el hecho subyacente de que las pruebas de hipótesis se basan en leyes de probabilidad; por lo tanto, solo podemos hablar en términos de certezas no absolutas.

9.2 Resultados y errores de tipo I y II

En toda prueba de hipótesis, los resultados dependen de una interpretación correcta de los datos. Los cálculos incorrectos o el resumen de estadísticas mal entendidos pueden producir errores que afecten los resultados. Un error **tipo I** se produce cuando se rechaza una hipótesis nula verdadera. Un **error tipo II** se produce cuando no se rechaza una hipótesis nula falsa.

Las probabilidades de estos errores se indican con las letras griegas α y β, para un error tipo I y el tipo II, respectivamente. La potencia de la prueba, $1 - \beta$, cuantifica la probabilidad de que una prueba arroje el resultado correcto de que se acepte una hipótesis alternativa verdadera. Es deseable una alta potencia.

9.3 Distribución necesaria para la comprobación de la hipótesis

Para que los resultados de una prueba de hipótesis se puedan generalizar a una población se deben cumplir ciertos requisitos.

Cuando se hacen pruebas para una única media poblacional:

1. Se debe utilizar una prueba *t* de Student si los datos proceden de una muestra aleatoria simple y la población se distribuye aproximadamente normal, o el tamaño de la muestra es grande, con una desviación típica desconocida.
2. La prueba normal funcionará si los datos proceden de una muestra simple y aleatoria y la población se distribuye aproximadamente de forma normal o si el tamaño de la muestra es grande.

Al comprobar una proporción poblacional única, utilice una prueba normal para una proporción poblacional única si los datos provienen de una muestra aleatoria simple, cumplen los requisitos de una distribución binomial y el número medio de éxitos y el número medio de fracasos satisfacen las condiciones: $np > 5$ y $nq > 5$, donde n es el tamaño de la muestra, p es la probabilidad de un éxito y q es la probabilidad de un fracaso.

9.4 Ejemplos de pruebas de hipótesis completas

La **prueba de hipótesis** en sí tiene un proceso establecido. Esto se sintetiza de la siguiente manera

1. Determine H_0 y H_a. Recuerde que son contradictorios.
2. Determine la variable aleatoria.
3. Determine la distribución para la prueba.
4. Dibuje un gráfico y calcule el estadístico de prueba.
5. Compare el estadístico de prueba con el valor crítico Z, determinado por el nivel de significación que se requiere en la prueba, tome una decisión (no puede rechazar H_0 o no puede aceptar H_0) y escriba una conclusión clara.

Repaso de fórmulas

9.3 Distribución necesaria para la comprobación de la hipótesis

Tamaño de la muestra	Estadístico de prueba
< 30 (σ desconocido)	$t_c = \frac{\overline{X}-\mu_0}{s/\sqrt{n}}$
< 30 (σ conocido)	$Z_c = \frac{\overline{X}-\mu_0}{\sigma/\sqrt{n}}$
> 30 (σ desconocido)	$Z_c = \frac{\overline{X}-\mu_0}{s/\sqrt{n}}$
> 30 (σ conocido)	$Z_c = \frac{\overline{X}-\mu_0}{\sigma/\sqrt{n}}$

Tabla 9.6 Estadísticas para la prueba de medias, tamaño de muestra variable, población conocida o desconocida

9.4 Ejemplos de pruebas de hipótesis completas

Estadística de una prueba de hipótesis de proporciones:

$$Z_c = \frac{p' - p_0}{\sqrt{\frac{p_0 p_0}{n}}}$$

Práctica

9.1 Hipótesis nula y alternativa

1. Está comprobando que la velocidad media de su conexión a internet por cable es superior a tres megabits por segundo. ¿Cuál es la variable aleatoria? Descríbalo con palabras.

2. Está comprobando que la velocidad media de su conexión a internet por cable es superior a tres megabits por segundo. Indique las hipótesis nula y alternativa.

3. La familia estadounidense tiene un promedio de dos hijos. ¿Cuál es la variable aleatoria? Descríbalo con palabras.

4. El salario medio de un empleado en una compañía es de 58.000 dólares. Usted cree que es mayor para los profesionales de tecnología de la información (TI) en la compañía. Indique las hipótesis nula y alternativa.

5. Un sociólogo afirma que la probabilidad de que una persona elegida al azar en Times Square, en Nueva York, esté visitando la zona es de 0,83. Hay que probar para ver si la proporción es realmente menor. ¿Cuál es la variable aleatoria? Descríbalo con palabras.

6. Un sociólogo afirma que la probabilidad de que una persona elegida al azar en Times Square, en Nueva York, esté visitando la zona es de 0,83. Quiere comprobar si la afirmación es correcta. Indique las hipótesis nula y alternativa.

7. En una población de peces, aproximadamente el 42 % son hembras. Se realiza una prueba para ver si, efectivamente, la proporción es menor. Indique las hipótesis nula y alternativa.

8. Supongamos que un artículo reciente afirma que la media de tiempo que pasa en la cárcel un ladrón condenado por primera vez es de 2,5 años. A continuación se realizó un estudio para comprobar si el tiempo medio ha aumentado en el nuevo siglo. Se eligió una muestra aleatoria de 26 ladrones condenados por primera vez en un año reciente. La media de tiempo en prisión de la encuesta fue de 3 años con una desviación típica de 1,8 años. Supongamos que se sabe de algún modo que la desviación típica de la población es 1,5. Si realiza una prueba de hipótesis para determinar si la duración media del tiempo en prisión ha aumentado, ¿cuáles serían las hipótesis nula y alternativa? La distribución de la población es normal.

a. H_0: _______
b. H_a: _______

9. Una encuesta aleatoria realizada a 75 condenados a muerte reveló que la duración media en el pabellón de los condenados a muerte es de 17,4 años, con una desviación típica de 6,3 años. Si estuviera realizando una prueba de hipótesis para determinar si el tiempo medio de la población en el pabellón de los condenados a muerte podría ser de 15 años, ¿cuáles serían las hipótesis nula y alternativa?

a. H_0: ________
b. H_a: ________

10. El Instituto Nacional de Salud Mental publicó un artículo en el que se afirma que, en cualquier periodo de un año, aproximadamente el 9,5 % de los adultos estadounidenses sufren depresión o una enfermedad depresiva. Supongamos que en una encuesta realizada a 100 personas de una determinada ciudad, siete de ellas sufren depresión o una enfermedad depresiva. Si realizara una prueba de hipótesis para determinar si la verdadera proporción de personas de esa ciudad que sufren depresión o una enfermedad depresiva es inferior al porcentaje de la población general adulta estadounidense, ¿cuáles serían las hipótesis nula y alternativa?

a. H_0: _______
b. H_a: _______

9.2 Resultados y errores de tipo I y II

11. El precio medio de los automóviles de tamaño medio en una región es de 32.000 dólares. Se realiza una prueba para ver si la afirmación es cierta. Indique los errores tipo I y tipo II en oraciones completas.

12. Un saco de dormir está probado para soportar temperaturas de −15 °F. Usted cree que el saco no puede soportar temperaturas tan bajas. Indique los errores tipo I y tipo II en oraciones completas.

13. Para el ejercicio 9.12, ¿qué son α y β en palabras?

14. En palabras, describa $1 - \beta$ para el ejercicio 9.12.

15. Un grupo de médicos está decidiendo si realizan o no una operación. Supongamos que la hipótesis nula, H_0, es: la intervención quirúrgica saldrá bien. Indique los errores tipo I y tipo II en oraciones completas.

16. Un grupo de médicos está decidiendo si realizan o no una operación. Supongamos que la hipótesis nula, H_0, es: la intervención quirúrgica saldrá bien. ¿Cuál es el error con mayores consecuencias?

17. La potencia de una prueba es de 0,981. ¿Cuál es la probabilidad de un error tipo II?

18. Un grupo de buzos está explorando un viejo barco hundido. Supongamos que la hipótesis nula, H_0, es: el barco hundido no contiene un tesoro enterrado. Indique los errores tipo I y tipo II en oraciones completas.

19. Un microbiólogo está analizando una muestra de agua para identificar la presencia de *E-coli*. Supongamos que la hipótesis nula, H_0, es: la muestra no contiene *E-coli*. La probabilidad de que la muestra no contenga *E-coli*, pero el microbiólogo cree que sí la contiene, es de 0,012. La probabilidad de que la muestra contenga *E-coli*, pero el microbiólogo piense que no es así, es de 0,002. ¿Cuál es la potencia de esta prueba?

20. Un microbiólogo está analizando una muestra de agua para identificar la presencia de *E-coli*. Supongamos que la hipótesis nula, H_0, es: la muestra contiene *E-coli*. ¿Cuál es el error con mayores consecuencias?

9.3 Distribución necesaria para la comprobación de la hipótesis

21. ¿Qué dos distribuciones puede usar para las pruebas de hipótesis de este capítulo?

22. ¿Qué distribución se utiliza cuando se comprueba la media de una población y se conoce la desviación típica de la población? Supongamos que el tamaño de la muestra es grande. Supongamos una distribución normal con $n \geq 30$.

23. ¿Qué distribución se utiliza cuando no se conoce la desviación típica y se está comprobando la media de una población? Supongamos una distribución normal, con $n \geq 30$.

24. La media de la población es 13. La media muestral es de 12,8 y la desviación típica de la muestra es de dos. El tamaño de la muestra es de 20. ¿Qué distribución debe usar para hacer una prueba de hipótesis? Supongamos que la población subyacente es normal.

25. Una población tiene una media de 25 y una desviación típica de cinco. La media muestral es 24 y el tamaño de la muestra es 108. ¿Qué distribución debe usar para hacer una prueba de hipótesis?

26. Se cree que el 42 % de los encuestados en una prueba de sabor preferirían la marca *A*. En una prueba particular de 100 personas, el 39 % prefirió la marca *A*. ¿Qué distribución debería usar para hacer una prueba de hipótesis?

27. Está haciendo una prueba de hipótesis de una media poblacional única mediante una distribución *t*de Student. ¿Qué debe suponer sobre la distribución de los datos?

28. Está haciendo una prueba de hipótesis de una media poblacional única mediante una distribución *t*de Student. Los datos no proceden de una simple muestra aleatoria. ¿Puede hacer la prueba de la hipótesis con precisión?

29. Usted está haciendo una prueba de hipótesis de una sola proporción de la población. ¿Qué debe ser cierto sobre las cantidades de *np* y *nq*?

30. Usted está haciendo una prueba de hipótesis de una sola proporción de la población. Se descubre que *np* es menor que cinco. ¿Qué hay que hacer para poder realizar una prueba de hipótesis válida?

31. Usted está haciendo una prueba de hipótesis de una sola proporción de la población. ¿De qué distribución proceden los datos?

9.4 Ejemplos de pruebas de hipótesis completas

32. Supongamos que H_0: $\mu = 9$ y H_a: $\mu < 9$. ¿Es una prueba de cola izquierda, de cola derecha o de dos colas?

33. Supongamos que H_0: $\mu \leq 6$ y H_a: $\mu > 6$. ¿Es una prueba de cola izquierda, de cola derecha o de dos colas?

34. Supongamos que H_0: $p = 0{,}25$ y H_a: $p \neq 0{,}25$. ¿Es una prueba de cola izquierda, de cola derecha o de dos colas?

35. Dibuje el gráfico general de una prueba de cola izquierda.

36. Dibuje el gráfico de una prueba de dos colas.

37. La etiqueta de una botella de agua indica que contiene 16 onzas líquidas de agua. Usted cree que es menos que eso. ¿Qué tipo de prueba utilizaría?

38. Su amigo afirma que su puntuación media en el golf es de 63. Quiere demostrar que es más que eso. ¿Qué tipo de prueba utilizaría?

39. En una báscula de baño se señala que puede identificar correctamente cualquier peso dentro de una libra. Usted cree que no puede ser tan precisa. ¿Qué tipo de prueba utilizaría?

40. Lanza una moneda y anota si sale cara o cruz. Sabe que la probabilidad de salir cara es del 50 %, pero cree que es menor para esta moneda en particular. ¿Qué tipo de prueba utilizaría?

41. ¿Sabe qué tipo de prueba debe utilizar si la hipótesis alternativa tiene un símbolo de diferente ($\neq$)?

42. Supongamos que la hipótesis nula afirma que la media es, al menos, 18. ¿Es una prueba de cola izquierda, de cola derecha o de dos colas?

43. Supongamos que la hipótesis nula afirma que la media es como máximo 12. ¿Es una prueba de cola izquierda, de cola derecha o de dos colas?

44. Supongamos que la hipótesis nula afirma que la media es igual a 88. La hipótesis alternativa afirma que la media es diferente a 88. ¿Es una prueba de cola izquierda, de cola derecha o de dos colas?

Tarea para la casa

9.1 Hipótesis nula y alternativa

45. Algunas de las siguientes afirmaciones se refieren a la hipótesis nula, otras a la hipótesis alternativa.

Enuncie la hipótesis nula, H_0 y la hipótesis alternativa. H_a, en términos del parámetro apropiado (μ o p).

a. La media de años que los estadounidenses trabajan antes de jubilarse es de 34.
b. Como máximo, el 60 % de los estadounidenses vota en las elecciones presidenciales.
c. El salario medio inicial de los graduados de la Universidad Estatal de San José es de, al menos, 100.000 dólares al año.
d. El veintinueve por ciento de los estudiantes de último año de escuela secundaria se emborrachan cada mes.
e. Menos del 5 % de los adultos van en autobús al trabajo en Los Ángeles.
f. El número medio de automóviles que posee una persona a lo largo de su vida no es superior a diez.
g. Aproximadamente la mitad de los estadounidenses prefieren vivir lejos de las ciudades, si pueden elegir.
h. Los europeos tienen una media de seis semanas de vacaciones pagadas al año.
i. La probabilidad de desarrollar cáncer de mama es inferior al 11 % para las mujeres.
j. El costo medio de la matrícula de las universidades privadas supera los 20.000 dólares anuales.

46. En las décadas recientes los responsables de salud pública han examinado la relación entre la preocupación por el peso y el hábito de fumar de las adolescentes. Los investigadores encuestaron a un grupo de 273 niñas adolescentes seleccionadas al azar que vivían en Massachusetts (entre 12 y 15 años). Al cabo de cuatro años se volvió a encuestar a las niñas. Sesenta y tres dijeron que fumaban para mantenerse delgadas. ¿Existen pruebas fehacientes de que más del treinta por ciento de las adolescentes fuman para mantenerse delgadas? La hipótesis alternativa es:

a. $p < 0{,}30$
b. $p \leq 0{,}30$
c. $p \geq 0{,}30$
d. $p > 0{,}30$

47. Un instructor de Estadística cree que menos del 20 % de los estudiantes del Evergreen Valley College (EVC) asistieron a la proyección de medianoche de la última película de Harry Potter. Hace una encuesta entre 84 de sus estudiantes y descubre que 11 asistieron a la proyección de medianoche. Una hipótesis alternativa adecuada es:

a. $p = 0{,}20$
b. $p > 0{,}20$
c. $p < 0{,}20$
d. $p \leq 0{,}20$

48. Anteriormente, una organización informó que los adolescentes pasaban 4,5 horas a la semana, en promedio, al teléfono. La organización cree que, actualmente, la media es más alta. Se preguntó a quince adolescentes elegidos al azar cuántas horas a la semana pasaban al teléfono. La media muestral fue de 4,75 horas con una desviación típica de la muestra de 2,0. Realice una prueba de hipótesis. Las hipótesis nula y alternativa son:

a. H_o: $\overline{x} = 4{,}5$, H_a: $\overline{x} > 4{,}5$
b. H_o: $\mu \geq 4{,}5$, H_a: $\mu < 4{,}5$
c. H_o: $\mu = 4{,}75$, H_a: $\mu > 4{,}75$
d. H_o: $\mu = 4{,}5$, H_a: $\mu > 4{,}5$

9.2 Resultados y errores de tipo I y II

49. Indique los errores tipo I y tipo II en oraciones completas dadas las siguientes afirmaciones.

a. La media de años que los estadounidenses trabajan antes de jubilarse es de 34.
b. Como máximo, el 60 % de los estadounidenses vota en las elecciones presidenciales.
c. El salario medio inicial de los graduados de la Universidad Estatal de San José es de, al menos, 100.000 dólares al año.
d. El veintinueve por ciento de los estudiantes de último año de escuela secundaria se emborrachan cada mes.
e. Menos del 5 % de los adultos van en autobús al trabajo en Los Ángeles.
f. El número medio de automóviles que posee una persona a lo largo de su vida no es superior a diez.
g. Aproximadamente la mitad de los estadounidenses prefieren vivir lejos de las ciudades, si pueden elegir.
h. Los europeos tienen una media de seis semanas de vacaciones pagadas al año.
i. La probabilidad de desarrollar cáncer de mama es inferior al 11 % para las mujeres.
j. Las universidades privadas suponen un costo de matrícula de más de 20.000 dólares al año.

50. Para los enunciados de la a a la j del ejercicio 9.109, responda a lo siguiente con oraciones completas.

a. Indique una consecuencia de cometer un error tipo I.
b. Indique una consecuencia de cometer un error tipo II.

51. Cuando se crea un nuevo medicamento la compañía farmacéutica debe someterlo a pruebas antes de recibir el permiso necesario de la Administración de Alimentos y Medicamentos (Food and Drug Administration, FDA) para comercializarlo. Supongamos que la hipótesis nula es "el medicamento no es seguro". ¿Cuál es el error tipo II?

a. Concluir que el fármaco es seguro cuando, en realidad, es inseguro.
b. No concluir que el medicamento es seguro cuando, de hecho, lo es.
c. Concluir que el medicamento es seguro cuando, de hecho, lo es.
d. No concluir que el medicamento es inseguro cuando, de hecho, lo es.

52. Un instructor de Estadística cree que menos del 20 % de los estudiantes del Evergreen Valley College (EVC) asistieron al estreno de la última película de Harry Potter a medianoche. Hace una encuesta entre 84 de sus estudiantes y halla que 11 de ellos asistieron a la proyección de medianoche. El error tipo I consiste en concluir que el porcentaje de estudiantes de EVC que asistieron es _______.

a. al menos el 20 %, cuando en realidad es menos del 20 %.
b. 20 %, cuando en realidad es el 20 %.
c. menos del 20 %, cuando en realidad es, al menos, el 20 %.
d. menos del 20 %, cuando en realidad es menos del 20 %.

53. Se cree que los estudiantes de Álgebra Intermedia del Lake Tahoe Community College (LTCC) duermen menos de siete horas por noche, en promedio. Una encuesta realizada a 22 estudiantes de Álgebra Intermedia del LTCC generó una media de 7,24 horas con una desviación típica de 1,93 horas. A un nivel de significación del 5 %, ¿los estudiantes de Álgebra Intermedia del LTCC duermen menos de siete horas por noche, en promedio?

El error tipo II consiste en no rechazar que el número medio de horas de sueño de los estudiantes del LTCC por noche es de, al menos, siete cuando, en realidad, el número medio de horas

a. es más de siete horas.
b. es, como máximo, siete horas.
c. es de, al menos, siete horas.
d. es inferior a siete horas.

54. Anteriormente, una organización informó que los adolescentes pasaban 4,5 horas a la semana, en promedio, al teléfono. La organización cree que, actualmente, la media es más alta. Se preguntó a quince adolescentes elegidos al azar cuántas horas a la semana pasaban al teléfono. La media muestral fue de 4,75 horas con una desviación típica de la muestra de 2,0. Al realizar una prueba de hipótesis, el error tipo I es:

a. concluir que la media actual de horas semanales es superior a 4,5, cuando en realidad es superior
b. concluir que la media actual de horas semanales es superior a 4,5, cuando en realidad es igual.
c. concluir que la media de horas semanales es actualmente de 4,5, cuando en realidad es mayor
d. concluir que la media de horas semanales actualmente no es superior a 4,5, cuando en realidad no es superior

9.3 Distribución necesaria para la comprobación de la hipótesis

55. Se cree que los estudiantes de Álgebra Intermedia del Lake Tahoe Community College (LTCC) duermen menos de siete horas por noche, en promedio. Una encuesta realizada a 22 estudiantes de Álgebra Intermedia del LTCC generó una media de 7,24 horas con una desviación típica de 1,93 horas. A un nivel de significación del 5 %, ¿los estudiantes de Álgebra Intermedia del LTCC duermen menos de siete horas por noche, en promedio? La distribución que se utilizará para esta prueba es $\overline{X} \sim$ _____________

a. $N(7{,}24, \frac{1{,}93}{\sqrt{22}})$
b. $N(7{,}24, 1{,}93)$
c. t_{22}
d. t_{21}

9.4 Ejemplos de pruebas de hipótesis completas

56. Una marca particular de neumáticos afirma que su neumático de lujo recorre un promedio de 50.000 millas antes de necesitar reemplazo. Por estudios anteriores de este neumático, se sabe que la desviación típica es de 8.000. Se realiza una encuesta entre los propietarios de ese diseño de neumático. De los 28 neumáticos revisados la vida media fue de 46.500 millas con una desviación típica de 9.800 millas. Utilizando alfa = 0,05, ¿los datos son altamente incoherentes con la afirmación?

57. De una generación a otra, la edad media en que los fumadores empiezan a fumar varía. Sin embargo, la desviación típica de esa edad se mantiene constante en torno a los 2,1 años. Se hizo una encuesta a 40 fumadores de esta generación para comprobar si la edad media de inicio es de, al menos, 19 años. La media muestral fue de 18,1 con una desviación típica de la muestra de 1,3. ¿Los datos apoyan la afirmación al nivel del 5 %?

58. El costo de un diario varía de una ciudad a otra. Sin embargo, la variación entre los precios se mantiene estable con una desviación típica de 20 centavos. Se realizó un estudio para comprobar la afirmación de que el costo medio de un diario es de 1,00 dólar. Doce costos dan un costo medio de 95 centavos con una desviación típica de 18 centavos. ¿Los datos apoyan la afirmación al nivel del 1 %?

59. Un artículo de *The Mercury News* de San José afirmaba que los estudiantes del sistema universitario estatal de California tardan un promedio de 4,5 años en graduarse. Supongamos que cree que el tiempo medio es mayor. Usted realiza una encuesta a 49 estudiantes y obtiene una media muestral de 5,1 con una desviación típica de la muestra de 1,2. ¿Los datos apoyan su afirmación al nivel del 1 %?

60. Se cree que el número medio de días por permiso de enfermedad que toma un empleado al año es de unos diez. Los miembros de un departamento de personal no creen en esta cifra. Encuestan al azar a ocho empleados. El número de días por permiso de enfermedad que tomaron el año pasado es el siguiente: 12; 4; 15; 3; 11; 8; 6; 8. Supongamos que x = el número de días por permiso de enfermedad que tomaron durante el año pasado. ¿El equipo de personal debería creer que la media es diez?

61. En 1955, la revista *Life* informó que la joven de 25 años, madre de tres hijos, trabajaba un promedio de 80 horas semanales. Recientemente, muchos grupos han estudiado si el movimiento feminista ha provocado o no un aumento de la semana laboral promedio de las mujeres (combinación de empleo y trabajo en casa). Supongamos que se realiza un estudio para determinar si la semana laboral media ha aumentado. Se encuestaron 81 mujeres con los siguientes resultados. La media muestral fue de 83; la desviación típica de la muestra fue de diez. ¿Parece que la semana laboral media ha aumentado para las mujeres al nivel del 5 %?

62. Su instructora de estadística afirma que el 60 % de los estudiantes que asisten a su clase de Estadística Elemental pasan por la vida sintiéndose más enriquecidos. Por algún motivo que ella no puede entender la mayoría de las personas no le cree. Usted decide comprobarlo por su cuenta. Hace una encuesta al azar a 64 de sus antiguos estudiantes de Estadística Elemental y descubre que 34 se sienten más enriquecidos como consecuencia de su clase. Ahora, ¿qué cree?

63. Un anuncio de Nissan Motor Corporation decía: "El coeficiente intelectual del hombre promedio es 107. El coeficiente intelectual de la trucha marrón promedio es 4. Entonces, ¿por qué el hombre no puede pescar truchas marrones?". Supongamos que cree que el coeficiente intelectual de la trucha marrón promedio es superior a cuatro. Ha capturado 12 truchas marrones. Un psicólogo especializado en peces determina el coeficiente intelectual de la siguiente manera: 5; 4; 7; 3; 6; 4; 5; 3; 6; 3; 8; 5. Realice una prueba de hipótesis de su creencia.

64. Consulte el ejercicio 9.119. Realice una prueba de hipótesis para ver si su decisión y conclusión cambiarían si su creencia fuera que el coeficiente intelectual de la trucha marrón promedio **no** es cuatro.

65. Según un artículo de *Newsweek*, el cociente natural de niñas y niños es de 100:105. En China, el cociente de natalidad es 100: 114 (46,7 % niñas). Supongamos que no cree en las cifras que se dan a conocer sobre el porcentaje de niñas nacidas en China. Realiza un estudio. En este estudio, cuenta el número de niñas y niños nacidos en 150 nacimientos recientes elegidos al azar. De los 150 han nacido 60 niñas y 90 niños. Basándose en su estudio, ¿cree que el porcentaje de niñas nacidas en China es del 46,7?

66. Un sondeo realizado para *Newsweek* reveló que el 13 % de los estadounidenses ha visto o percibido la presencia de un ángel. Un contingente tiene dudas sobre que el porcentaje sea realmente tan alto. Realiza su propia encuesta. De los 76 estadounidenses encuestados, solo dos habían visto o sentido la presencia de un ángel. Como resultado de la encuesta del contingente, ¿está usted de acuerdo con el sondeo de *Newsweek*? En oraciones completas, indique también tres justificaciones por las que los dos sondeos podrían dar resultados diferentes.

67. Se cree que la semana laboral media de los ingenieros de una compañía emergente es de unas 60 horas. Un ingeniero recién contratado espera que sea más corto. Pregunta a diez amigos ingenieros de compañías emergentes por la duración de sus semanas de trabajo medias. Con base en los resultados siguientes, ¿debe contar con que la semana laboral media sea inferior a 60 horas?

Datos (duración de la semana laboral media): 70; 45; 55; 60; 65; 55; 55; 60; 50; 55.

68. El sesenta y ocho por ciento de los cursos en línea de colegios comunitarios de todo el país fueron impartidos por profesores a tiempo completo. Para comprobar si el 68 % también representa el porcentaje de California de profesores a tiempo completo que imparten clases en línea se seleccionó al azar el Long Beach City College (LBCC) de California para realizar una comparación. Ese mismo año, 34 de los 44 cursos en línea que ofrecía el LBCC los impartieron profesores a tiempo completo. Realice una prueba de hipótesis para determinar si el 68 % es representativo de California. NOTA: Para obtener resultados más precisos, utilice más colegios comunitarios de California y los datos del año pasado.

69. Según un artículo de *Bloomberg Businessweek*, la tasa de fumadores adultos más reciente de la ciudad de Nueva York es del 14 %. Supongamos que se hace una encuesta para determinar la tasa de este año. Nueve de los 70 residentes de la ciudad de Nueva York elegidos al azar responden que fuman. Realice una prueba de hipótesis para determinar si la tasa sigue siendo del 14 % o si ha disminuido.

70. La edad media de los estudiantes del De Anza College en un trimestre anterior era de 26,6 años. Un instructor cree que la edad media de los estudiantes en línea es mayor de 26,6 años. Encuesta al azar a 56 estudiantes en línea y halla que la media muestral es de 29,4 con una desviación típica de 2,1. Realice una prueba de hipótesis.

71. Los enfermeros registrados ganan un salario promedio anual de 69.110 dólares. Para ese mismo año, se realizó una encuesta a 41 enfermeros registrados de California para determinar si el salario anual es superior a 69.110 dólares para los enfermeros de California. El promedio muestral fue de 71.121 dólares, con una desviación típica de la muestra de 7.489 dólares. Realice una prueba de hipótesis.

72. La Leche League International informa que la edad media de destete de un niño de la lactancia materna es de cuatro a cinco años en todo el mundo. En Estados Unidos, la mayoría de las madres lactantes destetan a sus hijos mucho antes. Supongamos que se realiza una encuesta aleatoria a 21 madres de EE. UU. que han destetado recientemente a sus hijos. La edad media de destete fue de nueve meses (3/4 de año) con una desviación típica de 4 meses. Realice una prueba de hipótesis para determinar si la edad media de destete en EE. UU. es inferior a los cuatro años.

73. En las décadas recientes los responsables de salud pública han examinado la relación entre la preocupación por el peso y el hábito de fumar de las adolescentes. Los investigadores encuestaron a un grupo de 273 niñas adolescentes seleccionadas al azar que vivían en Massachusetts (entre 12 y 15 años). Al cabo de cuatro años se volvió a encuestar a las niñas. Sesenta y tres dijeron que fumaban para mantenerse delgadas. ¿Existen pruebas fehacientes de que más del 30 % de las adolescentes fuman para mantenerse delgadas?
Después de realizar la prueba, su decisión y conclusión son:

a. Rechazar H_0: hay pruebas suficientes para concluir que más del 30 % de las adolescentes fuman para mantenerse delgadas.
b. No rechazar H_0: No hay pruebas suficientes para concluir que menos del 30 % de las adolescentes fuman para mantenerse delgadas.
c. No rechazar H_0: No hay pruebas suficientes para concluir que más del 30 % de las adolescentes fuman para mantenerse delgadas.
d. Rechazar H_0: Hay pruebas suficientes para concluir que menos del 30 % de las adolescentes fuman para mantenerse delgadas.

74. Un instructor de Estadística cree que menos del 20 % de los estudiantes del Evergreen Valley College (EVC) asistieron a la proyección de medianoche de la última película de Harry Potter. Hace una encuesta entre 84 de sus estudiantes y halla que 11 de ellos asistieron a la proyección de medianoche.
A un nivel de significación del 1 %, la conclusión adecuada es:

a. No hay pruebas suficientes para concluir que el porcentaje de estudiantes de Evergreen Valley College (EVC) que asistieron a la proyección de Harry Potter a medianoche es inferior al 20 %.
b. Hay pruebas suficientes para concluir que el porcentaje de estudiantes de EVC que asistieron a la proyección de Harry Potter a medianoche es superior al 20 %.
c. Hay pruebas suficientes para concluir que el porcentaje de estudiantes de EVC que asistieron a la proyección de Harry Potter a medianoche es inferior al 20 %.
d. No hay pruebas suficientes para concluir que el porcentaje de estudiantes de EVC que asistieron a la proyección de Harry Potter a medianoche es de, al menos, el 20 %.

75. Anteriormente, una organización informó que los adolescentes pasaban 4,5 horas a la semana, en promedio, al teléfono. La organización cree que, actualmente, la media es más alta. Se preguntó a quince adolescentes elegidos al azar cuántas horas a la semana pasaban al teléfono. La media muestral fue de 4,75 horas con una desviación típica de la muestra de 2,0. Realice una prueba de hipótesis.

A un nivel de significación de $a = 0{,}05$, ¿cuál es la conclusión correcta?

a. Hay suficientes pruebas para concluir que el número medio de horas es superior a 4,75
b. Hay suficientes pruebas para concluir que el número medio de horas es superior a 4,5
c. No hay pruebas suficientes para concluir que la media de horas sea superior a 4,5
d. No hay pruebas suficientes para concluir que la media de horas sea superior a 4,75

Instrucciones: En los diez ejercicios siguientes,
Comprobación de hipótesis: Responda cada una de las preguntas de los diez ejercicios siguientes.

a. Indique la hipótesis nula y la alternativa.
b. Indique el valor *p*.
c. Indique alfa.
d. ¿Cuál es su decisión?
e. Escriba una conclusión.
f. Responde cualquier otra pregunta que se le plantee en el problema.

76. Según el sitio web del Centro para el Control y la Prevención de Enfermedades, en 2011, al menos, el 18 % de los estudiantes de secundaria han fumado un cigarrillo. Una clase de Introducción a la estadística en el condado de Davies, Kentucky llevó a cabo una prueba de hipótesis en la escuela secundaria local (una ciudad de tamaño demográfico medio, de aproximadamente 1.200 estudiantes) para determinar si el porcentaje de la escuela secundaria local era menor. Se eligieron al azar ciento cincuenta estudiantes y se les encuestó. De los 150 estudiantes encuestados, 82 han fumado. Utilice un nivel de significación de 0,05 y, mediante las pruebas estadísticas adecuadas, realice una prueba de hipótesis y exponga las conclusiones.

77. Una encuesta reciente del *New York Times Almanac* indica que el 48,8 % de las familias poseen acciones. Un corredor de acciones quería determinar si esta encuesta podía ser válida. Consultó a una muestra aleatoria de 250 familias y descubrió que 142 poseían algún tipo de acciones. A un nivel de significación del 0,05, ¿puede considerarse que la encuesta es precisa?

78. El error del conductor puede figurar como la causa de aproximadamente el 54 % de todos los accidentes automovilísticos mortales, según la Asociación Americana del Automóvil (AAA). Se examinan treinta accidentes mortales seleccionados al azar y se determina que 14 fueron causados por un error del conductor. Utilizando α = 0,05, ¿la proporción de la AAA es exacta?

79. El Departamento de Energía de Estados Unidos informó que el 51,7 % de los hogares se calentaban con gas natural. En una muestra aleatoria de 221 hogares de Kentucky se comprobó que 115 se calentaban con gas natural. ¿La evidencia apoya la afirmación de Kentucky en el nivel α = 0,05 en Kentucky? ¿Los resultados son aplicables en todo el país? ¿Por qué?

80. En cuanto a los estadounidenses que utilizan servicios de las bibliotecas, la Asociación Americana de Bibliotecas afirma que, como máximo, el 67 % de los usuarios piden libros en préstamo. La directora de la biblioteca de Owensboro, Kentucky cree que esto no es cierto, así que pidió a una clase de Estadística de un instituto universitario local que realizara una encuesta. La clase seleccionó al azar 100 usuarios y descubrió que 82 pidieron libros prestados. ¿La clase demostró que el porcentaje era mayor en Owensboro, Kentucky? Utilice el nivel de significación α = 0,01. ¿Cuál es la posible proporción de usuarios que piden prestados libros de la Biblioteca de Owensboro?

81. Weather Underground informó de que la cantidad media de lluvias en verano para el noreste de EE. UU. es de, al menos, 11,52 pulgadas. Se seleccionan aleatoriamente diez ciudades del noreste y se calcula que la cantidad media de lluvia es de 7,42 pulgadas con una desviación típica de 1,3 pulgadas. Al nivel α = 0,05, ¿se puede concluir que el promedio de las lluvias fue inferior al promedio comunicado? ¿Y si α = 0,01? Supongamos que la cantidad de lluvia de verano sigue una distribución normal.

82. Una encuesta publicada en el *New York Times Almanac* revela que el tiempo medio de desplazamiento (en un sentido) es de 25,4 minutos en las 15 principales ciudades de EE. UU. La cámara de comercio de Austin, TX considera que el tiempo de desplazamiento de Austin es menor y quiere dar a conocer este hecho. La media de 25 viajeros seleccionados al azar es de 22,1 minutos, con una desviación típica de 5,3 minutos. Al nivel α = 0,10, ¿el viaje al trabajo de Austin, TX es significativamente menor que la media del tiempo de viaje de las 15 ciudades más grandes de EE. UU.?

83. Un informe de Gallup Poll reveló que una mujer visita a su médico, en promedio, como máximo 5,8 veces al año. Una muestra aleatoria de 20 mujeres da como resultado estos totales de visitas anuales

3; 2; 1; 3; 7; 2; 9; 4; 6; 6; 8; 0; 5; 6; 4; 2; 1; 3; 4; 1
Al nivel α = 0,05, ¿se puede concluir que la media muestral es superior a 5,8 visitas al año?

84. Según el *New York Times Almanac*, el tamaño medio de las familias en EE. UU. es de 3,18. Una muestra de una clase de Matemáticas de un instituto universitario dio como resultado los siguientes tamaños de familia:
5; 4; 5; 4; 4; 3; 6; 4; 3; 3; 5; 5; 6; 3; 3; 2; 7; 4; 5; 2; 2; 2; 3; 2
Al nivel α = 0,05, ¿el tamaño medio de las familias de la clase es mayor que el promedio nacional? ¿Sigue siendo válido el resultado del New York Times Almanac? ¿Por qué?

85. El grupo académico de estudiantes de un campus de un instituto universitario afirma que los estudiantes de primer año estudian, al menos, 2,5 horas al día en promedio. Una clase de Introducción a la estadística era escéptica. La clase tomó una muestra aleatoria de 30 estudiantes de primer año y halló una media de tiempo de estudio de 137 minutos con una desviación típica de 45 minutos. Al nivel α = 0,01, ¿la afirmación del grupo académico de estudiantes es correcta?

Referencias

9.1 Hipótesis nula y alternativa

Datos del Instituto Nacional de Salud Mental. Disponible en línea en http://www.nimh.nih.gov/publicat/depression.cfm.

9.4 Ejemplos de pruebas de hipótesis completas

Datos de Amit Schitai. Director de tecnología educativa y aprendizaje a distancia. LBCC.

Datos de *Bloomberg Businessweek*. Disponible en línea en http://www.businessweek.com/news/2011- 09-15/nyc-smoking-rate-falls-to-record-low-of-14-bloomberg-says.html.

Datos de energy.gov. Disponible en línea en http://energy.gov (consultado el 27 de junio de 2013).

Datos de Gallup®. Disponible en línea en www.gallup.com (consultado el 27 de junio de 2013).

Datos de *Growing by Degrees* de Allen y Seaman.

Datos de La Leche League International. Disponible en línea en http://www.lalecheleague.org/Law/BAFeb01.html.

Datos de la Asociación Americana del Automóvil. Disponible en línea en www.aaa.com (consultado el 27 de junio de 2013).

Datos de la Asociación Americana de Bibliotecas. Disponible en línea en www.ala.org (consultado el 27 de junio de 2013).

Datos de la Oficina de Estadísticas Laborales. Disponible en línea en http://www.bls.gov/oes/current/oes291111.htm.

Datos de los Centros para el Control y la Prevención de Enfermedades. Disponible en línea en www.cdc.gov (consultado el 27 de junio de 2013)

Datos de la Oficina del Censo de EE. UU., disponibles en línea en http://quickfacts.census.gov/qfd/states/00000.html (consultado el 27 de junio de 2013).

Datos de la Oficina del Censo de Estados Unidos. Disponible en línea en http://www.census.gov/hhes/socdemo/language/.

Datos de Toastmasters International. Disponible en línea en http://toastmasters.org/artisan/detail.asp?CategoryID=1&SubCategoryID=10&ArticleID=429&Page=1.

Datos de Weather Underground. Disponible en línea en www.wunderground.com (consultado el 27 de junio de 2013).

Oficina Federal de Investigaciones. "Uniform Crime Reports and Index of Crime in Daviess in the State of Kentucky enforced by Daviess County from 1985 to 2005". Disponible en línea en http://www.disastercenter.com/kentucky/crime/3868.htm (consultado el 27 de junio de 2013).

"Foothill-De Anza Community College District". De Anza College, invierno de 2006. Disponible en línea en http://research.fhda.edu/factbook/DAdemofs/Fact_sheet_da_2006w.pdf.

Johansen, C., J. Boice, Jr., J. McLaughlin, J. Olsen. "Cellular Telephones and Cancer—a Nationwide Cohort Study in Denmark". Institute of Cancer Epidemiology and the Danish Cancer Society, 93(3):203-7. Disponible en línea en http://www.ncbi.nlm.nih.gov/pubmed/11158188 (consultado el 27 de junio de 2013).

Rape, Abuse & Incest National Network. "How often does sexual assault occur?". RAINN, 2009. Disponible en línea en http://www.rainn.org/get-information/statistics/frequency-of-sexual-assault (consultado el 27 de junio de 2013).

Soluciones

1. La variable aleatoria es la velocidad media de internet en megabits por segundo.

3. La variable aleatoria es el número medio de hijos que tiene una familia estadounidense.

5. La variable aleatoria es la proporción de personas elegidas al azar en Times Square que visitan la ciudad.

7.
a. H_0: $p = 0{,}42$
b. H_a: $p < 0{,}42$

9.
a. H_0: $\mu = 15$
b. H_a: $\mu \neq 15$

11. Tipo I: El precio medio de los automóviles de tamaño medio es de 32.000 dólares, pero concluimos que no es de 32.000 dólares.

Tipo II: El precio medio de los automóviles de tamaño medio no es de 32.000 dólares, pero concluimos que es de 32.000 dólares.

13. α = la probabilidad de que piense que la bolsa no puede soportar −15 grados F, cuando en realidad sí puede

β = la probabilidad de que crea que la bolsa puede soportar −15 grados F, cuando en realidad no puede

15. Tipo I: El procedimiento saldrá bien, pero los médicos creen que no.

Tipo II: El procedimiento no saldrá bien, pero los médicos creen que sí.

17. 0,019

19. 0,998

21. Una distribución normal o una distribución *t*de Student

23. Utilice una distribución *t* de Student

25. una distribución normal para una única media poblacional

27. Se debe distribuir aproximadamente normal.

29. Ambos deben ser mayores que cinco.

31. distribución binomial

32. Esta es una prueba de cola izquierda.

34. Esta es una prueba de dos colas.

36.

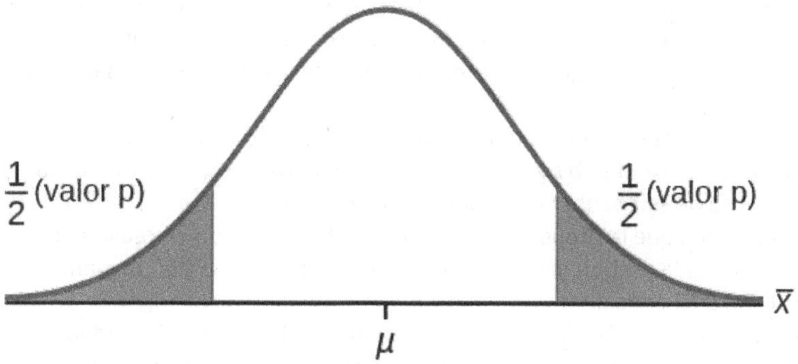

Figura 9.12

38. una prueba de cola derecha

40. una prueba de cola izquierda

42. Esta es una prueba de cola izquierda.

44. Esta es una prueba de dos colas.

45.
a. H_0: $\mu = 34$; H_a: $\mu \neq 34$
b. H_0: $p \leq 0{,}60$; H_a: $p > 0{,}60$
c. H_0: $\mu \geq 100.000$; H_a: $\mu < 100.000$
d. H_0: $p = 0{,}29$; H_a: $p \neq 0{,}29$
e. H_0: $p = 0{,}05$; H_a: $p < 0{,}05$
f. H_0: $\mu \leq 10$; H_a: $\mu > 10$
g. H_0: $p = 0{,}50$; H_a: $p \neq 0{,}50$
h. H_0: $\mu = 6$; H_a: $\mu \neq 6$
i. H_0: $p \geq 0{,}11$; H_a: $p < 0{,}11$
j. H_0: $\mu \leq 20.000$; H_a: $\mu > 20.000$

47. c

49.
a. Error tipo I: concluimos que la media no es de 34 años, cuando realmente es de 34 años. Error tipo II: concluimos que la media es de 34 años, cuando en realidad no son 34 años.
b. Error tipo I: concluimos que más del 60 % de los estadounidenses votan en las elecciones presidenciales, cuando el porcentaje real es como máximo del 60 %. Error tipo II: concluimos que, como máximo, el 60 % de los estadounidenses vota en las elecciones presidenciales cuando, en realidad, lo hace más del 60 %.
c. Error tipo I: concluimos que el salario medio inicial es inferior a 100.000 dólares, cuando en realidad es de, al menos, 100.000 dólares. Error tipo II: concluimos que el salario medio inicial es de, al menos, 100.000 dólares, cuando, en realidad, es inferior a 100.000 dólares.
d. Error tipo I: concluimos que la proporción de estudiantes de último año de escuela secundaria que se emborrachan cada mes no es del 29 %, cuando realmente es del 29 %. Error tipo II: concluimos que la proporción de estudiantes de último año de escuela secundaria que se emborrachan cada mes es del 29 % cuando, en realidad, no es del 29 %.
e. Error tipo I: concluimos que menos del 5 % de los adultos van en autobús al trabajo en Los Ángeles, cuando el porcentaje que lo hace es realmente del 5 % o más. Error tipo II: concluimos que el 5 % o más de los adultos van en autobús al trabajo en Los Ángeles cuando, en realidad, lo hace menos del 5 %.
f. Error tipo I: concluimos que el número medio de automóviles que posee una persona a lo largo de su vida es superior a 10, cuando en realidad no es más de 10. Error tipo II: concluimos que el número medio de automóviles que posee una persona a lo largo de su vida no es superior a 10 cuando, en realidad, sí es más de 10.

g. Error tipo I: concluimos que la proporción de estadounidenses que prefieren vivir lejos de las ciudades no es cerca de la mitad, aunque la proporción real es de aproximadamente la mitad. Error tipo II: concluimos que la proporción de estadounidenses que prefieren vivir lejos de las ciudades es la mitad cuando, en realidad, no es la mitad.
h. Error tipo I: concluimos que la duración de las vacaciones pagadas al año para los europeos no es de seis semanas, cuando en realidad sí lo es. Error tipo II: concluimos que la duración de las vacaciones pagadas al año para los europeos es de seis semanas cuando, en realidad, no es así.
i. Error tipo I: concluimos que la proporción es inferior al 11 %, cuando en realidad es como mínimo el 11 %. Error tipo II: concluimos que la proporción de mujeres que desarrollan cáncer de mama es de, al menos, el 11 %, cuando en realidad es menos del 11 %.
j. Error tipo I: concluimos que el costo promedio de la matrícula en las universidades privadas es superior a 20.000 dólares, aunque en realidad es como máximo de 20.000 dólares. Error tipo II: concluimos que el costo promedio de la matrícula en universidades privadas es como máximo de 20.000 dólares, cuando en realidad es de más de 20.000 dólares.

51. b

53. d

55. d

56. a. H_0: $\mu \geq 50.000$
b. H_a: $\mu < 50.000$
c. Supongamos que $\overline{X}$ = la vida promedio de unos neumáticos de marca.
d. distribución normal
e. $z = -2,315$
f. valor $p = 0,0103$
g. Compruebe la solución del estudiante.
h. i. alfa: 0,05
ii. Decisión: rechazar la hipótesis nula.
iii. Motivo de la decisión: el valor p es inferior a 0,05.
iv. Conclusión: hay pruebas suficientes para concluir que la vida media de los neumáticos sea inferior a 50.000 millas.

i. (43.537, 49.463)

58. a. H_0: $\mu = \$1,00$
b. H_a: $\mu \neq \$1,00$
c. Supongamos que $\overline{X}$ = el costo promedio de un diario.
d. distribución normal
e. $z = -0,866$
f. valor p= 0,3865
g. Compruebe la solución del estudiante.
h. i. Alfa: 0,01
ii. Decisión: no rechazar la hipótesis nula.
iii. Motivo de la decisión: el valor p es superior a 0,01.
iv. Conclusión: hay pruebas suficientes para apoyar la afirmación de que el costo medio de los diarios es de 1 dólar. El costo medio podría ser de 1 dólar.

i. ($0,84, $1,06)

60. a. H_0: $\mu = 10$
b. H_a: $\mu \neq 10$
c. Supongamos que $\overline{X}$ la media de días por permiso de enfermedad que un empleado toma al año.
d. Distribución t de Student
e. $t = -1,12$

f. valor p= 0,300
g. Compruebe la solución del estudiante.
h. i. Alfa: 0,05
   ii. Decisión: no rechazar la hipótesis nula.
   iii. Motivo de la decisión: el valor p es superior a 0,05.
   iv. Conclusión: a un nivel de significación del 5 % no hay pruebas suficientes para concluir que la media de días por permiso de enfermedad no es diez.

i. (4,9443, 11,806)

62. a. H_0: $p \geq 0{,}6$
b. H_a: $p < 0{,}6$
c. Supongamos que P' = la proporción de estudiantes que se sienten más enriquecidos como consecuencia de cursar Estadística Elemental.
d. normal para una sola proporción
e. 1,12
f. valor p = 0,1308
g. Compruebe la solución del estudiante.
h. i. Alfa: 0,05
   ii. Decisión: no rechazar la hipótesis nula.
   iii. Motivo de la decisión: el valor p es superior a 0,05.
   iv. Conclusión: No hay pruebas suficientes para concluir que menos del 60 % de sus estudiantes se sienten más enriquecidos.

i. Intervalo de confianza: (0,409, 0,654)
El intervalo de confianza "más 4" es (0,411, 0,648)

64. a. H_0: $\mu = 4$
b. H_a: $\mu \neq 4$
c. Supongamos que $\overline{X}$ el coeficiente intelectual en promedio de un conjunto de truchas marrones.
d. distribución t de Student de dos colas
e. t = 1,95
f. valor p= 0,076
g. Compruebe la solución del estudiante.
h. i. Alfa: 0,05
   ii. Decisión: rechazar la hipótesis nula.
   iii. Motivo de la decisión: el valor p es superior a 0,05.
   iv. Conclusión: no hay pruebas suficientes para concluir que el coeficiente intelectual de la trucha marrón promedio no sea de cuatro.

i. (3.8865,5.9468)

66. a. H_0: $p \geq 0{,}13$
b. H_a: $p < 0{,}13$
c. Supongamos que P' = la proporción de estadounidenses que han visto o percibido ángeles.
d. normal para una sola proporción
e. -2,688
f. valor p = 0,0036
g. Compruebe la solución del estudiante.
h. i. alfa: 0,05
   ii. Decisión: rechazar la hipótesis nula.
   iii. Motivo de la decisión: el valor p es inferior a 0,05.
   iv. Conclusión: Hay pruebas suficientes para concluir que el porcentaje de estadounidenses que han visto o sentido un ángel es inferior al 13 %.

i. (0, 0,0623).
El intervalo de confianza "más 4" es (0,0022, 0,0978)

69. a. H_0: $p = 0,14$
b. H_a: $p < 0,14$
c. Supongamos que P' = la proporción de residentes de la ciudad de Nueva York que fuman.
d. normal para una sola proporción
e. -0,2756
f. valor $p = 0,3914$
g. Compruebe la solución del estudiante.
h. i. alfa: 0,05
ii. Decisión: no rechazar la hipótesis nula.
iii. Motivo de la decisión: el valor *p* es superior a 0,05.
iv. Con un nivel de significación del 5 % no hay pruebas suficientes para concluir que la proporción de residentes de la ciudad de Nueva York que fuman es inferior al 0,14.
i. Intervalo de confianza: (0,0502, 0,2070): El intervalo de confianza "más 4" (consulte el capítulo 8) es (0,0676, 0,2297).

71. a. H_0: $\mu = 69.110$
b. H_a: $\mu > 69.110$
c. Supongamos que $\overline{X}$ = el salario medio en dólares de los enfermeros registrados de California.
d. Distribución *t* de Student
e. $t = 1,719$
f. valor *p*: 0,0466
g. Compruebe la solución del estudiante.
h. i. Alfa: 0,05
ii. Decisión: rechazar la hipótesis nula.
iii. Motivo de la decisión: el valor *p* es inferior a 0,05.
iv. Conclusión: Con un nivel de significación del 5 % hay pruebas suficientes para concluir que el salario medio de los enfermeros registrados de California supera los 69.110 dólares.
i. ($68.757, $73.485)

73. c

75. c

77. a. H_0: $p = 0,488$ H_a: $p \neq 0,488$
b. valor $p = 0,0114$
c. alfa = 0,05
d. rechazar la hipótesis nula.
e. Al nivel de significación del 5 % hay suficientes pruebas para concluir que el 48,8 % de las familias poseen acciones.
f. La encuesta no parece ser precisa.

79. a. H_0: $p = 0,517$ H_a: $p \neq 0,517$
b. valor $p = 0,9203$.
c. alfa = 0,05.
d. no rechazar la hipótesis nula.
e. Al nivel de significación del 5 % no hay pruebas suficientes para concluir que la proporción de hogares de Kentucky que se calientan con gas natural es de 0,517.
f. Sin embargo, no podemos generalizar este resultado para toda la nación. Primero, la población de la muestra es solo el estado de Kentucky. Segundo, es razonable suponer que los hogares de los extremos norte y sur tendrán un uso extremadamente alto y bajo, respectivamente. Tendríamos que ampliar nuestra base muestral para incluir estas posibilidades si quisiéramos generalizar esta afirmación para toda la nación.

81. a. H_0: $\mu \geq 11,52$ H_a: $\mu < 11,52$
b. valor $p = 0,000002$ que es casi 0.

c. alfa = 0,05.
d. rechazar la hipótesis nula.
e. Con un nivel de significación del 5 % hay suficientes pruebas para concluir que la cantidad promedio de lluvia en verano en el noreste de EE. UU. es inferior a 11,52 pulgadas, en promedio.
f. Llegaríamos a la misma conclusión si alfa fuera del 1 % porque el valor *p* es casi 0.

83. a. H_0: $\mu \leq 5{,}8$ H_a: $\mu > 5{,}8$
b. valor $p = 0{,}9987$
c. alfa = 0,05
d. no rechazar la hipótesis nula.
e. Con un nivel de significación del 5 % no hay pruebas suficientes para concluir que una mujer visita a su médico, en promedio, más de 5,8 veces al año.

85. a. H_0: $\mu \geq 150$ H_a: $\mu < 150$
b. valor $p = 0{,}0622$
c. alfa = 0,01
d. no rechazar la hipótesis nula.
e. Con un nivel de significación del 1 % no hay pruebas suficientes para concluir que los estudiantes de primer año estudian menos de 2,5 horas al día en promedio.
f. La afirmación del grupo académico de estudiantes parece ser correcta.

10 PRUEBAS DE HIPÓTESIS CON DOS MUESTRAS

Figura 10.1 Si quiere probar una afirmación que involucra dos grupos (los tipos de desayunos que se consumen al este y al oeste del río Misisipi) puede utilizar una técnica ligeramente diferente al realizar una prueba de hipótesis (créditos: Chloe Lim).

Introducción

Los estudios suelen comparar dos grupos. Por ejemplo, los investigadores están interesados en el efecto que tiene la aspirina en la prevención de ataques al corazón. Durante los años recientes, los periódicos y las revistas han informado de varios estudios sobre la aspirina en los que participan dos grupos. Normalmente, un grupo recibe aspirina y el otro un placebo. Luego, se estudia la tasa de infarto durante varios años.

Hay otras situaciones que tratan de la comparación de dos grupos. Por ejemplo, los estudios comparan varios programas de dieta y ejercicio. Los políticos comparan la proporción de personas de diferentes niveles de ingresos que podrían votar por ellos. Los estudiantes se interesan por saber si los cursos de preparación para la SAT o el Examen de Registro de Graduados (Graduate Record Exam, GRE) ayudan realmente a mejorar sus calificaciones. Muchas aplicaciones empresariales requieren la comparación de dos grupos. Puede tratarse de la rentabilidad de dos estrategias distintas de inversión o de las diferencias en la eficiencia de la producción de distintos estilos de gestión.

Para comparar dos medias o dos proporciones, se trabaja con dos grupos. Los grupos se clasifican como **independientes** o **pares coincidentes**. Los **grupos independientes** consisten en dos muestras que son independientes, es decir, los valores de la muestra seleccionados de una población no están relacionados de ninguna manera con los valores de la muestra seleccionados de la otra población. Los **pares coincidentes** consisten en dos muestras que son dependientes. El parámetro que se comprueba utilizando pares coincidentes es la media de la población. Los parámetros que se prueban con grupos independientes son las medias de la población o las proporciones de la población de cada grupo.

10.1 Comparación de las medias de dos poblaciones independientes

La comparación de dos medias poblacionales independientes es muy común y proporciona una forma de probar la hipótesis de que los dos grupos difieren entre sí. ¿Es el turno de noche menos productivo que el de día, las tasas de rendimiento de las inversiones en activos fijos son diferentes a las de las inversiones en acciones ordinarias, etc.? Una diferencia observada entre dos medias muestrales depende tanto de las medias como de las desviaciones típicas de la muestra. Pueden producirse medias muy diferentes por azar si hay una gran variación entre cada una de las muestras. El estadístico de prueba tendrá que tener en cuenta este hecho. La prueba que compara dos medias poblacionales independientes con desviaciones típicas poblacionales desconocidas y posiblemente desiguales se denomina prueba t de Aspin-Welch. Aspin-Welch ideó la fórmula de los grados de libertad que veremos más adelante.

Cuando desarrollamos la prueba de hipótesis para la media y las proporciones, comenzamos con el teorema del límite central. Reconocemos que la media muestral procede de una distribución de medias muestrales, y las proporciones muestrales proceden de la distribución muestral de las proporciones muestrales. Esto convirtió nuestros parámetros, las medias y las proporciones muestrales, en variables aleatorias. Era importante para nosotros conocer la distribución de la que procedían estas variables aleatorias. El teorema del límite central nos dio la respuesta: la distribución normal. Nuestras estadísticas Z y t provienen de este teorema. Esto nos proporcionó la solución a nuestra pregunta de cómo medir la probabilidad de que la media muestral provenga de una distribución con un valor hipotético particular de la media o proporción. En ambos casos esa era la pregunta: ¿Cuál es la probabilidad de que la media (o proporción) de nuestros datos muestrales proceda de una distribución poblacional con el valor hipotético que nos interesa?

Ahora nos interesa saber si dos muestras tienen o no la misma media. Nuestra pregunta no ha cambiado: ¿Proceden estas dos muestras de la misma distribución poblacional? Para abordar este problema creamos una nueva variable aleatoria. Reconocemos que tenemos dos medias muestrales: una de cada conjunto de datos. Así, tenemos dos variables aleatorias, procedentes de dos distribuciones desconocidas. Para resolver el problema creamos una nueva variable aleatoria: la diferencia entre las medias muestrales. Dicha variable también tiene una distribución. Nuevamente, el teorema del límite central nos indica que esta nueva distribución se distribuye normalmente, sin importar las distribuciones subyacentes de los datos originales. Un gráfico despejaría este concepto.

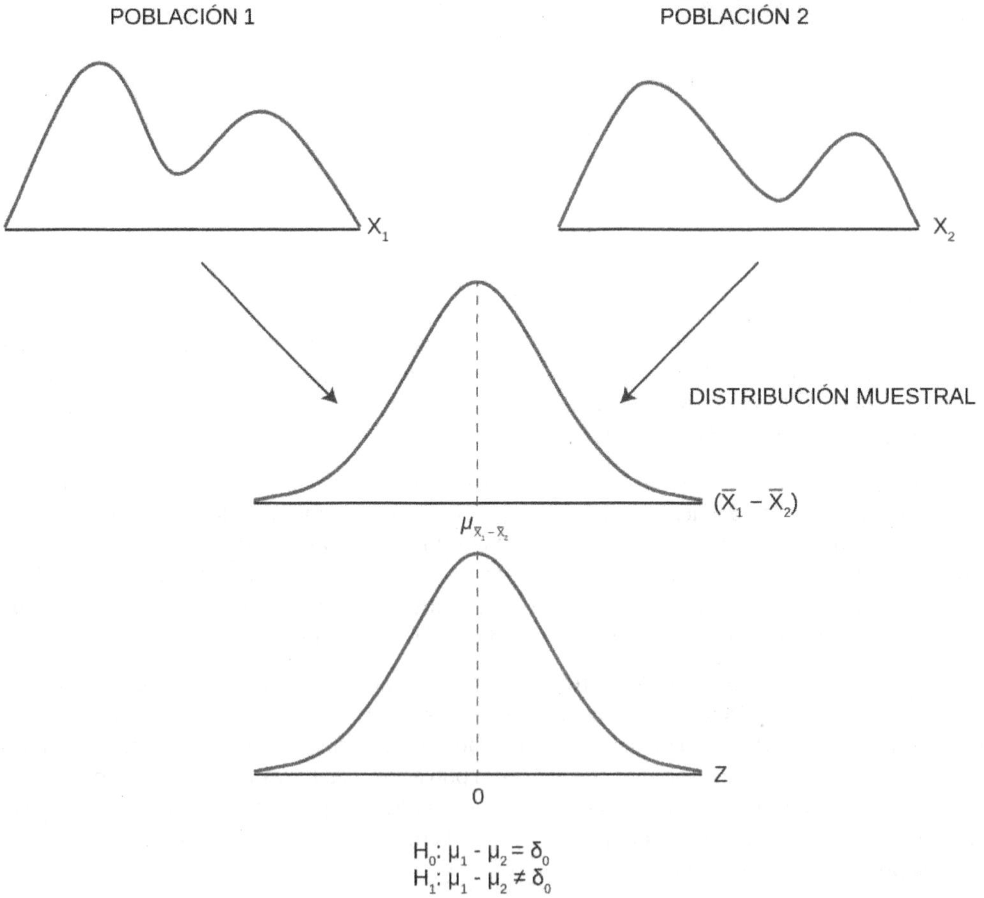

Figura 10.2

En la imagen aparecen dos distribuciones de datos, X_1 y X_2, con medias y desviaciones típicas desconocidas. El segundo panel muestra la distribución muestral de la variable aleatoria recién creada ($\bar{X}_1 - \bar{X}_2$). Esta es la distribución teórica de muchas medias muestrales de la población 1 menos las medias muestrales de la población 2. El teorema del límite central señala que esta distribución muestral teórica de las diferencias de las medias muestrales se distribuye normalmente, sin importar la distribución de los datos reales de la población que se muestran en el panel superior. Dado que la distribución del muestreo se distribuye normalmente, podemos desarrollar una fórmula de estandarización y calcular las probabilidades a partir de la distribución normal estándar del panel inferior, la distribución Z. Ya hemos visto este mismo análisis en la Figura 7.2 del Capítulo 7.

El teorema del límite central, como antes, nos proporciona la desviación típica de la distribución muestral y, además, que el valor previsto de la media de la distribución de las diferencias de las medias muestrales es igual a las diferencias de las medias poblacionales. Matemáticamente, esto se formula de la siguiente manera:

$$E\left(\mu_{\bar{x}_1} - \mu_{\bar{x}_2}\right) = \mu_1 - \mu_2$$

Ya que desconocemos las desviaciones típicas de la población, las calculamos con las dos desviaciones típicas de nuestras muestras independientes. En la prueba de hipótesis, calculamos la desviación típica o el **error estándar**, de la **diferencia de las medias muestrales, $\bar{X}_1$ - $\bar{X}_2$**.

$$\text{El error estándar es:} \sqrt{\frac{(s_1)^2}{n_1} + \frac{(s_2)^2}{n_2}}$$

Recordemos que la sustitución de la varianza de la muestra por la varianza de la población cuando no teníamos la varianza de la población fue la técnica que utilizamos al construir el intervalo de confianza y el estadístico de prueba para comprobar la hipótesis con respecto a una sola media en Intervalos de confianza y Pruebas de hipótesis con una muestra. **El estadístico de prueba (puntuación *t*) se calcula como sigue:**

$$t_c = \frac{(\bar{x}_1 - \bar{x}_2) - \delta_0}{\sqrt{\frac{(s_1)^2}{n_1} + \frac{(s_2)^2}{n_2}}}$$

donde:

- s_1 y s_2, las desviaciones típicas de la muestra, son estimaciones de σ_1 y σ_2, respectivamente, y
- σ_1 y σ_2 son las desviaciones típicas desconocidas de la población.
- $\bar{x}_1$ y $\bar{x}_2$ son las medias muestrales. μ_1 y μ_2 son las medias poblacionales desconocidas.

El número de **grados de libertad (*df*)** requiere un cálculo algo complicado. Los *df* no son siempre un número entero. El anterior estadístico de prueba se calcula aproximadamente mediante la distribución *t* de Student con *df* de la siguiente manera:

$$\text{El error estándar es:} df = \frac{\left(\frac{(s_1)^2}{n_1} + \frac{(s_2)^2}{n_2}\right)^2}{\left(\frac{1}{n_1-1}\right)\left(\frac{(s_1)^2}{n_1}\right)^2 + \left(\frac{1}{n_2-1}\right)\left(\frac{(s_2)^2}{n_2}\right)^2}$$

Cuando los tamaños de las muestras n_1 y n_2 son de 30 o más, la aproximación de la *t* de Student es muy buena. Si cada muestra tiene más de 30 observaciones, los grados de libertad pueden calcularse como n1 + n2 - 2.

El formato de la distribución muestral, las diferencias de medias muestrales, especifica que el formato de las hipótesis nula y alternativa es:

$$H_0 : \mu_1 - \mu_2 = \delta_0$$
$$H_a : \mu_1 - \mu_2 \neq \delta_0$$

donde δ_0 es la diferencia hipotética entre las dos medias. Si la pregunta es simplemente: "¿Hay alguna diferencia entre las medias?", entonces $\delta_0 = 0$ y las hipótesis nula y alternativa pasan a ser:

$$H_0 : \mu_1 = \mu_2$$
$$H_a : \mu_1 \neq \mu_2$$

Un ejemplo de cuándo δ_0 puede no ser cero es cuando la comparación de los dos grupos requiere una diferencia específica para que la decisión sea significativa. Imagine que está haciendo una inversión de capital. Piensa en cambiar su modelo de máquina actual por otro. La productividad de sus máquinas se mide por la velocidad a la que producen el producto. Puede ser que un contendiente para sustituir al modelo antiguo sea más rápido en términos de rendimiento del producto, pero también es más caro. La segunda máquina también puede tener más costes de mantenimiento, de instalación, etc. La hipótesis nula se establecería de forma que la nueva máquina tendría que ser mejor que la antigua en la medida suficiente para cubrir estos costes adicionales en términos de velocidad y coste de producción. Esta forma de las hipótesis nula y alternativa muestra lo valiosa que puede ser esta comprobación de la hipótesis en particular. Para la mayor parte de nuestro trabajo, comprobaremos hipótesis simples al indagar si hay alguna diferencia entre las dos medias de distribución.

EJEMPLO 10.1

Grupos independientes

La empresa Kona Iki Corporation produce leche de coco. Toman los cocos, perforan un agujero, extraen la leche y la vierten en una cuba para su procesamiento. Disponen de un turno de día (el turno B) y otro de noche (el turno G) para realizar esta parte del proceso. Les gustaría saber si ambos turnos son igual de eficaces en el procesamiento de los cocos. Se realiza un estudio de muestreo de 9 turnos G y 16 turnos B. Los resultados del número de horas necesarias para procesar 100 libras de cocos se presentan en la Tabla 10.1. Se hace un estudio y se recopilan datos, lo que da como resultado los datos en la Tabla 10.1.

	Tamaño de la muestra	Promedio de horas para procesar 100 libras de cocos	Desviación típica de la muestra
Turno G	9	2	0,866
Turno B	16	3,2	1,00

Tabla 10.1

¿Existe alguna diferencia en el tiempo medio de cada turno para procesar 100 libras de cocos? Prueba al nivel de significación del 5 %.

Solución 1

Las desviaciones típicas de la población no se conocen y no se supone que sean iguales. Supongamos que *g* es el subíndice del turno G y *b* es el subíndice del turno B. Entonces, μ_g es la media poblacional para el turno G y μ_b es la media poblacional para el turno B. Se trata de una prueba de dos **grupos independientes** y dos **medias** poblacionales.

Variable aleatoria: $\overline{X}_g - \overline{X}_b$ = diferencia en la media de tiempo de la muestra entre el Turno G y el Turno B para procesar los cocos.

H_0: $\mu_g = \mu_b$ H_0: $\mu_g - \mu_b = 0$

H_a: $\mu_g \neq \mu_b$ H_a: $\mu_g - \mu_b \neq 0$

Las palabras **"igual que"** le dicen que H_0 tiene un "=". Ya que no hay otras palabras para indicar H_a, es más rápido o más lento. Se trata de una prueba de dos colas.

Distribución para la prueba: Utilice t_{df} donde *df* se calcula con la fórmula *df* para grupos independientes, dos medias poblacionales arriba. Con el empleo de la calculadora, los *df* son aproximadamente 18,8462.

Gráfico:

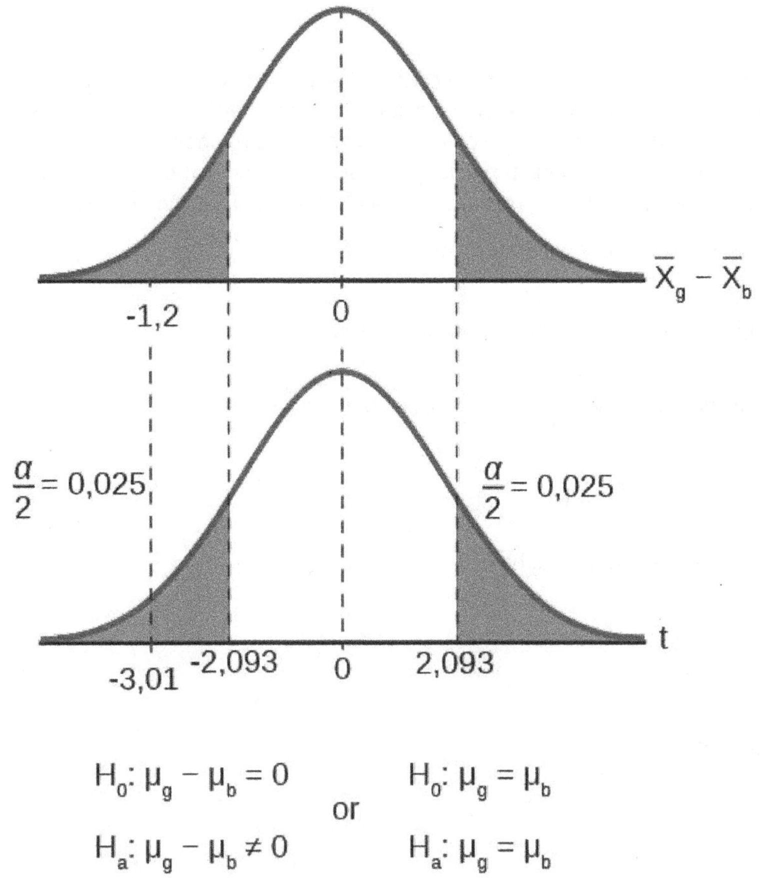

Figura 10.3

$$t_c = \frac{(\bar{X}_1 - \bar{X}_2) - \delta_0}{\sqrt{\frac{S_1^2}{n_1} + \frac{S_2^2}{n_2}}} = -3,01$$

A continuación, hallamos el valor crítico en la tabla t con los grados de libertad anteriores. El valor crítico, 2,093, se encuentra en la columna 0,025, es decir, α/2, con 19 grados de libertad. (La convención es redondear los grados de libertad para que la conclusión sea más conservadora). A continuación, calculamos el estadístico de prueba y lo marcamos en el gráfico de la distribución t.

Tome una decisión: Ya que el valor t calculado está en la cola, no podemos aceptar la hipótesis nula de que no hay diferencia entre los dos grupos. Las medias son diferentes.

En el gráfico se incluye la distribución muestral de las diferencias de las medias muestrales para indicar cómo se alinea la distribución t con los datos de la distribución muestral. Vemos en el panel superior que la diferencia calculada en las dos medias es de −1,2 y el panel inferior muestra que es de 3,01 desviaciones típicas a partir de la media. Normalmente no necesitamos mostrar el gráfico de la distribución muestral y nos basamos en el gráfico del estadístico de prueba, la distribución t en este caso, para llegar a nuestra conclusión.

Conclusión: A un nivel de significación del 5 %, los datos de la muestra apuntan a que hay pruebas suficientes para concluir que la media de horas que el turno G tarda en procesar 100 libras de cocos es diferente de la del turno B (la media de horas del turno B es mayor que la del turno G).

NOTA

Cuando la suma de los tamaños de las muestras es mayor que 30 ($n_1 + n_2 > 30$), se puede utilizar la distribución normal para calcular aproximadamente la *t* de Student.

EJEMPLO 10.2

Se realiza un estudio para determinar si la compañía A conserva a sus trabajadores durante más tiempo que la compañía B. Se cree que la compañía A tiene mayor retención que la compañía B. El estudio determina que el tiempo promedio en una muestra de 11 trabajadores de la compañía A es de cuatro años, con una desviación típica de 1,5 años. Una muestra de 9 trabajadores de la compañía B revela que el promedio del tiempo de permanencia fue de 3,5 años, con una desviación típica de 1 año. Pruebe esta proposición al nivel de significación del 1 %.

a. ¿Se trata de una prueba de dos medias o de dos proporciones?

Solución 1

a. Dos medias porque el tiempo es una variable aleatoria continua.

b. ¿Las desviaciones típicas de las poblaciones son conocidas o desconocidas?

Solución 2

b. desconocidas

c. ¿Qué distribución utiliza para realizar la prueba?

Solución 3

c. *t*

de Student.

d. ¿Cuál es la variable aleatoria?

Solución 4

d. $\overline{X}_A - \overline{X}_B$

e. ¿Cuáles son las hipótesis nula y alternativa?

Solución 5

e

- $H_o : \mu_A \leq \mu_B$
- $H_a : \mu_A > \mu_B$

f. ¿Esta prueba es de cola derecha, izquierda o doble?

Solución 6

f. Prueba de cola derecha.

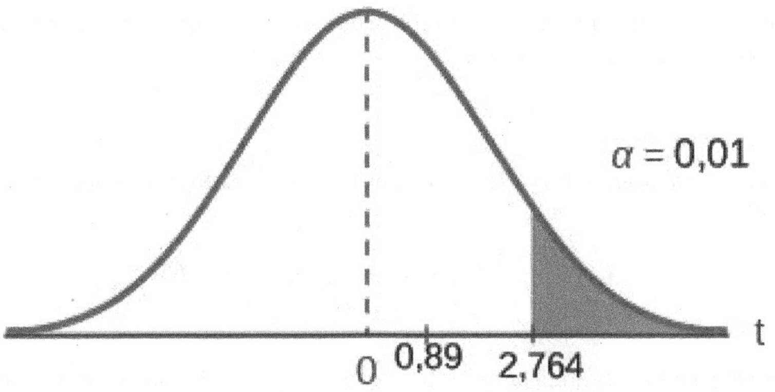

$$H_0: \mu_A \le \mu_B$$

$$H_a: \mu_A > \mu_B$$

Figura 10.4

g. ¿Cuál es el valor del estadístico de prueba?

Solución 7

$$t_c = \frac{(\bar{X}_1 - \bar{X}_2) - \delta_0}{\sqrt{\frac{S_1^2}{n_1} + \frac{S_2^2}{n_2}}} = 0{,}89$$

h. ¿Puede aceptar o rechazar la hipótesis nula?

Solución 8

h. No se puede rechazar la hipótesis nula de que no hay diferencia entre los dos grupos. El estadístico de prueba no está en la cola. El valor crítico de la distribución *t* es de 2,764 con 10 grados de libertad. Este ejemplo pone de manifiesto lo difícil que es rechazar una hipótesis nula con una muestra muy pequeña. Los valores críticos requieren estadísticas de la prueba muy grandes para alcanzar la cola.

i. **Conclusión:**

Solución 9

i. Al nivel de significación del 1 %, a partir de los datos de la muestra, no hay pruebas suficientes para concluir que la retención de los trabajadores en la compañía A sea más grande que la de la compañía B, en promedio.

EJEMPLO 10.3

Una pregunta interesante de la investigación es el efecto, si es que lo hay, que tienen los diferentes tipos de formatos de enseñanza en las calificaciones de los estudiantes. Para investigar esta cuestión se tomó una muestra de las notas en una clase híbrida y otra muestra de una clase magistral regular. Ambas clases eran para la misma asignatura. La calificación media porcentual para los 35 estudiantes híbridos es de 74, con una desviación típica de 16. La media de las notas de los 40 estudiantes de la clase magistral regular fue del 76 %, con desviación típica de 9. Pruebe al 5 % para ver si hay alguna diferencia significativa en las media de notas entre la clase magistral regular y la clase híbrida.

Solución 1

Comenzamos por destacar que tenemos dos grupos: estudiantes de una clase híbrida y estudiantes de una clase magistral regular. También observamos que la variable aleatoria, lo que nos interesa, son las notas de los estudiantes, esto es, una variable aleatoria continua. Podríamos haber formulado la pregunta de investigación de otra manera y tener una variable aleatoria binaria. Por ejemplo, podríamos haber estudiado el porcentaje de estudiantes reprobados o con una calificación de A. Ambos serían binarios y, por lo tanto, sería una prueba de proporciones y no una de medias, como es el caso. Por último, no hay ninguna presunción sobre qué formato podría conducir a notas más altas, por lo que la hipótesis se plantea como una prueba de dos colas.

H_0: $\mu_1 = \mu_2$
H_a: $\mu_1 \neq \mu_2$

Como ocurre casi siempre, desconocemos las varianzas poblacionales de las dos distribuciones; por ende, nuestro estadístico de prueba es:

$$t_c = \frac{(\overline{x}_1 - \overline{x}_2) - \delta_0}{\sqrt{\frac{s^2}{n_1} + \frac{s^2}{n_2}}} = \frac{(74-76)-0}{\sqrt{\frac{16^2}{35} + \frac{9^2}{40}}} = -0{,}65$$

Para determinar el valor crítico de la t de Student necesitamos los grados de libertad. En este caso utilizamos: df = n1 + n2 - 2 = 35 + 40 -2 = 73. Esto es lo suficientemente grande como para considerarla la distribución normal, por lo que $t_{a/2}$ = 1,96. De nuevo, como siempre, determinamos si el valor calculado está en la cola definida por el valor crítico. En este caso, ni siquiera es necesario buscar el valor crítico: el cálculo de la diferencia entre los dos promedios de notas no tiene ni siquiera una desviación típica. Ciertamente no en la cola.

Conclusión: No se puede rechazar la nulidad a α=5 %. Por consiguiente, no existen pruebas que demuestren que las notas de la clase híbrida y las de la clase magistral regular sean diferentes.

10.2 Criterios de Cohen para efectos de tamaño pequeño, mediano y grande

La ***d* de Cohen** es una medida del "tamaño del efecto", basada en las diferencias entre dos medias. La *d* de Cohen, llamada así por el estadístico estadounidense Jacob Cohen, mide la fuerza relativa de las diferencias entre las medias de dos poblaciones a partir de los datos de la muestra. El valor calculado del tamaño del efecto se compara entonces con los criterios de Cohen de efecto de tamaño pequeño, mediano y grande.

Tamaño del efecto	*d*
Pequeño	0,2
Medio	0,5
Grande	0,8

Tabla 10.2 Tamaños de los efectos de los criterios de Cohen

La *d* de Cohen es la medida de la diferencia entre dos medias dividida entre la desviación típica combinada:

$$d = \frac{\overline{x}_1 - \overline{x}_2}{s_{combinada}} \text{ donde } s_{combinada} = \sqrt{\frac{(n_1-1)s_1^2 + (n_2-1)s_2^2}{n_1+n_2-2}}$$

Cabe destacar que la d de Cohen no proporciona un nivel de confianza en cuanto al tamaño del efecto comparable a las otras comprobaciones de hipótesis que hemos estudiado. Los tamaños de los efectos son simplemente indicativos.

EJEMPLO 10.4

Calcule la *d* de Cohen para el Ejemplo 10.2. ¿El tamaño del efecto es pequeño, mediano o grande? Explique qué significa el tamaño del efecto para este problema.

Solución 1

$\overline{x}_1 = 4$ $s_1 = 1{,}5$ $n_1 = 11$

$\overline{x}_2 = 3{,}5$ $s_2 = 1$ $n_2 = 9$

$d = 0{,}384$

El efecto es pequeño porque 0,384 está entre el valor de Cohen de 0,2 para un tamaño de efecto pequeño y 0,5 para un tamaño de efecto medio. El tamaño de las diferencias de las medias de las dos compañías es pequeño, lo que indica que no hay ninguna diferencia significativa entre sí.

10.3 Prueba de diferencias de medias: suponer varianzas de población iguales

Normalmente, nunca esperamos conocer ninguno de los parámetros de la población, la media, la proporción o la desviación típica. Cuando se comprueban hipótesis relativas a diferencias de medias, nos enfrentamos a la dificultad de dos varianzas desconocidas que desempeñan un papel fundamental en el estadístico de prueba. Hemos sustituido las varianzas de la muestra tal y como hicimos al comprobar las hipótesis para una única media. Tal como lo hicimos anteriormente, utilizamos una t de Student para compensar esta falta de información sobre la varianza de la población. Sin embargo, hay situaciones en las que no conocemos las varianzas de la población, aunque podemos asumir que las dos poblaciones tienen la misma varianza. Si esto es así, entonces la varianza de la muestra conjunta será menor que las varianzas de las muestras individuales. Así se obtienen estimaciones más precisas y se reduce la probabilidad de descartar un buen nulo. Las hipótesis nula y alternativa siguen siendo las mismas, pero el estadístico de prueba cambia a:

$$t_c = \frac{(\overline{x}_1 - \overline{x}_2) - \delta_0}{\sqrt{Sp^2\left(\frac{1}{n_1} + \frac{1}{n_2}\right)}}$$

donde Sp^2 es la varianza combinada dada por la fórmula:

$$Sp^2 = \frac{(n_1 - 1)s_2^1 + (n_2 - 1)s_2^2}{n_1 + n_2 - 2}$$

EJEMPLO 10.5

Se intenta hacer un ensayo con un fármaco real y un placebo. Un total de 18 personas reciben el fármaco con la esperanza de aumentar la producción de endorfinas. Se ha comprobado que el aumento de endorfinas es de 8 microgramos por persona, en promedio, y la desviación típica de la muestra es de 5,4 microgramos. A 11 personas se les da el placebo, y su aumento promedio de endorfinas es de 4 microgramos con una desviación típica de 2,4. A partir de las investigaciones anteriores sobre las endorfinas se determina que se puede suponer que las varianzas dentro de las dos muestras son iguales. Pruebe al 5 % para ver si la media de la población para el fármaco tenía un impacto significativamente mayor en las endorfinas que la media de la población con el placebo.

Solución 1

En primer lugar, se empieza por designar a uno de los dos grupos como Grupo 1 y al otro como Grupo 2. Esto será necesario para seguir la pista de las hipótesis nula y alternativa. Establezcamos que el Grupo 1 es el que recibió el nuevo medicamento que se está probando y, por ende, el Grupo 2 es el que recibió el placebo. Ahora podemos formular las hipótesis nula y alternativa como:

H_0: $\mu_1 \leq \mu_2$
H_1: $\mu_1 > \mu_2$

Esto se establece como una prueba de una cola, con la afirmación en la hipótesis alternativa de que el medicamento producirá más endorfinas que el placebo. Ahora calculamos el estadístico de prueba, lo que nos obliga a calcular la varianza conjunta, Sp^2, utilizando la fórmula anterior.

$$t_c = \frac{(\overline{x}_1 - \overline{x}_2) - \delta_0}{\sqrt{Sp^2\left(\frac{1}{n_1} + \frac{1}{n_2}\right)}} = \frac{(8-4)-0}{\sqrt{20{,}4933\left(\frac{1}{18} + \frac{1}{11}\right.}} = 2{,}31$$

t_α, nos permite comparar el estadístico de prueba y el valor crítico.

$$t_\alpha = 1{,}703 \text{ a } de = n_1 + n_2 - 2 = 18 + 11 - 2 = 27$$

El estadístico de prueba está claramente en la cola, 2,31 es mayor que el valor crítico de 1,703; por consiguiente, no podemos mantener la hipótesis nula. Así, concluimos que hay pruebas significativas con un nivel de confianza del 95 % de que el nuevo medicamento produce el efecto deseado.

10.4 Comparación de dos proporciones de población independientes

Cuando se realiza una prueba de hipótesis que compara dos proporciones de población independientes se deben dar las siguientes características:

1. Las dos muestras independientes son muestras aleatorias que son independientes.
2. El número de aciertos es, al menos, cinco y el número de fallos es, al menos, cinco para cada una de las muestras.
3. La bibliografía, cada vez más extensa, afirma que la población deberá ser, como mínimo, 10 y hasta 20 veces el tamaño de la muestra. Así se evita que cada población sea objeto de un muestreo excesivo y que los resultados sean sesgados.

La comparación de dos proporciones, al igual que la comparación de dos medias, es de uso común. Si dos proporciones estimadas son diferentes, puede deberse a una diferencia en las poblaciones o al azar en el muestreo. La comprobación de la hipótesis permite determinar si una diferencia en las proporciones estimadas refleja una diferencia en las dos proporciones de la población.

Al igual que en el caso de las diferencias de medias muestrales, construimos una distribución muestral para las diferencias de proporciones muestrales: $(p'_A - p'_B)$ donde $p'_A = X_{\frac{A}{n_A}}$ y $p'_B = X_{\frac{B}{n_B}}$ son las proporciones de la muestra para los dos conjuntos de datos en cuestión. X_A y X_B son el número de aciertos en cada grupo de la muestra, respectivamente, y n_A y n_B son los tamaños de muestra respectivos de los dos grupos. De nuevo acudimos al teorema del límite central para hallar la distribución muestral con respecto a las diferencias en las proporciones de la muestra. También nos encontramos con que esta distribución muestral, al igual que las anteriores, se distribuye normalmente, tal y como demuestra el teorema del límite central, como se ve en la Figura 10.5.

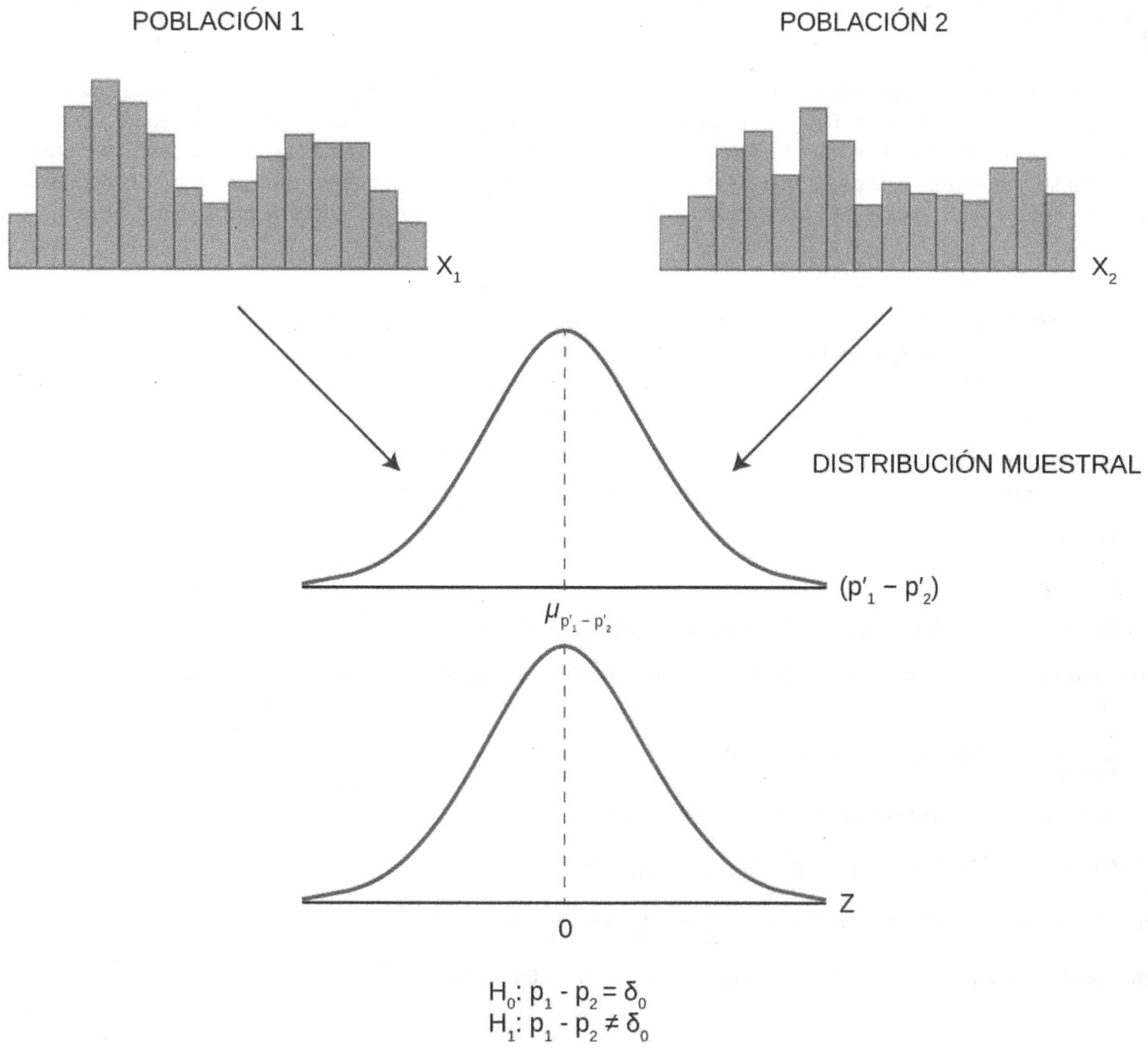

Figura 10.5

En general, la hipótesis nula permite probar una diferencia de un valor determinado, δ_0, tal como hicimos para el caso de las diferencias de medias.

$$H_0 : p_1 - p_2 = \delta_0$$

$$H_1 : p_1 - p_2 \neq \delta_0$$

Sin embargo, lo más común es la prueba de que las dos proporciones son iguales. Esto es,

$$H_0 : p_{\text{A}} = p_B$$

$$H_a : p_{\text{A}} \neq p_B$$

Para llevar a cabo la prueba utilizamos una proporción combinada, p_c.

La proporción combinada se calcula de la siguiente manera:

$$p_c = \frac{x_A + x_B}{n_A + n_B}$$

El estadístico de prueba (puntuación *z*) es: $Z_c = \frac{(p'_A - p'_B) - \delta_0}{\sqrt{p_c(1-p_c)(\frac{1}{n_A} + \frac{1}{n_B})}}$

donde δ_0 son las diferencias hipotéticas entre las dos proporciones y p_c es la varianza agrupada de la fórmula anterior.

EJEMPLO 10.6

Un banco acaba de adquirir otra sucursal, por lo que tiene clientes en este nuevo territorio. Les interesa la tasa de morosidad en su nuevo territorio. Desean comprobar la hipótesis de que la tasa de morosidad es diferente a la de su actual base de clientes. Hacen un muestreo de 200 expedientes en el área A, sus clientes actuales, y descubren que 20 han incumplido. En el área B, la de los nuevos clientes, otra muestra de 200 expedientes muestra que 12 han dejado de pagar sus préstamos. A un nivel de significación del 10 %, ¿podemos decir que los índices de impago son iguales o diferentes?

Solución 1

Esto es una prueba de proporciones. Lo sabemos porque la variable aleatoria subyacente es binaria: impago o no impago. Además, sabemos que se trata de una prueba de diferencias de proporciones porque tenemos dos grupos de muestra, la base de clientes actual y la recién adquirida. Supongamos que A y B son los subíndices de los dos grupos de clientes. Entonces p_A y p_B son las dos proporciones de la población que deseamos probar.

Variable aleatoria:

$P'_A - P'_B$ = diferencia en las proporciones de clientes con impago en los dos grupos.

$$H_0 : p_A = p_B$$

$$H_a : p_A \neq p_B$$

Las palabras **"es una diferencia"** le indican que la prueba es de dos colas.

Distribución para la prueba: como se trata de una prueba de dos proporciones poblacionales binomiales, la distribución es normal:

$$p_c = \frac{x_A + x_B}{n_A + n_B} = \frac{20+12}{200+200} = 0{,}08 \quad 1 - p_c = 0{,}92$$

$(p'_A - p'_B) = 0{,}04$ sigue una distribución normal aproximada.

Proporción estimada para el grupo A: $p'_A = \frac{x_A}{n_A} = \frac{20}{200} = 0{,}1$

Proporción estimada para el grupo B: $p'_B = \frac{x_B}{n_B} = \frac{12}{200} = 0{,}06$

La diferencia estimada entre los dos grupos es: $p'_A - p'_B = 0{,}1 - 0{,}06 = 0{,}04$.

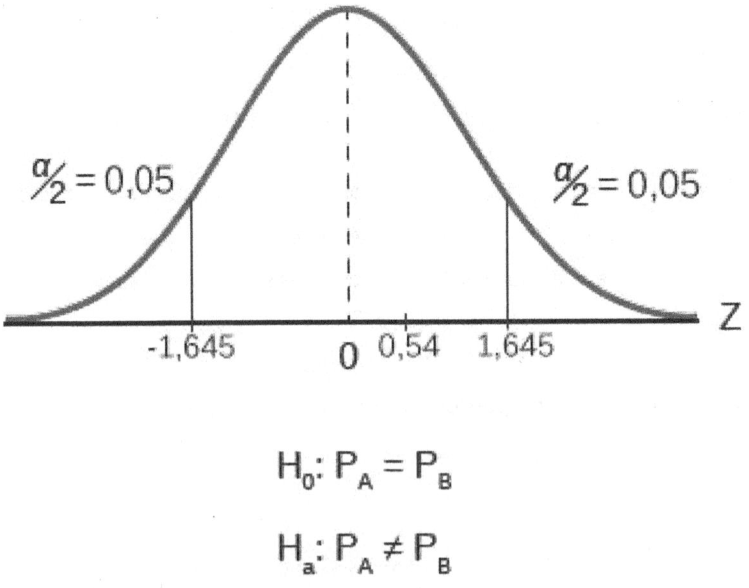

Figura 10.6

$$Z_c = \frac{(P'_A - P'_B) - \delta_0}{\sqrt{P_c(1 - P_c)\left(\frac{1}{n_A} + \frac{1}{n_B}\right)}} = 1{,}47$$

El valor calculado del estadístico de prueba es de 1,47 y no se encuentra en la cola de la distribución.

Tome una decisión: Dado que el valor calculado del estadístico de prueba no está en la cola de la distribución, no podemos rechazar H_0.

Conclusión: A un nivel de significación del 1 %, a partir de los datos de la muestra, no hay pruebas suficientes para concluir que exista una diferencia entre las proporciones de clientes con impagos en los dos grupos.

INTÉNTELO 10.6

Se están probando dos tipos de válvulas para determinar si hay una diferencia en las tolerancias de presión. Quince de una muestra aleatoria de 100 de la válvula *A* se agrietaron por debajo de 4.500 psi. Seis de una muestra aleatoria de 100 de la válvula *B* se agrietaron por debajo de 4.500 psi. Pruebe con un nivel de significación del 5 %.

10.5 Dos medias poblacionales con desviaciones típicas conocidas

Aunque difícilmente se dé esta situación (conocer las desviaciones típicas de la población es improbable), el siguiente ejemplo ilustra las pruebas de hipótesis para medias independientes con desviaciones típicas conocidas de la población. La distribución muestral para la diferencia entre las medias es normal de acuerdo con el teorema del límite central. La variable aleatoria es $\overline{X}_1 - \overline{X}_2$. La distribución normal tiene el siguiente formato:

La desviación típica es:

$$\sqrt{\frac{(\sigma_1)^2}{n_1} + \frac{(\sigma_2)^2}{n_2}}$$

El **estadístico de prueba** (puntuaciónz) es: $Z_c = \dfrac{(\overline{x}_1 - \overline{x}_2) - \delta_0}{\sqrt{\dfrac{(\sigma_1)^2}{n_1} + \dfrac{(\sigma_2)^2}{n_2}}}$

EJEMPLO 10.7

Grupos independientes, desviaciones típicas de la población conocidas: Se va a comparar el tiempo medio de duración de dos ceras para suelos de la competencia. Se asignan al azar **veinte pisos para probar cada cera**. Ambas poblaciones tienen una distribución normal. Los datos se registran en la Tabla 10.3.

Cera	Media muestral del número de meses que dura la cera para pisos	Desviación típica de la población
1	3	0,33
2	2,9	0,36

Tabla 10.3

¿Los datos indican que la **cera 1 es más eficaz que la cera 2**? Pruebe con un nivel de significación del 5 %.

Solución 1

Se trata de una prueba de dos grupos independientes, dos medias poblacionales, desviaciones típicas poblacionales conocidas.

Variable aleatoria: $\overline{X}_1 - \overline{X}_2$ = diferencia en el número medio de meses que duran las ceras para suelos de la competencia.

$H_0 : \mu_1 \leq \mu_2$

$H_a : \mu_1 > \mu_2$

La expresión **"es más eficaz"** dice que la cera 1 **dura más que la cera 2**, en promedio. "Más que" es el símbolo ">" y entra en H_a. Por lo tanto, se trata de una prueba de cola derecha.

Distribución para la prueba: Las desviaciones típicas de la población son conocidas, por lo que la distribución es normal. Con la fórmula del estadístico de prueba calculamos el valor para el problema.

$$Z_c = \frac{(\mu_1 - \mu_2) - \delta_0}{\sqrt{\frac{\sigma_1^2}{n_1} + \frac{\sigma_2^2}{n_2}}} = 0{,}1$$

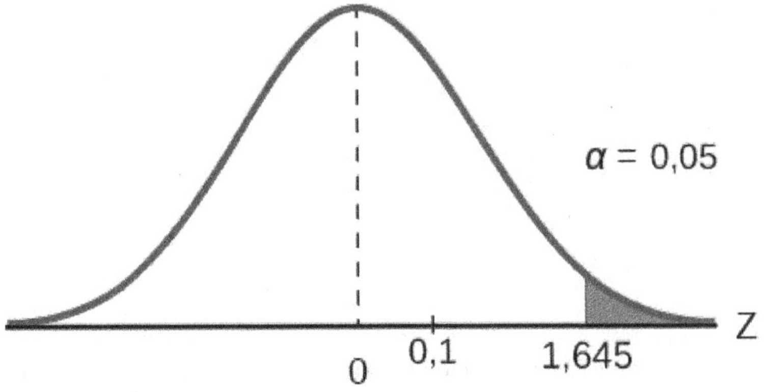

$$H_0: \mu_1 \leq \mu_2$$

$$H_a: \mu_1 > \mu_2$$

Figura 10.7

La diferencia estimada entre las dos medias es: $\bar{X}_1 - \bar{X}_2 = 3 - 2{,}9 = 0{,}1$

Compare el valor calculado, el valor crítico y Z_α: Marcamos el valor calculado en el gráfico y determinamos que el valor calculado no está en la cola, por lo que no podemos rechazar la hipótesis nula.

Tome una decisión: el valor calculado del estadístico de prueba no está en la cola, por lo que no se puede rechazar H_0.

Conclusión: Al nivel de significación del 5 %, a partir de los datos de la muestra, no hay pruebas suficientes para concluir que el tiempo medio de duración de la cera 1 sea mayor (la cera 1 es más eficaz) que el tiempo medio de duración de la cera 2.

INTÉNTELO 10.7

Hay que comparar las medias del número de revoluciones por minuto de dos motores en competencia. Treinta motores son asignados al azar para ser probados. Ambas poblaciones tienen distribuciones normales. La Tabla 10.4 muestra el resultado. ¿Los datos indican que el motor 2 tiene más RPM que el motor 1? Pruebe con un nivel de significación del 5 %.

Motor	Número de la media muestral de RPM	Desviación típica de la población
1	1.500	50
2	1.600	60

Tabla 10.4

EJEMPLO 10.8

Un ciudadano interesado quería saber si los senadores estadounidenses demócratas son más viejos que los republicanos, en promedio. El 26 de mayo de 2013, la edad media de 30 senadores republicanos seleccionados al azar era de 61 años y 247 días (61,675 años) con una desviación típica de 10,17 años. La edad media de los 30 senadores demócratas seleccionados al azar era de 61 años y 257 días (61,704 años), con una desviación típica de 9,55 años.

¿Los datos indican que los senadores demócratas son más viejos que los republicanos, en promedio? Pruebe con un nivel de significación del 5 %.

Solución 1

Se trata de una prueba de dos grupos independientes, dos medias poblacionales. Se desconocen las desviaciones típicas de la población, pero la suma de los tamaños de las muestras es 30 + 30 = 60, que es mayor que 30, por lo que podemos utilizar la aproximación normal a la distribución t de Student. Subíndices: 1: Senadores demócratas 2: Senadores republicanos

Variable aleatoria: $\bar{X}_1 - \bar{X}_2$ = diferencia en la edad media de los senadores estadounidenses demócratas y republicanos.

$H_0 : \mu_1 \le \mu_2$ $H_0 : \mu_1 - \mu_2 \le 0$

$H_a : \mu_1 > \mu_2$ $H_a : \mu_1 - \mu_2 > 0$

Las palabras "mayor que" se traducen en un símbolo ">" y entran en H_a. Por lo tanto, se trata de una prueba de cola derecha.

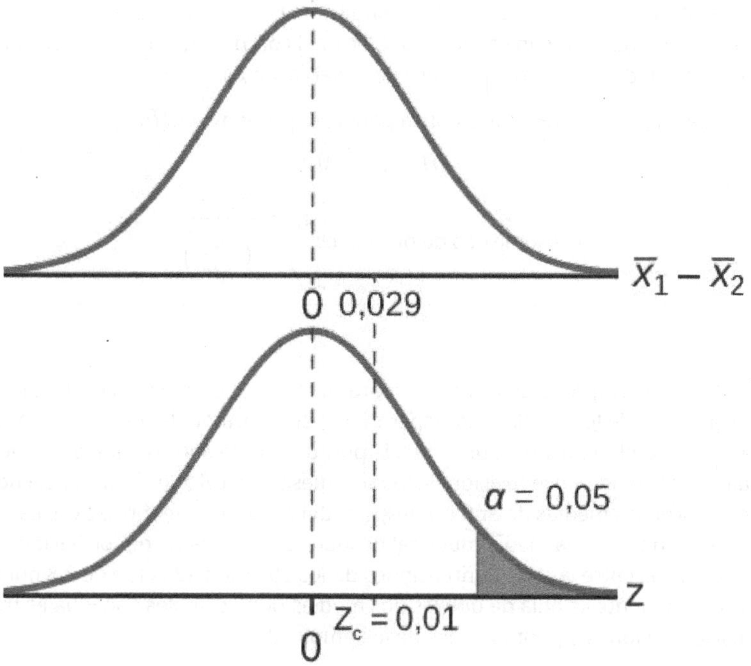

Figura 10.8

Tome una decisión: El valor p es superior al 5 %, por lo que no podemos rechazar la hipótesis nula. Al calcular el estadístico de prueba, observamos que no cae en la cola, por lo que no podemos rechazar la hipótesis nula. Llegamos a la misma conclusión al utilizar cualquiera de los dos métodos para tomar esta decisión estadística.

Conclusión: Al nivel de significación del 5 %, a partir de los datos de la muestra, no hay pruebas suficientes para concluir que la edad media de los senadores demócratas sea mayor que la de los republicanos.

10.6 Muestras coincidentes o emparejadas

En la mayoría de los casos de datos económicos o empresariales tenemos poco o ningún control sobre la recopilación de los datos. En este sentido, los datos no son el resultado de un experimento controlado y planificado. Sin embargo, en algunos casos podemos generar datos que forman parte de un experimento controlado. Esto se da con frecuencia en situaciones de control de calidad. Imagine que las tasas de producción de dos máquinas construidas con el mismo diseño, pero en diferentes plantas de fabricación, se prueban para detectar diferencias en algún sistema de medición de la producción, como la velocidad de salida o el cumplimiento con alguna especificación, como la resistencia del producto. La prueba tiene el mismo formato que la que hemos estado probando, pero aquí podemos tener pares emparejados para los que podemos verificar si existen diferencias. Cada observación tiene su par emparejado con el que se calculan las diferencias. En primer lugar, hay que calcular las diferencias del indicador que se va a probar entre las dos listas de observaciones, lo que se suele etiquetar con la letra "d". A continuación, el promedio de estas diferencias emparejadas, $\overline{X}_d$ se calcula al igual que su desviación típica, S_d. Esperamos que la desviación típica de las diferencias de los pares emparejados sea menor que la de los pares no emparejados porque presumiblemente deberían existir menos diferencias debido a la correlación entre los dos grupos.

Cuando se utiliza una prueba de hipótesis para muestras emparejadas o pareadas, pueden darse las siguientes características:

1. Se utiliza un muestreo aleatorio simple.
2. El tamaño de las muestras suele ser pequeño.
3. Se toman dos medidas (muestras) del mismo par de personas u objetos.
4. Las diferencias se calculan a partir de las muestras coincidentes o emparejadas.
5. Las diferencias forman la muestra que se utiliza para la prueba de hipótesis.
6. O bien los pares coincidentes tienen diferencias que provienen de una población que es normal o el número de diferencias es lo suficientemente grande como para que la distribución de la media muestral de las diferencias sea aproximadamente normal.

En una prueba de hipótesis para muestras coincidentes o emparejadas los sujetos son coincidentes en pares y se calculan las diferencias. Las diferencias son los datos. A continuación, la media poblacional de las diferencias, μ_d, se verifica con la prueba t de Student para una única media poblacional con $n - 1$ grados de libertad, donde n es el número de diferencias, es decir, el número de pares, no el número de observaciones.

Las hipótesis nula y alternativa para esta prueba son: $H_0 : \mu_d = 0$

$$H_a : \mu_d \neq 0$$

El estadístico de prueba es: $t_c = \frac{\overline{x}_d - \mu_d}{\left(\frac{s_d}{\sqrt{n}}\right)}$

EJEMPLO 10.9

Una compañía ha desarrollado un programa de formación para sus nuevos empleados porque le preocupa los resultados de la revisión semestral de los empleados. Esperan que el programa de formación dé lugar a mejores revisiones semestrales. Cada aprendiz constituye un "par", la puntuación de entrada que el empleado recibió al ingresar en la empresa y la puntuación otorgada en la revisión de los seis meses. Se calculó la diferencia de las dos puntuaciones de cada empleado y se calcularon las medias de antes y después del programa de formación. La media muestral antes del programa de formación era de 20,4 y la media muestral después del programa de formación fue de 23,9. La desviación típica de las diferencias entre las dos puntuaciones de los 20 empleados fue de 3,8 puntos. Compruebe al nivel de significación del 10 % la hipótesis nula de que las dos medias poblacionales son iguales frente a la alternativa de que el programa de formación mejora las puntuaciones de los empleados.

Solución 1

El primer paso es identificar este caso como de dos muestras: antes y después de la formación. Esto diferencia este problema de los simples problemas de una muestra. En segundo lugar, determinamos que las dos muestras están "emparejadas". Cada observación de la primera muestra tiene una observación emparejada en la segunda muestra. Esta información nos revela que las hipótesis nula y alternativa deberían ser:

$H_0 : \mu_d \leq 0$
$H_a : \mu_d > 0$

Esta forma refleja la afirmación implícita de que el curso de formación mejora las puntuaciones; la prueba es de una cola y la afirmación está en la hipótesis alternativa. Dado que el experimento se llevó a cabo como una muestra emparejada, en lugar de tomar simplemente las puntuaciones de las personas que realizaron el curso de formación de las que no lo hicieron, utilizamos el estadístico de prueba de pares emparejados:

$$\text{Estadístico de prueba: } t_c = \frac{\overline{X}_d - \mu_d}{\frac{S_d}{\sqrt{n}}} = \frac{(23{,}9 - 20{,}4) - 0}{\left(\frac{3{,}8}{\sqrt{20}}\right)} = 4{,}12$$

Para resolver esta ecuación, hay que utilizar cada una las puntuaciones, el curso previo a la formación y el curso posterior a la formación para calcular cada una de las diferencias. A continuación, se promedian estas puntuaciones y se calcula la diferencia promedio:

$\overline{X}_d = \overline{x}_1 - \overline{x}_2$

A partir de estas diferencias podemos calcular la desviación típica de cada una de las diferencias:

$$S_d = \frac{\Sigma\left(d_i - \overline{X}_d\right)^2}{n-1} \text{donde } d_i = x_{1\text{i}} - x_{2\text{i}}$$

Ahora podemos comparar el valor calculado del estadístico de prueba, 4,12, con el valor crítico. El valor crítico es una t de Student con grados de libertad iguales al número de pares, no de observaciones, menos 1. En este caso 20 pares y con un nivel de confianza del 90% $t_{a/2} = \pm 1{,}729$ con $df = 20 - 1 = 19$. El valor calculado del estadístico de prueba se encuentra con toda seguridad en la cola de la distribución; por ende, no podemos aceptar la hipótesis nula de que no hay diferencias con el programa de formación. Las pruebas parecen indicar que la formación permite a los empleados a obtener mejores puntuaciones.

EJEMPLO 10.10

Se realizó un estudio para investigar la eficacia del hipnotismo en la reducción del dolor. Los resultados de los sujetos seleccionados al azar se muestran en la Tabla 10.5. Una calificación más baja indica menos dolor. El valor "antes" se compara con un valor "después" y se calculan las diferencias. ¿Las medidas sensoriales son, en promedio, más bajas después del hipnotismo? Pruebe con un nivel de significación del 5 %.

Sujeto:	A	B	C	D	E	F	G	H
Antes	6,6	6,5	9,0	10,3	11,3	8,1	6,3	11,6
Después	6,8	2,4	7,4	8,5	8,1	6,1	3,4	2,0

Tabla 10.5

Solución 1

Los valores correspondientes de "antes" y "después" forman pares coincidentes (calcule "después" – "antes").

Datos de "Después"	Datos de "Antes"	Diferencia
6,8	6,6	0,2
2,4	6,5	-4,1
7,4	9	-1,6
8,5	10,3	-1,8
8,1	11,3	-3,2
6,1	8,1	-2

Tabla 10.6

Datos de "Después"	Datos de "Antes"	Diferencia
3,4	6,3	-2,9
2	11,6	-9,6

Tabla 10.6

Los datos **para la prueba** son las diferencias: {0,2; -4,1; -1,6; -1,8; -3,2; -2; -2,9; -9,6}

La media muestral y la desviación típica de la muestra de las diferencias son: $\bar{x}_d = -3{,}13$ y $s_d = 2{,}91$ Verifique estos valores.

Supongamos que μ_d es la media poblacional de las diferencias. Utilizamos el subíndice d para denotar "diferencias".

Variable aleatoria: $\bar{X}_d$ = la diferencia media de las mediciones sensoriales

H_0: $\mu_d \geq 0$

La hipótesis nula es cero o positiva, lo que significa que se siente el mismo o más dolor después del hipnotismo. Eso significa que el sujeto no muestra ninguna mejora (μ_d es la media poblacional de las diferencias).

H_a: $\mu_d < 0$

La hipótesis alternativa es negativa, lo que significa que se siente menos dolor después del hipnotismo. Eso significa que el sujeto muestra una mejora. La calificación debería ser menor después del hipnotismo, por lo que la diferencia debería ser negativa para indicar una mejora.

Distribución para la prueba: La distribución es una t de Student con $df = n - 1 = 8 - 1 = 7$. Use t_7 **(observe que la prueba es para una única media poblacional)**

Calcule el estadístico de prueba y busque el valor crítico con la distribución t de Student: El valor calculado del estadístico de prueba es 3,06 y el valor crítico de la distribución t con 7 grados de libertad al nivel de confianza del 5 % es 1,895 con una prueba de una cola.

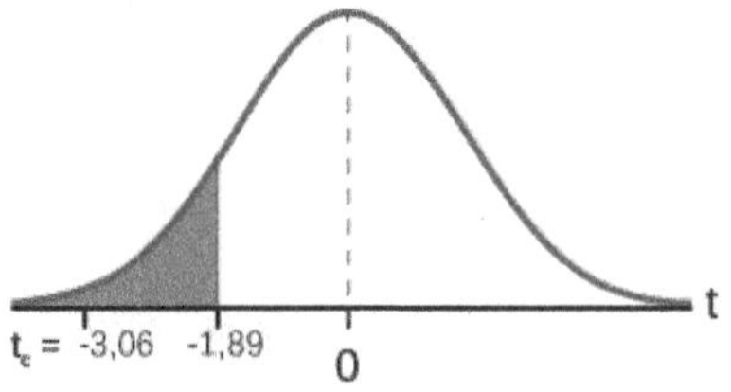

Figura 10.9

$\bar{X}_d$ es la variable aleatoria de las diferencias.

La media muestral y la desviación típica de la muestra de las diferencias son:

$\bar{x}_d$ = -3,13

$\bar{s}_d$ = 2,91

Compare el valor crítico de alfa con el valor calculado del estadístico de prueba.

La conclusión de utilizar la comparación del valor calculado del estadístico de prueba y el valor crítico nos dará el resultado. En esta pregunta, el valor calculado del estadístico de prueba es 3,06 y el valor crítico es 1,895. Obviamente, el estadístico de prueba está en la cola; así, no podemos aceptar las hipótesis nulas de que no hay diferencia entre las dos situaciones: hipnotizados y no hipnotizados.

Tome una decisión: No se puede aceptar la hipótesis nula, H_0. Esto significa que $\mu_d < 0$ y que hay una mejora estadísticamente significativa.

Conclusión: A un nivel de significación del 5 %, a partir de los datos de la muestra, hay pruebas suficientes para concluir que las mediciones sensoriales, en promedio, son más bajas después del hipnotismo. El hipnotismo parece ser eficaz para reducir el dolor.

EJEMPLO 10.11

Un entrenador de fútbol universitario estaba interesado en saber si la clase de desarrollo de fuerza del instituto universitario aumentaba el levantamiento máximo (en libras) de sus jugadores en el ejercicio de empuje en banca. Les pidió a cuatro de sus jugadores que participaran en un estudio. La cantidad de peso que podía levantar cada uno se registró antes de que tomaran la clase de desarrollo de fuerza. Tras completar la clase, se midió de nuevo la cantidad de peso que podía levantar cada uno. Los datos son los siguientes:

Peso (en libras)	Jugador 1	Jugador 2	Jugador 3	Jugador 4
Cantidad de peso levantado antes de la clase	205	241	338	368
Cantidad de peso levantado después de la clase	295	252	330	360

Tabla 10.7

El entrenador quiere saber si la clase de desarrollo de fuerza hace que sus jugadores sean más fuertes, en promedio.

Registre los datos de las **diferencias**. Para calcular las diferencias reste la cantidad de peso levantado antes de la clase del peso levantado después de terminar la clase. Los datos de las diferencias son: {90, 11, –8, –8}.

$\bar{x}_d = 21{,}3$, $s_d = 46{,}7$

Utilizando los datos de diferencia, esto se convierte en una prueba de una sola media.

Defina la variable aleatoria: $\bar{X}_d$ diferencia media en la elevación máxima por jugador.

La distribución para la prueba de hipótesis es una t de Student con 3 grados de libertad.

H_0: $\mu_d \leq 0$, H_a: $\mu_d > 0$

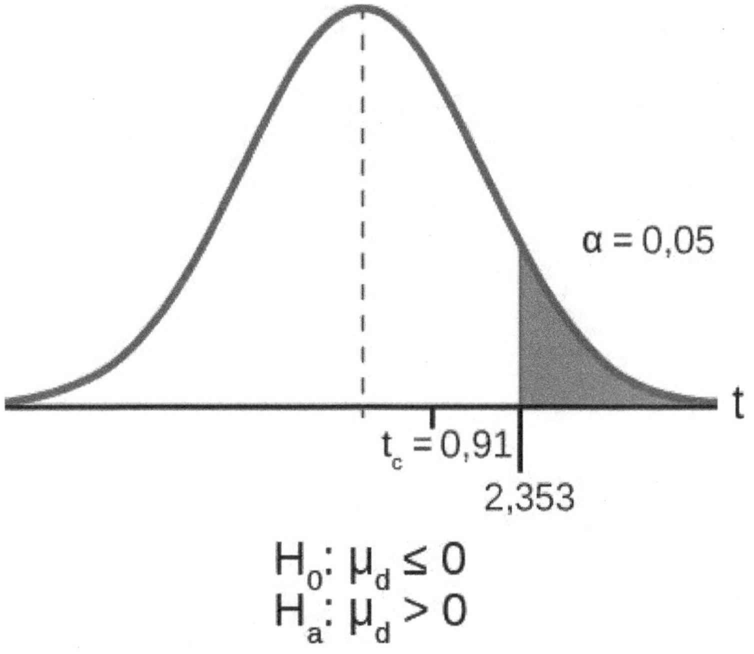

Figura 10.10

Busque el valor calculado del estadístico de prueba y el valor crítico: El valor crítico del estadístico de prueba es 0,91. El valor crítico de la t de Student a un nivel de significación del 5 % y 3 grados de libertad es de 2,353.

Decisión: Si el nivel de significación es del 5 %, no podemos rechazar la hipótesis nula, porque el valor calculado del estadístico de prueba no está en la cola.

¿Cuál es la conclusión?

A un nivel de significación del 5 %, a partir de los datos de la muestra, no hay pruebas suficientes para concluir que la clase de desarrollo de fuerza ayudó a hacer más fuertes a los jugadores, en promedio.

Términos Clave

***d* de Cohen** medida del tamaño del efecto basada en las diferencias entre dos medias. Si *d* está entre 0 y 0,2, el efecto es pequeño. Si *d* se acerca a 0,5, el efecto es medio, y si *d* se aproxima a 0,8, es un efecto grande.

Grupos independientes dos muestras que se seleccionan de dos poblaciones, donde los valores de una población no están relacionados de ninguna manera con los de la otra población.

Pares emparejados dos muestras que son dependientes. Las diferencias entre un escenario antes y después se comprueban con una media poblacional de diferencias.

Varianza agrupada promedio ponderado de dos varianzas, que se utiliza para calcular el error estándar.

Repaso del capítulo

10.1 Comparación de las medias de dos poblaciones independientes

Dos medias poblacionales de muestras independientes en las que se desconocen las desviaciones típicas de la población.

- Variable aleatoria: $\bar{X}_1 - \bar{X}_2$ = la diferencia de las medias muestrales
- Distribución: Distribución *t* de Student con grados de libertad (varianzas sin agrupar).

10.2 Criterios de Cohen para efectos de tamaño pequeño, mediano y grande

La *d* de Cohen es una medida del "tamaño del efecto", basada en las diferencias entre dos medias.

Cabe destacar que la *d* de Cohen no proporciona un nivel de confianza en cuanto al tamaño del efecto comparable a las otras comprobaciones de hipótesis que hemos estudiado. Los tamaños de los efectos son simplemente indicativos.

10.3 Prueba de diferencias de medias: suponer varianzas de población iguales

En situaciones en las que desconocemos las varianzas de la población, pero suponemos que son las mismas, la varianza de la muestra conjunta será menor que las varianzas de la muestra individual.

Así se obtienen estimaciones más precisas y se reduce la probabilidad de descartar un buen nulo.

10.4 Comparación de dos proporciones de población independientes

Prueba de dos proporciones poblacionales a partir de muestras independientes

- Variable aleatoria: $p'_A - p'_B$ = diferencia entre las dos proporciones estimadas
- Distribución: distribución normal

10.5 Dos medias poblacionales con desviaciones típicas conocidas

Una prueba de hipótesis de dos medias poblacionales de muestras independientes en las que se conocen las desviaciones típicas de la población tendrá estas características:

- Variable aleatoria: $\bar{X}_1 - \bar{X}_2$ = la diferencia de las medias
- Distribución: distribución normal

10.6 Muestras coincidentes o emparejadas

Una prueba de hipótesis para muestras coincidentes o emparejadas (prueba t) tiene estas características:

- Compruebe las diferencias restando una medida de la otra
- Variable aleatoria: $\bar{x}_d$ = media de las diferencias
- Distribución: Distribución t de Student con $n - 1$ grados de libertad
- Si el número de diferencias es pequeño (menos de 30), las diferencias deben seguir una distribución normal.
- Se extraen dos muestras del mismo conjunto de objetos.
- Las muestras son dependientes.

Repaso de fórmulas

10.1 Comparación de las medias de dos poblaciones independientes

Error estándar: $SE = \sqrt{\frac{(s_1)^2}{n_1} + \frac{(s_2)^2}{n_2}}$

Estadístico de prueba (puntuación *t*): $t_c = \frac{(\bar{x}_1 - \bar{x}_2) - \delta_0}{\sqrt{\frac{(s_1)^2}{n_1} + \frac{(s_2)^2}{n_2}}}$

Grados de libertad:

$$df = \frac{\left(\frac{(s_1)^2}{n_1} + \frac{(s_2)^2}{n_2}\right)^2}{\left(\frac{1}{n_1-1}\right)\left(\frac{(s_1)^2}{n_1}\right)^2 + \left(\frac{1}{n_2-1}\right)\left(\frac{(s_2)^2}{n_2}\right)^2}$$

donde:

s_1 y s_2 son las desviaciones típicas de la muestra, y n_1 y n_2 son los tamaños de las muestras.

$\overline{x}_1$ y $\overline{x}_2$ son las medias muestrales.

10.2 Criterios de Cohen para efectos de tamaño pequeño, mediano y grande

La *d* de Cohen es la medida del tamaño del efecto:

$$d = \frac{\overline{x}_1 - \overline{x}_2}{s_{pooled}}$$

donde $s_{pooled} = \sqrt{\frac{(n_1-1)s_1^2+(n_2-1)s_2^2}{n_1+n_2-2}}$

10.3 Prueba de diferencias de medias: suponer varianzas de población iguales

$$t_c = \frac{(\overline{x}_1 - \overline{x}_2) - \delta_0}{\sqrt{S_p^2\left(\frac{1}{n_1} + \frac{1}{n_2}\right)}}$$

donde S_p^2 es la varianza combinada dada por la fórmula:

$$S_p^2 = \frac{(n_1-1)s_2^1 + (n_2-1)s_2^2}{n_1 + n_2 - 2}$$

10.4 Comparación de dos proporciones de población independientes

Proporción combinada: $p_c = \frac{x_A + x_B}{n_A + n_B}$

Estadístico de prueba (puntuación *z*):

$$Z_c = \frac{(p'_A - p'_B)}{\sqrt{p_c(1-p_c)\left(\frac{1}{n_A}+\frac{1}{n_B}\right)}}$$

donde

p'_A y p'_B son las proporciones de la muestra, p_A y p_B son las proporciones de la población,

P_c es la proporción combinada, y n_A y n_B son los tamaños de las muestras.

10.5 Dos medias poblacionales con desviaciones típicas conocidas

Estadístico de prueba (puntuación*z*):

$$Z_c = \frac{(\overline{x}_1 - \overline{x}_2) - \delta_0}{\sqrt{\frac{(\sigma_1)^2}{n_1} + \frac{(\sigma_2)^2}{n_2}}}$$

donde:

σ_1 y σ_2 son las desviaciones típicas conocidas de la población. n_1 y n_2 son los tamaños de las muestras. $\overline{x}_1$ y $\overline{x}_2$ son las medias muestrales. μ_1 y μ_2 son las medias poblacionales.

10.6 Muestras coincidentes o emparejadas

Estadístico de prueba (puntuación *t*): $t_c = \frac{\overline{x}_d - \mu_d}{\left(\frac{s_d}{\sqrt{n}}\right)}$

donde:

$\overline{x}_d$ es la media de las diferencias de la muestra. μ_d es la media de las diferencias de la población. s_d es la desviación típica de la muestra de las diferencias. *n* es el tamaño de la muestra.

Práctica

10.1 Comparación de las medias de dos poblaciones independientes

Use la siguiente información para responder los próximos 15 ejercicios: Indique si la prueba de hipótesis es para:

a. medias de grupos independientes, desviaciones típicas de la población o varianzas conocidas
b. medias de grupos independientes, desviaciones típicas de la población o varianzas desconocidas
c. muestras coincidentes o emparejadas
d. media simple
e. dos proporciones
f. proporción única

1. Se cree que el 70 % de los hombres aprueban el examen de conducir en el primer intento, comparado con el 65 % de las mujeres. Nos interesa saber si las proporciones son realmente iguales.

2. Se prueba un nuevo detergente para la ropa en consumidores. Nos interesa la proporción de consumidores que prefieren la nueva marca sobre el competidor principal. Se realiza un experimento para comprobarlo.

3. Un nuevo tratamiento para parabrisas pretende repeler el agua con mayor eficacia. Se prueban diez parabrisas simulando lluvia sin el nuevo tratamiento. A continuación, se tratan los mismos parabrisas y se repite el experimento. Se realiza una prueba de hipótesis.

4. La desviación típica conocida del salario de todos los profesionales de nivel intermedio en el sector financiero es de 11.000 dólares. La compañía A y la compañía B pertenecen al sector financiero. Supongamos que se toman muestras de profesionales de nivel intermedio en las compañías A y B. El salario en la media muestral de los profesionales de nivel intermedio en la compañía A es de 80.000 dólares. El salario medio de la muestra para los profesionales de nivel intermedio en la compañía B es de 96.000 dólares. Las gerencias de las compañías A y B quieren saber si la remuneración de sus profesionales de nivel intermedio es diferente, en promedio.

5. El trabajador promedio en Alemania cuenta con ocho semanas de vacaciones remuneradas.

6. Según un anuncio de televisión, el 80 % de los dentistas coinciden en que la pasta de dientes Ultrafresh es la mejor en el mercado.

7. Se cree que el promedio de calificación en un ensayo en inglés en un sistema escolar concreto es más alto en las mujeres que en los hombres. La muestra aleatoria de 31 mujeres obtuvo una puntuación media de 82 con desviación típica de tres, mientras que la muestra aleatoria de 25 hombres obtuvo una puntuación media de 76 con desviación típica de cuatro.

8. El promedio de bateo de la liga es de 0,280 con desviación típica conocida de 0,06. Los Rattlers y los Vikingos pertenecen a la liga. El promedio de bateo de una muestra de ocho jugadores de los Rattlers es de 0,210, mientras que el de los Vikingos es de 0,260. Hay 24 jugadores en el equipo de los Rattlers y 19 en el de los Vikingos. ¿Es el promedio de bateo de los Rattlers y de los Vikingos estadísticamente diferente?

9. En una muestra aleatoria de 100 bosques en Estados Unidos, 56 eran de coníferas o contenían coníferas. En una muestra aleatoria de 80 bosques en México, 40 eran de coníferas o contenían coníferas. ¿La proporción de coníferas en Estados Unidos es estadísticamente mayor que en México?

10. Se dice que un nuevo medicamento mejora el sueño. Se elige a ocho personas al azar y se les suministra el medicamento. Se registraron las horas medias de sueño de cada persona antes y después de comenzar la medicación.

11. Se cree que los adolescentes duermen más que los adultos en promedio. Se realiza un experimento para comprobarlo. Una muestra de 16 adolescentes tiene una media de 8,9 horas de sueño con desviación típica de 1,2. Una muestra de 12 adultos tiene una media de 6,9 horas de sueño con una desviación típica de 0,6.

12. Los atletas universitarios practican un promedio de cinco veces a la semana.

13. Una muestra de 12 programas de posgrado en el estado de la escuela A tiene una matrícula media de 64.000 dólares con desviación típica de 8.000 dólares. En la escuela B, una muestra de 16 programas de posgrado en el estado tiene una media de 80.000 dólares con desviación típica de 6.000 dólares. En promedio, ¿son diferentes las matrículas medias?

14. Se ofrece a los consumidores un nuevo amplificador de alcance de wifi. Un investigador prueba el alcance nativo de 12 enrutadores diferentes en las mismas condiciones. Los rangos se registran. A continuación, el investigador utiliza el nuevo amplificador de alcance de wifi y registra los nuevos alcances. ¿El nuevo amplificador de alcance de wifi funciona mejor?

15. El director de un escuela secundaria afirma que el 30 % de los estudiantes atletas van en automóvil a la escuela, comparado con el 4% de los que no son atletas. En una muestra de 20 estudiantes atletas, el 45 % va en automóvil a la escuela. En una muestra de 35 estudiantes que no son atletas, el 6 % va en automóvil a la escuela. ¿Es mayor el porcentaje de estudiantes atletas que se desplazan en automóvil a la escuela que el de los estudiantes que no son atletas?

Use la siguiente información para responder los próximos tres ejercicios: se realiza un experimento para determinar cuál de dos bebidas gaseosas tiene más azúcar. Hay 13 latas de la bebida A en una muestra y seis latas de la bebida B. La cantidad media de azúcar en la bebida A es de 36 gramos con desviación típica de 0,6 gramos. La cantidad media de azúcar en la bebida B es de 38 gramos con desviación típica de 0,8 gramos. Los investigadores creen que la bebida B tiene más azúcar que la bebida A, en promedio. Ambas poblaciones tienen distribuciones normales.

16. ¿Las desviaciones típicas son conocidas o desconocidas?

17. ¿Cuál es la variable aleatoria?

18. ¿Es una prueba de una o dos colas?

Utilice la siguiente información para responder los siguientes 12 ejercicios: El Centro para el Control y la Prevención de Enfermedades de EE. UU. informa que la esperanza de vida media era de 47,6 años para personas blancas nacidas en 1900 y de 33,0 años para las personas que no son blancas. Supongamos que usted realiza un estudio aleatorio de los registros de defunción de las personas nacidas en 1900 en un determinado condado. De las 124 personas blancas, la media de vida era de 45,3 años, con una desviación típica de 12,7 años. De las 82 personas que no son blancas, la media de vida era de 34,1 años, con una desviación típica de 15,6 años. Realice una prueba de hipótesis para ver si la media de vida en el condado es la misma para las personas blancas y las que no son blancas.

19. ¿Se trata de una prueba de medias o de proporciones?

20. Indique las hipótesis nula y alternativa.

a. H_0: ________
b. H_a: ________

21. ¿Es una prueba de cola derecha, de cola izquierda o de dos colas?

22. En símbolos, ¿cuál es la variable aleatoria de interés para esta prueba?

23. En palabras, defina la variable aleatoria de interés para esta prueba.

24. ¿Qué distribución (normal o *t* de Student) utilizaría para esta prueba de hipótesis?

25. Explique por qué eligió la distribución que hizo para el Ejercicio 10.24.

26. Calcule el estadístico de prueba.

27. Dibuje un gráfico de la situación. Etiquete el eje horizontal. Marque la diferencia hipotética y la diferencia muestral. Sombree el área correspondiente al valor *p*.

28. Con un α preconcebido = 0,05, cuál es su:

a. Decisión:
b. Motivo de la decisión:
c. Conclusión (escriba en una oración completa):

29. ¿Parece que las medias son iguales? ¿Por qué sí o por qué no?

10.4 Comparación de dos proporciones de población independientes

Use la siguiente información para los próximos cinco ejercicios. Se están probando dos tipos de sistemas operativos (operating system, OS) de teléfonos para determinar si hay una diferencia en las proporciones de fallos del sistema (caídas). Quince de una muestra aleatoria de 150 teléfonos con OS_1 tuvieron fallos del sistema en las primeras ocho horas de funcionamiento. Nueve de otra muestra aleatoria de 150 teléfonos con OS_2 tuvieron fallos del sistema en las primeras ocho horas de funcionamiento. Se cree que el OS_2 es más estable (tiene menos fallos) que el OS_1.

30. ¿Se trata de una prueba de medias o de proporciones?

31. ¿Cuál es la variable aleatoria?

32. Indique las hipótesis nula y alternativa.

33. ¿Qué puede concluir sobre los dos sistemas operativos?

Use la siguiente información para responder los próximos doce ejercicios. En el reciente censo el tres por ciento de la población de EE. UU. declaró que era de dos o más razas. Sin embargo, el porcentaje varía enormemente de un estado a otro. Supongamos que se realizan dos encuestas aleatorias. En la primera encuesta aleatoria, de 1.000 habitantes de Dakota del Norte, solo nueve personas declararon que son de dos o más razas. En la segunda encuesta aleatoria, de 500 nevadenses, 17 personas declararon que son de dos o más razas. Realice una prueba de hipótesis para determinar si los porcentajes de población son iguales para los dos estados o si el porcentaje de Nevada es estadísticamente mayor que el de Dakota del Norte.

34. ¿Se trata de una prueba de medias o de proporciones?

35. Indique las hipótesis nula y alternativa.

a. H_0: _______
b. H_a: _______

36. ¿Es una prueba de cola derecha, de cola izquierda o de dos colas? ¿Cómo lo sabe?

37. ¿Cuál es la variable aleatoria de interés para esta prueba?

38. Defina la variable aleatoria para esta prueba en palabras.

39. ¿Qué distribución (normal o *t*de Student) utilizaría para esta prueba de hipótesis?

40. Explique por qué eligió la distribución que hizo para el Ejercicio 10.56.

41. Calcule el estadístico de prueba.

42. Con un α preconcebido = 0,05, cuál es su:

a. Decisión:
b. Motivo de la decisión:
c. Conclusión (escriba en una oración completa):

43. ¿Parece que la proporción de nevadenses de dos o más razas es mayor que la de los habitantes de Dakota del Norte? ¿Por qué sí o por qué no?

10.5 Dos medias poblacionales con desviaciones típicas conocidas

Use la siguiente información para responder los próximos cinco ejercicios. Se van a comparar las velocidades medias de los lanzamientos de pelotas rápidas de dos lanzadores de béisbol diferentes. Se mide una muestra de 14 lanzamientos de pelotas rápidas de cada lanzador. Las poblaciones tienen distribuciones normales. La Tabla 10.8 muestra el resultado. Los cazatalentos creen que Rodríguez lanza una pelota rápida más rápida.

Lanzador	Media muestral de la velocidad de los lanzamientos (mph)	Desviación típica de la población
Wesley	86	3
Rodríguez	91	7

Tabla 10.8

44. ¿Cuál es la variable aleatoria?

45. Indique las hipótesis nula y alternativa.

46. ¿Cuál es el estadístico de prueba?

47. Al nivel de significación del 1 %, ¿cuál es su conclusión?

Use la siguiente información para responder los próximos cinco ejercicios. Un investigador está probando los efectos de los alimentos para plantas en su crecimiento. Nueve plantas han recibido el alimento para plantas. Otras nueve plantas no han recibido el alimento para plantas. Las alturas de las plantas se registran después de ocho semanas. Las poblaciones tienen distribuciones normales. El resultado está en la siguiente tabla. El investigador cree que la comida hace que las plantas crezcan más altas.

Grupo de plantas	Media muestral de la altura de las plantas (pulgadas)	Desviación típica de la población
Con alimento	16	2,5
Sin alimento	14	1,5

Tabla 10.9

48. ¿La desviación típica de la población es conocida o desconocida?

49. Indique las hipótesis nula y alternativa.

50. Al nivel de significación del 1 %, ¿cuál es su conclusión?

Use la siguiente información para responder los siguientes cinco ejercicios. Se están considerando dos aleaciones metálicas como material para los rodamientos de pelotas. Hay que comparar el punto de fusión medio de las dos aleaciones. Se están probando 15 piezas de cada metal. Ambas poblaciones tienen distribuciones normales. El resultado está en la siguiente tabla. Se cree que la aleación zeta tiene un punto de fusión diferente.

	Media muestral de las temperaturas de fusión (°F)	Desviación típica de la población
Aleación gamma	800	95
Aleación zeta	900	105

Tabla 10.10

51. Indique las hipótesis nula y alternativa.

52. ¿Se trata de una prueba a la derecha, a la izquierda o de dos colas?

53. Al nivel de significación del 1 %, ¿cuál es su conclusión?

10.6 Muestras coincidentes o emparejadas

Use la siguiente información para responder los próximos cinco ejercicios. Se realizó un estudio para comprobar la eficacia de un parche de software en la reducción de fallos del sistema durante un periodo de seis meses. Los resultados de instalaciones seleccionadas al azar se muestran en la Tabla 10.11. El valor “antes” se compara con un valor “después” y se calculan las diferencias. Las diferencias tienen una distribución normal. Prueba al nivel de significación del 1 %.

Instalación	A	B	C	D	E	F	G	H
Antes	3	6	4	2	5	8	2	6
Después	1	5	2	0	1	0	2	2

Tabla 10.11

54. ¿Cuál es la variable aleatoria?

55. Indique las hipótesis nula y alternativa.

56. ¿Qué conclusión puede sacar sobre el parche de software?

Use la siguiente información para responder los próximos cinco ejercicios. Se realizó un estudio para comprobar la eficacia de una clase de malabares. Antes de que empezara la clase seis sujetos hicieron malabares con todas las pelotas que pudieron a la vez. Después de la clase, los mismos seis sujetos hicieron todos los malabares que pudieron con las pelotas. Se calculan las diferencias en el número de pelotas. Las diferencias tienen una distribución normal. Prueba al nivel de significación del 1 %.

Sujeto	A	B	C	D	E	F
Antes	3	4	3	2	4	5
Después	4	5	6	4	5	7

Tabla 10.12

57. Indique las hipótesis nula y alternativa.

58. ¿Cuál es la diferencia de la media muestral?

59. ¿Qué conclusión puedes sacar sobre la clase de malabares?

Use la siguiente información para responder los siguientes cinco ejercicios. Un médico quiere saber si un medicamento para la presión arterial es eficaz. A seis sujetos se les toma la presión arterial y se registra. Después de doce semanas de uso del medicamento, se vuelve a tomar la presión arterial de los mismos seis sujetos. Para esta prueba, solo se considera la presión sistólica. Prueba al nivel de significación del 1 %.

Paciente	A	B	C	D	E	F
Antes	161	162	165	162	166	171
Después	158	159	166	160	167	169

Tabla 10.13

60. Indique las hipótesis nula y alternativa.

61. ¿Cuál es el estadístico de prueba?

62. ¿Cuál es la diferencia de la media muestral?

63. ¿Cuál es la conclusión?

Tarea para la casa

10.1 Comparación de las medias de dos poblaciones independientes

64. Se cree que el número medio de cursos de inglés realizados en un periodo de dos años por los estudiantes de educación superior hombres y mujeres es aproximadamente igual. Se realiza un experimento y se recopilan datos de 29 hombres y 16 mujeres. Los hombres tomaron tres cursos de inglés en promedio, con desviación típica de 0,8. Las mujeres tomaron cuatro cursos de inglés en promedio, con desviación típica de 1,0. ¿Son las medias estadísticamente iguales?

65. Un estudiante de una universidad de cuatro años afirma que la media de matriculación en las universidades de cuatro años es mayor que en los colegios universitarios de dos años en Estados Unidos. Se realizan dos encuestas. De los 35 institutos universitarios de dos años encuestados la media de matriculación era de 5.068, con desviación típica de 4.777. De los 35 institutos universitarios de cuatro años encuestados, la media de matriculación era de 5.466, con desviación típica de 8.191.

66. En la fiesta del 11.° cumpleaños de Rachel se cronometró el tiempo (en segundos) que ocho niñas podían aguantar la respiración en posición relajada. Tras un descanso de dos minutos, se cronometraron mientras saltaban. Las niñas pensaron que la diferencia media entre sus tiempos de salto y de relajación sería cero. Compruebe su hipótesis.

Tiempo de relajación (segundos)	Tiempo de salto (segundos)
26	21
47	40
30	28
22	21
23	25
45	43
37	35
29	32

Tabla 10.14

67. Se cree que la media de los salarios iniciales de los graduados universitarios con títulos de Ingeniería Mecánica y de Ingeniería Eléctrica es aproximadamente igual. Una oficina de contratación cree que el salario medio de los ingenieros mecánicos es en realidad más bajo que el de los ingenieros eléctricos. La oficina de contratación encuesta aleatoriamente a 50 ingenieros mecánicos de y a 60 ingenieros eléctricos de nivel inicial. Sus salarios medios fueron de 46.100 dólares y 46.700 dólares, respectivamente. Sus desviaciones típicas fueron de 3.450 dólares y 4.210 dólares, respectivamente. Realice una prueba de hipótesis para determinar si está de acuerdo en que el salario medio inicial de los ingenieros mecánicos es inferior al de los ingenieros eléctricos.

68. Compañías de mercadeo han recopilado datos que implican que las adolescentes utilizan más tonos de llamada en sus teléfonos móviles que sus pares masculinos. En un estudio particular de 40 adolescentes elegidos al azar (20 de cada sexo) con teléfonos móviles, el número medio de tonos de llamada para las chicas era de 3,2 con desviación típica de 1,5. La media de los chicos fue de 1,7 con desviación típica de 0,8. Realice una prueba de hipótesis para determinar si las medias son aproximadamente iguales o si la media de las chicas es mayor que la de los chicos.

Utilice la información del Conjunto de datos del Apéndice A: Tablas de estadísticas para responder los siguientes cuatro ejercicios.

69. Con solo los datos de la vuelta 1, realice una prueba de hipótesis para determinar si el tiempo medio para completar una vuelta en las carreras es el mismo que en los entrenamientos.

70. Repita la prueba en el Ejercicio 10.69, pero esta vez utilice los datos de la vuelta 5.

71. Repita la prueba en el Ejercicio 10.69, pero esta vez combine los datos de las vueltas 1 y 5.

72. En dos o tres oraciones completas, explique detalladamente cómo podría utilizar los datos sobre Terri Vogel para responder la siguiente pregunta. "¿Terri Vogel conduce más rápido en las carreras que en los entrenamientos?"

Utilice la siguiente información para responder los dos ejercicios siguientes. Las conferencias Este y Oeste de la Liga Mayor de Fútbol cuentan con una nueva división de reserva que permite a los nuevos jugadores desarrollar sus habilidades. Los datos de una fecha elegida al azar mostraron los siguientes objetivos anuales.

Oeste	Este
Los Ángeles 9	DC United 9
FC Dallas 3	Chicago 8
Chivas USA 4	Columbus 7
Real Salt Lake 3	Nueva Inglaterra 6
Colorado 4	MetroStars 5
San José 4	Kansas City 3

Tabla 10.15

Realice una prueba de hipótesis para responder los dos ejercicios siguientes.

73. La distribución **exacta** para la prueba de hipótesis es:

a. la distribución normal
b. la distribución *t* de Student
c. la distribución uniforme
d. la distribución exponencial

74. Si el nivel de significación es 0,05, la conclusión es:

a. Hay pruebas suficientes para concluir que los equipos de la División **Oeste** marquen menos goles en promedio que los equipos de la División **Este**.
b. No hay pruebas suficientes para concluir que los equipos de la División **Oeste** marquen más goles en promedio que los equipos de la División **Este**.
c. No hay pruebas suficientes para concluir que los equipos de la División **Oeste** marquen menos goles en promedio que los equipos de la División **Este**.
d. No se puede determinar.

75. Supongamos que un instructor de estadística cree que no hay ninguna diferencia significativa entre las puntuaciones medias de clase de los estudiantes de diurnos en el examen 2 y los estudiantes nocturnos en el examen 2. Toma muestras aleatorias de cada una de las poblaciones. La media y la desviación típica de los 35 estudiantes diurnos de Estadística fueron de 75,86 y 16,91. La media y la desviación típica de 37 estudiantes nocturnos de Estadística fueron de 75,41 y 19,73. El subíndice "día" se refiere a los estudiantes diurnos. El subíndice "noche" se refiere a los estudiantes nocturnos. La conclusión es:

a. Hay pruebas suficientes para concluir que la media de los estudiantes nocturnos de Estadística en el examen 2 sea mejor que la de los estudiantes diurnos.
b. No hay pruebas suficientes para concluir que la media de los estudiantes diurnos de Estadística en el examen 2 sea mejor que la de los estudiantes nocturnos.
c. No hay pruebas suficientes para concluir que exista una diferencia significativa entre las medias de los estudiantes diurnos de Estadística y los nocturnos en el examen 2.
d. Hay pruebas suficientes para concluir que existe una diferencia significativa entre las medias de los estudiantes diurnos de Estadística y los estudiantes nocturnos en el examen 2.

76. Elijah quiere saber si los costos de los libros de texto son diferentes para las distintas carreras. Selecciona una muestra aleatoria de 33 libros de texto de Sociología ofrecidos en un popular sitio web. El precio medio de su muestra es de 74,64 dólares, con una desviación típica de 49,36 dólares. A continuación, selecciona una muestra aleatoria de 33 libros de texto de Matemáticas y Ciencias del mismo sitio. El precio medio de esta muestra es de 111,56 dólares, con una desviación típica de 66,90 dólares. ¿El precio medio de un libro de texto de Sociología es inferior al de un libro de Matemáticas o Ciencias? Pruebe con un nivel de significación del 1 %.

77. Se prueba una dieta en polvo en 49 personas, y una dieta líquida en 36 personas diferentes. Es interesante saber si la dieta líquida produce una mayor pérdida de peso media que la dieta en polvo. El grupo de la dieta en polvo tuvo una media de pérdida de peso de 42 libras con desviación típica de 12 libras. El grupo de la dieta líquida tuvo una media de pérdida de peso de 45 libras con desviación típica de 14 libras.

78. Supongamos que una instructora de Estadística cree que no hay ninguna diferencia significativa entre las puntuaciones medias de clase de los estudiantes de diurnos en el examen 2 y los estudiantes nocturnos. Toma muestras aleatorias de cada una de las poblaciones. La media y la desviación típica de los 35 estudiantes diurnos de Estadística fueron 75,86 y 16,91, respectivamente. La media y la desviación típica de 37 estudiantes nocturnos de Estadística fueron de 75,41 y 19,73. El subíndice "día" se refiere a los estudiantes diurnos. El subíndice "noche" se refiere a los estudiantes nocturnos. Otra hipótesis adecuada para la prueba de hipótesis es:

a. $\mu_{\text{día}} > \mu_{\text{noche}}$
b. $\mu_{\text{día}} < \mu_{\text{noche}}$
c. $\mu_{\text{día}} = \mu_{\text{noche}}$
d. $\mu_{\text{día}} \neq \mu_{\text{noche}}$

10.4 Comparación de dos proporciones de población independientes

79. Una reciente encuesta sobre drogas mostró un aumento del consumo de drogas y alcohol entre estudiantes locales de último año de escuela secundaria en comparación con el porcentaje nacional. Supongamos que se realiza una encuesta entre 100 estudiantes de último año de escuela secundaria locales y 100 nacionales para ver si la proporción de consumo de drogas y alcohol es mayor localmente que en todo el país. Localmente, 65 estudiantes de último año de escuela secundaria declararon haber consumido drogas o alcohol durante el mes anterior, mientras que el número nacional fue de 60.

80. Nos interesa saber si las proporciones de mujeres víctimas de suicidio entre 15 y 24 años son iguales para las razas blanca y negra en Estados Unidos. Elegimos al azar un año, 1992, para comparar las razas. El número de suicidios estimado en Estados Unidos en 1992 para mujeres blancas es de 4.930. Quinientos ochenta tenían entre 15 y 24 años. La estimación para las mujeres negras es de 330. Cuarenta tenían entre 15 y 24 años. Supondremos que las mujeres víctimas de suicidio sean nuestra población.

81. Elizabeth Mjelde, profesora de Historia del Arte, estaba interesada en saber si el valor de la fórmula del número áureo, $\left(\frac{\text{dimensión mayor + menor}}{\text{mayor dimensión}}\right)$ era el mismo en la exposición del Whitney para las obras de 1900 a 1919 que para las de 1920 a 1942. Se muestrearon treinta y siete obras tempranas, con una media de 1,74 con una desviación típica de 0,11. Se muestrearon sesenta y cinco obras finales, con una media de 1,746 con una desviación típica de 0,1064. ¿Cree que hay una diferencia significativa en el cálculo del número áureo?

82. Se eligió al azar un año reciente desde 1985 hasta el presente. En ese año, había 2.051 estudiantes hispanos en el Cabrillo College de un total de 12.328 estudiantes. En el Lake Tahoe College, había 321 estudiantes hispanos de un total de 2.441 estudiantes. En general, ¿cree que el porcentaje de estudiantes hispanos en los dos institutos universitarios es básicamente igual o diferente?

Use la siguiente información para responder los próximos tres ejercicios. El virus neuroinvasivo del Nilo Occidental es una enfermedad grave que afecta el sistema nervioso de las personas. Lo transmite la especie de mosquito Culex. En Estados Unidos en 2010 se registraron 629 casos del virus neuroinvasivo del Nilo Occidental de un total de 1.021 casos notificados, y en 2011 se registraron 486 casos neuroinvasivos de un total de 712 casos. ¿La proporción de casos del virus neuroinvasivo del Nilo Occidental en 2011 es mayor que la proporción de casos de 2010? Use un nivel de significación del 1 % y haga una prueba de hipótesis adecuada.

- "2011" subíndice: grupo 2011.
- "2010" subíndice: grupo 2010

83. Esto es:

a. una prueba de dos proporciones
b. una prueba de dos medias independientes
c. una prueba de una sola media
d. una prueba de pares coincidentes.

84. Una hipótesis nula adecuada es:

a. $p_{2011} \leq p_{2010}$
b. $p_{2011} \geq p_{2010}$
c. $\mu_{2011} \leq \mu_{2010}$
d. $p_{2011} > p_{2010}$

85. Unos investigadores hicieron un estudio para averiguar si existe una diferencia en el uso de lectores de libros electrónicos por parte de distintos grupos de edad. Los participantes seleccionados al azar se dividieron en dos grupos de edad. En el grupo de 16 a 29 años, el 7 % de los 628 encuestados utilizan lectores de libros electrónicos, así como el 11 % de los 2.309 participantes de 30 años o más

86. Se seleccionaron aleatoriamente adultos de 18 años o más para una encuesta sobre obesidad. Se considera que los adultos son obesos si su índice de masa corporal (IMC) es de al menos 30. Los investigadores querían determinar si la proporción de mujeres obesas en el sur es menor que la proporción de hombres del sur que son obesos. Los resultados se muestran en la Tabla 10.16. Pruebe al nivel de significación del 1 %.

	Número de personas obesas	Tamaño de la muestra
Hombres	42.769	155.525
Mujeres	67.169	248.775

Tabla 10.16

87. Dos usuarios de computadoras estaban hablando sobre tabletas. La proporción de personas de 16 a 29 años que utilizan tabletas es mayor que la de las personas de 30 años o más. La Tabla 10.17 detalla el número de propietarios de tabletas para cada grupo de edad. Pruebe al nivel de significación del 1 %.

	de 16 a 29 años	30 años o más
Poseer una tableta	69	231
Tamaño de la muestra	628	2.309

Tabla 10.17

88. Un grupo de amigos debatía sobre si hay más hombres que usan teléfonos inteligentes que mujeres. Consultaron un estudio de investigación sobre el uso de teléfonos inteligentes entre adultos. Los resultados de la encuesta indican que de los 973 hombres incluidos en la muestra aleatoria, 379 utilizan teléfonos inteligentes. En el caso de las mujeres, 404 de las 1.304 incluidas en la muestra aleatoria utilizan teléfonos inteligentes. Prueba al nivel de significación del 5 %.

89. Mientras su esposo se pasaba 2½ horas eligiendo nuevos altavoces, una estadística decidió determinar si el porcentaje de hombres que disfrutan comprando equipos electrónicos es mayor que el porcentaje de mujeres que disfrutan comprando equipos electrónicos. La población eran los compradores del sábado por la tarde. De los 67 hombres, 24 dijeron que disfrutaban de la actividad. Ocho de las 24 mujeres encuestadas afirmaron que disfrutaban de la actividad. Interprete los resultados de la encuesta.

90. Nos interesa saber si los softwares educativos para niños cuestan menos, en promedio, que los de entretenimiento para niños. Se eligieron al azar treinta y seis títulos de software educativo de un catálogo. El costo medio fue de 31,14 dólares, con una desviación típica de 4,69 dólares. Se eligieron al azar treinta y cinco títulos de software de entretenimiento del mismo catálogo. El costo medio fue de 33,86 dólares, con una desviación típica de 10,87 dólares. Decida si el software educativo para niños cuesta menos, en promedio, que el software de entretenimiento para niños.

91. Joan Nguyen afirmó recientemente que la proporción de hombres en edad universitaria con al menos una oreja perforada es tan alta como la proporción de mujeres universitarias. Hizo una encuesta en sus clases. De los 107 hombres, 20 tenían, al menos, una oreja perforada. De las 92 mujeres, 47 tenían, al menos, una oreja perforada. ¿Cree que la proporción de hombres ha alcanzado a la de mujeres?

92. "¿Desayunar o no desayunar?", por Richard Ayore

En la sociedad estadounidense, los cumpleaños son uno de esos días que todo el mundo espera con ilusión. Personas de diferentes edades y grupos de compañeros se reúnen para celebrar los cumpleaños: 18, 20, etc. Durante este tiempo, uno mira hacia atrás para ver lo que ha conseguido durante el año pasado y también se centra en el futuro para ver lo que está por venir.

Si, por casualidad, me invitan a una de estas fiestas, mi experiencia es siempre diferente. En vez de bailar con mis amigos mientras la música retumba, me dejo llevar por los recuerdos de mi familia en Kenia. Recuerdo los buenos momentos que pasé con mis hermanos y mi hermana mientras llevábamos a cabo nuestra rutina diaria.

Recuerdo que todas las mañanas íbamos a la shamba (huerto) a desherbar nuestros cultivos. Recuerdo que un día discutí con mi hermano por qué siempre se quedaba atrás para reunirse con nosotros una hora más tarde. En su defensa, dijo que prefería esperar a desayunar antes de venir a desherbar. Dijo: "¡Por eso siempre trabajo más horas que ustedes!".

Así que, para demostrar que estaba equivocado o que tenía razón, decidimos probarlo. Un día fuimos a trabajar como de costumbre sin desayunar, y registramos el tiempo que podíamos trabajar antes de cansarnos y parar. Al día siguiente, todos desayunamos antes de ir a trabajar. Registramos el tiempo que trabajamos de nuevo antes de cansarnos y parar. Nos interesa saber el aumento medio del tiempo de trabajo. Aunque no estoy seguro, mi hermano insistió en que fueron más de dos horas. Use los datos de la Tabla 10.18 y resuelva nuestro problema.

Horas de trabajo con desayuno	Horas de trabajo sin desayuno
8	6
7	5
9	5
5	4
9	7
8	7
10	7
7	5
6	6
9	5

Tabla 10.18

10.5 Dos medias poblacionales con desviaciones típicas conocidas

Nota

Si usa una distribución t de Student para uno de los siguientes problemas de tarea para la casa, incluso para datos emparejados, puede suponer que la población subyacente está distribuida normalmente (sin embargo, cuando se utilicen estas pruebas en una situación real, primero hay que demostrar ese supuesto).

93. Se hace un estudio para determinar si los estudiantes del sistema universitario estatal de California tardan más en graduarse, en promedio, que los estudiantes inscritos en universidades privadas. Se encuestaron cien estudiantes del sistema universitario estatal de California y de universidades privadas. Supongamos que, a partir de años de investigación, se sabe que las desviaciones típicas de la población son 1,5811 años y 1 año, respectivamente. Se recopilan los siguientes datos. Los estudiantes del sistema universitario estatal de California tardaron un promedio de 4,5 años, con una desviación típica de 0,8. Los estudiantes de universidades privadas tardaron un promedio de 4,1 años, con una desviación típica de 0,3.

94. Los padres de los adolescentes se quejan a menudo de que el seguro de automóvil cuesta más, en promedio, para los hombres que para las mujeres. Un grupo de padres preocupados examina una muestra aleatoria de facturas de seguros. El costo medio anual para 36 adolescentes hombres fue de 679 dólares. Para 23 adolescentes mujeres fueron 559 dólares. De los años anteriores, se sabe que la desviación típica de la población para cada grupo es de 180 dólares. Determine si cree que el costo medio del seguro de automóvil para los adolescentes hombres es mayor que el de las adolescentes mujeres.

95. Un grupo de estudiantes que van a transferirse se preguntaba si gastarían la misma cantidad media en textos y materiales cada año en su universidad de cuatro años que en su colegio comunitario. Realizaron una encuesta aleatoria a 54 estudiantes de su colegio comunitario y a 66 estudiantes de su universidad de cuatro años local. Las medias muestrales fueron 947 y 1.011 dólares, respectivamente. Se sabe que las desviaciones típicas de la población son de 254 y 87 dólares, respectivamente. Realice una prueba de hipótesis para determinar si las medias son estadísticamente iguales.

96. Algunos fabricantes afirman que los vehículos tipo sedán no híbridos tienen una media de millas por galón (mpg) inferior a los híbridos. Supongamos que los consumidores prueban 21 sedanes híbridos y obtienen una media de 31 mpg con una desviación típica de siete mpg. Treinta y un sedanes no híbridos obtienen una media de 22 mpg con una desviación típica de cuatro mpg. Supongamos que se sabe que las desviaciones típicas de la población son seis y tres, respectivamente. Haga una prueba de hipótesis para evaluar la afirmación del fabricante.

97. Un aficionado al béisbol quería saber si existe una diferencia entre el número de partidos jugados en una Serie Mundial cuando la Liga Americana gana la serie versus cuando la Liga Nacional gana la serie. Desde 1922 hasta 2012, la desviación típica de la población de los partidos ganados por la Liga Americana fue de 1,14, y la de los partidos ganados por la Liga Nacional fue de 1,11. De los 19 partidos de las Series Mundiales seleccionados al azar que ganó la Liga Americana, la media de partidos ganados fue de 5,76. La media de los 17 partidos seleccionados al azar que ganó la Liga Nacional fue de 5,42. Realice una prueba de hipótesis.

98. Una de las preguntas de un estudio sobre la satisfacción conyugal de las parejas con dos carreras era valorar la afirmación: "Estoy satisfecho con la forma en que dividimos las responsabilidades del cuidado de los hijos". Las valoraciones iban del uno (muy de acuerdo) al cinco (muy en desacuerdo). La Tabla 10.19 contiene diez de las respuestas emparejadas de esposos y esposas. Realice una prueba de hipótesis para ver si la diferencia media en el nivel de satisfacción de los esposos versus el de las esposas es negativo (lo que significa que, dentro de la pareja, el esposo es más feliz que la esposa).

Puntuación de la esposa	2	2	3	3	4	2	1	1	2	4
Puntuación del esposo	2	2	1	3	2	1	1	1	2	4

Tabla 10.19

10.6 Muestras coincidentes o emparejadas

99. Diez personas siguieron una dieta baja en grasas durante 12 semanas para reducir el colesterol. Los datos se registran en la Tabla 10.20. ¿Cree que sus niveles de colesterol se redujeron significativamente?

Nivel de colesterol inicial	Nivel de colesterol final
140	140
220	230
110	120
240	220
200	190
180	150
190	200
360	300
280	300
260	240

Tabla 10.20

Use la siguiente información para responder los próximos dos ejercicios. Se probó un nuevo medicamento para la prevención del sida en un grupo de 224 pacientes con VIH positivo. Cuarenta y cinco pacientes desarrollaron sida después de cuatro años. En un grupo de control de 224 pacientes con VIH positivo, 68 desarrollaron sida al cabo de cuatro años. Queremos comprobar si el método de tratamiento reduce la proporción de pacientes que desarrollan sida al cabo de cuatro años o si las proporciones del grupo tratado y del grupo no tratado se mantienen igual.

Supongamos que el subíndice t = paciente tratado y nt = paciente no tratado.

100. Las hipótesis adecuadas son:

a. H_0: $p_t < p_{nt}$ y H_a: $p_t \geq p_{nt}$
b. H_0: $p_t \leq p_{nt}$ y H_a: $p_t > p_{nt}$
c. H_0: $p_t = p_{nt}$ y H_a: $p_t \neq p_{nt}$
d. H_0: $p_t = p_{nt}$ y H_a: $p_t < p_{nt}$

Use la siguiente información para responder los próximos dos ejercicios. Se realiza un experimento para demostrar que la presión arterial se puede reducir conscientemente en personas entrenadas en un "programa de ejercicios de biorrealimentación". Se seleccionaron seis sujetos al azar y se registraron las mediciones de la presión arterial antes y después del entrenamiento. Se calculó la diferencia entre las presiones sanguíneas (después - antes) lo que arrojó los siguientes resultados $\overline{x}_d$ = −10,2 s_d = 8,4. Use los datos y compruebe la hipótesis de que la presión arterial ha disminuido después del entrenamiento.

101. La distribución para la prueba es:

a. t_5
b. t_6
c. $N(-10{,}2; 8{,}4)$
d. $N(-10{,}2, \frac{8{,}4}{\sqrt{6}})$

102. Una instructora de golf está interesada en determinar si su nueva técnica para mejorar los resultados de los jugadores de golf es eficaz. Toma cuatro nuevos estudiantes. Registra sus calificaciones de 18 hoyos antes de aprender la técnica y después de haber tomado su clase. Realiza una prueba de hipótesis. Los datos son los siguientes.

	Jugador 1	Jugador 2	Jugador 3	Jugador 4
Puntuación media antes de la clase	83	78	93	87
Puntuación media después de la clase	80	80	86	86

Tabla 10.21

La decisión correcta es:

a. Rechaza H_0.
b. No rechace la H_0.

103. Un grupo local de apoyo al cáncer cree que la estimación de nuevos casos de cáncer de mama en mujeres en el sur es mayor en 2013 que en 2012. El grupo comparó las estimaciones de nuevos casos de cáncer de mama en mujeres por estados del sur en 2012 y en 2013. Los resultados están en la Tabla 10.22.

Estados del sur	2012	2013
Alabama	3.450	3.720
Arkansas	2.150	2.280
Florida	15.540	15.710
Georgia	6.970	7.310
Kentucky	3.160	3.300
Luisiana	3.320	3.630
Misisipi	1.990	2.080
Carolina del Norte	7.090	7.430
Oklahoma	2.630	2.690
Carolina del Sur	3.570	3.580
Tennessee	4.680	5.070
Texas	15.050	14.980
Virginia	6.190	6.280

Tabla 10.22

104. Un viajero quería saber si los precios de los hoteles son diferentes en las diez ciudades que visita con más frecuencia. La lista de las ciudades con los precios correspondientes de sus dos cadenas hoteleras favoritas está en la Tabla 10.23. Pruebe al nivel de significación del 1 %.

Ciudades	Precios del Hyatt Regency en dólares	Precios del Hilton en dólares
Atlanta	107	169
Boston	358	289
Chicago	209	299
Dallas	209	198
Denver	167	169
Indianápolis	179	214
Los Ángeles	179	169
Ciudad de Nueva York	625	459
Filadelfia	179	159
Washington, DC	245	239

Tabla 10.23

105. Un político les pidió a sus colaboradores que determinaran si la tasa de subempleo en el noreste disminuyó de 2011 a 2012. Los resultados están en la Tabla 10.24.

Estados del noreste	2011	2012
Connecticut	17,3	16,4
Delaware	17,4	13,7
Maine	19,3	16,1
Maryland	16,0	15,5
Massachusetts	17,6	18,2
Nuevo Hampshire	15,4	13,5
Nueva Jersey	19,2	18,7
Nueva York	18,5	18,7
Ohio	18,2	18,8
Pensilvania	16,5	16,9
Rhode Island	20,7	22,4
Vermont	14,7	12,3
Virginia Occidental	15,5	17,3

Tabla 10.24

Resúmalo todo: tarea para la casa

Use la siguiente información para responder los próximos diez ejercicios. Indique cuál de las siguientes opciones identifica mejor la prueba de hipótesis.

a. medias de grupos independientes, desviaciones típicas de la población o varianzas conocidas
b. medias de grupos independientes, desviaciones típicas de la población o varianzas desconocidas
c. muestras coincidentes o emparejadas
d. media simple
e. dos proporciones
f. proporción única

106. Se prueba una dieta en polvo en 49 personas, y una dieta líquida en 36 personas diferentes. Las desviaciones típicas de la población son de dos y tres libras, respectivamente. Nos interesa saber si la dieta líquida produce una mayor pérdida de peso media que la dieta en polvo.

107. Se hace una prueba de sabor de una nueva barra de chocolate entre consumidores. Nos interesa saber si la proporción de niños a quienes les gusta la nueva barra de chocolate es mayor que la de adultos.

108. Se cree que el número medio de cursos de inglés realizados en un periodo de dos años por los estudiantes de educación superior hombres y mujeres es aproximadamente igual. Se realiza un experimento y se recopilan datos de nueve hombres y 16 mujeres.

109. Una liga de fútbol informó que la media de anotaciones por partido era de cinco. Se hace un estudio para determinar si el número medio de anotaciones ha disminuido.

110. Se realiza un estudio para determinar si los estudiantes del sistema universitario estatal de California tardan más en graduarse que los inscritos en universidades privadas. Se encuestaron cien estudiantes del sistema universitario estatal de California y de universidades privadas. A partir de años de investigación se sabe que las desviaciones típicas de la población son de 1,5811 años y de un año, respectivamente.

111. Según un boletín del Centro de Crisis por Violación de la Asociación Cristiana de Mujeres Jóvenes (Young Women's Christian Association, YWCA), el 75 % de las víctimas de violación conocen a sus agresores. Se realiza un estudio para comprobarlo.

112. Según un estudio reciente, las compañías estadounidenses tienen una ausencia media por maternidad de seis semanas.

113. Una encuesta reciente sobre drogas mostró un aumento del consumo de drogas y alcohol entre los estudiantes de secundaria locales en comparación con el porcentaje nacional. Supongamos que se realiza una encuesta entre 100 jóvenes locales y 100 nacionales para ver si la proporción de consumo de drogas y alcohol es mayor localmente que en todo el país.

114. Un nuevo curso de estudio de la SAT se pone a prueba en 12 personas. Se registran las calificaciones antes y después del curso. Nos interesa el aumento medio de las calificaciones de la SAT. Se recopilan los siguientes datos:

Calificación antes del curso	Calificación después del curso
1	300
960	920
1010	1.100
840	880
1.100	1070
1250	1320
860	860
1330	1370
790	770
990	1040
1110	1.200
740	850

Tabla 10.25

115. Investigadores de la Universidad de Michigan informaron en la *Revista del Instituto Nacional del Cáncer* que dejar de fumar es especialmente beneficioso para los menores de 49 años. En este estudio de la Sociedad Americana del Cáncer, el riesgo (probabilidad) de morir de cáncer de pulmón era prácticamente igual que el de quienes nunca habían fumado.

116. Lesley E. Tan investigó la relación entre ser zurdo o diestro y la competencia motriz en niños de preescolar. Se realizaron varias pruebas de habilidades motrices a muestras aleatorias de 41 niños de preescolar zurdos y 41 diestros para determinar si hay pruebas de una diferencia entre los niños basada en este experimento. El experimento produjo las medias y las desviaciones típicas que se muestran en la Tabla 10.26. Determine la prueba adecuada y la mejor distribución que debe utilizar para esa prueba.

	Zurdo	Diestro
Tamaño de la muestra	41	41
Media muestral	97,5	98,1
Desviación típica de la muestra	17,5	19,2

Tabla 10.26

a. Dos medias independientes, distribución normal
b. Dos medias independientes, distribución t de Student
c. Muestras coincidentes o emparejadas, distribución t de Student
d. Dos proporciones de población, distribución normal

117. Una instructora de golf está interesada en determinar si su nueva técnica para mejorar los resultados de los jugadores de golf es eficaz. Lleva a cuatro (4) nuevos estudiantes. Registra sus calificaciones de 18 hoyos antes de aprender la técnica y después de haber tomado su clase. Realiza una prueba de hipótesis. Los datos son los siguientes: Tabla 10.27.

	Jugador 1	Jugador 2	Jugador 3	Jugador 4
Puntuación media antes de la clase	83	78	93	87
Puntuación media después de la clase	80	80	86	86

Tabla 10.27

Esto es:

a. una prueba de dos medias independientes.
b. una prueba de dos proporciones.
c. una prueba de una sola media.
d. una prueba de una sola proporción.

Referencias

10.1 Comparación de las medias de dos poblaciones independientes

Datos de las carreras de Ingeniería e Informática. Disponible en línea en http://www.graduatingengineer.com

Datos de *Microsoft Bookshelf.*

Datos del sitio web del Senado de Estados Unidos, disponibles en línea en www.Senate.gov (consultado el 17 de junio de 2013).

"Lista de los actuales senadores de Estados Unidos por edad". Wikipedia. Disponible en línea en http://en.wikipedia.org/wiki/List_of_current_United_States_Senators_by_age (consultado el 17 de junio de 2013).

"Sectorización por grupos industriales". Nasdaq. Disponible en línea en http://www.nasdaq.com/markets/barchart-sectors.aspx?page=sectors&base=industry (consultado el 17 de junio de 2013).

"Clubes de desnudistas: donde se da la prostitución y la trata". Investigación y educación sobre la prostitución, 2013. Disponible en línea en www.prostitutionresearch.com/ProsViolPosttrauStress.html (consultado el 17 de junio de 2013).

"Historia de las Series Mundiales". Almanaque de béisbol, 2013. Disponible en línea en http://www.baseball-almanac.com/ws/wsmenu.shtml (consultado el 17 de junio de 2013).

10.4 Comparación de dos proporciones de población independientes

Datos de *Educational Resources*, catálogo de diciembre.

Datos de los Hoteles Hilton. Disponible en línea en http://www.hilton.com (consultado el 17 de junio de 2013).

Datos de los Hoteles Hyatt. Disponible en línea en http://hyatt.com (consultado el 17 de junio de 2013).

Datos de Estadísticas del Departamento de Salud y Servicios Humanos de Estados Unidos.

Datos de la Exposición del Whitney en préstamo al Museo de Arte de San José.

Datos de la Sociedad Americana del Cáncer. Disponible en línea en http://www.cancer.org/index (consultado el 17 de junio de 2013).

Datos de la Chancellor's Office, California Community Colleges, noviembre de 1994.

"State of the States". Gallup, 2013. Disponible en línea en http://www.gallup.com/poll/125066/State-States.aspx?ref=interactive (consultado el 17 de junio de 2013).

"West Nile Virus". Centers for Disease Control and Prevention. Disponible en línea en http://www.cdc.gov/ncidod/dvbid/westnile/index.htm (consultado el 17 de junio de 2013).

10.5 Dos medias poblacionales con desviaciones típicas conocidas

Datos de la Oficina del Censo de Estados Unidos. Disponible en línea en http://www.census.gov/prod/cen2010/briefs/c2010br-02.pdf

Hinduja, Sameer. "Sexting Research and Gender Differences". Cyberbulling Research Center, 2013. Disponible en línea en http://cyberbullying.us/blog/sexting-research-and-gender-differences/ (consultado el 17 de junio de 2013).

"Smart Phone Users, By the Numbers". Visually, 2013. Disponible en línea en http://visual.ly/smart-phone-users-numbers (consultado el 17 de junio de 2013).

Smith, Aaron. "35% of American adults own a Smartphone". Pew Internet, 2013. Disponible en línea en http://www.pewinternet.org/~/media/Files/Reports/2011/PIP_Smartphones.pdf (consultado el 17 de junio de 2013).

"State-Specific Prevalence of Obesity AmongAduls—Unites States, 2007". MMWR, CDC. Disponible en línea en http://www.cdc.gov/mmwr/preview/mmwrhtml/mm5728a1.htm (consultado el 17 de junio de 2013).

"Texas Crime Rates 1960–1012". FBI, Uniform Crime Reports, 2013. Disponible en línea en: http://www.disastercenter.com/crime/txcrime.htm (consultado el 17 de junio de 2013).

Soluciones

1. dos proporciones

3. muestras coincidentes o emparejadas

5. media sencilla

7. medias de grupos independientes, desviaciones típicas de la población o varianzas desconocidas

9. dos proporciones

11. medias de grupos independientes, desviaciones típicas de la población o varianzas desconocidas

13. medias de grupos independientes, desviaciones típicas de la población o varianzas desconocidas

15. dos proporciones

17. La variable aleatoria es la diferencia entre las cantidades medias de azúcar de las dos bebidas gaseosas.

19. medias

21. dos colas

23. la diferencia entre la duración media de la vida de personas blancas y personas que no son blancas

25. Se trata de una comparación de dos medias poblacionales con desviaciones típicas poblacionales desconocidas.

27. Compruebe la solución del estudiante.

28.
    a. No se puede aceptar la hipótesis nula
    b. valor $p < 0{,}05$
    c. No hay pruebas suficientes al nivel de significación del 5 % para respaldar la afirmación de que la esperanza de vida en la década de 1900 es diferente entre los blancos y los no blancos.

31. $P'_{OS1} - P'_{OS2}$ = diferencia en las proporciones de teléfonos que tuvieron fallos del sistema durante las primeras ocho horas de funcionamiento con OS_1 y OS_2.

34. proporciones

36. cola derecha

38. La variable aleatoria es la diferencia de proporciones (porcentajes) de las poblaciones que son de dos o más razas en Nevada y Dakota del Norte.

40. El tamaño de nuestras muestras es muy superior a cinco, por lo que utilizamos la distribución normal para dos proporciones para esta prueba de hipótesis.

42. a. No se puede aceptar la hipótesis nula
b. valor p < alfa
c. Con un nivel de significación del 5 % hay pruebas suficientes para concluir que la proporción (porcentaje) de la población que es de dos o más razas en Nevada es estadísticamente mayor que la de Dakota del Norte.

44. La diferencia en las velocidades medias de los lanzamientos de pelotas rápidas de los dos lanzadores

46. -2,46

47. Al nivel de significación del 1 %, podemos rechazar la hipótesis nula. Hay datos suficientes para concluir que la velocidad media de la pelota rápida de Rodríguez es más rápida que la de Wesley.

49. Subíndices: 1 = Con alimento, 2 = Sin alimento
$H_0 : \mu_1 \leq \mu_2$
$H_a : \mu_1 > \mu_2$

51. Subíndices: 1 = gamma, 2 = zeta
$H_0 : \mu_1 = \mu_2$
$H_a : \mu_1 \neq \mu_2$

53. Hay suficientes pruebas, por lo que no podemos aceptar la hipótesis nula. Los datos apoyan que el punto de fusión de la aleación zeta es diferente del punto de fusión de la aleación gamma.

54. la diferencia media de los fallos del sistema

56. Con un valor p de 0,0067, no podemos aceptar la hipótesis nula. Hay suficientes pruebas que demuestran que el parche de software es eficaz para reducir el número de fallos del sistema.

60. H_0: $\mu_d \geq 0$

H_a: $\mu_d < 0$

63. No rechazamos la hipótesis nula. No hay pruebas suficientes que respalden la eficacia del medicamento.

65. Subíndices: 1: colegios universitarios de dos años; 2: universidades de cuatro años

a. $H_0 : \mu_1 \geq \mu_2$
b. $H_a : \mu_1 < \mu_2$
c. $\overline{X}_1 - \overline{X}_2$ es la diferencia entre la media de matriculación en los institutos universitarios de dos años y en las universidades de cuatro años.
d. t de Student
e. estadístico de prueba: −0,2480
f. valor p: 0,4019
g. Compruebe la solución del estudiante.
h. i. Alfa: 0,05
   ii. Decisión: No se puede rechazar.
   iii. Motivo de la decisión: valor p > alfa
   iv. Conclusión: A un nivel de significación del 5 %, hay pruebas suficientes para concluir que la media de matriculación en las universidades de cuatro años es mayor que en los colegios universitarios de dos años.

67. Subíndices: 1: ingeniería mecánica; 2: ingeniería eléctrica

a. $H_0 : \mu_1 \geq \mu_2$

b. $H_a : \mu_1 < \mu_2$
c. $\overline{X}_1 - \overline{X}_2$ es la diferencia entre la media de los salarios iniciales de los ingenieros mecánicos y los ingenieros eléctricos.
d. t_{108}
e. estadístico de prueba: $t = -0{,}82$
f. valor p: 0,2061
g. Compruebe la solución del estudiante.
h.
   i. Alfa: 0,05
   ii. Decisión: No se puede rechazar la hipótesis nula.
   iii. Motivo de la decisión: valor p > alfa
   iv. Conclusión: A un nivel de significación del 5 % no hay pruebas suficientes para concluir que la media de los salarios iniciales de los ingenieros mecánicos es inferior a la de los ingenieros eléctricos.

69.
a. $H_0 : \mu_1 = \mu_2$
b. $H_a : \mu_1 \neq \mu_2$
c. $\overline{X}_1 - \overline{X}_2$ es la diferencia entre los tiempos medios para completar una vuelta en las carreras y en los entrenamientos.
d. $t_{20,32}$
e. estadístico de prueba: –4,70
f. valor p: 0,0001
g. Compruebe la solución del estudiante.
h.
   i. Alfa: 0,05
   ii. Decisión: No se puede aceptar la hipótesis nula
   iii. Motivo de la decisión: valor p < alfa
   iv. Conclusión: A un nivel de significación del 5 % hay pruebas suficientes para concluir que el tiempo medio para completar una vuelta en las carreras es diferente al de los entrenamientos.

71.
a. $H_0 : \mu_1 = \mu_2$
b. $H_a : \mu_1 \neq \mu_2$
c. es la diferencia entre los tiempos medios para completar una vuelta en las carreras y en los entrenamientos.
d. $t_{40,94}$
e. estadístico de prueba: –5,08
f. valor p: cero
g. Compruebe la solución del estudiante.
h.
   i. Alfa: 0,05
   ii. Decisión: No se puede aceptar la hipótesis nula
   iii. Motivo de la decisión: valor p < alfa
   iv. Conclusión: A un nivel de significación del 5 % hay pruebas suficientes para concluir que el tiempo medio para completar una vuelta en las carreras es diferente al de los entrenamientos.

74. c

76. Ejercicio: dos medias muestrales independientes, desviaciones típicas poblacionales desconocidas.

μ_1 = el precio medio de un libro de texto de Sociología en el sitio seleccionado.

μ_2 = el precio medio de un libro de texto de Matemáticas/Ciencias en el sitio seleccionado.

Variable aleatoria: $\overline{X_1} - \overline{X_1}$ = la diferencia en el precio medio de los libros de texto de la muestra entre los libros de texto de Sociología y los de Matemáticas y Ciencias.

Hipótesis: $H_0 : \mu_1 - \mu_2 = 0,\ H_a : \mu_1 - \mu_2 < \mu_2$ que puede expresarse como $\text{H0s} : \mu 1 - \mu 2,\ \text{Ha}\ \mu 1 < \mu 2.$

Distribución para la prueba: Utilice la sustitución en t_{df}; porque cada muestra tiene más de 30 observaciones, $df = n_1 + n_2 - 2 = 33 + 33 - 2 = 64.$

Estime el valor crítico en la tabla $t$utilizando los grados de libertad disponibles más próximos, 60. El valor crítico, 2,660, se halla en la columna de 0,0005.

Calcule el estadístico de prueba:$t_c = \frac{(\overline{X}_1 - \overline{X}_2) - 0}{\sqrt{\frac{s_1{}^2}{n_2} + \frac{s_2{}^2}{n_2}}} = \frac{(74.64 - 111.56) - 0}{\sqrt{\frac{49.36^2}{33} + \frac{66.90^2}{33}}} = -2.55.$

Utilizando una calculadora con $t_c = -2.55$ y $df = 64$, el valor p: Decisión: Rechazar H_0. Conclusión: Al nivel de significación del 1 %, a partir de los datos de la muestra, hay suficientes pruebas para concluir que el precio medio de los libros de texto de Sociología es inferior al precio medio de los libros de texto de Matemáticas/Ciencias.

78. d

80.
a. H_0: $P_W = P_B$
b. H_a: $P_W \neq P_B$
c. La variable aleatoria es la diferencia en las proporciones de víctimas de suicidio blancas y negras, de 15 a 24 años.
d. normal para dos proporciones
e. estadístico de prueba: −0,1944
f. valor p: 0,8458
g. Compruebe la solución del estudiante
h.
   i. Alfa: 0,05
   ii. Decisión: No se puede aceptar la hipótesis nula
   iii. Motivo de la decisión: valor p > alfa
   iv. Conclusión: Al nivel de significación del 5 %, no hay pruebas suficientes para concluir que las proporciones de mujeres blancas y negras víctimas de suicidio, de entre 15 y 24 años, sean diferentes.

82. Subíndices: 1 = Cabrillo College, 2 = Lake Tahoe College

a. $H_0 : p_1 = p_2$
b. $H_a : p_1 \neq p_2$
c. La variable aleatoria es la diferencia entre las proporciones de estudiantes hispanos en el Cabrillo College y el Lake Tahoe College.
d. normal para dos proporciones
e. estadístico de prueba: 4,29
f. valor p: 0,00002
g. Compruebe la solución del estudiante
h.
   i. Alfa: 0,05
   ii. Decisión: No se puede aceptar la hipótesis nula
   iii. Motivo de la decisión: valor p < alfa
   iv. Conclusión: Hay pruebas suficientes para concluir que las proporciones de estudiantes hispanos en el Cabrillo College y en el Lake Tahoe College son diferentes.

84. a

85. Prueba: dos proporciones de muestras independientes.

Variable aleatoria: $p'_1 - p'_2$

Distribución:
$H_0 : p_1 = p_2$
$H_a : p_1 \neq p_2$

La proporción de usuarios de lectores de libros electrónicos es diferente para los usuarios de 16 a 29 años que para los de 30 o más.

Gráfico: de dos colas

87. Prueba: dos proporciones de muestras independientes

Variable aleatoria: $p'_1 - p'_2$

Distribución:

$H_0 : p_1 = p_2$
$H_a : p_1 > p_2$

La proporción de propietarios de tabletas es mayor entre 16 y 29 años que entre 30 y más.

Gráfico: cola derecha

No rechace la H_0.

Conclusión: Con un nivel de significación del 1 % a partir de los datos de la muestra, no hay pruebas suficientes para concluir que una mayor proporción de propietarios de tabletas tenga entre 16 y 29 años que 30 años o más.

89. Subíndices: 1: hombres; 2: mujeres

a. $H_0 : p_1 \leq p_2$
b. $H_a : p_1 > p_2$
c. $P'_1 - P'_2$ es la diferencia entre las proporciones de hombres y mujeres que disfrutan comprando equipos electrónicos.
d. normal para dos proporciones
e. estadístico de prueba: 0,22
f. valor *p*: 0,4133
g. Compruebe la solución del estudiante
h. i. Alfa: 0,05
 ii. Decisión: No se puede rechazar la hipótesis nula.
 iii. Motivo de la decisión: valor $p >$ alfa
 iv. Conclusión: Con un nivel de significación del 5 % no hay pruebas suficientes para concluir que la proporción de hombres que disfrutan comprando equipos electrónicos es mayor que la de mujeres.

91. a. $H_0 : p_1 = p_2$
b. $H_a : p_1 \neq p_2$
c. $P'_1 - P'_2$ es la diferencia entre las proporciones de hombres y mujeres que tienen, al menos, una oreja perforada.
d. normal para dos proporciones
e. estadístico de prueba: –4,82
f. valor *p*: cero
g. Compruebe la solución del estudiante
h. i. Alfa: 0,05
 ii. Decisión: No se puede aceptar la hipótesis nula
 iii. Motivo de la decisión: valor $p <$ alfa
 iv. Conclusión: Con un nivel de significación del 5 % hay pruebas suficientes para concluir que las proporciones de hombres y mujeres con, al menos, una oreja perforada son diferentes.

92. a. H_0: $\mu_d = 0$
b. H_a: $\mu_d > 0$
c. La variable aleatoria X_d es la diferencia media de los tiempos de trabajo en los días en que se desayuna y en los días en que no se desayuna.
d. t_9
e. estadístico de prueba: 4,8963
f. valor *p*: 0,0004
g. Compruebe la solución del estudiante
h. i. Alfa: 0,05
 ii. Decisión: No se puede aceptar la hipótesis nula
 iii. Motivo de la decisión: valor $p <$ alfa
 iv. Conclusión: Con un nivel de significación del 5 % hay pruebas suficientes para concluir que la diferencia media de los tiempos de trabajo en los días en que se desayuna y en los días en que no se desayuna ha aumentado.

94. Subíndices: 1 = hombres, 2 = mujeres

a. $H_0 : \mu_1 \leq \mu_2$
b. $H_a : \mu_1 > \mu_2$
c. La variable aleatoria es la diferencia en la media de los costos de los seguros de automóviles de hombres y mujeres.
d. normal
e. estadístico de prueba: $z = 2{,}50$
f. valor *p*: 0,0062
g. Compruebe la solución del estudiante.
h. i. Alfa: 0,05
 ii. Decisión: No se puede aceptar la hipótesis nula
 iii. Motivo de la decisión: valor $p <$ alfa
 iv. Conclusión: Con un nivel de significación del 5 % hay pruebas suficientes para concluir que el costo medio del seguro de automóvil de los adolescentes hombres es mayor que el de las adolescentes.

96. Subíndices: 1 = sedanes no híbridos, 2 = sedanes híbridos

a. $H_0 : \mu_1 \geq \mu_2$
b. $H_a : \mu_1 < \mu_2$
c. La variable aleatoria es la diferencia en la media de millas por galón de los sedanes no híbridos y los sedanes híbridos.
d. normal
e. estadístico de prueba: 6,36
f. valor *p*: 0
g. Compruebe la solución del estudiante.
h. i. Alfa: 0,05
 ii. Decisión: No se puede aceptar la hipótesis nula
 iii. Motivo de la decisión: valor $p <$ alfa
 iv. Conclusión: Con un nivel de significación del 5 % hay pruebas suficientes para concluir que la media de millas por galón de los sedanes no híbridos es inferior a la de los híbridos.

98. a. H_0: $\mu_d = 0$
b. H_a: $\mu_d < 0$
c. La variable aleatoria X_d es la diferencia promedio entre el nivel de satisfacción del esposo y de la esposa.
d. t_9
e. estadístico de prueba: $t = -1{,}86$
f. valor *p*: 0,0479
g. Compruebe la solución del estudiante
h. i. Alfa: 0,05
 ii. Decisión: No se puede aceptar la hipótesis nula, pero hay que hacer otra prueba.
 iii. Motivo de la decisión: valor $p <$ alfa
 iv. Conclusión: Se trata de una prueba débil porque alfa y el valor *p*están cerca. Sin embargo, no hay pruebas suficientes para concluir que la diferencia media es negativa.

99. valor $p = 0{,}1494$

Con un nivel de significación del 5 %, no hay pruebas suficientes para concluir que el medicamento reduzca los niveles de colesterol después de 12 semanas.

103. Prueba: dos pares coincidentes o muestras emparejadas (*prueba t*)

Variable aleatoria: $\bar{X}_d$

Distribución: t_{12}

H_0: $\mu_d = 0$ H_a: $\mu_d > 0$

La media de las diferencias de nuevos casos de cáncer de mama en mujeres en el sur entre 2013 y 2012 es mayor de cero. La estimación de nuevos casos de cáncer de mama en mujeres en el sur es mayor en 2013 que en 2012.

Gráfico: cola derecha

valor p: 0,0004

Decisión: No se puede aceptar H_0

Conclusión: Con un nivel de significación del 5 %, a partir de los datos de la muestra, hay pruebas suficientes para concluir que hubo una mayor estimación de nuevos casos de cáncer de mama en mujeres en 2013 que en 2012.

105. Prueba: muestras coincidentes o emparejadas (prueba$t$)

Datos de diferencia: {–0,9; –3,7; –3,2; –0,5; 0,6; –1,9; –0,5; 0,2; 0,6; 0,4; 1,7; –2,4; 1,8}

Variable aleatoria: $\bar{X}_d$

Distribución: H_0: $\mu_d = 0$ H_a: $\mu_d < 0$

La media de las diferencias de la tasa de subempleo en los estados del noreste entre 2012 y 2011 es inferior a cero. La tasa de subempleo bajó de 2011 a 2012.

Gráfico: cola izquierda.

Decisión: No se puede rechazar H_0.

Conclusión: Al nivel de significación del 5 %, a partir de los datos de la muestra, no hay pruebas suficientes para concluir que hubo una disminución en las tasas de subempleo de los estados del noreste de 2011 a 2012.

107. e

109. d

111. e

113. e

115. e

117. a

11 LA DISTRIBUCIÓN CHI-CUADRADO

Figura 11.1 La distribución chi-cuadrado se puede usar para hallar relaciones entre dos cosas, como los precios de los comestibles en diferentes tiendas (créditos: Pete/flickr).

Introducción

¿Alguna vez se ha preguntado si los números ganadores de la lotería se distribuyen uniformemente o si algunos números se producen con mayor frecuencia? ¿Qué tal si los tipos de películas que prefiere las personas son diferentes en los distintos grupos de edad? ¿Y si una máquina de café dispensara aproximadamente la misma cantidad de café cada vez? Podría responder estas preguntas mediante una prueba de hipótesis.

Ahora estudiará una nueva distribución, la cual se utiliza para determinar las respuestas de estas preguntas. Esta distribución se denomina distribución chi-cuadrado.

En este capítulo aprenderá las tres principales aplicaciones de la distribución chi-cuadrado

1. la prueba de bondad de ajuste, que determina si los datos se ajustan a una determinada distribución, como en el ejemplo de la lotería
2. la prueba de independencia, que determina si los eventos son independientes, como en el ejemplo de la película
3. la prueba de una sola varianza, que comprueba la variabilidad, como en el ejemplo del café

11.1 Datos sobre la distribución chi-cuadrado

La notación para la **distribución chi-cuadrado** es:

$$\chi \sim \chi^2_{de}$$

donde *df* = grados de libertad, lo cual depende de cómo se utilice el chi-cuadrado (si quiere practicar el cálculo de probabilidades chi-cuadrado, utilice *df* = *n* – 1. Los grados de libertad para los tres usos principales se calculan cada uno de forma diferente).

Para la distribución χ^2, la media poblacional es $\mu = df$ y la desviación típica poblacional es $\sigma = \sqrt{2(de)}$.

La variable aleatoria se muestra como χ^2.

La variable aleatoria para una distribución chi-cuadrado con *k* grados de libertad es la suma de variables *k* normales cuadradas independientes.

$\chi^2 = (Z_1)^2 + (Z_2)^2 + ... + (Z_k)^2$

1. La curva no es simétrica y es asimétrica hacia la derecha.
2. Hay una curva de chi-cuadrado diferente para cada *df*.

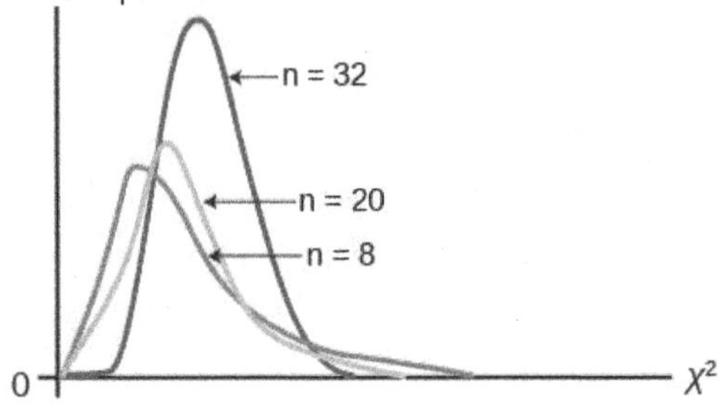

Figura 11.2

3. El estadístico de prueba para cualquier prueba es siempre mayor o igual a cero.
4. Cuando $df > 90$, la curva chi-cuadrado se aproxima a la distribución normal. Para $X \sim \chi^2_{1.000}$ la media, $\mu = df = 1.000$ y la desviación típica, $\sigma = \sqrt{2(1.000)} = 44{,}7$. Por tanto, $X \sim N(1.000, 44{,}7)$, aproximadamente.
5. La media, μ, se encuentra justo a la derecha del pico.

11.2 Prueba de una sola varianza

Hasta ahora nuestro interés se ha centrado exclusivamente en el parámetro poblacional μ o su contrapartida en la binomial, p. Seguramente la media de una población es el dato más crítico que se tiene, pero en algunos casos nos interesa la variabilidad de los resultados de alguna distribución. En casi todos los procesos de producción, la calidad se mide no solo por el grado de adecuación de la máquina al objetivo, sino también por la variabilidad del proceso. Si se llenaran bolsas con patas fritas, no solo interesaría el peso promedio de la bolsa, sino también la variación de los pesos. Nadie quiere que se le asegure que el peso promedio es exacto cuando su bolsa no tiene papas fritas. El voltaje eléctrico puede alcanzar cierto nivel promedio, pero una gran variabilidad, los picos, pueden causar graves daños a las máquinas eléctricas, especialmente a las computadoras. No solo me gustaría obtener una nota media alta en mis clases, sino también una baja variación en torno a esta media. En resumen, las pruebas estadísticas relativas a la varianza de una distribución tienen un gran valor y muchas aplicaciones.

Una **prueba de una sola varianza** supone que la distribución subyacente es **normal**. Las hipótesis nula y alternativa se plantean en términos de la **varianza de la población**. El estadístico de prueba es:

$$\chi_c^2 = \frac{(n-1)s^2}{\sigma_0^2}$$

donde:

- n = el número total de observaciones en los datos de la muestra
- s^2 = varianza de la muestra
- σ_0^2 = valor hipotético de la varianza de la población
- $H_0 : \sigma^2 = \sigma_0^2$
- $H_a : \sigma^2 \neq \sigma_0^2$

Puede pensar en *s* como la variable aleatoria en esta prueba. El número de grados de libertad es $df = n - 1$. Una prueba de una sola varianza puede ser de cola derecha, de cola izquierda o de dos colas. El Ejemplo 11.1 le mostrará cómo establecer las hipótesis nula y alternativa. Las hipótesis nula y alternativa contienen afirmaciones sobre la varianza de la población.

EJEMPLO 11.1

A los instructores de Matemáticas no solo les interesa saber cómo les va a sus estudiantes en los exámenes, en promedio, sino cómo varían las calificaciones. Para muchos instructores, la varianza (o desviación típica) puede ser más importante que el promedio.

Supongamos que un instructor de Matemáticas cree que la desviación típica de su examen final es de cinco puntos. Uno de sus mejores estudiantes piensa otra cosa. El estudiante afirma que la desviación típica es superior a cinco puntos. Si el estudiante tuviera que realizar una prueba de hipótesis, ¿cuáles serían las hipótesis nula y alternativa?

Solución 1

Aunque se nos da la desviación típica de la población podemos establecer la prueba utilizando la varianza de la población de la siguiente manera.

- H_0: $\sigma^2 \leq 5^2$
- H_a: $\sigma^2 > 5^2$

INTÉNTELO 11.1

Un instructor de submarinismo quiere registrar las profundidades colectivas de cada una de las inmersiones de sus estudiantes durante su entrenamiento. Se interesa por cómo varían las profundidades, aunque todos deberían estar a la misma profundidad. Cree que la desviación típica es de tres pies. Su asistente cree que la desviación típica es de menos de tres pies. Si el instructor tuviera que realizar una prueba, ¿cuáles serían las hipótesis nula y alternativa?

EJEMPLO 11.2

Con filas individuales en sus distintas ventanillas, una oficina de correos comprueba que la desviación típica de los tiempos de espera de los clientes el viernes por la tarde es de 7,2 minutos. La oficina de correos experimenta con una única línea de espera principal y concluye que, para una muestra aleatoria de 25 clientes, el tiempo de espera tiene una desviación típica de 3,5 minutos un viernes por la tarde.

Con un nivel de significación del 5 %, pruebe la afirmación de que **una línea única provoca una variación menor entre los tiempos de espera de los clientes**.

Solución 1

Dado que la afirmación es que una sola fila causa menos variación, esta es una prueba de una sola varianza. El parámetro es la varianza de la población, σ^2.

Variable aleatoria: La desviación típica de la muestra, s, es la variable aleatoria. Supongamos que s = desviación típica de los tiempos de espera.

- H_0: $\sigma^2 \geq 7{,}2^2$
- H_a: $\sigma^2 < 7{,}2^2$

La palabra **"menos"** indica que se trata de una prueba de cola izquierda.

Distribución para la prueba: χ^2_{24}, donde:

- n = el número de clientes muestreados
- $df = n - 1 = 25 - 1 = 24$

Calcule el estadístico de prueba:

$$\chi^2_c = \frac{(n-1)s^2}{\sigma^2} = \frac{(25-1)(3{,}5)^2}{7{,}2^2} = 5{,}67$$

donde $n = 25$, $s = 3{,}5$ y $\sigma = 7{,}2$.

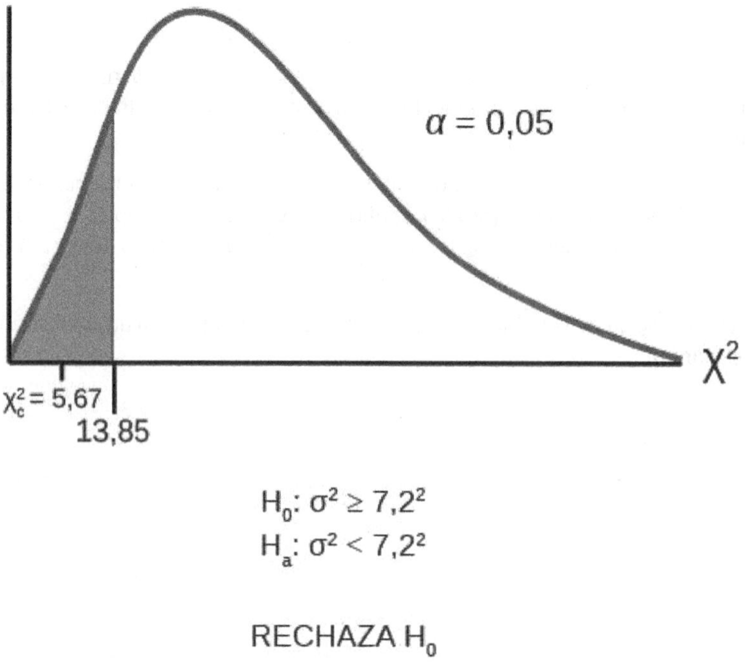

Figura 11.3

El gráfico de chi-cuadrado muestra la distribución y marca el valor crítico con 24 grados de libertad a un nivel de confianza del 95 %, α = 0,05, 13,85. El valor crítico de 13,85 procede de la tabla de chi-cuadrado, que se lee de forma muy parecida a la tabla t de Student. La diferencia es que la distribución *t* de Student es simétrica y la distribución de chi-cuadrado no lo es. En la parte superior de la tabla de chi-cuadrado no solo vemos los valores conocidos 0,05, 0,10, etc., sino también 0,95, 0,975, etc. Estas son las columnas que se utilizan para hallar el valor crítico de la izquierda. El gráfico también marca el valor χ^2 calculado del estadístico de prueba de 5,67. Al comparar el estadístico de prueba con el valor crítico, como hemos hecho con todas las demás pruebas de hipótesis, llegamos a la conclusión.

Tome una decisión: Como el estadístico de prueba calculado está en la cola, no podemos aceptar H_0. Esto significa que se rechaza $\sigma^2 \geq 7,2^2$. En otras palabras, no cree que la variación de los tiempos de espera sea de 7,2 minutos o más, sino que es menor.

Conclusión: A un nivel de significación del 5 %, a partir de los datos, hay pruebas suficientes para concluir que una sola fila provoca una menor variación entre los tiempos de espera **o** que con una sola fila, los tiempos de espera de los clientes varían menos de 7,2 minutos.

EJEMPLO 11.3

El profesor Hadley tiene debilidad por las donas rellenas de crema, pero cree que algunas panaderías no las rellenan adecuadamente. Una muestra de 24 donas revela una cantidad media de relleno igual a 0,04 tazas, y la desviación típica de la muestra es de 0,11 tazas. Obviamente, al profesor Hadley le interesa la cantidad promedio de relleno, pero le angustia el hecho de que una dona sea radicalmente diferente de otra. Al profesor Hadley no le gustan las sorpresas.

Pruebe al 95% la hipótesis nula de que la varianza poblacional del relleno de las donas es significativamente diferente de la cantidad promedio de relleno.

Solución 1

Es evidente que se trata de un problema que tiene que ver con las varianzas. En este caso, estamos analizando una sola muestra en lugar de comparar dos muestras de poblaciones diferentes. Las hipótesis nula y alternativa son las siguientes:

$$H_0 : \sigma^2 = 0{,}04$$

$$H_0 : \sigma^2 \neq 0{,}04$$

La prueba está configurada como de dos colas porque el profesor Hadley ha expresado su preocupación por una variación excesiva en el relleno, así como por una variación insuficiente: su disgusto por las sorpresas es cualquier nivel de relleno fuera del promedio previsto de 0,04 tazas. Se calcula que el estadístico de prueba es:

$$\chi_c^2 = \frac{(n-1)s^2}{\sigma_o^2} = \frac{(24-1)0{,}11^2}{0{,}04^2} = 6{,}9575$$

El valor calculado del estadístico de prueba χ^2 de 6,96 está en la cola y, por ende, a un nivel de significación de 0,05. No podemos aceptar la hipótesis nula de que la varianza en el relleno de las donas es igual a 0,04 tazas. Parece que el profesor Hadley está destinado a encontrarse con la decepción en cada bocado.

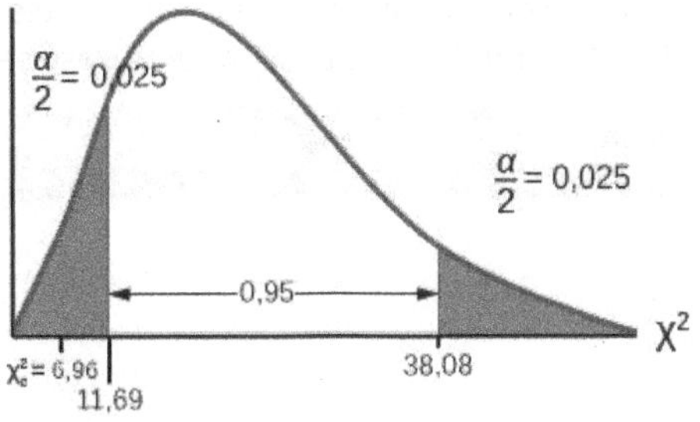

Figura 11.4

INTÉNTELO 11.3

La Comisión Federal de Comunicaciones (Federal Communications Commission, FCC) hace pruebas de velocidad de banda ancha para medir cuántos datos por segundo pasan entre la computadora de un consumidor e internet. En agosto de 2012, la desviación típica de las velocidades de internet entre los proveedores de servicios de internet (PSI) era del 12,2 %. Supongamos que se toma una muestra de 15 PSI y que la desviación típica es de 13,2. Un analista afirma que la desviación típica de las velocidades es mayor que la comunicada. Plantee las hipótesis nula y alternativa, calcule los grados de libertad, el estadístico de prueba, trace el gráfico de la distribución, marque el área asociada al nivel de confianza y extraiga una conclusión. Prueba al nivel de significación del 1 %.

11.3 Prueba de bondad de ajuste

En este tipo de prueba de hipótesis se determina si los datos **"se ajustan"** a una determinada distribución o no. Por ejemplo, puede sospechar que sus datos desconocidos se ajustan a una distribución binomial. Se utiliza una prueba de chi-cuadrado (lo que significa que la distribución para la prueba de hipótesis es chi-cuadrado) para determinar si hay un ajuste o no. **Las hipótesis nula y alternativa de esta prueba se pueden escribir en oraciones o plantear como ecuaciones o desigualdades.**

El estadístico de prueba para una prueba de bondad de ajuste es:

$$\sum_k \frac{(O-E)^2}{E}$$

donde:

- O = **valores observados** (datos)
- E = **valores esperados** (de la teoría)
- k = el número de celdas o categorías de datos diferentes

Los valores observados son los valores de los datos y los valores esperados son los valores que se esperarían obtener si la hipótesis nula fuera cierta. Hay n términos de la forma $\frac{(O-E)^2}{E}$.

El número de grados de libertad es df = (número de categorías - 1).

La prueba de bondad de ajuste es casi siempre de cola derecha. Si los valores observados y los correspondientes valores esperados no se aproximan entre sí, el estadístico de prueba puede ser muy grande y se situará en la cola derecha de la curva de chi-cuadrado.

Nota

El número de valores esperados dentro de cada celda debe ser al menos cinco para poder utilizar esta prueba.

EJEMPLO 11.4

El ausentismo de los estudiantes universitarios a las clases de Matemáticas es una de las principales preocupaciones de los instructores de Matemáticas, ya que ausentarse de clase parece aumentar la tasa de abandono. Supongamos que se realiza un estudio para determinar si la tasa real de ausentismo de los estudiantes sigue la percepción del profesorado. El profesorado esperaba que un grupo de 100 estudiantes se ausentara de clase según se indica en la Tabla 11.1.

Número de ausencias por trimestre	Número previsto de estudiantes
0–2	50
3–5	30
6–8	12
9–11	6
12+	2

Tabla 11.1

Luego, se realizó una encuesta aleatoria en todos los cursos de Matemáticas para determinar el número real **(observado)** de ausencias en un curso. El gráfico de la Tabla 11.2 muestra los resultados de esa encuesta.

Número de ausencias por trimestre	Número real de estudiantes
0–2	35
3–5	40
6–8	20
9–11	1
12+	4

Tabla 11.2

Determine las hipótesis nula y alternativa necesarias para realizar una prueba de bondad de ajuste.

H_0: El ausentismo de los estudiantes **se ajusta** a la percepción del profesorado.

La hipótesis alternativa es la opuesta a la hipótesis nula.

H_a: El ausentismo de los estudiantes **no se ajusta** a la percepción del profesorado.

a. ¿Puede utilizar la información tal y como aparece en los gráficos para realizar la prueba de bondad de ajuste?

Solución 1

a. **No.** Tome nota que el número de ausencias previsto para la entrada "más de 12" es inferior a cinco (es dos). Combine ese grupo con el de "9-11" para crear nuevas tablas en las que el número de estudiantes de cada entrada sea de cinco como mínimo. Los nuevos resultados están en la Tabla 11.3 y la Tabla 11.4.

Número de ausencias por trimestre	Número previsto de estudiantes
0–2	50
3–5	30
6–8	12
9+	8

Tabla 11.3

Número de ausencias por trimestre	Número real de estudiantes
0–2	35
3–5	40
6–8	20
9+	5

Tabla 11.4

b. ¿Cuál es el número de grados de libertad (*df*)?

Solución 2

b. Hay cuatro "celdas" o categorías en cada una de las nuevas tablas.

df = número de celdas – 1 = 4 – 1 = 3

INTÉNTELO 11.4

El gerente de una fábrica necesita saber cuántos productos son defectuosos frente a cuántos se producen. El número de defectos previstos figura en la Tabla 11.5.

Número producido	Número defectuoso
0–100	5
101–200	6
201–300	7
301–400	8
401–500	10

Tabla 11.5

Se tomó una muestra aleatoria para determinar el número real de defectos. La Tabla 11.6 muestra los resultados de la encuesta.

Número producido	Número defectuoso
0-100	5
101-200	7
201-300	8
301-400	9
401-500	11

Tabla 11.6

Indique las hipótesis nula y alternativa necesarias para llevar a cabo una prueba de bondad de ajuste, e indique los grados de libertad.

EJEMPLO 11.5

Los empleadores quieren saber qué días de la semana se ausentan los empleados en una semana laboral de cinco días. La mayoría de los empleadores quiere creer que los empleados se ausentan por igual durante la semana. Supongamos que se pregunta a una muestra aleatoria de 60 gerentes qué día de la semana tienen el mayor número de ausencias de empleados. Los resultados se distribuyeron como en la Tabla 11.7. Para la población de empleados, ¿los días de mayor número de ausencias se producen con igual frecuencia durante una semana laboral de cinco días? Pruebe con un nivel de significación del 5 %.

	Lunes	Martes	Miércoles	Jueves	Viernes
Número de ausencias	15	12	9	9	15

Tabla 11.7 Día de la semana en que los empleados estuvieron más ausentes

Solución 1

Las hipótesis nula y alternativa son:

- H_0: Los días ausentes se producen con igual frecuencia, es decir, se ajustan a una distribución uniforme.
- H_a: Los días ausentes se producen con frecuencias desiguales, es decir, no se ajustan a una distribución uniforme.

Si los días de ausencia se producen con igual frecuencia, entonces, de los 60 días de ausencia (el total de la muestra: 15 + 12 + 9 + 9 + 15 = 60), habría 12 ausencias el lunes, 12 el martes, 12 el miércoles, 12 el jueves y 12 el viernes. Estos números son los valores **esperados** (*E*). Los valores de la tabla son los valores o datos **observados** (*O*).

Esta vez, calcule el estadístico de prueba χ^2 a mano. Haga un cuadro con los siguientes títulos y rellene las columnas:

- Valores esperados (*E*) (12, 12, 12, 12, 12)
- Valores observados (*O*) (15, 12, 9, 9, 15)
- $(O - E)$
- $(O - E)^2$
- $\frac{(O-E)^2}{E}$

Ahora, añada (sume) la última columna. La suma es de tres. Se trata del estadístico de prueba χ^2.

El valor calculado del estadístico de prueba es 3 y el valor crítico de la distribución χ^2 a 4 grados de libertad; el nivel de confianza de 0,05 es 9,48. Este valor se encuentra en la tabla χ^2 en la columna 0,05 de la fila 4 de grados de libertad.

Los grados de libertad son el número de celdas - 1 = 5 - 1 = 4

Luego, complete un gráfico como el siguiente con el identificado y el sombreado adecuados (debería sombrear la cola derecha).

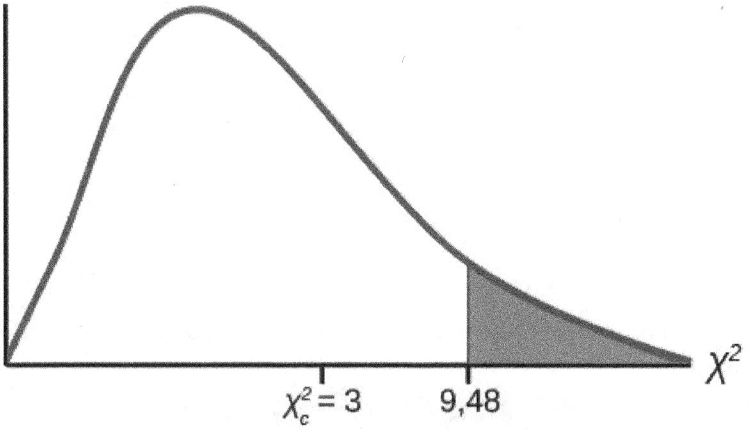

Figura 11.5

$$\chi^2_c = \sum_k \frac{(O-E)^2}{E} = 3$$

La decisión es no rechazar la hipótesis nula porque el valor calculado del estadístico de prueba no está en la cola de la distribución.

Conclusión: A un nivel de significación del 5 %, a partir de los datos de la muestra, no hay pruebas suficientes para concluir que los días de ausencia no se producen con igual frecuencia.

INTÉNTELO 11.5

Los maestros quieren saber qué noche de la semana sus estudiantes hacen la mayor parte de las tareas para la casa. La mayoría de los maestros piensan que los estudiantes hacen las tareas para la casa por igual a lo largo de la semana. Supongamos que se pregunta a una muestra aleatoria de 56 estudiantes en qué noche de la semana hacen más tareas para la casa. Los resultados se distribuyeron como en la Tabla 11.8.

	Domingo	Lunes	Martes	Miércoles	Jueves	Viernes	Sábado
Número de estudiantes	11	8	10	7	10	5	5

Tabla 11.8

De la población de estudiantes, ¿las noches en las que el mayor número de estudiantes hace la mayoría de sus tareas para la casa ocurren con igual frecuencia durante una semana? ¿Qué tipo de prueba de hipótesis debe utilizar?

EJEMPLO 11.6

Un estudio indica que el número de televisores que tienen las familias estadounidenses se distribuye (esta es la distribución **dada** para la población estadounidense) como en la Tabla 11.9.

Número de televisores	Porcentaje
0	10
1	16
2	55
3	11
4+	8

Tabla 11.9

La tabla contiene los porcentajes esperados (*E*).

Una muestra aleatoria de 600 familias del extremo oeste de Estados Unidos dio como resultado los datos que figuran en la Tabla 11.10.

Número de televisores	Frecuencia
0	66
1	119
2	340
3	60
4+	15
	Total = 600

Tabla 11.10

La tabla contiene los valores de frecuencia observados (*O*).

Al nivel de significación del 1 %, ¿parece que la distribución del "número de televisores" de las familias del extremo oeste de Estados Unidos es diferente de la distribución de la población estadounidense en su conjunto?

Solución 1

Este problema le pide que compruebe si la distribución de las familias del extremo oeste de Estados Unidos se ajusta a la distribución de las familias del resto del país. Esta prueba es siempre de cola derecha.

La primera tabla contiene los porcentajes previstos. Para obtener las frecuencias esperadas (*E*), multiplique el porcentaje por 600. Las frecuencias esperadas se muestran en la Tabla 11.11.

Número de televisores	Porcentaje	Frecuencia esperada
0	10	(0,10)(600) = 60
1	16	(0,16)(600) = 96
2	55	(0,55)(600) = 330

Tabla 11.11

Número de televisores	Porcentaje	Frecuencia esperada
3	11	(0,11)(600) = 66
más de 3	8	(0,08)(600) = 48

Tabla 11.11

Por lo tanto, las frecuencias esperadas son 60, 96, 330, 66 y 48.

H_0: La distribución del "número de televisores" de las familias del extremo oeste de Estados Unidos es igual a la distribución del "número de televisores" de la población estadounidense.

H_a: La distribución del "número de televisores" de las familias del extremo oeste de Estados Unidos es diferente de la distribución del "número de televisores" de la población estadounidense.

Distribución para la prueba: χ_4^2 donde df = (el número de celdas) - 1 = 5 - 1 = 4.

Calcule el estadístico de prueba: $\chi 2$ = 29,65

Gráfico:

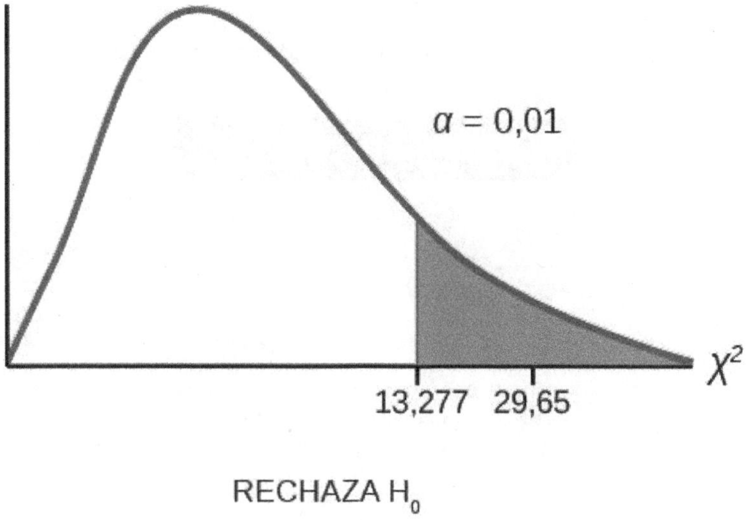

Figura 11.6

El gráfico de chi-cuadrado muestra la distribución y marca el valor crítico con cuatro grados de libertad a un nivel de confianza del 99 %, α = 0,01; 13,277. El gráfico también marca el valor calculado del estadístico de prueba de chi-cuadrado en 29,65. Al comparar el estadístico de prueba con el valor crítico, como hemos hecho con todas las demás pruebas de hipótesis, llegamos a la conclusión.

Tome una decisión: Dado que el estadístico de prueba está en la cola de la distribución, no podemos aceptar la hipótesis nula.

Esto significa que usted rechaza la creencia de que la distribución para los estados del extremo oeste es igual a la de la población estadounidense en su conjunto.

Conclusión: Al nivel de significación del 1 %, a partir de los datos, hay pruebas suficientes para concluir que la distribución del "número de televisores" para el extremo oeste de Estados Unidos es diferente de la distribución del "número de televisores" para el conjunto de la población estadounidense.

INTÉNTELO 11.6

El porcentaje esperado del número de mascotas que tienen los estudiantes en sus hogares se distribuye (es la distribución dada para la población estudiantil de Estados Unidos) como en la Tabla 11.12.

Número de mascotas	Porcentaje
0	18
1	25
2	30
3	18
4+	9

Tabla 11.12

Una muestra aleatoria de 1.000 estudiantes del este de Estados Unidos dio como resultado los datos que figuran en la Tabla 11.13.

Número de mascotas	Frecuencia
0	210
1	240
2	320
3	140
4+	90

Tabla 11.13

Al nivel de significación del 1 %, ¿parece que la distribución "número de mascotas" de los estudiantes del este de Estados Unidos es diferente de la distribución para el conjunto de la población estudiantil de Estados Unidos?

EJEMPLO 11.7

Supongamos que lanza dos monedas 100 veces. Los resultados son 20 *HH*, 27 *HT*, 30 *TH* y 23 *TT*. ¿Las monedas son imparciales? Pruebe con un nivel de significación del 5 %.

Solución 1

Este problema se puede plantear como un problema de bondad de ajuste. El espacio muestral para lanzar dos monedas imparciales es {*HH*, *HT*, *TH*, *TT*}. De cada 100 lanzamientos, se esperan 25 *HH*, 25 *HT*, 25 *TH* y 25 *TT*. Esta es la distribución esperada de probabilidad binomial. La pregunta "¿las monedas son imparciales?" es lo mismo que decir "¿la distribución de las monedas (20 *HH*, 27 *HT*, 30 *TH*, 23 *TT*) se ajusta a la distribución esperada?".

Variable aleatoria: Supongamos que X = el número de caras en un lanzamiento de las dos monedas. X toma los valores 0, 1, 2 (hay 0, 1 o 2 caras en el lanzamiento de dos monedas). Por lo tanto, el **número de celdas es tres**. Como X = el número de caras, las frecuencias observadas son 20 (para dos caras), 57 (para una cara) y 23 (para cero caras o dos cruces). Las frecuencias esperadas son 25 (para dos caras), 50 (para una cara) y 25 (para cero caras o dos cruces). Esta prueba es de cola derecha.

H_0: Las monedas son imparciales.

H_a: Las monedas no son imparciales.

Distribución para la prueba: χ^2_2 donde $df = 3 - 1 = 2$.

Calcule el estadístico de prueba: $\chi^2 = 2{,}14$

Gráfico:

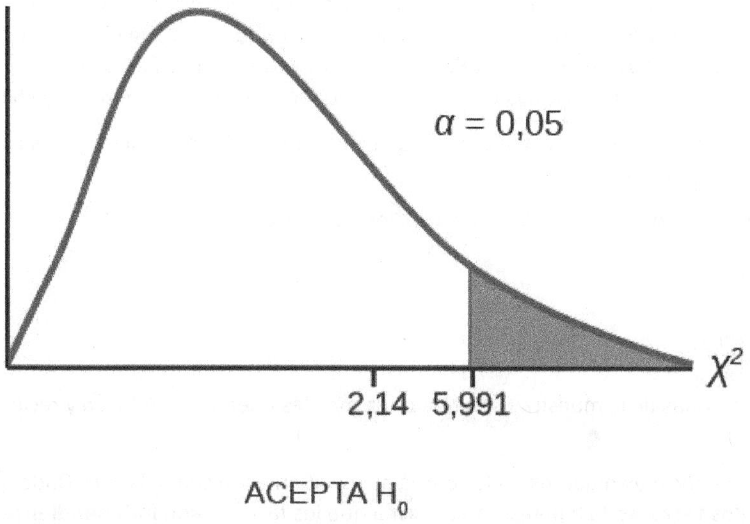

Figura 11.7

El gráfico de chi-cuadrado muestra la distribución y marca el valor crítico con dos grados de libertad a un nivel de confianza del 95 %, α = 0,05; 5,991. El gráfico también marca el valor calculado del estadístico de prueba χ^2 en 2,14. Al comparar el estadístico de prueba con el valor crítico, como hemos hecho con todas las demás pruebas de hipótesis, llegamos a la conclusión.

Conclusión: No hay pruebas suficientes para concluir que las monedas no son justas: no podemos rechazar la hipótesis nula de que las monedas son justas.

11.4 Prueba de independencia

Las pruebas de independencia implican el uso de una **tabla de contingencia** de valores observados (datos).

El estadístico de **prueba de independencia** es similar al de la prueba de bondad de ajuste:

$$\sum_{(i \cdot j)} \frac{(O-E)^2}{E}$$

donde:

- O = valores observados
- E = valores esperados
- i = el número de filas de la tabla
- j = el número de columnas de la tabla

Hay $i \cdot j$ términos de la forma $\frac{(O-E)^2}{E}$.

Una prueba de independencia determina si dos factores son independientes o no. La primera vez que vio el término independencia fue en la A modo de repaso, considere el siguiente ejemplo. A modo de repaso, considere el siguiente ejemplo.

Nota

El valor esperado dentro de cada celda debe ser, al menos, cinco para que pueda usar esta prueba.

EJEMPLO 11.8

Supongamos que *A* = una infracción por exceso de velocidad en el último año y *B* = un usuario de teléfono móvil mientras conduce. Si *A* y *B* son independientes, entonces $P(A \cap B) = P(A)P(B)$. $A \cap B$ es el caso de que un conductor recibiera una infracción por exceso de velocidad el año pasado y también utilizara un teléfono móvil mientras conducía. Supongamos que se encuestaron 755 personas en un estudio sobre conductores que recibieron infracciones por exceso de velocidad durante el año pasado que usaron el teléfono móvil mientras conducían. De los 755, 70 tenían una infracción por exceso de velocidad y 685 no; 305 usaba el teléfono móvil mientras conducían y 450 no.

Supongamos que *y* = número esperado de conductores que usaron un teléfono móvil mientras conducían y recibieron infracciones por exceso de velocidad.

Si *A* y *B* son independientes, entonces $P(A \cap B) = P(A)P(B)$. Por sustitución,

$$\frac{y}{755} = \left(\frac{70}{755}\right)\left(\frac{305}{755}\right)$$

Resuelva para *y*: $y = \frac{(70)(305)}{755} = 28{,}3$

Se espera que unas 28 personas de la muestra usen teléfonos móviles mientras conducen y reciban infracciones por exceso de velocidad.

En una prueba de independencia planteamos las hipótesis nula y alternativa con palabras. Dado que la tabla de contingencia consta de **dos factores**, la hipótesis nula afirma que los factores son **independientes** y la hipótesis alternativa afirma que **no son independientes (dependientes)**. Si hacemos una prueba de independencia usando el ejemplo, entonces la hipótesis nula es:

H_0: Ser usuario de un teléfono móvil mientras se conduce y recibir una infracción por exceso de velocidad son hechos independientes; en otras palabras, no tienen ningún efecto entre sí.

Si la hipótesis nula fuera cierta, esperaríamos que unas 28 personas usaran el móvil mientras conducen y recibieran una infracción por exceso de velocidad.

La prueba de independencia es siempre de cola derecha debido al cálculo del estadístico de prueba. Si los valores esperados y observados no están cerca, entonces el estadístico de prueba es muy grande y se encuentra en la cola derecha de la curva de chi-cuadrado, al igual que en una bondad de ajuste.

El número de grados de libertad para la prueba de independencia es:

df = (número de columnas – 1)(número de filas – 1)

La siguiente fórmula calcula el **número esperado** (*E*):

$$E = \frac{\text{(total de filas)(total de columnas)}}{\text{número total de encuestados}}$$

INTÉNTELO 11.8

Se toma una muestra de 300 estudiantes. De los estudiantes encuestados, 50 estudiaban música, mientras que 250 no. Noventa y siete de los 300 encuestados estaban en el cuadro de honor, mientras que 203 no estaban. Si suponemos que ser estudiante de música y estar en el cuadro de honor son hechos independientes, ¿cuál es el número esperado de estudiantes de música que también están en el cuadro de honor?

EJEMPLO 11.9

Un grupo de voluntarios dedica de una a nueve horas cada semana a personas mayores con discapacidades. El programa recluta entre estudiantes de colegios comunitarios, estudiantes de institutos universitarios de cuatro años y no estudiantes. En la Tabla 11.14 se encuentra una **muestra** de los voluntarios adultos y el número de horas que ofrecen a la semana.

Tipo de voluntario	de 1 a 3 horas	de 4 a 6 horas	de 7 a 9 horas	Total de la fila
Estudiantes de colegios comunitarios	111	96	48	255
Estudiantes de institutos universitarios de cuatro años	96	133	61	290
No estudiantes	91	150	53	294
Total de la columna	298	379	162	839

Tabla 11.14 Número de horas trabajadas por semana por tipo de voluntario (observado) La tabla contiene los valores (datos) **observados (O)**.

¿El número de horas de voluntariado es **independiente** del tipo de voluntario?

Solución 1

La **tabla observada** y la pregunta al final del problema: "¿El número de horas de voluntariado es independiente del tipo de voluntario?", le indican que se trata de una prueba de independencia. Los dos factores son el **número de horas de voluntariado** y el **tipo de voluntario**. Esta prueba es siempre de cola derecha.

H_0: El número de horas de voluntariado es **independiente** del tipo de voluntario.

H_a: El número de horas de voluntariado **depende** del tipo de voluntario.

Los resultados esperados están en la Tabla 11.15.

Tipo de voluntario	de 1 a 3 horas	de 4 a 6 horas	de 7 a 9 horas
Estudiantes de colegios comunitarios	90,57	115,19	49,24
Estudiantes de institutos universitarios de cuatro años	103,00	131,00	56,00
No estudiantes	104,42	132,81	56,77

Tabla 11.15 Número de horas trabajadas por semana por tipo de voluntario (previsto) La tabla contiene los valores (datos) **esperados** (*E*).

Por ejemplo, el cálculo de la frecuencia esperada para la celda superior izquierda es

$$E = \frac{\text{(total de la fila)(total de la columna)}}{\text{número total de encuestados}} = \frac{(255)\,(298)}{839} = 90{,}57$$

Calcule el estadístico de prueba: χ^2 = 12,99 (calculadora o computadora)

Distribución para la prueba: χ^2_4

df = (3 columnas - 1)(3 filas - 1) = (2)(2) = 4

Gráfico:

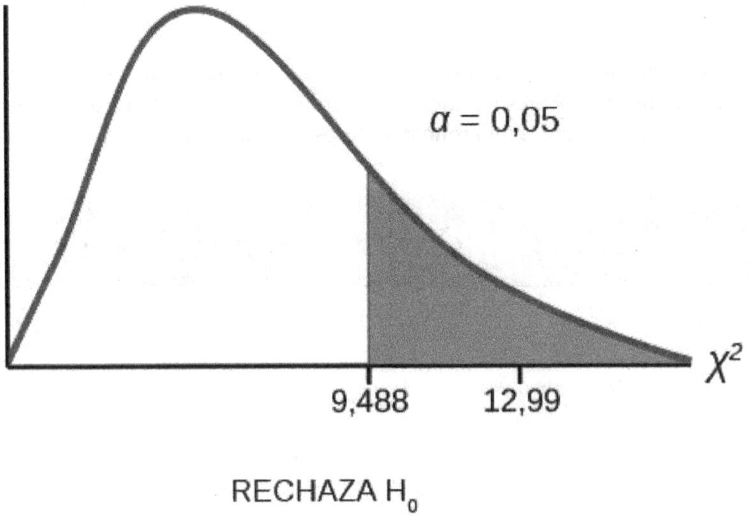

Figura 11.8

El gráfico de chi-cuadrado muestra la distribución y marca el valor crítico con cuatro grados de libertad a un nivel de confianza del 95 %, α = 0,05; 9,488. El gráfico también marca el valor calculado del estadístico de prueba χ_c^2 de 12,99. Al comparar el estadístico de prueba con el valor crítico, como hemos hecho con todas las demás pruebas de hipótesis, llegamos a la conclusión.

Tome una decisión: Como el estadístico de prueba calculado está en la cola, no podemos aceptar H_0. Esto significa que los factores no son independientes.

Conclusión: A un nivel de significación del 5 %, a partir de los datos, hay pruebas suficientes para concluir que el número de horas de voluntariado y el tipo de voluntariado dependen el uno del otro.

Para el ejemplo de la Tabla 11.15, de haber otro tipo de voluntarios, adolescentes, ¿cuáles serían los grados de libertad?

INTÉNTELO 11.9

La Oficina de Estadísticas Laborales recopila datos sobre empleo en Estados Unidos. Se toma una muestra para calcular el número de ciudadanos de EE. UU. que trabajan en uno de varios sectores industriales a lo largo del tiempo. La Tabla 11.16 muestra los resultados:

Sector industrial	2000	2010	2020	Total
Sueldos y salarios no agrícolas	13.243	13.044	15.018	41.305
Producción de bienes, excluida la agricultura	2.457	1.771	1.950	6.178
Prestación de servicios	10.786	11.273	13.068	35.127
Agricultura, silvicultura, pesca y caza	240	214	201	655
Autónomos no agrícolas y trabajadores familiares no remunerados	931	894	972	2.797
Empleos secundarios asalariados en agricultura e industrias domésticas privadas	14	11	11	36

Tabla 11.16

Sector industrial	2000	2010	2020	Total
Trabajos secundarios como autónomo o trabajador familiar no remunerado	196	144	152	492
Total	27.867	27.351	31.372	86.590

Tabla 11.16

Queremos saber si el cambio en el número de empleos es independiente del cambio en los años. Indique las hipótesis nula y alternativa y los grados de libertad.

EJEMPLO 11.10

El De Anza College está interesado en la relación entre el nivel de ansiedad y la necesidad de tener éxito en la escuela. Una muestra aleatoria de 400 estudiantes realizó una prueba que medía el nivel de ansiedad y la necesidad de tener éxito en la escuela. La Tabla 11.17 muestra los resultados. El De Anza College quiere saber si el nivel de ansiedad y la necesidad de tener éxito en la escuela son eventos independientes.

Necesidad de tener éxito en la escuela	Ansiedad alta	Ansiedad media alta	Ansiedad media	Ansiedad media baja	Ansiedad baja	Total de la fila
Necesidad alta	35	42	53	15	10	155
Necesidad media	18	48	63	33	31	193
Necesidad baja	4	5	11	15	17	52
Total de la columna	57	95	127	63	58	400

Tabla 11.17 Necesidad de tener éxito en la escuela versus nivel de ansiedad

a. ¿Cuántos estudiantes con alto nivel de ansiedad se espera que tengan una alta necesidad de tener éxito en la escuela?

Solución 1

a. El total de la columna para un alto nivel de ansiedad es de 57. El total de filas para la alta necesidad de tener éxito en la escuela es de 155. El tamaño de la muestra o el total de encuestados es de 400.

$$E = \frac{(\text{total de filas})(\text{total de columnas})}{\text{total de encuestados}} = \frac{155 \cdot 57}{400} = 22{,}09$$

El número esperado de estudiantes que tienen un alto nivel de ansiedad y una alta necesidad de tener éxito en la escuela es de unos 22.

b. Si las dos variables son independientes, ¿cuántos estudiantes espera que tengan una baja necesidad de tener éxito en la escuela y un nivel medio-bajo de ansiedad?

Solución 2

b. El total de la columna para un nivel de ansiedad medio-bajo es de 63. El total de filas para una baja necesidad de éxito en la escuela es de 52. El tamaño de la muestra o el total de encuestados es de 400.

c. $E = \frac{(\text{total de filas})(\text{total de columnas})}{\text{total de encuestados}} =$ ______

Solución 3

c. $E = \frac{\text{(total de filas)(total de columnas)}}{\text{total de encuestados}} = 8{,}19$

d. El número esperado de estudiantes que tienen un nivel de ansiedad medio-bajo y una baja necesidad de tener éxito en la escuela es aproximadamente ______.

Solución 4

d. 8

11.5 Prueba de homogeneidad

La prueba de bondad de ajuste se puede usar para decidir si una población se ajusta a una distribución determinada, pero no bastará para decidir si dos poblaciones siguen la misma distribución desconocida. Una prueba diferente, llamada **prueba de homogeneidad**, se puede usar para sacar una conclusión sobre si dos poblaciones tienen la misma distribución. Para calcular el estadístico de prueba de homogeneidad siga el mismo procedimiento que con la prueba de independencia.

Nota

El valor esperado dentro de cada celda debe ser, al menos, cinco para que pueda usar esta prueba.

Hipótesis

H_0: Las distribuciones de las dos poblaciones son iguales.

H_a: Las distribuciones de las dos poblaciones no son iguales.

Estadístico de prueba

Utilice un χ^2 estadístico de prueba. Se calcula de la misma manera que la prueba de independencia.

Grados de libertad (*df*)

df = número de columnas – 1

Requisitos

Todos los valores de la tabla deben ser mayores o iguales a cinco.

Usos comunes

Comparación de dos poblaciones. Por ejemplo: hombres versus mujeres, antes versus después, este versus oeste. La variable es categórica con más de dos valores de respuesta posibles.

EJEMPLO 11.11

¿Los estudiantes de institutos universitarios hombres y mujeres tienen la misma distribución en cuanto a viviendas? Utilice un nivel de significación de 0,05. Supongamos que se les pregunta a 250 estudiantes universitarios y a 300 estudiantes universitarias seleccionados al azar por su tipo de vivienda: residencia universitaria, apartamento, con los padres, otra. Los resultados se muestran en la Tabla 11.18. ¿Los estudiantes de institutos universitarios hombres y mujeres tienen la misma distribución en cuanto a viviendas?

	Dormitorio	Apartamento	Con los padres	Otra
Hombres	72	84	49	45
Mujeres	91	86	88	35

Tabla 11.18 Distribución del tipo de vivienda para los hombres y mujeres universitarios

Solución 1

H_0: La distribución de la vivienda de los estudiantes universitarios es igual que la de las estudiantes universitarias.

H_a: La distribución de la vivienda de los estudiantes universitarios no es igual que la de las estudiantes universitarias.

Grados de libertad (*df*):
df = número de columnas - 1 = 4 - 1 = 3

Distribución de la prueba: χ^2_3

Calcule el estadístico de prueba: χ^2_c = 10,129

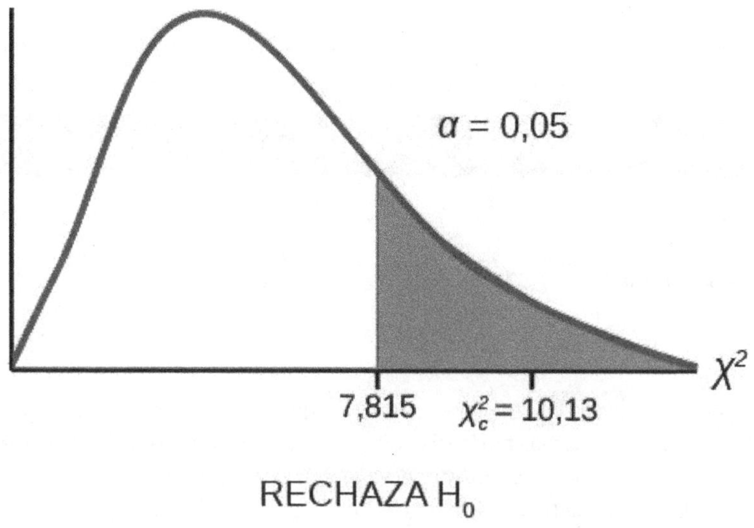

Figura 11.9

El gráfico de chi-cuadrado muestra la distribución y marca el valor crítico con tres grados de libertad a un nivel de confianza del 95 %, α = 0,05; 7,815. El gráfico también marca el valor calculado del estadístico de prueba χ^2 de 10,129. Al comparar el estadístico de prueba con el valor crítico, como hemos hecho con todas las demás pruebas de hipótesis, llegamos a la conclusión.

Tome una decisión: Como el estadístico de prueba calculado está en la cola, no podemos aceptar H_0. Esto significa que las distribuciones no son iguales.

Conclusión: a un nivel de significación del 5 %, a partir de los datos, hay pruebas suficientes para concluir que las distribuciones de los tipos de vivienda de los estudiantes universitarios hombres y mujeres no son iguales.

Observe que la conclusión es solo que las distribuciones no son iguales. No podemos utilizar la prueba de homogeneidad para obtener conclusiones sobre sus diferencias.

INTÉNTELO 11.11

¿Las familias y los solteros tienen la misma distribución de automóviles? Utilice un nivel de significación de 0,05. Supongamos que se les pregunta a 100 familias y a 200 solteros seleccionados al azar qué tipo de automóvil conducen: deportivo, sedán, utilitario, camioneta, van/suv. Los resultados se muestran en la Tabla 11.19. ¿Las familias y los solteros tienen la misma distribución de automóviles? Pruebe con un nivel de significación de 0,05.

	Deporte	Sedán	Utilitario	Camioneta	Van/suv
Familia	5	15	35	17	28
Sencillo	45	65	37	46	7

Tabla 11.19

INTÉNTELO 11.11

Las escuelas Ivy League reciben muchas solicitudes, pero solo algunas pueden ser aceptadas. En las escuelas que aparecen en la Tabla 11.20 se aceptan dos tipos de solicitudes: regulares y de decisión anticipada.

Tipo de solicitud aceptada	Brown	Columbia	Cornell	Dartmouth	Penn	Yale
Regular	2.115	1.792	5.306	1.734	2.685	1.245
Decisión anticipada	577	627	1.228	444	1.195	761

Tabla 11.20

Queremos saber si el número de solicitudes regulares aceptadas sigue la misma distribución que el número de solicitudes anticipadas aceptadas. Indique las hipótesis nula y alternativa, los grados de libertad y el estadístico de prueba, dibuje el gráfico de la distribución χ^2 y muestre el valor crítico y el valor calculado del estadístico de prueba, y saque una conclusión sobre la prueba de homogeneidad.

11.6 Comparación de las pruebas chi-cuadrado

Anteriormente el estadístico de prueba χ^2 se utilizó en tres circunstancias diferentes. La siguiente lista con viñetas es un resumen de qué prueba χ^2 es la adecuada para utilizar en diferentes circunstancias.

- **Bondad de ajuste:** use la prueba de bondad de ajuste para decidir si una población con una distribución desconocida se "ajusta" a una distribución conocida. En este caso habrá una única pregunta de encuesta cualitativa o un único resultado de un experimento de una única población. La bondad de ajuste se utiliza normalmente para ver si la población es uniforme (todos los resultados se producen con la misma frecuencia), si la población es normal o si la población es la misma que otra población con una distribución conocida. Las hipótesis nula y alternativa son:
  H_0: La población se ajusta a la distribución dada.
  H_a: La población no se ajusta a la distribución dada.
- **Independencia:** use la prueba de independencia para decidir si dos variables (factores) son independientes o dependientes. En este caso habrá dos preguntas o experimentos de encuesta cualitativa y se construirá una tabla de contingencia. La meta es ver si las dos variables no están relacionadas (independientes) o están relacionadas (dependientes). Las hipótesis nula y alternativa son:
  H_0: Las dos variables (factores) son independientes.
  H_a: Las dos variables (factores) son dependientes.
- **Homogeneidad:** use la prueba de homogeneidad para decidir si dos poblaciones con distribuciones desconocidas tienen la misma distribución entre sí. En este caso, habrá una única pregunta o experimento de encuesta cualitativa que se aplicará a dos poblaciones diferentes. Las hipótesis nula y alternativa son:
  H_0: Las dos poblaciones siguen la misma distribución.
  H_a: Las dos poblaciones tienen distribuciones diferentes.

Términos Clave

Bondad de ajuste prueba de hipótesis que compara los valores esperados y los observados para buscar diferencias significativas dentro de una variable no paramétrica. Los grados de libertad utilizados equivalen al (número de categorías - 1).

Prueba de homogeneidad prueba utilizada para sacar una conclusión sobre si dos poblaciones tienen la misma distribución. Los grados de libertad que se utilizan equivalen al (número de columnas - 1).

Prueba de independencia prueba de hipótesis que compara los valores esperados y observados de las tablas de contingencia para comprobar la independencia entre dos variables. Los grados de libertad que se utilizan son iguales al (número de columnas - 1) multiplicado por el (número de filas - 1).

Tabla de contingencia una tabla que muestra los valores de dos factores diferentes que pueden ser dependientes o contingentes entre sí; facilita la determinación de probabilidades condicionales.

Repaso del capítulo

11.1 Datos sobre la distribución chi-cuadrado

La distribución chi-cuadrado es una herramienta útil para la evaluación en una serie de categorías de problemas. Estas categorías de problemas incluyen principalmente (i) si un conjunto de datos se ajusta a una determinada distribución; (ii) si las distribuciones de dos poblaciones son iguales; (iii) si dos eventos pueden ser independientes; y (iv) si hay una variabilidad diferente a la esperada dentro de una población.

Un parámetro importante en una distribución chi-cuadrado son los grados de libertad df en un problema dado. La variable aleatoria en la distribución chi-cuadrado es la suma de cuadrados de df variables normales estándar, los cuales deben ser independientes. Las características clave de la distribución chi-cuadrado también dependen directamente de los grados de libertad.

La curva de la distribución chi-cuadrado es asimétrica hacia la derecha, y su forma depende de los grados de libertad df. Para $df > 90$, la curva se aproxima a la distribución normal. Los estadísticos de prueba basados en la distribución chi-cuadrado son siempre mayores o iguales a cero. Estas pruebas de aplicación son casi siempre pruebas de cola derecha.

11.2 Prueba de una sola varianza

Para comprobar la variabilidad, utilice la prueba de chi-cuadrado de una sola varianza. La prueba puede ser de cola izquierda, derecha o doble, y sus hipótesis se expresan siempre en términos de varianza (o desviación típica).

11.3 Prueba de bondad de ajuste

Para evaluar si un conjunto de datos se ajusta a una distribución específica, puede aplicar la prueba de hipótesis de bondad de ajuste que utiliza la distribución chi-cuadrado. La hipótesis nula de esta prueba establece que los datos proceden de la distribución supuesta. La prueba compara los valores observados con los valores que se esperarían tener si los datos siguieran la distribución supuesta. La prueba es casi siempre de cola derecha. Cada observación o categoría de celda debe tener un valor esperado de, al menos, cinco.

11.4 Prueba de independencia

Para evaluar si dos factores son independientes o no, puede aplicar la prueba de independencia que utiliza la distribución chi-cuadrado. La hipótesis nula de esta prueba afirma que los dos factores son independientes. La prueba compara valores observados con valores esperados. La prueba es de cola derecha. Cada observación o categoría de celda debe tener un valor esperado de, al menos, 5.

11.5 Prueba de homogeneidad

Para evaluar si dos conjuntos de datos proceden de la misma distribución, que no es necesario conocer, puede aplicar la prueba de homogeneidad que utiliza la distribución chi-cuadrado. La hipótesis nula de esta prueba establece que las poblaciones de los dos conjuntos de datos proceden de la misma distribución. La prueba compara los valores observados con los valores esperados si las dos poblaciones siguieran la misma distribución. La prueba es de cola derecha. Cada observación o categoría de celda debe tener un valor esperado de, al menos, cinco.

11.6 Comparación de las pruebas chi-cuadrado

La prueba de bondad de ajuste se suele usar para determinar si los datos se ajustan a una determinada distribución. La prueba de independencia usa una tabla de contingencia para determinar la independencia de dos factores. La prueba de homogeneidad determina si dos poblaciones proceden de la misma distribución, aunque esta sea desconocida.

Repaso de fórmulas

11.1 Datos sobre la distribución chi-cuadrado

$\chi^2 = (Z_1)^2 + (Z_2)^2 + \dots (Z_{df})^2$ variable aleatoria de distribución chi-cuadrado

$\mu_{\chi^2} = df$ distribución chi-cuadrado media de la población

$\sigma_{\chi^2} = \sqrt{2(de)}$ Distribución chi-cuadrado de la desviación típica de la población

11.2 Prueba de una sola varianza

$\chi^2 = \frac{(n-1)s^2}{\sigma_0^2}$ Prueba de una estadística de varianza única

donde:
n: tamaño de la muestra
s: desviación típica de la muestra
σ_0: valor hipotético de la desviación típica de la población

$df = n - 1$ grado de libertad

Prueba de una sola varianza

- Utilice la prueba para determinar la variación.
- Los grados de libertad son el número de muestras - 1.
- El estadístico de prueba es $\frac{(n-1)s^2}{\sigma_0^2}$, donde n = tamaño de la muestra, s^2 = varianza de la muestra y σ^2 = varianza de la población.
- La prueba puede ser de cola izquierda, derecha o doble.

11.3 Prueba de bondad de ajuste

$\sum_k \frac{(O-E)^2}{E}$ estadístico de prueba de bondad de ajuste

donde:

O: valores observados
E: valores esperados

k: número de celdas o categorías de datos diferentes

$df = k - 1$ grados de libertad

11.4 Prueba de independencia

Prueba de independencia

- El número de grados de libertad es igual a (número de columnas - 1)(número de filas - 1).
- El estadístico de prueba es $\sum_{i \cdot j} \frac{(O-E)^2}{E}$ donde O = valores observados, E = valores esperados, i = el número de filas de la tabla y j = el número de columnas de la tabla.
- Si la hipótesis nula es verdadera, el número esperado $E = \frac{\text{(total de filas)(total de columnas)}}{\text{total de encuestados}}$.

11.5 Prueba de homogeneidad

$\sum_{i \cdot j} \frac{(O-E)^2}{E}$ Estadístico de prueba de homogeneidad

donde: O = valores observados
E = valores esperados
i = número de filas en la tabla de contingencia de datos
j = número de columnas en la tabla de contingencia de datos

$df = (i-1)(j-1)$ Grados de libertad

Práctica

11.1 Datos sobre la distribución chi-cuadrado

1. Si el número de grados de libertad de una distribución chi-cuadrado es 25, ¿cuál es la media y la desviación típica de la población?

2. Si $df > 90$, la distribución es __________. Si $df = 15$, la distribución es ____________.

3. ¿Cuándo se aproxima la curva chi-cuadrado a una distribución normal?

4. ¿Dónde se ubica μ en una curva de chi-cuadrado?

5. ¿Es más probable que el *df* sea 90, 20 o dos en el gráfico?

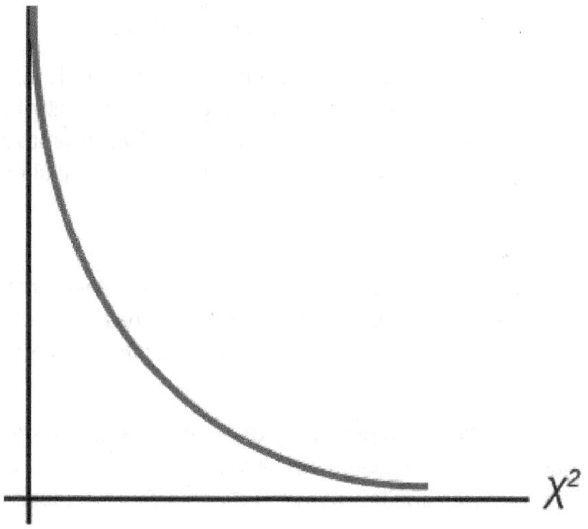

Figura 11.10

11.2 Prueba de una sola varianza

Use la siguiente información para responder los próximos tres ejercicios: La desviación típica de un arquero para los disparos a meta es de seis (los datos se miden en distancia desde el centro del blanco). Un observador afirma que la desviación típica es menor.

6. ¿Qué tipo de prueba se debe utilizar?

7. Indique las hipótesis nula y alternativa.

8. ¿Es una prueba de cola derecha, de cola izquierda o de dos colas?

Use la siguiente información para responder los próximos tres ejercicios: La desviación típica de las alturas de los estudiantes de una escuela es de 0,81. Se toma una muestra aleatoria de 50 estudiantes y la desviación típica de las alturas de la muestra es de 0,96. Un investigador encargado del estudio cree que la desviación típica de las alturas de la escuela es superior a 0,81.

9. ¿Qué tipo de prueba se debe utilizar?

10. Indique las hipótesis nula y alternativa.

11. *df* = ______

Use la siguiente información para responder los próximos cuatro ejercicios: El tiempo promedio de espera en la consulta del médico varía. La desviación típica de los tiempos de espera en una consulta médica es de 3,4 minutos. Una muestra aleatoria de 30 pacientes en la consulta del médico tiene una desviación típica de los tiempos de espera de 4,1 minutos. Un médico cree que la varianza de los tiempos de espera es mayor de lo que se pensaba en un principio.

12. ¿Qué tipo de prueba se debe utilizar?

13. ¿Cuál es el estadístico de prueba?

14. ¿Qué puede concluir con un nivel de significación del 5 %?

11.3 Prueba de bondad de ajuste

Determine la prueba adecuada que se utilizará en los tres ejercicios siguientes.

15. Una arqueóloga está calculando la distribución de la frecuencia del número de artefactos que encuentre en una excavación. Basándose en excavaciones anteriores, el arqueólogo crea una distribución prevista desglosada por secciones de la cuadrícula en el lugar de la excavación. Una vez que el yacimiento se ha excavado por completo, compara el número real de objetos encontrados en cada sección de la cuadrícula para determinar si sus expectativas eran correctas.

16. Un economista está elaborando un modelo para predecir los resultados del mercado de valores. Crea una lista de puntos esperados en el índice bursátil para las próximas dos semanas. Al cierre de cada jornada registra los puntos reales del índice. Quiere ver hasta qué punto su modelo coincide con lo que realmente ocurrió.

17. Una entrenadora personal está preparando un programa de levantamiento de pesas para sus clientes. Para un programa de 90 días espera que cada cliente levante un peso máximo específico cada semana. A medida que avanza registra los pesos máximos reales que levantan sus clientes. Quiere saber si sus expectativas se ajustan a lo observado.

Use la siguiente información para responder los próximos cinco ejercicios: Un maestro predice cuál será la distribución de las notas del examen final y las registra en la Tabla 11.21.

Grado	Proporción
A	0,25
B	0,30
C	0,35
D	0,10

Tabla 11.21

La distribución real para una clase de 20 está en la Tabla 11.22.

Grado	Frecuencia
A	7
B	7
C	5
D	1

Tabla 11.22

18. $de =$ _____

19. Indique las hipótesis nula y alternativa.

20. estadístico de prueba $\chi^2 =$ _____

21. Al nivel de significación del 5 %, ¿qué puede concluir?

Use la siguiente información para responder los próximos nueve ejercicios: los siguientes datos son reales. El número acumulado de casos de SIDA notificados en el condado de Santa Clara se desglosa por grupos étnicos como en la Tabla 11.23.

Etnia	Número de casos
Blancos	2.229
Hispanos	1.157
Negros/Afroamericanos	457
Asiáticos, isleños del Pacífico	232
	Total = 4.075

Tabla 11.23

El porcentaje de cada grupo étnico en el condado de Santa Clara es el que figura en la Tabla 11.24.

Etnia	Porcentaje de la población total del condado	Número esperado (redondeado a dos decimales)
Blancos	42,9%	1.748,18
Hispanos	26,7%	
Negros/Afroamericanos	2,6%	
Asiáticos, isleños del Pacífico	27,8 %	
	Total = 100 %	

Tabla 11.24

22. Si las etnias de las víctimas de sida aparecen según las etnias de la población total del condado, rellene el número esperado de casos por grupo étnico.
Haga una prueba de bondad de ajuste para determinar si la aparición de casos de sida es según las etnias de la población general del condado de Santa Clara.

23. H_0: ______

24. H_a: ______

25. ¿Es una prueba de cola derecha, de cola izquierda o de dos colas?

26. grados de libertad = ______

27. estadístico de prueba χ^2 = ______

28. Grafique la situación. Identifique y escale el eje horizontal. Marque la media y el estadístico de prueba. Sombree en la región correspondiente al nivel de confianza.

Figura 11.11

Supongamos que $\alpha = 0{,}05$

Decisión: ____________

Motivo de la decisión: ____________

Conclusión (escriba en oraciones completas): ____________

29. ¿Parece que el patrón de casos de sida en el condado de Santa Clara se corresponde con la distribución de los grupos étnicos en este condado? ¿Por qué sí o por qué no?

11.4 Prueba de independencia

Determine la prueba adecuada que se utilizará en los tres ejercicios siguientes.

30. Una compañía farmacéutica está interesada en la relación entre edad y presentación de síntomas de una infección viral común. Se toma una muestra aleatoria de 500 personas con la infección en diferentes grupos de edad.

31. El propietario de un equipo de béisbol está interesado en la relación entre salarios de los jugadores y porcentaje de victorias del equipo. Toma una muestra aleatoria de 100 jugadores de diferentes organizaciones.

32. Un corredor de maratón se interesa por la relación entre la marca de zapatillas que usan los corredores y sus tiempos de carrera. Toma una muestra aleatoria de 50 corredores y registra sus tiempos de carrera, así como la marca de zapatillas que llevaban.

Use la siguiente información para responder los próximos siete ejercicios: Transit Railroads se interesa por la relación entre distancia de viaje y clase de billete adquirido. Se toma una muestra aleatoria de 200 pasajeros. La Tabla 11.25 muestra los resultados. La compañía quiere saber si la elección de la clase de billete de un pasajero es independiente de la distancia que debe viajar.

Distancia de viaje	Tercera clase	Segunda clase	Primera clase	Total
de 1 a 100 millas	21	14	6	41
de 101 a 200 millas	18	16	8	42
de 201 a 300 millas	16	17	15	48

Tabla 11.25

Distancia de viaje	Tercera clase	Segunda clase	Primera clase	Total
de 301 a 400 millas	12	14	21	47
de 401 a 500 millas	6	6	10	22
Total	73	67	60	200

Tabla 11.25

33. Plantee las hipótesis.
H_0: ______
H_a: ______

34. df = ______

35. ¿Cuántos pasajeros se espera que viajen entre 201 y 300 millas y compren billetes de segunda clase?

36. ¿Cuántos pasajeros se espera que viajen entre 401 y 500 millas y compren billetes de primera clase?

37. ¿Cuál es el estadístico de prueba?

38. ¿Qué puede concluir con un nivel de significación del 5 %?

Use la siguiente información para responder los próximos ocho ejercicios: en un artículo publicado en el New England Journal of Medicine, se habla de un estudio sobre los fumadores de California y Hawái. En una parte del informe se indicaba el origen étnico autodeclarado y la cantidad de cigarrillos por día. De las personas que fumaban como máximo diez cigarrillos al día, había 9.886 afroamericanos, 2.745 nativos de Hawái, 12.831 latinos, 8.378 japoneses americanos y 7.650 blancos. De las personas que fumaban como máximo diez cigarrillos al día, había 6.514 afroamericanos, 3.062 nativos de Hawái, 4.932 latinos, 10.680 japoneses americanos y 9.877 blancos. De las personas que fumaban como máximo diez cigarrillos al día, había 1.671 afroamericanos, 1.419 nativos de Hawái, 1.406 latinos, 4.715 japoneses americanos y 6.062 blancos. De las personas que fumaban al menos 31 cigarrillos al día, había 759 afroamericanos, 788 nativos de Hawái, 800 latinos, 2.305 japoneses americanos y 3.970 blancos.

39. Rellene la tabla.

Cantidad de cigarrillos por día	Afroamericanos	Nativos de Hawái	Latinos	Japoneses americanos	Blancos	Totales
1-10						
11-20						
21-30						
31 o más						
Totales						

Tabla 11.26 Hábito de fumar por grupo étnico (observado)

40. Plantee las hipótesis.
H_0: ______
H_a: ______

41. Introduzca los valores esperados en la Tabla 11.26. Redondee a dos decimales.

Calcule los siguientes valores:

42. df = ______

43. χ^2 estadístico de prueba = ______

44. ¿Es una prueba de cola derecha, de cola izquierda o de dos colas? Explique por qué.

45. Grafique la situación. Identifique y escale el eje horizontal. Marque la media y el estadístico de prueba. Sombree en la región correspondiente al nivel de confianza.

Figura 11.12

Indique la decisión y la conclusión (en una oración completa) para los siguientes niveles preconcebidos de α.

46. $\alpha = 0{,}05$

a. Decisión: ______
b. Motivo de la decisión: ______
c. Conclusión (escriba en una oración completa): ______

47. $\alpha = 0{,}01$

a. Decisión: ______
b. Motivo de la decisión: ______
c. Conclusión (escriba en una oración completa): ______

11.5 Prueba de homogeneidad

48. Una maestra de Matemáticas quiere ver si dos de sus clases tienen la misma distribución de resultados en los exámenes. ¿Qué prueba debe utilizar?

49. ¿Cuáles son las hipótesis nula y alternativa para el Ejercicio 11.48?

50. Un investigador de mercado quiere ver si dos tiendas diferentes tienen la misma distribución de ventas a lo largo del año. ¿Qué tipo de prueba debe utilizar?

51. Una meteoróloga quiere saber si el este y el oeste de Australia tienen la misma distribución de tormentas. ¿Qué tipo de prueba debe utilizar?

52. ¿Qué condición debe cumplirse para utilizar la prueba de homogeneidad?

Use la siguiente información para responder los próximos cinco ejercicios: ¿Los médicos de consulta privada y los de hospital tienen la misma distribución de horas de trabajo? Supongamos que se selecciona al azar una muestra de 100 médicos de consultas privadas y 150 de hospitales y se les pregunta por el número de horas semanales que trabajan. Los resultados se muestran en la Tabla 11.27.

	20–30	30–40	40–50	50–60
Consulta privada	16	40	38	6
Hospital	8	44	59	39

Tabla 11.27

53. Indique las hipótesis nula y alternativa.

54. df = ______

55. ¿Cuál es el estadístico de prueba?

56. ¿Qué puede concluir con un nivel de significación del 5 %?

11.6 Comparación de las pruebas chi-cuadrado

57. ¿Qué prueba se usa para decidir si una distribución observada es la misma que una distribución esperada?

58. ¿Cuál es la hipótesis nula para el tipo de prueba de Ejercicio 11.57?

59. ¿Qué prueba utilizaría para decidir si dos factores tienen una relación?

60. ¿Qué prueba utilizaría para decidir si dos poblaciones tienen la misma distribución?

61. ¿En qué se parecen las pruebas de independencia a las pruebas de homogeneidad?

62. ¿En qué se diferencian las pruebas de independencia de las pruebas de homogeneidad?

Tarea para la casa

11.1 Datos sobre la distribución chi-cuadrado

Decida si las siguientes afirmaciones son verdaderas o falsas.

63. A medida que aumenta el número de grados de libertad, el gráfico de la distribución chi-cuadrado parece cada vez más simétrico.

64. La desviación típica de la distribución chi-cuadrado es el doble de la media.

65. La media y la mediana de la distribución chi-cuadrado son iguales si $df = 24$.

11.2 Prueba de una sola varianza

Use la siguiente información para responder los próximos doce ejercicios: Supongamos que una compañía aérea afirma que sus vuelos son siempre puntuales, con un retraso promedio de 15 minutos como máximo. Afirma que el retraso promedio es tan constante que la varianza no supera los 150 minutos. Dudando de la coherencia de la afirmación, un viajero descontento calcula los retrasos de sus próximos 25 vuelos. El retraso promedio de esos 25 vuelos es de 22 minutos, con una desviación típica de 15 minutos.

66. ¿El viajero está discutiendo el reclamo sobre el promedio o sobre la varianza?

67. Una desviación típica de la muestra de 15 minutos es lo mismo que una varianza de la muestra de ________ minutos.

68. ¿Es una prueba de cola derecha, de cola izquierda o de dos colas?

69. H_0: ________

70. df = ______

71. estadístico de prueba chi-cuadrado = _______

72. Grafique la situación. Identifique y escale el eje horizontal. Marque la media y el estadístico de prueba. Sombree el área asociada al nivel de confianza.

73. Supongamos que $\alpha = 0{,}05$
Decisión: _______
Conclusión (escribir en una oración completa.): _______

74. ¿Cómo supo que debía analizar la varianza en vez de la media?

75. Si se realizara una prueba adicional sobre la reclamación del retraso promedio, ¿qué distribución utilizaría?

76. Si se hiciera una prueba adicional sobre la afirmación del retraso promedio, pero se encuestaran 45 vuelos, ¿qué distribución utilizaría?

77. A la gerente de una planta le preocupa que su equipo necesite recalibración. Parece que el peso real de las cajas de cereales de 15 oz que llena ha estado fluctuando. La desviación típica debe ser como máximo de 0,5 oz. Para determinar si es necesario recalibrar la máquina, se pesaron 84 cajas de cereales seleccionadas al azar de la producción del día siguiente. La desviación típica de las 84 cajas fue de 0,54. ¿Es necesario recalibrar la máquina?

78. Los consumidores pueden estar interesados en saber si el costo de una calculadora particular varía de una tienda a otra. Sobre la base de una encuesta realizada en 43 tiendas, que arrojó una media muestral de 84 dólares y una desviación típica de la muestra de 12 dólares, pruebe la afirmación de que la desviación típica es mayor de 15 dólares.

79. Isabella, una consumada corredora de **Bay to Breakers**, afirma que la desviación típica de su tiempo para correr las 7,5 millas es de tres minutos como máximo. Para probar su afirmación, Rupinder ve cinco de sus tiempos de carrera. Son 55 minutos, 61 minutos, 58 minutos, 63 minutos y 57 minutos.

80. Las compañías aéreas están interesadas en la coherencia del número de bebés en cada vuelo para tener un equipo de seguridad adecuado. También se interesan por la variación del número de bebés. Supongamos que un ejecutivo de una compañía aérea cree que el número promedio de bebés en los vuelos es de seis, con una varianza de nueve como máximo. La compañía aérea recopila los datos. Los resultados de los 18 vuelos investigados dan un promedio muestral de 6,4 con una desviación típica de la muestra de 3,9. Realice una prueba de hipótesis sobre la creencia del ejecutivo de la aerolínea.

81. El número de nacimientos por mujer en China es de 1,6, versus los 5,91 de 1966. Esta tasa de fecundidad se ha atribuido a la ley aprobada en 1979 que restringe los nacimientos a uno por mujer. Supongamos que un grupo de estudiantes estudia si la desviación típica de los nacimientos por mujer es o no superior a 0,75. Les preguntaron a 50 mujeres de toda China el número de partos que habían tenido. Los resultados se muestran en la Tabla 11.28. ¿La encuesta de los estudiantes indica que la desviación típica es superior a 0,75?

N.° de nacimientos	Frecuencia
0	5
1	30
2	10
3	5

Tabla 11.28

82. Según un ávido piscicultor, el número promedio de peces en un tanque de 20 galones es de 10, con una desviación típica de dos. Su amigo, también piscicultor, no cree que la desviación típica sea de dos. Cuenta el número de peces en otras 15 peceras de 20 galones. Basándose en los siguientes resultados, ¿cree que la desviación típica es diferente de dos? Datos: 11; 10; 9; 10; 10; 11; 11; 10; 12; 9; 7; 9; 11; 10; 11

83. Al gerente de Frenchies le preocupa que los clientes no reciban siempre la misma cantidad de papas fritas con cada orden. El chef afirma que la desviación típica de una orden de diez onzas de papas fritas es como máximo de 1,5 oz, pero el gerente cree que puede ser mayor. Pesa aleatoriamente 49 órdenes de papas fritas, lo que arroja una media de 11 onzas y una desviación típica de dos onzas.

84. Quiere comprar una computadora específica. Un representante de ventas del fabricante afirma que las tiendas minoristas venden esta computadora a un precio promedio de 1.249 dólares con una desviación típica muy estrecha de 25 dólares. Encuentra un sitio web que tiene una comparación de precios para la misma computadora en una serie de tiendas de la siguiente manera: 1.299; 1.229,99; 1.193,08; 1.279; 1.224,95; 1.229,99; 1.269,95; y 1.249 dólares. ¿Puede argumentar que los precios tienen una desviación típica mayor que la que afirma el fabricante? Utilice el nivel de significación del 5 %. Como comprador potencial, ¿cuál sería la conclusión práctica de su análisis?

85. Una compañía empaqueta manzanas por peso. Uno de los grados de peso es el de las manzanas de clase A. Las manzanas de clase A tienen un peso medio de 150 g, y existe una tolerancia de peso máxima permitida del 5 % por encima o por debajo de la media para las manzanas del mismo paquete de consumo. Se selecciona un lote de manzanas para incluirlo en un paquete de manzanas de clase A. Teniendo en cuenta los siguientes pesos de las manzanas del lote, ¿la fruta cumple con los requisitos de tolerancia de peso de la clase A? Realice una prueba de hipótesis adecuada.

(a) al nivel de significación del 5 %

(b) al nivel de significación del 1 %

Pesos en el lote de manzanas seleccionado (en gramos): 158; 167; 149; 169; 164; 139; 154; 150; 157; 171; 152; 161; 141; 166; 172;

11.3 Prueba de bondad de ajuste

86. Se lanza un dado de seis caras 120 veces. Rellene la columna de frecuencia prevista. Luego, realice una prueba de hipótesis para determinar si el dado es imparcial. Los datos de la Tabla 11.29 son el resultado de las 120 lanzamientos.

Valor nominal	Frecuencia	Frecuencia esperada
1	15	
2	29	
3	16	
4	15	
5	30	
6	15	

Tabla 11.29

87. La distribución del estado civil de la población de hombres de EE. UU. de 15 años o más es la que se muestra en la Tabla 11.30.

Estado civil	Porcentaje	Frecuencia esperada
Soltero	31,3	
Casado	56,1	
Viudo	2,5	
Divorciado/Separado	10,1	

Tabla 11.30

Supongamos que una muestra aleatoria de 400 hombres adultos jóvenes de EE. UU. de 18 a 24 años arroja la siguiente distribución de frecuencias. Nos interesa saber si este grupo de edad de hombres se ajusta a la distribución de la población adulta de EE. UU. Calcule la frecuencia que cabría esperar al encuestar a 400 personas. Rellene la Tabla 11.30, redondeando a dos decimales.

Estado civil	Frecuencia
Soltero	140
Casado	238
Viudo	2
Divorciado/Separado	20

Tabla 11.31

Use la siguiente información para responder los dos próximos ejercicios: las columnas de la Tabla 11.32 contienen la raza/etnia de escuelas públicas de EE. UU. para un año reciente, los porcentajes de la población de examinados de Colocación Avanzada para esa clase y la población estudiantil general. Supongamos que la columna de la derecha contiene el resultado de una encuesta realizada a 1.000 estudiantes locales de ese año que presentaron un examen de AP.

Raza/etnia	Población examinada de AP	Población estudiantil total	Frecuencia de las encuestas
Asiático, asiático americano o isleño del Pacífico	10,2%	5,4%	113
Negro o afroamericano	8,2%	14,5%	94
Hispano o latino	15,5 %	15,9%	136
Amerindio o nativo de Alaska	0,6 %	1,2%	10
Blancos	59,4%	61,6%	604
No informado/otro	6,1%	1,4%	43

Tabla 11.32

88. Haga una prueba de bondad de ajuste para determinar si los resultados locales siguen la distribución de la población estudiantil general de EE. UU. con base en el origen étnico.

89. Haga una prueba de bondad de ajuste para determinar si los resultados locales siguen la distribución de la población de examinados de AP de EE. UU. con base en su origen étnico.

90. La ciudad de South Lake Tahoe, California tiene una población asiática de 1.419 personas, de una población total de 23.609. Supongamos que una encuesta realizada a 1.419 asiáticos autodeclarados en el área de Manhattan (Nueva York) arroja los datos de la Tabla 11.33. Haga una prueba de bondad de ajuste para determinar si los subgrupos de asiáticos autodeclarados en el área de Manhattan se ajustan a los de la zona del Lake Tahoe.

Raza	Frecuencia en el lago Tahoe	Frecuencia en Manhattan
Indio asiático	131	174
Chino	118	557
Filipino	1.045	518
Japonés	80	54
Coreano	12	29
Vietnamita	9	21
Otro	24	66

Tabla 11.33

Use la siguiente información para responder los dos próximos ejercicios: la UCLA realizó una encuesta a más de 263.000 estudiantes de primer año de 385 institutos universitarios en otoño de 2005. Los resultados de las especialidades esperadas de los estudiantes, por sexo, fueron presentado en *The Chronicle of Higher Education (2 feb 2006)*.. Supongamos que el año pasado se realizó una encuesta de seguimiento a 5.000 mujeres y 5.000 hombres que se graduaron para determinar cuáles eran sus especialidades reales. Los resultados se muestran en las tablas del Ejercicio 11.91 y del Ejercicio 11.92. La segunda columna de cada tabla no suma el 100 % debido al redondeo.

91. Haga una prueba de bondad de ajuste para determinar si las especialidades universitarias reales de las mujeres que se gradúan se ajustan a la distribución de sus especialidades esperadas.

Especialidad	Mujeres: especialidad esperada	Mujeres: especialidad real
Arte y Humanidades	14,0%	670
Ciencias Biológicas	8,4%	410
Negocios	13,1%	685
Educación	13,0%	650
Ingeniería	2,6%	145
Ciencias Físicas	2,6%	125
Profesional	18,9%	975
Ciencias Sociales	13,0%	605
Técnica	0,4%	15
Otro	5,8%	300
Indecisos	8,0%	420

Tabla 11.34

92. Haga una prueba de bondad de ajuste para determinar si las especialidades universitarias reales de los hombres que se gradúan se ajustan a la distribución de sus especialidades esperadas.

Especialidad	Hombres: especialidad esperada	Hombres: especialidad real
Arte y Humanidades	11,0%	600
Ciencias Biológicas	6,7%	330
Negocios	22,7%	1130
Educación	5,8%	305
Ingeniería	15,6 %	800
Ciencias Físicas	3,6%	175
Profesional	9,3%	460
Ciencias Sociales	7,6 %	370
Técnica	1,8%	90
Otro	8,2%	400
Indecisos	6,6%	340

Tabla 11.35

Lea la afirmación y decida si es verdadera o falsa.

93. En general, si los valores observados y los valores esperados de una prueba de bondad de ajuste no están cerca, el estadístico de prueba puede ser muy grande y en un gráfico estará muy lejos en la cola derecha.

94. Utilice una prueba de bondad de ajuste para determinar si los directores de las escuelas secundarias creen que los estudiantes se ausentan por igual durante la semana o no.

95. La prueba que se va a usar para determinar si un dado de seis caras es imparcial es una prueba de bondad de ajuste.

96. En una prueba de bondad de ajuste, si el valor p es 0,0113, en general, no rechaza la hipótesis nula.

97. Se encuestó una muestra de 212 compañías comerciales para el reciclaje de una materia prima; una materia prima significa aquí cualquier tipo de material reciclable como plástico o aluminio. La Tabla 11.36 muestra las categorías de compañías en la encuesta, el tamaño de la muestra de cada categoría y el número de compañías en cada categoría que reciclan una materia prima. Según el estudio, se espera que un promedio de la mitad de las compañías reciclen una materia prima. Como resultado, la última columna muestra el número esperado de compañías de cada categoría que reciclan una materia prima. Al nivel de significación del 5 % realice una prueba de hipótesis para determinar si el número observado de compañías que reciclan una materia prima sigue la distribución uniforme de los valores esperados.

Tipo de negocio	Número en la clase	Número observado que recicla una materia prima	Número esperado que reciclan una materia prima
Oficina	35	19	17,5
Comercio minorista/ mayorista	48	27	24
Alimentación/ restauración	53	35	26,5
Fabricación/ médico	52	21	26
Hotel/mixto	24	9	12

Tabla 11.36

98. La Tabla 11.37 contiene información procedente de una encuesta realizada a 499 participantes clasificados según sus grupos de edad. La segunda columna muestra el porcentaje de personas obesas por clase de edad entre los participantes en el estudio. La última columna procede de un estudio nacional diferente que muestra los porcentajes correspondientes de personas obesas en las mismas clases de edad en EE. UU. Realice una prueba de hipótesis al nivel de significación del 5 % para determinar si los participantes en la encuesta son una muestra representativa de la población obesa de Estados Unidos.

Grupo etario (años)	Obesos (porcentaje)	Promedio previsto en EE. UU. (porcentaje)
20–30	15,0	32,6
31–40	26,5	32,6
41–50	13,6	36,6
51–60	21,9	36,6
61–70	21,0	39,7

Tabla 11.37

11.4 Prueba de independencia

99. Un reciente debate sobre dónde los esquiadores creen que se esquía mejor en Estados Unidos generó la siguiente encuesta. Pruebe para ver si la mejor área de esquí es independiente del nivel del esquiador.

Zona de esquí de EE. UU.	Principiante	Intermedio	Avanzado
Tahoe	20	30	40
Utah	10	30	60
Colorado	10	40	50

Tabla 11.38

100. Hay fabricantes de automóviles que están interesados en saber si hay una relación entre el tamaño del automóvil que conduce una persona y el número de personas que componen su familia (es decir, si el tamaño del automóvil y el de la familia son independientes). Para comprobarlo, supongamos que se encuestó aleatoriamente a 800 propietarios de automóviles, lo cual arrojó los resultados que están en la Tabla 11.39. Haga una prueba de independencia.

Tamaño de la familia	Sub y compacto	Tamaño medio	Tamaño completo	Van y camioneta
1	20	35	40	35
2	20	50	70	80
3–4	20	50	100	90
Más de 5	20	30	70	70

Tabla 11.39

101. Los estudiantes universitarios pueden estar interesados en saber si sus especialidades tienen algún efecto sobre los salarios iniciales después de graduarse. Supongamos que se ha encuestado a 300 recién graduados sobre sus especialidades universitarias y sus salarios iniciales tras la graduación. La Tabla 11.40 muestra los datos. Haga una prueba de independencia.

Especialidad	< $50.000	$50.000 – $68.999	$69.000 +
Inglés	5	20	5
Ingeniería	10	30	60
Enfermería	10	15	15
Negocios	10	20	30
Psicología	20	30	20

Tabla 11.40

102. Algunas agencias de viajes afirman que los lugares más visitados para la luna de miel varían según la edad de la novia. Supongamos que se entrevista a 280 novias recientes para saber dónde han pasado su luna de miel. La información se ofrece en la Tabla 11.41. Haga una prueba de independencia.

Lugar	20–29	30–39	40–49	50 años o más
Cataratas del Niágara	15	25	25	20
Poconos	15	25	25	10
Europa	10	25	15	5
Islas Vírgenes	20	25	15	5

Tabla 11.41

103. El gerente de un club deportivo guarda información sobre el deporte principal en el que participan los socios y sus edades. Para comprobar si existe una relación entre la edad de un socio y su elección de deporte se seleccionan aleatoriamente 643 socios del club deportivo. Haga una prueba de independencia.

Deporte	18 - 25	26 - 30	31 - 40	41 años o más
Raquetbol	42	58	30	46
Tenis	58	76	38	65
Natación	72	60	65	33

Tabla 11.42

104. Un importante fabricante de alimentos está preocupado porque las ventas de sus papas fritas delgadas han disminuido. Como parte de un estudio de viabilidad, la compañía realiza una investigación sobre los tipos de papas fritas que se venden en todo el país para determinar si el tipo de papas fritas que se venden es independiente de la zona del país. Los resultados del estudio se muestran en la Tabla 11.43. Haga una prueba de independencia.

Tipo de papas fritas	Noreste	Sur	Centro	Oeste
Patatas fritas delgadas	70	50	20	25
Papas fritas rizadas	100	60	15	30
Papas fritas gruesas	20	40	10	10

Tabla 11.43

105. De acuerdo con los datos suministrados por Dan Lenard, agente de seguros independiente de la zona de Buffalo (Nueva York), a continuación se desglosa el monto de los seguros de vida adquiridos por hombres de los siguientes grupos de edad. Le interesa saber si la edad del hombre y el monto del seguro de vida adquirido son hechos independientes. Haga una prueba de independencia.

Edad de los hombres	Ninguno	< $200.000	$200.000–$400,000	$401.001–$1,000,000	$1,000,001+
20–29	40	15	40	0	5
30–39	35	5	20	20	10
40–49	20	0	30	0	30
50 o más	40	30	15	15	10

Tabla 11.44

106. Supongamos que se encuestaron 600 personas de treinta años para determinar si existe o no una relación entre el nivel de estudios de una persona y su salario. Haga una prueba de independencia.

Salario anual	No se graduó de escuela secundaria	Graduado de escuela secundaria	Graduado universitario	Maestría o doctorado
< $30.000	15	25	10	5
$30.000–$40,000	20	40	70	30
$40.000–$50,000	10	20	40	55
$50.000–$60,000	5	10	20	60
más de $60.000	0	5	10	150

Tabla 11.45

Lea la afirmación y decida si es verdadera o falsa.

107. El número de grados de libertad para una prueba de independencia es igual al tamaño de la muestra menos uno.

108. La prueba de independencia utiliza tablas de valores de datos observados y esperados.

109. La prueba que hay que usar para determinar si el instituto universitario o la universidad que elige un estudiante está relacionado con su estatus socioeconómico es una prueba de independencia.

110. En una prueba de independencia, el número esperado es igual al total de filas multiplicado por el total de columnas dividido entre el total encuestado.

111. Un fabricante de helados hace una encuesta nacional sobre los sabores de helado favoritos en distintas zonas geográficas de EE. UU. Según la Tabla 11.46, ¿los números sugieren que la ubicación geográfica es independiente de los sabores de helado favoritos? Prueba al nivel de significación del 5 %.

Región de EE. UU./Sabor	Fresa	Chocolate	Vainilla	Chocolate con nueces	Menta con chispas de chocolate	Pistacho	Total de la fila
Oeste	12	21	22	19	15	8	97
Medio Oeste	10	32	22	11	15	6	96
Este	8	31	27	8	15	7	96
Sur	15	28	30	8	15	6	102
Total de la columna	45	112	101	46	60	27	391

Tabla 11.46

112. La Tabla 11.47 ofrece una encuesta reciente sobre emprendedores en línea más jóvenes cuyo patrimonio neto se estima en un millón de dólares o más. Sus edades oscilan entre los 17 y los 30 años. Cada celda del cuadro ilustra el número de emprendedores que corresponden al grupo de edad específico y su patrimonio neto. ¿La edad y el patrimonio neto son independientes? Haga una prueba de independencia al nivel de significación del 5 %.

Grupo etario\ Patrimonio neto (en millones de dólares)	1-5	6-24	≥25	Total de la fila
17–25	8	7	5	20
26–30	6	5	9	20
Total de la columna	14	12	14	40

Tabla 11.47

113. Un sondeo realizado en 2013 en California consulto a personas sobre los impuestos a las bebidas azucaradas. Los resultados se presentan en la Tabla 11.48, y están clasificados por grupo étnico y tipo de respuesta. ¿Las respuestas del sondeo son independientes del grupo étnico de los participantes? Haga una prueba de independencia al nivel de significación del 5 %.

Opinión/Etnia	Asiático americano	Blanco/No Hispano	Afroamericano	Latinos	Total de la fila
Contra el impuesto	48	433	41	160	682
A favor del impuesto	54	234	24	147	459
Sin opinión	16	43	16	19	94
Total de la columna	118	710	81	326	1235

Tabla 11.48

11.5 Prueba de homogeneidad

114. Un psicólogo está interesado en comprobar si existe una diferencia en la distribución de los tipos de personalidad de los estudiantes de Negocios y de Ciencias Sociales. Los resultados del estudio se muestran en la Tabla 11.49. Realice una prueba de homogeneidad. Pruebe con un nivel de significación del 5 %.

	Abierto	Meticuloso	Extrovertido	Agradable	Neurótico
Negocios	41	52	46	61	58
Ciencias Sociales	72	75	63	80	65

Tabla 11.49

115. ¿Los hombres y las mujeres seleccionan desayunos diferentes? Los desayunos pedidos por hombres y mujeres seleccionados al azar en un lugar popular de desayunos se muestran en la Tabla 11.50. Realice una prueba de homogeneidad con un nivel de significación del 5 %.

	Tostadas francesas	Panqueques	Waffles	Tortillas
Hombres	47	35	28	53
Mujeres	65	59	55	60

Tabla 11.50

116. Un pescador está interesado en saber si la distribución de los peces capturados en el lago Green Valley es la misma que la de los peces capturados en el lago Echo. De los 191 peces capturados al azar en el lago Green Valley, 105 eran truchas arco iris, 27 otras truchas, 35 lubinas y 24 bagres. De los 293 peces capturados al azar en el lago Echo, 115 eran truchas arco iris, 58 otras truchas, 67 lubinas y 53 bagres. Realice una prueba de homogeneidad con un nivel de significación del 5 %.

117. En 2007, EE. UU. contaba con 1,5 millones de estudiantes educados en casa, según el Centro Nacional de Estadísticas Educativas de EE. UU. En la Tabla 11.51 se puede ver que los padres deciden educar a sus hijos en casa por diferentes razones, y algunas razones son clasificadas por los padres como más importantes que otras. Según los resultados de la encuesta que se muestran en la tabla, ¿la distribución de las razones aplicables es la misma que la distribución de la razón más importante? Proporcione su evaluación con un nivel de significación del 5 %. ¿Esperaba el resultado que ha obtenido?

Razones para educar en casa	Razón aplicable (en miles de encuestados)	Razón más importante (en miles de encuestados)	Total de la fila
Preocupación por el ambiente de otras escuelas	1.321	309	1.630
Insatisfacción con la enseñanza académica en otras escuelas	1.096	258	1.354
Proporcionar instrucción religiosa o moral	1.257	540	1.797
El niño tiene necesidades especiales, aparte de las físicas o mentales	315	55	370
Enfoque no tradicional de la educación de los niños	984	99	1.083
Otras razones (p. ej., finanzas, viajes, tiempo en familia, etc.)	485	216	701
Total de la columna	5.458	1.477	6.935

Tabla 11.51

118. Al examinar el consumo de energía, a menudo nos interesa detectar las tendencias a lo largo del tiempo y su correlación entre los distintos países. La información de la Tabla 11.52 muestra el uso promedio de energía (en unidades de kg de equivalente de petróleo per cápita) en EE. UU. y los países conjuntos de la Unión Europea (UE) para el periodo de seis años de 2005 a 2010. ¿Los valores de uso de energía en estas dos áreas provienen de la misma distribución? Haga el análisis al nivel de significación del 5 %.

Año	Unión Europea	Estados Unidos	Total de la fila
2010	3.413	7.164	10.557
2009	3.302	7.057	10.359
2008	3.505	7.488	10.993
2007	3.537	7.758	11.295
2006	3.595	7.697	11.292
2005	3.613	7.847	11.460
Total de la columna	20.965	45.011	65.976

Tabla 11.52

119. El Instituto de Seguros para la Seguridad en las Carreteras recopila cada año información sobre la seguridad de todo tipo de automóviles y publica un informe de los Mejores Selecciones de Seguridad entre todos los automóviles, marcas y modelos. La Tabla 11.53 presenta el número de Mejores Selecciones de Seguridad en seis categorías de automóviles para los años 2009 y 2013. Analice los datos de la tabla para concluir si la distribución de los automóviles que obtuvieron el premio de seguridad de Mejores Selecciones de Seguridad se ha mantenido igual entre 2009 y 2013. Derive sus resultados al nivel de significación del 5 %.

Año \ Tipo de automóvil	Pequeño	Tamaño medio	Grande	SUV pequeña	Vehículo utilitario deportivo mediano	SUV grande	Total de la fila
2009	12	22	10	10	27	6	87
2013	31	30	19	11	29	4	124
Total de la columna	43	52	29	21	56	10	211

Tabla 11.53

11.6 Comparación de las pruebas chi-cuadrado

120. ¿Existe una diferencia entre la distribución de los estudiantes de Estadística de colegios comunitarios y la distribución de los estudiantes de Estadística de universidades en cuanto a la tecnología que utilizan en sus tareas para la casa? De algunos estudiantes de colegios universitarios comunitarios seleccionados al azar, 43 utilizaron una computadora, 102 una calculadora con funciones estadísticas incorporadas y 65 una tabla de libro de texto. De algunos estudiantes de universidades seleccionados al azar, 28 utilizaron una computadora, 33 una calculadora con funciones estadísticas incorporadas y 40 una tabla de libro de texto. Haga una prueba de hipótesis adecuada utilizando un nivel de significación de 0,05.

Lea la afirmación y decida si es verdadera o falsa.

121. Si $df = 2$, la distribución chi-cuadrado tiene una forma que recuerda a la exponencial.

Resúmalo todo: tarea para la casa

122. a. Explique por qué una prueba de bondad de ajuste y una prueba de independencia suelen ser pruebas de cola derecha.
b. Si hiciera una prueba de cola izquierda, ¿qué estaría probando?

Referencias

11.1 Datos sobre la distribución chi-cuadrado

Datos de la *Revista Parade*.

"HIV/AIDS Epidemiology Santa Clara County", Departamento de Salud Pública del condado de Santa Clara, mayo de 2011.

11.2 Prueba de una sola varianza

"AppleInsider Price Guides". Apple Insider, 2013. Disponible en línea en http://appleinsider.com/mac_price_guide (consultado el 14 de mayo de 2013).

Datos del Banco Mundial, 5 de junio de 2012.

11.3 Prueba de bondad de ajuste

Datos de la Oficina del Censo de EE. UU.

Datos del College Board. Disponible en línea en http://www.collegeboard.com.

Datos de la Oficina del Censo de EE. UU., Current Population Reports.

Ma, Y., E. R. Bertone, E. J. Stanek III, G. W. Reed, J. R. Hebert, N. L. Cohen, P. A. Merriam, I. S. Ockene, "Association between Eating Patterns and Obesity in a Free-living US Adult Population". *American Journal of Epidemiology* volume 158, n.° 1, pages 85-92.

Ogden, Cynthia L., Margaret D. Carroll, Brian K. Kit, Katherine M. Flegal, "Prevalence of Obesity in the United States, 2009–2010". NCHS Data Brief n.° 82, enero de 2012. Disponible en línea en http://www.cdc.gov/nchs/data/databriefs/db82.pdf (consultado el 24 de mayo de 2013).

Stevens, Barbara J., "Multi-family and Commercial Solid Waste and Recycling Survey". Condado de Arlington, VA. Disponible en línea en http://www.arlingtonva.us/departments/EnvironmentalServices/SW/file84429.pdf (consultado el 24 de mayo de 2013).

11.4 Prueba de independencia

DiCamilo, Mark, Mervin Field, "Most Californians See a Direct Linkage between Obesity and Sugary Sodas. Two in Three Voters Support Taxing Sugar-Sweetened Beverages If Proceeds are Tied to Improving School Nutrition and Physical Activity Programs". The Field Poll, publicado el 14 de febrero de 2013. Disponible en línea en http://field.com/fieldpollonline/subscribers/Rls2436.pdf (consultado el 24 de mayo de 2013).

Harris Interactive, "Favorite Flavor of Ice Cream". Disponible en línea en http://www.statisticbrain.com/favorite-flavor-of-ice-cream (consultado el 24 de mayo de 2013)

"Youngest Online Entrepreneurs List". Disponible en línea en http://www.statisticbrain.com/youngest-online-entrepreneur-list (consultado el 24 de mayo de 2013).

11.5 Prueba de homogeneidad

Datos del Insurance Institute for Highway Safety, 2013. Disponible en línea en www.iihs.org/iihs/ratings (consultado el 24 de mayo de 2013).

"Energy use (kg of oil equivalent per capita)". The World Bank, 2013. Disponible en línea en http://data.worldbank.org/indicator/EG.USE.PCAP.KG.OE/countries (consultado el 24 de mayo de 2013).

"Parent and Family Involvement Survey of 2007 National Household Education Survey Program (NHES)", U.S. Department of Education, National Center for Education Statistics. Disponible en línea en http://nces.ed.gov/pubsearch/pubsinfo.asp?pubid=2009030 (consultado el 24 de mayo de 2013).

"Parent and Family Involvement Survey of 2007 National Household Education Survey Program (NHES)", U.S. Department of Education, National Center for Education Statistics. Disponible en línea en http://nces.ed.gov/pubs2009/2009030_sup.pdf (consultado el 24 de mayo de 2013).

Soluciones

1. media = 25 y desviación típica = 7,0711

3. cuando el número de grados de libertad es superior a 90

5. $df = 2$

6. una prueba de una sola varianza

8. una prueba de cola izquierda

10. H_0: $\sigma^2 = 0{,}81^2$;

H_a: $\sigma^2 > 0{,}81^2$

12. una prueba de una sola varianza

16. una prueba de bondad de ajuste

18. 3

20. 2,04

21. No rechazamos la hipótesis nula. No hay pruebas suficientes que sugieran que las calificaciones observadas en las pruebas sean significativamente diferentes de las esperadas.

23. H_0: la distribución de los casos de sida es según las etnias de la población general del condado de Santa Clara.

25. cola derecha

27. 2016,136

28. Gráfico: Compruebe la solución del estudiante.

Decisión: No se puede aceptar la hipótesis nula

Motivo de la decisión: El valor calculado de los estadísticos de prueba está dentro o fuera de la cola de la distribución.

Conclusión (escriba en oraciones completas): La composición de los casos de SIDA no se ajusta a las etnias de la población general del condado de Santa Clara.

30. una prueba de independencia

32. una prueba de independencia

34. 8

36. 6,6

39.

Cantidad de cigarrillos por día	Afroamericanos	Nativos de Hawái	Latinos	Japoneses americanos	Blancos	Totales
1-10	9.886	2.745	12.831	8.378	7.650	41.490
11-20	6.514	3.062	4.932	10.680	9.877	35.065
21-30	1.671	1.419	1.406	4.715	6.062	15.273
31 o más	759	788	800	2.305	3.970	8.622
Totales	18.830	8.014	19.969	26.078	27.559	10.0450

Tabla 11.54

41.

Cantidad de cigarrillos por día	Afroamericanos	Nativos de Hawái	Latinos	Japoneses americanos	Blancos
1-10	7.777,57	3.310,11	8.248,02	10.771,29	11.383,01
11-20	6.573,16	2.797,52	6.970,76	9.103,29	9.620,27
21-30	2.863,02	1.218,49	3.036,20	3.965,05	4.190,23
31 o más	1.616,25	687,87	1.714,01	2.238,37	2.365,49

Tabla 11.55

43. 10.301,8

44. derecha

46.
a. No se puede aceptar la hipótesis nula
b. El valor calculado de los estadísticos de prueba está dentro o fuera de la cola de la distribución.
c. Hay pruebas suficientes para concluir que el hábito de fumar depende del grupo étnico.

48. prueba de homogeneidad

50. prueba de homogeneidad

52. Todos los valores de la tabla deben ser mayores o iguales a cinco.

54. 3

57. una prueba de bondad de ajuste

59. una prueba de independencia

61. Las respuestas variarán. Ejemplo de respuesta: tanto las pruebas de independencia como las de homogeneidad calculan el estadístico de prueba de la misma manera $\sum_{(ij)} \frac{(O-E)^2}{E}$. Además, todos los valores deben ser mayores o iguales a cinco.

63. verdadero

65. falso

67. 225

69. H_0: $\sigma^2 \leq 150$

71. 36

72. Compruebe la solución del estudiante.

74. La afirmación es que la varianza no es superior a 150 minutos.

76. una distribución t de Student *o* normal

78.
a. H_0: $\sigma = 15$
b. H_a: $\sigma > 15$
c. $df = 42$
d. chi-cuadrado con $df = 42$
e. estadístico de prueba = 26,88
f. Compruebe la solución del estudiante.
g.
  i. Alfa = 0,05
  ii. Decisión: No se puede rechazar la hipótesis nula.
  iii. Motivo de la decisión: El valor calculado de los estadísticos de prueba está dentro o fuera de la cola de la distribución.
  iv. Conclusión: no hay pruebas suficientes para concluir que la desviación típica es superior a 15.

80.
a. H_0: $\sigma \leq 3$
b. H_a: $\sigma > 3$
c. $df = 17$
d. distribución chi-cuadrado con $df = 17$
e. estadístico de prueba = 28,73
f. Compruebe la solución del estudiante.
g.
  i. Alfa: 0,05

ii. Decisión: No se puede aceptar la hipótesis nula
iii. Motivo de la decisión: El valor calculado de los estadísticos de prueba está dentro o fuera de la cola de la distribución.
iv. Conclusión: Hay pruebas suficientes para concluir que la desviación típica es superior a tres.

82. a. H_0: $\sigma = 2$
b. H_a: $\sigma \neq 2$
c. $df = 14$
d. distribución chi-cuadrado con $df = 14$
e. estadístico de prueba chi-cuadrado = 5,2094
f. Compruebe la solución del estudiante.
g. i. Alfa = 0,05
ii. Decisión: No se puede aceptar la hipótesis nula
iii. Motivo de la decisión: El valor calculado de los estadísticos de prueba está dentro o fuera de la cola de la distribución.
iv. Conclusión: Hay pruebas suficientes para concluir que la desviación típica es diferente de 2.

84. La desviación típica de la muestra es de 34,29 dólares.

$H_0 : \sigma^2 = 25^2$
$H_a : \sigma^2 > 25^2$

$df = n - 1 = 7$.

estadístico de prueba: $x^2 = x_7^2 = \frac{(n-1)s^2}{25^2} = \frac{(8-1)(34{,}29)^2}{25^2} = 13{,}169$;

Alfa: 0,05

Decisión: No se puede rechazar la hipótesis nula.

Motivo de la decisión: El valor calculado de los estadísticos de prueba está dentro o fuera de la cola de la distribución.

Conclusión: al nivel del 5 % no hay pruebas suficientes para concluir que la varianza es superior a 625.

87.

Estado civil	Porcentaje	Frecuencia esperada
Soltero	31,3	125,2
Casado	56,1	224,4
Viudo	2,5	10
Divorciado/Separado	10,1	40,4

Tabla 11.56

a. Los datos se ajustan a la distribución.
b. Los datos no se ajustan a la distribución.
c. 3
d. distribución chi-cuadrado con $df = 3$

e. 19,27
f. 0,0002
g. Compruebe la solución del estudiante.
h. i. Alfa = 0,05
   ii. Decisión: No se puede aceptar la hipótesis nula con un nivel de significación del 5 %.
   iii. Motivo de la decisión: El valor calculado de los estadísticos de prueba está dentro o fuera de la cola de la distribución.
   iv. Conclusión: Los datos no se ajustan a la distribución.

89. a. H_0: Los resultados locales siguen la distribución de la población de examinados de AP de EE. UU.
b. H_a: Los resultados locales no siguen la distribución de la población de examinados de AP de EE. UU.
c. $df = 5$
d. distribución chi-cuadrado con $df = 5$
e. estadístico de prueba chi-cuadrado = 13,4
f. Compruebe la solución del estudiante.
g. i. Alfa = 0,05
   ii. Decisión: No se puede aceptar la hipótesis nula cuando $a = 0{,}05$
   iii. Motivo de la decisión: El valor calculado de los estadísticos de prueba está dentro o fuera de la cola de la distribución.
   iv. Conclusión: Los datos locales no se ajustan a la distribución de los examinados de AP.
   v. Decisión: No rechaza la nulidad cuando $a = 0{,}01$
   vi. Conclusión: No hay pruebas suficientes para concluir que los datos locales no siguen la distribución de los examinados de AP de EE. UU.

91. a. H_0: Las especialidades universitarias reales de las mujeres que se gradúan se ajustan a la distribución de sus especialidades esperadas
b. H_a: Las especialidades universitarias reales de las mujeres que se gradúan no se ajustan a la distribución de sus especialidades esperadas
c. $df = 10$
d. distribución chi-cuadrado con $df = 10$
e. estadístico de prueba = 11,48
f. Compruebe la solución del estudiante.
g. i. Alfa = 0,05
   ii. Decisión: No se puede rechazar la hipótesis nula cuando $a = 0{,}05$ y $a = 0{,}01$
   iii. Motivo de la decisión: El valor calculado de los estadísticos de prueba está dentro o fuera de la cola de la distribución.
   iv. Conclusión: No hay pruebas suficientes para concluir que la distribución de las especialidad real en los estudios universitarios de las mujeres que se gradúan se ajusta a la distribución de la especialidad esperada.

94. verdadero

96. falso

98. Las hipótesis para la prueba de bondad de ajuste son:

a. H_0: Los obesos encuestados se ajustan a la distribución de los obesos esperados
b. H_a: Los obesos encuestados no se ajustan a la distribución de los obesos esperados

Utilice una distribución chi-cuadrado con df = 4 para evaluar los datos.

El estadístico de prueba es $X^2 = 9{,}85$

El valor $p = 0{,}0431$

Al nivel de significación del 5 %, = 0,05. Para estos datos, $P < \alpha$. rechaza la hipótesis nula.

Al nivel de significación del 5 %, a partir de los datos, hay pruebas suficientes para concluir que los obesos encuestados no se ajustan a la distribución de obesos esperada.

100. a. H_0: El tamaño del automóvil es independiente del tamaño de la familia.
b. H_a: El tamaño del automóvil depende del tamaño de la familia.
c. $df = 9$
d. distribución chi-cuadrado con $df = 9$
e. estadístico de prueba = 15,8284
f. Compruebe la solución del estudiante.
g. i. Alfa: 0,05
ii. Decisión: No se puede rechazar la hipótesis nula.
iii. Motivo de la decisión: El valor calculado de los estadísticos de prueba está dentro o fuera de la cola de la distribución.
iv. Conclusión: Al nivel de significación del 5 % no hay pruebas suficientes para concluir que el tamaño del automóvil y el tamaño de la familia son dependientes.

102. a. H_0: Los lugares de la luna de miel son independientes de la edad de la novia.
b. H_a: Los lugares de la luna de miel dependen de la edad de la novia.
c. $df = 9$
d. distribución chi-cuadrado con $df = 9$
e. estadístico de prueba = 15,7027
f. Compruebe la solución del estudiante.
g. i. Alfa: 0,05
ii. Decisión: No se puede rechazar la hipótesis nula.
iii. Motivo de la decisión: El valor calculado de los estadísticos de prueba está dentro o fuera de la cola de la distribución.
iv. Conclusión: Con un nivel de significación del 5 % no hay pruebas suficientes para concluir que el lugar de la luna de miel y la edad de la novia son dependientes.

104. a. H_0: Los tipos de papas fritas que se venden son independientes del lugar.
b. H_a: Los tipos de papas fritas que se venden dependen del lugar.
c. $df = 6$
d. distribución chi-cuadrado con $df = 6$
e. estadístico de prueba =18,8369
f. Compruebe la solución del estudiante.
g. i. Alfa: 0,05
ii. Decisión: No se puede aceptar la hipótesis nula
iii. Motivo de la decisión: El valor calculado de los estadísticos de prueba está dentro o fuera de la cola de la distribución.
iv. Conclusión: Al nivel de significación del 5 % hay pruebas suficientes de que los tipos de papas fritas y los lugares son dependientes.

106. a. H_0: El salario es independiente del nivel de estudios.
b. H_a: El salario depende del nivel de estudios.
c. $df = 12$
d. distribución chi-cuadrado con $df = 12$
e. estadístico de prueba = 255,7704
f. Compruebe la solución del estudiante.
g. Alfa: 0,05

Decisión: No se puede aceptar la hipótesis nula

Motivo de la decisión: El valor calculado de los estadísticos de prueba está dentro o fuera de la cola de la distribución.

Conclusión: Con un nivel de significación del 5 % hay pruebas suficientes para concluir que el salario y el nivel de estudios son dependientes.

108. verdadero

110. verdadero

112. a. H_0: La edad es independiente del patrimonio neto de los emprendedores en línea más jóvenes.
b. H_a: La edad depende del patrimonio neto de los emprendedores en línea más jóvenes.
c. $df = 2$
d. distribución chi-cuadrado con $df = 2$
e. estadístico de prueba = 1,76
f. Compruebe la solución del estudiante.
g. i. Alfa: 0,05
ii. Decisión: No se puede rechazar la hipótesis nula.
iii. Motivo de la decisión: El valor calculado de los estadísticos de prueba está dentro o fuera de la cola de la distribución.
iv. Conclusión: Al nivel de significación del 5 % no hay pruebas suficientes para concluir que la edad y el patrimonio neto de los emprendedores en línea más jóvenes sean dependientes.

114. a. H_0: La distribución de los tipos de personalidad es la misma para ambas especialidades.
b. H_a: La distribución de los tipos de personalidad no es la misma para ambas especialidades.
c. $df = 4$
d. chi-cuadrado con $df = 4$
e. estadístico de prueba = 3,01
f. Compruebe la solución del estudiante.
g. i. Alfa: 0,05
ii. Decisión: No se puede rechazar la hipótesis nula.
iii. Motivo de la decisión: El valor calculado de los estadísticos de prueba está dentro o fuera de la cola de la distribución.
iv. Conclusión: No hay pruebas suficientes para concluir que la distribución de los tipos de personalidad es diferente para las especialidades de Negocios y Ciencias Sociales.

116. a. H_0: La distribución de los peces capturados es igual en el lago Green Valley y en el lago Echo.
b. H_a: La distribución de los peces capturados no igual en el lago Green Valley y en el lago Echo.
c. 3
d. chi-cuadrado con $df = 3$
e. 11,75
f. Compruebe la solución del estudiante.
g. i. Alfa: 0,05
ii. Decisión: No se puede aceptar la hipótesis nula
iii. Motivo de la decisión: El valor calculado de los estadísticos de prueba está dentro o fuera de la cola de la distribución.
iv. Conclusión: Hay pruebas para concluir que la distribución de los peces capturados es diferente en el lago Green Valley y en el lago Echo

118. a. H_0: La distribución del uso promedio de la energía en Estados Unidos es igual que en Europa entre 2005 y 2010.
b. H_a: La distribución del uso promedio de la energía en Estados Unidos no es igual que en Europa entre 2005 y 2010.
c. $df = 4$
d. chi-cuadrado con $df = 4$
e. estadístico de prueba = 2,7434
f. Compruebe la solución del estudiante.
g. i. Alfa: 0,05
ii. Decisión: No se puede rechazar la hipótesis nula.
iii. Motivo de la decisión: El valor calculado de los estadísticos de prueba está dentro o fuera de la cola de la distribución.

iv. Conclusión: Al nivel de significación del 5 % no hay pruebas suficientes para concluir que los valores medios de uso de energía en EE. UU. y la UE no proceden de distribuciones diferentes para el periodo de 2005 a 2010.

120. a. H_0: La distribución del uso de la tecnología es igual para los estudiantes de colegios universitarios comunitarios y para los estudiantes universitarios.
b. H_a: La distribución del uso de la tecnología no es igual para los estudiantes de colegios universitarios comunitarios que para los estudiantes universitarios.
c. 2
d. chi-cuadrado con $df = 2$
e. 7,05
f. valor $p = 0{,}0294$
g. Compruebe la solución del estudiante.
h. i. Alfa: 0,05
ii. Decisión: No se puede aceptar la hipótesis nula
iii. Motivo de la decisión: valor $p <$ alfa
iv. Conclusión: Hay pruebas suficientes para concluir que la distribución del uso de la tecnología para las tareas en casa de Estadística no es la misma para los estudiantes de Estadística en colegios universitarios comunitarios y en universidades.

122. a. El estadístico de prueba siempre es positivo y si los valores esperados y observados no están próximos, el estadístico de prueba es grande y se rechazará la hipótesis nula.
b. Comprobación para verificar si los datos se ajustan a la distribución "demasiado bien" o son demasiado perfectos.

12 LA DISTRIBUCIÓN F Y EL ANOVA DE UNA VÍA

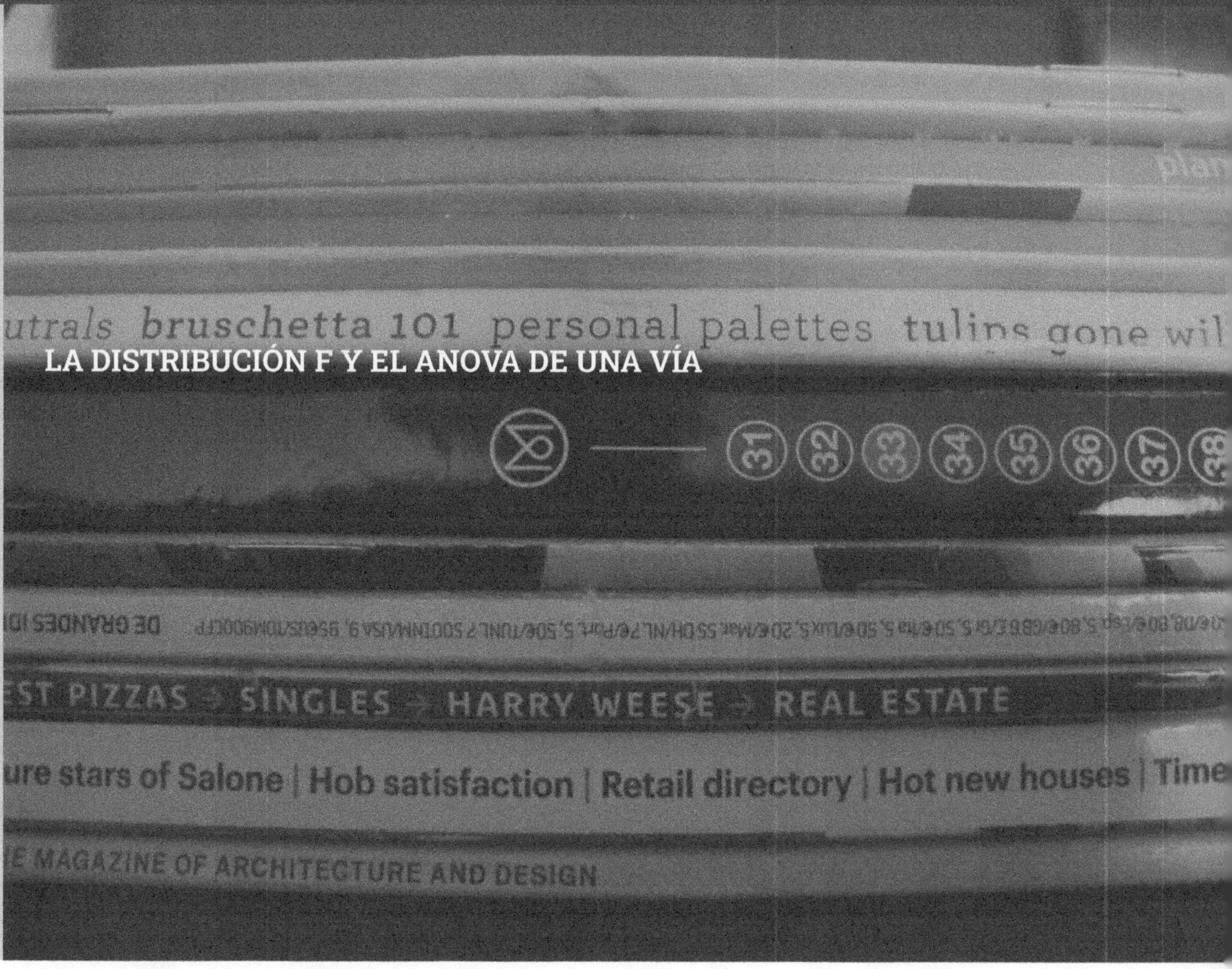

Figura 12.1 El ANOVA de una vía se utiliza para medir la información de varios grupos.

Introducción

Muchas aplicaciones estadísticas en Psicología, Ciencias Sociales, Administración y Negocios y Ciencias Naturales involucran varios grupos. Por ejemplo, un ecologista está interesado en saber si la cantidad promedio de contaminación varía en varias masas de agua. A un sociólogo le interesa saber si la cantidad de ingresos que obtiene una persona varía según su educación. Un consumidor que busca un automóvil nuevo puede comparar el rendimiento por milla promedio de gasolina de varios modelos.

Para las pruebas de hipótesis que comparan promedios entre más de dos grupos, los estadísticos han desarrollado un método denominado "análisis de la varianza" (Analysis of Variance, ANOVA). En este capítulo estudiará la forma más simple de ANOVA llamada ANOVA de un factor o de una vía. También estudiará la distribución *F*, utilizada para el ANOVA de una vía y la prueba de diferencias entre dos varianzas. Esto es solo un breve resumen del ANOVA de una vía. El ANOVA de una vía, tal y como se presenta aquí, depende en gran medida de una calculadora o una computadora.

12.1 Prueba de dos varianzas

Este capítulo introduce una nueva función de densidad de probabilidad: la distribución F. Se utiliza para muchas aplicaciones, incluso el ANOVA y para probar la igualdad entre varias medias. Comenzamos con la distribución F y la prueba de la hipótesis de las diferencias en las varianzas. A menudo es conveniente comparar dos varianzas en vez de dos promedios. Por ejemplo, a los administradores del instituto universitario les gustaría que dos profesores que califiquen exámenes tengan la misma variación en su calificación. Para que una tapa se adapte a un recipiente, la variación en la tapa y del recipiente debería ser aproximadamente la misma. Un supermercado podría estar interesado en la variabilidad de los tiempos para procesar una compra en dos de sus cajas. En finanzas, la varianza es una medida de riesgo; por ende, sería interesante comprobar la hipótesis de que dos carteras de inversión diferentes tienen la misma varianza: la volatilidad.

Para realizar una prueba *F* de dos varianzas, es importante que ocurra lo siguiente:

1. Las poblaciones de las que se extraen las dos muestras tienen una distribución aproximadamente normal.
2. Las dos poblaciones son independientes entre sí.

A diferencia de la mayoría de las pruebas de hipótesis en este libro, la prueba *F* para la igualdad de dos varianzas es muy sensible a las desviaciones de la normalidad. Si las dos distribuciones no son normales, o se aproximan, la prueba puede dar un resultado sesgado para el estadístico de prueba.

Supongamos que tomamos una muestra aleatoria de dos poblaciones normales independientes. Supongamos que σ_1^2 y σ_2^2 son las varianzas poblacionales desconocidas y s_1^2 y s_2^2 sean las varianzas de la muestra. Supongamos que los tamaños de las muestras son n_1 y n_2. Como nos interesa comparar las dos varianzas de la muestra, utilizamos el cociente *F*:

$$F = \frac{\left[\frac{{s_1}^2}{{\sigma_1}^2}\right]}{\left[\frac{{s_2}^2}{{\sigma_2}^2}\right]}$$

F tiene la distribución $F \sim F(n_1 - 1, n_2 - 1)$

donde $n_1 - 1$ son los grados de libertad del numerador y $n_2 - 1$ son los grados de libertad del denominador.

Si la hipótesis nula es $\sigma_1^2 = \sigma_2^2$, entonces el cociente *F*, el estadístico de prueba, se convierte en $F_c = \frac{\left[\frac{{s_1}^2}{{\sigma_1}^2}\right]}{\left[\frac{{s_2}^2}{{\sigma_2}^2}\right]} = \frac{{s_1}^2}{{s_2}^2}$

Las distintas formas de las hipótesis probadas son:

Prueba de dos colas	Prueba de una cola	Prueba de una cola
H_0: $\sigma_1^2 = \sigma_2^2$	H_0: $\sigma_1^2 \leq \sigma_2^2$	H_0: $\sigma_1^2 \geq \sigma_2^2$
H_1: $\sigma_1^2 \neq \sigma_2^2$	H_1: $\sigma_1^2 > \sigma_2^2$	H_1: $\sigma_1^2 < \sigma_2^2$

Tabla 12.1

Una forma más general de las hipótesis nula y alternativa para una prueba de dos colas sería:

$$H_0 : \frac{{\sigma_1}^2}{{\sigma_2}^2} = \delta_0$$

$$H_a : \frac{{\sigma_1}^2}{{\sigma_2}^2} \neq \delta_0$$

Donde si $\delta_0 = 1$ es una simple prueba de la hipótesis de que las dos varianzas son iguales. Esta forma de la hipótesis tiene la ventaja de permitir pruebas que van más allá de las simples diferencias y puede dar cabida a pruebas de diferencias específicas, como hicimos con las diferencias de medias y las diferencias de proporciones. Esta forma de la hipótesis también muestra la relación entre la distribución F y la χ^2: la F es un cociente de dos distribuciones de chi-cuadrado, que vimos en el capítulo anterior. Esto sirve para determinar los grados de libertad de la distribución F resultante.

Si las dos poblaciones tienen varianzas iguales, entonces s_1^2 y s_2^2 están cerca en valor y el estadístico de prueba, $F_c = \frac{{s_1}^2}{{s_2}^2}$ está cerca de uno. Pero si las dos variantes de la población son muy diferentes, s_1^2 y s_2^2 también suelen ser muy diferentes. Al elegir s_1^2 ya que la mayor varianza de la muestra hace que el cociente $\frac{{s_1}^2}{{s_2}^2}$ sea mayor que uno. Si s_1^2 y

s_2^2 están muy separados, entonces $F_c = \frac{{s_1}^2}{{s_2}^2}$ es un número grande.

Por lo tanto, si *F* es cercano a uno, la evidencia favorece la hipótesis nula (las dos varianzas de la población son iguales). Pero si *F* es mucho mayor que uno, entonces la evidencia es contraria a la hipótesis nula. En esencia, nos preguntamos si el valor calculado del estadístico de prueba F es significativamente diferente de uno.

Para determinar los puntos críticos tenemos que calcular $F_{\alpha, df1, df2}$. Consulte la tabla F en el Apéndice A. Esta tabla F tiene valores para varios niveles de significación de 0,1 a 0,001, designados como "p" en la primera columna. Elija el nivel de significación deseado y siga hacia abajo y a través para encontrar el valor crítico en la intersección de los dos grados de libertad diferentes. La distribución F tiene dos grados de libertad diferentes, uno asociado al numerador, $_{df1}$, y otro asociado al denominador, $_{df2}$. Para complicar las cosas, la distribución F no es simétrica y cambia el grado de asimetría a medida que cambian los grados de libertad. Los grados de libertad en el numerador son n_1-1, donde n_1 es el tamaño de la muestra del grupo 1, y los grados de libertad en el denominador son n_2-1, donde n_2 es el tamaño de la muestra del grupo 2. $F_{\alpha, df1, df2}$ dará el valor crítico en el extremo **superior** de la distribución F.

Para calcular el valor crítico para el extremo **inferior** de la distribución, invierta los grados de libertad y divida el valor F de la tabla entre el número uno.

- Valor crítico superior de la cola: $F_{\alpha, df1, df2}$
- Valor crítico inferior de la cola: $1/F_{\alpha, df2, df1}$

Cuando el valor calculado de F está entre los valores críticos, no en la cola, no podemos rechazar la hipótesis nula de que las dos varianzas proceden de una población con la misma varianza. Si el valor F calculado está en cualquiera de las dos colas, no podemos aceptar la hipótesis nula, tal y como hemos hecho en todas las pruebas de hipótesis anteriores.

Una forma alternativa de calcular los valores críticos de la distribución F facilita el uso de la tabla F. Observamos en la tabla F que todos los valores de F son mayores que uno, por lo que el valor crítico de F para la cola de la izquierda siempre será menor que uno, porque para calcular el valor crítico en la cola de la izquierda dividimos un valor de F entre el número uno, como se muestra arriba. También observamos que si la varianza de la muestra en el numerador del estadístico de prueba es mayor que la varianza de la muestra en el denominador, el valor F resultante será mayor que uno. El método abreviado para esta prueba consiste en asegurarse de que la mayor de las dos varianzas de la muestra se coloque en el numerador para calcular el estadístico de prueba. Esto significará que solo habrá que calcular el valor crítico de la cola derecha en la tabla F.

EJEMPLO 12.1

Dos instructores de institutos universitarios están interesados en saber si existe alguna variación en la forma de calificar los exámenes de Matemáticas. Cada uno de ellos califica el mismo conjunto de 10 exámenes. Las notas del primer instructor tienen una varianza de 52,3. Las notas del segundo instructor tienen una varianza de 89,9. Pruebe la afirmación de que la varianza del primer instructor es menor (en la mayoría de los institutos universitarios es deseable que las varianzas de las notas de los exámenes sean casi iguales entre los instructores). El nivel de significación es del 10 %.

Solución 1

Supongamos que 1 y 2 son los subíndices que indican el primer y el segundo instructor, respectivamente.

$n_1 = n_2 = 10$.

H_0: $\sigma_1^2 \geq \sigma_2^2$ y H_a: $\sigma_1^2 < \sigma_2^2$

Calcule el estadístico de prueba: Según la hipótesis nula ($\sigma_1^2 \geq \sigma_2^2$), el estadístico *F* es:

$$F_c = \frac{{s_2}^2}{{s_1}^2} = \frac{89{,}9}{52{,}3} = 1{,}719$$

Valor crítico de la prueba: $F_{9,9}$ = 5,35 donde $n_1 - 1 = 9$ y $n_2 - 1 = 9$.

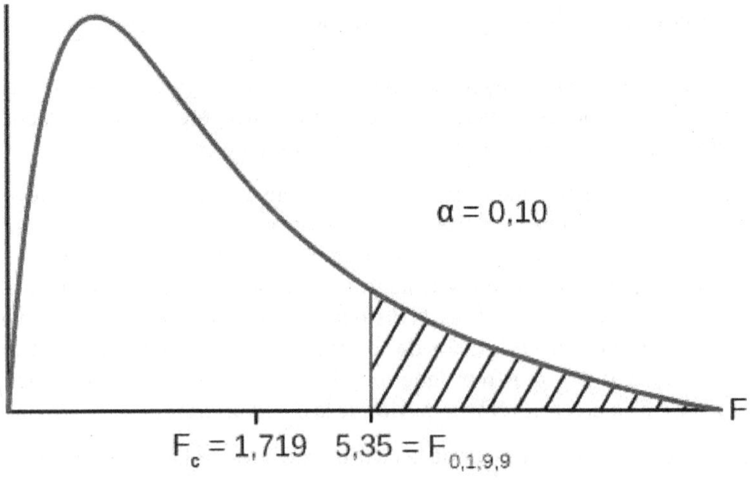

Figura 12.2

Tome una decisión: Dado que el valor F calculado no está en la cola, no podemos rechazar H_0.

Conclusión: Con un nivel de significación del 10 %, a partir de los datos, no hay pruebas suficientes para concluir que la varianza de las notas del primer instructor sea menor.

INTÉNTELO 12.1

La Sociedad Coral de Nueva York divide a los cantantes hombres en cuatro categorías, desde las voces más altas hasta las más bajas: tenor 1, tenor 2, bajo 1, bajo 2. En la tabla están las estaturas de los hombres de los grupos tenor 1 y bajo 2. Uno sospecha que los hombres más altos tendrán voces más graves, y que la varianza de la altura puede subir también con las voces más graves. ¿Tenemos pruebas fehacientes de que la varianza de las alturas de los cantantes en cada uno de estos dos grupos (tenor 1 y bajo 2) es diferente?

Tenor 1	Bajo 2	Tenor 1	Bajo 2	Tenor 1	Bajo 2
69	72	67	72	68	67
72	75	70	74	67	70
71	67	65	70	64	70
66	75	72	66		69
76	74	70	68		72
74	72	68	75		71
71	72	64	68		74
66	74	73	70		75
68	72	66	72		

Tabla 12.2

12.2 ANOVA de una vía

El propósito de una prueba de ANOVA de una vía es determinar la existencia de una diferencia estadísticamente significativa entre las medias de varios grupos. De hecho, la prueba usa **varianzas** para ayudar a determinar si las medias son iguales o no. Para realizar una prueba de ANOVA de una vía hay que cumplir cinco **supuestos** básicos:

1. Se supone que cada población de la que se toma una muestra es normal.
2. Todas las muestras se seleccionan al azar y son independientes.
3. Se supone que las poblaciones tienen **desviaciones típicas iguales (o varianzas)**.
4. El factor es una variable categórica.
5. La respuesta es una variable numérica.

Hipótesis nula y alternativa

La hipótesis nula es simplemente que todas las medias poblacionales del grupo son iguales. La hipótesis alternativa es que, al menos, un par de medias es diferente. Por ejemplo, si hay grupos *k*:

$H_0 : \mu_1 = \mu_2 = \mu_3 = ...\mu_k$

H_a: Al menos dos de las medias del grupo $\mu_1, \mu_2, \mu_3, \ldots, \mu_k$ no son iguales. Eso es, $\mu_i \neq \mu_j$ para algunos $i \neq j$.

Los gráficos, un conjunto de diagramas de caja y bigotes que representan la distribución de los valores con las medias de los grupos indicadas por una línea horizontal que atraviesa la caja, ayudan a comprender la prueba de hipótesis. En el primer gráfico (diagrama de caja y bigotes rojo), H_0: $\mu_1 = \mu_2 = \mu_3$ y las tres poblaciones tienen la misma distribución si la hipótesis nula es verdadera. La varianza de los datos combinados es, aproximadamente, igual a la varianza de cada una de las poblaciones.

Si la hipótesis nula es falsa, la varianza de los datos combinados es mayor, lo que se debe a las diferentes medias, como se muestra en el segundo gráfico (diagrama de caja verde).

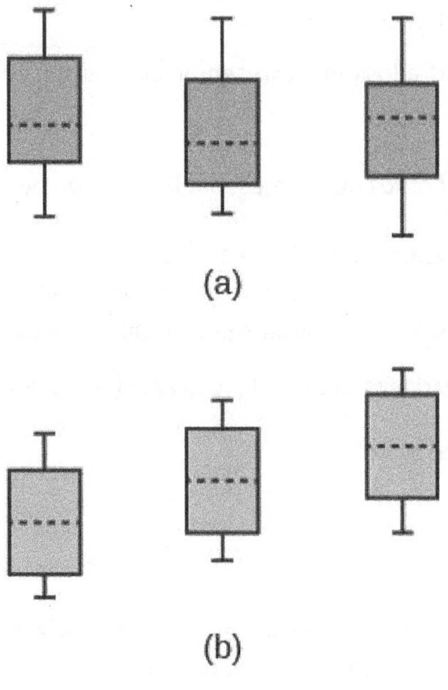

Figura 12.3 (a) H_0 es verdadero. Todas las medias son iguales; las diferencias se deben a la variación aleatoria. (b) H_0 no es verdadero. Todas las medias no son iguales; las diferencias son demasiado grandes para deberse a una variación aleatoria.

12.3 La distribución F y el cociente F

La distribución utilizada para la prueba de hipótesis es nueva. Se trata de la **distribución *F***, inventada por George Snedecor, pero bautizada en honor del estadístico inglés Sir Ronald Fisher. El estadístico *F* es un cociente (una fracción). Hay dos conjuntos de grados de libertad; uno para el numerador y otro para el denominador.

Por ejemplo, si *F* sigue una distribución *F* y el número de grados de libertad para el numerador es cuatro y el número de grados de libertad para el denominador es diez, entonces $F \sim F_{4, 10}$.

Para calcular el **cociente *F*** se hacen dos estimaciones de la varianza.

1. **Varianza entre muestras:** Una estimación de σ^2 que es la varianza de las medias muestrales multiplicada por n (cuando los tamaños de las muestras son iguales). Si las muestras son de diferentes tamaños, la varianza entre las muestras se pondera para tener en cuenta los diferentes tamaños de las muestras. La varianza también se denomina **variación debido al tratamiento o variación explicada.**
2. **Varianza dentro de las muestras:** Una estimación de σ^2 que es el promedio de las varianzas de la muestra (también conocida como varianza combinada). Cuando los tamaños de las muestras son diferentes, se pondera la varianza dentro de las muestras. La varianza también se denomina **variación debido al error o variación no explicada.**

- SS_{entre} = la **suma de los cuadrados** que representa la variación entre las diferentes muestras
- SS_{dentro} = la suma de los cuadrados que representa la variación dentro de las muestras debido al azar.

Hallar una "suma de cuadrados" significa sumar cantidades al cuadrado que, en algunos casos, pueden estar ponderadas. Utilizamos la suma de cuadrados para calcular la varianza y la desviación típica de la muestra en la 2 ESTADÍSTICA DESCRIPTIVA.

MS significa "**media cuadrática**" (mean square, MS). MS_{entre} es la varianza entre grupos y MS_{dentro} es la varianza dentro de los grupos.

Cálculo de la suma de cuadrados y de la media cuadrática

- k = el número de grupos diferentes
- n_j = el tamaño del grupo j
- s_j = la suma de los valores del grupo j
- n = número total de todos los valores combinados (tamaño total de la muestra: $\sum n_j$)
- x = un valor: $\sum x = \sum s_j$
- Suma de los cuadrados de todos los valores de cada grupo combinados: $\sum x^2$
- Variabilidad entre grupos: $SS_{\text{total}} = \sum x^2 - \frac{\left(\sum x^2\right)}{n}$
- Suma total de cuadrados: $\sum x^2 - \frac{(\sum x)^2}{n}$
- Variación explicada: suma de los cuadrados que representan la variación entre las diferentes muestras: $SS_{\text{entre}} = \sum\left[\frac{(s_j)^2}{n_j}\right] - \frac{(\sum s_j)^2}{n}$
- Variación no explicada: suma de cuadrados que representa la variación dentro de las muestras debida al azar: $SS_{\text{dentro}} = SS_{\text{total}} - SS_{\text{entre}}$
- *df* de diferentes grupos (*df* para el numerador): $df = k - 1$
- Ecuación para los errores dentro de las muestras (*df* para el denominador): $df_{\text{dentro}} = n - k$
- Media cuadrática (estimación de la varianza) explicado por los diferentes grupos: $MS_{\text{entre}} = \frac{SS_{\text{entre}}}{de_{\text{entre}}}$
- Media cuadrática (estimación de la varianza) que se debe al azar (no explicado): $MS_{\text{dentro}} = \frac{SS_{\text{dentro}}}{de_{\text{dentro}}}$

MS_{entre} y MS_{dentro} se pueden escribir como sigue:

- $MS_{\text{entre}} = \frac{SS_{\text{entre}}}{de_{\text{entre}}} = \frac{SS_{\text{entre}}}{k-1}$
- $MS_{within} = \frac{SS_{within}}{de_{within}} = \frac{SS_{within}}{n-k}$

La prueba de ANOVA de una vía depende del hecho de que el MS_{entre} puede estar influenciado por las diferencias poblacionales entre las medias de los distintos grupos. Dado que el MS_{dentro} compara los valores de cada grupo con su propia media de grupo, el hecho de que las medias de los grupos puedan ser diferentes no afecta al MS_{dentro}.

La hipótesis nula dice que todos los grupos son muestras de poblaciones que tienen la misma distribución normal. La hipótesis alternativa dice que, al menos, dos de los grupos de la muestra proceden de poblaciones con distribuciones normales diferentes. Si la hipótesis nula es verdadera, tanto MS_{entre} como MS_{dentro} deberían estimar el mismo valor.

Nota

La hipótesis nula dice que todas las medias poblacionales del grupo son iguales. La hipótesis de igualdad de medias implica que las poblaciones tienen la misma distribución normal, ya que se supone que las poblaciones son normales y que tienen varianzas iguales.

El cociente *F* o estadístico *F*

$$F = \frac{MS_{\text{entre}}}{MS_{\text{dentro}}}$$

Si MS_{entre} y MS_{dentro} estiman el mismo valor (siguiendo la creencia de que H_0 es verdadera), entonces el cociente *F* debería ser aproximadamente igual a uno. En su mayoría, solo los errores de muestreo contribuirían a variaciones alejadas de uno. Resulta que MS_{entre} consiste en la varianza de la población más una varianza producida por las diferencias entre las muestras. MS_{dentro} es una estimación de la varianza de la población. Dado que las varianzas son siempre positivas, si la hipótesis nula es falsa, MS_{entre} será generalmente mayor que MS_{dentro}. Entonces el cociente *F* será mayor que uno. Sin embargo, si el efecto de la población es pequeño, no es improbable que MS_{dentro} sea mayor en una muestra determinada.

Los cálculos anteriores se hicieron con grupos de diferentes tamaños. Si los grupos son del mismo tamaño, los cálculos se simplifican un poco y el cociente *F* se puede escribir como:

Fórmula del cociente *F* cuando los grupos son del mismo tamaño

$$F = \frac{n \cdot s_{\bar{x}}{}^2}{s^2{}_{\text{combinada}}}$$

donde...

- n = el tamaño de la muestra
- $df_{\text{numerador}} = k - 1$
- $df_{\text{denominador}} = n - k$
- s^2 combinada = la media de las varianzas de la muestra (varianza combinada)
- $s_{\bar{x}}{}^2$ = la varianza de las medias muestrales

Los datos se suelen poner en una tabla para facilitar su visualización. Los resultados del ANOVA de una vía suelen mostrarse de esta manera en softwares.

Fuente de variación	Suma de los cuadrados (*SS*)	Grados de libertad (*df*)	Media cuadrática (*MS*)	*F*
Factor (entre)	*SS*(factor)	$k - 1$	*MS*(factor) = *SS*(factor)/($k - 1$)	*F* = *MS*(Factor)/*MS*(Error)
Error	*SS*(error)	$n - k$	*MS*(error) = *SS*(error)/($n - k$)	
Total	*SS*(total)	$n - 1$		

Tabla 12.3

EJEMPLO 12.2

Se van a probar tres planes de dieta diferentes para la pérdida media de peso. Las entradas de la tabla son las pérdidas de peso de los diferentes planes. Los resultados del ANOVA de una vía se muestran en la Tabla 12.4.

Plan 1: $n_1 = 4$	Plan 2: $n_2 = 3$	Plan 3: $n_3 = 3$
5	3,5	8
4,5	7	4
4		3,5
3	4,5	

Tabla 12.4

$s_1 = 16{,}5$, $s_2 = 15$, $s_3 = 15{,}5$

A continuación se presentan los cálculos necesarios para completar la tabla de ANOVA de una vía. La tabla se utiliza para realizar una prueba de hipótesis.

$$SS(entre) = \sum\left[\frac{(s_j)^2}{n_j}\right] - \frac{\left(\sum s_j\right)^2}{n}$$

$$= \frac{s_1^2}{4} + \frac{s_2^2}{3} + \frac{s_3^2}{3} - \frac{(s_1 + s_2 + s_3)^2}{10}$$

donde $n_1 = 4$, $n_2 = 3$, $n_3 = 3$ y $n = n_1 + n_2 + n_3 = 10$

$$= \frac{(16{,}5)^2}{4} + \frac{(15)^2}{3} + \frac{(15{,}5)^2}{3} - \frac{(16{,}5 + 15 + 15{,}5)^2}{10}$$

$$SS(entre) = 2{,}2458$$

$$S(total) = \sum x^2 - \frac{\left(\sum x\right)^2}{n}$$

$$= \left(5^2 + 4{,}5^2 + 4^2 + 3^2 + 3{,}5^2 + 7^2 + 4{,}5^2 + 8^2 + 4^2 + 3{,}5^2\right)$$

$$- \frac{(5 + 4{,}5 + 4 + 3 + 3{,}5 + 7 + 4{,}5 + 8 + 4 + 3{,}5)^2}{10}$$

$$= 244 - \frac{47^2}{10} = 244 - 220{,}9$$

$$SS(total) = 23{,}1$$

$$SS(dentro) = SS(total) - SS(entre)$$

$$= 23{,}1 - 2{,}2458$$

$$SS(dentro) = 20{,}8542$$

Fuente de variación	Suma de los cuadrados (*SS*)	Grados de libertad (*df*)	Media cuadrática (*MS*)	*F*
Factor (entre)	*SS*(factor) = *SS*(entre) = 2,2458	*k* - 1 = 3 grupos - 1 = 2	*MS*(factor) = *SS*(factor)/(*k* - 1) = 2,2458/2 = 1,1229	*F* = *MS*(Factor)/*MS*(Error) = 1,1229/2,9792 = 0,3769
Error	*SS*(error) = *SS* = 20,8542	*n* - *k* = 10 datos totales - 3 grupos = 7	*MS*(error) = *SS*(error)/(*n* - *k*) = 20,8542/7 = 2,9792	
Total	*SS*(total) = 2,2458 + 20,8542 = 23,1	*n* - 1 = 10 datos totales - 1 = 9		

Tabla 12.5

INTÉNTELO 12.2

Como parte de un experimento para ver cómo los diferentes tipos de lechos de suelo afectarían la producción de tomates de corte, los estudiantes del Marist College cultivaron plantas de tomate en diferentes condiciones de lecho de suelo. Los grupos de tres plantas tenían, cada uno, uno de los siguientes tratamientos

- suelo desnudo
- cubierta de suelo comercial

- plástico negro
- paja
- compost

Todas las plantas crecieron en las mismas condiciones y eran de la misma variedad. Los estudiantes registraron el peso (en gramos) de los tomates producidos por cada una de las $n = 15$ plantas:

Desnudo: $n_1 = 3$	Cubierta del suelo: $n_2 = 3$	Plástico: $n_3 = 3$	Paja: $n_4 = 3$	Compost: $n_5 = 3$
2.625	5.348	6.583	7.285	6.277
2.997	5.682	8.560	6.897	7.818
4.915	5.482	3.830	9.230	8.677

Tabla 12.6

Cree la tabla ANOVA de una vía.

La prueba de hipótesis del ANOVA de una vía es siempre de cola derecha porque los valores F más grandes están en la cola derecha de la curva de distribución F y tienden a hacernos rechazar H_0.

EJEMPLO 12.3

Volvamos al ejercicio de los tomates bola en la sección INTÉNTELO 12.2. Las medias de los rendimientos de los tomates en las cinco condiciones de cubierta están representadas por μ_1, μ_2, μ_3, μ_4, μ_5. Realizaremos una prueba de hipótesis para determinar si todas las medias son iguales o al menos una es diferente. Use un nivel de significación del 5 % y pruebe la hipótesis nula de que no hay diferencia en los rendimientos medios entre los cinco grupos contra la hipótesis alternativa de que, al menos, una media es diferente del resto.

Solución 1

Las hipótesis nula y alternativa son:

H_0: $\mu_1 = \mu_2 = \mu_3 = \mu_4 = \mu_5$

H_a: $\mu_i \neq \mu_j$ alguna $i \neq j$

Los resultados del ANOVA de una vía se muestran en la Tabla 12.7

Fuente de variación	Suma de los cuadrados (SS)	Grados de libertad (df)	Media cuadrática (MS)	F
Factor (entre)	36.648.561	5 - 1 = 4	$\frac{36.648.561}{4} = 9.162.140$	$\frac{9.162.140}{2.044.6720,6} = 40,4810$
Error (dentro)	20.446.726	15 - 5 = 10	$\frac{20.446.726}{10} = 2.044.6720,6$	
Total	57.095.287	15 - 1 = 14		

Tabla 12.7

Distribución para la prueba: $F_{4, 10}$

$df(num) = 5 - 1 = 4$

$df(denom) = 15 - 5 = 10$

Estadístico de prueba: $F = 4{,}4810$

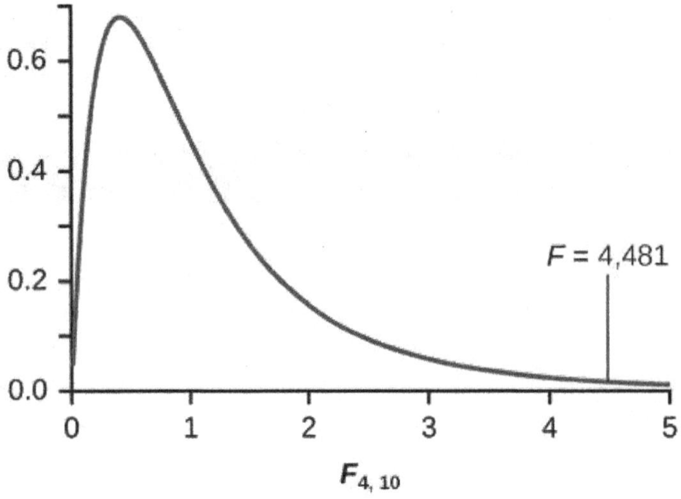

Figura 12.4

Declaración de probabilidad: valor $p = P(F > 4{,}481) = 0{,}0248$.

Compare α y el valor p: $\alpha = 0{,}05$, valor $p = 0{,}0248$

Tome una decisión: Dado que $\alpha >$ valor p, no podemos aceptar H_0.

Conclusión: Al nivel de significación del 5 % tenemos pruebas razonablemente sólidas de que las diferencias en los rendimientos medios de las plantas de tomate de corte cultivadas en diferentes condiciones de cubierta de suelo es poco probable que se deban únicamente al azar. Podemos concluir que, al menos, algunas de las cubiertas produjeron diferentes rendimientos medios.

INTÉNTELO 12.3

El SARM, o *Staphylococcus aureus resistente a la meticilina*, puede causar una grave infección bacteriana en pacientes del hospital. La Tabla 12.8 muestra varios recuentos de colonias de diferentes pacientes que pueden o no tener SARM. Los datos de la tabla se representan en la Figura 12.5.

Conc. = 0,6	Conc. = 0,8	Conc. = 1,0	Conc. = 1,2	Conc. = 1,4
9	16	22	30	27
66	93	147	199	168
98	82	120	148	132

Tabla 12.8

Gráfico de los datos para las diferentes concentraciones:

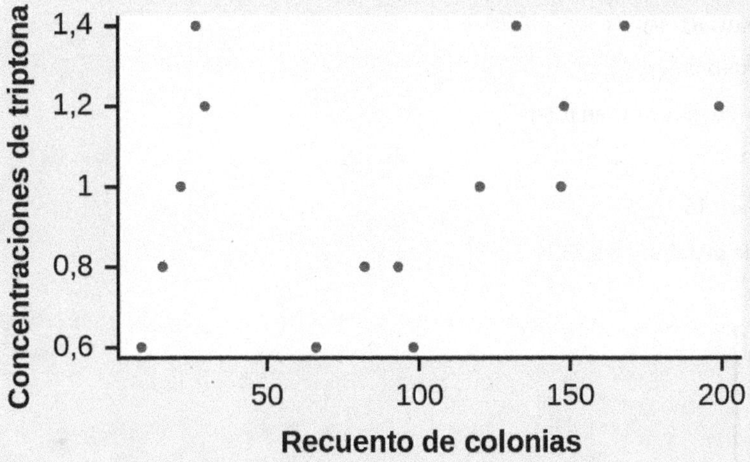

Figura 12.5

Compruebe si el número medio de colonias es igual o es diferente. Construya la tabla de ANOVA, calcule el valor *p* y exponga su conclusión. Utilice un nivel de significación del 5 %.

EJEMPLO 12.4

Cuatro hermandades de mujeres tomaron una muestra aleatoria de hermanas en relación con su media de calificaciones para el último trimestre. Los resultados se muestran en la Tabla 12.9.

Hermandad 1	Hermandad 2	Hermandad 3	Hermandad 4
2,17	2,63	2,63	3,79
1,85	1,77	3,78	3,45
2,83	3,25	4,00	3,08
1,69	1,86	2,55	2,26
3,33	2,21	2,45	3,18

Tabla 12.9 Media de notas de las cuatro hermandades

Utilizando un nivel de significación del 1 %, ¿existe una diferencia en las notas medias entre las hermandades?

Solución 1

Supongamos que μ_1, μ_2, μ_3, μ_4 son las medias poblacionales de las hermandades de mujeres. Recuerde que la hipótesis nula afirma que los grupos de hermandades de mujeres proceden de la misma distribución normal. La hipótesis alternativa dice que, al menos, dos de los grupos de hermandades de mujeres proceden de poblaciones con distribuciones normales diferentes. Observe que los cuatro tamaños de muestra son cinco cada uno.

Nota

Este es un ejemplo de **diseño equilibrado**, ya que cada factor (es decir, la hermandad) tiene el mismo número de observaciones.

H_0: $\mu_1 = \mu_2 = \mu_3 = \mu_4$

H_a: No todas las medias $\mu_1, \mu_2, \mu_3, \mu_4$ son iguales.

Distribución para la prueba: $F_{3,16}$

donde $k = 4$ grupos y $n = 20$ muestras en total

$df(num) = k - 1 = 4 - 1 = 3$

$df(denom) = n - k = 20 - 4 = 16$

Calcule el estadístico de prueba: $F = 2,23$

Gráfico:

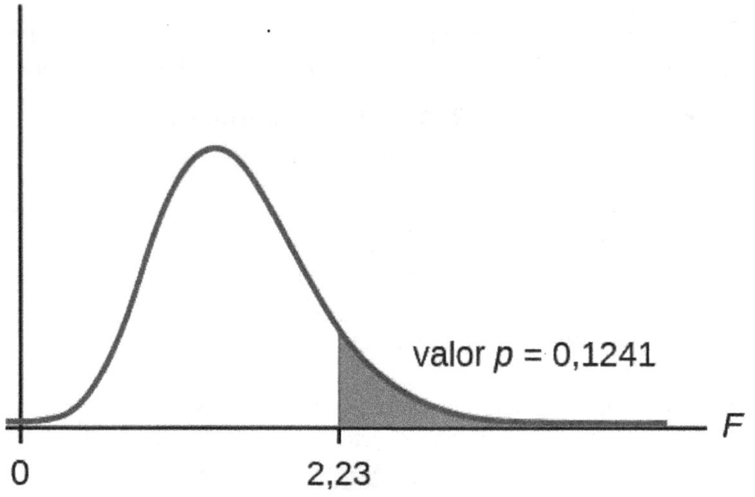

Figura 12.6

Declaración de probabilidad: valor $p = P(F > 2,23) = 0,1241$

Compare α y el valor p: $\alpha = 0,01$
valor $p = 0,1241$
$\alpha <$ valor p

Tome una decisión: Como $\alpha <$ valor p, no se puede rechazar H_0.

Conclusión: No hay pruebas suficientes para concluir que existe una diferencia entre las notas medias de las hermandades de mujeres.

INTÉNTELO 12.4

Cuatro equipos deportivos tomaron una muestra aleatoria de jugadores en relación con su GPA del año pasado. Los resultados se muestran en la Tabla 12.10.

Baloncesto	Béisbol	Hockey	Lacrosse
3,6	2,1	4,0	2,0
2,9	2,6	2,0	3,6
2,5	3,9	2,6	3,9

Tabla 12.10 Promedio general de los cuatro equipos deportivos

Baloncesto	Béisbol	Hockey	Lacrosse
3,3	3,1	3,2	2,7
3,8	3,4	3,2	2,5

Tabla 12.10 Promedio general de los cuatro equipos deportivos

Use un nivel de significación del 5 % y determine si existe una diferencia en el GPA entre los equipos.

EJEMPLO 12.5

Una clase de cuarto grado está estudiando el ambiente. Una de las tareas consiste en cultivar plantas de judías en diferentes suelos. Tommy eligió cultivar sus plantas de judías en la tierra que encontró fuera de su aula mezclada con pelusa de secadora. Tara decidió cultivar sus plantas de judías en tierra para macetas comprada en el vivero local. Nick decidió cultivar sus plantas de judías en la tierra del jardín de su madre. No se utilizó ningún producto químico en las plantas, solo agua. Se cultivaron en el interior del aula junto a un gran ventanal. Cada niño cultivó cinco plantas. Al final del periodo de crecimiento se midió cada planta y se obtuvieron los datos (en pulgadas) que están en la Tabla 12.11.

Plantas de Tommy	Plantas de Tara	Plantas de Nick
24	25	23
21	31	27
23	23	22
30	20	30
23	28	20

Tabla 12.11

¿Parece que los tres medios en los que se cultivaron las plantas de judías producen la misma altura media? Pruebe con un nivel de significación del 3 %.

Solución 1

Esta vez, realizaremos los cálculos que conducen al estadístico *F'*. Observe que cada grupo tiene el mismo número de plantas, por lo que utilizaremos la fórmula $F' = \frac{n \cdot s_{\overline{x}}^2}{s^2_{\text{combinada}}}$.

Primero, calcule la media muestral y la varianza de cada grupo.

	Plantas de Tommy	Plantas de Tara	Plantas de Nick
Media muestral	24,2	25,4	24,4
Varianza de la muestra	11,7	18,3	16,3

Tabla 12.12

Luego, calcule la varianza de las medias de los tres grupos (calcule la varianza de 24,2, 25,4 y 24,4). **Varianza de las medias de los grupos = 0,413** = $s_{\overline{x}}^2$

Entonces $MS_{entre} = ns_{\overline{x}}{}^2$ = (5)(0,413) donde n = 5 es el tamaño de la muestra (número de plantas que cultivó cada niño).

Calcule la media de las tres varianzas de la muestra (calcule la media de 11,7, 18,3 y 16,3). **Media de las varianzas de la muestra = 15,433 = s^2 *combinada***

Entonces $MS_{dentro} = s^2{}_{combinado}$ = 15,433.

El estadístico F (o cociente F) es $F = \frac{MS_{\text{entre}}}{MS_{\text{dentro}}} = \frac{ns_{\overline{x}}{}^2}{s^2{}_{pooled}} = \frac{(5)(0{,}413)}{15{,}433} = 0{,}134$

Los *dfs* para el numerador = el número de grupos - 1 = 3 - 1 = 2.

El *dfs* para el denominador = el número total de muestras - el número de grupos = 15 - 3 = 12

La distribución de la prueba es $F_{2,\,12}$ y el estadístico F es F = 0,134

El valor p es $P(F > 0{,}134) = 0{,}8759$.

Decisión: Como α = 0,03 y el valor p = 0,8759, no se puede rechazar H_0. (¿Por qué?)

Conclusión: Con un nivel de significación del 3 %, a partir de los datos de la muestra, las pruebas no son suficientes para concluir que las alturas medias de las plantas de judías son diferentes.

Notación

La notación para la distribución F es $F \sim F_{df(num),df(denom)}$

donde $df(num) = df_{\text{entre}}$ y $df(denom) = df_{\text{dentro}}$

La media de la distribución F es $\mu = \frac{de(num)}{de(denom)-2}$

12.4 Datos sobre la distribución F

Estos son algunos datos sobre la distribución *F*.

1. La curva no es simétrica, sino que está distorsionada hacia la derecha.
2. Hay una curva diferente para cada conjunto de grados de libertad.
3. El estadístico F es mayor o igual a cero.
4. A medida que aumentan los grados de libertad del numerador y del denominador, la curva se aproxima a la normal, como puede verse en las dos figuras siguientes. La figura (b), con más grados de libertad, se acerca a la distribución normal mucho más, pero recuerde que la F no puede ser nunca menor que cero, por lo que la distribución no tiene una cola que llegue hasta el infinito por la izquierda, como ocurre con la distribución normal.
5. Otros usos de la distribución F incluyen la comparación de dos varianzas y el análisis de varianza bidireccional. El análisis bidireccional queda fuera del alcance de este capítulo.

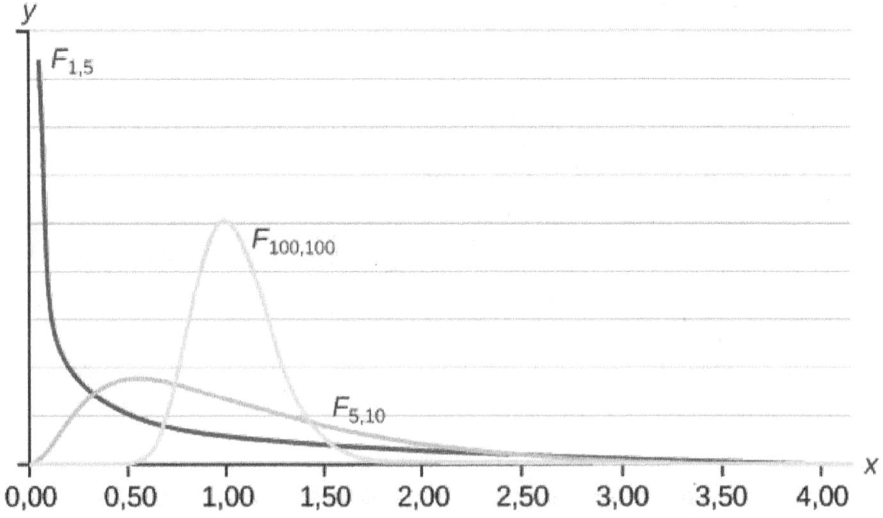

Figura 12.7

Términos Clave

Análisis de varianza también denominado ANOVA, es un método para comprobar si las medias de tres o más poblaciones son iguales o no. El método es aplicable si:

- todas las poblaciones de interés se distribuyen normalmente.
- las poblaciones tienen desviaciones típicas iguales.
- las muestras (no necesariamente del mismo tamaño) se seleccionan de forma aleatoria e independiente de cada población.
- hay una variable independiente y una variable dependiente.

El estadístico de prueba para el análisis de varianza es el cociente *F*.

ANOVA de una vía un método para comprobar si las medias de tres o más poblaciones son iguales o no; el método es aplicable si:

- todas las poblaciones de interés se distribuyen normalmente.
- las poblaciones tienen desviaciones típicas iguales.
- las muestras (no necesariamente del mismo tamaño) se seleccionan de forma aleatoria e independiente de cada población.

El estadístico de prueba para el análisis de varianza es el cociente *F*.

Varianza media de las desviaciones al cuadrado de la media; el cuadrado de la desviación típica. Para un conjunto de datos, una desviación se puede representar como $x - \bar{x}$ donde x es un valor de los datos y $\bar{x}$ es la media muestral. La varianza de la muestra es igual a la suma de los cuadrados de las desviaciones dividida entre la diferencia del tamaño de la muestra y uno.

Repaso del capítulo

12.1 Prueba de dos varianzas

La prueba *F* para la igualdad de dos varianzas se basa en gran medida en el supuesto de distribuciones normales. La prueba no es fiable si no se cumple este supuesto. Si ambas distribuciones son normales, el cociente de las dos varianzas muestrales se distribuye como un estadístico *F*, con grados de libertad en el numerador y el denominador que son uno menos que los tamaños de las muestras de los dos grupos correspondientes. Una prueba de hipótesis de **prueba de dos varianzas** determina si dos varianzas son iguales. La distribución para la prueba de hipótesis es la distribución *F* con dos grados de libertad diferentes.

Supuestos:

1. Las poblaciones de las que se extraen las dos muestras se distribuyen normalmente.
2. Las dos poblaciones son independientes entre sí.

12.2 ANOVA de una vía

El análisis de varianza amplía la comparación de dos grupos a varios, cada uno de ellos un nivel de una variable categórica (factor). Las muestras de cada grupo son independientes y se deben seleccionar al azar a partir de poblaciones normales con varianzas iguales. Probamos la hipótesis nula de que las medias de la respuesta son iguales en todos los grupos versus la hipótesis alternativa de que las medias de uno o más grupos son diferentes a las de los demás. Una prueba de hipótesis de ANOVA de una vía determina si varias medias poblacionales son iguales. La distribución para la prueba es la distribución *F* con dos grados de libertad diferentes.

Supuestos:

1. Se supone que cada población de la que se toma una muestra es normal.
2. Todas las muestras se seleccionan al azar y son independientes.
3. Se supone que las poblaciones tienen desviaciones típicas iguales (o varianzas).

12.3 La distribución F y el cociente F

El análisis de la varianza compara las medias de una variable de respuesta para varios grupos. El ANOVA compara la variación dentro de cada grupo con la variación de la media de cada grupo. El cociente de estos dos es el estadístico *F* de una distribución *F* con (número de grupos - 1) como grados de libertad del numerador y (número de observaciones - número de grupos) como grados de libertad del denominador. Estas estadísticas se resumen en la tabla de ANOVA.

12.4 Datos sobre la distribución F

El gráfico de la distribución *F* es siempre positivo y es asimétrico hacia la derecha, aunque la forma puede ser redondeada o exponencial dependiendo de la combinación de grados de libertad del numerador y del denominador. El estadístico *F* es el cociente entre una medida de la variación de las medias de los grupos y una medida similar de la variación dentro de los grupos. Si la hipótesis nula es correcta, el numerador debe ser pequeño en comparación con el denominador. El resultado será un estadístico *F* pequeño y el área debajo de la curva *F* a la derecha será grande, lo que representa un valor *p* grande. Cuando la hipótesis nula de la igualdad de las medias de los grupos es incorrecta, el numerador debe ser grande comparado con el denominador, lo que da un estadístico *F* grande y un área pequeña (valor *p* pequeño) a la derecha del estadístico debajo de la curva *F*.

Cuando los datos tienen tamaños de grupo desiguales (datos no equilibrados), hay que utilizar las técnicas de la 12.3 La distribución F y el cociente de F para los cálculos manuales. Sin embargo, en el caso de datos equilibrados (los grupos tienen el mismo tamaño), se pueden utilizar cálculos simplificados basados en las medias y varianzas de los grupos. En la práctica, por supuesto, se suelen emplear softwares en el análisis. Como en cualquier análisis, se deben usar gráficos de diversa índole junto con técnicas numéricas. ¡Siempre mire sus datos!

Repaso de fórmulas

12.1 Prueba de dos varianzas

$$H_0 : \frac{\sigma_1^2}{\sigma_2^2} = \delta_0$$

$$H_a : \frac{\sigma_1^2}{\sigma_2^2} \neq \delta_0$$

si $\delta_0 = 1$, luego

$$H_0 : \sigma_1^2 = \sigma_2^2$$

$$H_a : \sigma_1^2 \neq \sigma_2$$

El estadístico de prueba es:

$$F_c = \frac{S_1^2}{S_2^2}$$

12.3 La distribución F y el cociente F

$$SS_{\text{entre}} = \sum \left[\frac{(s_j)^2}{n_j}\right] - \frac{\left(\sum s_j\right)^2}{n}$$

$$SS_{\text{total}} = \sum x^2 - \frac{\left(\sum x\right)^2}{n}$$

$$SS_{\text{dentro}} = SS_{\text{total}} - SS_{\text{entre}}$$

$$df_{\text{entre}} = df(num) = k - 1$$

$$df_{\text{dentro}} = df(denom) = n - k$$

$$MS_{\text{entre}} = \frac{SS_{\text{entre}}}{de_{\text{entre}}}$$

$$MS_{\text{dentro}} = \frac{SS_{\text{dentro}}}{de_{\text{dentro}}}$$

$$F = \frac{MS_{\text{entre}}}{MS_{\text{dentro}}}$$

- k = el número de grupos
- n_j = el tamaño del grupo j
- s_j = la suma de los valores del grupo j
- n = el número total de todos los valores (observaciones) combinados
- x = un valor (una observación) de los datos
- $s_{\overline{x}}{}^2$ = la varianza de las medias muestrales
- $s^2{}_{pooled}$ = la media de las varianzas de la muestra (varianza combinada)

Práctica

12.1 Prueba de dos varianzas

Use la siguiente información para responder los próximos dos ejercicios. Hay dos supuestos que deben ser ciertos para hacer una prueba *F* de dos varianzas.

1. Nombre un supuesto que deba ser cierto.

2. ¿Cuál es el otro supuesto que debe ser verdadero?

Use la siguiente información para responder los siguientes cinco ejercicios. Dos compañeros de trabajo se desplazan desde el mismo edificio. Les interesa saber si hay alguna variación en el tiempo que tardan en ir al trabajo conduciendo un vehículo. Cada uno de ellos registra sus tiempos durante 20 trayectos. Los tiempos del primer trabajador tienen una varianza de 12,1. Los tiempos del segundo trabajador tienen una varianza de 16,9. El primer trabajador cree que es más coherente con sus tiempos de desplazamiento. Pruebe la afirmación al nivel del 10 %. Supongamos que los tiempos de desplazamiento se distribuyen normalmente.

3. Indique las hipótesis nula y alternativa.

4. ¿Cuál es s_1 en este problema?

5. ¿Cuál es s_2 en este problema?

6. ¿Cuál es *n*?

7. ¿Cuál es el estadístico *F*?

8. ¿Cuál es el valor crítico?

9. ¿La afirmación es correcta?

Use la siguiente información para responder los próximos cuatro ejercicios. Dos estudiantes están interesados en saber si hay o no variación en los resultados de sus exámenes en la clase de Matemáticas. En total son 15 los exámenes de Matemáticas que han presentado hasta ahora. Las notas del primer estudiante tienen una desviación típica de 38,1. Las notas del segundo estudiante tienen una desviación típica de 22,5. El segundo estudiante cree que sus resultados son más coherentes.

10. Indique las hipótesis nula y alternativa.

11. ¿Cuál es el estadístico *F*?

12. ¿Cuál es el valor crítico?

13. Al nivel de significación del 5 %, ¿rechazamos la hipótesis nula?

Use la siguiente información para responder los próximos tres ejercicios. Dos ciclistas comparan las varianzas de sus ritmos globales en subidas. Cada ciclista registra su velocidad al subir 35 colinas. El primer ciclista tiene una varianza de 23,8 y el segundo de 32,1. Los ciclistas quieren ver si sus varianzas son iguales o diferentes. Supongamos que los tiempos de desplazamiento se distribuyen normalmente.

14. Indique las hipótesis nula y alternativa.

15. ¿Cuál es el estadístico *F*?

16. Al nivel de significación del 5 %, ¿qué podemos decir sobre las varianzas de los ciclistas?

12.2 ANOVA de una vía

Use la siguiente información para responder los próximos cinco ejercicios. Hay cinco supuestos básicos que se deben cumplir para realizar una prueba de ANOVA de una vía. ¿Qué son?

17. Escriba un supuesto.

18. Escriba otro supuesto.

19. Escriba un tercer supuesto.

20. Escriba un cuarto supuesto.

12.3 La distribución F y el cociente F

Use la siguiente información para responder los próximos ocho ejercicios. Se van a analizar grupos de hombres de tres zonas diferentes del país para determinar su peso medio. Las entradas en la Tabla 12.13 son las ponderaciones de los diferentes grupos.

Grupo 1	Grupo 2	Grupo 3
216	202	170
198	213	165
240	284	182
187	228	197
176	210	201

Tabla 12.13

21. ¿Cuál es el factor de la suma de cuadrados?

22. ¿Cuál es el error de la suma de los cuadrados?

23. ¿Cuál es la *df* del numerador?

24. ¿Cuál es la *df* del denominador?

25. ¿Cuál es el factor de la media cuadrática?

26. ¿Cuál es el error cuadrático medio?

27. ¿Cuál es el estadístico *F*?

Use la siguiente información para responder los próximos ocho ejercicios. Las niñas de cuatro equipos de fútbol diferentes se someterán a pruebas para conocer la media de goles marcados por partido. Las datos en la Tabla 12.14 son los goles por partido de los diferentes equipos.

Equipo 1	Equipo 2	Equipo 3	Equipo 4
1	2	0	3
2	3	1	4
0	2	1	4
3	4	0	3
2	4	0	2

Tabla 12.14

28. ¿Cuál es SS_{entre}?

29. ¿Cuál es la *df* del numerador?

30. ¿Cuál es MS_{entre}?

31. ¿Cuál es SS_{dentro}?

32. ¿Cuál es la *df* del denominador?

33. ¿Cuál es MS_{dentro}?

34. ¿Cuál es el estadístico *F*?

35. A juzgar por el estadístico *F*, ¿cree que es probable o improbable que se rechace la hipótesis nula?

12.4 Datos sobre la distribución F

36. ¿Qué valores puede tener un estadístico *F*?

37. ¿Qué ocurre con las curvas a medida que aumentan los grados de libertad del numerador y del denominador?

Use la siguiente información para responder los próximos siete ejercicios. Cuatro equipos de baloncesto tomaron una muestra aleatoria de jugadores con respecto a la altura que cada uno de ellos puede saltar (en pulgadas). Los resultados se muestran en la Tabla 12.15.

Equipo 1	Equipo 2	Equipo 3	Equipo 4	Equipo 5
36	32	48	38	41
42	35	50	44	39

Tabla 12.15

Equipo 1	Equipo 2	Equipo 3	Equipo 4	Equipo 5
51	38	39	46	40

Tabla 12.15

38. ¿Cuál es el *df(num)*?

39. ¿Cuál es el *df(denom)*?

40. ¿Cuáles son los factores de la suma de los cuadrados y de las medias cuadráticas?

41. ¿Cuáles son la suma de los cuadrados y los errores de la media cuadrática?

42. ¿Cuál es el estadístico *F*?

43. ¿Cuál es el valor *p*?

44. Al nivel de significación del 5 %, ¿hay una diferencia en la altura media de los saltos entre los equipos?

Use la siguiente información para responder los próximos siete ejercicios. Un desarrollador de videojuegos está probando un nuevo juego en tres grupos diferentes. Cada grupo representa un mercado objetivo diferente para el juego. El desarrollador recopila las calificaciones de una muestra aleatoria de cada grupo. Los resultados se muestran en la Tabla 12.16

Grupo A	Grupo B	Grupo C
101	151	101
108	149	109
98	160	198
107	112	186
111	126	160

Tabla 12.16

45. ¿Cuál es el *df(num)*?

46. ¿Cuál es el *df(denom)*?

47. ¿Cuáles son la SS_{entre} y la MS_{entre}?

48. ¿Cuáles son la SS_{dentro} y la MS_{dentro}?

49. ¿Cuál es el estadístico *F*?

50. ¿Cuál es el valor *p*?

51. Al nivel de significación del 10 %, ¿las puntuaciones entre los distintos grupos son diferentes?

Use la siguiente información para responder los próximos tres ejercicios. Supongamos que un grupo está interesado en determinar si los adolescentes obtienen su licencia de conducir alrededor de la misma edad promedio en todo el país. Supongamos que se recopilan al azar los siguientes datos de cinco adolescentes de cada región del país. Los números representan la edad a la que los adolescentes obtuvieron la licencia de conducir.

	Noreste	Sur	Oeste	Centro	Este
	16,3	16,9	16,4	16,2	17,1
	16,1	16,5	16,5	16,6	17,2
	16,4	16,4	16,6	16,5	16,6
	16,5	16,2	16,1	16,4	16,8
$\overline{x} =$	______	______	______	______	______
$s^2 =$	______	______	______	______	______

Tabla 12.17

Introduzca los datos en su calculadora o computadora.

52. valor $p =$ _____

Indique las decisiones y conclusiones (en oraciones completas) para los siguientes niveles preconcebidos de α.

53. $\alpha = 0{,}05$

a. Decisión: ________________________

b. Conclusión: ________________________

54. $\alpha = 0{,}01$

a. Decisión: ________________________

b. Conclusión: ________________________

Tarea para la casa

12.1 Prueba de dos varianzas

55. Tres estudiantes, Linda, Tuan y Javier, reciben cinco ratas de laboratorio cada uno para un experimento nutricional. El peso de cada rata se registra en gramos. Linda alimenta a sus ratas con la fórmula A, Tuan alimenta a las suyas con la fórmula B y Javier lo hace con la fórmula C. Al final de un periodo determinado se pesa de nuevo a cada rata y se registra el aumento neto en gramos.

Ratas de Linda	Ratas de Tuan	Ratas de Javier
43,5	47,0	51,2
39,4	40,5	40,9
41,3	38,9	37,9
46,0	46,3	45,0
38,2	44,2	48,6

Tabla 12.18

Determine si la varianza en el aumento de peso es estadísticamente igual entre las ratas de Javier y las de Linda. Pruebe con un nivel de significación del 10 %.

56. Un grupo de base que se opone a la propuesta de aumentar el impuesto sobre la gasolina afirma que el aumento perjudicaría sobre todo a la clase trabajadora, ya que es la que se desplaza más lejos para ir a trabajar. Supongamos que el grupo encuestó aleatoriamente a 24 personas y les preguntó cuál es su millaje diario en un solo sentido. Los resultados son los siguientes.

Clase trabajadora	Profesionales (ingresos medios)	Profesionales (ricos)
17,8	16,5	8,5
26,7	17,4	6,3
49,4	22,0	4,6
9,4	7,4	12,6
65,4	9,4	11,0
47,1	2,1	28,6
19,5	6,4	15,4
51,2	13,9	9,3

Tabla 12.19

Determine si la varianza del millaje conducido es estadísticamente igual entre los grupos de clase trabajadora y los de profesionales (ingresos medios). Utilice un nivel de significación del 5 %.

Use la siguiente información para responder los próximos dos ejercicios. La siguiente tabla muestra el número de páginas de cuatro tipos diferentes de revistas.

Decoración del hogar	Noticias	Salud	Computación
172	87	82	104
286	94	153	136
163	123	87	98
205	106	103	207
197	101	96	146

Tabla 12.20

57. ¿Cuáles dos tipos de revistas cree que tienen la misma varianza de longitud?

58. ¿Cuáles dos tipos de revistas cree que tienen diferentes varianzas de longitud?

59. ¿La varianza de la cantidad de dinero, en dólares, que los compradores gastan los sábados en el centro comercial es igual a la que gastan los domingos en el centro comercial? Supongamos que la Tabla 12.21 muestra los resultados de un estudio.

Sábado	Domingo	Sábado	Domingo
75	44	62	137
18	58	0	82
150	61	124	39
94	19	50	127
62	99	31	141
73	60	118	73
	89		

Tabla 12.21

60. ¿Las varianzas de los ingresos en la costa este y en la costa oeste son iguales? Supongamos que la Tabla 12.22 muestra los resultados de un estudio. Los ingresos se indican en miles de dólares. Supongamos que ambas distribuciones son normales. Utilice un nivel de significación de 0,05.

Este	Oeste
38	71
47	126
30	42
82	51
75	44
52	90
115	88
67	

Tabla 12.22

61. A treinta hombres universitarios se les enseñó un método de golpeteo con los dedos. Se les asignó aleatoriamente a tres grupos de diez, y cada uno recibió una de las tres dosis de cafeína: 0 mg, 100 mg, 200 mg. Una taza de café puede contener 100 mg y dos tazas de café, 200 mg. Dos horas después de ingerir la cafeína, se registró el ritmo de golpeteo de los dedos por minuto de los hombres. El experimento era de doble ciego, por lo que ni los que anotaban ni los estudiantes sabían en qué grupo estaban. ¿La cafeína afecta a la velocidad de golpeteo? y, si es así, ¿cómo?

Aquí están los datos:

0 mg	100 mg	200 mg	0 mg	100 mg	200 mg
242	248	246	245	246	248
244	245	250	248	247	252
247	248	248	248	250	250
242	247	246	244	246	248
246	243	245	242	244	250

Tabla 12.23

62. El rey Manuel I Komnenus gobernó el Imperio Bizantino desde Constantinopla (Estambul) desde el año 1145 hasta el año 1180 d.C. El imperio fue muy poderoso durante su reinado, pero decayó considerablemente después. Las monedas acuñadas durante su época se encontraron en Chipre, una isla del mar Mediterráneo oriental. Nueve monedas eran de su primera acuñación, siete de la segunda, cuatro de la tercera y siete de una cuarta. Abarcaban la mayor parte de su reinado. Tenemos datos sobre el contenido de plata de las monedas:

Primera acuñación	Segunda acuñación	Tercera acuñación	Cuarta acuñación
5,9	6,9	4,9	5,3
6,8	9,0	5,5	5,6
6,4	6,6	4,6	5,5
7,0	8,1	4,5	5,1
6,6	9,3		6,2
7,7	9,2		5,8
7,2	8,6		5,8
6,9			
6,2			

Tabla 12.24

¿El contenido de plata de las monedas cambió a lo largo del reinado de Manuel?

Aquí están las medias y las varianzas de cada acuñación. Los datos están desequilibrados.

	Nombre	Segunda	Tercera	Cuarta
Media	6,7444	8,2429	4,875	5,6143
Varianza	0,2953	1,2095	0,2025	0,1314

Tabla 12.25

63. La Liga Americana y la Liga Nacional del Béisbol de Grandes Ligas (Major League Baseball, MLB) están segmentadas en tres divisiones cada una: Este, Centro y Oeste. En muchos años los aficionados hablan de que algunas divisiones son más fuertes (tienen mejores equipos) que otras. Esto puede tener consecuencias para la postemporada. Por ejemplo, en 2012 Tampa Bay ganó 90 partidos y no jugó la postemporada, mientras que Detroit solo ganó 88 y sí jugó la postemporada. Puede que haya sido una rareza, pero ¿hay pruebas fehacientes de que en la temporada 2012 las divisiones de la Liga Americana fueran significativamente diferentes en cuanto a registros generales? Use los siguientes datos para comprobar si el número medio de victorias por equipo en las tres divisiones de la Liga Americana es igual o no. Tenga en cuenta que los datos no están equilibrados, ya que dos divisiones tenían cinco equipos, mientras que una tenía cuatro solamente.

División	Equipo	Victorias
Este	NY Yankees	95
Este	Baltimore	93
Este	Tampa Bay	90
Este	Toronto	73
Este	Boston	69

Tabla 12.26

División	Equipo	Victorias
Centro	Detroit	88
Centro	Chicago Sox	85
Centro	Kansas City	72
Centro	Cleveland	68
Centro	Minnesota	66

Tabla 12.27

División	Equipo	Victorias
Oeste	Oakland	94
Oeste	Texas	93
Oeste	LA Angels	89
Oeste	Seattle	75

Tabla 12.28

12.2 ANOVA de una vía

64. Se han probado tres rutas de tráfico diferentes para el tiempo medio de conducción. Las entradas de la Tabla 12.29 son los tiempos de conducción en minutos en las tres rutas diferentes.

Ruta 1	Ruta 2	Ruta 3
30	27	16
32	29	41
27	28	22
35	36	31

Tabla 12.29

Indique la SS_{entre}, la SS_{dentro} y el estadístico *F*.

65. Supongamos que un grupo está interesado en determinar si los adolescentes obtienen su licencia de conducir alrededor de la misma edad promedio en todo el país. Supongamos que se recopilan al azar los siguientes datos de cinco adolescentes de cada región del país. Los números representan la edad a la que los adolescentes obtuvieron la licencia de conducir.

	Noreste	Sur	Oeste	Centro	Este
	16,3	16,9	16,4	16,2	17,1
	16,1	16,5	16,5	16,6	17,2
	16,4	16,4	16,6	16,5	16,6
	16,5	16,2	16,1	16,4	16,8
$\overline{x} =$	______	______	______	______	______
$s^2 =$	______	______	______	______	______

Tabla 12.30

Plantee las hipótesis.

H_0: __________

H_a: __________

12.3 La distribución F y el cociente F

Use la siguiente información para responder los próximos tres ejercicios. Supongamos que un grupo está interesado en determinar si los adolescentes obtienen su licencia de conducir alrededor de la misma edad promedio en todo el país. Supongamos que se recopilan al azar los siguientes datos de cinco adolescentes de cada región del país. Los números representan la edad a la que los adolescentes obtuvieron la licencia de conducir.

	Noreste	Sur	Oeste	Centro	Este
	16,3	16,9	16,4	16,2	17,1

Tabla 12.31

	Noreste	Sur	Oeste	Centro	Este
	16,1	16,5	16,5	16,6	17,2
	16,4	16,4	16,6	16,5	16,6
	16,5	16,2	16,1	16,4	16,8
$\bar{x} =$	______	______	______	______	______
$s^2 =$	______	______	______	______	______

Tabla 12.31

H_0: $\mu_1 = \mu_2 = \mu_3 = \mu_4 = \mu_5$

H_a: Al menos dos de las medias de grupo $\mu_1, \mu_2, ..., \mu_5$ no son iguales.

66. grados de libertad – numerador: $df(num)$ = _______

67. grados de libertad – denominador: $df(denom)$ = _______

68. estadístico F = _______

12.4 Datos sobre la distribución F

69. Tres estudiantes, Linda, Tuan y Javier, reciben cinco ratas de laboratorio cada uno para un experimento nutricional. El peso de cada rata se registra en gramos. Linda alimenta sus ratas con la fórmula A, Tuan alimenta las suyas con la fórmula B y Javier con la fórmula C. Al final de un periodo determinado se pesa de nuevo cada rata y se registra el aumento neto en gramos. Use un nivel de significación del 10 % y pruebe la hipótesis de que las tres fórmulas producen el mismo aumento de peso medio.

Ratas de Linda	Ratas de Tuan	Ratas de Javier
43,5	47,0	51,2
39,4	40,5	40,9
41,3	38,9	37,9
46,0	46,3	45,0
38,2	44,2	48,6

Tabla 12.32 Peso de las ratas de laboratorio de los estudiantes

70. Un grupo de base que se opone a la propuesta de aumentar el impuesto sobre la gasolina afirma que el aumento perjudicaría sobre todo a la clase trabajadora, ya que es la que se desplaza más lejos para ir a trabajar. Supongamos que el grupo encuestó aleatoriamente a 24 personas y les preguntó cuál es su millaje diario en un solo sentido. Los resultados están en la Tabla 12.33. Use un nivel de significación del 5 % y pruebe la hipótesis de que las tres medias de las millas de desplazamiento son iguales.

Clase trabajadora	Profesionales (ingresos medios)	Profesionales (ricos)
17,8	16,5	8,5
26,7	17,4	6,3
49,4	22,0	4,6
9,4	7,4	12,6
65,4	9,4	11,0
47,1	2,1	28,6
19,5	6,4	15,4
51,2	13,9	9,3

Tabla 12.33

Use la siguiente información para responder los próximos dos ejercicios. La Tabla 12.34 recopila el número de páginas de cuatro tipos diferentes de revistas.

Decoración del hogar	Noticias	Salud	Computación
172	87	82	104
286	94	153	136
163	123	87	98
205	106	103	207
197	101	96	146

Tabla 12.34

71. Use un nivel de significación del 5 % y pruebe la hipótesis de que los cuatro tipos de revistas tienen la misma extensión media.

72. Elimine un tipo de revista que ahora considere que tiene una extensión media diferente a las demás. Vuelva a realizar la prueba de hipótesis para probar que las tres medias restantes son estadísticamente iguales. Use una nueva hoja de soluciones. Según esta prueba, ¿las extensiones medias de las tres revistas restantes son estadísticamente iguales?

73. Un investigador quiere saber si los tiempos medios (en minutos) que las personas ven su canal de noticias favorito son iguales. Supongamos que la Tabla 12.35 muestra los resultados de un estudio.

CNN	FOX	Local
45	15	72
12	43	37
18	68	56
38	50	60
23	31	51
35	22	

Tabla 12.35

Supongamos que todas las distribuciones son normales, que las cuatro desviaciones típicas de la población son aproximadamente iguales y que los datos se recogieron de forma independiente y aleatoria. Utilice un nivel de significación de 0,05.

74. ¿Las medias de los exámenes finales son iguales para todos los tipos de clases de Estadística? La Tabla 12.36 muestra las calificaciones de los exámenes finales de varias clases seleccionadas al azar que utilizaron los diferentes tipos de entrega.

En línea	Híbrido	En persona
72	83	80
84	73	78
77	84	84
80	81	81
81		86
		79
		82

Tabla 12.36

Supongamos que todas las distribuciones son normales, que las cuatro desviaciones típicas de la población son aproximadamente iguales y que los datos se recogieron de forma independiente y aleatoria. Utilice un nivel de significación de 0,05.

75. ¿El número medio de veces al mes que una persona come fuera es el mismo para personas blancas, negras, hispanas y asiáticas? Supongamos que la Tabla 12.37 muestra los resultados de un estudio.

Blancos	Negros	Hispanos	Asiático
6	4	7	8
8	1	3	3
2	5	5	5
4	2	4	1
6		6	7

Tabla 12.37

Supongamos que todas las distribuciones son normales, que las cuatro desviaciones típicas de la población son aproximadamente iguales y que los datos se recogieron de forma independiente y aleatoria. Utilice un nivel de significación de 0,05.

76. ¿Los números medios de visitantes diarios a una estación de esquí son iguales para los tres tipos de condiciones de nieve? Supongamos que la Tabla 12.38 muestra los resultados de un estudio.

En polvo	De máquina	Comprimida
1.210	2.107	2.846
1.080	1.149	1.638
1.537	862	2.019
941	1.870	1.178
	1.528	2.233
	1.382	

Tabla 12.38

Supongamos que todas las distribuciones son normales, que las cuatro desviaciones típicas de la población son aproximadamente iguales y que los datos se recogieron de forma independiente y aleatoria. Utilice un nivel de significación de 0,05.

77. Sanjay hizo aviones de papel idénticos con tres pesos diferentes de papel: ligero, medio y pesado. Hizo cuatro aviones con cada uno de los pesos y los lanzó él mismo por la habitación. Aquí están las distancias (en metros) que volaron sus aviones.

Tipo de papel/Ensayo	Ensayo 1	Ensayo 2	Ensayo 3	Ensayo 4
Pesado	5,1 metros	3,1 metros	4,7 metros	5,3 metros
Medio	4 metros	3,5 metros	4,5 metros	6,1 metros
Ligero	3,1 metros	3,3 metros	2,1 metros	1,9 metros

Tabla 12.39

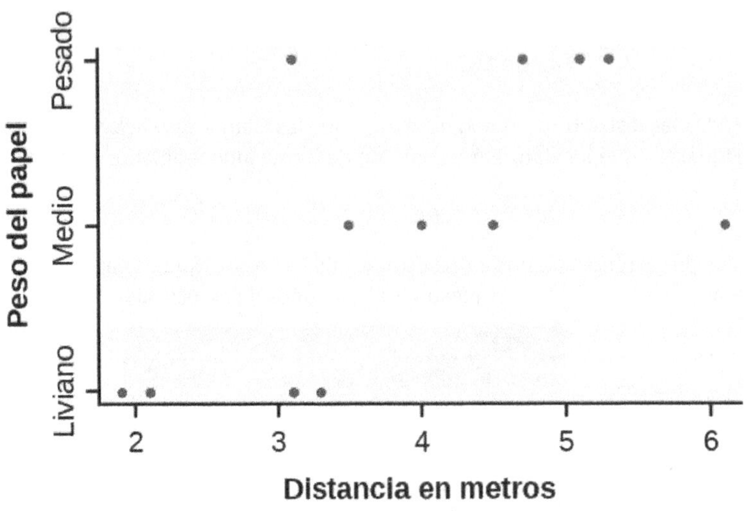

Figura 12.8

a. Observe los datos del gráfico. Observe la dispersión de los datos para cada grupo (ligero, medio y pesado). ¿Parece razonable suponer una distribución normal con la misma varianza para cada grupo? Sí o no.
b. ¿Por qué es un diseño equilibrado?
c. Calcule la media muestral y la desviación típica de la muestra para cada grupo.
d. ¿El peso del papel influye en la distancia que recorrerá el avión? Use un nivel de significación del 1 %. Complete la prueba utilizando el método mostrado en el ejemplo de la planta de judías en el Figura 12.8.
   - varianza de las medias de los grupos ________
   - MS_{entre}= ________
   - media de las tres varianzas de la muestra ________
   - MS_{dentro} = ________
   - estadístico F = ________
   - $df(num)$ = ________, $df(denom)$ = ________
   - número de grupos ______
   - número de observaciones ______
   - valor p = ________ ($P(F >$ ______$)$ = ________)
   - Grafique el valor p.
   - decisión: ________
   - conclusión: ________

78. El dicloro difenil tricloroetano (DDT) es un pesticida cuyo uso se ha prohibido en Estados Unidos y en la mayoría de las zonas del mundo. Es bastante eficaz, pero persiste en el medio ambiente y, con el tiempo, se considera perjudicial para los organismos superiores. Se cree que las cáscaras de los huevos de las águilas y otras aves rapaces son más finas y propensas a romperse en el nido debido a la ingestión de DDT en la cadena alimentaria de las aves.

Se realizó un experimento sobre el número de huevos (fecundidad) puestos por las hembras de la mosca de la fruta. Hay tres grupos de moscas. Un grupo fue criado para ser resistente al DDT (el grupo RS). Otro fue criado para ser especialmente susceptible al DDT (SS). Por último, había una línea de control de moscas de la fruta no seleccionadas o típicas (NS). Aquí están los datos:

RS	SS	NS	RS	SS	NS
12,8	38,4	35,4	22,4	23,1	22,6
21,6	32,9	27,4	27,5	29,4	40,4
14,8	48,5	19,3	20,3	16	34,4
23,1	20,9	41,8	38,7	20,1	30,4
34,6	11,6	20,3	26,4	23,3	14,9
19,7	22,3	37,6	23,7	22,9	51,8
22,6	30,2	36,9	26,1	22,5	33,8
29,6	33,4	37,3	29,5	15,1	37,9
16,4	26,7	28,2	38,6	31	29,5
20,3	39	23,4	44,4	16,9	42,4
29,3	12,8	33,7	23,2	16,1	36,6
14,9	14,6	29,2	23,6	10,8	47,4
27,3	12,2	41,7			

Tabla 12.40

Los valores son el número promedio de huevos puestos diariamente por cada una de las 75 moscas (25 en cada grupo) durante los primeros 14 días de su vida. Utilizando un nivel de significación del 1 %, ¿son diferentes las tasas medias de selección de huevos para las tres cepas de mosca de la fruta? Si es así, ¿de qué manera? Específicamente, los investigadores estaban interesados en saber si las cepas criadas selectivamente eran diferentes de la línea no seleccionada, y si las dos líneas seleccionadas eran diferentes entre sí.

A continuación se muestra un gráfico de los tres grupos:

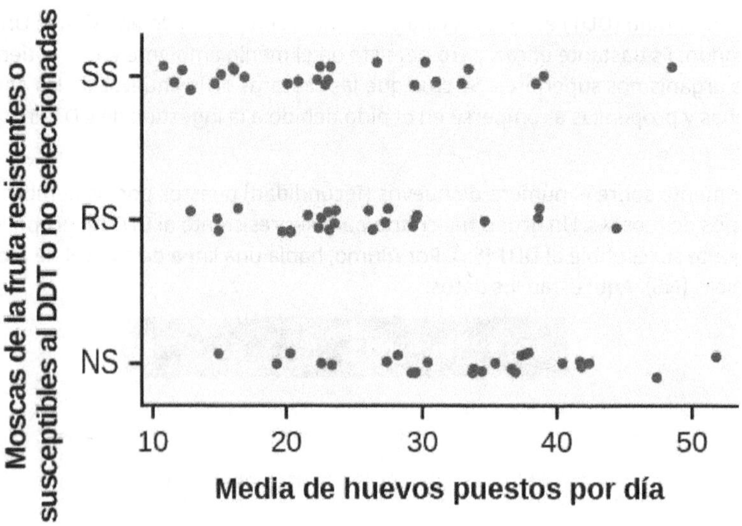
Moscas de la fruta resistentes o susceptibles al DDT o no seleccionadas
SS
RS
NS
10
20
30
40
50
Media de huevos puestos por día

Figura 12.9

79. Los datos que se muestran son las temperaturas corporales registradas de 130 sujetos estimadas a partir de histogramas disponibles.

Tradicionalmente se nos enseña que la temperatura normal del cuerpo humano es de 98,6 °F. Esto no es del todo correcto para todos. ¿Las temperaturas medias son diferentes entre los cuatro grupos?

Calcule los intervalos de confianza del 95 % para la temperatura corporal media en cada grupo y comente los intervalos de confianza.

FL	FH	ML	MH	FL	FH	ML	MH
96,4	96,8	96,3	96,9	98,4	98,6	98,1	98,6
96,7	97,7	96,7	97	98,7	98,6	98,1	98,6
97,2	97,8	97,1	97,1	98,7	98,6	98,2	98,7
97,2	97,9	97,2	97,1	98,7	98,7	98,2	98,8
97,4	98	97,3	97,4	98,7	98,7	98,2	98,8
97,6	98	97,4	97,5	98,8	98,8	98,2	98,8
97,7	98	97,4	97,6	98,8	98,8	98,3	98,9
97,8	98	97,4	97,7	98,8	98,8	98,4	99
97,8	98,1	97,5	97,8	98,8	98,9	98,4	99
97,9	98,3	97,6	97,9	99,2	99	98,5	99
97,9	98,3	97,6	98	99,3	99	98,5	99,2
98	98,3	97,8	98		99,1	98,6	99,5
98,2	98,4	97,8	98		99,1	98,6	
98,2	98,4	97,8	98,3		99,2	98,7	
98,2	98,4	97,9	98,4		99,4	99,1	
98,2	98,4	98	98,4		99,9	99,3	
98,2	98,5	98	98,6		100	99,4	
98,2	98,6	98	98,6		100,8		

Tabla 12.41

Referencias

12.1 Prueba de dos varianzas

"MLB Vs. Division Standings – 2012" (MLB versus Clasificación de la División-2012) Disponible en línea en http://espn.go.com/mlb/standings/_/year/2012/type/vs-division/order/true.

12.3 La distribución F y el cociente F

Datos sobre el tomate, Escuela de Ciencias del Marist College (investigación inédita de un estudiante)

12.4 Datos sobre la distribución F

Datos de un aula de cuarto grado en 1994 en una escuela privada de kínder a 12.° grado en San José, CA.

Hand, D. J., F. Daly, A. D. Lunn, K. J. McConway y E. Ostrowski. *A Handbook of Small Datasets: Data for Fruitfly Fecundity.* Londres: Chapman & Hall, 1994.

Hand, D. J., F. Daly, A. D. Lunn, K. J. McConway y E. Ostrowski. *A Handbook of Small Datasets.* Londres: Chapman & Hall, 1994, pág. 50.

Hand, D. J., F. Daly, A. D. Lunn, K. J. McConway y E. Ostrowski. A Handbook of Small Datasets. Londres: Chapman & Hall, 1994, pág. 118.

"MLB Standings – 2012". Disponible en línea en http://espn.go.com/mlb/standings/_/year/2012.

Mackowiak, P. A., Wasserman, S. S. y Levine, M. M. (1992), "A Critical Appraisal of 98,6 Degrees F, the Upper Limit of the Normal Body Temperature, and Other Legacies of Carl Reinhold August Wunderlich", *Journal of the American Medical Association*, 268, 1578-1580.

Soluciones

1. Las poblaciones de las que se extraen las dos muestras se distribuyen normalmente.

3. $H_0 : \sigma_1 = \sigma_2$

$H_a : \sigma_1 < \sigma_2$

o

H_0: $\sigma_1^2 = \sigma_2^2$

H_a: $\sigma_1^2 < \sigma_2^2$

5. 4,11

7. 0,7159

9. No, al nivel de significación del 10 %, no podemos rechazar la hipótesis nula y afirmar que los datos no muestran que la variación de los tiempos de conducción del primer trabajador sea menor que la variación de los tiempos de conducción del segundo.

11. 2,8674

13. No se puede aceptar la hipótesis nula Hay pruebas suficientes para decir que la varianza de las notas del primer estudiante es mayor que la del segundo.

15. 0,7414

17. Se supone que cada población de la que se toma una muestra es normal.

19. Se supone que las poblaciones tienen desviaciones típicas iguales (o varianzas).

21. 4.939,2

23. 2

25. 2.469,6

27. 3,7416

29. 3

31. 13,2

33. 0,825

35. Dado que una prueba ANOVA de una vía siempre tiene cola derecha, una estadística *F* alta corresponde a un valor *p* bajo, por lo que es probable que no aceptemos la hipótesis nula.

37. Las curvas se aproximan a la distribución normal.

39. diez

41. *SS* = 237,33; *MS* = 23,73

43. 0,1614

45. dos

47. *SS* = 5.700,4;

MS = 2.850,2

49. 3,6101

51. Sí, hay pruebas suficientes para demostrar que las calificaciones entre los grupos son estadísticamente significativas al nivel del 10 %.

55.
a. $H_0: \sigma_1^2 = \sigma_2^2$
b. $H_a: \sigma_1^2 \neq \sigma_1^2$
c. *df*(*num*) = 4; *df*(*denom*) = 4
d. $F_{4,4}$
e. 3,00
f. Compruebe la solución del estudiante.
g. Decisión: No se puede rechazar la hipótesis nula. Conclusión: no hay pruebas suficientes para concluir que las varianzas son diferentes.

58. Las respuestas pueden variar. Ejemplo de respuesta: Las revistas de decoración del hogar y las de noticias tienen diferentes varianzas.

60.
a. $H_0: = \sigma_1^2 = \sigma_2^2$

b. H_a: $\sigma_1^2 \neq \sigma_1^2$
c. $df(n) = 7$, $df(d) = 6$
d. $F_{7,6}$
e. 0,8117
f. 0,7825
g. Compruebe la solución del estudiante.
h. i. Alfa: 0,05
   ii. Decisión: No se puede rechazar la hipótesis nula.
   iii. Motivo de la decisión: el valor calculado del estadístico de prueba no se encuentra en la cola de la distribución.
   iv. Conclusión: No hay pruebas suficientes para concluir que las varianzas son diferentes.

62. Se muestra un gráfico de bandas del contenido de plata de las monedas:

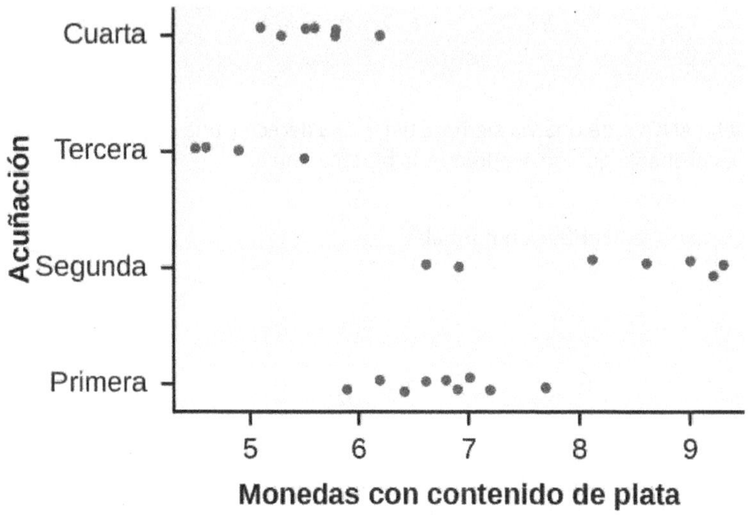

Figura 12.10

Aunque hay diferencias en la dispersión, no es descabellado utilizar técnicas del ANOVA. Aquí está la tabla de ANOVA completa:

Fuente de variación	Suma de los cuadrados (SS)	Grados de libertad (df)	Media cuadrática (MS)	F
Factor (entre)	37,748	4 - 1 = 3	12,5825	26,272
Error (dentro)	11,015	27 - 4 = 23	0,4789	
Total	48,763	27 - 1 = 26		

Tabla 12.42

$P(F > 26{,}272) = 0$;

No se puede aceptar la hipótesis nula para ningún alfa. Hay pruebas suficientes para concluir que el contenido medio de plata entre las cuatro acuñaciones es diferente. Del gráfico de bandas se desprende que las primeras y segundas acuñaciones tenían mayor contenido de plata que las terceras y cuartas.

63. Se muestra un gráfico de bandas con el número de victorias de los 14 equipos de la Liga Americana para la temporada 2012.

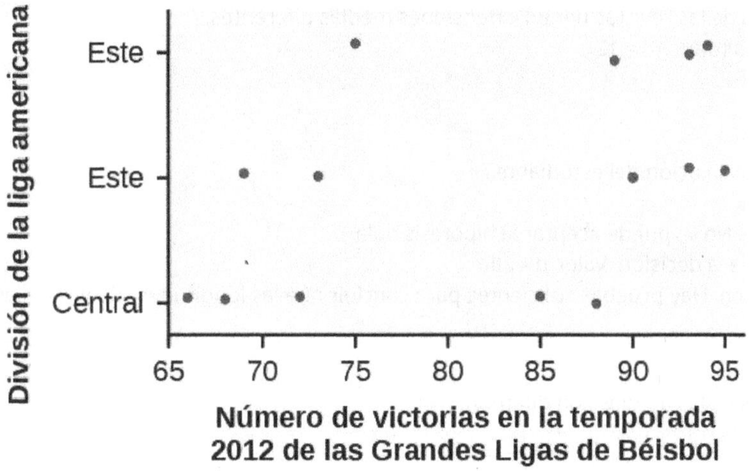

Figura 12.11

Aunque la dispersión parece similar, puede haber alguna duda sobre la normalidad de los datos, dadas las grandes diferencias en el medio cerca de la marca de 0,500 de 82 partidos (los equipos juegan 162 partidos cada temporada en el MLB). Sin embargo, el ANOVA de una vía es robusto.

Aquí está la tabla de ANOVA para los datos:

Fuente de variación	Suma de los cuadrados (*SS*)	Grados de libertad (*df*)	Media cuadrática (*MS*)	*F*
Factor (entre)	344,16	3 - 1 = 2	172,08	
Error (dentro)	1.219,55	14 - 3 = 11	110,87	1,5521
Total	1.563,71	14 - 1 = 13		

Tabla 12.43

$P(F > 1{,}5521) = 0{,}2548$.
Ya que el valor *p* es tan grande, no hay una buena evidencia contra la hipótesis nula de igualdad de medias. No podemos rechazar la hipótesis nula. Por lo tanto, para 2012, no hay ninguna buena evidencia de una diferencia significativa en el número medio de victorias entre las divisiones de la Liga Americana.

64. $SS_{\text{entre}} = 26$
$SS_{\text{dentro}} = 441$
$F = 0{,}2653$

67. $df(denom) = 15$

69.
a. H_0: $\mu_L = \mu_T = \mu_J$
b. H_a: al menos dos de las medias son diferentes
c. $df(num) = 2$; $df(denom) = 12$
d. Distribución *F*
e. 0,67
f. 0,5305
g. Compruebe la solución del estudiante.
h. Decisión: No se puede rechazar la hipótesis nula. Conclusión: No hay pruebas suficientes para concluir que las medias son diferentes.

72.
a. H_a: $\mu_c = \mu_n = \mu_h$

b. Al menos dos de las revistas tienen extensiones medias diferentes.
c. $df(num) = 2$, $df(denom) = 12$
d. Distribución F
e. $F = 15,28$
f. valor $p = 0,001$
g. Compruebe la solución del estudiante.
h. i. Alfa: 0,05
   ii. Decisión: No se puede aceptar la hipótesis nula
   iii. Motivo de la decisión: valor $p <$ alfa
   iv. Conclusión: Hay pruebas suficientes para concluir que las longitudes medias de las revistas son diferentes.

74. a. H_0: $\mu_o = \mu_h = \mu_f$
b. Al menos dos de las medias son diferentes.
c. $df(n) = 2$, $df(d) = 13$
d. $F_{2,13}$
e. 0,64
f. 0,5437
g. Compruebe la solución del estudiante.
h. i. Alfa: 0,05
   ii. Decisión: No se puede rechazar la hipótesis nula.
   iii. Motivo de la decisión: valor $p >$ alfa
   iv. Conclusión: Las calificaciones medias de la entrega de las distintas clases no son diferentes.

76. a. H_0: $\mu_p = \mu_m = \mu_h$
b. Al menos dos de las medias son diferentes.
c. $df(n) = 2$, $df(d) = 12$
d. $F_{2,12}$
e. 3,13
f. 0,0807
g. Compruebe la solución del estudiante.
h. i. Alfa: 0,05
   ii. Decisión: No se puede rechazar la hipótesis nula.
   iii. Motivo de la decisión: valor $p >$ alfa
   iv. Conclusión: No hay pruebas suficientes para concluir que el número medio de visitantes diarios sea diferente.

78. Los datos parecen normalmente distribuidos en el gráfico y una dispersión similar. No parece haber ningún valor atípico grave, por lo que podemos seguir con nuestros cálculos de ANOVA, para ver si tenemos buenas pruebas de una diferencia entre los tres grupos.

$H_0 : \mu_1 = \mu_2 = \mu_3$;

$H_a : \mu_i \neq$; algunos $i \neq j$

Defina μ_1, μ_2, μ_3, como la media poblacional del número de huevos puestos por los tres grupos de moscas de la fruta.

estadístico $F = 8,6657$;

valor $p = 0,0004$

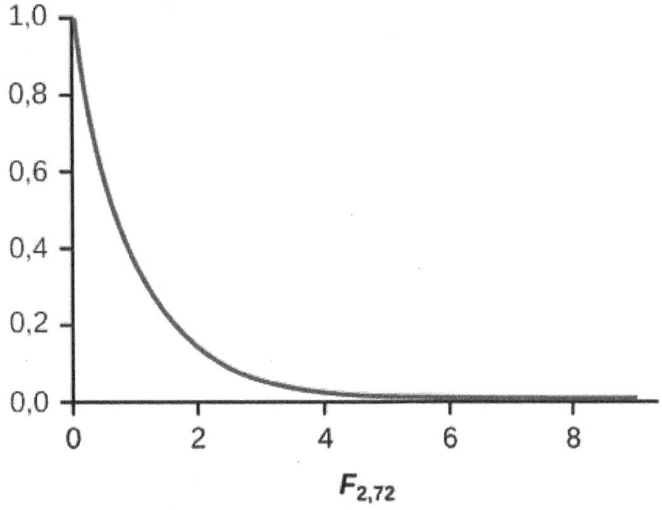

Figura 12.12

Decisión: como el valor p es inferior al nivel de significación de 0,01, rechazamos la hipótesis nula.

Conclusión: tenemos buenas pruebas de que el número promedio de huevos puestos durante los primeros 14 días de vida de estas tres cepas de moscas de la fruta son diferentes.

Curiosamente, si se realiza una prueba t de dos muestras para comparar los grupos RS y NS, son significativamente diferentes (p = 0,0013). Asimismo, SS y NS son significativamente diferentes (p = 0,0006). Sin embargo, los dos grupos seleccionados, RS y SS, *no* son significativamente diferentes (p = 0,5176). Por lo tanto, parece que tenemos buenas pruebas de que la selección para la resistencia o para la susceptibilidad implica una tasa reducida de producción de huevos (para estas cepas específicas) en comparación con las moscas que no fueron seleccionadas para la resistencia o la susceptibilidad al DDT. Aquí, la selección genética ha implicado aparentemente una pérdida de fecundidad.

13 REGRESIÓN LINEAL Y CORRELACIÓN

Figura 13.1 La regresión lineal y la correlación pueden ayudarlo a determinar si el salario de un mecánico de automóviles está relacionado con su experiencia laboral (créditos: Joshua Rothhaas).

Introducción

Los profesionales a menudo quieren saber cómo se relacionan dos o más variables numéricas. Por ejemplo, ¿existe una relación entre la calificación del segundo examen de Matemáticas que toma un estudiante y la calificación del examen final? Si hay una relación, ¿cuál es la relación y cuán fuerte es?

En otro ejemplo, sus ingresos pueden estar determinados por su educación, su profesión, sus años de experiencia y su capacidad, o su sexo o color. La cantidad que se paga a un reparador por la mano de obra suele estar determinada por una cantidad inicial más una tarifa por hora.

Estos ejemplos pueden o no estar vinculados con un modelo, lo que significa que alguna teoría sugirió que existe una relación. Este vínculo entre causa y efecto, a menudo denominado modelo, es la base del método científico y constituye el núcleo de la forma en que determinamos lo que creemos sobre el funcionamiento del mundo. El empezar con una teoría y desarrollar un modelo de la relación teórica debería dar como resultado una predicción, lo que hemos llamado antes una hipótesis. Ahora la hipótesis se refiere a un conjunto completo de relaciones. Por ejemplo, en economía el modelo de elección del consumidor se basa en supuestos relativos al comportamiento humano: el deseo de maximizar algo llamado utilidad, el conocimiento de los beneficios de un producto sobre otro, lo que gusta y no gusta, denominados generalmente preferencias, etc. Estos se combinan para darnos la curva de demanda. De ello se desprende la predicción de que, a medida que los precios suben, la cantidad demandada disminuye. La economía dispone de modelos sobre la relación entre los precios que se cobran por los bienes y la estructura de mercado en la que opera la empresa, monopolio versus competencia, por ejemplo. Los modelos de quiénes serían los más elegidos para un puesto de trabajo, las repercusiones de los cambios en la política de la Reserva Federal y el crecimiento de la economía, y un largo etcétera.

Los modelos no son exclusivos de la economía, incluso dentro de las ciencias sociales. En la ciencias políticas, por ejemplo, existen modelos que predicen el comportamiento de los burócratas ante diversos cambios de circunstancias, basados en suposiciones sobre los objetivos de los burócratas. Existen modelos de comportamiento político que abordan la toma de decisiones estratégicas tanto en las relaciones internacionales como en la política interior.

Las llamadas ciencias duras son, por supuesto, el origen del método científico, ya que a lo largo de los siglos intentaron explicar el confuso mundo que nos rodea. Algunos de los primeros modelos hoy nos hacen reír; la generación espontánea de la vida, por ejemplo. Estos primeros modelos se ven hoy como poco más que los mitos fundacionales que desarrollamos para poner algo de orden en lo que parecía un caos.

La base de toda construcción de modelos es la afirmación, quizá arrogante, de que sabemos qué ha causado el resultado que vemos. Esto se plasma en el simple enunciado matemático de la forma funcional que $y = f(x)$. La respuesta, Y, está causada por el estímulo, X. Todo modelo acabará llegando a este lugar final y será aquí donde la teoría vivirá o morirá. ¿Apoyarán los datos esta hipótesis? Si es así, está bien, creeremos esta versión del mundo hasta que una teoría mejor venga a sustituirla. Este es el proceso por el que pasamos de la Tierra plana a la Tierra redonda, del sistema solar centrado en la Tierra al sistema solar centrado en el sol, y así sucesivamente.

El método científico no confirma una teoría para siempre: no demuestra la "verdad". Todas las teorías están sujetas a revisión y pueden revocarse. Estas son las lecciones que aprendimos cuando elaboramos por primera vez el concepto de la prueba de hipótesis al principio de este libro. Al comenzar esta sección, estos conceptos merecen ser revisados porque la herramienta que desarrollaremos aquí es la piedra angular del método científico y lo que está en juego es mayor. Las teorías completas se elevarán o caerán gracias a esta herramienta estadística; la regresión y las versiones más avanzadas se llaman econometría.

En este capítulo comenzaremos con la correlación, la investigación de las relaciones entre variables que pueden o no estar fundadas en un modelo de causa y efecto. Las variables simplemente se mueven en la misma dirección o dirección contraria. Es decir, no se mueven al azar. La correlación proporciona una medida del grado en que esto es verdadero. A partir de ahí, desarrollamos una herramienta para medir las relaciones de causa y efecto: el análisis de regresión. Podremos formular modelos y pruebas para determinar si son estadísticamente sólidas. Si se comprueba que es así, podemos utilizarlas para hacer predicciones: si por política cambiáramos el valor de esta variable, ¿qué pasaría con esta otra? Si impusiéramos un impuesto a la gasolina de 50 céntimos por galón, ¿cómo incidiría eso en las emisiones de carbono, en las ventas de Hummers/Híbridos, en el empleo del transporte público, etc.? La capacidad de dar respuesta a este tipo de preguntas es el valor de la regresión como herramienta que nos permite entender nuestro mundo y tomar decisiones políticas meditadas.

13.1 El coeficiente de correlación r

Al comenzar esta sección, observamos que el tipo de datos con los que vamos a trabajar ha cambiado. Tal vez no se note, pero todos los datos que hemos estado utilizando son para una sola variable. Puede ser de dos muestras, pero sigue siendo una variable univariante. El tipo de datos descrito en los ejemplos anteriores y para cualquier modelo de causa y efecto son datos **bivariados**; "bi" para dos variables. En realidad, los estadísticos utilizan datos **multivariantes**, es decir, muchas variables.

Para nuestro trabajo, podemos clasificar los datos en tres grandes categorías: de series temporales, de sección transversal y de panel. Aprendimos sobre los dos primeros al inicio. Los datos de series temporales miden una única unidad de observación a medida que pasa el tiempo, por ejemplo, una persona, una compañía o un país. Lo que se mide serán al menos dos características, por ejemplo, los ingresos de la persona, la cantidad de un determinado bien que compra y el precio que ha pagado. Se trataría de tres informaciones en un tiempo, digamos 1985. Si siguiéramos a esa persona a lo largo del tiempo, tendríamos esos mismos datos para 1985, 1986, 1987, etc. Esto constituiría un conjunto de datos de series temporales. Si hiciéramos esto durante 10 años, tendríamos 30 datos sobre los hábitos de consumo de este bien por parte de esta persona durante la última década y conoceríamos sus ingresos y el precio que ha pagado.

Un segundo tipo de conjunto de datos es el de los datos transversales. En este caso, la variación no es a través del tiempo para una sola unidad de observación, sino a través de las unidades de observación durante un punto en el tiempo. Para un tiempo determinado, reuniríamos el precio pagado, la cantidad comprada y los ingresos de muchas personas por separado.

Un tercer tipo de conjunto de datos son los datos de panel. Aquí se sigue un panel de unidades de observación a lo largo del tiempo. Si retomamos el ejemplo anterior, podríamos seguir a 500 personas, la unidad de observación, a lo largo del tiempo, diez años, y así observar sus ingresos, el precio pagado y la cantidad del bien adquirido. Si tuviéramos 500 personas y datos durante diez años sobre el precio, los ingresos y la cantidad comprada, tendríamos 15.000 datos. Este tipo de conjuntos de datos son muy costosos de construir y mantener. Sin embargo, proporcionan una enorme cantidad de información que puede utilizarse para responder preguntas muy importantes. Por ejemplo, ¿cuál es el efecto en la tasa de participación laboral de las mujeres a medida que su familia de origen, la madre y el padre, envejecen? ¿O existen efectos diferenciales en los resultados de salud, dependiendo de la edad a la que una persona empezó a fumar? Solo los datos de panel pueden dar respuesta a estas y otras cuestiones relacionadas, ya que debemos seguir a varias personas en el transcurso del tiempo. Sin embargo, el trabajo que realizamos aquí no será del todo apropiado para conjuntos de datos como estos.

Partiendo de un conjunto de datos con dos variables independientes, nos preguntamos: ¿están relacionadas? Una forma de responder visualmente a esta pregunta es crear un gráfica de dispersión de los datos. Antes no podíamos hacerlo cuando hacíamos estadística descriptiva porque esos datos eran univariantes. Ahora tenemos datos bivariados, por lo que podemos trazar en dos dimensiones. Las tres dimensiones son posibles en un trozo de papel plano, pero resultan muy difíciles de conceptualizar por completo. Por supuesto, no se pueden representar gráficamente más de tres dimensiones, aunque las relaciones pueden medirse matemáticamente.

Para dotar de precisión matemática a la medición de lo que vemos, utilizamos el coeficiente de correlación. La correlación nos dice algo sobre el movimiento conjunto de dos variables, pero **nada** sobre el motivo de este movimiento. Formalmente, en el análisis de correlación supone que las dos variables analizadas son **independientes**. Esto significa que ninguna de los dos provoca el movimiento de la otra. Además, significa que ninguna de las dos variables depende de la otra, ni de ninguna otra. Incluso con estas limitaciones, el análisis de correlación puede arrojar algunos resultados interesantes.

El coeficiente de correlación, ρ (se pronuncia ro), es la estadística matemática para una población que nos proporciona una medida de la fuerza de una relación lineal entre las dos variables. Para una muestra de datos, la estadística r, desarrollada por Karl Pearson a principios de los 1900, es una estimación de la correlación de la población y se define matemáticamente como:

$$r = \frac{\frac{1}{n-1}\Sigma\left(X_{1i}-\bar{X}_1\right)\left(X_{2i}-\bar{X}_2\right)}{s_{x_1} s_{x_2}}$$

O

$$r = \frac{\Sigma X_{1i} X_{2i} - n\bar{X}_1 - \bar{X}_2}{\sqrt{\left(\Sigma X_{1i}^2 - n\bar{X}_1^{\,2}\right)\left(\Sigma X_{2i}^2 - n\bar{X}_2^{\,2}\right)}}$$

donde s_{x1} y s_{x2} son las desviaciones típicas de las dos variables independientes X_1 y X_2, $\bar{X}_1$ y $\bar{X}_2$ son las medias muestrales de las dos variables, y X_{1i} y X_{2i} son las observaciones individuales de X_1 y X_2. El coeficiente de correlación r oscila entre -1 y 1. La segunda fórmula equivalente se utiliza a menudo porque puede ser más fácil de calcular. Aunque estas fórmulas parezcan espeluznantes, en realidad no son más que el cociente de la covarianza entre las dos variables y el producto de sus dos desviaciones típicas. Es decir, es una medida de las varianzas relativas.

En la práctica, todos los análisis de regresión y correlación se realizarán mediante softwares diseñados para estos fines. Cualquier cosa que supere tal vez media docena de observaciones crea inmensos problemas computacionales. Por ello, la correlación y, más aun, la regresión, no fueron herramientas de investigación muy utilizadas hasta la llegada de las "máquinas de computación". En la actualidad, la potencia de cómputo necesaria para analizar los datos mediante paquetes de regresión se considera casi trivial en comparación con la de hace una década.

Para visualizar cualquier relación **lineal** que pueda existir, vea el trazado de un diagrama de dispersión de los datos estandarizados. La Figura 13.2 presenta varios diagramas de dispersión y el valor calculado de r. Observe en los paneles (a) y (b) que los datos tienden generalmente a moverse juntos, (a) hacia arriba y (b) hacia abajo. El panel (a) es un ejemplo de correlación positiva y el panel (b) es un ejemplo de correlación o relación negativa. El signo del coeficiente de correlación nos indica si la relación es positiva o negativa (inversa). Si todos los valores de X_1 y X_2 se encuentran en una línea recta, el coeficiente de correlación será 1 o -1, dependiendo de si la línea tiene una pendiente positiva o negativa, y cuanto más se acerque a uno o a uno negativo, más fuerte será la relación entre las dos variables. RECUERDE SIEMPRE QUE EL COEFICIENTE DE CORRELACIÓN NO NOS INDICA LA PENDIENTE.

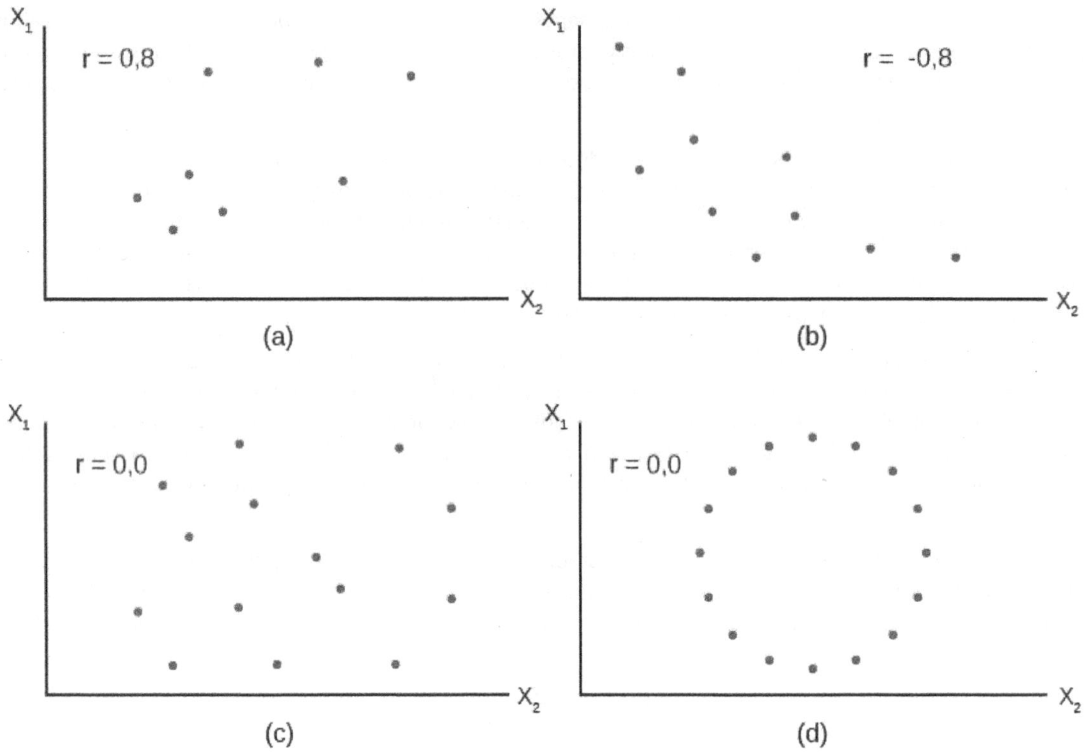

Figura 13.2

Recuerde que lo único que nos señala el coeficiente de correlación es si los datos están o no relacionados linealmente. En el panel (d) las variables tienen obviamente algún tipo de relación muy específica entre sí, pero el coeficiente de correlación es cero, lo que indica que no existe ninguna relación **lineal**.

Si se sospecha que existe una relación lineal entre X_1 y X_2, entonces *r* puede medir la fuerza de la relación lineal.

Lo que nos dice el VALOR de *r*:

- El valor de *r* está siempre entre –1 y +1: $-1 \leq r \leq 1$.
- El tamaño de la correlación *r* indica la fuerza de la relación **lineal** entre X_1 y X_2. Los valores de *r* cercanos a –1 o a +1 indican una relación lineal más fuerte entre X_1 y X_2.
- Si $r = 0$, no hay ninguna relación lineal entre X_1 y X_2 **(no hay correlación lineal)**.
- Si $r = 1$, hay una correlación positiva perfecta. Si $r = -1$, hay una correlación negativa perfecta. En ambos casos, todos los puntos de datos originales se encuentran en una línea recta: CUALQUIER línea recta sin importar la pendiente. Por supuesto, en el mundo real, esto no suele ocurrir.

Lo que nos dice el SIGNO de *r*

- Un valor positivo de *r* significa que, cuando X_1 aumenta, X_2 tiende a aumentar y cuando X_1 disminuye, X_2 tiende a disminuir **(correlación positiva)**.
- Un valor negativo de *r* significa que, cuando X_1 aumenta, X_2 tiende a disminuir y cuando X_1 disminuye, X_2 tiende a aumentar **(correlación negativa)**.

Nota

Una fuerte correlación no sugiere que X_1 cause X_2 o que X_2 cause X_1. Decimos que **"la correlación no implica causalidad"**.

13.2 Comprobación de la importancia del coeficiente de correlación

El coeficiente de correlación, *r*, nos indica la fuerza y la dirección de la relación lineal entre X_1 y X_2.

Los datos de la muestra se utilizan para calcular *r*, el coeficiente de correlación de la muestra. Si tuviéramos los datos de toda la población, podríamos hallar el coeficiente de correlación de la población. Pero como solo tenemos datos de la muestra, no podemos calcular el coeficiente de correlación de la población. El coeficiente de correlación de la muestra, *r*, es nuestra estimación del coeficiente de correlación de la población desconocido.

ρ = coeficiente de correlación de la población (desconocido)
r = coeficiente de correlación de la muestra (conocido; calculado a partir de los datos de la muestra)

La prueba de hipótesis nos permite decidir si el valor del coeficiente de correlación de la población ρ es "cercano a cero" o "significativamente diferente de cero". Lo decidimos en función del coeficiente de correlación de la muestra r y del tamaño de la muestra n.

Si la prueba concluye que el coeficiente de correlación es significativamente diferente de cero, decimos que el coeficiente de correlación es "significativo".

- Conclusión: Hay pruebas suficientes para concluir que existe una relación lineal significativa entre X_1 y X_2 porque el coeficiente de correlación es significativamente diferente de cero.
- Lo que significa la conclusión: Existe una relación lineal significativa entre X_1 y X_2. Si la prueba concluye que el coeficiente de correlación no es significativamente diferente de cero (está cerca de cero), decimos que el coeficiente de correlación es "no significativo".

Realización de la prueba de hipótesis

- **Hipótesis nula: H_0: $\rho = 0$**
- **Hipótesis alternativa: H_a: $\rho \neq 0$**

Lo que significan las hipótesis en palabras

- **Hipótesis nula H_0:** El coeficiente de correlación de la población NO ES significativamente diferente de cero. NO HAY una relación lineal significativa (correlación) entre X_1 y X_2 en la población.
- **Hipótesis alternativa H_a:** El coeficiente de correlación de la población es significativamente diferente de cero. Existe una relación lineal significativa (correlación) entre X_1 y X_2 en la población.

Llegar a una conclusión

Hay dos métodos para tomar la decisión sobre la hipótesis. El estadístico de prueba para comprobar esta hipótesis es:

$$t_c = \frac{r}{\sqrt{\left(1-r^2\right)/(n-2)}}$$

O

$$t_c = \frac{r\sqrt{n-2}}{\sqrt{1-r^2}}$$

Donde la segunda fórmula es una forma equivalente al estadístico de prueba, n es el tamaño de la muestra y los grados de libertad son n-2. Se trata de la estadística t y funciona de la misma manera que otras pruebas t. Calcule el valor t y compárelo con el valor crítico de la tabla t con los grados de libertad adecuados y el nivel de confianza que desee mantener. Si el valor calculado está en la cola, entonces no se puede aceptar la hipótesis nula de que no existe ninguna relación lineal entre estas dos variables aleatorias independientes. Si el valor t calculado NO está en la cola, entonces no se puede rechazar la hipótesis nula de que no existe ninguna relación lineal entre las dos variables.

Una forma rápida de comprobar las correlaciones es la relación entre el tamaño de la muestra y la correlación. Si:

$$|r| \geq \frac{2}{\sqrt{n}}$$

entonces esto implica que la correlación entre las dos variables demuestra que existe una relación lineal y es estadísticamente significativa a un nivel de significación aproximado de 0,05. Como indica la fórmula, existe una relación inversa entre el tamaño de la muestra y la correlación necesaria para la significación de una relación lineal. Con solo 10 observaciones, la correlación requerida para la significación es de 0,6325, para 30 observaciones la correlación requerida para la significación disminuye a 0,3651 y a 100 observaciones el nivel requerido es solo de 0,2000.

Las correlaciones sirven para visualizar los datos, pero no se utilizan adecuadamente para "explicar" una relación entre dos variables. Tal vez no haya una estadística más mal utilizada que el coeficiente de correlación. Citar correlaciones entre las condiciones de salud y todo lo demás, desde el lugar de residencia hasta el color de los ojos, tiene el efecto de implicar una relación de causa y efecto. Esto no se logra con un coeficiente de correlación. El coeficiente de correlación es, por supuesto, inocente de esta mala interpretación. El analista tiene el deber de utilizar una estadística diseñada para comprobar las relaciones de causa y efecto y comunicar solo esos resultados si pretende hacer tal afirmación. El problema es que pasar esta prueba más rigurosa es difícil, por lo que los "investigadores" perezosos o inescrupulosos recurren a las correlaciones cuando no pueden presentar sus argumentos de forma legítima.

13.3 Ecuaciones lineales

La regresión lineal para dos variables se basa en una ecuación lineal con una variable independiente. La ecuación tiene la forma

$$y = a + \mathrm{bx}$$

donde *a* y *b* son números constantes.

La variable ***x* es la variable independiente, y *y* es la variable dependiente.** Otra forma de pensar en esta ecuación es una declaración de causa y efecto. La variable X es la causa y la variable Y es el efecto hipotético. Normalmente, se elige un valor para sustituir la variable independiente y luego se resuelve la variable dependiente.

EJEMPLO 13.1

Los siguientes ejemplos son ecuaciones lineales.

$$y = 3 + 2\mathrm{x}$$
$$y = -0{,}01 + 1{,}2\mathrm{x}$$

El gráfico de una ecuación lineal de la forma *y* = *a* + *bx* es una **línea recta**. Cualquier línea que no sea vertical puede ser descrita por esta ecuación.

EJEMPLO 13.2

Grafique la ecuación *y* = –1 + 2*x*.

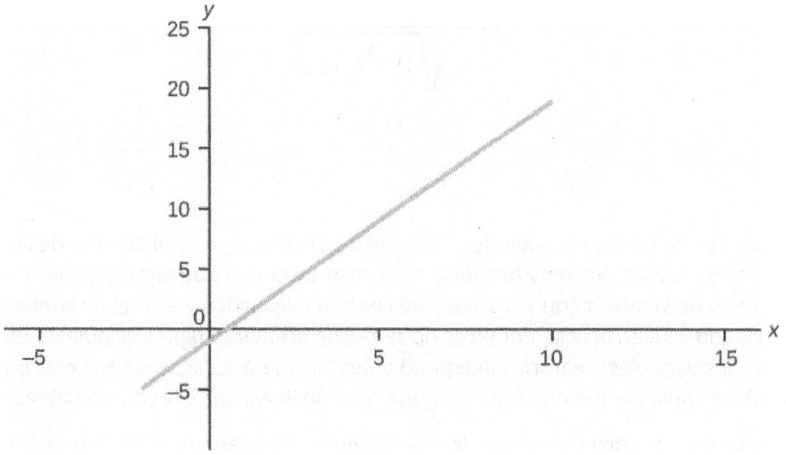

Figura 13.3

INTÉNTELO 13.2

¿El siguiente es un ejemplo de ecuación lineal? ¿Por qué sí o por qué no?

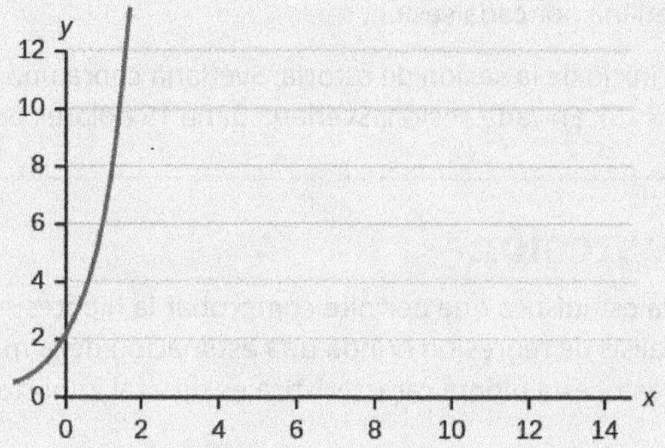

Figura 13.4

EJEMPLO 13.3

Aaron's Word Processing Service (AWPS) se encarga del procesamiento de textos. La tarifa de los servicios es de 32 dólares por hora, más un cargo único de 31,50 dólares. El costo total para un cliente depende del número de horas que se tarda en realizar el trabajo.

Calcule la ecuación que expresa el **costo total** en términos del **número de horas** necesarias para completar el trabajo.

Solución 1

Supongamos que x = el número de horas que se necesita para realizar el trabajo.
Supongamos que y = el costo total para el cliente.

Los 31,50 dólares son un costo fijo. Si se tarda x horas en completar el trabajo, entonces $(32)(x)$ es el costo del procesamiento de textos solamente. El costo total es: $y = 31{,}50 + 32x$

Pendiente e intersección en *Y* de una ecuación lineal

Para la ecuación lineal $y = a + bx$, b = pendiente y a = intersección en y. De Álgebra recuerde que la pendiente es un número que describe la inclinación de una línea, y la intersección en y es la coordenada y del punto $(0, a)$ donde la línea cruza el eje y. Desde el cálculo, la pendiente es la primera derivada de la función. Para una función lineal la pendiente es $dy / dx = b$ donde podemos leer la expresión matemática como "el cambio en y (dy) que resulta de un cambio en x (dx) = $b * dx$".

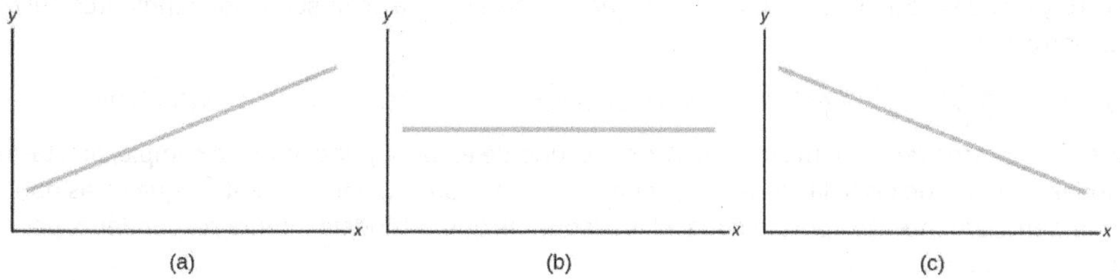

Figura 13.5 Tres posibles gráficos de $y = a + bx$. (a) Si $b > 0$, la línea tiene pendiente ascendente hacia la derecha. (b) Si $b = 0$, la línea es horizontal. (c) Si $b < 0$, la línea tiene pendiente descendente hacia la derecha.

EJEMPLO 13.4

Svetlana da clases particulares para ganar dinero adicional para sus estudios superiores. Por cada sesión de tutoría cobra una cuota única de 25 dólares más 15 dólares por hora de tutoría. Una ecuación lineal que expresa la cantidad total de dinero que gana Svetlana por cada sesión de tutoría es $y = 25 + 15x$.

¿Cuáles son las variables independientes y dependientes? ¿Cuál es la intersección en y y cuál es la pendiente? Interprételos utilizando oraciones completas.

Solución 1

La variable independiente (x) es el número de horas que Svetlana da sesiones de tutoría. La variable dependiente (y) es la cantidad, en dólares, que gana Svetlana por cada sesión.

La intersección en *y* es 25 ($a = 25$). Al inicio de la sesión de tutoría, Svetlana cobra una cuota única de 25 dólares (esto es cuando $x = 0$). La pendiente es 15 ($b = 15$). En cada sesión, Svetlana gana 15 dólares por cada hora de tutoría.

13.4 La ecuación de regresión

El análisis de regresión es una técnica estadística que permite comprobar la hipótesis de que una variable depende de otra u otras variables. Además, el análisis de regresión brinda una estimación de la magnitud del impacto de un cambio en una variable sobre otra. Por supuesto, esta última característica es de vital importancia para predecir los valores futuros.

El análisis de regresión se basa en una relación funcional entre variables y supone, además, que la relación es lineal. Esta suposición de linealidad es necesaria porque, en su mayor parte, las propiedades estadísticas teóricas de la estimación no lineal no están aún bien elaboradas por los matemáticos y econometristas. Esto nos plantea algunas dificultades en el análisis económico porque muchos de nuestros modelos teóricos no son lineales. La curva de costo marginal, por ejemplo, es decididamente no lineal, al igual que la función de costo total, si creemos en el efecto de la especialización del trabajo y en la ley productividad marginal decreciente. Existen técnicas para superar algunas de estas dificultades, como la transformación exponencial y logarítmica de los datos. No obstante, debeos reconocer desde el principio que el típico análisis de regresión de mínimos cuadrados ordinarios (MCO) siempre utilizará una función lineal para estimar lo que podría ser una relación no lineal.

El modelo de regresión lineal general se puede enunciar mediante la ecuación:

$$y_i = \beta_0 + \beta_1 X_{1i} + \beta_2 X_{2i} + \cdots + \beta_k X_{ki} + \varepsilon_i$$

donde β_0 es la intersección, β_i's es la pendiente entre Y y el X_i apropiado, y ε (pronunciado épsilon), es el término de error que captura los errores en la medición de Y y el efecto sobre Y de cualquier variable que falte en la ecuación y que contribuiría a explicar las variaciones en Y. Esta ecuación es la ecuación teórica de la población y, por lo tanto, utiliza letras griegas. La ecuación que estimaremos tendrá los símbolos romanos equivalentes. Esto es paralelo a la forma en que antes hemos mantenido el seguimiento de los parámetros de la población y los parámetros de la muestra. El símbolo de la media poblacional era μ y el de la media muestral $\bar{X}$, para la desviación típica de la población fue σ y para la desviación típica de la muestra fue s. Luego, la ecuación que se estimará con una muestra de datos para dos variables independientes será:

$$y_i = b_0 + b_1 x_{1i} + b_2 x_{2i} + e_i$$

Al igual que nuestro trabajo anterior con las distribuciones de probabilidad, este modelo solo funciona si se cumplen ciertos supuestos. Estos son: que Y se distribuya normalmente, que los errores también se distribuyan normalmente con una media de cero y una desviación típica constante, y que los términos de error sean independientes del tamaño de X e independientes entre sí.

Supuestos del modelo de regresión de mínimos cuadrados ordinarios

Cada uno de estos supuestos requiere mayor explicación. Si uno de estos supuestos no se cumple, afectará a la calidad de las estimaciones. Algunas de las fallas de estos supuestos pueden solucionarse, mientras que otras dan lugar a estimaciones que, sencillamente, no aportan nada a las preguntas que el modelo intenta responder o, peor aún, dan lugar a estimaciones sesgadas.

1. Las variables independientes, x_i, se miden sin error, y son números fijos que son independientes del término de error. Esta suposición nos indica en efecto que Y es determinista, el resultado de un componente fijo "X" y un componente de error aleatorio "ϵ".
2. El término de error es una variable aleatoria con una media de cero y una varianza constante. Esto significa que las varianzas de las variables independientes no se fundamentan en el valor de la variable. Consideremos la relación entre el ingreso personal y la cantidad de un bien comprado como ejemplo de un caso en el que la varianza depende del valor de la variable independiente, el ingreso. Es plausible que, a medida que aumentan los ingresos, la variación en torno a la cantidad comprada también aumente simplemente por la flexibilidad que proporcionan los niveles de ingresos más altos. El supuesto es de varianza constante con respecto a la magnitud de la variable independiente, llamada homoscedasticidad. Si el supuesto falla, se denomina heteroscedasticidad. La Figura 13.6 muestra el caso de la homoscedasticidad en el que las tres distribuciones tienen la misma varianza en torno al valor predicho de Y, sin importar la magnitud de X.
3. Si bien las variables independientes son todas valores fijos, provienen de una distribución de probabilidad que se

distribuye normalmente. Esto puede verse en la Figura 13.6 por la forma de las distribuciones situadas en la línea de predicción en el valor esperado del valor correspondiente de Y.

4. Las variables independientes son distintas de Y, pero también se supone que sean distintas a las demás variables X. El modelo está diseñado para estimar los efectos de las variables independientes sobre alguna variable dependiente de acuerdo con una teoría propuesta. El caso en el que algunas o más de las variables independientes están correlacionadas no es inusual. Puede que no haya ninguna relación de causa y efecto entre las variables independientes; sin embargo, se mueven juntas. Tomemos el caso de una curva de oferta simple en la que la cantidad suministrada está teóricamente relacionada con el precio del producto y los precios de los insumos. Puede haber varios insumos que, con el tiempo, se muevan juntos por la presión inflacionaria general. Por consiguiente, los precios de los insumos trastocarán este supuesto del análisis de regresión. Esta condición se denomina multicolinealidad, que se abordará en detalle más adelante.
5. Los términos de error no están correlacionados entre sí. Esta situación surge de un efecto sobre un término de error de otro término de error. Aunque no se trata exclusivamente de un problema de series temporales, es aquí donde más a menudo vemos este caso. Una variable X en el tiempo uno tiene un efecto en la variable Y, pero este efecto tiene luego un efecto en el siguiente tiempo. Este efecto da lugar a una relación entre los términos de error. Este caso se denomina autocorrelación, "autocorrelacionado". Los términos de error no son ahora independientes entre sí, sino que tienen su propio efecto sobre los términos de errores subsiguientes.

La Figura 13.6 muestra el caso en el que se cumplen los supuestos del modelo de regresión. La línea estimada es $\hat{y} = a + bx$. Se muestran tres valores de X. Se coloca una distribución normal en cada punto, donde X es igual a la línea estimada y el error asociado a cada valor de Y. Observe que las tres distribuciones se distribuyen normalmente en torno al punto de la línea. Además, la variación, la varianza, en torno al valor predicho, es constante, lo cual indicando la homoscedasticidad del supuesto 2. La Figura 13.6 no muestra todos los supuestos del modelo de regresión, pero sirve para visualizar los más importantes.

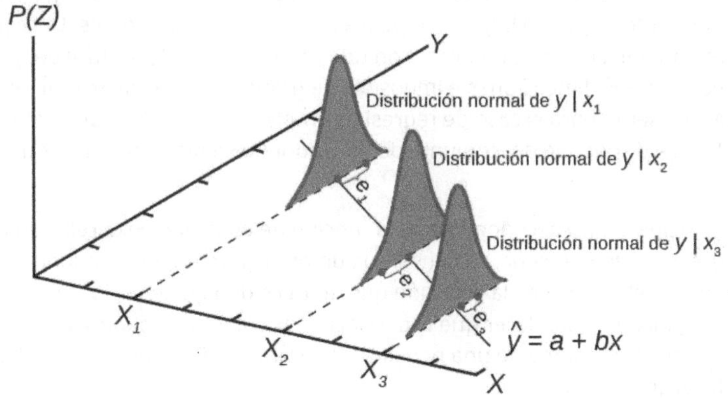

Figura 13.6

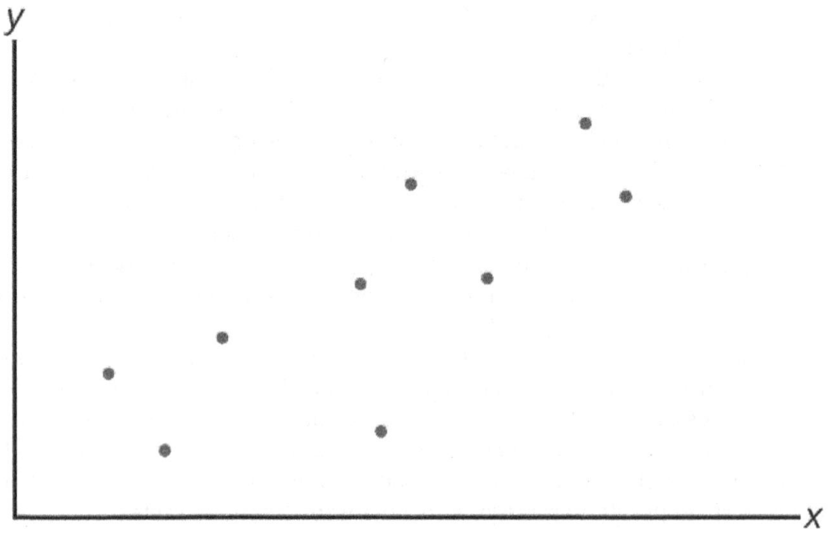

$$y = \beta_0 + \beta_1 X + \varepsilon$$

Figura 13.7

Esta es la forma general que se denomina modelo de regresión múltiple. El llamado análisis de regresión "simple" tiene una sola variable independiente (derecha), en lugar de muchas variables independientes. La regresión simple es solo un caso especial de la regresión múltiple. Hay que empezar con una regresión simple: es fácil de graficar en dos dimensiones, difícil de graficar en tres dimensiones e imposible de graficar en más de tres dimensiones. En consecuencia, nuestros gráficos serán para el caso de regresión simple. La Figura 13.7 presenta el problema de regresión en forma de gráfica de dispersión del conjunto de datos donde se hipotetiza que Y depende de la única variable independiente X.

Una relación básica de los principios macroeconómicos es la función de consumo. Esta relación teórica establece que, a medida que aumenta el ingreso de una persona, su consumo aumenta, pero en una cantidad menor que el aumento del ingreso. Si Y es el consumo y X es el ingreso en la ecuación que aparece debajo de la Figura 13.7, el problema de regresión consiste, en primer lugar, en establecer que esta relación existe y, en segundo lugar, en determinar el impacto de un cambio en el ingreso sobre el consumo de una persona. El parámetro β_1 se denominó Propensión marginal al consumo en Principios de Macroeconomía.

Cada "punto" en la Figura 13.7 representa el consumo y el ingreso de diferentes personas en un momento dado. Antes se denominaban datos de sección transversal; observaciones sobre variables en un momento dado a través de diferentes personas u otras unidades de medida. Este análisis se realiza con datos de series temporales, que serían el consumo y el ingreso per cápita o por país en diferentes momentos. En los problemas macroeconómicos se utilizan datos agregados de series temporales para todo un país. Para este concepto teórico en particular, estos datos están disponibles en el informe anual del Consejo de asesores económicos del Presidente.

El problema de la regresión se reduce a determinar qué línea recta representaría mejor los datos en la Figura 13.8. El análisis de regresión se denomina a veces análisis de "mínimos cuadrados». Esto se debe a que el método para determinar qué línea se "ajusta" mejor a los datos consiste en minimizar la suma de los residuales al cuadrado de una línea a través de los datos.

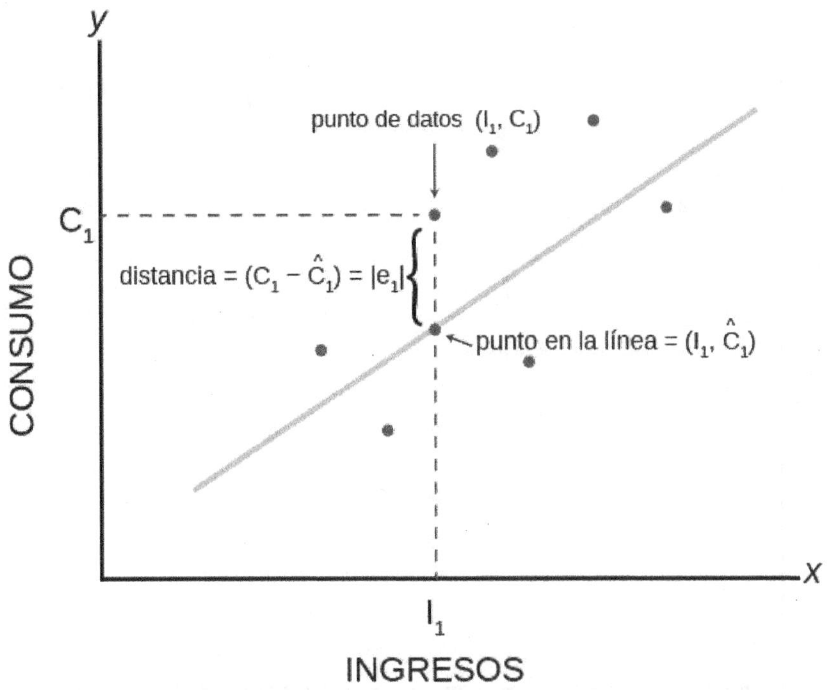

Figura 13.8
Ecuación de la población: $C = \beta_0 + \beta_1$ Ingresos + ε
Ecuación estimada: $C = b_0 + b_1$ Ingresos + e

Esta figura muestra la supuesta relación entre el consumo y el ingreso a partir de la teoría macroeconómica. En este caso, los datos se han representado en forma de gráfica de dispersión y se ha trazado una línea recta estimada. En este gráfico podemos ver un término de error, e_1. Cada punto de datos tiene también un término de error. Una vez más, el término de error se introduce en la ecuación para captar los efectos sobre el consumo que no los causan los cambios en los ingresos. Esos otros efectos podrían ser los ahorros o el patrimonio de una persona, o los periodos de desempleo. Veremos cómo, al minimizar la suma de estos errores, obtenemos una estimación de la pendiente y la intersección de esta línea.

Considere el siguiente gráfico. La notación ha vuelto a ser la del modelo más general, en lugar del caso específico de la función macroeconómica de consumo en nuestro ejemplo.

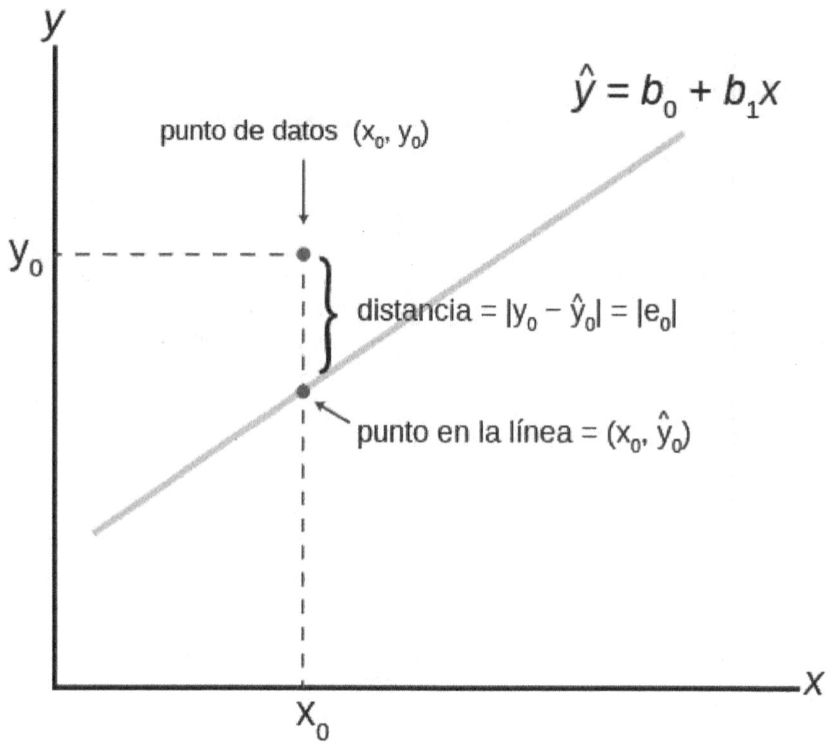

Figura 13.9

La ŷ se lee **"estimador de *y*"** y es el **valor estimado de *y*.** (En la Figura 13.8 $\hat{C}$ representa el valor estimado del consumo porque está en la línea estimada). Es el valor de *y* obtenido mediante la línea de regresión. La ŷ no suele ser igual a *y* a partir de los datos.

El término $y_0 - \hat{y}_0 = e_0$ se denomina **"error" o residual.** No es un error en el sentido de una equivocación. El término de error se introdujo en la ecuación de estimación para captar las variables ausentes y los errores de medición que pudieron generarse en las variables dependientes. El **valor absoluto del residual** mide la distancia vertical entre el valor real de *y* y el valor estimado de *y*. En otras palabras, mide la distancia vertical entre el punto de datos real y el punto previsto en la línea, como se aprecia en el gráfico en el punto X_0.

Si el punto de datos observado se encuentra por encima de la línea, el residuo es positivo y la línea subestima el valor real de los datos para *y*.

Si el punto de datos observado se encuentra por debajo de la línea, el residuo es negativo y la línea sobreestima ese valor de datos real para *y*.

En el gráfico, $y_0 - \hat{y}_0 = e_0$ es el residual del punto indicado. Aquí el punto está por encima de la línea y el residuo es positivo. Para cada punto de datos se calculan los residuales, o errores, $y_i - \hat{y}_i = e_i$ para i = 1, 2, 3, ..., n donde n es el tamaño de la muestra. Cada |e| es una distancia vertical.

La **suma de los errores al cuadrado** (Sum of Squared Errors, SSE) es el término propiamente dicho.

Utilizando el cálculo, se puede determinar la línea recta que tiene los valores de los parámetros b_0 y b_1 que minimiza la **SSE**. Cuando hace la **SSE** un mínimo, ha determinado los puntos que están en la línea de mejor ajuste. Resulta que la línea de mejor ajuste tiene la ecuación:

$$\hat{y} = b_0 + b_1 x$$

donde $b_0 = \bar{y} - b_1 \bar{x}$ y $b_1 = \frac{\Sigma(x-\bar{x})(y-\bar{y})}{\Sigma(x-\bar{x})^2} = \frac{\text{cov}(x,y)}{s_x{}^2}$

Las medias muestrales de los valores *x* y los valores *y* son $\bar{x}$ y $\bar{y}$, respectivamente. La línea de mejor ajuste siempre pasa por el punto $(\bar{x}, \bar{y})$ llamados los puntos de las medias.

La pendiente *b* también se escribe:

$$b_1 = r_{y,x}\left(\frac{s_y}{s_x}\right)$$

donde s_y = la desviación típica de los valores de *y* y s_x = la desviación típica de los valores de *x* y *r* es el coeficiente de correlación entre *x* e *y*.

Estas ecuaciones se denominan ecuaciones normales y proceden de otro hallazgo matemático muy importante, que recibe el nombre de teorema de Gauss-Markov, sin el cual no podríamos hacer análisis de regresión. El teorema de Gauss-Markov señala que las estimaciones que obtenemos al utilizar el método de regresión por mínimos cuadrados ordinarios (MCO) darán lugar a estimaciones que tienen algunas propiedades muy importantes. En el teorema de Gauss-Markov se demostró que una línea de mínimos cuadrados es ELIÓ, es decir, **E**stimador **L**ineal e **I**mparcial **Ó**ptimo. Óptimo es la propiedad estadística de que un estimador es el que tiene la mínima varianza. Lineal se refiere a la propiedad del tipo de línea que se estima. Un estimador imparcial es aquel cuya función de estimación tiene una media prevista que es igual a la media de la población. (Recordará que el valor previsto de $\mu_{\overline{x}}$ era igual a la media poblacional μ de acuerdo con el teorema del límite central. Este es exactamente el mismo concepto aquí).

Tanto Gauss como Markov fueron gigantes en el campo de las matemáticas, y Gauss también en el de la física, en el siglo XVIII y comienzos del siglo XIX. Apenas coincidieron cronológicamente, nunca geográficamente, pero el trabajo de Markov sobre este teorema se basó ampliamente en el trabajo anterior de Carl Gauss. El amplio valor aplicado de este teorema tuvo que esperar hasta mediados de este último siglo.

Con el método de los MCO podemos ahora dar con la **estimación de la varianza del error** que es la varianza de los errores al cuadrado, e^2. A veces se denomina **error estándar de la estimación**. (Gramaticalmente esto se enunciaría mejor como la estimación de la varianza del **error**). La fórmula para la estimación de la varianza del error es:

$$s_a^2 = \frac{\Sigma(y_i - \hat{y}_i)^2}{n-k} = \frac{\Sigma {e_i}^2}{n-k}$$

donde ŷ es el valor predicho de la y, mientras que la y es el valor observado; así, el término $(y_i - \hat{y}_i)^2$ son los errores al cuadrado que hay que minimizar para dar con las estimaciones de los parámetros de la línea de regresión. Esta es realmente la varianza de los términos de error y sigue nuestra fórmula de varianza regular. Una nota importante es que aquí estamos dividiendo entre $(n-k)$, que son los grados de libertad. Los grados de libertad de una ecuación de regresión serán el número de observaciones, n, reducido por el número de parámetros estimados, que incluye la intersección como parámetro.

La varianza de los errores es fundamental a la hora de comprobar las hipótesis de una regresión. Nos indica lo "ajustada" que es la dispersión sobre la línea. Como veremos en breve, cuanto mayor sea la dispersión en torno a la línea, es decir, cuanto mayor sea la varianza de los errores, menos probable será que la variable independiente hipotética tenga un efecto significativo sobre la variable dependiente. En resumen, es más probable que la teoría que se está probando falle si la varianza del término de error es alta. Si lo pensamos bien, esto no debería sorprender. Al comprobar las hipótesis sobre una media, observamos que las varianzas grandes reducen el estadístico de prueba y, por tanto, no alcanza la cola de la distribución. En estos casos, no se pueden rechazar las hipótesis nulas. Si no podemos rechazar la hipótesis nula en un problema de regresión, debemos concluir que la variable independiente hipotética no tiene ningún efecto sobre la variable dependiente.

Una forma de visualizar este concepto es dibujar dos gráficos de dispersión de los datos x e y a lo largo de una línea predeterminada. El primero tendrá poca varianza de los errores, lo que significa que todos los puntos de datos se moverán cerca de la línea. Ahora haga lo mismo, excepto que los puntos de datos tendrán una gran estimación de la varianza del error, lo que significa que los puntos de datos están muy dispersos a lo largo de la línea. Es evidente que la confianza sobre una relación entre x e y se ve afectada por esta diferencia entre la estimación de la varianza del error.

Comprobación de los parámetros de la línea

Todo el objetivo del análisis de regresión era probar la hipótesis de que la variable dependiente, Y, dependía de hecho de los valores de las variables independientes, tal y como afirmaba alguna teoría de base, como el ejemplo de la función de consumo. De cara a la ecuación estimada en la Figura 13.8, esto equivale a determinar los valores de b_0 y b_1. Observe que de nuevo utilizamos la convención de letras griegas para los parámetros de la población y letras romanas para sus estimaciones.

El resultado del análisis de regresión proporcionado por el sofware producirá una estimación de b_0 y b_1, y cualquier otra b para otras variables independientes que se hayan incluido en la ecuación estimada. La cuestión es saber si estas estimaciones son correctas. Para comprobar una hipótesis relativa a cualquier estimación, tendremos que conocer la distribución de muestreo subyacente. No debería sorprender a estas alturas del curso que la respuesta sea la distribución normal. Esto se aprecia al recordar el supuesto de que el término de error en la población, ε, se distribuye normalmente. Si el término de error se distribuye normalmente y la varianza de las estimaciones de los parámetros de la ecuación, b_0 y b_1, está determinada por la varianza del término de error, se deduce que las varianzas de las estimaciones de los parámetros también están distribuidas normalmente. Efectivamente, este es el caso.

Esto lo vemos por la creación de la estadística para la prueba de la hipótesis relativa al parámetro de la pendiente, β_1 en nuestra ecuación de la función de consumo. Para comprobar si Y depende o no de X, o en nuestro ejemplo, que el consumo depende del ingreso, solo tenemos que comprobar la hipótesis de que β_1 es igual a cero. Esta hipótesis se enunciaría formalmente como:

$$H_0 : \beta_1 = 0$$
$$H_a : \beta_1 \neq 0$$

Si no podemos rechazar la hipótesis nula, debemos concluir que nuestra teoría no tiene validez. Si no podemos rechazar la hipótesis nula de que $\beta_1 = 0$, entonces b_1, el coeficiente del ingreso, es cero y cero por cualquier cosa es cero. Por lo tanto, el efecto del ingreso sobre el consumo es cero. No hay ninguna relación como nuestra teoría había sugerido.

Observe que hemos establecido la presunción, la hipótesis nula, como "no hay relación". Esto hace que la carga de la prueba recaiga en la hipótesis alternativa. En otras palabras, si queremos validar nuestra pretensión de encontrar una relación, debemos hacerlo con un nivel de significación superior al 90 %, 95 % o 99 %. El *statu quo* es la ignorancia, no existe ninguna relación. Además, para poder afirmar que realmente hemos añadido algo a nuestro bagaje, debemos hacerlo con una probabilidad significativa de estar en lo correcto. John Maynard Keynes acertó y así nació la economía keynesiana a partir de este concepto básico en 1936.

La estadística de esta prueba proviene directamente de nuestra vieja amiga, la fórmula de estandarización:

$$t_c = \frac{b_1 - \beta_1}{S_{b_1}}$$

donde b_1 es el valor estimado de la pendiente de la línea de regresión, β_1 es el valor hipotético de beta, en este caso cero, y S_{b_1} es la desviación típica de la estimación de b_1. En este caso, nos preguntamos cuántas desviaciones típicas se aleja la pendiente estimada de la pendiente hipotética. Se trata exactamente de la misma pregunta que nos hacíamos antes con respecto a una hipótesis sobre una media: ¿cuántas desviaciones típicas hay entre la media estimada, la media muestral y la media hipotética?

El estadístico de prueba se escribe como una distribución *t* de Student. No obstante, si el tamaño de la muestra es lo suficientemente grande como para que los grados de libertad sean superiores a 30, podemos volver a utilizar la distribución normal. Para verificar por qué podemos utilizar la t de Student o la distribución normal, solo tenemos que ver S_{b_1}, la fórmula de la desviación típica de la estimación de b_1:

$$S_{b_1} = \frac{S_e^2}{\sqrt{\left(x_i - \bar{x}\right)^2}}$$

o

$$S_{b_1} = \frac{S_e^2}{(n-1) S_x^2}$$

Donde S_e es la estimación de la varianza del error y $S^2{}_x$ es la varianza de los valores x del coeficiente de la variable independiente que se está probando.

Vemos que S_e, la **estimación de la varianza del error**, forma parte del cálculo. Dado que la estimación de la varianza del error se basa en el supuesto de normalidad de los términos de error, concluimos que la distribución muestral de las b, los coeficientes de nuestra línea de regresión hipotética, también se distribuyen normalmente.

Una última nota se refiere a los grados de libertad del estadístico de prueba, ν = n - k. Anteriormente restamos 1 del tamaño de la muestra para determinar los grados de libertad en un problema de la t de Student. Aquí debemos restar un grado de libertad por cada parámetro estimado en la ecuación. Para el ejemplo de la función de consumo perdemos 2 grados de libertad, uno para b_0, la intersección, y uno para b_1, la pendiente de la función de consumo. Los grados de libertad serían n - k - 1, donde k es el número de variables independientes y el extra se pierde por la intersección. Si estuviéramos estimando una ecuación con tres variables independientes, perderíamos 4 grados de libertad: tres para las variables independientes, k, y uno más para la intersección.

La regla de decisión para la aceptación o el rechazo de la hipótesis nula sigue exactamente la misma forma que en todas nuestras pruebas de hipótesis anteriores. Es decir, si el valor calculado de t (o Z) cae en las colas de la distribución, donde las colas están definidas por α, el nivel de significación requerido en la prueba, no podemos aceptar la hipótesis nula. Si, por el contrario, el valor calculado del estadístico de prueba se encuentra dentro de la región crítica, no podemos rechazar la hipótesis nula.

Si concluimos que no podemos aceptar la hipótesis nula, podemos afirmar con nivel de confianza de $(1-\alpha)$ que la pendiente de la línea viene dada por b_1. Esta es una conclusión extremadamente importante. El análisis de regresión no solo nos permite comprobar si existe una relación de causa y efecto, sino que también podemos determinar la magnitud de esa relación, en caso de que exista. Es esta característica del análisis de regresión la que lo hace tan valioso. Si se pueden desarrollar modelos que tengan validez estadística, podremos simular los efectos de los cambios en las variables que pueden estar bajo nuestro control con cierto grado de probabilidad, por supuesto. Por ejemplo, si se demuestra que la publicidad influye en las ventas, podemos determinar los efectos de cambiar el presupuesto de publicidad y decidir si el aumento de las ventas merece la pena el gasto añadido.

Multicolinealidad

Nuestro análisis anterior indicaba que, al igual que todos los modelos estadísticos, el modelo de regresión de los MCO lleva aparejados importantes supuestos. Cada supuesto, si se viola, tiene un efecto sobre la capacidad del modelo para proporcionar estimaciones útiles y significativas. El teorema de Gauss-Markov nos asegura que las estimaciones de los MCO son imparciales y de varianza mínima, pero esto es cierto solo bajo los supuestos del modelo. Aquí veremos los efectos en las estimaciones de los MCO si las variables independientes están correlacionadas. En los cursos de Econometría se examinan los demás supuestos y los métodos para mitigar las dificultades que plantean si se incumplen. Nos ocupamos de la multicolinealidad porque es frecuente en los modelos económicos, con resultados a menudo frustrantes.

El modelo de los MCO supone que todas las variables son independientes entre sí. Esta suposición es fácil de comprobar para una muestra de datos en particular con simples coeficientes de correlación. La correlación, como muchos aspectos en estadística, es una cuestión de grado: un poco no es bueno y mucho es terrible.

El objetivo de la técnica de regresión es determinar los efectos de cada una de las variables independientes en una variable dependiente hipotética. Si dos variables independientes están interrelacionadas, es decir, correlacionadas, no podemos aislar los efectos sobre Y de una de ellas. En un caso extremo, donde x_1 es una combinación lineal de x_2, correlación igual a uno, ambas variables se mueven de forma idéntica con Y. En este caso, es imposible determinar la variable que es la verdadera causa del efecto sobre Y. (Si las dos variables estuvieran en realidad perfectamente correlacionadas, entonces no se podría calcular matemáticamente ningún resultado de regresión).

Las ecuaciones normales de los coeficientes muestran los efectos de la multicolinealidad en los coeficientes.

$$b_1 = \frac{s_y\left(r_{x_1y}-r_{x_1x_2}r_{x_2y}\right)}{s_{x_1}\left(1-r^2_{x_1x_2}\right)}$$

$$b_2 = \frac{s_y\left(r_{x_2y}-r_{x_1x_2}r_{x_1y}\right)}{s_{x_2}\left(1-r^2_{x_1x_2}\right)}$$

$$b_0 = \bar{y}-b_1\bar{x}_1-b_2\bar{x}_2$$

La correlación entre x_1 y x_2, $r^2_{x_1x_2}$, aparece en el denominador tanto de la fórmula de estimación de b_1 como de b_2. Si se cumple el supuesto de independencia, este término es cero. Esto indica que no hay ningún efecto de correlación en el coeficiente. Por otra parte, a medida que aumenta la correlación entre las dos variables independientes, el denominador disminuye; por ende, la estimación del coeficiente aumenta. La correlación tiene el mismo efecto en ambos coeficientes de estas dos variables. En esencia, cada variable está "tomando" parte del efecto sobre Y, que debería atribuirse a la variable colineal. Esto da lugar a estimaciones sesgadas.

La multicolinealidad tiene otro impacto perjudicial en las estimaciones de los MCO. La correlación entre las dos variables independientes también aparece en las fórmulas de estimación de la varianza de los coeficientes.

$$s^2_{b_1} = \frac{s^2_a}{(n-1)s^2_{x_1}\left(1-r^2_{x_1x_2}\right)}$$

$$s^2_{b_2} = \frac{s^2_a}{(n-1)s^2_{x_2}\left(1-r^2_{x_1x_2}\right)}$$

Aquí también observamos la correlación entre x_1 y x_2 en el denominador de las estimaciones de la varianza de los coeficientes de ambas variables. Si la correlación es cero, como se supone en el modelo de regresión, la fórmula se reduce al cociente conocido entre la varianza de los errores y la varianza de la variable independiente correspondiente. Sin embargo, si las dos variables independientes están correlacionadas, la varianza de la estimación del coeficiente aumenta. Esto da lugar a un valor t menor para la prueba de hipótesis del coeficiente. En resumen, la multicolinealidad hace que no se rechace la hipótesis nula de que la variable X no tiene ningún impacto en Y cuando, de hecho, X tiene un impacto estadísticamente significativo en Y. Dicho de otro modo, los grandes errores estándar del coeficiente estimado que crea la multicolinealidad sugieren una insignificancia estadística incluso cuando la relación hipotética es contundente.

¿Qué tan buena es la ecuación?

En la última sección nos ocupamos de comprobar la hipótesis de que la variable dependiente de hecho dependía de la variable o variables independientes hipotéticas. Puede que encontremos una variable independiente que tenga algún efecto sobre la variable dependiente, pero puede que no sea la única, y puede que ni siquiera sea la más importante. Recuerde que el término de error se colocó en el modelo para captar los efectos de cualquier variable independiente que falte. De ello se desprende que el término de error se utiliza para dar una medida de la "bondad del ajuste" de la ecuación, tomada en su conjunto para explicar la variación de la variable dependiente, Y.

El **coeficiente de correlación múltiple**, también llamado **coeficiente de determinación múltiple** o **coeficiente de determinación**, viene dado por la fórmula:

$$R^2 = \frac{\text{SSR}}{\text{SST}}$$

donde SSR es la suma de cuadrados de la regresión, la desviación al cuadrado del valor predicho de y con respecto al valor medio de y$(\hat{y} - \bar{y})$, y SST es la suma total de cuadrados que es la desviación total al cuadrado de la variable dependiente, y, de su valor medio, incluso el término de error, SSE, la suma de errores al cuadrado. La Figura 13.10 muestra cómo la desviación total de la variable dependiente, y, se divide en estas dos partes.

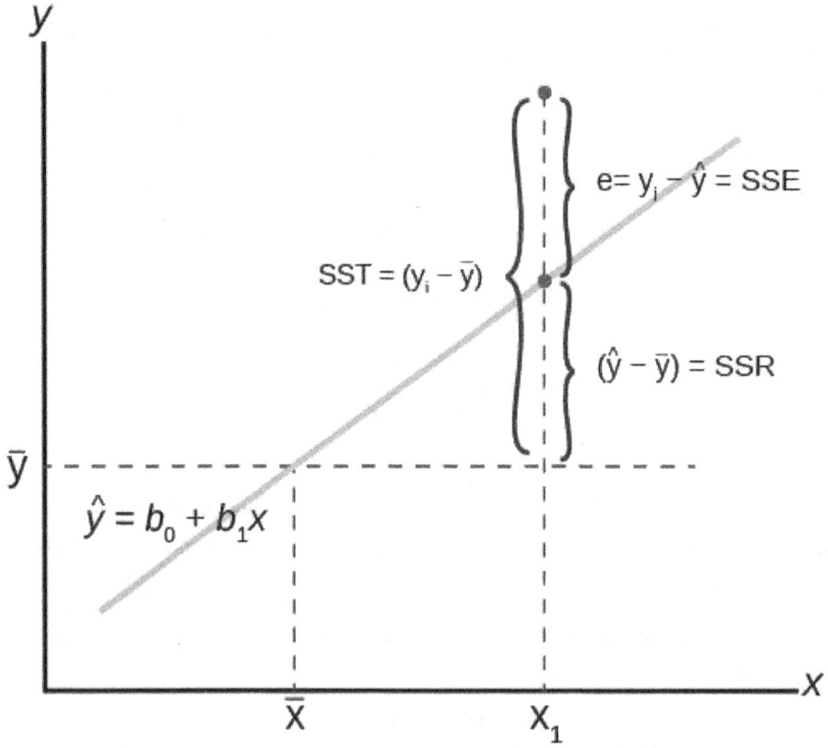

Figura 13.10

La Figura 13.10 muestra la línea de regresión estimada y una única observación, x_1. El análisis de regresión trata de explicar la variación de los datos en torno al valor medio de la variable dependiente, y. La pregunta es: ¿por qué las observaciones de y varían con respecto al nivel promedio de y? El valor de y en la observación x_1 varía de la media de y por la diferencia $(y_i - \bar{y})$. La suma de estas diferencias al cuadrado es la SST, la suma total de cuadrados (Sum of Squares Total). El valor real de y en x_1 se desvía del valor estimado, $\hat{y}$, por la diferencia entre el valor estimado y el valor real, $(y_i - \hat{y})$. Recordemos que este es el término de error, e, y la suma de estos errores es SSE, suma de errores al cuadrado

(Sum of Squared Errors). La desviación del valor predicho de y, ŷ, del valor medio de y es $(\hat{y}-\bar{y})$ y es la SSR, suma de cuadrados de la regresión (Sum of Squares Regression). Recibe el nombre de "regresión" porque es la desviación explicada por la regresión. (A veces, la SSR se denomina SSM para la suma de la media de los cuadrados [Sum of Squares Mean] porque mide la desviación del valor medio de la variable dependiente, y, como se muestra en el gráfico).

Dado que la SST = SSR + SSE, vemos que el coeficiente de correlación múltiple es el porcentaje de la varianza, o desviación en y de su valor medio, que se explica por la ecuación cuando se toma como un todo. R^2 variará entre cero y 1, donde cero indica que ninguna de la variación en y se explicó con la ecuación y un valor de 1 indica que el 100 % de la variación de y se explicó con la ecuación. Para los estudios de series temporales se espera un R^2 alto y para los datos de sección transversal se espera un R^2 bajo.

Aunque un R^2 elevado es deseable, recuerde que lo que motivó la utilización del modelo de regresión fue la comprobación de la hipótesis sobre la existencia de una relación entre un conjunto de variables independientes y una variable dependiente en particular. La validación de una relación causa-efecto desarrollada por alguna teoría es la verdadera razón por la que elegimos el análisis de regresión. El incremento en el número de variables independientes tendrá el efecto de aumentar el R^2. Para tener en cuenta este efecto, la medida adecuada del coeficiente de determinación es el $\bar{R}^2$, ajustado por grados de libertad, para evitar la suma sin sentido de variables independientes.

No hay ninguna prueba estadística para el R^2 y, por tanto, poco se puede decir del modelo utilizando el R^2 con nuestro característico nivel de confianza. Dos modelos que tienen el mismo tamaño de SSE, es decir, la suma de errores al cuadrado, pueden tener R^2 muy diferentes si los modelos que compiten tienen diferentes SST, la suma total de desviaciones al cuadrado. La bondad del ajuste de los dos modelos es la misma: ambos tienen la misma suma de cuadrados no explicados, errores al cuadrado. Sin embargo, debido a la mayor suma total de cuadrados en uno de los modelos, el R^2 difiere. De nuevo, el verdadero valor de la regresión como herramienta es examinar las hipótesis desarrolladas a partir de un modelo que predice determinadas relaciones entre las variables. Se trata de pruebas de hipótesis sobre los coeficientes del modelo y no de un juego de maximización de R^2.

Otra forma de comprobar la calidad general del modelo global es probar los coeficientes como grupo y no de forma independiente. Por tratarse de una regresión múltiple (más de una X), utilizamos la prueba F para determinar si nuestros coeficientes afectan colectivamente a Y. La hipótesis es:

$H_o : \beta_1 = \beta_2 = \ldots = \beta_i = 0$

H_a : "al menos uno de los βi no es igual a 0".

Si no se puede rechazar la hipótesis nula, entonces concluimos que ninguna de las variables independientes contribuye a explicar la variación de Y. Al revisar la Figura 13.10, vemos que la SSR, la suma de cuadrados explicada, es una medida de cuánto de la variación de Y se explicada con todas las variables del modelo. La SSE, la suma de los errores al cuadrado, mide la cantidad de errores inexplicados. De ello se desprende que el cociente de estos dos puede proporcionarnos una prueba estadística del modelo en su conjunto. Al recordar que la distribución F es el cociente de las distribuciones de chi-cuadrado, que las varianzas se distribuyen según este y que tanto la suma de errores al cuadrado como la suma de cuadrados son varianzas, tenemos el estadístico de prueba para esta hipótesis como:

$$F_c = \frac{\left(\frac{SSR}{k}\right)}{\left(\frac{SSE}{n-k-1}\right)}$$

donde *n* es el número de observaciones y *k* es el número de variables independientes. Se demuestra que esto es equivalente a:

$$F_c = \frac{n-k-1}{k} \cdot \frac{R^2}{1-R^2}$$

construido a partir de la Figura 13.10 donde R^2 es el coeficiente de determinación, que también es una medida de la "bondad" del modelo.

Al igual que en todas nuestras pruebas de hipótesis, llegamos a una conclusión tras comparar la estadística F calculada con el valor crítico, dado nuestro nivel de confianza deseado. Si la estadística calculada de la prueba, F en este caso, se encuentra en la cola de la distribución, entonces no podemos aceptar la hipótesis nula. Al no poder aceptar las hipótesis nulas, concluimos que la especificación de este modelo tiene validez, porque al menos uno de los coeficientes estimados es significativamente diferente de cero.

Otra manera de llegar a esta conclusión es con la regla de comparación del valor p. El valor p es el área de la cola, dado el estadístico F calculado. En esencia, la computadora calcula el valor F en la tabla por nosotros. El resultado de la regresión computarizada para la estadística F calculada se encuentra normalmente en la sección de la tabla ANOVA, etiquetada "significación F". A continuación, se presenta cómo leer el resultado de una regresión en Excel. Es la probabilidad de NO aceptar una hipótesis nula falsa. Si esta probabilidad es menor que nuestro error alfa predeterminado, la conclusión es que no podemos aceptar la hipótesis nula.

Variables ficticias

Hasta ahora, el análisis de la técnica de regresión de los MCO suponía que las variables independientes de los modelos probados eran variables aleatorias continuas. Sin embargo, no hay restricciones en el modelo de regresión contra las variables independientes que son binarias. Esto abre el modelo de regresión para comprobar las hipótesis relativas a variables categóricas como el sexo, la raza, la región del país, antes de un determinado dato, después de una determinada fecha y otras innumerables. Estas variables categóricas solo toman dos valores, 1 y 0, éxito o fracaso, de la distribución de probabilidad binomial. La forma de la ecuación pasa a ser:

$$\hat{y} = b_0 + b_2 x_2 + b_1 x_1$$

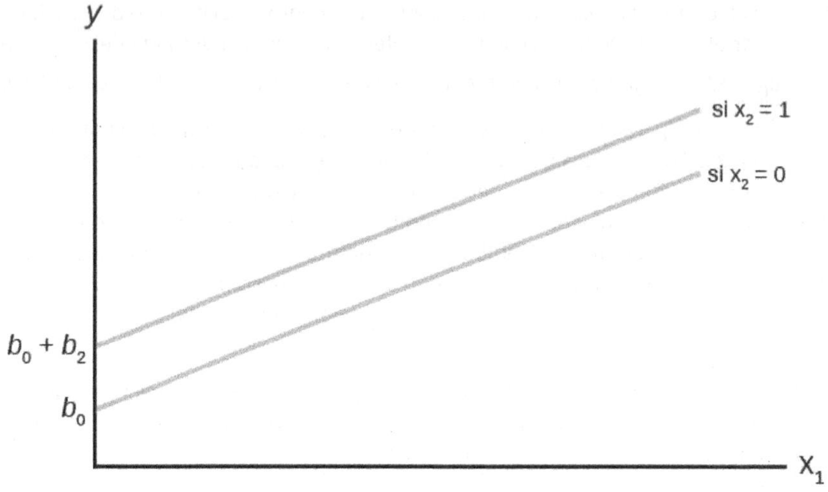

Figura 13.11

donde $x_2 = 0, 1$. X_2 es la variable ficticia y X_1 es una variable aleatoria continua. La constante, b_0, es la intersección en y, el valor donde la línea cruza el eje y. Cuando el valor de $X_2 = 0$, la línea estimada se cruza en b_0. Cuando el valor de $X_2 = 1$ entonces la línea estimada cruza en $b_0 + b_2$. En efecto, la variable ficticia desplaza la línea estimada hacia arriba o hacia abajo, según la magnitud del efecto de la característica captada por la variable ficticia. Nótese que se trata de un simple desplazamiento paralelo y no influye en el impacto de la otra variable independiente; X_1. Esta es una variable aleatoria continua y predice diferentes valores de y a diferentes valores de X_1, a la vez que mantiene constante la condición de la variable ficticia.

Ejemplo de la variable ficticia es el trabajo que estima el impacto del sexo en los salarios. Existe toda una bibliografía sobre este tema y las variables ficticias se utilizan ampliamente. Para este ejemplo se examinan los salarios de los maestros de educación primaria y secundaria en un determinado estado. La utilización de una categoría laboral homogénea, la de los maestros, y para un solo estado reduce muchas de las variaciones que inciden naturalmente en los salarios, como el riesgo físico diferencial, el coste de vida en un estado en particular y otras condiciones laborales. La ecuación de estimación, en su forma más sencilla, especifica el salario en función de varias características de los maestros que, según la teoría económica, incidirían en el salario. Estos incluirían el grado de grado de instrucción como medida de productividad potencial, la edad o la experiencia para captar la formación en el trabajo, de nuevo como medida de productividad. Dado que los datos corresponden a los maestros empleados en un distrito escolar público y no a trabajadores de una compañía con ánimo de lucro, se incluye el ingreso promedio del distrito escolar por promedio de asistencia diaria de estudiantes como medida de la capacidad de pago. A continuación, se presentan los resultados del análisis de regresión realizado con los datos de 24.916 maestros.

Variable	Coeficientes de regresión (b)	Errores estándar de los estimados para la función de ingresos de los maestros (s_b)
Intersección	4269,9	
Sexo (masculino = 1)	632,38	13,39
Total de años de experiencia	52,32	1,10
Años de experiencia en el distrito actual	29,97	1,52
Educación	629,33	13,16
Ingresos totales por ADA	90,24	3,76
$\bar{R}^2$	0,725	
n	24.916	

Tabla 13.1 Estimación de los ingresos de los maestros de educación primaria y secundaria

Los coeficientes de todas las variables independientes son significativamente diferentes de cero, como indican los errores estándar. Si se dividen los errores estándar de cada coeficiente, se obtiene un valor t superior a 1,96, que es el nivel requerido para una significación del 95 %. La variable binaria, nuestra variable ficticia de interés en este análisis, es el sexo, donde a los hombres se les asigna un valor de 1 y a las mujeres un valor de 0. El coeficiente es significativamente diferente de cero con estadístico t dramático de 47 desviaciones típicas. Así, no podemos aceptar la hipótesis nula de que el coeficiente sea igual a cero. Por consiguiente, concluimos que existe una prima pagada a los maestros hombres de 632 dólares tras mantener constantes la experiencia, la educación y la riqueza del distrito escolar en el que el maestro está empleado. Cabe destacar que estos datos son de hace algún tiempo y que los 632 dólares representan una prima salarial del 6 % en aquella época. A continuación, se presenta un gráfico de este ejemplo de variables ficticias.

Figura 13.12

En dos dimensiones, el salario es la variable dependiente en el eje vertical, mientras que el total de años de experiencia se eligió como variable independiente continua en el eje horizontal. Se podría haber elegido cualquiera de las otras variables independientes para ilustrar el efecto de la variable ficticia. La relación entre los años totales de experiencia tiene una pendiente de 52,32 dólares por año de experiencia, a la vez que la línea estimada tiene una intersección de 4269 dólares si la variable de sexo es igual a cero, para las mujeres. Si la variable de sexo es igual a 1, en el caso de los hombres, el coeficiente se suma a la intersección en y. Así, la relación entre el total de años de experiencia y el salario se desplaza paralelamente hacia arriba, como se indica en el gráfico. En el gráfico también están marcados varios puntos de referencia. Una maestra de escuela con 10 años de experiencia recibe un salario de 4.792 dólares solo en función de su experiencia, pero se le paga 109 dólares menos que su colega hombre con cero años de experiencia.

También se puede estimar una interacción más compleja entre una variable ficticia y la variable dependiente. Puede ser que la variable ficticia no solo tenga algo más que un simple efecto de desplazamiento sobre la variable dependiente, sino que también interactúe con una o más de las otras variables independientes continuas. Aunque no se ha comprobado en el ejemplo anterior, se podría plantear la hipótesis de que el impacto del sexo el salario no fue ningún cambio puntual, sino que también influyó en el valor de los años adicionales de experiencia en el salario. Es decir, los salarios de las maestras se descontaron al principio y, además, no crecieron al mismo ritmo por efecto de la experiencia que los de sus colegas hombres. Esto se manifestaría como una pendiente diferente para la relación entre el total de años de experiencia para los hombres que para las mujeres. Si esto es así, las maestras no solo empezarían por debajo de sus colegas hombres (según el desplazamiento de la línea de regresión estimada), sino que se rezagarían cada vez más, a medida que aumentara el tiempo y la experiencia.

El siguiente gráfico muestra cómo se puede comprobar esta hipótesis con el uso de variables ficticias y una variable de interacción.

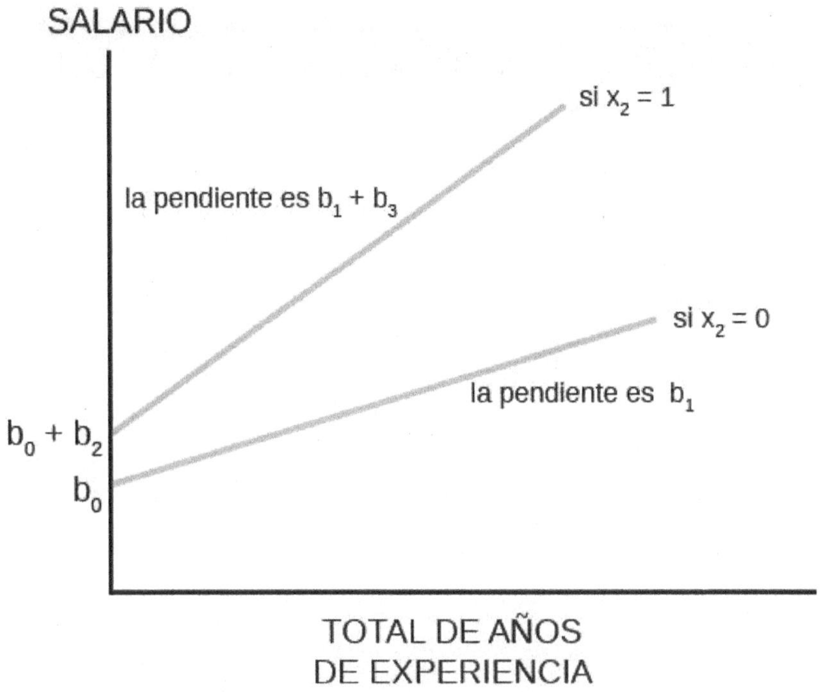

$$\hat{y} = b_0 + b_2x_2 + b_1x_1 + b_3x_2x_1$$

Figura 13.13

La ecuación de estimación señala cómo la pendiente de X_1, la variable aleatoria continua de experiencia, contiene dos partes, b_1 y b_3. Esto ocurre porque la nueva variable X_2 X_1, llamada variable de interacción, se creó para permitir un efecto en la pendiente de X_1 a partir de los cambios en X_2, la variable ficticia binaria. Nótese que, cuando la variable ficticia $X_2 = 0$, la variable de interacción tiene un valor de 0, pero cuando $X_2 = 1$, la variable de interacción tiene un valor de X_1. El coeficiente b_3 es una estimación de la diferencia del coeficiente de X_1 cuando $X_2 = 1$ en comparación con cuando $X_2 = 0$. En el ejemplo de los salarios de los maestros, si se paga una prima a los maestros hombres que incide en la tasa de aumento de los salarios con base en la experiencia, entonces la tasa de aumento de sus salarios sería $b_1 + b_3$, mientras que la de las maestras sería simplemente b_1. Esto se comprueba con la hipótesis:

$$H_0 : \beta_3 = 0 | \beta_1 = 0, \beta_2 = 0$$

$$H_a : \beta_3 \neq 0 | \beta_1 \neq 0, \beta_2 \neq 0$$

Se trata de una prueba t que utiliza el estadístico de prueba para el parámetro β_3. Si no podemos aceptar la hipótesis nula de que $\beta_3 = 0$, concluiremos que existe una diferencia entre la tasa de aumento del grupo para el que el valor de la variable binaria se fija en 1, los hombres en este ejemplo. Esta ecuación de estimación puede combinarse con la anterior, que solo probaba un desplazamiento paralelo en la línea estimada. Las funciones de ingresos/experiencia en la Figura 13.13 se dibujan para este caso con un desplazamiento en la función de ingresos y una diferencia en la pendiente de la función con respecto a los años totales de experiencia.

EJEMPLO 13.5

Una muestra aleatoria de 11 estudiantes de Estadística produjo los siguientes datos, donde *x* es la calificación del tercer examen sobre 80, y *y* es la calificación del examen final sobre 200. ¿Puede predecir la calificación del examen final de un estudiante seleccionado al azar si conoce la calificación del tercer examen?

x (calificación del tercer examen)	y (calificación del examen final)
65	175
67	133
71	185
71	163
66	126
75	198
67	153
70	163
71	159
69	151
69	159

Tabla 13.2 Tabla que muestra las calificaciones del examen final basadas en las calificaciones del tercer examen.

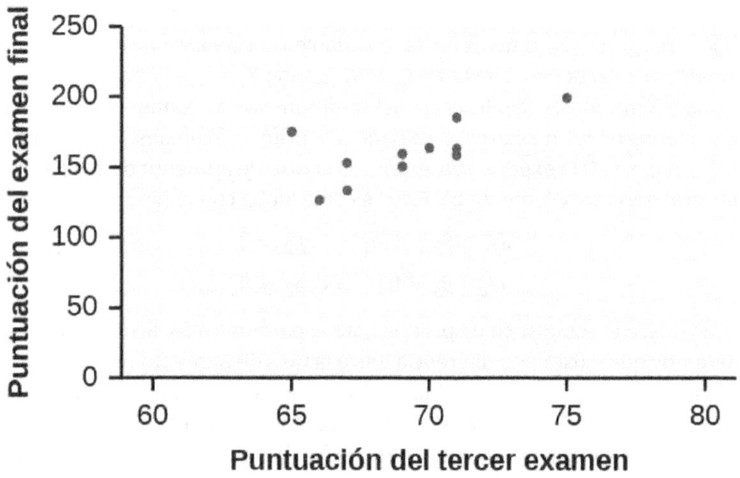

Figura 13.14 Diagrama de dispersión que muestra las calificaciones del examen final con base en las del tercer examen.

13.5 Interpretación de los coeficientes de regresión: elasticidad y transformación logarítmica

Como hemos visto, el coeficiente de una ecuación estimada mediante el análisis de regresión de los MCO proporciona una estimación de la pendiente de una línea recta que se supone es la relación entre la variable dependiente y al menos una variable independiente. Según el cálculo, la pendiente de la línea es la primera derivada y nos indica la magnitud del impacto de un cambio de una unidad en la variable X sobre el valor de la variable Y medida en las unidades de la variable Y. Como vimos en el caso de las variables ficticias, esto puede aparecer como un desplazamiento paralelo en la línea estimada o incluso un cambio en la pendiente de la línea a través de una variable interactiva. Aquí queremos explorar el concepto de elasticidad y cómo podemos utilizar el análisis de regresión para estimar las distintas elasticidades en las que se interesan los economistas.

El concepto de elasticidad está tomado de la ingeniería y de la física, donde se utiliza para medir la capacidad de respuesta de un material a una fuerza, normalmente una fuerza física como la de estiramiento/tracción. De aquí se deriva el término banda "elástica". En economía, se trata de alguna fuerza del mercado, como un cambio en los precios o en los ingresos. La elasticidad se mide como porcentaje de cambio/respuesta tanto en aplicaciones de ingeniería como en economía. El valor de la medición en términos porcentuales es que las unidades de medida no desempeñan ningún papel en el valor de la medición; por ende, permite la comparación directa entre las elasticidades. Por ejemplo, si el precio de la gasolina aumenta 50 céntimos desde un precio inicial de 3,00 dólares y genera un descenso en el consumo mensual de un consumidor de 50 galones a 48 galones, calculamos que la elasticidad es de 0,25. La elasticidad del precio es el cambio porcentual de la cantidad resultante de un cambio porcentual del precio. Un aumento del 16 % en el precio solo ha generado un descenso del 4 % en la demanda: 16 % de cambio en el precio → 4 % de cambio en la cantidad o 0,04/0,16 = 0,25. Esto se denomina demanda inelástica, es decir, una pequeña respuesta a la variación del precio. Esto se debe a que hay pocos sustitutos reales de la gasolina, si es que hay alguno; tal vez el transporte público, la bicicleta o caminar. Técnicamente, por supuesto, el cambio porcentual en la demanda a raíz del aumento de precios será la disminución de la demanda, por lo que la elasticidad del precio es un número negativo. Sin embargo, la convención es hablar de la elasticidad como el valor absoluto del número. Algunos productos tienen muchos sustitutos: peras por manzanas, por ciruelas, por uvas, etc. La elasticidad de estos bienes es mayor que uno y reciben el nombre de demanda elástica. En este caso, un pequeño cambio porcentual en el precio inducirá un gran cambio porcentual en la cantidad demandada. El consumidor desplazará fácilmente la demanda hacia el sustituto más cercano.

Aunque este debate se ha centrado en las variaciones de los precios, cualquiera de las variables independientes de una ecuación de demanda tendrá una elasticidad asociada. Así pues, existe una elasticidad del ingreso que mide la sensibilidad de la demanda a los cambios en el ingreso: poco para la demanda de alimentos, pero muy sensible para los yates. Si la ecuación de la demanda contiene un término de bienes sustitutivos, por ejemplo, barras de dulce en una ecuación de demanda de galletas, entonces se puede medir la capacidad de respuesta de la demanda de galletas a los cambios en los precios de las barras de dulce. Esto se denomina elasticidad cruzada de la demanda y, hasta cierto punto, puede considerarse como la fidelidad a la marca desde el punto de vista del mercadeo. ¿Cómo responde la demanda de Coca-Cola a los cambios en el precio de Pepsi?

Ahora, imagine la demanda de un producto que sea muy caro. De nuevo, la medida de la elasticidad está en términos porcentuales, por lo que la elasticidad puede compararse directamente con la de la gasolina: una elasticidad de 0,25 para la gasolina transmite la misma información que una elasticidad de 0,25 para un automóvil de 25 000 dólares. El consumidor considera que ambos bienes tienen pocos sustitutos, por lo que sus curvas de demanda son inelásticas, con elasticidad inferior a uno.

Las fórmulas matemáticas para las distintas elasticidades son:

$$\text{Elasticidad de los precios:}\, \eta_p = \frac{(\%\Delta Q)}{(\%\Delta P)}$$

Donde η es la letra griega minúscula eta, que se utiliza para designar la elasticidad. Δ se lee como "cambio".

$$\text{Elasticidad de los ingresos:}\, \eta_Y = \frac{(\%\Delta Q)}{(\%\Delta Y)}$$

Donde Y se utiliza como símbolo de los ingresos.

$$\text{Elasticidad de precios cruzados:}\, \eta_{p1} = \frac{(\%\Delta Q_1)}{(\%\Delta P_2)}$$

Donde P2 es el precio del bien sustitutivo.

Examinando más de cerca la elasticidad del precio podemos escribir la fórmula como:

$$\eta_p = \frac{(\%\Delta Q)}{(\%\Delta P)} = \frac{dQ}{dP}\left(\frac{P}{Q}\right) = b\left(\frac{P}{Q}\right)$$

Donde b es el coeficiente estimado para el precio en la regresión de los MCO.

La primera forma de la ecuación demuestra el principio de que las elasticidades se miden en términos porcentuales. Por supuesto, los coeficientes de los mínimos cuadrados ordinarios proporcionan una estimación del impacto de un cambio unitario en la variable independiente, X, sobre la variable dependiente medida en unidades de Y. Sin embargo, estos coeficientes no son elasticidades, y se muestran en la segunda forma de escribir la fórmula de la elasticidad como $\left(\frac{dQ}{dP}\right)$, la derivada de la función de demanda estimada que es simplemente la pendiente de la línea de regresión.

Multiplicando la pendiente por $\frac{P}{Q}$ proporciona una elasticidad que se mide en términos porcentuales.

A lo largo de una curva de demanda rectilínea, el porcentaje de cambio, y por tanto la elasticidad, cambia continuamente al cambiar la escala, mientras que la pendiente, el coeficiente de regresión estimado, permanece constante. Volviendo a la demanda de gasolina. El cambio de precio de 3,00 a 3,50 dólares supuso un incremento del 16 %. Si el precio inicial fuera de 5,00 dólares, el mismo aumento de 50 céntimos sería solo un aumento del 10%, lo que generaría una elasticidad diferente. Toda curva de demanda rectilínea tiene un rango de elasticidades que comienza en la parte superior izquierda, precios altos, con números de elasticidad grandes, demanda elástica, y que disminuye a medida que se desciende en la curva de demanda, demanda inelástica.

Para proporcionar una estimación significativa de la elasticidad de la demanda, la convención es estimar la elasticidad en el punto de las medias. Recuerde que todas las líneas de regresión de los MCO pasarán por el punto de las medias. En este punto se encuentra el mayor peso de los datos utilizados para estimar el coeficiente. La fórmula para estimar la elasticidad cuando se ha estimado una curva de demanda de los MCO pasa a ser:

$$\eta_{\mathrm{p}} = \mathrm{b}\left(\frac{\bar{\mathrm{P}}}{\bar{\mathrm{Q}}}\right)$$

Donde $\bar{\mathrm{P}}$ y $\bar{\mathrm{Q}}$ son los valores medios de estos datos utilizados para estimar b, el coeficiente de precios.

El mismo método puede utilizarse para estimar las demás elasticidades de la función de demanda con los valores medios adecuados de las demás variables: el ingreso y el precio de los bienes sustitutivos, por ejemplo.

Transformación logarítmica de los datos

Las estimaciones por los mínimos cuadrados ordinarios suponen que la relación poblacional entre las variables es lineal y, por ende, de la forma presentada en la ecuación de regresión. En esta forma, la interpretación de los coeficientes es la que se ha comentado anteriormente; simplemente, el coeficiente proporciona una estimación del impacto del cambio de una **unidad** en X sobre Y, medido en **unidades** de Y. No importa en qué punto de la línea se quiera hacer la medición, porque es una línea recta con una pendiente constante y, por lo tanto, un nivel estimado constante de impacto por unidad de cambio. Sin embargo, puede que el analista desee estimar no el impacto unitario simple, medido en la variable Y, sino la magnitud del impacto porcentual en Y de un cambio unitario en la variable X. Un caso de este tipo podría ser cómo un **cambio unitario** en la experiencia, digamos un año, afecta no a la cantidad absoluta del salario de un trabajador, sino al **impacto porcentual** en el salario del trabajador. Otra posibilidad es que la pregunta que se formule sea el impacto medido por unidad en Y de un incremento porcentual específico en X. Un ejemplo sería: «¿En cuántos dólares aumentarán las ventas si la empresa gasta un X por ciento más en publicidad?" La tercera posibilidad es el caso de la elasticidad que hemos comentado anteriormente. Aquí nos interesa el impacto porcentual en la cantidad demandada para un determinado cambio porcentual en el precio, en el ingreso o quizás en el precio de un bien sustitutivo. Los tres casos pueden estimarse al transformar los datos a logaritmos antes de ejecutar la regresión. Los coeficientes resultantes proporcionarán una medida de cambio porcentual de la variable correspondiente.

En resumen, hay cuatro casos:

1. Unidad ΔX → Unidad ΔY (caso de los MCO estándar)
2. Unidad ΔX → %ΔY
3. %ΔX → Unidad ΔY
4. %ΔX → %ΔY (caso de elasticidad)

Caso 1: El caso de los mínimos cuadrados ordinarios comienza con el modelo lineal, elaborado anteriormente:

$$Y = a + bX$$

donde el coeficiente de la variable independiente $b = \frac{\mathrm{d}Y}{\mathrm{d}X}$ es la pendiente de una línea recta; por ende, mide el impacto de un cambio unitario en X sobre Y medido en unidades de Y.

Caso 2: La ecuación estimada subyacente es:

$$\log(\mathrm{Y}) = a + bX$$

La ecuación se estima al convertir los valores de Y en logaritmos y utilizar técnicas de los MCO para estimar el coeficiente de la variable X, b. Esto se denomina estimación semilogarítmica. De nuevo, la diferenciación de ambos lados de la ecuación nos permite desarrollar la interpretación de la X coeficiente b:

$$\mathrm{d}\left(\log_{\mathrm{Y}}\right) = b\mathrm{d}X$$
$$\frac{\mathrm{d}Y}{Y} = b\mathrm{d}X$$

Al multiplicar por 100 para pasar a porcentajes y reordenar los términos da:

$$100b = \frac{\%\Delta \mathrm{Y}}{\text{Unidad } \Delta \mathrm{X}}$$

$100b$ así, es la variación porcentual de Y resultante de una variación unitaria de X.

Caso 3: En este caso la pregunta es: "¿Cuál es el cambio unitario en Y resultante de un cambio porcentual en X?" ¿Cuál es la pérdida de ingresos en dólares de un aumento del 5 % en el precio o cuál es el impacto del coste total en dólares de un aumento del 5 % en los costes laborales? La ecuación estimada en este caso sería:

$$Y = a + B\log(X)$$

Aquí el diferencial de cálculo en la ecuación estimada es:

$$dY = bd(\log X)$$

$$dY = b\frac{dX}{X}$$

Al dividir entre 100 para obtener el porcentaje y reordenar los términos da:

$$\frac{b}{100} = \frac{dY}{100\frac{dX}{X}} = \frac{\text{Unidad } \Delta \mathrm{Y}}{\%\Delta \mathrm{X}}$$

Por lo tanto, $\frac{b}{100}$ es el aumento de Y, medido en unidades a partir de un aumento del 1 % en X.

Caso 4: Este es el caso de la elasticidad en el que tanto la variable dependiente como la independiente se convierten a logaritmos antes de la estimación de los MCO. Esto se conoce como el caso log-log o doble logaritmo, y nos proporciona estimaciones directas de las elasticidades de las variables independientes. La ecuación estimada es:

$$\log Y = a + b\log X$$

Diferenciando tenemos:

$$d(\log Y) = bd(\log X)$$

$$d(\log X) = b\frac{1}{X}dX$$

así:

$$\frac{1}{Y}dY = b\frac{1}{X}dX \quad \text{O} \quad \frac{dY}{Y} = b\frac{dX}{X} \quad \text{O} \quad b = \frac{dY}{dX}\left(\frac{X}{Y}\right)$$

y $b = \frac{\%\Delta \mathrm{Y}}{\%\Delta \mathrm{X}}$ nuestra definición de elasticidad. Concluimos que podemos estimar directamente la elasticidad de una variable mediante la doble transformación logarítmica de los datos. El coeficiente estimado es la elasticidad. Es habitual utilizar la doble transformación logarítmica de todas las variables en la estimación de las funciones de demanda para obtener estimaciones de las distintas elasticidades de la curva de demanda.

13.6 Predicción con una ecuación de regresión

Un valor importante de una ecuación de regresión estimada es su capacidad para predecir los efectos sobre Y de un cambio en uno o más valores de las variables independientes. El valor de esto es evidente. No se puede hacer ninguna política cuidadosa sin estimar los efectos que pueda tener. De hecho, es el deseo de obtener resultados concretos lo que impulsa la formación de la mayoría de las políticas. Los modelos de regresión pueden ser, y han sido, una ayuda inestimable para la elaboración de estas políticas.

El teorema de Gauss-Markov nos asegura que la estimación puntual del impacto sobre la variable dependiente derivada de poner en la ecuación los valores hipotéticos de las variables independientes que se desea simular dará como resultado una estimación de la variable dependiente que es de varianza mínima e imparcial. Es decir, de esta ecuación sale la mejor estimación puntual imparcial de la y, dados los valores de la x.

$$\hat{y} = b_0 + b, X_{1i} + \cdots + b_k X_{ki}$$

Recuerde que las estimaciones puntuales no conllevan un determinado nivel de probabilidad, o nivel de confianza, porque los puntos no tienen un "ancho" por encima del cual haya un área que medir. Por eso hemos desarrollado antes intervalos de confianza para la media y la proporción. Aquí también surge la misma preocupación. En realidad, existen dos enfoques diferentes para la elaboración de estimaciones de los cambios de la variable o variables independientes sobre la variable dependiente. El primer enfoque desea medir el valor **medio esperado** de y a partir de un cambio específico en el valor de la x: este valor específico implica el valor esperado. En este caso, la pregunta es: ¿Cuál es el impacto **medio** en la y que resultaría de múltiples experimentos hipotéticos en la y a este valor específico de la x? Recuerde que existe una varianza en torno al parámetro estimado de la x; así, cada experimento dará lugar a una estimación un poco diferente del valor predicho de la y.

El segundo enfoque para estimar el efecto de un valor específico de la x en la y trata el evento como un solo experimento: se elige la x y se multiplica por el coeficiente; eso proporciona una única estimación de la y. Dado que este enfoque actúa como si hubiera un solo experimento, la varianza que existe en la estimación de los parámetros es mayor que la asociada al enfoque del valor esperado.

La conclusión es que tenemos dos formas diferentes de predecir el efecto de los valores de la o las variables independientes sobre la variable dependiente; así, tenemos dos intervalos diferentes. Ambas son respuestas correctas a la pregunta planteada, pero con dos preguntas diferentes. Para evitar confusiones, el primer caso en el que pedimos el **valor esperado** de la media de la y estimada, se denomina **intervalo de confianza**, tal y como hemos nombrado este concepto anteriormente. El segundo caso, en el que se pide la estimación del impacto sobre la variable dependiente y de un solo experimento utilizando un valor de x, se denomina **intervalo de predicción**. Las estadísticas de la prueba para estas dos medidas de intervalo dentro de las cuales caerá el valor estimado de la y son:

Intervalo de confianza para el valor esperado del valor medio de la y para x = $x_p \hat{y} = \pm t_{\alpha/2} s_e \left(\sqrt{\frac{1}{n} + \frac{(x_p - \bar{x})^2}{s_x}} \right)$

Intervalo de predicción de un individuo y para x = $x_p \hat{y} = \pm t_{\alpha/2} s_e \left(\sqrt{1 + \frac{1}{n} + \frac{(x_p - \bar{x})^2}{s_x}} \right)$

Donde s_e es la desviación típica del término de error y s_x es la desviación típica de la variable x.

Los cálculos matemáticos de estas dos estadísticas de la prueba son complejos. Varios paquetes de software ofrecen programas dentro de las funciones de regresión que dan respuestas a las preguntas acerca de los valores estimados de predicción de la y, dados diversos valores elegidos para las variables x. Es importante saber qué intervalo se está probando en el paquete computarizado porque la diferencia en el tamaño de las desviaciones típicas cambiará el tamaño del intervalo estimado. Esto se muestra en la Figura 13.15.

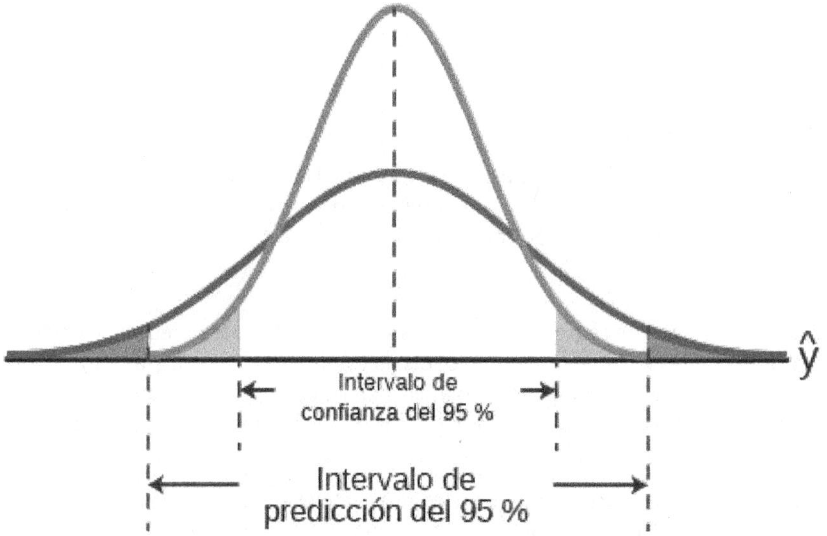

Figura 13.15 Predicción e intervalos de confianza para la ecuación de regresión; nivel de confianza del 95 %.

La Figura 13.15 muestra visualmente la diferencia que supone la desviación típica en el tamaño de los intervalos estimados. El intervalo de confianza, que mide el valor esperado de la variable dependiente, es menor que el intervalo de predicción para el mismo nivel de confianza. El método del valor esperado supone que el experimento se realiza varias veces y no solo una, como en el otro método. La lógica aquí es similar, aunque no idéntica, a la analizada cuando se desarrolla la relación entre el tamaño de la muestra y el intervalo de confianza mediante el teorema del límite central. Allí, a medida que aumentaba el número de experimentos, la distribución se estrechaba y el intervalo de confianza se acortaba más en torno al valor esperado de la media.

También es importante señalar que los intervalos en torno a una estimación puntual dependen en gran medida del rango de datos utilizado para estimar la ecuación, sin importar el enfoque que se utilice para la predicción. Recuerde que todas las ecuaciones de regresión pasan por el punto de las medias, es decir, el valor medio de la y, así como los valores medios de todas las variables independientes de la ecuación. A medida que el valor de la x que se elige para estimar el valor asociado de la y se aleja del punto de las medias, el ancho del intervalo estimado alrededor de la estimación puntual aumenta. La elección de valores de la x más allá del intervalo de los datos utilizados para estimar la ecuación plantea el peligro aun mayor de crear estimaciones de poca utilidad, intervalos muy grandes y riesgo de error. La Figura 13.16 muestra esta relación.

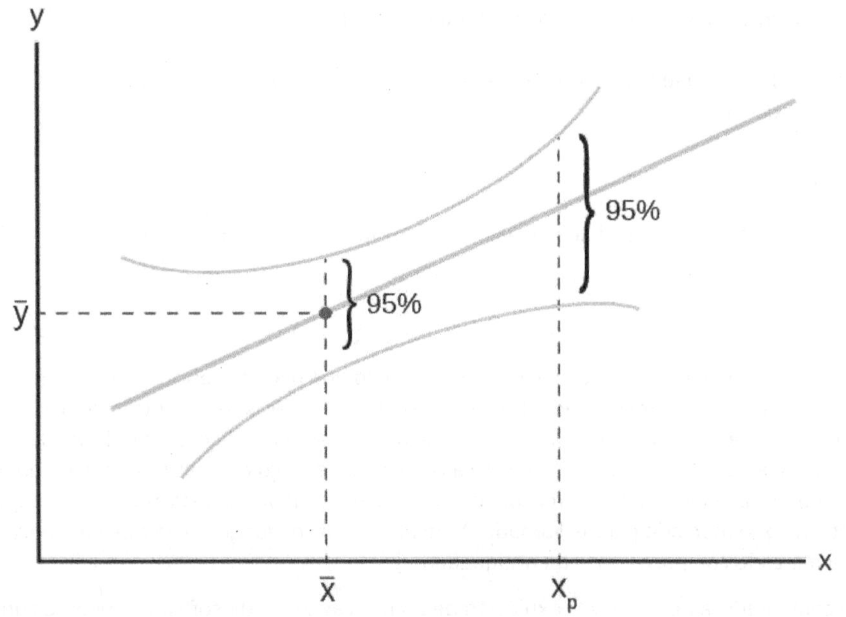

Figura 13.16 Intervalo de confianza para un valor individual de la x, X_p, con un nivel de confianza del 95 %

La Figura 13.16 demuestra la preocupación por la calidad del intervalo estimado, ya sea uno de predicción o de confianza. A medida que el valor que se elige para predecir la y, X_p en el gráfico, se aleja del peso central de los datos, $\bar{X}$, observamos que el intervalo se expande, a la vez que se mantiene constante el nivel de confianza. Esto demuestra que la precisión de cualquier estimación disminuirá a medida que se intente predecir más allá del mayor peso de los datos y, con toda seguridad, se degradará rápidamente con respecto a las predicciones más allá del rango de los datos. Desgraciadamente, justo aquí es donde se desea la mayoría de las predicciones. Se pueden hacer, pero la amplitud del intervalo de confianza puede ser tan grande que haga inútil la predicción. Sin embargo, solo el cálculo real y la aplicación concreta pueden determinarlo.

EJEMPLO 13.6

Recordemos el ejemplo del tercer examen o examen final.

Hallamos la ecuación de la línea de mejor ajuste para la calificación del examen final como una función de la calificación del tercer examen. Ahora podemos utilizar la línea de regresión por mínimos cuadrados para la predicción. Supongamos que se ha determinado que el coeficiente de X es significativamente diferente de cero.

Suponga que quiere estimar, o predecir, la calificación media del examen final de los estudiantes de Estadística que obtuvieron 73 en el tercer examen. Las calificaciones del examen **(valores *x*)** oscilan entre 65 y 75. Dado que 73 está entre los valores de la *x*, 65 y 75, nos sentimos cómodos al sustituir *x* = 73 en la ecuación. Entonces:

$$\hat{y} = -173{,}51 + 4{,}83(73) = 179{,}08$$

Predecimos que los estudiantes de Estadística que obtienen una calificación de 73 en el tercer examen obtendrán una calificación de 179,08 en el examen final, en promedio.

a. ¿Cuál sería la calificación del examen final de un estudiante que ha obtenido 66 en el tercer examen?

Solución 1

a. 145,27

b. ¿Cuál sería la calificación del examen final de un estudiante que ha obtenido 90 en el tercer examen?

Solución 2

b. Los valores de x en los datos están entre 65 y 75. Noventa está fuera del dominio de los valores de x observados en los datos (variable independiente), por lo que no se puede predecir de forma fiable la calificación del examen final de este estudiante. (Aunque es posible introducir 90 en la ecuación para x y calcular el valor correspondiente de y, el valor de y que se obtiene tendrá un intervalo de confianza que podría ser despreciable).

Para entender realmente lo poco fiable que sería la predicción fuera de los valores de x observados en los datos, haga la sustitución $x = 90$ en la ecuación.

$$\hat{y} = -173{,}51 + 4{,}83(90) = 261{,}19$$

Se prevé que la calificación del examen final sea de 261,19. La mayor calificación del examen final puede ser 200.

13.7 Cómo utilizar Microsoft Excel® para el análisis de regresión

Esta sección de este capítulo está aquí, en reconocimiento de que lo que pedimos ahora requiere mucho más que un cálculo rápido de un cociente o una raíz cuadrada. De hecho, el uso del análisis de regresión era casi inexistente antes de mediados del siglo pasado y no se convirtió realmente en una herramienta ampliamente utilizada hasta quizás finales de los años 1960 y principios de los 1970. Incluso entonces, la capacidad de cálculo de las mayores máquinas de IBM es irrisoria para los estándares actuales. En los primeros tiempos los investigadores desarrollaban y compartían los programas. No existía ningún mercado para el llamado "software" y, desde luego, nada qué ver con las "aplicaciones", un participante en el mercado con pocos años de antigüedad.

Con la llegada de la computadora personal y la explosión de un mercado vital de software, tenemos un número de paquetes de regresión y análisis estadístico entre los que elegir. Cada uno tiene sus méritos. Hemos elegido Microsoft Excel por su amplia disponibilidad tanto en las universidades como en el mercado postuniversitario. Stata es una alternativa y tiene características que serán importantes para el estudio de la econometría más avanzada si decide seguir este camino. Existen paquetes aun más avanzados, pero normalmente requieren que el analista realice una cantidad significativa de programación para llevar a cabo su análisis. El objetivo de esta sección es demostrar cómo utilizar Excel para realizar una regresión y hacerlo con un ejemplo de una versión simple de una curva de demanda.

El primer paso para realizar una regresión con Excel es cargar el programa en la computadora. Si tiene Excel, tiene las Herramientas de Análisis, aunque puede que no las tenga activadas. El programa requiere una cantidad significativa de espacio, por lo que no se carga automáticamente.

Para activar las herramientas de análisis, siga estos pasos:

Haga clic en “File” (Archivo) > “Options” (Opciones) > “Add-ins” (Complementos) para que aparezca el menú del complemento “ToolPaks” (Herramientas). Seleccione “Analysis ToolPak” (Herramientas de análisis) y haga clic en “GO” (Aceptar) junto a “Manage: excel add-ins” (Administrar complementos de Excel) en la parte inferior de la ventana. Esto abrirá una nueva ventana en la que deberá hacer clic en “Analysis ToolPak” (asegúrese de que haya una marca de verificación verde en la casilla) y luego haga clic en “OK” (Aceptar). Ahora debería haber una pestaña “Analysis” (Análisis) debajo del menú de datos. Estos pasos se presentan en las siguientes capturas de pantalla.

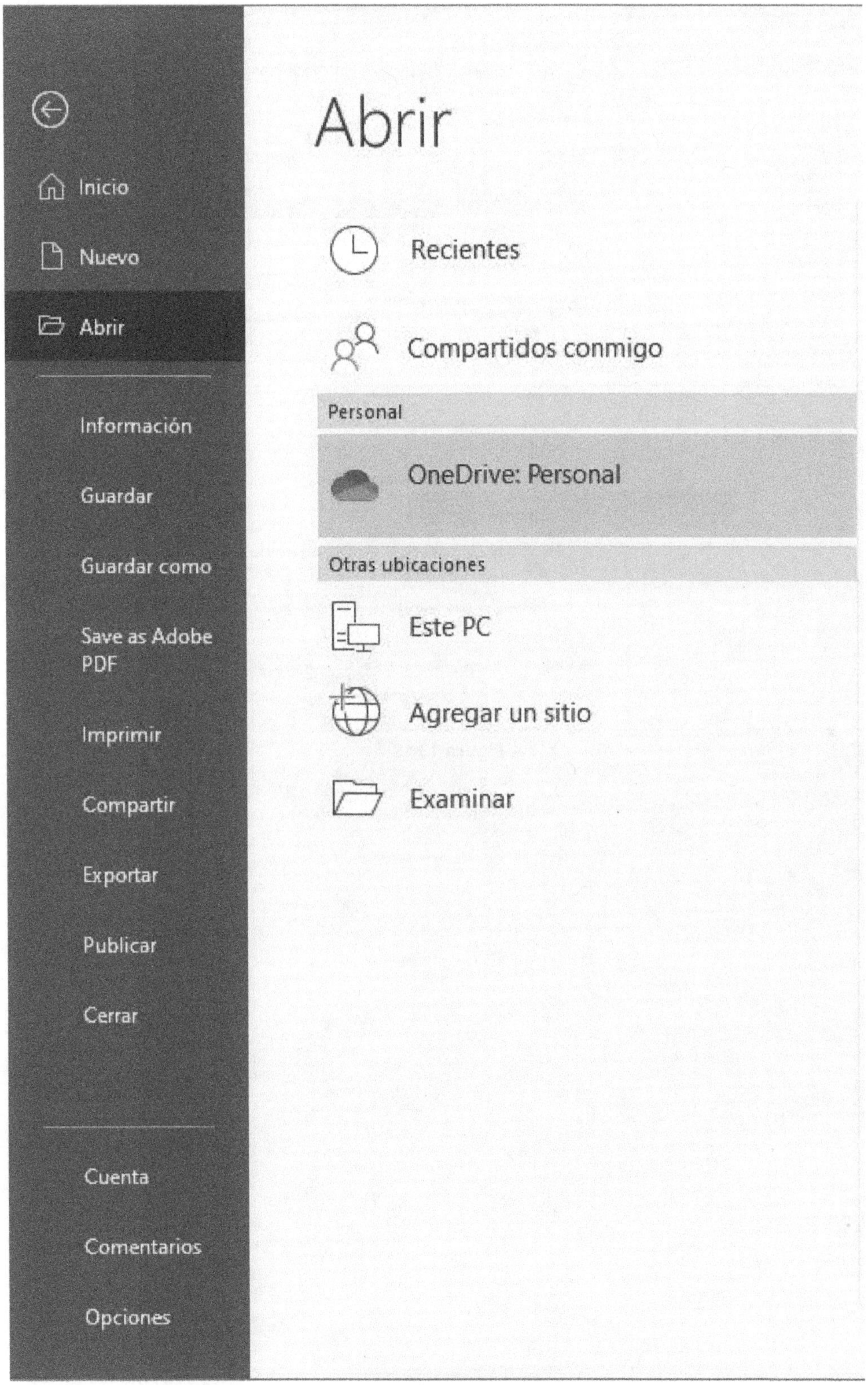
Inicio
Nuevo
Abrir
Información
Guardar
Guardar como
Save as Adobe PDF
Imprimir
Compartir
Exportar
Publicar
Cerrar
Cuenta
Comentarios
Opciones
Abrir
Recientes
Compartidos conmigo
Personal
OneDrive: Personal
Otras ubicaciones
Este PC
Agregar un sitio
Examinar

Figura 13.17

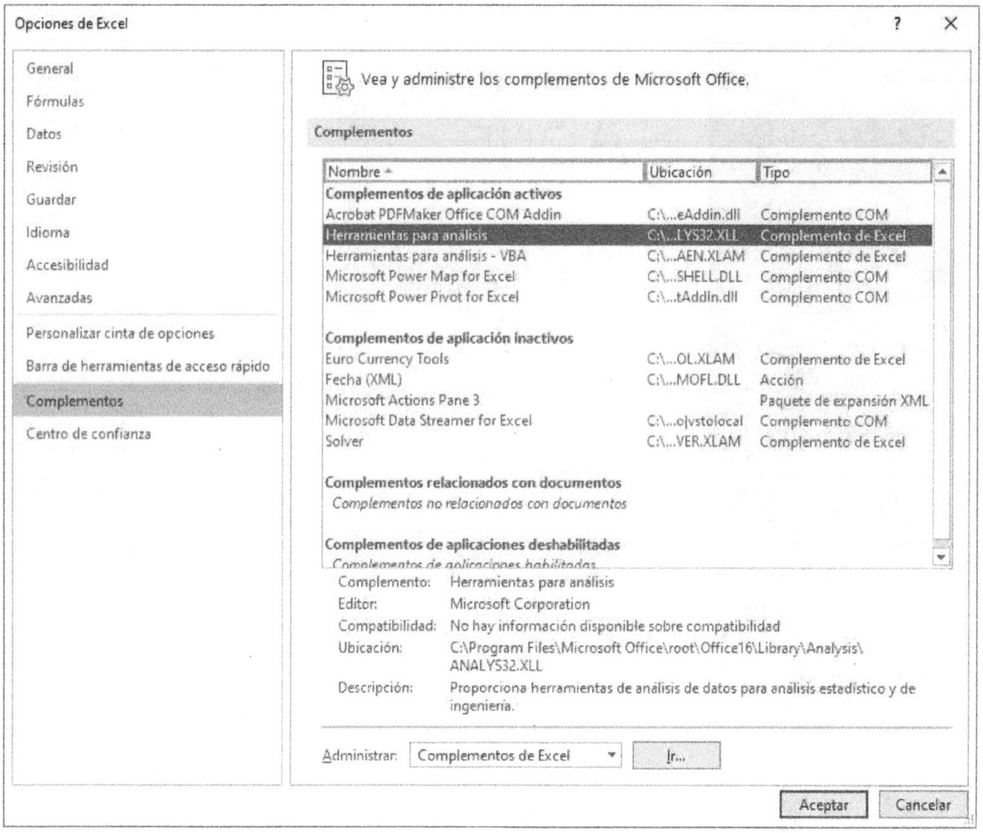
Opciones de Excel
General
Fórmulas
Datos
Revisión
Guardar
Idioma
Accesibilidad
Avanzadas
Personalizar cinta de opciones
Barra de herramientas de acceso rápido
Complementos
Centro de confianza
Vea y administre los complementos de Microsoft Office.
Complementos
Nombre
Ubicación
Tipo
Complementos de aplicación activos
Acrobat PDFMaker Office COM Addin C:\...eAddin.dll Complemento COM
Herramientas para análisis C:\...LYS32.XLL Complemento de Excel
Herramientas para análisis - VBA C:\...AEN.XLAM Complemento de Excel
Microsoft Power Map for Excel C:\...SHELL.DLL Complemento COM
Microsoft Power Pivot for Excel C:\...tAddIn.dll Complemento COM
Complementos de aplicación inactivos
Euro Currency Tools C:\...OL.XLAM Complemento de Excel
Fecha (XML) C:\...MOFL.DLL Acción
Microsoft Actions Pane 3 Paquete de expansión XML
Microsoft Data Streamer for Excel C:\...o|vstolocal Complemento COM
Solver C:\...VER.XLAM Complemento de Excel
Complementos relacionados con documentos
Complementos no relacionados con documentos
Complementos de aplicaciones deshabilitadas
Complemento: Herramientas para análisis
Editor: Microsoft Corporation
Compatibilidad: No hay información disponible sobre compatibilidad
Ubicación: C:\Program Files\Microsoft Office\root\Office16\Library\Analysis\ANALYS32.XLL
Descripción: Proporciona herramientas de análisis de datos para análisis estadístico y de ingeniería.
Administrar: Complementos de Excel
Ir...
Aceptar
Cancelar

Figura 13.18

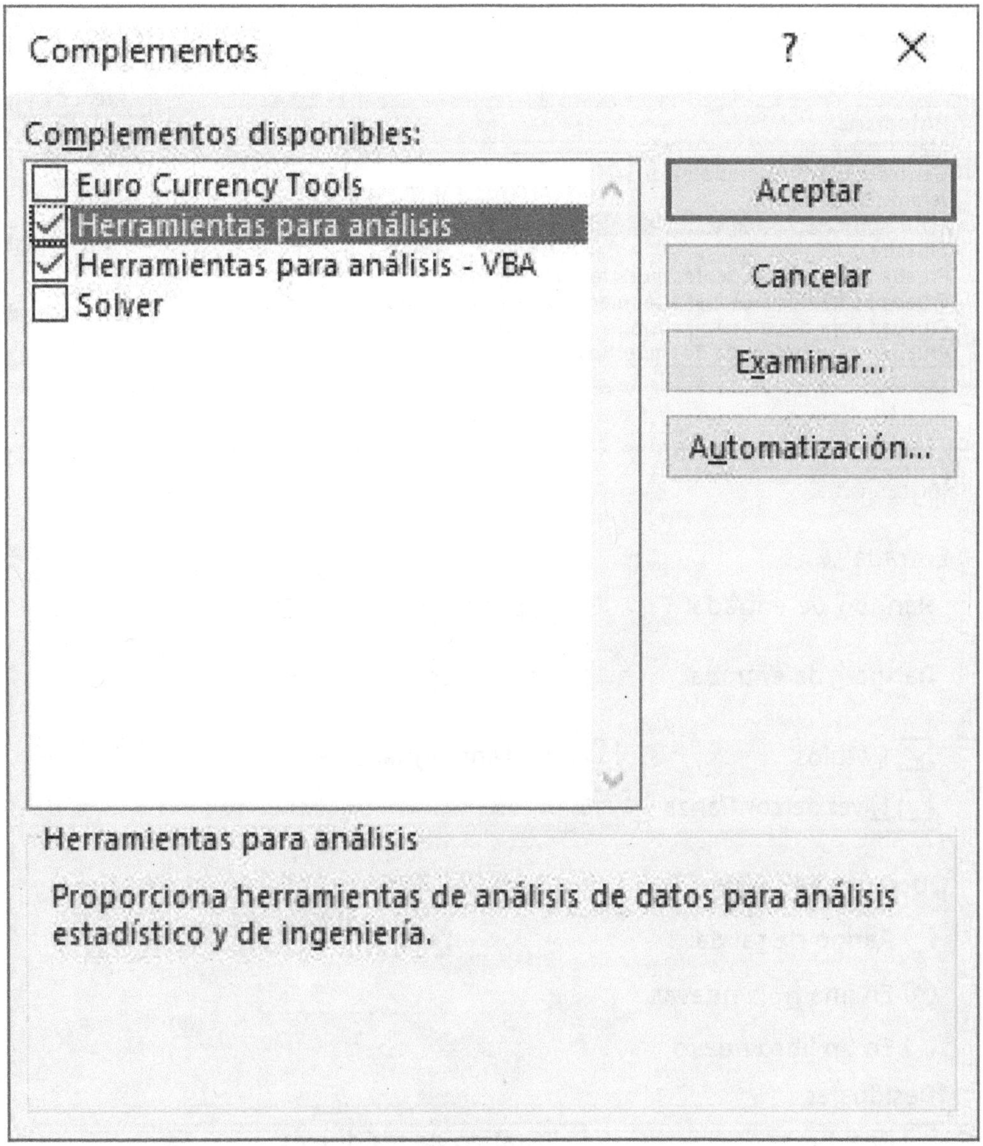

Figura 13.19

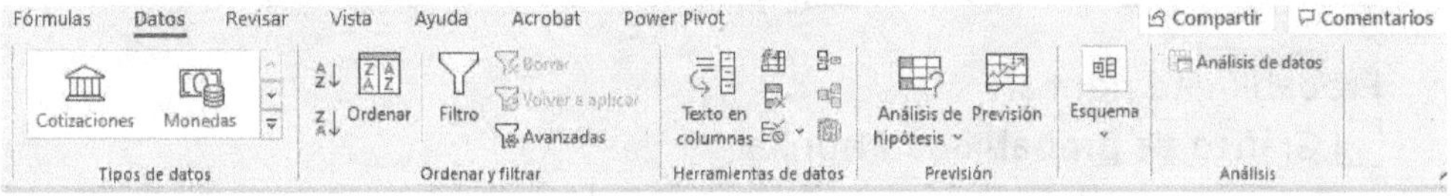

Figura 13.20

Haga clic en "Data" (Datos), luego en "Data Analysis" (Análisis de datos) y, a continuación, en "Regression" (Regresión) y "OK". ¡Enhorabuena! Ha llegado a la ventana de regresión. La ventana le pide que introduzca sus datos. Si hace clic en la casilla situada junto a los rangos Y y X, podrá utilizar la función "click and drag" (presionar y arrastrar) de Excel para seleccionar los rangos de entrada. Excel tiene una peculiaridad y es que la función "click and drop" (presionar y soltar) requiere que las variables independientes, las variables X, estén todas juntas, es decir, que formen una sola matriz. Si sus datos están configurados con la variable Y entre dos columnas de variables X, Excel no le permitirá utilizar la función de presionar y arrastrar. A modo de ejemplo, digamos que la columna A y la columna C son variables independientes y la columna B es la variable Y, la variable dependiente. Excel no le permitirá presionar y soltar los rangos de datos. La solución es mover la columna con la variable Y a la columna A y luego puede presionar y arrastrar. El mismo problema se plantea si se quiere realizar la regresión solo con algunas de las variables X. Tendrá que configurar la matriz de manera que todas las variables X a las que quiere hacer regresiones estén en una matriz bien formada. Estos pasos se presentan en las siguientes capturas de pantalla.

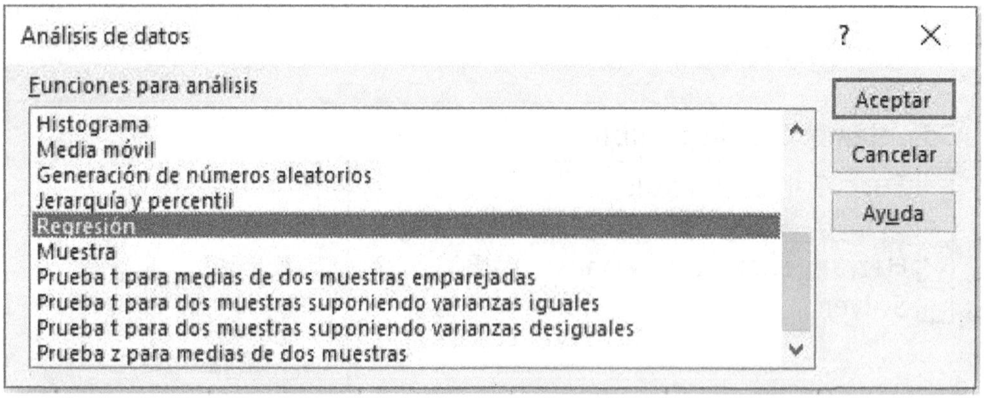

Figura 13.21

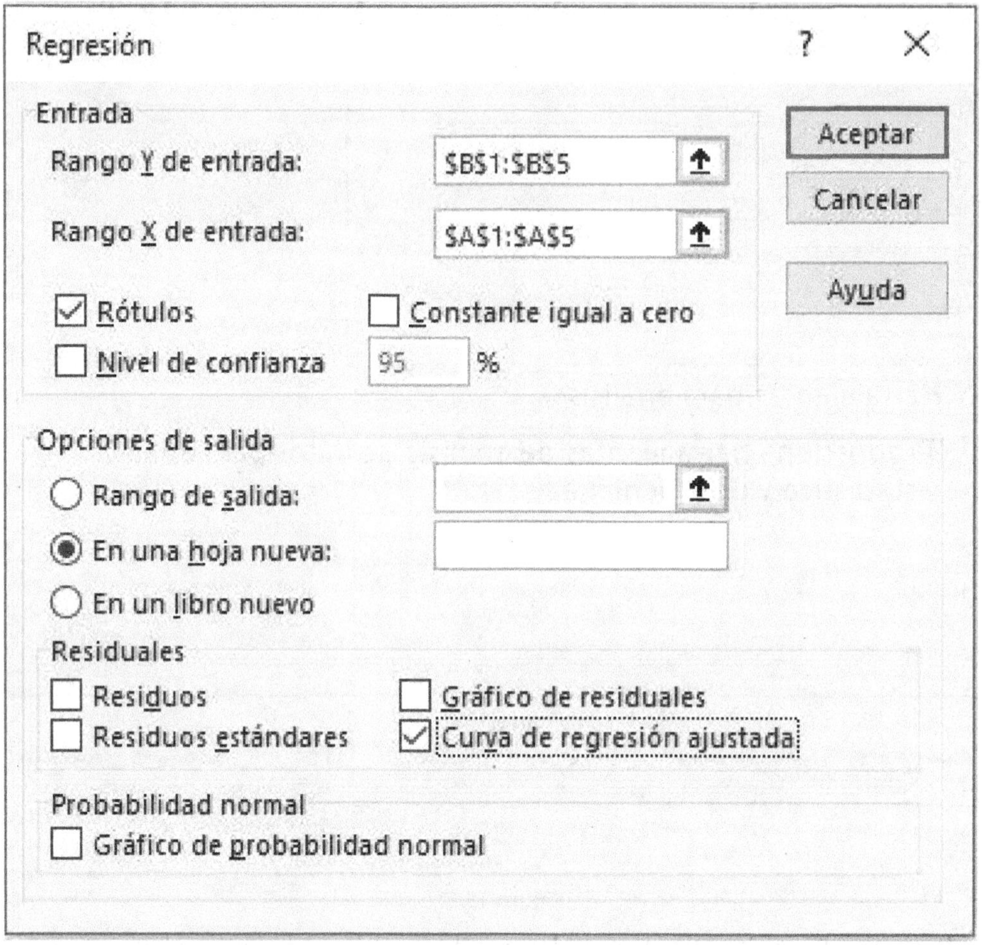

Figura 13.22

Una vez que seleccione los datos para su análisis de regresión y le diga a Excel cuál es la variable dependiente (Y) y cuáles son los valores independientes (X), tiene varias opciones en cuanto a los parámetros y cómo se mostrará el resultado. Consulte la captura de pantalla de la Figura 13.22 en la sección "Input" (Entrada). Si marca la casilla "labels" (etiquetas) el programa colocará la entrada en la primera columna de cada variable como su nombre en el resultado. Puede introducir un nombre real, como precio o ingresos en un análisis de la demanda, en la fila uno de la hoja de cálculo de Excel para cada variable y se mostrará en el resultado.

El nivel de significación también puede fijarlo el analista. Esto no cambiará el valor calculado del estadístico t, llamado t stat, aunque alterará el valor p calculado para el estadístico t. También modificará los límites de los intervalos de confianza de los coeficientes. Siempre se presenta un intervalo de confianza del 95 %, aunque con un cambio en este también se obtienen otros niveles de confianza para los intervalos.

Excel también le permitirá suprimir la intersección. Esto obliga al programa de regresión a minimizar la suma de cuadrados residual con la condición de que la línea estimada debe pasar por el origen. Esto se hace en los casos en que no hay significado en el modelo en ningún valor distinto de cero, cero para el inicio de la línea. Un ejemplo es una función de producción económica, que es la relación entre el número de unidades de un insumo, digamos horas de trabajo, y la producción. No tiene sentido una producción positiva con cero trabajadores.

Una vez introducidos los datos y realizadas las elecciones, haga clic en OK y los resultados se enviarán por defecto a una nueva hoja de trabajo independiente. El resultado de Excel se presenta de una manera típica de otros programas de paquetes de regresión. El primer bloque de información ofrece las estadísticas generales de la regresión: R múltiple, R al cuadrado, y la R al cuadrado ajustada por grados de libertad, que es la que se quiere informar. También se obtiene el error estándar (de la estimación) y el número de observaciones en la regresión.

El segundo bloque de información se titula ANOVA, que significa Análisis de la Varianza (ANalysis Of VAriance). Nuestro interés en esta sección es la columna marcada como F. Se trata de los valores del estadístico F calculados para la hipótesis nula de que todos los coeficientes son iguales a cero frente a la alternativa de que al menos uno de los coeficientes no es igual a cero. Esta prueba de hipótesis se presentó en 13.4 en el apartado "¿Qué tan buena es la ecuación?". La siguiente columna indica el valor p de esta prueba bajo el título "Significance F" (Significación F). Si el valor p es inferior, por ejemplo, a 0,05 (el valor calculado del estadístico F está en la cola), afirmamos con un 90 % de confianza que no podemos aceptar las hipótesis nulas de que todos los coeficientes son iguales a cero. Esto es bueno: significa que al menos uno de los coeficientes es significativamente diferente de cero, por lo que tiene un efecto sobre el valor de Y.

El último bloque de información contiene las pruebas de hipótesis para cada coeficiente. En primer lugar se enumeran los coeficientes estimados, la intersección y las pendientes, y a continuación cada error estándar (del coeficiente estimado) seguido del estadístico t (valor calculado del estadístico t de Student para la hipótesis nula de que el coeficiente es igual a cero). Comparamos el valor calculado del estadístico t y el valor crítico de la t de Student, que depende de los grados de libertad, y determinamos si tenemos suficiente evidencia para rechazar la hipótesis nula de que la variable no tiene efecto sobre Y. Recuerde que hemos establecido la hipótesis nula como el *statu quo* y nuestra afirmación de que sabemos qué causó el cambio de Y está en la hipótesis alternativa. Queremos rechazar el *statu quo* y sustituirlo por nuestra versión del mundo, la hipótesis alternativa. La siguiente columna contiene los valores p para esta prueba de hipótesis, seguidos del límite superior e inferior estimado del intervalo de confianza del parámetro de la pendiente, estimado para varios niveles de confianza fijados por nosotros al principio.

Estimación de la demanda de rosas

A continuación se muestra un ejemplo de utilización del programa Excel para realizar una regresión para un caso concreto: estimar la demanda de rosas. Tratamos de estimar una curva de demanda, que desde la teoría económica esperamos que ciertas variables afecten la cantidad de un bien que compramos. La relación entre el precio de un bien y la cantidad demandada es la curva de demanda. Además, tenemos la función de demanda, que incluye otras variables relevantes: el ingreso de la persona, el precio de los bienes sustitutivos y quizás otras variables como la estación del año o el precio de los bienes complementarios. La cantidad demandada será nuestra variable Y, y el precio de las rosas, el precio de los claveles y el ingreso serán nuestras variables independientes, las variables X.

Para todas estas variables la teoría nos indica la relación esperada. Para el precio del bien en cuestión, las rosas, la teoría predice una relación inversa, la curva de demanda con pendiente negativa. La teoría también predice la relación entre la cantidad demandada de un bien, aquí las rosas, y el precio de un sustituto, los claveles en este ejemplo. La teoría predice que esta debería ser una relación positiva o directa; a medida que el precio del sustituto baja, sustituimos las rosas por el sustituto más barato, los claveles. Una reducción en el precio del sustituto genera una reducción en la demanda del bien analizado aquí: las rosas. Que la reducción genere reducción es una relación positiva. En el caso de los bienes normales, la teoría también predice una relación positiva; a medida que nuestros ingresos aumentan, compramos más del bien, las rosas. Esperamos estos resultados porque es lo que predicen cien años de teoría e investigación económica. En esencia, estamos poniendo a prueba estas hipótesis centenarias. Los datos recogidos se determinaron con el modelo que se está probando. Esto debería ser siempre así. No se hace estadística inferencial metiendo una montaña de datos en una computadora y pidiéndole a la máquina una teoría. La teoría primero, la prueba después.

Estos datos son el promedio de precios y el ingreso per cápita en el país. La cantidad demandada es el total de ventas anuales de rosas a nivel nacional. Se trata de datos de series temporales anuales; estamos siguiendo el mercado de rosas de Estados Unidos desde 1984 hasta 2017: 33 observaciones.

Debido a la forma peculiar en que Excel exige que se introduzcan los datos en el paquete de regresión, es mejor tener las variables independientes, el precio de las rosas, el precio de los claveles y los ingresos, una al lado de la otra en la hoja de cálculo. Una vez introducidos los datos en la hoja de cálculo, siempre es conveniente examinarlos. Examine el rango, las medias y las desviaciones típicas. Utilice sus conocimientos de estadística descriptiva de la primera parte de este curso. En grandes conjuntos de datos no podrá "escanear" los datos. La herramienta de análisis facilita la obtención del rango, la media, las desviaciones típicas y demás parámetros de las distribuciones. También puede obtener rápidamente las correlaciones entre las variables. Examine los valores atípicos. Repase la historia. ¿Ha pasado algo? ¿Hubo aquí una huelga laboral, un cambio en las tasas de importación, algo que haga que estas observaciones sean inusuales? No tome los datos sin cuestionarlos. Es posible que haya una errata en alguna parte, quién sabe sin revisarla.

Vaya a la ventana de regresión, introduzca los datos, seleccione un nivel de confianza del 95 % y haga clic en OK. Puede incluir las etiquetas en el rango de entrada si ha puesto un título en la parte superior de cada columna, pero asegúrese de presionar en la casilla "labels" en la página principal de la regresión si lo hace.

El resultado de la regresión debería aparecer automáticamente en una nueva hoja de cálculo.

Resumen	
Estadísticas de la regresión	
Coeficiente de correlación múltiple	0.8560327
Coeficiente de determinación R^2	0.732792
R^2 ajustado	0.6993911
Error típico	3629.3437
Observaciones	33

ANÁLISIS DE VARIANZA					
	Grados de libertad	*Suma de cuadrados*	*Promedio de los cuadrados*	*F*	*Valor crítico de F*
Regresión	3	577972629.2	2.89E+08	21.9392274	2.5989E-05
Residuos	29	210754040.4	13172128		
Total	32	788726679.5			

	Coeficientes	*Error típico*	*Estadístico t*	*Probabilidad*	*Inferior 95%*	*Superior 95%*
Intercepción	183475.43	16791.81835	10.92648	7.79854E-09	147878.367	219072.5
Precio de Rosas	-1.7607	0.2982	-5.9043	5.20E-05	-2.4049	-1.1164
Precio de Claveles	1.3397	0.5273	2.5407	0.0246	0.208	2.4789
Ingreso (per cápita)	3.0338	1.2308	2.464901	0.00886322	0.621432	5.4446

Figura 13.23

El primer resultado presentado es el R cuadrado, una medida de la fuerza de la correlación entre Y y X_1, X_2 y X_3 tomados como grupo. Nuestro R cuadrado de 0,699, ajustado por grados de libertad, significa que el 70% de la variación de Y, la demanda de rosas, puede explicarse por las variaciones de X_1, X_2 y X_3, el precio de las rosas, el precio de los claveles y los ingresos. No existe ninguna prueba estadística para determinar la "importancia" de un R^2. Por supuesto, se prefiere un R^2 más alto, pero es realmente la importancia de los coeficientes lo que determinará el valor de la teoría que se está probando y que formará parte de cualquier debate político si se demuestra que son significativamente diferentes de cero.

Mirando el tercer panel de resultados podemos escribir la ecuación como:

$$Y = b_0 + b_1 X_1 + b_2 X_2 + b_3 X_3 + e$$

donde b_0 es la intersección, b_1 es el coeficiente estimado del precio de las rosas, y b_2 es el coeficiente estimado del precio de los claveles, b_3 es el efecto estimado del ingreso y e es el término de error. La ecuación está escrita en letras romanas para indicar que se trata de los valores estimados y no de los parámetros poblacionales, β.

Nuestra ecuación estimada es:

$$\text{Cantidad de rosas vendidas} = 183.475 - 1{,}76\ \text{Precio de las rosas} + 1{,}33\ \text{Precio de los claveles} + 3{,}03\ \text{Ingresos}$$

En primer lugar, observamos que los signos de los coeficientes son los esperados por la teoría. La curva de demanda tiene una pendiente descendente con signo negativo para el precio de las rosas. Además, los signos de los coeficientes del precio de los claveles y del ingreso son positivos, como cabría esperar de la teoría económica.

La interpretación de los coeficientes nos indica el impacto de un cambio en cada variable sobre la demanda de rosas. Es esta capacidad lo que hace que el análisis de regresión sea una herramienta tan valiosa. Los coeficientes estimados nos indican que un aumento de un dólar en el precio de las rosas provocará una reducción de 1,76 en el número de rosas compradas. El precio de los claveles parece desempeñar un papel importante en la demanda de rosas. Observamos que el aumento en el precio de los claveles en un dólar incrementaría la demanda de rosas en 1,33 unidades, ya que los consumidores sustituirían los claveles, ahora más caros. Del mismo modo, el aumento en el ingreso per cápita en un dólar supondrá un incremento de 3,03 unidades de rosas compradas.

Estos resultados se ajustan a las predicciones de la teoría económica con respecto a las tres variables incluidas en esta estimación de la demanda de rosas. Es importante tener primero una teoría que prediga la importancia o al menos la dirección de los coeficientes. Sin ninguna teoría que poner a prueba, esta herramienta de investigación no es mucho más útil que los coeficientes de correlación que aprendimos antes.

Sin embargo, no podemos detenernos ahí. Primero, tenemos que comprobar si nuestros coeficientes son estadísticamente significativos con respecto a cero. Establecimos una hipótesis de:

$$H_0 : \beta_1 = 0$$
$$H_a : \beta_1 \neq 0$$

para los tres coeficientes en la regresión. Recordemos que no podremos decir definitivamente que nuestra b_1 estimada es la población real de β_1, sino solo que con (1-α)% de nivel de confianza que no podemos rechazar la hipótesis nula de que nuestra β_1 estimada es significativamente diferente de cero. El analista afirma que el precio de las rosas influye en la cantidad demandada. De hecho, cada una de las variables incluidas tiene un impacto en la cantidad de rosas demandadas. Por consiguiente, la afirmación está en las hipótesis alternativas. Se necesitará una probabilidad muy grande, 0,95 en este caso, para derrocar la hipótesis nula, el *statu quo*, de que β = 0. En todas las pruebas de hipótesis de regresión la afirmación está en la alternativa y la afirmación es que la teoría ha encontrado una variable que tiene un impacto significativo en la variable Y.

El estadístico de prueba para esta hipótesis sigue la conocida fórmula normalizadora que cuenta el número de desviaciones típicas, t, que el valor estimado del parámetro, b_1, se aleja del valor hipotético, β_0, que es cero en este caso:

$$t_c = \frac{b_1 - \beta_0}{S_{b_1}}$$

La computadora calcula el estadístico de prueba y lo presenta como "t stat". Puede encontrar este valor a la derecha del error estándar de la estimación del coeficiente. El error estándar del coeficiente de b_1 es S_{b_1} en la fórmula. Para llegar a una conclusión, comparamos estadístico de prueba con el valor crítico de la t de Student con grados de libertad n-3-1 = 29 y alfa = 0,025 (nivel de significación del 5 % para una prueba de dos colas). Nuestro estadístico t para b_1 es aproximadamente 5,90, que es mayor que 1,96 (el valor crítico que buscamos en la tabla t), por lo que no podemos aceptar nuestra hipótesis nula de ausencia de efecto. Llegamos a la conclusión de que el precio tiene un efecto significativo porque el valor t calculado está en la cola. Realizamos la misma prueba para b_2 y b_3. Para cada variable, comprobamos que no podemos aceptar la hipótesis nula de ausencia de relación porque los valores calculados de la estadística t están en la cola para cada caso, es decir, son mayores que el valor crítico. Se ha determinado que todas las variables de esta regresión tienen un efecto significativo en la demanda de rosas.

Estas pruebas nos indican si un coeficiente individual es significativamente diferente de cero, pero no abordan la calidad general del modelo. Hemos visto que el R cuadrado ajustado a los grados de libertad indica que este modelo con estas tres variables explica el 70 % de la variación de la cantidad de rosas demandadas. También podemos realizar una segunda prueba del modelo en su conjunto. Se trata de la prueba F presentada en la sección 13.4 de este capítulo. Como se trata de una regresión múltiple (más de una X), utilizamos la prueba F para determinar si nuestros coeficientes afectan colectivamente a Y. La hipótesis es:

$$H_0 : \beta_1 = \beta_2 = ... = \beta i = 0$$
$$H_a : \text{"al menos uno de los } \beta_i \text{ no es igual a 0"}$$

En la sección ANOVA del resultado encontramos el valor calculado de la estadística F para esta hipótesis. Para este ejemplo, la estadística F es de 21,9. De nuevo, la comparación del valor calculado de la estadística F con el valor crítico, dado nuestro nivel de significación deseado y los grados de libertad, nos permitirá llegar a una conclusión.

La mejor manera de llegar a una conclusión para esta prueba estadística es utilizar la regla de comparación del valor p. El valor p es el área de la cola, dado el estadístico F calculado. En esencia, la computadora halla el valor F en la tabla por nosotros y calcula el valor p. En el resumen del resultado bajo "significación F" se encuentra esta probabilidad. Para este ejemplo, se calcula que es de $2{,}6 \times 10^{-5}$, es decir, 2,6 moviendo el decimal cinco lugares a la izquierda. (0,000026) Se trata de un nivel de probabilidad casi infinitesimal y ciertamente menor que nuestro nivel alfa de 0,05 para un nivel de significación del 5 por ciento.

Al no poder aceptar las hipótesis nulas, concluimos que esta especificación de este modelo tiene validez porque al menos uno de los coeficientes estimados es significativamente diferente de cero. Como el F calculado es mayor que el F crítico, no podemos aceptar H_0, lo que significa que X_1, X_2 y X_3 *juntos* tienen un efecto significativo sobre Y.

El desarrollo de la computación y del software útiles para la investigación académica y empresarial ha permitido responder preguntas que hace unos años ni siquiera podíamos formular. Los datos están disponibles en formato electrónico y pueden trasladarse para su análisis de formas y a velocidades inimaginables hace una década. La enorme magnitud de los conjuntos de datos que pueden utilizarse hoy en día para la investigación y el análisis nos permite obtener resultados de mayor calidad que en el pasado. Incluso con solo una hoja de cálculo de Excel podemos realizar una investigación de muy alto nivel. Esta sección le ofrece las herramientas para llevar a cabo algunas de estas interesantes investigaciones con el único límite de su imaginación.

Términos Clave

a es el símbolo de la intersección en y a veces se escribe como b_0, porque al escribir el modelo lineal teórico β_0 se utiliza para representar un coeficiente para una población.

b es el símbolo de la pendiente la palabra coeficiente se utilizará regularmente para la pendiente, porque es un número que siempre estará junto a la letra "x" Se escribirá como b_1 cuando se utiliza una muestra, y β_1 se utilizará con una población o al escribir el modelo lineal teórico.

Bivariante dos variables están presentes en el modelo, donde una es la "causa" o variable independiente y la otra es el "efecto" de la variable dependiente.

Lineal modelo que toma los datos y los convierte en una ecuación de línea recta.

Multivariante sistema o modelo en el que se utiliza más de una variable independiente para predecir un resultado. Solo puede haber una variable dependiente, aunque no hay límite en el número de variables independientes.

R^2 **– Coeficiente de determinación** es un número entre 0 y 1 que representa el porcentaje de variación de la variable dependiente, que se explica por la variación de la variable independiente. A veces se calcula mediante la ecuación $R^2 = \frac{SSR}{SST}$ donde SSR es la "suma de cuadrados de la regresión" (Sum of Squares Regression) y SST es la "suma total de cuadrados" (Sum of Squares Total). El coeficiente de determinación apropiado que se notifica siempre debería ajustarse primero a los grados de libertad.

Residual o "error" el valor calculado al restar $y_0 - \hat{y}_0 = e_0$. El valor absoluto del residual mide la distancia vertical entre el valor real de *y* y el valor estimado de *y* que aparece en la línea de mejor ajuste.

R **– Coeficiente de correlación** un número entre –1 y 1 que representa la fuerza y la dirección de la relación entre la "X" y la "Y". El valor de "*r*" será igual a 1 o –1 solo si todos los puntos trazados forman una línea perfectamente recta.

Suma de errores al cuadrado (Sum of Squared Errors, SSE) el valor calculado de la suma de todos los términos residuales al cuadrado. Se espera que este valor sea muy pequeño al momento de crear un modelo.

X - la variable independiente a veces se denominará variable "predictora", porque estos valores se midieron para determinar los posibles resultados que se podían predecir.

Y - la variable dependiente además, el uso de la letra "y" representa valores reales, mientras que $\hat{y}$ representa los valores previstos o estimados. Los valores predichos se obtienen al introducir los valores "x" observados en un modelo lineal.

Repaso del capítulo

13.3 Ecuaciones lineales

El tipo más básico de asociación es la asociación lineal. Este tipo de relación se puede definir algebraicamente mediante las ecuaciones usadas, numéricamente con los valores de los datos reales o previstos o gráficamente a partir de una curva trazada (las líneas se clasifican como curvas rectas). Algebraicamente, una ecuación lineal suele tener la forma ***y = mx + b***, donde ***m*** y ***b*** son constantes, ***x*** es la variable independiente ***y*** es la variable dependiente. En un contexto estadístico, una ecuación lineal se escribe de la forma ***y = a + bx***, donde ***a*** y ***b*** son las constantes. Esta forma se utiliza para ayudar a los lectores a distinguir el contexto estadístico del contexto algebraico. En la ecuación *y = a + bx*, la constante *b*, llamada coeficiente, representa la **pendiente**. La constante *a* se denomina **intersección en y**.

La **pendiente de una línea** es un valor que describe la tasa de cambio entre las variables independiente y dependiente. La **pendiente** nos indica cómo cambia la variable dependiente (*y*) por cada incremento unitario de la variable independiente (*x*) , en promedio. La **intersección en *y*** se utiliza para describir la variable dependiente cuando la variable independiente es igual a cero.

13.4 La ecuación de regresión

Se espera que esta explicación sobre el análisis de regresión haya demostrado el enorme potencial que tiene como herramienta para probar modelos y comprender mejor el mundo que nos rodea. El modelo de regresión tiene sus limitaciones, especialmente el requisito de que la relación subyacente sea aproximadamente lineal. En la medida en que la verdadera relación no sea lineal, puede aproximarse con una relación lineal o con formas no lineales de transformaciones que pueden estimarse con técnicas lineales. La transformación logarítmica doble de los datos proporcionará una manera fácil de probar esta forma particular de la relación. Una forma cuadrática aceptable (la forma de la curva de coste total de Principios de Microeconomía) puede generarse con la ecuación:

$$Y = a + b_1X + b_2X^2$$

donde los valores de X se elevan simplemente al cuadrado y se introducen en la ecuación como una variable independiente.

Hay muchos más "trucos" econométricos que evitan algunos de los supuestos más problemáticos del modelo de regresión general. Esta técnica estadística es tan valiosa que el estudio más detallado proporcionaría a cualquier estudiante unos dividendos estadísticamente significativos.

Práctica

13.1 El coeficiente de correlación r

1. Para tener un coeficiente de correlación entre los rasgos A y B, es necesario tener:

a. un grupo de sujetos, algunos de los cuales poseen características del rasgo A, el restante posee las del rasgo B
b. medidas del rasgo A en un grupo de sujetos y del rasgo B en otro grupo
c. dos grupos de sujetos, uno que podría clasificarse como A o no A, y el otro como B o no B
d. dos grupos de sujetos, uno que podría clasificarse como A o no A, y el otro como B o no B

2. Defina el coeficiente de correlación y dé un ejemplo único de su uso.

3. Si la correlación entre la edad de un automóvil y el dinero gastado en reparaciones es de +0,90

a. El 81 % de la variación del dinero gastado en reparaciones se explica por la edad del automóvil
b. El 81 % del dinero gastado en reparaciones no se explica por la edad del automóvil
c. El 90 % del dinero que se gasta en reparaciones se explica por la edad del automóvil
d. Ninguna de las anteriores

4. Supongamos que el promedio general de calificaciones del instituto universitario y la parte verbal de una prueba de coeficiente intelectual tienen una correlación de 0,40. ¿Qué porcentaje de la varianza tienen ambas en común?

a. 20
b. 16
c. 40
d. 80

5. ¿Verdadero o falso? Si es falso, explique por qué: El coeficiente de determinación puede tener valores entre -1 y +1.

6. Verdadero o falso: Siempre que se calcula r a partir de una muestra, el valor que obtenemos es solo una estimación del verdadero coeficiente de correlación que obtendríamos si lo calculáramos para toda la población.

7. Bajo un "diagrama de dispersión" se anota que el coeficiente de correlación es de 0,10. ¿Qué significa esto?

a. más y menos el 10 % de la media incluye alrededor del 68 % de los casos
b. una décima parte de la varianza de una variable se comparte con la otra variable
c. una décima parte de una variable es causada por la otra variable
d. en una escala de -1 a +1, el grado de relación lineal entre las dos variables es de +0,10

8. Se sabe que el coeficiente de correlación de la X y de la Y es cero. Entonces podemos concluir que:

a. la X y la Y tienen distribuciones estándar
b. las varianzas de la X y de la Y son iguales
c. no existe ninguna relación entre la X y la Y
d. no existe ninguna relación lineal entre la X y la Y
e. ninguno de estos

9. ¿Cuál cree que es el valor del coeficiente de correlación para el par de variables: "número de horas de trabajo" y "número de unidades de trabajo realizadas"?

a. Aproximadamente 0,9
b. Aproximadamente 0,4
c. Aproximadamente 0,0
d. Aproximadamente -0,4
e. Aproximadamente -0,9

10. En un grupo determinado, la correlación entre la estatura en pies y el peso en libras es de +0,68. ¿Cuál de las siguientes opciones alteraría el valor de r?

a. la altura se expresa en centímetros.
b. el peso se expresa en kilogramos.
c. ambos afectarán a r.
d. ninguno de los cambios anteriores afectará a r.

13.2 Comprobación de la importancia del coeficiente de correlación

11. Defina la prueba t de un coeficiente de regresión y dé un ejemplo único de su uso.

12. La correlación entre las puntuaciones en una prueba de neurosis y las puntuaciones en una prueba de ansiedad es alta y positiva; por lo tanto,

a. la ansiedad causa neurosis.
b. los que obtienen una puntuación baja en una prueba tienden a obtener una puntuación alta en la otra.
c. los que obtienen una puntuación baja en una prueba tienden a obtener una puntuación baja en la otra.
d. no se puede hacer ninguna predicción significativa de una prueba a la otra.

13.3 Ecuaciones lineales

13. ¿Verdadero o falso? Si es falso, corríjalo: Supongamos un intervalo de confianza del 95 % para la pendiente β de la línea recta de regresión de Y sobre X viene dado por $-3{,}5 < \beta < -0{,}5$. Entonces una prueba de dos lados de la hipótesis $H_0: \beta = -1$ provocaría el rechazo de H_0 al nivel de significación del 1 %.

14. Verdadero o falso: Es más seguro interpretar los coeficientes de correlación como medidas de asociación y no de causalidad debido a la posibilidad de correlación espuria.

15. Nos interesa hallar la relación lineal entre el número de miniaplicaciones compradas de una vez y el coste por miniaplicación. Se han obtenido los siguientes datos:

X: Número de miniaplicaciones compradas – 1, 3, 6, 10, 15

Y: Coste por miniaplicación (en dólares) – 55, 52, 46, 32, 25

Supongamos que la línea de regresión es $\hat{y} = -2{,}5x + 60$. Calculamos el precio promedio por miniaplicación si se compran 30 y observamos alguno de los siguientes elementos:

a. $\hat{y} = 15$ **dólares**; obviamente, estamos equivocados; la predicción $\hat{y}$ es en realidad, +15 dólares.
b. $\hat{y} = 15$ **dólares**, lo que parece razonable, a juzgar por los datos.
c. $\hat{y} = -15$ **dólares**, lo cual es un sinsentido evidente. La línea de regresión debe ser incorrecta.
d. $\hat{y} = -15$ **dólares**, lo cual es un sinsentido evidente. Esto nos recuerda que predecir la Y fuera del rango de valores de la X en nuestros datos es una práctica muy mala.

16. Comente brevemente la distinción entre correlación y causalidad.

17. Verdadero o falso: Si r se acerca a + o -1, diremos que hay una fuerte correlación, en el entendido tácito de que nos referimos a una relación lineal y nada más.

13.4 La ecuación de regresión

18. Supongamos que tiene a su disposición la información que figura a continuación para cada uno de los 30 conductores. Proponga un modelo (con una breve indicación de los símbolos utilizados para representar las variables independientes) para explicar cómo varían las millas por galón de un conductor a otro, en función de los factores medidos.

Información:

1. millas conducidas por día
2. peso del automóvil
3. número de cilindros del automóvil
4. rapidez promedio
5. millas por galón
6. número de pasajeros

19. Considere un análisis de regresión de mínimos cuadrados entre una variable dependiente (Y) y una variable independiente (X). El coeficiente de correlación muestral de −1 (menos uno) nos indica que:

    a. no hay relación entre Y y X en la muestra
    b. no hay relación entre Y y X en la población
    c. existe una relación negativa perfecta entre Y y X en la población
    d. existe una relación negativa perfecta entre Y y X en la muestra.

20. En el análisis correlacional, cuando los puntos se dispersan ampliamente alrededor de la línea de regresión, esto significa que la correlación es:

    a. negativa.
    b. baja.
    c. heterogénea.
    d. entre dos medidas que no son fiables.

13.5 Interpretación de los coeficientes de regresión: elasticidad y transformación logarítmica

21. En una regresión lineal, ¿por qué tenemos que preocuparnos por el rango de la variable independiente (X)?

22. Supongamos que se recoge la siguiente información, donde la X es el diámetro del tronco del árbol y la Y es la altura del árbol.

X	Y
4	8
2	4
8	18
6	22
10	30
6	8

Tabla 13.3

Ecuación de regresión: $\hat{y}_i = -3{,}6 + 3{,}1 \cdot X_i$

¿Cuál es su estimación de la altura promedio de todos los árboles con un diámetro de tronco de 7 pulgadas?

23. Los fabricantes de un producto químico utilizado en los collares antipulgas afirman que, en las típicas condiciones de ensayo, cada unidad adicional del producto químico provocará una reducción de 5 pulgas (es decir, cuando $X_j = \text{cantidad de producto químico}$ y $Y_J = B_0 + B_1 \cdot X_J + E_J$, H_0: $B_1 = -5$

Supongamos que se ha realizado una prueba y los resultados de la computadora incluyen:

Intersección = 60

Pendiente = –4

Error estándar del coeficiente de regresión = 1,0

Grados de libertad para el error = 2000

Intervalo de confianza del 95% para la pendiente –2,04; –5,96

¿Son estas pruebas coherentes con la afirmación de que el número de pulgas se reduce a razón de 5 por unidad de producto químico?

13.6 Predicción con una ecuación de regresión

24. ¿Verdadero o falso? Si es falso, corríjalo: Supongamos que se realiza una regresión lineal simple de Y sobre X y se comprueba la hipótesis de que la pendiente β es cero frente a una alternativa de dos lados. Usted tiene $n = 25$ observaciones y su estadístico de prueba (t) calculado es 2,6. Entonces su valor *P* viene dado por 0,01 < *P* < 0,02, lo que da una significación límite (es decir, se rechazaría H_0 a $\alpha = 0{,}02$, pero no se rechaza H_0 a $\alpha = 0{,}01$).

25. Un economista se interesa por la posible influencia del "trigo milagroso" en el rendimiento promedio del trigo en un distrito. Para ello, realiza una regresión lineal del rendimiento promedio anual con respecto al año posterior a la introducción del "trigo milagroso" durante un periodo de diez años.

La línea de tendencia ajustada es

$\hat{y}_j = 80 + 1{,}5 \cdot X_j$

(Y_j: Rendimiento promedio en *j* año después de la introducción)

(X_j: *j* año después de la introducción).

a. ¿Cuál es el rendimiento promedio estimado para el cuarto año tras la introducción?
b. ¿Quiere utilizar esta línea de tendencia para estimar el rendimiento, por ejemplo, 20 años después de la introducción? ¿Por qué? ¿Cuál sería su estimación?

26. Una interpretación de $r = 0{,}5$ es que la siguiente parte de la variación de la Y está asociada a qué variación en la X:

a. la mayor parte
b. la mitad
c. muy poco
d. una cuarta parte
e. ninguno de estos

27. ¿Cuál de los siguientes valores de *r* indica la predicción más precisa de una variable a partir de otra?

a. $r = 1{,}18$
b. $r = -0{,}77$
c. $r = 0{,}68$

13.7 Cómo utilizar Microsoft Excel® para el análisis de regresión

28. Se ha utilizado un programa computarizado de regresión múltiple para ajustar $\hat{y}_j = b_0 + b_1 \cdot X_{1j} + b_2 \cdot X_{2j} + b_3 \cdot X_{3j}$.

Parte del resultado de la computadora incluye:

i	b_i	S_{b_i}
0	8	1,6
1	2,2	0,24
2	-0,72	0,32
3	0,005	0,002

Tabla 13.4

a. Cálculo del intervalo de confianza para b_2 se compone de ______± (un valor t de Student) (______)
b. El nivel de confianza de este intervalo se refleja en el valor utilizado para ______.
c. Los grados de libertad disponibles para estimar la varianza están directamente relacionados con el valor utilizado para ______

29. Un investigador ha utilizado un programa de regresión múltiple sobre 20 puntos de datos para obtener una ecuación de regresión con 3 variables. Parte del resultado de la computadora es:

Variable	Coeficiente	Error estándar de b_i
1	0,45	0,21
2	0,80	0,10
3	3,10	0,86

Tabla 13.5

a. 0,80 es una estimación de _________.
b. 0,10 es una estimación de _________.
c. Asumiendo que las respuestas satisfacen el supuesto de normalidad, podemos estar seguros al 95% de que el valor de β_2 está en el intervalo, ______ ± [$t_{0,025}$ · ______], donde $t_{0,025}$ es el valor crítico de la distribución *t* de Student con ___ grados de libertad.

Soluciones

1. d

2. Una medida del grado en que la variación de una variable está relacionada con la variación de otra u otras variables. El coeficiente de correlación más utilizado indica el grado en que la variación de una variable se describe mediante una relación de línea recta con otra variable.

Supongamos que se dispone de información muestral sobre el ingreso familiar y los años de escolaridad del cabeza de familia. Un coeficiente de correlación = 0 indicaría que no hay ninguna asociación lineal entre estas dos variables. Una correlación de 1 indicaría una asociación lineal perfecta (en la que toda la variación del ingreso familiar podría estar asociada a la escolarización y viceversa).

3. a. El 81 % de la variación del dinero gastado en reparaciones se explica por la edad del automóvil

4. b. 16

5. El coeficiente de determinación es r··2 con 0 ≤ r··2 ≤ 1, ya que -1 ≤ r ≤ 1.

6. Verdadero

7. d. en una escala de -1 a +1, el grado de relación lineal entre las dos variables es +0,10

8. d. no existe ninguna relación lineal entre la X y la Y

9. Aproximadamente 0,9

10. d. ninguno de los cambios anteriores afectará a r.

11. Definición:

La prueba t se obtiene al dividir el coeficiente de regresión entre el error estándar y comparar el resultado con los valores críticos de la t de Student con los *df* del error. Proporciona una prueba de la afirmación de que $\beta_i = 0$ cuando se han incluido todas las demás variables en el modelo de regresión correspondiente.

Ejemplo:

Supongamos que se sospecha que 4 variables influyen en alguna respuesta. Supongamos que los resultados de la adaptación $Y_i = \beta_0 + \beta_1 X_{1i} + \beta_2 X_{2i} + \beta_3 X_{3i} + \beta_4 X_{4i} + e_i$ incluyen:

Variable	Coeficiente de regresión	Error estándar del coeficiente regular
0,5	1	-3
0,4	2	+2
0,02	3	+1
0,6	4	-0,5

Tabla 13.6

la t calculada para las variables 1, 2 y 3 sería de 5 o más en valor absoluto, mientras que la de la variable 4 sería inferior a 1. Para la mayoría de los niveles de significación, la hipótesis $\beta_1 = 0$ sería rechazada. No obstante, fíjese que esto es para el caso en que X_2, X_3 y X_4 se han incluido en la regresión. Para la mayoría de los niveles de significación, la hipótesis $\beta_4 = 0$ se continuaría (se mantendría) para el caso en que X_1, X_2 y X_3 están en la regresión. A menudo, este patrón de resultados ocasionará el cálculo de otra regresión que incluya solo X_1, X_2, X_3, y el examen de los cocientes t producidos para ese caso.

12. c. los que obtienen una puntuación baja en una prueba tienden a obtener una puntuación baja en la otra.

13. Falso. Dado que $H_0: \beta = -1$ no se rechazaría a $\alpha = 0{,}05$, no se rechazaría a $\alpha = 0{,}01$.

14. Verdadero

15. d

16. Algunas variables parecen estar relacionadas, de modo que conocer el estado de una de ellas nos permite predecir el estado de la otra. Esta relación puede medirse y se llama correlación. Sin embargo, una alta correlación entre dos variables no demuestra en absoluto que exista una relación de causa-efecto entre sí. Es muy posible que un tercer factor haga que ambas variables varíen juntas.

17. Verdadero

18. $Y_j = b_0 + b_1 \cdot X_1 + b_2 \cdot X_2 + b_3 \cdot X_3 + b_4 \cdot X_4 + b_5 \cdot X_6 + e_j$

19. d. existe una relación negativa perfecta entre Y y X en la muestra.

20. b. baja

21. La precisión de la estimación de la variable Y depende del rango de la variable independiente (X) explorada. Si exploramos un rango muy pequeño de la variable X, no podremos hacer mucho uso de la regresión. Además, no se recomienda la extrapolación.

22. $\hat{y} = -3{,}6 + (3{,}1 \cdot 7) = 18{,}1$

23. Lo más sencillo es que, dado que −5 se incluye en el intervalo de confianza de la pendiente, concluimos que las pruebas son coherentes con la afirmación con un nivel de confianza del 95 %.

Utilizando una prueba t:

$H_0: B_1 = -5$

$H_A: B_1 \neq -5$

$t_{\text{calculado}} = \frac{-5-(-4)}{1} = -1$

$t_{\text{crítico}} = -1{,}96$

Dado que $t_{\text{calc}} < t_{\text{crit}}$ mantenemos la hipótesis nula de que $B_1 = -5$.

24. Verdadero.

$t_{(\text{crítica, df = 23, de dos colas, } \alpha = 0{,}02)} = \pm\ 2{,}5$

$t_{\text{crítica, df = 23, dos colas, } \alpha = 0{,}01} = \pm\ 2{,}8$

25.
a. $80 + 1{,}5 \cdot 4 = 86$
b. No. La mayoría de los estadísticos empresariales no querrían extrapolar tanto. Si alguien lo hiciera, la estimación sería de 110, pero probablemente entren en juego otros factores con 20 años.

26. d. una cuarta parte

27. b. $r = -0{,}77$

28.
a. −.72, 0,32
b. el valor t
c. el valor t

29.
a. El valor de la población para β_2, el cambio que se produce en Y con un cambio unitario en X_2, cuando las demás variables se mantienen constantes.
b. El valor poblacional del error estándar de la distribución de las estimaciones de β_2.
c. 0,8, 0,1, 16 = 20 − 4.

A CUADROS ESTADÍSTICOS

Distribución *F*

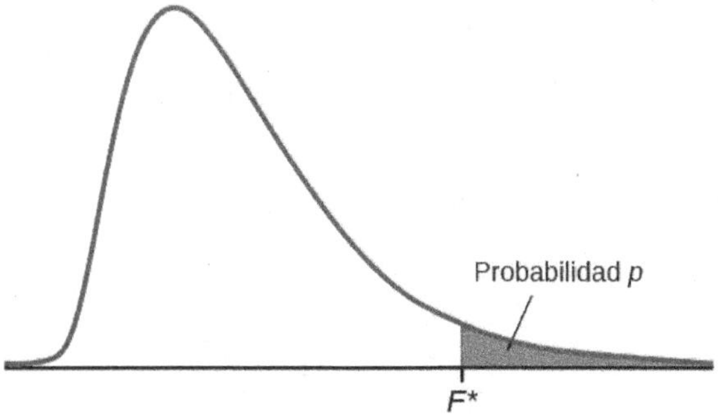

Figura A1 La entrada de la tabla para *p* es el valor crítico *F** con la probabilidad *p* situada a su derecha.

		Grados de libertad en el numerador								
Grados de libertad en el denominador	*p*	1	2	3	4	5	6	7	8	9
1	0,100	39,86	49,50	53,59	55,83	57,24	58,20	58,91	59,44	59,86
	0,050	161,45	199,50	215,71	224,58	230,16	233,99	236,77	238,88	240,54
	0,025	647,79	799,50	864,16	899,58	921,85	937,11	948,22	956,66	963,28
	0,010	4.052,2	4.999,5	5.403,4	5.624,6	5.763,6	5.859,0	5.928,4	5.981,1	6.022,5
	0,001	405.284	500.000	540.379	562.500	576.405	585.937	592.873	598.144	602.284
2	0,100	8,53	9,00	9,16	9,24	9,29	9,33	9,35	9,37	9,38
	0,050	18,51	19,00	19,16	19,25	19,30	19,33	19,35	19,37	19,38
	0,025	38,51	39,00	39,17	39,25	39,30	39,33	39,36	39,37	39,39
	0,010	98,50	99,00	99,17	99,25	99,30	99,33	99,36	99,37	99,39
	0,001	998,50	999,00	999,17	999,25	999,30	999,33	999,36	999,37	999,39
3	0,100	5,54	5,46	5,39	5,34	5,31	5,28	5,27	5,25	5,24
	0,050	10,13	9,55	9,28	9,12	9,01	8,94	8,89	8,85	8,81
	0,025	17,44	16,04	15,44	15,10	14,88	14,73	14,62	14,54	14,47
	0,010	34,12	30,82	29,46	28,71	28,24	27,91	27,67	27,49	27,35
	0,001	167,03	148,50	141,11	137,10	134,58	132,85	131,58	130,62	129,86

Tabla A1 Valores críticos *F*

		Grados de libertad en el numerador								
4	0,100	4,54	4,32	4,19	4,11	4,05	4,01	3,98	3,95	3,94
	0,050	7,71	6,94	6,59	6,39	6,26	6,16	6,09	6,04	6,00
	0,025	12,22	10,65	9,98	9,60	9,36	9,20	9,07	8,98	8,90
	0,010	21,20	18,00	16,69	15,98	15,52	15,21	14,98	14,80	14,66
	0,001	74,14	61,25	56,18	53,44	51,71	50,53	49,66	49,00	48,47
5	0,100	4,06	3,78	3,62	3,52	3,45	3,40	3,37	3,34	3,32
	0,050	6,61	5,79	5,41	5,19	5,05	4,95	4,88	4,82	4,77
	0,025	10,01	8,43	7,76	7,39	7,15	6,98	6,85	6,76	6,68
	0,010	16,26	13,27	12,06	11,39	10,97	10,67	10,46	10,29	10,16
	0,001	47,18	37,12	33,20	31,09	29,75	28,83	28,16	27,65	27,24
6	0,100	3,78	3,46	3,29	3,18	3,11	3,05	3,01	2,98	2,96
	0,050	5,99	5,14	4,76	4,53	4,39	4,28	4,21	4,15	4,10
	0,025	8,81	7,26	6,60	6,23	5,99	5,82	5,70	5,60	5,52
	0,010	13,75	10,92	9,78	9,15	8,75	8,47	8,26	8,10	7,98
	0,001	35,51	27,00	23,70	21,92	20,80	20,03	19,46	19,03	18,69
7	0,100	3,59	3,26	3,07	2,96	2,88	2,83	2,78	2,75	2,72
	0,050	5,59	4,74	4,35	4,12	3,97	3,87	3,79	3,73	3,68
	0,025	8,07	6,54	5,89	5,52	5,29	5,12	4,99	4,90	4,82
	0,010	12,25	9,55	8,45	7,85	7,46	7,19	6,99	6,84	6,72
	0,001	29,25	21,69	18,77	17,20	16,21	15,52	15,02	14,63	14,33

Tabla A1 Valores críticos *F*

		Grados de libertad en el numerador										
Grados de libertad en el denominador	*p*	10	12	15	20	25	30	40	50	60	120	1.000
1	0,100	60,19	60,71	61,22	61,74	62,05	62,26	62,53	62,69	62,79	63,06	63,30
	0,050	241,88	243,91	245,95	248,01	249,26	250,10	251,14	251,77	252,20	253,25	254,19
	0,025	968,63	976,71	984,87	993,10	998,08	1.001,4	1.005,6	1.008,1	1.009,8	1.014,0	1.017,7

Tabla A2 Valores críticos *F* (continuos)

		Grados de libertad en el numerador										
	0,010	6.055,8	6.106,3	6.157,3	6.208,7	6.239,8	6.260,6	6.286,8	6.302,5	6.313,0	6.339,4	6.362,7
	0,001	605.621	610.668	615.764	620.908	624.017	626.099	628.712	630.285	631.337	633.972	636.301
2	0,100	9,39	9,41	9,42	9,44	9,45	9,46	9,47	9,47	9,47	9,48	9,49
	0,050	19,40	19,41	19,43	19,45	19,46	19,46	19,47	19,48	19,48	19,49	19,49
	0,025	39,40	39,41	39,43	39,45	39,46	39,46	39,47	39,48	39,48	39,49	39,50
	0,010	99,40	99,42	99,43	99,45	99,46	99,47	99,47	99,48	99,48	99,49	99,50
	0,001	999,40	999,42	999,43	999,45	999,46	999,47	999,47	999,48	999,48	999,49	999,50
3	0,100	5,23	5,22	5,20	5,18	5,17	5,17	5,16	5,15	5,15	5,14	5,13
	0,050	8,79	8,74	8,70	8,66	8,63	8,62	8,59	8,58	8,57	8,55	8,53
	0,025	14,42	14,34	14,25	14,17	14,12	14,08	14,04	14,01	13,99	13,95	13,91
	0,010	27,23	27,05	26,87	26,69	26,58	26,50	26,41	26,35	26,32	26,22	26,14
	0,001	129,25	128,32	127,37	126,42	125,84	125,45	124,96	124,66	124,47	123,97	123,53
4	0,100	3,92	3,90	3,87	3,84	3,83	3,82	3,80	3,80	3,79	3,78	3,76
	0,050	5,96	5,91	5,86	5,80	5,77	5,75	5,72	5,70	5,69	5,66	5,63
	0,025	8,84	8,75	8,66	8,56	8,50	8,46	8,41	8,38	8,36	8,31	8,26
	0,010	14,55	14,37	14,20	14,02	13,91	13,84	13,75	13,69	13,65	13,56	13,47
	0,001	48,05	47,41	46,76	46,10	45,70	45,43	45,09	44,88	44,75	44,40	44,09
5	0,100	3,30	3,27	3,24	3,21	3,19	3,17	3,16	3,15	3,14	3,12	3,11
	0,050	4,74	4,68	4,62	4,56	4,52	4,50	4,46	4,44	4,43	4,40	4,37
	0,025	6,62	6,52	6,43	6,33	6,27	6,23	6,18	6,14	6,12	6,07	6,02
	0,010	10,05	9,89	9,72	9,55	9,45	9,38	9,29	9,24	9,20	9,11	9,03
	0,001	26,92	26,42	25,91	25,39	25,08	24,87	24,60	24,44	24,33	24,06	23,82
6	0,100	2,94	2,90	2,87	2,84	2,81	2,80	2,78	2,77	2,76	2,74	2,72
	0,050	4,06	4,00	3,94	3,87	3,83	3,81	3,77	3,75	3,74	3,70	3,67
	0,025	5,46	5,37	5,27	5,17	5,11	5,07	5,01	4,98	4,96	4,90	4,86
	0,010	7,87	7,72	7,56	7,40	7,30	7,23	7,14	7,09	7,06	6,97	6,89
	0,001	18,41	17,99	17,56	17,12	16,85	16,67	16,44	16,31	16,21	15,98	15,77
7	0,100	2,70	2,67	2,63	2,59	2,57	2,56	2,54	2,52	2,51	2,49	2,47
	0,050	3,64	3,57	3,51	3,44	3,40	3,38	3,34	3,32	3,30	3,27	3,23
	0,025	4,76	4,67	4,57	4,47	4,40	4,36	4,31	4,28	4,25	4,20	4,15
	0,010	6,62	6,47	6,31	6,16	6,06	5,99	5,91	5,86	5,82	5,74	5,66
	0,001	14,08	13,71	13,32	12,93	12,69	12,53	12,33	12,20	12,12	11,91	11,72

Tabla A2 Valores críticos *F* (continuos)

		Grados de libertad en el numerador								
Grados de libertad en el denominador	*p*	1	2	3	4	5	6	7	8	9
8	0,100	3,46	3,11	2,92	2,81	2,73	2,67	2,62	2,59	2,56

Tabla A3 Valores críticos *F* (continuos)

		Grados de libertad en el numerador								
	0,050	5,32	4,46	4,07	3,84	3,69	3,58	3,50	3,44	3,39
	0,025	7,57	6,06	5,42	5,05	4,82	4,65	4,53	4,43	4,36
	0,010	11,26	8,65	7,59	7,01	6,63	6,37	6,18	6,03	5,91
	0,001	25,41	18,49	15,83	14,39	13,48	12,86	12,40	12,05	11,77
9	0,100	3,36	3,01	2,81	2,69	2,61	2,55	2,51	2,47	2,44
	0,050	5,12	4,26	3,86	3,63	3,48	3,37	3,29	3,23	3,18
	0,025	7,21	5,71	5,08	4,72	4,48	4,32	4,20	4,10	4,03
	0,010	10,56	8,02	6,99	6,42	6,06	5,80	5,61	5,47	5,35
	0,001	22,86	16,39	13,90	12,56	11,71	11,13	10,70	10,37	10,11
10	0,100	3,29	2,92	2,73	2,61	2,52	2,46	2,41	2,38	2,35
	0,050	4,96	4,10	3,71	3,48	3,33	3,22	3,14	3,07	3,02
	0,025	6,94	5,46	4,83	4,47	4,24	4,07	3,95	3,85	3,78
	0,010	10,04	7,56	6,55	5,99	5,64	5,39	5,20	5,06	4,94
	0,001	21,04	14,91	12,55	11,28	10,48	9,93	9,52	9,20	8,96
11	0,100	3,23	2,86	2,66	2,54	2,45	2,39	2,34	2,30	2,27
	0,050	4,84	3,98	3,59	3,36	3,20	3,09	3,01	2,95	2,90
	0,025	6,72	5,26	4,63	4,28	4,04	3,88	3,76	3,66	3,59
	0,010	9,65	7,21	6,22	5,67	5,32	5,07	4,89	4,74	4,63
	0,001	19,69	13,81	11,56	10,35	9,58	9,05	8,66	8,35	8,12
12	0,100	3,18	2,81	2,61	2,48	2,39	2,33	2,28	2,24	2,21
	0,050	4,75	3,89	3,49	3,26	3,11	3,00	2,91	2,85	2,80
	0,025	6,55	5,10	4,47	4,12	3,89	3,73	3,61	3,51	3,44
	0,010	9,33	6,93	5,95	5,41	5,06	4,82	4,64	4,50	4,39
	0,001	18,64	12,97	10,80	9,63	8,89	8,38	8,00	7,71	7,48
13	0,100	3,14	2,76	2,56	2,43	2,35	2,28	2,23	2,20	2,16

Tabla A3 Valores críticos *F* (continuos)

Grados de libertad en el numerador										
	0,010	10,04	7,56	6,55	5,99	5,64	5,39	5,20	5,06	4,94
	0,001	21,04	14,91	12,55	11,28	10,48	9,93	9,52	9,20	8,96
11	0,100	3,23	2,86	2,66	2,54	2,45	2,39	2,34	2,30	2,27
	0,050	4,84	3,98	3,59	3,36	3,20	3,09	3,01	2,95	2,90
	0,025	6,72	5,26	4,63	4,28	4,04	3,88	3,76	3,66	3,59
	0,010	9,65	7,21	6,22	5,67	5,32	5,07	4,89	4,74	4,63
	0,001	19,69	13,81	11,56	10,35	9,58	9,05	8,66	8,35	8,12
12	0,100	3,18	2,81	2,61	2,48	2,39	2,33	2,28	2,24	2,21
	0,050	4,75	3,89	3,49	3,26	3,11	3,00	2,91	2,85	2,80
	0,025	6,55	5,10	4,47	4,12	3,89	3,73	3,61	3,51	3,44
	0,010	9,33	6,93	5,95	5,41	5,06	4,82	4,64	4,50	4,39
	0,001	18,64	12,97	10,80	9,63	8,89	8,38	8,00	7,71	7,48
13	0,100	3,14	2,76	2,56	2,43	2,35	2,28	2,23	2,20	2,16
	0,050	4,67	3,81	3,41	3,18	3,03	2,92	2,83	2,77	2,71
	0,025	6,41	4,97	4,35	4,00	3,77	3,60	3,48	3,39	3,31
	0,010	9,07	6,70	5,74	5,21	4,86	4,62	4,44	4,30	4,19
	0,001	17,82	12,31	10,21	9,07	8,35	7,86	7,49	7,21	6,98
14	0,100	3,10	2,73	2,52	2,39	2,31	2,24	2,19	2,15	2,12
	0,050	4,60	3,74	3,34	3,11	2,96	2,85	2,76	2,70	2,65
	0,025	6,30	4,86	4,24	3,89	3,66	3,50	3,38	3,29	3,21
	0,010	8,86	6,51	5,56	5,04	4,69	4,46	4,28	4,14	4,03
	0,001	17,14	11,78	9,73	8,62	7,92	7,44	7,08	6,80	6,58
15	0,100	3,07	2,70	2,49	2,36	2,27	2,21	2,16	2,12	2,09
	0,050	4,54	3,68	3,29	3,06	2,90	2,79	2,71	2,64	2,59
	0,025	6,20	4,77	4,15	3,80	3,58	3,41	3,29	3,20	3,12

Tabla A3 Valores críticos *F* (continuos)

Grados de libertad en el numerador										
	0,010	8,68	6,36	5,42	4,89	4,56	4,32	4,14	4,00	3,89
	0,001	16,59	11,34	9,34	8,25	7,57	7,09	6,74	6,47	6,26

Tabla A3 **Valores críticos *F* (continuos)**

		Grados de libertad en el numerador										
Grados de libertad en el denominador	*p*	10	12	15	20	25	30	40	50	60	120	1.000
8	0,100	2,54	2,50	2,46	2,42	2,40	2,38	2,36	2,35	2,34	2,32	2,30
	0,050	3,35	3,28	3,22	3,15	3,11	3,08	3,04	3,02	3,01	2,97	2,93
	0,025	4,30	4,20	4,10	4,00	3,94	3,89	3,84	3,81	3,78	3,73	3,68
	0,010	5,81	5,67	5,52	5,36	5,26	5,20	5,12	5,07	5,03	4,95	4,87
	0,001	11,54	11,19	10,84	10,48	10,26	10,11	9,92	9,80	9,73	9,53	9,36
9	0,100	2,42	2,38	2,34	2,30	2,27	2,25	2,23	2,22	2,21	2,18	2,16
	0,050	3,14	3,07	3,01	2,94	2,89	2,86	2,83	2,80	2,79	2,75	2,71
	0,025	3,96	3,87	3,77	3,67	3,60	3,56	3,51	3,47	3,45	3,39	3,34
	0,010	5,26	5,11	4,96	4,81	4,71	4,65	4,57	4,52	4,48	4,40	4,32
	0,001	9,89	9,57	9,24	8,90	8,69	8,55	8,37	8,26	8,19	8,00	7,84
10	0,100	2,32	2,28	2,24	2,20	2,17	2,16	2,13	2,12	2,11	2,08	2,06
	0,050	2,98	2,91	2,85	2,77	2,73	2,70	2,66	2,64	2,62	2,58	2,54
	0,025	3,72	3,62	3,52	3,42	3,35	3,31	3,26	3,22	3,20	3,14	3,09
	0,010	4,85	4,71	4,56	4,41	4,31	4,25	4,17	4,12	4,08	4,00	3,92
	0,001	8,75	8,45	8,13	7,80	7,60	7,47	7,30	7,19	7,12	6,94	6,78
11	0,100	2,25	2,21	2,17	2,12	2,10	2,08	2,05	2,04	2,03	2,00	1,98
	0,050	2,85	2,79	2,72	2,65	2,60	2,57	2,53	2,51	2,49	2,45	2,41
	0,025	3,53	3,43	3,33	3,23	3,16	3,12	3,06	3,03	3,00	2,94	2,89
	0,010	4,54	4,40	4,25	4,10	4,01	3,94	3,86	3,81	3,78	3,69	3,61

Tabla A4 **Valores críticos *F* (continuos)**

	Grados de libertad en el numerador										
	0,001	7,92	7,63	7,32	7,01	6,81	6,68	6,52	6,42	6,35	6,18	6,02
12	0,100	2,19	2,15	2,10	2,06	2,03	2,01	1,99	1,97	1,96	1,93	1,91
	0,050	2,75	2,69	2,62	2,54	2,50	2,47	2,43	2,40	2,38	2,34	2,30
	0,025	3,37	3,28	3,18	3,07	3,01	2,96	2,91	2,87	2,85	2,79	2,73
	0,010	4,30	4,16	4,01	3,86	3,76	3,70	3,62	3,57	3,54	3,45	3,37
	0,001	7,29	7,00	6,71	6,40	6,22	6,09	5,93	5,83	5,76	5,59	5,44
13	0,100	2,14	2,10	2,05	2,01	1,98	1,96	1,93	1,92	1,90	1,88	1,85
	0,050	2,67	2,60	2,53	2,46	2,41	2,38	2,34	2,31	2,30	2,25	2,21
	0,025	3,25	3,15	3,05	2,95	2,88	2,84	2,78	2,74	2,72	2,66	2,60
	0,010	4,10	3,96	3,82	3,66	3,57	3,51	3,43	3,38	3,34	3,25	3,18
	0,001	6,80	6,52	6,23	5,93	5,75	5,63	5,47	5,37	5,30	5,14	4,99
14	0,100	2,10	2,05	2,01	1,96	1,93	1,91	1,89	1,87	1,86	1,83	1,80
	0,050	2,60	2,53	2,46	2,39	2,34	2,31	2,27	2,24	2,22	2,18	2,14
	0,025	3,15	3,05	2,95	2,84	2,78	2,73	2,67	2,64	2,61	2,55	2,50
	0,010	3,94	3,80	3,66	3,51	3,41	3,35	3,27	3,22	3,18	3,09	3,02
	0,001	6,40	6,13	5,85	5,56	5,38	5,25	5,10	5,00	4,94	4,77	4,62
15	0,100	2,06	2,02	1,97	1,92	1,89	1,87	1,85	1,83	1,82	1,79	1,76
	0,050	2,54	2,48	2,40	2,33	2,28	2,25	2,20	2,18	2,16	2,11	2,07
	0,025	3,06	2,96	2,86	2,76	2,69	2,64	2,59	2,55	2,52	2,46	2,40
	0,010	3,80	3,67	3,52	3,37	3,28	3,21	3,13	3,08	3,05	2,96	2,88
	0,001	6,08	5,81	5,54	5,25	5,07	4,95	4,80	4,70	4,64	4,47	4,33

Tabla A4 Valores críticos *F* (continuos)

	Grados de libertad en el numerador									
Grados de libertad en el denominador	*p*	1	2	3	4	5	6	7	8	9
16	0,100	3,05	2,67	2,46	2,33	2,24	2,18	2,13	2,09	2,06

Tabla A5 Valores críticos *F* (continuos)

Grados de libertad en el numerador										
	0,050	4,49	3,63	3,24	3,01	2,85	2,74	2,66	2,59	2,54
	0,025	6,12	4,69	4,08	3,73	3,50	3,34	3,22	3,12	3,05
	0,010	8,53	6,23	5,29	4,77	4,44	4,20	4,03	3,89	3,78
	0,001	16,12	10,97	9,01	7,94	7,27	6,80	6,46	6,19	5,98
17	0,100	3,03	2,64	2,44	2,31	2,22	2,15	2,10	2,06	2,03
	0,050	4,45	3,59	3,20	2,96	2,81	2,70	2,61	2,55	2,49
	0,025	6,04	4,62	4,01	3,66	3,44	3,28	3,16	3,06	2,98
	0,010	8,40	6,11	5,19	4,67	4,34	4,10	3,93	3,79	3,68
	0,001	15,72	10,66	8,73	7,68	7,02	6,56	6,22	5,96	5,75
18	0,100	3,01	2,62	2,42	2,29	2,20	2,13	2,08	2,04	2,00
	0,050	4,41	3,55	3,16	2,93	2,77	2,66	2,58	2,51	2,46
	0,025	5,98	4,56	3,95	3,61	3,38	3,22	3,10	3,01	2,93
	0,010	8,29	6,01	5,09	4,58	4,25	4,01	3,84	3,71	3,60
	0,001	15,38	10,39	8,49	7,46	6,81	6,35	6,02	5,76	5,56
19	0,100	3,36	3,01	2,81	2,69	2,61	2,55	2,51	2,47	2,44
	0,050	5,12	4,26	3,86	3,63	3,48	3,37	3,29	3,23	3,18
	0,025	7,21	5,71	5,08	4,72	4,48	4,32	4,20	4,10	4,03
	0,010	10,56	8,02	6,99	6,42	6,06	5,80	5,61	5,47	5,35
	0,001	22,86	16,39	13,90	12,56	11,71	11,13	10,70	10,37	10,11
20	0,100	2,97	2,59	2,38	2,25	2,16	2,09	2,04	2,00	1,96
	0,050	4,35	3,49	3,10	2,87	2,71	2,60	2,51	2,45	2,39
	0,025	5,87	4,46	3,86	3,51	3,29	3,13	3,01	2,91	2,84
	0,010	8,10	5,85	4,94	4,43	4,10	3,87	3,70	3,56	3,46
	0,001	14,82	9,95	8,10	7,10	6,46	6,02	5,69	5,44	5,24
21	0,100	2,96	2,57	2,36	2,23	2,14	2,08	2,02	1,98	1,95

Tabla A5 Valores críticos *F* (continuos)

		Grados de libertad en el numerador								
	0,050	4,32	3,47	3,07	2,84	2,68	2,57	2,49	2,42	2,37
	0,025	5,83	4,42	3,82	3,48	3,25	3,09	2,97	2,87	2,80
	0,010	8,02	5,78	4,87	4,37	4,04	3,81	3,64	3,51	3,40
	0,001	14,59	9,77	7,94	6,95	6,32	5,88	5,56	5,31	5,11
22	0,100	2,95	2,56	2,35	2,22	2,13	2,06	2,01	1,97	1,93
	0,050	4,30	3,44	3,05	2,82	2,66	2,55	2,46	2,40	2,34
	0,025	5,79	4,38	3,78	3,44	3,22	3,05	2,93	2,84	2,76
	0,010	7,95	5,72	4,82	4,31	3,99	3,76	3,59	3,45	3,35
	0,001	14,38	9,61	7,80	6,81	6,19	5,76	5,44	5,19	4,99
23	0,100	2,94	2,55	2,34	2,21	2,11	2,05	1,99	1,95	1,92
	0,050	4,28	3,42	3,03	2,80	2,64	2,53	2,44	2,37	2,32
	0,025	5,75	4,35	3,75	3,41	3,18	3,02	2,90	2,81	2,73
	0,010	7,88	5,66	4,76	4,26	3,94	3,71	3,54	3,41	3,30
	0,001	14,20	9,47	7,67	6,70	6,08	5,65	5,33	5,09	4,89

Tabla A5 Valores críticos *F* (continuos)

		Grados de libertad en el numerador										
Grados de libertad en el denominador	*p*	10	12	15	20	25	30	40	50	60	120	1.000
16	0,100	2,03	1,99	1,94	1,89	1,86	1,84	1,81	1,79	1,78	1,75	1,72
	0,050	2,49	2,42	2,35	2,28	2,23	2,19	2,15	2,12	2,11	2,06	2,02
	0,025	2,99	2,89	2,79	2,68	2,61	2,57	2,51	2,47	2,45	2,38	2,32
	0,010	3,69	3,55	3,41	3,26	3,16	3,10	3,02	2,97	2,93	2,84	2,76
	0,001	5,81	5,55	5,27	4,99	4,82	4,70	4,54	4,45	4,39	4,23	4,08
17	0,100	2,00	1,96	1,91	1,86	1,83	1,81	1,78	1,76	1,75	1,72	1,69
	0,050	2,45	2,38	2,31	2,23	2,18	2,15	2,10	2,08	2,06	2,01	1,97
	0,025	2,92	2,82	2,72	2,62	2,55	2,50	2,44	2,41	2,38	2,32	2,26

Tabla A6 Valores críticos *F* (continuos)

Grados de libertad en el numerador												
	0,010	3,59	3,46	3,31	3,16	3,07	3,00	2,92	2,87	2,83	2,75	2,66
	0,001	5,58	5,32	5,05	4,78	4,60	4,48	4,33	4,24	4,18	4,02	3,87
18	0,100	1,98	1,93	1,89	1,84	1,80	1,78	1,75	1,74	1,72	1,69	1,66
	0,050	2,41	2,34	2,27	2,19	2,14	2,11	2,06	2,04	2,02	1,97	1,92
	0,025	2,87	2,77	2,67	2,56	2,49	2,44	2,38	2,35	2,32	2,26	2,20
	0,010	3,51	3,37	3,23	3,08	2,98	2,92	2,84	2,78	2,75	2,66	2,58
	0,001	5,39	5,13	4,87	4,59	4,42	4,30	4,15	4,06	4,00	3,84	3,69
19	0,100	1,96	1,91	1,86	1,81	1,78	1,76	1,73	1,71	1,70	1,67	1,64
	0,050	2,38	2,31	2,23	2,16	2,11	2,07	2,03	2,00	1,98	1,93	1,88
	0,025	2,82	2,72	2,62	2,51	2,44	2,39	2,33	2,30	2,27	2,20	2,14
	0,010	3,43	3,30	3,15	3,00	2,91	2,84	2,76	2,71	2,67	2,58	2,50
	0,001	5,22	4,97	4,70	4,43	4,26	4,14	3,99	3,90	3,84	3,68	3,53
20	0,100	1,94	1,89	1,84	1,79	1,76	1,74	1,71	1,69	1,68	1,64	1,61
	0,050	2,35	2,28	2,20	2,12	2,07	2,04	1,99	1,97	1,95	1,90	1,85
	0,025	2,77	2,68	2,57	2,46	2,40	2,35	2,29	2,25	2,22	2,16	2,09
	0,010	3,37	3,23	3,09	2,94	2,84	2,78	2,69	2,64	2,61	2,52	2,43
	0,001	5,08	4,82	4,56	4,29	4,12	4,00	3,86	3,77	3,70	3,54	3,40
21	0,100	1,92	1,87	1,83	1,78	1,74	1,72	1,69	1,67	1,66	1,62	1,59
	0,050	2,32	2,25	2,18	2,10	2,05	2,01	1,96	1,94	1,92	1,87	1,82
	0,025	2,73	2,64	2,53	2,42	2,36	2,31	2,25	2,21	2,18	2,11	2,05
	0,010	3,31	3,17	3,03	2,88	2,79	2,72	2,64	2,58	2,55	2,46	2,37
	0,001	4,95	4,70	4,44	4,17	4,00	3,88	3,74	3,64	3,58	3,42	3,28
22	0,100	1,90	1,86	1,81	1,76	1,73	1,70	1,67	1,65	1,64	1,60	1,57
	0,050	2,30	2,23	2,15	2,07	2,02	1,98	1,94	1,91	1,89	1,84	1,79
	0,025	2,70	2,60	2,50	2,39	2,32	2,27	2,21	2,17	2,14	2,08	2,01

Tabla A6 Valores críticos *F* (continuos)

		Grados de libertad en el numerador										
	0,010	3,26	3,12	2,98	2,83	2,73	2,67	2,58	2,53	2,50	2,40	2,32
	0,001	4,83	4,58	4,33	4,06	3,89	3,78	3,63	3,54	3,48	3,32	3,17
23	0,100	1,89	1,84	1,80	1,74	1,71	1,69	1,66	1,64	1,62	1,59	1,55
	0,050	2,27	2,20	2,13	2,05	2,00	1,96	1,91	1,88	1,86	1,81	1,76
	0,025	2,67	2,57	2,47	2,36	2,29	2,24	2,18	2,14	2,11	2,04	1,98
	0,010	3,21	3,07	2,93	2,78	2,69	2,62	2,54	2,48	2,45	2,35	2,27
	0,001	4,73	4,48	4,23	3,96	3,79	3,68	3,53	3,44	3,38	3,22	3,08

Tabla A6 Valores críticos *F* (continuos)

		Grados de libertad en el numerador								
Grados de libertad en el denominador	*p*	1	2	3	4	5	6	7	8	9
24	0,100	2,93	2,54	2,33	2,19	2,10	2,04	1,98	1,94	1,91
	0,050	4,26	3,40	3,01	2,78	2,62	2,51	2,42	2,36	2,30
	0,025	5,72	4,32	3,72	3,38	3,15	2,99	2,87	2,78	2,70
	0,010	7,82	5,61	4,72	4,22	3,90	3,67	3,50	3,36	3,26
	0,001	14,03	9,34	7,55	6,59	5,98	5,55	5,23	4,99	4,80
25	0,100	2,92	2,53	2,32	2,18	2,09	2,02	1,97	1,93	1,89
	0,050	4,24	3,39	2,99	2,76	2,60	2,49	2,40	2,34	2,28
	0,025	5,69	4,29	3,69	3,35	3,13	2,97	2,85	2,75	2,68
	0,010	7,77	5,57	4,68	4,18	3,85	3,63	3,46	3,32	3,22
	0,001	13,88	9,22	7,45	6,49	5,89	5,46	5,15	4,91	4,71
26	0,100	2,91	2,52	2,31	2,17	2,08	2,01	1,96	1,92	1,88
	0,050	4,23	3,37	2,98	2,74	2,59	2,47	2,39	2,32	2,27
	0,025	5,66	4,27	3,67	3,33	3,10	2,94	2,82	2,73	2,65
	0,010	7,72	5,53	4,64	4,14	3,82	3,59	3,42	3,29	3,18
	0,001	13,74	9,12	7,36	6,41	5,80	5,38	5,07	4,83	4,64

Tabla A7 Valores críticos *F* (continuos)

		Grados de libertad en el numerador								
27	0,100	2,90	2,51	2,30	2,17	2,07	2,00	1,95	1,91	1,87
	0,050	4,21	3,35	2,96	2,73	2,57	2,46	2,37	2,31	2,25
	0,025	5,63	4,24	3,65	3,31	3,08	2,92	2,80	2,71	2,63
	0,010	7,68	5,49	4,60	4,11	3,78	3,56	3,39	3,26	3,15
	0,001	13,61	9,02	7,27	6,33	5,73	5,31	5,00	4,76	4,57
28	0,100	2,89	2,50	2,29	2,16	2,06	2,00	1,94	1,90	1,87
	0,050	4,20	3,34	2,95	2,71	2,56	2,45	2,36	2,29	2,24
	0,025	5,61	4,22	3,63	3,29	3,06	2,90	2,78	2,69	2,61
	0,010	7,64	5,45	4,57	4,07	3,75	3,53	3,36	3,23	3,12
	0,001	13,50	8,93	7,19	6,25	5,66	5,24	4,93	4,69	4,50
29	0,100	2,89	2,50	2,28	2,15	2,06	1,99	1,93	1,89	1,86
	0,050	4,18	3,33	2,93	2,70	2,55	2,43	2,35	2,28	2,22
	0,025	5,59	4,20	3,61	3,27	3,04	2,88	2,76	2,67	2,59
	0,010	7,60	5,42	4,54	4,04	3,73	3,50	3,33	3,20	3,09
	0,001	13,39	8,85	7,12	6,19	5,59	5,18	4,87	4,64	4,45
30	0,100	2,88	2,49	2,28	2,14	2,05	1,98	1,93	1,88	1,85
	0,050	4,17	3,32	2,92	2,69	2,53	2,42	2,33	2,27	2,21
	0,025	5,57	4,18	3,59	3,25	3,03	2,87	2,75	2,65	2,57
	0,010	7,56	5,39	4,51	4,02	3,70	3,47	3,30	3,17	3,07
	0,001	13,29	8,77	7,05	6,12	5,53	5,12	4,82	4,58	4,39
40	0,100	2,84	2,44	2,23	2,09	2,00	1,93	1,87	1,83	1,79
	0,050	4,08	3,23	2,84	2,61	2,45	2,34	2,25	2,18	2,12
	0,025	5,42	4,05	3,46	3,13	2,90	2,74	2,62	2,53	2,45
	0,010	7,31	5,18	4,31	3,83	3,51	3,29	3,12	2,99	2,89
	0,001	12,61	8,25	6,59	5,70	5,13	4,73	4,44	4,21	4,02

Tabla A7 Valores críticos *F* (continuos)

		Grados de libertad en el numerador										
Grados de libertad en el denominador	*p*	10	12	15	20	25	30	40	50	60	120	1.000
24	0,100	1,88	1,83	1,78	1,73	1,70	1,67	1,64	1,62	1,61	1,57	1,54
	0,050	2,25	2,18	2,11	2,03	1,97	1,94	1,89	1,86	1,84	1,79	1,74
	0,025	2,64	2,54	2,44	2,33	2,26	2,21	2,15	2,11	2,08	2,01	1,94
	0,010	3,17	3,03	2,89	2,74	2,64	2,58	2,49	2,44	2,40	2,31	2,22
	0,001	4,64	4,39	4,14	3,87	3,71	3,59	3,45	3,36	3,29	3,14	2,99
25	0,100	1,87	1,82	1,77	1,72	1,68	1,66	1,63	1,61	1,59	1,56	1,52
	0,050	2,24	2,16	2,09	2,01	1,96	1,92	1,87	1,84	1,82	1,77	1,72
	0,025	2,61	2,51	2,41	2,30	2,23	2,18	2,12	2,08	2,05	1,98	1,91
	0,010	3,13	2,99	2,85	2,70	2,60	2,54	2,45	2,40	2,36	2,27	2,18
	0,001	4,56	4,31	4,06	3,79	3,63	3,52	3,37	3,28	3,22	3,06	2,91
26	0,100	1,86	1,81	1,76	1,71	1,67	1,65	1,61	1,59	1,58	1,54	1,51
	0,050	2,22	2,15	2,07	1,99	1,94	1,90	1,85	1,82	1,80	1,75	1,70
	0,025	2,59	2,49	2,39	2,28	2,21	2,16	2,09	2,05	2,03	1,95	1,89
	0,010	3,09	2,96	2,81	2,66	2,57	2,50	2,42	2,36	2,33	2,23	2,14
	0,001	4,48	4,24	3,99	3,72	3,56	3,44	3,30	3,21	3,15	2,99	2,84
27	0,100	1,85	1,80	1,75	1,70	1,66	1,64	1,60	1,58	1,57	1,53	1,50
	0,050	2,20	2,13	2,06	1,97	1,92	1,88	1,84	1,81	1,79	1,73	1,68
	0,025	2,57	2,47	2,36	2,25	2,18	2,13	2,07	2,03	2,00	1,93	1,86
	0,010	3,06	2,93	2,78	2,63	2,54	2,47	2,38	2,33	2,29	2,20	2,11
	0,001	4,41	4,17	3,92	3,66	3,49	3,38	3,23	3,14	3,08	2,92	2,78
28	0,100	1,84	1,79	1,74	1,69	1,65	1,63	1,59	1,57	1,56	1,52	1,48
	0,050	2,19	2,12	2,04	1,96	1,91	1,87	1,82	1,79	1,77	1,71	1,66
	0,025	2,55	2,45	2,34	2,23	2,16	2,11	2,05	2,01	1,98	1,91	1,84
	0,010	3,03	2,90	2,75	2,60	2,51	2,44	2,35	2,30	2,26	2,17	2,08

Tabla A8 Valores críticos *F* (continuos)

	Grados de libertad en el numerador										
	0,001	4,35	4,11	3,86	3,60	3,43	3,32	3,18	3,09	3,02	2,86	2,72
29	0,100	1,83	1,78	1,73	1,68	1,64	1,62	1,58	1,56	1,55	1,51	1,47
	0,050	2,18	2,10	2,03	1,94	1,89	1,85	1,81	1,77	1,75	1,70	1,65
	0,025	2,53	2,43	2,32	2,21	2,14	2,09	2,03	1,99	1,96	1,89	1,82
	0,010	3,00	2,87	2,73	2,57	2,48	2,41	2,33	2,27	2,23	2,14	2,05
	0,001	4,29	4,05	3,80	3,54	3,38	3,27	3,12	3,03	2,97	2,81	2,66
30	0,100	1,82	1,77	1,72	1,67	1,63	1,61	1,57	1,55	1,54	1,50	1,46
	0,050	2,16	2,09	2,01	1,93	1,88	1,84	1,79	1,76	1,74	1,68	1,63
	0,025	2,51	2,41	2,31	2,20	2,12	2,07	2,01	1,97	1,94	1,87	1,80
	0,010	2,98	2,84	2,70	2,55	2,45	2,39	2,30	2,25	2,21	2,11	2,02
	0,001	4,24	4,00	3,75	3,49	3,33	3,22	3,07	2,98	2,92	2,76	2,61
40	0,100	1,76	1,71	1,66	1,61	1,57	1,54	1,51	1,48	1,47	1,42	1,38
	0,050	2,08	2,00	1,92	1,84	1,78	1,74	1,69	1,66	1,64	1,58	1,52
	0,025	2,39	2,29	2,18	2,07	1,99	1,94	1,88	1,83	1,80	1,72	1,65
	0,010	2,80	2,66	2,52	2,37	2,27	2,20	2,11	2,06	2,02	1,92	1,82
	0,001	3,87	3,64	3,40	3,14	2,98	2,87	2,73	2,64	2,57	2,41	2,25

Tabla A8 Valores críticos *F* (continuos)

		Grados de libertad en el numerador								
Grados de libertad en el denominador	*p*	1	2	3	4	5	6	7	8	9
50	0,100	2,81	2,41	2,20	2,06	1,97	1,90	1,84	1,80	1,76
	0,050	4,03	3,18	2,79	2,56	2,40	2,29	2,20	2,13	2,07
	0,025	5,34	3,97	3,39	3,05	2,83	2,67	2,55	2,46	2,38
	0,010	7,17	5,06	4,20	3,72	3,41	3,19	3,02	2,89	2,78
	0,001	12,22	7,96	6,34	5,46	4,90	4,51	4,22	4,00	3,82
60	0,100	2,79	2,39	2,18	2,04	1,95	1,87	1,82	1,77	1,74

Tabla A9 Valores críticos *F* (continuos)

		Grados de libertad en el numerador								
	0,050	4,00	3,15	2,76	2,53	2,37	2,25	2,17	2,10	2,04
	0,025	5,29	3,93	3,34	3,01	2,79	2,63	2,51	2,41	2,33
	0,010	7,08	4,98	4,13	3,65	3,34	3,12	2,95	2,82	2,72
	0,001	11,97	7,77	6,17	5,31	4,76	4,37	4,09	3,86	3,69
100	0,100	2,76	2,36	2,14	2,00	1,91	1,83	1,78	1,73	1,69
	0,050	3,94	3,09	2,70	2,46	2,31	2,19	2,10	2,03	1,97
	0,025	5,18	3,83	3,25	2,92	2,70	2,54	2,42	2,32	2,24
	0,010	6,90	4,82	3,98	3,51	3,21	2,99	2,82	2,69	2,59
	0,001	11,50	7,41	5,86	5,02	4,48	4,11	3,83	3,61	3,44
200	0,100	2,73	2,33	2,11	1,97	1,88	1,80	1,75	1,70	1,66
	0,050	3,89	3,04	2,65	2,42	2,26	2,14	2,06	1,98	1,93
	0,025	5,10	3,76	3,18	2,85	2,63	2,47	2,35	2,26	2,18
	0,010	6,76	4,71	3,88	3,41	3,11	2,89	2,73	2,60	2,50
	0,001	11,15	7,15	5,63	4,81	4,29	3,92	3,65	3,43	3,26
1.000	0,100	2,71	2,31	2,09	1,95	1,85	1,78	1,72	1,68	1,64
	0,050	3,85	3,00	2,61	2,38	2,22	2,11	2,02	1,95	1,89
	0,025	5,04	3,70	3,13	2,80	2,58	2,42	2,30	2,20	2,13
	0,010	6,66	4,63	3,80	3,34	3,04	2,82	2,66	2,53	2,43
	0,001	10,89	6,96	5,46	4,65	4,14	3,78	3,51	3,30	3,13

Tabla A9 Valores críticos *F* (continuos)

		Grados de libertad en el numerador										
Grados de libertad en el denominador	*p*	10	12	15	20	25	30	40	50	60	120	1.000
50	0,100	1,73	1,68	1,63	1,57	1,53	1,50	1,46	1,44	1,42	1,38	1,33
	0,050	2,03	1,95	1,87	1,78	1,73	1,69	1,63	1,60	1,58	1,51	1,45
	0,025	2,32	2,22	2,11	1,99	1,92	1,87	1,80	1,75	1,72	1,64	1,56

Tabla A10 Valores críticos *F* (continuos)

		Grados de libertad en el numerador										
	0,010	2,70	2,56	2,42	2,27	2,17	2,10	2,01	1,95	1,91	1,80	1,70
	0,001	3,67	3,44	3,20	2,95	2,79	2,68	2,53	2,44	2,38	2,21	2,05
60	0,100	1,71	1,66	1,60	1,54	1,50	1,48	1,44	1,41	1,40	1,35	1,30
	0,050	1,99	1,92	1,84	1,75	1,69	1,65	1,59	1,56	1,53	1,47	1,40
	0,025	2,27	2,17	2,06	1,94	1,87	1,82	1,74	1,70	1,67	1,58	1,49
	0,010	2,63	2,50	2,35	2,20	2,10	2,03	1,94	1,88	1,84	1,73	1,62
	0,001	3,54	3,32	3,08	2,83	2,67	2,55	2,41	2,32	2,25	2,08	1,92
100	0,100	1,66	1,61	1,56	1,49	1,45	1,42	1,38	1,35	1,34	1,28	1,22
	0,050	1,93	1,85	1,77	1,68	1,62	1,57	1,52	1,48	1,45	1,38	1,30
	0,025	2,18	2,08	1,97	1,85	1,77	1,71	1,64	1,59	1,56	1,46	1,36
	0,010	2,50	2,37	2,22	2,07	1,97	1,89	1,80	1,74	1,69	1,57	1,45
	0,001	3,30	3,07	2,84	2,59	2,43	2,32	2,17	2,08	2,01	1,83	1,64
200	0,100	1,63	1,58	1,52	1,46	1,41	1,38	1,34	1,31	1,29	1,23	1,16
	0,050	1,88	1,80	1,72	1,62	1,56	1,52	1,46	1,41	1,39	1,30	1,21
	0,025	2,11	2,01	1,90	1,78	1,70	1,64	1,56	1,51	1,47	1,37	1,25
	0,010	2,41	2,27	2,13	1,97	1,87	1,79	1,69	1,63	1,58	1,45	1,30
	0,001	3,12	2,90	2,67	2,42	2,26	2,15	2,00	1,90	1,83	1,64	1,43
1.000	0,100	1,61	1,55	1,49	1,43	1,38	1,35	1,30	1,27	1,25	1,18	1,08
	0,050	1,84	1,76	1,68	1,58	1,52	1,47	1,41	1,36	1,33	1,24	1,11
	0,025	2,06	1,96	1,85	1,72	1,64	1,58	1,50	1,45	1,41	1,29	1,13
	0,010	2,34	2,20	2,06	1,90	1,79	1,72	1,61	1,54	1,50	1,35	1,16
	0,001	2,99	2,77	2,54	2,30	2,14	2,02	1,87	1,77	1,69	1,49	1,22

Tabla A10 Valores críticos *F* (continuos)

Las entradas numéricas representan la probabilidad de que una variable aleatoria normal estándar esté entre 0 y z donde $z = \frac{x-\mu}{\sigma}$.

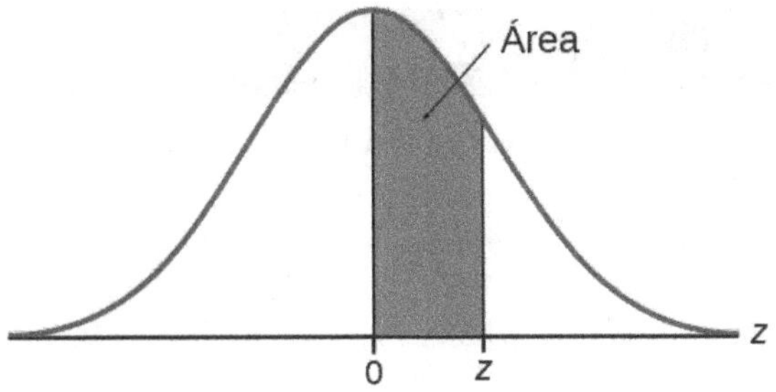

Figura A2

Distribución de probabilidad normal estándar: tabla *Z*

z	0,00	0,01	0,02	0,03	0,04	0,05	0,06	0,07	0,08	0,09
0,0	0,0000	0,0040	0,0080	0,0120	0,0160	0,0199	0,0239	0,0279	0,0319	0,0359
0,1	0,0398	0,0438	0,0478	0,0517	0,0557	0,0596	0,0636	0,0675	0,0714	0,0753
0,2	0,0793	0,0832	0,0871	0,0910	0,0948	0,0987	0,1026	0,1064	0,1103	0,1141
0,3	0,1179	0,1217	0,1255	0,1293	0,1331	0,1368	0,1406	0,1443	0,1480	0,1517
0,4	0,1554	0,1591	0,1628	0,1664	0,1700	0,1736	0,1772	0,1808	0,1844	0,1879
0,5	0,1915	0,1950	0,1985	0,2019	0,2054	0,2088	0,2123	0,2157	0,2190	0,2224
0,6	0,2257	0,2291	0,2324	0,2357	0,2389	0,2422	0,2454	0,2486	0,2517	0,2549
0,7	0,2580	0,2611	0,2642	0,2673	0,2704	0,2734	0,2764	0,2794	0,2823	0,2852
0,8	0,2881	0,2910	0,2939	0,2967	0,2995	0,3023	0,3051	0,3078	0,3106	0,3133
0,9	0,3159	0,3186	0,3212	0,3238	0,3264	0,3289	0,3315	0,3340	0,3365	0,3389
1,0	0,3413	0,3438	0,3461	0,3485	0,3508	0,3531	0,3554	0,3577	0,3599	0,3621
1,1	0,3643	0,3665	0,3686	0,3708	0,3729	0,3749	0,3770	0,3790	0,3810	0,3830
1,2	0,3849	0,3869	0,3888	0,3907	0,3925	0,3944	0,3962	0,3980	0,3997	0,4015
1,3	0,4032	0,4049	0,4066	0,4082	0,4099	0,4115	0,4131	0,4147	0,4162	0,4177
1,4	0,4192	0,4207	0,4222	0,4236	0,4251	0,4265	0,4279	0,4292	0,4306	0,4319
1,5	0,4332	0,4345	0,4357	0,4370	0,4382	0,4394	0,4406	0,4418	0,4429	0,4441
1,6	0,4452	0,4463	0,4474	0,4484	0,4495	0,4505	0,4515	0,4525	0,4535	0,4545
1,7	0,4554	0,4564	0,4573	0,4582	0,4591	0,4599	0,4608	0,4616	0,4625	0,4633
1,8	0,4641	0,4649	0,4656	0,4664	0,4671	0,4678	0,4686	0,4693	0,4699	0,4706
1,9	0,4713	0,4719	0,4726	0,4732	0,4738	0,4744	0,4750	0,4756	0,4761	0,4767

Tabla A11 Distribución normal estándar

z	0,00	0,01	0,02	0,03	0,04	0,05	0,06	0,07	0,08	0,09
2,0	0,4772	0,4778	0,4783	0,4788	0,4793	0,4798	0,4803	0,4808	0,4812	0,4817
2,1	0,4821	0,4826	0,4830	0,4834	0,4838	0,4842	0,4846	0,4850	0,4854	0,4857
2,2	0,4861	0,4864	0,4868	0,4871	0,4875	0,4878	0,4881	0,4884	0,4887	0,4890
2,3	0,4893	0,4896	0,4898	0,4901	0,4904	0,4906	0,4909	0,4911	0,4913	0,4916
2,4	0,4918	0,4920	0,4922	0,4925	0,4927	0,4929	0,4931	0,4932	0,4934	0,4936
2,5	0,4938	0,4940	0,4941	0,4943	0,4945	0,4946	0,4948	0,4949	0,4951	0,4952
2,6	0,4953	0,4955	0,4956	0,4957	0,4959	0,4960	0,4961	0,4962	0,4963	0,4964
2,7	0,4965	0,4966	0,4967	0,4968	0,4969	0,4970	0,4971	0,4972	0,4973	0,4974
2,8	0,4974	0,4975	0,4976	0,4977	0,4977	0,4978	0,4979	0,4979	0,4980	0,4981
2,9	0,4981	0,4982	0,4982	0,4983	0,4984	0,4984	0,4985	0,4985	0,4986	0,4986
3,0	0,4987	0,4987	0,4987	0,4988	0,4988	0,4989	0,4989	0,4989	0,4990	0,4990
3,1	0,4990	0,4991	0,4991	0,4991	0,4992	0,4992	0,4992	0,4992	0,4993	0,4993
3,2	0,4993	0,4993	0,4994	0,4994	0,4994	0,4994	0,4994	0,4995	0,4995	0,4995
3,3	0,4995	0,4995	0,4995	0,4996	0,4996	0,4996	0,4996	0,4996	0,4996	0,4997
3,4	0,4997	0,4997	0,4997	0,4997	0,4997	0,4997	0,4997	0,4997	0,4997	0,4998

Tabla A11 Distribución normal estándar

Distribución de la *t* de Student

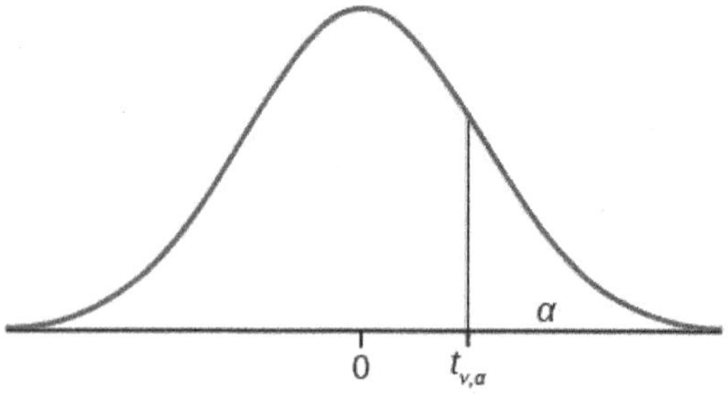

Figura A3 Valores críticos superiores de la distribución *t* de Student con *v* grados de libertad

Para las probabilidades seleccionadas, *a*, la tabla muestra los valores $t_{v,a}$ tales que $P(t_v > t_{v,a}) = a$, donde t_v es una variable aleatoria *t* de Student con *v* grados de libertad. Por ejemplo, la probabilidad es 0,10 de que una variable aleatoria *t* de Student con 10 grados de libertad supere 1,372.

v	0,10	0,05	0,025	0,01	0,005	0,001
1	3,078	6,314	12,706	31,821	63,657	318,313
2	1,886	2,920	4,303	6,965	9,925	22,327
3	1,638	2,353	3,182	4,541	5,841	10,215
4	1,533	2,132	2,776	3,747	4,604	7,173
5	1,476	2,015	2,571	3,365	4,032	5,893
6	1,440	1,943	2,447	3,143	3,707	5,208
7	1,415	1,895	2,365	2,998	3,499	4,782
8	1,397	1,860	2,306	2,896	3,355	4,499
9	1,383	1,833	2,262	2,821	3,250	4,296
10	1,372	1,812	2,228	2,764	3,169	4,143
11	1,363	1,796	2,201	2,718	3,106	4,024
12	1,356	1,782	2,179	2,681	3,055	3,929
13	1,350	1,771	2,160	2,650	3,012	3,852
14	1,345	1,761	2,145	2,624	2,977	3,787
15	1,341	1,753	2,131	2,602	2,947	3,733
16	1,337	1,746	2,120	2,583	2,921	3,686
17	1,333	1,740	2,110	2,567	2,898	3,646
18	1,330	1,734	2,101	2,552	2,878	3,610
19	1,328	1,729	2,093	2,539	2,861	3,579
20	1,325	1,725	2,086	2,528	2,845	3,552
21	1,323	1,721	2,080	2,518	2,831	3,527
22	1,321	1,717	2,074	2,508	2,819	3,505
23	1,319	1,714	2,069	2,500	2,807	3,485
24	1,318	1,711	2,064	2,492	2,797	3,467

Tabla A12 Probabilidad de superar el valor crítico NIST/SEMATECH e-Handbook of Statistical Methods, http://www.itl.nist.gov/div898/handbook/, septiembre de 2011.

v	0,10	0,05	0,025	0,01	0,005	0,001
25	1,316	1,708	2,060	2,485	2,787	3,450
26	1,315	1.706*	2,056	2,479	2,779	3,435
27	1,314	1,703	2,052	2,473	2,771	3,421
28	1,313	1,701	2,048	2,467	2,763	3,408
29	1,311	1,699	2,045	2,462	2,756	3,396
30	1,310	1,697	2,042	2,457	2,750	3,385
40	1,303	1,684	2,021	2,423	2,704	3,307
60	1,296	1,671	2,000	2,390	2,660	3,232
100	1,290	1,660	1,984	2,364	2,626	3,174
∞	1,282	1,645	1,960	2,326	2,576	3,090

Tabla A12 Probabilidad de superar el valor crítico NIST/ SEMATECH e-Handbook of Statistical Methods, http://www.itl.nist.gov/div898/handbook/, septiembre de 2011.

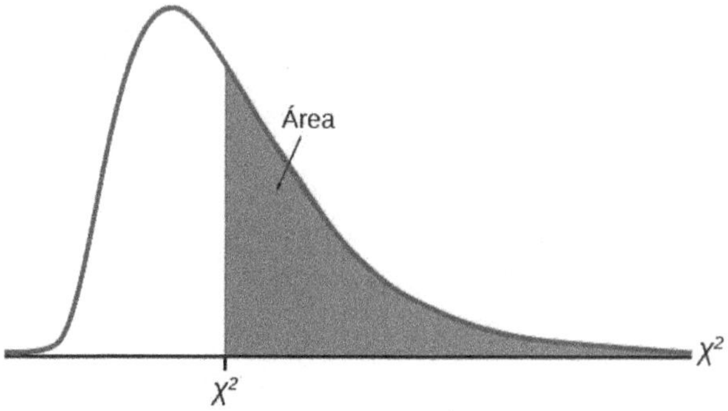

Figura A4

Distribución de la probabilidad x^2

df	0,995	0,990	0,975	0,950	0,900	0,100	0,050	0,025	0,010	0,005
1	0,000	0,000	0,001	0,004	0,016	2,706	3,841	5,024	6,635	7,879
2	0,010	0,020	0,051	0,103	0,211	4,605	5,991	7,378	9,210	10,597
3	0,072	0,115	0,216	0,352	0,584	6,251	7,815	9,348	11,345	12,838
4	0,207	0,297	0,484	0,711	1,064	7,779	9,488	11,143	13,277	14,860
5	0,412	0,554	0,831	1,145	1,610	9,236	11,070	12,833	15,086	16,750
6	0,676	0,872	1,237	1,635	2,204	10,645	12,592	14,449	16,812	18,548

Tabla A13 Área a la derecha del valor crítico de χ^2

df	0,995	0,990	0,975	0,950	0,900	0,100	0,050	0,025	0,010	0,005
7	0,989	1,239	1,690	2,167	2,833	12,017	14,067	16,013	18,475	20,278
8	1,344	1,646	2,180	2,733	3,490	13,362	15,507	17,535	20,090	21,955
9	1,735	2,088	2,700	3,325	4,168	14,684	16,919	19,023	21,666	23,589
10	2,156	2,558	3,247	3,940	4,865	15,987	18,307	20,483	23,209	25,188
11	2,603	3,053	3,816	4,575	5,578	17,275	19,675	21,920	24,725	26,757
12	3,074	3,571	4,404	5,226	6,304	18,549	21,026	23,337	26,217	28,300
13	3,565	4,107	5,009	5,892	7,042	19,812	22,362	24,736	27,688	29,819
14	4,075	4,660	5,629	6,571	7,790	21,064	23,685	26,119	29,141	31,319
15	4,601	5,229	6,262	7,261	8,547	22,307	24,996	27,488	30,578	32,801
16	5,142	5,812	6,908	7,962	9,312	23,542	26,296	28,845	32,000	34,267
17	5,697	6,408	7,564	8,672	10,085	24,769	27,587	30,191	33,409	35,718
18	6,265	7,015	8,231	9,390	10,865	25,989	28,869	31,526	34,805	37,156
19	6,844	7,633	8,907	10,117	11,651	27,204	30,144	32,852	36,191	38,582
20	7,434	8,260	9,591	10,851	12,443	28,412	31,410	34,170	37,566	39,997
21	8,034	8,897	10,283	11,591	13,240	29,615	32,671	35,479	38,932	41,401
22	8,643	9,542	10,982	12,338	14,041	30,813	33,924	36,781	40,289	42,796
23	9,260	10,196	11,689	13,091	14,848	32,007	35,172	38,076	41,638	44,181
24	9,886	10,856	12,401	13,848	15,659	33,196	36,415	39,364	42,980	45,559
25	10,520	11,524	13,120	14,611	16,473	34,382	37,652	40,646	44,314	46,928
26	11,160	12,198	13,844	15,379	17,292	35,563	38,885	41,923	45,642	48,290
27	11,808	12,879	14,573	16,151	18,114	36,741	40,113	43,195	46,963	49,645
28	12,461	13,565	15,308	16,928	18,939	37,916	41,337	44,461	48,278	50,993
29	13,121	14,256	16,047	17,708	19,768	39,087	42,557	45,722	49,588	52,336
30	13,787	14,953	16,791	18,493	20,599	40,256	43,773	46,979	50,892	53,672
40	20,707	22,164	24,433	26,509	29,051	51,805	55,758	59,342	63,691	66,766

Tabla A13 Área a la derecha del valor crítico de χ^2

df	0,995	0,990	0,975	0,950	0,900	0,100	0,050	0,025	0,010	0,005
50	27,991	29,707	32,357	34,764	37,689	63,167	67,505	71,420	76,154	79,490
60	35,534	37,485	40,482	43,188	46,459	74,397	79,082	83,298	88,379	91,952
70	43,275	45,442	48,758	51,739	55,329	85,527	90,531	95,023	100,425	104,215
80	51,172	53,540	57,153	60,391	64,278	96,578	101,879	106,629	112,329	116,321
90	59,196	61,754	65,647	69,126	73,291	107,565	113,145	118,136	124,116	128,299
100	67,328	70,065	74,222	77,929	82,358	118,498	124,342	129,561	135,807	140,169

Tabla A13 Área a la derecha del valor crítico de χ^2

Conjuntos de datos

Tiempos de vuelta

Las siguientes tablas proporcionan los tiempos de vuelta del libro de registro de Terri Vogel. Los tiempos se registran en segundos para las vueltas de 2,5 millas completadas en una serie de carreras y carreras de práctica.

	Vuelta 1	Vuelta 2	Vuelta 3	Vuelta 4	Vuelta 5	Vuelta 6	Vuelta 7
Carrera 1	135	130	131	132	130	131	133
Carrera 2	134	131	131	129	128	128	129
Carrera 3	129	128	127	127	130	127	129
Carrera 4	125	125	126	125	124	125	125
Carrera 5	133	132	132	132	131	130	132
Carrera 6	130	130	130	129	129	130	129
Carrera 7	132	131	133	131	134	134	131
Carrera 8	127	128	127	130	128	126	128
Carrera 9	132	130	127	128	126	127	124
Carrera 10	135	131	131	132	130	131	130
Carrera 11	132	131	132	131	130	129	129
Carrera 12	134	130	130	130	131	130	130
Carrera 13	128	127	128	128	128	129	128
Carrera 14	132	131	131	131	132	130	130
Carrera 15	136	129	129	129	129	129	129

Tabla A14 Tiempos de vuelta de carrera (en segundos)

	Vuelta 1	Vuelta 2	Vuelta 3	Vuelta 4	Vuelta 5	Vuelta 6	Vuelta 7
Carrera 16	129	129	129	128	128	129	129
Carrera 17	134	131	132	131	132	132	132
Carrera 18	129	129	130	130	133	133	127
Carrera 19	130	129	129	129	129	129	128
Carrera 20	131	128	130	128	129	130	130

Tabla A14 Tiempos de vuelta de carrera (en segundos)

	Vuelta 1	Vuelta 2	Vuelta 3	Vuelta 4	Vuelta 5	Vuelta 6	Vuelta 7
Práctica 1	142	143	180	137	134	134	172
Práctica 2	140	135	134	133	128	128	131
Práctica 3	130	133	130	128	135	133	133
Práctica 4	141	136	137	136	136	136	145
Práctica 5	140	138	136	137	135	134	134
Práctica 6	142	142	139	138	129	129	127
Práctica 7	139	137	135	135	137	134	135
Práctica 8	143	136	134	133	134	133	132
Práctica 9	135	134	133	133	132	132	133
Práctica 10	131	130	128	129	127	128	127
Práctica 11	143	139	139	138	138	137	138
Práctica 12	132	133	131	129	128	127	126
Práctica 13	149	144	144	139	138	138	137
Práctica 14	133	132	137	133	134	130	131
Práctica 15	138	136	133	133	132	131	131

Tabla A15 Tiempos de vuelta de práctica (en segundos)

Precios de las acciones

La siguiente tabla recoge los precios de las acciones de la oferta pública inicial (OPI) de todos los valores de 1999 que al menos duplicaron su valor durante el primer día de cotización.

$17,00	$23,00	$14,00	$16,00	$12,00	$26,00
$20,00	$22,00	$14,00	$15,00	$22,00	$18,00
$18,00	$21,00	$21,00	$19,00	$15,00	$21,00
$18,00	$17,00	$15,00	$25,00	$14,00	$30,00
$16,00	$10,00	$20,00	$12,00	$16,00	$17,44
$16,00	$14,00	$15,00	$20,00	$20,00	$16,00
$17,00	$16,00	$15,00	$15,00	$19,00	$48,00
$16,00	$18,00	$9,00	$18,00	$18,00	$20,00
$8,00	$20,00	$17,00	$14,00	$11,00	$16,00
$19,00	$15,00	$21,00	$12,00	$8,00	$16,00
$13,00	$14,00	$15,00	$14,00	$13,41	$28,00
$21,00	$17,00	$28,00	$17,00	$19,00	$16,00
$17,00	$19,00	$18,00	$17,00	$15,00	
$14,00	$21,00	$12,00	$18,00	$24,00	
$15,00	$23,00	$14,00	$16,00	$12,00	
$24,00	$20,00	$14,00	$14,00	$15,00	
$14,00	$19,00	$16,00	$38,00	$20,00	
$24,00	$16,00	$8,00	$18,00	$17,00	
$16,00	$15,00	$7,00	$19,00	$12,00	
$8,00	$23,00	$12,00	$18,00	$20,00	
$21,00	$34,00	$16,00	$26,00	$14,00	

Tabla A16 Precios de oferta de la OPI

Referencias

Datos recopilados por Jay R. Ritter, de la Universidad de Florida, con datos de *Securities Data Co.* y *Bloomberg*.

B ORACIONES, SÍMBOLOS Y FÓRMULAS MATEMÁTICAS

Oraciones en español escritas matemáticamente

Cuando en español dice:	Interprete esto como:
X es, al menos, 4.	$X \geq 4$
El mínimo de *X* es 4.	$X \geq 4$
X no es inferior a 4.	$X \geq 4$
X es mayor o igual a 4.	$X \geq 4$
X es como máximo 4.	$X \leq 4$
El máximo de *X* es 4.	$X \leq 4$
X no es más que 4.	$X \leq 4$
X es menor o igual a 4.	$X \leq 4$
X no excede de 4.	$X \leq 4$
X es mayor que 4.	$X > 4$
X es más de 4.	$X > 4$
X supera a 4.	$X > 4$
X es inferior a 4.	$X < 4$
Hay menos *X* que 4.	$X < 4$
X es 4.	$X = 4$
X es igual a 4.	$X = 4$
X es igual a 4.	$X = 4$
X no es 4.	$X \neq 4$
X no es igual a 4.	$X \neq 4$
X no es igual a 4.	$X \neq 4$
X es diferente de 4.	$X \neq 4$

Tabla B1

Símbolos y su significado

Capítulo (1er uso)	Símbolo	Se pronuncia	Significado
Muestreo y datos	$\sqrt{\ }$	La raíz cuadrada de	igual
Muestreo y datos	π	Pi	3,14159... (un número específico)
Estadística descriptiva	Q_1	Cuartil uno	el primer cuartil
Estadística descriptiva	Q_2	Cuartil dos	el segundo cuartil
Estadística descriptiva	Q_3	Cuartil tres	el tercer cuartil
Estadística descriptiva	IQR	rango intercuartil	$Q_3 - Q_1 = IQR$
Estadística descriptiva	$\bar{x}$	barra de x	media muestral
Estadística descriptiva	μ	mu	media de la población
Estadística descriptiva	s	s	desviación típica de la muestra
Estadística descriptiva	s^2	s al cuadrado	varianza de la muestra
Estadística descriptiva	σ	sigma	desviación típica de la población
Estadística descriptiva	σ^2	sigma al cuadrado	varianza de la población
Estadística descriptiva	Σ	sigma mayúscula	suma
Temas de probabilidad	$\{\}$	corchetes	notación de conjunto
Temas de probabilidad	S	S	espacio muestral
Temas de probabilidad	A	Evento A	evento A
Temas de probabilidad	$P(A)$	probabilidad de A	probabilidad de que ocurra A

Tabla B2 Símbolos y su significado

Capítulo (1.er uso)	Símbolo	Se pronuncia	Significado
Temas de probabilidad	$P(A\|B)$	probabilidad de A dado que B	probabilidad de que ocurra A dado que ha ocurrido B
Temas de probabilidad	$P(A \cup B)$	probabilidad de A o B	probabilidad de que se produzca A o B o ambos
Temas de probabilidad	$P(A \cap B)$	probabilidad de A y B	probabilidad de que ocurran tanto A como B (al mismo tiempo)
Temas de probabilidad	A'	A prima, complemento de A	complemento de A, no A
Temas de probabilidad	$P(A')$	probabilidad de complemento de A	igual
Temas de probabilidad	G_1	verde en la primera selección	igual
Temas de probabilidad	$P(G_1)$	probabilidad de verde en la primera selección	igual
Variables aleatorias discretas	*PDF*	probabilidad de función de densidad	igual
Variables aleatorias discretas	X	X	la variable aleatoria X
Variables aleatorias discretas	$X\sim$	la distribución de X	igual
Variables aleatorias discretas	$\geq$	mayor que o igual a	igual
Variables aleatorias discretas	$\leq$	menor que o igual a	igual
Variables aleatorias discretas	$=$	igual a	igual
Variables aleatorias discretas	$\neq$	no es igual a	igual
Variables aleatorias continuas	$f(x)$	f de x	función de x
Variables aleatorias continuas	*pdf*	probabilidad de función de densidad	igual
Variables aleatorias continuas	U	distribución uniforme	igual

Tabla B2 Símbolos y su significado

Capítulo (1er uso)	Símbolo	Se pronuncia	Significado
Variables aleatorias continuas	*Exp*	distribución exponencial	igual
Variables aleatorias continuas	$f(x) =$	*f* de *x* es igual a	igual
Variables aleatorias continuas	*m*	*m*	tasa de decaimiento (para la dist. exp.)
La distribución normal	*N*	distribución normal	igual
La distribución normal	*z*	puntuación *z*	igual
La distribución normal	*Z*	dist. normal estándar	igual
El teorema del límite central	$\overline{X}$	Barra de *X*	la variable aleatoria de la barra de *X*
El teorema del límite central	$\mu_{\overline{x}}$	media de las barras *X*	promedio de las barras *X*
El teorema del límite central	$\sigma_{\overline{x}}$	desviación típica de las barras *X*	igual
Intervalos de confianza	*CL*	nivel de confianza	igual
Intervalos de confianza	*CI*	intervalo de confianza	igual
Intervalos de confianza	*EBM*	límite de error para una media	igual
Intervalos de confianza	*EBP*	límite de error para una proporción	igual
Intervalos de confianza	*t*	Distribución *t* de Student	igual
Intervalos de confianza	*df*	grados de libertad	igual
Intervalos de confianza	$t_{\frac{\alpha}{2}}$	t de Student con área $\alpha/2$ en la cola derecha	igual
Intervalos de confianza	p'	*p* prima	proporción de aciertos de la muestra

Tabla B2 Símbolos y su significado

Capítulo (1er uso)	Símbolo	Se pronuncia	Significado
Intervalos de confianza	q'	*q* prima	proporción de fallos de la muestra
Prueba de hipótesis	H_0	*H*-nada, *H*-sub 0	hipótesis nula
Prueba de hipótesis	H_a	*H-a*, *H*-sub *a*	hipótesis alterna
Prueba de hipótesis	H_1	*H*-1, *H*-sub 1	hipótesis alterna
Prueba de hipótesis	α	alfa	probabilidad de error tipo I
Prueba de hipótesis	β	beta	probabilidad de error tipo II
Prueba de hipótesis	$\bar{X}1-\overline{X2}$	Barra de *X*1 menos barra de *X*2	diferencia en las medias muestrales
Prueba de hipótesis	$\mu_1-\mu_2$	*mu*-1 menos *mu*-2	diferencia de medias de la población
Prueba de hipótesis	$P'_1-P'_2$	*P*1-primo menos *P*2-primo	diferencia en las proporciones de la muestra
Prueba de hipótesis	p_1-p_2	*p*1 menos *p*2	diferencia en las proporciones de la población
Distribución chi-cuadrado	X^2	*Ky*-cuadrado	chi-cuadrado
Distribución chi-cuadrado	O	Observado	Frecuencia observada
Distribución chi-cuadrado	E	Esperado	Frecuencia esperada
Regresión lineal y correlación	$y = a + bx$	*y* es igual a a más *b–x*	ecuación de una línea recta
Regresión y correlación lineal	$\hat{y}$	estimador de *y*	valor estimado de *y*
Regresión lineal y correlación	r	coeficiente de correlación de la muestra	igual
Regresión lineal y correlación	ε	término de error para una línea de regresión	igual
Regresión lineal y correlación	SSE	Suma de errores al cuadrado	igual
Distribución *F* y ANOVA	F	Cociente *F*	Cociente *F*

Tabla B2 Símbolos y su significado

Fórmulas

Símbolos que debe conocer

Población		Muestra
N	Tamaño	n
μ	Media	$\overline{x}$
σ^2	Varianza	s^2
σ	Desviación típica	s
p	Proporción	p'

Fórmulas de conjuntos de datos individuales

Población		Muestra
$\mu = E(x) = \frac{1}{N} \sum_{i=1}^{N} (x_i)$	Media aritmética	$\overline{x} = \frac{1}{n} \sum_{i=1}^{n} (x_i)$
	Media geométrica	$\widetilde{x} = \left(\prod_{i=1}^{n} X_i\right)^{\frac{1}{n}}$
$Q_3 = \frac{3(n+1)}{4}, Q_1 = \frac{(n+1)}{4}$	Rango intercuartil $IQR = Q_3 - Q_1$	$Q_3 = \frac{3(n+1)}{4}, Q_1 = \frac{(n+1)}{4}$
$\sigma^2 = \frac{1}{N} \sum_{i=1}^{N} (x_i - \mu)^2$	Varianza	$s^2 = \frac{1}{n} \sum_{i=1}^{n} (x_i - \overline{x})^2$

Fórmulas de conjuntos de datos individuales

Población		Muestra
$\mu = E(x) = \frac{1}{N} \sum_{i=1}^{N} (m_i \cdot f_i)$	Media aritmética	$\overline{x} = \frac{1}{n} \sum_{i=1}^{n} (m_i \cdot f_i)$
	Media geométrica	$\widetilde{x} = \left(\prod_{i=1}^{n} X_i\right)^{\frac{1}{n}}$
$\sigma^2 = \frac{1}{N} \sum_{i=1}^{N} (m_i - \mu)^2 \cdot f_i$	Varianza	$s^2 = \frac{1}{n} \sum_{i=1}^{n} (m_i - \overline{x})^2 \cdot f_i$
$CV = \frac{\sigma}{\mu} \cdot 100$	Coeficiente de variación	$CV = \frac{s}{\overline{x}} \cdot 100$

Tabla B3

Reglas básicas de la probabilidad

Tabla B4

$P(A \cap B) = P(A\|B) \cdot P(B)$	Regla de multiplicación
$P(A \cup B) = P(A) + P(B) - P(A \cap B)$	Regla de adición
$P(A \cap B) = P(A) \cdot P(B)$ o $P(A\|B) = P(A)$	Prueba de independencia

Fórmulas de distribución hipergeométrica

$nCx = \binom{n}{x} = \frac{n!}{x!(n-x)!}$	Ecuación combinatoria
$P(x) = \frac{\binom{A}{x}\binom{N-A}{n-x}}{\binom{N}{n}}$	Ecuación de probabilidad
$E(X) = \mu = np$	Media
$\sigma^2 = \left(\frac{N-n}{N-1}\right)np(q)$	Varianza

Fórmulas de distribución binomial

$P(x) = \frac{n!}{x!(n-x)!}p^x(q)^{n-x}$	Función de densidad de probabilidad
$E(X) = \mu = np$	Media aritmética
$\sigma^2 = np(q)$	Varianza

Fórmulas de distribución geométrica

$P(X = x) = (1-p)^{x-1}(p)$	Probabilidad cuando x es el primer éxito.	Probabilidad cuando x es el número de fracasos antes del primer éxito	$P(X = x) = (1-p)^x(p)$
$\mu = \frac{1}{p}$	Media	Media	$\mu = \frac{1-p}{p}$
$\sigma^2 = \frac{(1-p)}{p^2}$	Varianza	Varianza	$\sigma^2 = \frac{(1-p)}{p^2}$

Fórmulas de la distribución de Poisson

$P(x) = \frac{e^{-\mu}\mu^x}{x!}$	Ecuación de probabilidad
$E(X) = \mu$	Media
$\sigma^2 = \mu$	Varianza

Fórmulas de distribución uniforme

$f(x) = \frac{1}{b-a}$ para $a \le x \le b$	PDF
$E(X) = \mu = \frac{a+b}{2}$	Media

Tabla B4

$\sigma^2 = \frac{(b-a)^2}{12}$	Varianza
Fórmulas de distribución exponencial	
$P(X \leq x) = 1 - e^{-mx}$	Probabilidad acumulada
$E(X) = \mu = \frac{1}{m}$ o $m = \frac{1}{\mu}$	Media y factor de decaimiento
$\sigma^2 = \frac{1}{m^2} = \mu^2$	Varianza

Tabla B4

La siguiente página de fórmulas requiere el uso de la tecla "Z", "t", "χ^2" o "F" tablas.	
$Z = \frac{x-\mu}{\sigma}$	Transformación Z para la distribución normal
$Z = \frac{x-np'}{\sqrt{np'(q')}}$	Aproximación normal a la binomial
Probabilidad (ignora los subíndices) **Prueba de hipótesis**	**Intervalos de confianza** [los símbolos entre corchetes equivalen al margen de error] (los subíndices indican la ubicación en las respectivas tablas de distribución)
$Z_c = \frac{\bar{x}-\mu_0}{\frac{\sigma}{\sqrt{n}}}$	*Intervalo para la media de la población cuando se conoce sigma* $\bar{x} \pm \left[Z_{(\alpha/2)} \frac{\sigma}{\sqrt{n}}\right]$
$Z_c = \frac{\bar{x}-\mu_0}{\frac{s}{\sqrt{n}}}$	*Intervalo para la media de la población cuando se desconoce sigma, pero* $n > 30$ $\bar{x} \pm \left[Z_{(\alpha/2)} \frac{s}{\sqrt{n}}\right]$
$t_c = \frac{\bar{x}-\mu_0}{\frac{s}{\sqrt{n}}}$	*Intervalo para la media de la población cuando se desconoce sigma, pero* $n < 30$ $\bar{x} \pm \left[t_{(n-1),(\alpha/2)} \frac{s}{\sqrt{n}}\right]$
$Z_c = \frac{p'-p_0}{\sqrt{\frac{p_0q_0}{n}}}$	*Intervalo para la proporción de la población* $p' \pm \left[Z_{(\alpha/2)} \sqrt{\frac{p'q'}{n}}\right]$
$t_c = \frac{\bar{d}-\delta_0}{s_d}$	*Intervalo de diferencia entre dos medias con pares emparejados* $\bar{d} \pm \left[t_{(n-1),(\alpha/2)} \frac{s_d}{\sqrt{n}}\right]$ *donde* s_d *es la desviación de las diferencias*
$Z_c = \frac{(\bar{x_1}-\bar{x_2})-\delta_0}{\sqrt{\frac{\sigma_1^2}{n_1}+\frac{\sigma_2^2}{n_2}}}$	*Intervalo para la diferencia entre dos medias cuando se conocen los sigmas* $(\bar{x_1} - \bar{x_2}) \pm \left[Z_{(\alpha/2)} \sqrt{\frac{\sigma_1^2}{n_1} + \frac{\sigma_2^2}{n_2}}\right]$

Tabla B5

$t_c = \frac{(\bar{x}_1-\bar{x}_2)-\delta_0}{\sqrt{\left(\frac{(s_1)^2}{n_1}+\frac{(s_2)^2}{n_2}\right)}}$	*Intervalo para la diferencia entre dos medias con varianzas iguales cuando los sigmas son desconocidos* $(\bar{x}_1 - \bar{x}_2) \pm \left[t_{df,(\alpha/2)}\sqrt{\left(\frac{(s_1)^2}{n_1}+\frac{(s_2)^2}{n_2}\right)}\right]$ *donde* $df = \frac{\left(\frac{(s_1)^2}{n_1}+\frac{(s_2)^2}{n_2}\right)^2}{\left(\frac{1}{n_1-1}\right)\left(\frac{(s_1)^2}{n_1}\right)+\left(\frac{1}{n_2-1}\right)\left(\frac{(s_2)^2}{n_2}\right)}$
$Z_c = \frac{(p'_1-p'_2)-\delta_0}{\sqrt{\frac{p'_1(q'_1)}{n_1}+\frac{p'_2(q'_2)}{n_2}}}$	*Intervalo de diferencia entre dos proporciones de población* $(p'_1 - p'_2) \pm \left[Z_{(\alpha/2)}\sqrt{\frac{p'_1(q'_1)}{n_1}+\frac{p'_2(q'_2)}{n_2}}\right]$
$\chi^2_c = \frac{(n-1)s^2}{\sigma^2_0}$	*Pruebas de GOF, independencia y homogeneidad* $\chi^2_c = \Sigma\frac{(O-E)^2}{E}$ *donde O = valores observados y E = valores esperados*
$F_c = \frac{s^2_1}{s^2_2}$	*Donde* s^2_1 *es la varianza de la muestra que es la mayor de las dos varianzas de la muestra*

Las 3 fórmulas siguientes sirven para determinar el tamaño de la muestra con intervalos de confianza.
(nota: E representa el margen de error)

$n = \frac{Z^2_{\left(\frac{a}{2}\right)}\sigma^2}{E^2}$ *Utilizar cuando se conoce sigma* $E = \bar{x} - \mu$	$n = \frac{Z^2_{\left(\frac{a}{2}\right)}(0{,}25)}{E^2}$ *Utilizar cuando* p' *es desconocido* $E = p' - p$	$n = \frac{Z^2_{\left(\frac{a}{2}\right)}[p'(q')]}{E^2}$ *Utilizar cuando* p' *es desconocido* $E = p' - p$

Tabla B5

Fórmulas de regresión lineal simple para $y = a + b(x)$	
$r = \frac{\Sigma[(x-\bar{x})(y-\bar{y})]}{\sqrt{\Sigma(x-\bar{x})^2 * \Sigma(y-\bar{y})^2}} = \frac{S_{xy}}{S_x S_y} = \sqrt{\frac{SSR}{SST}}$	Coeficiente de correlación
$b = \frac{\Sigma[(x-\bar{x})(y-\bar{y})]}{\Sigma(x-\bar{x})^2} = \frac{S_{xy}}{SS_x} = r_{y,x}\left(\frac{s_y}{s_x}\right)$	Coeficiente *b* (pendiente)
$a = \bar{y} - b(\bar{x})$	intersección en y
$s^2_a = \frac{\Sigma(y_i-\hat{y}_i)^2}{n-k} = \frac{\sum_{i=1}^{n} e^2_i}{n-k}$	Estimación de la varianza del error
$S_b = \frac{s^2_a}{\sqrt{(x_i-\bar{x})^2}} = \frac{s^2_a}{(n-1)s^2_x}$	Error estándar del coeficiente *b*
$t_c = \frac{b-\beta_0}{s_b}$	Prueba de hipótesis para el coeficiente β

Tabla B6

$b \pm \left[t_{n-2,\alpha/2} S_b\right]$	Intervalo para el coeficiente β
$\hat{y} \pm \left[t_{\alpha/2} * s_e\left(\sqrt{\frac{1}{n}+\frac{(x_p-\overline{x})^2}{s_x}}\right)\right]$	Intervalo para el valor esperado de y
$\hat{y} \pm \left[t_{\alpha/2} * s_e\left(\sqrt{1+\frac{1}{n}+\frac{(x_p-\overline{x})^2}{s_x}}\right)\right]$	Intervalo de predicción para un individuo y
Fórmulas de ANOVA	
$SSR = \sum_{i=1}^{n}(\hat{y}_i-\overline{y})^2$	Regresión de la suma de los cuadrados
$SSE = \sum_{i=1}^{n}(\hat{y}_i-\overline{y}_i)^2$	Error de la suma de los cuadrados
$SST = \sum_{i=1}^{n}(y_i-\overline{y})^2$	Suma de cuadrados total
$R^2 = \frac{SSR}{SST}$	Coeficiente de determinación

Tabla B6

A continuación se muestra el desglose de una tabla ANOVA de una vía para la regresión lineal.

Fuente de variación	Suma de cuadrados	Grados de libertad	Medias cuadráticas	Cociente F
Regresión	SSR	1 o $k-1$	$MSR = \frac{SSR}{df_R}$	$F = \frac{MSR}{MSE}$
Error	SSE	$n-k$	$MSE = \frac{SSE}{df_E}$	
Total	SST	$n-1$		

Tabla B7

Índice

R

S

T

U

V

Z